一、蓝细菌门（Cyanobacteria）

1. 色球藻属（*Chroococcus*）

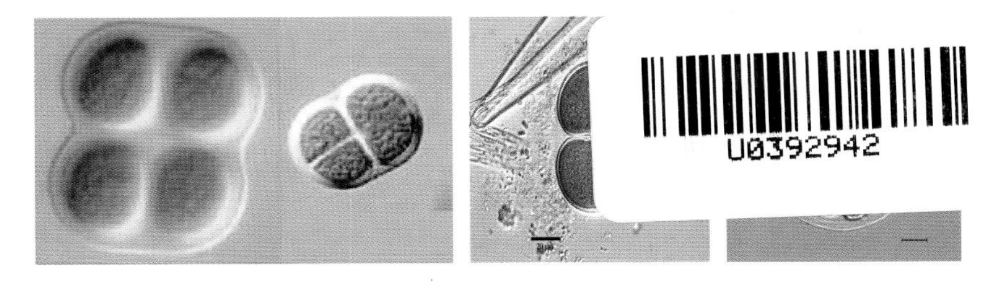

2. 微囊藻属（*Microcystis*）

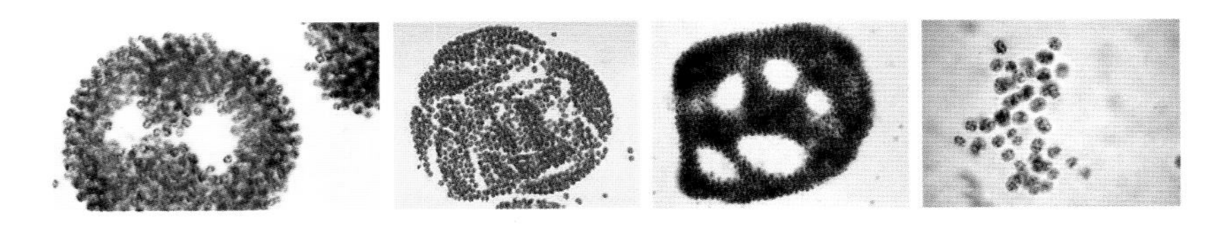

3. 平裂藻属（*Merismopedia*）

4. 腔球藻属（*Coelosphaerium*）

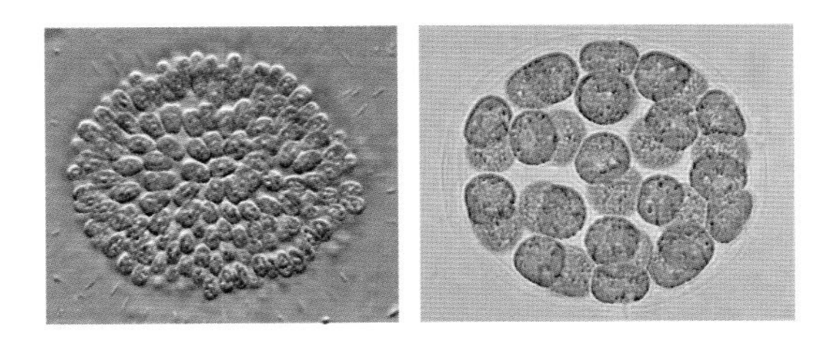

5. 念珠藻属（*Nostoc*）

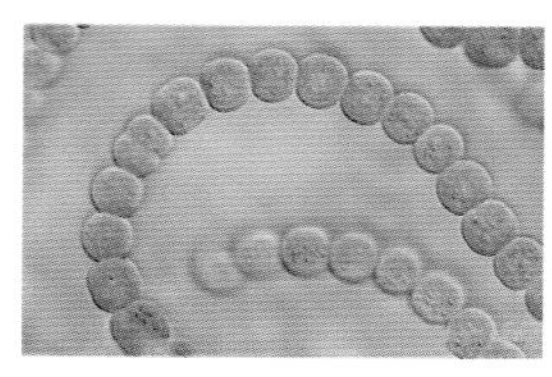 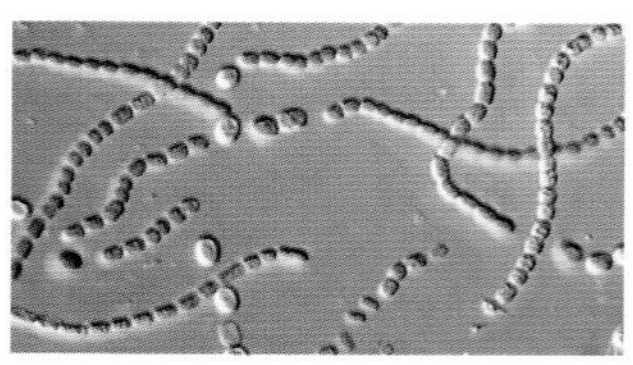 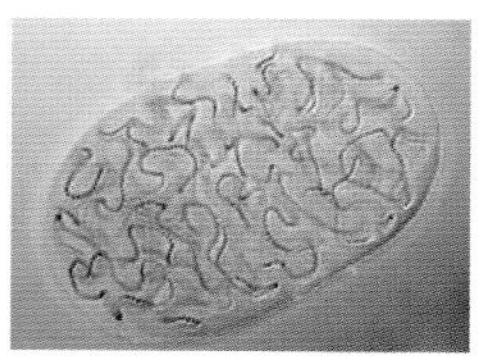

6. 项圈藻属（*Anabaena*）

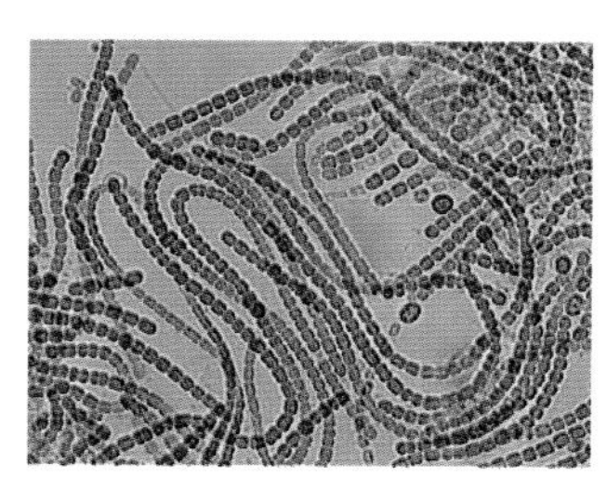 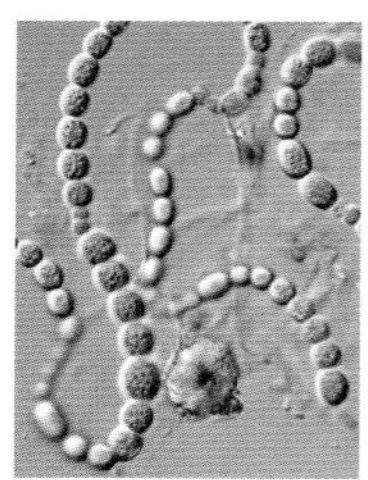

7. 束丝藻属（*Aphanizomenon*）

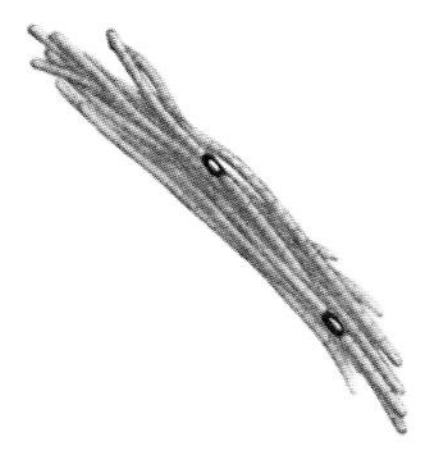 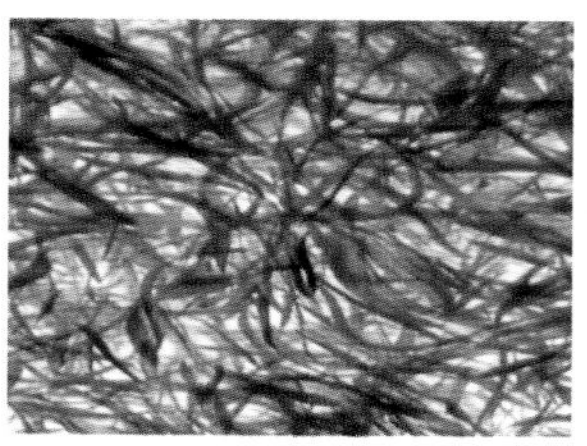

8. 螺旋藻属（*Spirulin*）

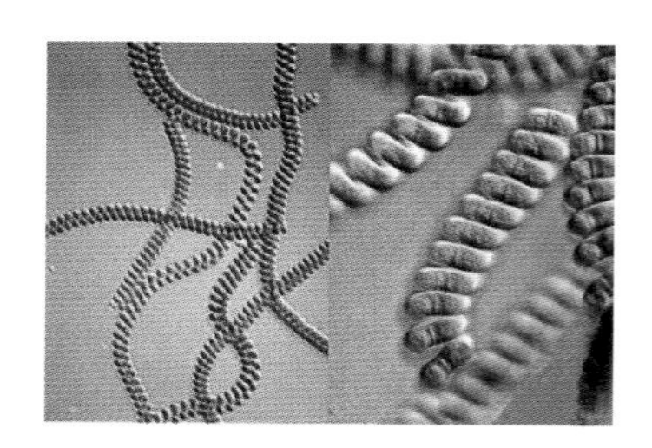

9. 颤藻属（*Oscillatoria*）

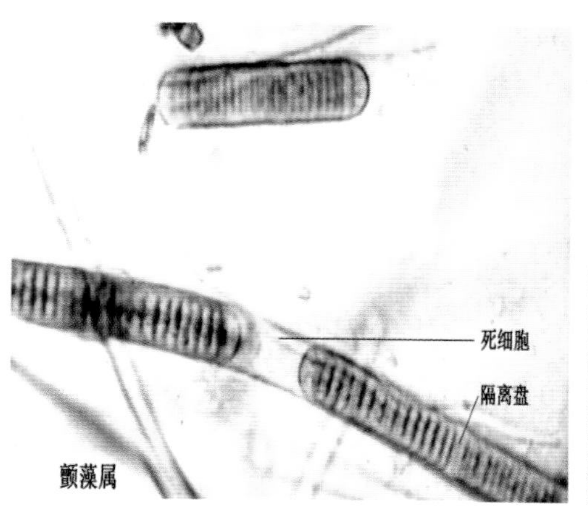

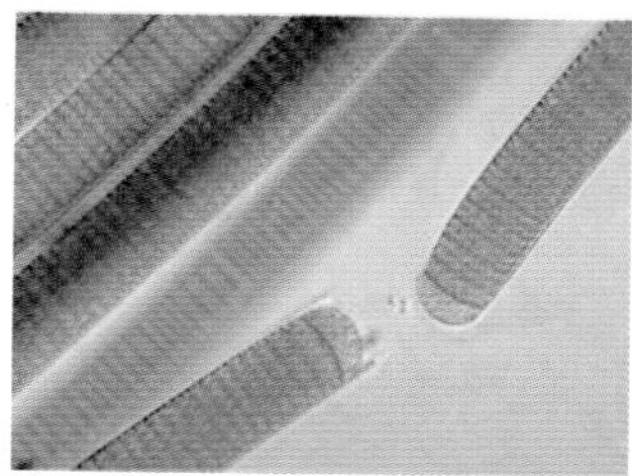

10. 真枝藻属（*Stigonema*）

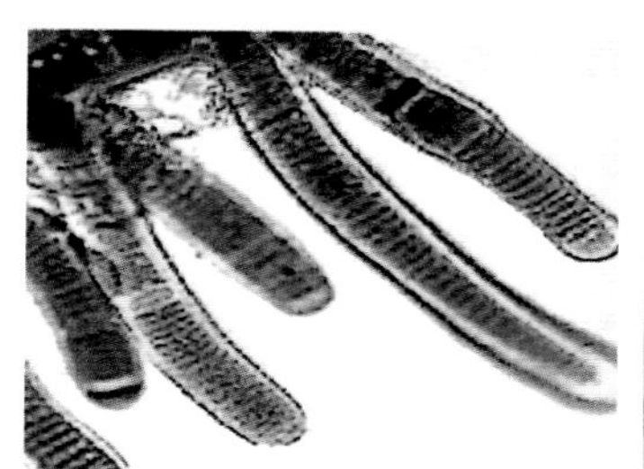

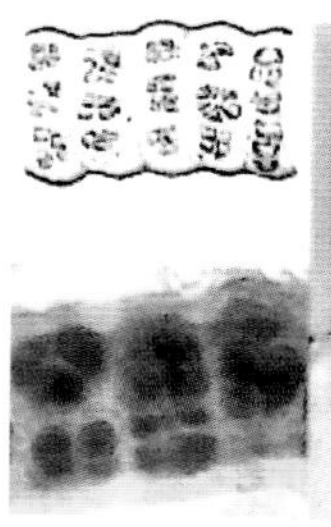

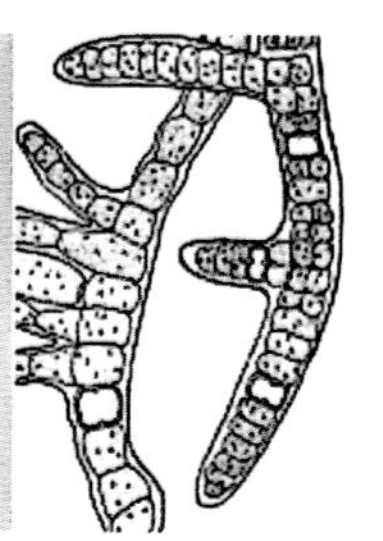

11. 鞘丝藻属（*Lyngbya*）

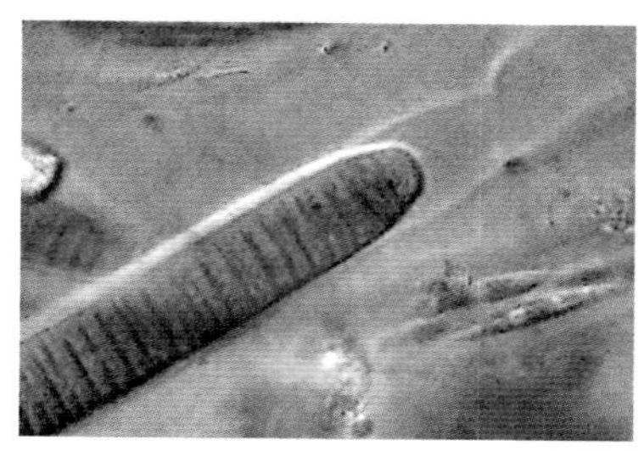

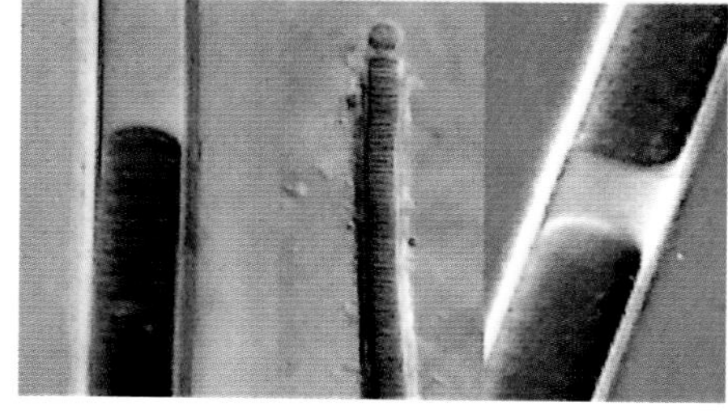

12. 柱孢藻属（*Cylindrospermum*）

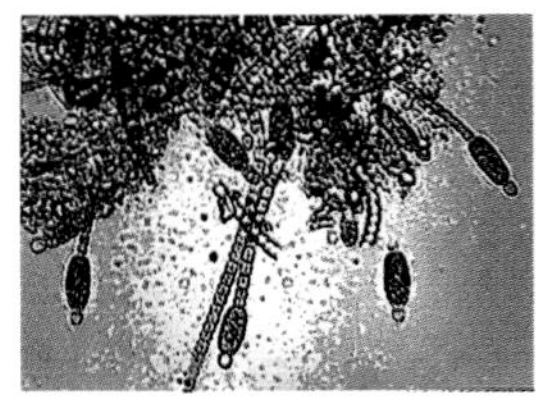
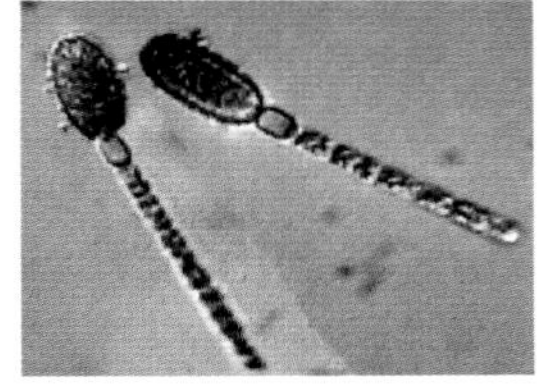
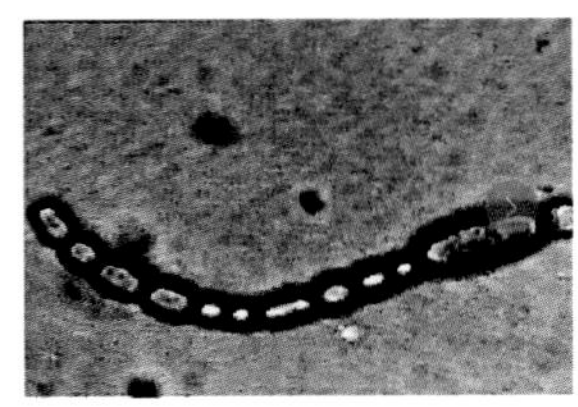

13. 拟鱼腥藻属（*Anabaenopsis*）

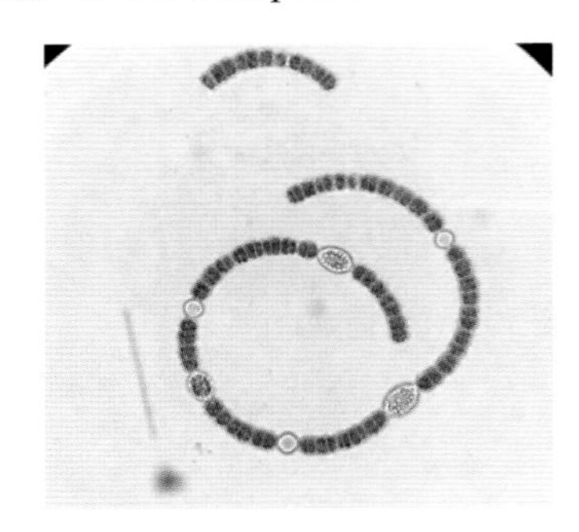

二、隐藻门（Cryptophyta）

1. 蓝隐藻属（*Chroomonas*）

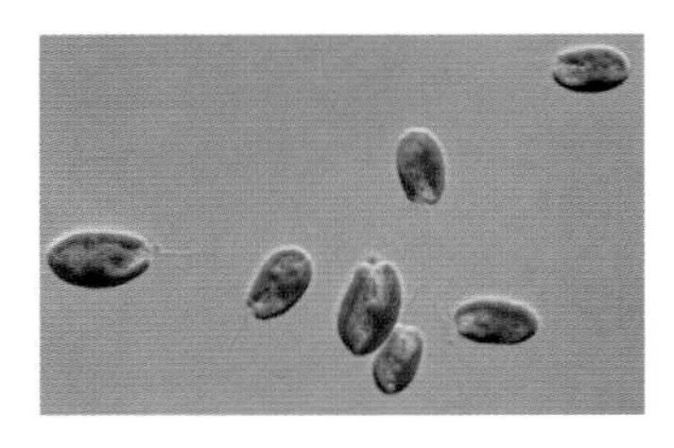

2. 隐藻属（*Cryptomonas*）

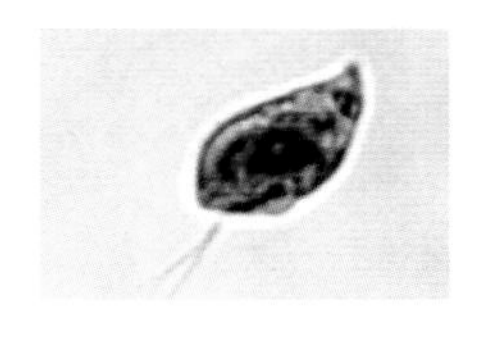

三、金藻门（Chrysophyta）

1. 鱼鳞藻属（*Mallomonas*）

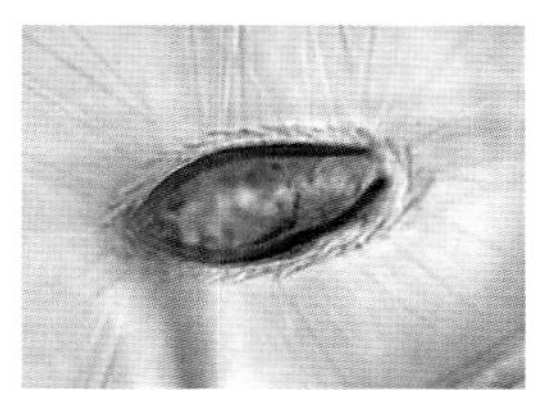 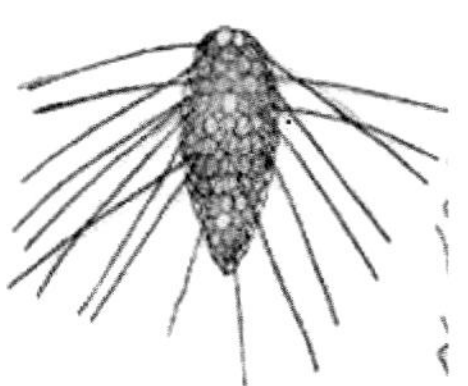

2. 黄群藻属（*Synura*）

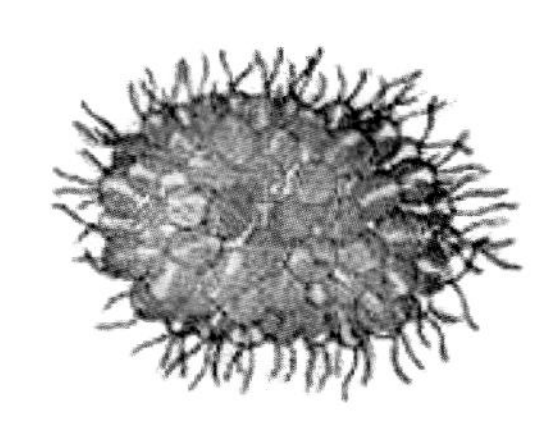

3. 三毛金藻属（*Prymnesiacee*）

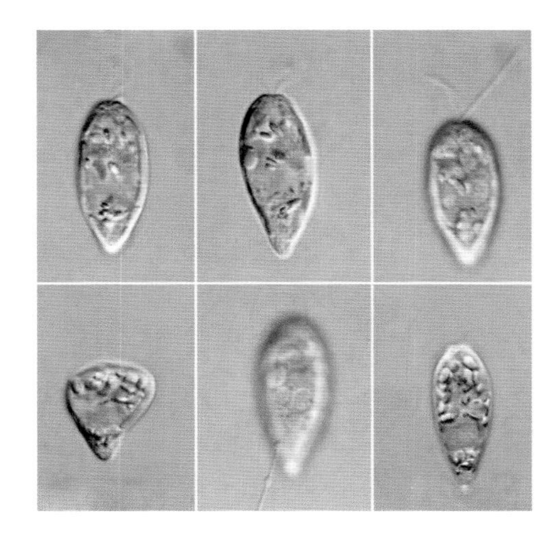

4. 球花虫属（*Anthophysis*）

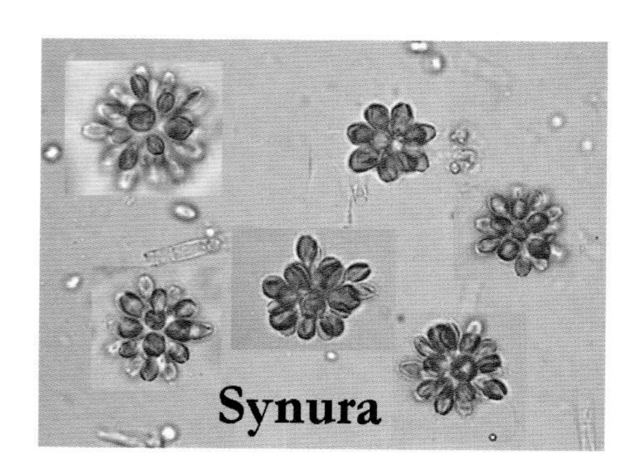

5. 单鞭金藻属（*Chromulina*）

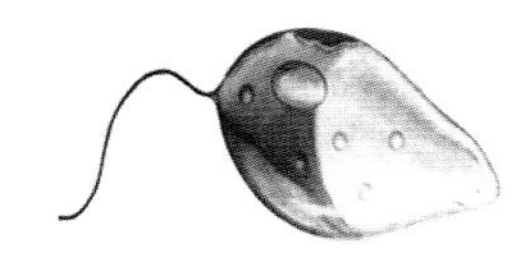

四、甲藻门（Pyrrophyta）

1. 裸甲藻属（*Gymnodinium*）

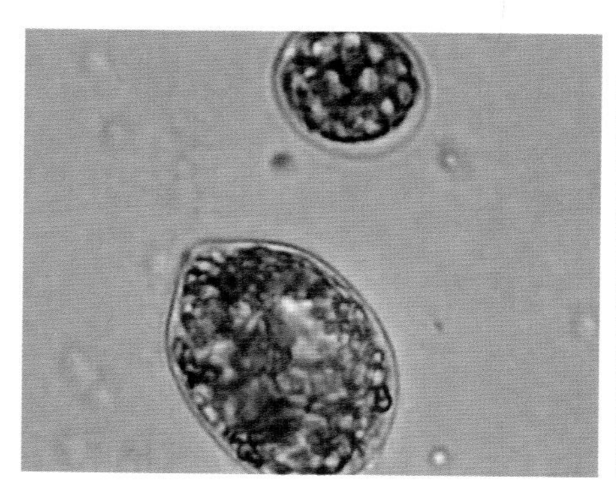

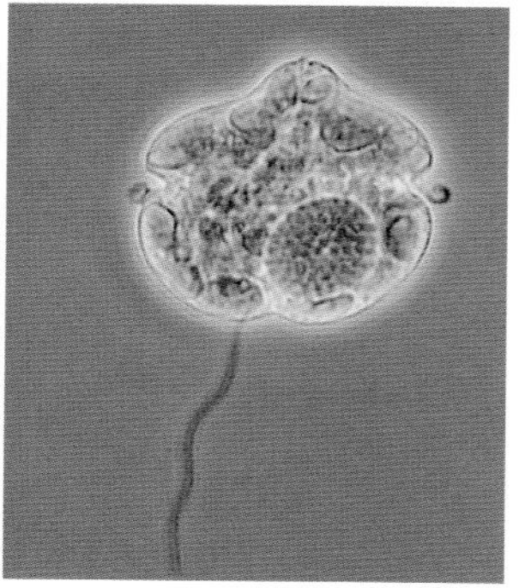

2. 角甲藻属（*Ceratium*）

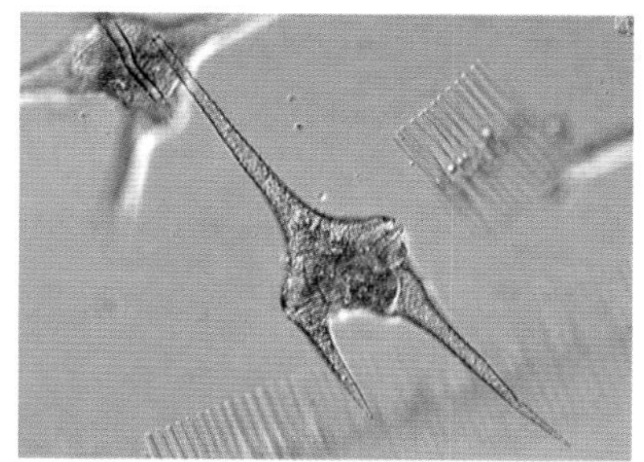

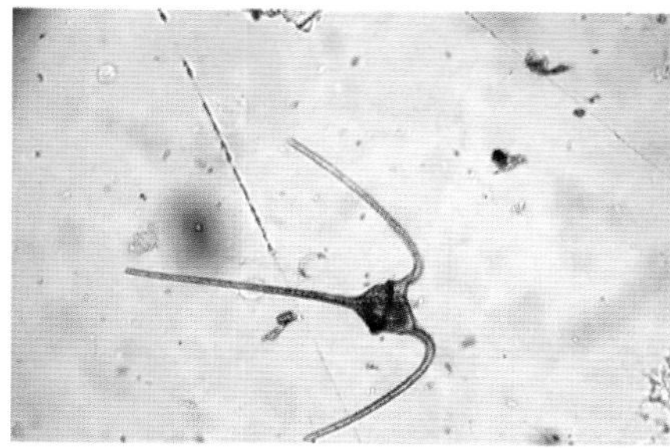

3. 薄甲藻属（*Glenodinium*）

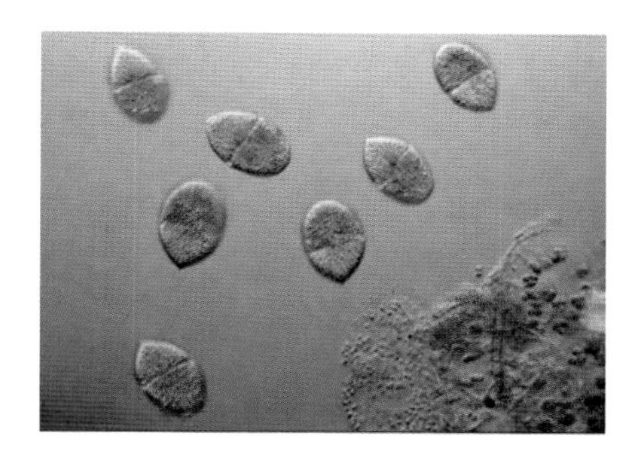

4. 夜光藻属（*Noctiluca*）

5. 鳍藻属——倒卵形鳍藻（*Dinophysis fortii*）

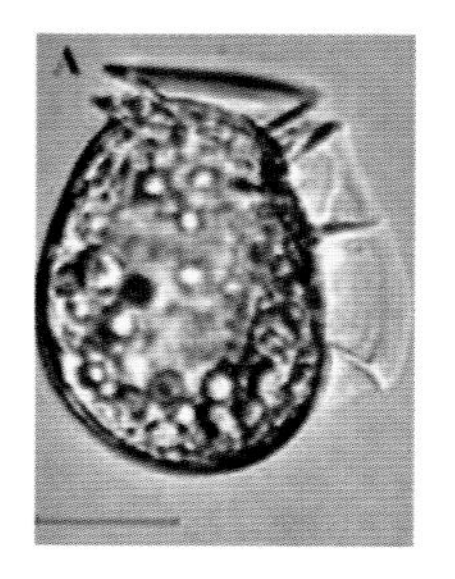

6. 鳍藻属——聚尾鳍藻（*Dinophysis caudata*）

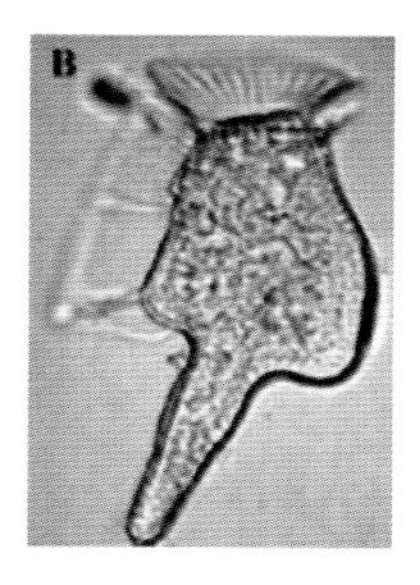

7. 旋沟藻属——旋沟藻（*Cochlodinium*）

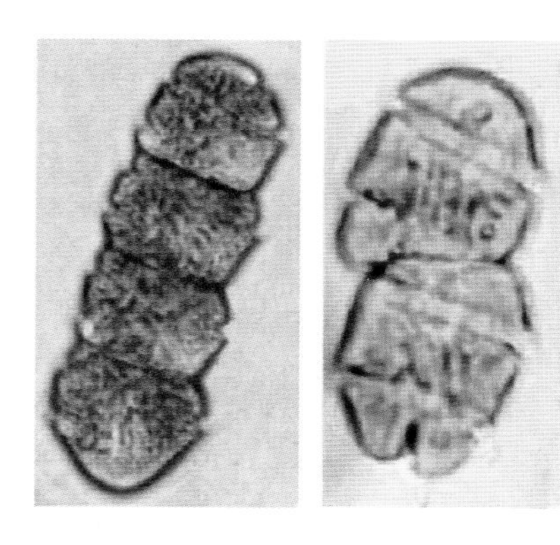

8. 亚历山大藻属——链状亚历山大藻（*Alexandrium catenella*）

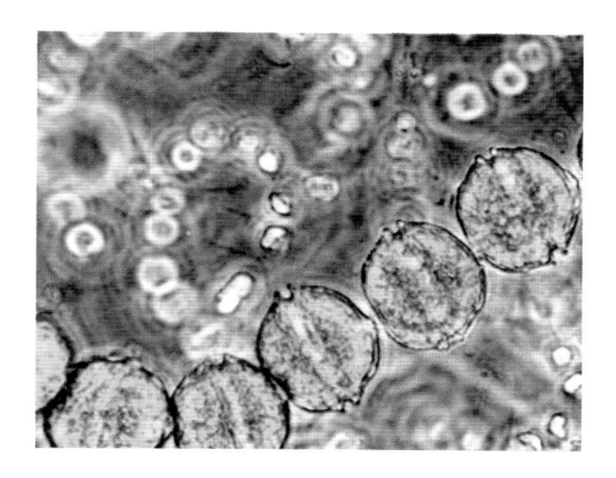

9. 原甲藻属——海洋原甲藻（*Prorocentrum*）

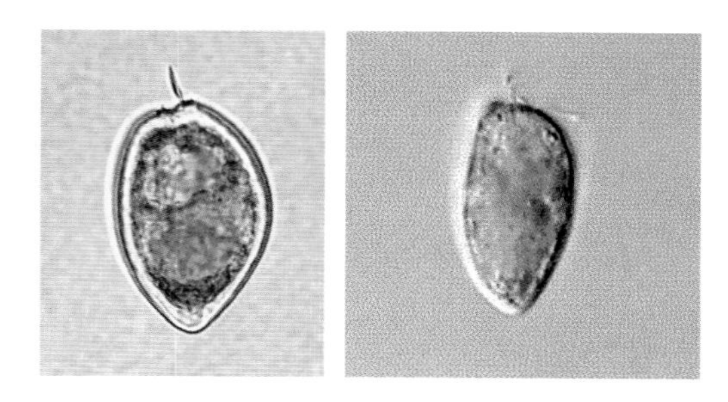

10. 原甲藻属——利马原甲藻（*Prorocentrum*）

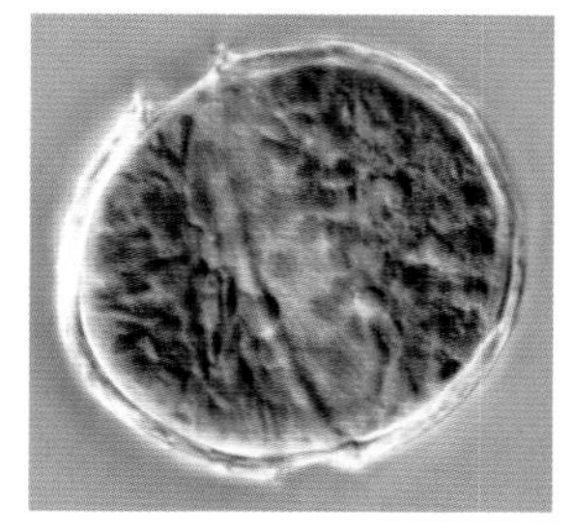

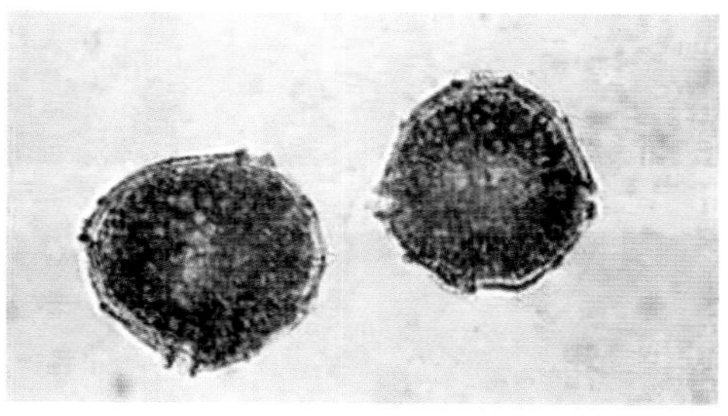

五、黄藻门（Xanthophyta）

1. 黄丝藻属（*Tribonema*）

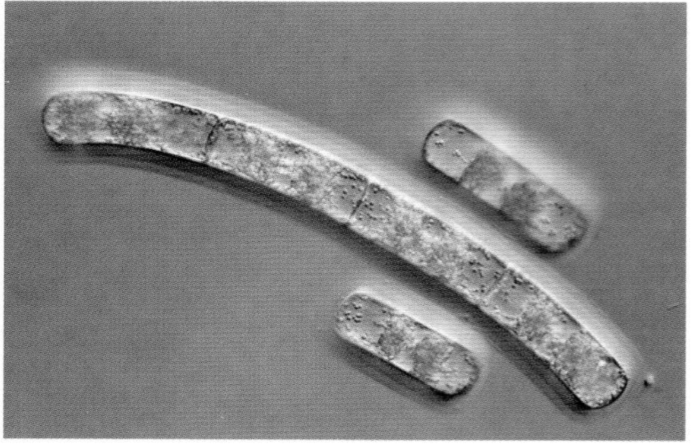

2. 黄管藻属（*Ophiocytium*）

六、裸藻门（Euglenophyta）

1. 裸藻属（*Euglena*）

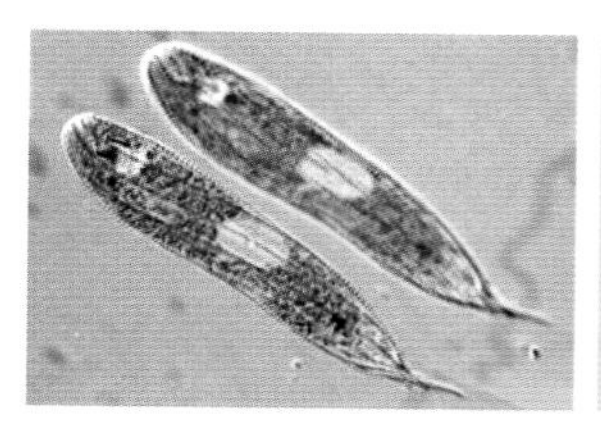
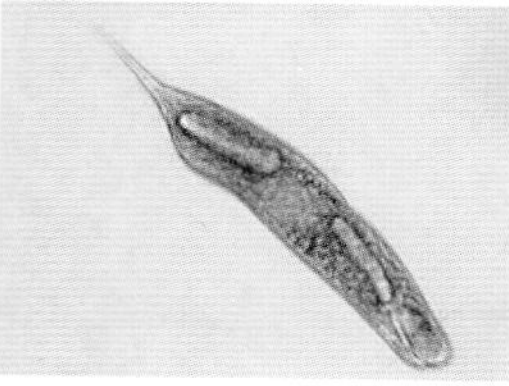
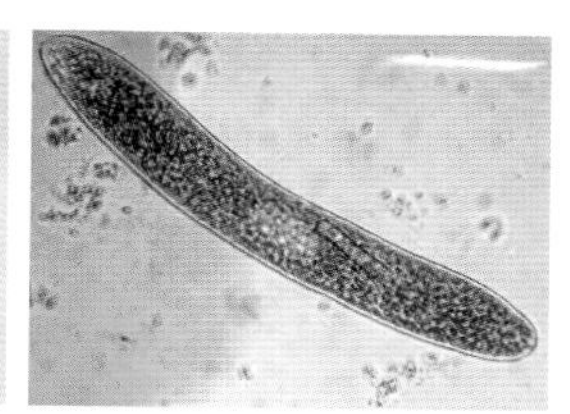

2. 扁裸藻属（*Phacus*）

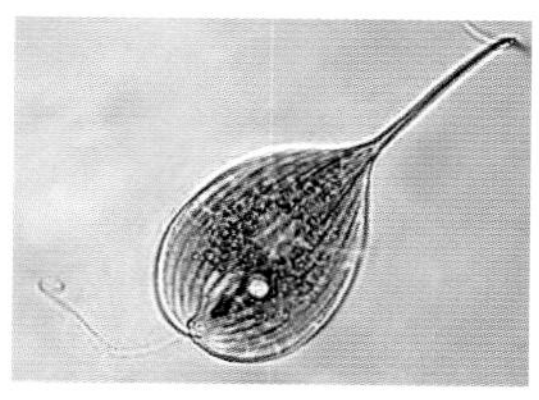
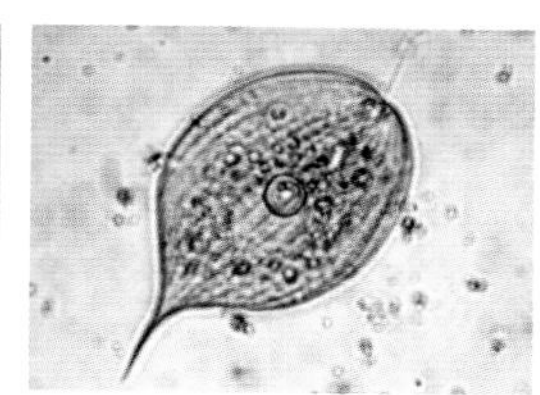

3. 囊裸藻属（*Trachelomonas*）

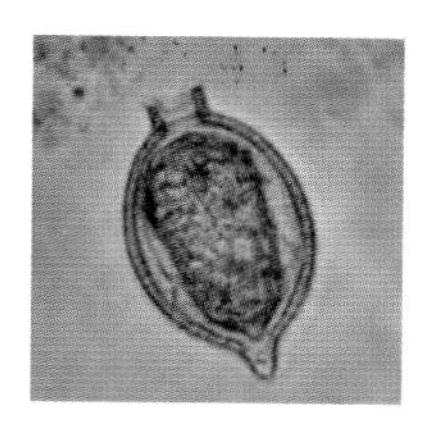

4. 鳞孔藻属（*Lepocinclis*）

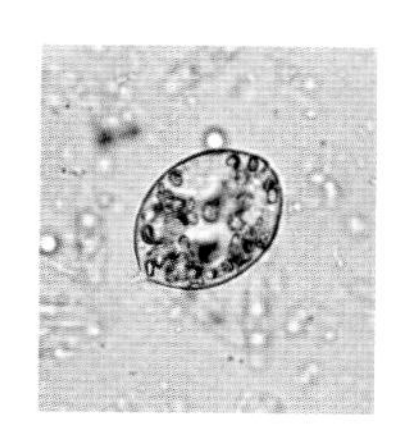

七、硅藻门（Bacillariophyta）

1. 直链藻属（*Melosira*）

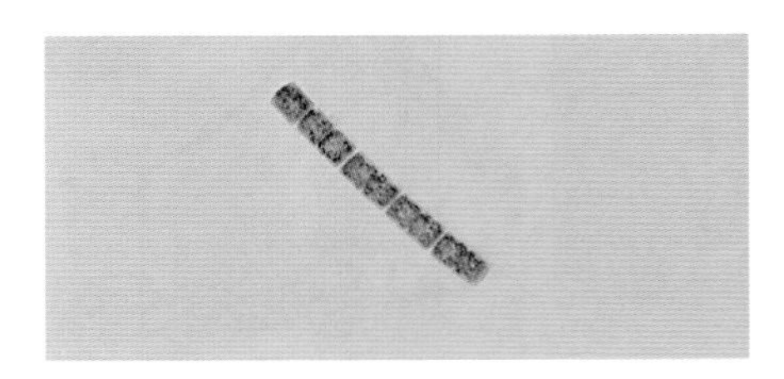

2. 小环藻属（*Cyclotella*）

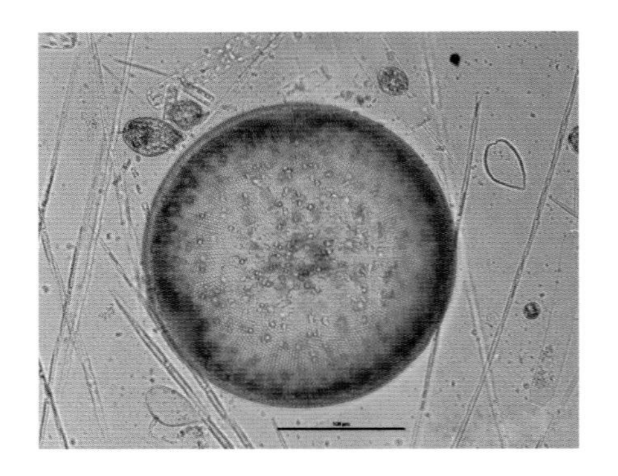

3. 辐节藻属（*Stauroneis*）

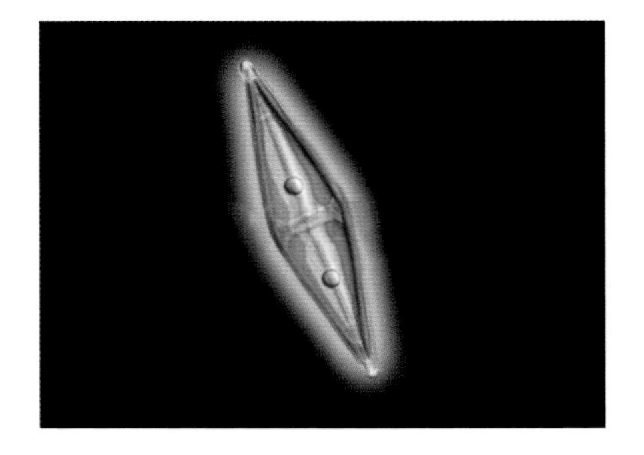

4. 舟形藻属（*Navicula*）

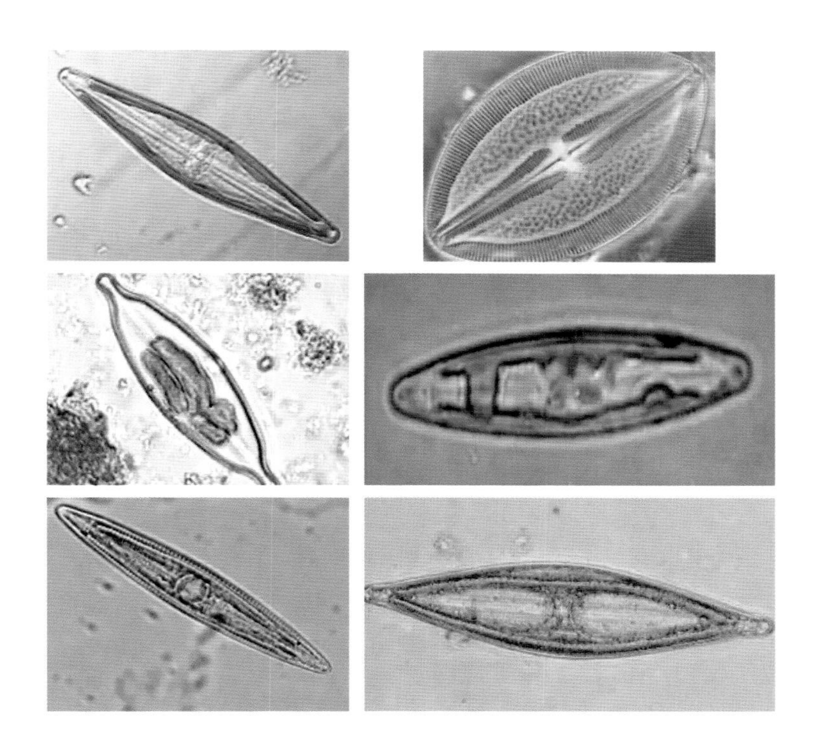

5. 羽纹藻属（*Pinnularia*）

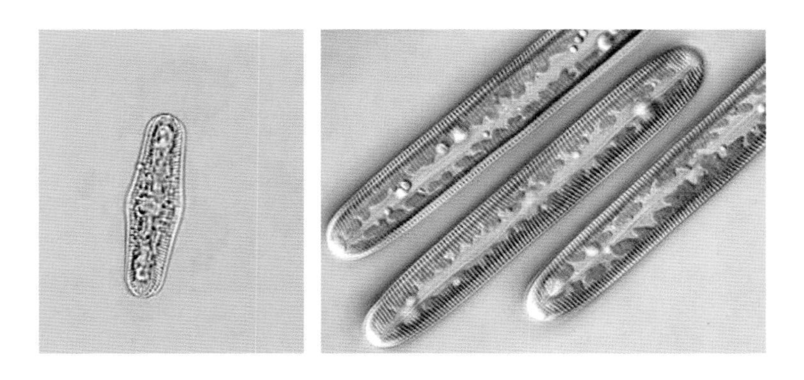

6. 异级藻属（*Gomphonema*）

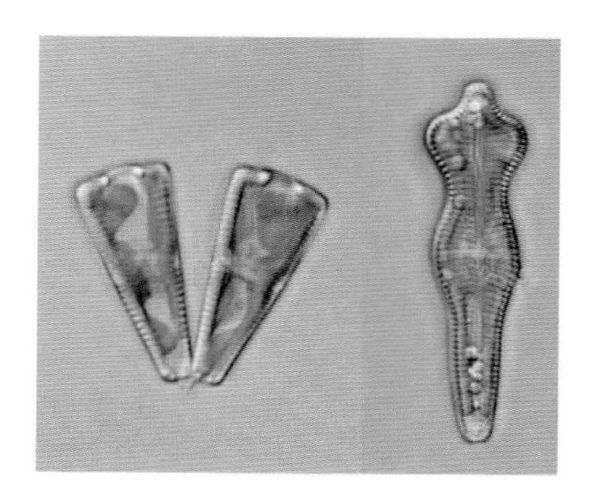

7. 桥弯藻属（*Cymbella*）

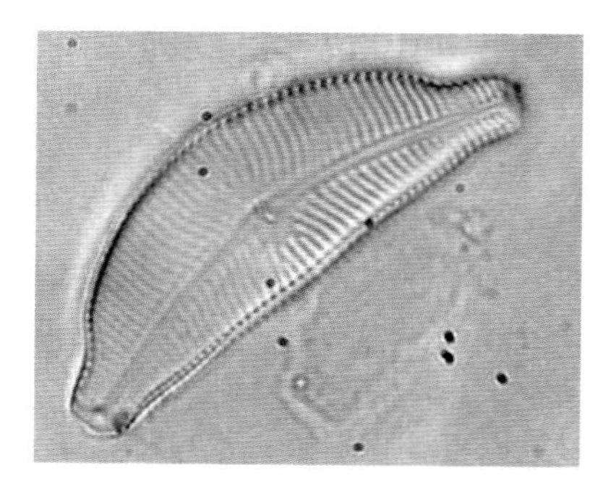

8. 双菱藻属（*Surirell*）

9. 菱形藻属——尖刺菱形藻（*Nitzschia pungens*）

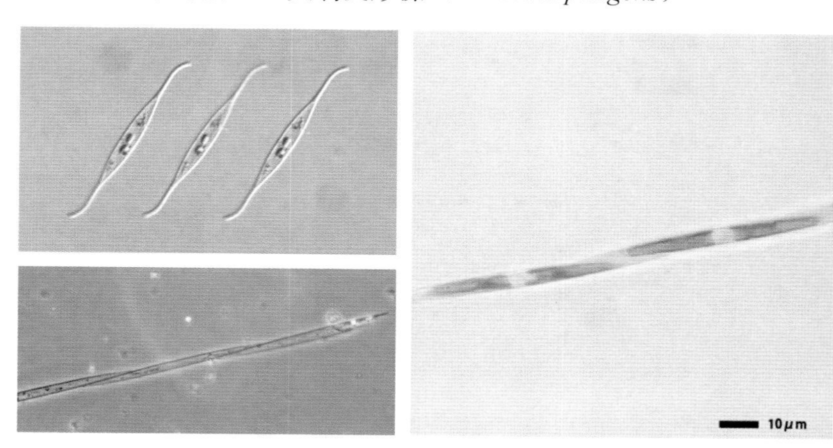

10. 根管藻属（*Rhizosolenia*）

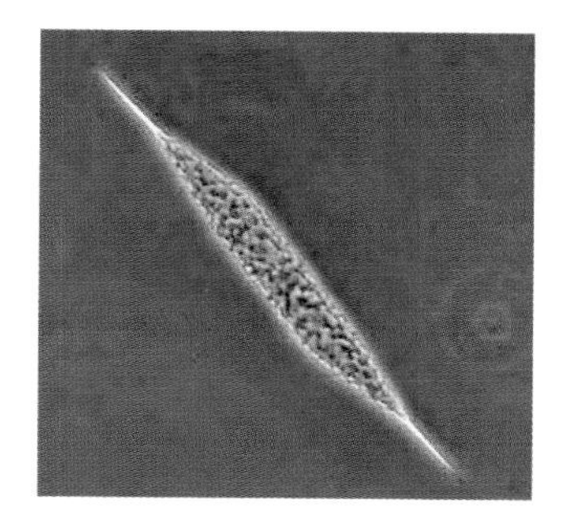

11. 冠盖藻属（*Stephanopyxis*）

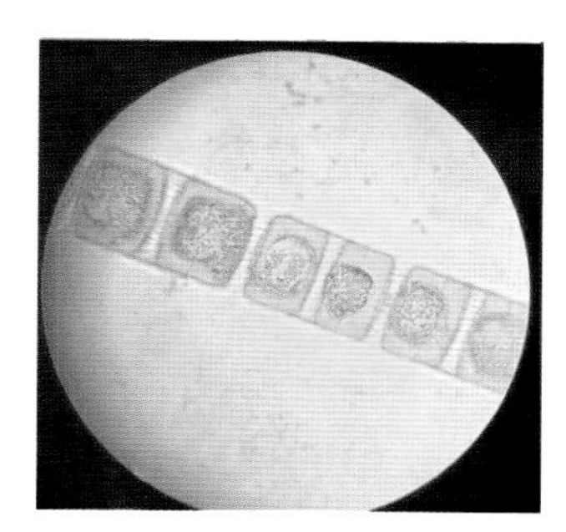

12. 骨条藻属（*Skeletonema*）

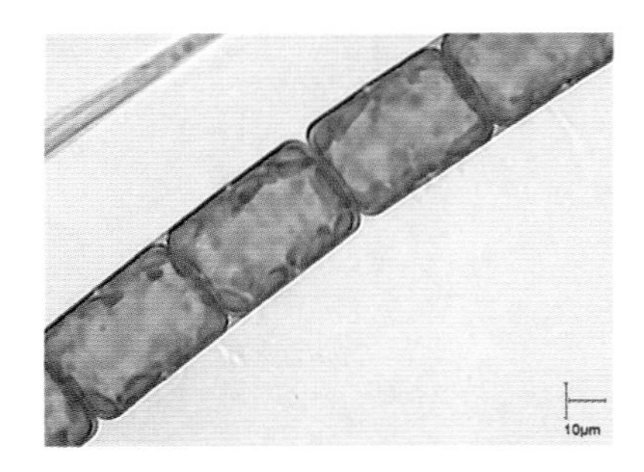

13. 角毛藻属（*Chaetoceros*）

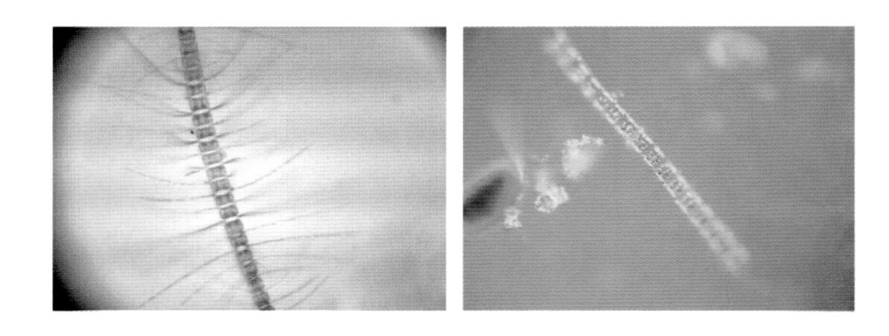

14. 圆筛藻属（*Coscinodiscus*）

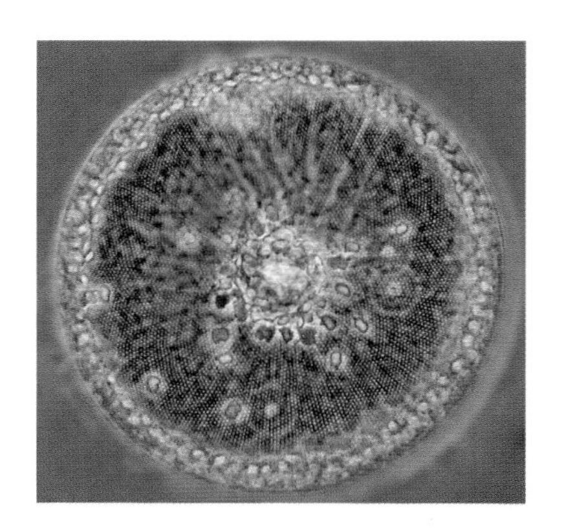

八、绿藻门（Chlorophyta）

1. 衣藻属（*Chlamydomonas*）

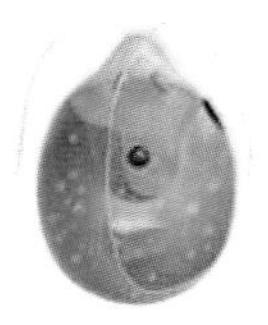

2. 绿梭藻属（*Chlorogonium*）

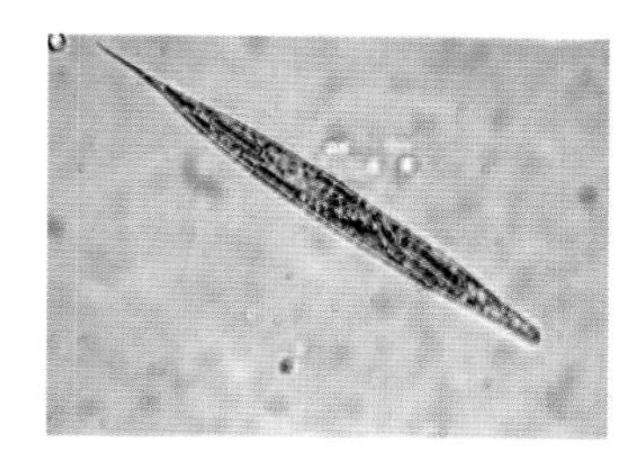

3. 盘藻属（*Gonium*）

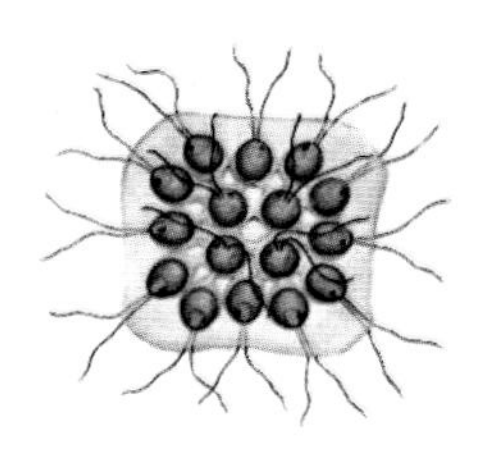

4. 团藻属（*Volvox*）

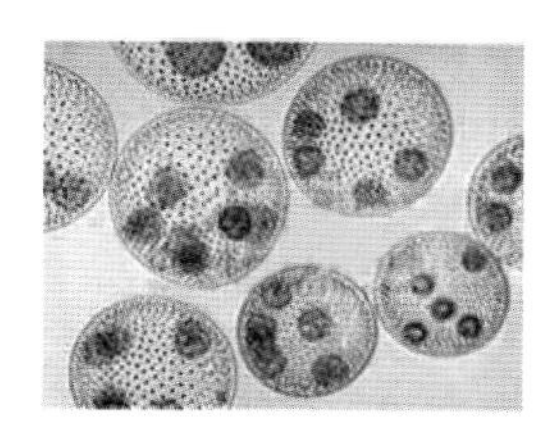

5. 桑葚藻属（*Pyrobotrys*）

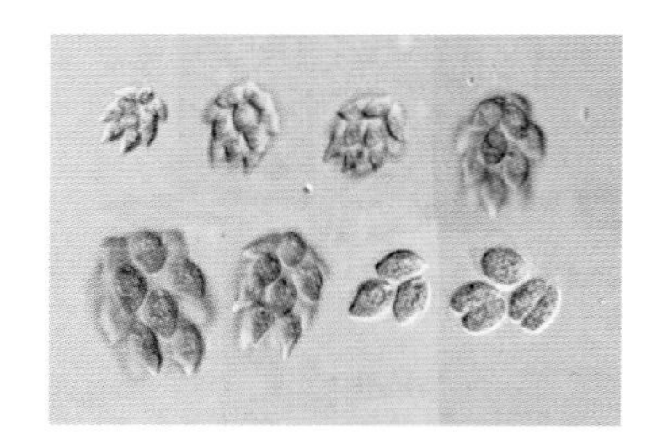

6. 实球藻属（*Pandorina*）

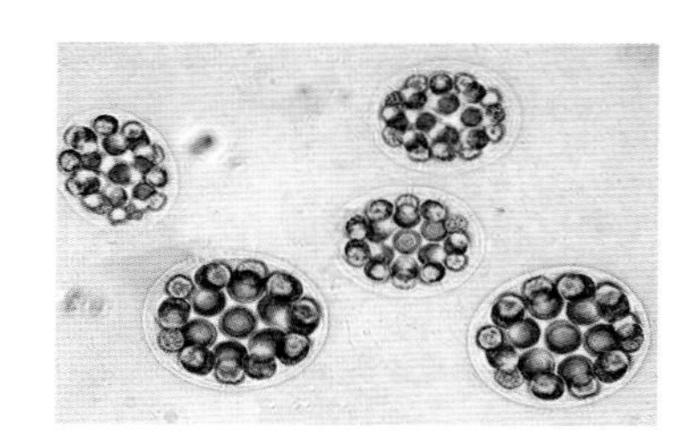

7. 空球藻属（*Eudorina*）

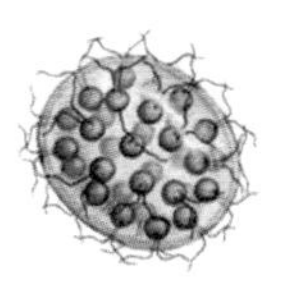

8. 杂球藻属（*Pleodorina*）

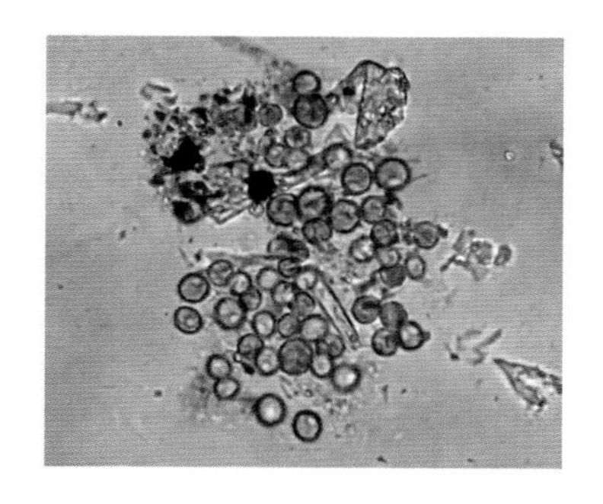

9. **素衣藻属**（*Chlamydomonas*）

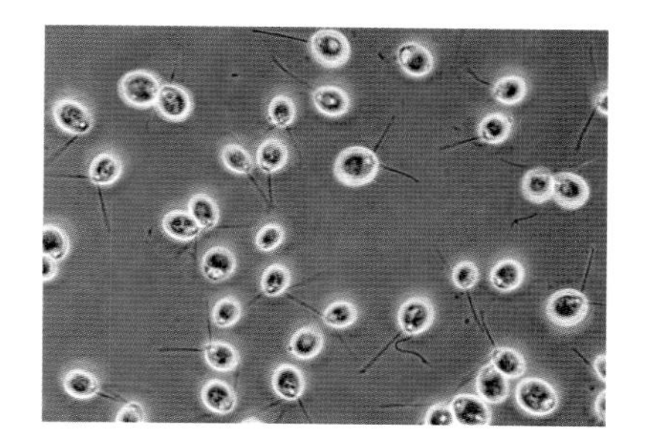

10. **球粒藻属**（*Coccomonas*）

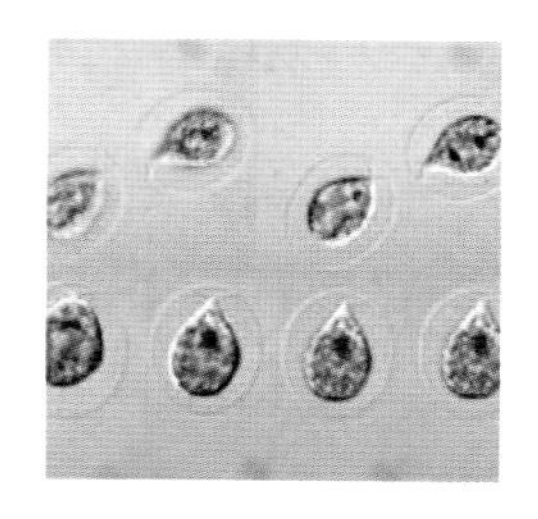

11. **小球藻属**（*Chlorella*）

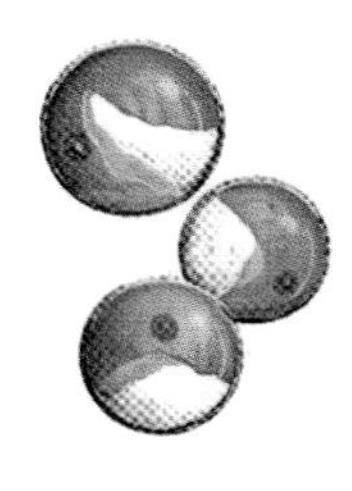

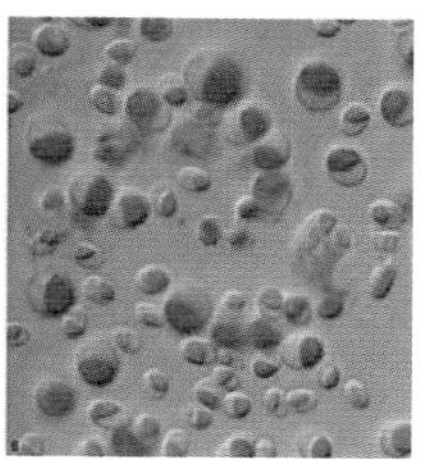

12. **纤维藻属**（*Ankistrodesmus*）

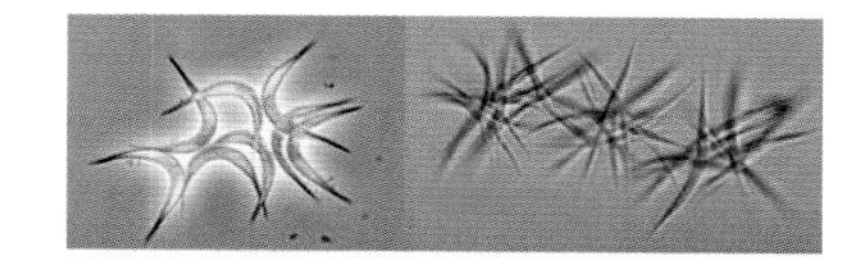

13. 微芒藻属（*Micractinium*）

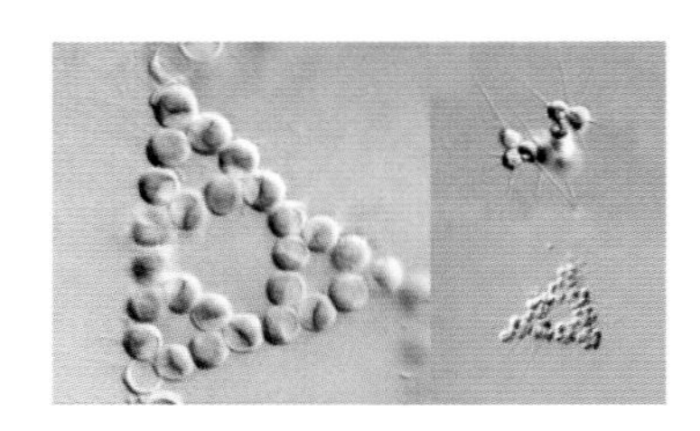

14. 盘星藻属（*Pediastrum*）

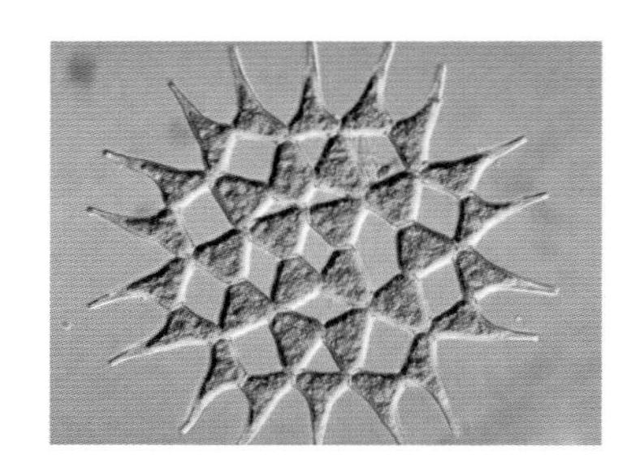

15. 珊藻属（*Scenedesmus*）

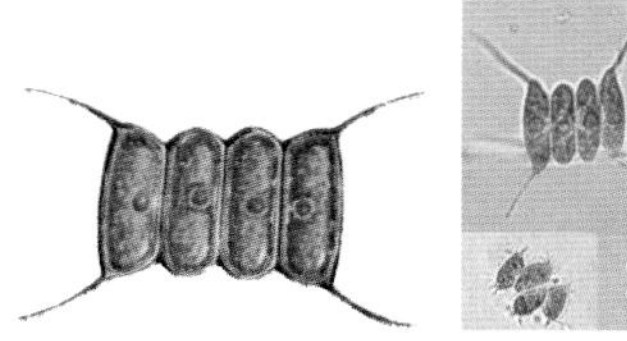

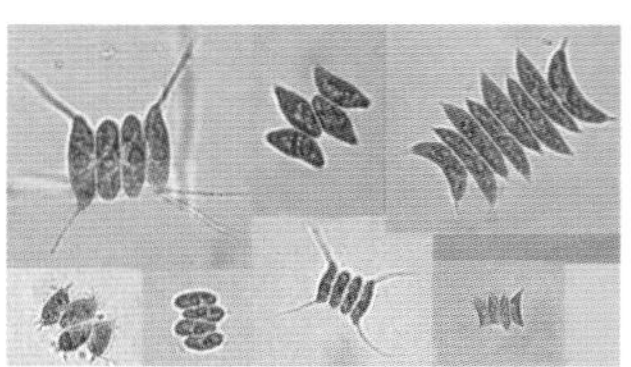

16. 空星藻属（*Coelastrum*）

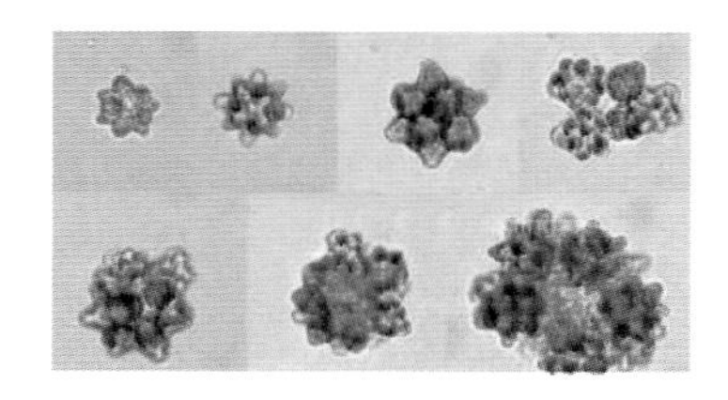

17. 丝藻属（*Ulothrix*）

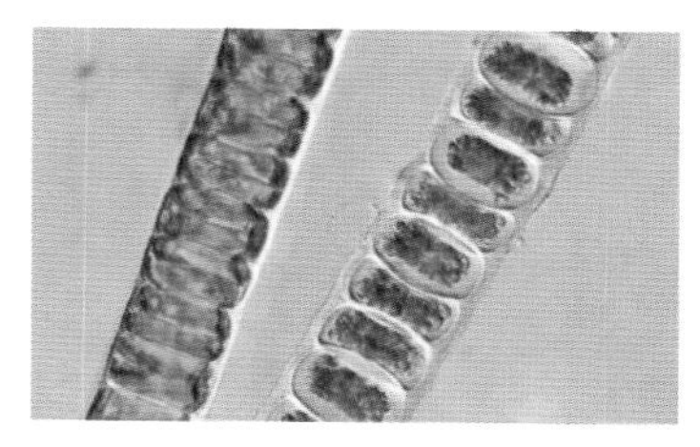

18. 新月藻属（*Closterium*）

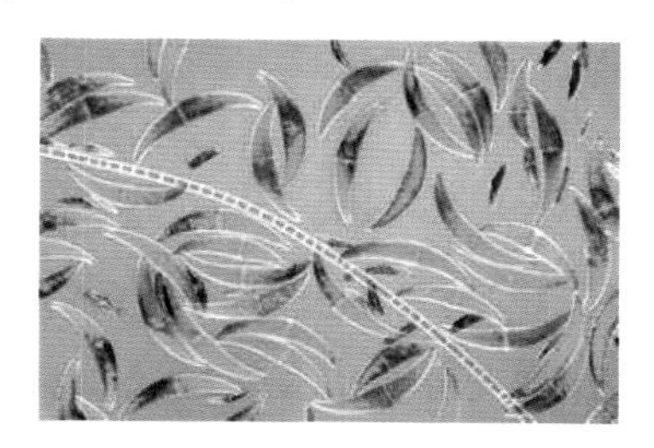

19. 鼓藻属（*Cosmarium*）

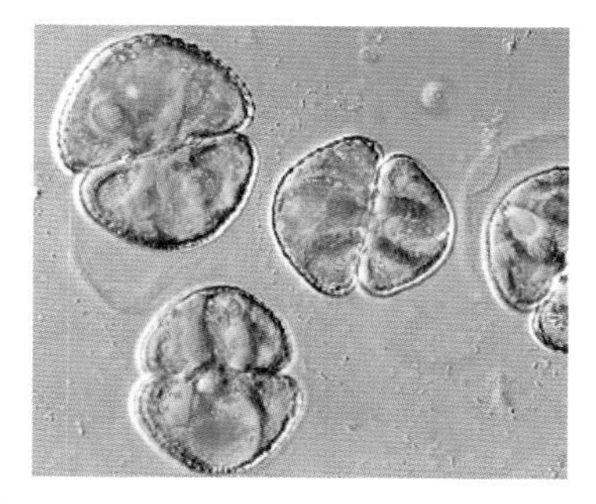

20. 胶毛藻属（*Chaetophra*）

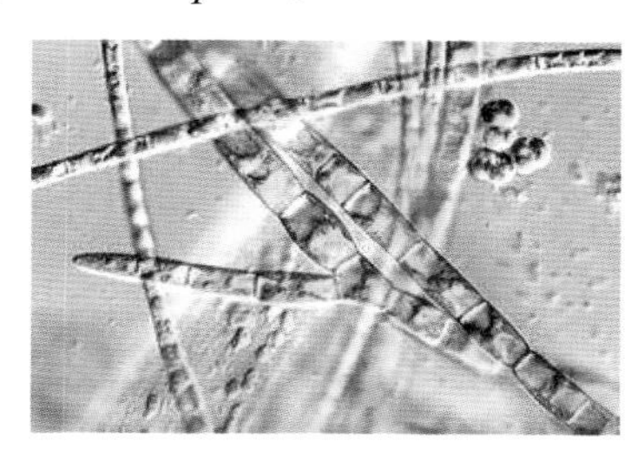

九、原生动物门（Protozoa）

（一）肉足虫纲

1. 变形虫属（*Amoeba*）

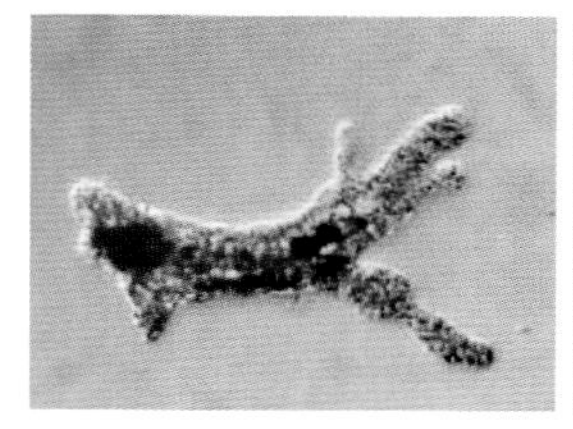
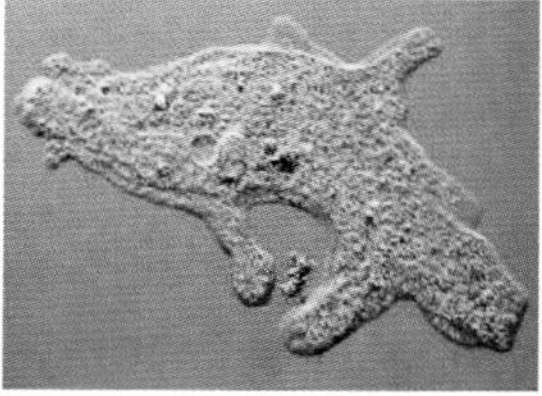
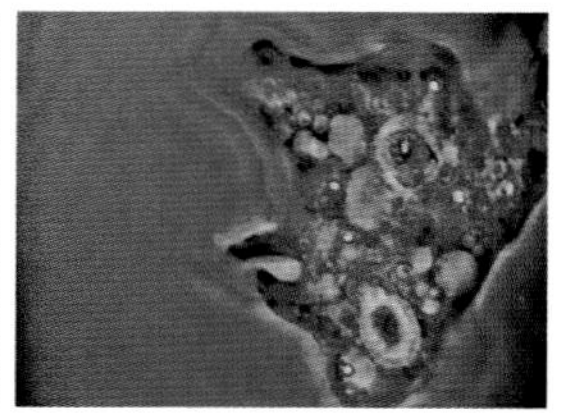

2. 后卓变虫属（*Metachaos*）

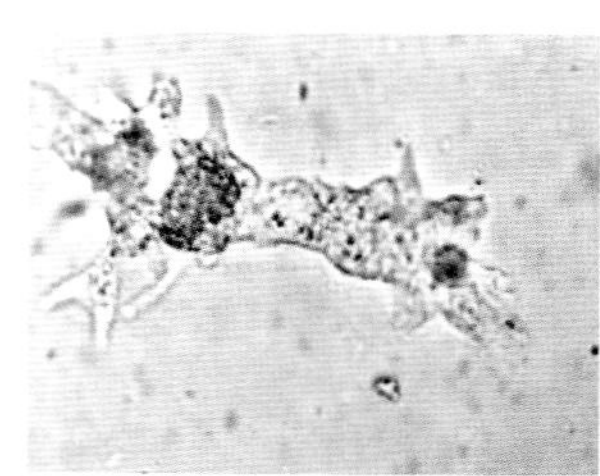
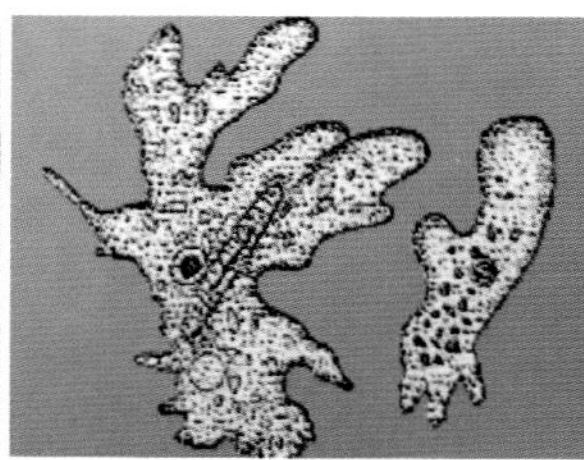
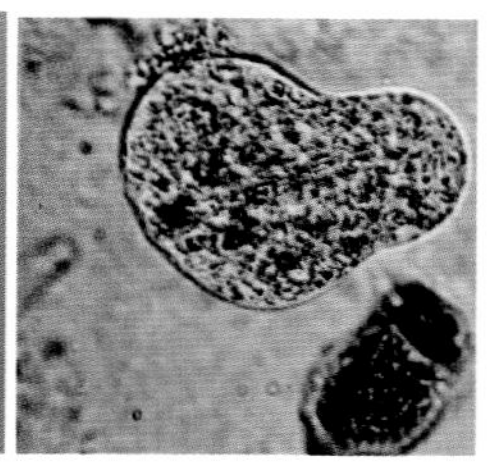

3. 多核变形虫属（*Pelomyxa*）

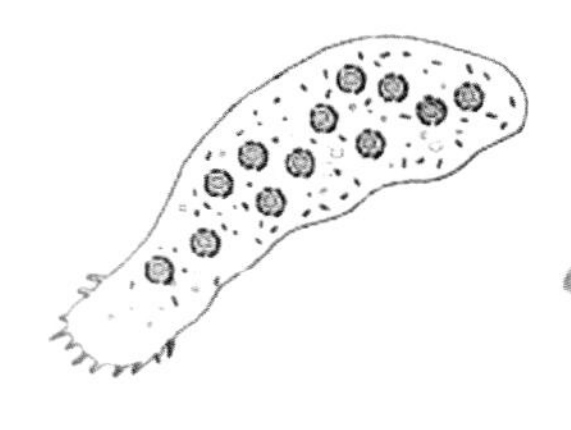
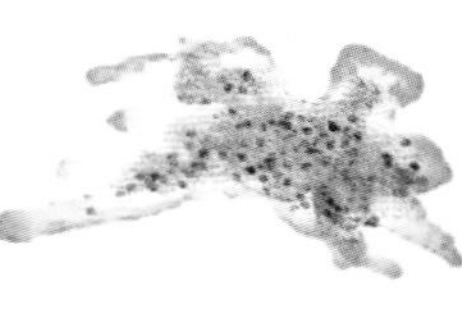
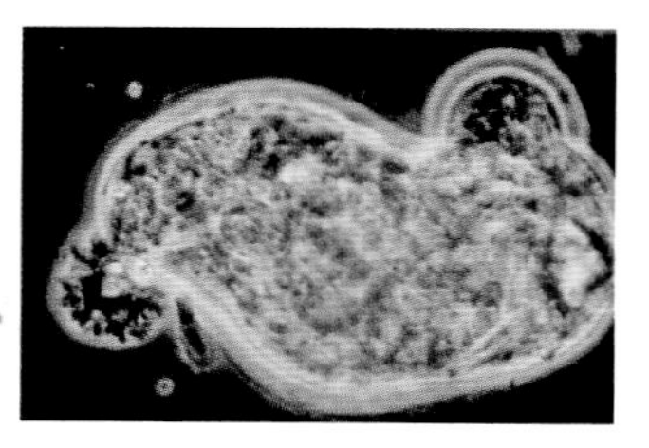

4. 古纳虫属（*Naegleria*）

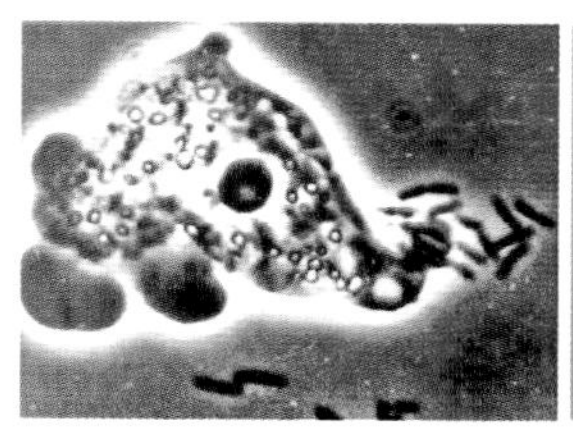
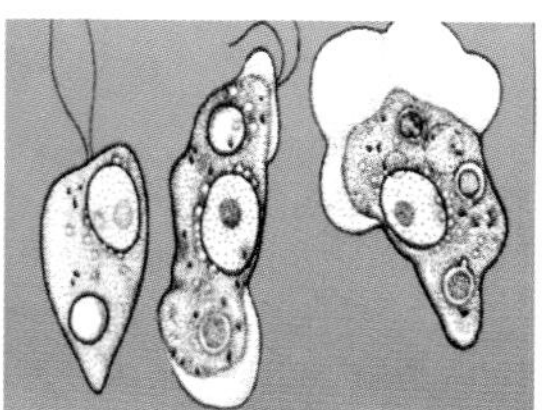
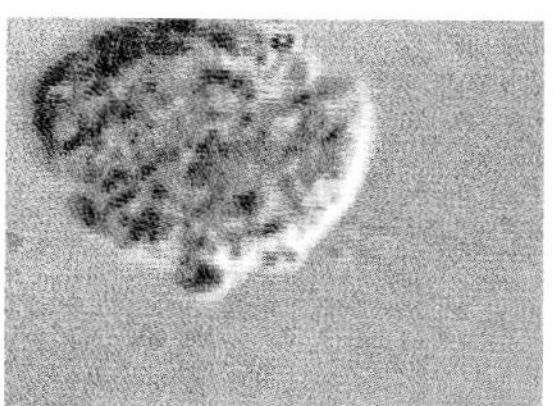

5. 盖氏虫属（*Glaeseria*）

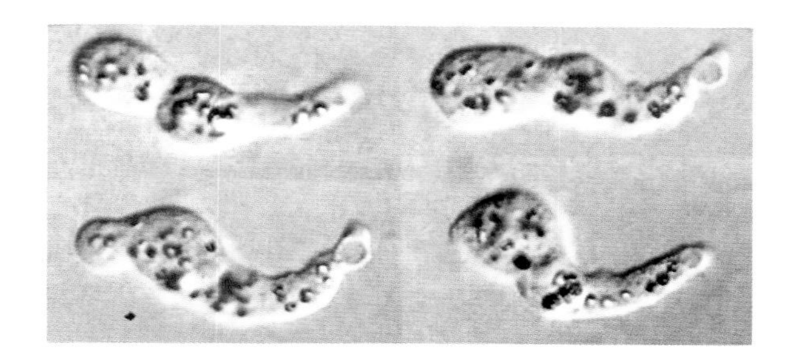

6. 囊变形虫属（*Saccamoeba*）

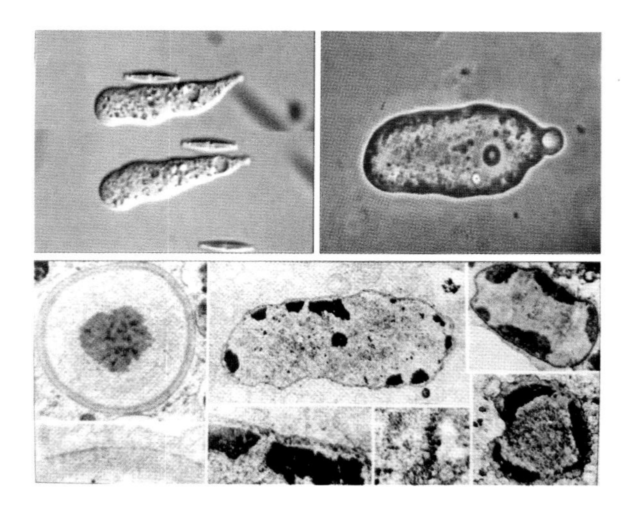

7. 焰变虫属（*Flamella*）

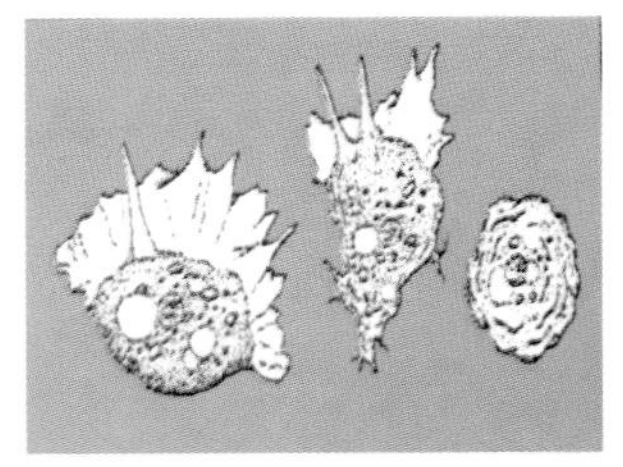

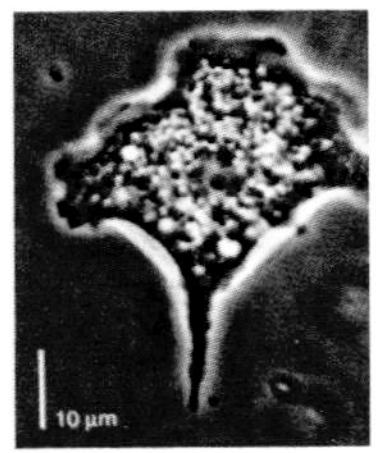

8. 晶盘虫属（*Hyalodicus*）

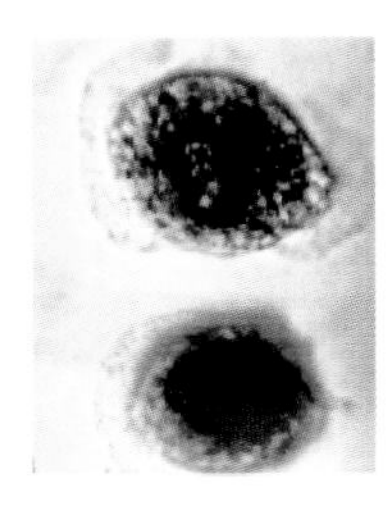

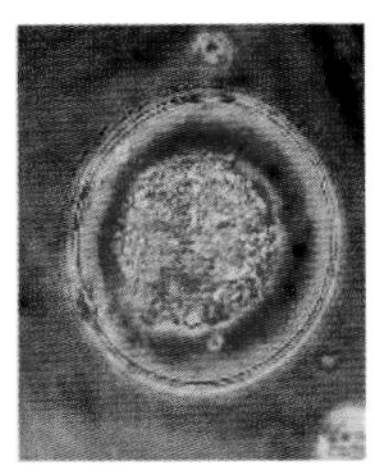

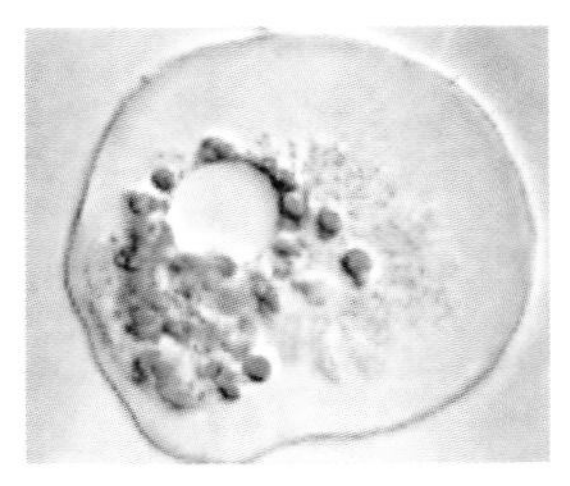

9. 甲变形属（*Thecamoeba*）

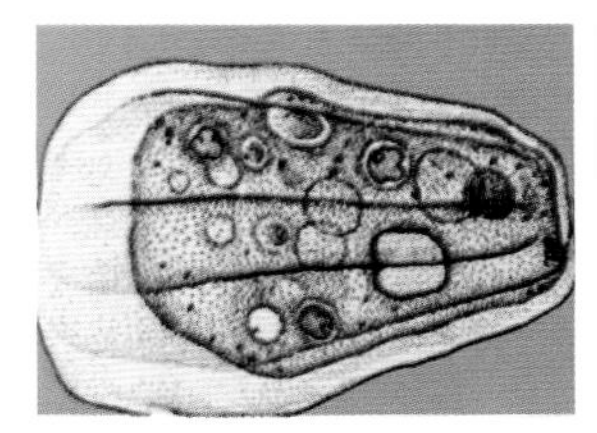

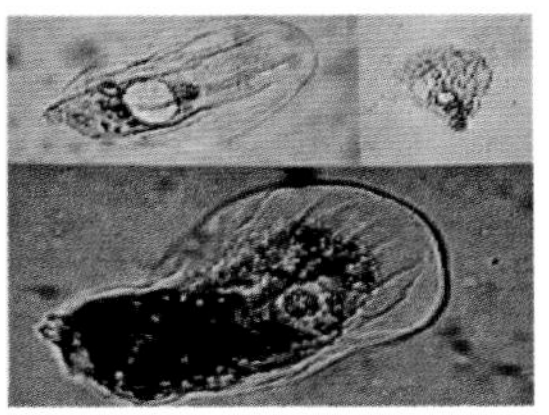

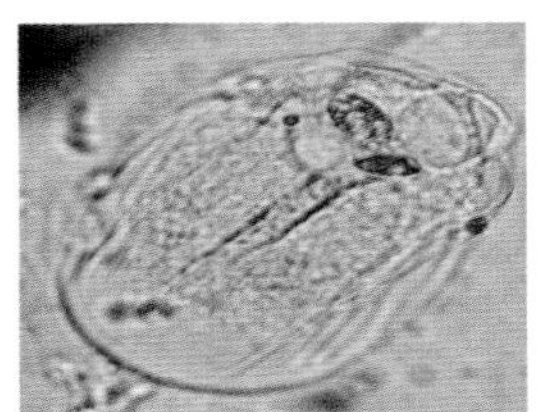

10. 条变形虫属（*Striamoeba*）

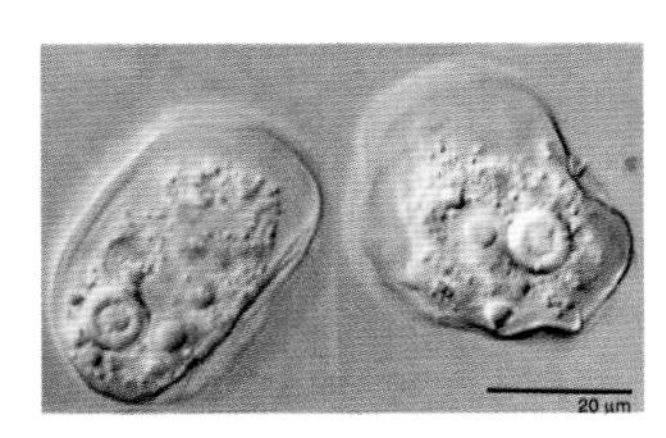

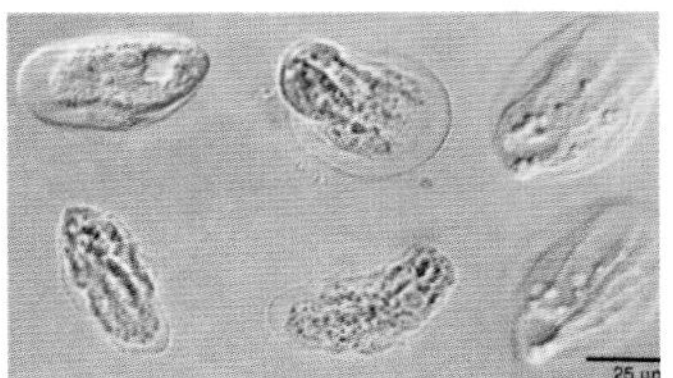

11. 盘变形虫属（*Discamoeba*）

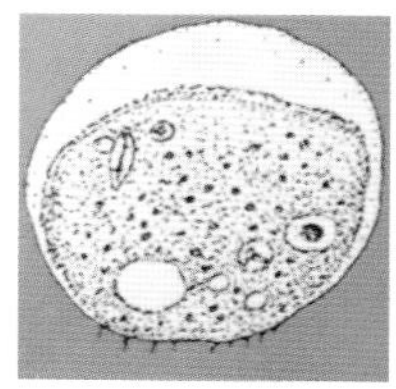
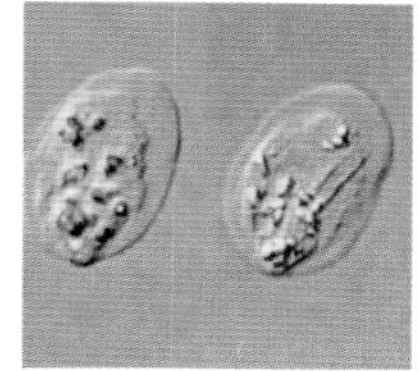
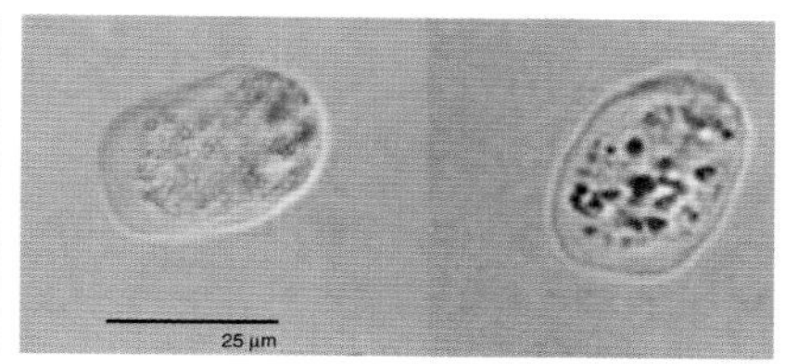

12. 马氏虫属（*Mayorella*）

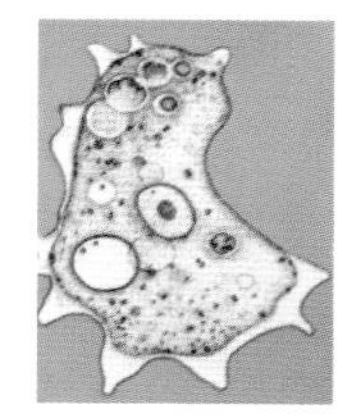
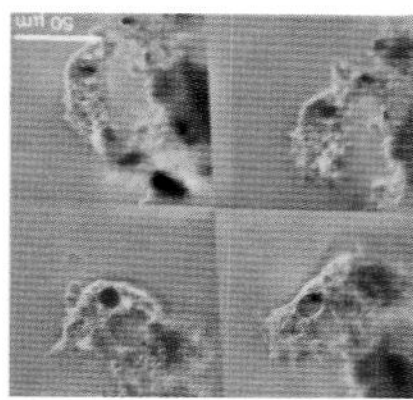
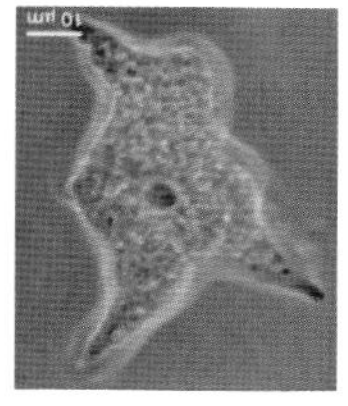
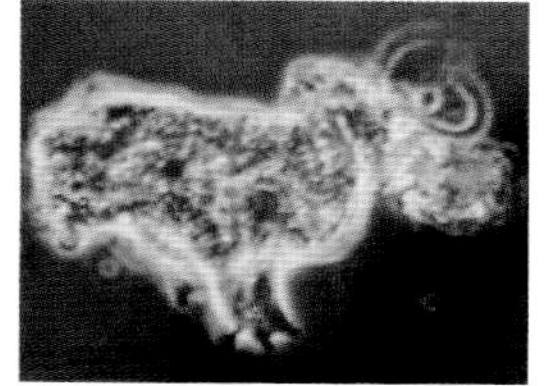

13. 丝变形虫属（*Filamoeba*）

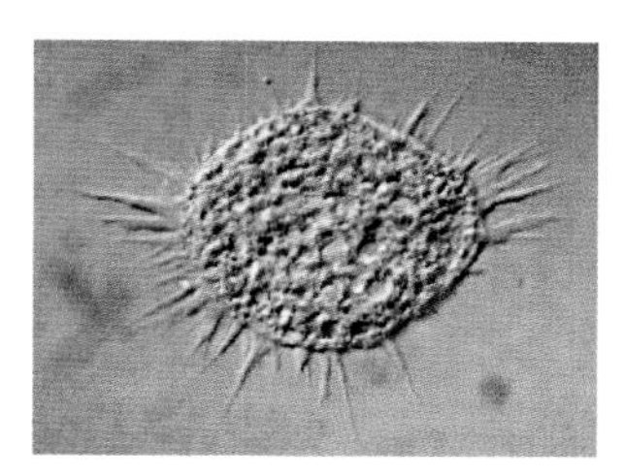
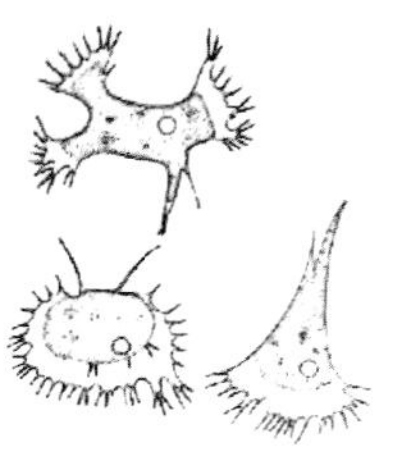

14. 表壳虫属（*Arcella*）

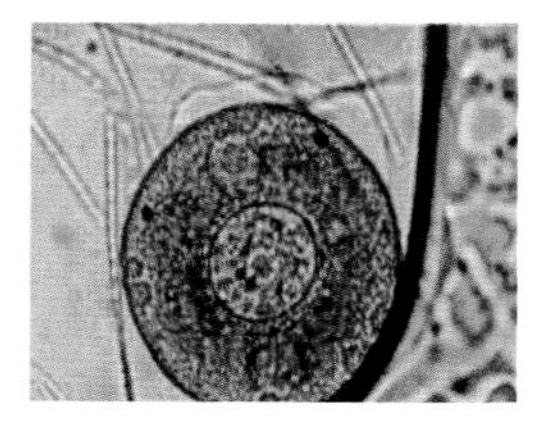
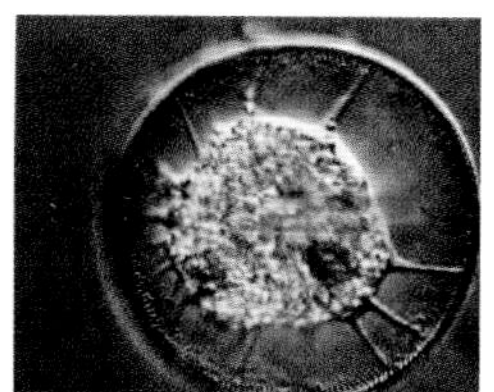

15. 茄壳虫属（*Hyalosphenia*）

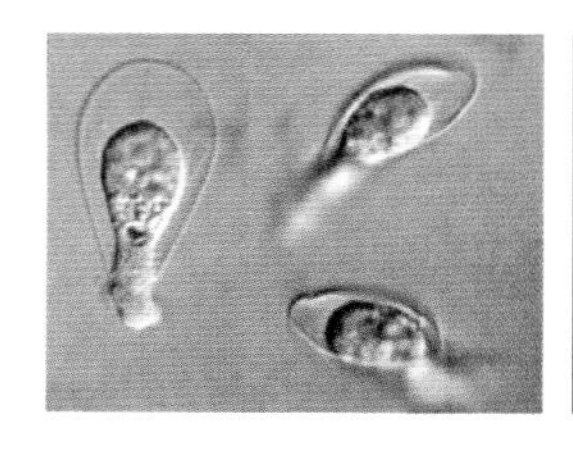
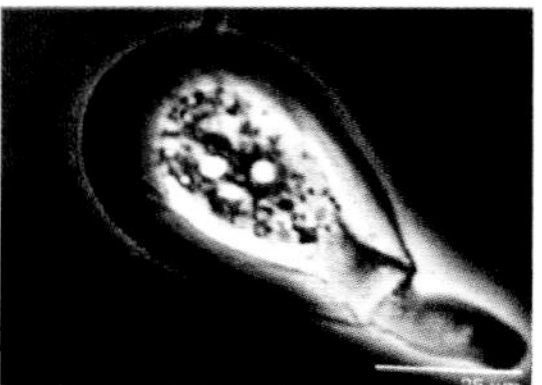

16. 匣壳虫属（*Centropyxis*）

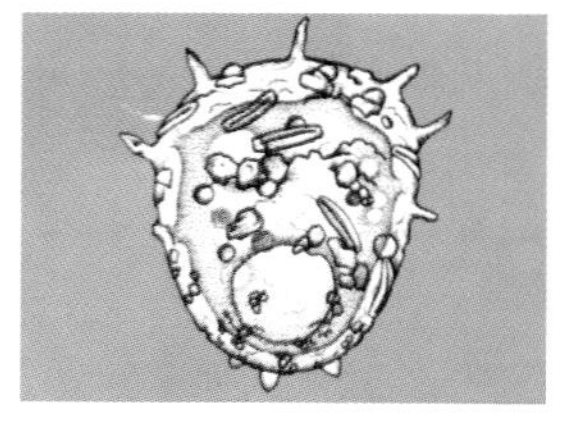
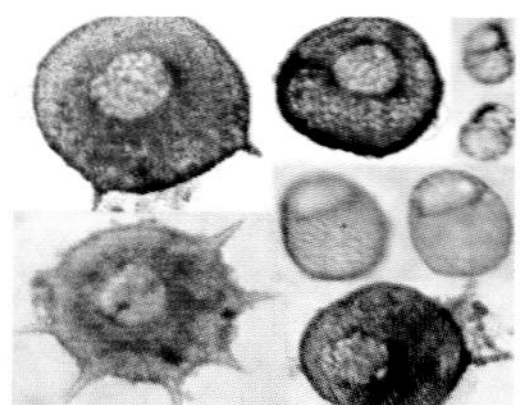

17. 圆壳虫属（*Cyclopyxis*）

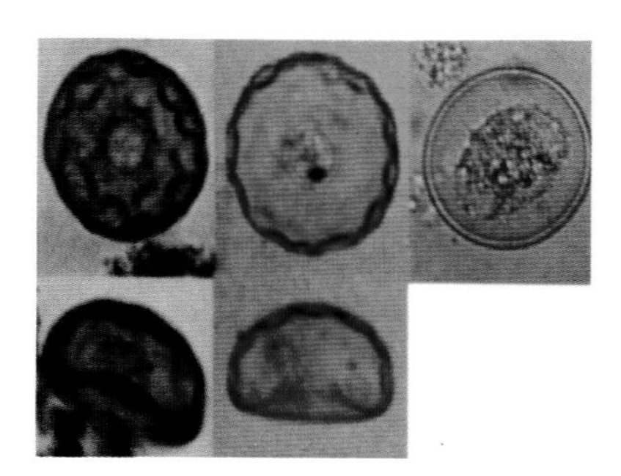

18. 砂壳虫属（*Difflugia*）

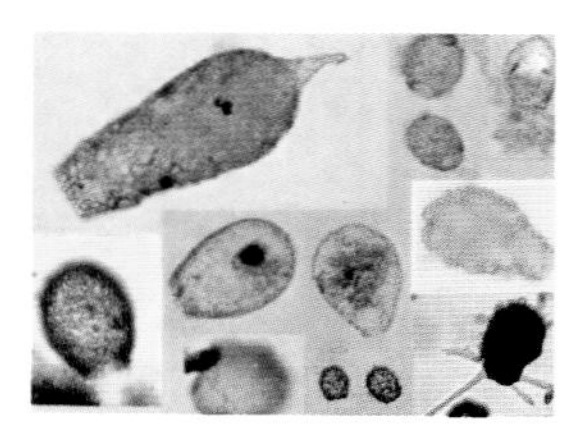
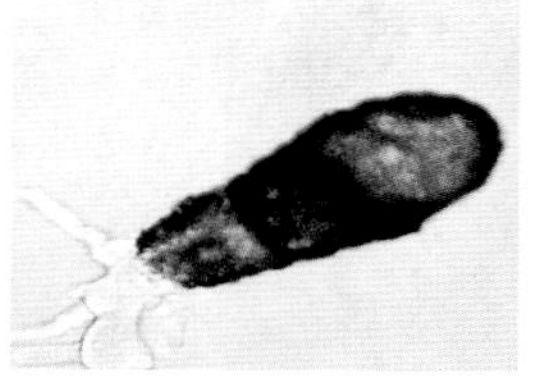
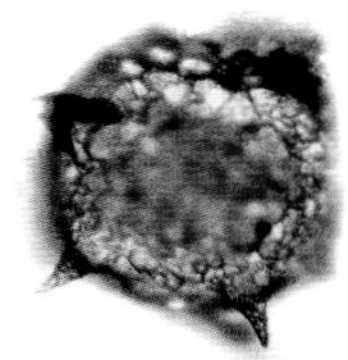

19. 方壳虫属（*Quadrulella*）

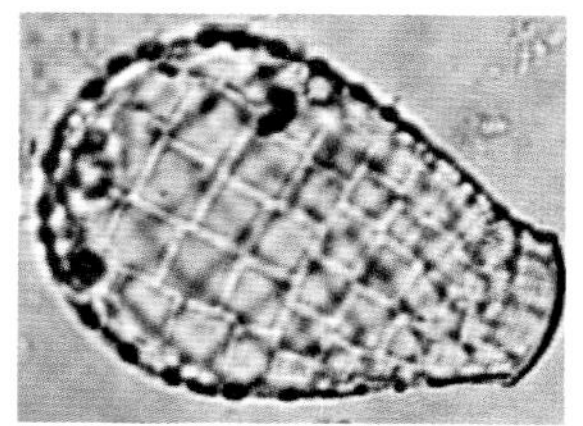

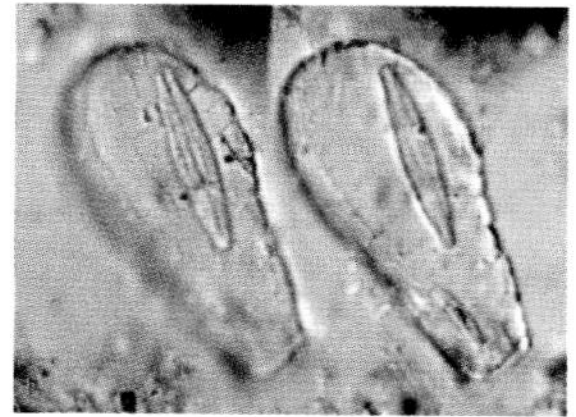

20. 旋扁壳虫属（*Lesquereusia*）

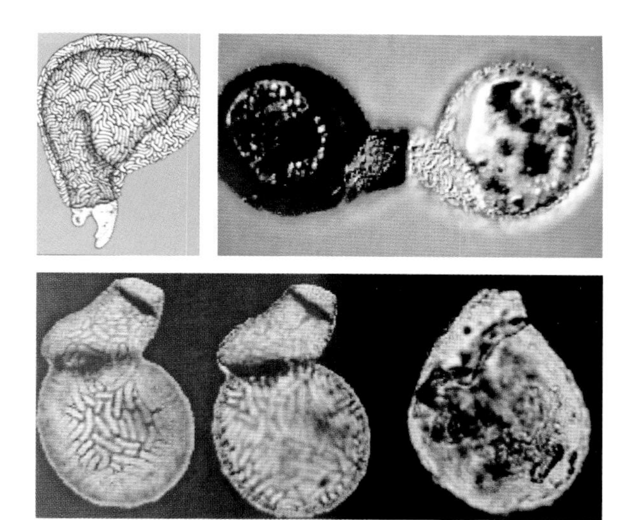

21. 梨壳虫属（*Nebela*）

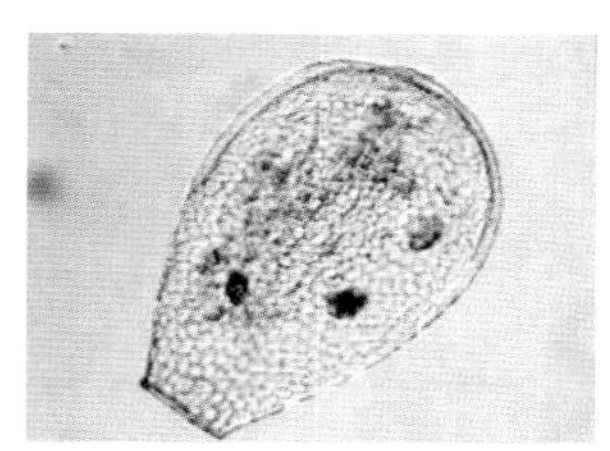

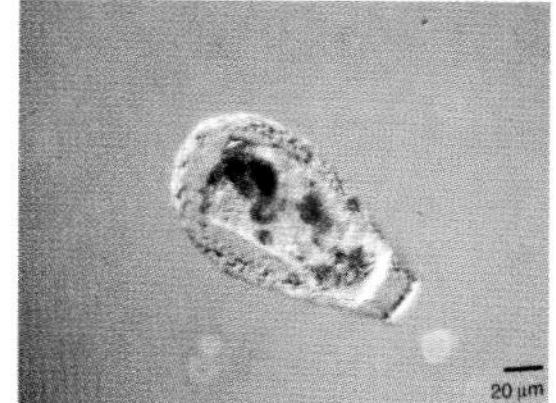

22. 拟砂壳虫属（*Pseudodifflugia*）

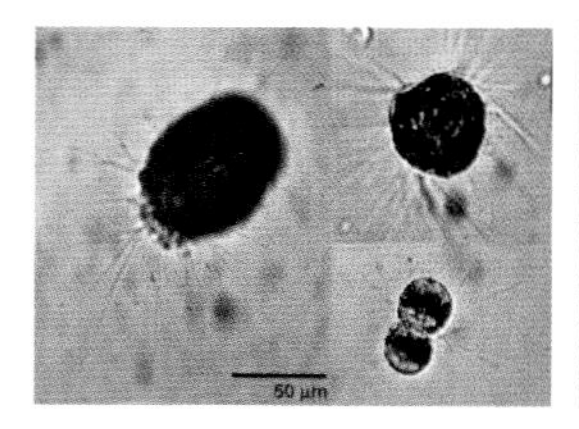

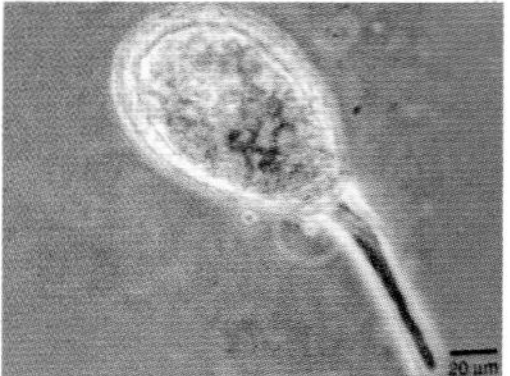

23. 曲颈虫属（*Cyphoderia*）

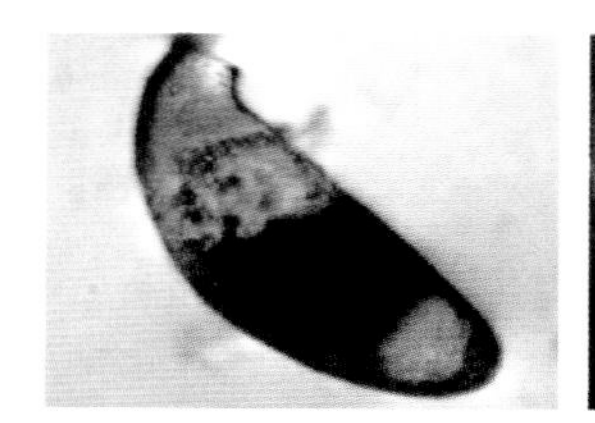

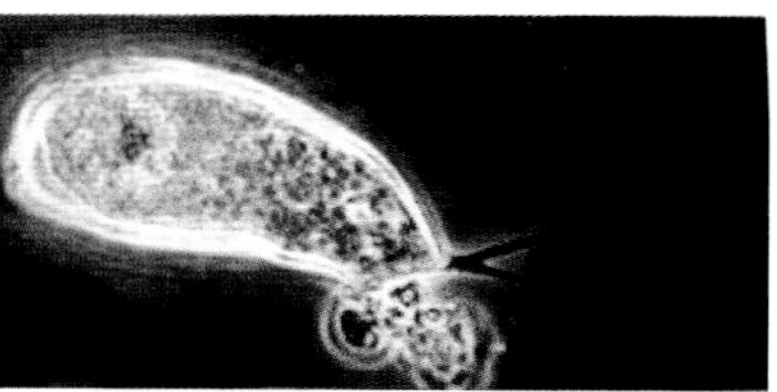

24. 鳞壳虫属（*Euglypha*）

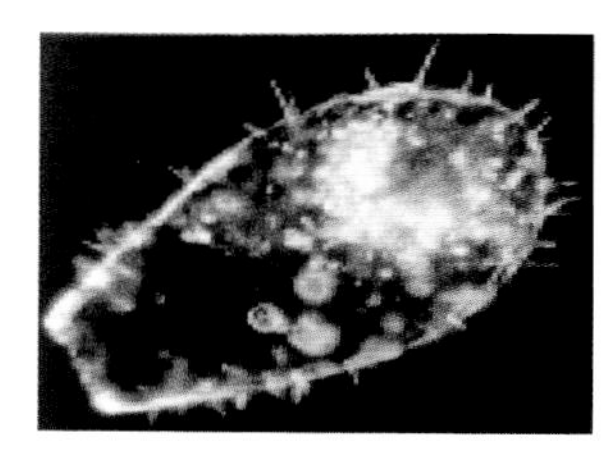

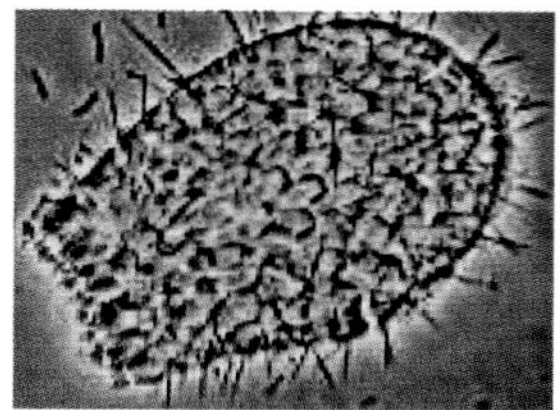

25. 三足虫属（*Trinema*）

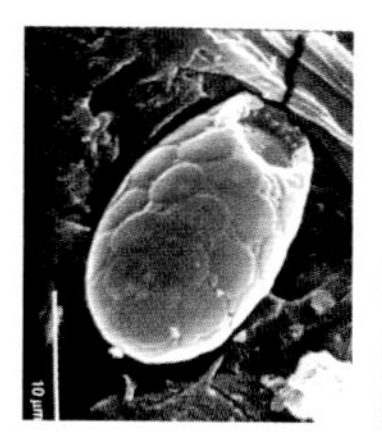

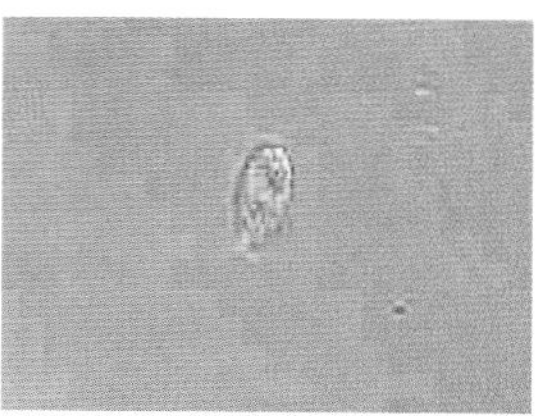

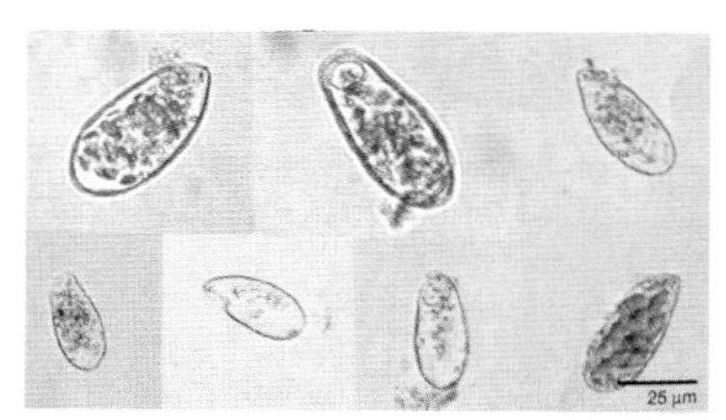

26. **太阳虫属**（*Actinophrys*）

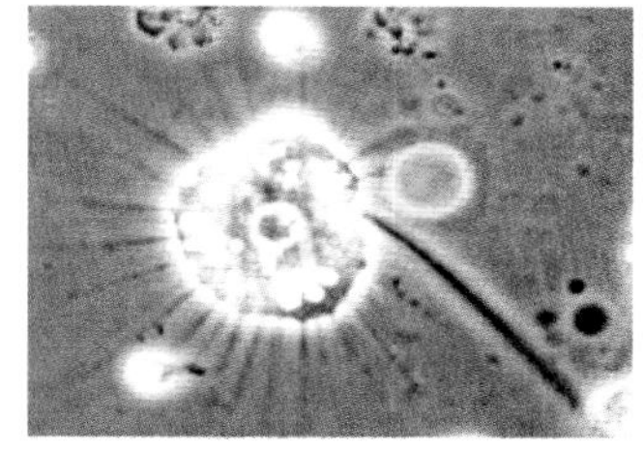
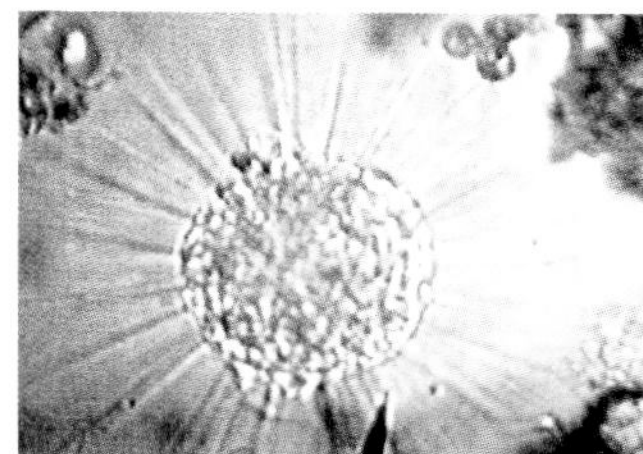

27. **光球虫属**（*Actinosphaerium*）

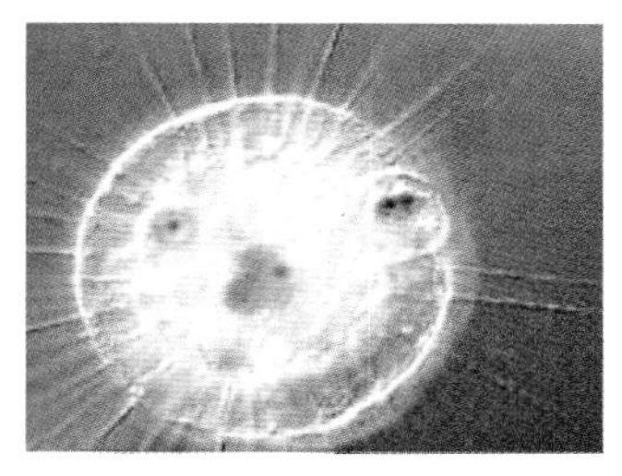
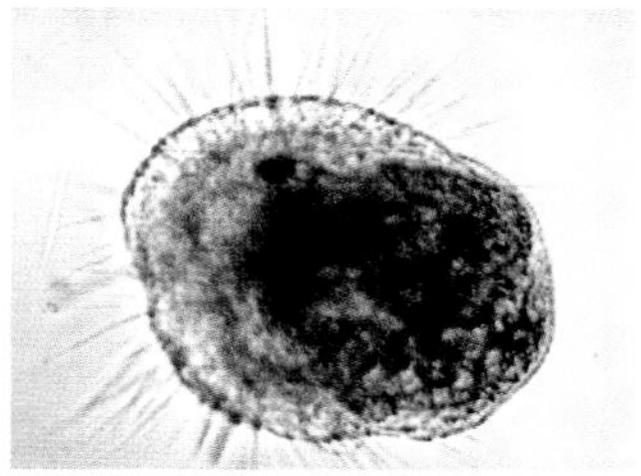

28. **星盘虫属**（*Astrodisculus*）

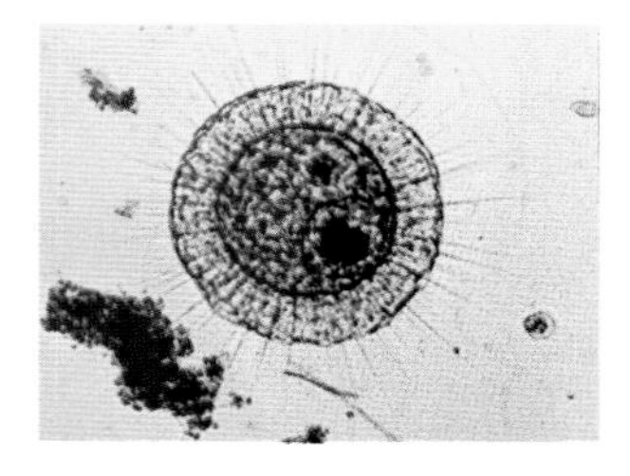

29. **刺日虫属**（*Raphidiophrys*）

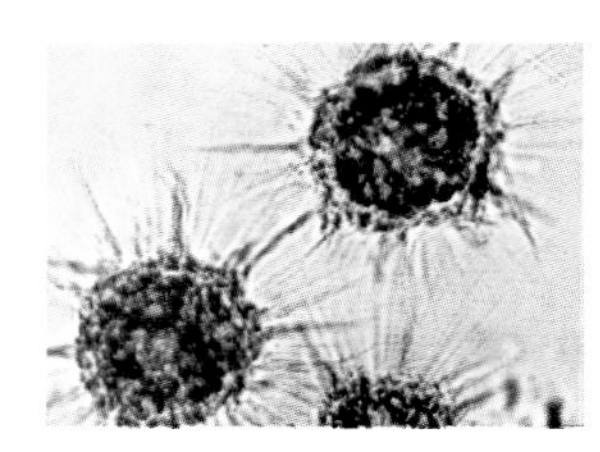
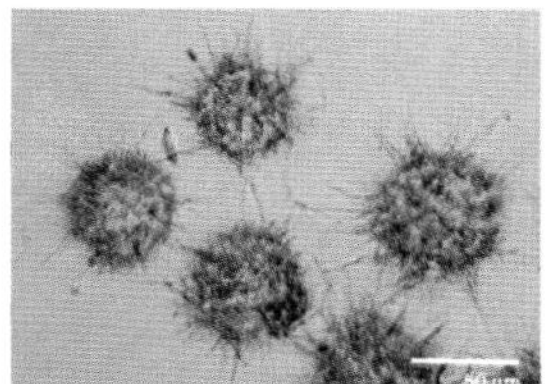

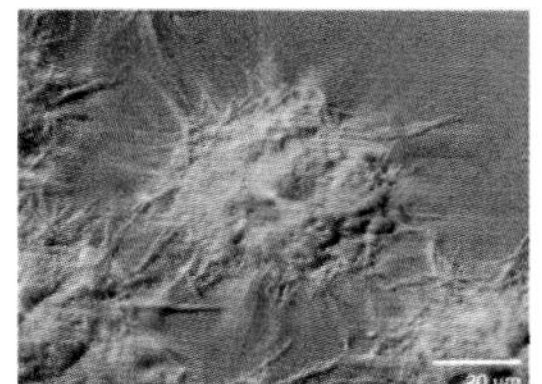

30. 针胞虫属（*Raphidocystis*）

31. 松叠虫属（*Pinaciophora*）

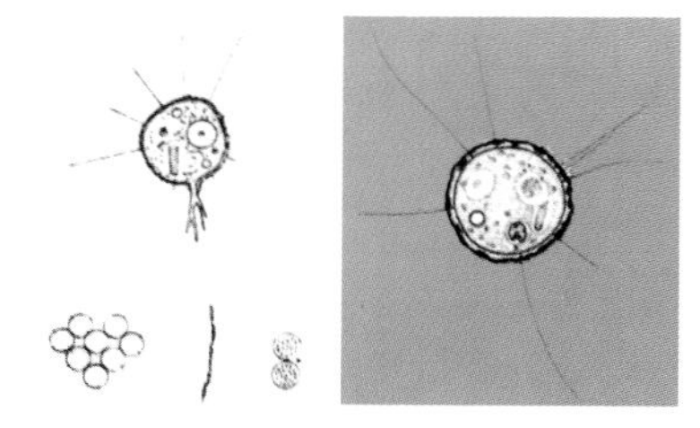

32. 刺胞虫属（*Acanthocystis*）

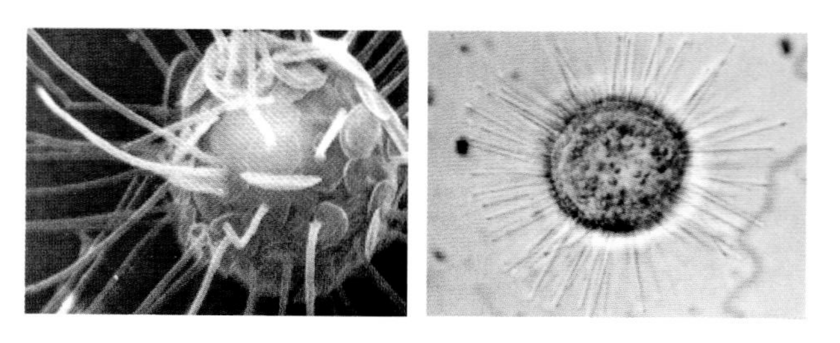

33. 孔锤虫属（*Clathrulina*）

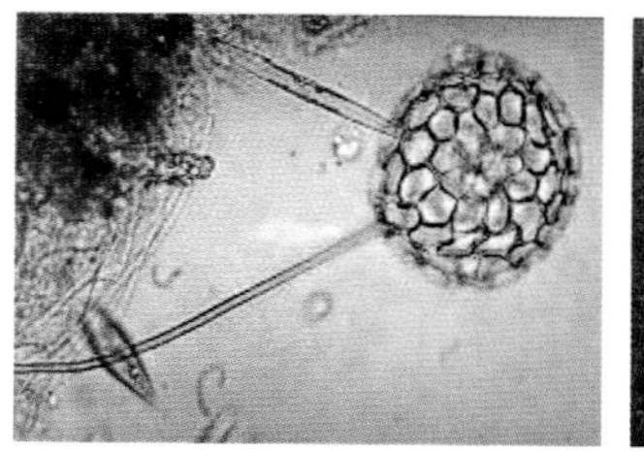

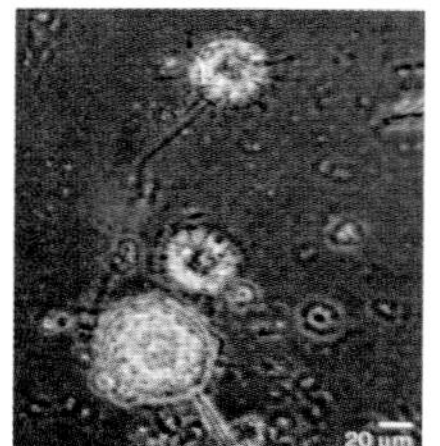

（二）纤毛虫纲

34. 喙纤虫属（*Loxodes*）

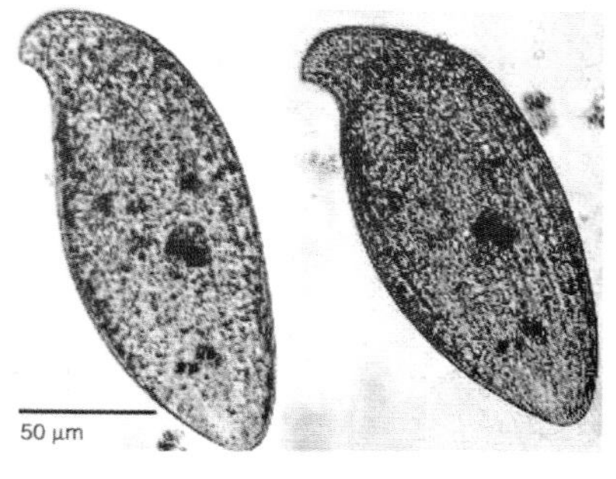

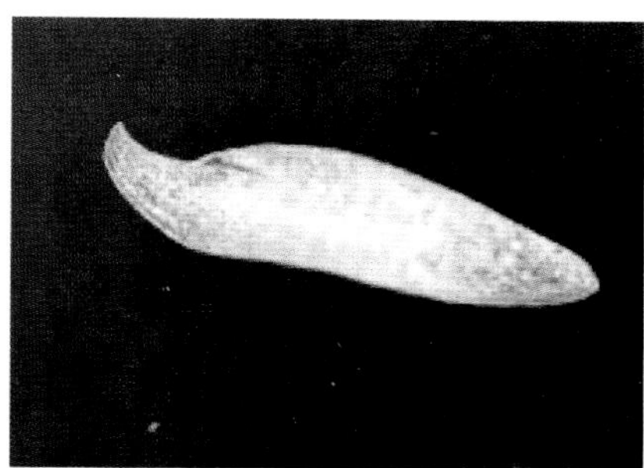

35. 裸口虫属（*Holphrya*）

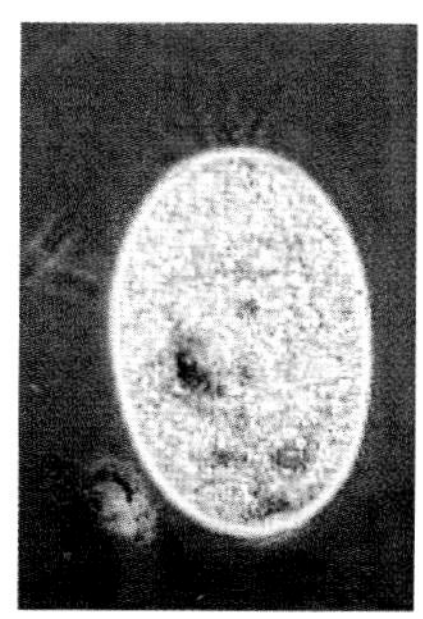

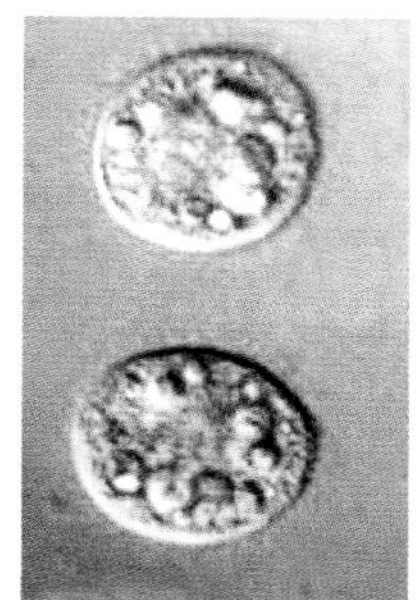

36. 板纤虫属（*Placus*）

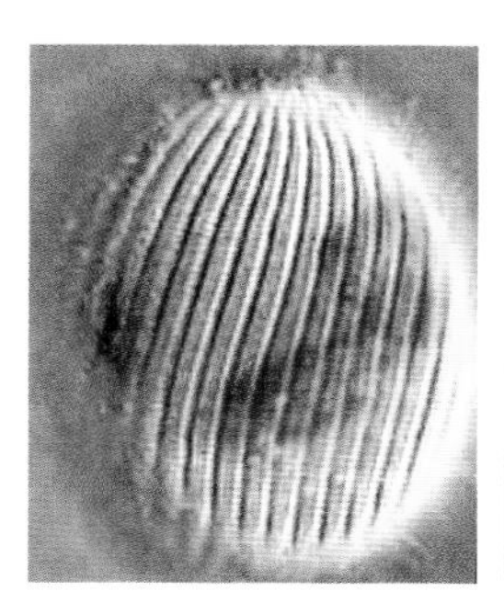

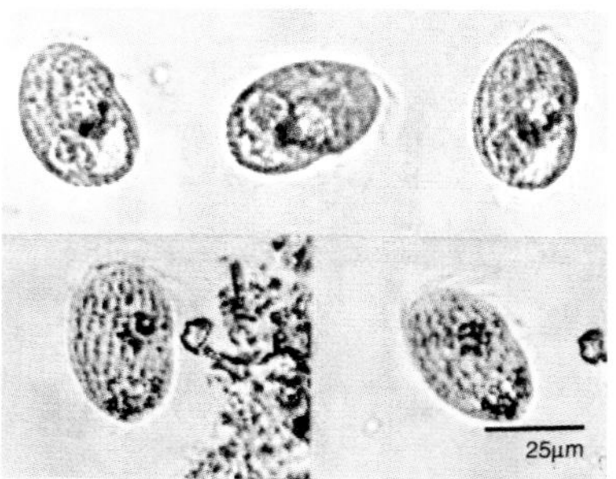

37. 拟前管虫属（*Pseudoprorodon*）

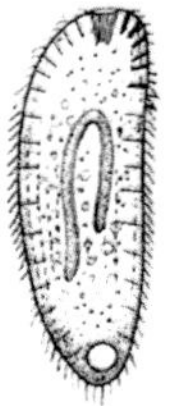
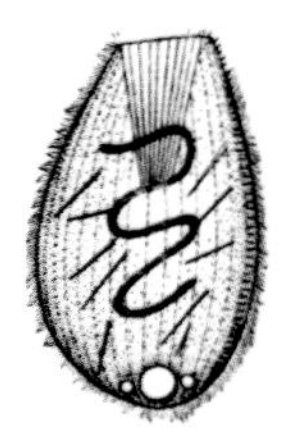

38. 板壳虫属（*Coleps*）

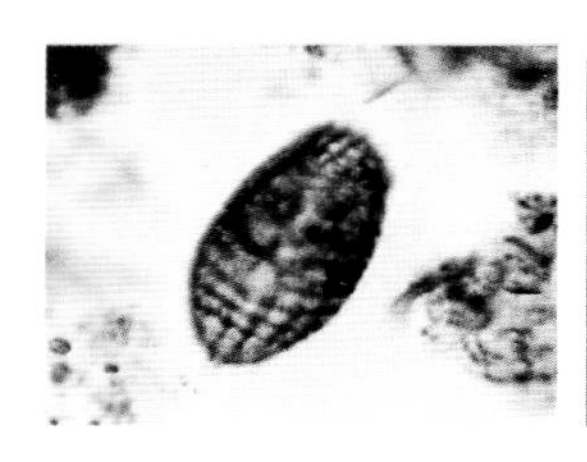
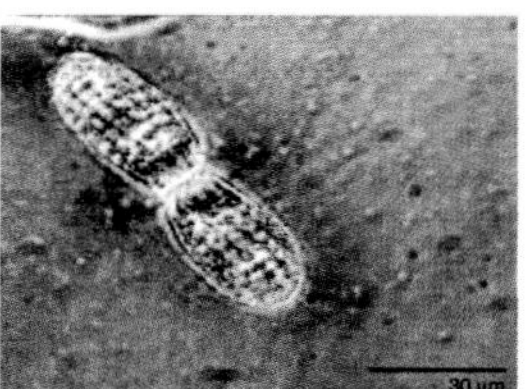

39. 长吻虫属（*Lacrymaria*）

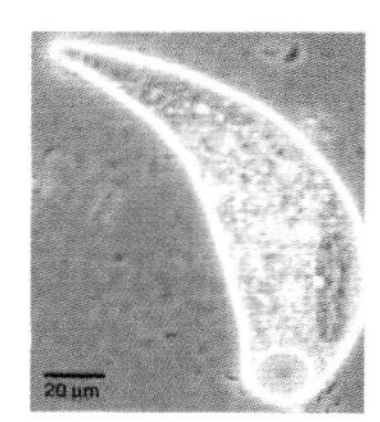

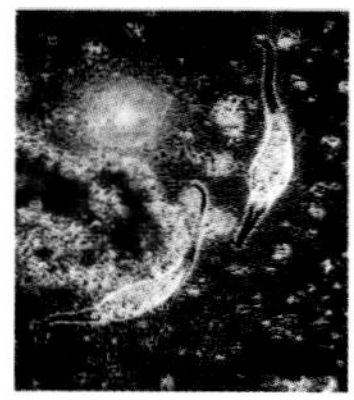
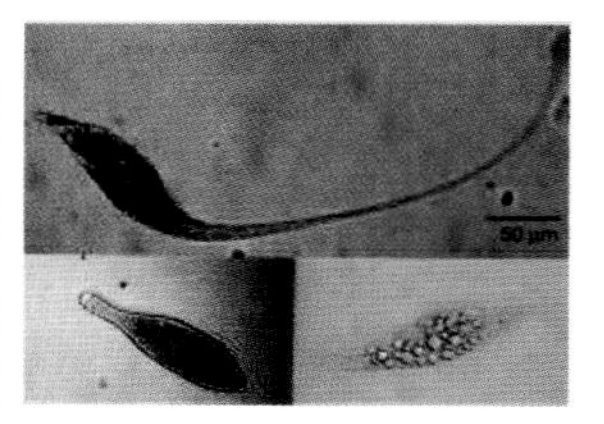

40. 管叶虫属（*Trachelophyllum*）

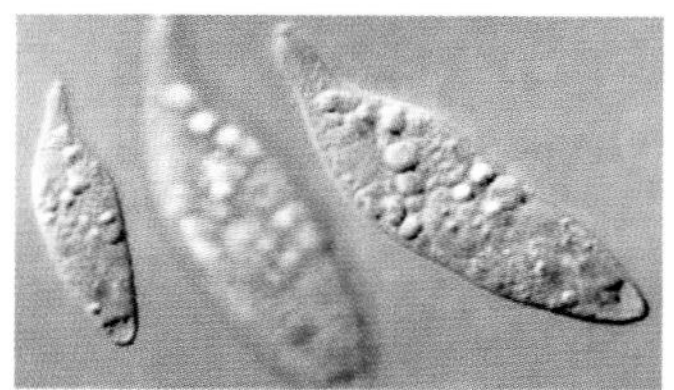
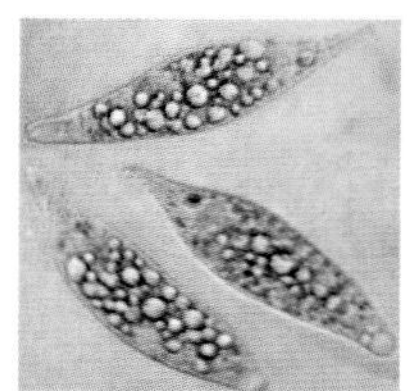

41. 刀口虫属（*Spathidium*）

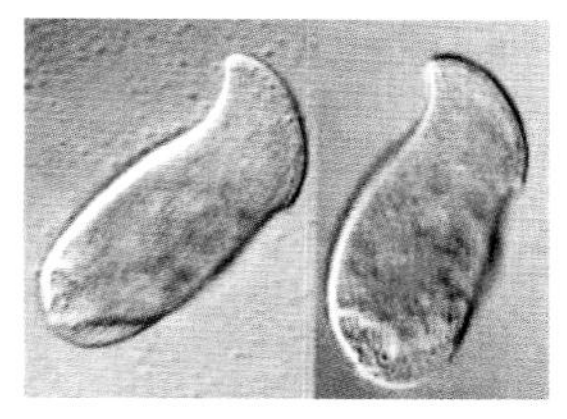
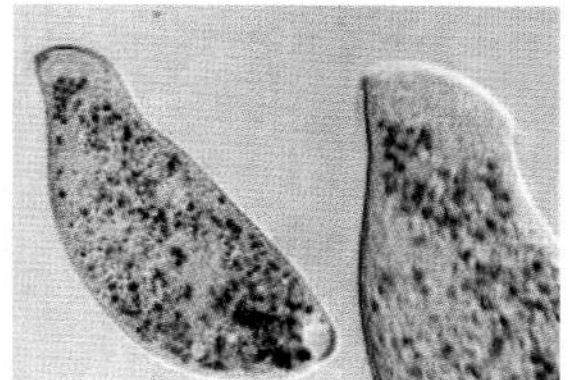

42. 圆口虫属（*Trachelius*）

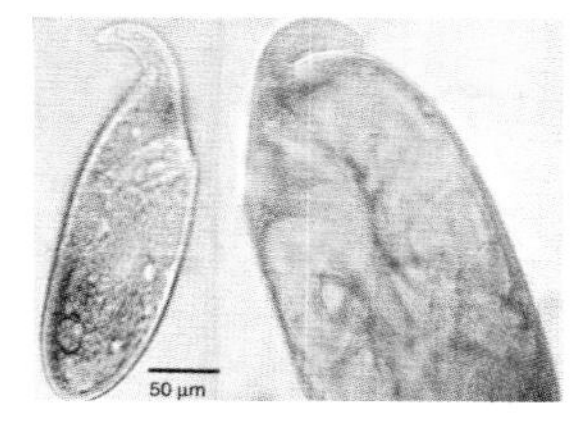

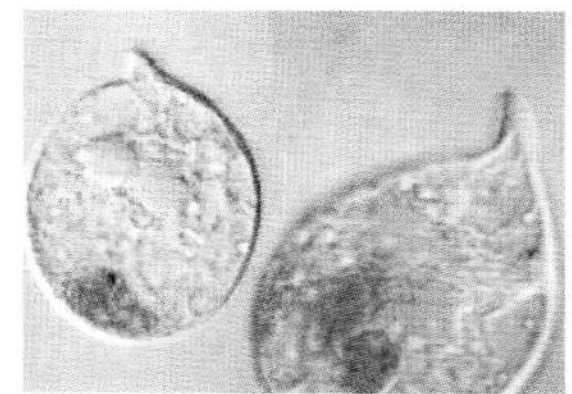

43. 长颈虫属（*Dileptus*）

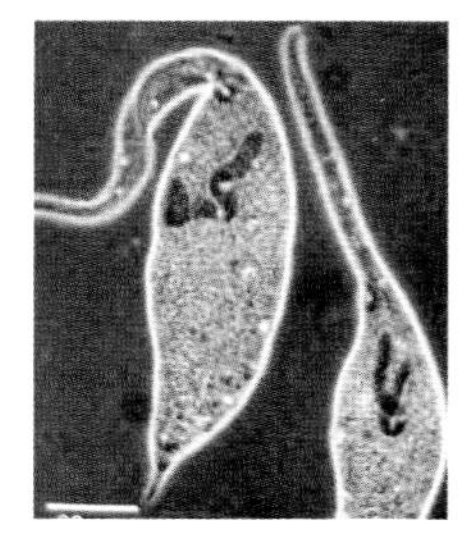
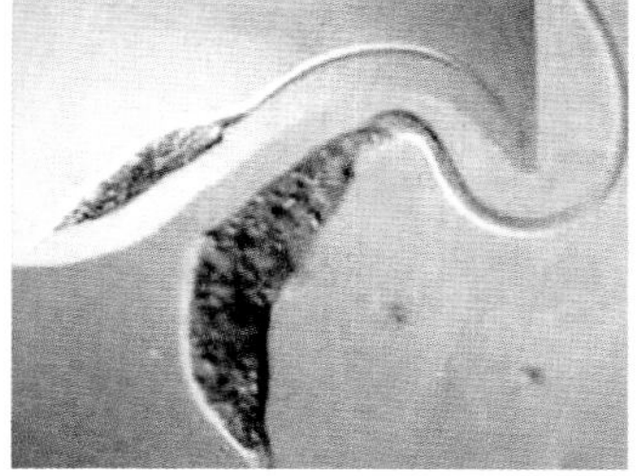

44. 栉毛虫属（*Didinium*）

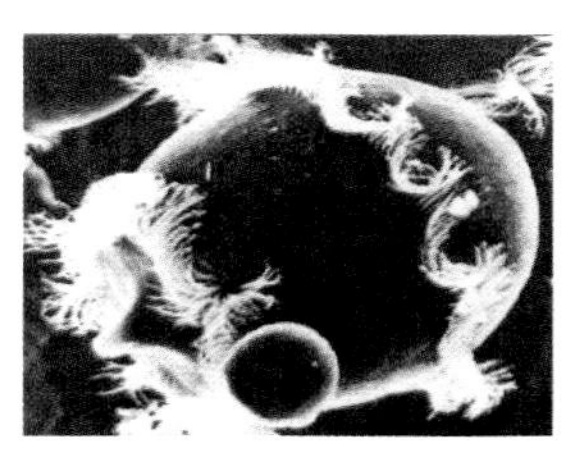
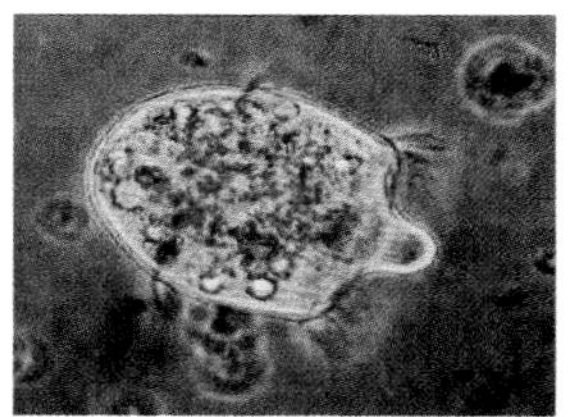

45. 射纤虫属（*Actinobolina*）

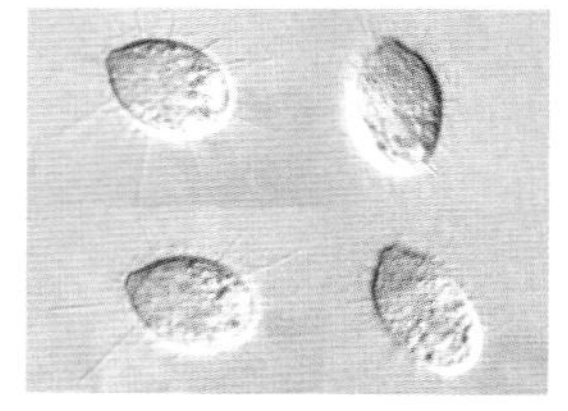

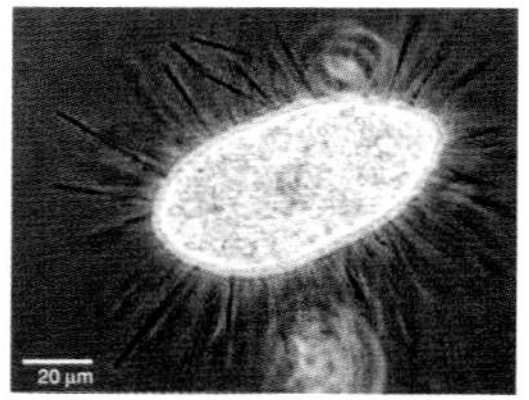

46. 裂口虫属（*Amphileptus*）

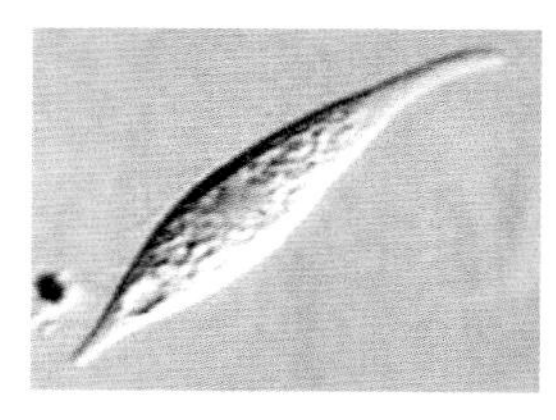

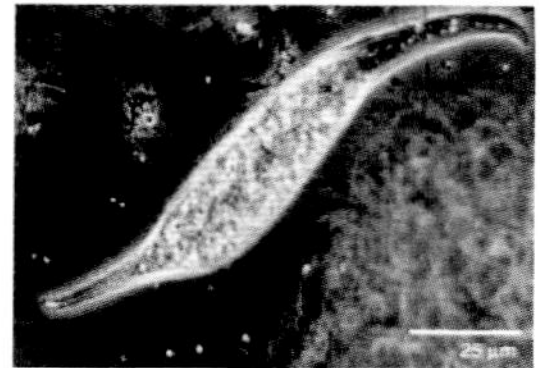

47. 斜叶虫属（*Loxophyllum*）

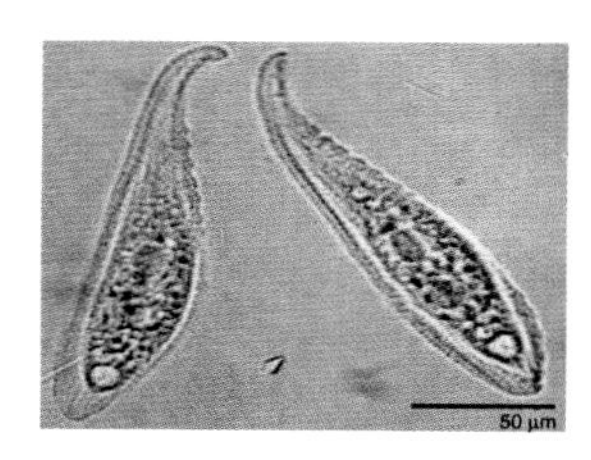

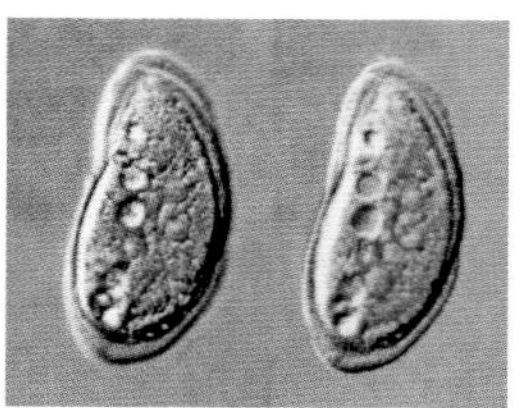

48. 漫游虫属（*Litonotus*）

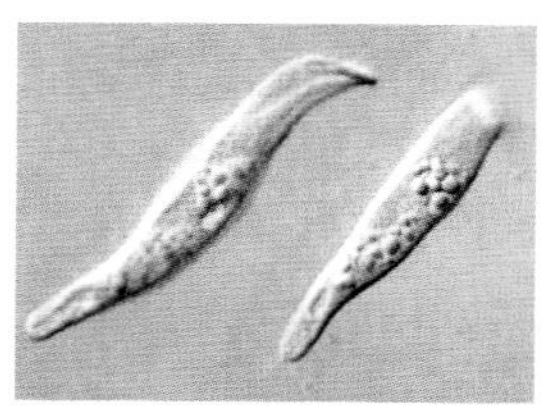

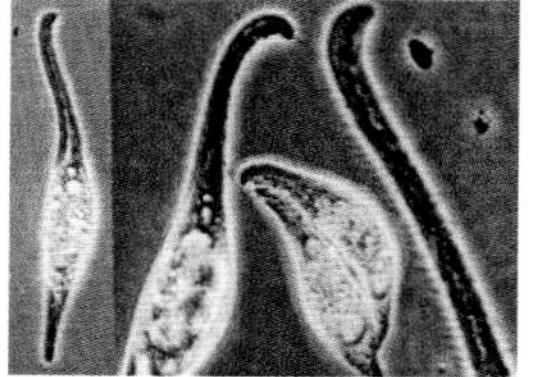

49. 斜毛虫属（*Plagiopyla*）

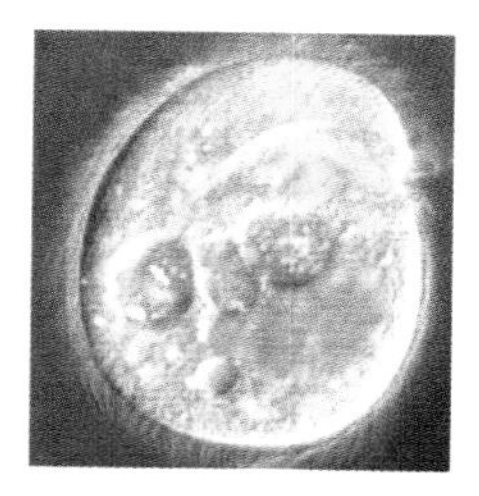
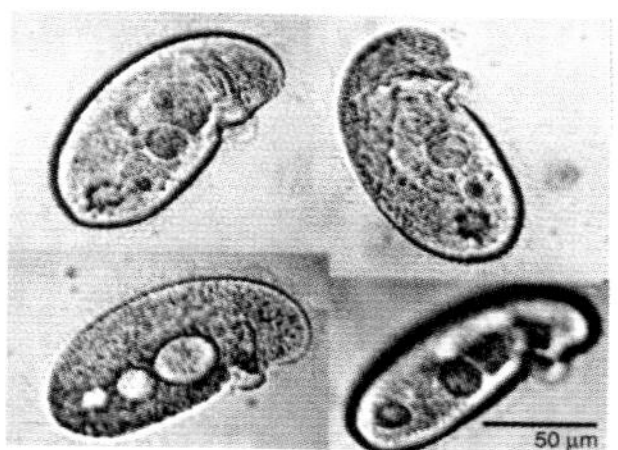

50. 拟斜管虫属（*Chilodontopsis*）

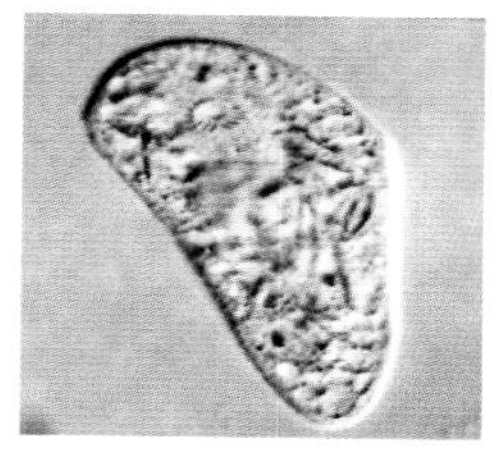
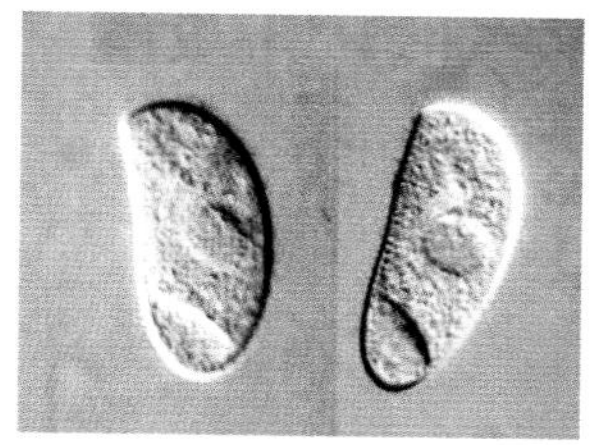

51. 篮口虫属（*Nassula*）

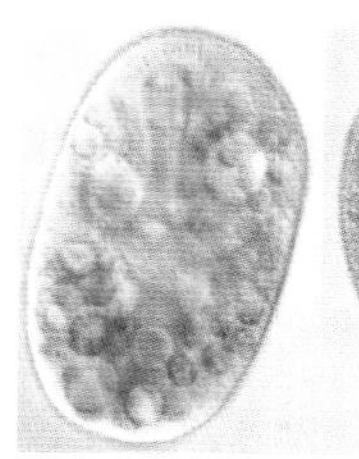
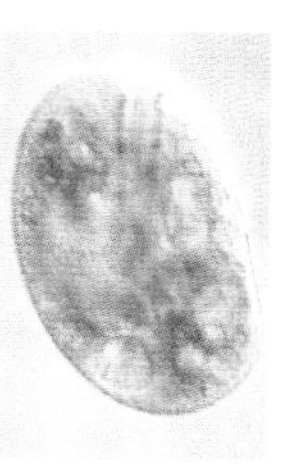
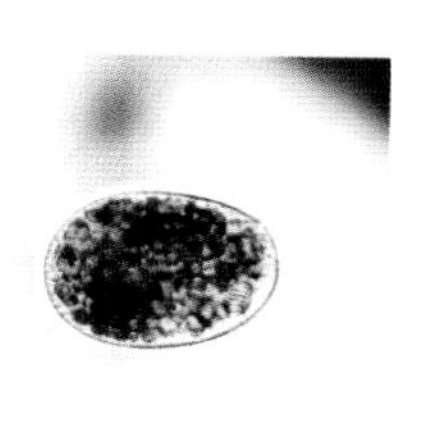

52. 薄咽虫属（*Leptopharynx*）

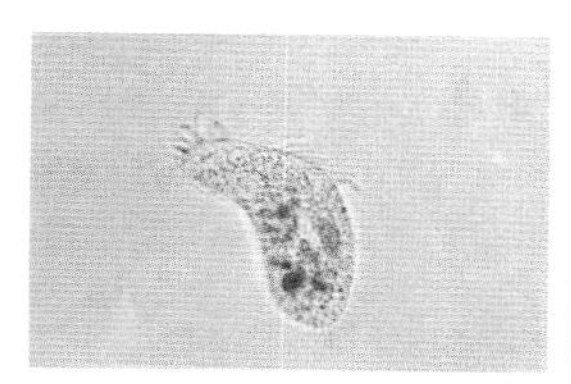
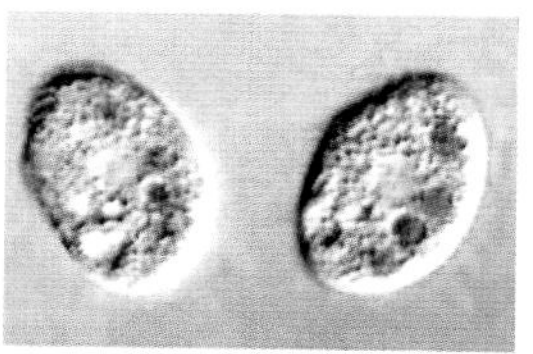

53. 拟小胸虫属（*Pseudomicrothorax*）

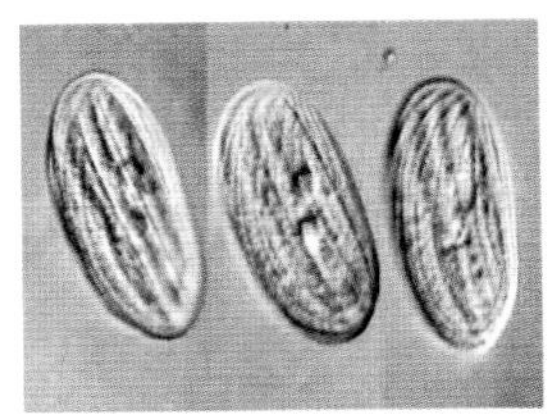

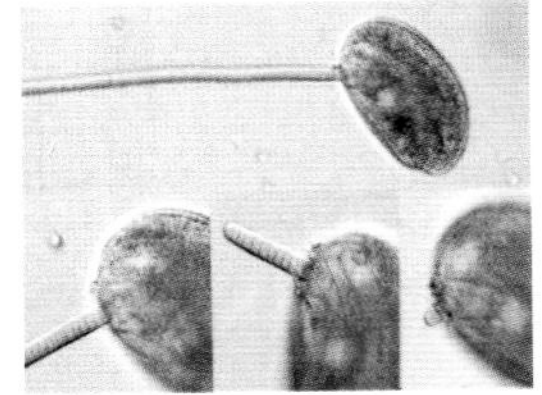

54. 小胸虫属（*Microthorax*）

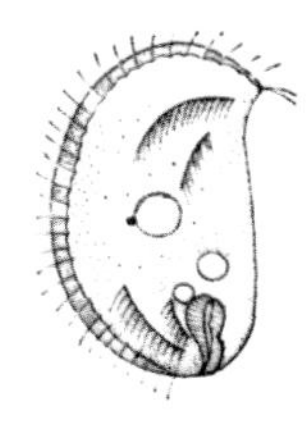

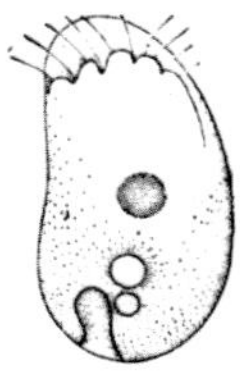

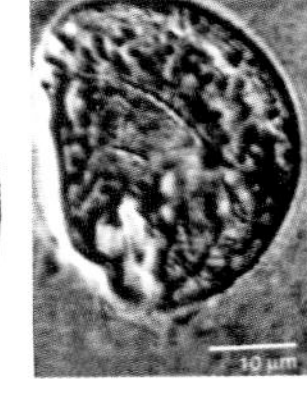

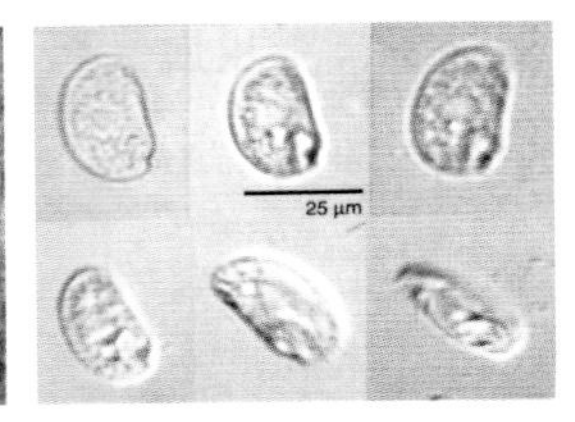

55. 足吸管虫属（*Podophrya*）

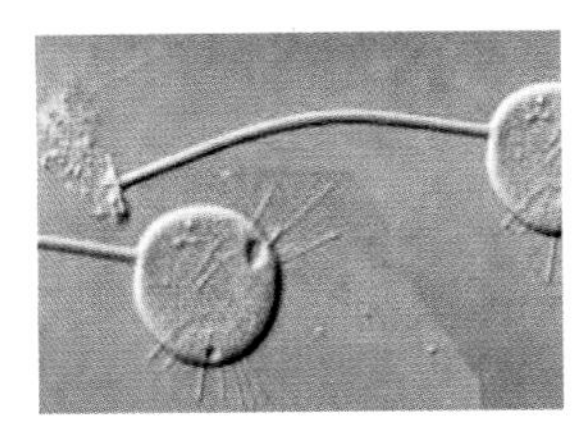

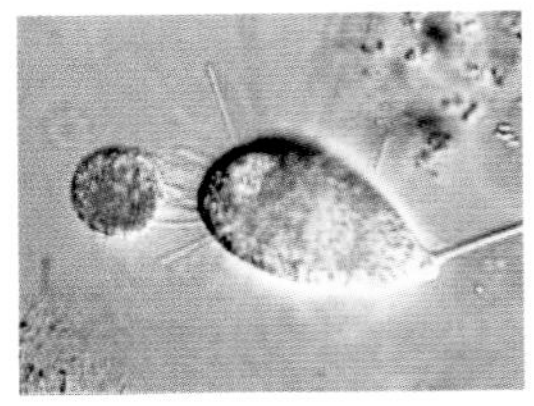

56. 球吸管虫属（*Sphaerophrya*）

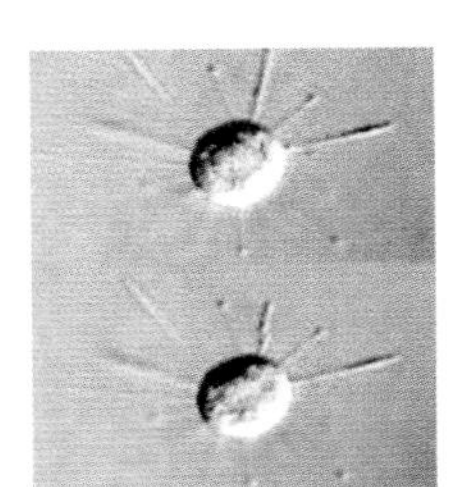

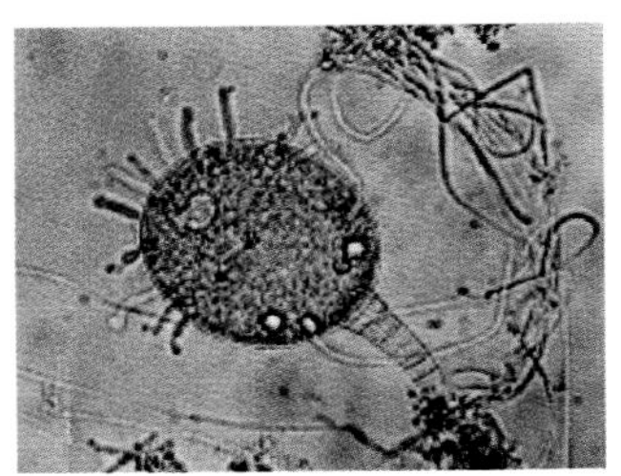

57. 壳吸管虫属（*Acineta*）

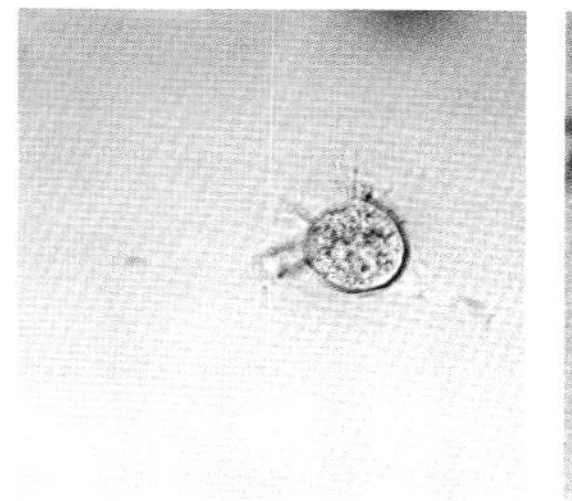

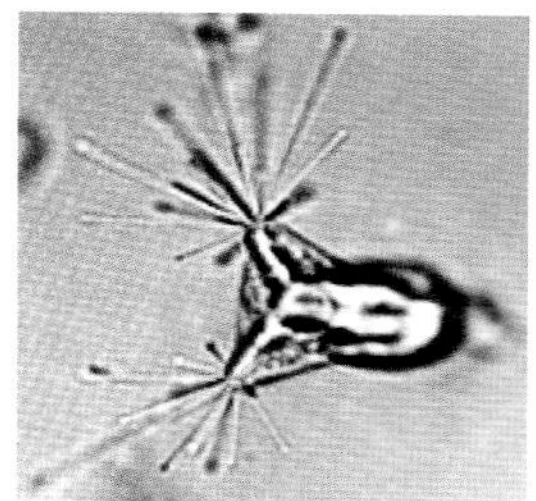

58. 管吸管虫属（*Solenophrya*）

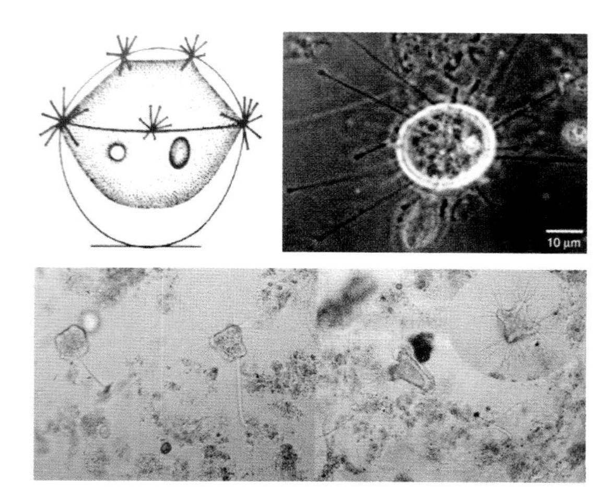

59. 锤吸管虫属（*Tokophrya*）

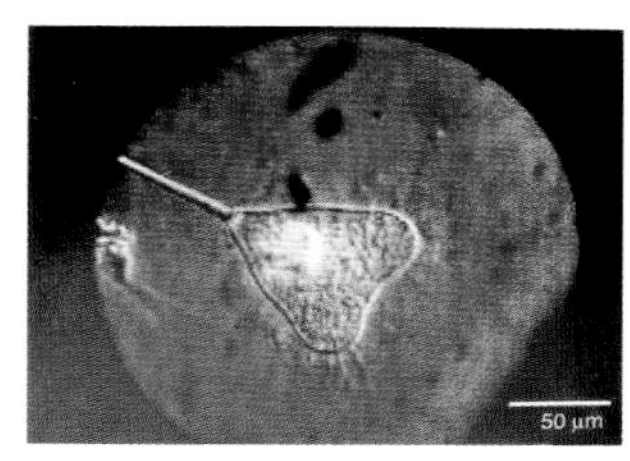

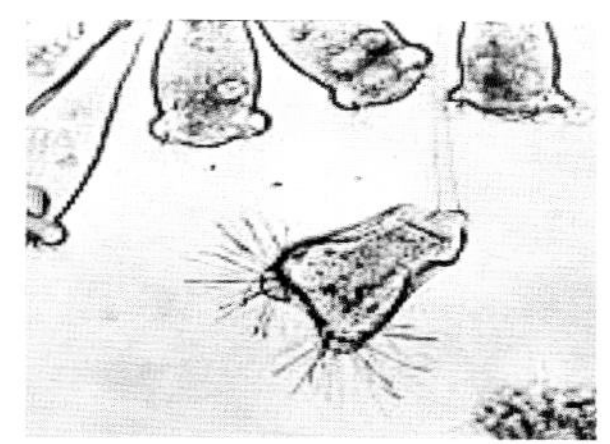

60. 十字吸管虫属（*Staurophrya*）

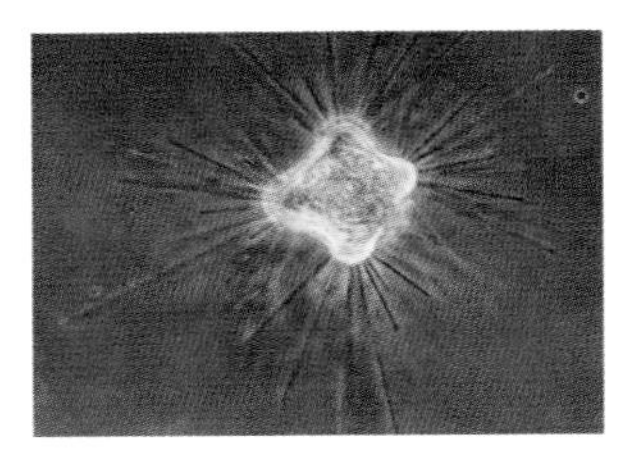

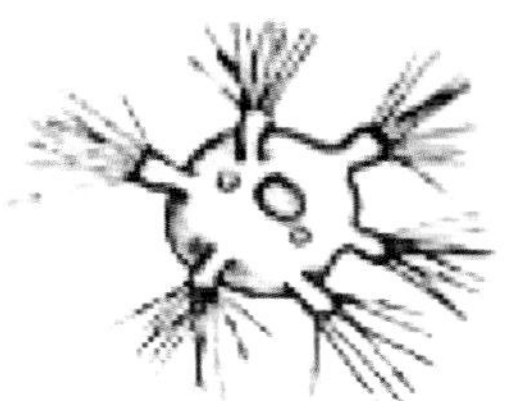

61. 毛吸管虫属（*Trichophrya*）

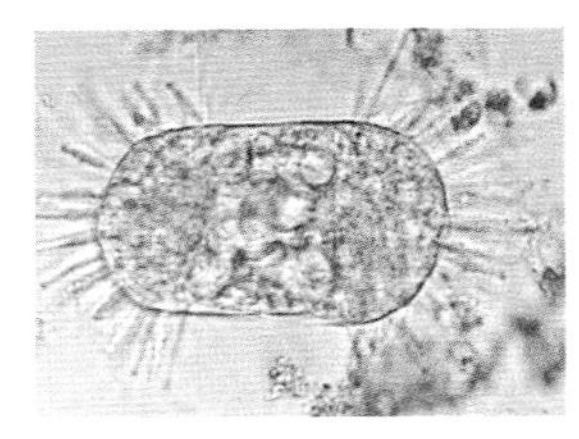

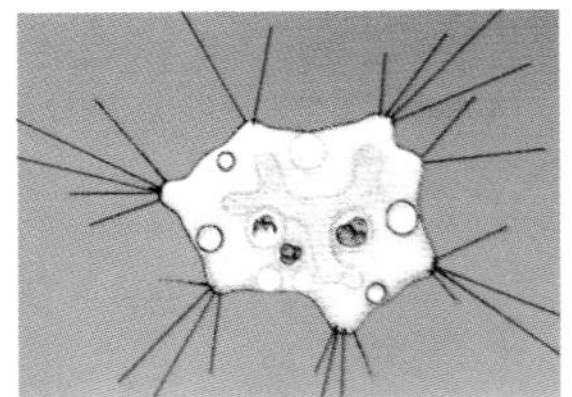

62. 放射吸管虫属（*Heliophrya*）

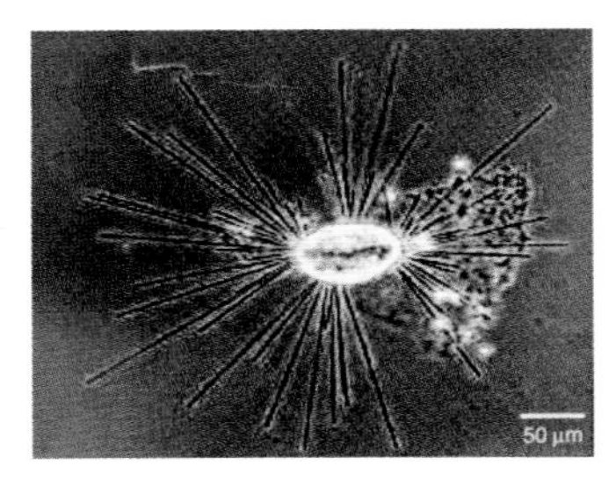

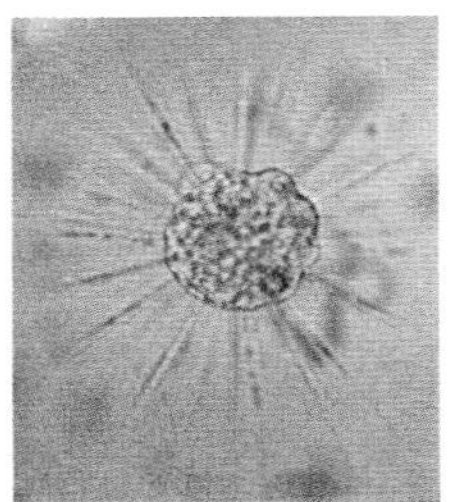

63. 豆形虫属（*Colpidium*）

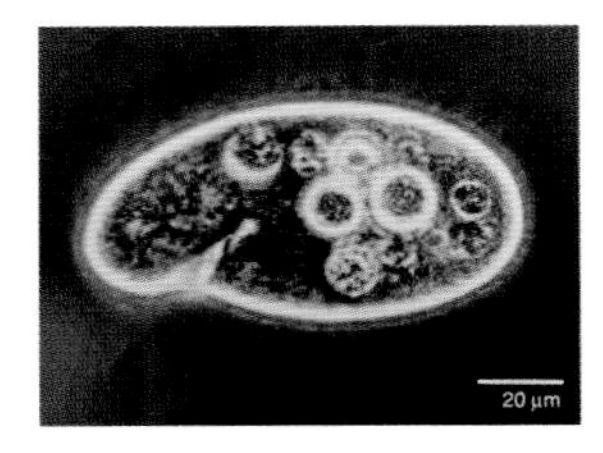

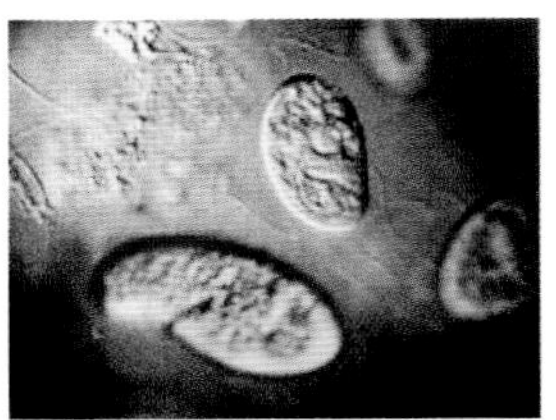

64. 四膜虫属（*Tetrahymena*）

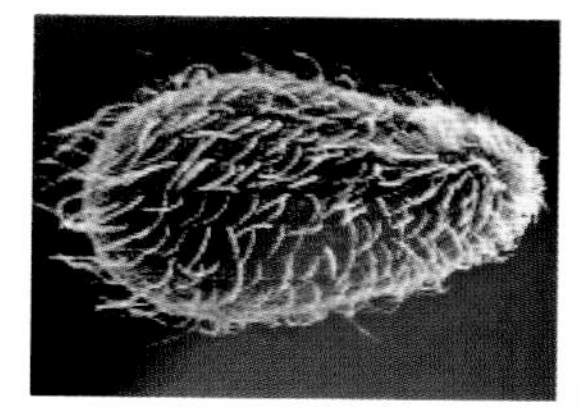
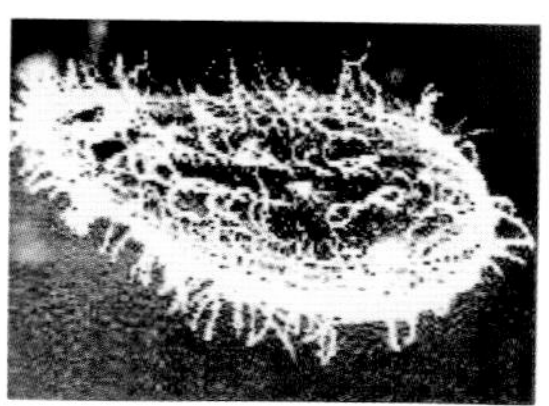
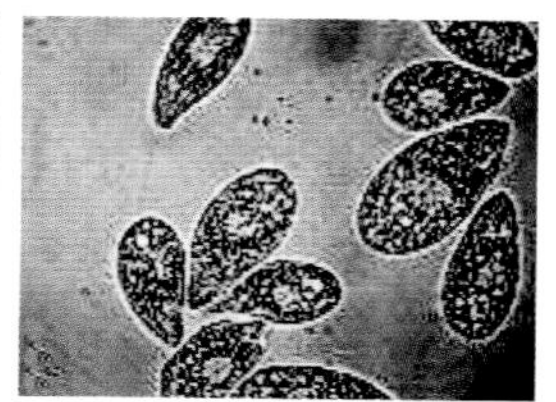

65. 睫杵虫属（*Ophryoglena*）

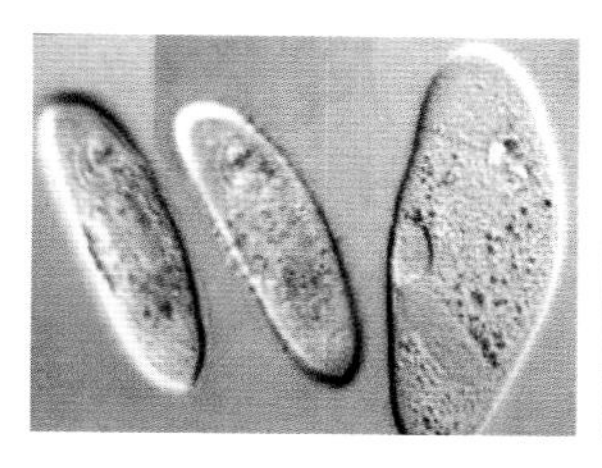
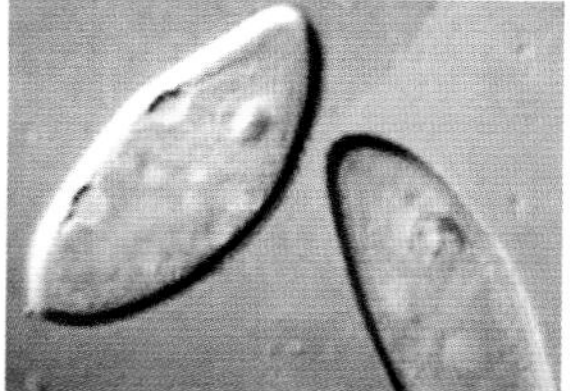

66. 草履虫属（*Paramecium*）

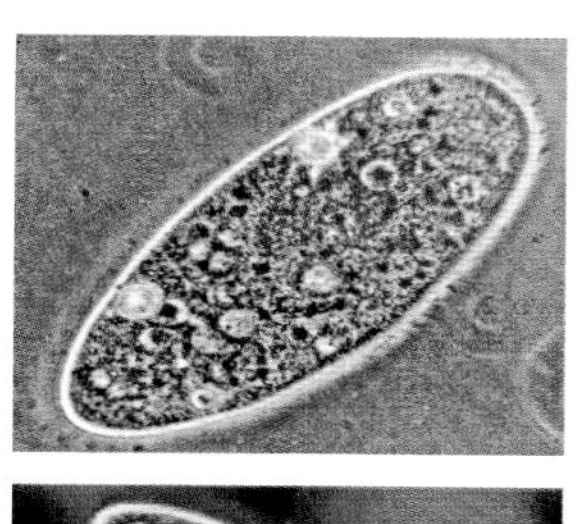
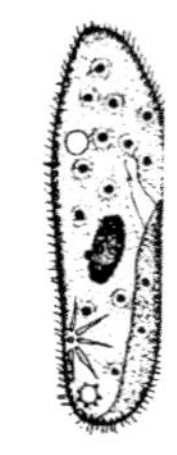
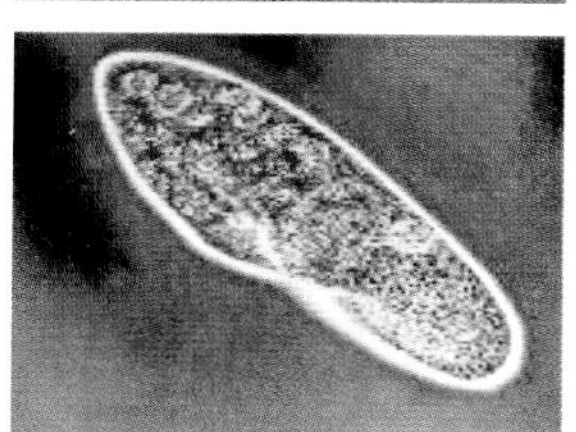
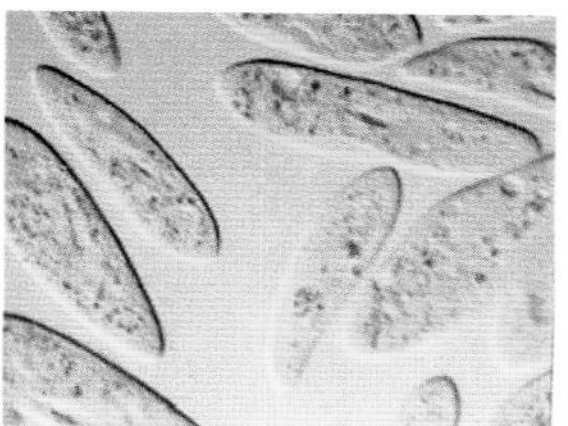

67. 尾缨虫属（*Urocentrum*）

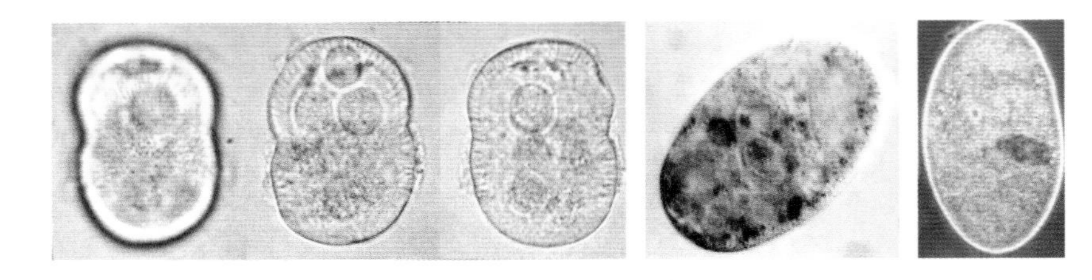

68. 舟形虫属（*Lembadion*）

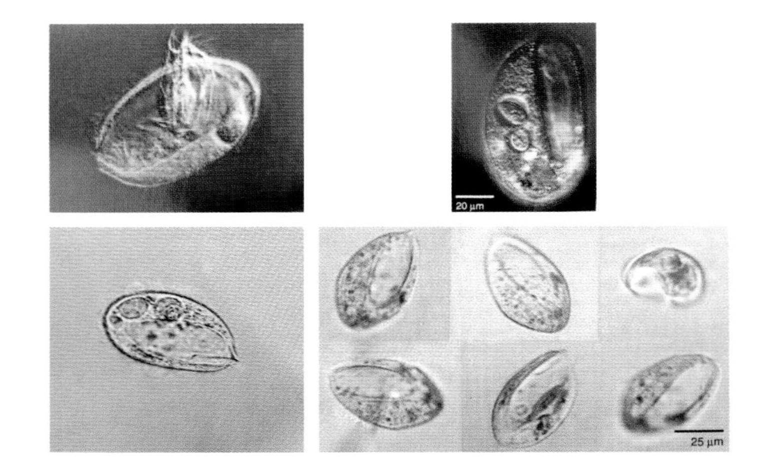

69. 嗜腐虫属（*Sathrophilus*）

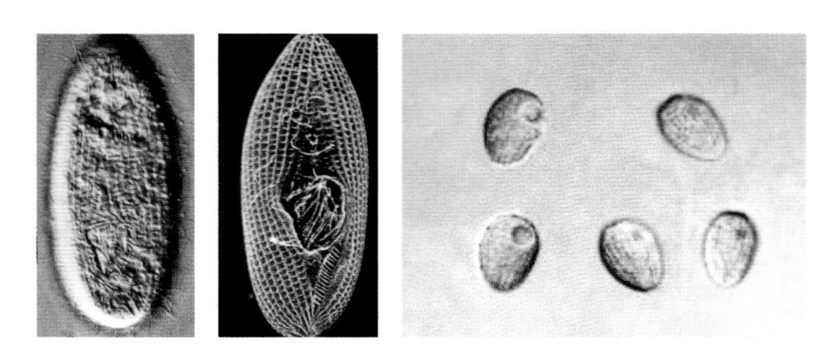

70. **帆口虫属**（*Pleuronema*）

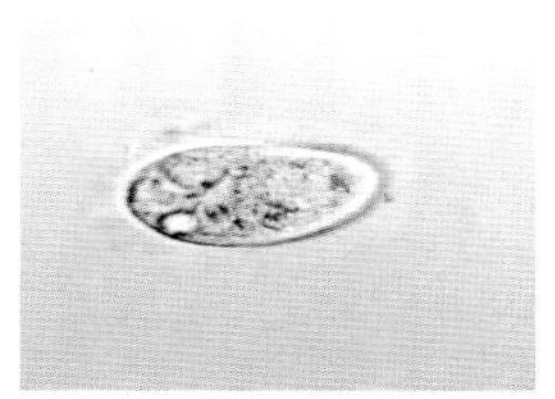

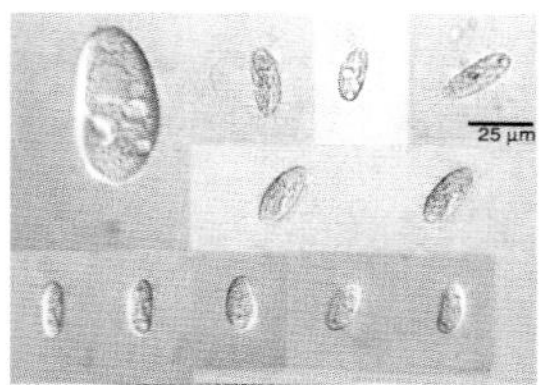

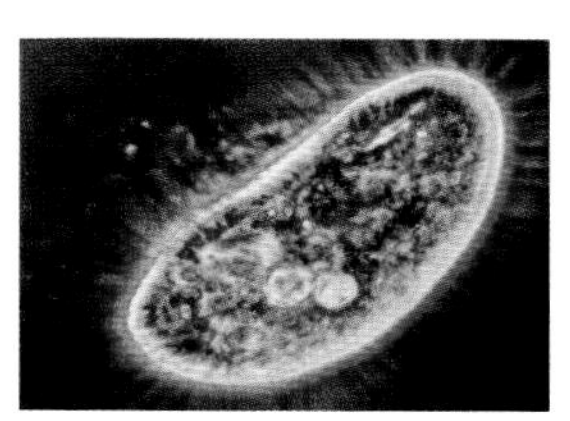

71. **钟虫属**（*Vorticella*）

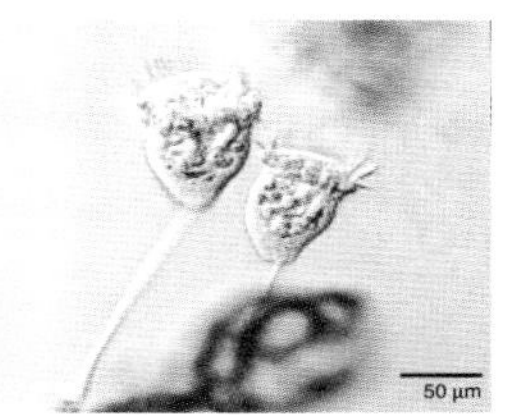

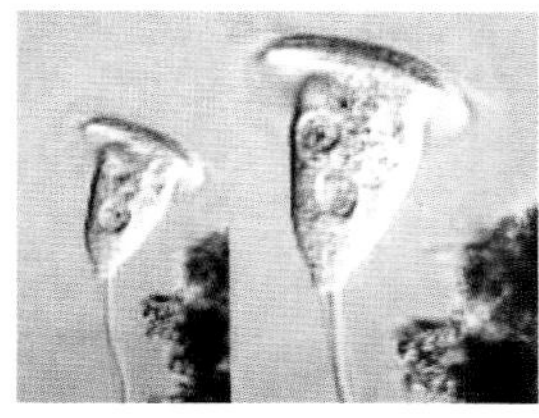

72. **独缩虫属**（*Carchesium*）

73. **伪钟虫属**（*Pseudovorticella*）

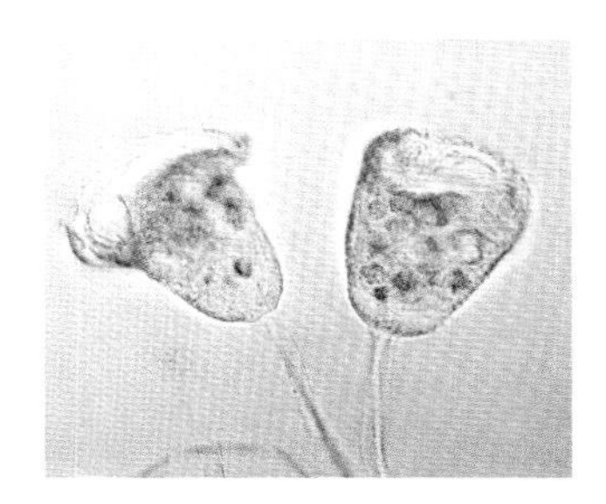

74. 伪独缩虫属（*Pseudocarchesium*）

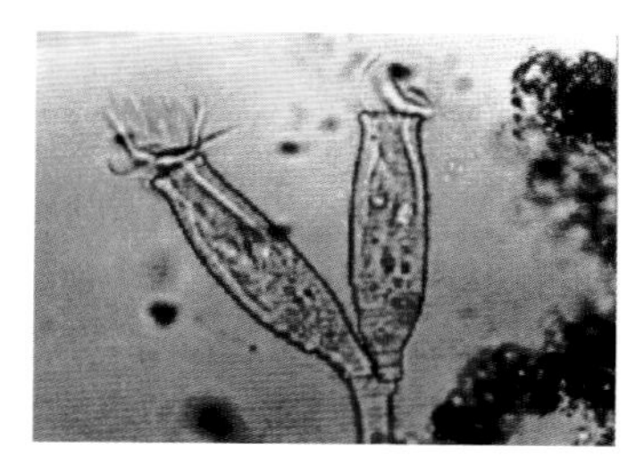

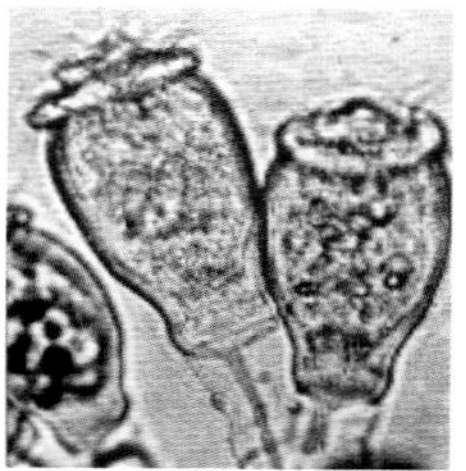

75. 聚缩虫属（*Zoothamnium*）

76. 怪游虫属（*Astylozoon*）

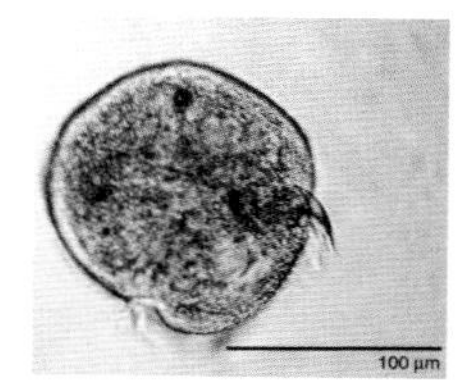

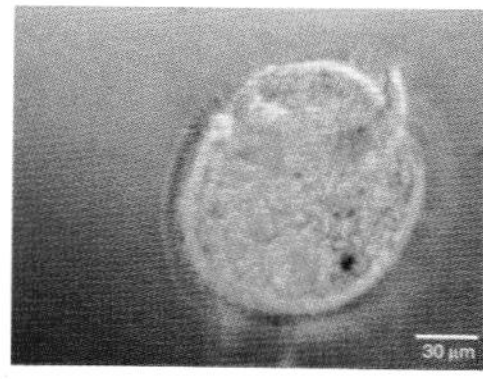

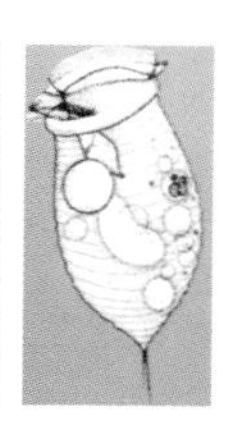

77. 矛刺虫属（*Hastatella*）

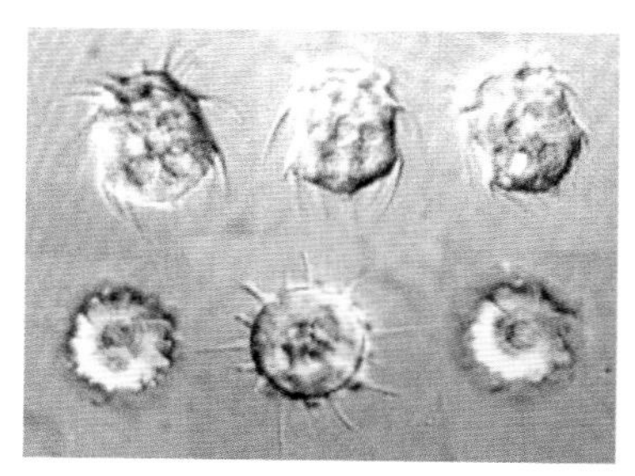

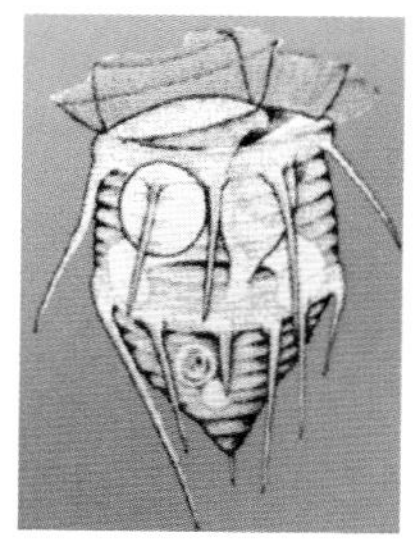

78. 短柱虫属（*Rhabdostyla*）

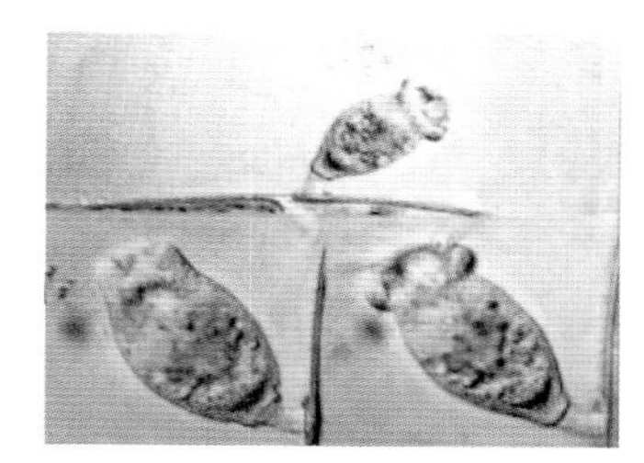

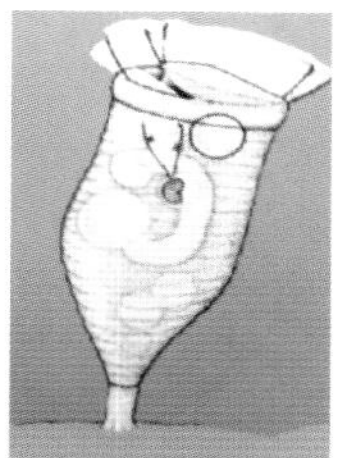

79. 累枝虫属（*Epistylis*）

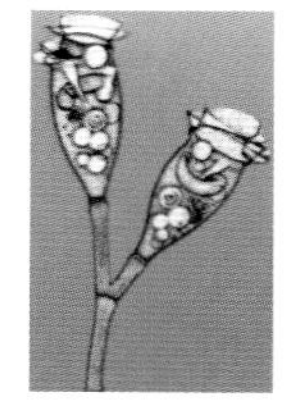

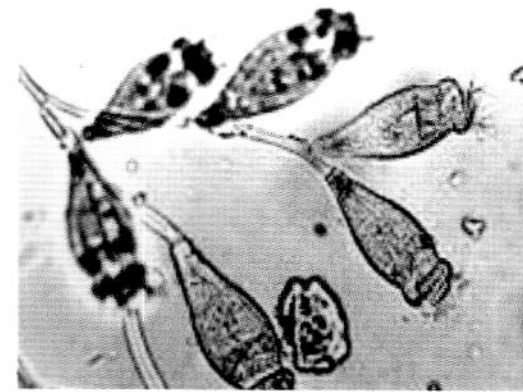

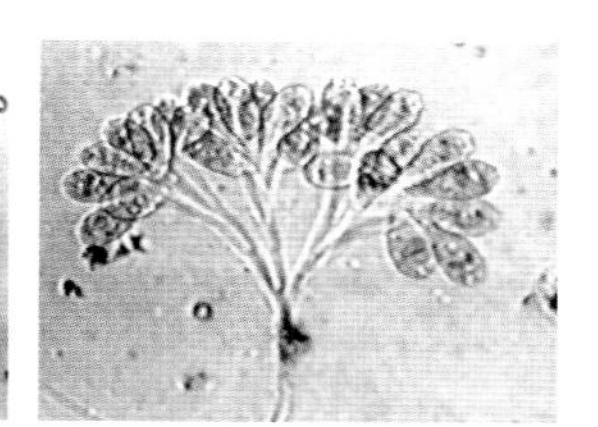

80. 杯虫属（*Scyphidia*）

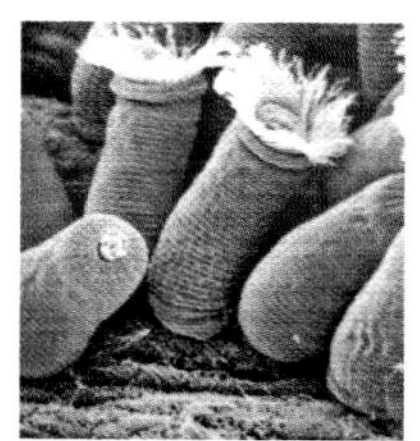

81. 副钟虫属（*Paravorticella*）

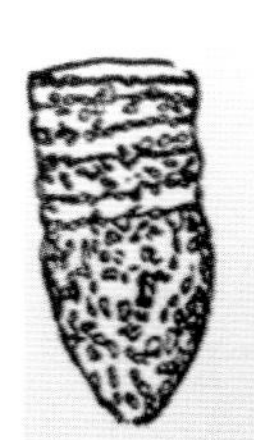

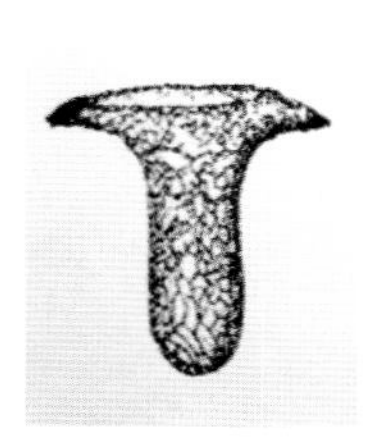

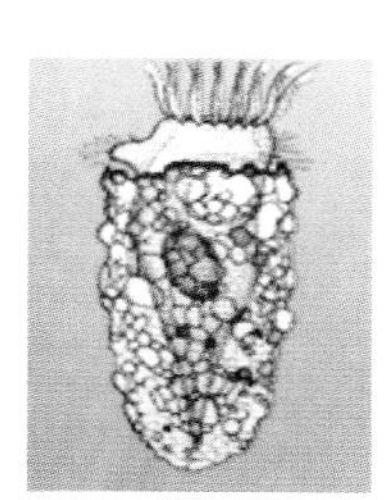

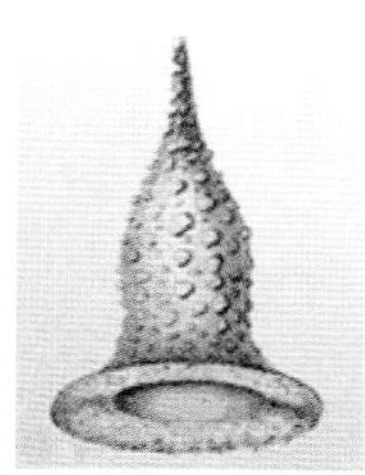

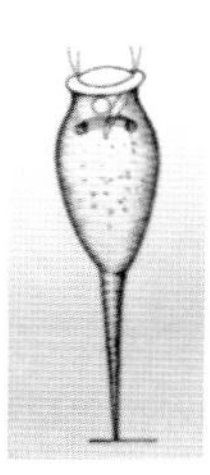

82. 靴纤虫属（*Cothurnia*）

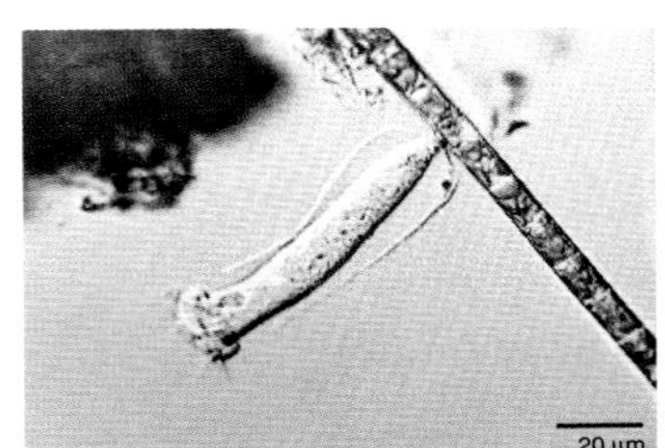

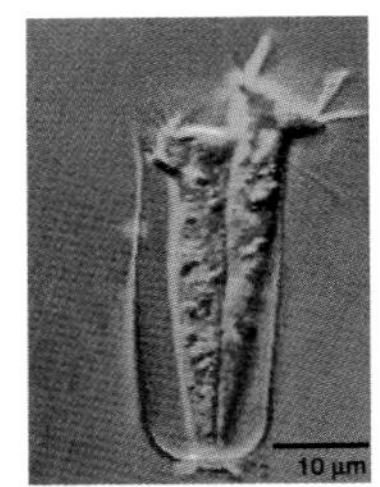

83. 鞘居虫属（*Vaginicola*）

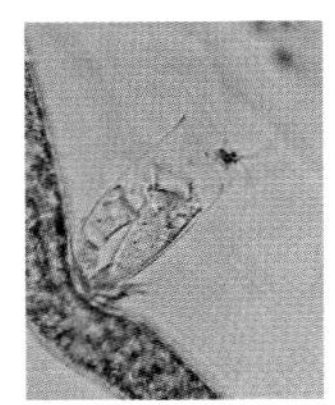

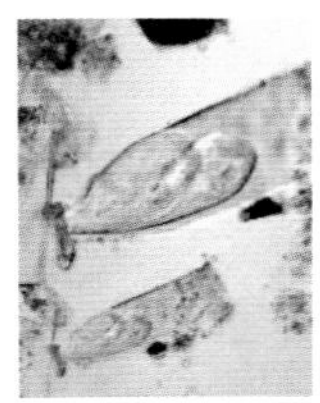

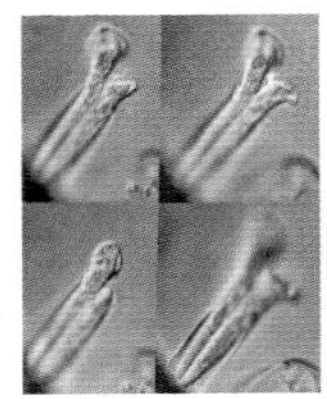

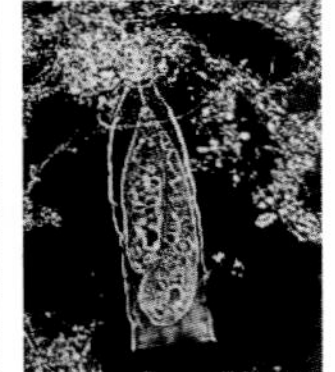

84. 旋口虫属（*Spirostomum*）

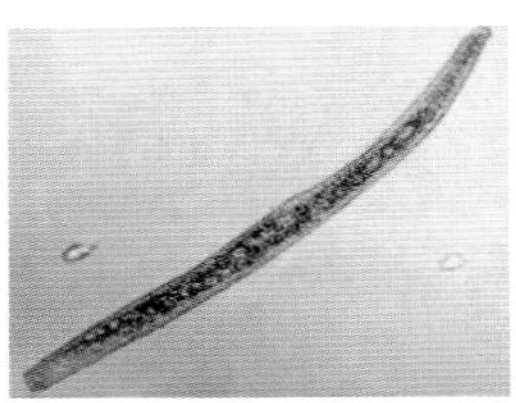

85. 突口虫属（*Condylostoma*）

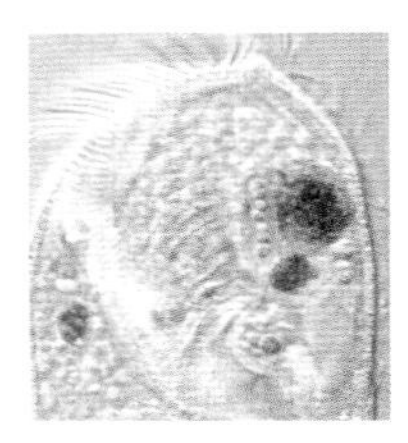

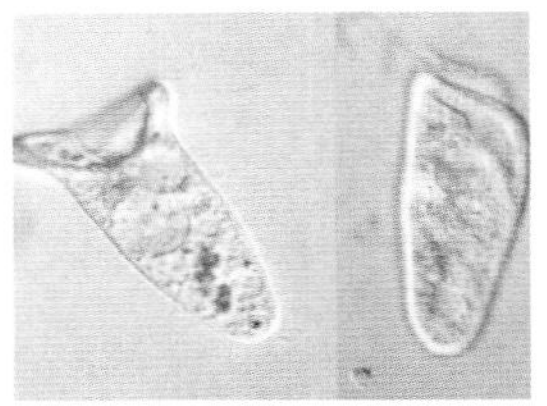

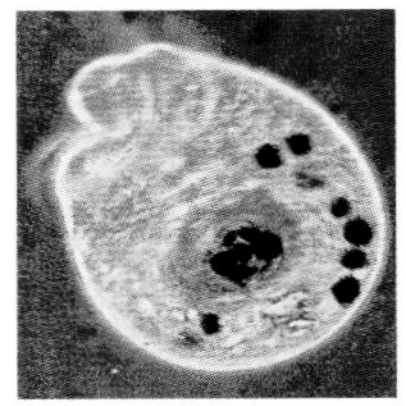

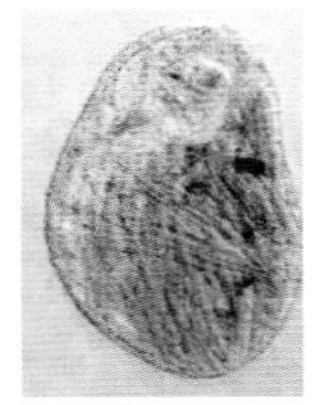

86. 喇叭虫属（*Stentor*）

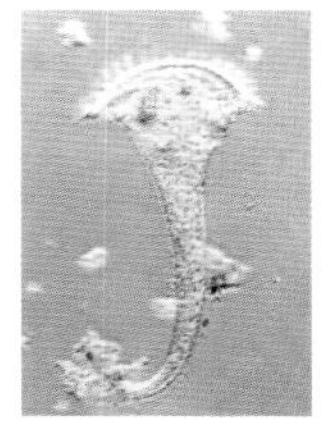
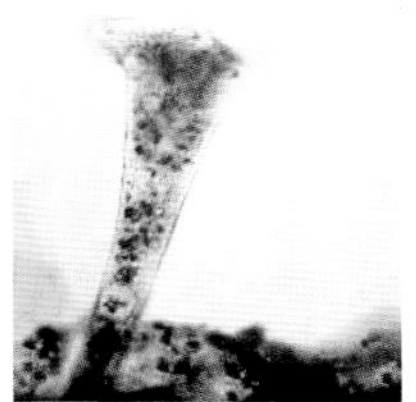

87. 急游虫属（*Strombidium*）

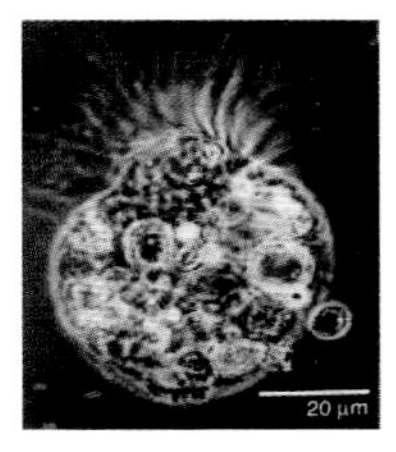

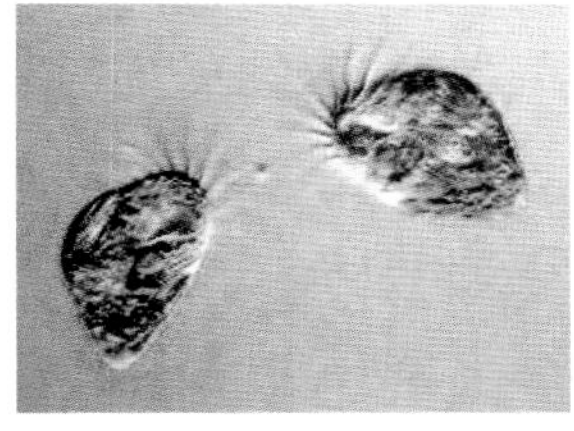
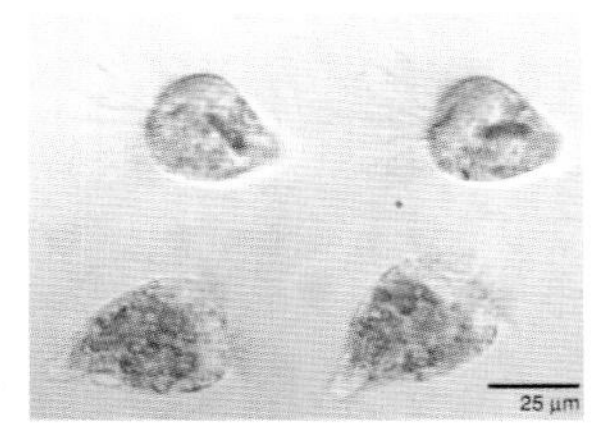

88. 筒壳虫属（*Tintinnidium*）

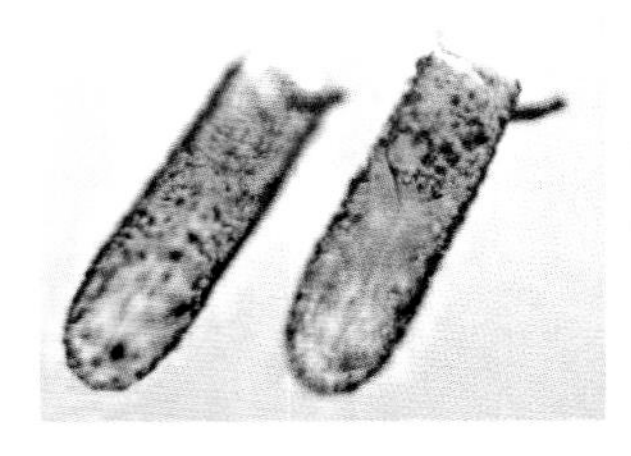
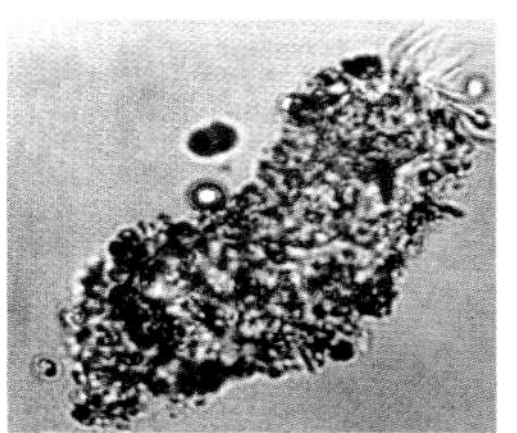

89. 圆纤虫属（*Strongylidium*）

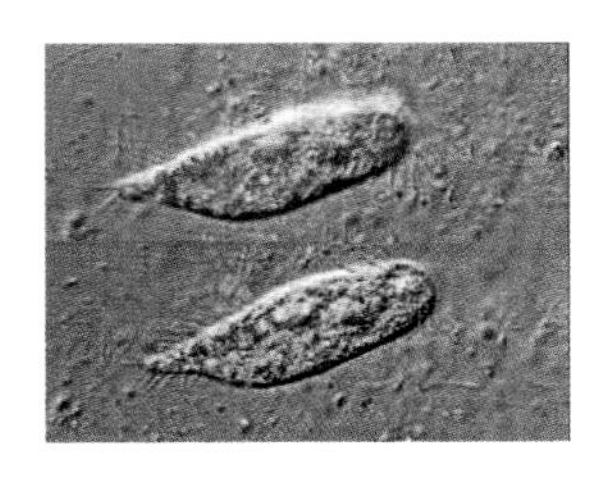
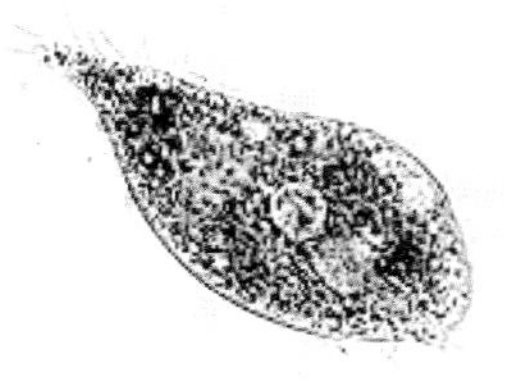

90. 尾枝虫属（*Urostyla*）

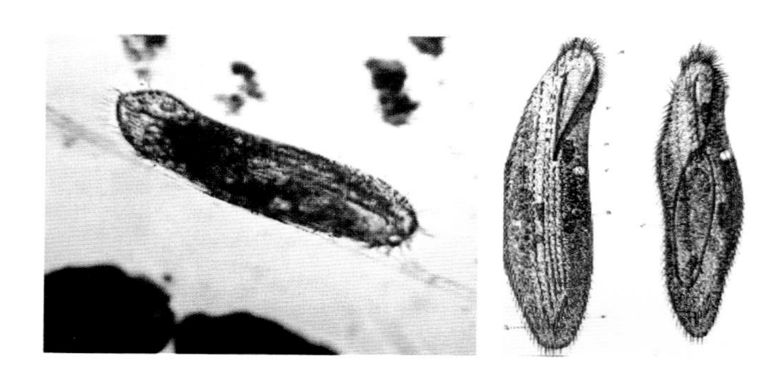

91. 瘦尾虫属（*Uroleptus*）

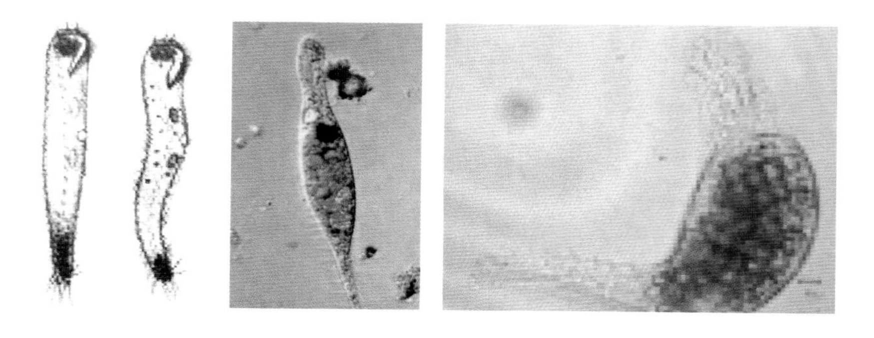

92. 殖口虫属（*Gonostomum*）

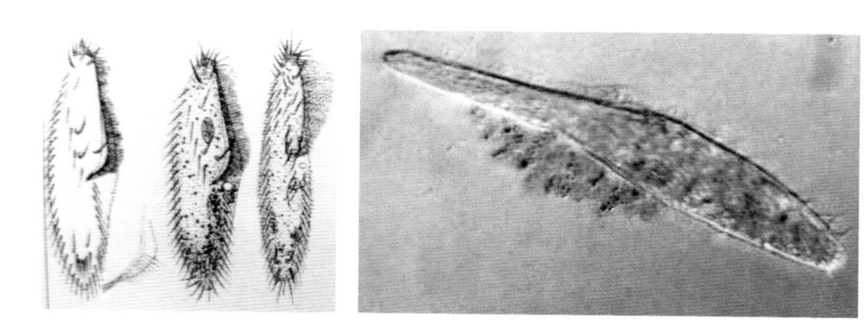

93. 片尾虫属（*Urosoma*）

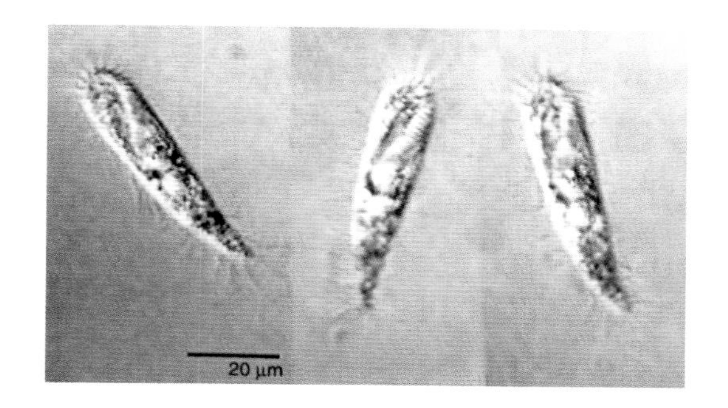

94. 尖尾虫属（*Oxytricha*）

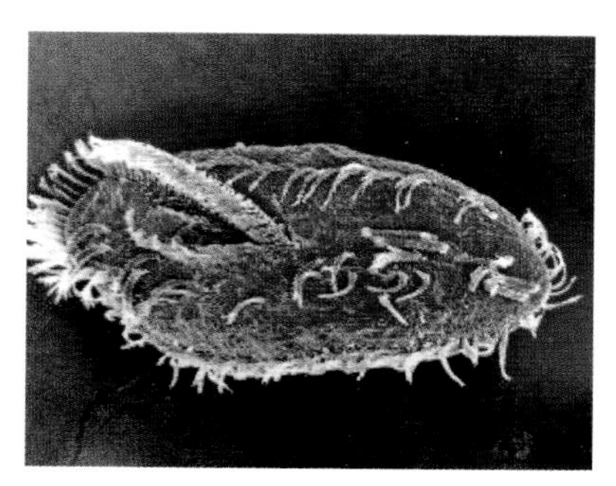

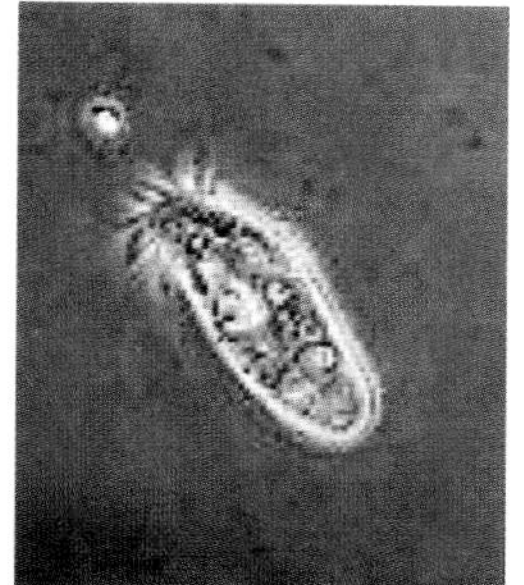

95. 织毛虫属（*Histriculus*）

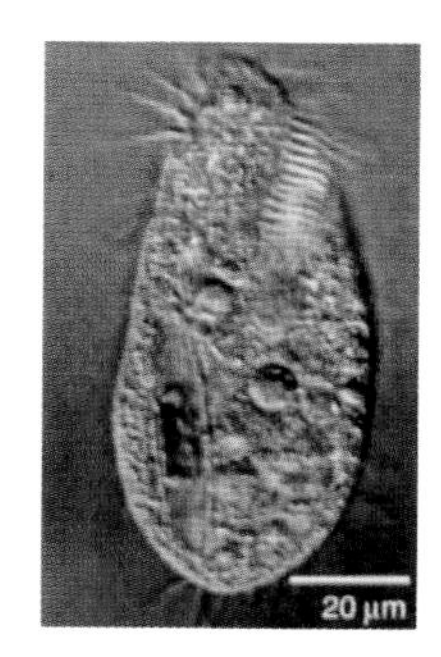

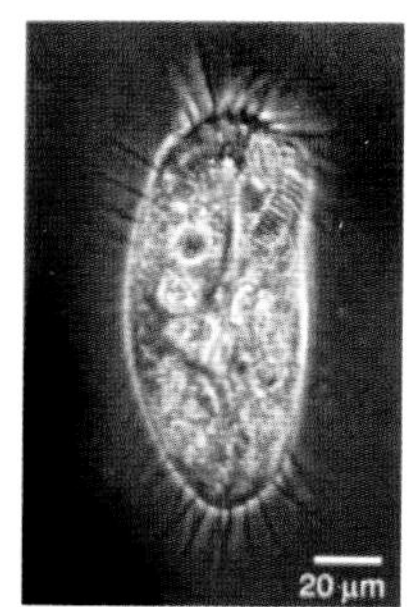

96. 棘尾虫属（*Stylonychia*）

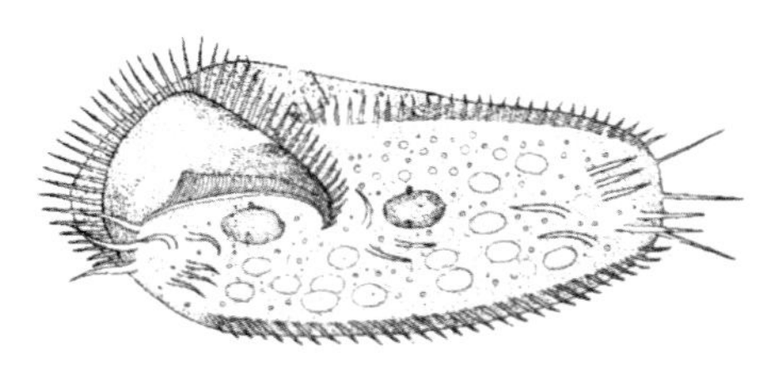

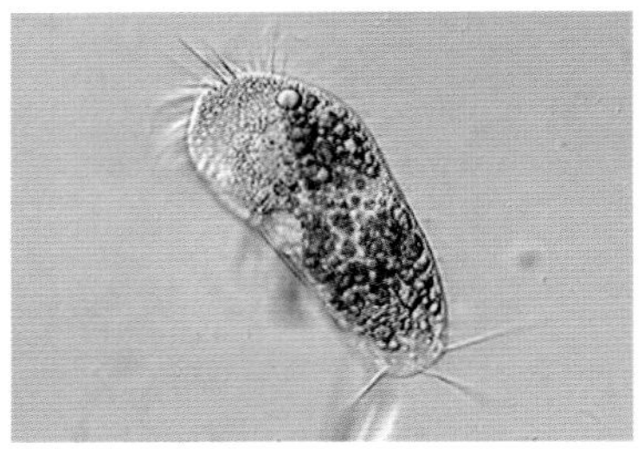

97. 楯纤虫属（*Aspidisca*）

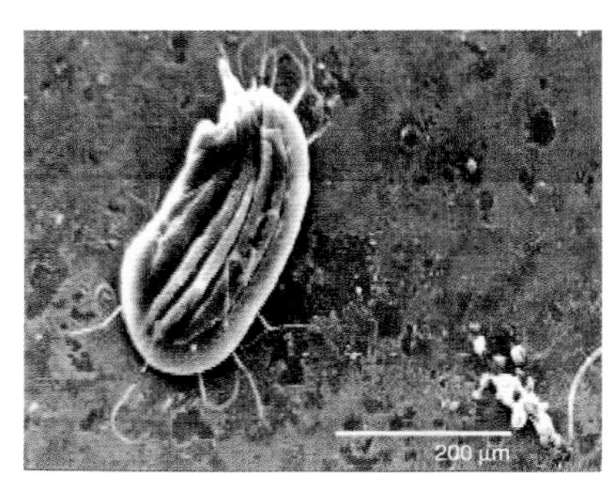

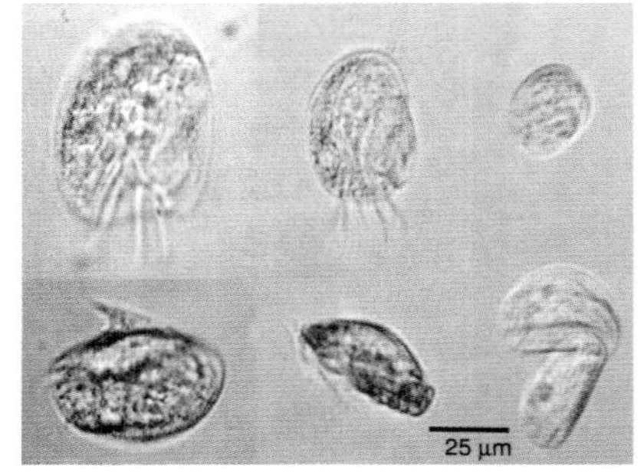

98. 游仆虫属（*Euplotes*）

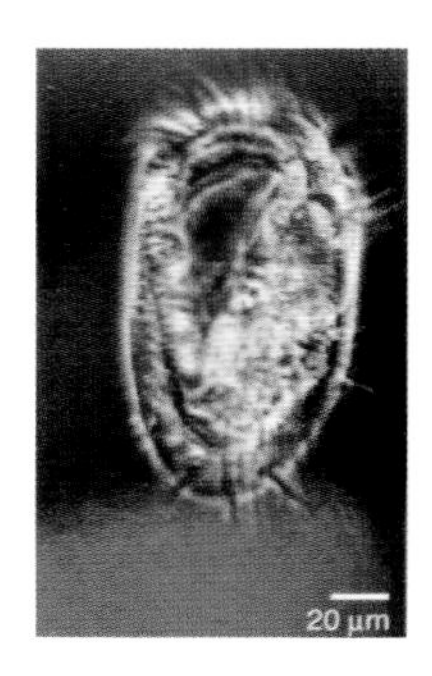

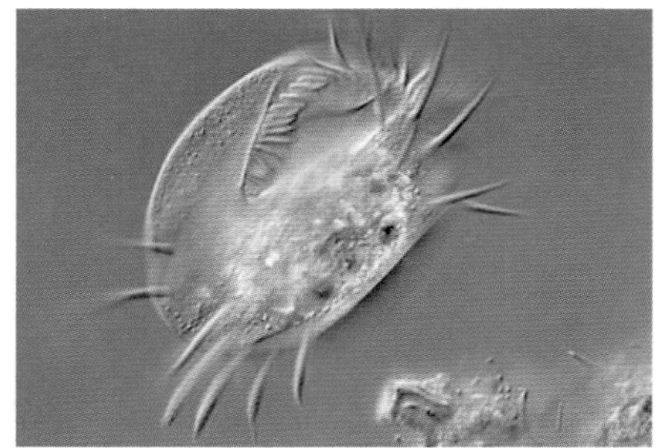

十、轮虫

1. 宿轮虫属（*Habrotrocha*）

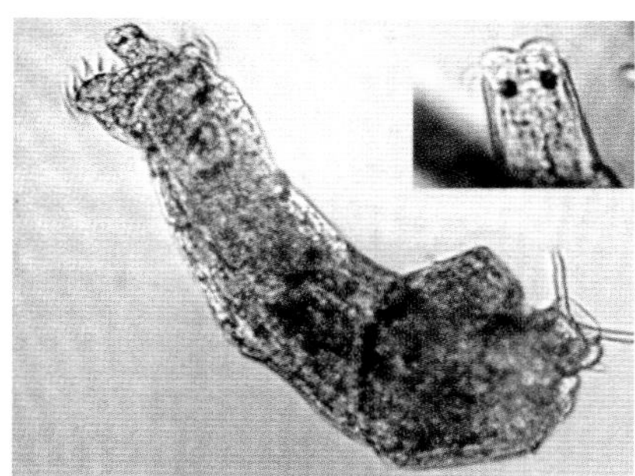

2. 轮虫属（*Rotaria*）

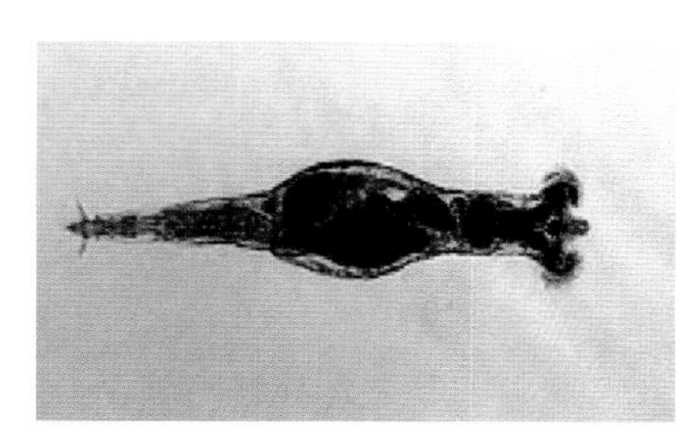

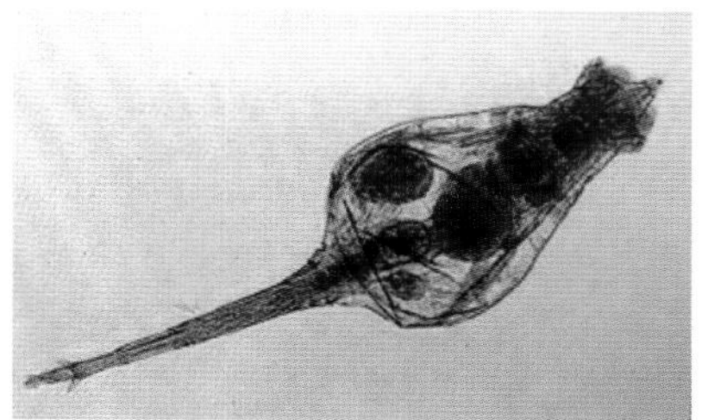

3. 旋轮虫属（*Philodina*）

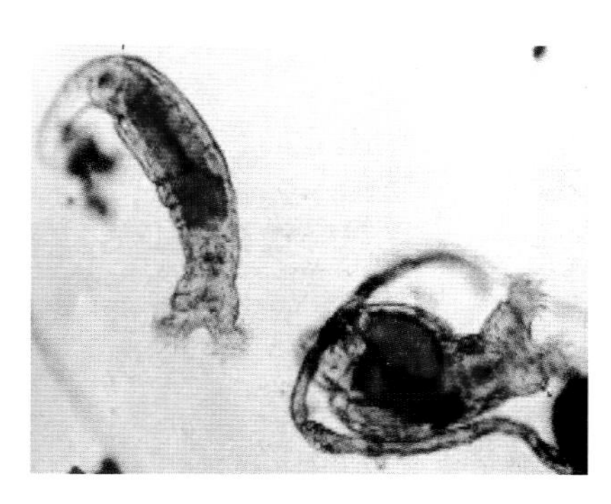

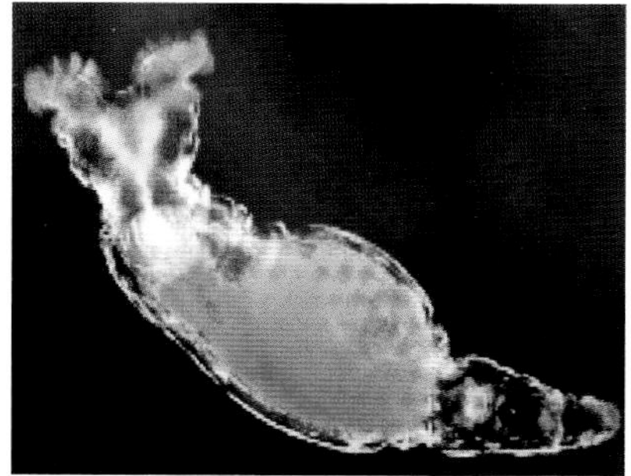

4. 粗颈轮虫属（*Macrotrachela*）

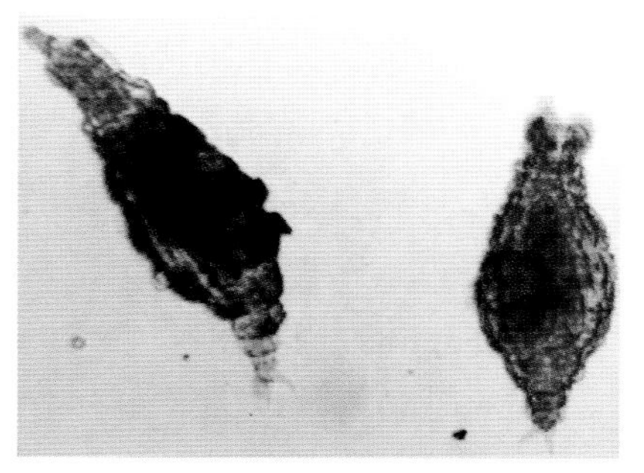

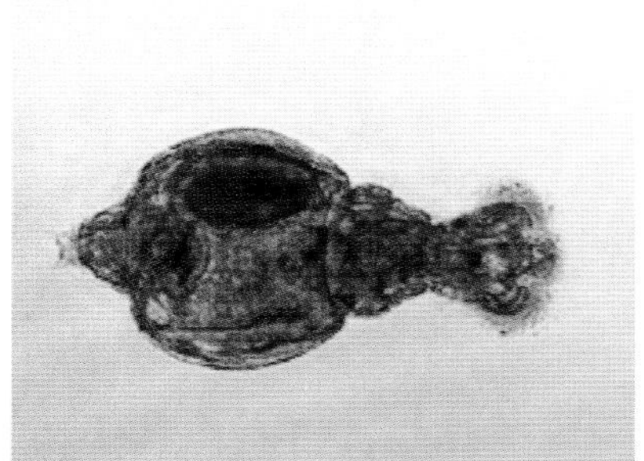

5. 盘网轮虫属（*Adineta*）

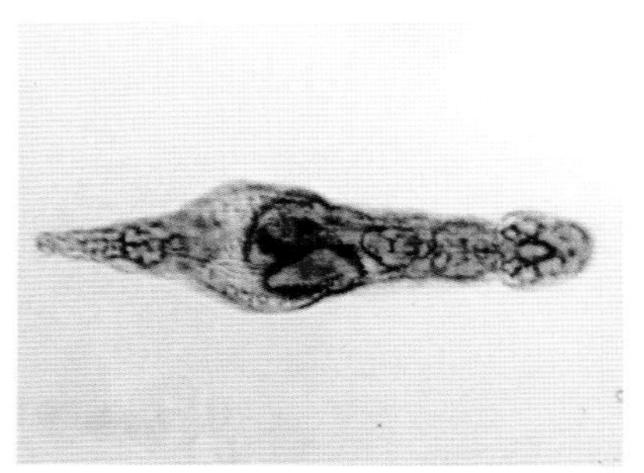

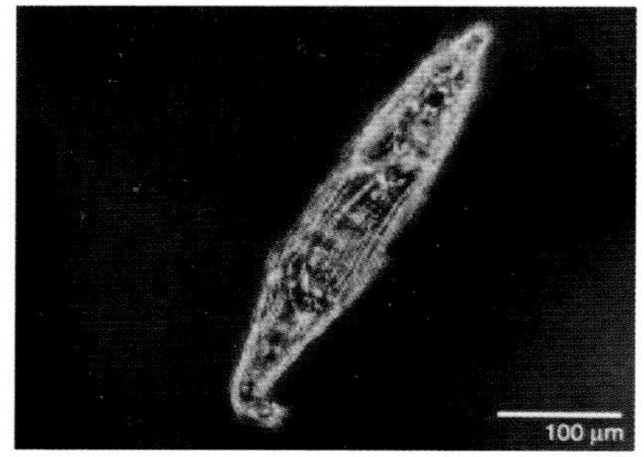

6. 猪吻轮虫属（*Dicranophorus*）

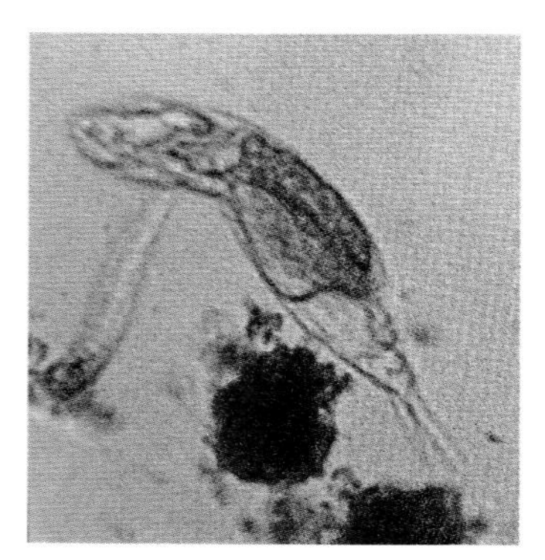

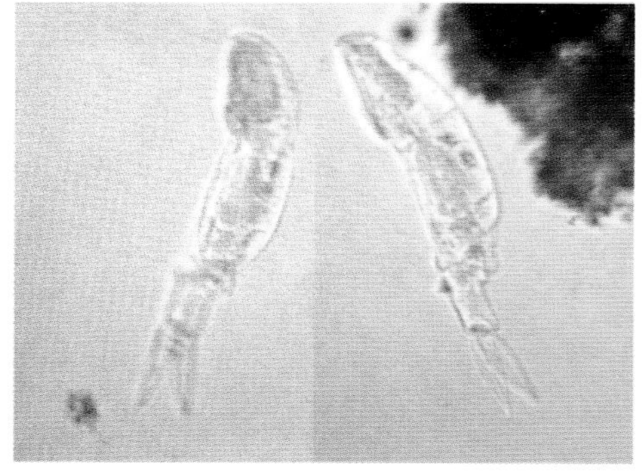

7. 狭甲轮虫属（*Colurella*）

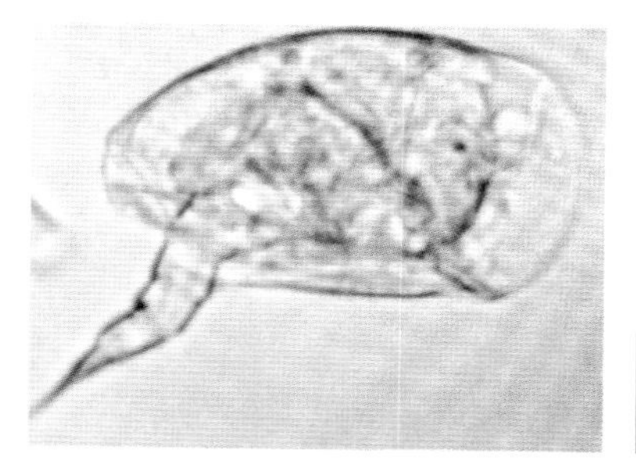

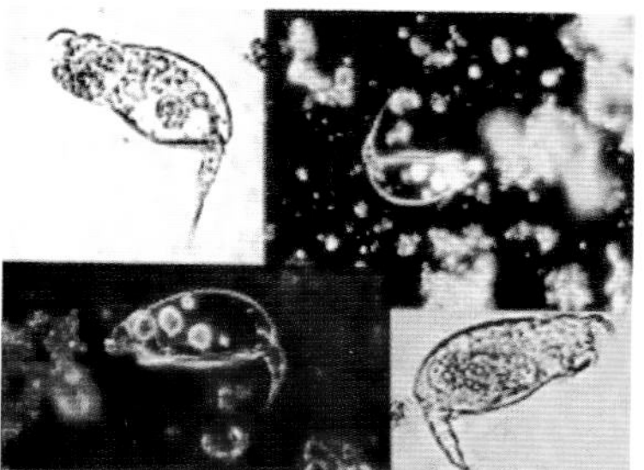

8. 臂尾轮虫属（*Brachionus*）

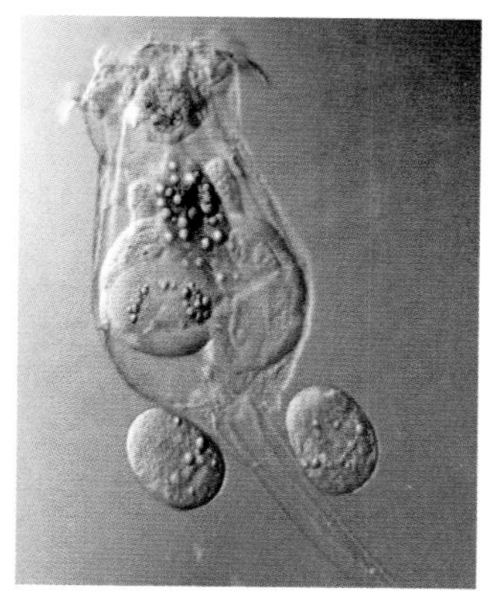

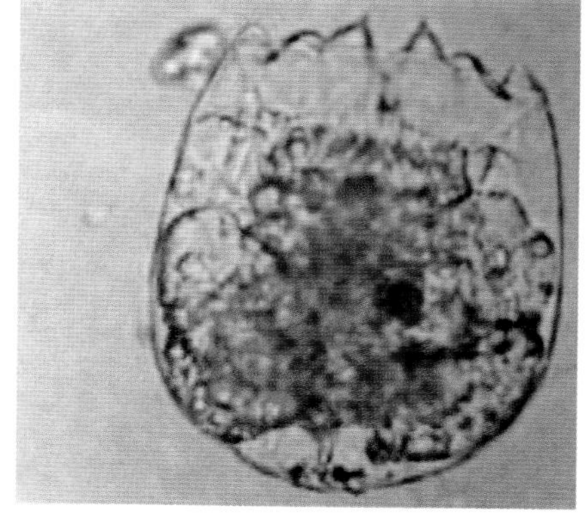

9. 鳞冠轮虫属（*Squatinella*）

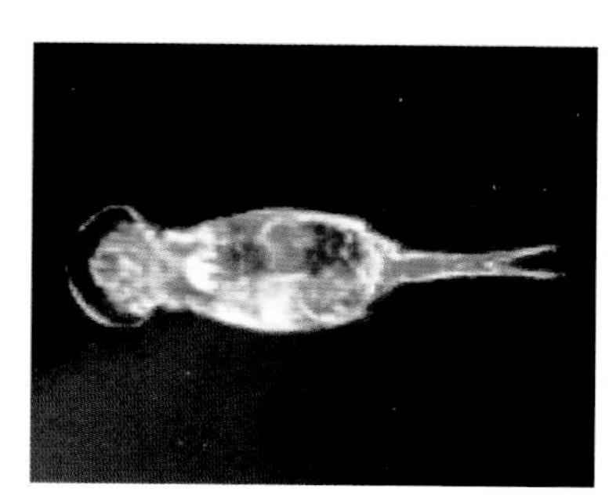

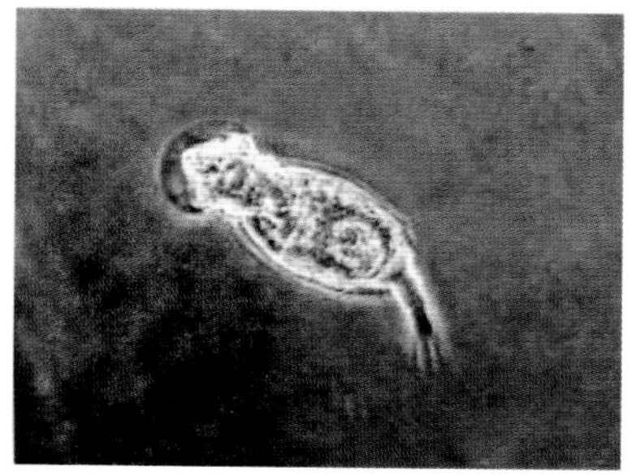

10. 异尾轮虫属（*Trichocerca*）

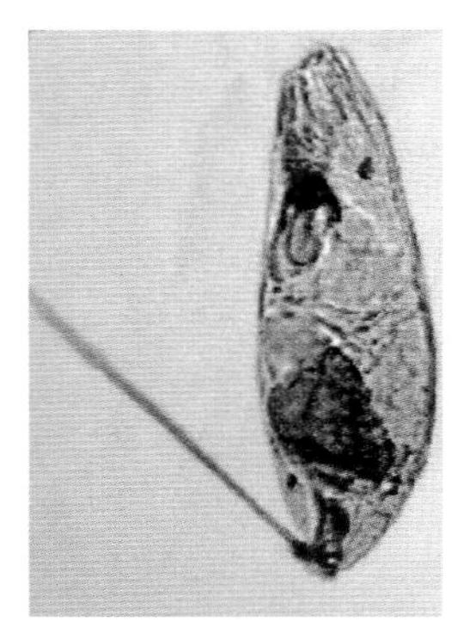

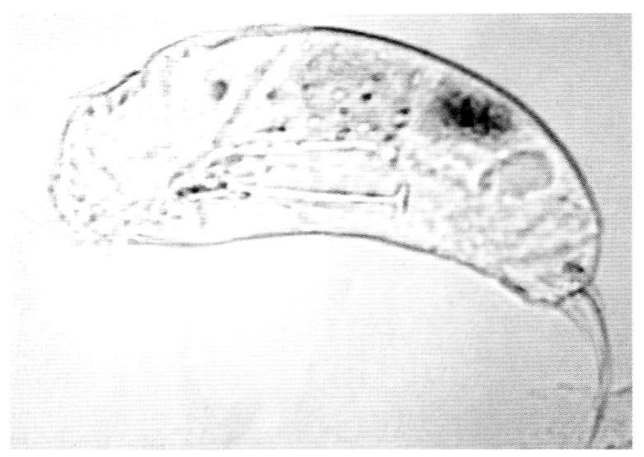

11. 平甲轮虫属（*Platyas*）

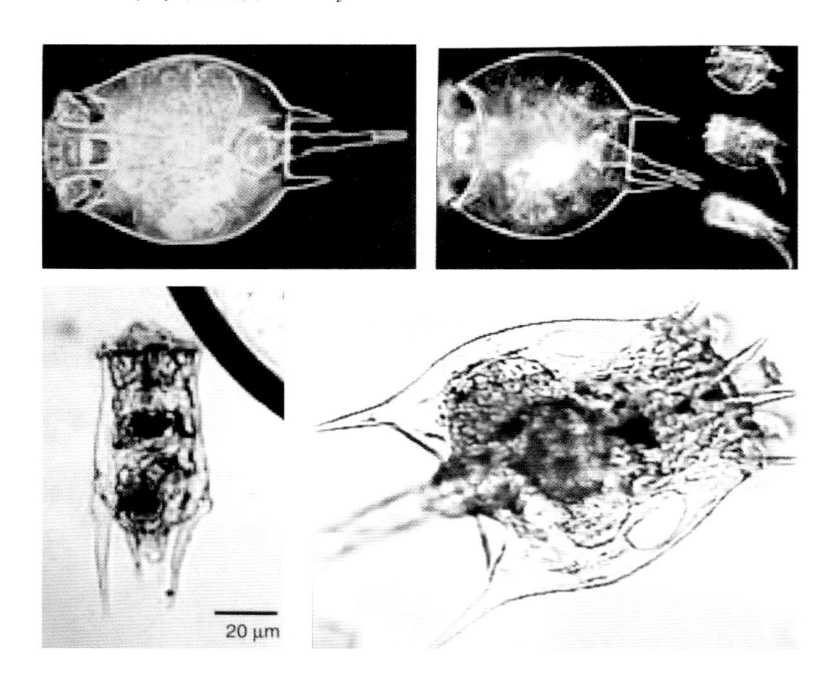

12. 须足轮虫属（*Euchlanis*）

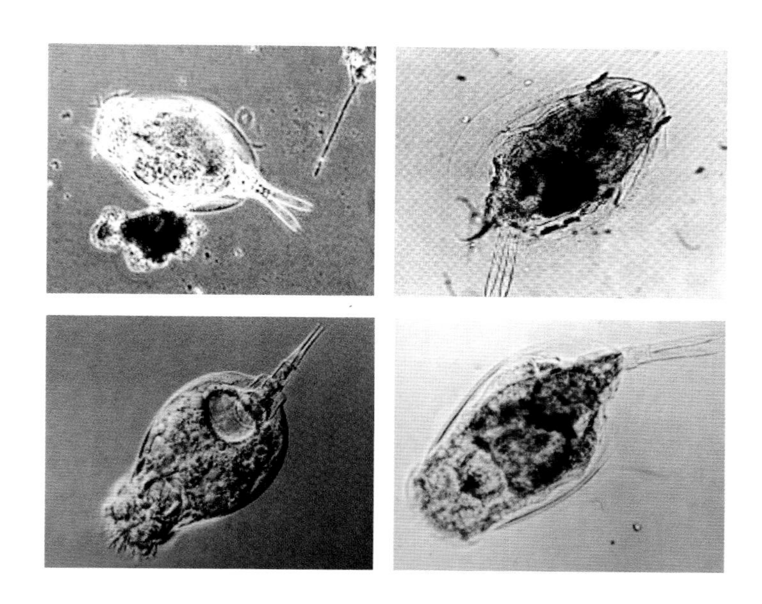

13. 水轮虫属（*Epiphanes*）

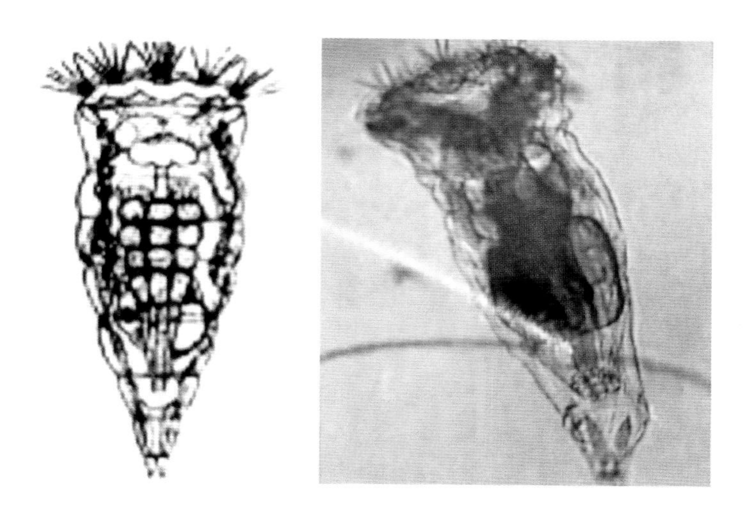

14. 哈林轮虫属（*Harringia*）

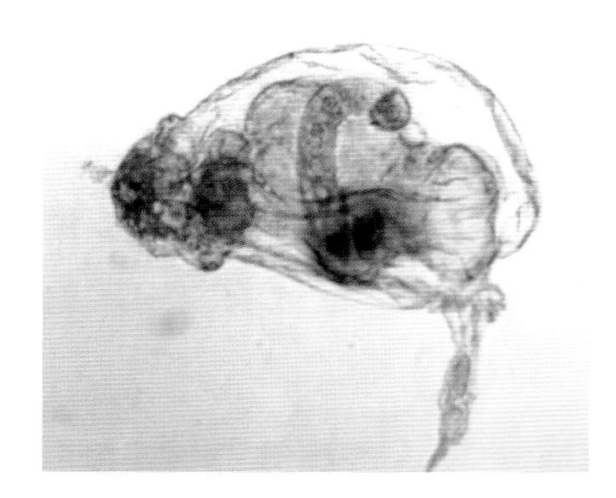

15. 腔轮虫属（*Lecane*）

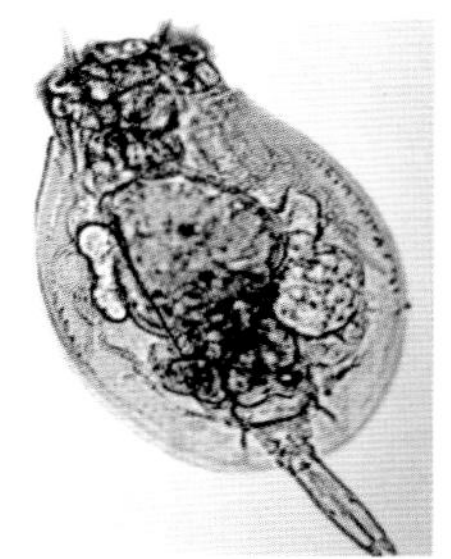

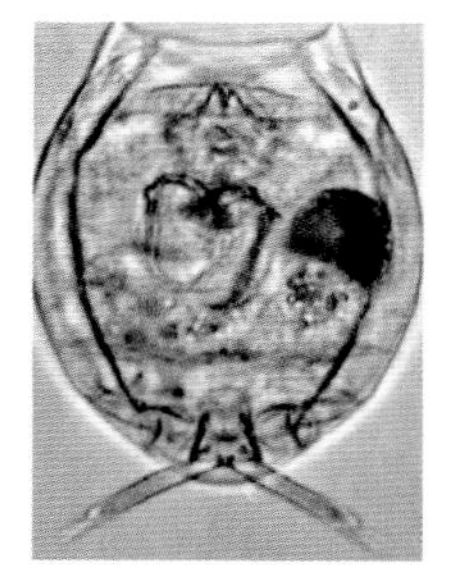

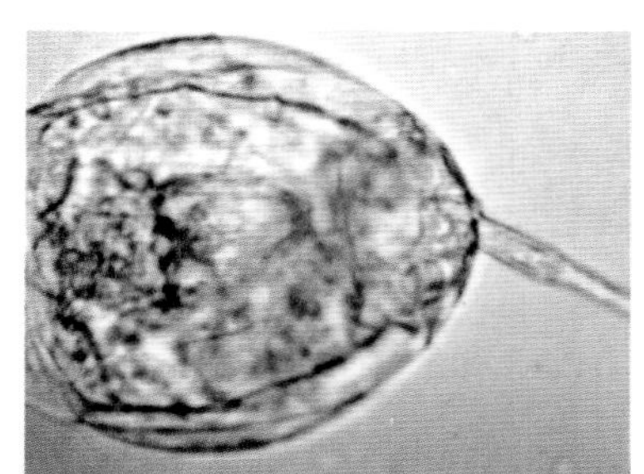

16. 单趾轮虫属（*Monostyla*）

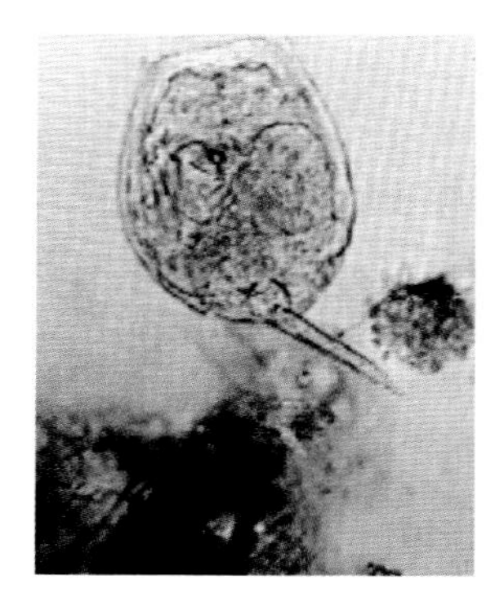

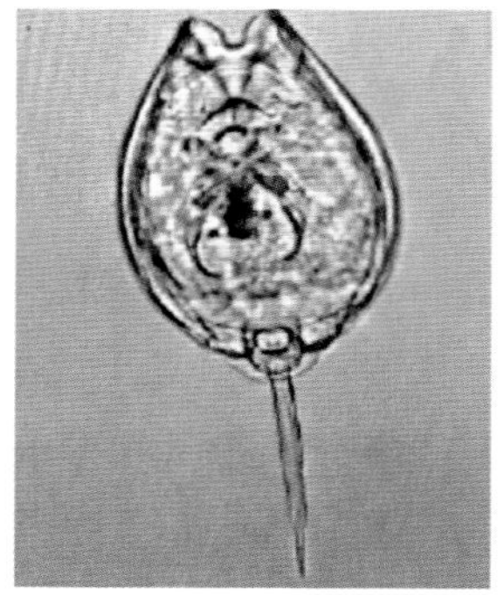

17. 鞍甲轮虫属（*Lepadella*）

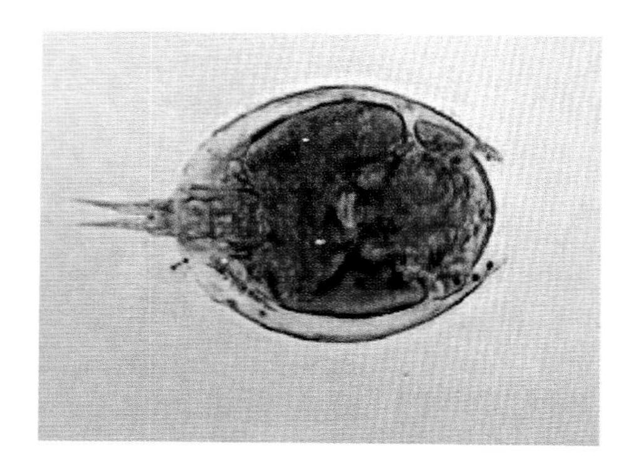

18. 巨头轮虫属（*Cephalodella*）

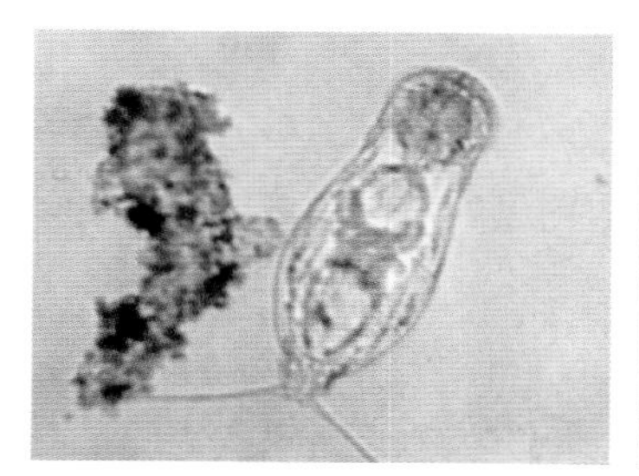

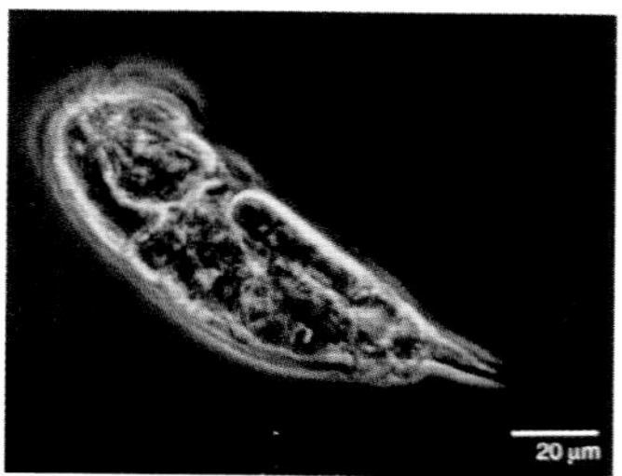

19. 棘管轮虫属（*Mytilina*）

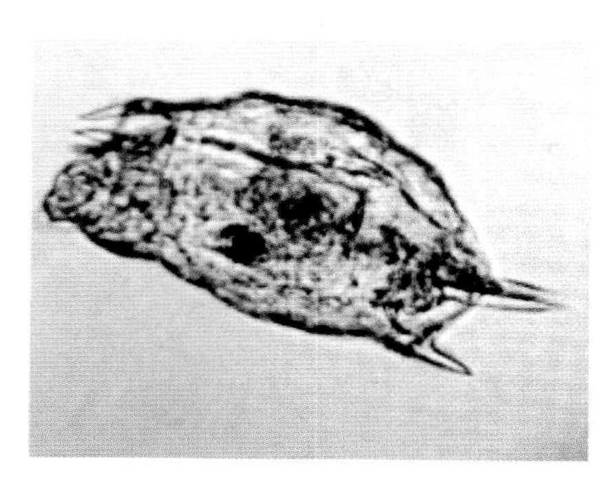

20. 犀轮虫属（*Rhinoglena*）

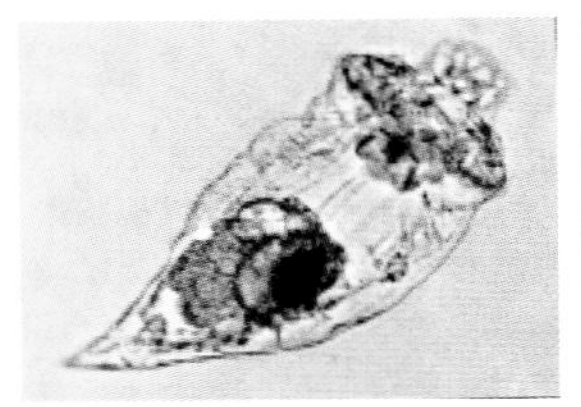
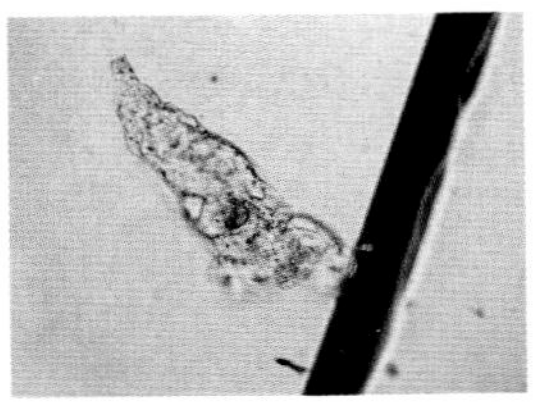
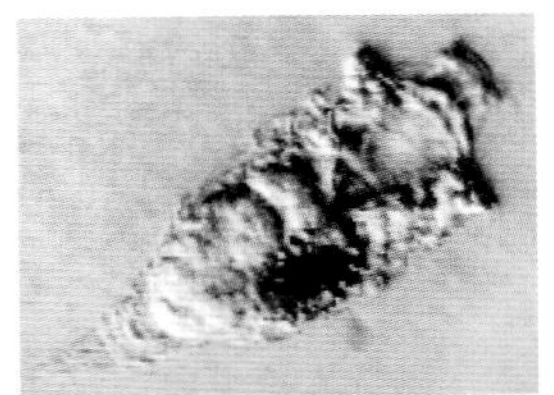

21. 囊足轮虫属（*Asplanchnopus*）

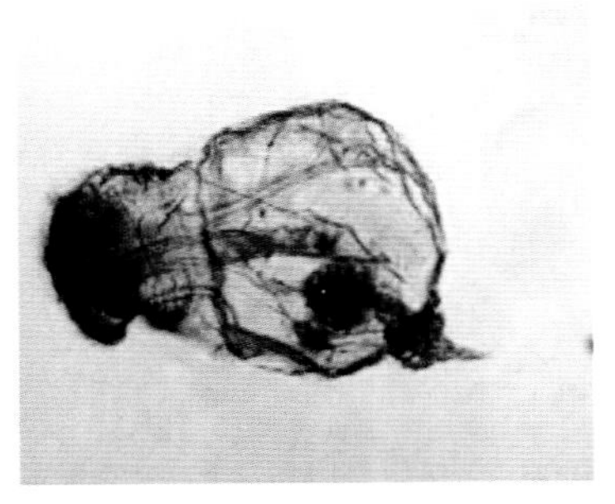
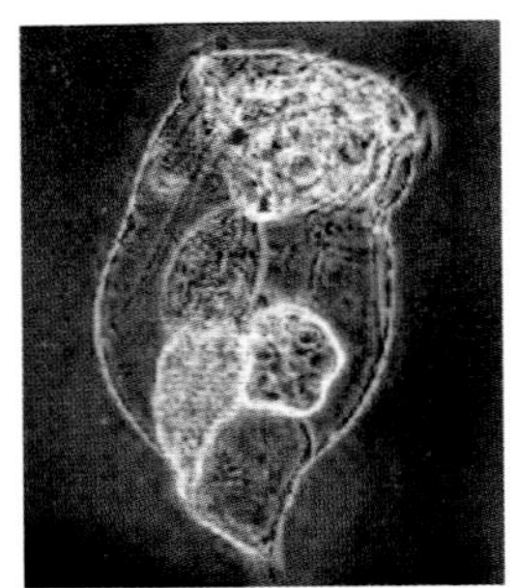

22. 镜轮虫属（*Testudinalla*）

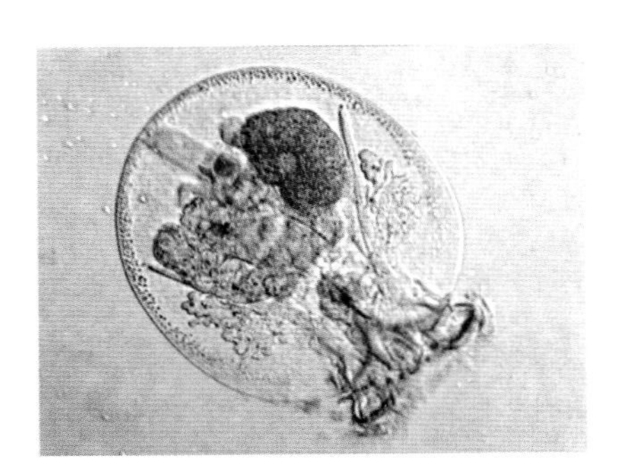

23. 胶鞘轮虫属（*Collotheea*）

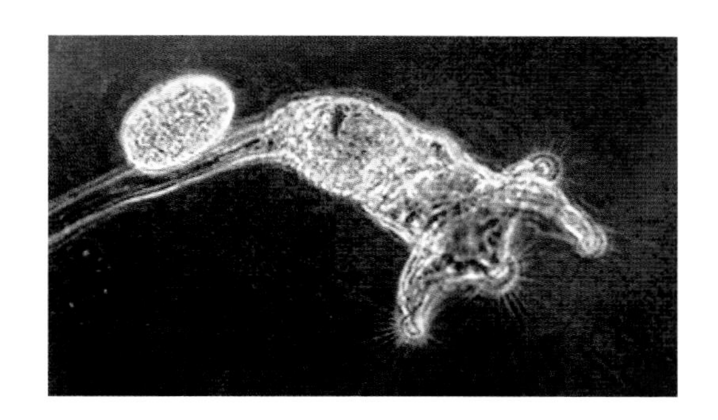

24. 聚花轮虫属（*Conochilus*）

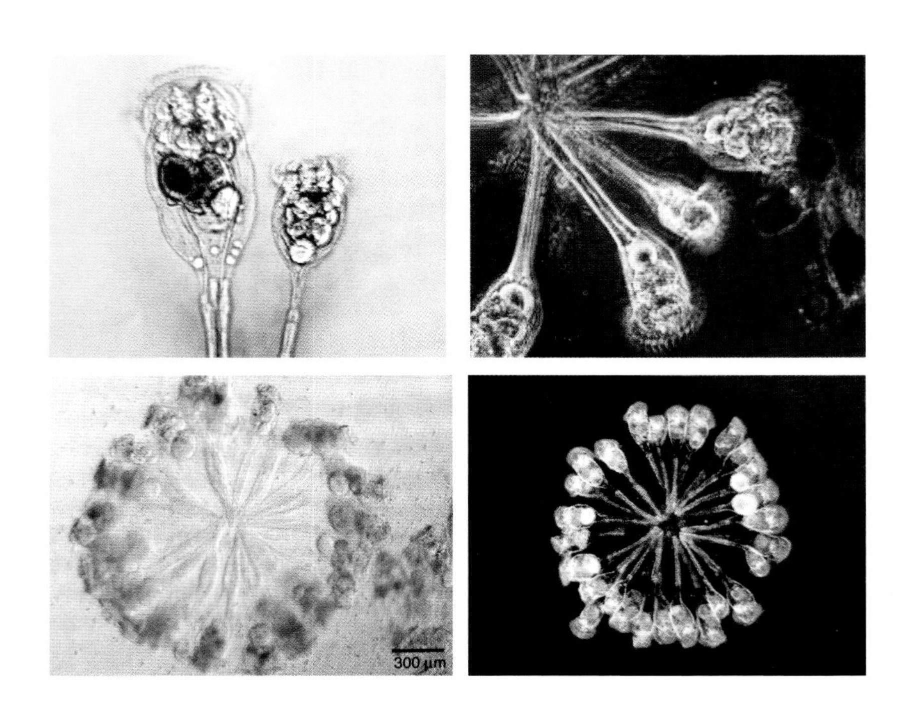

25. 龟甲轮虫属（*Keratella*）

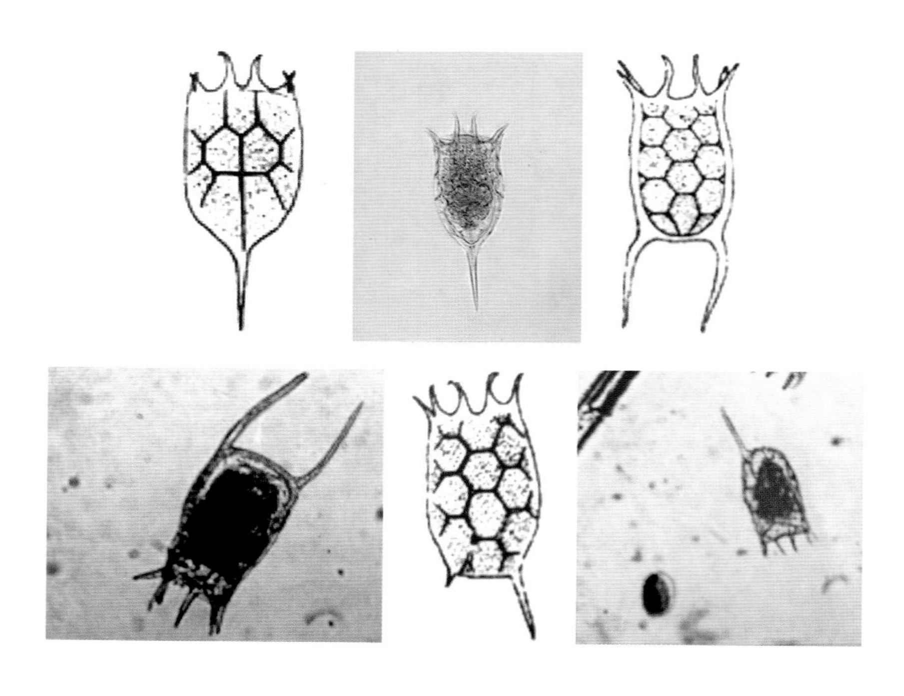

26. 叶轮虫属（*Notholca*）

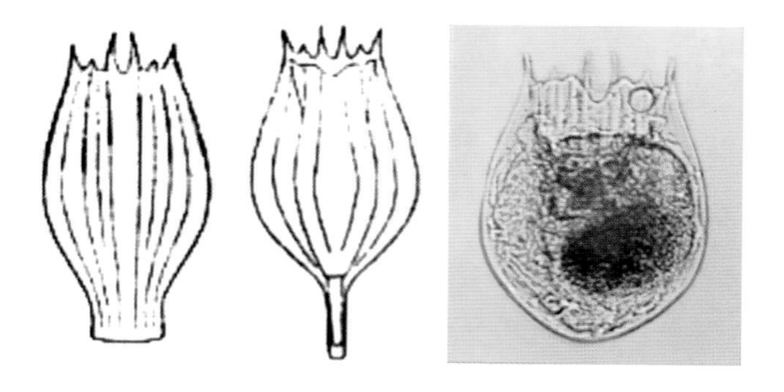

27. 三肢轮虫属（*Filinia*）

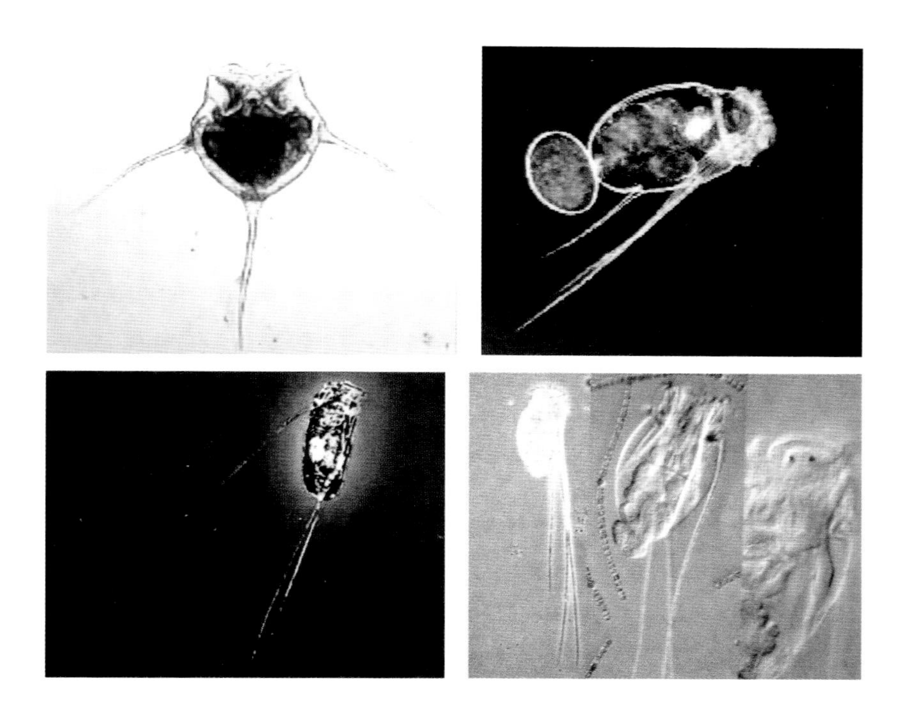

28. 晶囊轮虫属（*Asplanchna*）

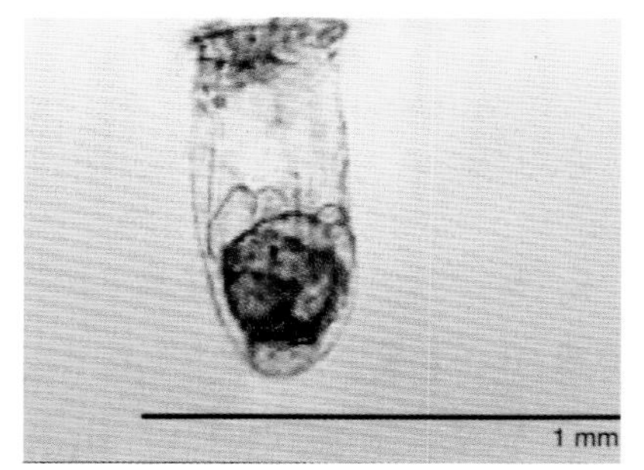

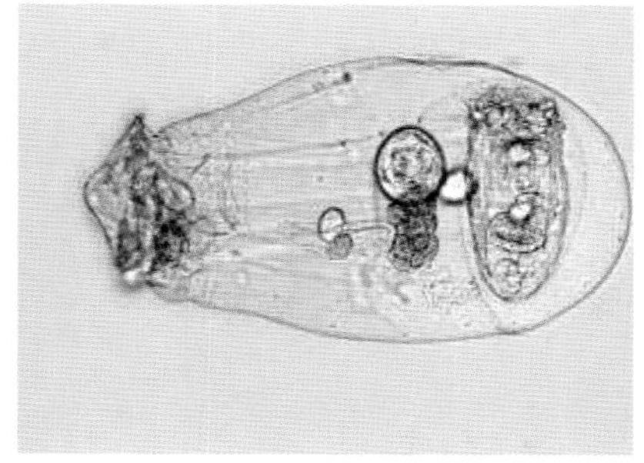

29. 泡轮虫属（*Pompholyx*）

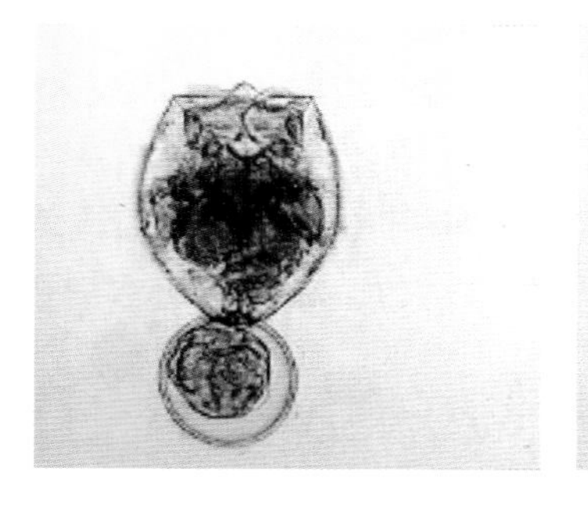

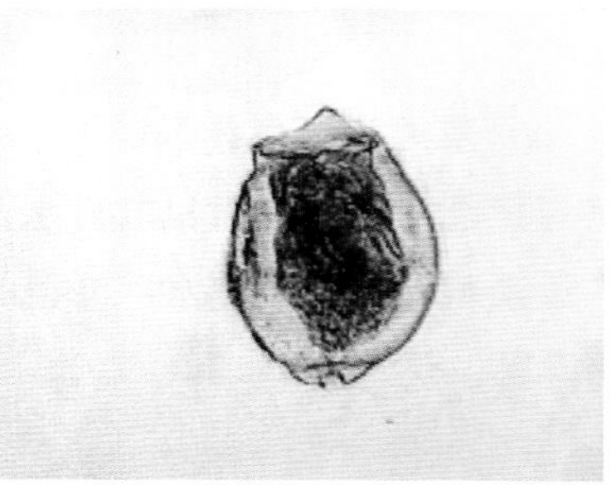

十一、枝角类

1. 顶冠溞属（*Acroperus*）

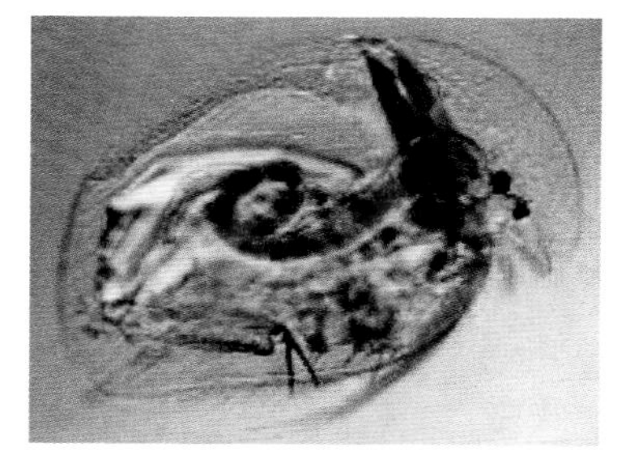

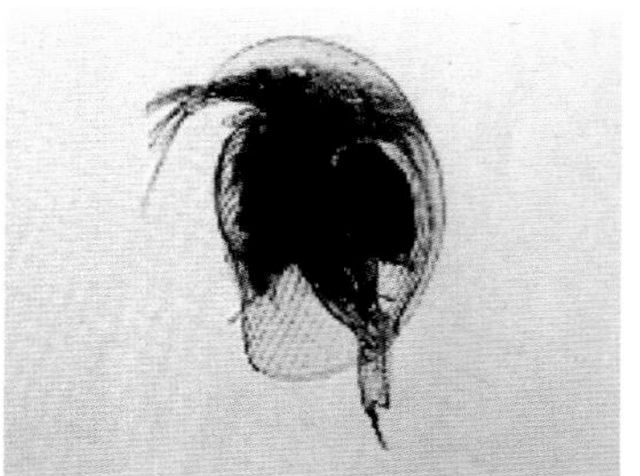

2. 笔纹溞属（*Graptoleberis*）

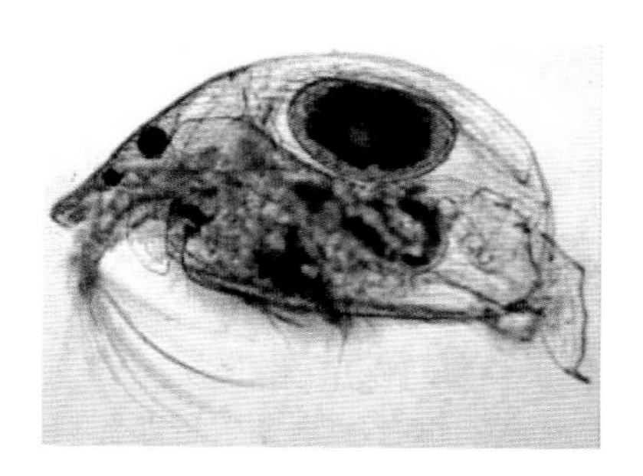

3. 大尾溞属（*Leydigia*）

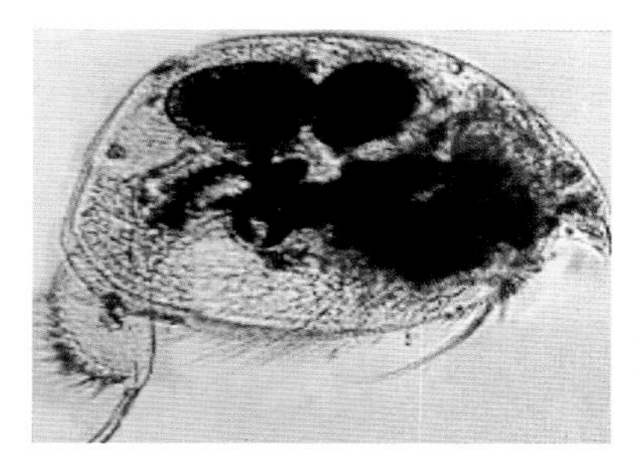

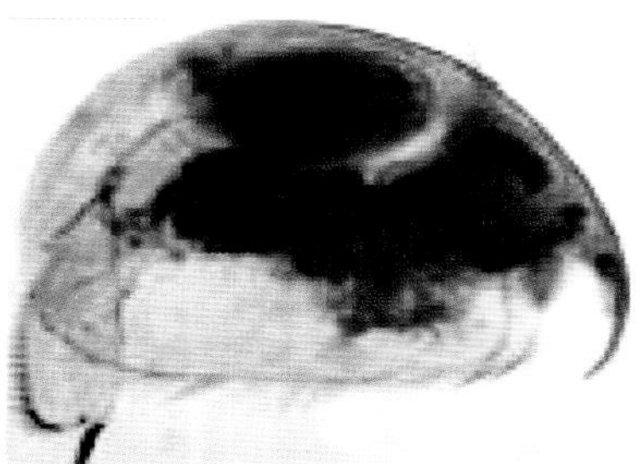

4. 尖额溞属（*Alona*）

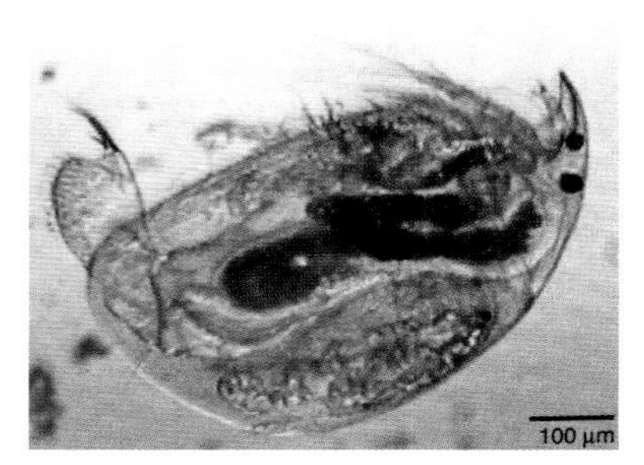

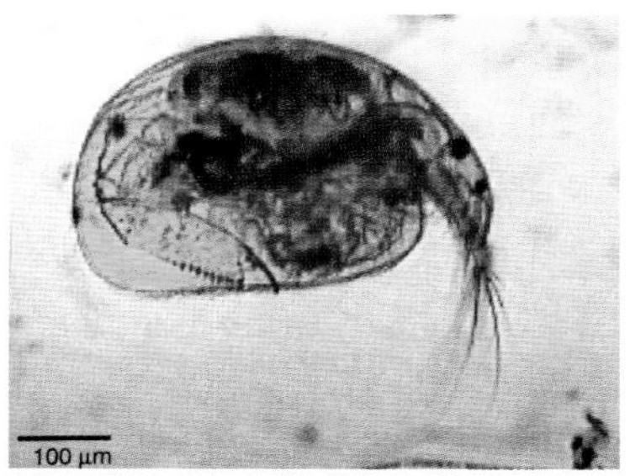

5. 锐额溞属（*Alonella*）

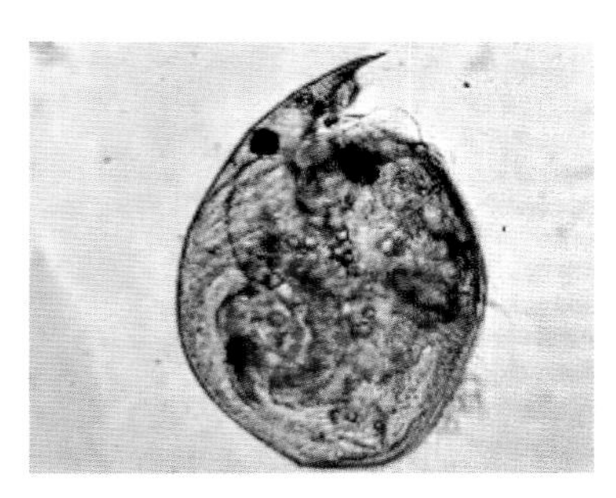

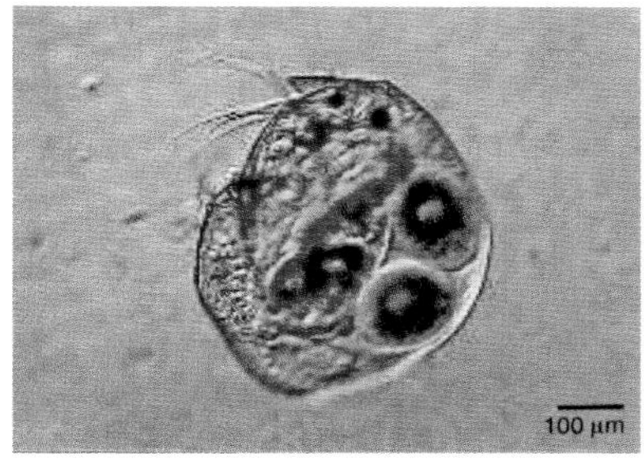

6. 盘肠溞属（*Chydorus*）

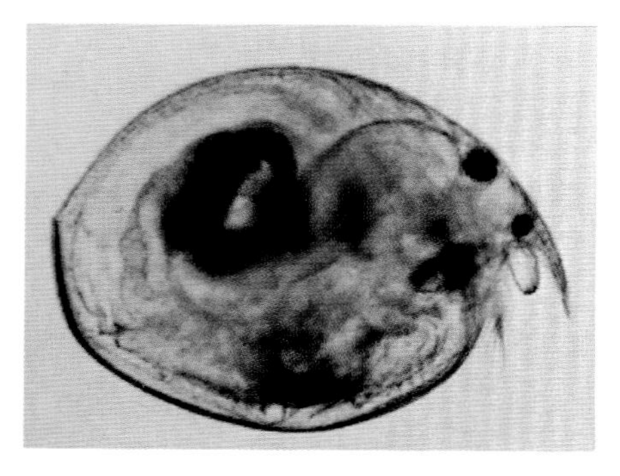

7. 象鼻溞属（*Bosmina*）

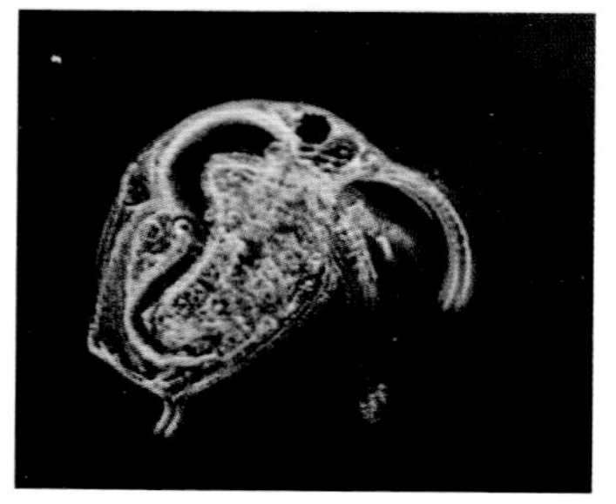

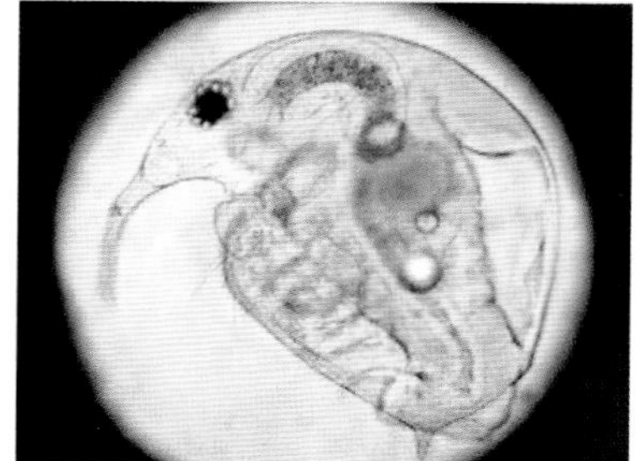

8. 溞属（*Daphnia*）

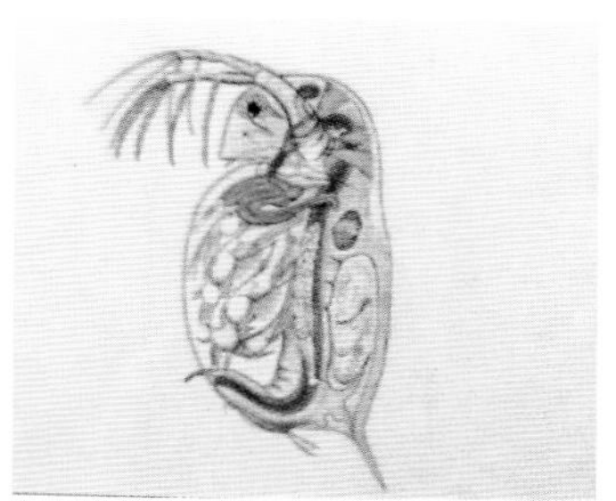

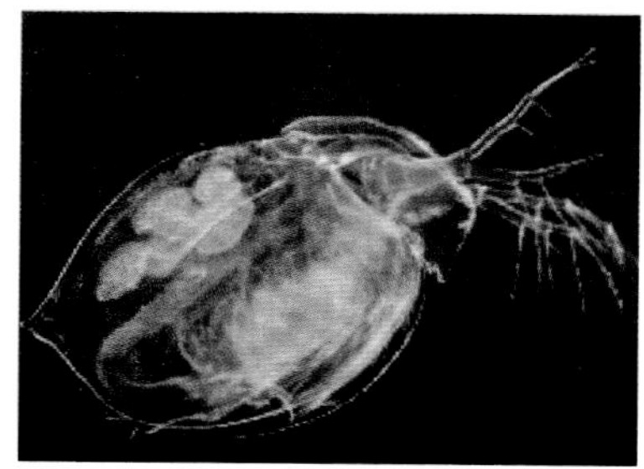

9. 低额溞属（*Simocephlaus*）

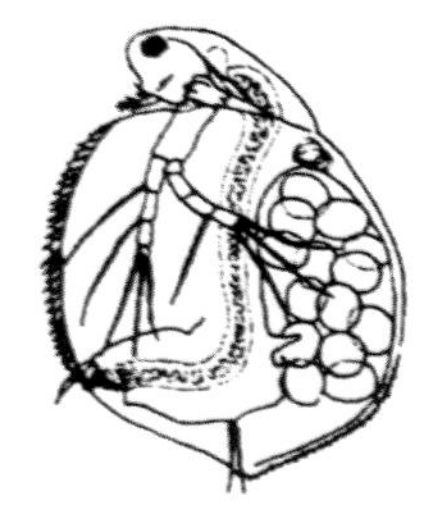
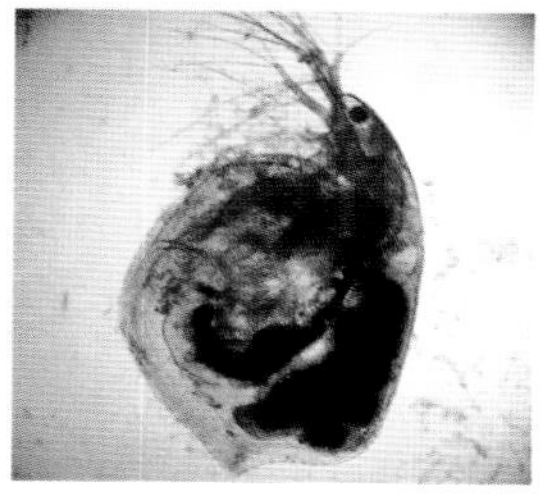
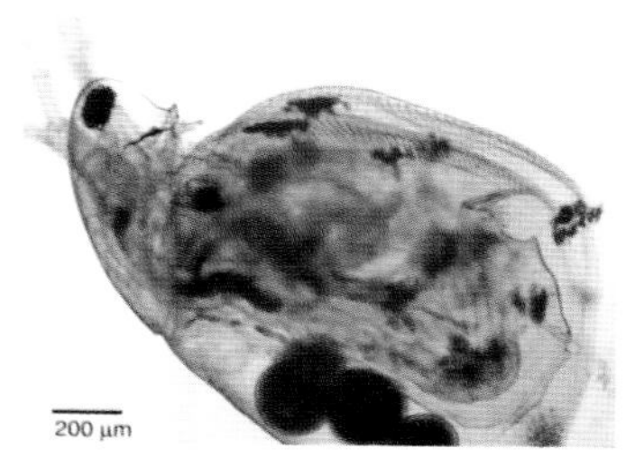

10. 网纹溞属（*Ceriodaphnia*）

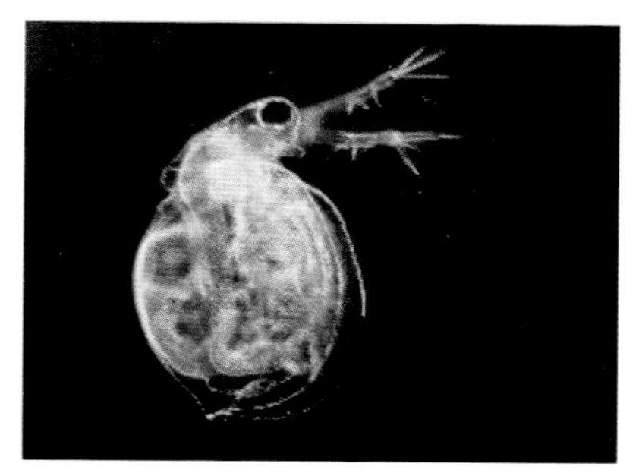
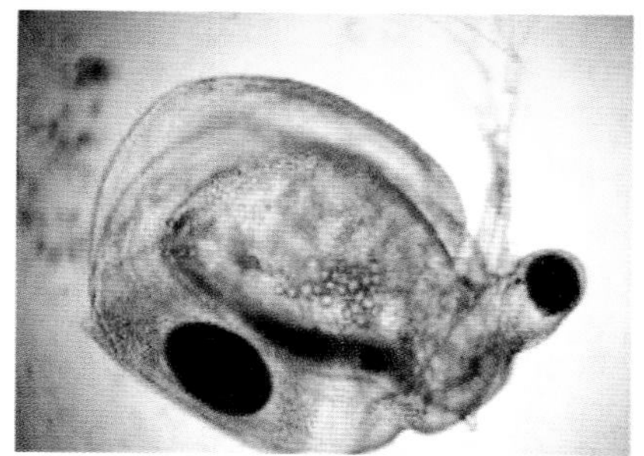

十二、桡足类

1. 哲水蚤目（*Calanoida*）

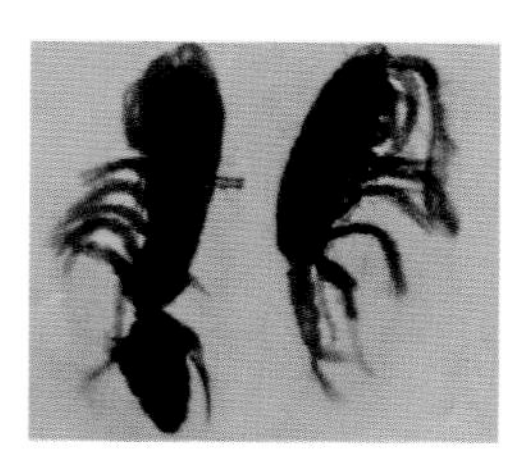
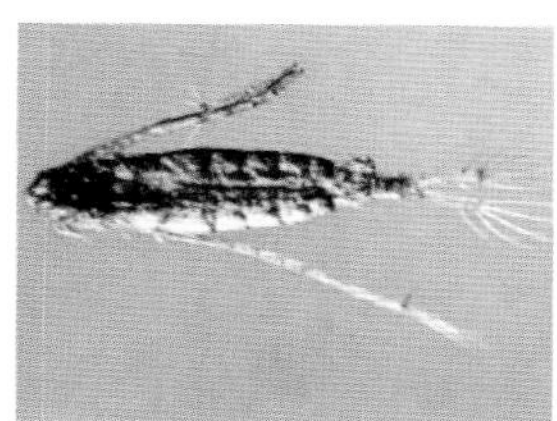
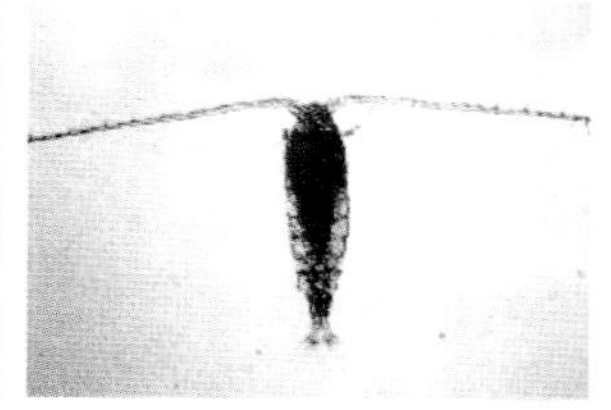

2. 剑水蚤目（*Cyclopoidea*）

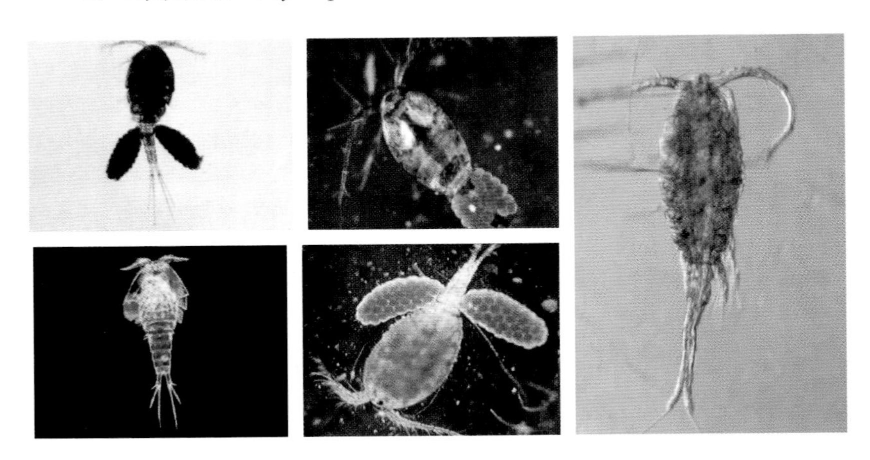

3. 猛水蚤目（*Harpacticoida*）

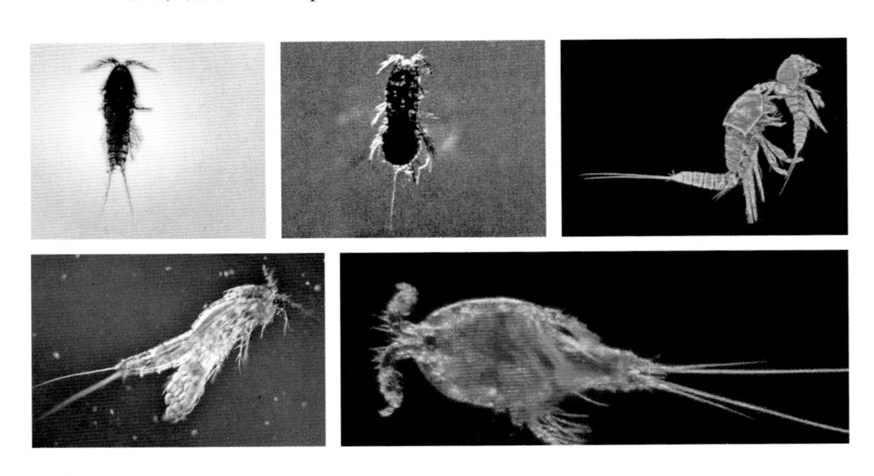

DANSHUI WEIXING SHENGWU YU
DIQI DONGWU TUPU

淡水微型生物与底栖动物图谱

第三版

周凤霞　陈剑虹　编

化学工业出版社
·北京·

微型生物是淡水中普遍存在的一类生物，在整个水生态系统中占有非常重要的地位。很多微型生物能够指示水质状况和水体的营养程度，可以作为污水处理系统运行状况的指示生物，用于评价污水的处理效果。本书收入了包括细菌、放线菌、真菌、蓝细菌、藻类、原生动物门、轮虫、节肢动物（枝角类、桡足类）八大类1800余种微型生物和120余种底栖动物的简介和图片。为了更好地呈现效果，部分提供了彩图。

本书可以供相关专业的师生作为教学参考书使用，也可供环境监测人员、给排水处理厂和污水处理厂的运转管理人员、食品检验人员以及从事环境保护工作的相关科技人员参考。

图书在版编目（CIP）数据

淡水微型生物与底栖动物图谱/周凤霞，陈剑虹编. —3版. —北京：化学工业出版社，2019.8（2024.2重印）

ISBN 978-7-122-34459-5

Ⅰ.①淡… Ⅱ.①周…②陈… Ⅲ.①淡水生物-微生物-图谱②底栖动物-图谱 Ⅳ.①Q178.51-64 ②Q958.8-64

中国版本图书馆CIP数据核字（2019）第086913号

责任编辑：王文峡
责任校对：王素芹　　　　装帧设计：王晓宇

出版发行：化学工业出版社（北京市东城区青年湖南街13号　邮政编码100011）
印　　装：北京新华印刷有限公司
850mm×1168mm　1/32　印张14½　彩插32　字数410千字
2024年2月北京第3版第4次印刷

购书咨询：010-64518888　　售后服务：010-64518899
网　　址：http://www.cip.com.cn
凡购买本书，如有缺损质量问题，本社销售中心负责调换。

定　　价：55.00元

前 言

《淡水微型生物图谱》于2005年出版第一版。第二版在第一版的基础上增加了淡水底栖动物的内容，更名为《淡水微型生物与底栖动物图谱》，于2011年出版。作为工具书或教学辅助材料深受广大师生和相关科技工作者的喜爱，但当时收录的图片均为黑白图片或模式图，与淡水微型生物本身的真实形态会有一些差距。因此，此次修订增加了一些藻类、原生动物、轮虫、枝角类和桡足类的彩色图片，便于读者查阅使用，增强了本书的可读性。

本书第一版由长沙环境保护职业技术学院的周凤霞和陈剑虹编写。第二版由周凤霞改编和统稿。第三版由长沙环境保护职业技术学院的周凤霞、陈剑虹、刘辉和张春燕改编，全书由周凤霞统稿。

本书难免存在不妥之处，恳请广大读者批评指正！

编者

2019年3月

第一版　前言

淡水中的微型生物是指需要借助显微镜才能看到或看清的生物。微型生物虽然个体微小，但在整个水生态系统中占有非常重要的地位。

在天然水体中，很多微型生物能够指示水质状况和水体的营养程度，可用于评价水环境质量和水体的功能。在污水处理系统中，很多微型生物可以作为污水处理系统运行状况的指示生物，用于评价污水的处理效果。因此，学会识别淡水中常见的微型生物对于环境监测和环境工程专业的学生和工作人员来说是非常必要的。

《淡水微型生物图谱》是一本工具书，目前这方面的书籍非常少，有些相关的书籍中附有一些微型生物图，但种类不多，也不全面，所以我们编写了这本《淡水微型生物图谱》，它可以作为教学参考书供相关的高职高专、中等职业学校、本科院校以及中学的教师和学生参考，也可供环境监测人员、给水处理厂和污水处理厂的运转管理人员、食品检验人员以及从事环境保护工作的相关科技人员参考。

本书收入的微型生物包括细菌、放线菌、真菌、蓝细菌、藻类、原生动物、轮虫、节肢动物（枝角类、桡足类）等八大类生物，共收入1800余种微型生物图片。本书以图为主，并简要介绍了一些主要属的特征及有环境价值的生物的环保意义。

本书共分为十六章，第一章至第四章以及第十二章至第十六章由陈剑虹编写，第五章至第十一章由周凤霞编写，全书由周凤霞统稿。

鉴于编写水平和时间的限制，本书可能在许多方面存在疏漏和不足之处，真诚欢迎广大读者批评指正。

本书在编写过程中引用了大量的书籍和文献，在此向它们的作者表示衷心的感谢！

编者

2005年1月

第二版 前言

《淡水微型生物图谱》第一版于2005年出版，至今已经多年了。几年来，作为工具书和教学辅助教材，被广大相关的高等院校和科技人员选用，深受广大使用者的欢迎和好评，实现了多次重印。但该书在使用过程中，发现有些微型生物图没有编入。另外，底栖动物在环境监测与评价中应用比较广泛，而市场上目前缺乏此类书籍。因此，应广大使用者的要求，对《淡水微型生物图谱》的内容进行修订和完善，并将书名更改为《淡水微型生物与底栖动物图谱》。修订和完善的内容如下。

1. 第十六章去掉了水栖寡毛类动物和摇蚊幼虫两部分，增加了介虫类。

2. 增加了第十七章底栖动物，包括环节动物、软体动物和水生昆虫常见种类的图谱。

3. 增加了51个属的轮虫图谱。

本书经修改后，增加了淡水微型生物的种类，新增了淡水底栖动物内容，使本书的内容更加丰富，可作为职业学院、本科院校老师和学生的教学参考书，也可作为环境监测人员、给水处理厂和污水处理厂的运转管理人员的工具书，还可作为中学教师、学生以及从事环境保护工作的相关科技人员的参考书。

本书共分为十七章，由长沙环境保护职业技术学院的周凤霞和陈剑虹编写，第二版由周凤霞改编和统稿。

由于编者水平有限，书中难免有不妥之处，恳请广大读者批评指正。

编者

2011年1月

目录

第三章　真菌 ………………………………… 20

第四章　蓝细菌 ………………………………… 37

第五章 隐藻门 …………………………………… 57

第六章 金藻门………………………………………… 61

第七章 甲藻门 …………………………………… 74

第八章 黄藻门………………………………………… 81

第九章 裸藻门 …………………………………… 85

第十章　硅藻门 …………111

第十一章　绿藻门 …………142

第十二章　原生动物门 ······························ 201

第十三章 轮虫 …… 327

第一章

细菌

第一节 球 菌

一、微球菌属

微球菌属（*Micrococcus*） 细胞呈球形，直径 0.5～3.5μm，单生、成对或形成四联、八叠或不规则聚集。一般不运动，革兰染色阳性，含有胡萝卜素类色素，常形成有色的菌落。能把葡萄糖等有机物氧化为醋酸，或彻底氧化为 CO_2 与 H_2O。其生活需要维生素，是需氧性微生物。生长适宜温度为 25～30℃。常存在于土壤及淡水中，亦可见于皮肤。常见球菌模式见图 1-1 和图 1-2。

图 1-1 四联球菌模式图

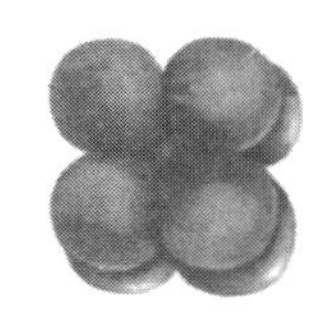

图 1-2 八叠球菌模式图

二、葡萄球菌属

葡萄球菌属（*Staphylococcus*）呈球形，直径 0.5～1.5μm，各个菌体的大小及排列也较整齐。细胞繁殖时呈多个平面不规则分裂，有单生、成对或堆积成葡萄串状排列。无芽孢及鞭毛，不运动。一般不形成荚膜。革兰染色阳性。含有胡萝卜素类色素。兼性厌氧微生物，在厌氧条件下发酵葡萄糖主要产生乳酸，

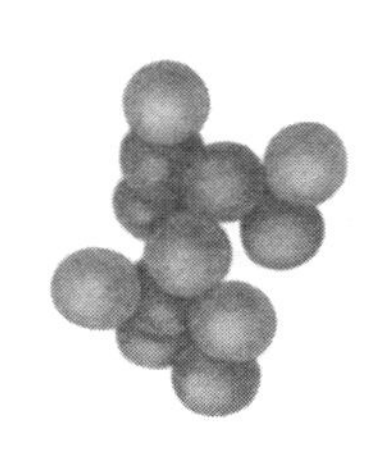

图 1-3 葡萄球菌模式图

在有氧条件下主要产生醋酸及少量 CO_2。生长适宜温度为 35～40℃，适宜 pH 为 7～7.5。在 15％食盐液中能生长，对一般抗生素敏感。常在动物体寄生，有致病性。代表种为金黄色葡萄球菌。常见球菌模式和种类见图 1-3～图 1-5。

图 1-5 中的菌体应是圆球形，此处的六角形系标本制作过程中菌体相互挤压造成。

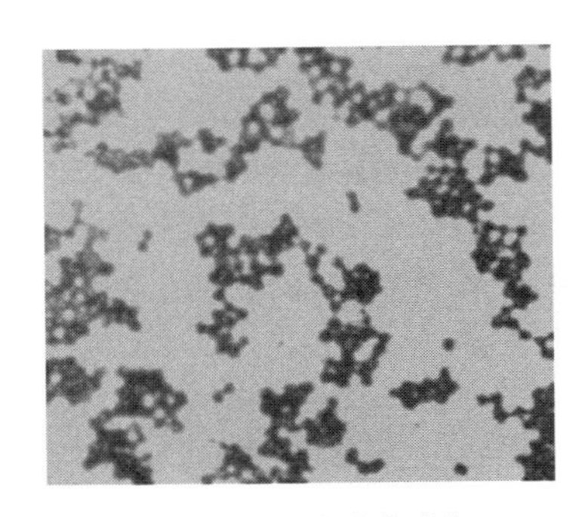

图 1-4 金黄色葡萄球菌
(*Staphy. aureus*)

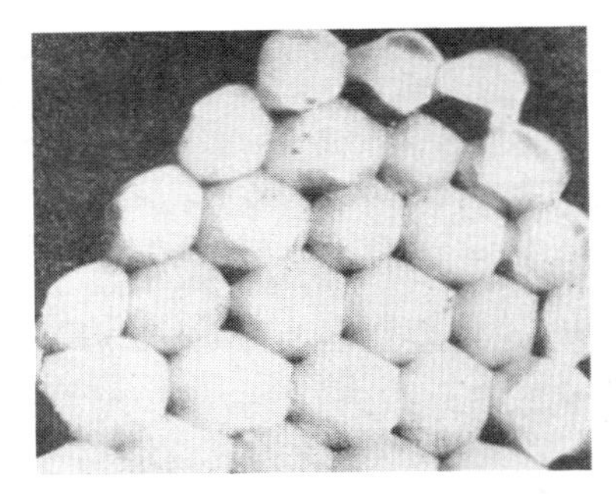

图 1-5 表皮葡萄球菌的铬真空喷镀投影图
(*Staphy. epidermidis*)

三、奈瑟菌属

奈瑟菌属（*Neisseria*） 直径 0.6～1.0μm，单个排列但常有成对的，两个平面分裂。革兰染色阴性。不形成芽孢，无鞭毛，不运动。可能出现荚膜和纤毛。有两种具黄绿色色素。需要复杂的生长素。有些种嗜盐。营有机化能型，利用少数碳水化合物。好氧或兼性厌氧。最适温度约 37℃。接触酶和细胞色素氧化酶反应阳性。哺乳动物的黏膜上寄生。常见种类见图 1-6。

四、布兰汉球菌属

布兰汉球菌属（*Branhamella*） 通常为球菌，排列成双球，两个平面分裂。无芽孢，不运动，革兰染色阴性。有机化能型营养类型，遇碳水化合物不产酸。不产黄色色素。在无血通用培养基上生长。好氧。最适温度37℃。接触酶和细胞色素氧化酶阳性。通常用硝酸盐还原。常在哺乳动物黏膜上寄生。常见种类见图1-7。

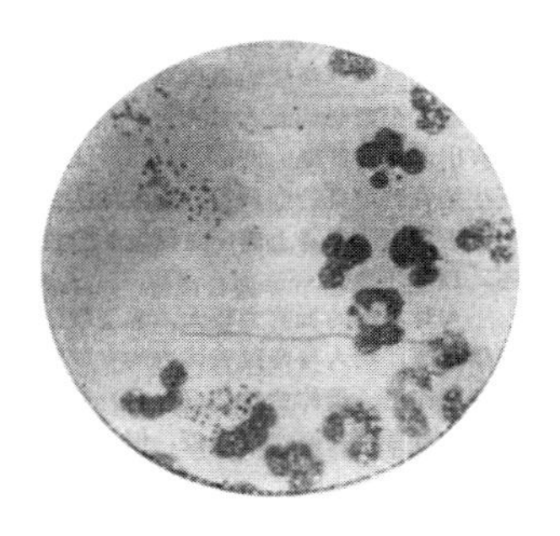

图1-6　脑积液涂片中的脑膜炎球菌
(*Neisseria meningitidis*)

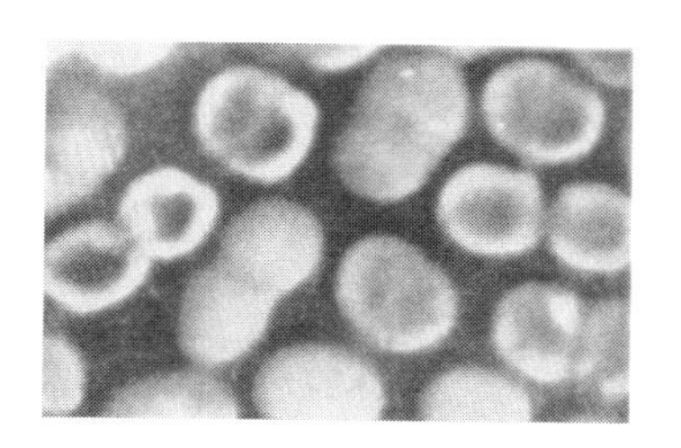

图1-7　卡他球菌的铬真空喷镀投影图（示意处在各种不同分裂期的菌体）
(*Branhamella catarrhalis*)

五、链球菌属

链球菌属（*Streptococcus*）　呈球形或卵圆形，直径为0.5～1.0μm，呈成对或链状排列。链的长短不一，短者由4～8个细菌组成，长者达20～30个菌细胞。链的长短与细菌的种类及生长环境有关。在液体培养基中易呈长链，而在固体培养基中常呈短链，易与葡萄球菌相混淆。大多数链球菌在幼龄（生长的头2～4h）培养可见到由透明质酸形成的荚膜，继续培养时本菌产生透明质酸酶而使荚膜消失。不形成芽孢，亦无鞭毛，不能运动。细胞壁外有菌毛。革兰染色阳性。有机营养型，使葡萄糖发酵产生乳酸，无接触酶。常见球菌模式和种类见图1-8～图1-10。

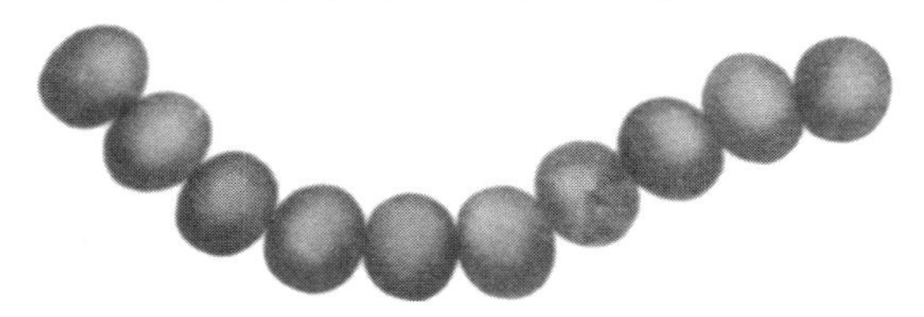

图1-8　链球菌模式图

在图 1-10 乙型链球菌菌落中血琼脂平板上呈现完全溶血环。

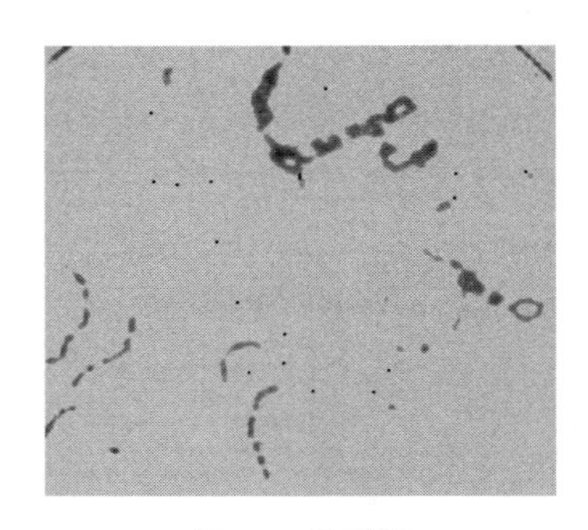

图 1-9　链球菌

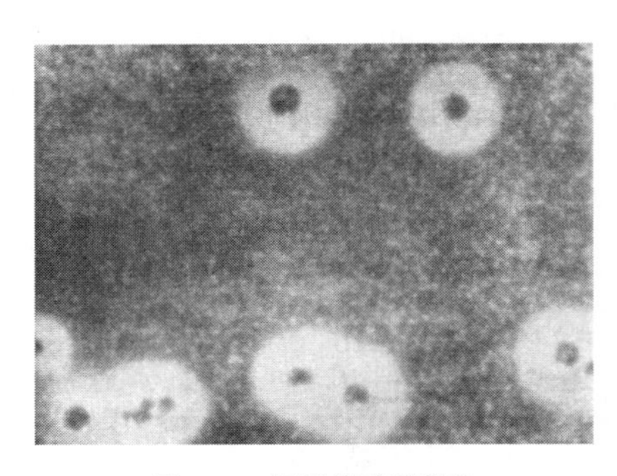

图 1-10　乙型链球菌菌落

(*Strep. hemolyticus*)

第二节　杆　　菌

环境中种类与数量最多的为杆菌。

一、动胶菌属

动胶菌属（*Zoogloea*）　细胞呈杆状，大小为（0.5～1）μm×（1～3）μm。幼龄菌体借端生单鞭毛活泼运动，具荚膜，易形成菌胶团。革兰染色阴性，无芽孢。化能有机营养型需氧菌，能利用某些糖及氨基酸，不能利用淀粉、肝糖、纤维素、蛋白质等，不产生色素，需要维生素 B_{12} 以供生活。在好氧活性污泥工艺中，动胶菌是活性污泥工艺中常见的重要杆菌，是对形成絮状活性污泥贡献最大的菌种。常见种类见图 1-11 和图 1-12。

二、埃希菌属

埃希菌属（*Escherichia*）　为肠杆菌科的代表属。直杆菌，细胞短杆状，大小为（1.1～1.5）μm×（2～6）μm（活体）或（0.4～0.7）μm×（1.3～3）μm（干燥染色后测量）。借周生鞭毛运动或不运动，无芽孢，革兰染色阴性。在简单营养培养基上（如肉汤培养基）

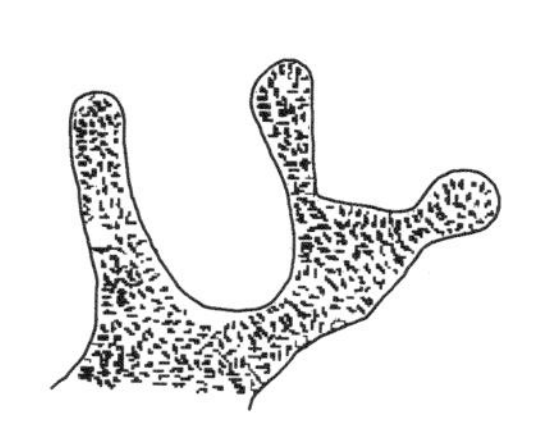

图 1-11　生枝动胶菌指状突出物（相差照片）

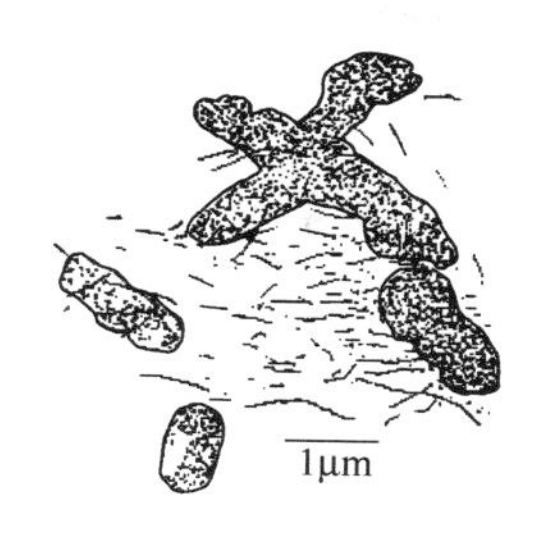

图 1-12　生枝动胶菌（电镜照片）
（*Zoogloea ramigera*）

生长迅速。在营养琼脂表面上，菌落光滑（S 形），菌落白色，低突，闪光，边圆，整齐，湿润均匀。兼性厌氧菌，在普通培养基上生长迅速。可发酵乳糖产酸产气，有的菌株不产气。产生吲哚，甲基红反应（＋），VP 反应（－），不能利用柠檬酸盐。在伊红美蓝培养基上菌落呈深蓝黑色，有金属光泽。本属只有一种，即大肠埃希菌（*E. coli*），简称大肠杆菌。水体被粪便或病原菌污染时，常被用作指示菌种，亦为微生物学科研中的常用菌种。广泛存在于自然界及人与动物的肠道内，少数种具有致病性。常见种类见图 1-13～图 1-15。

图 1-13　大肠杆菌模式图

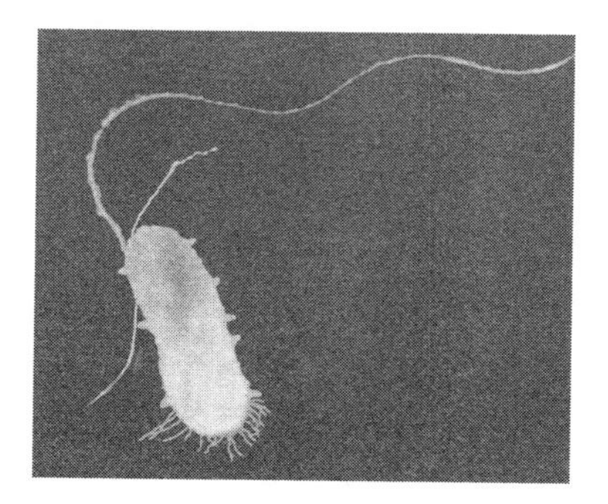

图 1-14　大肠杆菌及鞭毛、菌毛
（*Escherichia coli*）

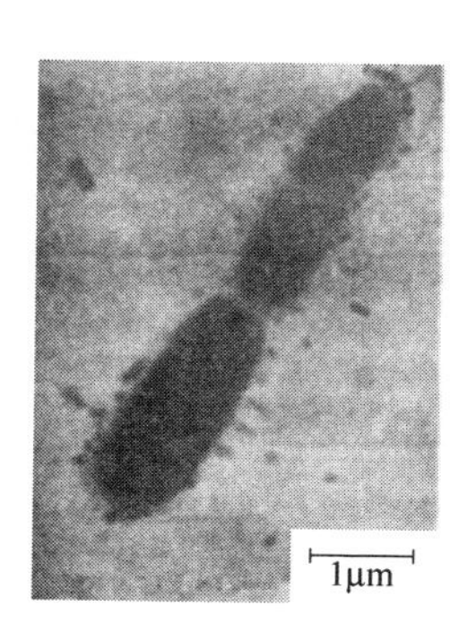

图 1-15　被噬菌体吸附的大肠杆菌

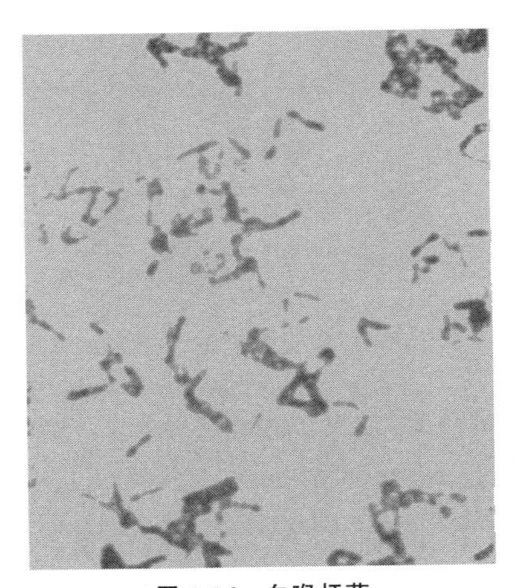

图 1-16 白喉杆菌
(*Corynebacterium diphtheriae*)

三、棒状杆菌属

棒状杆菌属（*Corynebacterium*）呈杆状，直或微弯，常呈一端膨大的棒状，多数不运动。革兰染色阳性（老龄菌体易脱色），菌内常染色不均一，有颗粒状内含物。需氧或兼性厌氧。发酵葡萄糖产酸不产气。腐生性的棒状杆菌广泛存在于自然界，可分解多种有机物。常见种类见图 1-16。

四、变形杆菌属

变形杆菌属（*Proteus*）直杆菌，(0.4～0.6)μm×(1～3)μm，菌体常有不规则的变形呈球状、丝状等。革兰染色阴性，无芽孢，无荚膜，无色素。借周生鞭毛运动。常见种类见图 1-17～图 1-19。

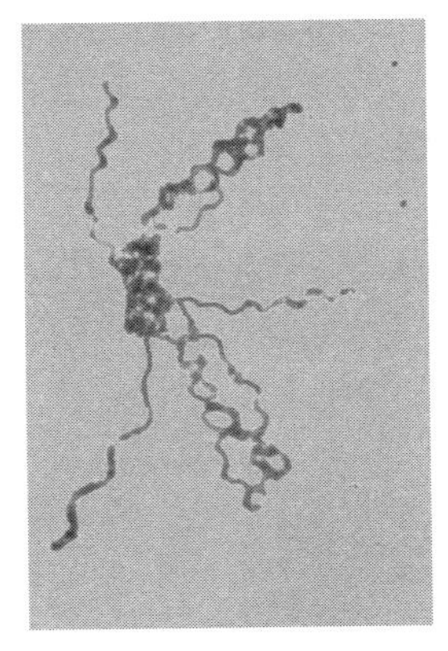

图 1-17 变形杆菌及鞭毛

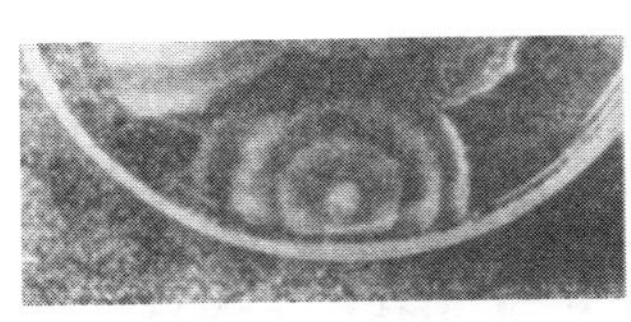

图 1-18 变形杆菌菌落（迁徙生长现象）

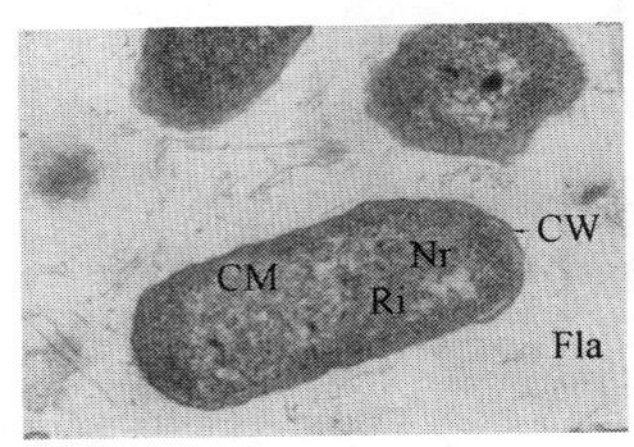

图 1-19 变形杆菌（超薄切片）
CW—细胞壁；CM—细胞膜；Nr—核区；Ri—核糖体；Fla—鞭毛

五、芽孢杆菌属

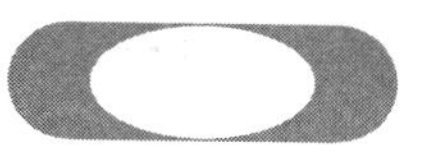
图 1-20　枯草芽孢杆菌模式图

芽孢杆菌属（*Bacillus*）为能产生芽孢的杆状菌，多数有鞭毛，不形成荚膜。好氧或兼性厌氧。代表种为枯草芽孢杆菌，为革兰染色阳性，周生鞭毛，芽孢呈椭圆形，生于细胞中央。在环境各种有机质的转化与分解中起重要作用。常见种类见图 1-20 和图 1-21。

图 1-21 所示芽孢的中心部分为核心体 C，核心体的四周有较宽的皮质区 Cor，皮质区外可见层状结构的芽孢膜 SC，CW 为细菌细胞壁。

六、梭状芽孢杆菌属

梭状芽孢杆菌属（*Clostridium*）多有周生鞭毛，多无荚膜，芽孢为卵圆形到球状，细胞常因芽孢膨大成梭状或鼓槌状，多为革兰染色阳性，多为厌氧菌。分解有机物的能力较强，发酵碳水化合物产酸、产气。在废水厌氧处理中的梭状芽孢杆菌，常是优势生长的水解酸化菌和产乙酸菌。常见种类见图 1-22。

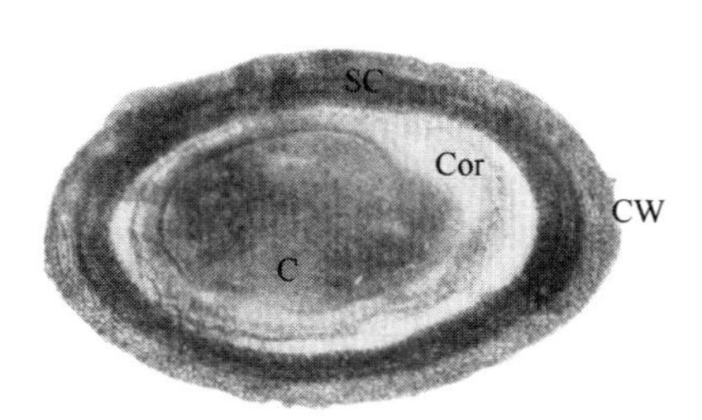

图 1-21　枯草杆菌芽孢
（横断面超薄切片）
C—核心体；Cor—皮质区；
SC—芽孢膜；CW—细胞壁

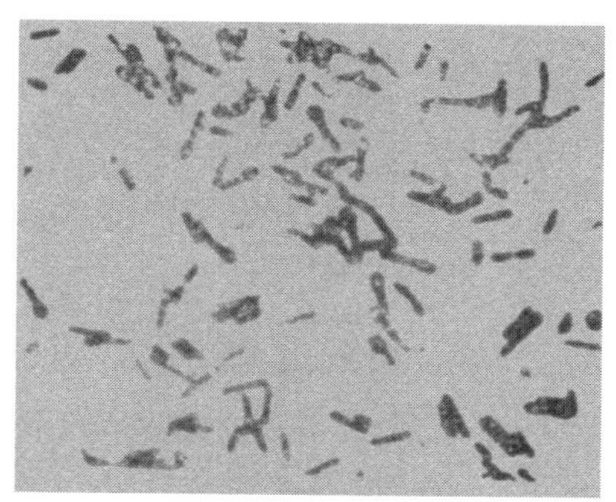
图 1-22　破伤风杆菌
（*Clostridium tetani*）

七、球衣菌属

球衣菌属（*Sphaerotilus*） 为单细胞串生成丝状，丝体长500～1000μm，不运动，稍弯曲；丝物体外包围两层由有机物或无机物组成的鞘套，大多数具有假分枝。其丝状鞘的一端固着在固体表面，革兰染色阴性。当一个孢子自丝鞘上端放出，可附着在另一丝鞘上发育成新菌丝，二菌丝间无内在联系，故为假分枝。球衣菌能形成具有端生鞭毛的游动孢子，其繁殖靠游动孢子或不能游动的分生孢子。属化能有机营养型，为专性需氧菌，分解有机物能力较强。适宜 pH 为 6～8。常生存于流动的、有机物污染的淡水中。在有机物污染的水域中和微氧条件下能很好生长，为活性污泥中的常见菌种，当其数量过多时会引起污泥膨胀。常见种类见图 1-23 和图 1-24。

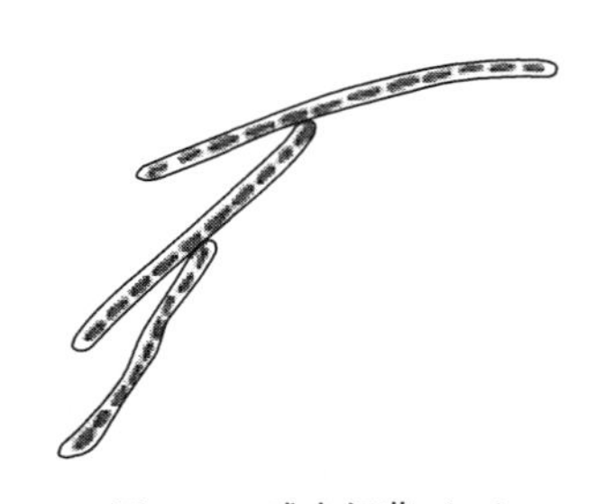

图 1-23　球衣细菌（一）
（*Sphaerotilus natans*）

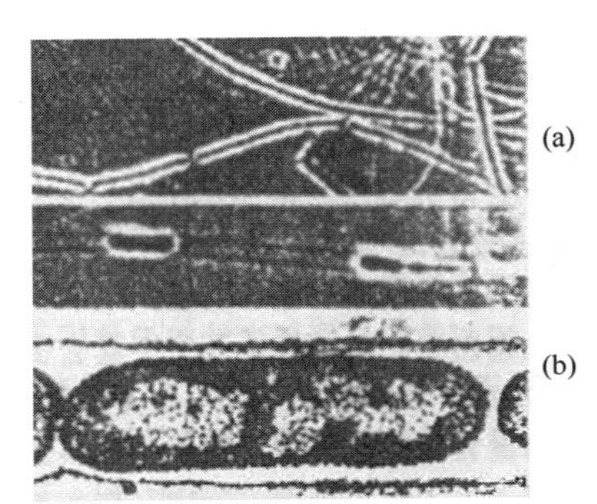

图 1-24　球衣细菌（二）
（a）相差照片；（b）超薄切片

八、铁细菌属

铁细菌属（*Crenothrix*） 亦为具鞘的丝状菌，丝状体多不分枝。由于此属菌能将低铁氧化为高铁，故称铁细菌。其生成的 $Fe(OH)_3$ 常沉积于鞘套中，使菌丝体呈黄褐色。铁细菌菌丝一端常附着在固体物上。上端细胞可形成球形的分生孢子，当下层细胞分裂增长时将孢子推出鞘外，鞘的上部常因孢子增多而膨大。这类菌广泛存在于自然界，在铁素循环中占有重要地位。铁质水管腐蚀与堵塞常可因环境中铁细菌活动引起。常见种类见图 1-25～图 1-27。

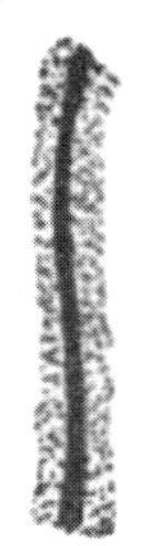

图 1-25　赭色纤发菌
（*Leptothrix ochracea*）

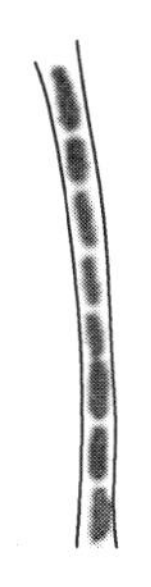

图 1-26　多孢泉发菌
（*Crenothrix phlyspora*）

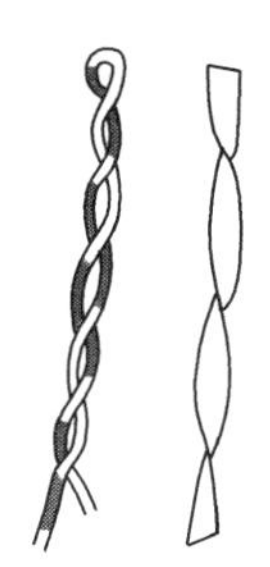

图 1-27　含铁嘉利翁菌

九、发硫菌属

发硫菌属（*Thiothrix*）为具薄鞘的杆菌，丝状无分枝，基部直径较大有吸盘，一端固着于固体表面，不运动。游离端能断裂出一节节的杆状体，能滑行，有时菌丝体左右平行伸长呈羽毛状，有时呈放射状附着在固体物上，有时菌丝体交织在一起自中心向四周伸展。兼性自养型，微量好氧，污水处理中溶解氧低时大量繁殖。常见种类见图 1-28 和图 1-29。

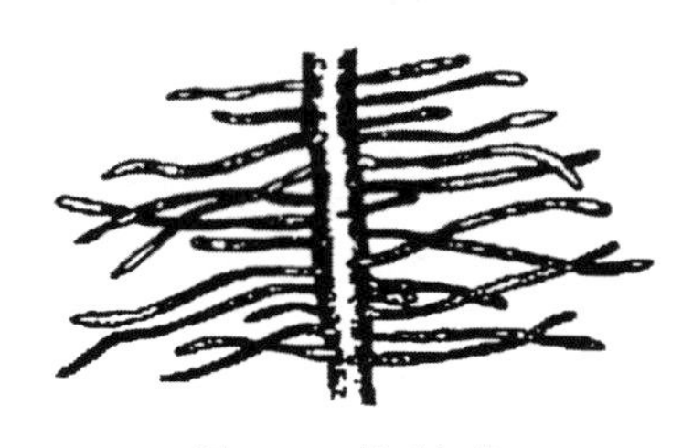

图 1-28　发硫细菌

图 1-29　菌胶团中的发硫细菌

图 1-28 中发硫细菌菌丝一端吸在植物残片或纤维上；图 1-29 中可见从活性污泥菌胶团中伸展出的菌丝。

十、贝日阿托菌属

贝日阿托菌属（*Beggiatoa*） 是不借鞭毛而靠菌体的蠕动进行滑动的细菌。是由圆柱形细胞紧密排列形成无色而宽度均匀丝状体、柔软，菌体为丝状体，丝状体分散不相连接，直径依种类不同有很大差异，无鞘，没有鞭毛，能靠滑行运动。细胞内聚集大量硫粒，兼性自养型。与蓝细菌相似但无色素。菌丝不固着于物体上。能氧化 H_2S 为硫，硫粒可贮存于体内。分布于淡水或海水中，对自然界硫素循环起着重要作用。其代表种巨大贝日阿托菌（*Beggiatoa gigantea*）菌丝体直径可达 26～55μm，每节长 5～13μm，为细菌中最大者。常见种类见图 1-30 和图 1-31。

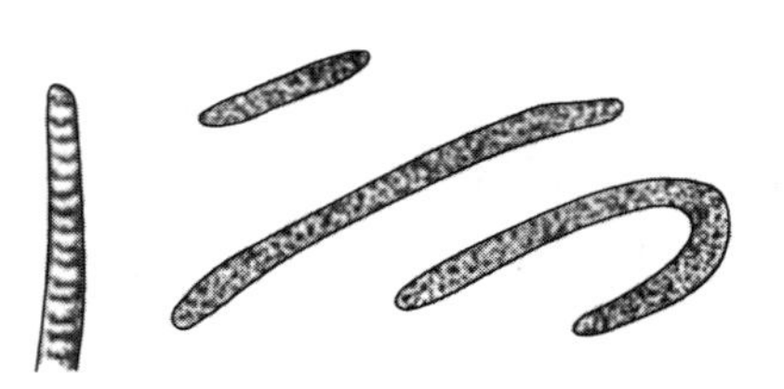

图 1-30 巨大贝日阿托菌
（*Beggiatoa gigantea*）

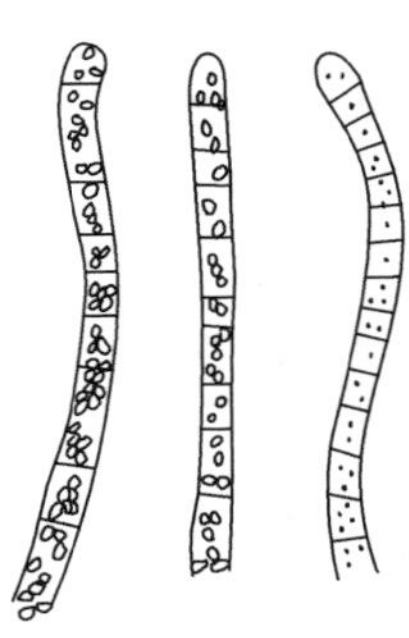

图 1-31 贝日阿托菌

十一、产甲烷细菌

产甲烷细菌（*Methanogenus*） 依形态可分为球形、八叠球状、短杆状、长杆状、丝状和盘状。为严格的厌氧菌。可以 CO_2 为碳源、以 NH_4^+ 为氮源，利用 H_2 还原 CO_2 合成自身有机物，利用甲烷发酵或乙酸盐呼吸来获取生命活动所需的能量，某些种需要氨基酸、酵母膏和酪素水解物等作为生长因子。常见种类见图 1-32～图 1-37。

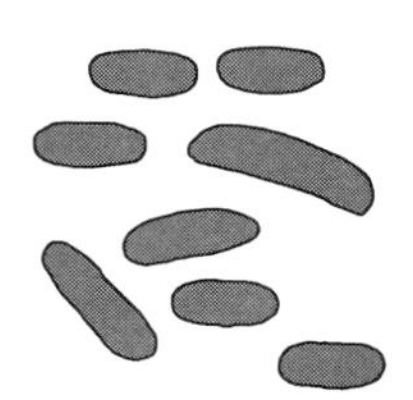

图 1-32　布氏甲烷细菌

图 1-33　嗜树木甲烷细菌

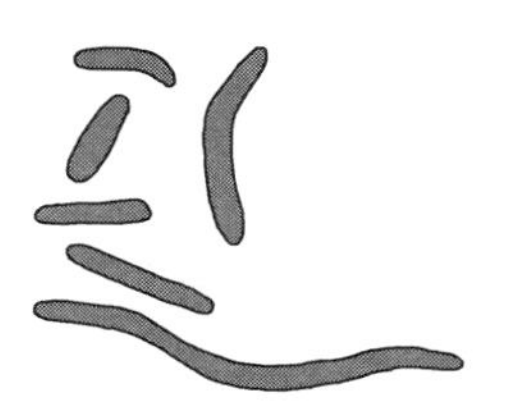

图 1-34　甲酸甲烷细菌

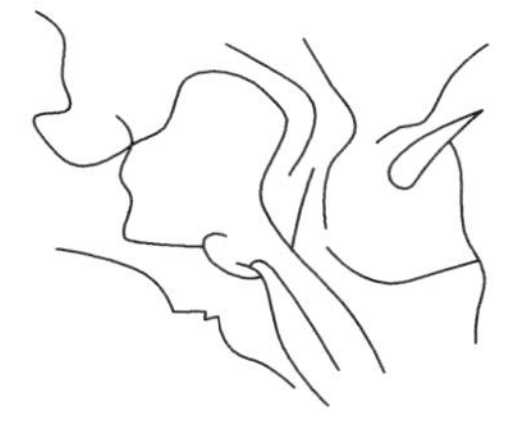

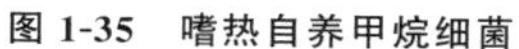

图 1-35　嗜热自养甲烷细菌

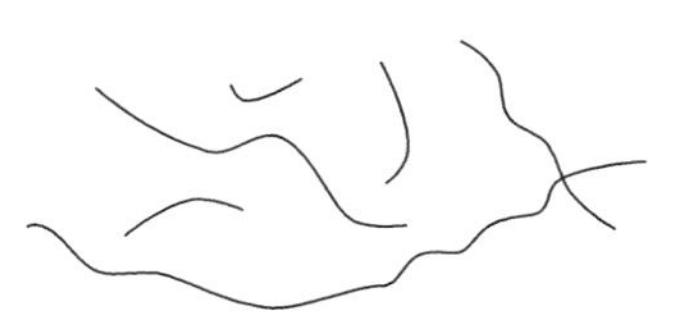

图 1-36　亨氏甲烷细菌

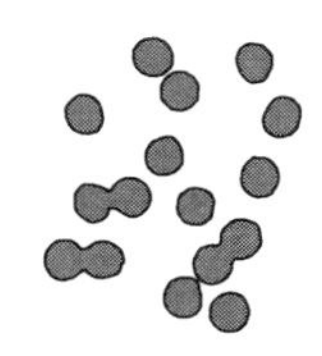

图 1-37　沃氏甲烷细菌

十二、沙门菌属

沙门菌属（*Salmonella*）以周生鞭毛运动的杆菌；突变株可能不运动；一般菌落直径 2～4mm，但有些种群其菌落约 1mm。多数菌株在没有特别生长素的限制性培养基上生长良好，并且能利用柠檬酸盐作为碳源。多数菌株是产气菌。不产生 DNA 酶和脂肪酶。常见种类见图 1-38 和图 1-39。

图 1-39 伤寒杆菌及其鞭毛的菌体边上可见细而长的鞭毛，黑的颗粒结构是培养基成分。

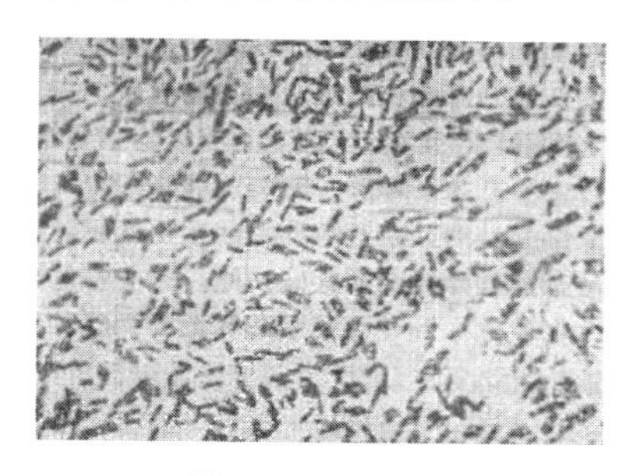

图 1-38　伤寒杆菌

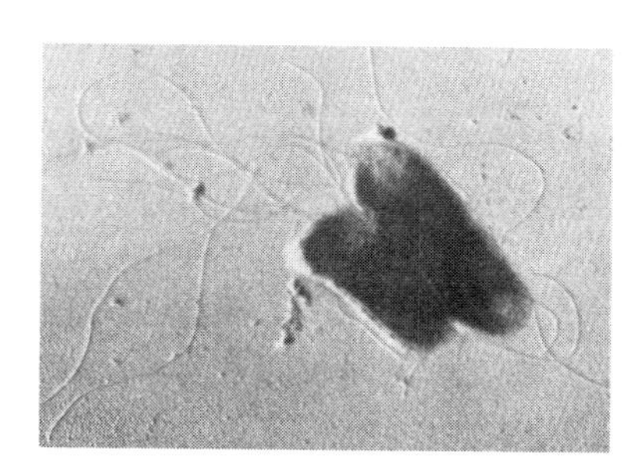

图 1-39　伤寒杆菌及其鞭毛（铬真空喷镀）

十三、志贺菌属

志贺菌属（*Shigella*） 非运动杆菌，无荚膜。在营养培养基上生长良好，并不需要特别的生长素。不利用柠檬酸盐或不把丙二酸盐作为唯一碳源加以利用。KCN 抑制其生长。不产生 H_2S。从葡萄糖和其他碳水化合物发酵产酸不产气。不发酵阿东糖醇、肌醇和柳醇。接触酶通常为阳性。常见种类见图 1-40。

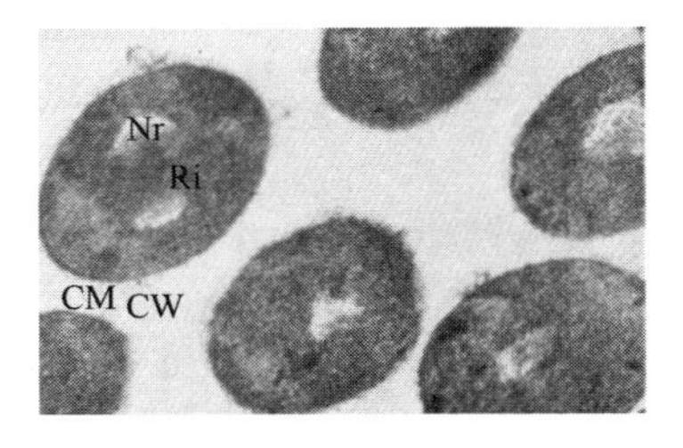

图 1-40　志贺痢疾杆菌（横断面的超薄切片）
（*Shigella dysenteriae*）

图 1-40 中可见三个致密层组成的细胞壁（CW），两个致密层组成的细胞质膜（CM），细胞质中充满核糖体（Ri），核区（Nr）电子密度较低。

十四、流行性感冒杆菌

流行性感冒杆菌（*Hemophilus influenzae*） 常见种类见图 1-41 和图 1-42。

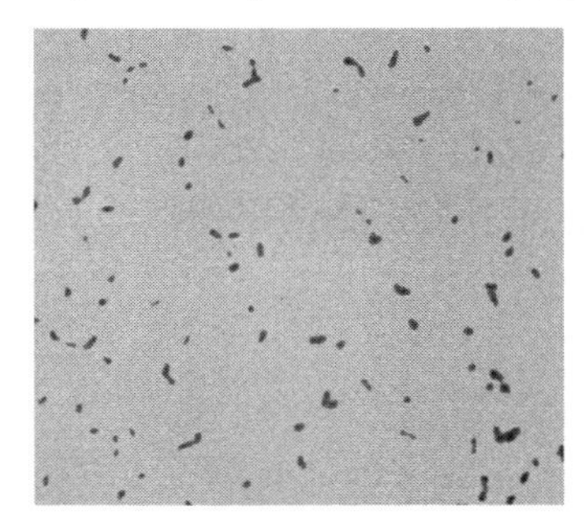

图 1-41　流行性感冒杆菌

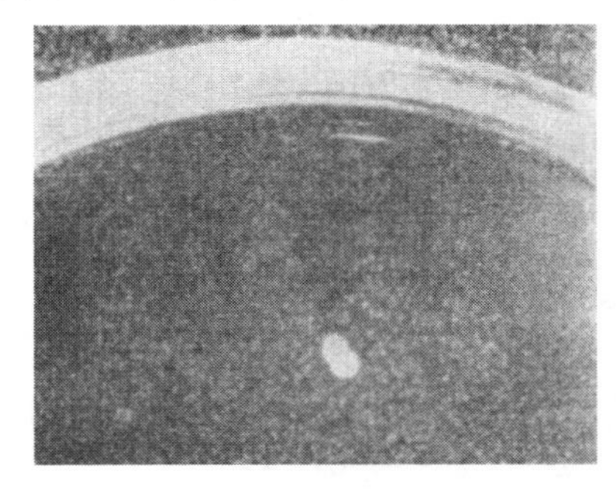

图 1-42　流行性感冒杆菌菌落（卫星现象）

十五、分枝杆菌属

分枝杆菌属（*Mycobacterium*） 常见种类见图 1-43～图 1-47。

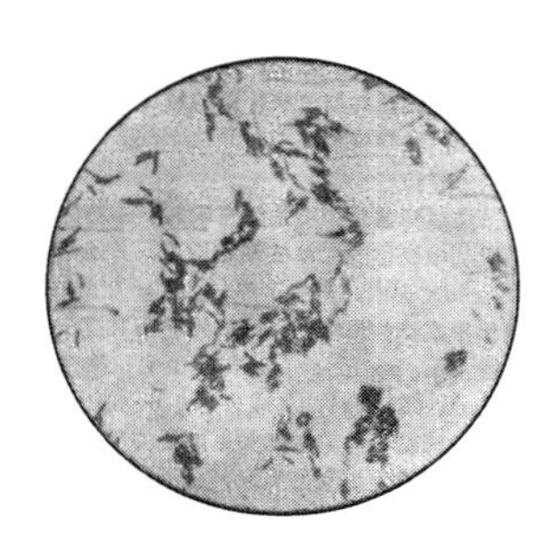

图 1-43　结核杆菌

（*Mycobacterium tuberculosis*）

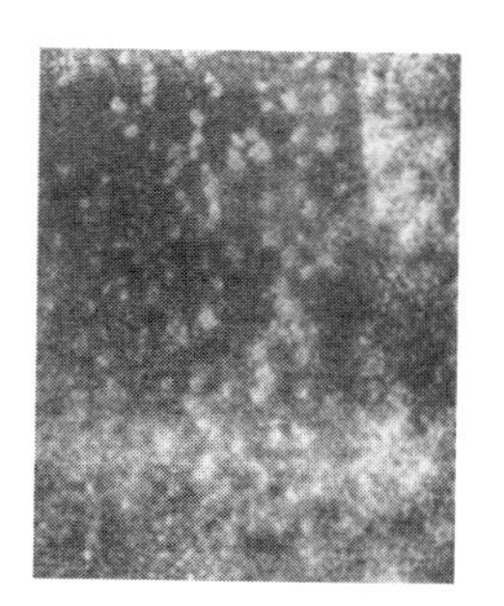

图 1-44　结核杆菌菌落

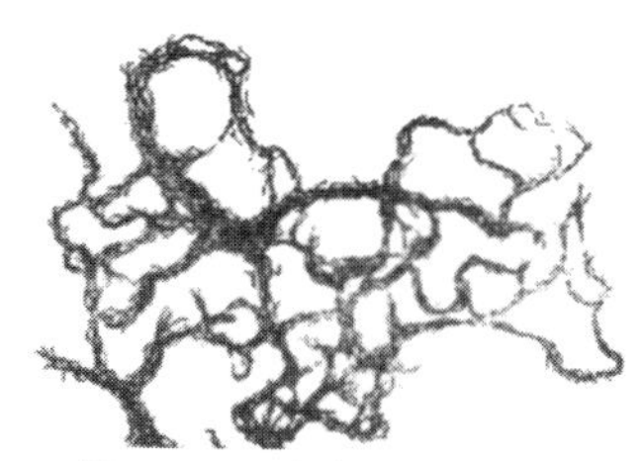

图 1-45　结核杆菌索状生长

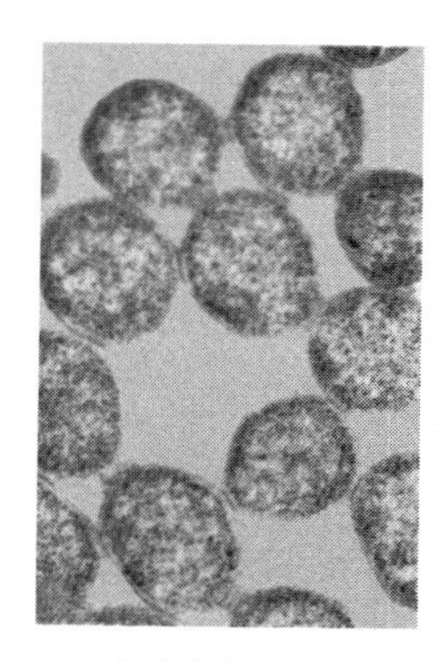

图 1-46　类结核杆菌（超薄切片）

（*Mycobacterium tuberculoid bacillus*）

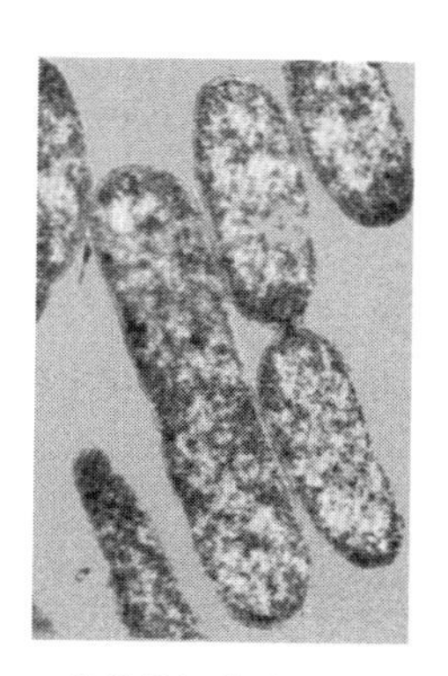

图 1-47　类结核杆菌分裂（超薄切片）

十六、鼠疫杆菌

鼠疫杆菌（*Yersinia*） 常见种类见图 1-48 和图 1-49。

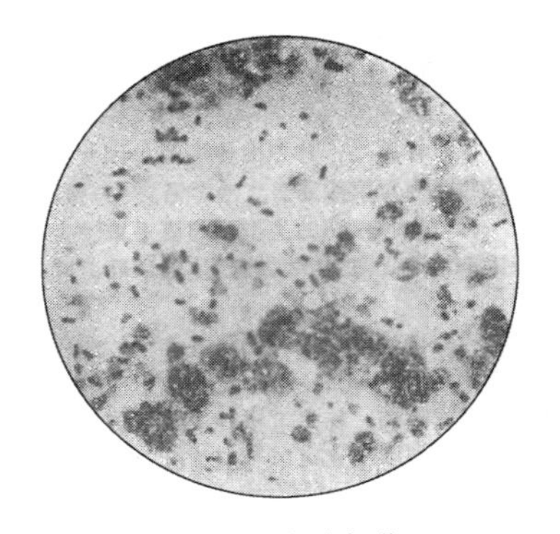

图 1-48 鼠疫杆菌

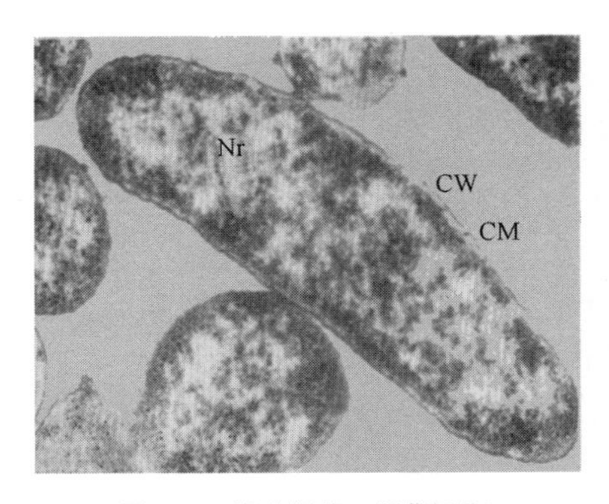

图 1-49 鼠疫杆菌（超薄切片）
CW—细胞壁；CM—细胞膜；Nr—核区

十七、杀螟杆菌

杀螟杆菌常见种类见图 1-50。

十八、绿脓杆菌

绿脓杆菌常见种类见图 1-51。

图 1-51 的菌体周围可见长短不一的纤毛，黑的圆球状结构是培养基成分。

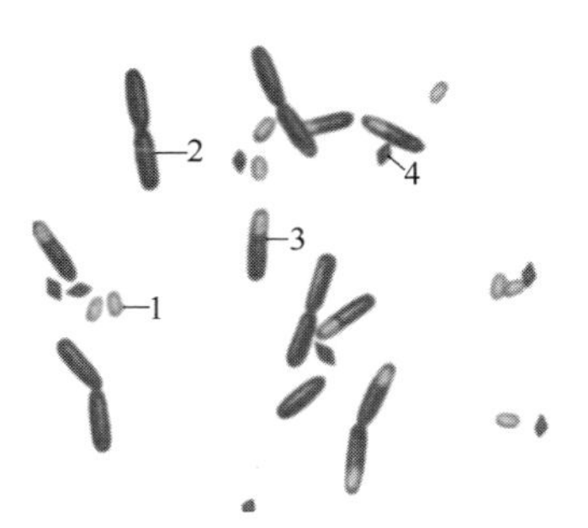

图 1-50 杀螟杆菌模式图
1—芽孢；2—营养体；3—孢子囊；4—伴孢晶体

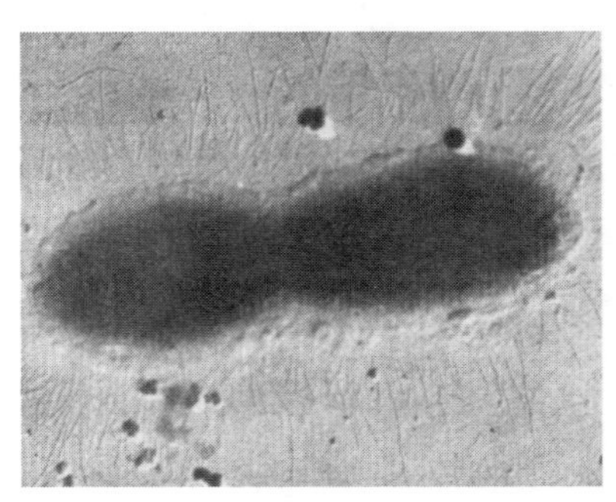

图 1-51 绿脓杆菌纤毛（铬真空喷镀）

第三节 螺 旋 菌

一、螺菌属

螺菌属（*Spirillum*） 为细胞壁坚硬的螺旋状菌。细胞长 2～60μm，宽 0.25～1.7μm 。两端丛生多根鞭毛。绝对需氧或微需氧性。常见种类见图 1-52。

二、弧菌属

弧菌属（*Vibrio*） 细胞呈弧形或逗号形，大小为 0.5μm×1.5μm。端生鞭毛一根或丛生，少数不运动。有机营养型，在普通培养基上生长迅速，兼性厌氧。革兰染色阴性。无色素。有氧化酶。VP 反应阳性。能将硝酸还原为亚硝酸。常见于淡水或海水中。常见种类见图 1-53～图 1-55。

图 1-52 螺菌模式图

图 1-53 弧菌模式图

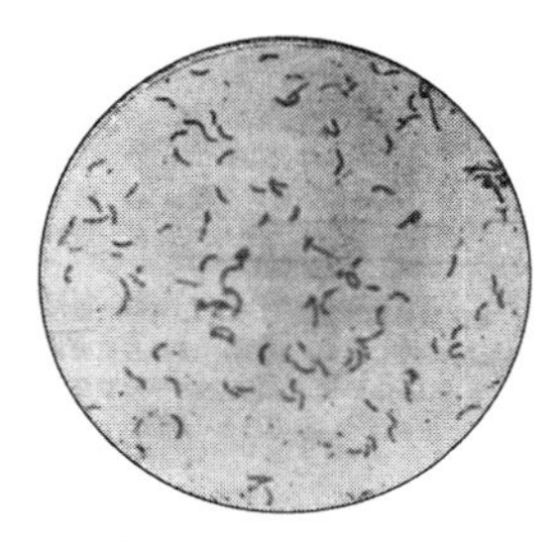

图 1-54 霍乱弧菌

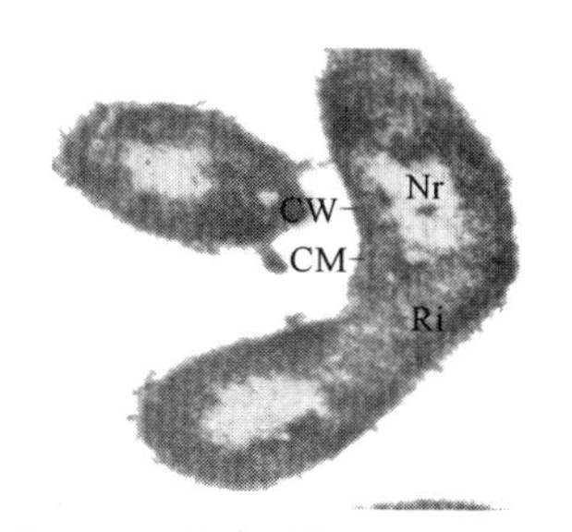

图 1-55 霍乱弧菌（超薄切片）

从图 1-55 霍乱弧菌的超薄切片可看出弧形菌体有细胞壁（CW）、细胞质膜（CM）、核糖体（Ri）及核区（Nr）。核区电子密度低，有的位于细菌的中心部位，有的在菌体的两端。

第二章

放线菌

一、诺卡菌属

诺卡菌属（*Nocardia*） 又称原放线菌。气生菌丝不发达，菌丝产生横隔使之断裂成杆状或球状孢子。菌落小，有红、橙、粉红、黄、黄绿、紫及其他颜色。大部分系需氧性腐生，少数厌氧寄生。许多种在自然界有机质转化及污水生物处理中起着重要作用，常用于烃类的降解、氰与腈类转化中。常见种类见图 2-1～图 2-7。

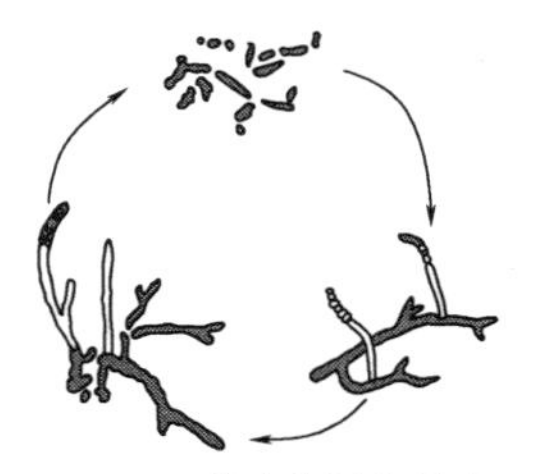

图 2-1　诺卡菌属生活史

图 2-2　*Nocardivides*

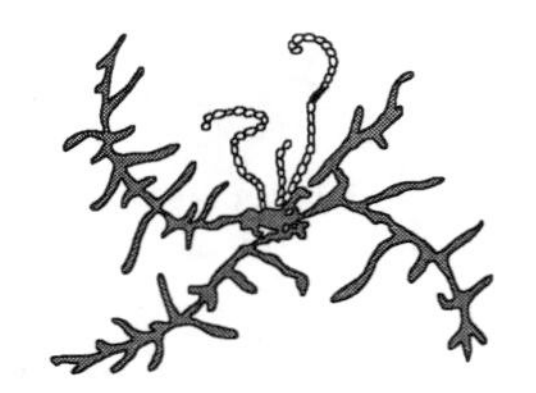

图 2-3　*Saccharopolyspora*

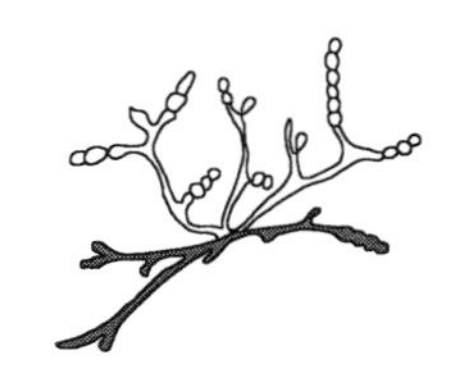

图 2-4　*Micropolyspora nomen conservandum*

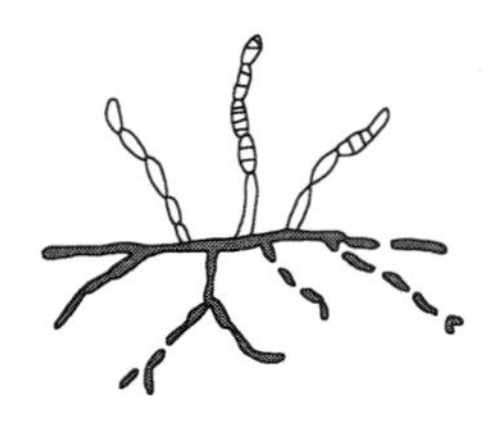

图 2-5　*Paevdonocardia*

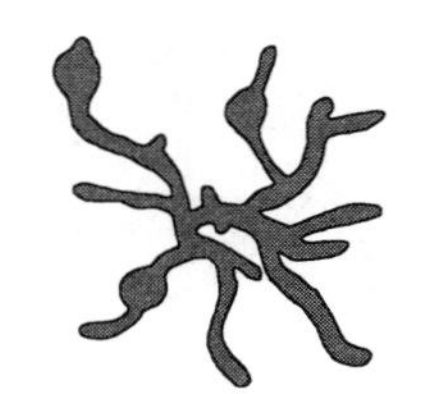

图 2-6　*Intrasporangium*

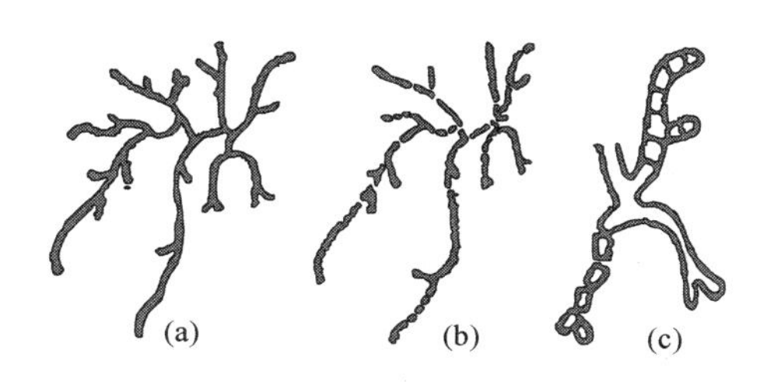

图 2-7 诺卡菌

（a）菌丝；（b）菌丝断裂成孢子；（c）部分菌丝放大，示菌丝产隔断裂情况

二、链霉菌属

链霉菌属（*Streptomyces*） 有繁复的菌丝体，菌丝无隔膜，在气生菌丝顶端发育成各种形态的孢子丝。主要借分生孢子繁殖。已知的链霉菌属放线菌有千余种，多生活在各类土壤中。链霉菌属菌能分解多种有机质，是产生抗生素菌株的主要来源。近年来发现有的链霉菌能产生致癌物或促癌物。常见种类见图 2-8～图 2-14。

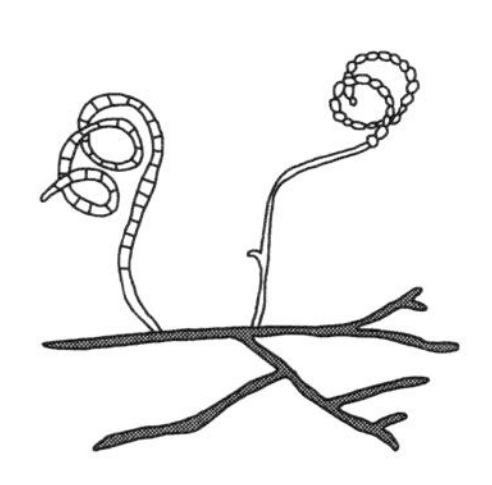

图 2-8 *Streptomyces*

图 2-9 *Streptoverticillum*

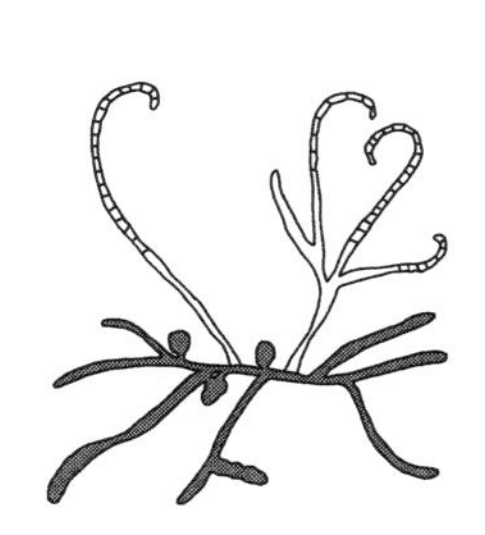

图 2-10 *Elytrosporangium*

图 2-11 *Microellobosporia*

图 2-12　链霉菌属孢子丝形态

图 2-13　链霉菌孢子

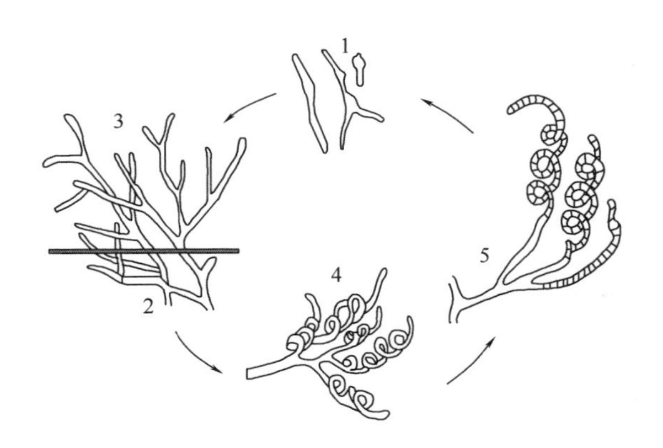

图 2-14　链霉菌属生活史

1—孢子萌发；2—基内菌丝；3—气生菌丝；4—孢子丝；5—孢子丝分化为孢子

三、小单孢菌属

小单孢菌属（*Micromonospora*）　菌丝较细，0.3～0.6μm，无横隔，不形成气生菌丝，只在基内菌丝上长出孢子梗，顶端生一个分生孢子。菌落较小。此属多分布于土壤及污泥中。以其具有分解有机质的能力及产生抗生素的潜力，因而受到重视。常见种类见图2-15和图2-16。

图2-16是能产生庆大霉素的小单孢菌的孢子，着生在孢子柄上。

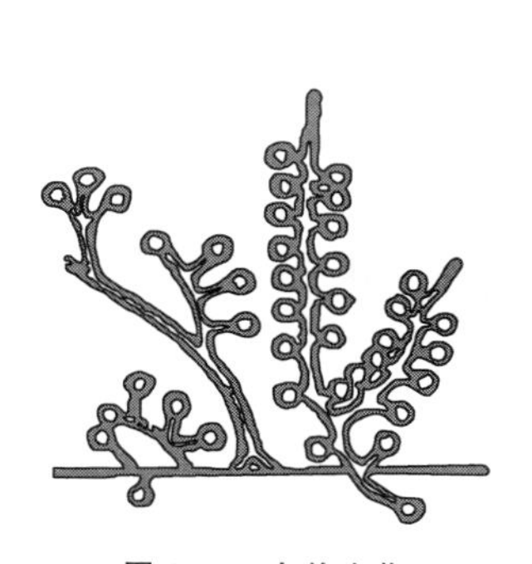

图 2-15　小单孢菌

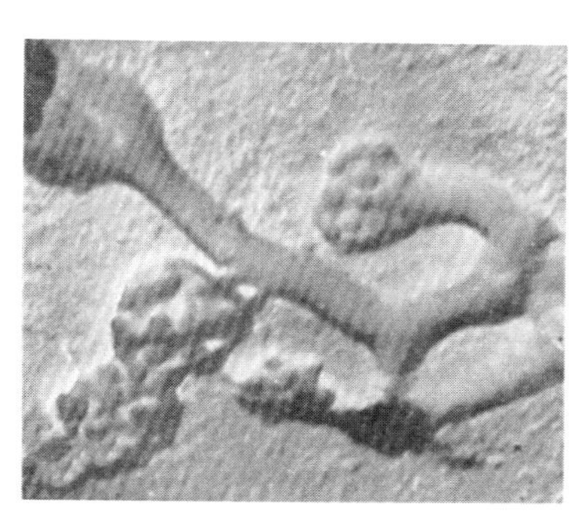

图 2-16　小单孢菌孢子

四、其他放线菌

常见种类见图2-17和图2-18。

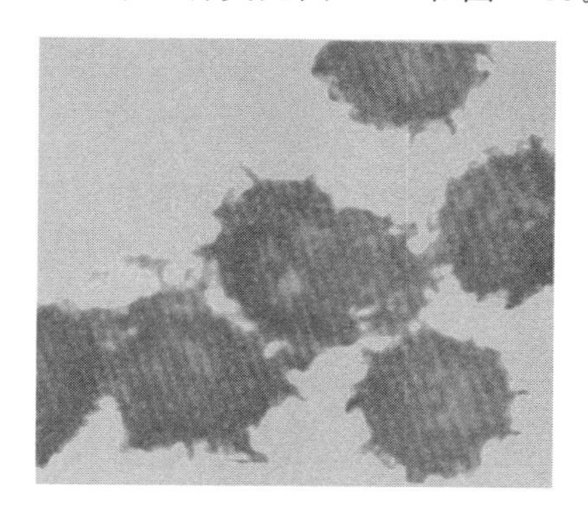

图 2-17　嗜热放线菌孢子电镜图

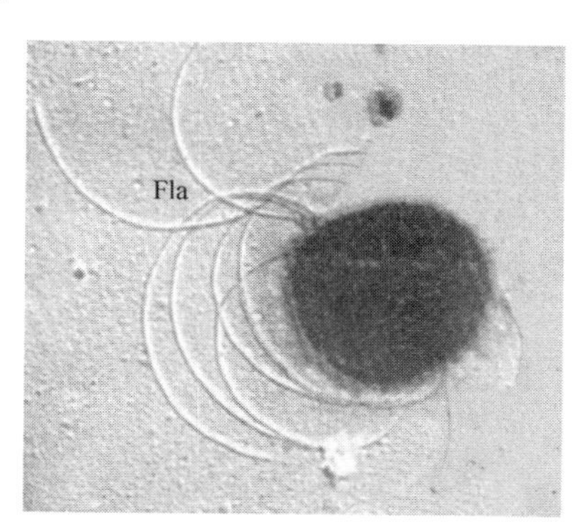

图 2-18　游动放线菌孢子电镜图（有鞭毛）

第三章

真菌

第一节 藻状菌纲

一、根霉属

根霉属（*Rhizopus*） 菌丝为无隔膜的单细胞，生长迅速，在固体基质上可蔓延覆盖，呈大量棉絮状菌落。显微镜下可看到根霉菌体有一部分菌丝呈弧形，在培养基表面水平生长，这类菌丝称为匍匐菌丝。匍匐菌丝上有节，接触培养基处伸入培养基内呈分枝状生长，称为假根，这是根霉的重要特征。假根着生处向上长出直立的孢囊梗，其顶端膨大为孢子囊。根霉孢子囊较大，一般黑色，底部有半球形囊轴，孢子囊内形成大量孢囊孢子。孢子成熟后，囊壁破裂，释放的孢子随气流到处散布。有性繁殖产生接合孢子。

根霉在自然界分布很广，分解淀粉的能力很强，是酿酒的重要菌种。根霉还可用来生产有机酸、转化甾族化合物等。常见种类见图 3-1～图 3-6。

二、毛霉属

毛霉属（*Mucor*） 菌丝体茂盛无隔膜，气生菌丝亦如白色棉絮，无匍匐菌丝及假根。孢囊梗直接由菌丝伸出，一般单生，分枝较少或不分枝。孢囊梗顶端有球形孢子囊，内生孢囊孢子。有性生殖亦为接合孢子。毛霉分解淀粉、蛋白质能力均强，是制作腐乳、豆豉的重要菌种。有的种生产有机酸或转化甾体物质的能力很强。

与根霉一样，常用于发酵工业，同时也是环境物质循环中的常见菌。常见种类见图 3-7～图 3-10。

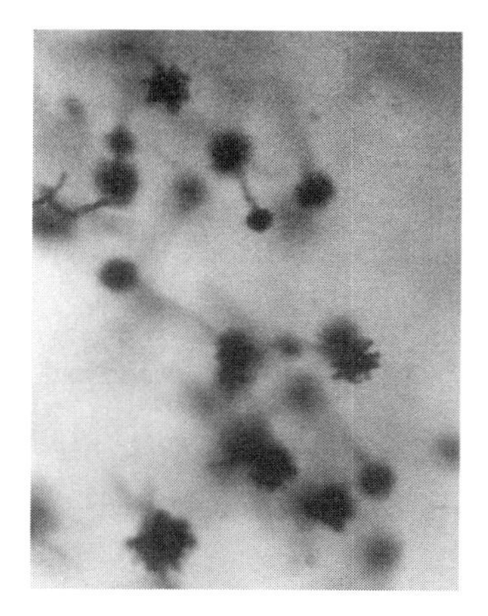

图 3-1 根霉菌丝（一）

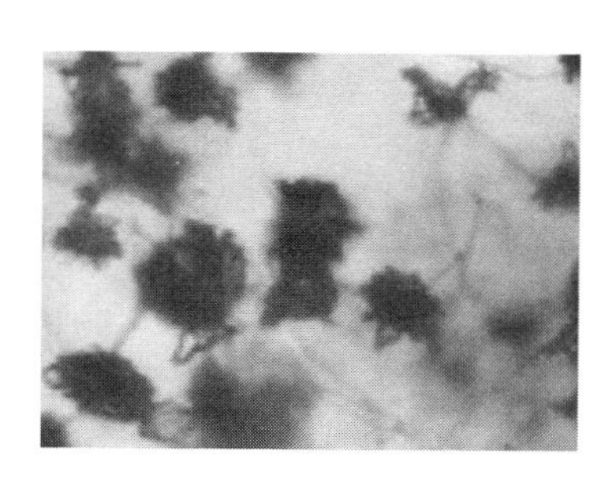

图 3-2 根霉菌丝（二）

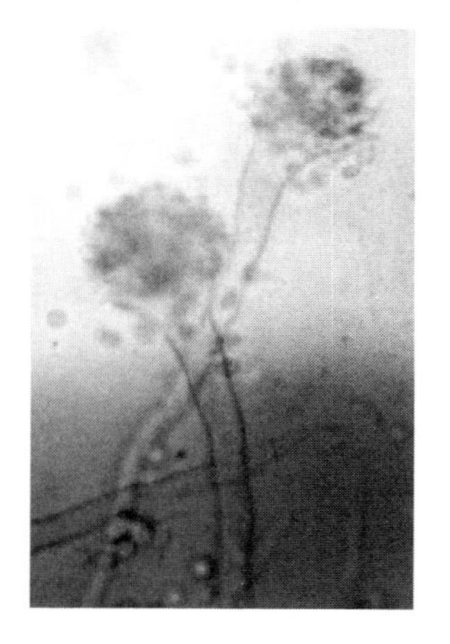

图 3-3 囊壁破裂释放孢子

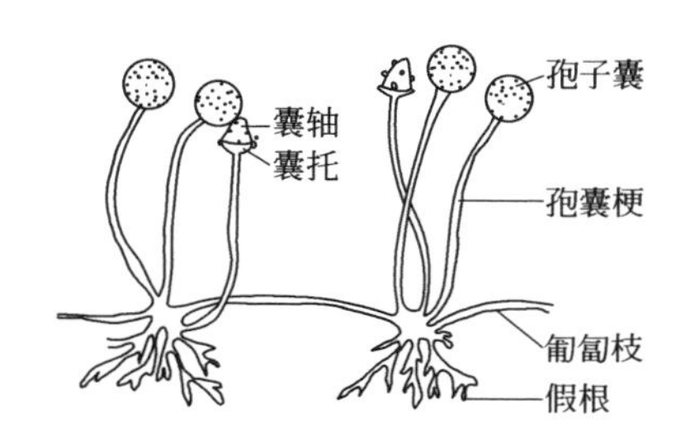

图 3-4 根霉模式图

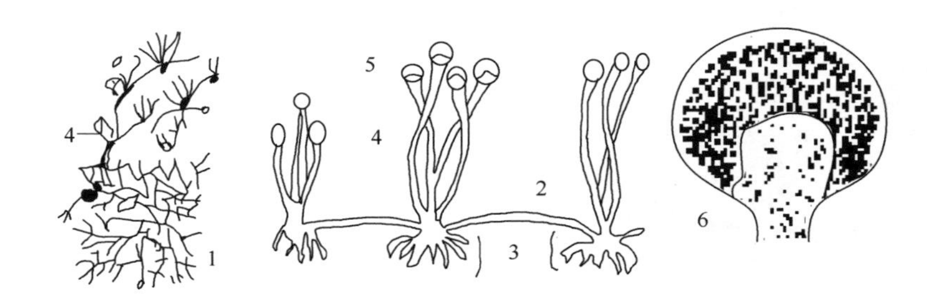

图 3-5　根霉

1—营养菌丝；2—匍匐菌丝；3—假根；
4—孢子梗；5—孢子囊；6—孢囊孢子

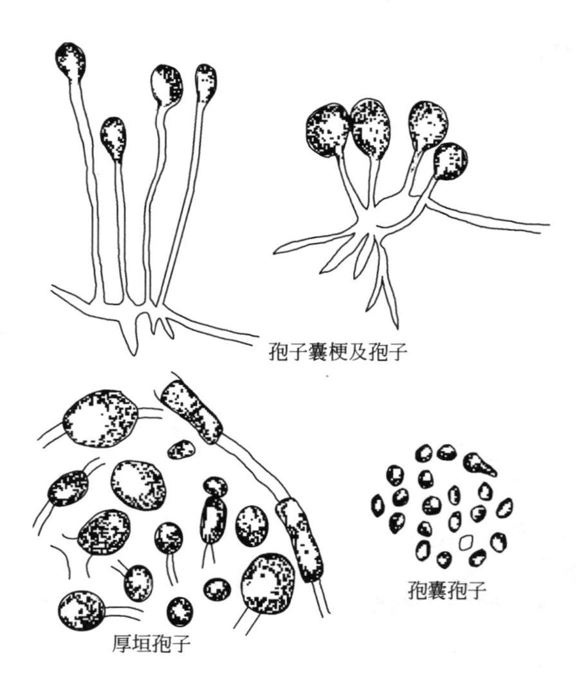

图 3-6　华根霉

(*Phizopus chinensis*)

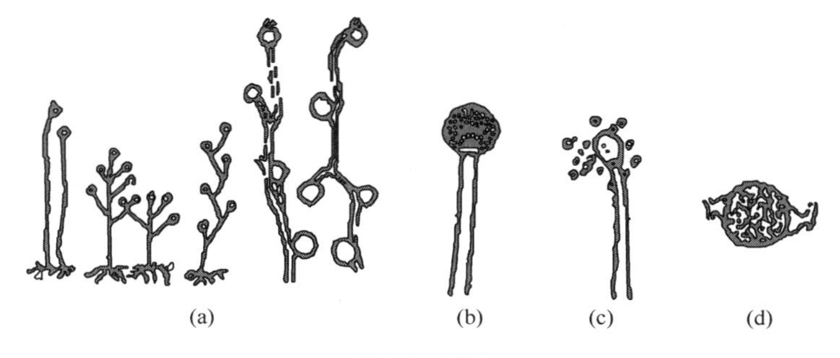

图 3-7 毛霉

(a) 孢子梗；(b) 孢囊梗和幼孢子囊；(c) 孢子囊壁破裂；(d) 接合孢子

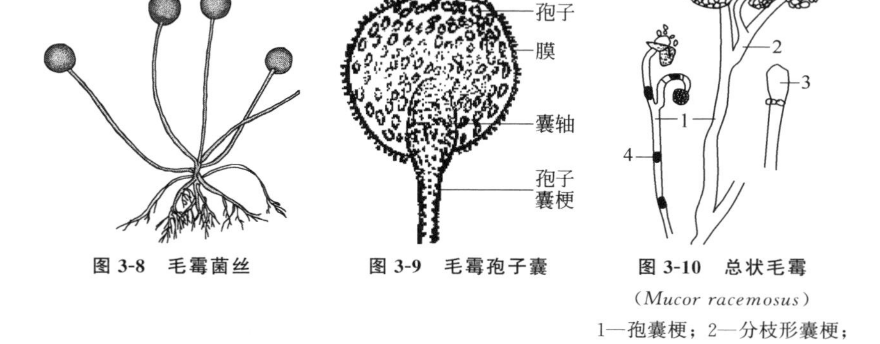

图 3-8 毛霉菌丝

图 3-9 毛霉孢子囊

图 3-10 总状毛霉

(*Mucor racemosus*)

1—孢囊梗；2—分枝形囊梗；
3—囊轴；4—厚垣孢子

三、梨头霉

梨头霉（*Absidia*） 菌丝和根霉很相似，但梨头霉产生弓形的匍匐菌丝，并在弓形的匍匐菌丝上长出孢子梗，不与假根对生。孢子梗往往 2～5 枝成簇，很少单生，而且常呈轮状或不规则的分枝。孢子囊顶生，多呈梨形。囊轴呈锥形、近球形等。孢子小而呈单孢，大多无色，无线状条纹。接合孢子生于匍匐菌丝上。

梨头霉分布在土壤、酒曲和粪便中，空气中也有它们的存在。常为生产的污染菌，其中有的是人畜的病原菌。梨头霉对甾类化合物有较强的转化能力。常见种类见图 3-11。

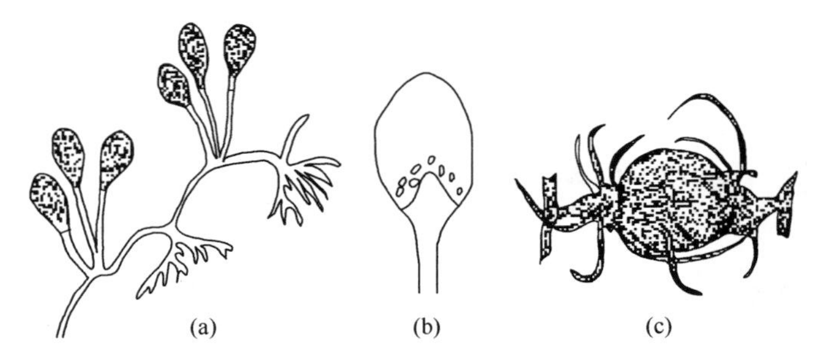

图 3-11　梨头霉

（a）孢子囊、孢囊梗、匍匐菌丝、假根；（b）孢子囊和囊轴；（c）接合孢子

第二节　子囊菌纲

一、酵母菌属

酵母菌属（*Saccharomyces*）细胞呈卵圆形，有时为球状或香肠状。平均直径 4～5μm。不游动。无性繁殖为出芽生殖，有性生殖产生子囊孢子。酵母菌属分布极广，除存在各种酒曲中外，还存在于土壤及多种植物的花和果实上。常见种类见图 3-12。

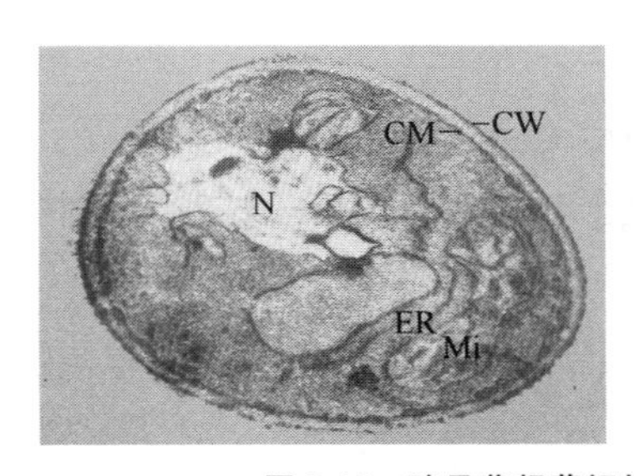

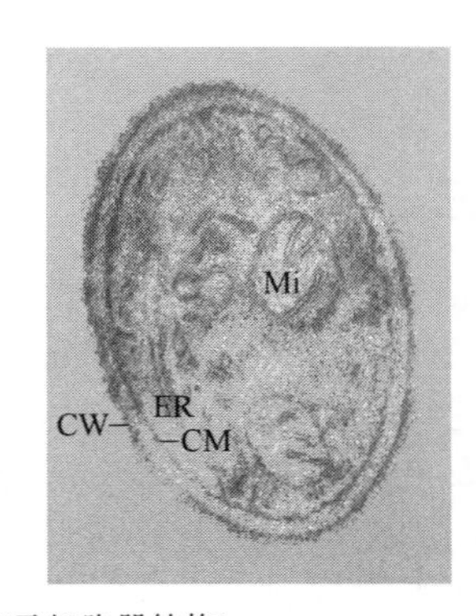

图 3-12　酵母菌超薄切片（示细胞器结构）

图 3-12 可见细胞器结构，CW 为细胞壁，CM 为细胞质膜，

Mi 为线粒体，ER 为内质网，N 为核。由于图 3-12 切片偏离中心，看起来比较小，而看不到核。常见种类见图 3-13～图 3-16。

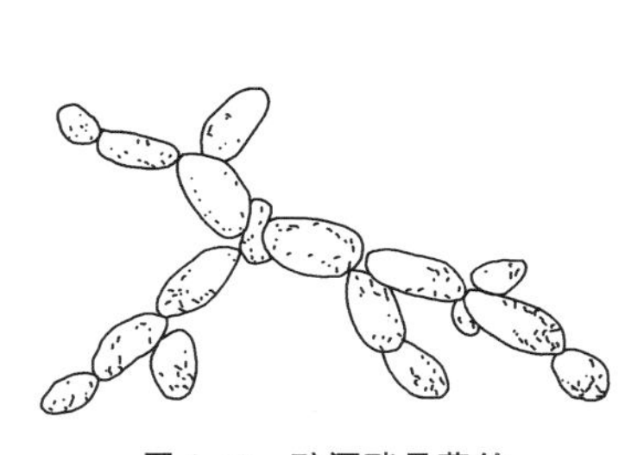

图 3-13 酿酒酵母菌丝

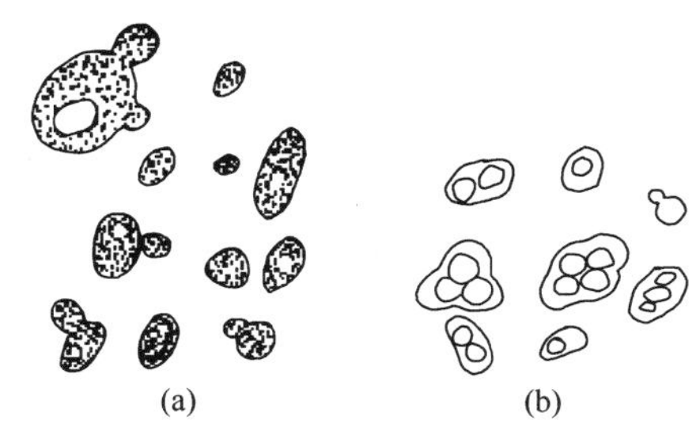

图 3-14 酿酒酵母细胞及子囊孢子
（a）细胞；（b）子囊孢子

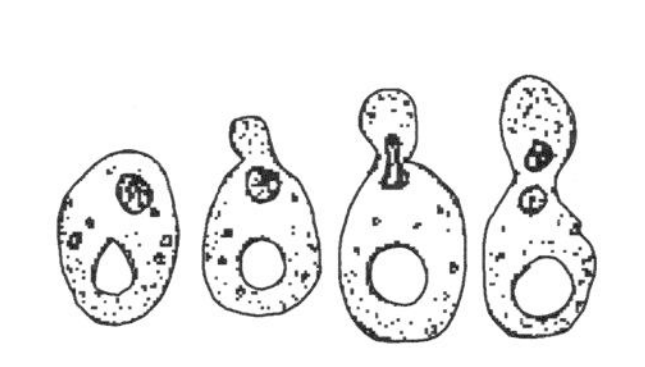

图 3-15 酿酒酵母芽殖

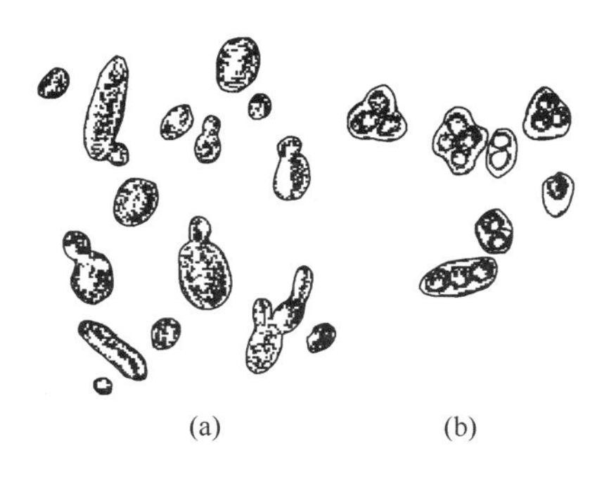

图 3-16 葡萄汁酵母细胞及子囊孢子
（*Saccharomyces uvarum*）
（a）细胞；（b）子囊孢子

二、汉逊酵母属

汉逊酵母属（*Hansenula*） 酵母营养细胞的形态多样，为圆形、椭圆形、卵周形、腊肠形不等；多边芽殖。有的种类能形成假菌丝。子囊形状与营养细胞相同。子囊孢子 1～4 个，形状为帽形、土星形、圆形、半圆形，表面光滑。常见种类见图 3-17。

三、脉孢菌属

脉孢菌属（*Neurospora*） 又称红色面包霉或链孢霉。常发现于玉米轴上，在马铃薯淀粉培养基上生长良好，菌落初为白色、粉粒状，后变为淡黄色、淡红色，绒毛状。菌丝无色透明，有隔膜，有分枝，多核。分生孢子梗呈双叉分枝，分生孢子球形，成链，单细胞。子囊孢子椭圆形，初无色，老熟呈黑或绿黑色，并有纵行花纹如叶脉，故称脉胞菌。此菌为实验室中常见的杂菌，也常污染食品。常见种类见图 3-18。

图 3-17 异常汉逊酵母

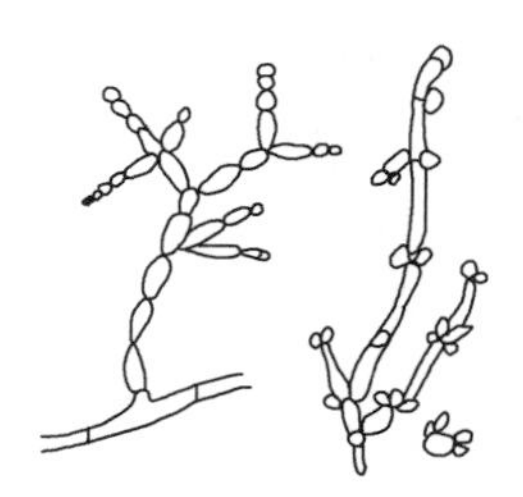

图 3-18 粗糙脉孢菌

（*Neurospora crassa*）

第三节 半知菌类

一、假丝酵母属

假丝酵母属（*Candida*） 细胞呈圆形、卵形或长形。无性繁殖为多边芽殖，形成假菌丝。可生成厚垣孢子。不产生色素。有酒精发酵能力。主要种类有：产朊假丝酵母（*Candida utilis*），此种菌能利用多种六碳糖及五碳糖，营养要求简单，细胞内蛋白质及维生素含量较高，可利用工业废液，如造纸工业的亚硫酸废液或糖厂、淀粉厂、木材水解厂等废液生产酵母蛋白；解脂假丝酵母（*Candida lipolytica*），可用于石油脱蜡。此外还有热带假丝酵母（*Candida tropicalis*），亦用于石油发酵。常见种类见图 3-19～图 3-21。

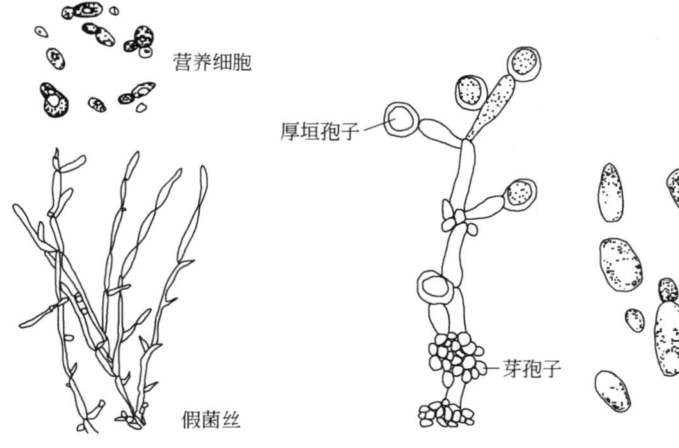

图 3-19　热带假丝酵母
(*Candida tropicalis*)

图 3-20　白色假丝酵母
(*Candida albicans*)

图 3-21　产朊假丝酵母
(*Candida utilis*)

二、地霉属

地霉属（*Geotrichum*）　营养菌体形成真菌丝。繁殖方法为裂殖，菌丝断裂形成圆筒形的节孢子。代表种有白地霉（*Geotrichum candidum*），亦称乳粉孢霉。菌落为白色，呈毛绒状或粉状，皮膜型或脂泥型。经常出现在烂菜、有机肥料、土壤及动物粪便中。白地霉细胞含有丰富蛋白质和脂肪，可以人工培养成微生物饲料或食品。常见种类见图 3-22 和图 3-23。

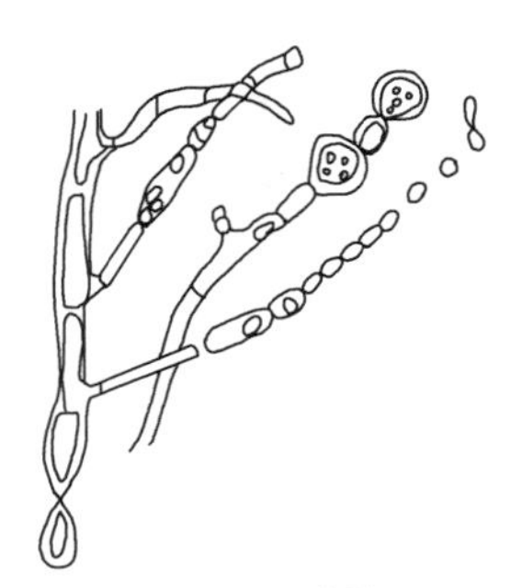

图 3-22　地霉

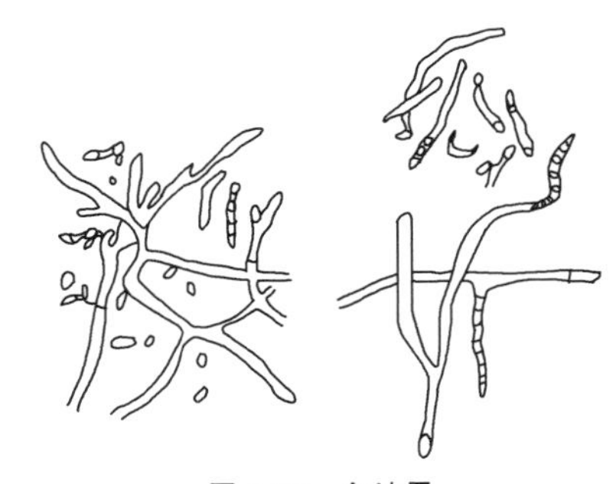

图 3-23　白地霉
(*Geotrichum candidum*)

三、曲霉属

曲霉属（*Aspergillus*） 菌丝有隔膜，为多细胞霉菌。部分气生菌丝可以分化生成分生孢子梗。分生孢子梗顶端膨大成为顶囊，顶囊一般呈球状。在顶囊表面以辐射状生出一层或两层小梗（初生与次生小梗），在小梗上着生一串串分生孢子，以上这几部分合在一起称为孢子穗。分生孢子呈绿、黄、橙、褐、黑等颜色，最常见的是黑、褐、绿色。分生孢子基部有一足细胞，通过它与营养菌丝相连。曲霉孢子穗的形态包括分生孢子梗的长度、顶囊的形状、小梗着生是单轮还是双轮，分生孢子的形状、大小、表面结构及颜色等，都是菌种鉴定的依据。

曲霉是发酵工业及食品加工方面的重要菌种，在环境中对有机物分解起重要作用。它们广泛分布在谷物、空气、土壤和各种有机物品上。2000 年以前我国就已利用曲霉菌制酱。曲霉也是我国民间用以酿酒、制醋的主要菌种。现代工业利用曲霉生产淀粉酶、蛋白酶、果胶酶等各种酶制剂和柠檬酸、葡萄糖酸等有机酸，农业上可用作糖化饲料。有些曲霉能产生对人体有害的黄曲霉素，为致癌物质。常见种类见图 3-24～图 3-30。

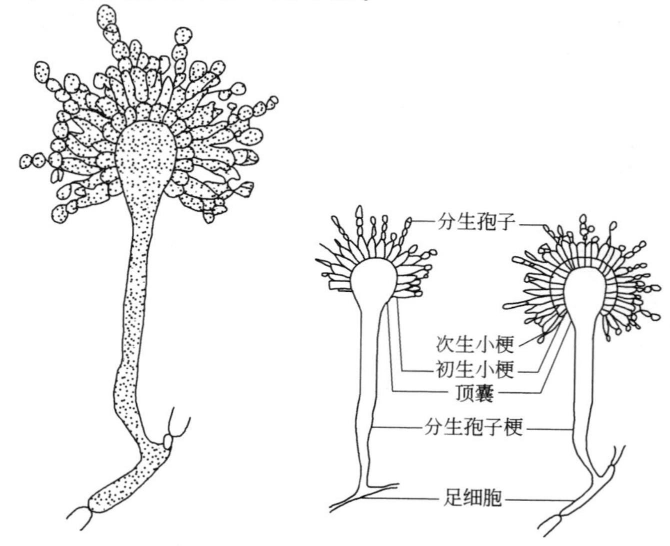

图 3-24　曲霉足细胞和分生孢子头

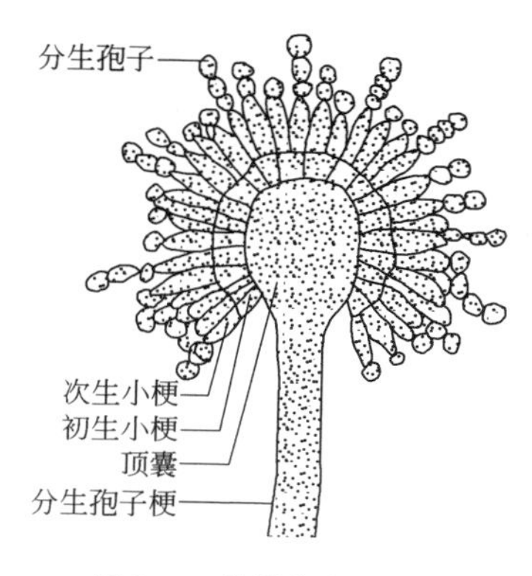

图 3-25 曲霉分生孢子头

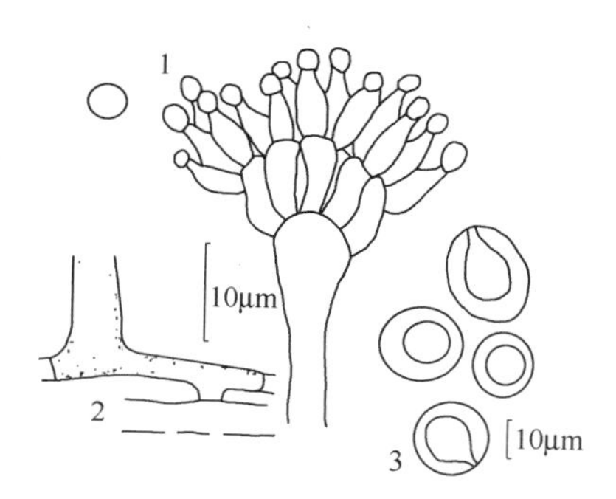

图 3-26 构巢曲霉

1—分生孢子头；2—足细胞；3—壳细胞

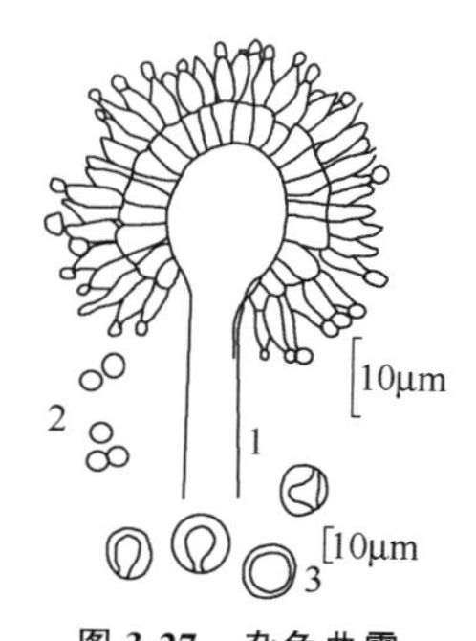

图 3-27 杂色曲霉

1—分生孢子头；2—分生孢子；3—壳细胞

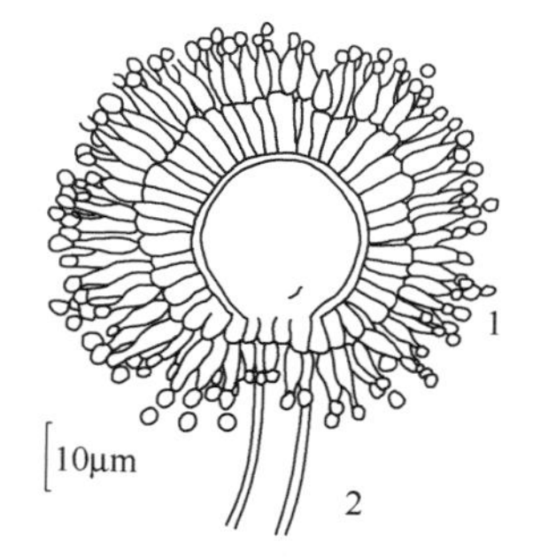

图 3-28 赭曲霉

1—分生孢子头；2—分生孢子梗

四、青霉属

青霉属（*Penicillium*） 菌丝与曲霉的相似，有隔膜，但无足细胞，孢子穗结构与曲霉不同。其分生孢子梗的顶端不膨大、无顶囊，而是经过多次分枝，产生几轮对称或不对称的小梗，然后在小梗顶端产生成串的分生孢子。青霉菌孢子穗形似扫帚状。分生孢子一般呈蓝绿色。孢子穗的形状和构造是分类鉴定的重要依据。

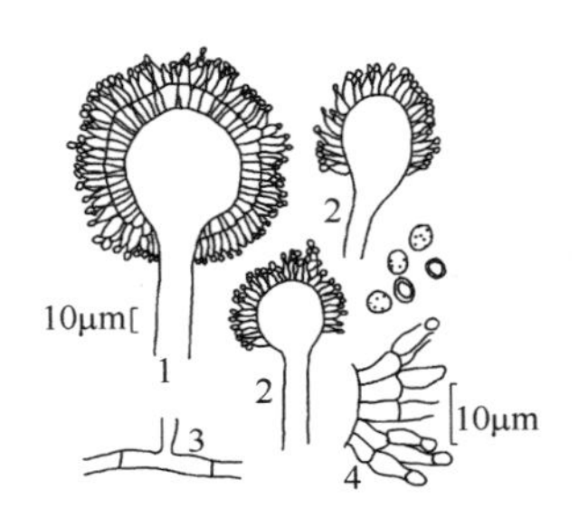

图 3-29 黄曲霉

1—双层小梗的分生孢子头；2—单层小梗的分生孢子头；3—足细胞；4—双层小梗的细微结构

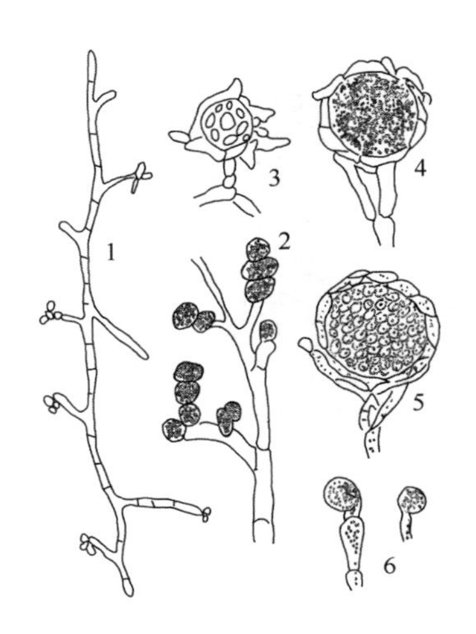

图 3-30 紫红曲霉

1,2—菌丝、厚垣孢子；3,4,5—闭囊壳的形成；6—厚坦孢子

与曲霉极为相似，青霉在自然界中分布也很广。它们常生长在腐烂的柑橘皮上，呈青绿色。青霉以产生青霉素而著称，青霉素、灰黄霉素系由青霉属中的菌种生产。还可生产有机酸（如柠檬酸、延胡索酸）和酶制剂等。有些青霉菌能产生真菌毒素污染粮食及食品。常见种类见图 3-31～图 3-40。

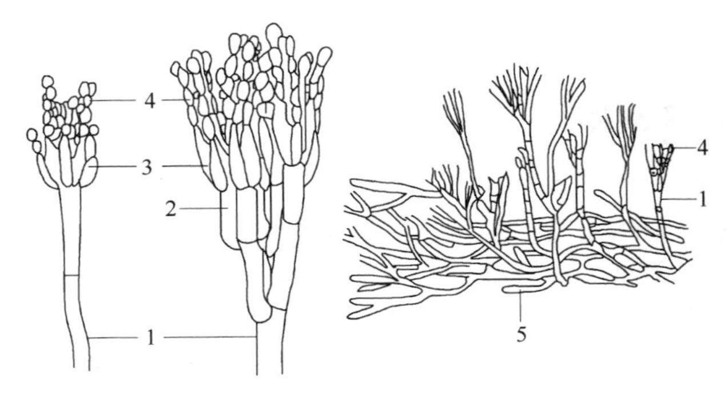

图 3-31 青霉

1—分生孢子梗；2—梗基；3—小梗；4—分生孢子；5—营养菌丝

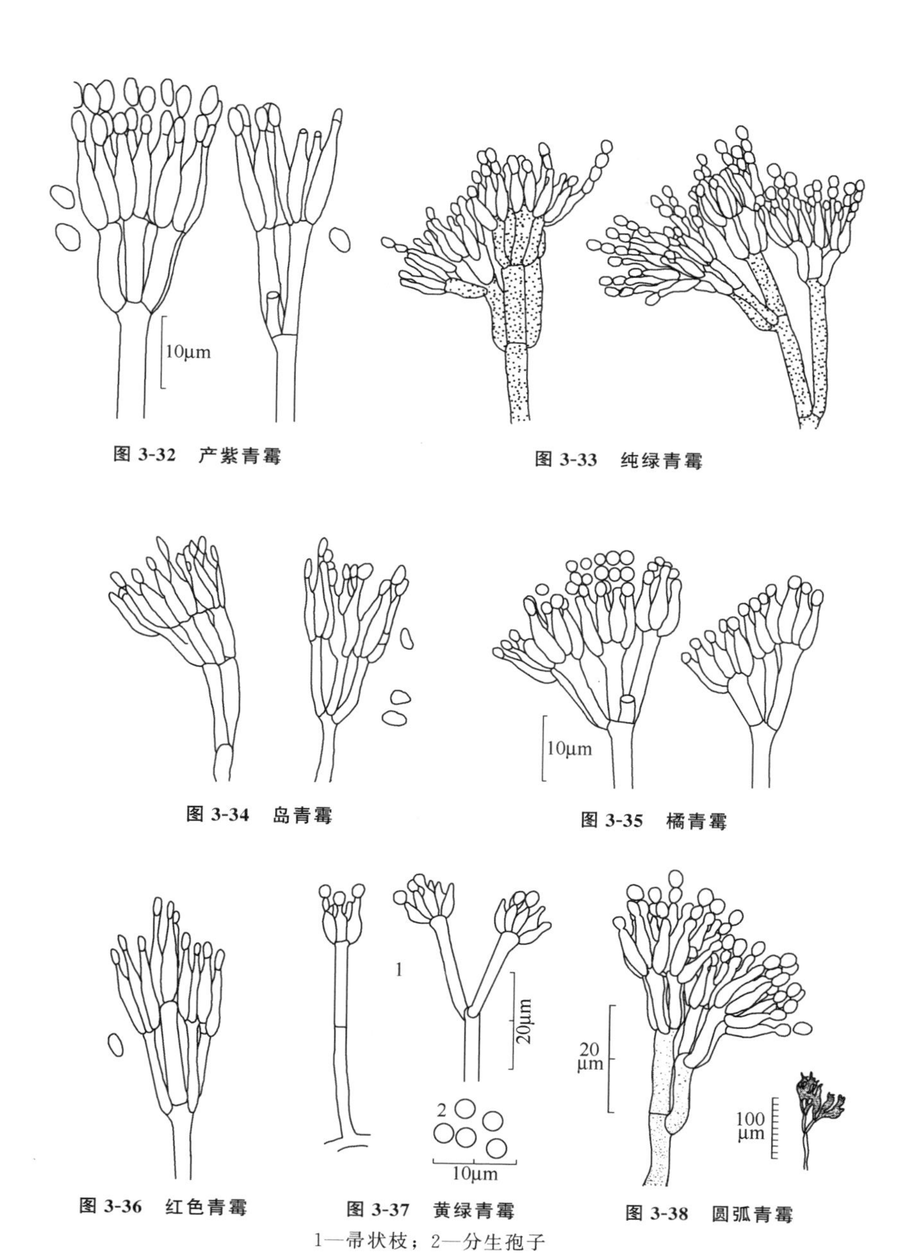

图 3-32 产紫青霉

图 3-33 纯绿青霉

图 3-34 岛青霉

图 3-35 橘青霉

图 3-36 红色青霉

图 3-37 黄绿青霉

1—帚状枝；2—分生孢子

图 3-38 圆弧青霉

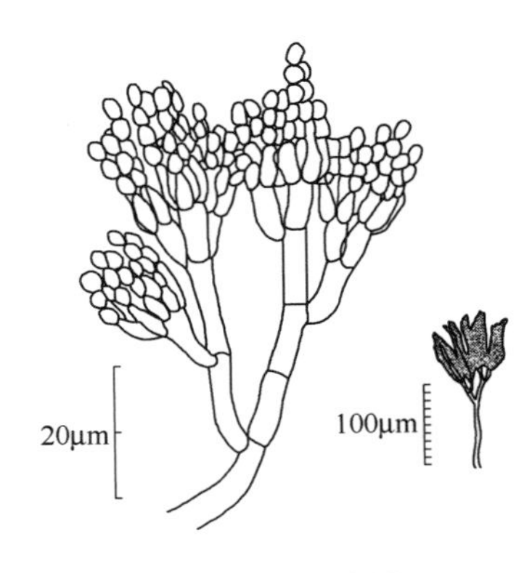

图 3-39　展开青霉

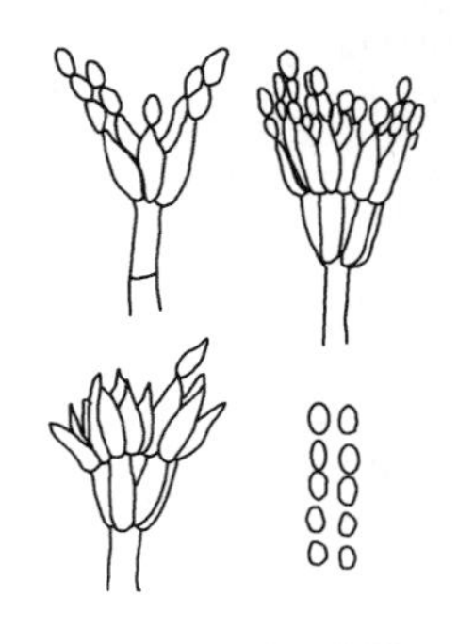

图 3-40　皱褶青霉

五、交链孢霉属

交链孢霉属（*Alternaria*）是土壤、空气、工业材料中常见的腐生菌，有的种是栽培植物的寄生菌。菌丝有隔，分生孢子梗较短，大多不分梭，与营养菌丝几乎无区别。分生孢子呈倒棒状，顶端延长成喙状，有壁砖状分隔，一般为褐色，常数个成链。某些株可用于生产蛋白酶，某些种用于甾族化合物的转化。常见种类见图 3-41 和图 3-42。

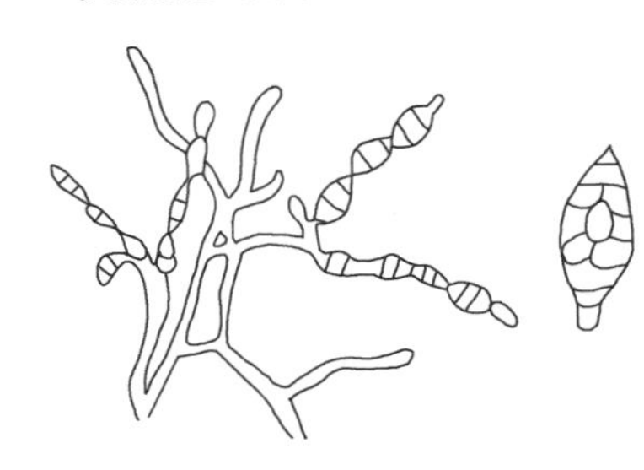

图 3-41　交链孢霉菌丝

六、镰孢霉属

镰孢霉属（*Fusarium*）又称镰刀霉。菌丝有隔膜，分枝。分生孢子梗分枝或不分枝。分生孢子有大小两种类型，大型的是多细胞，长柱形或镰刀形，有 3～9 个平行隔膜；小型的呈卵圆形、球形、梨形或纺锤形，多为单细胞，少数为多细胞（有 1～2 个隔膜）。镰刀霉的菌落呈圆形、平坦、绒毛状。颜色有白色、粉红色、红色、紫色和黄色等。

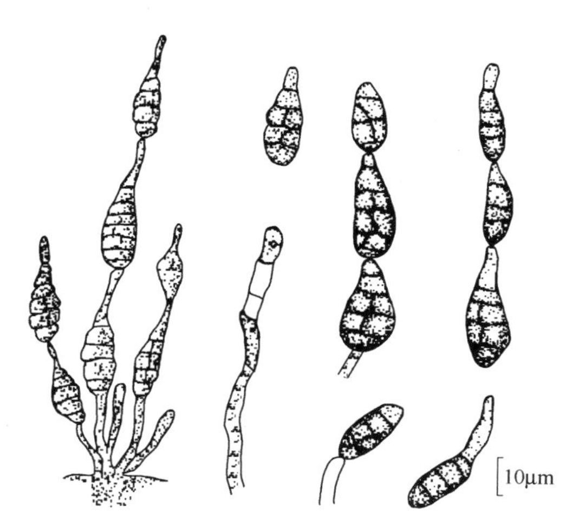

图 3-42　交链孢霉孢子链

镰孢霉属也是环境中常见的真菌，包括许多植物病原菌、植物激素（如赤霉素）产生菌及工农业生产上有用的菌种。镰刀霉对氰化物的分解能力强，可用于处理含氰废水。有些种可生产酶制剂（纤维素酶、脂肪酶等）。也有些种可产生毒素，污染粮食、蔬菜和饲料，人畜误食会中毒，常见种类见图 3-43～图 3-53。

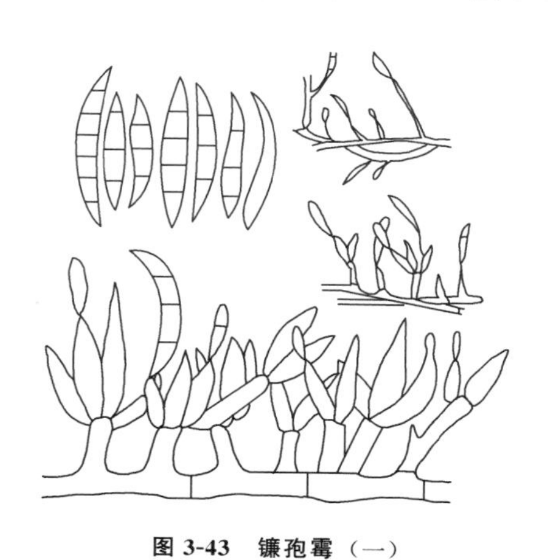

图 3-43　镰孢霉（一）

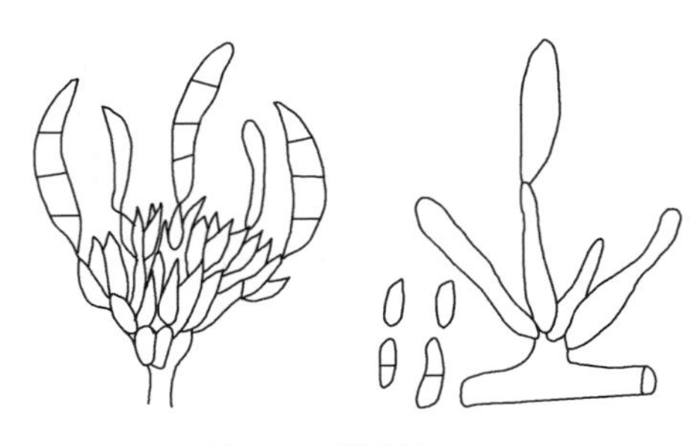

图 3-44 镰孢霉（二）

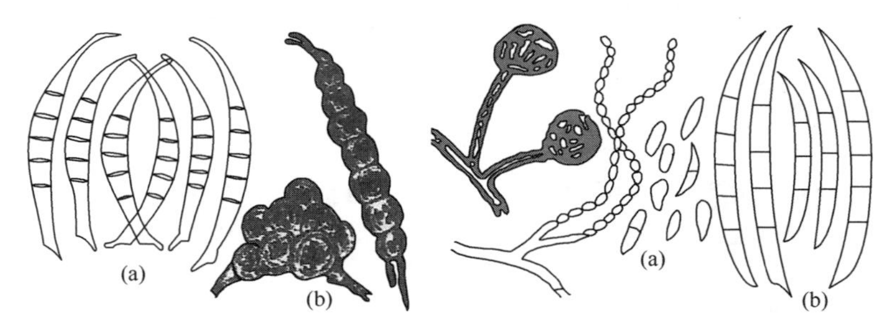

图 3-45 木贼镰孢霉

（a）大型分生孢子；（b）厚坦孢子

图 3-46 串珠镰刀菌

（a）小型分生孢子；（b）大型分生孢子

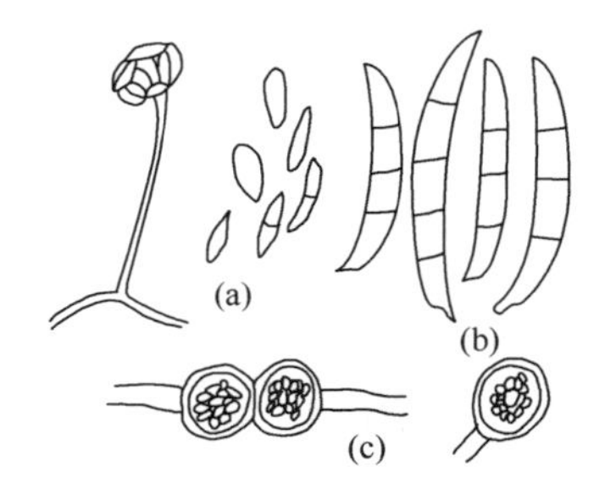

图 3-47 尖孢镰刀菌

（a）小型分生孢子和假头状着生；

（b）大分生孢子；（c）厚垣孢子

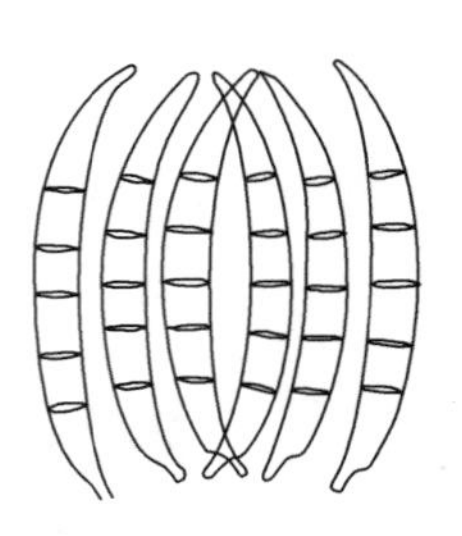

图 3-48 禾谷镰刀菌的大型分生孢子

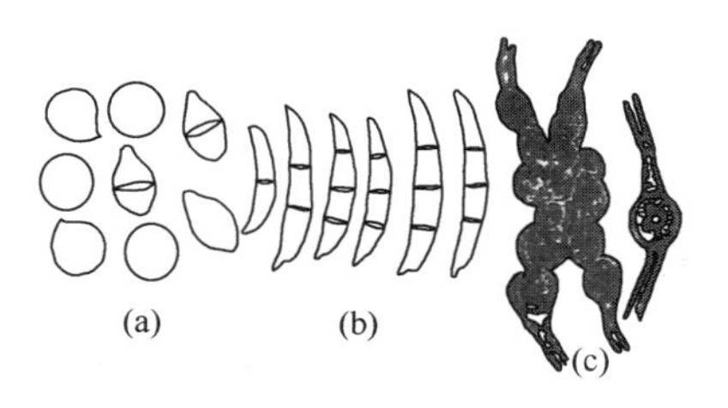

图 3-49　梨孢镰刀菌

（a）小型分生孢子；（b）大型分生孢子；（c）厚垣孢子

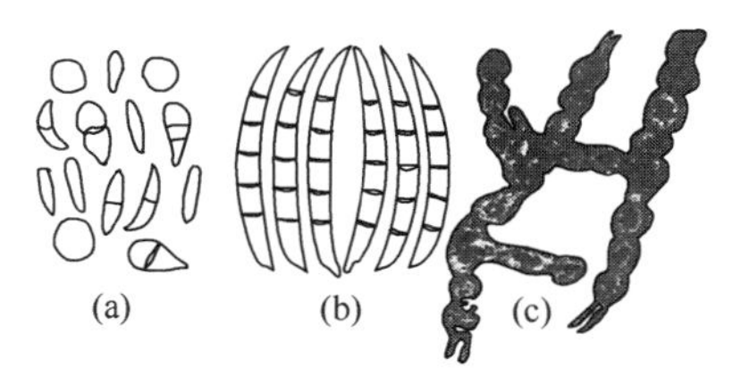

图 3-50　拟枝孢镰刀菌

（a）小型分生孢子；（b）大型分生孢子；（c）厚垣孢子

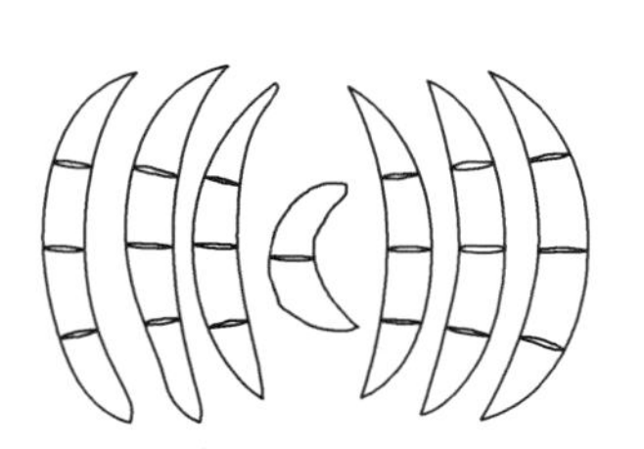

图 3-51　雪腐镰刀菌的大型分生孢子

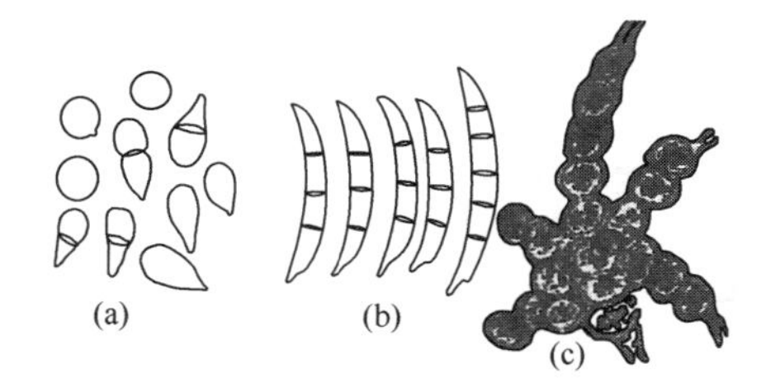

图 3-52　三线镰刀菌

（a）小型分生孢子；（b）大型分生孢子；（c）厚垣孢子

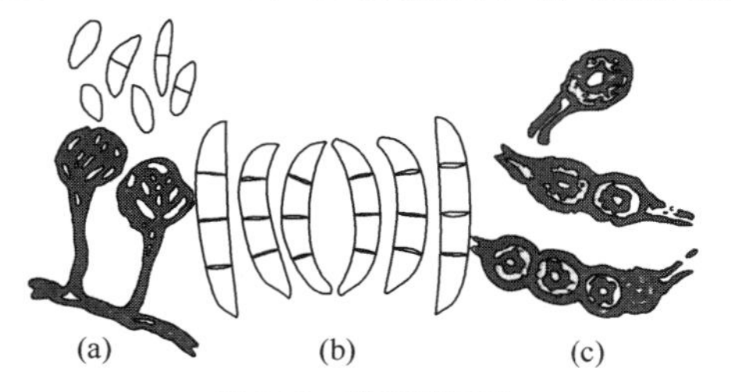

图 3-53　茄病镰刀菌

（a）小型分生孢子；（b）大型分生孢子；（c）厚垣孢子

七、木霉属

木霉属（*Trichoderma*） 菌丝有隔膜，多分枝，菌丝透明、有隔。分生孢子梗有对生或互生分枝，分枝上可再分枝，分枝顶端有瓶状小梗，束生、对生、互生或单生，小梗生出多个分生孢子聚成球形孢子头。分生孢子黄绿色，光滑或粗糙。有厚垣孢子。木霉菌落生长迅速，绒絮状。产孢区常排列成同心轮纹，菌落绿色，不产孢区菌落白色。

木霉分布很广，在腐烂木材、植物残体、种子、土壤、有机肥料及空气中均有存在。也常寄生于某些真菌子实体上，因此，是栽培蘑菇的劲敌。木霉分解纤维素和木质素的能力较强。绿色木霉（*Trichoderma viride*）是常见的纤维素分解菌。木霉的利用范围亦很广，能生产纤维素酶，合成核黄素，产生抗生素，有的能转化甾体化合物。常见种类见图 3-54。

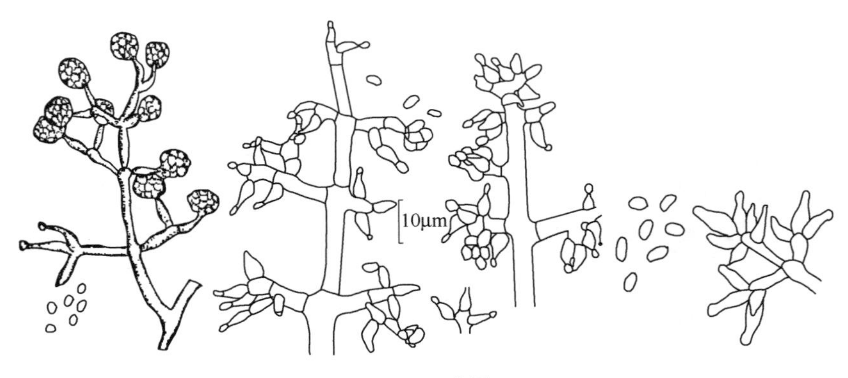

图 3-54　木霉

第四章

蓝细菌

一、色球藻属

色球藻属（*Chroococcus*） 单细胞或由 2 个、4 个、6 个或更多个（很少超过 64 个或 128 个）细胞联合成为圆球形或扁形的群体，外被有厚而无色的胶被。个体亦有胶被，细胞分裂后，仍被包于均匀或分层的原胶被中，待原胶被溶后，才分离为单个个体。细胞圆球形、半圆形或卵形，内含物均匀或具小颗粒，有或无伪空胞。灰色、蓝色、蓝绿色、黄色等。个体胶被明显且互相分开，群体中两个细胞相连处平直或现棱角而非球形，这两点是色球藻属与其他近似属区别的重要标志。常见种类见图 4-1～图 4-5。

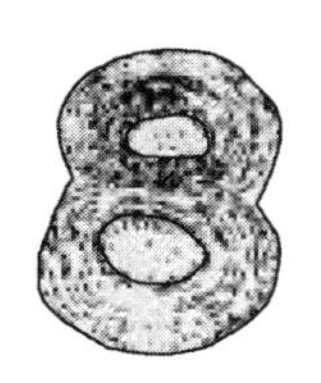

图 4-1　光辉色球藻
（*Chroococcus splendidus*）

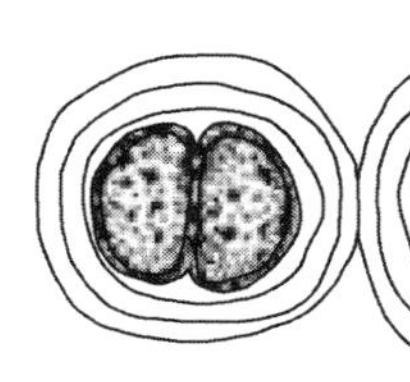

图 4-2　束缚色球藻
（*Chroococcus tenax*）

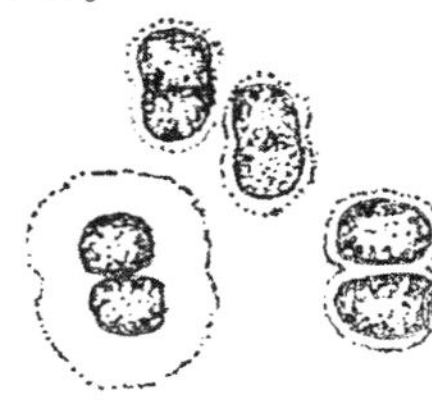

图 4-3　小形色球藻
（*Chroococcus minor*）

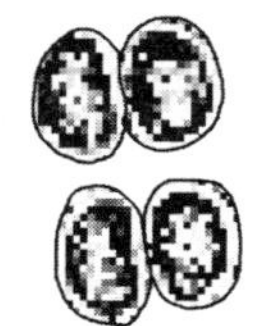

图 4-4　微小色球藻
（*Chroococcus minutus*）

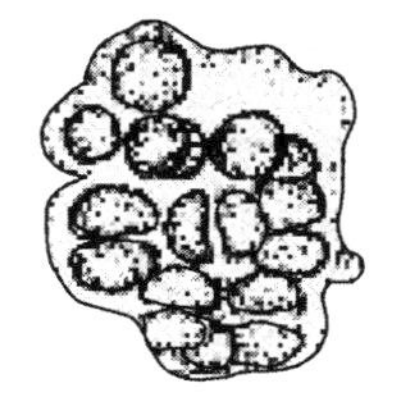

图 4-5　湖沼色球藻
（*Chroococcus limneticus*）

二、微囊藻属

微囊藻属（*Microcystis*） 由多个细胞组成的群体，许多细胞密集在一起被一共同的胶质鞘包围，形成球形胶团或网状团块或不规则形团块，浮游在水中。群体球形，类椭圆形或不规则形，群体胶被均质无色。细胞呈球形，排列紧密，无个体胶被。细胞呈浅蓝色、亮蓝绿色或橄榄绿色，常有颗粒或伪空胞。分裂繁殖，少数产生微孢子。

微囊藻是池塘湖泊中常见的种类。有的种类产生毒素，在富营养基质的水体中，pH 为 8～9.5 最适，温暖季节水温 28～30℃时繁殖最快，大量繁殖时，聚集水面，使水体颜色变灰绿色，形成水华，具臭味，不仅对鱼类有害，也影响水的使用，可用 0.5mg/L 硫酸铜加 0.2mg/L 硫酸亚铁杀死。我国湖泊中常见的种类有铜绿微囊藻。常见种类见图 4-6～图 4-10。

图 4-6 假丝状微囊藻

（*Microcystis pseudofilamentosa*）

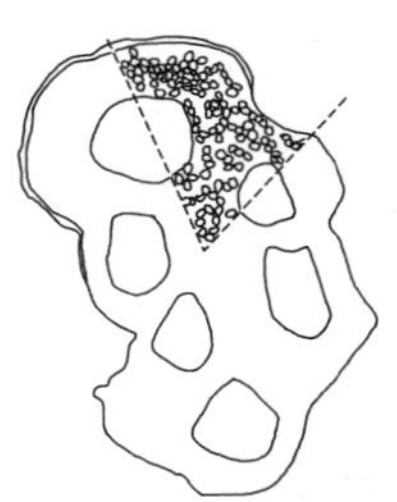

图 4-7 铜绿微囊藻

（*Microcystis aeruginosa*）

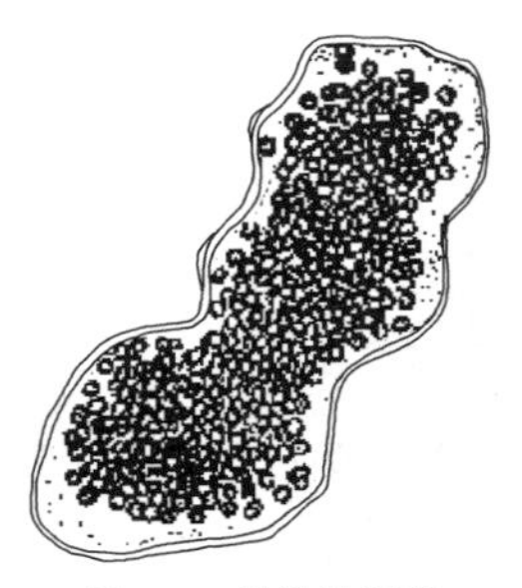

图 4-8 具缘微囊藻

（*Microcystis marginata*）

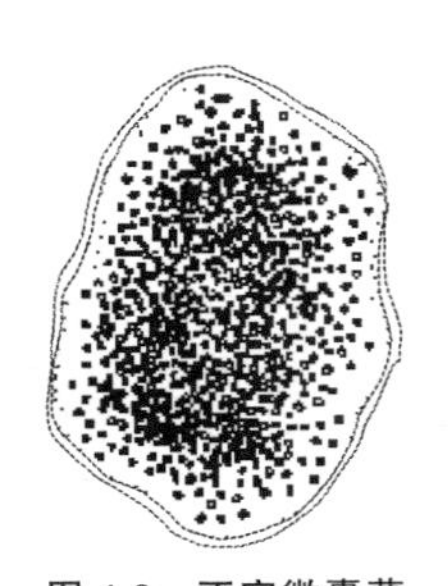

图 4-9 不定微囊藻

（*Microcystis incerta*）

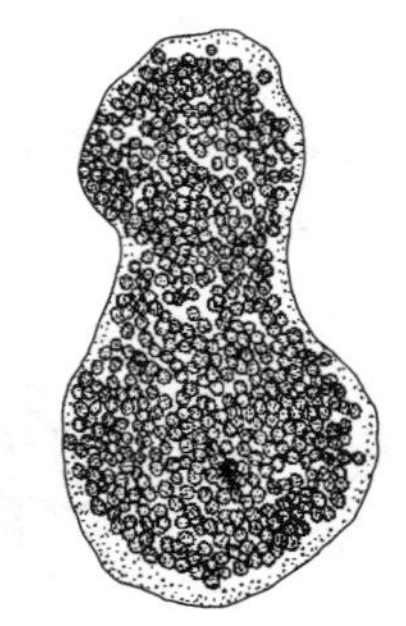

图 4-10 水花微囊藻

（*Microcystis flos-aquae*）

三、平裂藻属

平裂藻属（*Merismopedia*） 藻体小型、浮游，为一层细胞厚的平板状群体，群体方形或长方形。细胞球形或椭圆形，内含物均匀，少数具伪空泡或微小颗粒，呈淡蓝绿色至亮绿色，少数呈玫瑰色或紫蓝色。由 32 个至数百上千个细胞有规则地排列，两个成对，两对成一组，四组成小群，许多小群集合成平板状藻体。群体胶被无色，透明而柔软。个体胶被不明显。多生活在静水水体，喜较肥沃水质或长有水草的沿岸区。常见种类见图 4-11～图 4-19。

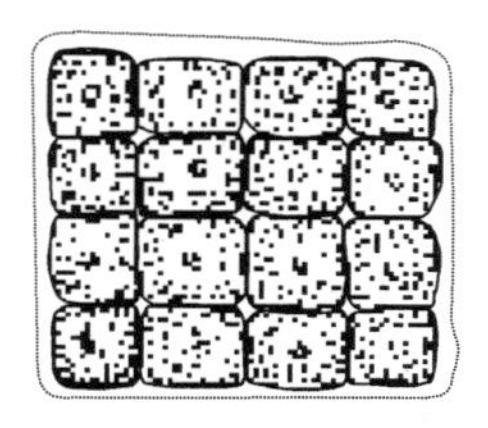

图 4-11　中华平裂藻
（*Oscillatoria sinica*）

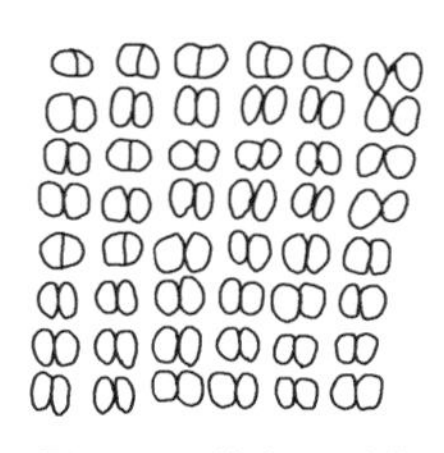

图 4-12　微小平裂藻
（*Oscillatoria tenuissima*）

图 4-13　细小平裂藻
（*Oscillatoria minima*）

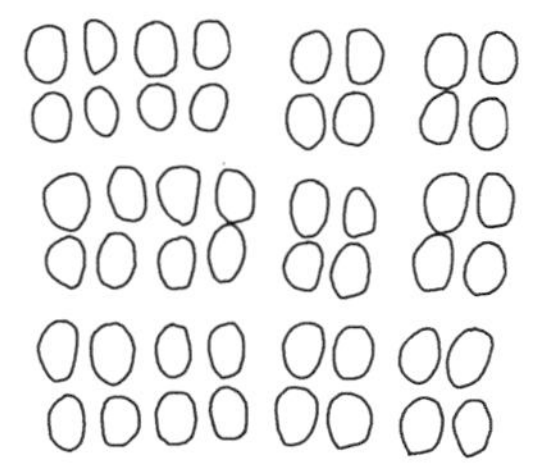

图 4-14　点形平裂藻
（*Oscillatoria punctata*）

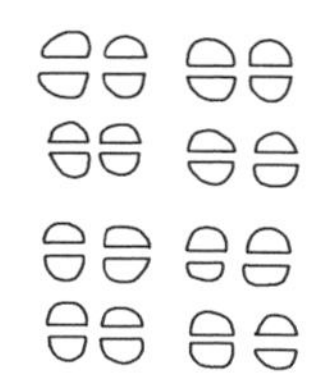

图 4-15　银灰平裂藻
（*Oscillatoria glauca*）

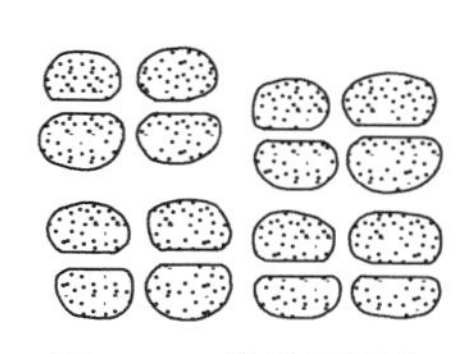

图 4-16　优美平裂藻
（*Oscillatoria elegans*）

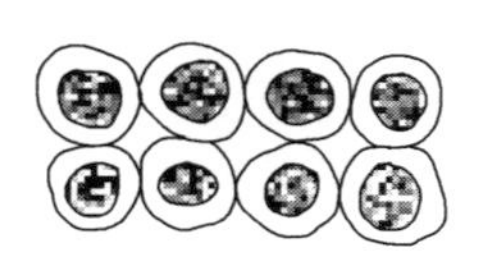

图 4-17　屈氏平裂藻
（*Oscillatoria trolleri*）

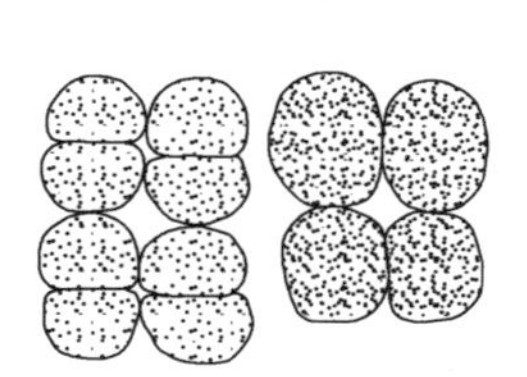

图 4-18　大平裂藻
（*Oscillatoria major*）

图 4-19　马孙平裂藻
（*Oscillatoria marssonii*）

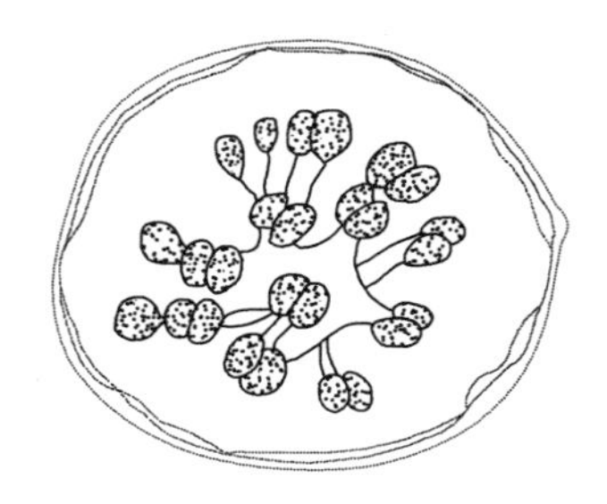

图 4-20 湖生束球藻

(*Gomphosphaeria lacustris*)

四、束球藻属

束球藻属（*Gomphosphaeria*）植物体为球形、卵形、椭圆形的微小群体。群体胶被薄，不分层；无色，透明，均匀。群体细胞 2～4 个为一组，每个细胞均和一条柔软或牢固的胶柄相连，每组细胞柄又互相连接，胶柄多次相连至群体中心，组成一个由中心出发的放射状的几次双层分叉的胶柄系统。细胞呈梨形、卵形，偶尔为球形，内含物均匀，或具微小颗粒，无伪空胞，呈淡灰色至鲜蓝绿色。常见种类见图 4-20。

五、腔球藻属

腔球藻属（*Coelosphaerium*） 植物体大或微小，由多数细胞群集于胶被中形成空的球体。群体胶被宽厚，透明。细胞位于球体表面下。细胞为球形或椭圆形，有或无伪空胞。常见的种类见图 4-21 和图 4-22。

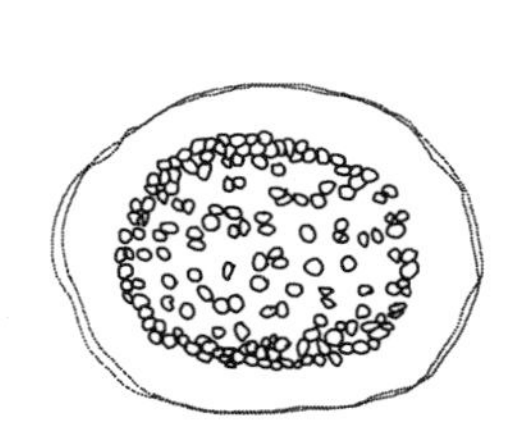

图 4-21 居氏腔球藻

(*Coelosphaerium kuetzingiaaum*)

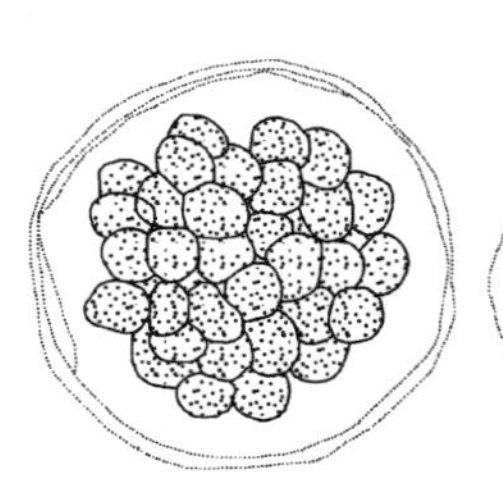

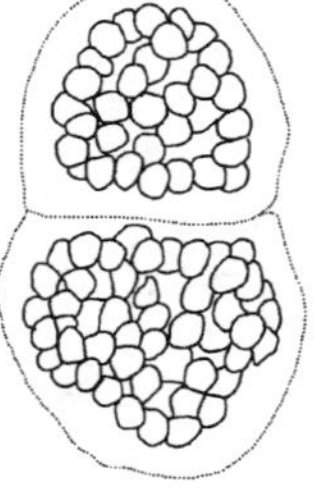

图 4-22 不定腔球藻

(*Coelosphaerium dubium*)

六、蓝纤维藻属

蓝纤维藻属（*Dactylococcopsis*） 植物体为单细胞，或者由少数或多数细胞聚集形成群体。群体腔被无色透明，宽厚而均匀。

细胞细长，为纺锤形、椭圆形或圆柱形。多数两端狭小而尖，直或略作螺旋形旋转，呈S形或不规则弯曲。细胞内含物均匀，呈淡蓝绿色至亮蓝绿色，繁殖为细胞横分裂。常见种类见图4-23～图4-33。

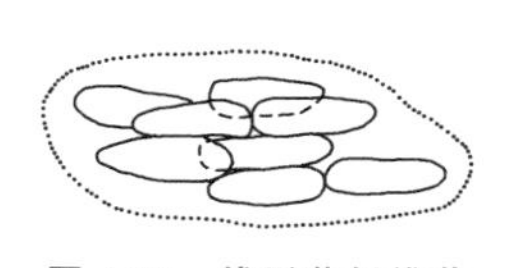

图4-23 线形蓝纤维藻
(*Dactylococcopsis lineare*)

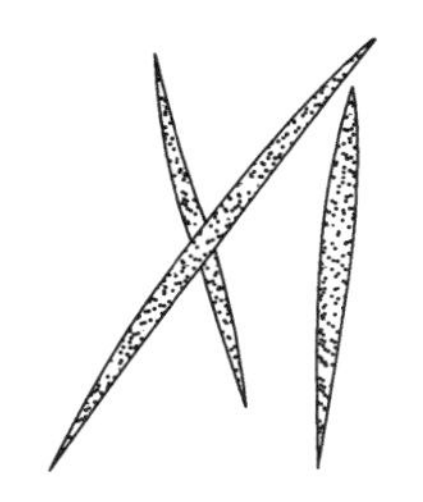

图4-24 针状蓝纤维藻
(*Dactylococcopsis acicularis*)

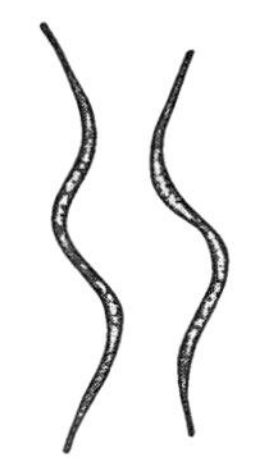

图4-25 不整齐蓝纤维藻
(*Dactylococcopsis irregularis*)

图4-26 簇束蓝纤维藻
(*Dactylococcopsis fascicularis*)

图4-27 针晶蓝纤维藻
(*Dactylococcopsis rhaphidioides*)

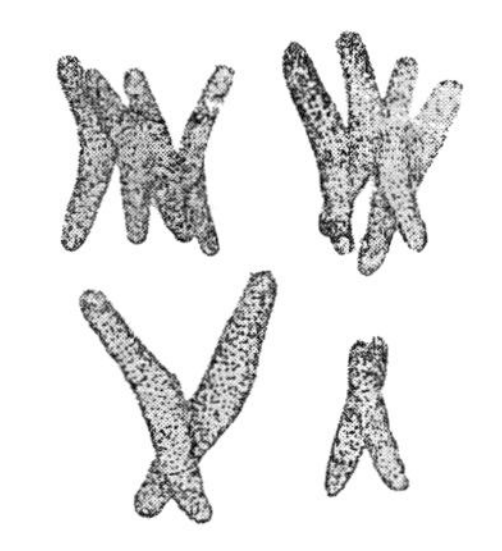

图4-28 栅列藻状蓝纤维藻
(*Dactylococcopsis scenedesmoides*)

图4-29 依伦蓝纤维藻
(*Dactylococcopsis elenkinii*)

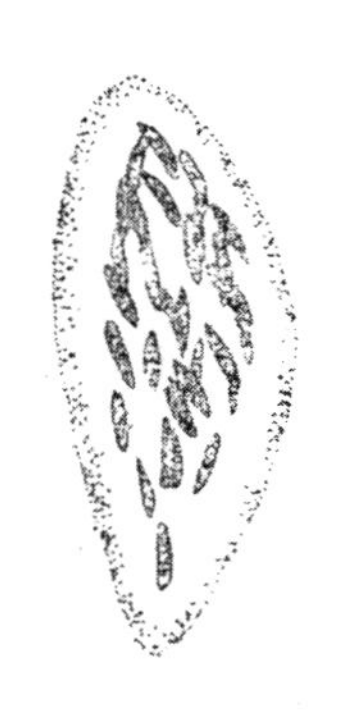

图 4-30　斯氏蓝纤维藻
（*Dactylococcopsis smithii*）

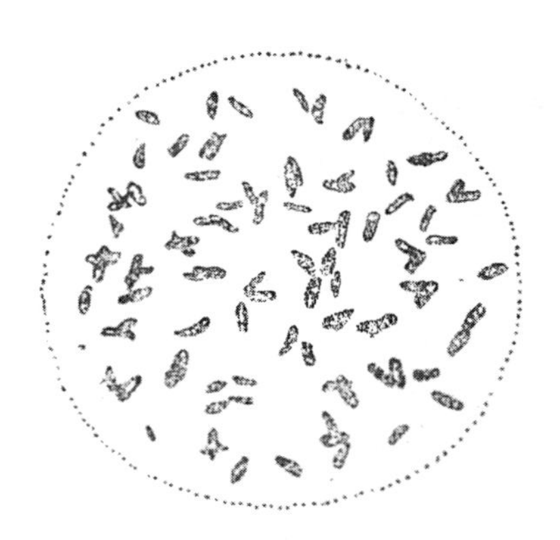

图 4-31　勃来蓝纤维藻
（*Dactylococcopsis planotonica*）

图 4-32　石生蓝纤维藻
（*Dactylococcopsis rupestris*）

图 4-33　与舍蓝纤维藻
（*Dactylococcopsis mucicola*）

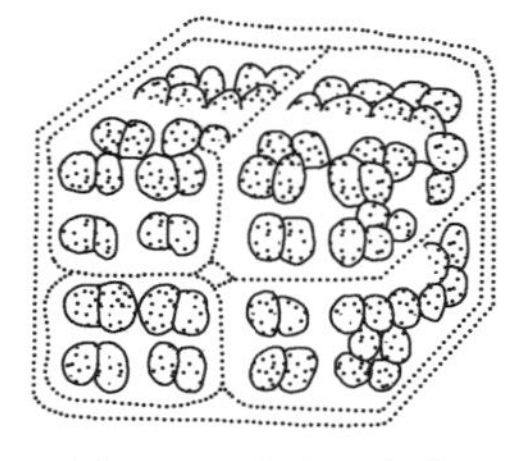

图 4-34　高山立方藻
（*Eucapsis alpina*）

七、立方藻属

立方藻属（*Eucapsis*）细胞呈球形、半球形，规则地不在一个平面上排列成立方形。常见种类见图 4-34。

八、念珠藻属

念珠藻属（*Nostoc*）植物体呈胶状或革状，幼时为球形至长圆形，成熟后为球形、叶状、丝状、泡状、中空或实心。漂浮或着生，藻丝在群体四周排列紧密，而且颜色较深。丝状体螺旋卷曲或缠绕。鞘有时明显或常相互融合。藻丝由扁球形、桶形、圆柱形细胞连成一列，呈念珠状。异形胞幼时顶生，一般为间生。孢子为球形或长圆形、成串。生于各种水体中及潮湿地表上。常见种类见图 4-35～图 4-41。

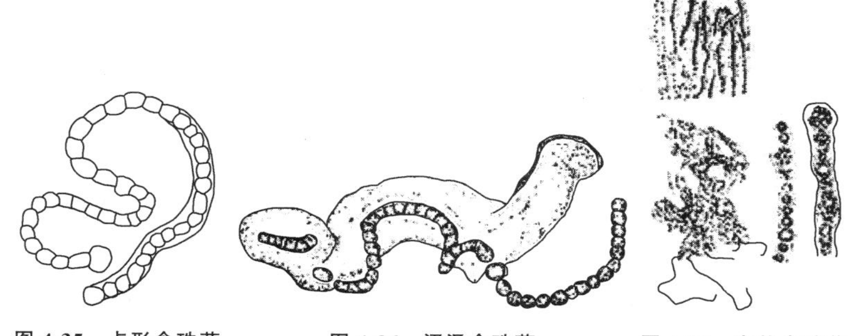

图 4-35　点形念珠藻
(*Nostoc punctiforme*)

图 4-36　沼泽念珠藻
(*Nostoc paludosum*)

图 4-37　发状念珠藻
(*Nostoc flagelliforme*)

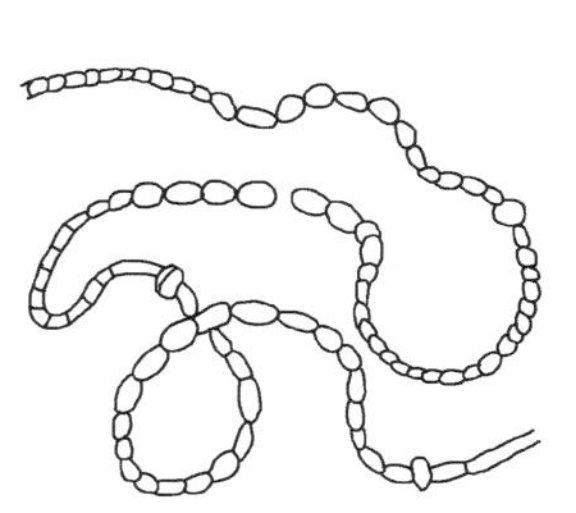

图 4-38　灰念珠藻
(*Nostoc muscorum*)

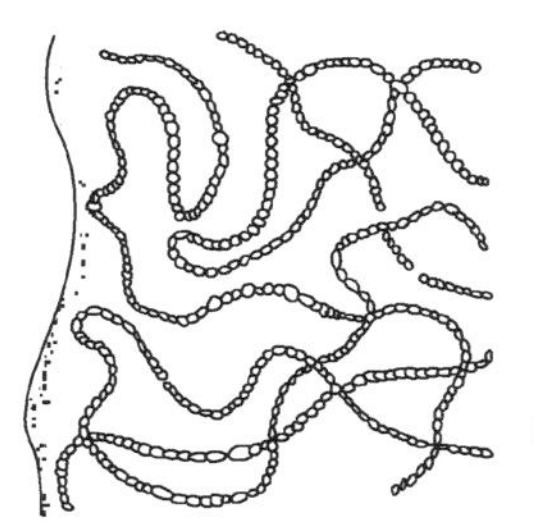

图 4-39　球形念珠藻
(*Nostoc sphaericum*)

图 4-40　普通念珠藻
(*Nostoc commune*)

九、鱼腥藻属

鱼腥藻属（*Anabaena*） 藻体为单一丝体，不定形胶质块，或软膜状。藻丝等宽或末端尖细，直或不规则地螺旋状弯曲。单生或聚集成群体。藻丝大多等宽，极少数末端狭窄；体直，或为不规则或规则的螺旋状弯曲。细胞为球形至桶形。异形胞常间生。休眠孢子圆柱

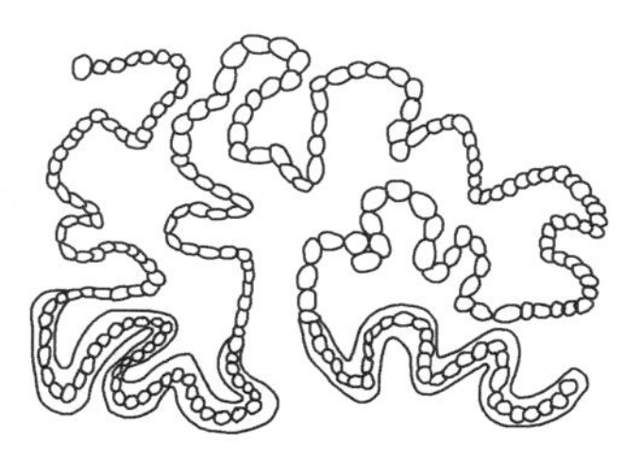

图 4-41　林氏念珠藻
(*Nostoc linckia*)

形，1个或几个成串，紧靠异形胞之间，可抵抗不良环境，当条件适宜时则脱落而萌发为新个体。本属中有不少为固氮种类，有的种产生毒素。大量繁殖形成水华。常见种类见图4-42～图4-47。

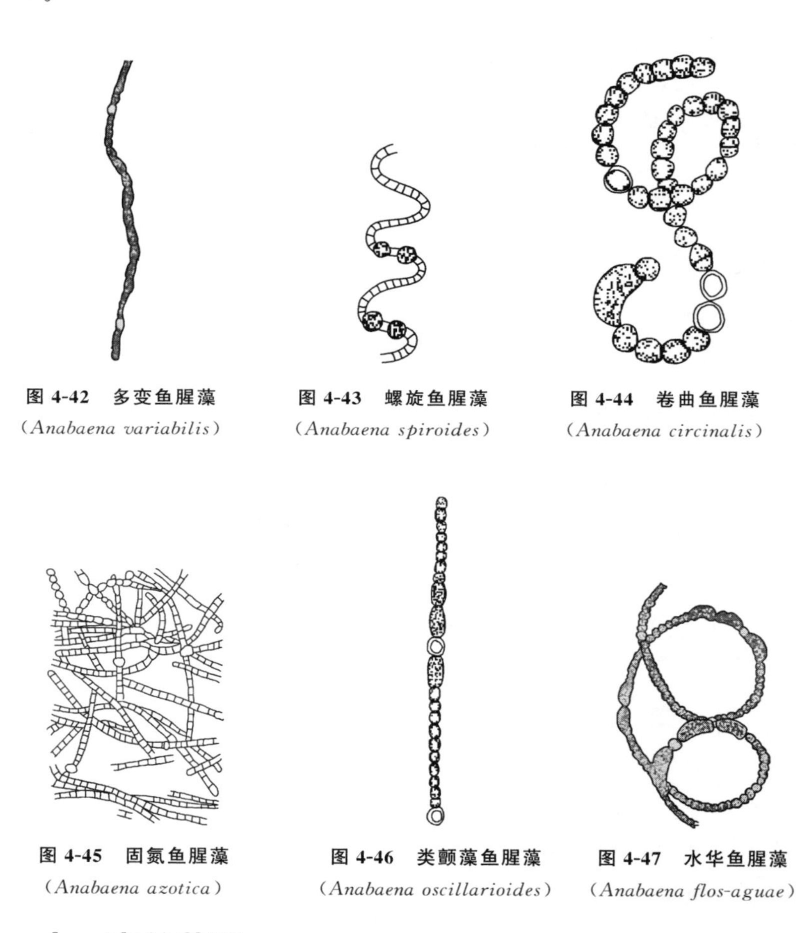

图4-42 多变鱼腥藻 (*Anabaena variabilis*)

图4-43 螺旋鱼腥藻 (*Anabaena spiroides*)

图4-44 卷曲鱼腥藻 (*Anabaena circinalis*)

图4-45 固氮鱼腥藻 (*Anabaena azotica*)

图4-46 类颤藻鱼腥藻 (*Anabaena oscillarioides*)

图4-47 水华鱼腥藻 (*Anabaena flos-aguae*)

十、束丝藻属

束丝藻属 (*Aphanizomenon*) 藻体为丝状体，不分枝、直或略弯曲，单生或聚集成束，自由漂浮呈鳞片状。丝体中部细胞短圆柱形，或多或少有方形细胞，具假液胞（伪空胞），末端细胞长些，略渐狭（有的呈毛状尖）成无色。鞘疏散，不明显。异形胞间生，有圆柱形或近球形、椭圆形。孢子圆柱形或球状、椭圆形，远离异形胞。大量繁殖导致水华发生。常见种类见图4-48。

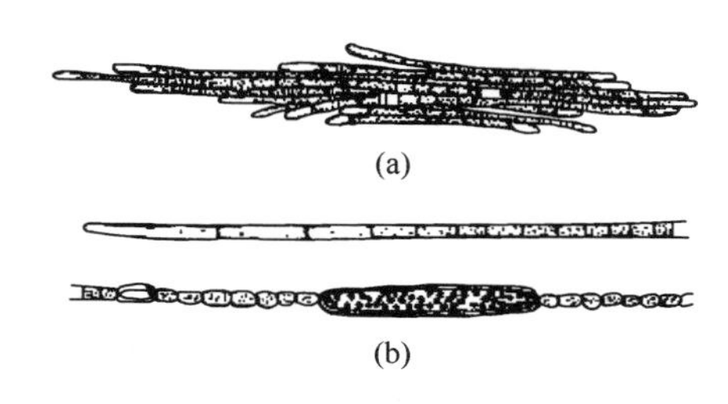

图 4-48 水花束丝藻
（*Aphanizomenon flos-aquae*）
（a）群体；（b）藻丝

十一、螺旋藻属

螺旋藻属（*Spirulina*） 单细胞或多细胞丝状体，无鞘；圆柱形，呈疏松或紧密有规则的螺旋状弯曲。细胞或藻丝顶端常不尖细，横壁常不明显，不收缢或收缢，顶细胞圆形，外壁不增厚。藻体营养丰富，可作食品。常见种类见图 4-49～图 4-53。

图 4-49 方胞螺旋藻
（*Spirulina jenner*）

图 4-50 为首螺旋藻
（*Spirulina princeps*）

图 4-51 钝顶螺旋藻
（*Spirulina platensis*）

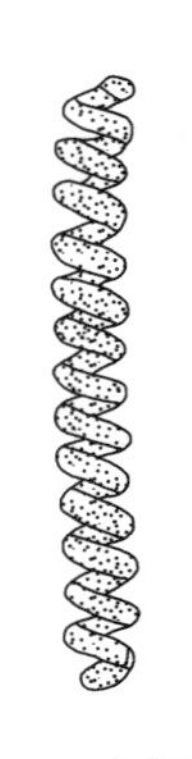

图 4-52　大螺旋藻
（*Spirulina major*）

图 4-53　极大螺旋藻
（*Spirulina maxima*）

十二、颤藻属

颤藻属（*Oscillatoria*） 因其生长在水中能不断颤动而得名。藻体呈蓝绿色，为不分枝的单条藻丝，或由许多藻丝组成皮壳状或块状的漂浮群体，无鞘或有薄鞘。为一列饼状细胞或者为短柱形或盘状细胞连成的丝状体，细胞横壁处收缢或不收缢，细胞横壁收缢与否是分种的依据。丝状体直形或弯曲形，不分枝，大多等宽，有时略变狭。丝状体顶端细胞形状多样，末端增厚或具帽状体，细胞内含物均匀或具颗粒，少数具伪空泡。繁殖通过段殖体繁殖。分布甚广，常见于含有机质丰富的淤泥表面和浅水池塘内。常见种类见图 4-54～图 4-92。

图 4-54　清净颤藻
（*Oscillatoria sancta*）

图 4-55　悦目颤藻
（*Oscillatoria amoena*）

图 4-56　灿烂颤藻
（*Oscillatoria splendida*）

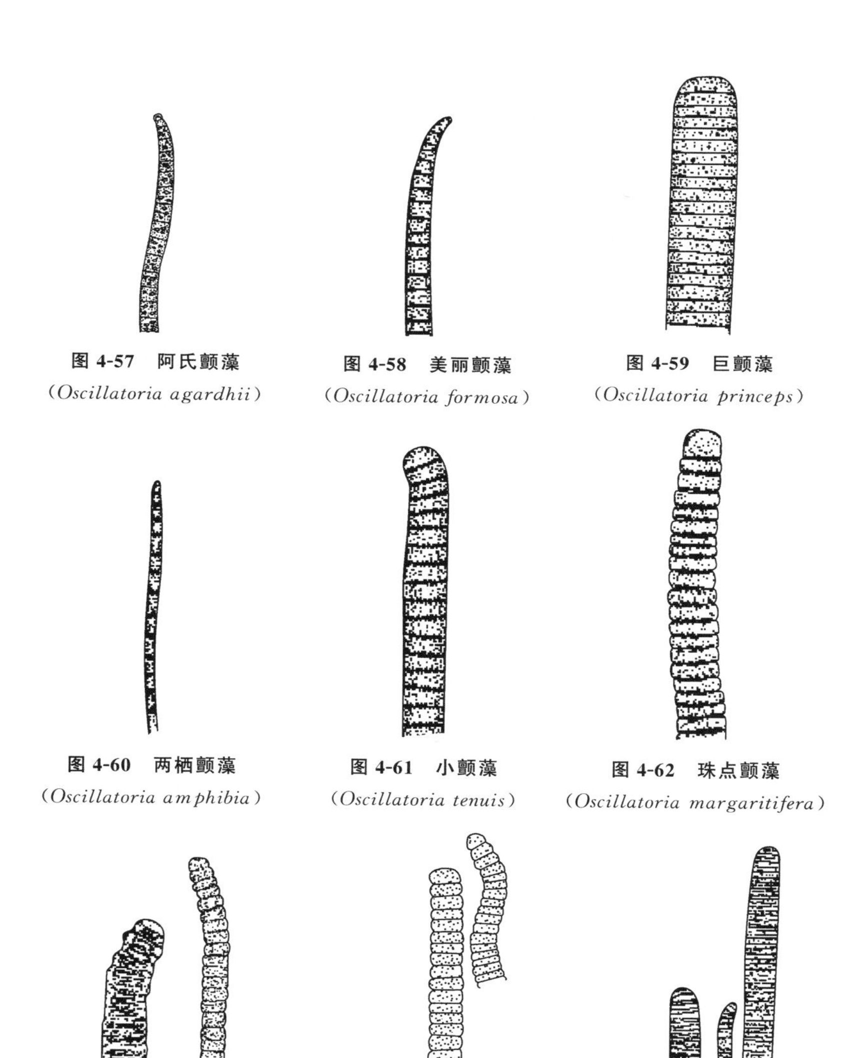

图 4-57　阿氏颤藻
(*Oscillatoria agardhii*)

图 4-58　美丽颤藻
(*Oscillatoria formosa*)

图 4-59　巨颤藻
(*Oscillatoria princeps*)

图 4-60　两栖颤藻
(*Oscillatoria amphibia*)

图 4-61　小颤藻
(*Oscillatoria tenuis*)

图 4-62　珠点颤藻
(*Oscillatoria margaritifera*)

图 4-63　针尖颤藻
(*Oscillatoria peronata*)

图 4-64　纹饰颤藻
(*Oscillatoria ornata*)

图 4-65　泥生颤藻
(*Oscillatoria limosa*)

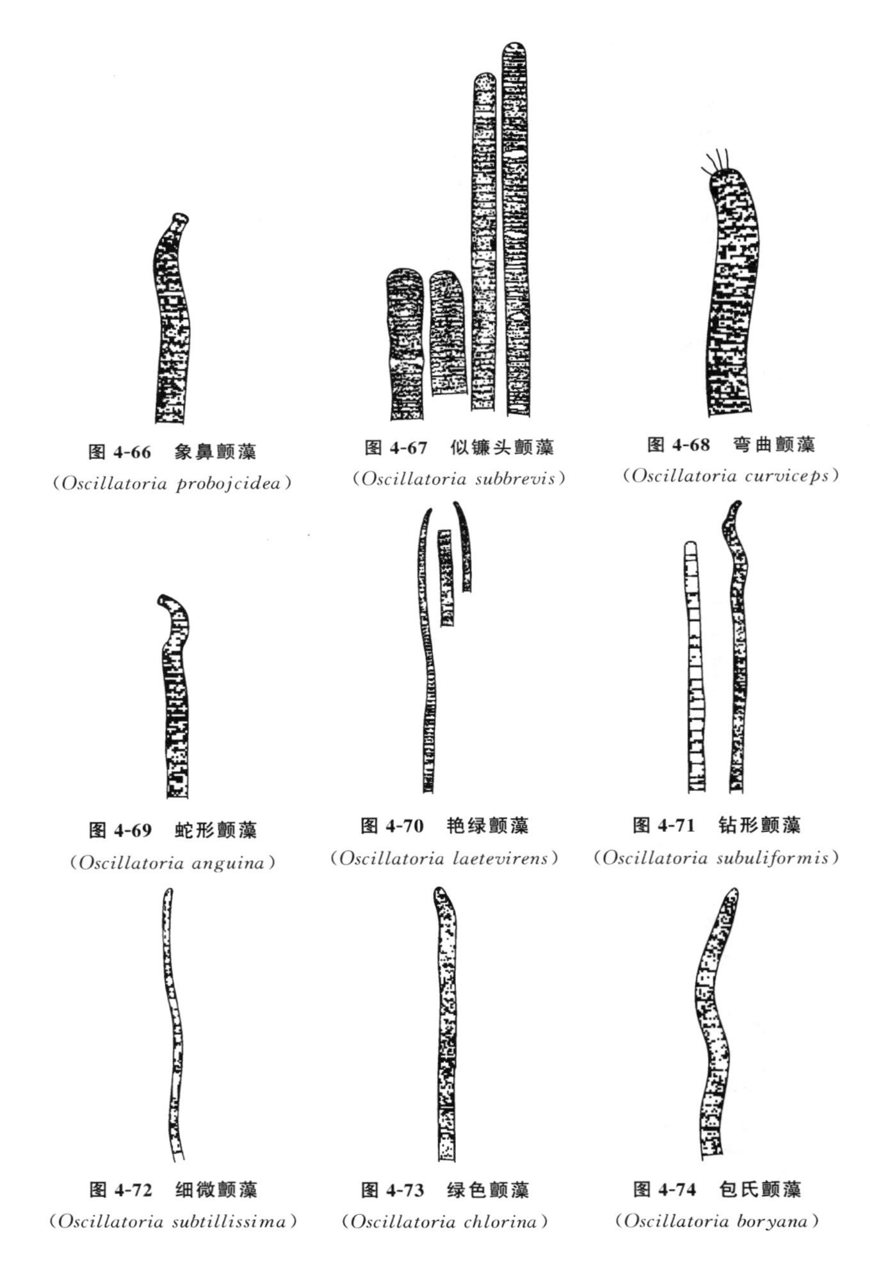

图 4-66　象鼻颤藻
(*Oscillatoria probojcidea*)

图 4-67　似镰头颤藻
(*Oscillatoria subbrevis*)

图 4-68　弯曲颤藻
(*Oscillatoria curviceps*)

图 4-69　蛇形颤藻
(*Oscillatoria anguina*)

图 4-70　艳绿颤藻
(*Oscillatoria laetevirens*)

图 4-71　钻形颤藻
(*Oscillatoria subuliformis*)

图 4-72　细微颤藻
(*Oscillatoria subtillissima*)

图 4-73　绿色颤藻
(*Oscillatoria chlorina*)

图 4-74　包氏颤藻
(*Oscillatoria boryana*)

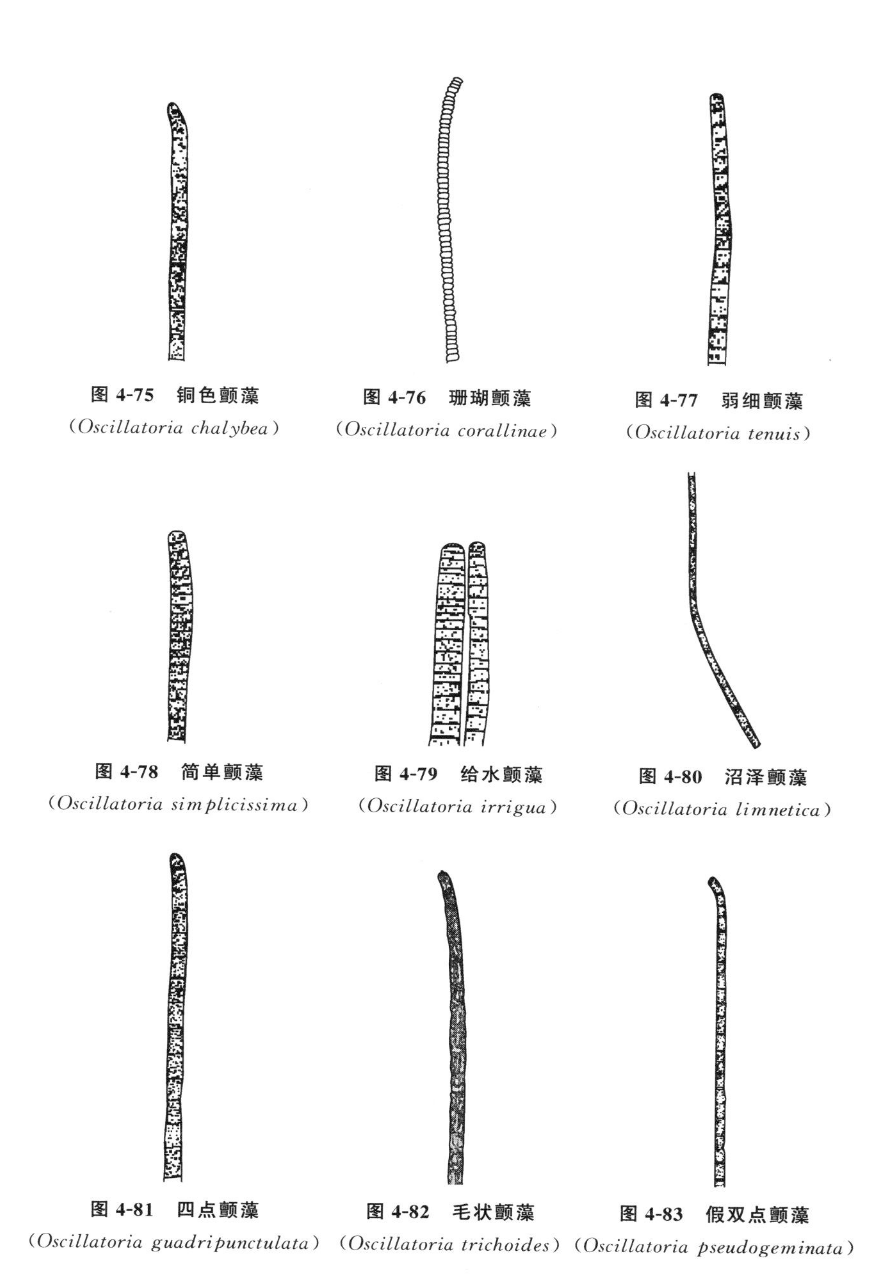

图 4-75　铜色颤藻
(*Oscillatoria chalybea*)

图 4-76　珊瑚颤藻
(*Oscillatoria corallinae*)

图 4-77　弱细颤藻
(*Oscillatoria tenuis*)

图 4-78　简单颤藻
(*Oscillatoria simplicissima*)

图 4-79　给水颤藻
(*Oscillatoria irrigua*)

图 4-80　沼泽颤藻
(*Oscillatoria limnetica*)

图 4-81　四点颤藻
(*Oscillatoria guadripunctulata*)

图 4-82　毛状颤藻
(*Oscillatoria trichoides*)

图 4-83　假双点颤藻
(*Oscillatoria pseudogeminata*)

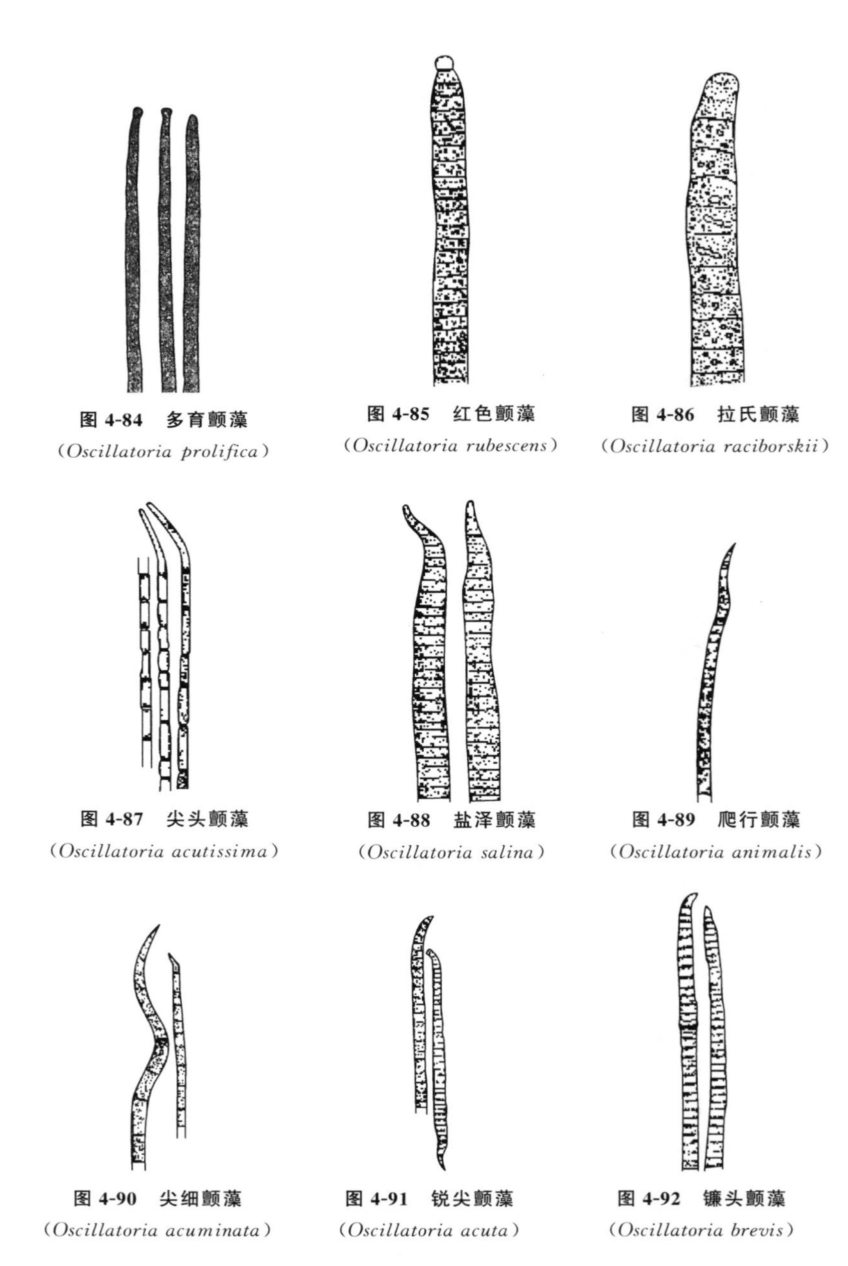

图 4-84　多育颤藻
(*Oscillatoria prolifica*)

图 4-85　红色颤藻
(*Oscillatoria rubescens*)

图 4-86　拉氏颤藻
(*Oscillatoria raciborskii*)

图 4-87　尖头颤藻
(*Oscillatoria acutissima*)

图 4-88　盐泽颤藻
(*Oscillatoria salina*)

图 4-89　爬行颤藻
(*Oscillatoria animalis*)

图 4-90　尖细颤藻
(*Oscillatoria acuminata*)

图 4-91　锐尖颤藻
(*Oscillatoria acuta*)

图 4-92　镰头颤藻
(*Oscillatoria brevis*)

十三、席藻属

席藻属（*Phormidium*） 植物体为胶状或皮状，由许多丝体组成，着生或漂浮。丝体不分枝，直或弯曲。具鞘，有时略硬，彼此粘连，有时部分融合，薄而无色。藻丝呈圆柱形，横壁缢缩或不缢缩，末端常渐尖，直或弯曲，末端细胞头状或不呈头状，有的种类具帽状体。常见种类见图 4-93～图 4-98。

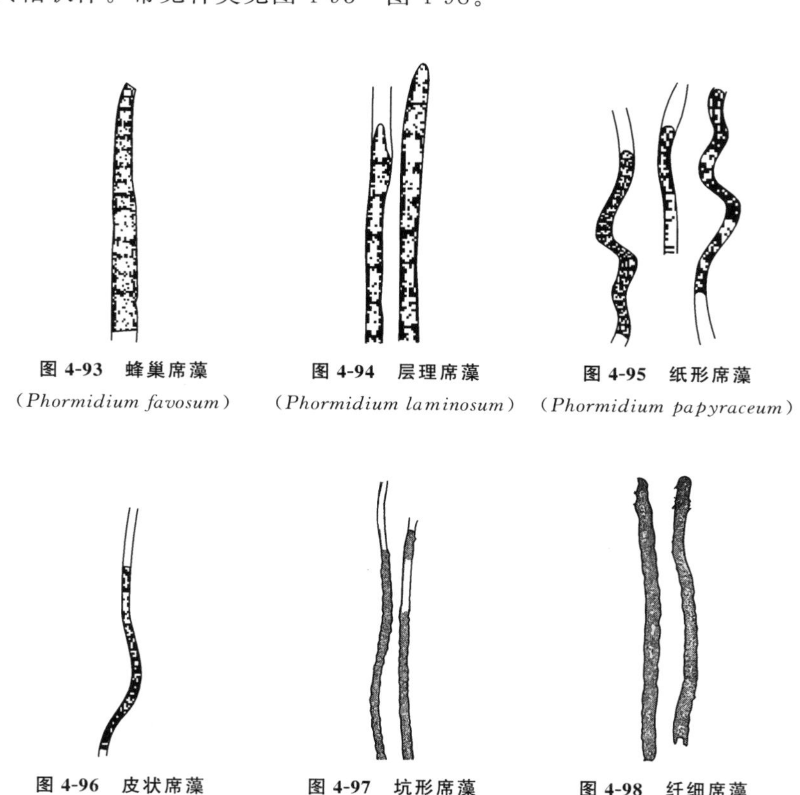

图 4-93 蜂巢席藻（*Phormidium favosum*）

图 4-94 层理席藻（*Phormidium laminosum*）

图 4-95 纸形席藻（*Phormidium papyraceum*）

图 4-96 皮状席藻（*Phormidium corium*）

图 4-97 坑形席藻（*Phormidium foveolarum*）

图 4-98 纤细席藻（*Phormidium tenue*）

十四、棒条藻属

棒条藻属（*Rhabdoderma*） 藻体为单细胞或由少数细胞组

成的不定形群体。细胞呈椭圆形、圆柱形，两端钝圆，常略弯曲；大多几个细胞聚集在一起，具共同胶被。常见种类见图4-99。

十五、胶须藻属

胶须藻属（*Rivularia*） 藻丝假分枝，藻丝细胞常为单列。藻丝的两端或一端渐尖，有的顶端细胞呈毛状。具异形胞。藻体球形或半球形，不具厚壁孢子。常见种类见图4-100。

图4-99 线形棒条藻
（*Rhabdoderma lineare*）

图4-100 饶氏胶须藻
（*Rivularia jaoi*）

十六、胶刺藻属

胶刺藻属（*Gloeotrichia*） 藻丝的两端或一端渐尖，有的顶端细胞呈毛状。具异形胞。藻体球形或半球形，具有厚壁孢子，常见种类见图4-101。

十七、双尖藻属

双尖藻属（*Hammatoidea*） 不具异形胞，藻丝两端尖细，外有鞘，常见种类见图4-102。

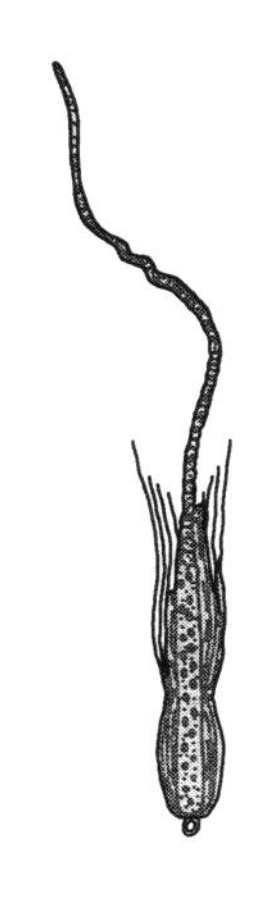

图 4-101　漂浮胶刺藻

(*Gloeotrichia natans*)

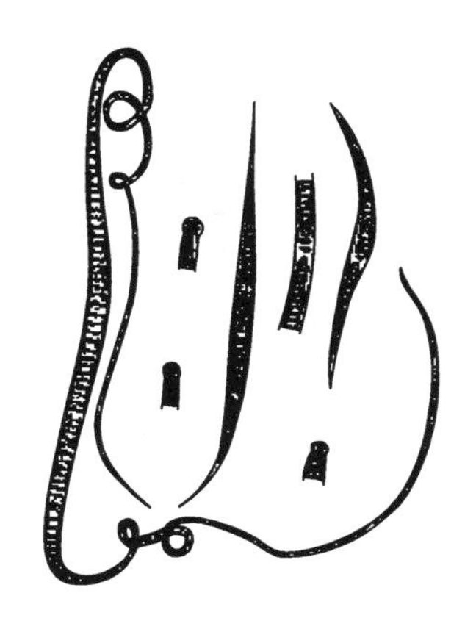

图 4-102　中华双尖藻

(*Hammatoidea sinensis*)

十八、尖头藻属

尖头藻属（*Raphidiopsis*）　藻丝的两端或一端渐尖，外无鞘，常见种类见图 4-103 和图 4-104。

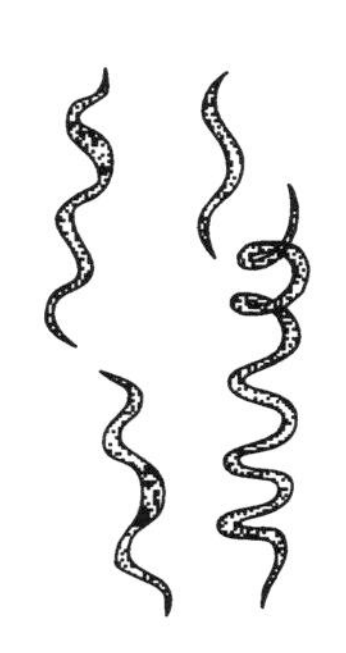

图 4-103　中华尖头藻

(*Raphidiopsis sinensia*)

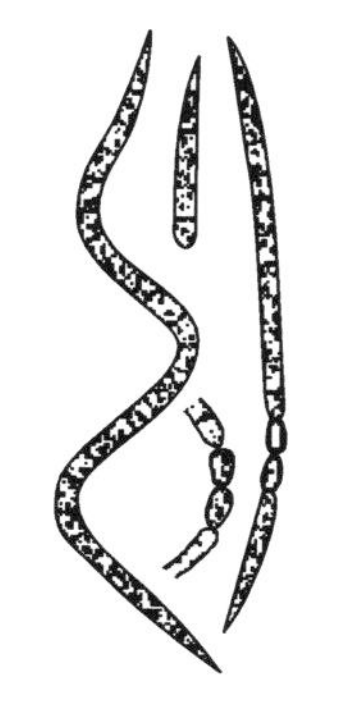

图 4-104　弯形尖头藻

(*Raphidiopsis curvata*)

十九、织线藻属

织线藻属（*Plectonema*）　藻丝直径一致，两端或一端不渐尖细，顶端细胞不呈毛状。无异形胞，分枝单条或双条。常见种类见图 4-105。

二十、单歧藻属

单歧藻属（*Tolypothrix*） 藻丝直径一致，两端或一端不渐尖细，顶端细胞不呈毛状。有异形胞，分枝大多单条。常见种类见图 4-106。

图 4-105 托马织线藻
（*Plectonema tomasimanun*）

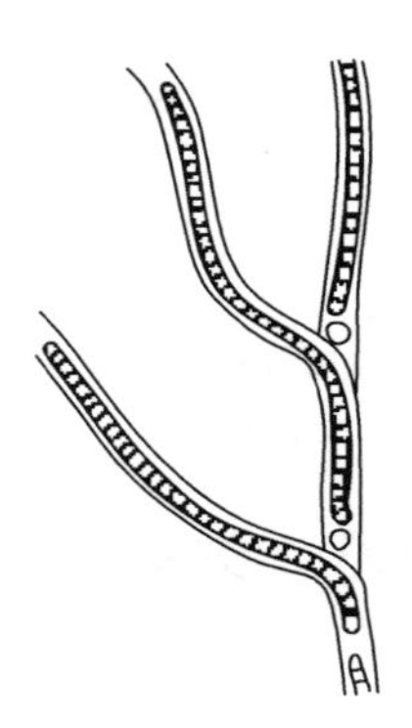

图 4-106 小单歧藻
（*Tolypothrix tenuis*）

二十一、真枝藻属

真枝藻属（*Stigonema*） 丝状种类，藻丝细胞紧密连接。藻丝为非双叉式真分枝，藻丝细胞常为多列，异形胞间生或侧生，分枝侧生不规则。常见种类见图 4-107。

二十二、鞘丝藻属

鞘丝藻属（*Lyngbya*） 藻丝具鞘，每个鞘内只有一条藻丝。胶鞘坚固，厚且分几层。常见种类见图 4-108。

二十三、微鞘藻属

微鞘藻属（*Microcoleus*） 藻丝具鞘，每个胶鞘内有很多条藻丝。胶鞘黏质，不分层。常见种类见图 4-109。

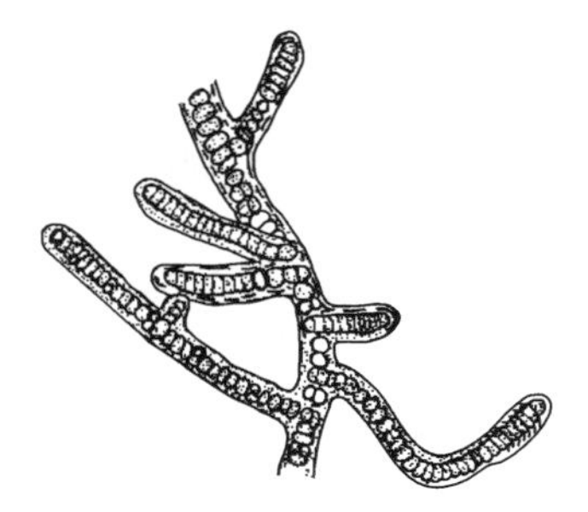

图 4-107　眼状真枝藻
(*Stigonema ocellatum*)

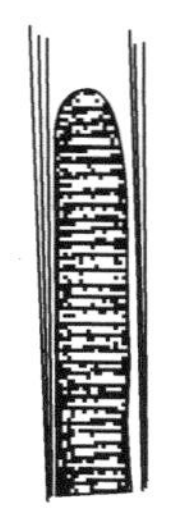

图 4-108　大型鞘丝藻
(*Lyngbya major*)

二十四、水鞘藻属

水鞘藻属（*Hydrocoleus*） 藻丝具鞘，胶鞘黏质，分层，每个胶鞘内只有几条藻丝。常见种类见图 4-110。

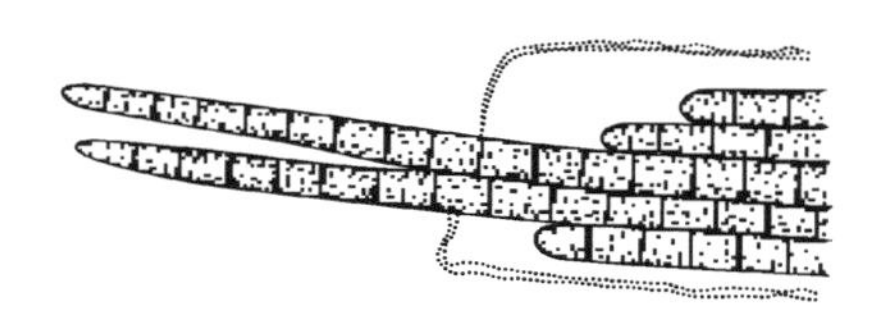

图 4-109　沼地微鞘藻
(*Microcoleus paludosus*)

二十五、微毛藻属

微毛藻属（*Microchaete*） 藻丝分化为基部和顶部，具异形胞。常见种类见图 4-111。

图 4-110　隐丝水鞘藻
(*Hydrocoleus homoeotrichus*)

二十六、柱孢藻属

柱孢藻属（*Cylindrospermum*） 藻丝无基部和顶部的分化。异形胞顶生，孢子紧靠异形胞。常见种类见图 4-112。

二十七、项圈藻属

项圈藻属（*Anabaenopsis*） 藻丝无基部和顶部的分化。孢子远离异形胞。常见种类见图 4-113。

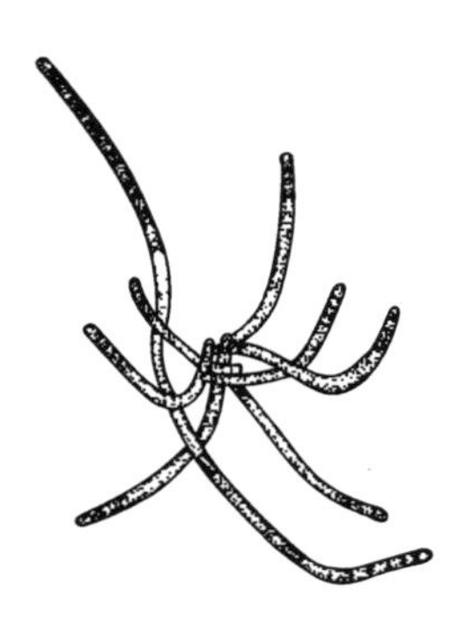

图 4-111　嫩柔微毛藻
（*Microchaete tenera*）

图 4-112　静水柱孢藻
（*Cylindrospermum stagnale*）

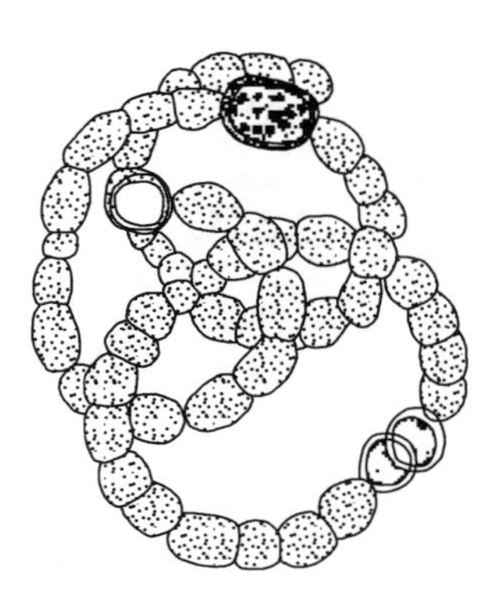

图 4-113　阿氏项圈藻
（*Anabaenopsis arnoldii*）

第五章

隐藻门

一、蓝隐藻属

蓝隐藻属（*Chroomonas*） 细胞呈卵圆形或椭圆形，前端常斜截，略凹陷，后端钝圆，向腹侧弯曲。有两条不等长的鞭毛。色素体1个，有时2个，周生，盘状，蓝色或蓝绿色。常见种类见图5-1和图5-2。

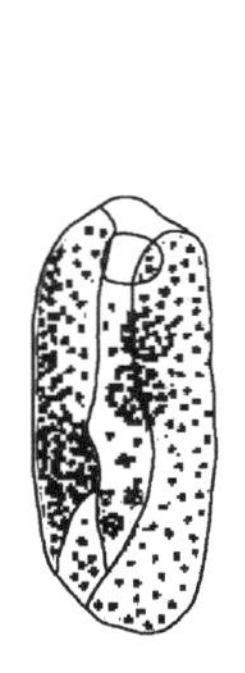

图5-1 长形蓝隐藻
（*Chr. oblonga*）

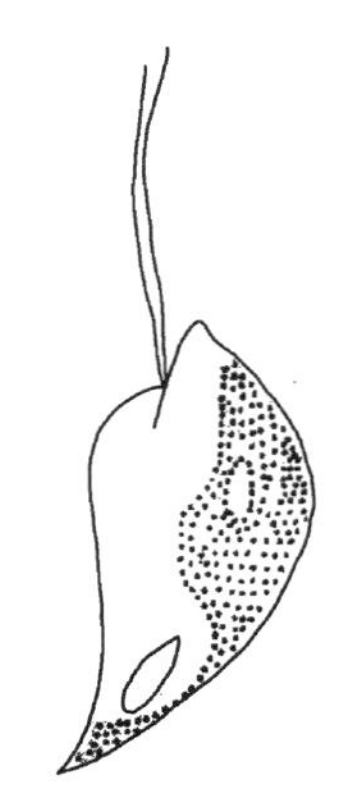

图5-2 尖尾蓝隐藻
（*Chr. acuta*）

二、隐藻属

隐藻属（*Cryptomonas*） 细胞有背腹之分，背部隆起，腹部平直或略凹。腹侧有明显口沟。鞭毛2条，自口沟伸出，略不等长。色素体 2 个，叶状，黄绿色或黄褐色。常见种类见图 5-3～图 5-9。该属分布较广，在有机质丰富的水体里数量较多。

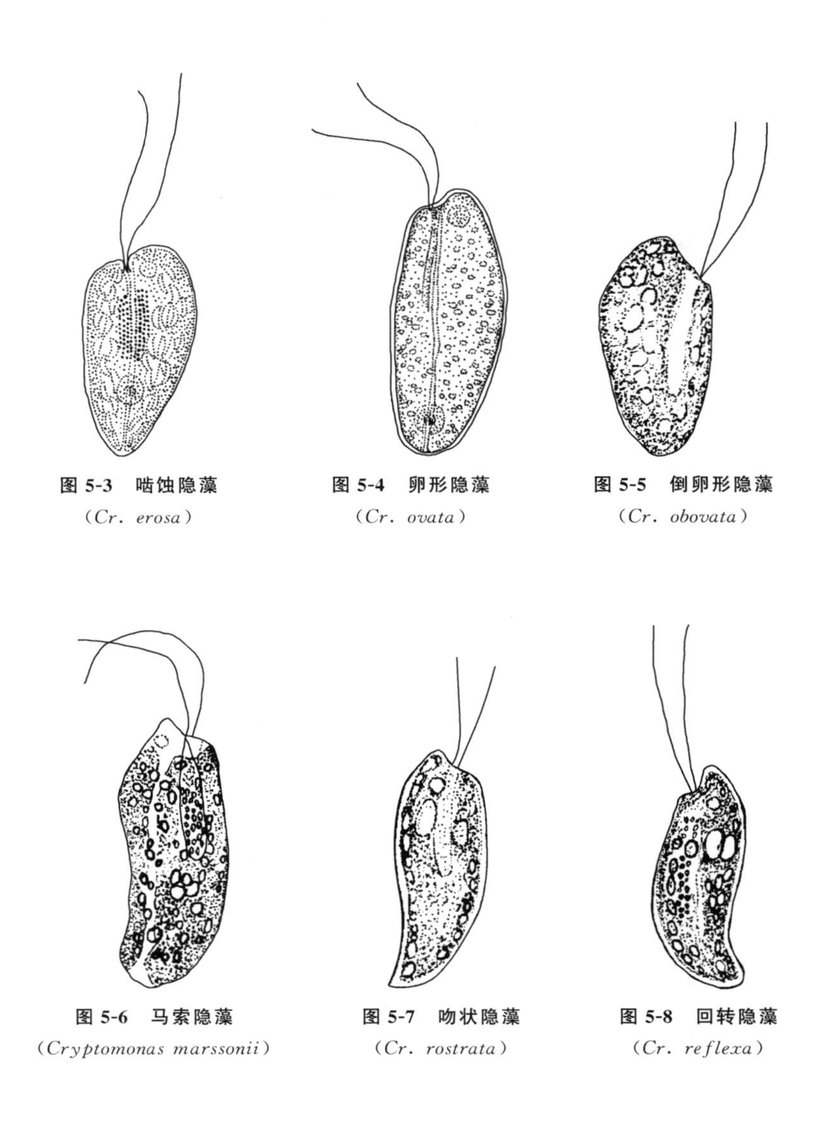

图 5-3　啮蚀隐藻
（*Cr. erosa*）

图 5-4　卵形隐藻
（*Cr. ovata*）

图 5-5　倒卵形隐藻
（*Cr. obovata*）

图 5-6　马索隐藻
（*Cryptomonas marssonii*）

图 5-7　吻状隐藻
（*Cr. rostrata*）

图 5-8　回转隐藻
（*Cr. reflexa*）

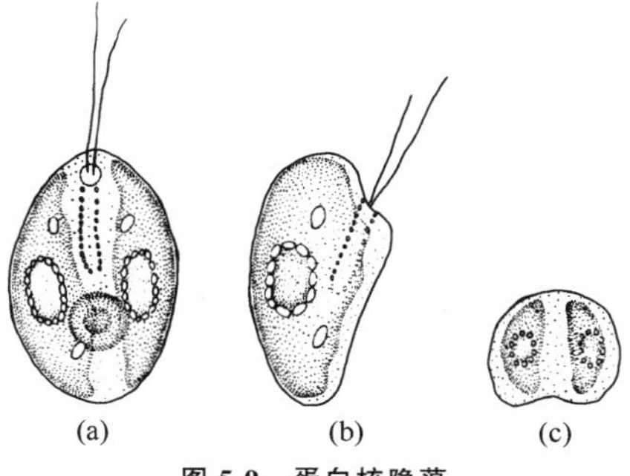

图 5-9　蛋白核隐藻

（*Cr. pyrenoidifera*）

（a）正面观；（b）侧面观；（c）横断面观

三、红胞藻属

红胞藻属（*Rhodomonas*）　细胞侧面呈卵形、椭圆形或纺锤形，略扁平，前端中央凹入，后端窄或渐尖形。具纵沟，口沟不明显。常具刺丝泡。色素体常为 1 个，片状，周生，呈红色、褐色或橄榄绿色。鞭毛 2 条，略不等长，常位于前端的一侧。具 1 个蛋白核。常见种类见图 5-10 和图 5-11。

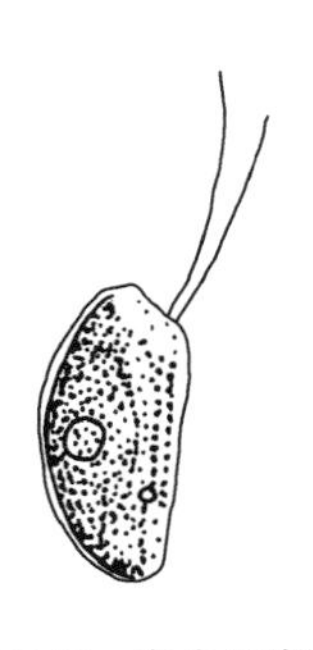

图 5-10　湖生红胞藻

（*Rh. lacustris*）

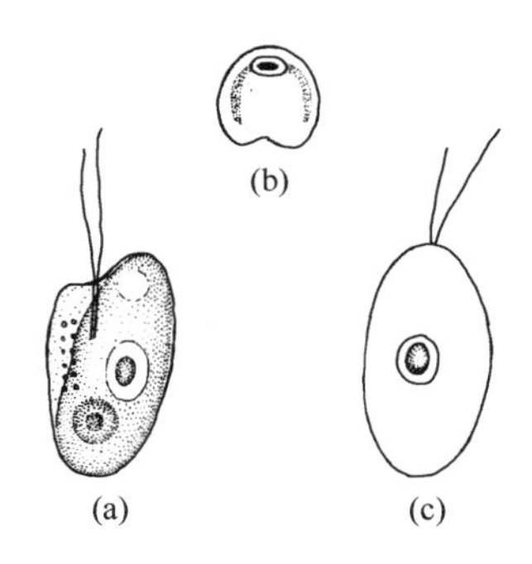

图 5-11　卵形红胞藻

（*Rh. ovalis*）

(a)侧面观；(b)横断面观；(c)正面观

四、素隐藻属

素隐藻属（*Chilomonas*） 细胞形态与隐藻属相似。口沟明显，其周围具刺丝泡。无色素体。核后位。常具许多副淀粉粒。腐生性营养。常见种类见图 5-12。

五、隐藻门其他种类

见图 5-13～图 5-15。

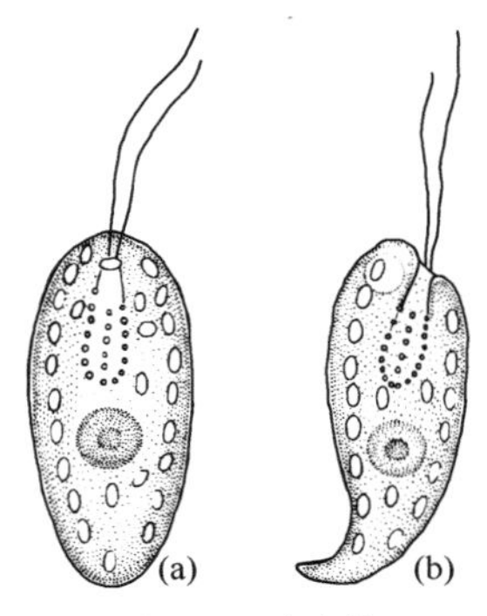

图 5-12　素隐藻

（*Ch. paramaecium*）

(a)正面观；(b)侧面观

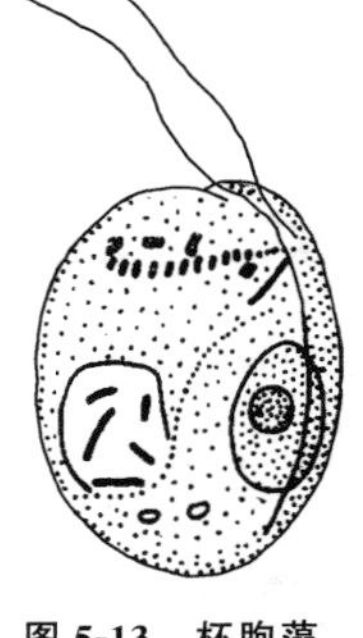

图 5-13　杯胞藻

（*Cyathomonas truncata*）

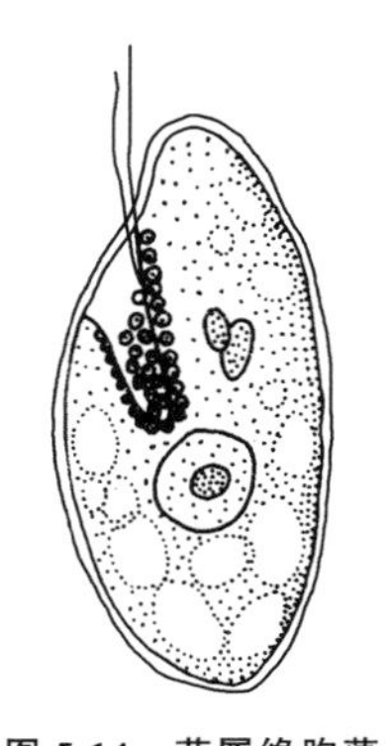

图 5-14　草履缘胞藻

（*Chilomonas paramaecium*）

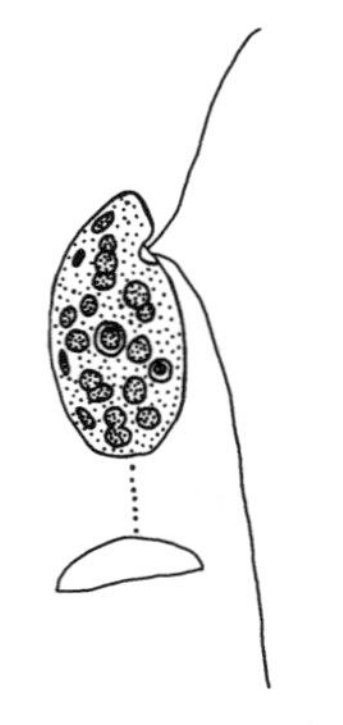

图 5-15　天蓝胞藻

（*Cyanomonas coerulea*）

第六章

金藻门

一、鱼鳞藻属

鱼鳞藻属（*Mallomonas*） 单细胞，细胞呈圆柱形、纺锤形或卵形。无细胞壁，具坚硬表质，表质外覆盖硅质化鳞片。鳞片的形状和排列方式多样，全部鳞片或仅顶部鳞片上有长刺。有一条鞭毛，营浮游生活。

一般生长在较洁净的低温水中。常见种类见图 6-1～图 6-11。

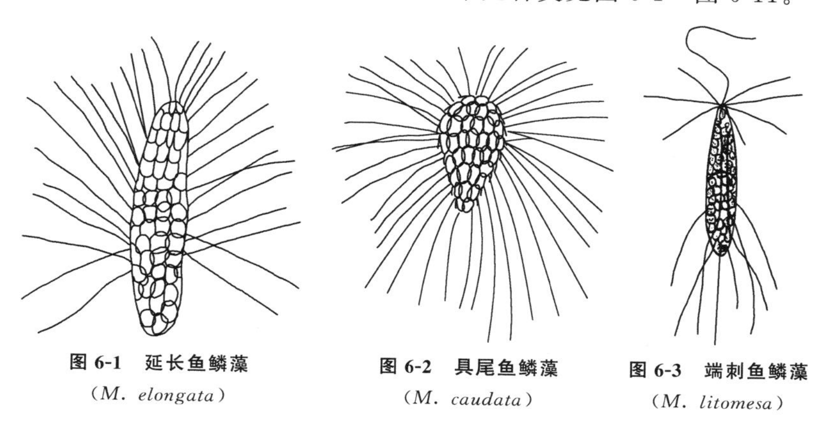

图 6-1　延长鱼鳞藻
（*M. elongata*）

图 6-2　具尾鱼鳞藻
（*M. caudata*）

图 6-3　端刺鱼鳞藻
（*M. litomesa*）

二、黄群藻属

黄群藻属（*Synura*） 植物体为辐射状排列的群体，无胶被，呈球形或长卵圆形，单个细胞梨形，具 2 条等长的鞭毛。表质坚固，覆盖有螺旋形排列的硅质鳞片，鳞片上有刻纹或小刺。色素体 2 个，片状，周生，位于细胞两侧。常见种类见图 6-12 和图 6-13。

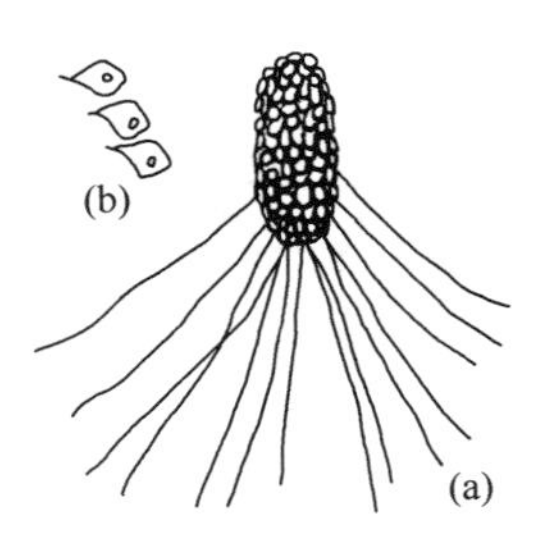

图 6-4　伸长鱼鳞藻

(*M. producta*)

(a) 外形；(b) 鳞片

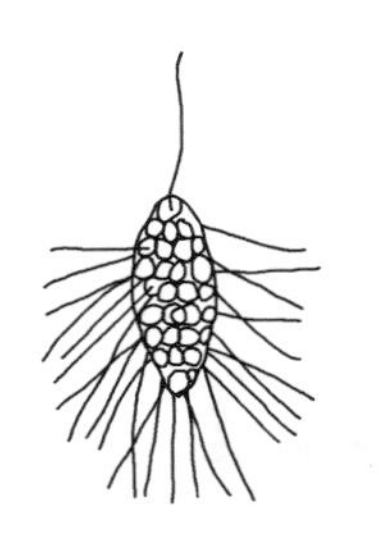

图 6-5　华丽鱼鳞藻

(*M. elegans*)

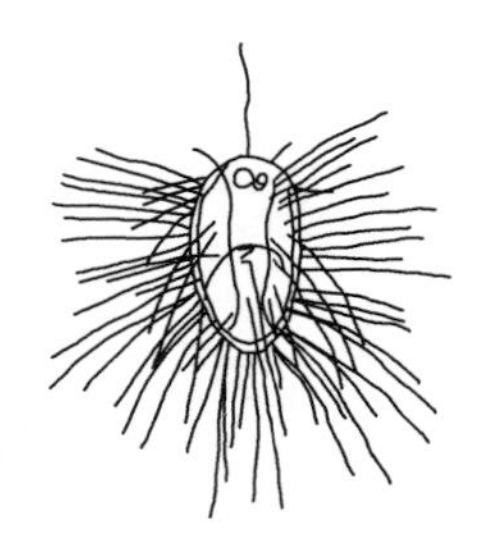

图 6-6　顶刺鱼鳞藻

(*M. acrocomos*)

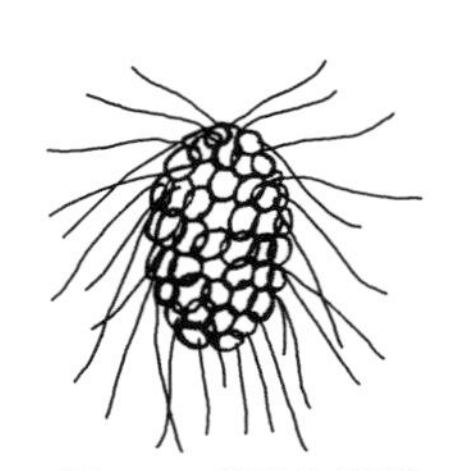

图 6-7　螨形鱼鳞藻

(*M. acaroides*)

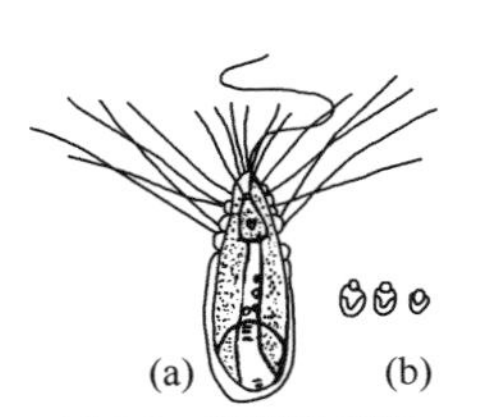

图 6-8　剪刺鱼鳞藻

(*M. tonsurata*)

(a) 外形；(b) 鳞片

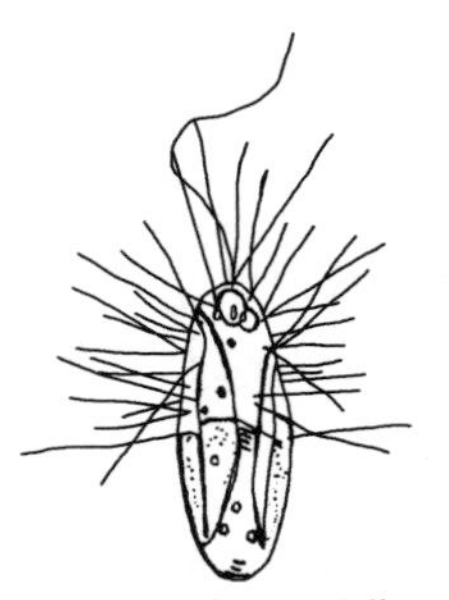

图 6-9　瑞士鱼鳞藻

(*M. helvetica*)

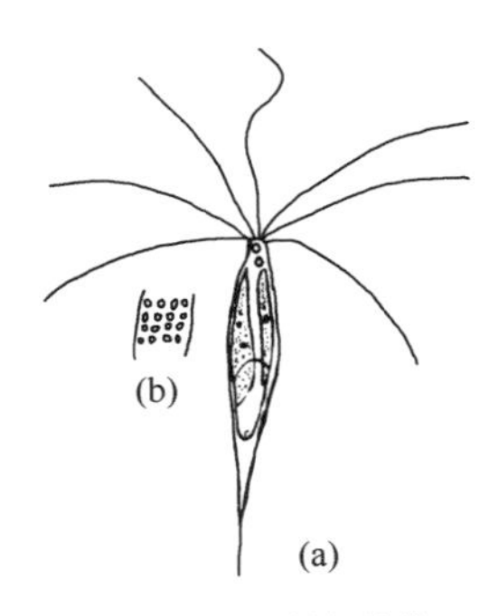

图 6-10　长刺鱼鳞藻

(*Mallonmonas longiseta*)

(a) 外形；(b) 鳞片

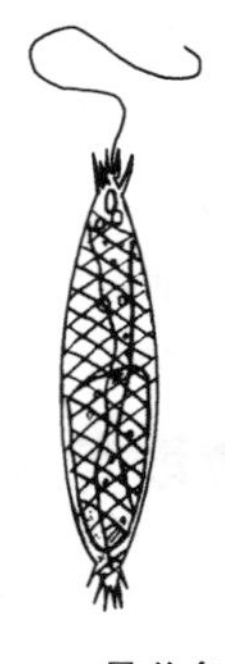

图 6-11　最美鱼鳞藻

(*M. pulcherrima*)

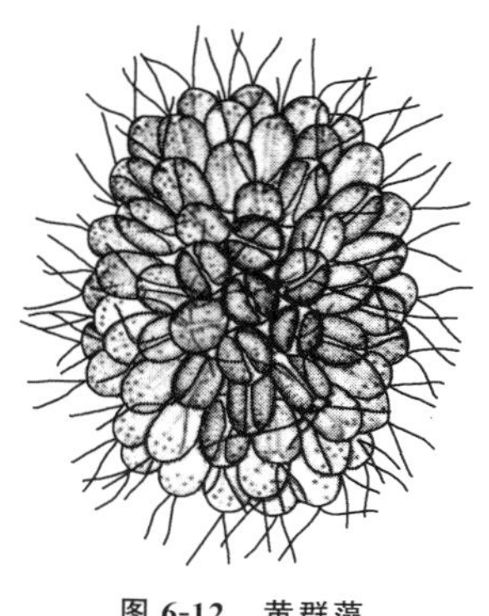

图 6-12　黄群藻
(*S. urella*)

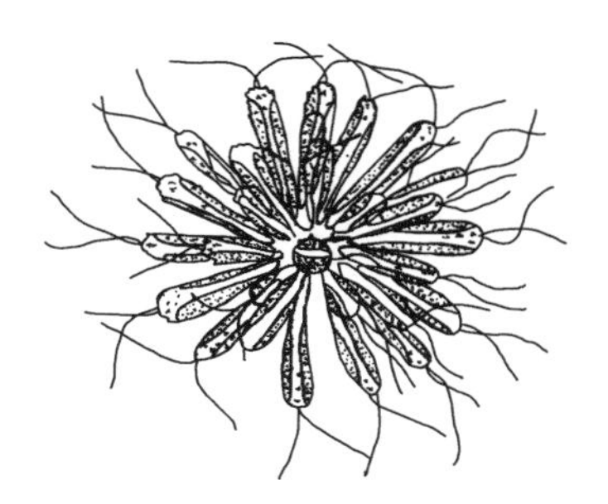

图 6-13　阿氏黄群藻
(*S. adamsii*)

三、三毛金藻属

三毛金藻属（*Primnesium*）　藻体为单细胞，呈圆形、卵形、球形等，细胞具 3 条鞭毛，2 条长，1 条短。常见种类为小三毛金藻（*P. parvum*），滋生于半咸水，其代谢产物会产生一种鱼毒素，可使鱼类中毒死亡。常见种类见图 6-14。

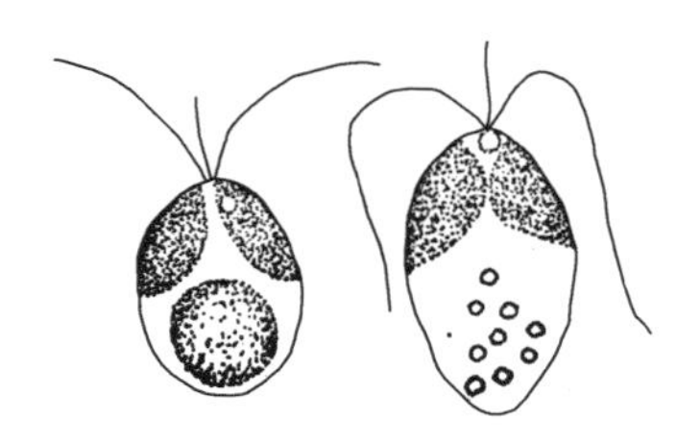

图 6-14　小三毛金藻
(*P. parvum*)

四、拟辐尾藻属

拟辐尾藻属（*Uroglenopsis*）　又称拟黄团藻属，植物体为球形或椭圆形的群体，群体外有胶被，群体内的各细胞孤立互不贴靠，成单层，每个细胞有 2 条不等长的鞭毛。常见种类见图 6-15 和图 6-16。

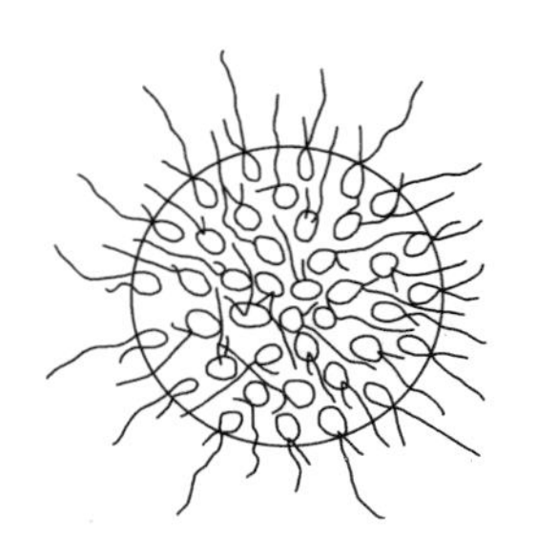

图 6-15 美洲拟辐尾藻
(*U. americana*)

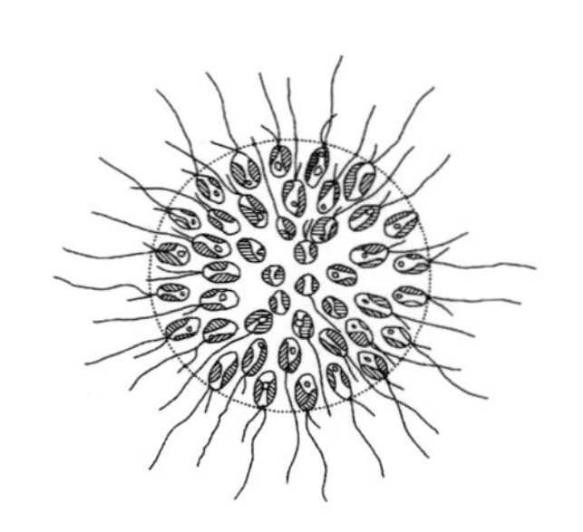

图 6-16 欧洲拟辐尾藻
(*U. europaea*)

五、辐尾藻属

辐尾藻属（*Uroglena*） 又称黄团藻属，与拟辐尾藻属相似，主要区别为群体内各细胞间有 Y 形胶质丝相连。常见种类见图 6-17。

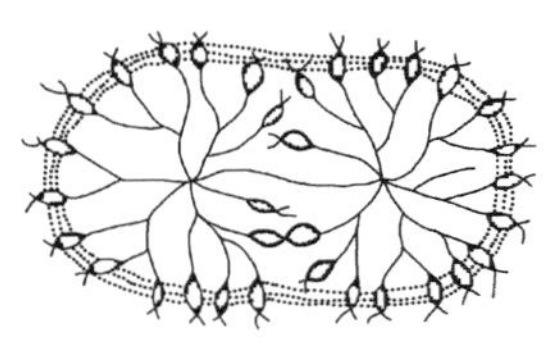

图 6-17 辐尾藻
(*U. volvox*)

六、锥囊藻属

锥囊藻属（*Dinobryon*） 又称钟罩藻属，植物体大多为树状群体。细胞原生质体呈纺锤形、圆柱形等，其外被有倒锥形的硅质囊壳，具 2 条不等长的鞭毛。囊壳前端喇叭状开口，或直筒状开口；后端锥形；透明或黄褐色；表面平滑或有波状起伏。色素体 1～2 个，片状，周生。核在中部。常见种类见图 6-18～图 6-26。

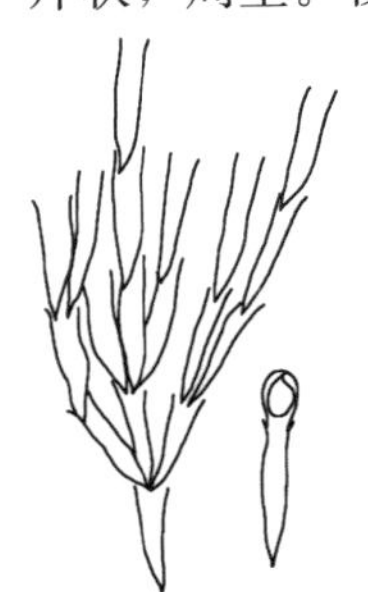

图 6-18 圆筒锥囊藻
(*Dinobryon cylindricum*)

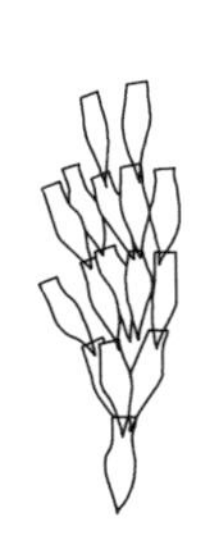

图 6-19 密集锥囊藻
(*D. sertularia*)

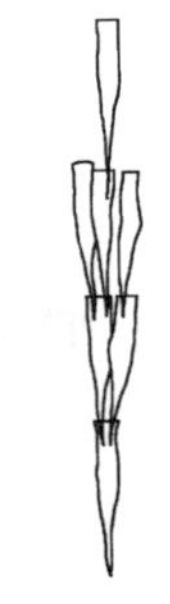

图 6-20 长锥形锥囊藻
(*D. bavaricum*)

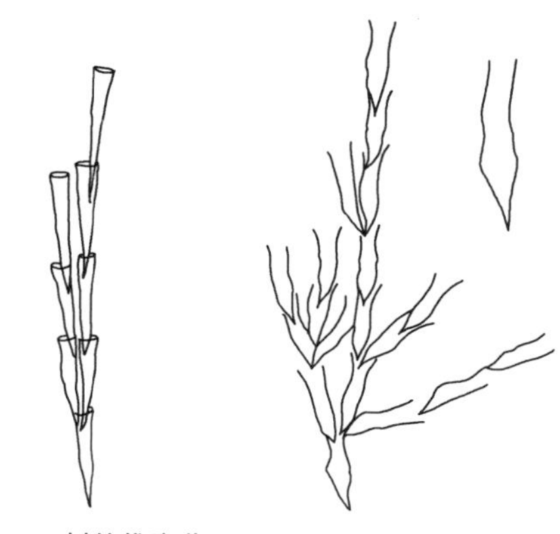

图 6-21 树枝锥囊藻
（*D. stipitatum*）

图 6-22 分歧锥囊藻
（*D. divergens*）

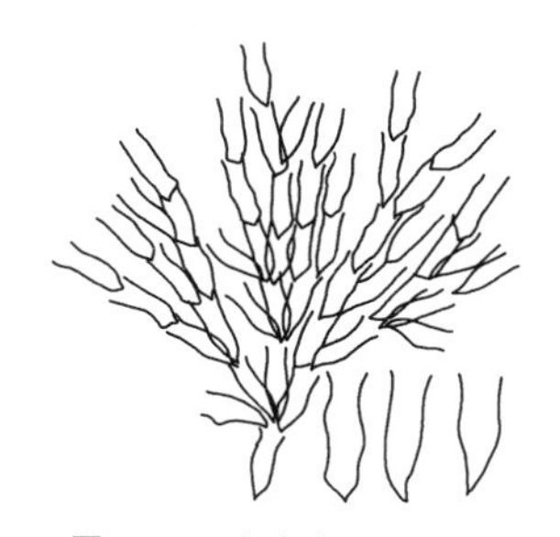

图 6-23 突出密集锥囊藻
（*D. sertularia* var. *protuberans*）

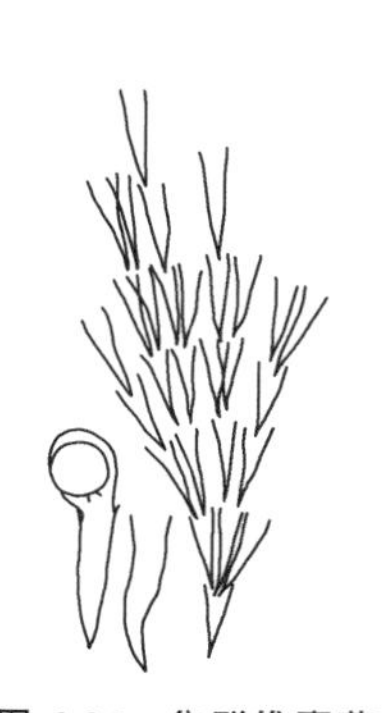

图 6-24 集群锥囊藻
（*D. sociale*）

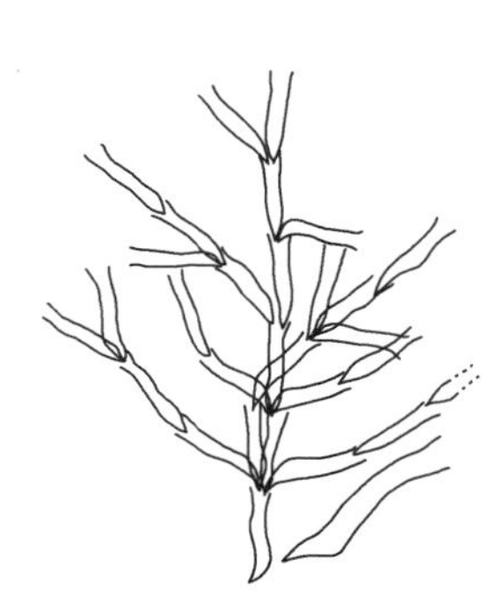

图 6-25 沼泽圆柱锥囊藻
（*Dinobryon cylindricum* var. *palustre*）

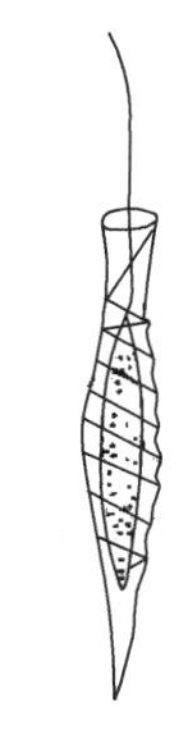

图 6-26 螺旋锥囊藻
（*D. spirale*）

七、棕鞭藻属

棕鞭藻属（*Ochromonas*） 单细胞或为疏松的暂时性群体，多数为自由浮游，少数以胶柄着生。细胞裸露，表质柔软，可变形。具 2 条不等长的鞭毛。有或无眼点。色素体 1～2 个。常见种类见图 6-27～图 6-30。

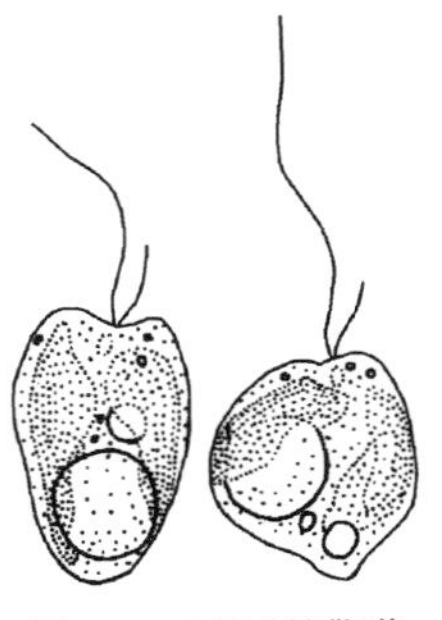

图 6-27　变形棕鞭藻

（*O. mutabilis*）

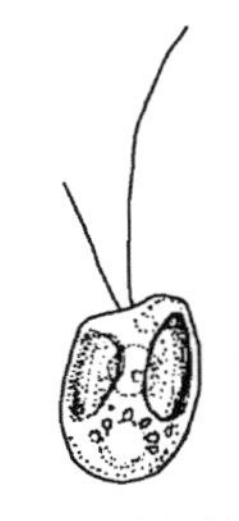

图 6-28　中间棕鞭藻

（*O. intermedia*）

图 6-29　简单棕鞭藻

（*O. simplex*）

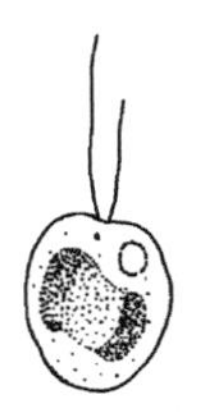

图 6-30　谷生棕鞭藻

（*O. vallesiaca*）

八、室胞藻属

室胞藻属（屋滴虫属，*Oikomonas*） 细胞前缘多半有外缘或唇状突出，后端是坚硬的阿米巴状，有时延伸成柄，自由游泳或固着生活。1 根游泳鞭毛，有基粒通过根丝体与核的核仁联结，1～2 个伸缩泡，动物性营养。常见种类见图 6-31～图 6-39。

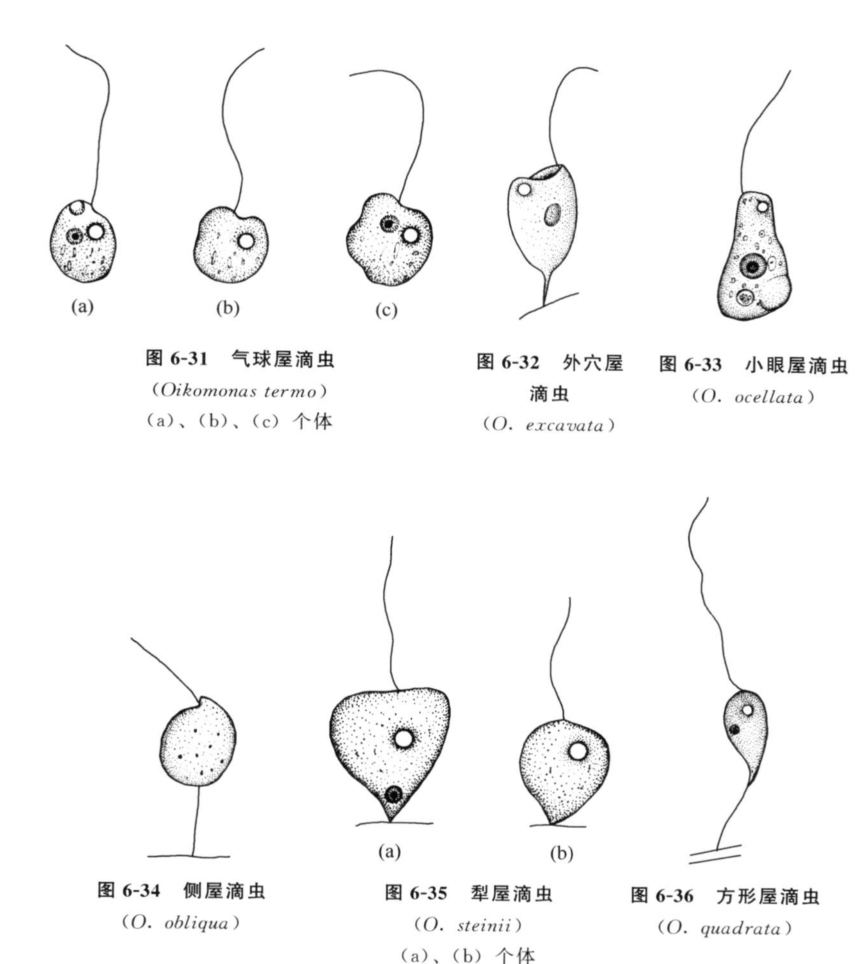

图 6-31　气球屋滴虫
(*Oikomonas termo*)
(a)、(b)、(c) 个体

图 6-32　外穴屋滴虫
(*O. excavata*)

图 6-33　小眼屋滴虫
(*O. ocellata*)

图 6-34　侧屋滴虫
(*O. obliqua*)

图 6-35　犁屋滴虫
(*O. steinii*)
(a)、(b) 个体

图 6-36　方形屋滴虫
(*O. quadrata*)

九、胞鞭藻属

胞鞭藻属（滴虫属,*Monas*） 细胞有柔软的表面，微变形，自由游泳或通过从后端延伸的线固着，大多数为单个生活，有 2 条不等长的鞭毛从前端外缘伸出。有或无眼点。1 个伸缩泡。常见种类见图 6-40～图 6-49。

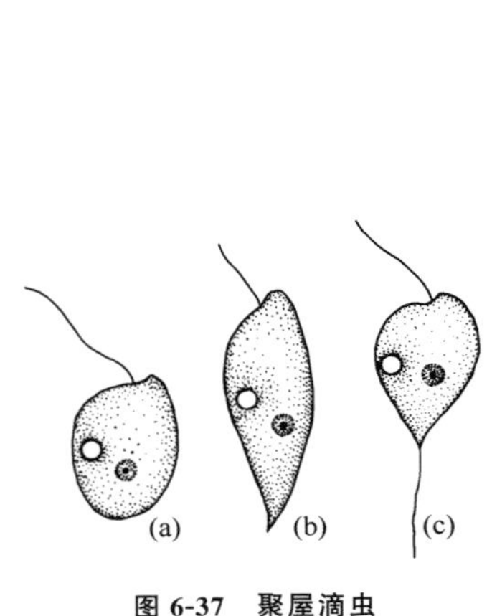

图 6-37　聚屋滴虫

（*Oikomonas socialis*）

（a）、（b）、（c）示不同形态

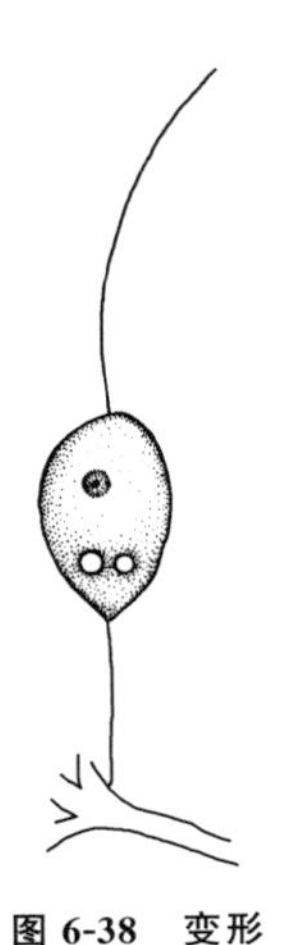

图 6-38　变形屋滴虫

（*O. mutabilis*）

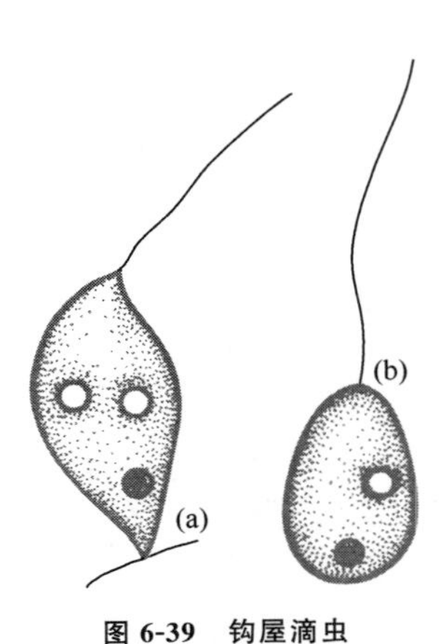

图 6-39　钩屋滴虫

（*O. rostrata*）

（a）、（b）示不同形态

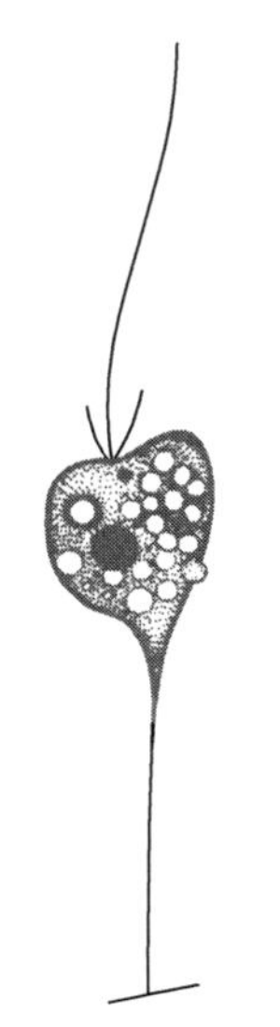

图 6-40　萌滴虫

（*M. vivipara*）

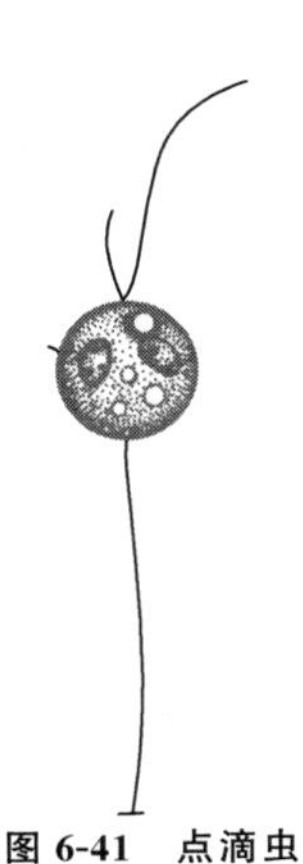

图 6-41　点滴虫

（*M. guttula*）

图 6-42　丹氏滴虫

（*M. dangeardii*）

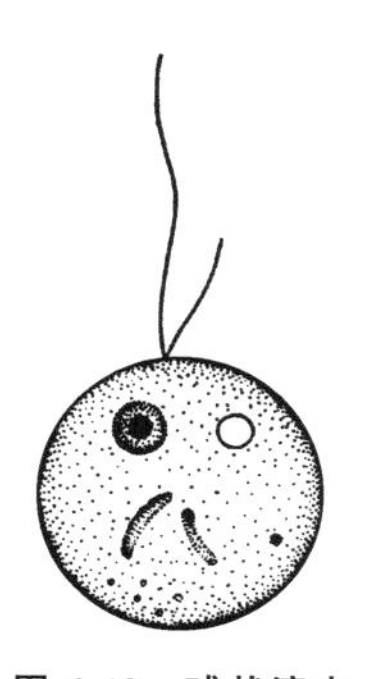

图 6-43　球状滴虫
(*Monas arhabdomonas*)

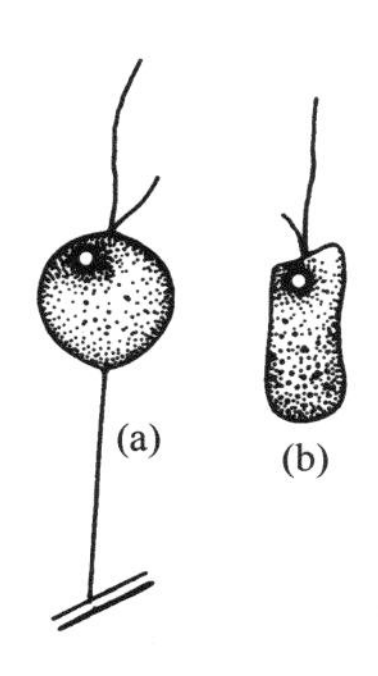

图 6-44　小滴虫
(*M. minims*)
(a) 个体；(b) 无柄个体

图 6-45　斜滴虫
(*M. obliqua*)

图 6-46　延长滴虫
(*M. elongata*)

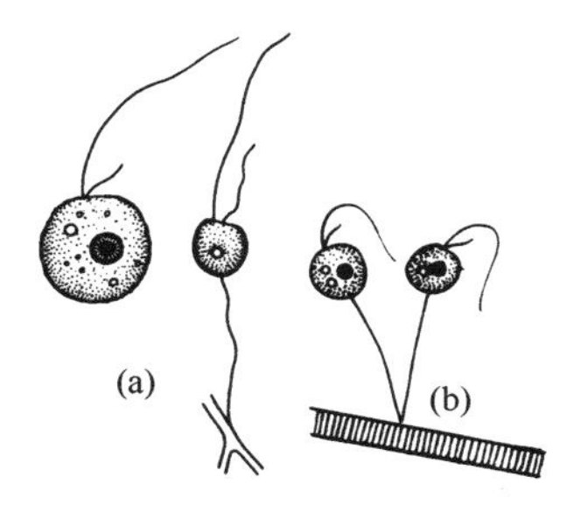

图 6-47　聚滴虫
(*M. socialis*)
(a) 个体；(b) 群体

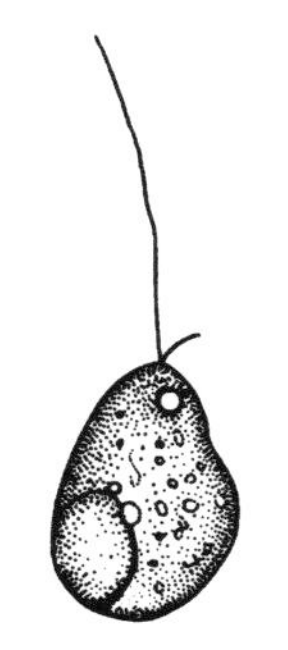

图 6-48　变形滴虫
(*M. amoebina*)

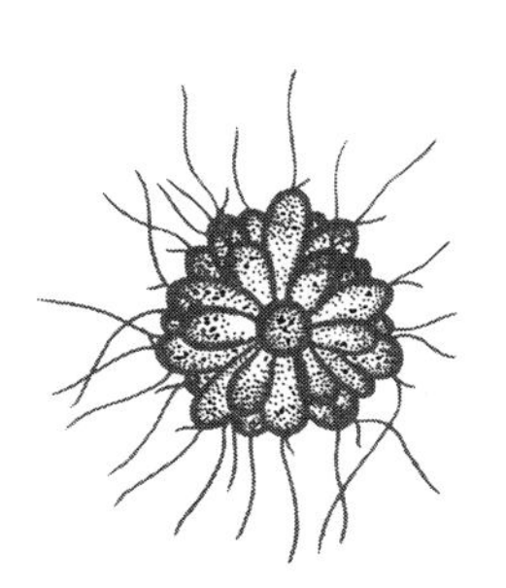

图 6-49　群聚滴虫
(*M. sociabilis*)

十、树滴虫属

树滴虫属（*Dendromonas*） 群集，无鞘。个体位于分叉的柄末端，着生在淡水植物中间。常见种类见图 6-50。

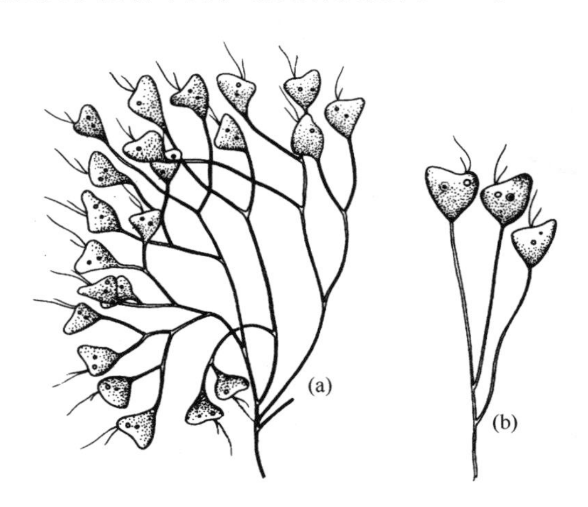

图 6-50 小枝树滴虫

（*Dendreomonas virgaria*）

（a）群体；（b）分枝个体

十一、球花虫属

球花虫属（*Anthophysis*） 群集生活。有柄，为柄黄色或褐色，经常弯曲；以尖端变形的伪足把个体分离。常见种类见图 6-51。

十二、单边金藻属

单边金藻属（*Chromulina*） 单细胞，浮游生活，细胞裸露无壁，常呈球形、卵形、椭圆形、纺锤形或梨形。前端具 1 条鞭毛。表质平滑或具小颗粒。色素体 1～2 个。有的种类有眼点，位于鞭毛基部。单核，因种不同而位于前部、中部或后部。

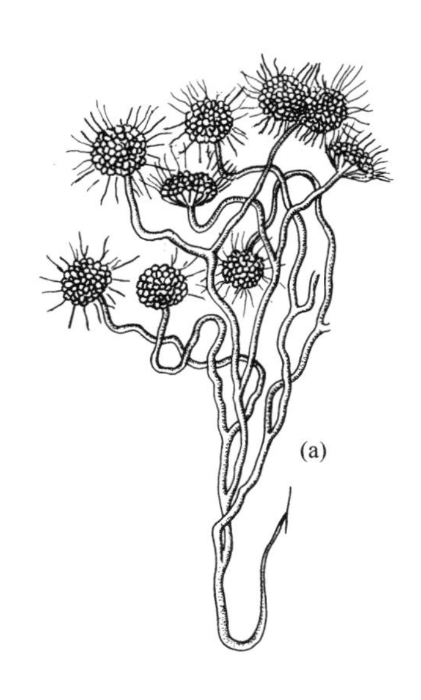

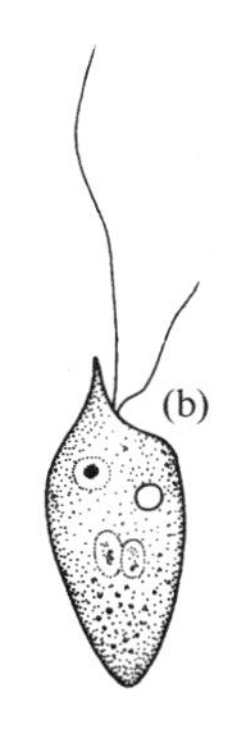

图 6-51　植球花虫

(*A. vegetans*)

(a) 群体；(b) 个体

淡水和海水中均有分布，淡水中常分布于池塘、沼泽等小型水体，有时可大量出现，而使水着色，或形成漂浮层。常见种类见图 6-52～图 6-56。

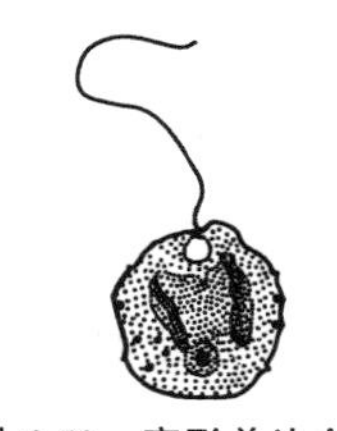

图 6-52　变形单边金藻

(*Ch. pascheri*)

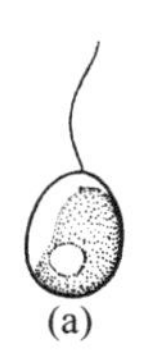
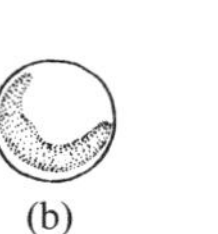

图 6-53　华美单边金藻

(*Ch. elegans*)

(a) 正面观；(b) 侧面观

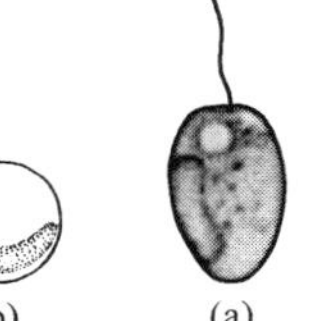
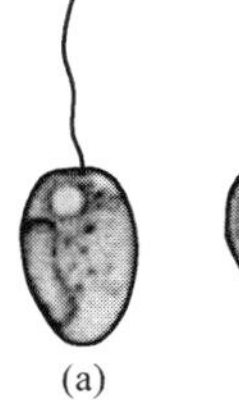
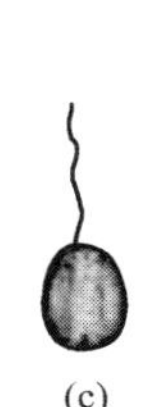

图 6-54　卵形单边金藻

(*Ch. ovalis*)

(a) 侧面观；(b) 横端面观；(c) 正面观

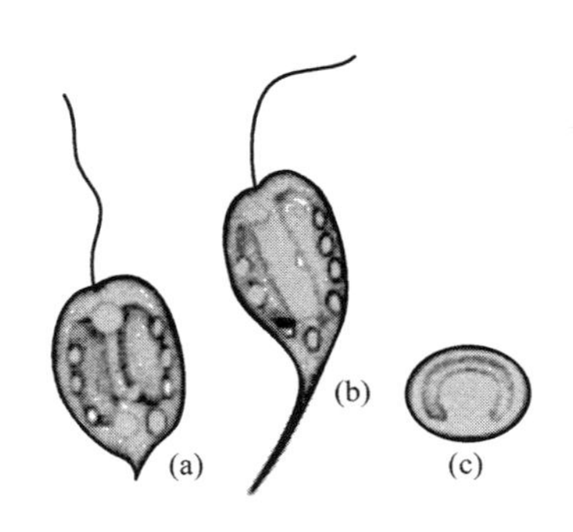

图 6-55　伪暗色单边金藻
(*Ch. pseudonebulosa*)
(a) 后端呈尖形尾状突起；(b) 后端呈长尖形尾状；(c) 横端面观

图 6-56　单鞭金藻
(*Ch. sphaerica*)

十三、金藻门其他种类

见图 6-57～图 6-69。

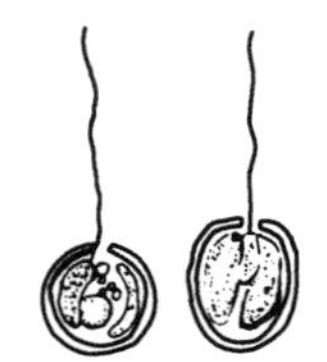

图 6-57　淡红金椰藻
(*Chrysococcus rufescens*)

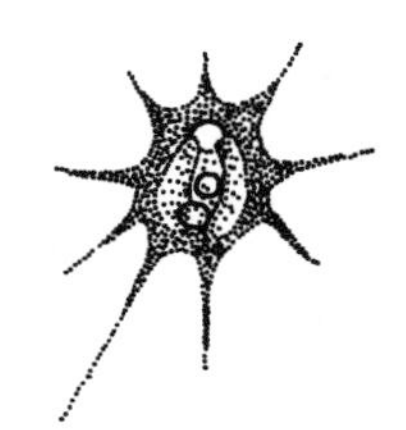

图 6-58　辐射金变形藻
(*Chrysamoeba radians*)

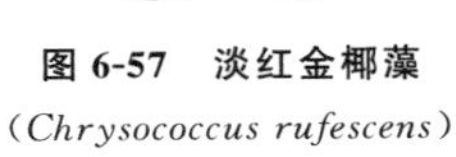

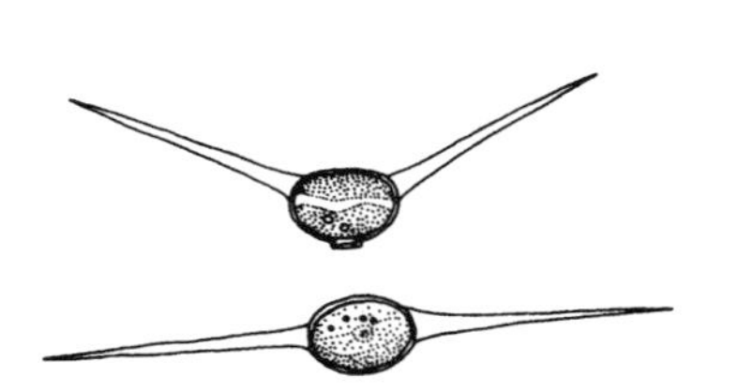

图 6-59　肾形双角藻
(*Diceras phaseolus*)

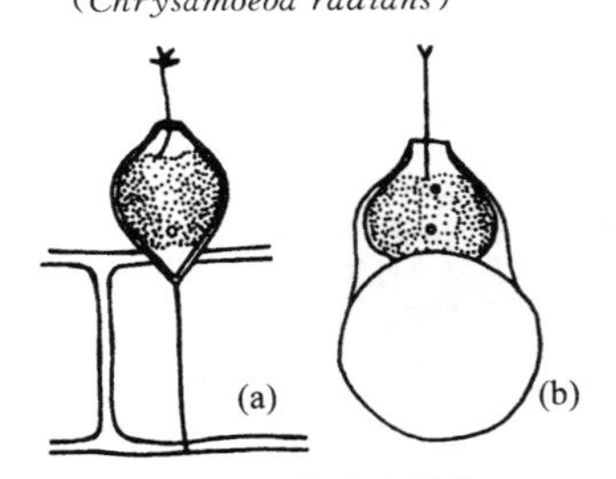

图 6-60　箍足金钟藻
(*Chrysopyxis biceps*)
(a) 正面观；(b) 侧面观

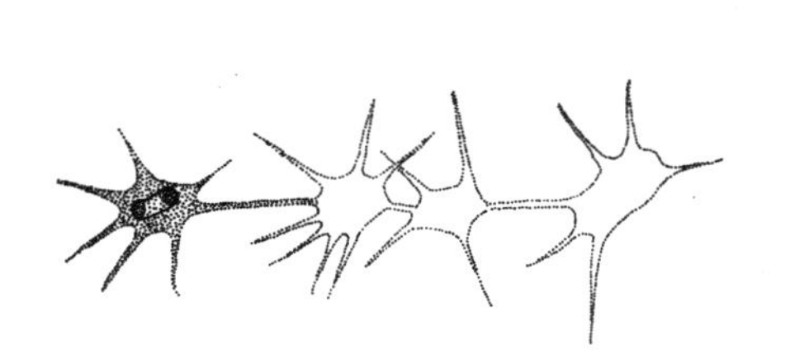

图 6-61　链状金星藻

（*Chrysidiastrum catenatum*）

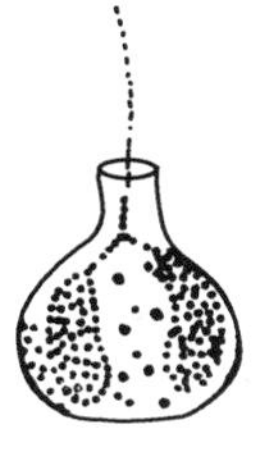

图 6-62　扁平烧瓶藻 图 6-63　卵形金杯藻

（*Lagymion scherffelii*）（*Kephyrion ovum*）

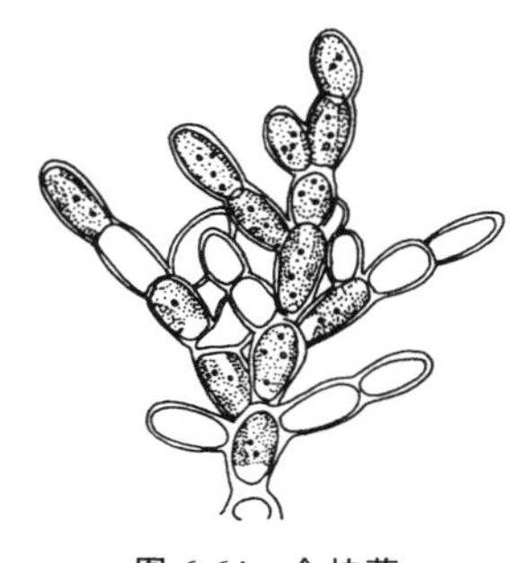

图 6-64　金枝藻

（*Phaeothamion confervicola*）

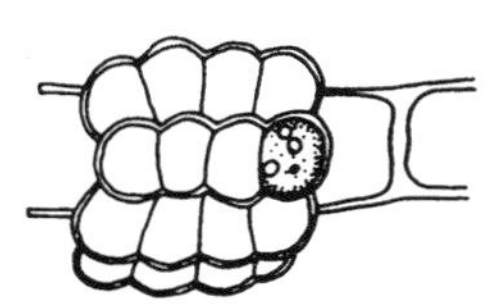

图 6-65　沼生附金藻

（*Epichrysis paludosa*）

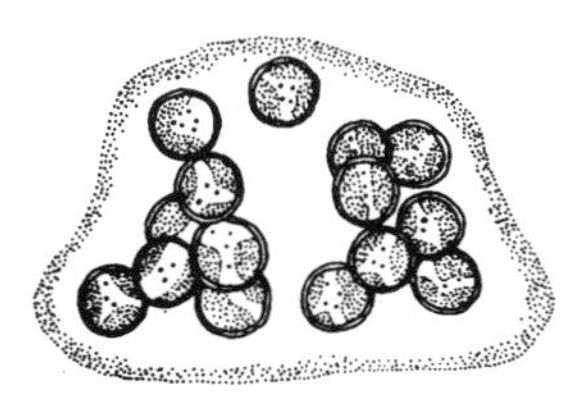

图 6-66　浮游金囊藻

（*Chrysocapsa planctonica*）

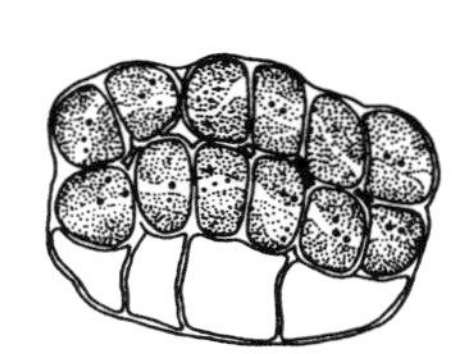

图 6-67　叶状褐球藻

（*Phaeoplaca thallosa*）

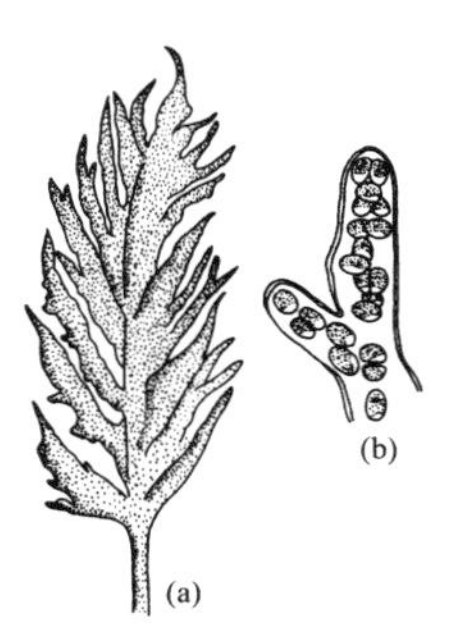

图 6-68　水树藻

（*Hydrurus foetidus*）

（a）植物体；（b）部分植物体放大

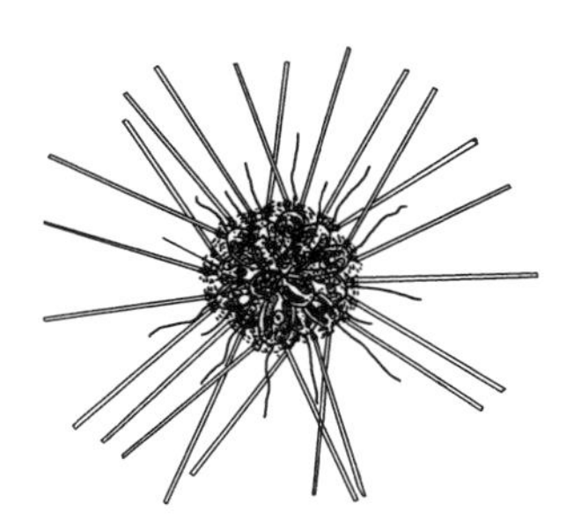

图 6-69　长刺金球藻

（*Chrysosphaerella longispinia*）

第七章

甲藻门

一、裸甲藻属

裸甲藻属（*Gymnodinium*） 藻体单细胞，呈卵圆形，无细胞壁，横沟位于细胞中部，环状或稍向左旋。营浮游生活，运动时呈左右摇摆状。细胞长15.6～31.2μm，宽13.2～24μm。下椎部的底部中央有明显的凹陷，右侧底端略长于左侧。鞭毛2条，从横沟和纵沟相交处的鞭毛孔伸出。色素体多数，盘状、狭椭圆状或棒状，周生或辐射状排列，呈黄色、褐色、绿色或蓝色，有些种类无色素体。

世界广布种，常见于温带和热带浅海水域，温暖季节易大量繁殖，形成“赤潮”。常见种类见图7-1～图7-6。

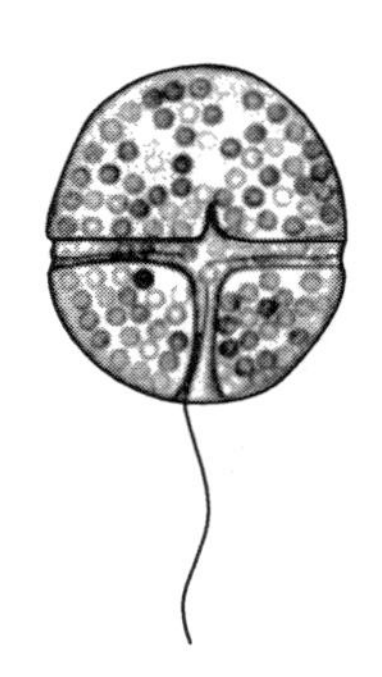

图7-1　裸甲藻

（*G. aeruginosum*）

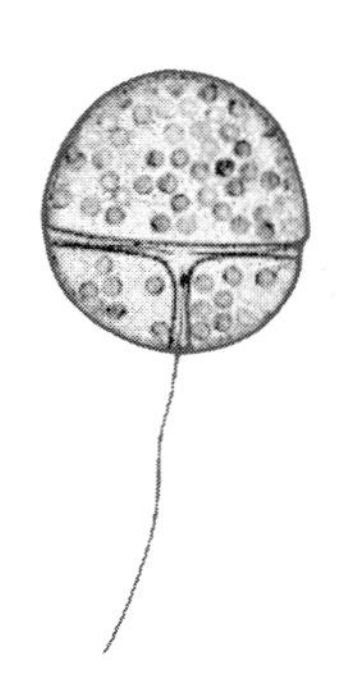

图7-2　奇异裸甲藻

（*G. paradoxum*）

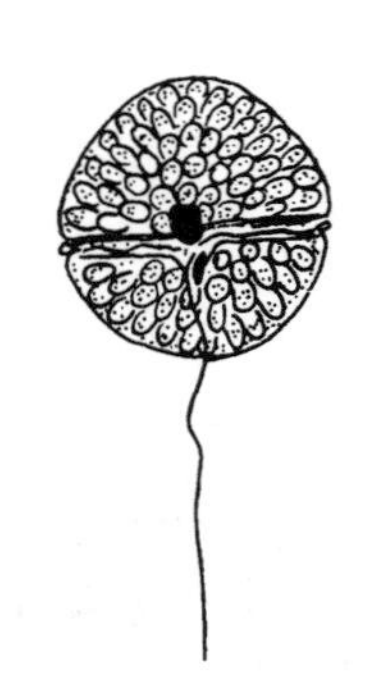

图7-3　漏选裸甲藻

（*G. neglectum*）

图 7-4　棕色裸甲藻

(*G. fuscum*)

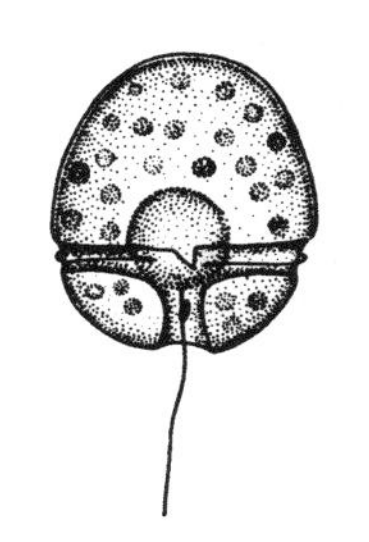

图 7-5　外穴裸甲藻

(*G. excavatum*)

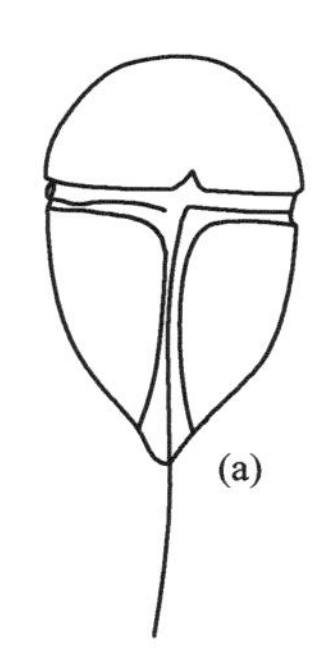

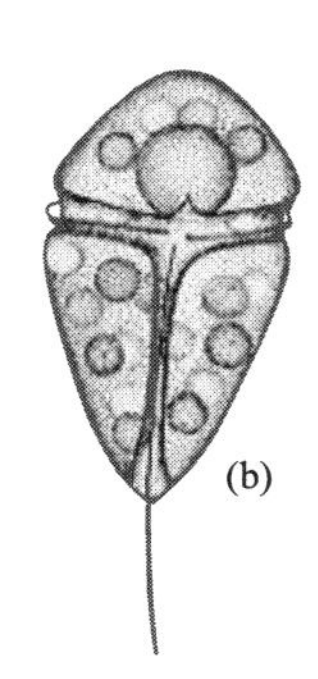

图 7-6　真蓝裸甲藻

(*Gymnodinium eucyaneum*)

(a) 个体外形；(b) 细胞内部结构

二、角甲藻属

角甲藻属（*Ceratium*）植物体为单细胞，明显不对称。藻体长，前后延伸，上体部长，略呈等腰三角形，细胞前、后端都延伸成为长的角。顶角一个，后角 2～3 个。体长为 100～200μm，宽为 30～50μm。顶角与上体部无明显分界线。横沟部位最宽，呈环状，平直，细胞腹面中央为斜方形。鞭毛 2 条，从横沟和纵沟相交处的鞭毛孔伸出。色素体多数，周生，呈圆盘状，有黄色、黄绿色、褐色。

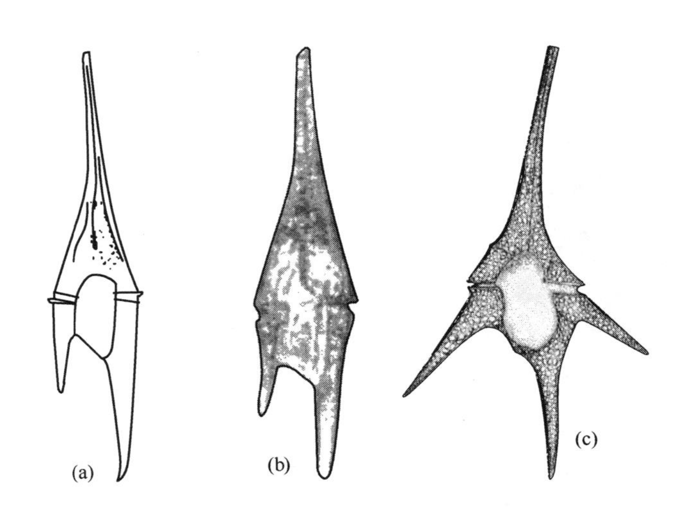

图 7-7 角甲藻

(*Ceratium hirundinella*)

(a)、(c) 腹面观(示意图);(b) 腹面观(LM)

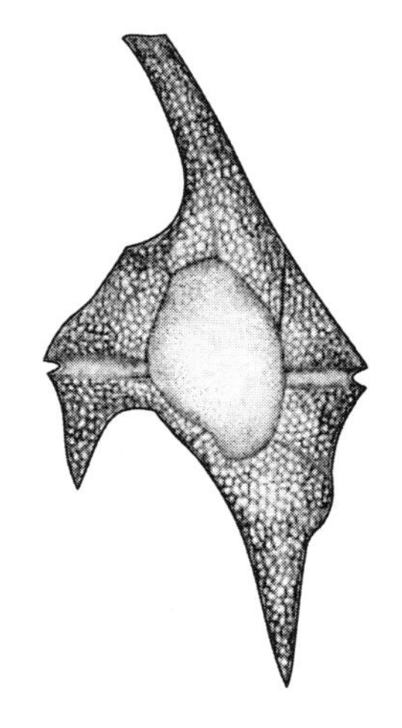

图 7-8 具角角甲藻

(*Ceratium cornutum*)

世界性分布,典型的沿岸表层性种,广泛分布于热带和寒带海洋,是渤海、东海和南海习见种,在养鱼池有时形成红色水华。常见种类见图 7-7 和图 7-8。

三、多甲藻属

多甲藻属(*Peridinium*)植物体为单细胞,细胞呈球形、椭圆形、卵形等。细胞壁厚,甲片缝常很清楚,甲片上有小刺和隆起的网纹。鞭毛 2 条,从横沟和纵沟相交处的鞭毛孔伸出。色素体多数,周生,呈颗粒状、圆盘状,黄色、褐色。常见种类见图 7-9～图 7-17。

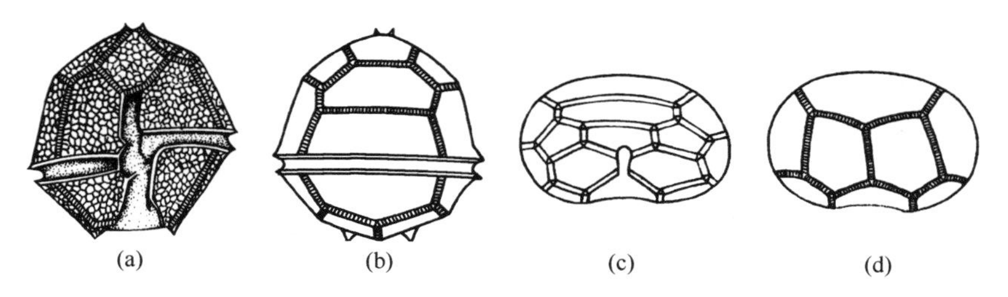

图 7-9 二角多甲藻

（*Peridinium bipes*）

（a）正面观；（b）背面观；（c）顶面观；（d）底面观

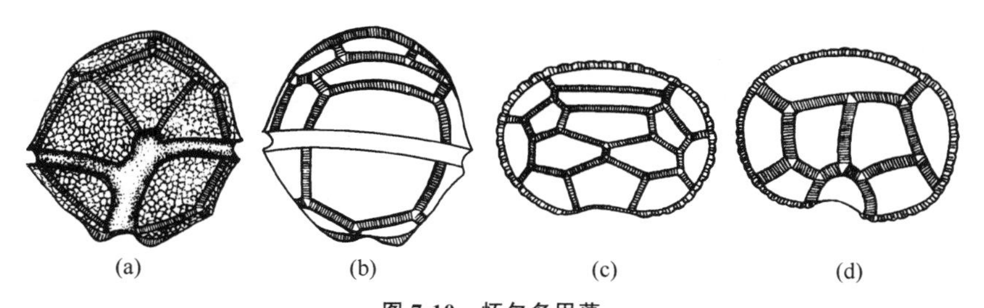

图 7-10 怀尔多甲藻

（*P. willei*）

（a）正面观；（b）背面观；（c）顶面观；（d）底面观

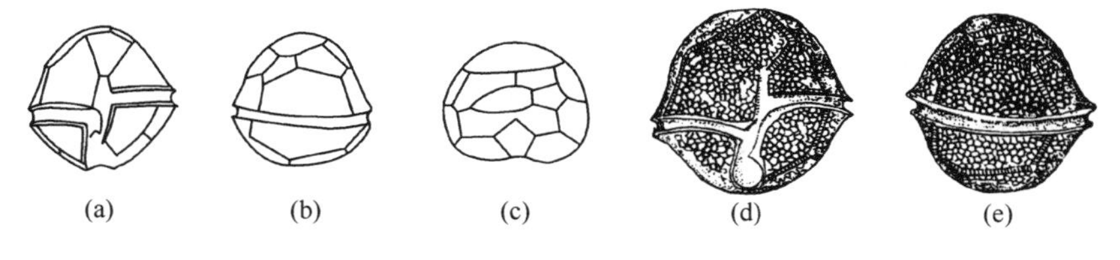

图 7-11 盾形多甲藻

（*P. umbonatum*）

（a）、（d）腹面观；（b）、（e）背面观；（c）上壳顶面观

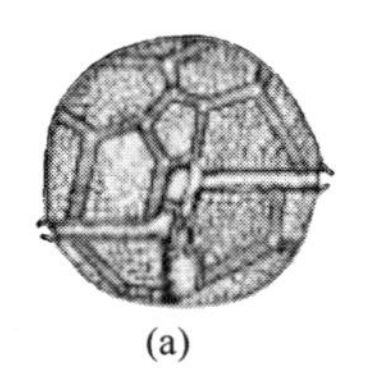
(a)
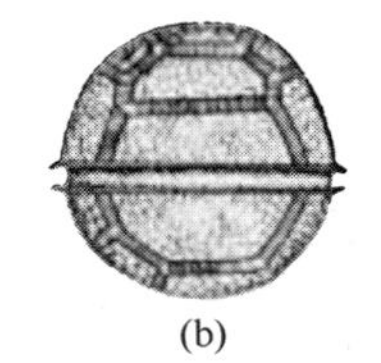
(b)
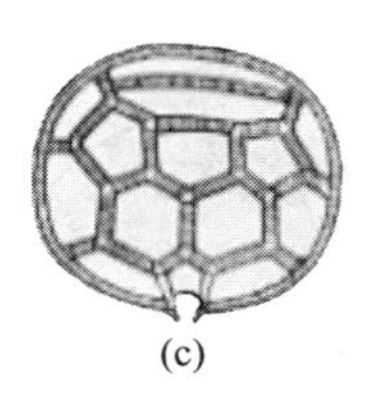
(c)
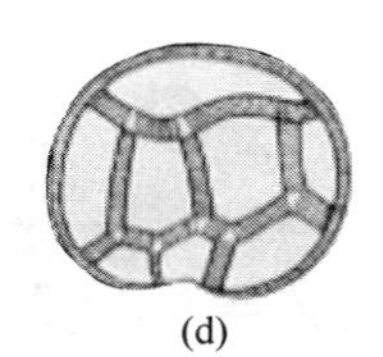
(d)

图 7-12　沃尔多甲藻

(*P. volzii*)

(a) 正面观；(b) 背面观；(c) 顶面观；(d) 底面观

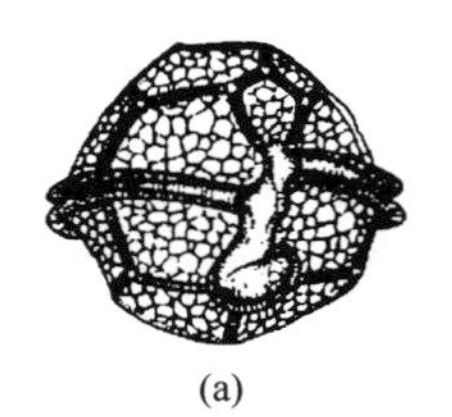
(a)
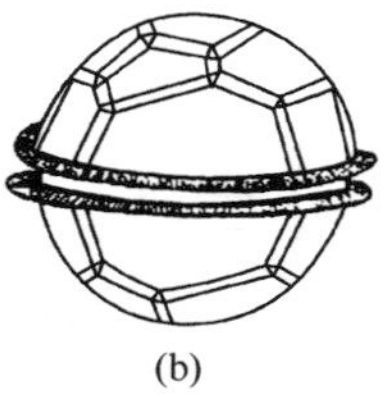
(b)
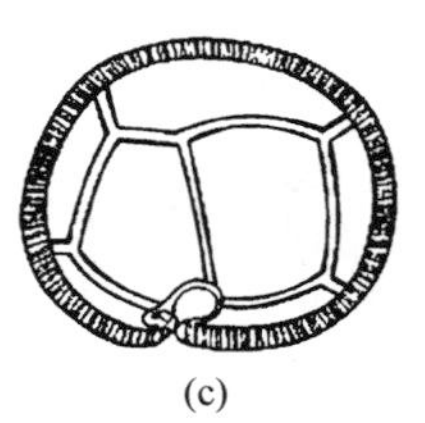
(c)
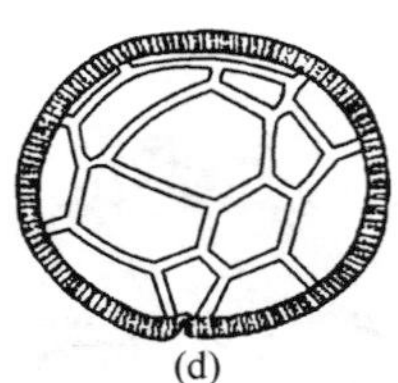
(d)

图 7-13　腰带多甲藻

(*Peridinium cinctum*)

(a) 正面观；(b) 背面观；(c) 底面观；(d) 顶面观

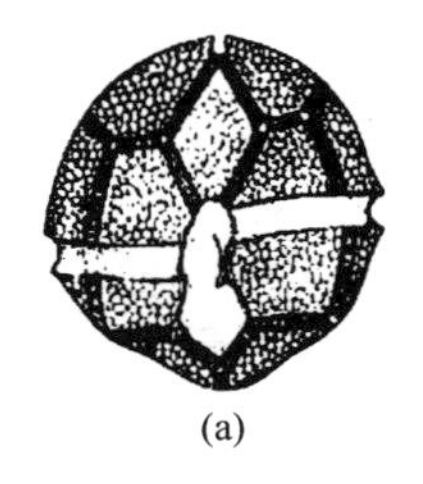
(a)
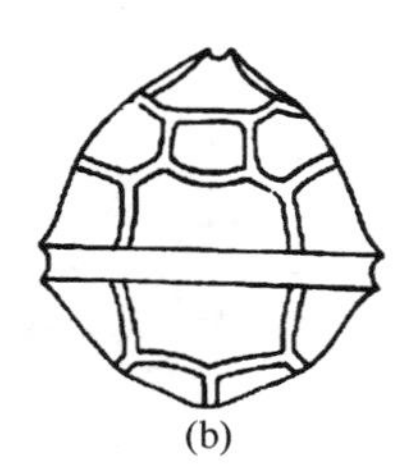
(b)
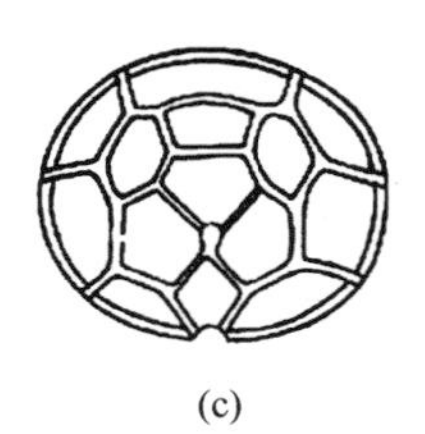
(c)
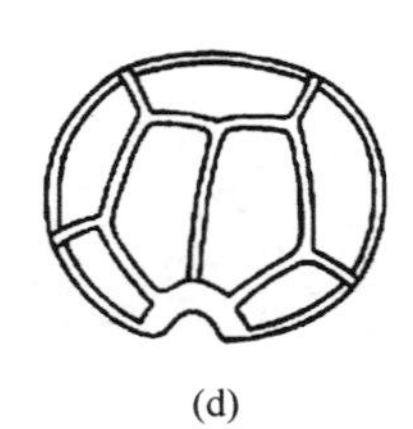
(d)

图 7-14　格特多甲藻

(*P. gutwinskii*)

(a) 正面观；(b) 背面观；(c) 顶面观；(d) 底面观

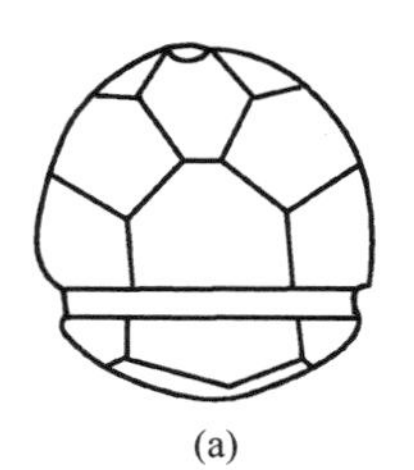
(a)

(b)

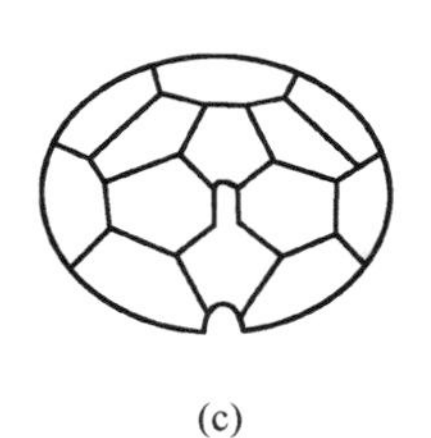
(c)

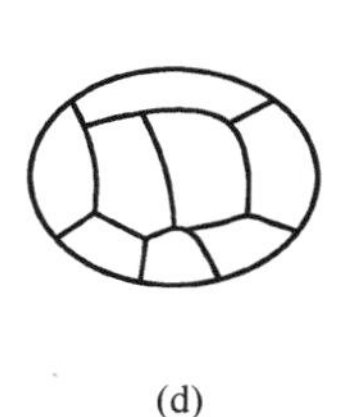
(d)

图 7-15 微小多甲藻

（*P. pusillum*）

（a）背面观；（b）正面观；（c）顶面观；（d）底面观

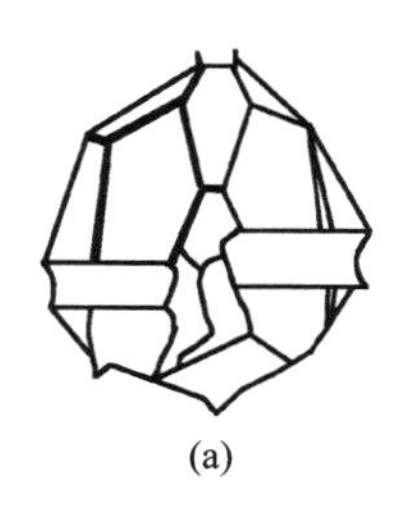
(a)

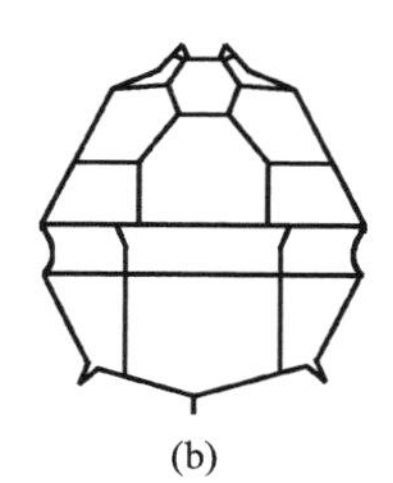
(b)

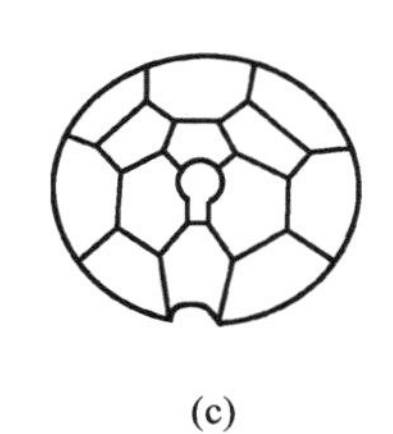
(c)

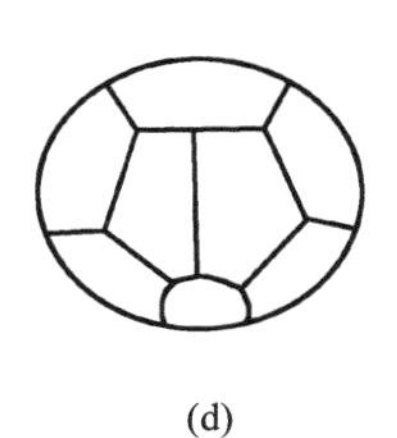
(d)

图 7-16 不显著多甲藻

（*Peridinium inconspicuum*）

（a）正面观；（b）背面观；（c）顶面观；（d）底面观

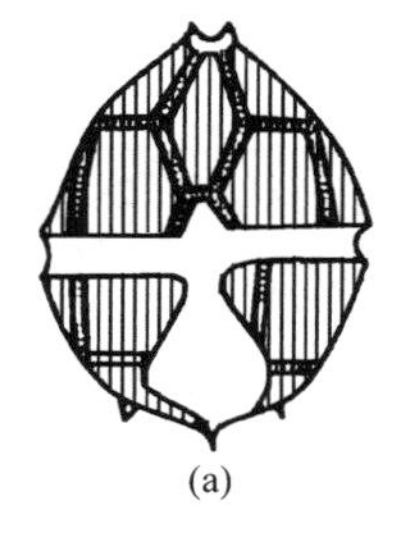
(a)

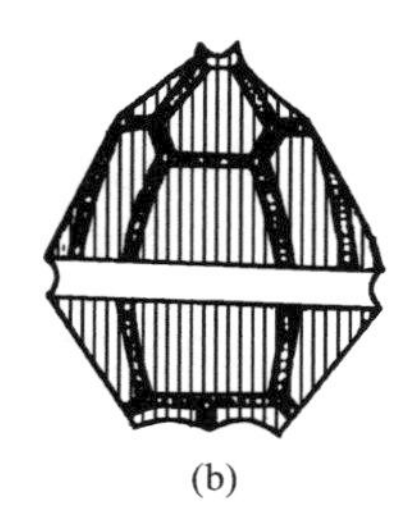
(b)

(c)

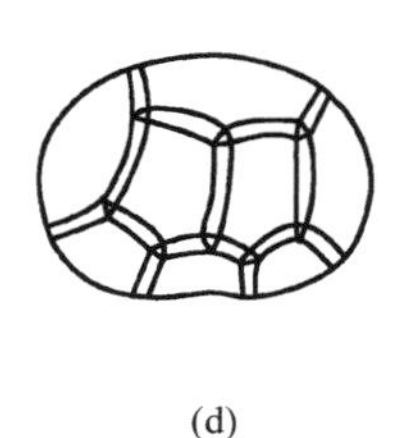
(d)

图 7-17 埃尔多甲藻

（*P. elpatiewskyi*）

（a）正面观；（b）背面观；（c）顶面观；（d）底面观

四、薄甲藻属

薄甲藻属（*Glenodinium*） 植物体为单细胞，呈球形、卵形、圆锥形，上壳和下壳等大或不等大，横沟环状或略呈螺旋状环绕，纵沟明显，位于腹面。胞壁厚，整块或由大小不等的多角形板片组成，板片平滑，具点纹、线纹或乳头状突起。鞭毛 2 条，从横沟和纵沟相交处的鞭毛孔分别伸出，色素体多数呈圆盘状、卵形，呈金色、黄绿色、褐色，少数种类无色素体。常见种类见图 7-18 和图 7-19。

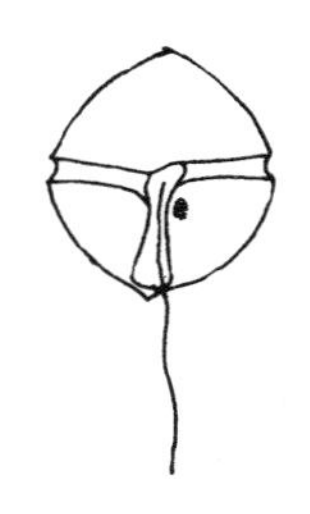

图 7-18　光薄甲藻
（*Gl. gymnodinium*）

图 7-19　薄甲藻
（*Gl. pulvisculus*）

五、甲藻门其他种类

见图 7-20～图 7-22。

图 7-20　透明前沟藻
（*Amphidinium hyalinum*）

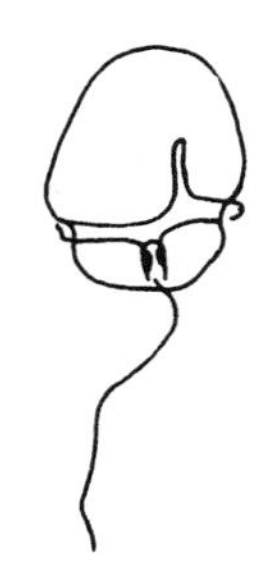

图 7-21　圆后沟藻
（*Massartia campylops*）

图 7-22　半沟藻
（*Hemidium nasutum*）
（a）腹面观；（b）侧面观

第八章

黄藻门

一、黄丝藻属

黄丝藻属（*Tribonema*） 植物体为不分枝的丝状体。细胞呈圆柱形，长约为宽的2～5倍。细胞壁由H形节片合成。

春季在池沼会大量繁殖，漂浮在水面呈黄绿色棉絮状。常见种类见图8-1～图8-5。

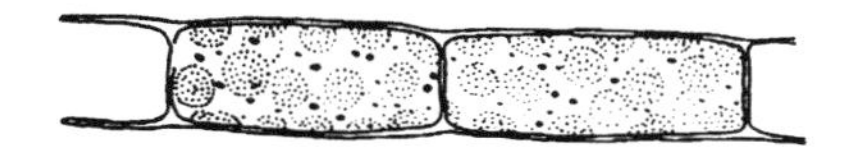

图8-1　囊状黄丝藻

（*T. utriculosum*）

图8-2　近缘黄丝藻

（*T. affine*）

图8-3　普通黄丝藻

（*T. vulgare*）

图8-4　小黄丝藻

（*T. minus*）

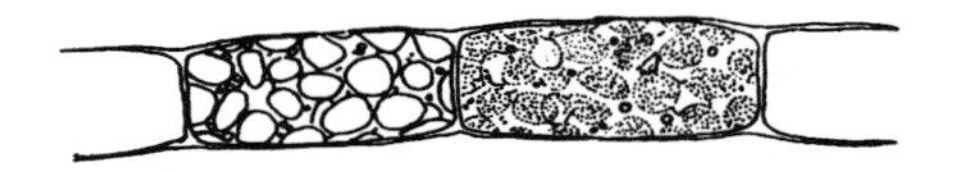

图 8-5　绿黄丝藻
(*T. viride*)

二、黄管藻

黄管藻（*Ophiocytium*）单细胞或集生，漂浮或固着生活。细胞呈腊肠形或长圆柱形，直或半圆形，S形或螺旋形弯曲。色素体1～2个或多个，为盘状、槽状、不规则星形、带状等。常见种类见图 8-6 和图 8-7。

图 8-6　小型黄管藻
(*Ophiocytium parvulum*)

图 8-7　蛇形黄管藻
(*Ophiocytium cochleare*)

三、黄藻门其他种类

见图 8-8～图 8-20。

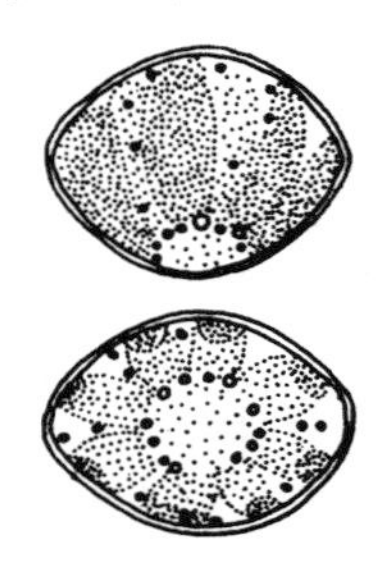

图 8-8　浮游珠绿藻
(*Arachnochloris planctonica*)

图 8-9　小刺角绿藻
(*Goniochloris brevispinosa*)

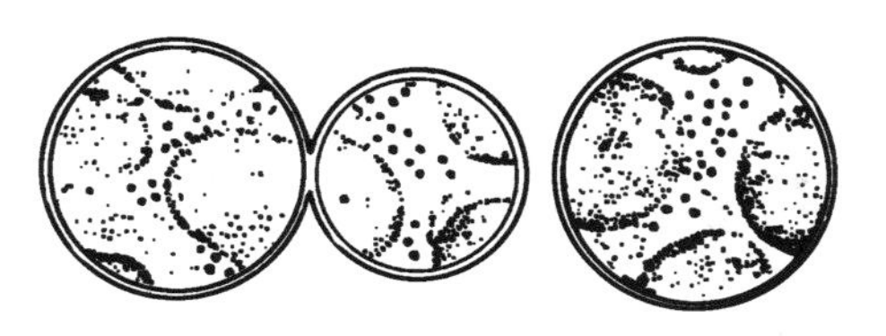

图 8-10 拟气球藻
(*Botrydiopsis arhiza*)

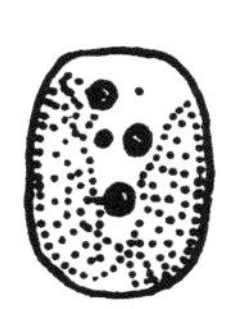

图 8-11 短圆柱单肠藻
(*Monallantus brevicylindrus*)

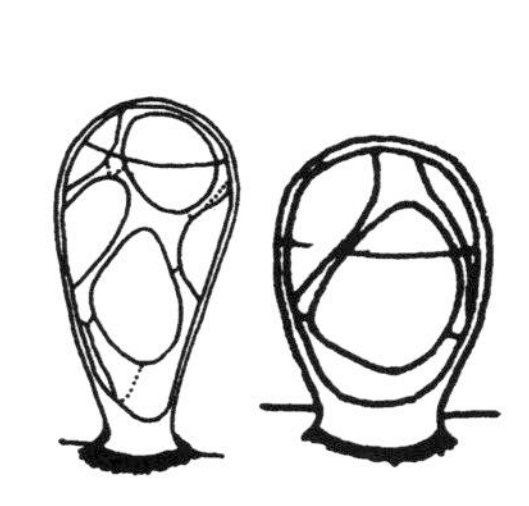

图 8-12 头状黄管藻
(*Ophiocytium capitatum*)

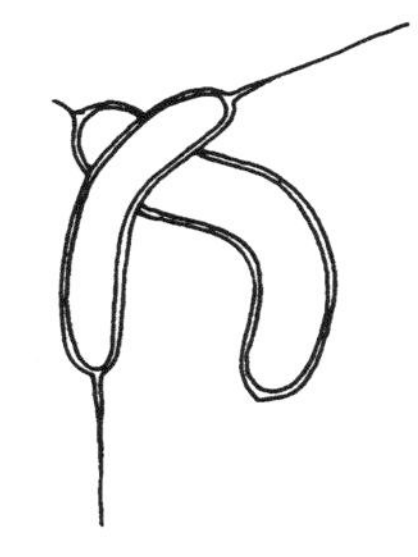

图 8-13 绿匣藻
(*Chlorothecium pirottae*)

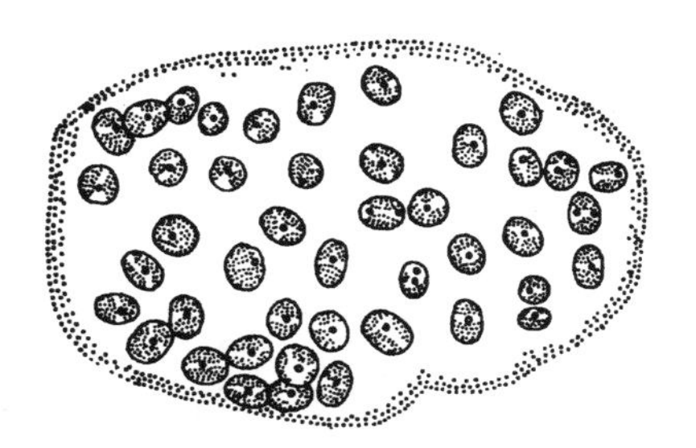

图 8-14 湖生胶葡萄藻
(*Gloeobotrys limneticus*)

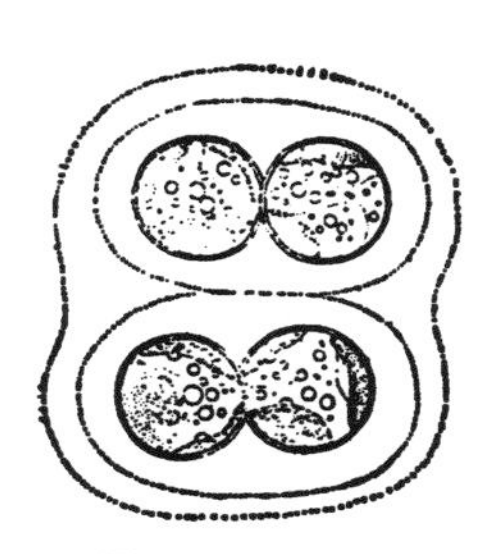

图 8-15 绿囊藻
(*Chlorobotrys regularis*)

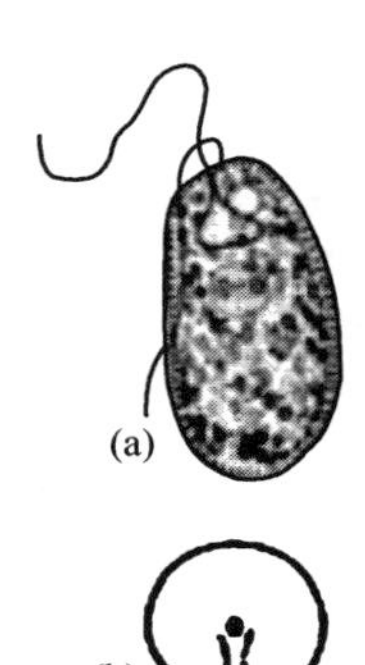

图 8-16　周泡藻

(*Vacuolaria virescens*)

(a) 正面观；(b) 顶面观

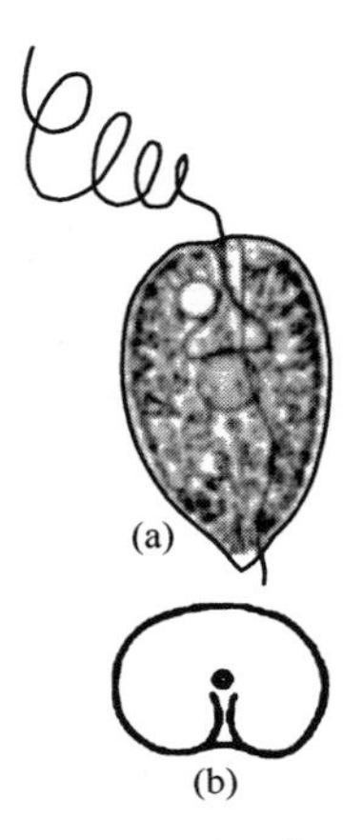

图 8-17　膝口藻

(*Gonyostomum semen*)

(a) 正面观；(b) 顶面观

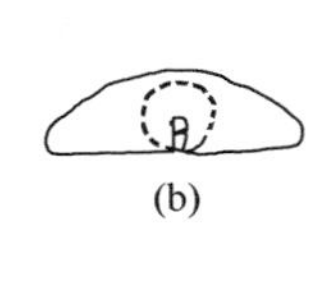

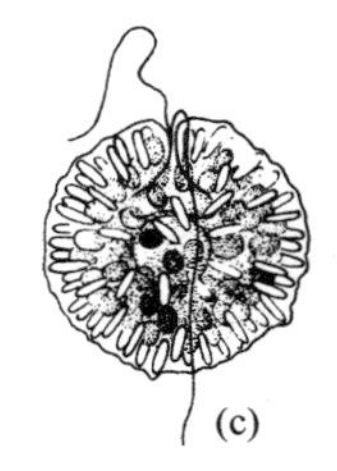

图 8-18　扁形膝口藻

(*Gonyostomum depressum*)

(a) 侧面观；(b) 顶面观；(c) 正面观

图 8-19　束刺藻

(*Merotrichia bocillata*)

图 8-20　拟小桩藻

(*Characiopsis longipe*)

第九章

裸藻门

一、裸藻属

裸藻属（*Euglena*） 植物体为单细胞，呈纺锤形至针形，多数种类表质柔软，可变形。有1条鞭毛，有1红色眼点。多数种类具色素体，1个至多个，呈盘状、片状、带状或星状，颜色多为绿色，有或无蛋白核。极少数种类无色素体；有些种类具裸藻红素（不是光合色素），可使细胞呈红色。

多生活在浅小而有机质丰富的水体，如池塘、鱼塘、沟渠等。某些种类可形成绿色、黄褐色或棕红色水华。常见种类见图9-1～图9-23。

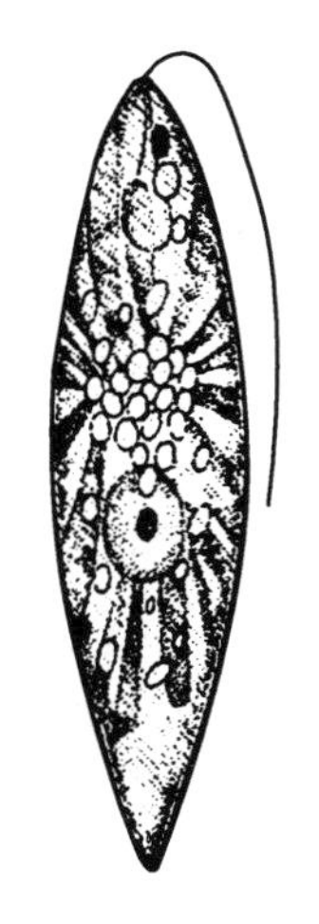

图9-1 绿色裸藻
（*Euglena viridis*）

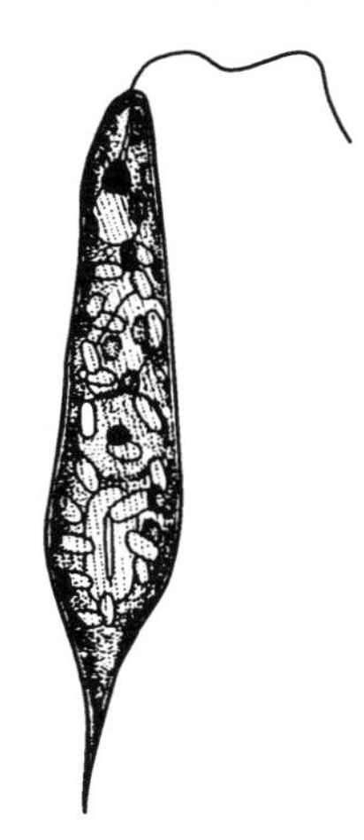

图9-2 刺鱼状裸藻
（*Euglena gasterosteus*）

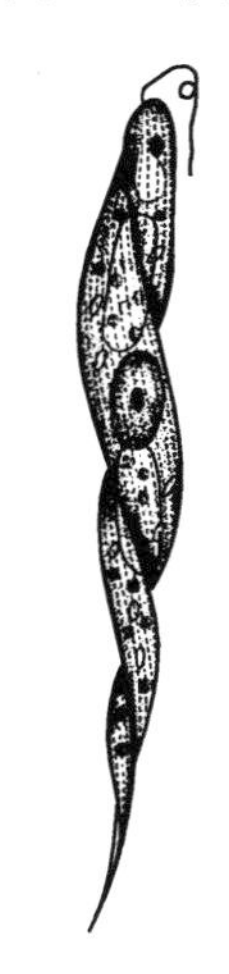

图9-3 三梭裸藻
（*Euglena tripteris*）

二、扁裸藻属

扁裸藻属（*Phacus*） 植物体为单细胞，正面观一般为圆形、卵形或椭圆形，有1根鞭毛。细胞扁平呈叶片状，少数有些扭曲，后端多呈尾状。表质硬，不能变形。表质具纵向或螺旋状排列的线纹、肋纹或颗粒。色素体多数，呈圆盘形，无蛋白核。具一个明显的眼点。

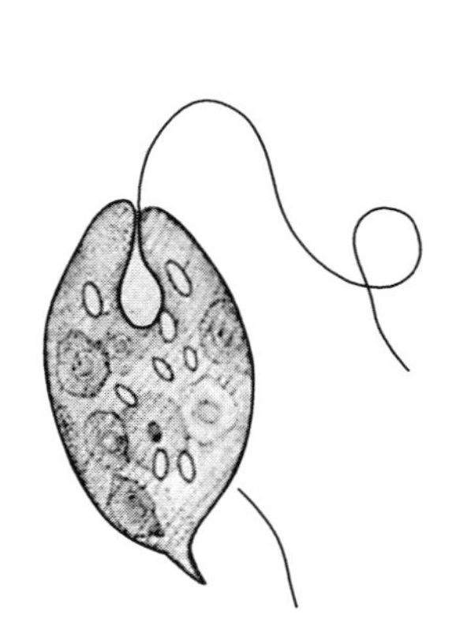

图 9-4 棒形裸藻

（*Euglena clavata*）

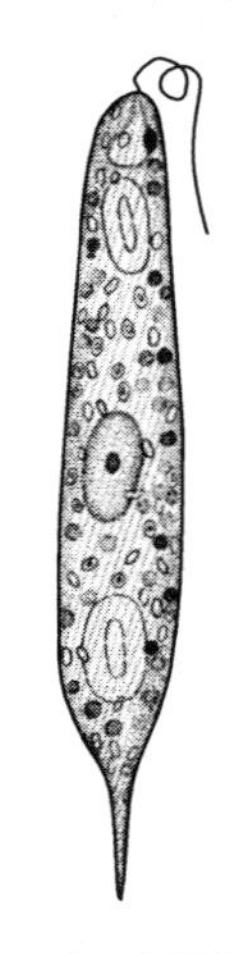

图 9-5 尖尾裸藻

（*Euglena axyuris*）

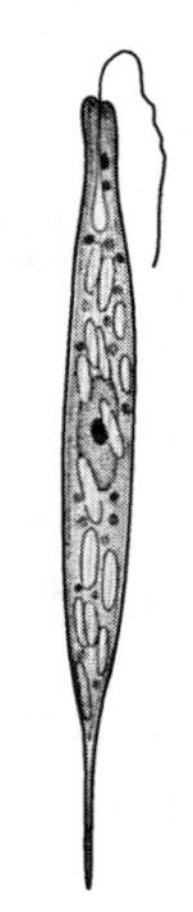

图 9-6 梭形裸藻

（*Euglena acus*）

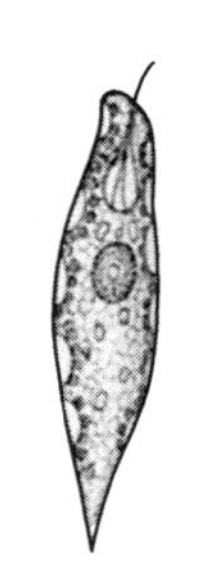

图 9-7 密盘裸藻

（*Euglena wangi*）

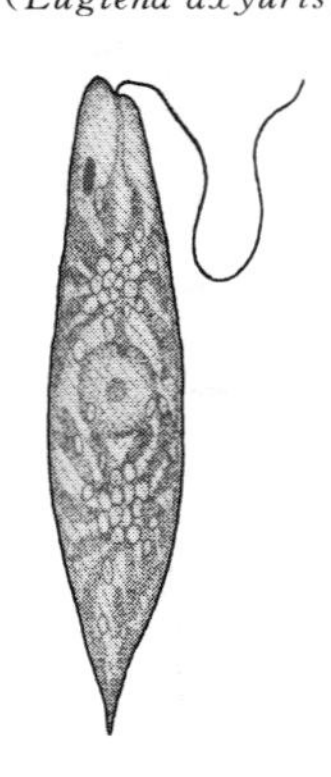

图 9-8 曲膝裸藻

（*Euglena geniculata*）

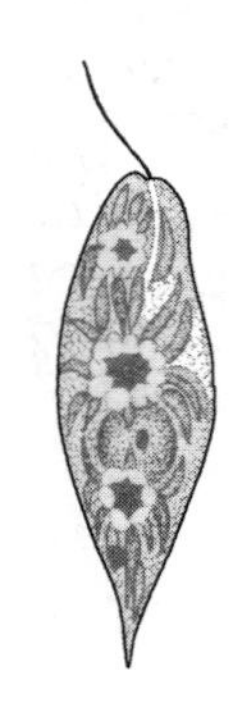

图 9-9 三星裸藻

（*Euglena tristella*）

在浅、小水体分布广泛，许多种类喜有机质丰富的水质。常见种类见图 9-24～图 9-48。

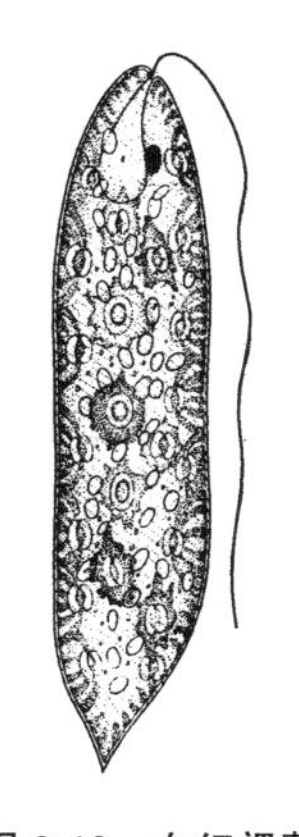

图 9-10　血红裸藻
（*Euglena sanguinea*）

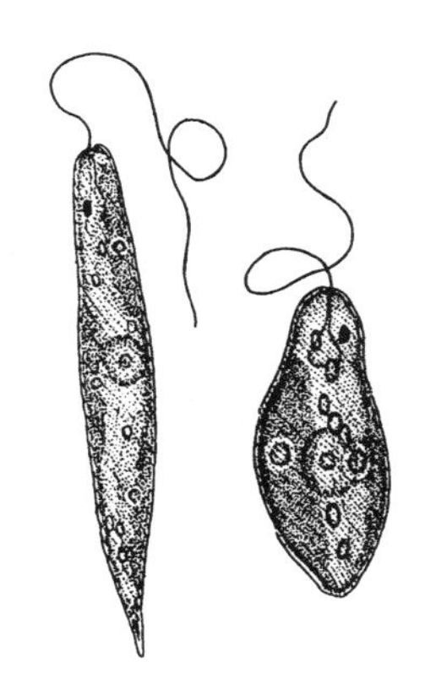

图 9-11　鱼形裸藻
（*Euglena pisciformis*）

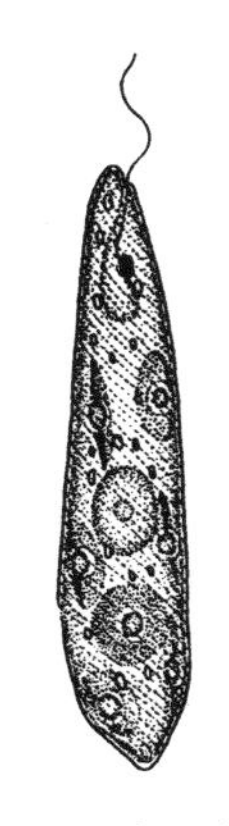

图 9-12　纤细裸藻
（*Euglena gracilis*）

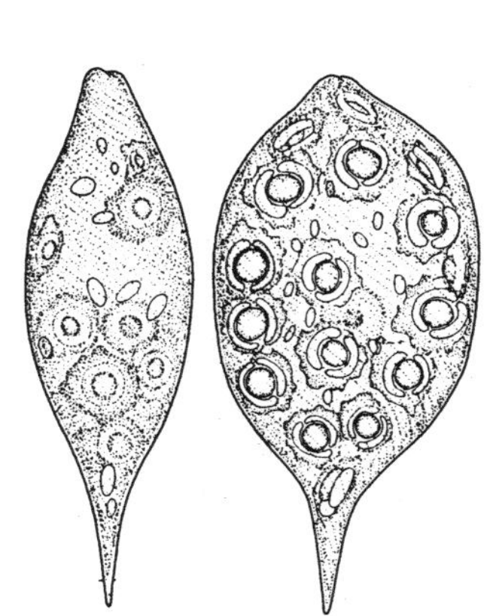

图 9-13　尾裸藻
（*Euglena caudata*）

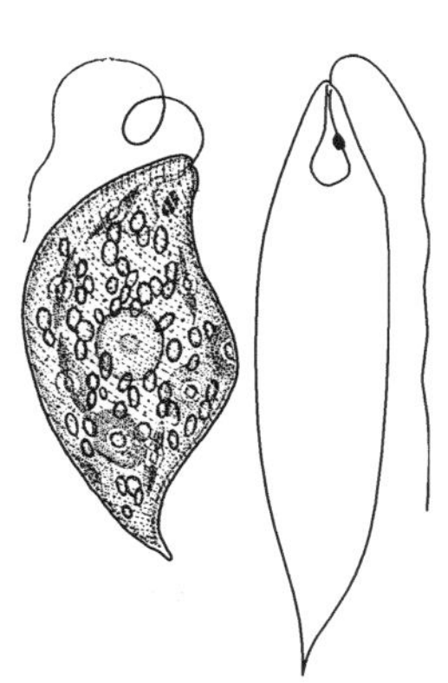

图 9-14　多形裸藻
（*Euglena polymorpha*）

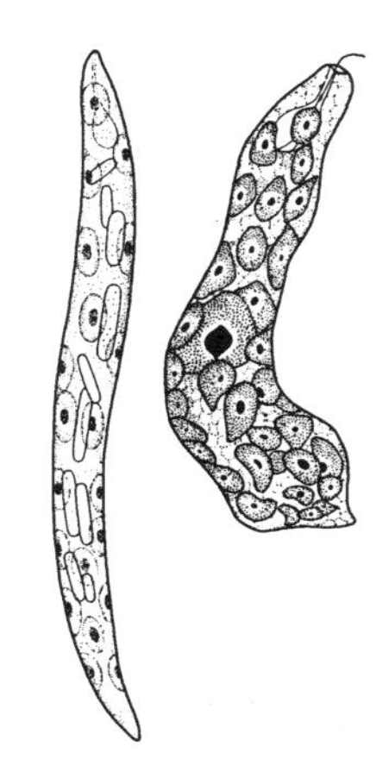

图 9-15　静裸藻
（*Euglena deses*）

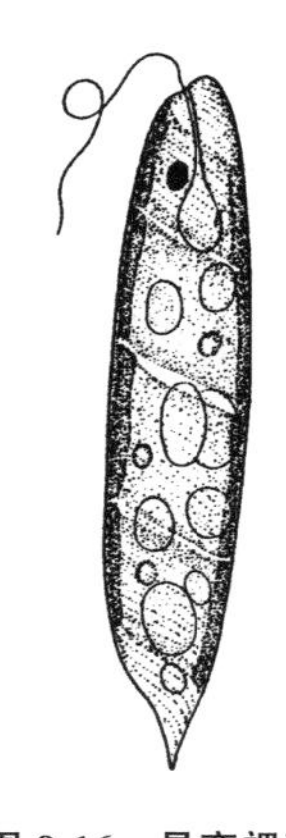

图 9-16 易变裸藻
(*Euglena matabilis*)

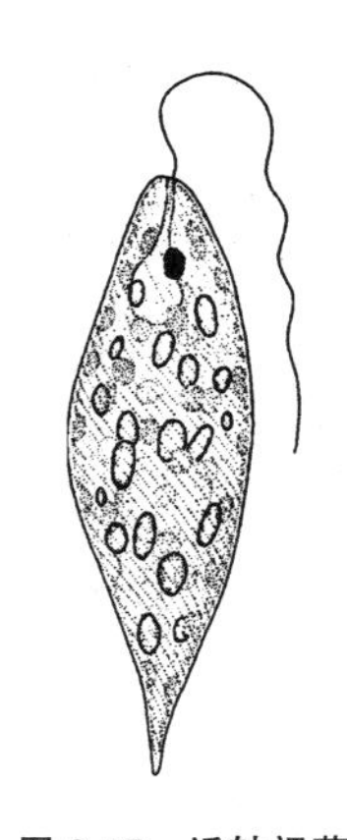

图 9-17 近轴裸藻
(*Euglena proxima*)

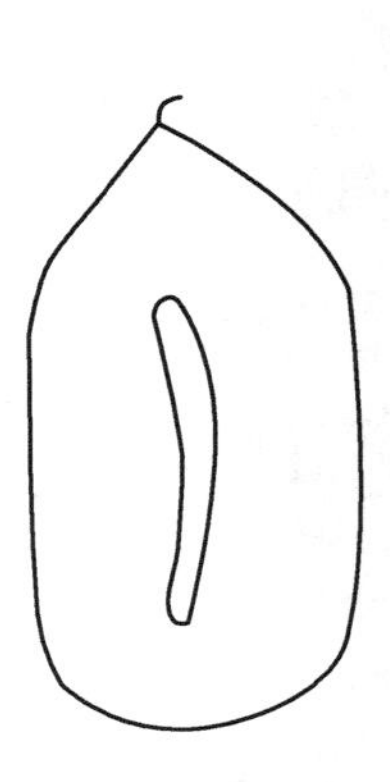

图 9-18 带形裸藻
(*Euglena ehrenbergii*)

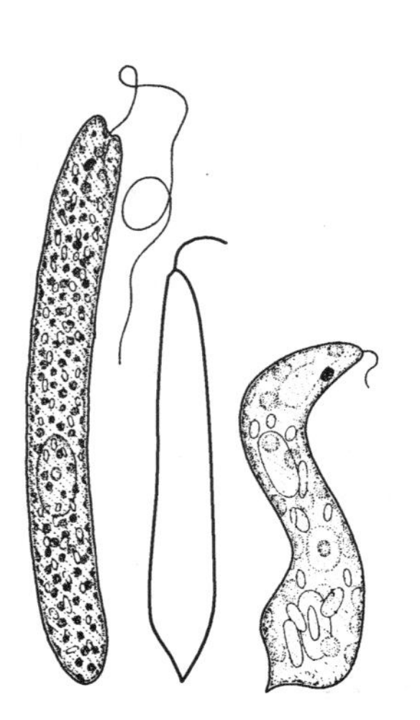

图 9-19 中型裸藻
(*Euglena intermedia*)

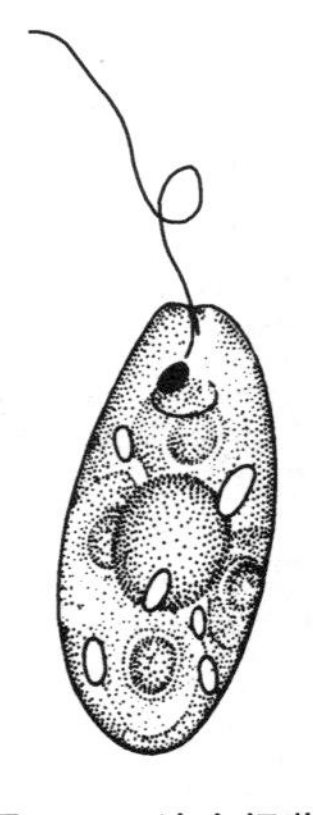

图 9-20 洁净裸藻
(*Euglena clara*)

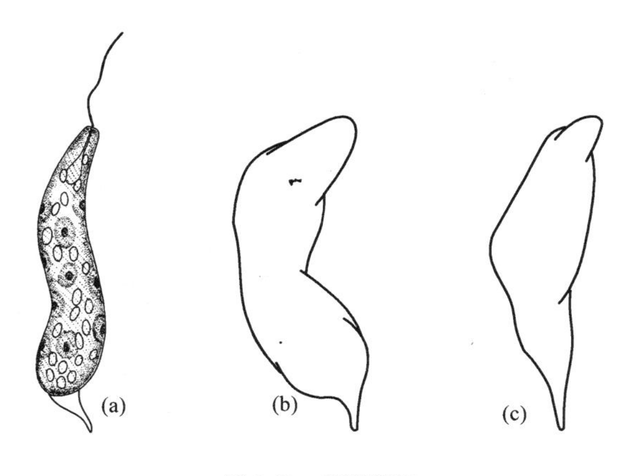

图 9-21　光明裸藻

（*Euglena lucens*）

（a）细胞内部构造；（b）、（c）细胞其他形状

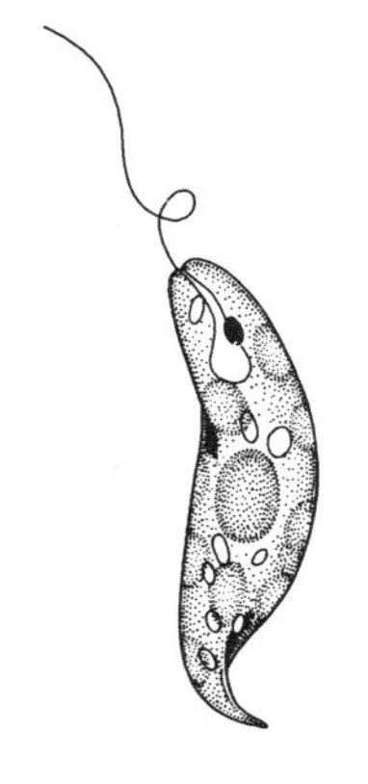

图 9-22　衣裸藻

（*Euglena chlamydophora*）

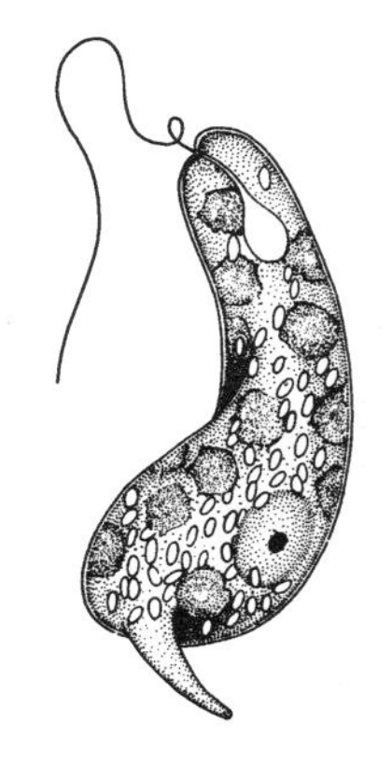

图 9-23　间断裸藻

（*Euglena interupta*）

三、囊裸藻属

囊裸藻属（*Trachelomonas*）　植物体为单细胞，有 1 根鞭毛，具有囊壳。囊壳形状多样，有球形、卵形、椭圆形或纺锤形，表面

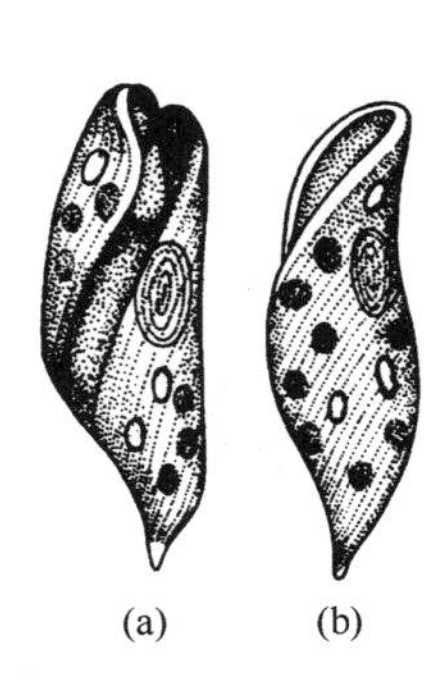

图 9-24 颤动扁裸藻

（*Phacus oscillans*）

（a）正面观；（b）侧面观

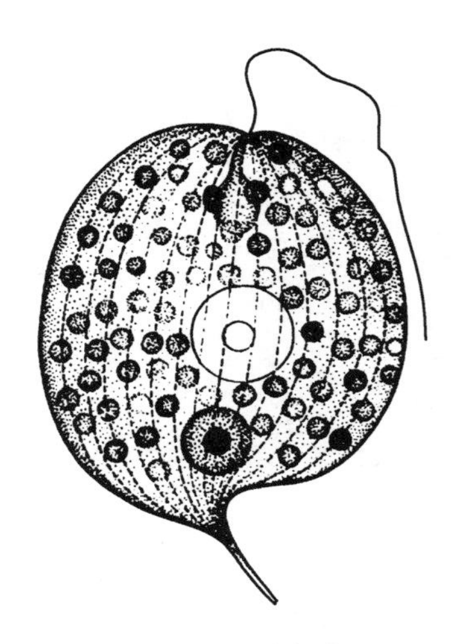

图 9-25 宽扁裸藻

（*Phacus pleuronestes*）

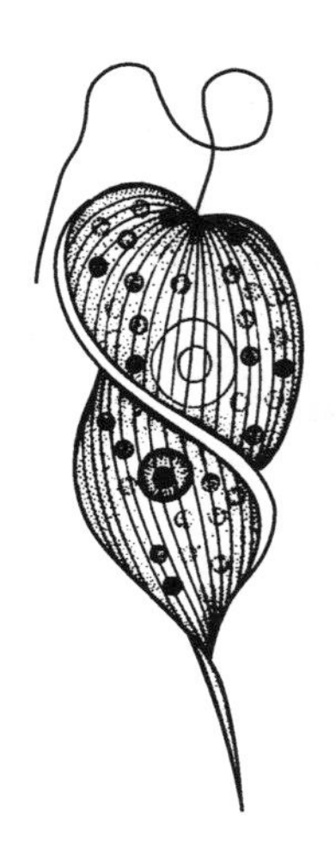

图 9-26 扭曲扁裸藻

（*Phacus tortus*）

图 9-27 旋形扁裸藻

（*Phacus helicoides*）

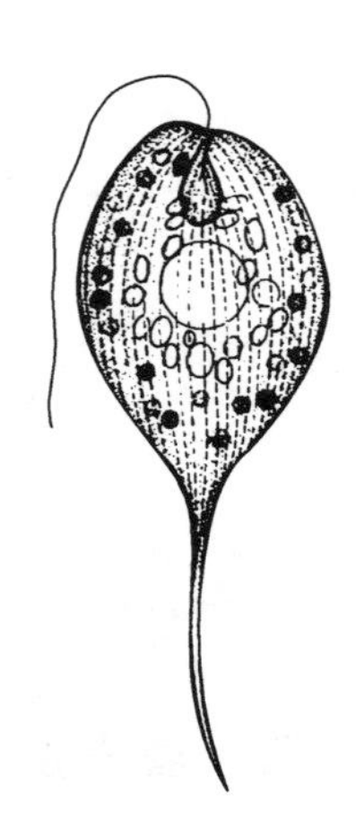

图 9-28 长尾扁裸藻

（*Phacus longicauda*）

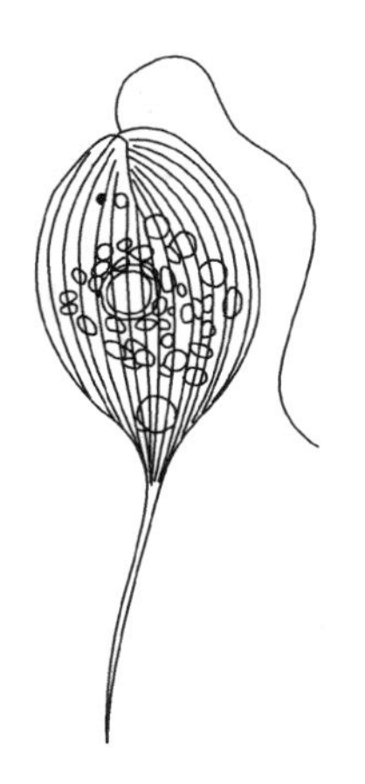

图 9-29　长尾扁裸藻虫形变种
(*Phacus Longicauda* var. *insecta*)

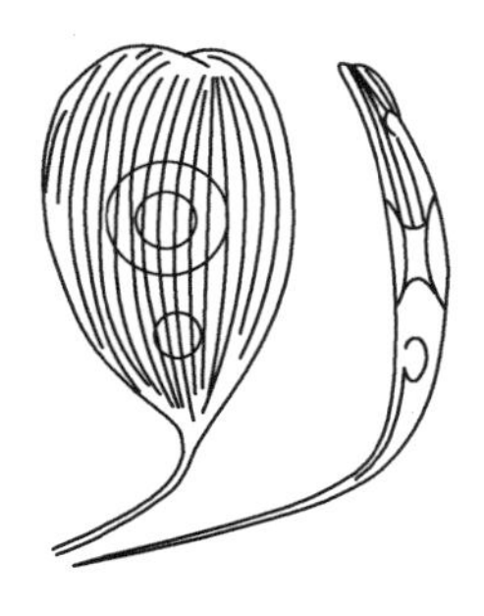

图 9-30　曲尾扁裸藻
(*Phacus lismorensis*)

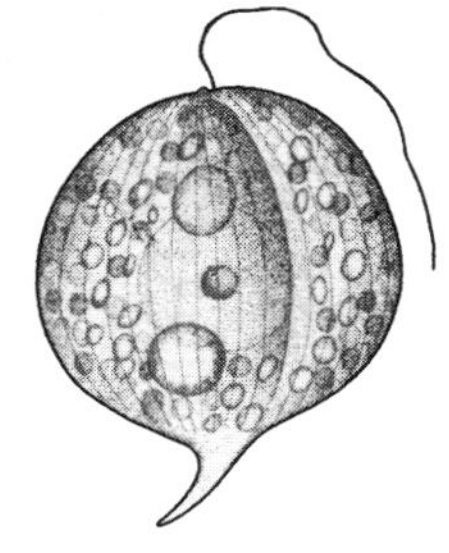

图 9-31　圆形扁裸藻
(*Phacus orbicularis*)

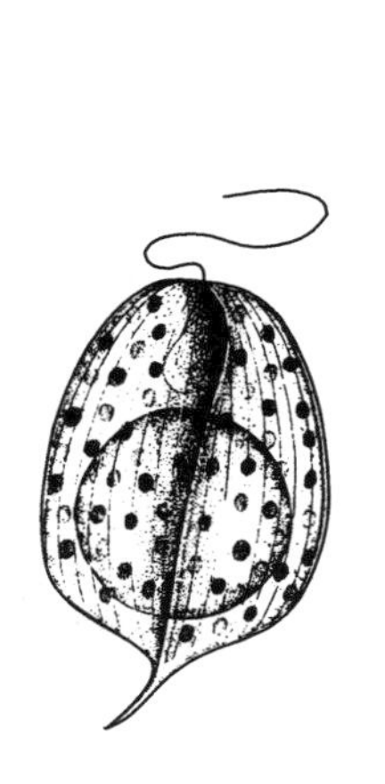

图 9-32　三棱扁裸藻
(*Phacus triqueter*)

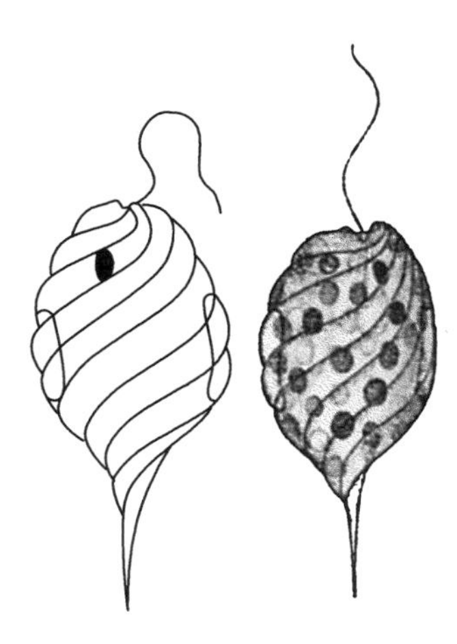

图 9-33　梨形扁裸藻
(*Phacus pyrum*)

图 9-34　具瘤扁裸藻
(*Phacus suecicus*)

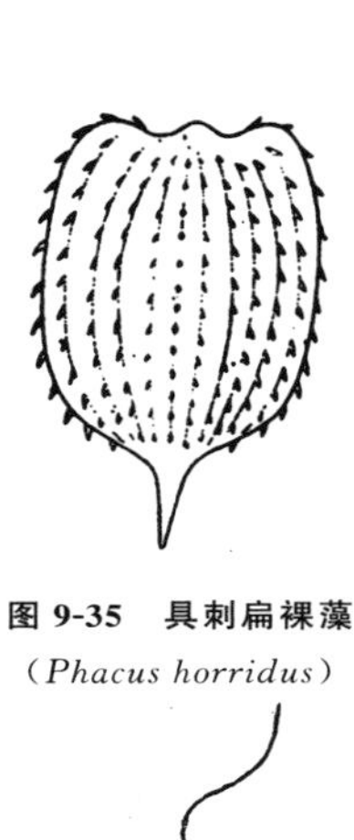

图 9-35　具刺扁裸藻
(*Phacus horridus*)

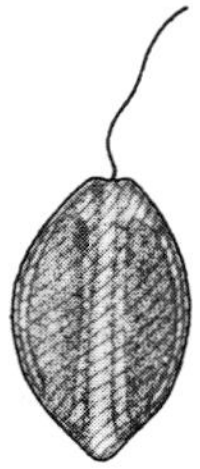

图 9-36　敏捷扁裸藻
(*Phacus agilis*)

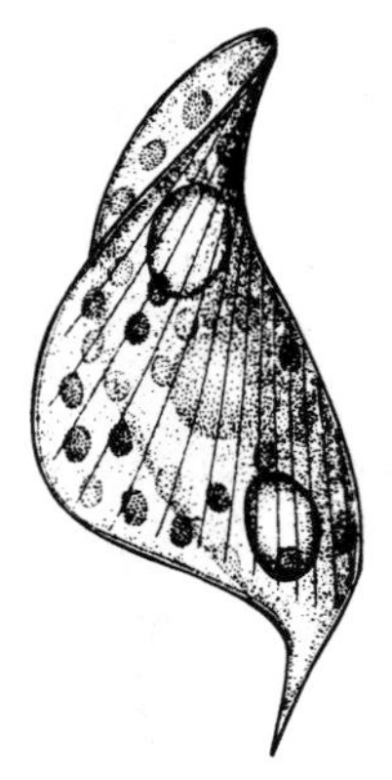

图 9-37　弯曲扁裸藻
(*Phacus inflexus*)

图 9-38　多养扁裸藻
(*Phacus polytrophos*)

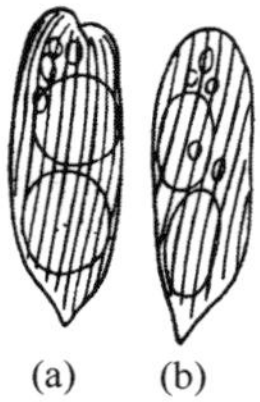

(a)　(b)

图 9-39　圆柱扁裸藻
(*Phacus cylindrus*)
(a) 正面观；(b) 侧面观

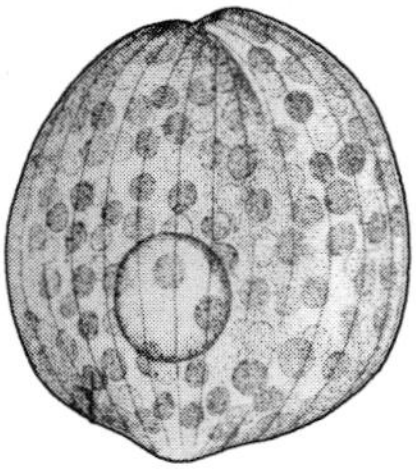

图 9-40　桃形扁裸藻
(*Phacus stokesii*)

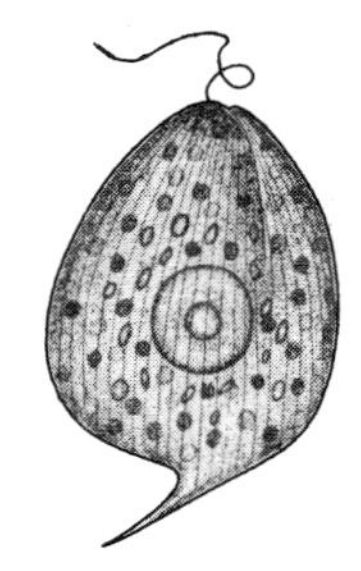

图 9-41　沟状扁裸藻 (*Phacus hamatus*)

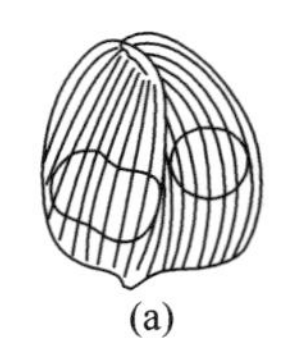

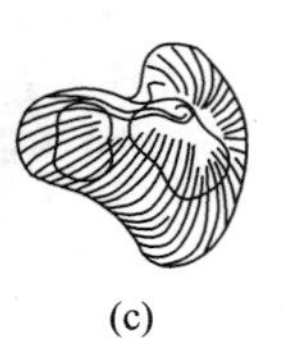

(a)　(b)　(c)

图 9-42　奇异扁裸藻 (*Phacus anomalus*)
(a) 正面观；(b) 侧面观；(c) 顶面观

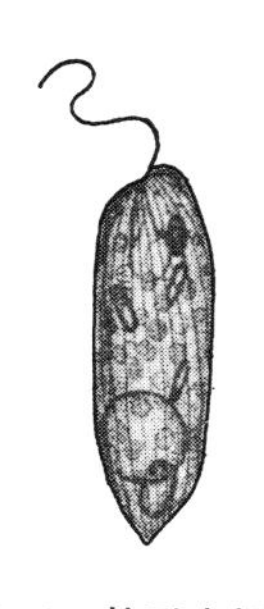

图 9-43　粒形扁裸藻
(*Phacus granum*)

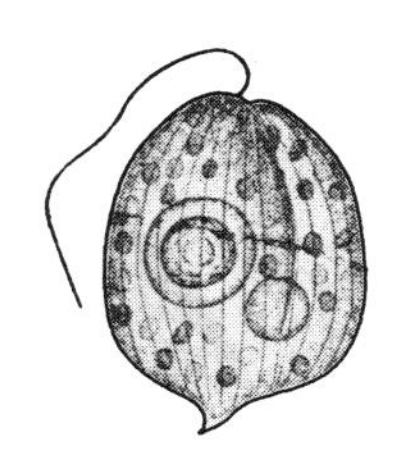

图 9-44　哑铃扁裸藻
(*Phacus peteloti*)

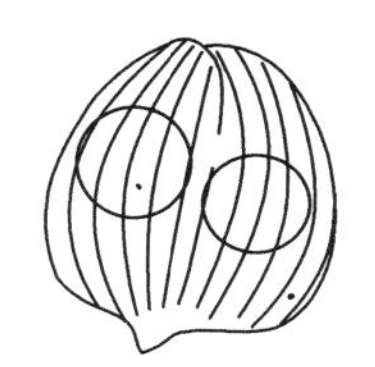

图 9-45　尖尾扁裸藻
(*Phacus acuminatus*)

图 9-46　爪形扁裸藻
(*Phacus onyx*)

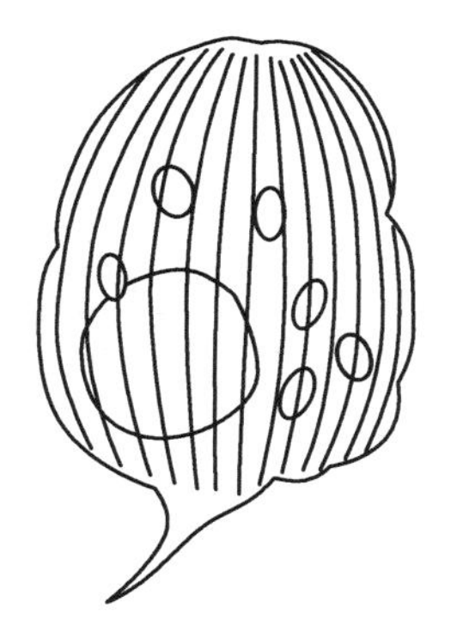

图 9-47　波形扁裸藻
(*Phacus undulatus*)

图 9-48　琵鹭扁裸藻
(*Phacus platalea*)

光滑或有点、瘤、刺、花纹等，颜色为褐色、黄色、橙色或无色。囊壳前端有孔，鞭毛由此伸出。

在温暖的静止小型淡水水体和沼泽中常见，某些种类大量繁殖可形成水华。常见种类见图 9-49～图 9-88。

四、袋鞭藻属

袋鞭藻属（*Peranema*）　细胞表质柔软，形态易变，一般圆柱形或纺锤形。表质具线纹。藻体无色，无色素体。有 2 根鞭毛，长的一根直向前方，较粗，为游泳鞭毛；短的一根向后弯转，不易见到，为拖曳鞭毛。核明显易见，无眼点。常见种类见图 9-89～图 9-91。

图 9-49 相似囊裸藻

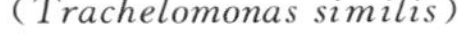

(*Trachelomonas similis*)

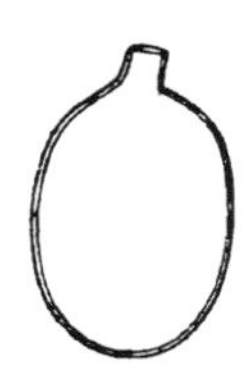

图 9-50 相似囊裸藻透明变种

(*Trachelomonas similis* var. *hyalina*)

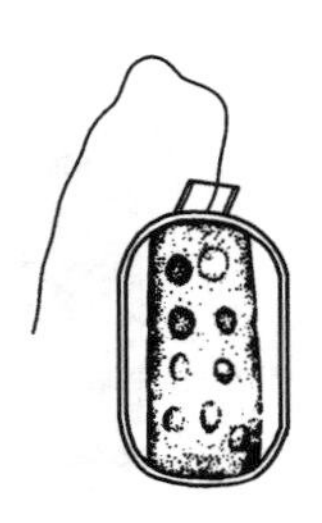

图 9-51 暗绿囊裸藻

(*Trachelomonas euchlora*)

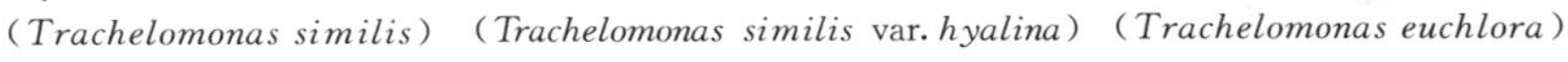

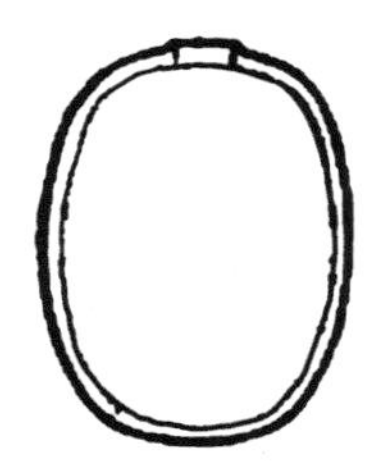

图 9-52 矩圆囊裸藻

(*Trachelomonas oblonga*)

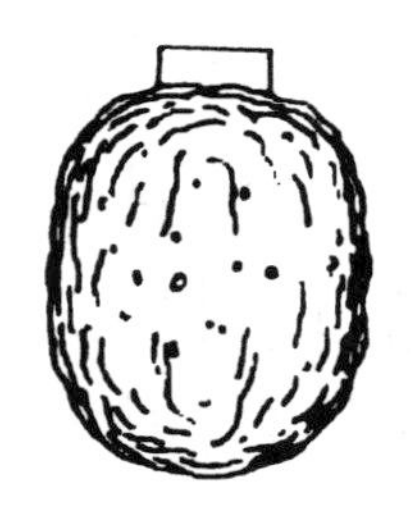

图 9-53 糙纹囊裸藻

(*Trachelomonas scabra*)

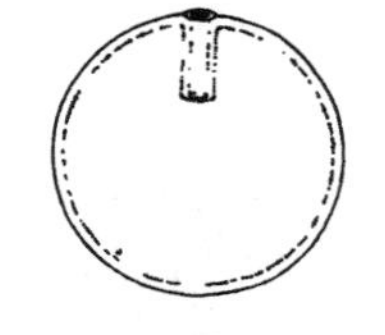

图 9-54 旋转囊裸藻

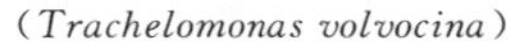

(*Trachelomonas volvocina*)

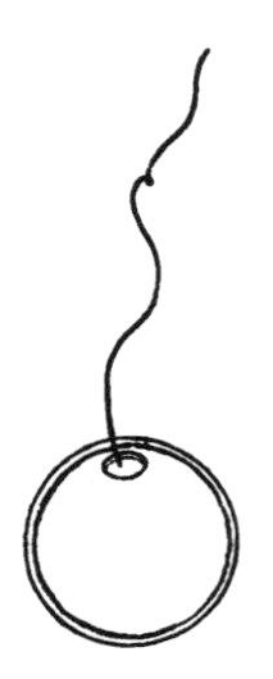

图 9-55 旋转囊裸藻内颈变种

(*Trachelomonas volvocina* var. *cervicula*)

图 9-56 拟旋转囊裸藻

(*Tr. volvocinopsis*)

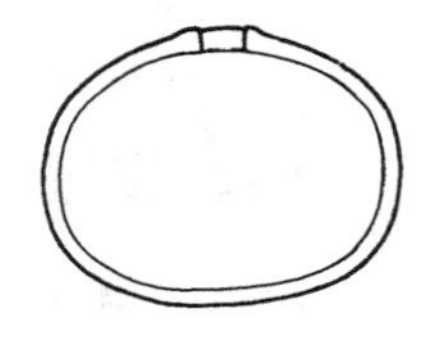

图 9-57 扁圆囊裸藻

(*Trachelomonas curta*)

图 9-58 粗棘囊裸藻
（*Trachelomonas lismorensis*）

图 9-59 网纹囊裸藻
（*Trachelomonas reticulata*）

图 9-60 螺肋囊裸藻
（*Trachelomonas spiricostatum*）

图 9-61 拟花冠囊裸藻
（*Trachelomonas subcoronetta*）

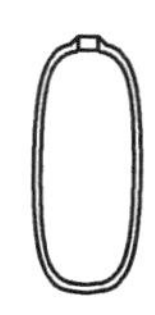

图 9-62 圆柱囊裸藻
（*Trachelomonas cylindrica*）

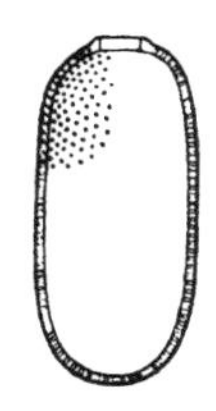

图 9-63 湖生囊裸藻
（*Trachelomonas lacustris*）

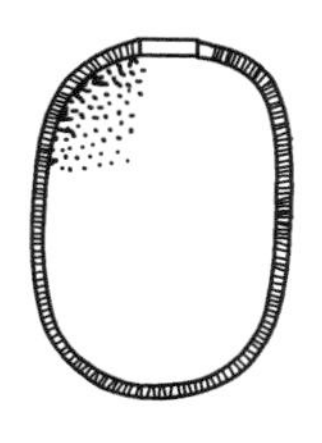

图 9-64 截头囊裸藻
（*Trachelomonas abrupta*）

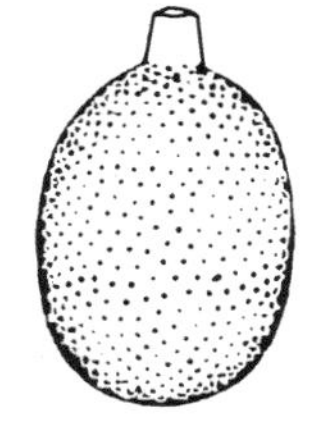

图 9-65 筛孔囊裸藻
（*Trachelomonas cribrum*）

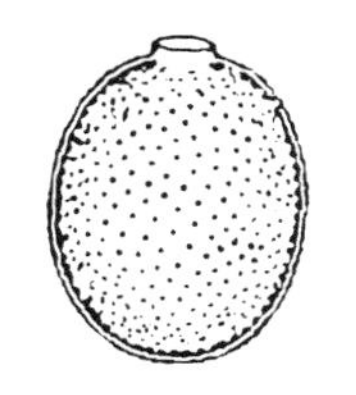

图 9-66 细粒囊裸藻
（*Tr. granulosa*）

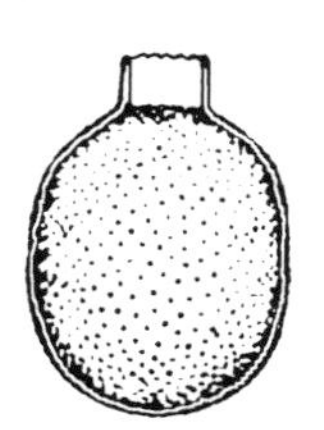

图 9-67 细粒囊裸藻齿领变种
（*Tr. granulosa* var. *crenulatocollis*）

图 9-68 不定囊裸藻
（*Tr. incertissima*）

图 9-69 颗粒囊裸藻
（*Trachelomonas granulata*）

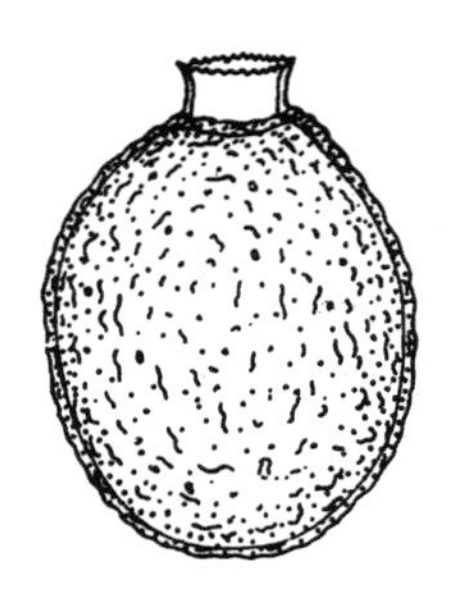

图 9-70　密集囊裸藻
（*Trachelomonas crebea*）

图 9-71　芒刺囊裸藻

（*Trachelomonas spinulosa*）

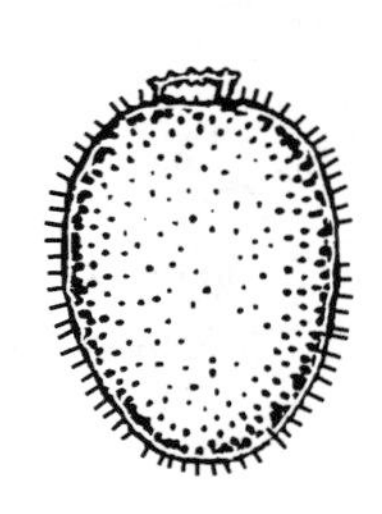

图 9-72　密刺囊裸藻
（*Trachelomonas sydneyensis*）

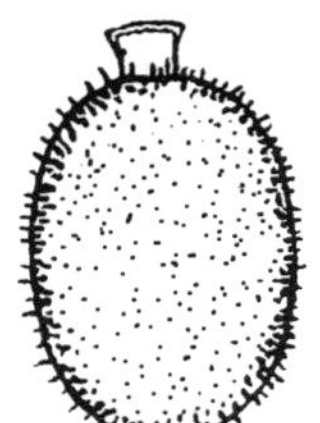

图 9-73　密刺囊裸藻
具领变种
（*Tr. sydneyensis* var.
grandicollis）

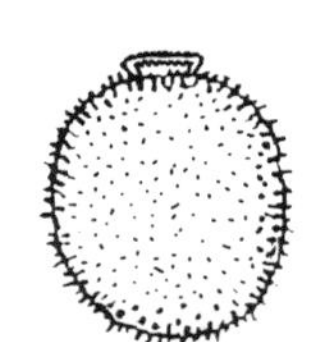

图 9-74　密刺囊裸藻
细小变种
（*Tr. sydneyensis* var.
minima）

图 9-75　棘刺囊裸藻
具冠变种
（*Tr. hispida* var.
coronata）

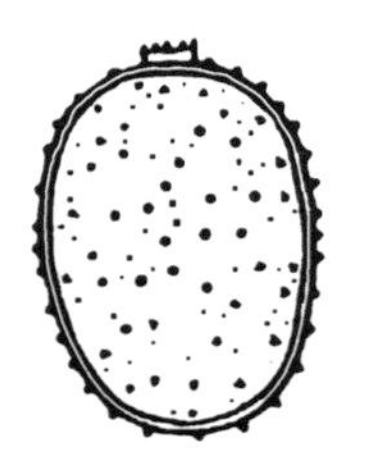

图 9-76　棘刺囊裸藻
齿领变种
（*Tr. hispida* var.
crenulatocollis）

图 9-77　棘刺囊裸藻
粗点变种
（*Tr. hispida* var.
macropunctata）

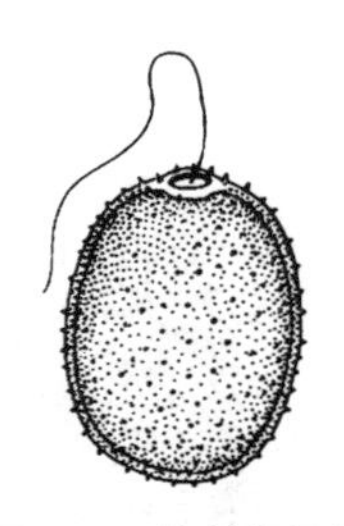

图 9-78　棘刺囊裸藻
（*Tr. hispida*）

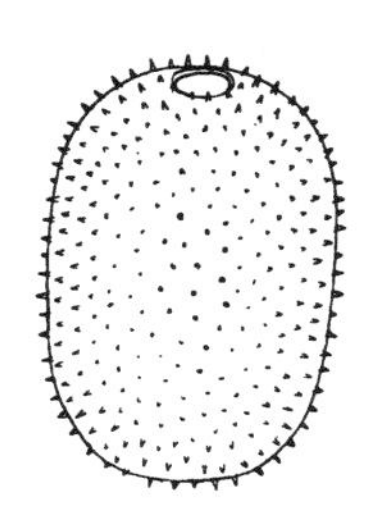

图 9-79　葱头囊裸藻

(*Tr. allia*)

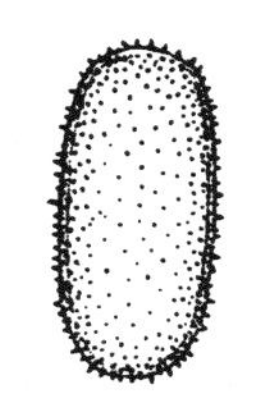

图 9-80　细刺囊裸藻

(*Tr. klebsii*)

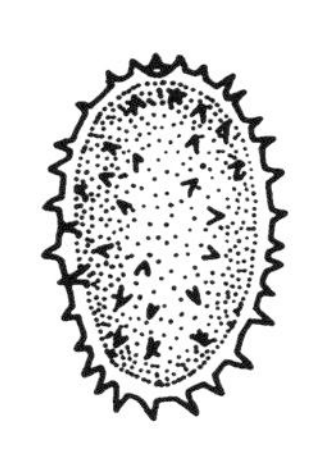

图 9-81　野生囊裸藻

(*Tr. ferox*)

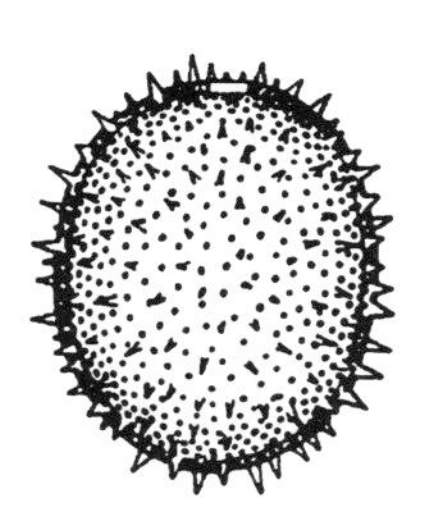

图 9-82　华丽囊裸藻

(*Tr. superba*)

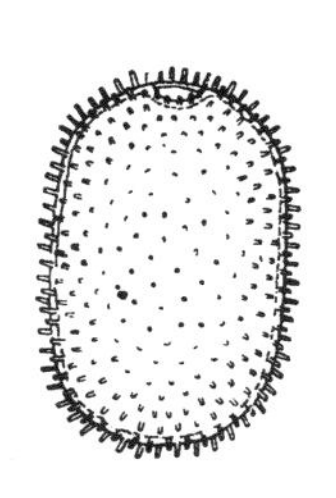

图 9-83　南方囊裸藻

(*Tr. australica*)

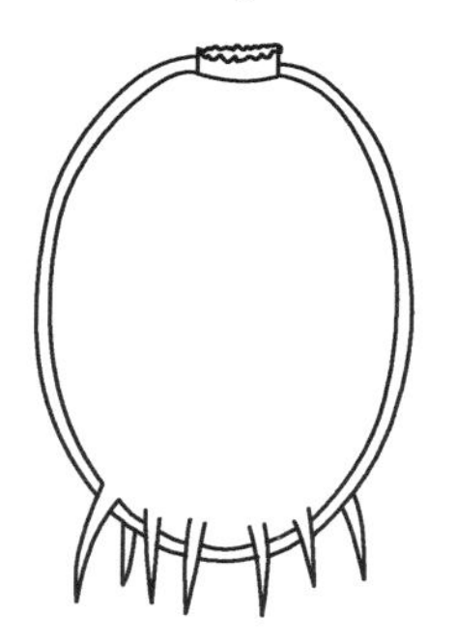

图 9-84　尾棘囊裸藻

(*Trachelomonas armata*)

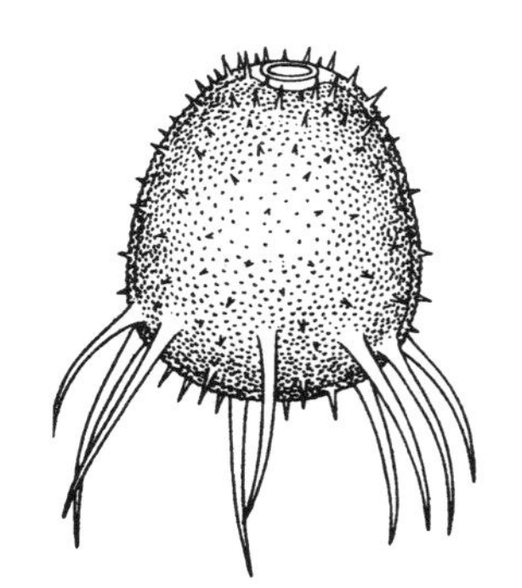

图 9-85　尾棘囊裸藻长刺变种

(*Tr. armata* var. *longispina*)

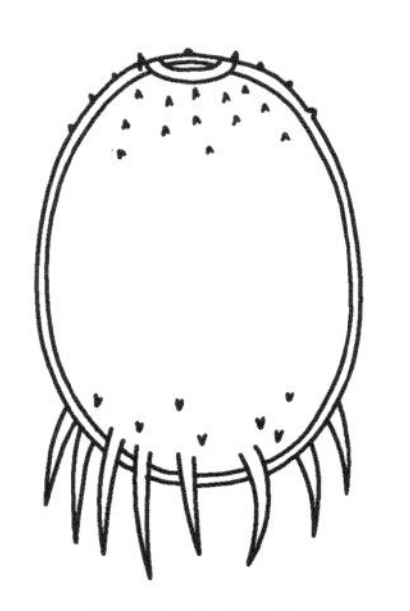

图 9-86　尾棘囊裸藻短刺变种

(*Tr. armata* var. *steinii*)

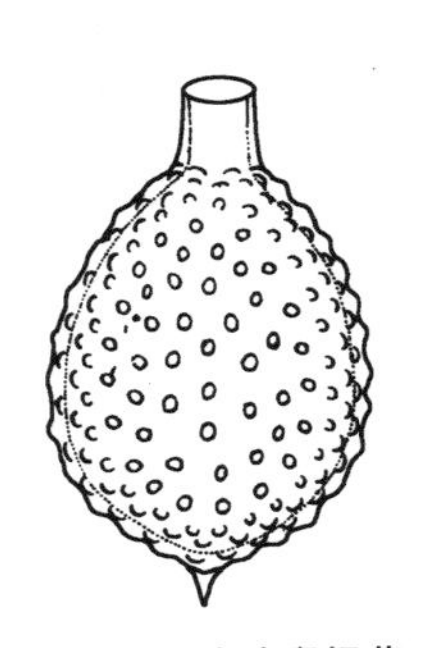

图 9-87　珍珠囊裸藻
（*Tr. margaritifera*）

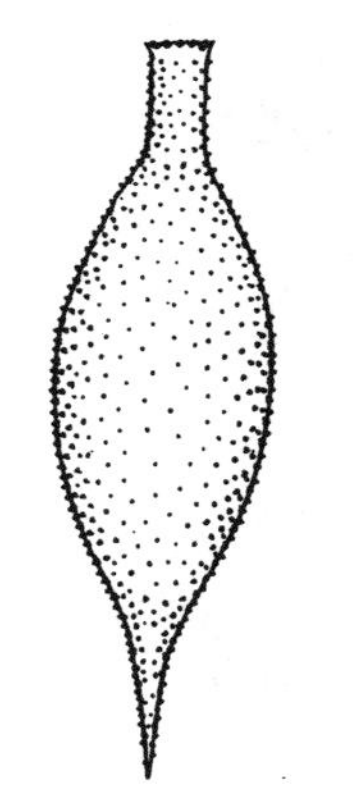

图 9-88　长梭囊裸藻
（*Tr. nadsoni*）

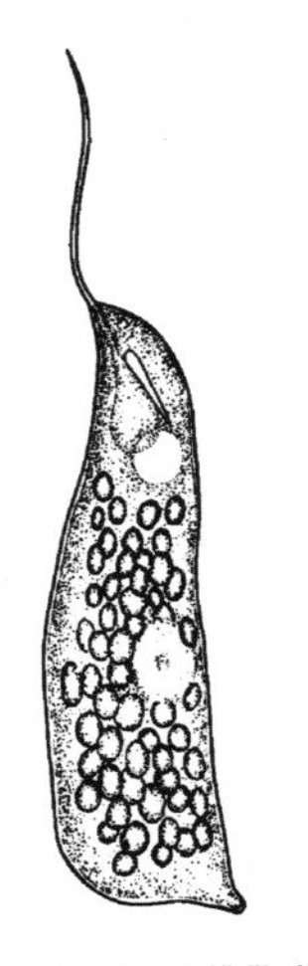

图 9-89　契形袋鞭藻
（*P. cuneatum*）

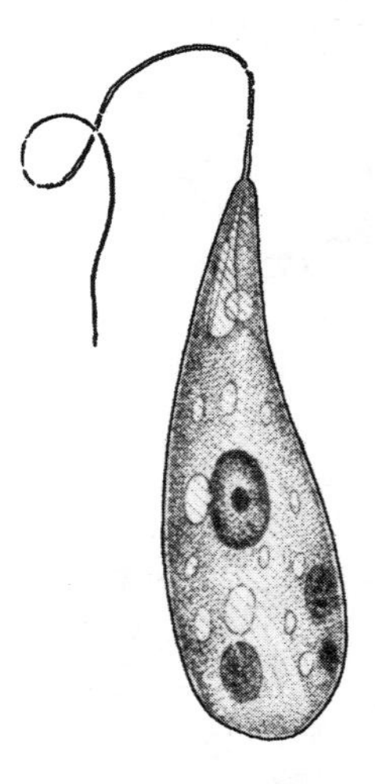

图 9-90　弯曲袋鞭藻
（*P. deflexum*）

五、变胞藻属

变胞藻属（*Astasia*） 又称素裸藻属，藻体与裸藻相似，主要

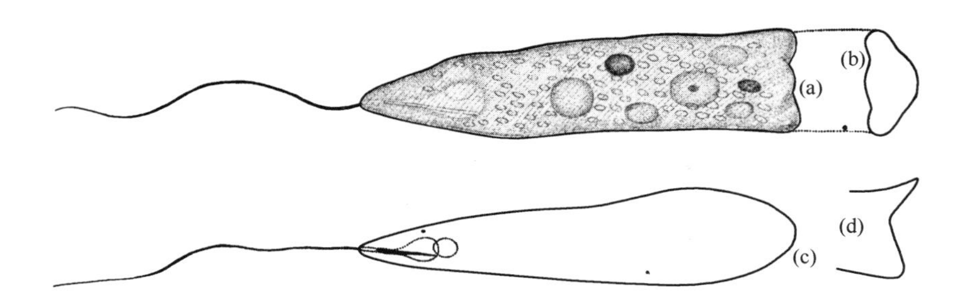

图 9-91 三角袋鞭藻

(*Peranema trichophorum*)

(a) 细胞内部构造；(b) 后端菱角状；(c) 后端圆形；(d) 后端平截具刺突

区别在于无色素体和色素，无眼点。常见种类见图 9-92～图 9-95。

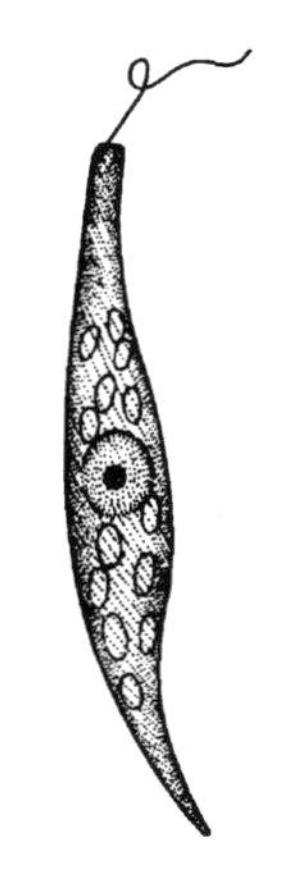

图 9-92 弯曲变胞藻

(*Astasia curvata*)

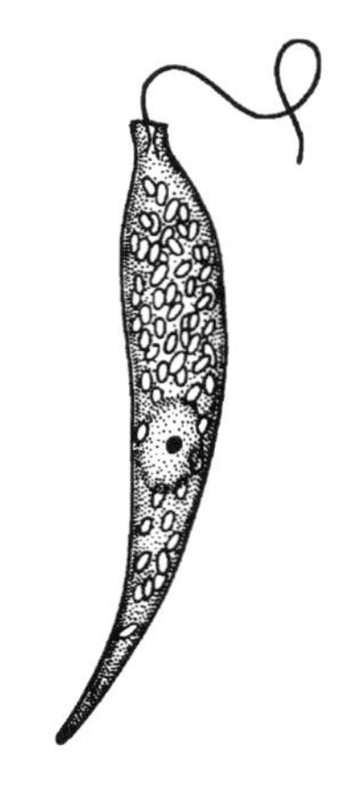

图 9-93 哈利斯变胞藻

(*A. harrisii*)

六、瓣胞藻属

瓣胞藻属(*Petalomonas*) 细胞表质硬化，形态固定，背腹侧扁成“叶片状”，背侧常隆起，腹侧凹入或平直，一般呈卵圆形，具龙骨突起或纵沟。表质具细线纹。一条游泳鞭毛伸出胞口。无眼点，核明显，常偏向一侧。

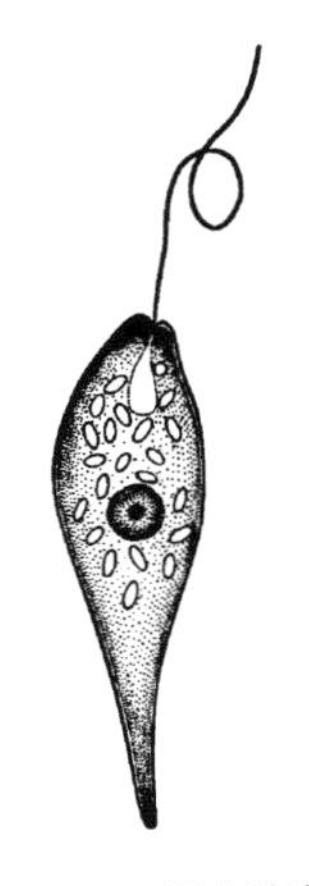

图 9-94　尾变胞藻

（*A. klebsii*）

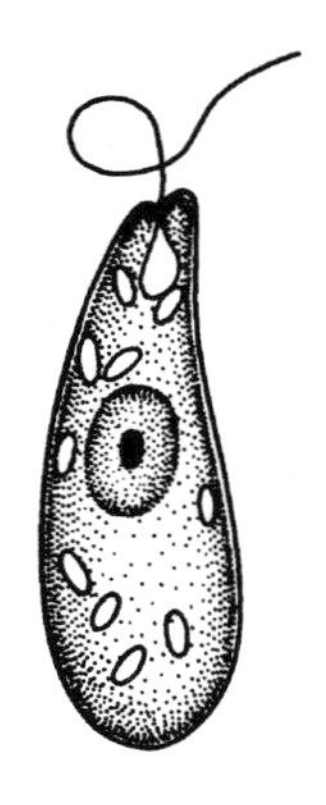
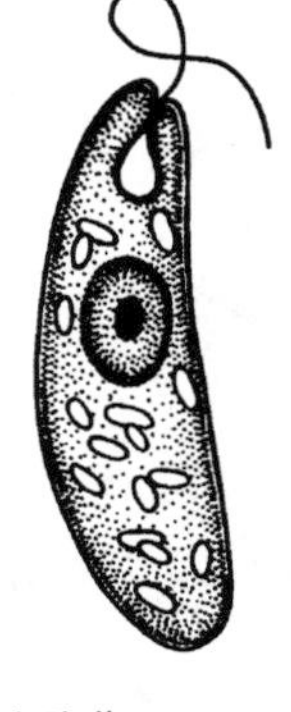

图 9-95　小形变胞藻

（*A. parvula*）

为常见的淡水种类，喜腐物质，小水体环境，几乎都是吞食性营养。常见种类见图 9-96～图 9-99。

图 9-96　微小瓣胞藻

（*Petalomonas pusilla*）

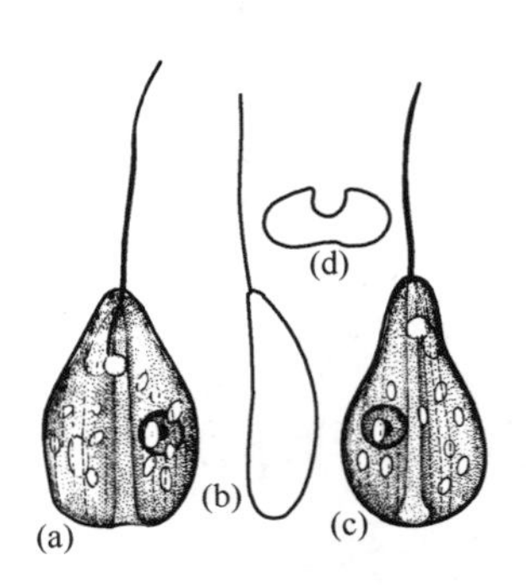

图 9-97　瓣胞藻

（*Petalomonas madiocanellata*）

（a）腹面观；（b）侧面观；

（c）背面观；（d）横断面观

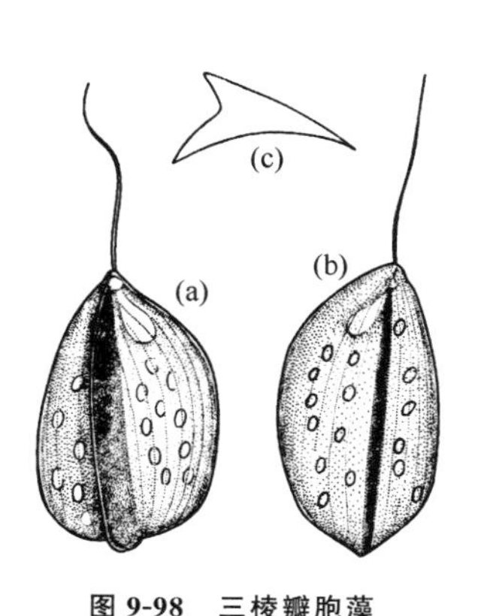

图 9-98　三棱瓣胞藻

（*Petalomonas steinii*）

（a）背面观；（b）腹面观；

（c）横断面观

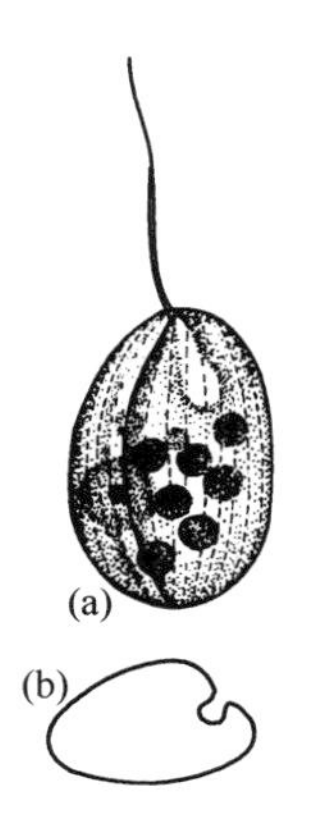

图 9-99　内卷瓣胞藻

（*Petalomonas involuta*）

（a）正面观；（b）横断面观

七、异鞭藻属

异鞭藻属（*Anisonema*）　多数种类表质硬化，形态固定，常呈卵圆形或椭圆形。多数种类背面隆起呈凸形，腹面凹形或平直具纵沟，纵沟前端常与胞口相连。表质光滑或具线纹，具不等长的双鞭毛，游泳鞭毛短，向前，拖曳鞭毛长，向后。

淡水中常见，多生活在腐殖质丰富的污水环境中，营吞食性营养。常见种类见图 9-100～图 9-102。

八、杆胞藻属

杆胞藻属（*Rhabdomonas*）　细胞表质硬化，形态固定，一般呈杆形或豆荚形，略弯或呈螺旋形扭转。表质具稀疏的螺旋形脊纹。1 条游泳鞭毛自胞口伸出。无眼点。核中位或后位。

淡水中常见，喜营养丰富的小型水体。常见种类见图 9-103 和图 9-104。

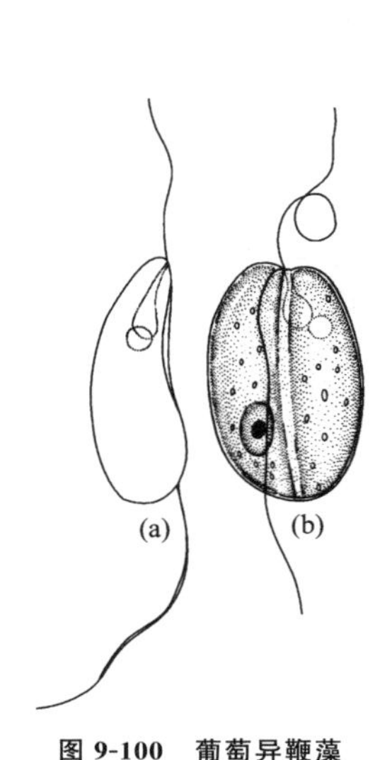

图 9-100　葡萄异鞭藻

(*Anisonema acinus*)

(a) 侧面观；(b) 正面观

图 9-101　广卵异鞭藻

(*Anisonema prosgeobium*)

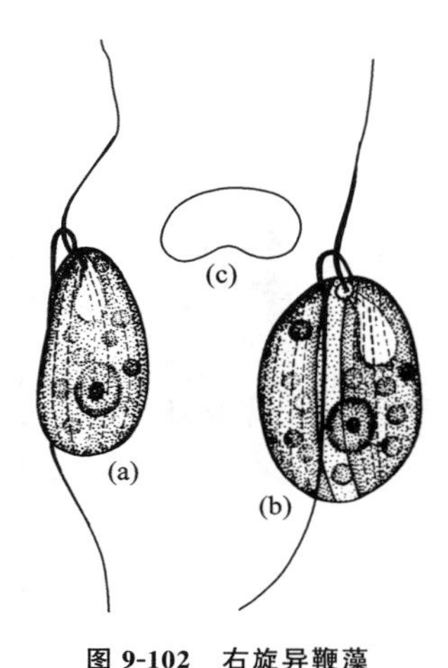

图 9-102　右旋异鞭藻

(*Anisonema dexiotaxum*)

(a) 侧面观；(b) 正面观；

(c) 横断面观

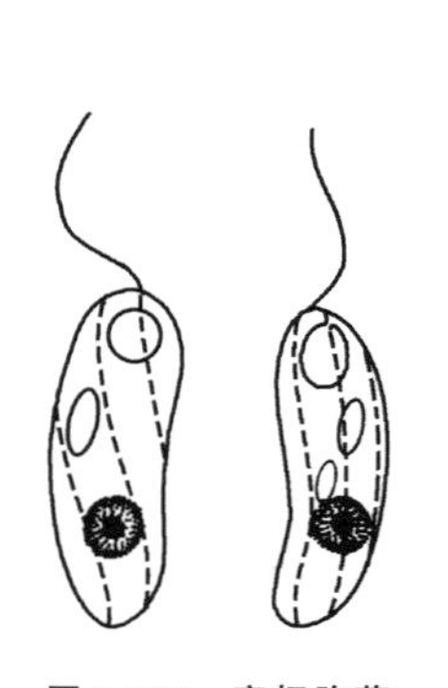

图 9-103　弯杆胞藻

(*Rhabdomonas incurva*)

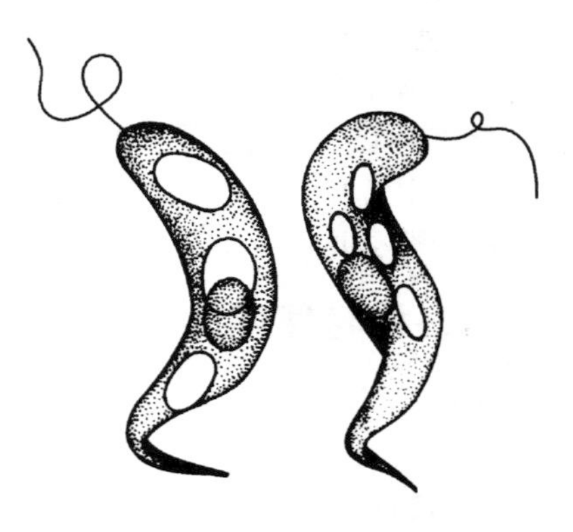

图 9-104　螺旋杆胞藻

(*Rhabdomonas spiralis*)

九、弦月藻属

弦月藻属（*Menoidium*） 细胞表质硬化，形态固定，明显的侧扁，呈月牙形或豆荚形，中间宽两端窄，前端多呈颈状。表质具线纹。1 条游泳鞭毛自胞口伸出。无眼点。核明显，中位或后位。

淡水中常见，喜营养丰富的小型水体。常见种类见图 9-105。

十、楔胞藻属

楔胞藻属（*Sphenomonas*） 细胞表质硬化，形态固定，一般呈纺锤形，具 1～4 条纵向的龙骨突起，从前端伸至后端，表质具纵线纹。具不等长的鞭毛，主鞭毛很长，向前伸展，副鞭毛很短，弯向一边。无眼点。

喜腐物质丰富的小型水体。常见种类见图 9-106。

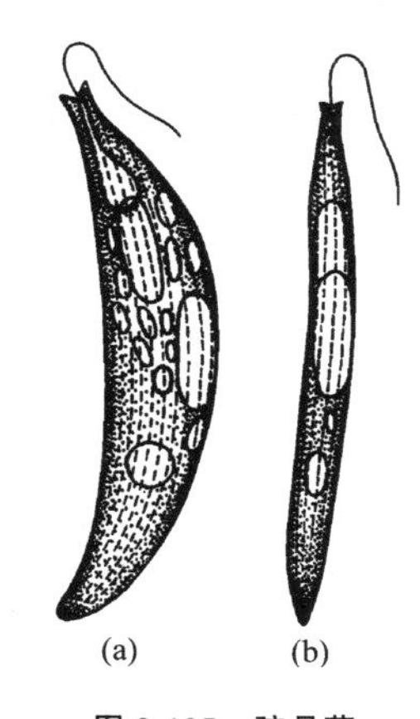

图 9-105 弦月藻

（*Menoidium pellucidum*）

（a）宽面观；（b）狭面观

图 9-106 四棱楔胞藻

（*Sphenomonas quadrangularis*）

十一、螺肋藻属

螺肋藻属（*Gyropaigne*） 细胞表质硬化，形态固定，一般呈圆柱形、椭圆形或卵圆形，前端平截或略宽圆，后端圆形，具刺状或乳头状的短小突起。表质具多条螺旋的肋纹。1 条游泳鞭毛自胞口伸出。核大，常后位。常见种类见图 9-107。

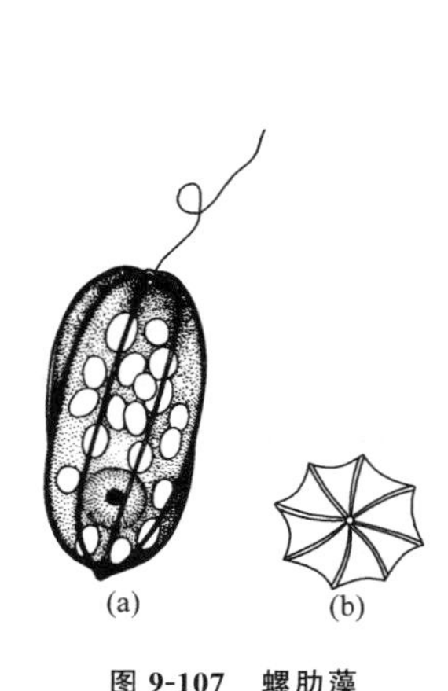

图 9-107　螺肋藻
（*Gyropaigne kosmos*）
（a）正面观；（b）顶面观

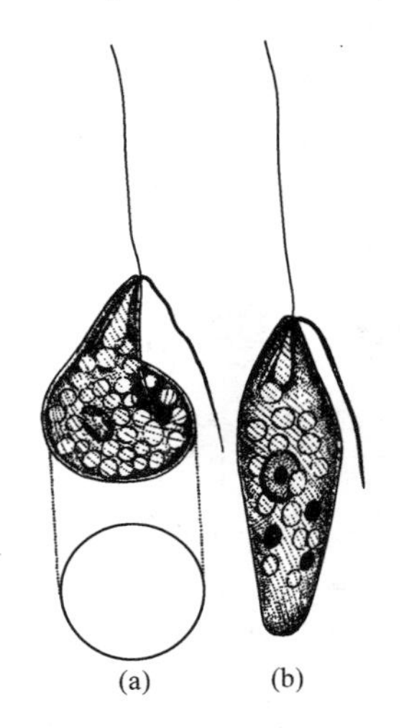

图 9-108　盘形异丝藻
（*Heteronema discomorphum*）
（a）游泳时；（b）伸展时

十二、异丝藻属

异丝藻属（*Heteronema*）细胞表质柔软，形态易变，一般圆柱形或纺锤形。表质具线纹。具不等长的鞭毛，游泳鞭毛长且粗，向前伸展，拖曳鞭毛比游泳鞭毛短，略细，向后。无眼点。核明显，一般中位。

淡水中常见，常生长在腐物质丰富的小型水体中，营吞食性营养。常见种类见图 9-108～图 9-112。

十三、陀螺藻属

陀螺藻属（*Strombomonas*）细胞具囊壳，壳壁前端逐渐收缩呈领状，领与壳之间无明显界限，多数种类的后端渐尖成一长尾刺。囊壳一般无色，表面光滑或具皱纹，囊壳内裸露的细胞其特征与裸藻属相似。

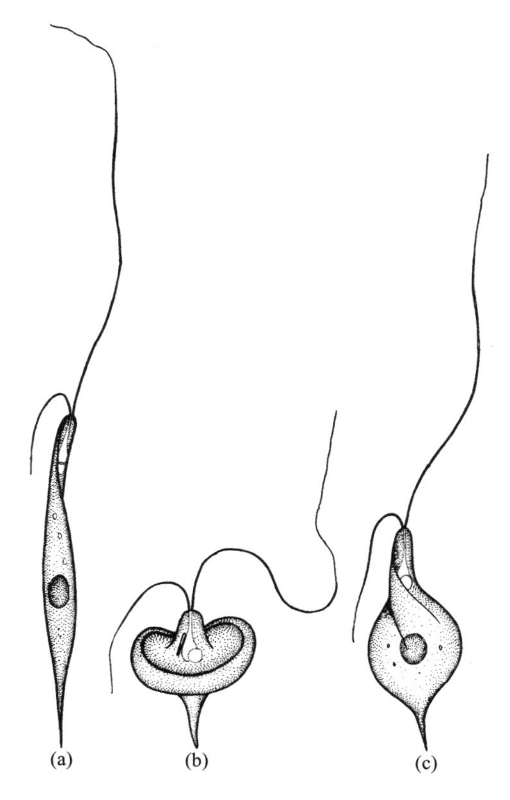

图 9-109　扭曲异丝藻

（*Heteronema trotum*）

（a）游泳时；（b）、（c）收缩时

淡水中常见，喜肥沃的静止小型水体和沼泽环境。常见种类见图 9-113～图 9-116。

十四、卡克藻属

卡克藻属（*Khawkinea*）　细胞表质柔软，形态易变，一般圆柱形或纺锤形。表质具螺旋形的细线纹。无色素体。副淀粉粒较小，圆形。游泳鞭毛具膨大的鞭毛隆体。有一个明显的眼点。

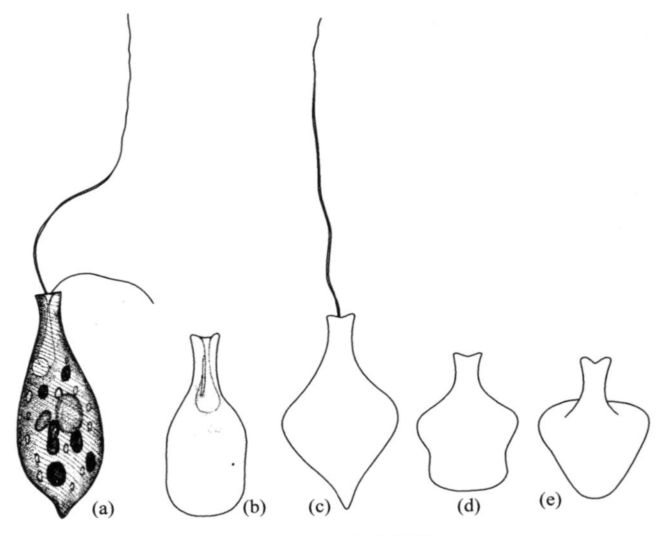

图 9-110　易变异丝藻

(*Heteronema variabile*)

(a)～(e) 细胞的各种形态

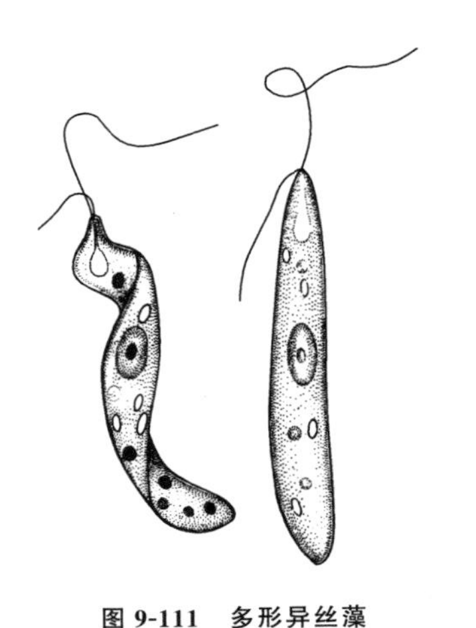

图 9-111　多形异丝藻

(*Heteronema polymorphum*)

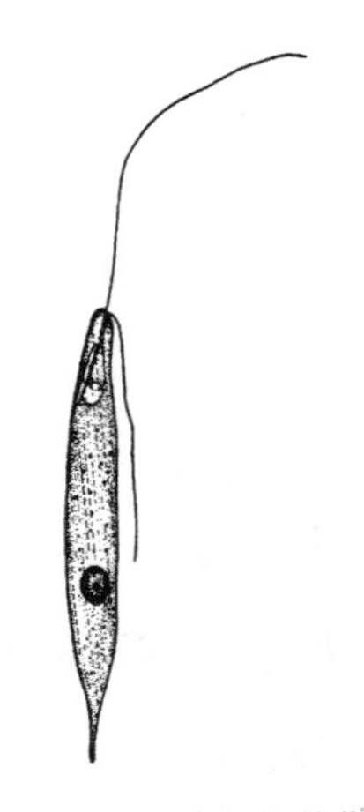

图 9-112　尖细异丝藻

(*Heteronema acus*)

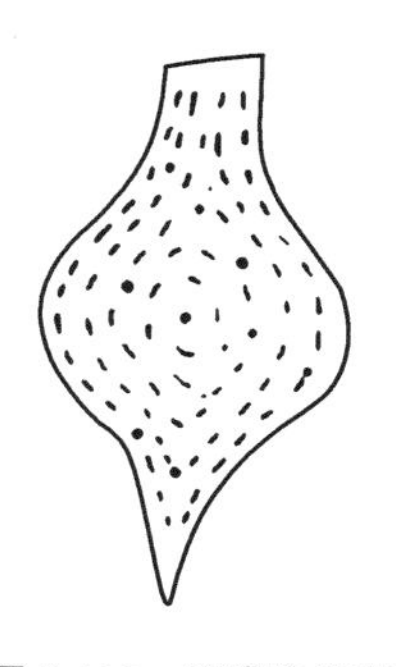

图 9-113　糙膜陀螺藻
(*Strombomonas schauinshandii*)

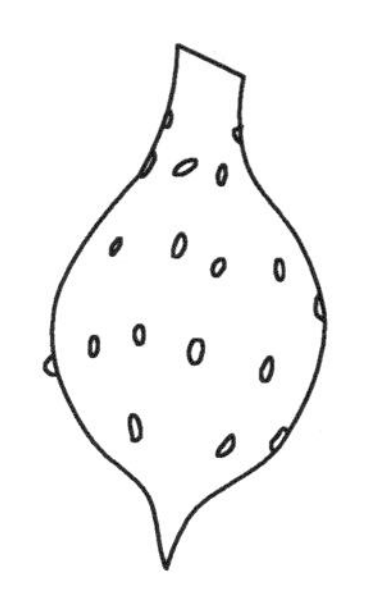

图 9-114　河生陀螺藻
(*Strombomonas fluviatilis*)

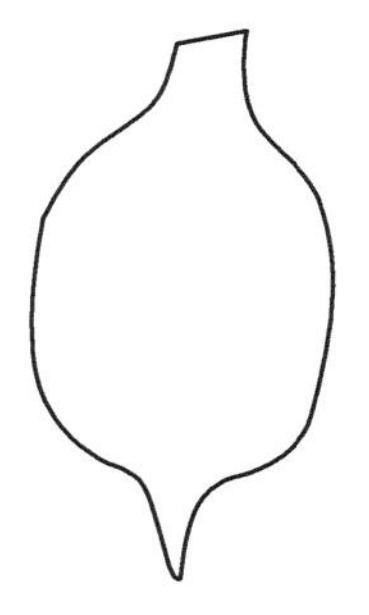

图 9-115　缶形陀螺藻
(*Strombomonas urceolata*)

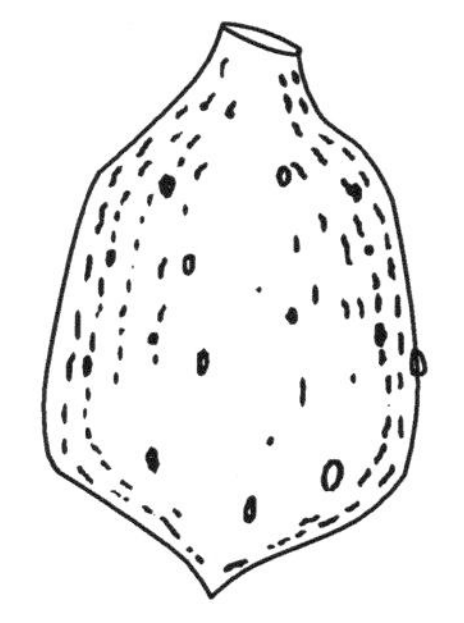

图 9-116　具瘤陀螺藻
(*Strombomonas verrucosa*)

该属的基本形态与裸藻属相似，只是无绿色的色素体，营腐生营养。绝大多数生长在有机质丰富的小型水体中。少数寄生。常见种类见图 9-117～图 9-119。

十五、鳞孔藻属

鳞孔藻属（*Lepocinclis*）细胞表质硬化，形态固定，一般呈球形、椭圆形或纺锤形，后端渐尖或具尾刺。表质具线纹或颗粒，纵向或螺旋状排列。色素体多数，圆盘状，无蛋白核。游泳鞭毛具膨大的鞭毛隆体。具 1 个明显的眼点。

为典型的淡水藻类，喜温暖肥沃的小型水体。常见种类见

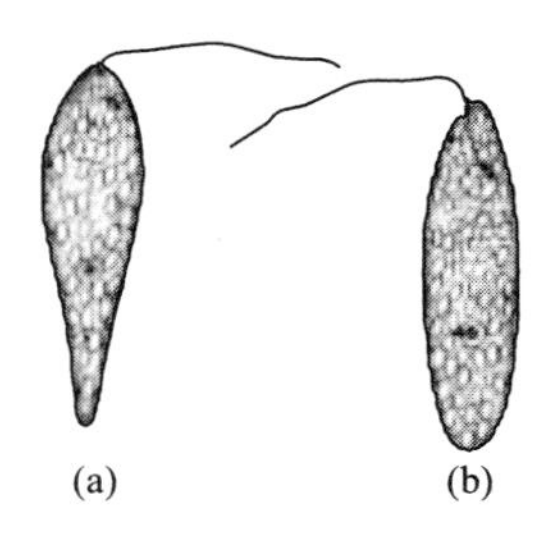
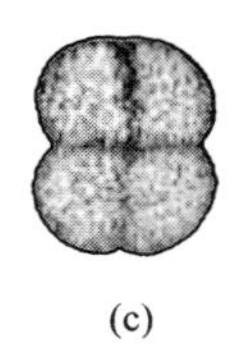

图 9-117　四分卡克藻

(*Khawkinea quartana*)

(a)、(b) 细胞形态；(c) 四分囊孢

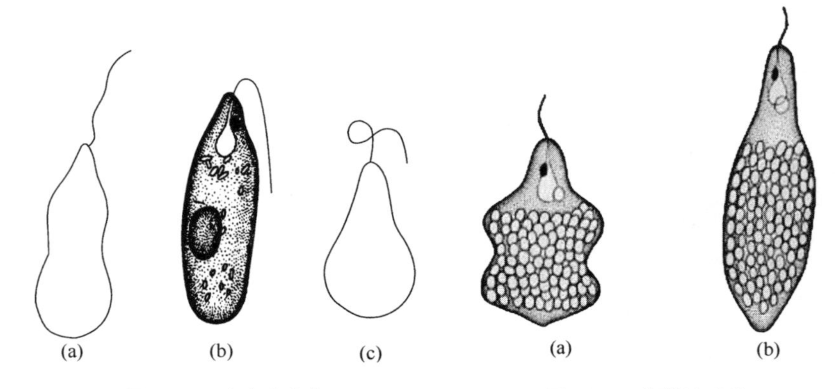

图 9-118　多变卡克藻

(*Khawkinea veriabilis*)

(a)、(b)、(c) 细胞的不同形态

图 9-119　短鞭卡克藻

(*Khawkinea breviflagellata*)

(a) 细胞中部收缢；(b) 细胞呈纺锤形

图 9-120～图 9-124。

十六、壶藻属

壶藻属 (*Urceolus*) 细胞的表质柔软或半硬化，形态易变或固定，一般呈瓶形，前端收缢成狭颈状，有的具扩展成漏斗状的胞口。表质有或无螺旋状线纹。

淡水种类常生活在腐物质丰富的小型水体中，营吞食营养。常见种类见图 9-125～图 9-127。

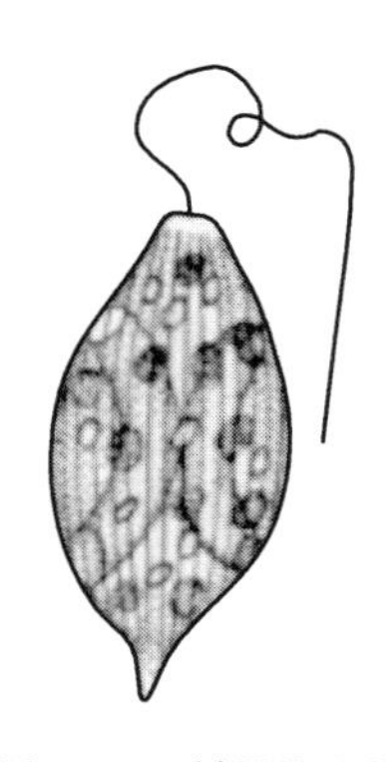

图 9-120 椭圆鳞孔藻
（*Lepocinclis steinii*）

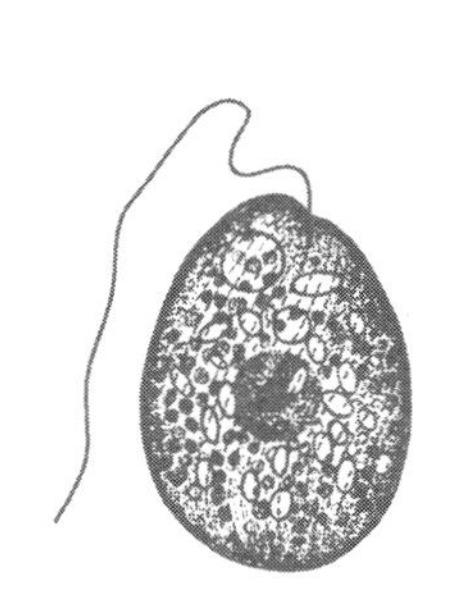

图 9-121 伪编织鳞孔藻
（*L. pseudotexta*）

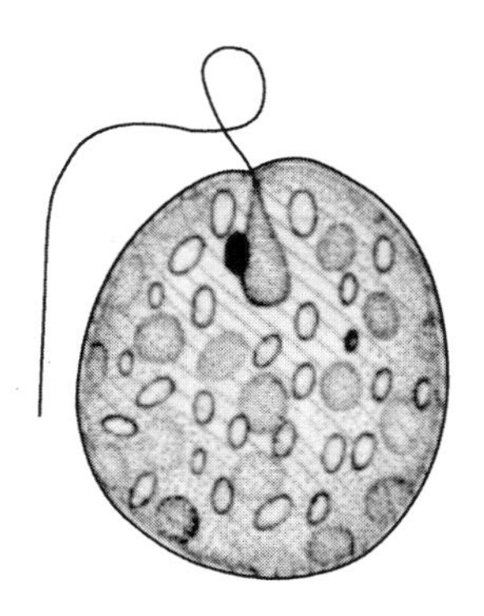

图 9-122 编织鳞孔藻
（*L. texta*）

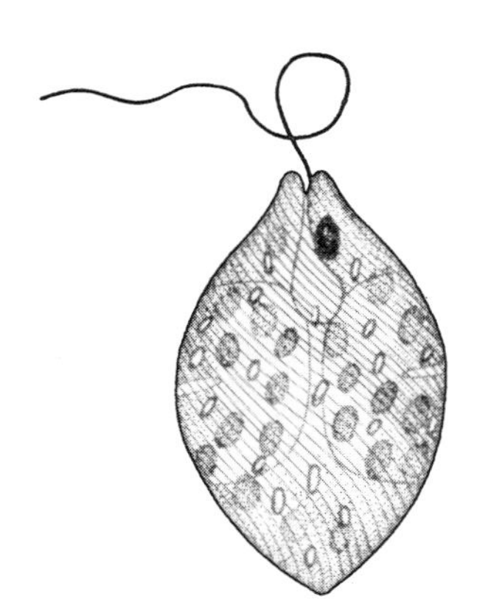

图 9-123 纺锤鳞孔藻（*L. fusifoemis*）

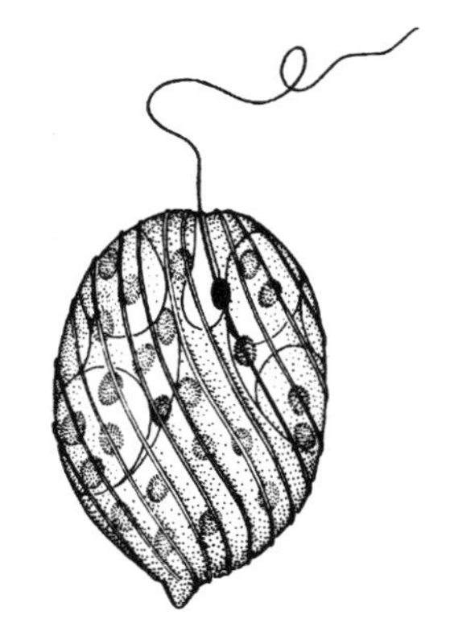

图 9-124 卵形鳞孔藻（*L. ovum*）

十七、内管藻属

内管藻属（*Entosiphon*） 细胞表质硬化，形态固定，略扁，一般呈卵圆形。表质具纵沟或纵纹。1 条不等长的鞭毛，游泳鞭毛略短，向前，拖曳鞭毛略长，向后。具管状的杆状器，粗而长，可贯穿全身。核明显，中位。

为淡水种类，喜腐物质丰富的污水环境，营吞食营养。常见种类见图 9-128 和图 9-129。

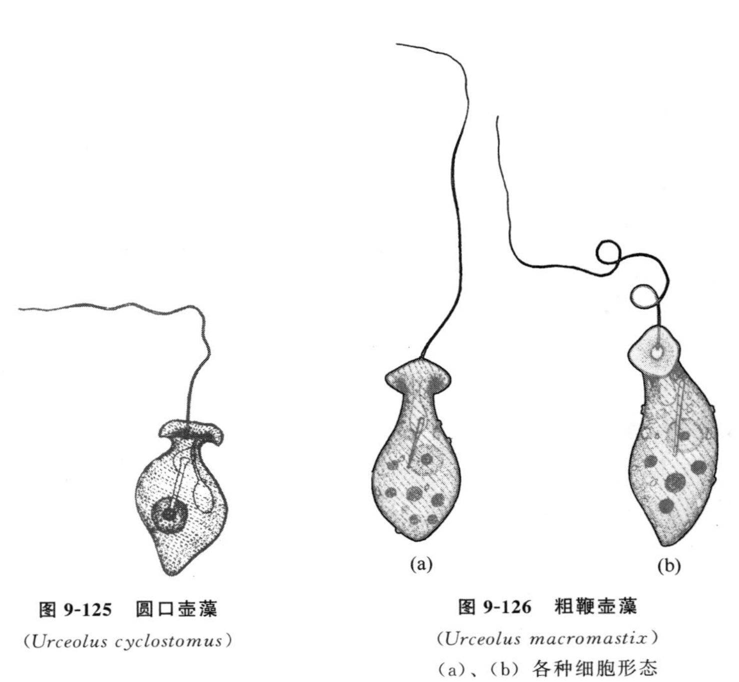

图 9-125　圆口壶藻
（*Urceolus cyclostomus*）

图 9-126　粗鞭壶藻
（*Urceolus macromastix*）
（a）、（b）各种细胞形态

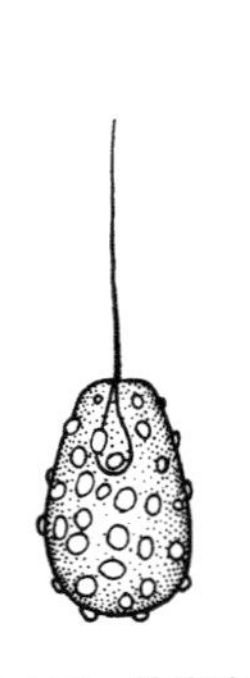

图 9-127　帕许壶藻
（*Urceolus parscheri*）

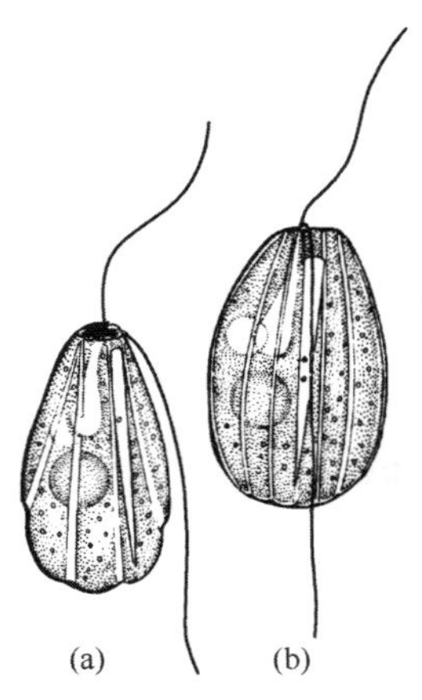

图 9-128　内管藻
（*Entosiphon sulcatum*）
（a）、（b）各种细胞形态

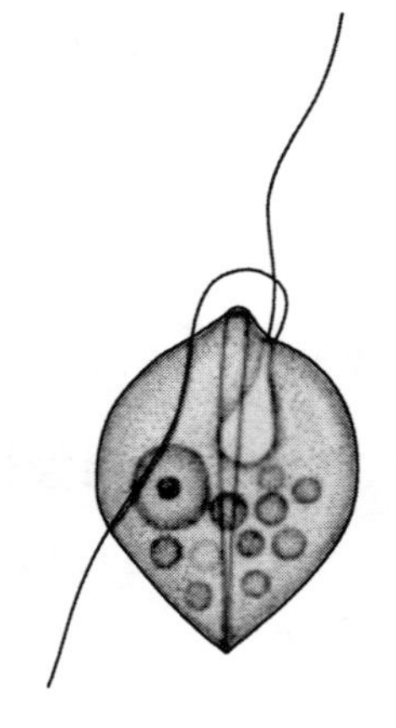

图 9-129　斜形内管藻
（*Entosiphon obliquum*）

第十章

硅藻门

一、直链藻属

直链藻属（*Melosira*） 细胞由壳面相互连接成链丝状。壳体圆柱形，细胞壁较厚，有点纹或孔纹。

在各类淡水中均可发现，早春、晚秋数量较多。常见种类见图10-1～图10-10。

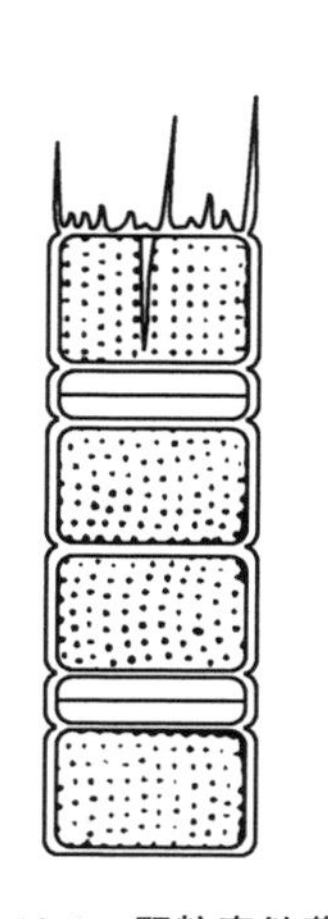

图 10-1 颗粒直链藻
（*M. granulata*）

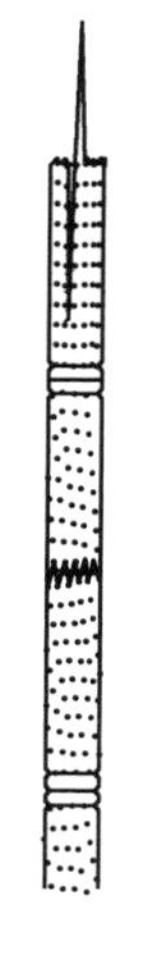

图 10-2 颗粒直链藻最窄变种
（*M. granulata* var. *angustissima*）

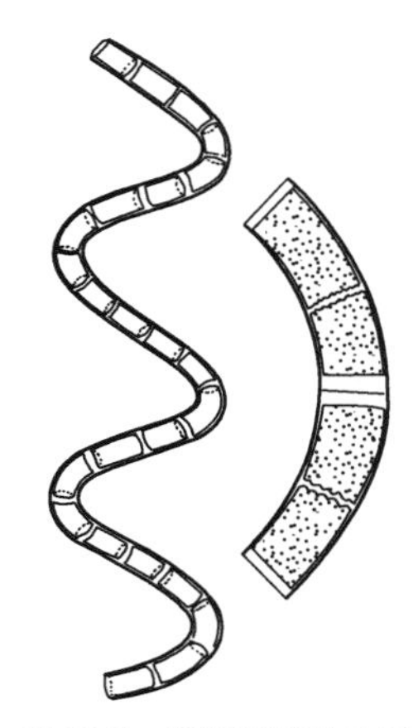

图 10-3 颗粒直链藻最窄变种螺旋变形
（*M. granulata* var. *angustissima* f. *spiralis*）

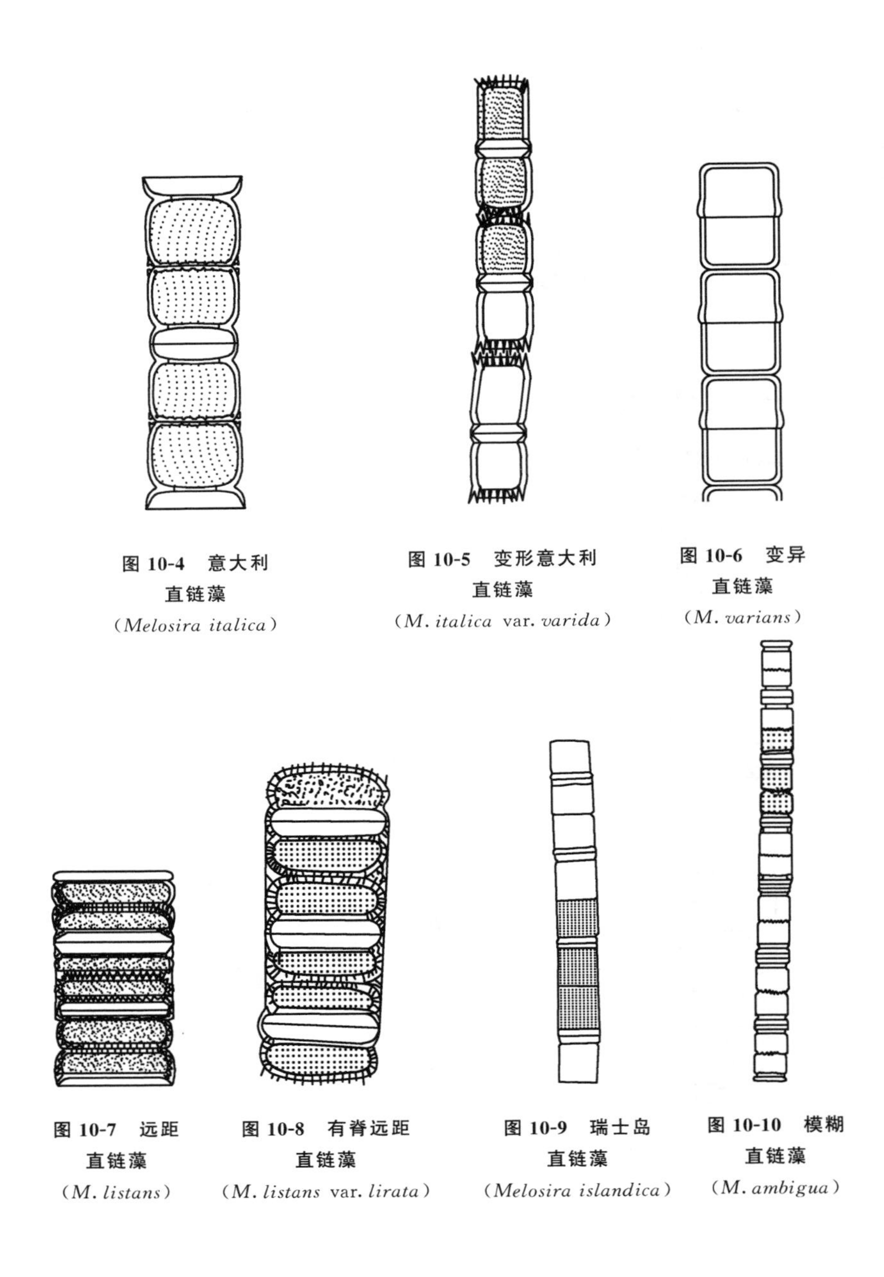

图 10-4 意大利直链藻 (*Melosira italica*)

图 10-5 变形意大利直链藻 (*M. italica* var. *varida*)

图 10-6 变异直链藻 (*M. varians*)

图 10-7 远距直链藻 (*M. listans*)

图 10-8 有脊远距直链藻 (*M. listans* var. *lirata*)

图 10-9 瑞士岛直链藻 (*Melosira islandica*)

图 10-10 模糊直链藻 (*M. ambigua*)

二、小环藻属

小环藻属（*Cyclotella*） 多为单细胞，细胞呈圆盘形。壳面边缘有放射状排列的孔纹或线纹，中央部分平滑或具放射状排列孔纹。

淡水中常见，早春常大量出现。常见种类见图 10-11～图 10-20。

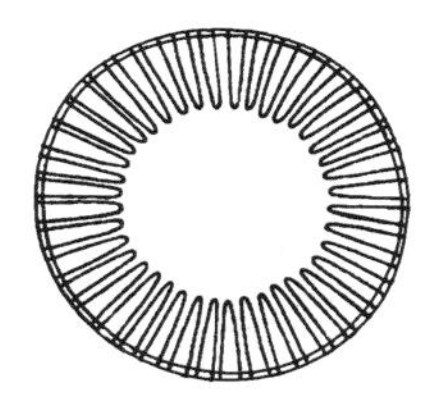

图 10-11 梅尼小环藻（*C. meneghiniana*）

图 10-12 具星小环藻（*C. stelligera*）

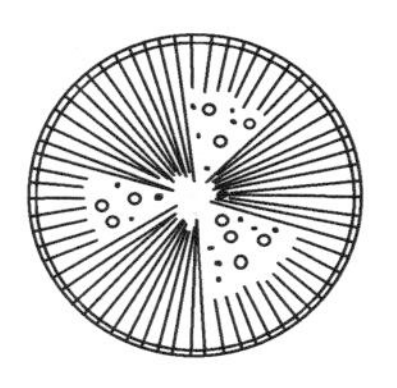

图 10-13 科曼小环藻（*C. comensis*）

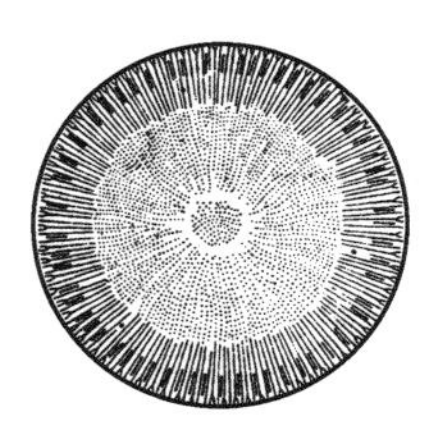

图 10-14 广缘小环藻（*C. bodanica*）

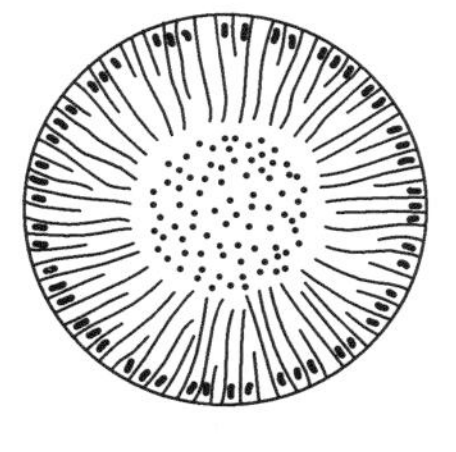

图 10-15 扭曲小环藻（*C. comta*）

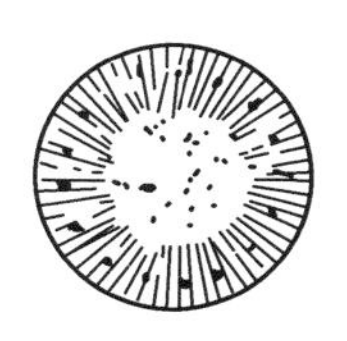

图 10-16 具盖小环藻（*C. operculata*）

图 10-17 古老小环藻（*Cyclotella antiqua*）

图 10-18 条纹小环藻（*C. striata*）

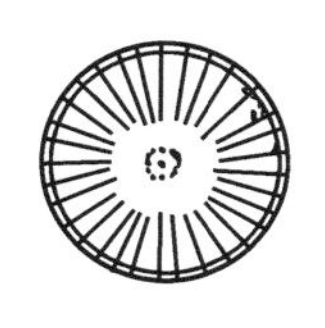

图 10-19 星芒小环藻（*C. stelligera*）

图 10-20 库氏小环藻（*C. Kutzingiana*）

三、等片藻属

等片藻属（*Diatoma*） 单细胞或呈带状、锯齿状群体。细胞壳面呈棒形或椭圆形，两端稍尖或呈乳头状。常见种类图 10-21～图 10-25。

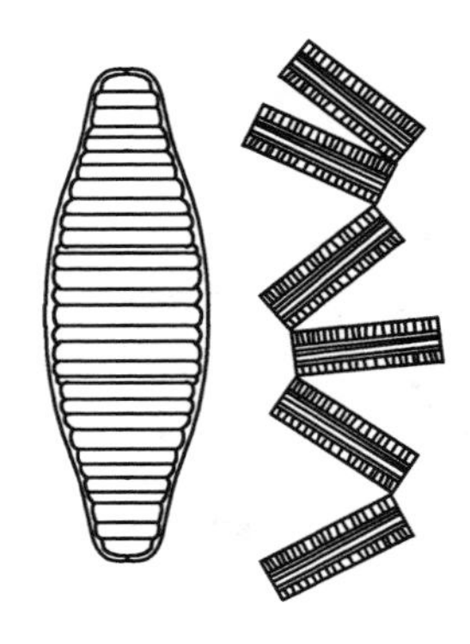

图 10-21　普通等片藻
（*D. vulgare*）

图 10-22　普通等片藻卵圆变种
（*D. vulgare* var. *ovalis*）

图 10-23　长等片藻
（*Diatoma elongatum*）

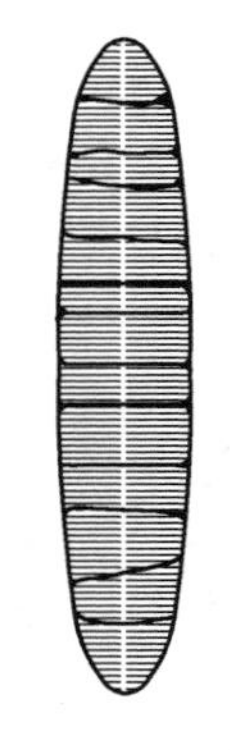

图 10-24　冬季等片藻
（*D. hiemale*）

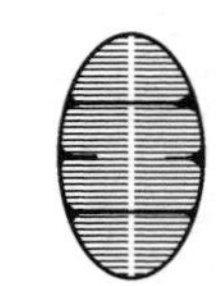

图 10-25　冬季等片藻小型变种
（*D. hiemale* var. *mesodon*）

四、脆杆藻属

脆杆藻属（*Fragilaria*） 细胞以壳面连接成带状群体。壳面长，呈披针形至细长线形，少数呈椭圆形到菱形；中间膨大或收缢。花纹为细线纹或点纹，假壳缝线形。带面呈长方形。常见种类见图 10-26～图 10-38。

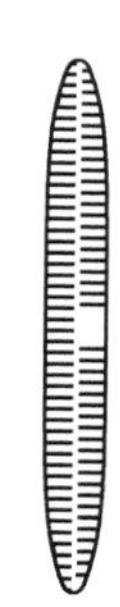

图 10-26 中型脆杆藻（*F. intermidia*）

图 10-27 克洛脆杆藻（*F. crotomensis*）

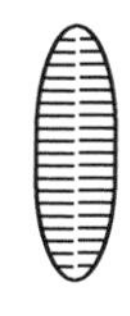

图 10-28 羽纹脆杆藻（*F. pinnata*）

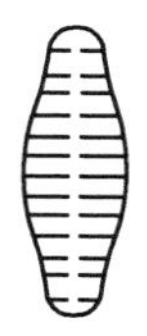

图 10-29 羽纹脆杆藻披针形变种（*F. pinnata* var. *lanzettula*）

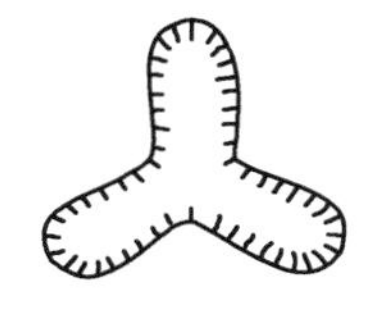

图 10-30 羽纹脆杆藻三角形变种

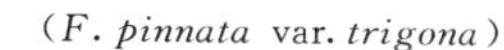

（*F. pinnata* var. *trigona*）

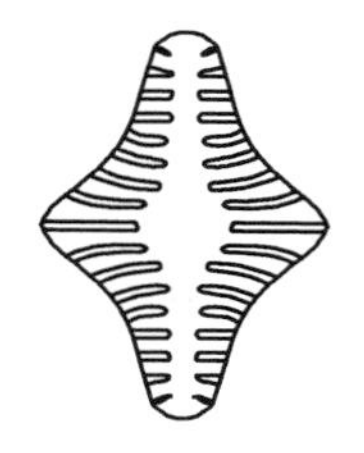

图 10-31 十字脆杆藻（*Fragilaria harrissonii*）

图 10-32 短线脆杆藻（*F. brevistriata*）

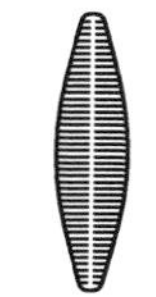

图 10-33 变异脆杆藻（*F. virescens*）

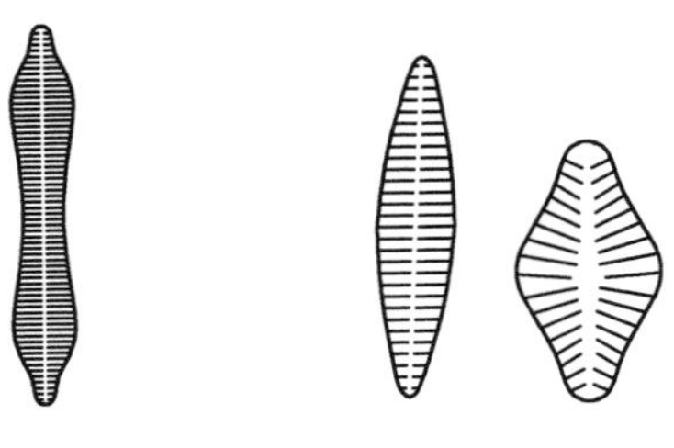

图 10-34 变异脆杆藻中狭变种
(*F. virescens* var. *mesolepta*)

图 10-35 连接脆杆藻
(*F. construens*)

图 10-36 连接脆杆藻双结变种
(*F. construens* var. *venter*)

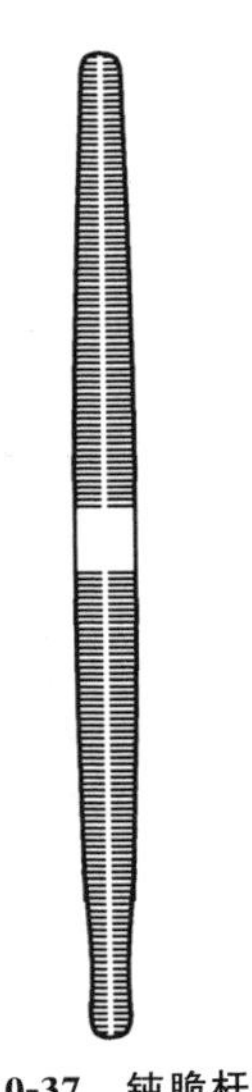

图 10-37 钝脆杆藻
(*F. capucina*)

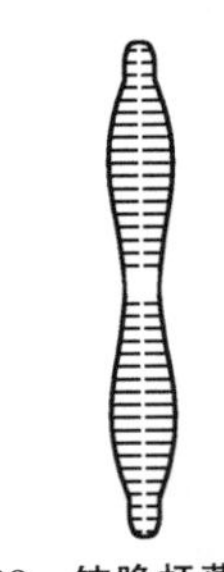

图 10-38 钝脆杆藻中狭变种
(*F. capucina* var. *mesolepta*)

五、针杆藻属

针杆藻属（*Synedra*） 单细胞或放射状群体。细胞为长杆形。壳面呈线形或长披针形，中间到两端略渐变狭或等宽。壳面花纹为横线纹或点纹，壳面中间为无花纹中轴区。带面长方形。有假壳缝。

浮游或着生生活，分布广泛。常见种类见图 10-39～图 10-47。

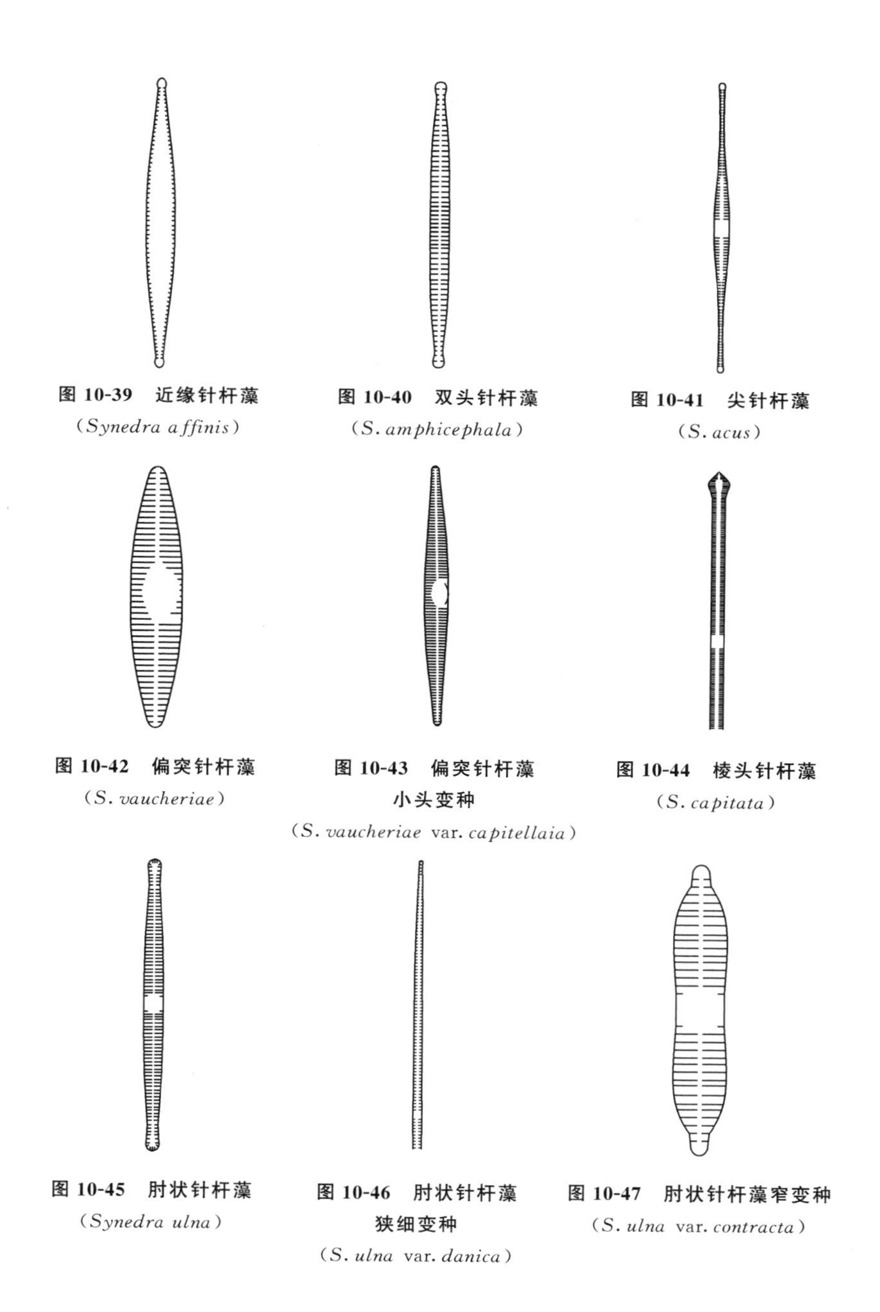

图 10-39 近缘针杆藻 (*Synedra affinis*)

图 10-40 双头针杆藻 (*S. amphicephala*)

图 10-41 尖针杆藻 (*S. acus*)

图 10-42 偏突针杆藻 (*S. vaucheriae*)

图 10-43 偏突针杆藻小头变种 (*S. vaucheriae* var. *capitellaia*)

图 10-44 棱头针杆藻 (*S. capitata*)

图 10-45 肘状针杆藻 (*Synedra ulna*)

图 10-46 肘状针杆藻狭细变种 (*S. ulna* var. *danica*)

图 10-47 肘状针杆藻窄变种 (*S. ulna* var. *contracta*)

六、卵形藻属

卵形藻属（*Cocconeis*） 细胞扁平，呈椭圆形。一壳具壳缝，另一壳有假壳缝。壳纹为排列成直角或稍成辐射状的横线纹或点线纹。常附生在沉水植物等物体上。常见种类见图 10-48～图 10-52。

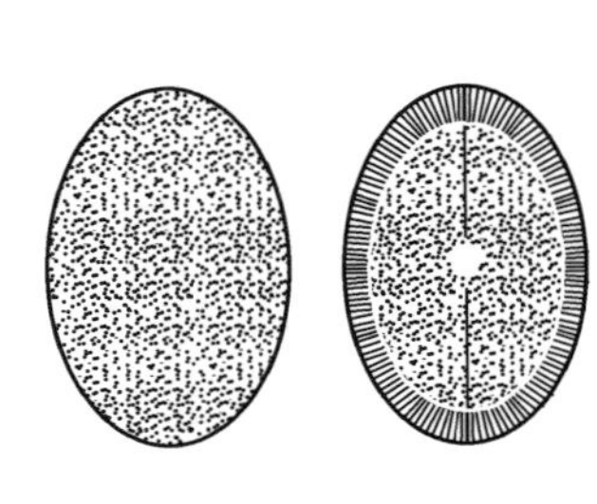

图 10-48　扁圆卵形藻

（*C. placentula*）

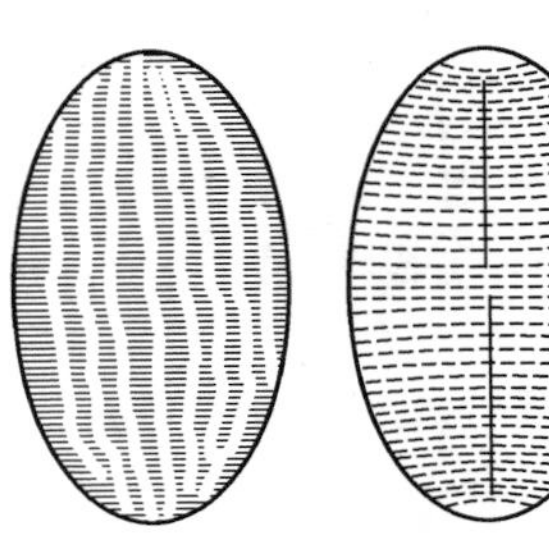

图 10-49　扁圆卵形藻多孔变种

（*C. placentula* var. *euglypta*）

图 10-50　盘形卵形藻

（*C. scutellum*）

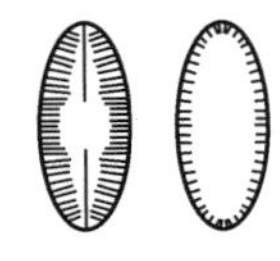

图 10-51　何氏卵形藻

（*C. hustdtii*）

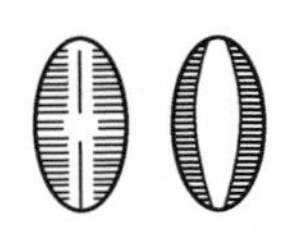

图 10-52　分开卵形藻

（*C. diminuta*）

七、辐节藻属

辐节藻属（*Stauroneis*） 单细胞，少数为带状群体。壳面呈狭椭圆形或线形披针形。中轴区极狭。中央横向扩展形成“辐节”。壳纹为线纹或点纹。常见种类见图 10-53～图 10-58。

八、舟形藻属

舟形藻属（*Navicula*） 单细胞，壳面呈纺锤形或椭圆形。壳缝直，明显。壳面花纹多为点纹或线纹。具中央节和极节。

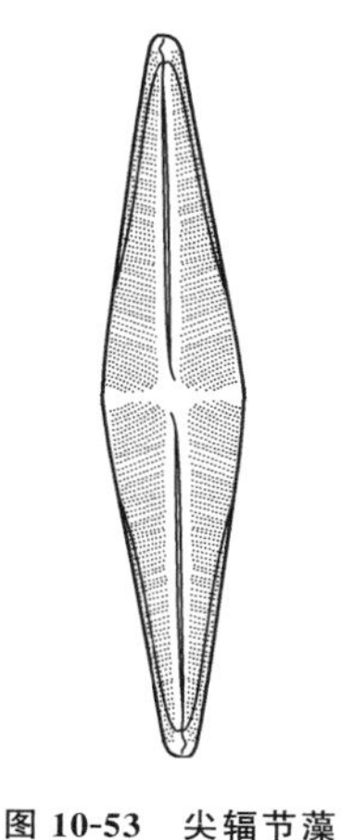

图 10-53 尖辐节藻
(*Stauroneis acuta*)

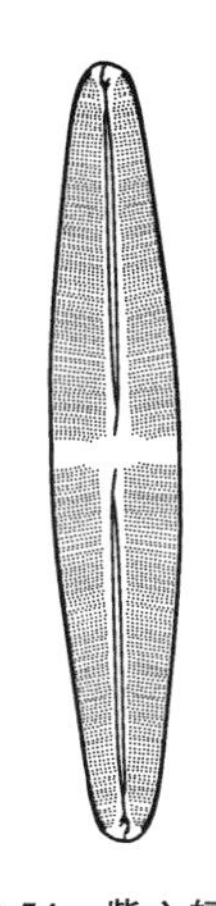

图 10-54 紫心辐节藻
(*S. phoenicenteron*)

图 10-55 短小辐节藻
(*S. pygmaea*)

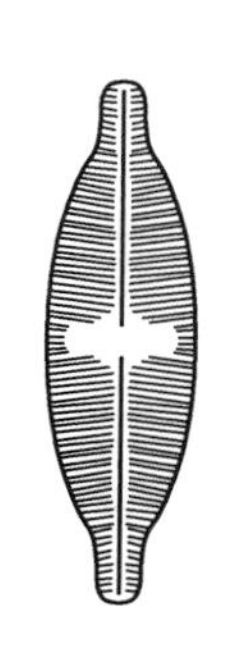

图 10-56 双头辐节藻
(*S. anceps*)

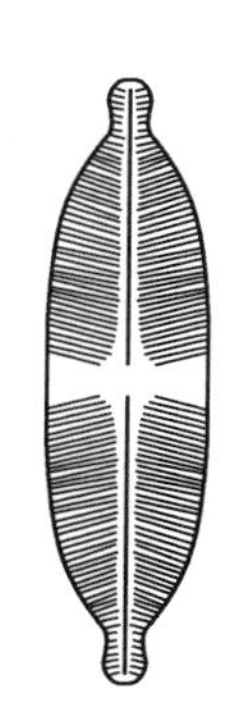

图 10-57 双头辐节藻线形变种
(*S. anceps* f. *linearis*)

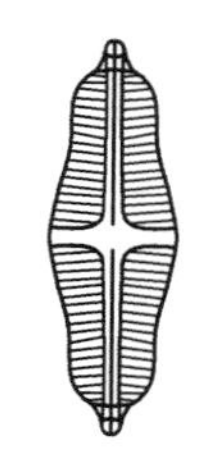

图 10-58 窄缝辐节藻
(*S. smithii*)

种类极多，各类水体均有分布。常见种类见图 10-59～图 10-87。

九、羽纹藻属

羽纹藻属（*Pinnularia*） 多为单细胞。壳面两缘大体平行，两端稍宽，呈头状或喙状，少数种类两缘呈对称的波状起伏。壳面花纹为横肋纹，小型种类肋纹很细，似线纹。壳缝明显。常见种类见图 10-88～图 10-106。

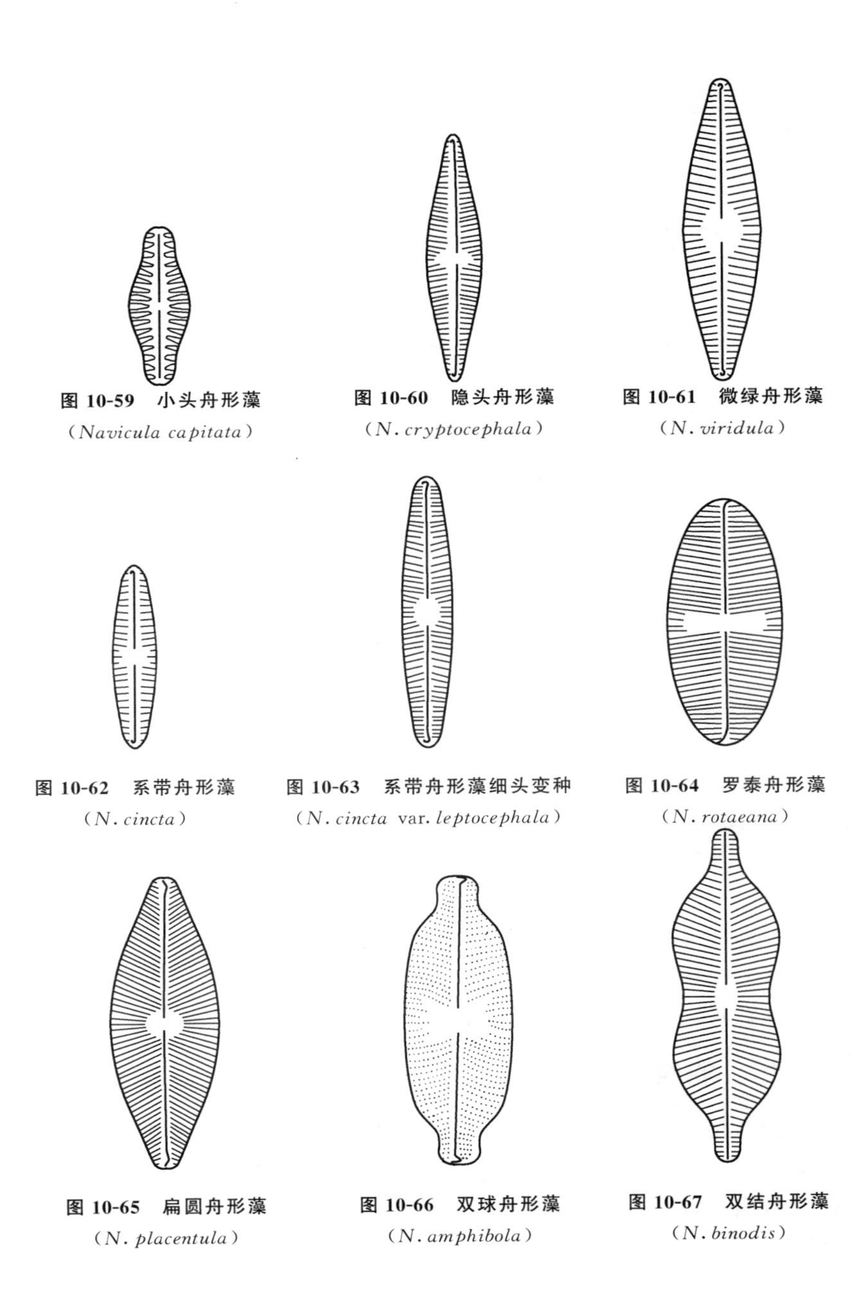

图 10-59　小头舟形藻
（*Navicula capitata*）

图 10-60　隐头舟形藻
（*N. cryptocephala*）

图 10-61　微绿舟形藻
（*N. viridula*）

图 10-62　系带舟形藻
（*N. cincta*）

图 10-63　系带舟形藻细头变种
（*N. cincta* var. *leptocephala*）

图 10-64　罗泰舟形藻
（*N. rotaeana*）

图 10-65　扁圆舟形藻
（*N. placentula*）

图 10-66　双球舟形藻
（*N. amphibola*）

图 10-67　双结舟形藻
（*N. binodis*）

图 10-68 嗜盐舟形藻
(*N. halophila*)

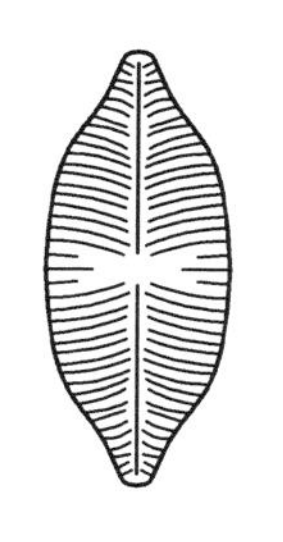

图 10-69 英吉利舟形藻
(*N. anglica*)

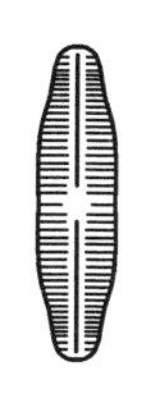

图 10-70 凸出舟形藻
(*N. protracta*)

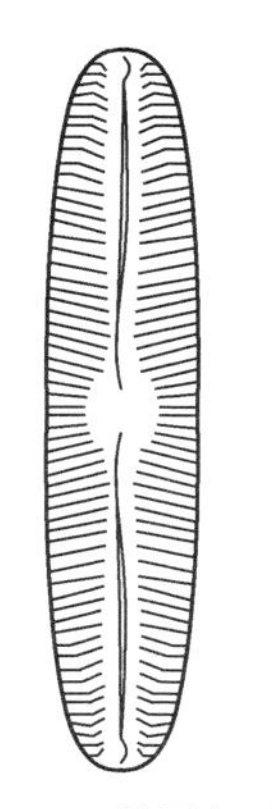

图 10-71 长圆舟形藻
(*Navicula oblonga*)

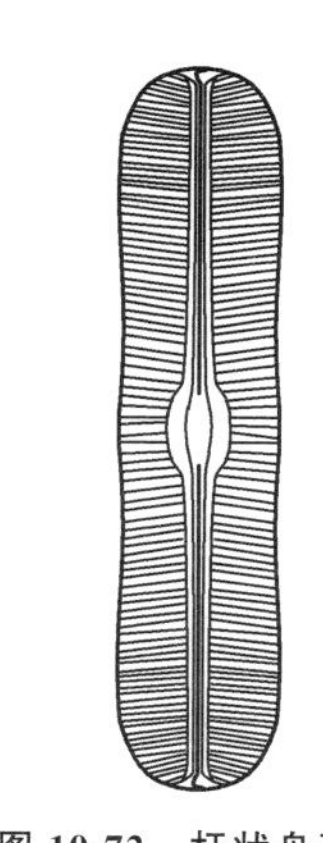

图 10-72 杆状舟形藻
(*N. bacillum*)

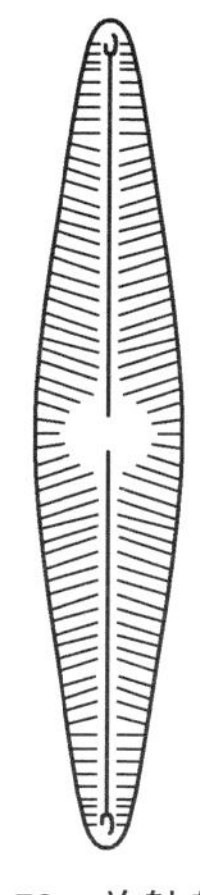

图 10-73 放射舟形藻
(*N. radiosa*)

图 10-74 最小舟形藻
(*N. minima*)

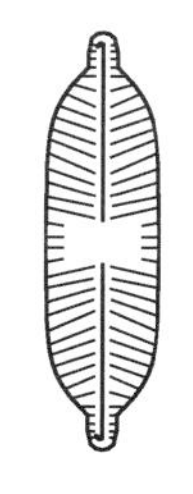

图 10-75 双头舟形藻
(*N. dicephala*)

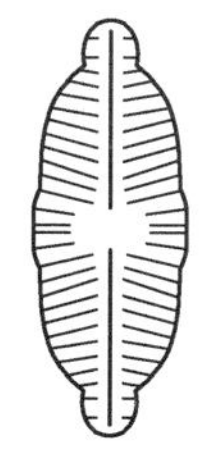

图 10-76 双头舟形藻波边变种
(*N. dicephala* var. *neglecta*)

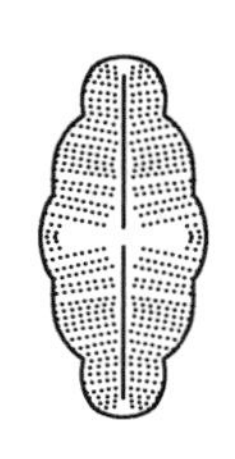

图 10-77 雪生舟形藻

（*N. nivalis*）

图 10-78 短小舟形藻

（*N. exigua*）

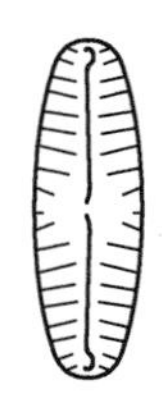

图 10-79 椭圆舟形藻

（*N. schonfeldii*）

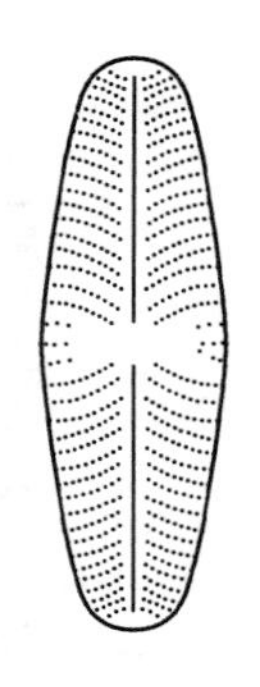

图 10-80 狭轴舟形藻

（*N. verecunda*）

图 10-81 瞳孔舟形藻

（*Navicula pupula*）

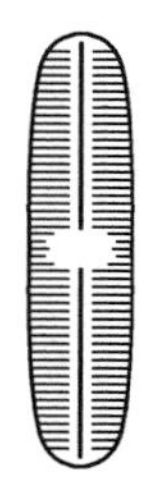

图 10-82 瞳孔舟形藻矩形变种

（*N. pupula* var. *rectangularis*）

图 10-83 瞳孔舟形藻小头变种

（*N. minima* var. *capitata*）

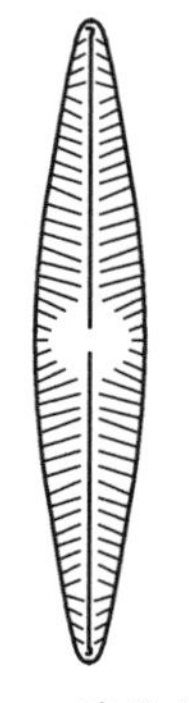

图 10-84 喙头舟形藻

（*N. rhynchocephala*）

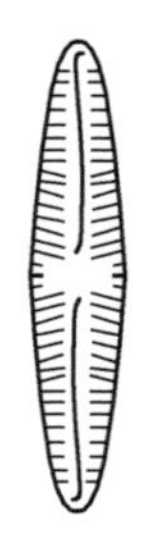

图 10-85 卡里舟形藻

（*N. cari*）

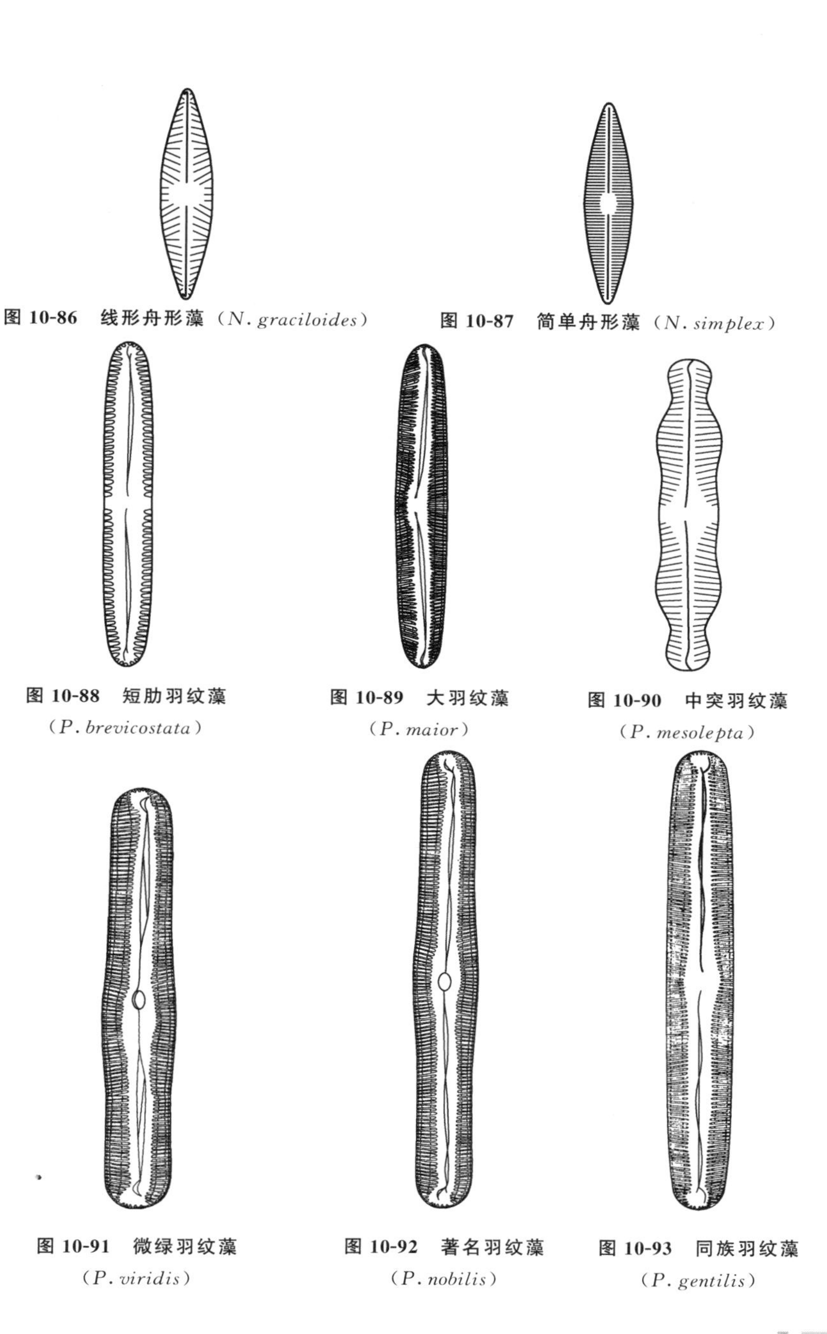

图 10-86 线形舟形藻（*N. graciloides*）

图 10-87 简单舟形藻（*N. simplex*）

图 10-88 短肋羽纹藻（*P. brevicostata*）

图 10-89 大羽纹藻（*P. maior*）

图 10-90 中突羽纹藻（*P. mesolepta*）

图 10-91 微绿羽纹藻（*P. viridis*）

图 10-92 著名羽纹藻（*P. nobilis*）

图 10-93 同族羽纹藻（*P. gentilis*）

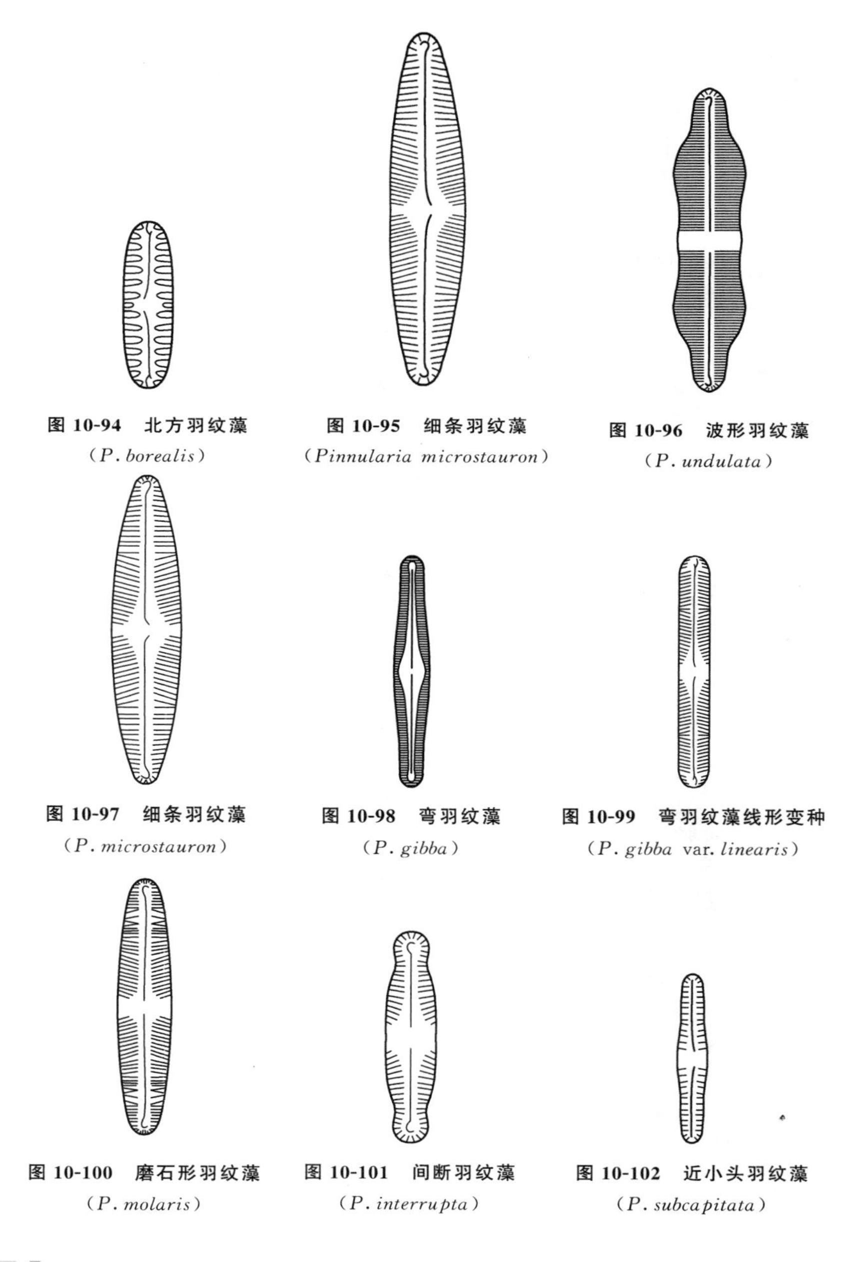

图 10-94　北方羽纹藻
（*P. borealis*）

图 10-95　细条羽纹藻
（*Pinnularia microstauron*）

图 10-96　波形羽纹藻
（*P. undulata*）

图 10-97　细条羽纹藻
（*P. microstauron*）

图 10-98　弯羽纹藻
（*P. gibba*）

图 10-99　弯羽纹藻线形变种
（*P. gibba* var. *linearis*）

图 10-100　磨石形羽纹藻
（*P. molaris*）

图 10-101　间断羽纹藻
（*P. interrupta*）

图 10-102　近小头羽纹藻
（*P. subcapitata*）

图 10-103　歧纹羽纹藻
（*Pinnularia divergentissima*）

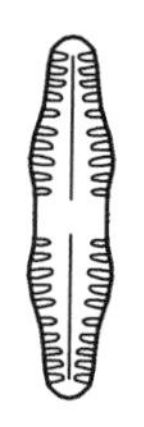

图 10-104　细条羽纹藻双波变型
（*P. microstauron* f. *biundulata*）

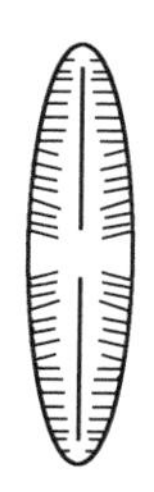

图 10-105　细条羽纹藻小变型
（*Pinnularia microstauron* f. *diminuta*）

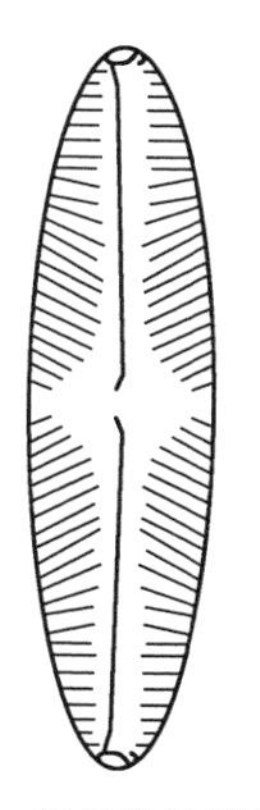

图 10-106　细条羽纹藻布雷变种
（*P. microstauron* var. *brebissonii*）

十、异极藻属

异极藻属（*Gomphonema*）　又称异端藻。壳面呈棒状或线状披针状，两端不对称，一端比另一端粗。以胶质柄着生。常见种类见图 10-107～图 10-121。

十一、桥弯藻属

桥弯藻属（*Cymbella*）　壳面呈半月形至近纺锤形。壳面两侧不对称，有明显的背、腹两侧，背侧凸出、腹侧平直或中部略凸出。壳缝多偏向腹侧。常见种类见图 10-122～图 10-140。

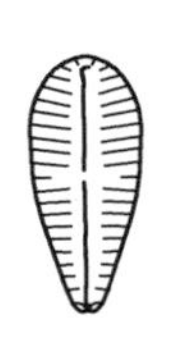

图 10-107　橄榄形异极藻

(*Gomphonema olivaceum*)

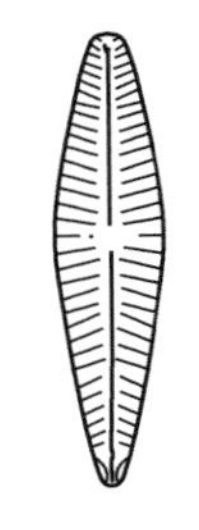

图 10-108　窄异极藻

(*G. angustatum*)

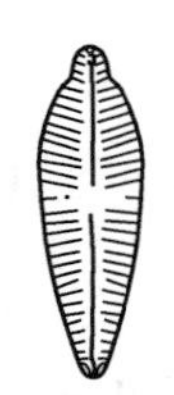

图 10-109　窄异极藻延长变种

(*G. angustatum* var. *producta*)

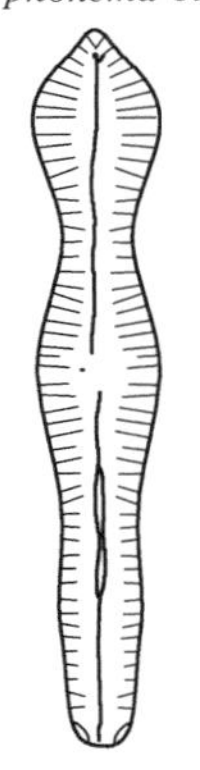

图 10-110　尖异极藻

(*G. acuminatum*)

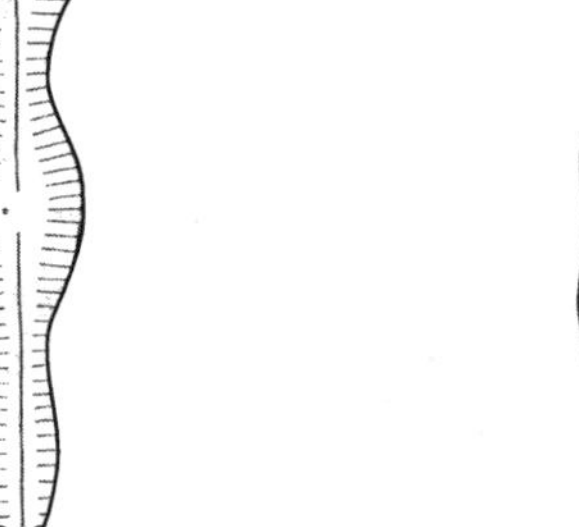

图 10-111　尖异极藻花冠变种

(*G. acuminatum* var. *coronata*)

图 10-112　尖异极藻布雷变种

(*G. acuminatum* var. *brebissonii*)

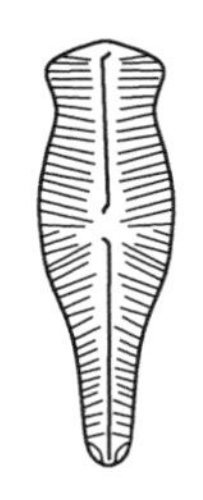

图 10-113　缢缩异极藻

(*Gomphonema constrictum*)

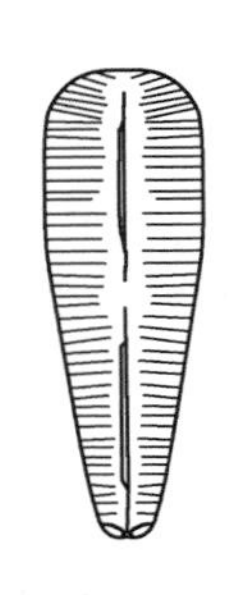

图 10-114　缢缩异极藻头状变种

(*G. constrictum* var. *capitata*)

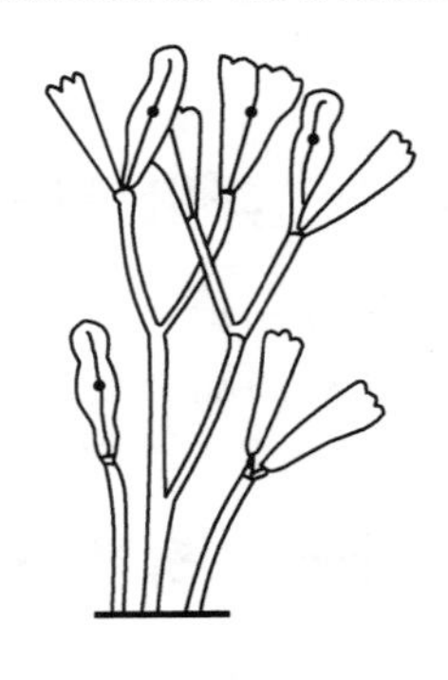

图 10-115　缢缩异极藻群体

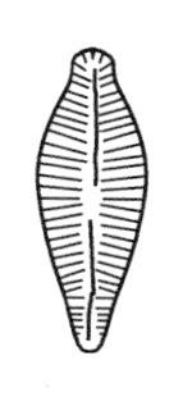

图 10-116 微细异极藻
(*G. parvulum*)

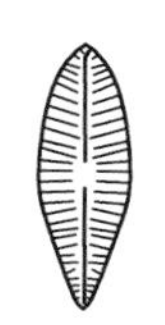

图 10-117 微细异极藻近椭圆变种
(*G. parvulum* var. *subelliptica*)

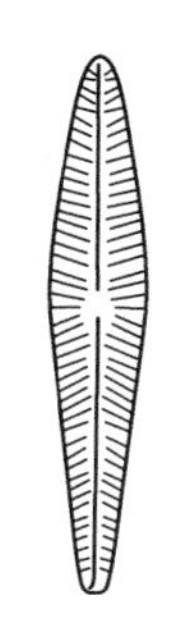

图 10-118 纤细异极藻
(*G. gracile*)

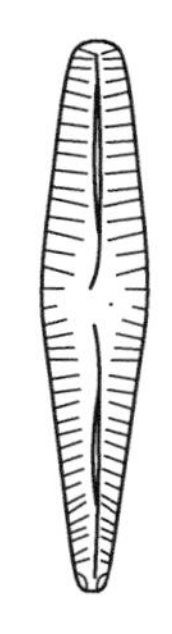

图 10-119 中间异极藻
(*G. intricatum*)

图 10-120 中间异极藻矮小变种
(*G. intricatum* var. *pumila*)

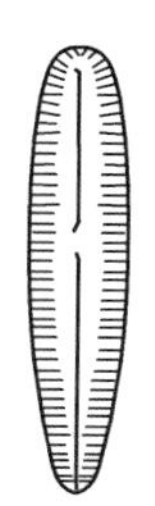

图 10-121 短缝异极藻
(*G. abbreviatum*)

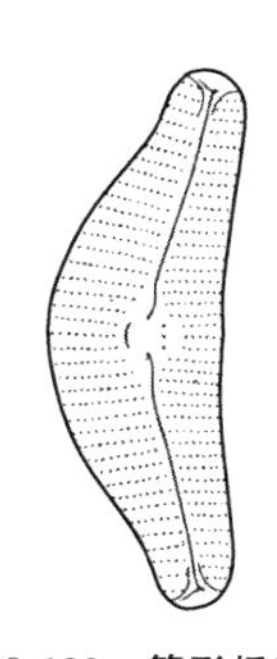

图 10-122 箱形桥弯藻
(*Cymbella cistula*)

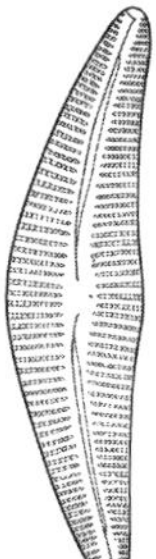

图 10-123 新月桥弯藻
(*C. cymbiformis*)

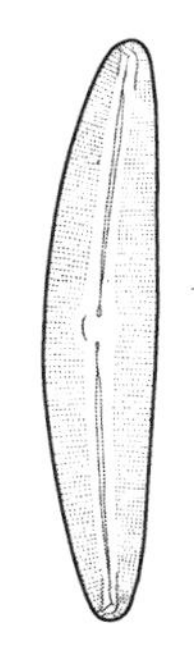

图 10-124 粗糙桥弯藻
(*C. aspera*)

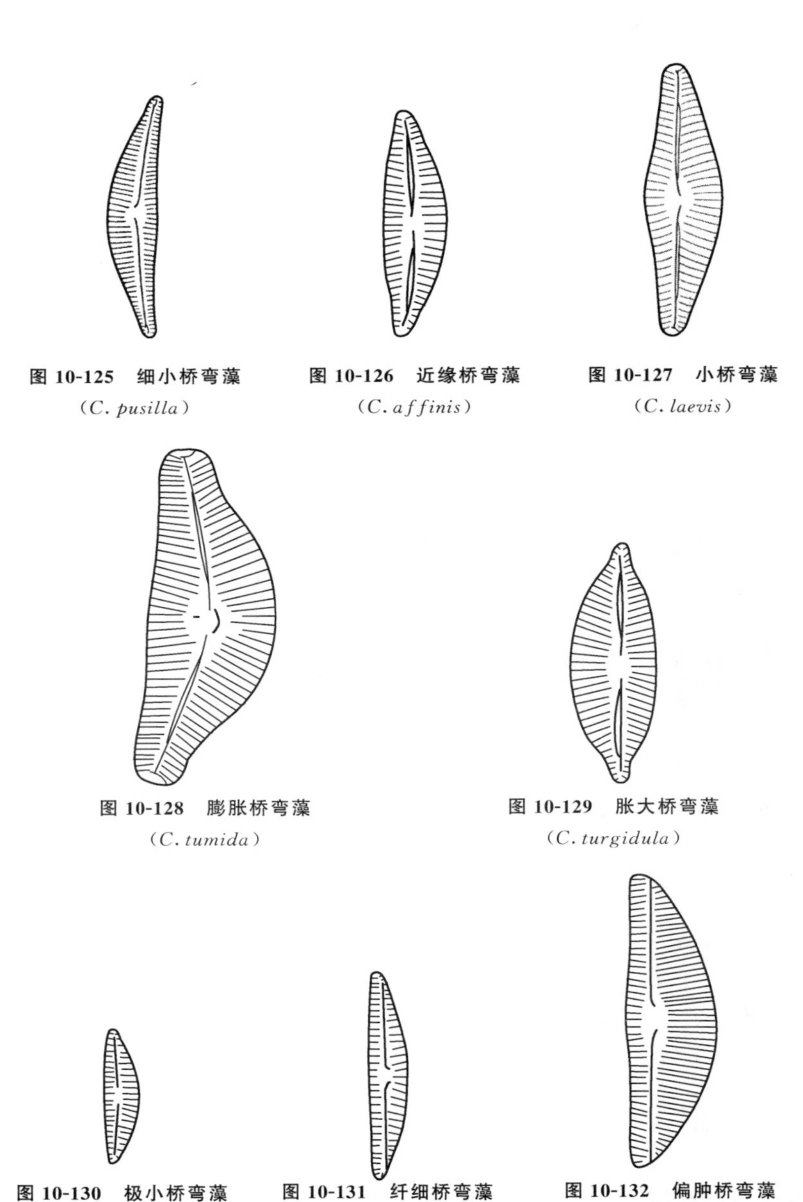

图 10-125 细小桥弯藻
(*C. pusilla*)

图 10-126 近缘桥弯藻
(*C. affinis*)

图 10-127 小桥弯藻
(*C. laevis*)

图 10-128 膨胀桥弯藻
(*C. tumida*)

图 10-129 胀大桥弯藻
(*C. turgidula*)

图 10-130 极小桥弯藻
(*Cymbella perpusilla*)

图 10-131 纤细桥弯藻
(*C. gracilis*)

图 10-132 偏肿桥弯藻
(*C. ventricosa*)

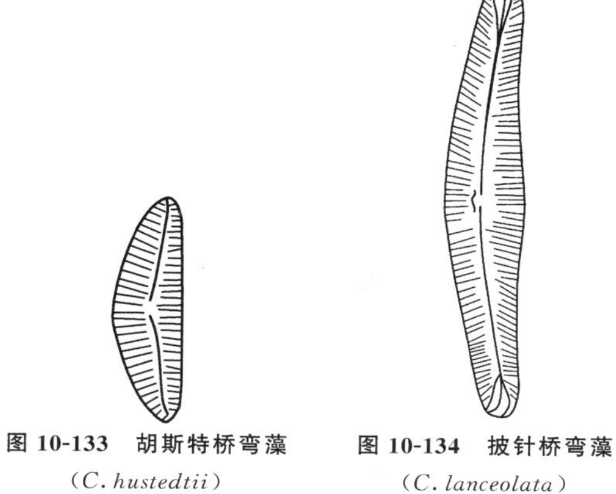

图 10-133 胡斯特桥弯藻

（*C. hustedtii*）

图 10-134 披针桥弯藻

（*C. lanceolata*）

图 10-135 微细桥弯藻

（*C. parva*）

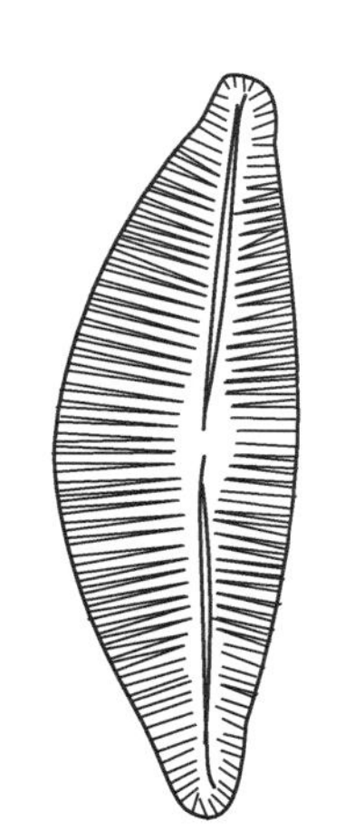

图 10-136 埃伦桥弯藻

（*C. ehrenbergii*）

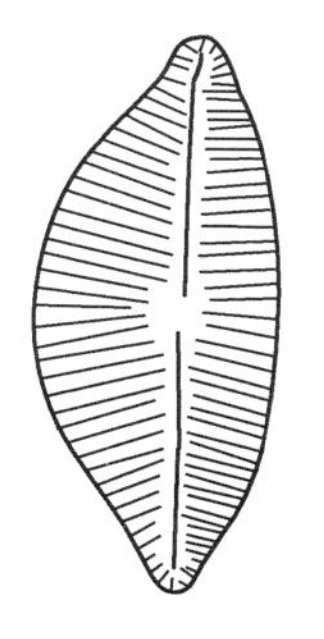

图 10-137 尖头桥弯藻

（*C. cuspidata*）

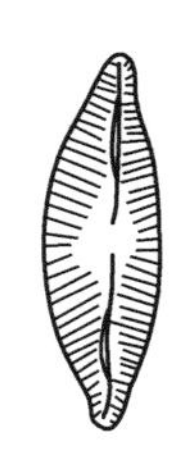

图 10-138　舟形桥弯藻
（*Cymbella naviculiformis*）

图 10-139　优美桥弯藻
（*C. delicatula*）

图 10-140　澳大利亚桥弯藻
（*C. austriaca*）

十二、曲壳藻属

曲壳藻属（*Achnanthes*）　壳面呈线形披针形或线形椭圆形，两端对称。壳体弯曲，带面观时上壳凸出、下壳凹入。壳面花纹多为点纹或线纹。上壳为假壳缝，下壳为真壳缝。

广泛分布与各类水体，常见种类见图 10-141～图 10-150（每一种图示为上壳及下壳）。

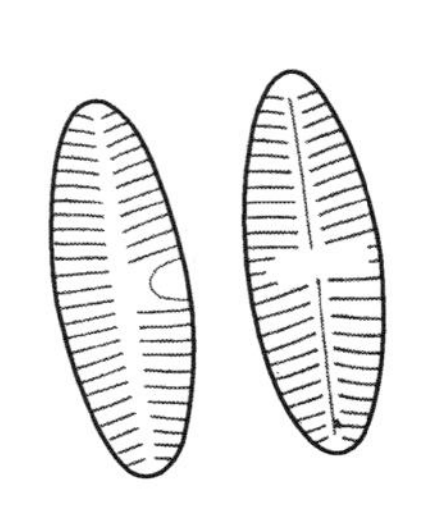

图 10-141　披针曲壳藻
（*A. lanceolata*）

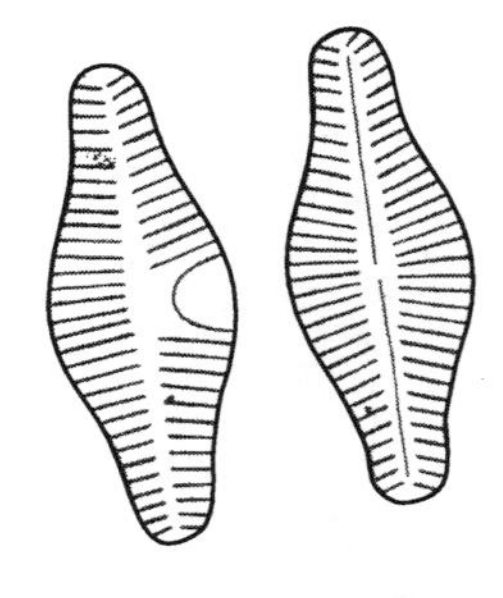

图 10-142　披针曲壳藻喙头变种
（*A. lanceolata* var. *rostrata*）

十三、双菱藻属

双菱藻属（*Surirella*）　壳面呈卵圆形至近于长方形，有时中部收缢。壳体平直或呈螺旋状扭曲。壳面边缘有龙骨。壳面具横肋纹，肋纹间有横线纹。常见种类见图 10-151～图 10-165。

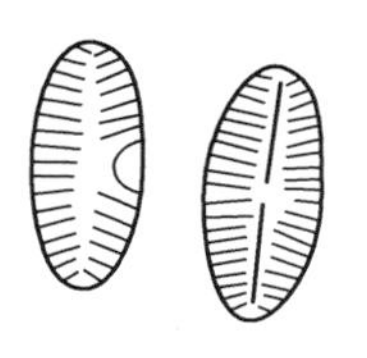

图 10-143 披针曲壳藻椭圆变种
(*A. lanceolata* var. *ellitica*)

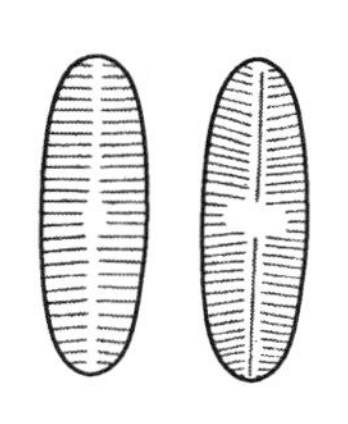

图 10-144 线形曲壳藻
(*A. linearis*)

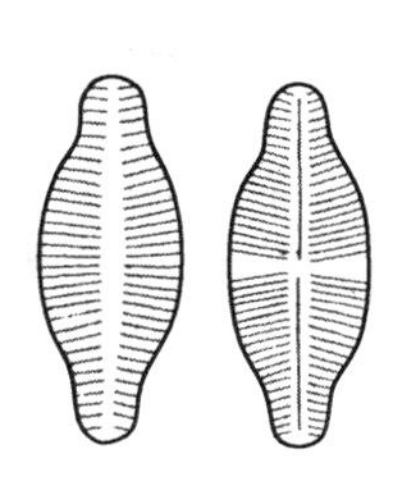

图 10-145 短小曲壳藻
(*A. exigua*)

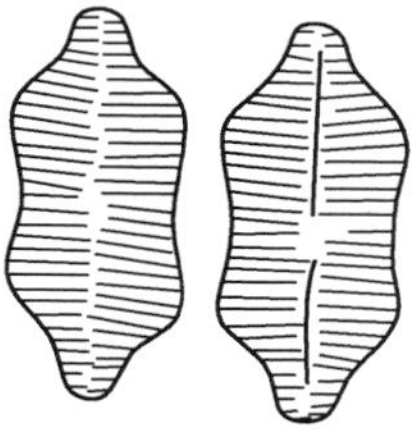

图 10-146 短小曲壳藻缢缩变种
(*A. exigua* var. *constricta*)

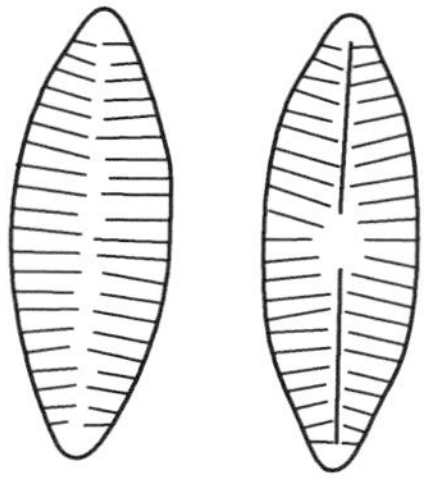

图 10-147 优美曲壳藻
(*Achnanthes delicatula*)

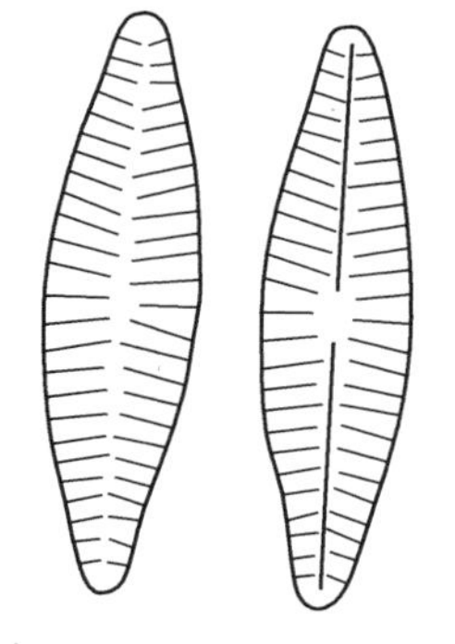

图 10-148 海德曲壳藻
(*A. heideni*)

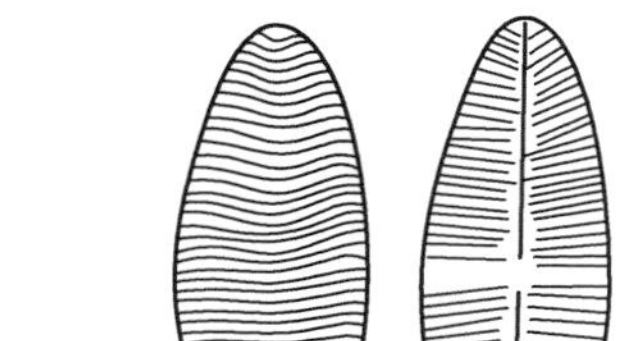

图 10-149 波缘曲壳藻
(*A. crenulata*)

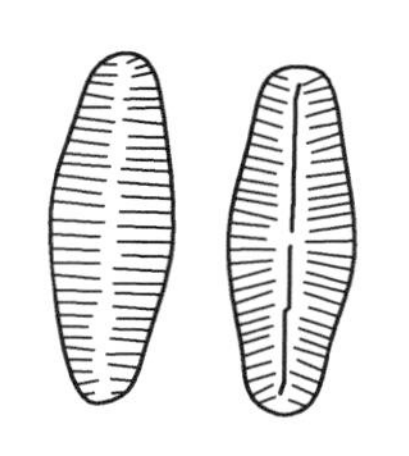

图 10-150 比索曲壳藻
(*A. biasolettiana*)

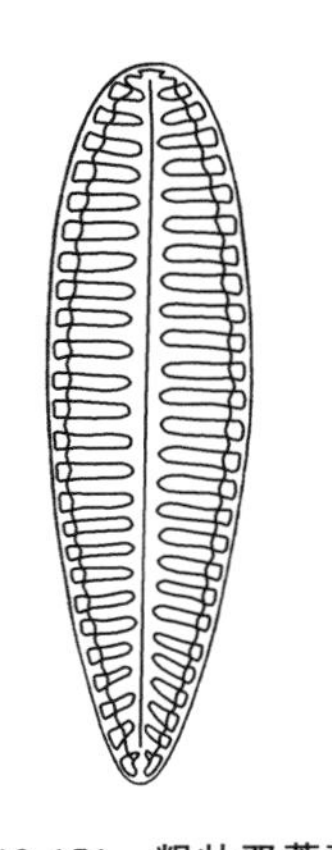

图 10-151　粗壮双菱藻
（*S. robusta*）

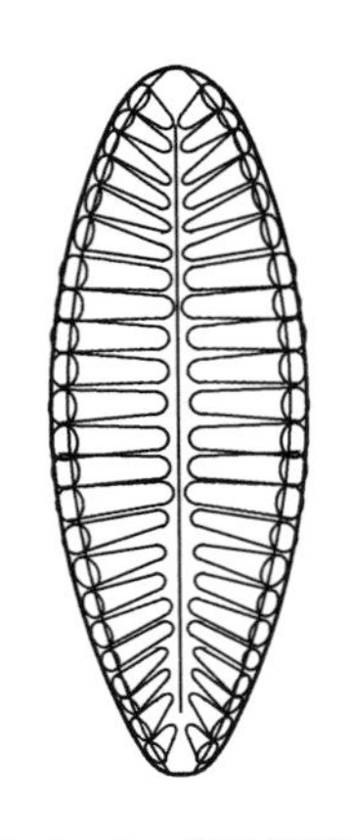

图 10-152　粗壮双菱藻纤细变种
（*S. robusta* var. *splindida*）

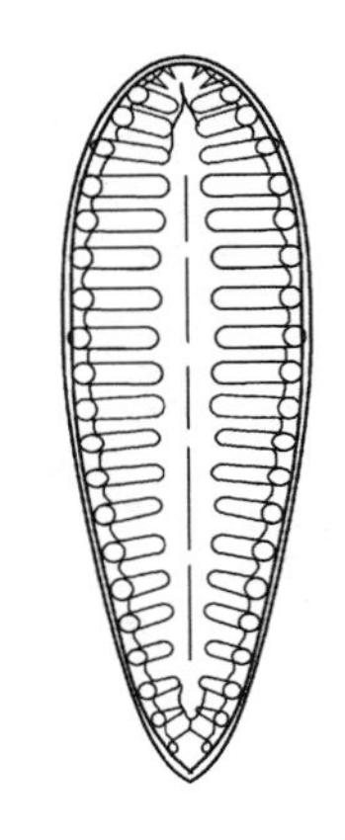

图 10-153　端毛双菱藻
（*S. caoronii*）

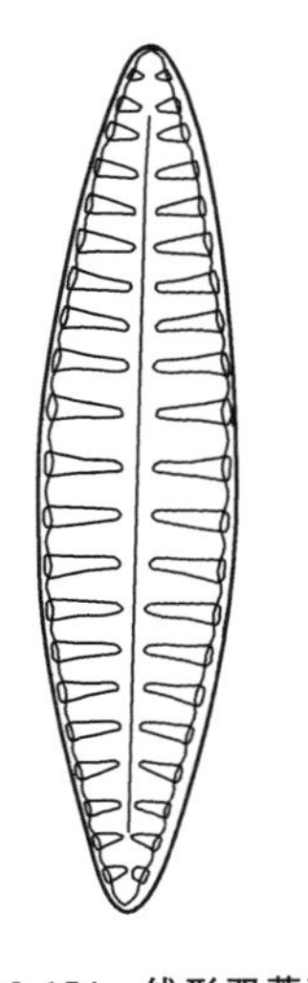

图 10-154　线形双菱藻
（*Surirella linearis*）

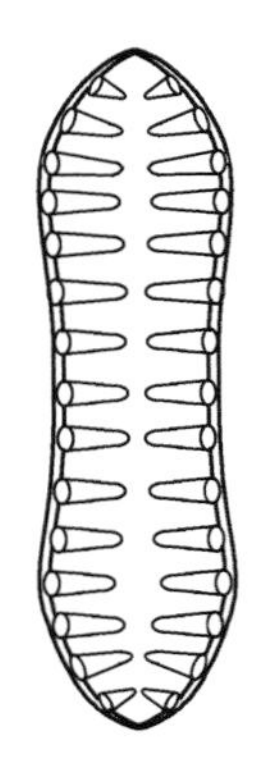

图 10-155　线形双菱藻缢缩变种
（*S. linearis* var. *constricta*）

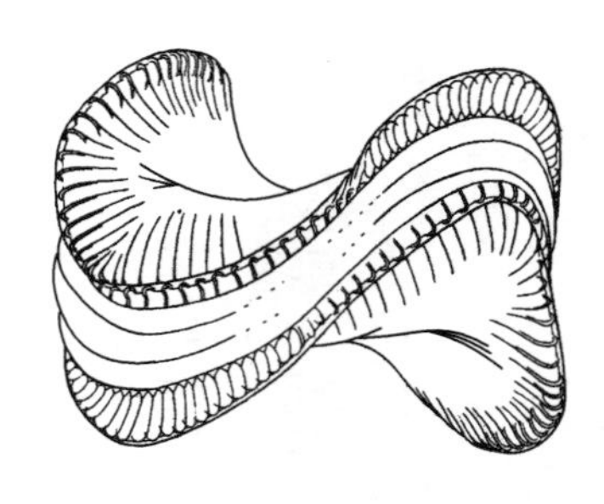

图 10-156　螺旋双菱藻
（*S. spiralis*）

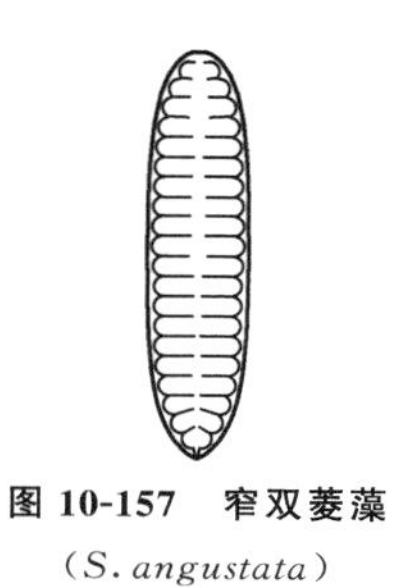

图 10-157　窄双菱藻

(*S. angustata*)

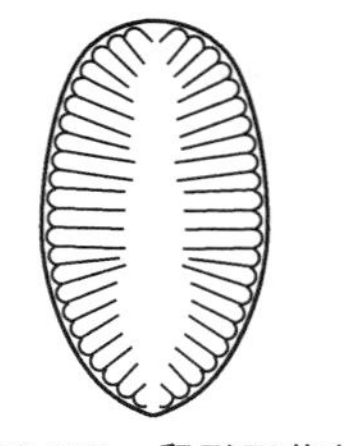

图 10-158　卵形双菱藻

(*S. ovata*)

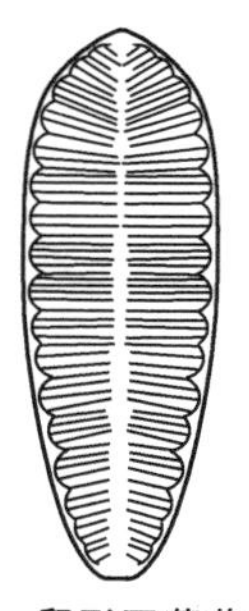

图 10-159　卵形双菱藻羽纹变种

(*S. ovata* var. *pinnata*)

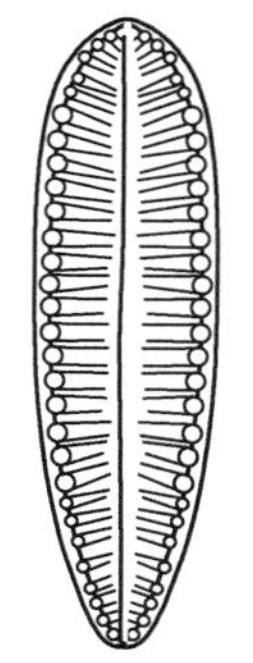

图 10-160　柔弱双菱藻

(*S. tenera*)

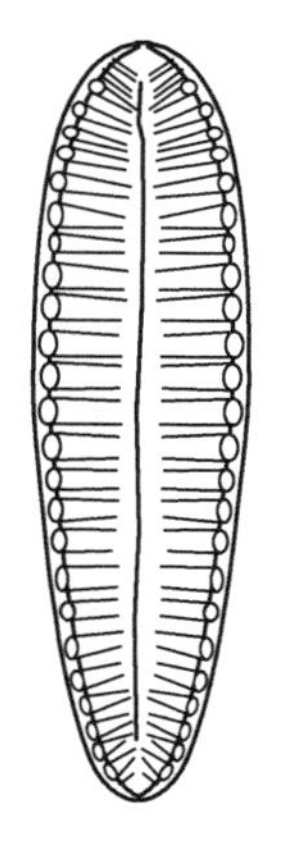

图 10-161　具脉柔弱双菱藻

(*S. tenera* var. *nervosa*)

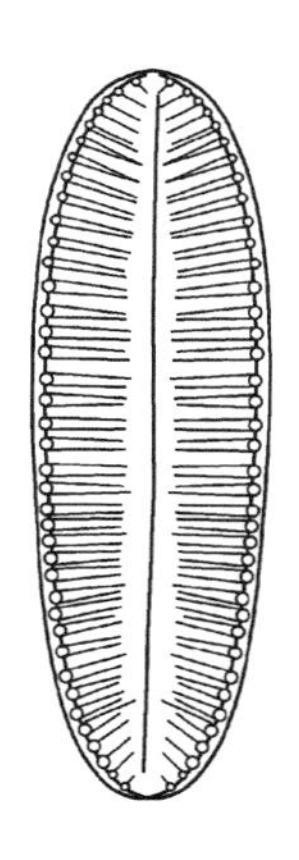

图 10-162　美丽双菱藻

(*S. elegans*)

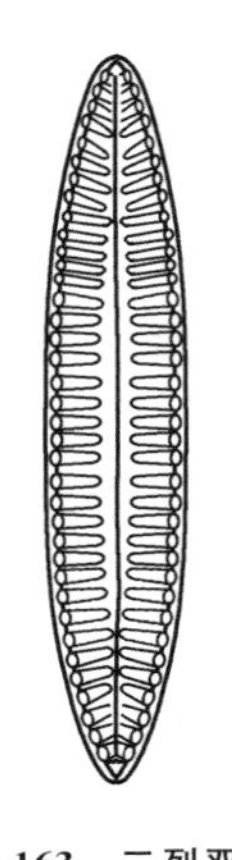

图 10-163　二列双菱藻
(*Surirella. biseriata*)

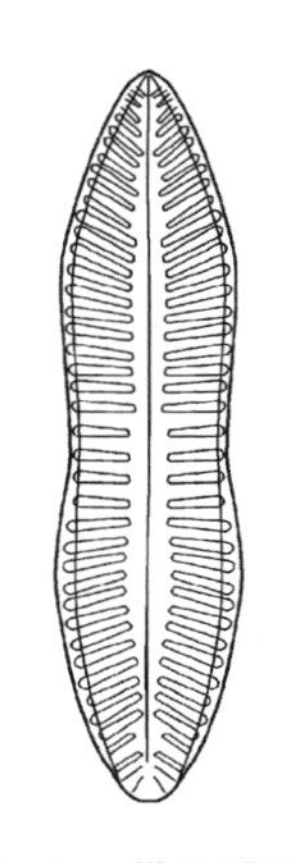

图 10-164　缢二列双菱藻
(*S. biseriata* var. *morphe*)

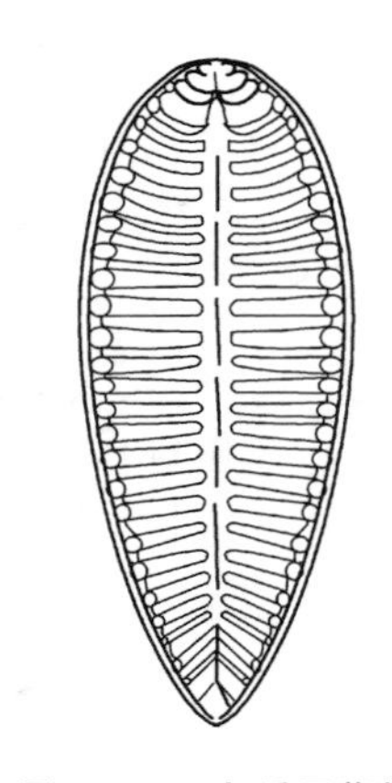

图 10-165　加氏双菱藻
(*S. capronii*)

十四、窗纹藻属

窗纹藻属（*Epithemia*）　壳体多呈半月形，有背腹之分，背侧凸出，腹侧稍有凹入，末端钝圆或近头状。管壳缝呈 V 形。壳面花纹为呈网眼状的窝孔纹。为淡水和半咸水种类。常见种类见图 10-166～图 10-172。

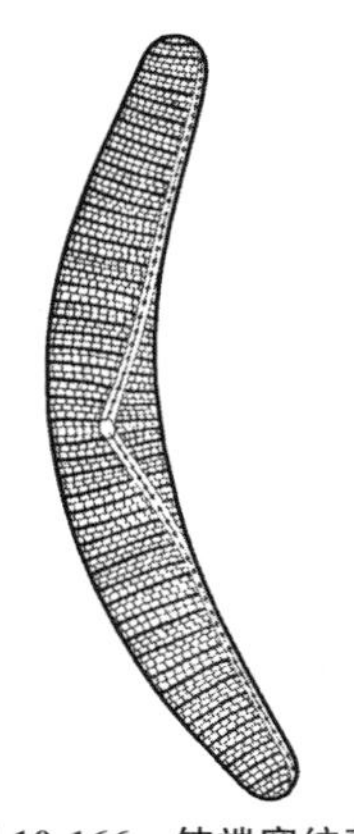

图 10-166　钝端窗纹藻
(*E. hyndmanii*)

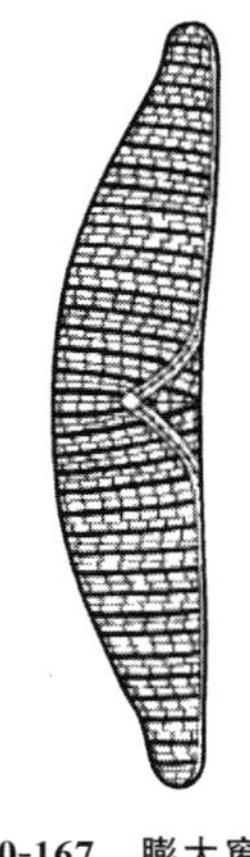

图 10-167　膨大窗纹藻
(*E. turgida*)

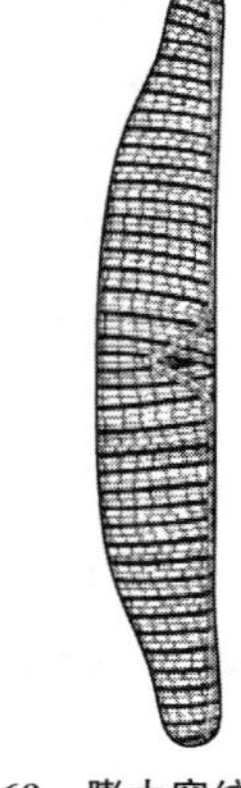

图 10-168　膨大窗纹藻颗粒变种
(*E. turgida* var. *granulata*)

图 10-169　光亮窗纹藻
（*Epithemia argus*）

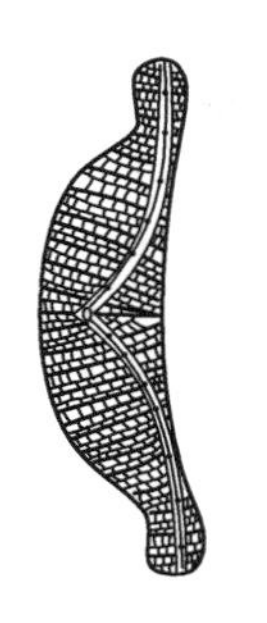

图 10-170　鼠形窗纹藻
（*E. sorex*）

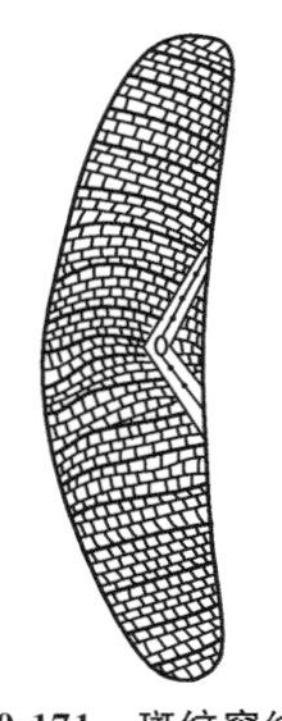

图 10-171　斑纹窗纹藻
（*E. zebra*）

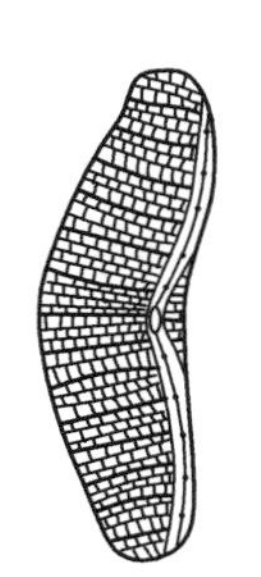

图 10-172　斑纹窗纹藻索桑变种
（*E. zebra* var. *saxonica*）

十五、菱形藻属

菱形藻属（*Nitzschia*） 细胞呈棒形。壳面呈线形或披针形，两端呈尖或钝。壳面一侧有龙骨突，上下壳的龙骨突不在同一侧。常见种类见图 10-173～图 10-181。

十六、硅藻门其他种类

见图 10-182～图 10-205。

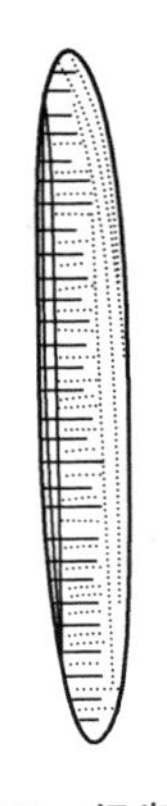

图 10-173 细齿菱形藻
(*N. denticula*)

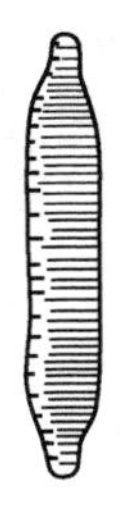

图 10-174 池生菱形藻
(*N. stagnorum*)

图 10-175 小头菱形藻
(*N. microcephala*)

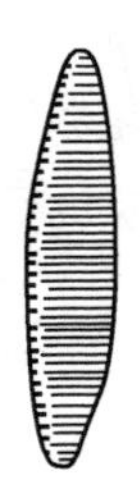

图 10-176 肋缝菱形藻
(*Nitzschia frustulum*)

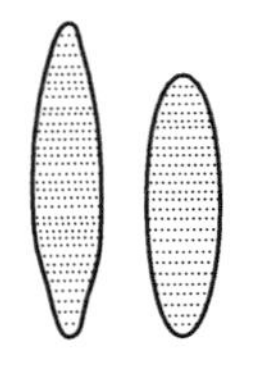

图 10-177 双头菱形藻
(*N. amphibia*)

图 10-178 泉生菱形藻
(*N. fonticola*)

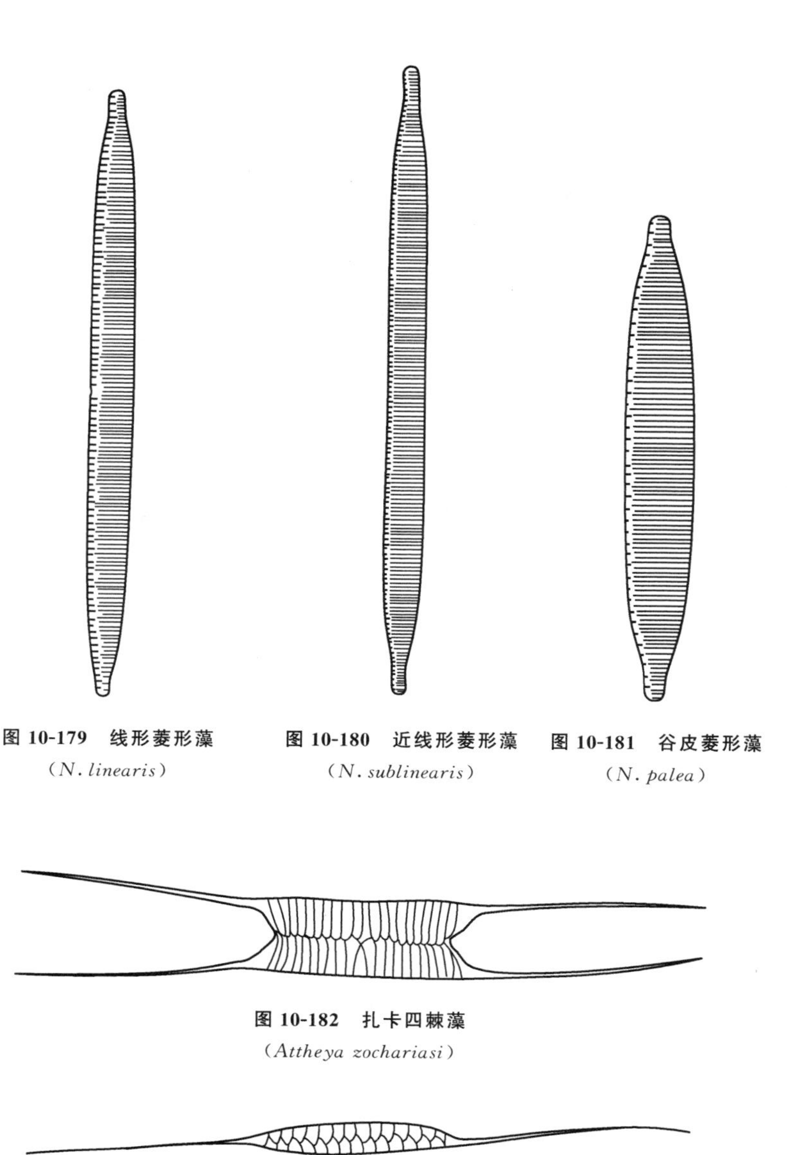

图 10-179 线形菱形藻
(*N. linearis*)

图 10-180 近线形菱形藻
(*N. sublinearis*)

图 10-181 谷皮菱形藻
(*N. palea*)

图 10-182 扎卡四棘藻
(*Attheya zochariasi*)

图 10-183 长刺根管藻
(*Rhizololenia longiseta*)

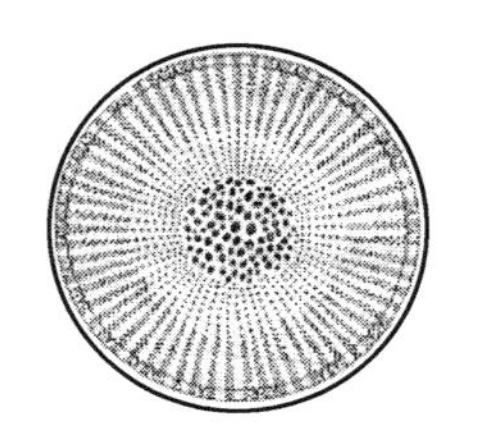

图 10-184 星形冠盘藻
（*Stephanodiscus astraea*）

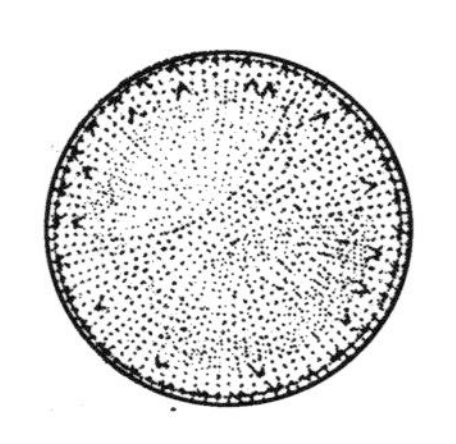

图 10-185 湖沼圆筛藻
（*Coscinodiscus lacustris*）

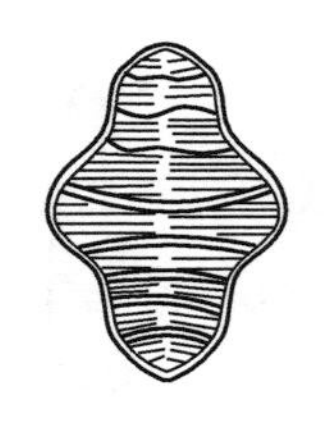

图 10-186 湖沼四环藻
（*Tetracyclus lacustris*）

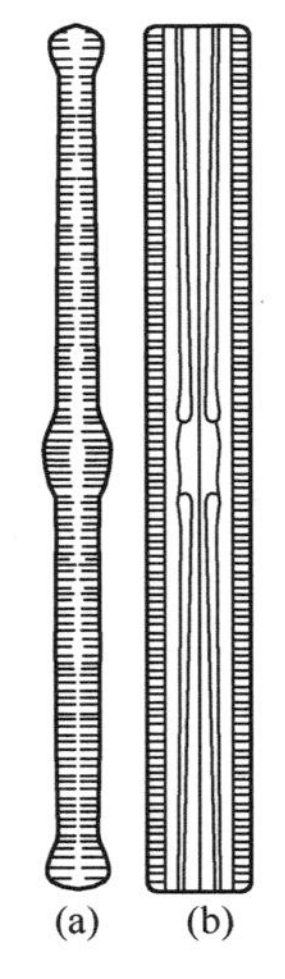

图 10-187 窗格平板藻
（*Tabellaria fenestrata*）
（a）壳面；（b）带面

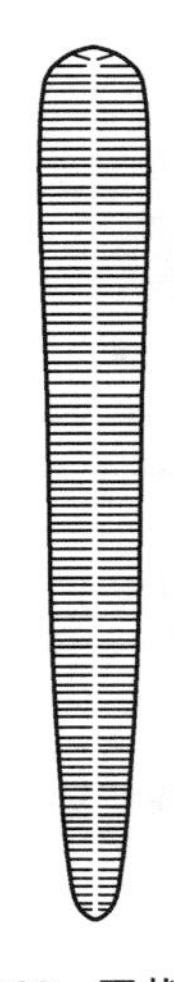

图 10-188 环状扇形藻
（*Meridion circulare*）

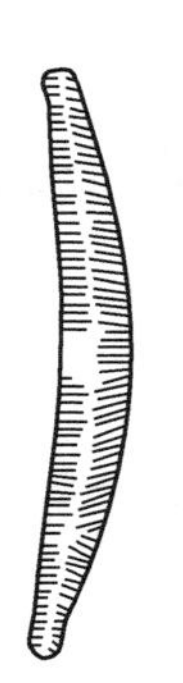

图 10-189 弧形峨眉藻（*Ceratoneis arcus*）

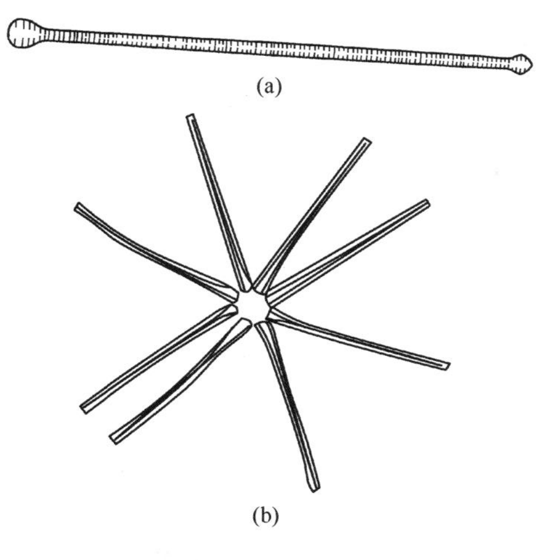

图 10-190　美丽星杆藻

(*Asterionella formosa*)

(a) 壳面；(b) 群体带面

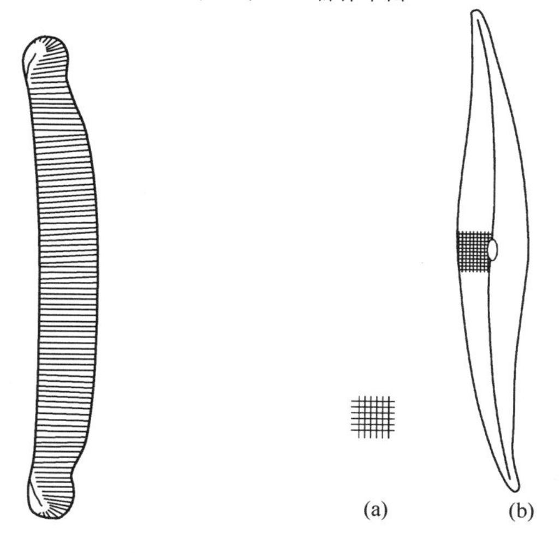

图 10-191　篦形短缝藻

(*Eunotia pectinalis*)

图 10-192　尖布纹藻

(*Gyrosigma acuminatum*)

(a) 花纹；(b) 壳面

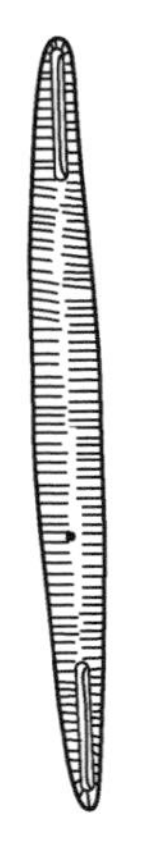

图 10-193 透明双肋藻

(*Amphipleura pellucida*)

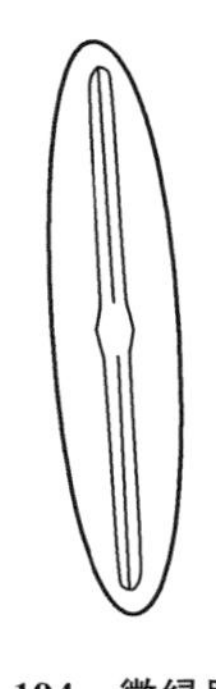

图 10-194 微绿肋缝藻

(*Frustulia viridula*)

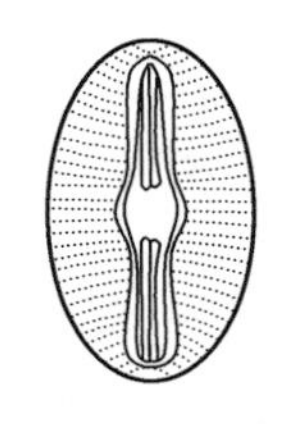

图 10-195 卵圆双壁藻

(*Diploneis ovalis*)

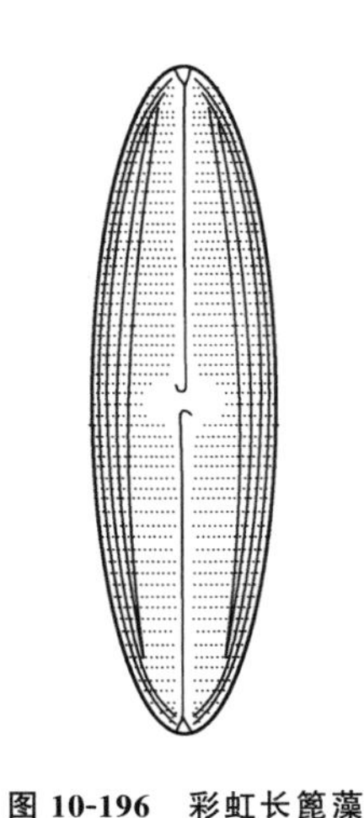

图 10-196 彩虹长篦藻

(*Neidium iridis*)

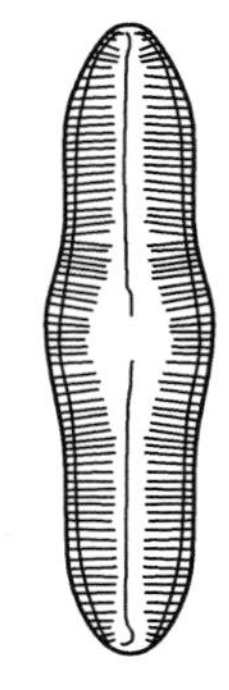

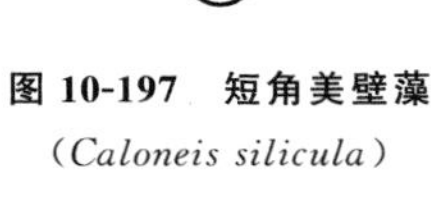

图 10-197 短角美壁藻

(*Caloneis silicula*)

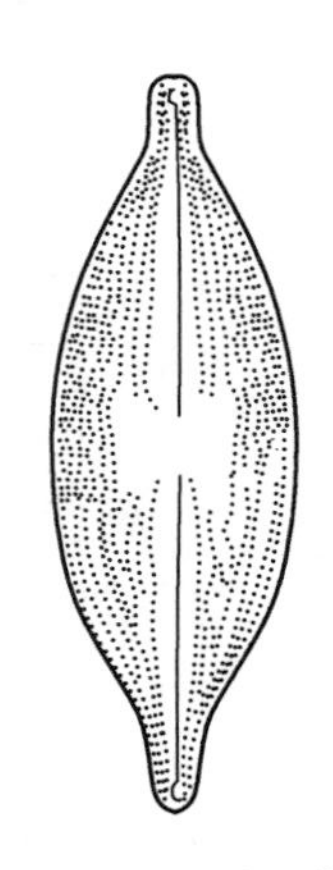

图 10-198 圆孔异菱藻

(*Anomoeoneis sphaerophora*)

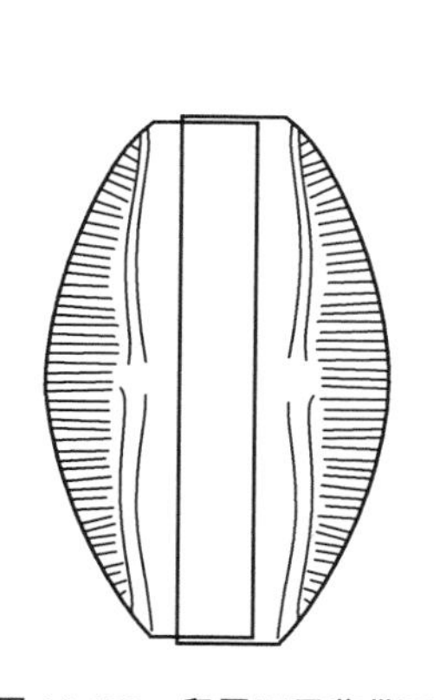

图 10-199 卵圆双眉藻带面
(*Amphora ovalis*)

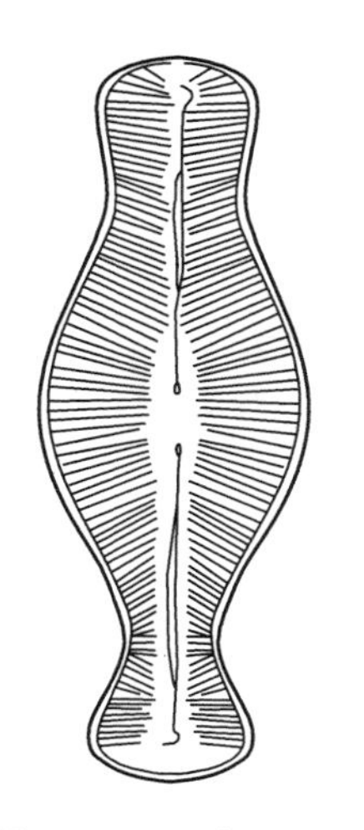

图 10-200 双生双楔藻
(*Didymosphenia geminata*)

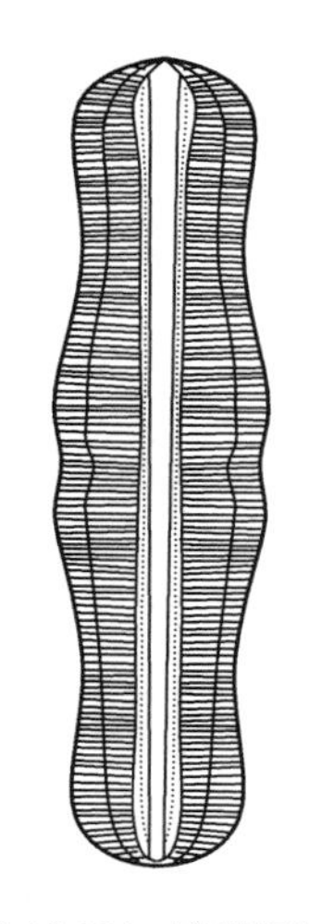

图 10-201 弯棒杆藻
(*Rhopalodia gibba*)

图 10-202 窄细齿藻
(*Denticula tenuis*)

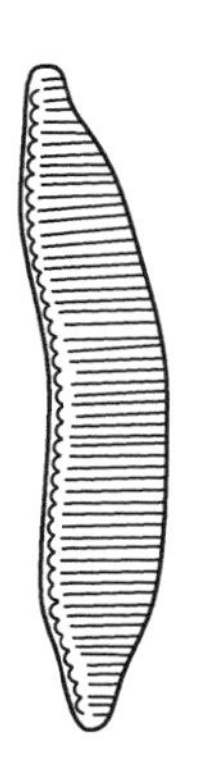

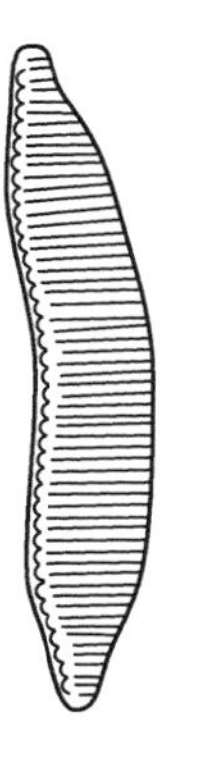

图 10-203 双尖菱板藻
(*Hantzschia amphixys*)

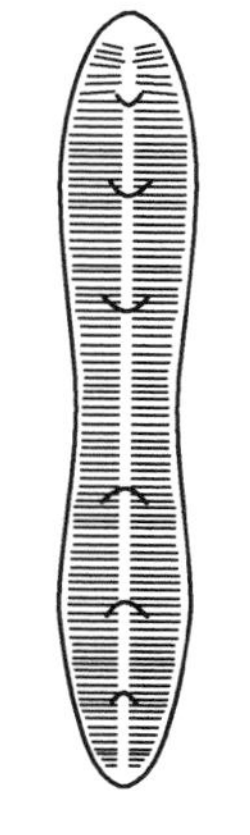

图 10-204 草鞋形波缘藻
(*Cymatopleura solea*)

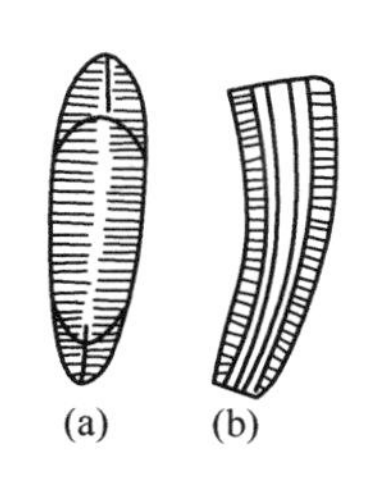

图 10-205 弯形弯楔藻
(*Rhoicosphenia curvata*)
(a) 壳面；(b) 带面

第十一章

绿藻门

一、衣藻属

衣藻属（*Chamydomonas*） 单细胞，细胞呈球形、卵形、椭球形等。具2条等长的鞭毛，能运动。有1个红色眼点。色素体大型，1个，杯状。

喜生活在有机质丰富的小型水体中，有的种类大量繁殖可形成水华。常见种类见图11-1～图11-21。

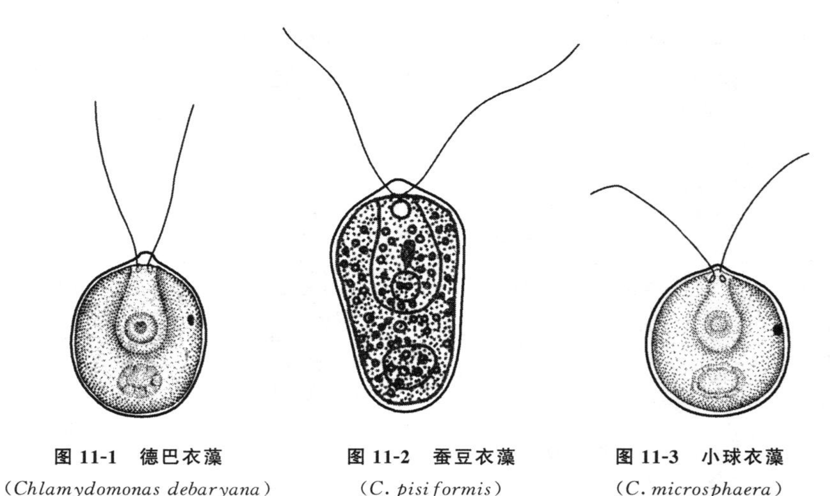

图11-1　德巴衣藻
（*Chlamydomonas debaryana*）

图11-2　蚕豆衣藻
（*C. pisiformis*）

图11-3　小球衣藻
（*C. microsphaera*）

二、翼膜藻属

翼膜藻属（*Pteromonas*） 特征与衣藻相似，主要区别为翼膜

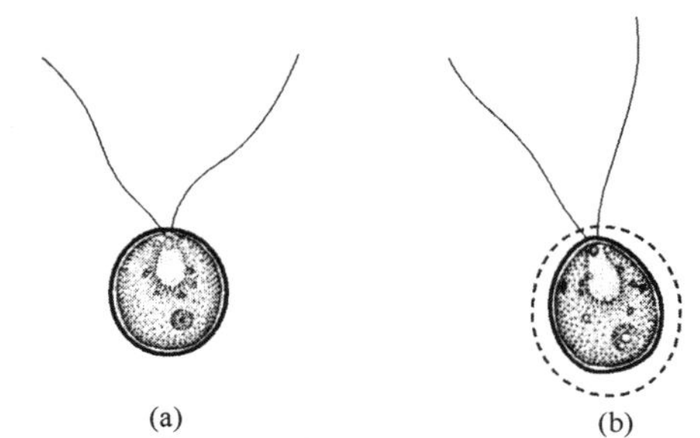

图 11-4　球衣藻（*C. globosa*）

（a）个体；（b）具有明显胶被的个体

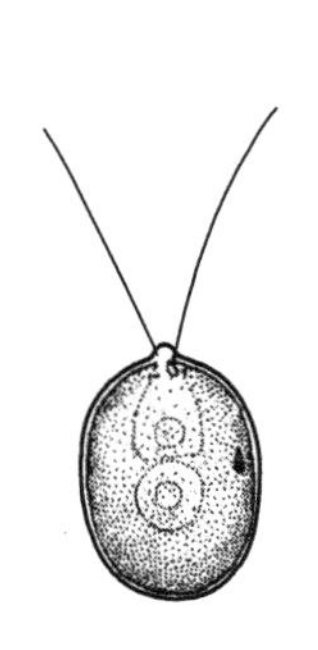

图 11-5　逗点衣藻

（*C. komma*）

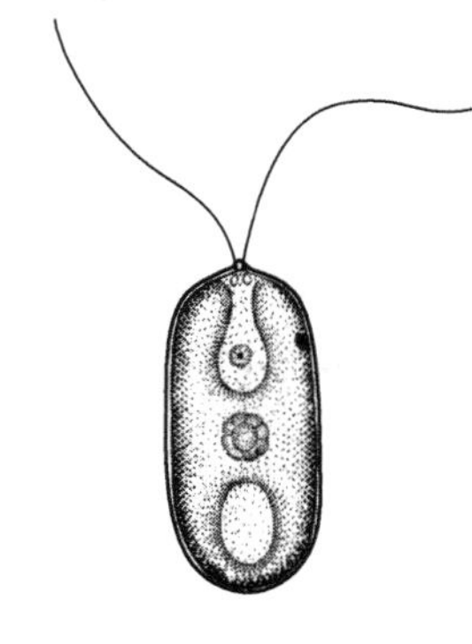

图 11-6　突变衣藻

（*C. mutabilis*）

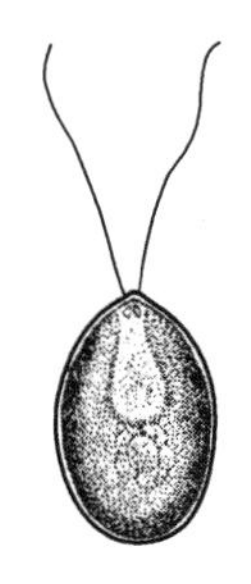

图 11-7　斯诺衣藻

（*C. snowiae*）

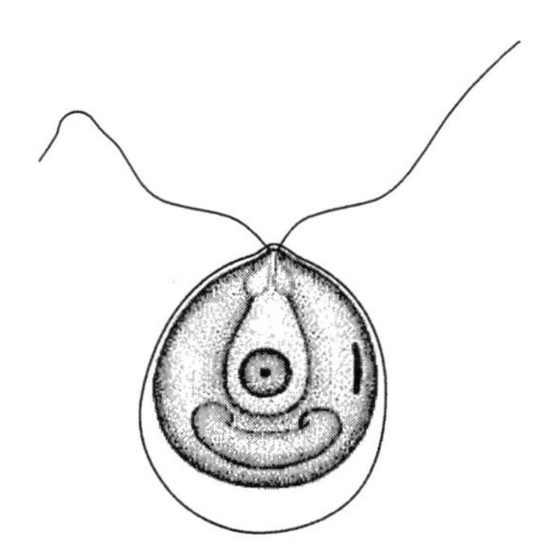

图 11-8　布朗衣藻（*C. braunii*）

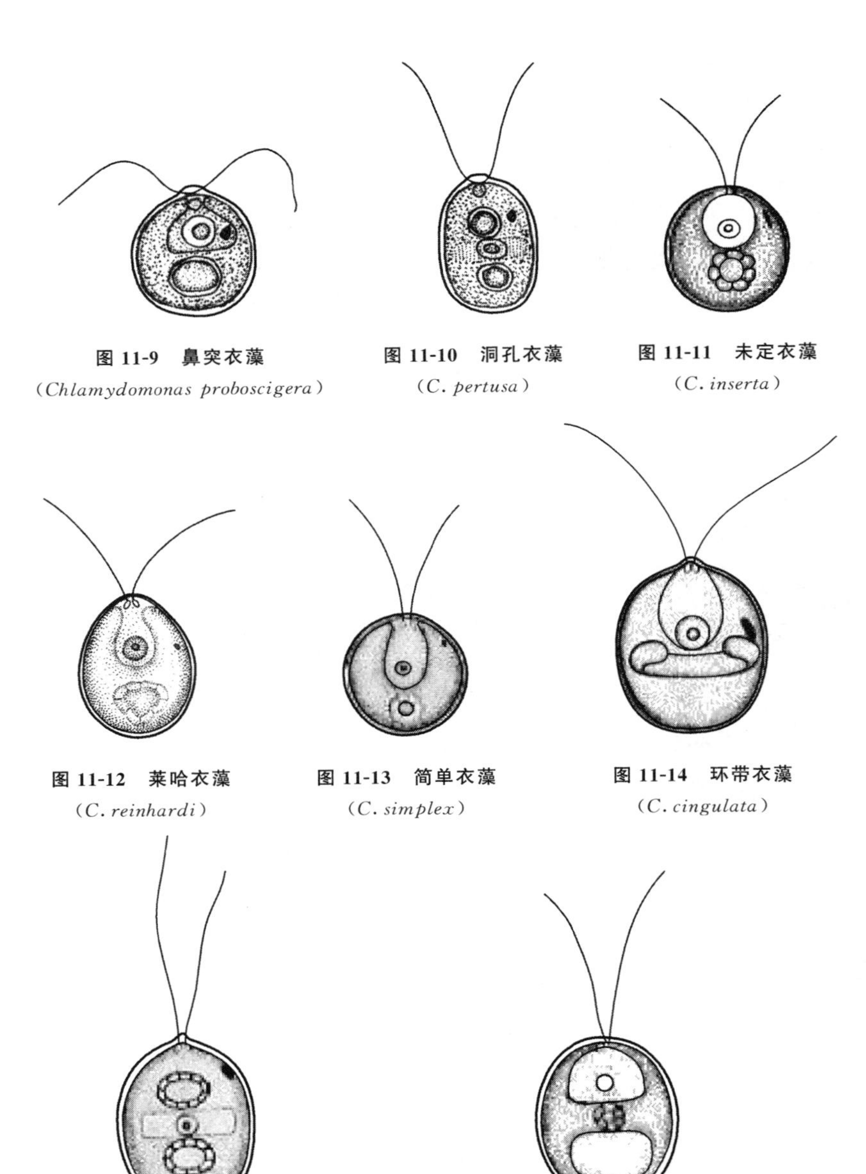

图 11-9　鼻突衣藻
（*Chlamydomonas proboscigera*）

图 11-10　洞孔衣藻
（*C. pertusa*）

图 11-11　未定衣藻
（*C. inserta*）

图 11-12　莱哈衣藻
（*C. reinhardi*）

图 11-13　简单衣藻
（*C. simplex*）

图 11-14　环带衣藻
（*C. cingulata*）

图 11-15　具孔衣藻（*C. pertusa*）

图 11-16　瓦尔登堡衣藻（*C. waldenburgensis*）

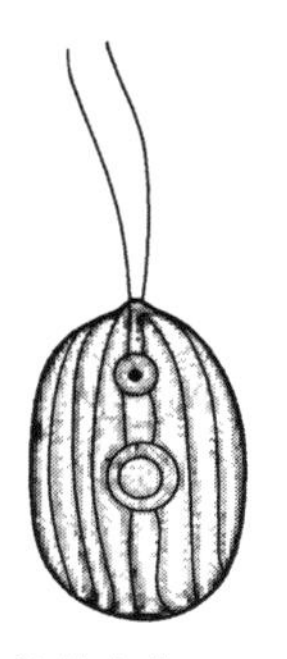

图 11-17　轮状衣藻（*C. tornensis*）

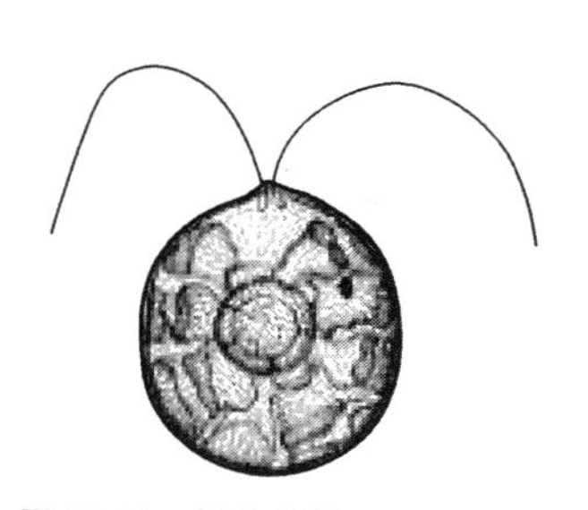

图 11-18　星芒衣藻（*C. stellata*）

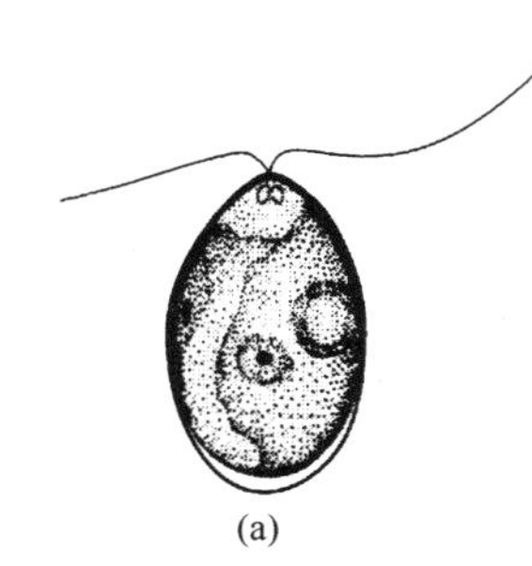

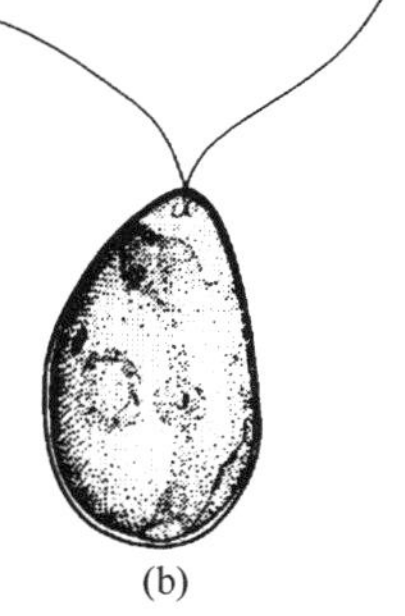

图 11-19　卵形衣藻（*C. ovalis*）
（a）、（b）不同方位的正面观

(a)　(b)

图 11-20　伪新月衣藻
（*Chlamydomonas pseudlunata*）
（a）、（b）不同方位的正面观

图 11-21　不对称衣藻
（*C. asymmetrica*）

藻细胞壁由两片组成，侧扁，无色，两片相邻处有无色薄的各种宽度形状的饰喙。常见种类见图 11-22～图 11-24。

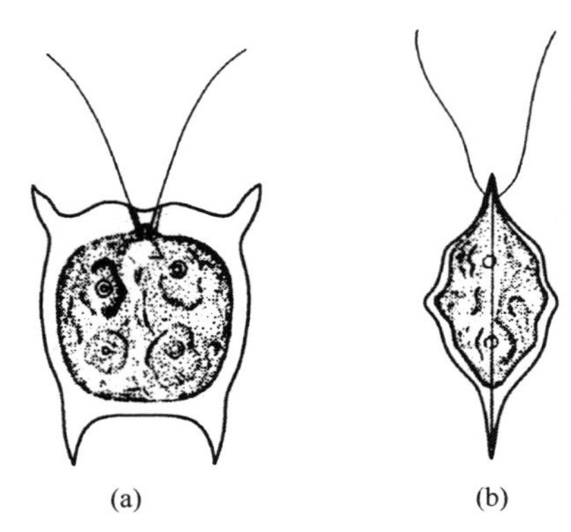

图 11-22　尖角翼膜藻（*P. aculeate*）

（a）正面观；（b）侧面观

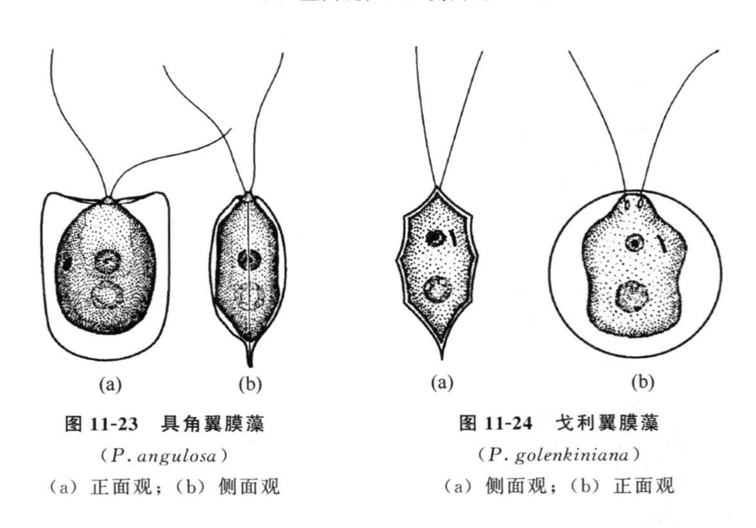

图 11-23　具角翼膜藻

（*P. angulosa*）

（a）正面观；（b）侧面观

图 11-24　戈利翼膜藻

（*P. golenkiniana*）

（a）侧面观；（b）正面观

三、绿梭藻属

绿梭藻属（*Chlorogonium*） 单细胞，有 2 条等长的鞭毛，能运动。细胞长梭形，长度是宽度的 3 倍以上。多数种类有 1 个近线状的眼点。常见种类见图 11-25～图 11-27。

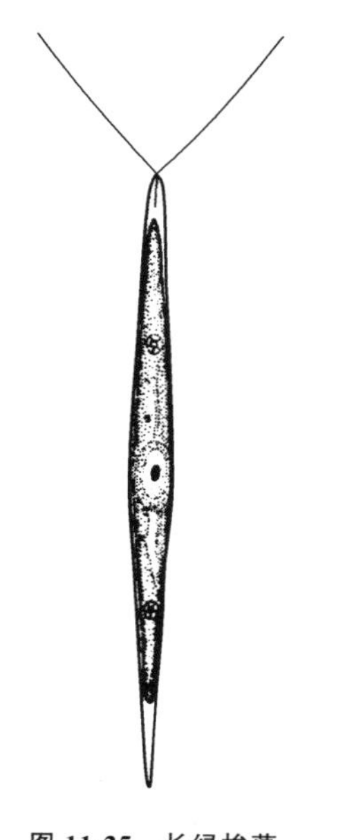

图 11-25 长绿梭藻
(*Chl. elongatum*)

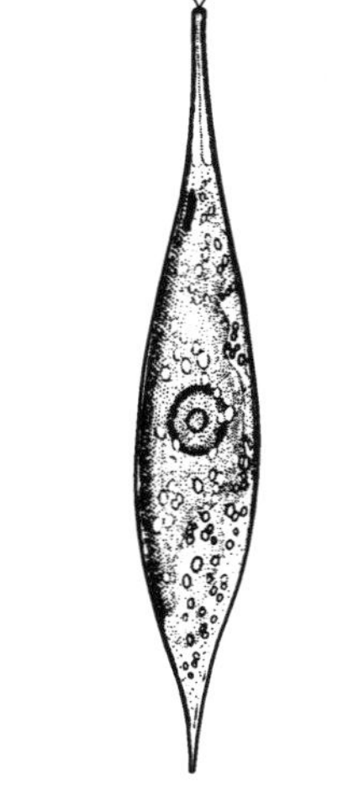

图 11-26 华美绿梭藻
(*Chl. elegans*)

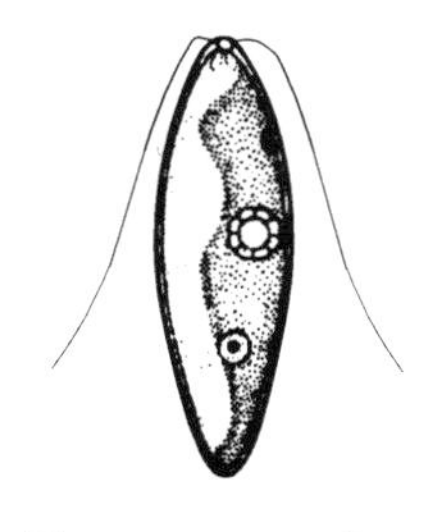

图 11-27 四配绿梭藻
(*Chl. tetragamum*)

四、盘藻属

盘藻属（*Gonium*） 植物体为群体，由 4 个、16 个、32 个衣藻型细胞排列组成扁平盘状群体，群体外有公共胶被，细胞间有胶质丝相连。常见种类见图 11-28～图 11-30。

五、团藻属

团藻属（*Volvox*） 由数百个至几万个衣藻型细胞组成群体，群体外具胶被、多为球形。常见种类见图 11-31～图 11-33。

六、桑葚藻属

桑葚藻属（*Pyrobotrys*） 通常由 8 个或 16 个细胞组成群体，

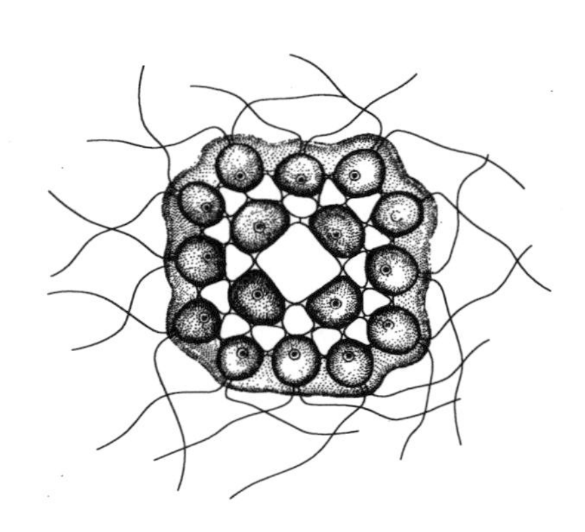

图 11-28　盘藻
(*Gonium pectorale*)

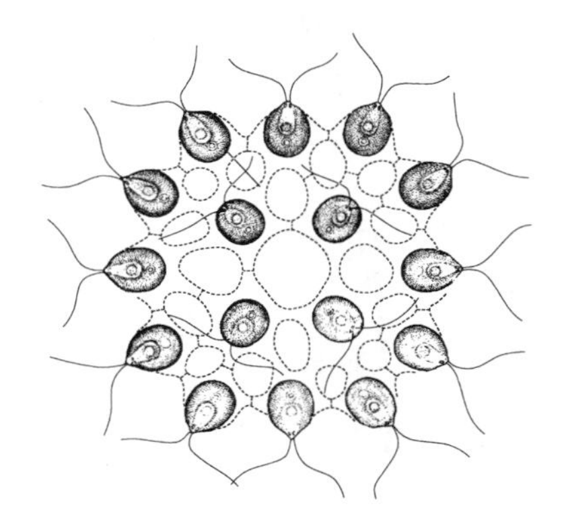

图 11-29　美丽盘藻
(*G. formosum*)

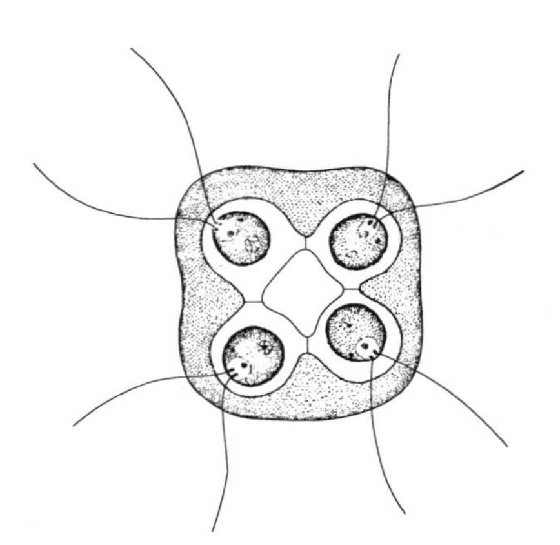

图 11-30　集群盘藻（*Gonium sociale*）

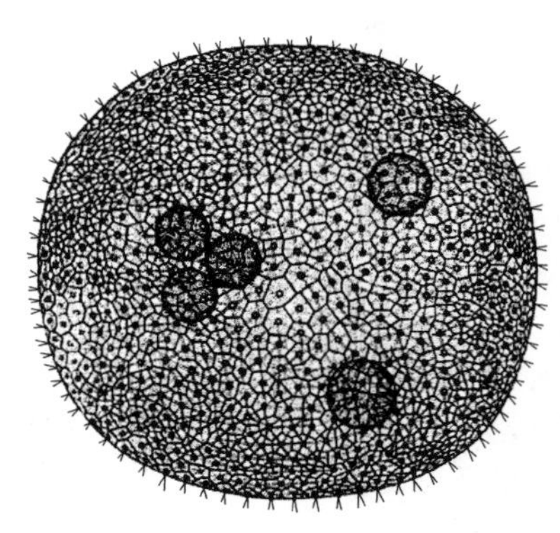

图 11-31　美丽团藻（*Volvox aurens*）

每 4 个细胞排列成一层，层与层之间细胞交错排列呈桑葚状，群体无胶被。细胞前端均向着群体前端。细胞呈卵形、倒卵形，基部常狭窄，有时弯曲。前端中央具 2 条等长的鞭毛，基部具 2 个伸缩泡，色素体杯状，无蛋白核。眼点位于细胞的近前端的一侧。常见种类见图 11-34 和图 11-35。

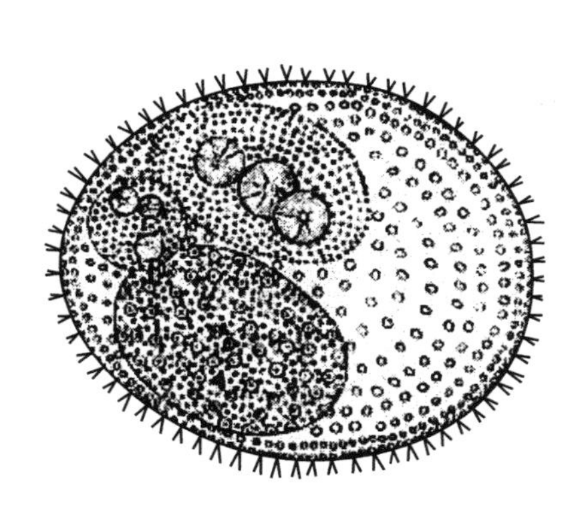

图 11-32　非洲团藻
(*Volvox Africanus*)

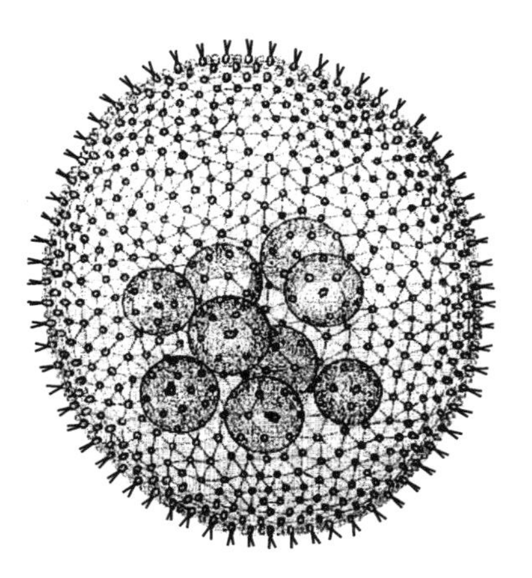

图 11-33　球团藻
(*Volvox globator*)

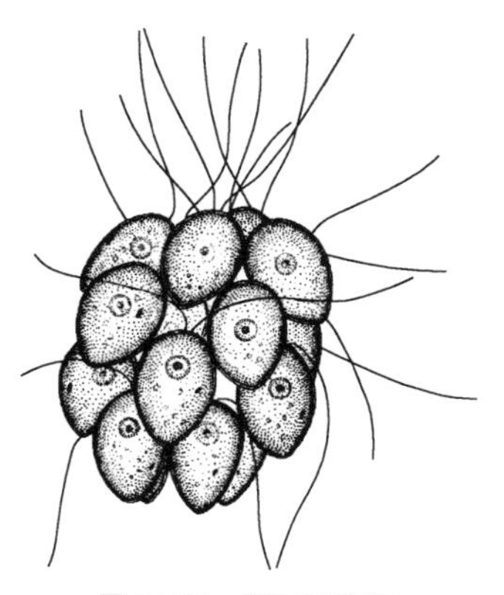

图 11-34　纤细桑葚藻
(*Pyrobotrys gracilis*)

图 11-35　极小桑葚藻
(*Pyrobotrys minima*)

七、椎葚藻属

椎葚藻属（*Spondylomorum*） 通常由 16 个细胞组成群体，其细胞排列较疏松，每 4 个细胞排列成一层，层次参差不齐。每层细胞前端彼此紧靠，后端稍许散开。群体没有共同的胶被。细胞呈卵形或椭圆形。色素体呈杯状，无造粉核。鞭毛 4 条为细胞长度的 3/2。细胞核位于细胞的中部。眼点稍明显，位于细胞中部或后半部。常见种类见图 11-36。

八、实球藻属

实球藻属（*Pandorina*） 通常由 16 个或 32 个衣藻型细胞组成球形或椭球形群体。细胞在群体胶被中排列成一个实心球体，大多排列很紧，因而彼此压挤使细胞成锥形、楔形、卵形，有时也有近球形。通常细胞宽的一端向外，具 2 条等长的鞭毛。色素体杯状。细胞核位于细胞中部稍靠近前端。常见种类见图 11-37。

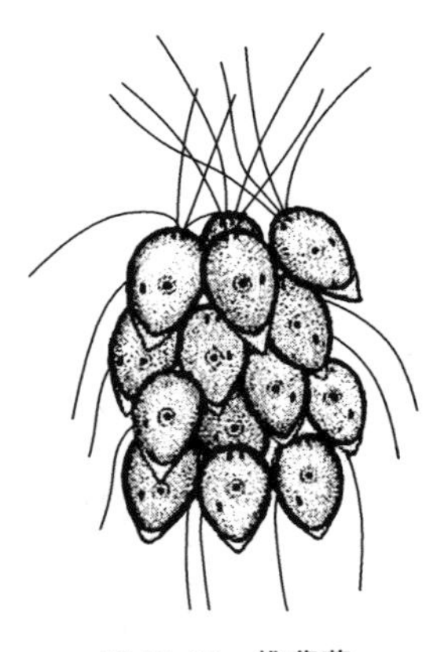

图 11-36 椎葚藻
（*Spondylomorum quaternarium*）

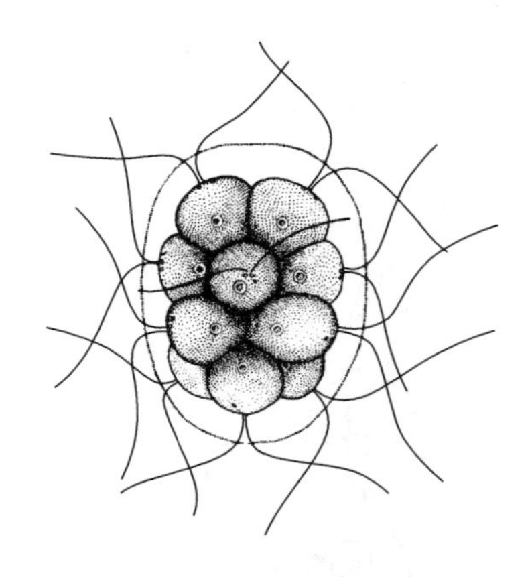

图 11-37 实球藻
（*Pandorina morum*）

九、空球藻属

空球藻属（*Eudorina*） 通常由 16 个、32 个或 64 个衣藻型细胞组成空心球状或椭球性群体，群体有共同胶被。细胞排列成层。单个细胞通常呈球形、梨形或椭圆形，相互不挤压而排列疏松。色素体杯状。细胞核位于细胞中部。繁殖时也形成子群体。常见种类见图 11-38 和图 11-39。

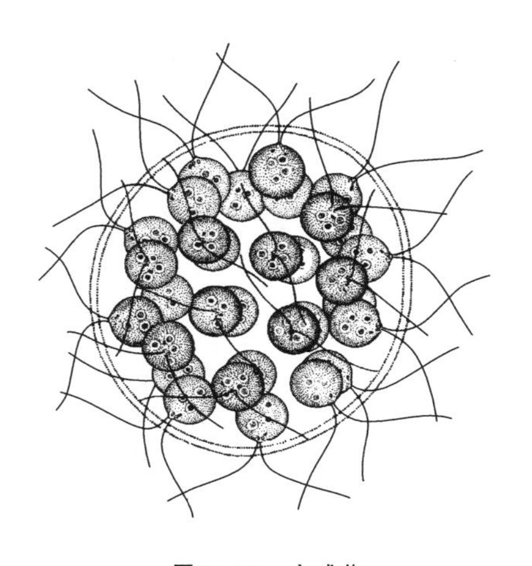

图 11-38　空球藻
(*Eudorina elegans*)

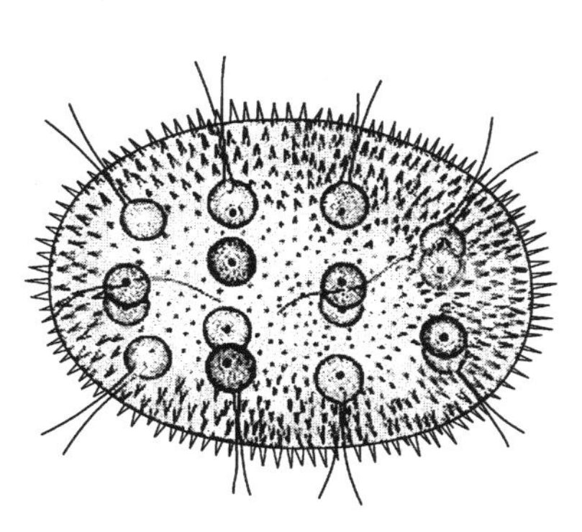

图 11-39　胶刺空球藻
(*Eudorina echidna*)

十、杂球藻属

杂球藻属（*Pleodorina*）又叫多球藻，由 64 个或 28 个细胞无秩序地排列在共同胶被中，组成球形或椭球性群体。群体前半部细胞呈球形，较小，色素体为杯状，造粉核位于后端，眼点明显，为体细胞。后半部细胞较大，直径常 2～3 倍于体细胞，色素体具多数造粉核，眼点不太明显或完全没有，为生殖细胞。常见种类见图 11-40。

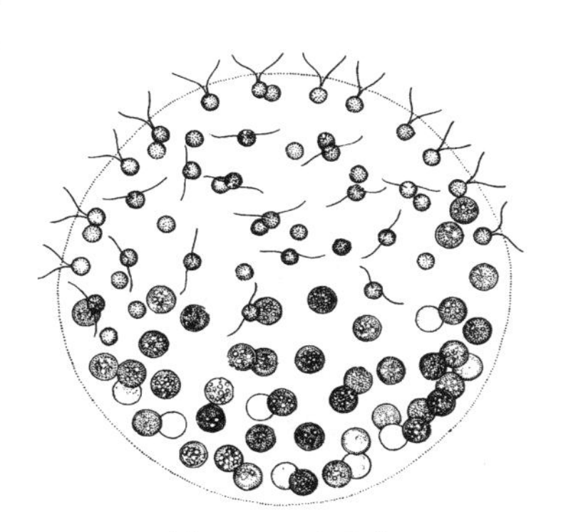

图 11-40　杂球藻
(*Pleodorina californica*)

十一、四鞭藻属

四鞭藻属（*Carteria*）单细

胞，呈球形、椭圆形或卵形。藻体为绿色。具 4 条鞭毛，能运动。色素体呈杯状、星形、H 形等。造粉核通常是 1 个，位于色素体增厚的后端或侧面。眼点明显。常见种类见图 11-41～图 11-43。

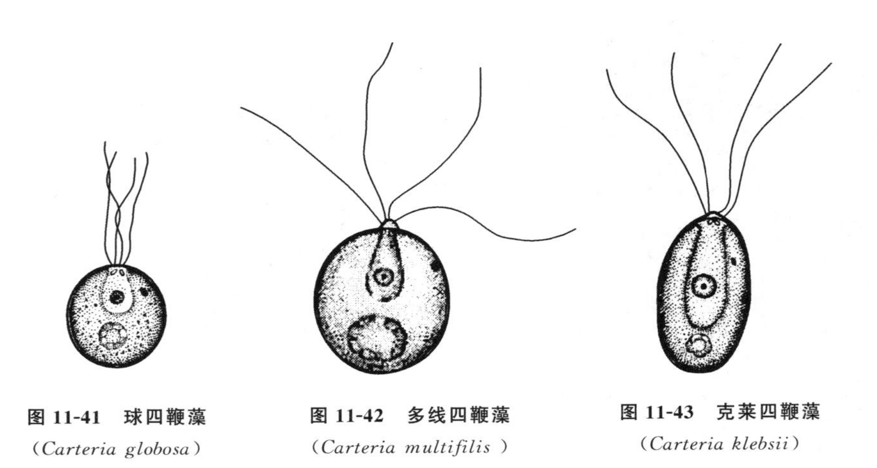

图 11-41　球四鞭藻（*Carteria globosa*）

图 11-42　多线四鞭藻（*Carteria multifilis*）

图 11-43　克莱四鞭藻（*Carteria klebsii*）

十二、叶衣藻属

叶衣藻属（*Lobomonas*）　单细胞，呈卵形、椭圆形或不规则形。细胞壁具大形不规则排列的波状突起。细胞前端中央有或无乳头状突起，具 2 条等长的鞭毛，基部具 2 个伸缩泡。色素体呈杯状，具 1 个蛋白核。眼点位于细胞的侧面。

生长在小型的水塘和水坑中。常见种类见图 11-44。

十三、素衣藻属

素衣藻属（*Polytoma*）　单细胞，呈球形、卵形、椭圆形或纺锤形。细胞壁平滑。细胞前端中央有或无乳头状突起，具 2 条等长的鞭毛，基部具 2 个伸缩泡。无色素体和蛋白核，细胞基部常有许多盘状淀粉颗粒。眼点有或无。细胞核常位于细胞前端约 1/3 处。

喜欢生长在有机质丰富的小型水体中，营腐生性营养。常见种类见图11-45。

十四、拟球藻属

拟球藻属（*Sphaerellopsis*）单细胞。原生质外具宽的胶被，胶被与原生质体形状不同，其间具柔软的胶质。胶被呈球形、椭圆形或圆柱形。具2条等长的鞭毛，其长度与体长相当或长于体长，基部具2个伸缩泡。色素体呈杯状，基部明显增厚，具1个蛋白核。眼点有或无。细胞核位于细胞中央偏前端。常见种类见图11-46。

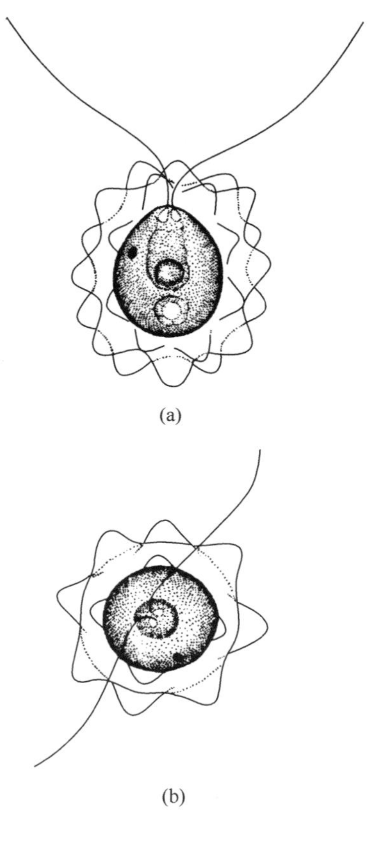

图11-44 中华叶衣藻
（*Lobomonas sinensis*）
（a）正面观；（b）顶面观

十五、绿辐藻属

绿辐藻属（*Chlorobrachis*）单细胞，呈纺锤形或长柱形，前端呈圆柱形，后端呈长圆锥形或圆柱形，细胞中部具4个等距离、放射排列的圆柱形突起，突起略向下斜。细胞前端具4条等长的鞭毛，基部具2个大的伸缩泡。色素体大，杯状，无蛋白核。眼点位于细胞的近中部一侧。细胞核位于细胞的中央。常见种类见图11-47和图11-48。

十六、壳衣藻属

壳衣藻属（*Phacotus*）单细胞，纵扁。具囊壳，囊壳正面呈

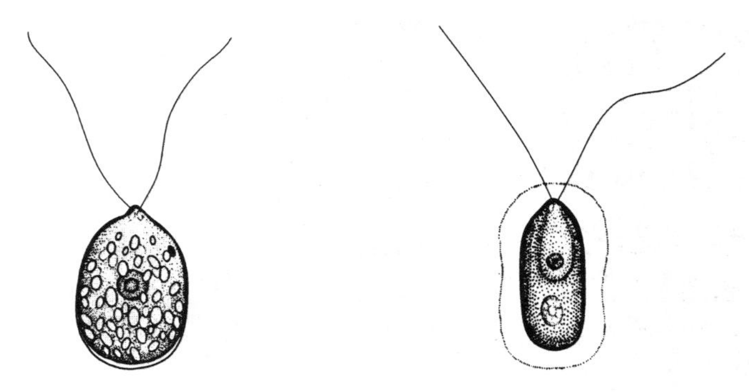

图 11-45　素衣藻（*Polytoma uvella*）　**图 11-46　长拟球藻**（*Sphaerellopsis elongata*）

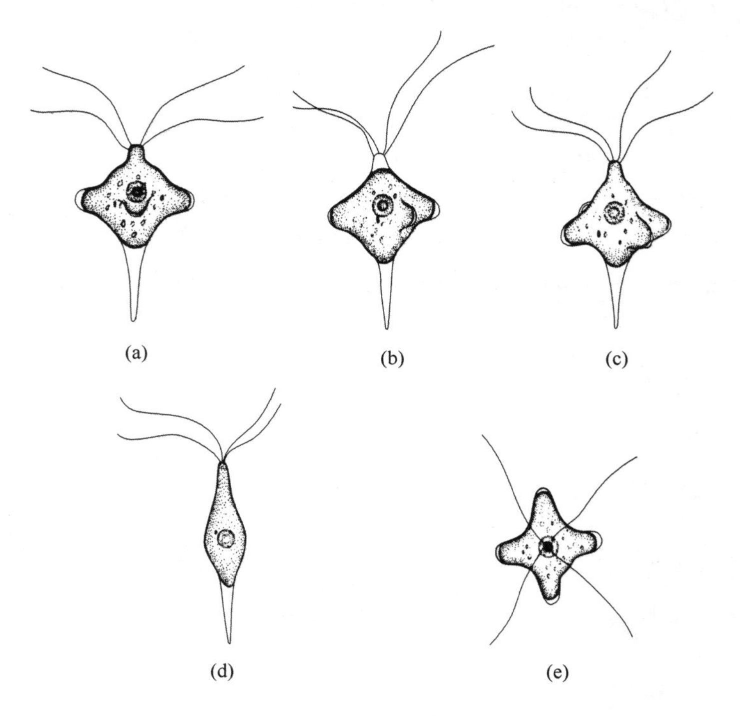

图 11-47　小型绿辐藻

（*Chlorobrachis gracillima*）

（a）、（b）、（c）不同方位的正面观；（d）幼体；（e）成体顶面观

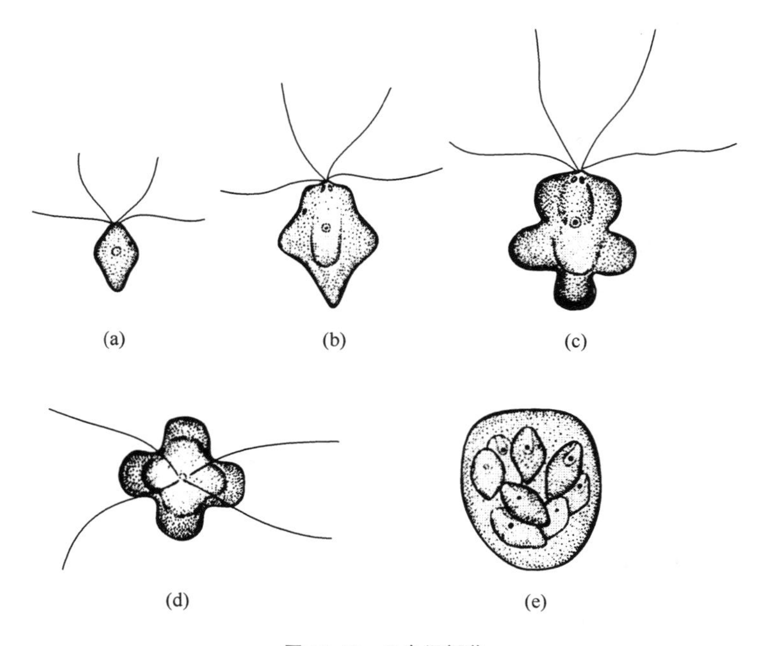

图 11-48　八出绿辐藻

（*Chlorobrachis octocornis*）

（a）动孢子；（b）幼体；（c）成体正面观；（d）成体顶面观；（e）肢群体时期

圆形、卵形或椭圆形，侧面呈广卵形、椭圆形或双凸透镜形。囊壳明显的藻由 2 个半片组成，侧面 2 个半片接合处具 1 条纵向的横线。囊壳呈暗黑色，常具各种花纹。原生质体为卵形或近卵形，前端中央具 2 条等长的鞭毛，从囊壳的 1 个开孔伸出，基部具 2 个伸缩泡。色素体大，杯状，具 1 个或数个蛋白核。眼点位于细胞的近前端或近后端的一侧。常见种类见图 11-49。

十七、球粒藻属

球粒藻属（*Coccomonas*） 单细胞，具囊壳，囊壳呈球形、卵形或椭圆形，为黑褐色。原生质体呈卵形或椭圆形，具 2 条等长的鞭毛，从囊壳前端的 1 个开孔伸出，基部具 2 个伸缩泡。色素体大，杯状，具 1 个蛋白核。具 1 个眼点。细胞核位于原生质的中央。常见种类见图 11-50。

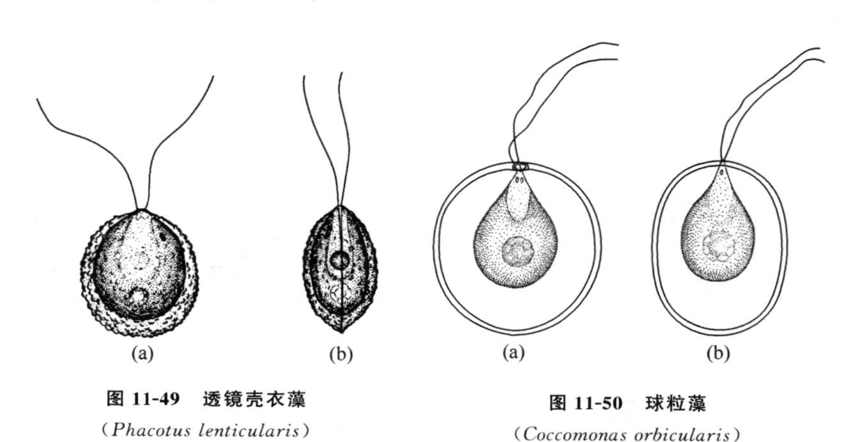

图 11-49 透镜壳衣藻
（*Phacotus lenticularis*）
（a）正面观；（b）侧面观

图 11-50 球粒藻
（*Coccomonas orbicularis*）
（a）、（b）示各种细胞形态

十八、异形藻属

异形藻属（*Dysmorphococcus*） 单细胞，具囊壳，囊壳呈球形、卵形或椭圆形，为褐色或黑褐色。原生质体呈球形、卵形，具 2 条等长的、约等于或略长于体长的鞭毛，从囊壳前端的 2 个开孔分别伸出，基部具 2 个伸缩泡。色素体杯状，具 1 个、2 个或多个不规则排列的蛋白核。眼点位于原生质体中部或近后端的一侧。细胞核位于原生质的中央偏前端。常见种类见图 11-51 和图 11-52。

十九、平藻属

平藻属（*Pedinomonas*） 细胞纵扁，正面呈近圆形、长形、椭圆形、卵圆形、卵形等。细胞裸露，仅具细胞膜。细胞前端略偏于一侧，具 1 条鞭毛。运动时鞭毛向后，鞭毛基部具 1 个伸缩泡。色素体镰状，具 1 个明显的蛋白核。常见种类见图 11-53。

二十、拟动孢藻属

拟动孢藻属（*Spermatozopsis*） 细胞呈纺锤形，通常呈弯曲

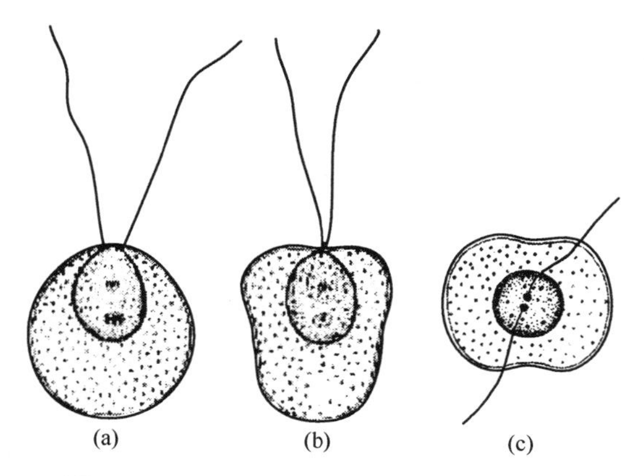

图 11-51 异形藻（*Dysmorphococcus variabilis*）

（a）正面；（b）侧面；（c）顶面

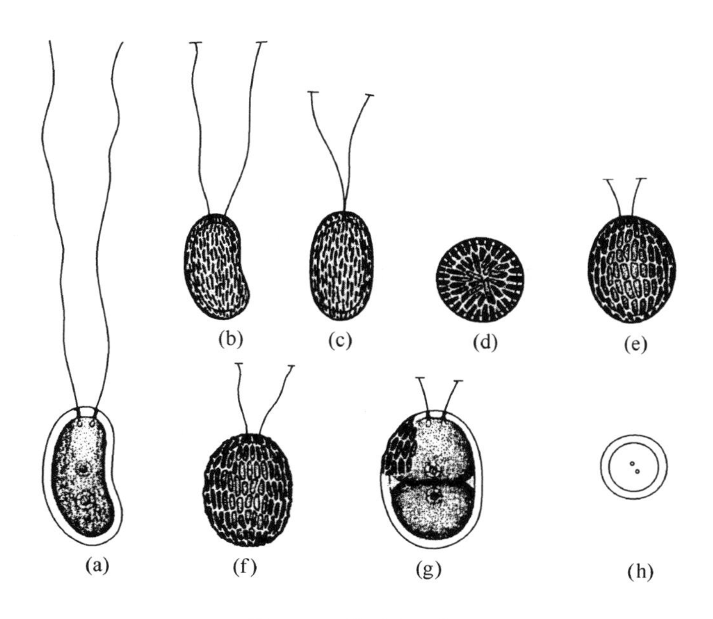

图 11-52 肾形异形藻

（*Dysmorphococcus reniformis*）

（a）幼细胞正面观；（b）、（c）成熟细胞正面观；（d）成熟细胞垂直面观；（e）、（f）成熟细胞侧面观；（g）细胞分裂时期；（h）幼细胞垂直面观

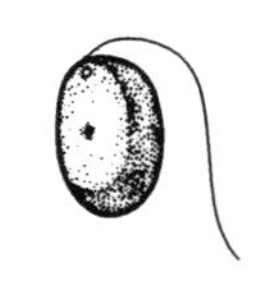

图 11-53　小形平藻
（*Pedinomonas minor*）

状。细胞裸露。前端中央具 4 条等长的鞭毛，鞭毛基部具 2 个伸缩泡。色素体长盘状，周生，位于细胞背部的一侧，无蛋白核。具 1 个眼点。细胞腹部无色素体的一侧含有数个食物贮藏颗粒。本属仅有一种，见图 11-54。

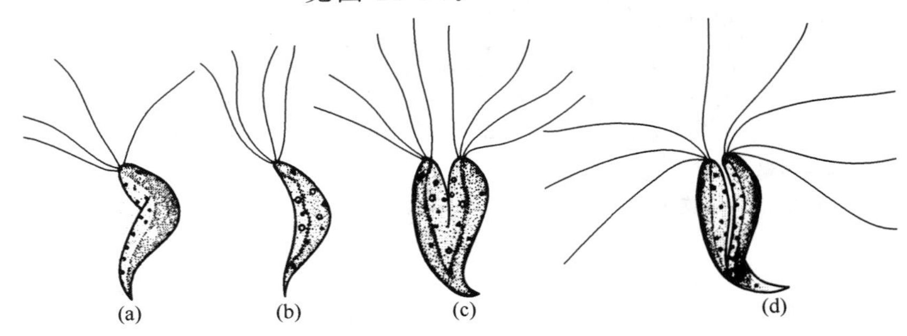

图 11-54　拟动孢藻（*Spermatozopsis exultans*）
(a)、(b) 个体形态；(c)、(d) 分裂状态

二十一、塔胞藻属

塔胞藻属（*Pyramidomonas*）单细胞，多数呈梨形、倒卵形，少数呈半球形。细胞裸露。在电子显微镜下观察，体表和鞭毛具鳞片。前端凹入或明显地凹入，具 4 个钝的棱角或 4 个分叶，后端钝角呈锥形、广圆形，不分叶。细胞前端凹入处具 4 条等长的鞭毛，鞭毛基部有 2 个伸缩泡。色素体杯状，前端凹入呈 4 个分叶，少数网状，具 1 个蛋白核。眼点位于细胞的一侧或无。细胞核位于细胞的中央偏前端。常见种类见图 11-55。

二十二、扁藻属

扁藻属（*Platymonas*）单细胞，纵扁，正面呈椭圆形、卵形、心形，侧面对称或不对称，呈狭卵形或狭椭圆形。细胞壁薄，平滑，细胞前端中央具 4 条等长的鞭毛，其长度等于或略短于体长，鞭毛基部具 2 个伸缩泡或不明显。色素体大，呈杯状，完整或前端呈 4 个分叶，底部具 1 个球形或杯状的蛋白核。

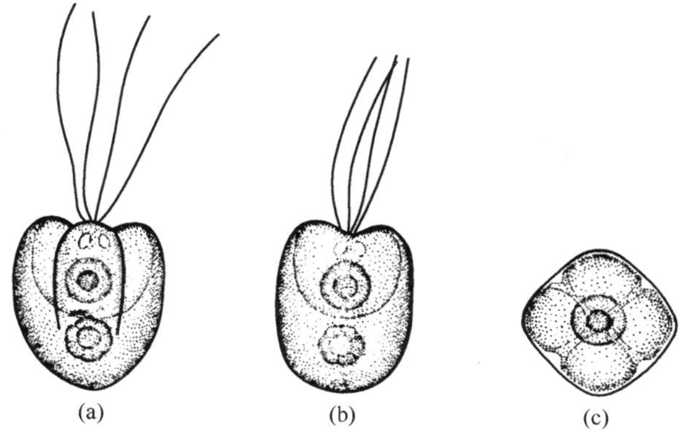

图 11-55　娇柔塔胞藻

（*Pyramidomonas delicatula*）

（a）、（b）个体不同方位的正面；（c）顶面

有 1 个眼点。常见种类见图 11-56 和图 11-57。

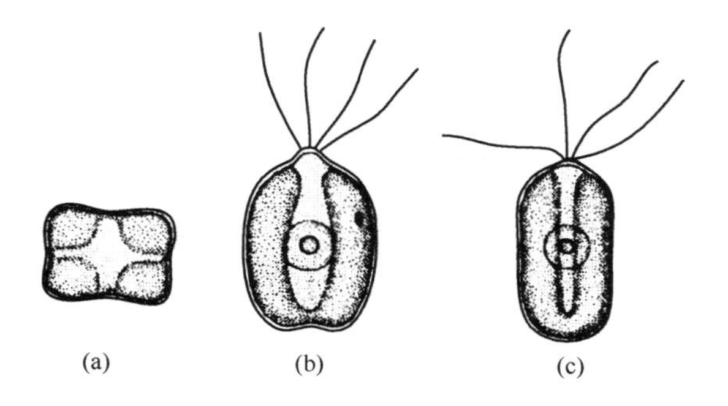

图 11-56　深叶扁藻（*Platymonas incisa*）

（a）顶面观；（b）正面观；（c）侧面观

二十三、弓形藻属

弓形藻属（*Schroederia*）单细胞，细胞呈纺锤形，直或弯曲。细胞壁两端延长成长刺。刺的末端变尖，或仅一端变尖，另一端膨大呈圆盘状或双叉状。色素体 1 个，片状，周生。常见种类见图 11-58～图 11-61。

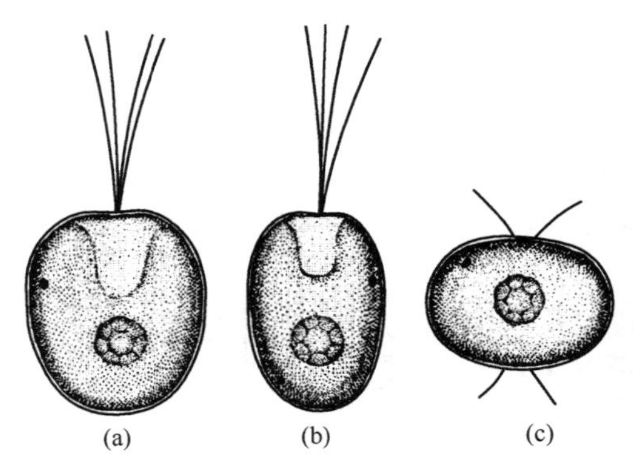

图 11-57　椭圆扁藻（*Platymonas elliptica*）

（a）正面观；（b）侧面观；（c）底面观

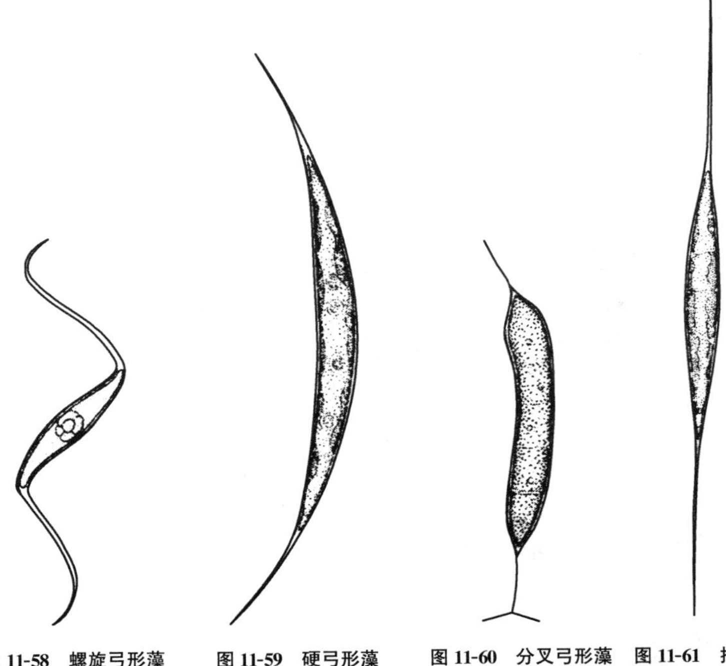

图 11-58　螺旋弓形藻（*S. spiralis*）

图 11-59　硬弓形藻（*S. robusta*）

图 11-60　分叉弓形藻（*S. judayi*）

图 11-61　拟菱形弓形藻（*S. nitzschioides*）

二十四、多芒藻属

多芒藻属（*Golenkinia*） 单细胞。细胞呈球形，四周散生出多数不规则排列的纤细刺毛。有时刺毛缠绕在一起，形成暂时的群体。色素体 1 个，杯状。常见种类见图 11-62 和图 11-63。

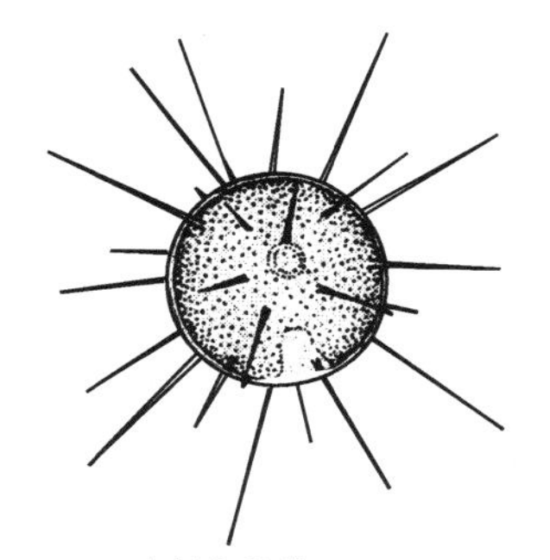

图 11-62　疏刺多芒藻（*G. paucispina*）

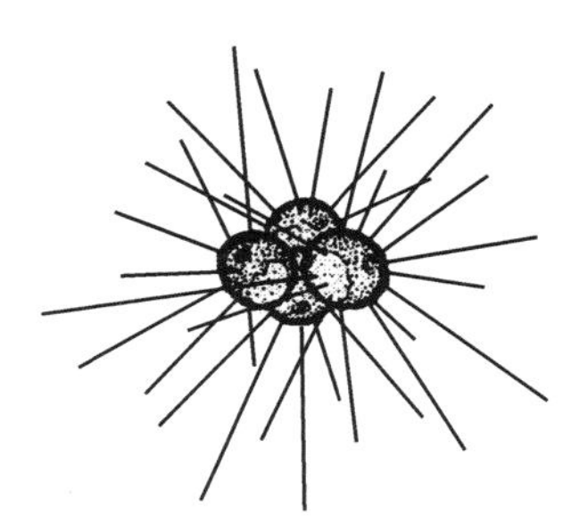

图 11-63　多芒藻（*G. radiata*）

二十五、顶棘藻属

顶棘藻（柯氏藻）属（*Chodatella*） 单细胞，细胞呈椭球形、卵形等。细胞两端或两端和中部具对称排列的长刺。色素体 1～4 个。

常见于小型水体，喜有机质丰富水质。常见种类见图 11-64～图 11-68。

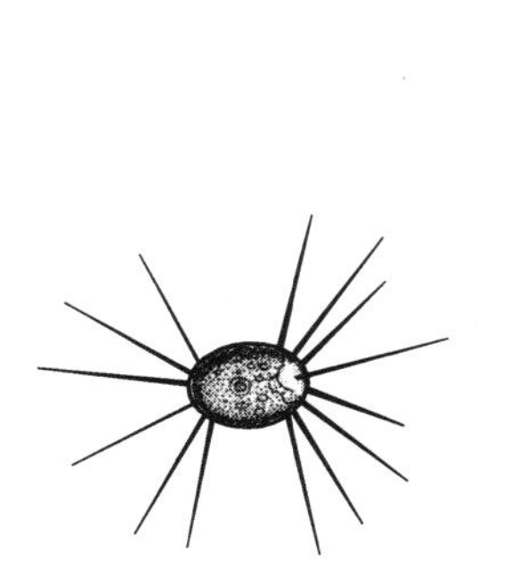

图 11-64　极毛顶棘藻
（*C. cilliata*）

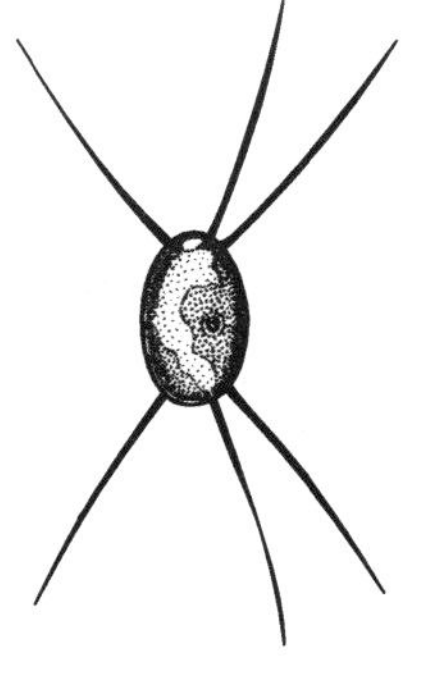

图 11-65　盐生顶棘藻
（*C. subsalsa*）

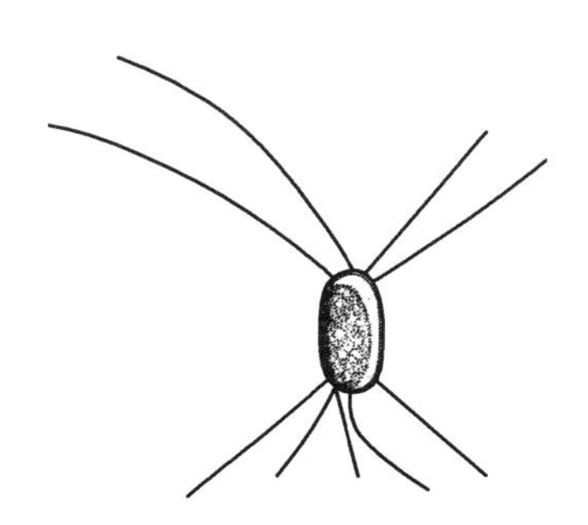

图 11-66　长刺顶棘藻
（*C. longiseta*）

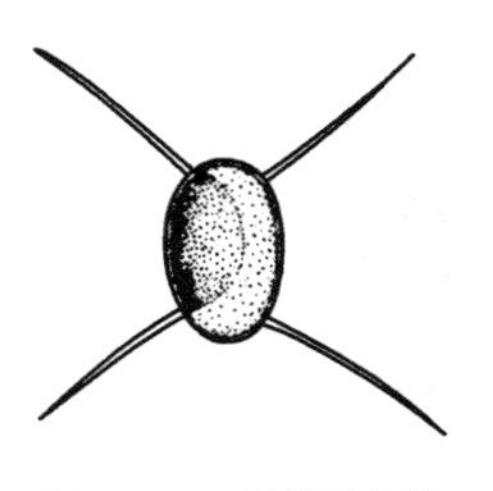

图 11-67　四刺顶棘藻
(*C. quadriseta*)

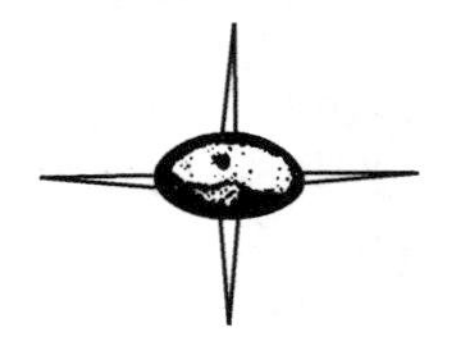

图 11-68　十字顶棘藻
(*C. wratislaviensis*)

二十六、小球藻属

小球藻属(*Chlorella*)　单细胞或聚集成群，细胞呈球形或椭球形。色素体 1 个，周生。喜有机质丰富的小型水体。常见种类见图 11-69～图 11-71。

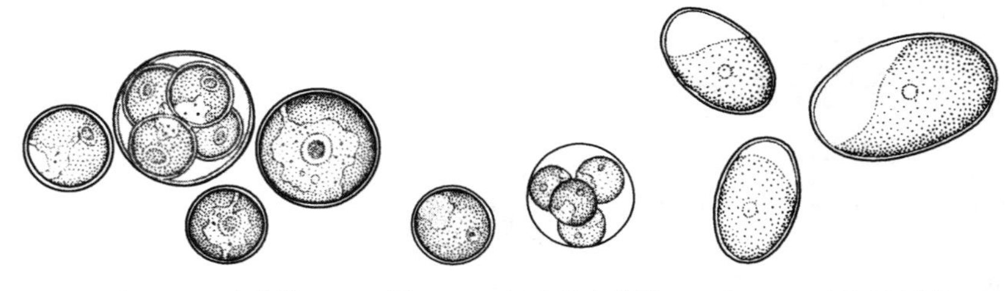

图 11-69　小球藻
(*C. vulgaris*)

图 11-70　蛋白核小球藻
(*C. pyrenoidosa*)

图 11-71　椭圆小球藻
(*C. ellipsoidea*)

二十七、四角藻属

四角藻属(*Tetraedron*)　单细胞，细胞扁平或呈角锥形。具 3～5 个角。角分叉或不分叉。有些种类角或突起的顶端细胞壁成为刺。常生活于小型水体。常见种类见图 11-72～图 11-83。

二十八、纤维藻属

纤维藻属(*Ankistrodesmus*)　细胞呈针形至纺锤形，两端尖，直或弯曲。单细胞或聚集成群。色素体 1 个，片状。在各类水体中均有分布，喜肥沃小型水体。常见种类见图 11-84～图 11-89。

图 11-72 三叶四角藻
（*Tetraedron trilobulatum*）

图 11-73 三角四角藻
（*T. trigonum*）

图 11-74 三角四角藻小形变种
（*T. trigonum* var. *gracile*）

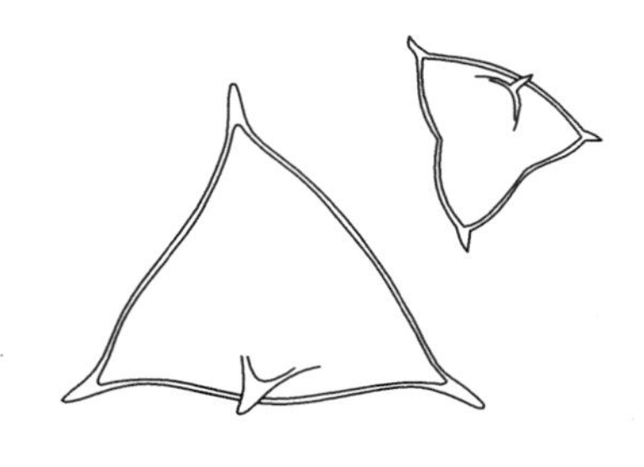

图 11-75 规则四角藻（*T. regulare*）

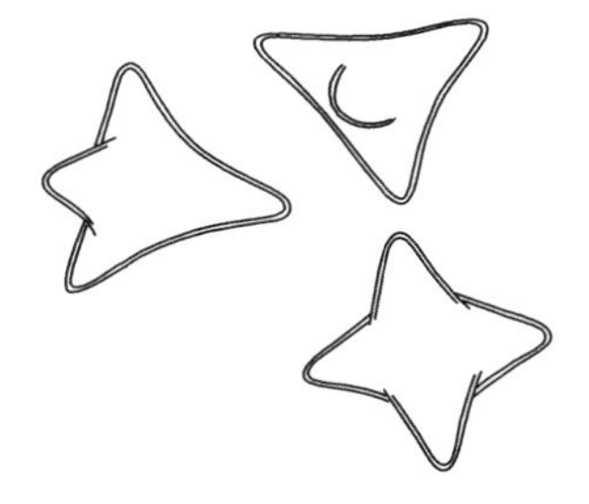

图 11-76 膨胀四角藻（*T. tumidulum*）

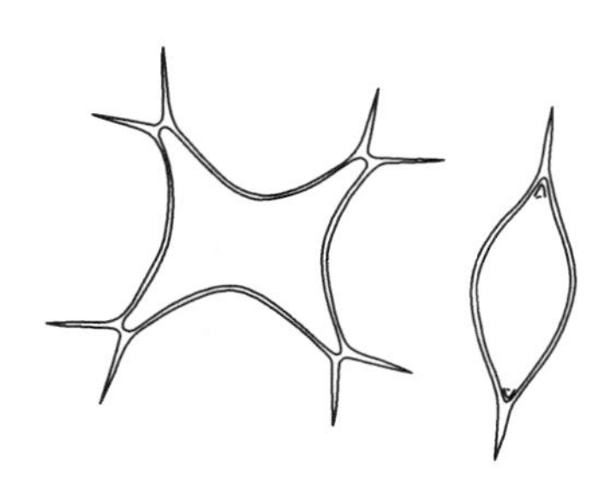

图 11-77 二叉四角藻
（*T. bifurcatum*）

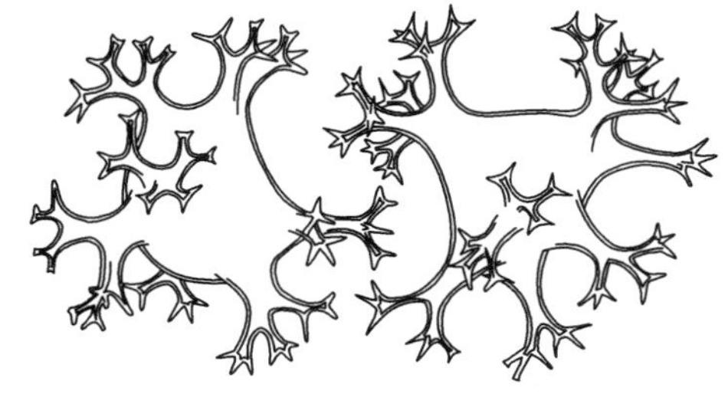

图 11-78 浮游四角藻
（*T. planctonicum*）

图 11-79 具尾四角藻
（*T. caudatum*）

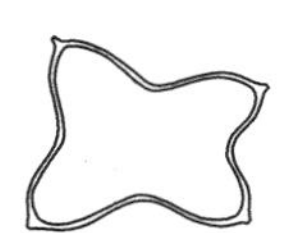

图 11-80 微小四角藻
（*T. minimum*）

图 11-81 戟形四角藻
（*T. hastatum*）

图 11-82　不正四角藻（*T. enorme*）

图 11-83　小形四角藻（*T. gracile*）

图 11-84　螺旋纤维藻（*Ankistrodesmus spiralis*）

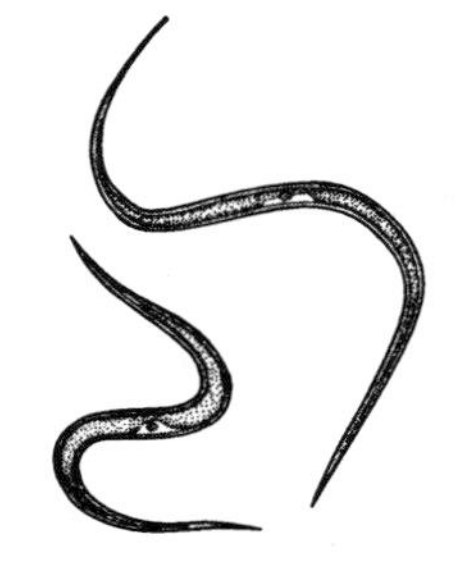

图 11-85　狭形纤维藻（*A. angustus*）

图 11-86　卷曲纤维藻（*A. convolutus*）

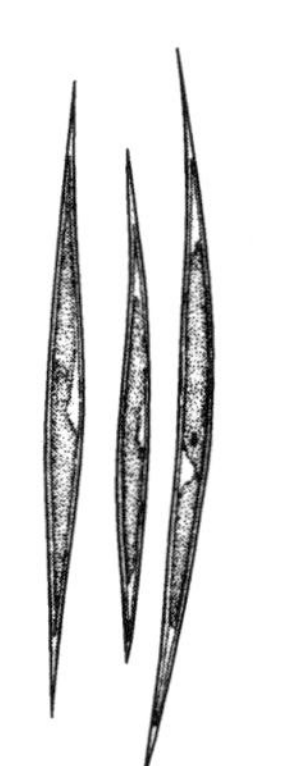

图 11-87　针形纤维藻（*A. acicularis*）

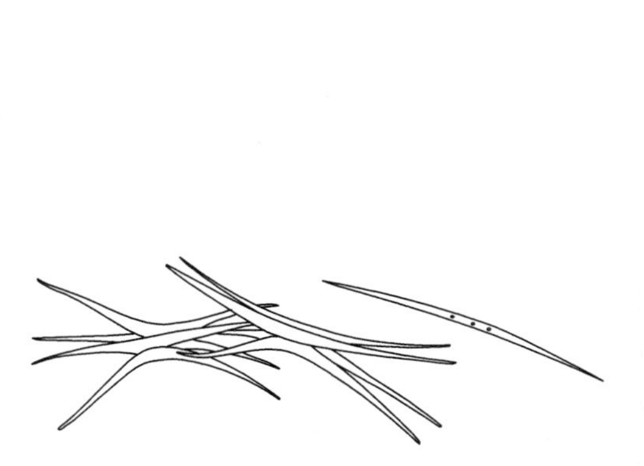

图 11-88　镰形纤维藻（*A. falcatus*）

图 11-89　镰形纤维藻奇异变种（*A. falcatus* var. *mirabilis*）

二十九、卵囊藻属

卵囊藻属（*Oocystis*） 单细胞或群体，群体由 2 个、4 个、8 个或 16 个细胞包被于部分胶质化的膨大的母细胞壁中。细胞呈椭圆形或柠檬形。细胞壁光滑，两端有小的端结节。色素体 1～5 个。分布于各类淡水水体，夏末秋初数量较多。常见种类见图 11-90～图 11-98。

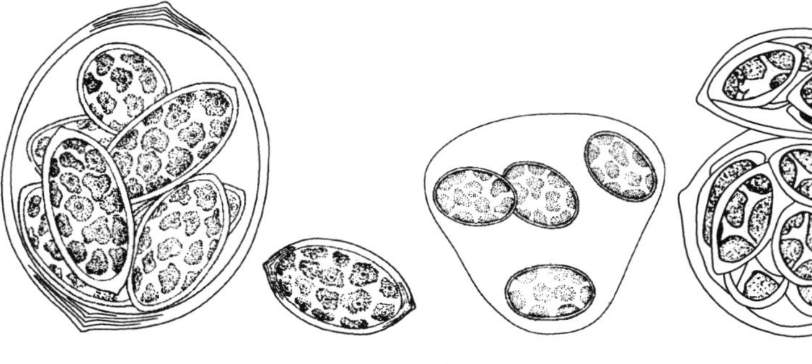

图 11-90　单生卵囊藻
（*O. solitaria*）

图 11-91　椭圆卵囊藻
（*O. elliptica*）

图 11-92　孤生卵囊藻
（*O. solitaria*）

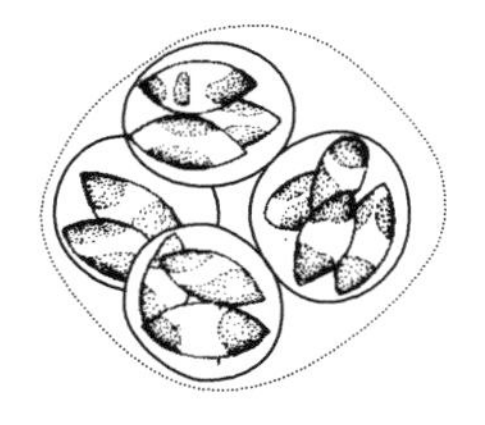

图 11-93　小型卵囊藻
（*O. parva*）

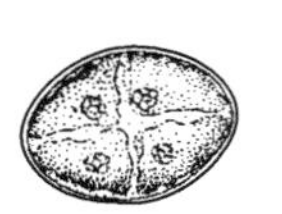

图 11-94　波吉卵囊藻
（*O. borgei*）

图 11-95　粗卵囊藻
（*O. crassa*）

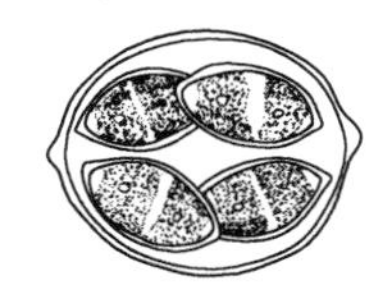

图 11-96　湖生卵囊藻
（*O. lacustris*）

图 11-97　单球卵囊藻
（*O. eremosphaeria*）

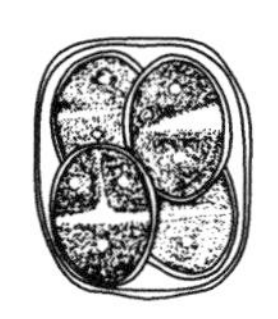

图 11-98　包氏卵囊藻
（*O. Borgei*）

三十、微芒藻属

微芒藻属（*Micractinium*） 细胞呈球形或广卵圆形，常 4 个一起排列为四方形或不规则形群体。细胞向外一侧有 1～10 根长刺。常见种类见图 11-99。

三十一、蹄形藻属

蹄形藻属（*Kirchneriella*） 植物体为群体，群体外有胶被。细胞弯曲，呈新月形、蹄形或镰刀形。常见种类见图 11-100 和图 11-101。

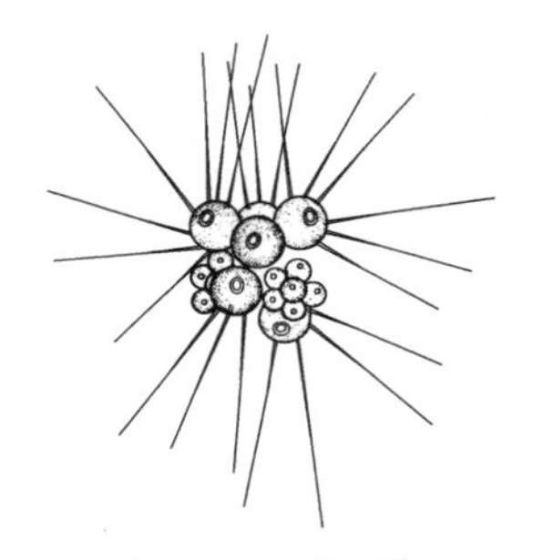

图 11-99　微芒藻
（*Micractinium pusillum*）

图 11-100　蹄形藻
（*Kirchneriella lunaris*）

图 11-101　肥胖蹄形藻
（*K. obesa*）

三十二、小桩藻属

小桩藻（小椿藻）属（*Characium*） 细胞呈纺锤形、柱形或近于球形、卵形。以末端成盘状的柄着生于它物上。单生或大量连接成一片。幼年细胞单核，具 1 个侧生片状色素体，老细胞具有多个核，一般为 2 的倍数，或在生殖前全是单核。常见种类见图 11-102。

三十三、月牙藻属

月牙藻属（*Selenastrum*） 细胞呈新月形，两端尖，通常由 4 个、8 个或 16 个细胞以凸面相对排列成一组。整个群体细胞数可在 100 个以上。单个细胞有 1 个大的色素体，造粉核有或无。常见种类见图 11-103。

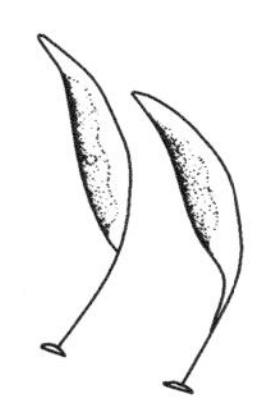

图 11-102 狭形小桩藻

(*Characium angustum*)

图 11-103 纤细月牙藻

(*Selenastrum gracile*)

三十四、胶网藻属

胶网藻属（*Dictyosphaerium*） 植物体为定形群体，群体外具胶被。细胞常 4 个或 2 个一组，彼此分离，以母细胞壁相连。常见种类见图 11-104 和图 11-105。

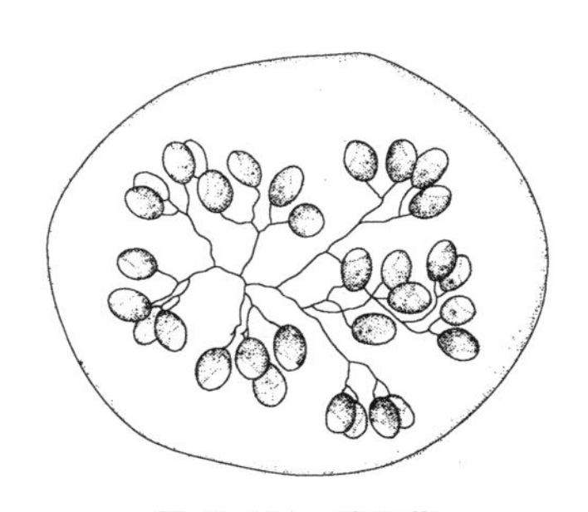

图 11-104 胶网藻

(*Dictyosphaerium ehrenbergianum*)

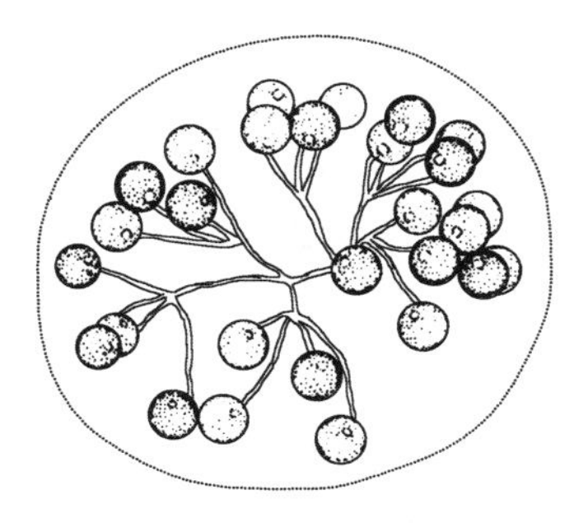

图 11-105 美丽胶网藻

(*D. pulchellum*)

三十五、十字藻属

十字藻属（*Crucigenia*） 植物体为定形群体，由 4 个细胞排列为方形或长方形，细胞间常有一个十字形空隙。群体外具不明显胶被。色素体 1 个，片状，周生。常见种类见图 11-106 ～ 图 11-112。

图 11-106　四角十字藻
（*C. quadrata*）

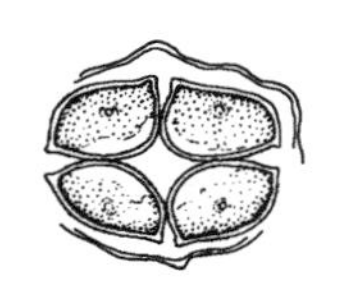

图 11-107　十字藻
（*C. apiculata*）

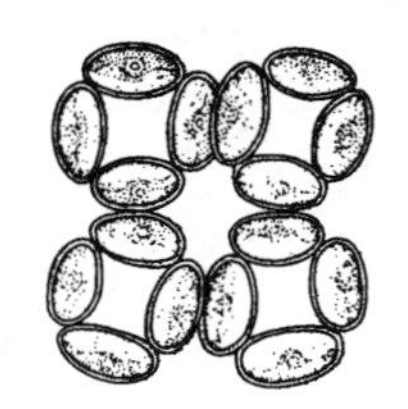

图 11-108　华美十字藻
（*C. lauterbornei*）

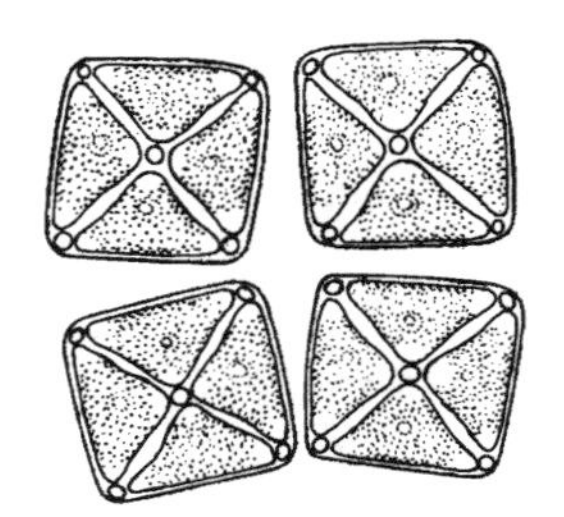

图 11-109　四足十字藻
（*C. tetrapedia*）

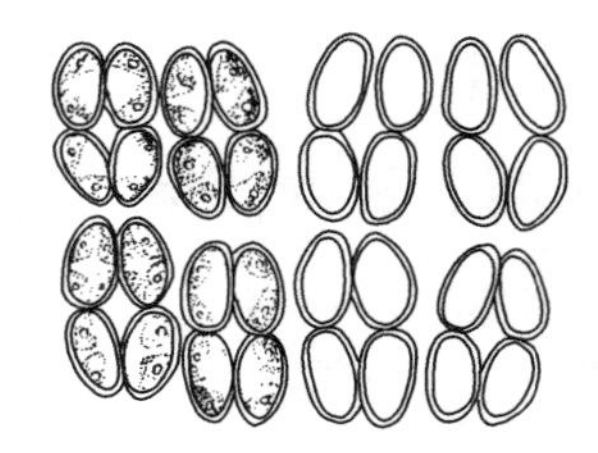

图 11-110　直角十字藻
（*C. rectangularis*）

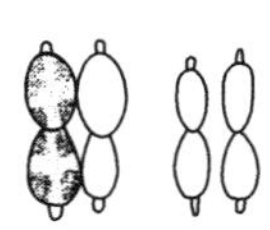

图 11-111　截断十字藻
（*Crucigenia truncata*）

图 11-112　窗形十字藻
（*C. fenestrata*）

三十六、韦丝藻属

韦丝藻属（*Westella*） 又称四球藻，细胞呈球形，每 4 个一组，连接在一个平面上，各组细胞由未胶化的老细胞壁残余连在一起。30～100 个细胞结成不规则群体，群体中各组细胞不在一个平面上。色素体杯状或充满细胞。常见种类见图 11-113。

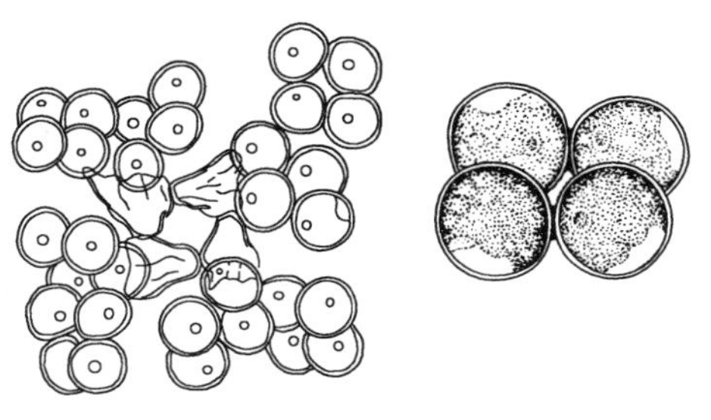

图 11-113 韦丝藻（*Westella botryoides*）

三十七、盘星藻属

盘星藻属（*Pediastrum*） 植物体由 2～128 个细胞排列成一层细胞厚的定形群体，呈盘状、星状，群体边缘细胞常具突起。常见种类见图 11-114～图 11-122。

图 11-114 二角盘星藻（*Pediastrum duplex*）

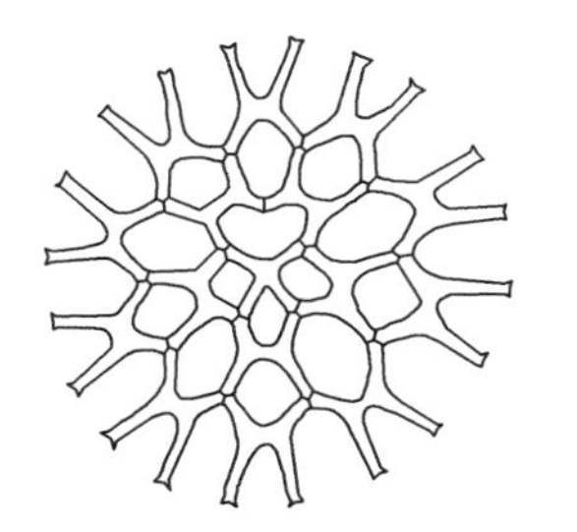

图 11-115 二角盘星藻纤细变种（*Pediastrum duplex* var. *gracillimum*）

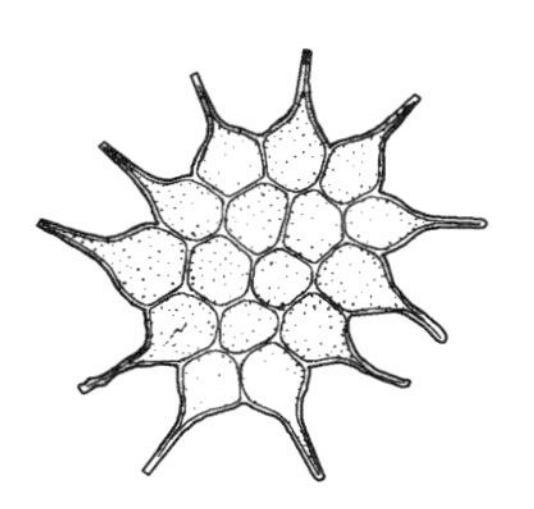

图 11-116 单角盘星藻（*P. simplex*）

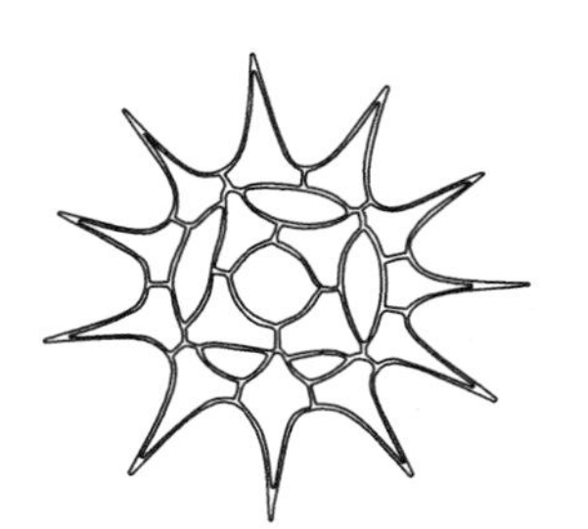

图 11-117 单角盘星藻具孔变种（*P. simplex* var. *duodenarium*）

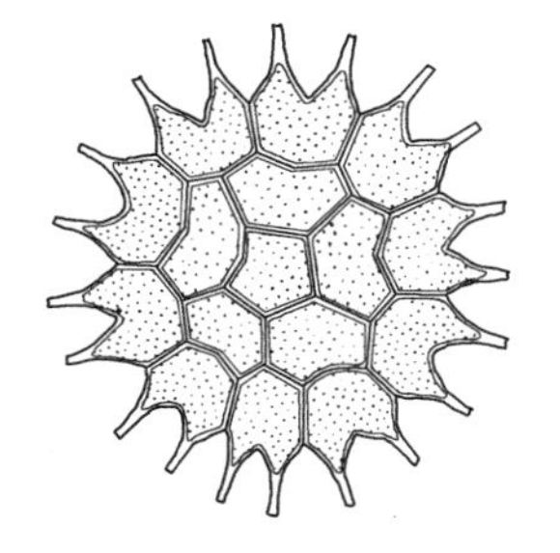

图 11-118 短棘盘星藻（*P. boryanum*）

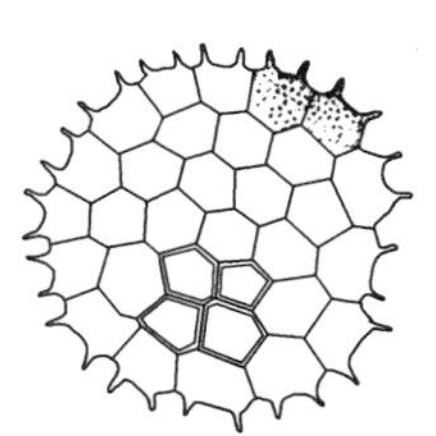

图 11-119 整齐盘星藻（*P. integrum*）

图 11-120　四角盘星藻
（*P. tetras*）

图 11-121　四角盘星藻四齿变种
（*P. tetras* var. *tetraodon*）

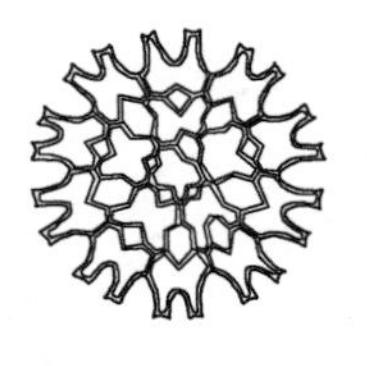

图 11-122　双射盘星藻
（*P. biradiatum*）

三十八、栅藻属

栅藻属（*Scenedesmus*）　细胞呈纺锤形、卵形或椭球形，常由 2 个、4 个、8 个或 16～32 个细胞组成栅状排列的定形群体。是最常见的浮游藻类，各类水体中均有分布。常见种类见图 11-123～图 11-134。

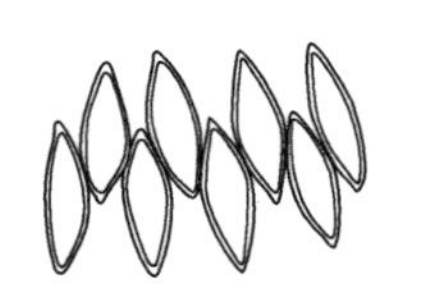

图 11-123　斜生栅藻
（*Scenedesmus oblipuus*）

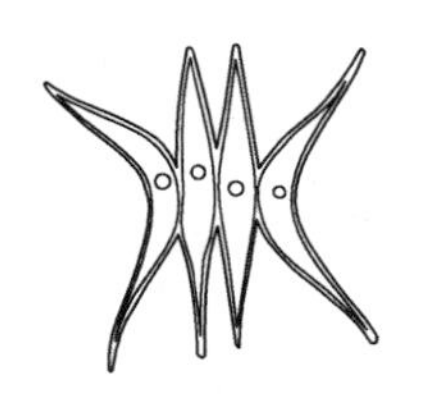

图 11-124　二形栅藻
（*S. dimotphus*）

图 11-125　尖细栅藻
（*S. acuminatus*）

图 11-126　爪哇栅藻
（*S. javaensis*）

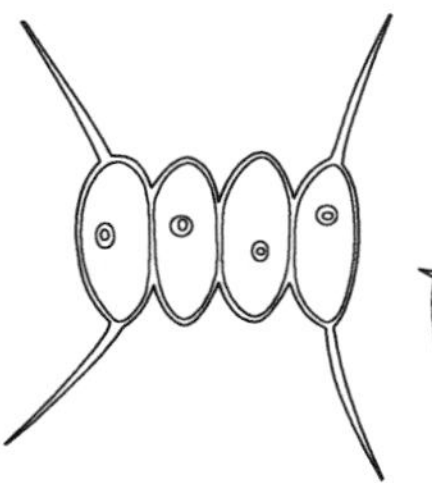

图 11-127　四尾栅藻
（*S. quadricauda*）

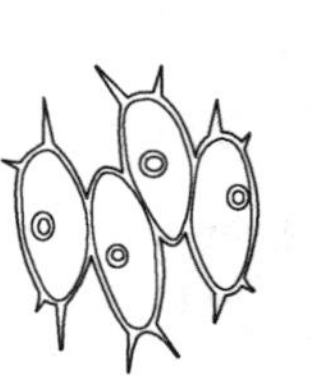
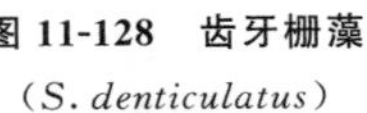

图 11-128　齿牙栅藻
（*S. denticulatus*）

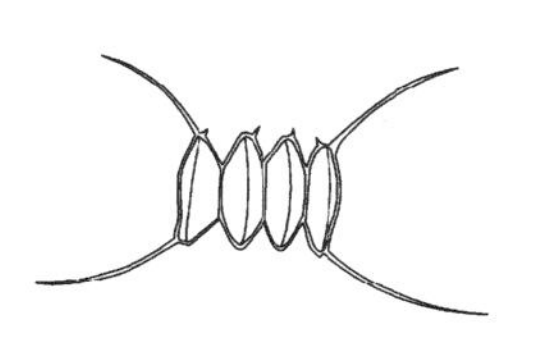

图 11-129 龙骨栅藻

(*S. cavinatus*)

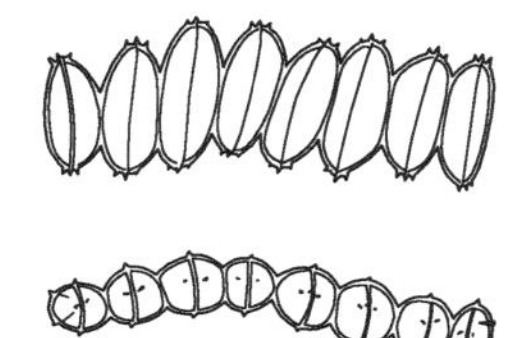

图 11-130 巴西栅藻

(*S. brasiliensis*)

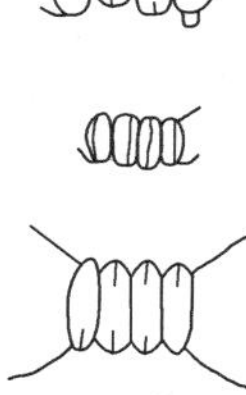

图 11-131 被甲栅藻

(*S. armatus*)

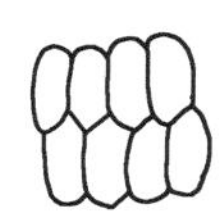

图 11-132 弯曲栅藻

(*S. arcuatus*)

图 11-133 弯曲栅藻扁盘变种

(*S. arcuatus* var. *platydiscus*)

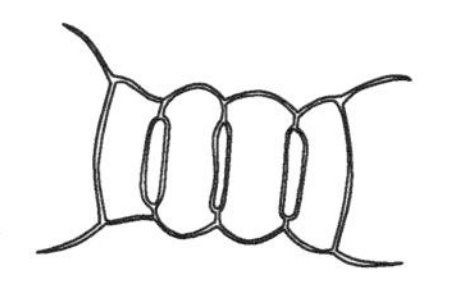

图 11-134 裂孔栅藻

(*S. perforatas*)

三十九、空星藻属

空星藻属（*Coelastrum*） 定形群体，由 4～128 个细胞组成，以细胞壁突起连接为球形到多角形中空球体。细胞呈球形、卵形或截顶角锥形，壁平滑或具花纹。常见种类见图 11-135～图 11-138。

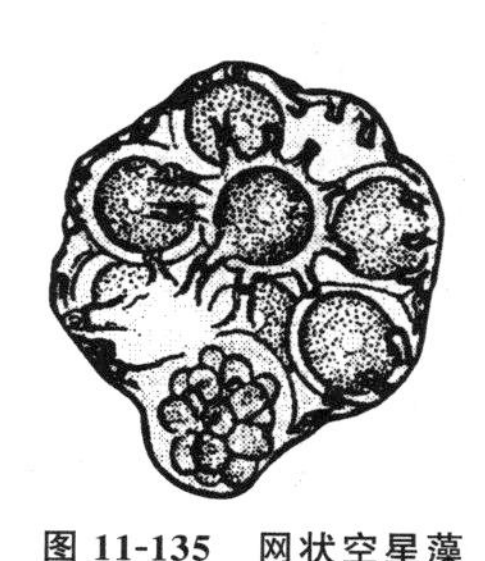

图 11-135 网状空星藻

(*C. reticulatum*)

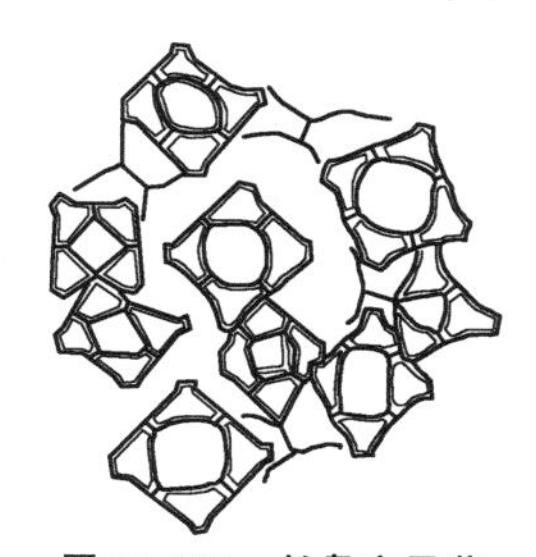

图 11-136 长鼻空星藻

(*C. proboscideum*)

图 11-137 小空星藻

(*C. microporum*)

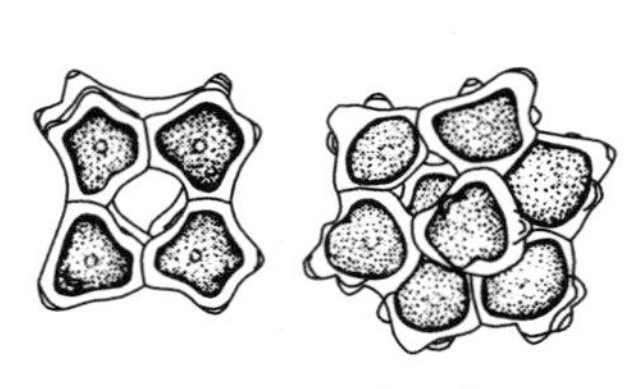

图 11-138 空星藻
(*C. sphaericum*)

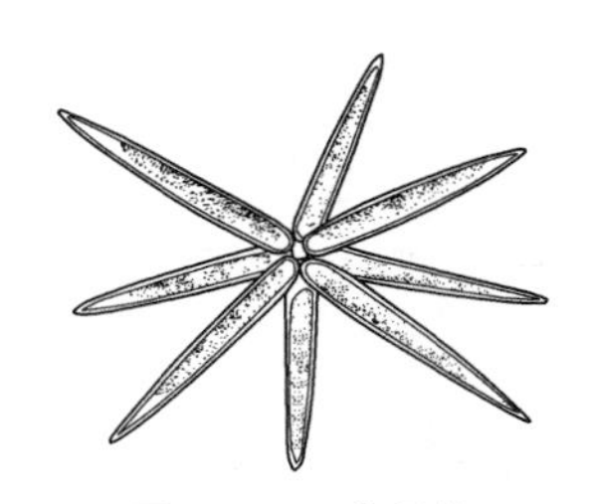

图 11-139 集星藻
(*Actinastrum hantzschii*)

四十、集星藻属

集星藻属（*Actinastrum*） 细胞呈长柱形，两端为平截形、广圆形或尖状。通常由 4 个、8 个或 16 个细胞组成群体，群体细胞以一端相连呈放射状排列，色素体为纵的一条。具 1 个造粉核。常见种类见图 11-139。

四十一、刚毛藻属

刚毛藻属（*Cladophora*） 植物体着生，有时漂浮。分枝丰富，具顶端和基部的分化。分枝有互生型、对生型或其他型，宽度小于主枝。细胞圆柱形。色素体多个，周生，具多个蛋白核。

在各类水体中均有广泛分布，常作为环境水质（如 pH、硬度、重金属污染等）的指示生物。常见种类见图 11-140～图 11-143。

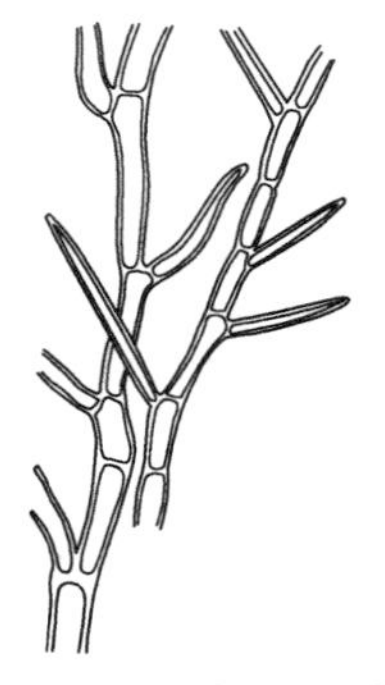

图 11-140 脆弱刚毛藻
(*C. fracta*)

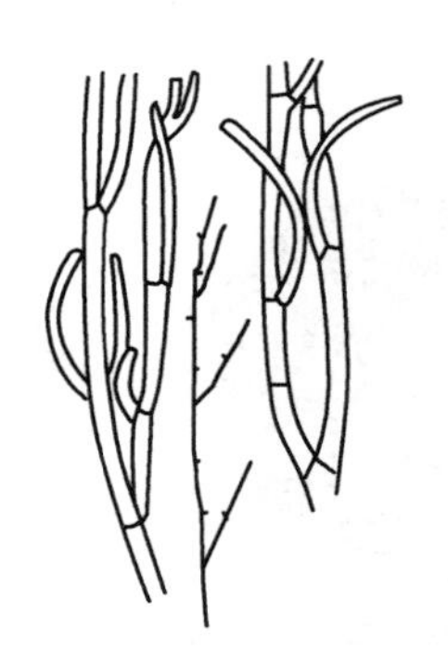

图 11-141 寡枝刚毛藻
(*C. oligoclona*)

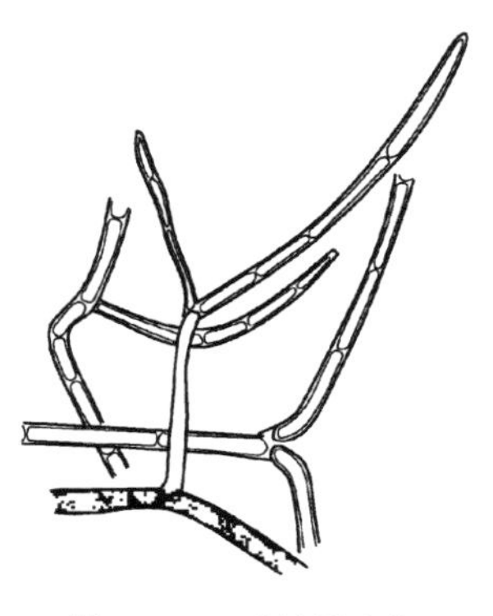

图 11-142 疏枝刚毛藻
(*C. insignis*)

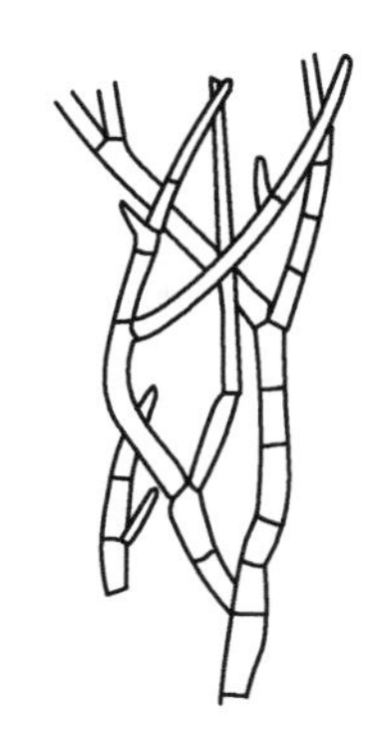

图 11-143 绉刚毛藻
(*C. crispata*)

四十二、丝藻属

丝藻属(*Ulothrix*) 植物体为不分枝丝状体，以长形的基细胞附着在基质上，色素体带状。常见种类见图 11-144～图 11-149。

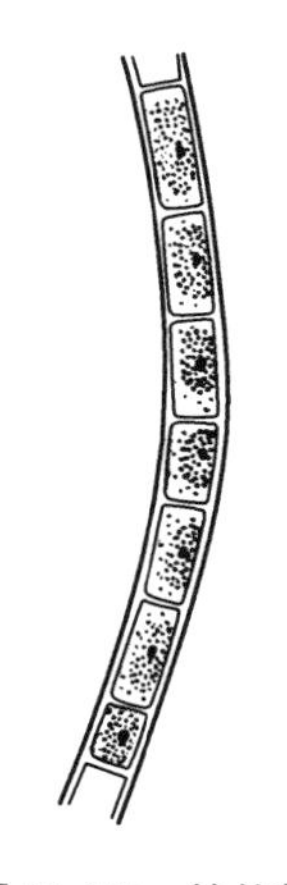

图 11-144 链丝藻
(*U. flaccidum*)

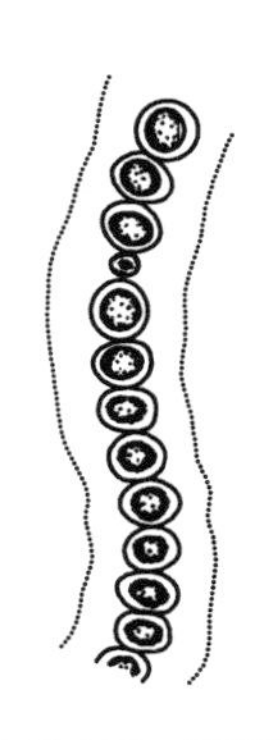

图 11-145 颤丝藻
(*U. oscillarina*)

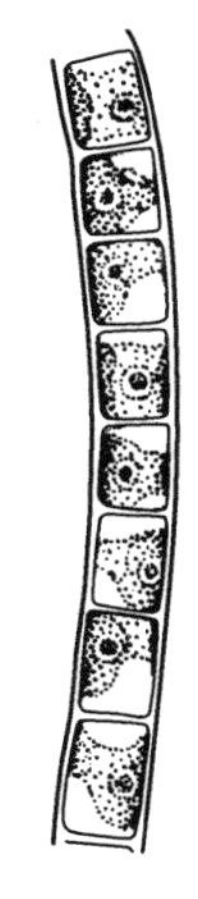

图 11-146 交错丝藻
(*U. implexa*)

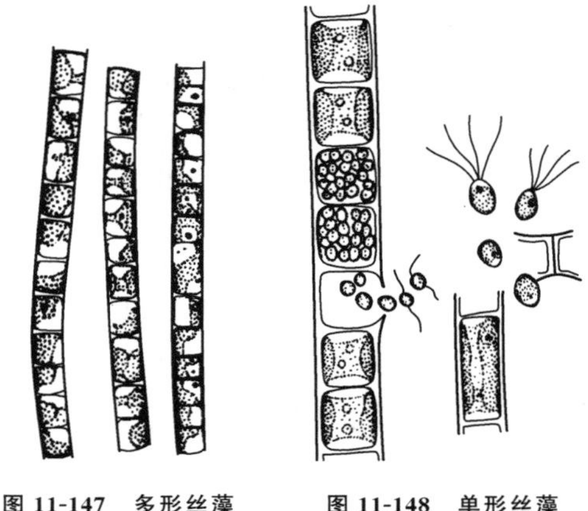

图 11-147　多形丝藻
（*U. variabilis*）

图 11-148　单形丝藻
（*U. aequalis*）

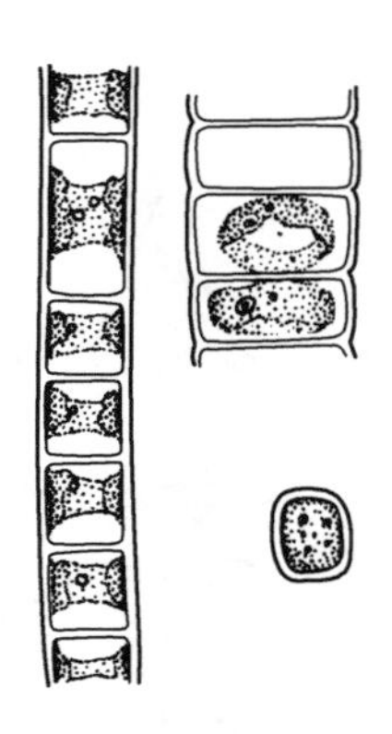

图 11-149　环丝藻
（*U. zonata*）

四十三、角星鼓藻属

角星鼓藻属（*Staurastrum*）　单细胞，多辐射对称，半细胞的顶角或侧角多形成长短不等的突起，细胞壁平滑，或具花纹、刺、瘤。常见种类见图 11-150～图 11-184。其中：(a) 正面观；(b) 侧面观；(c) 垂直面观。只有部分展示了侧面观。

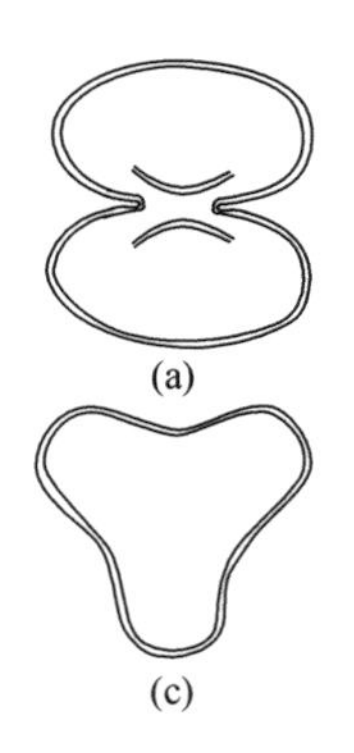

图 11-150　光角星鼓藻
（*S. muticum*）

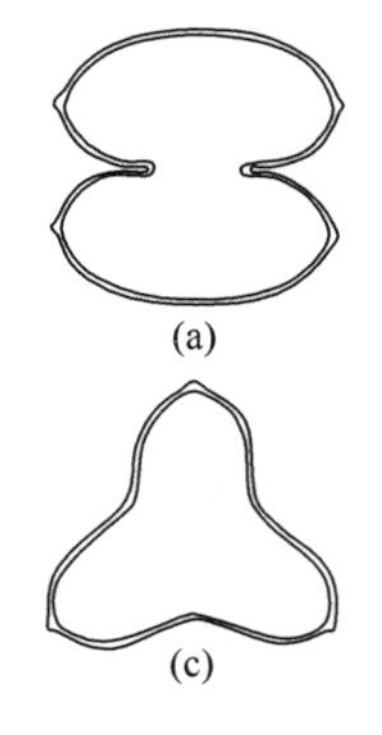

图 11-151　短棘角星鼓藻
（*S. brevispinum*）

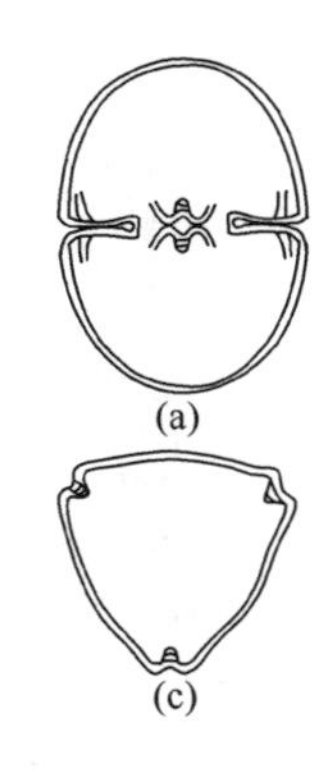

图 11-152　赞布角星鼓藻
（*S. zahlbruckneri*）

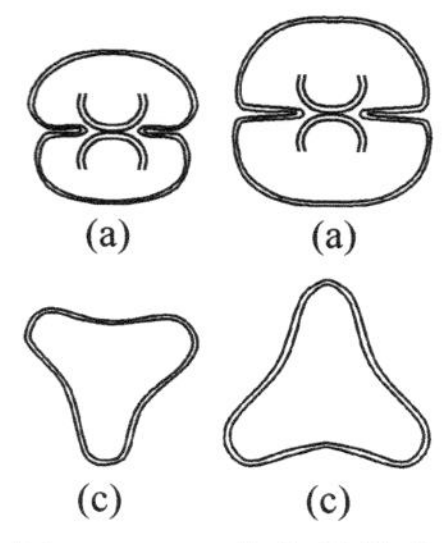

图 11-153　钝角星鼓藻

（*S. retusum*）

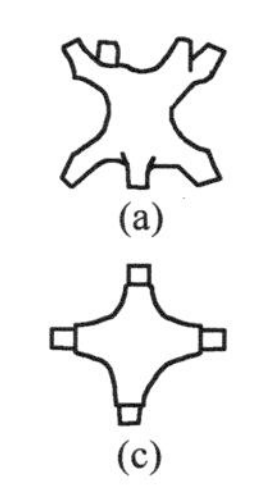

图 11-154　不显著角星鼓藻

（*S. inconspicum*）

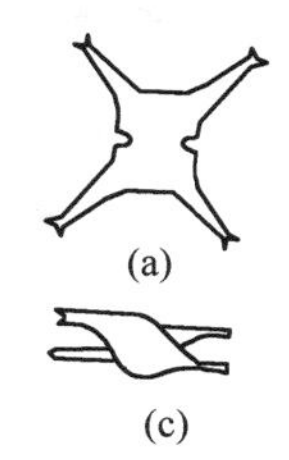

图 11-155　四角角星鼓藻

（*S. tetracerum*）

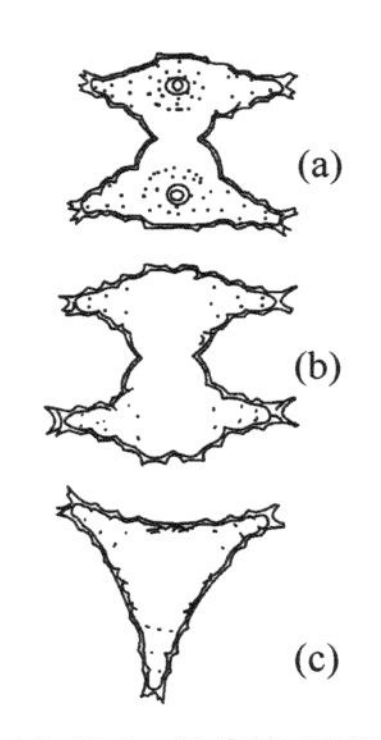

图 11-156　钝齿角星鼓藻

（*S. crenulatum*）

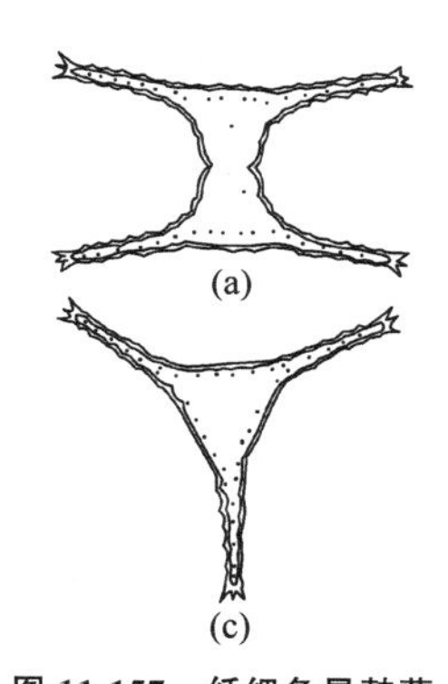

图 11-157　纤细角星鼓藻

（*S. gracile*）

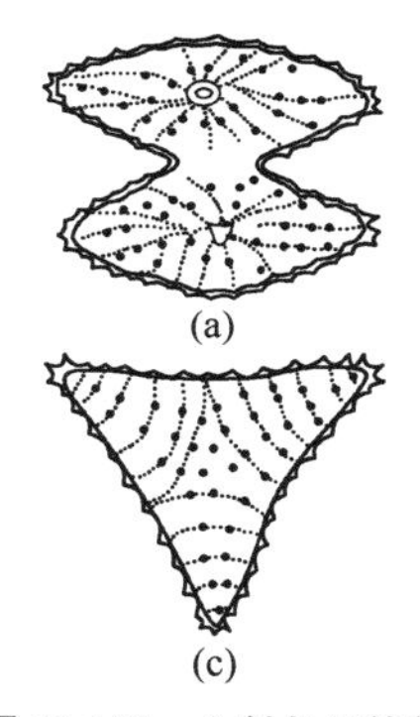

图 11-158　六刺角星鼓藻

（*S. hexacerum*）

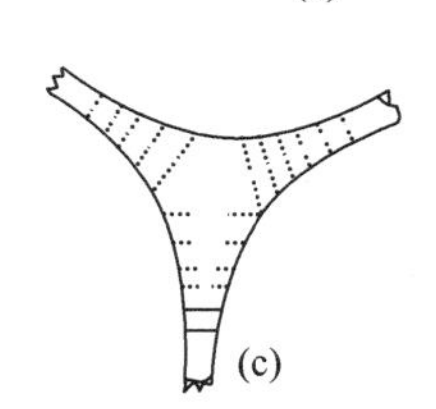

图 11-159　弯曲角星鼓藻

（*Staurastrum inflexum*）

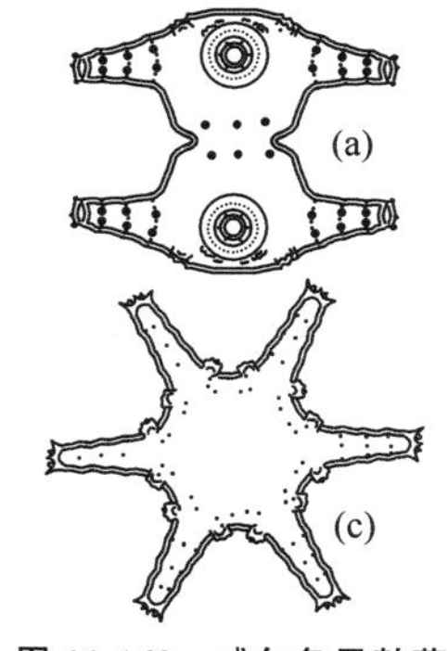

图 11-160　威尔角星鼓藻

（*S. grocile*）

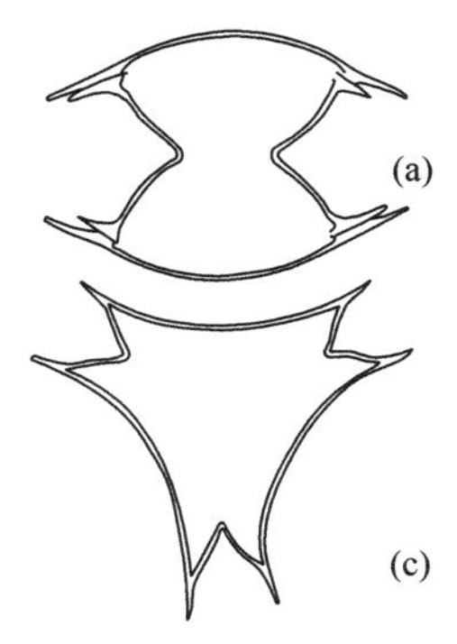

图 11-161　两裂角星鼓藻

（*S. bifidum*）

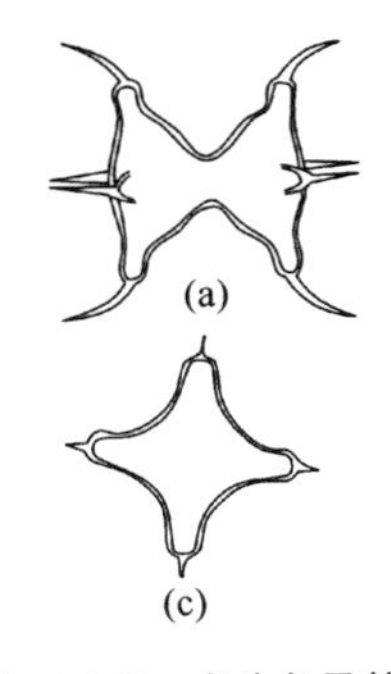

图 11-162　尖头角星鼓藻
（*S. cuspidatum*）

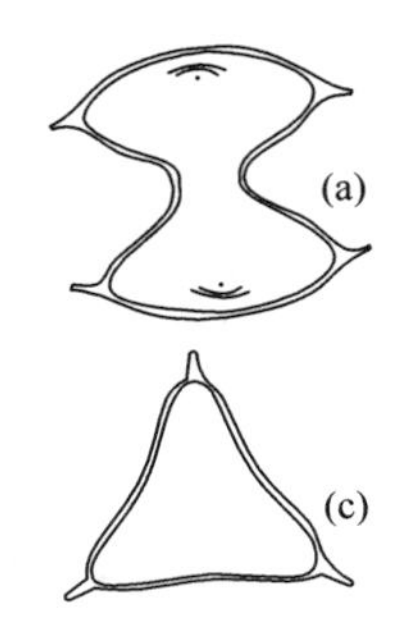

图 11-163　薄皮角星鼓藻
（*S. leptodermum*）

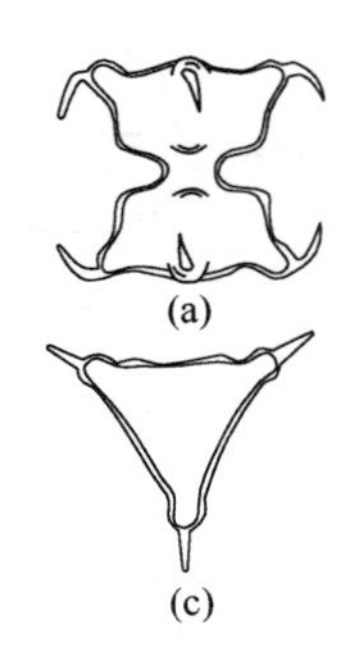

图 11-164　单角角星鼓藻
（*S. unicorne*）

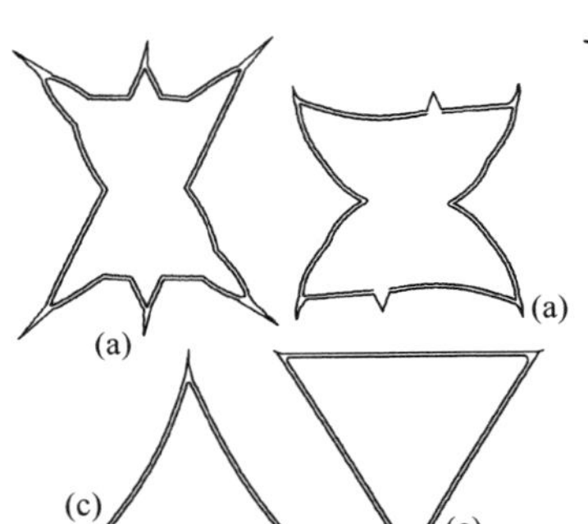

图 11-165　芒角角星鼓藻
（*S. aristiferum*）

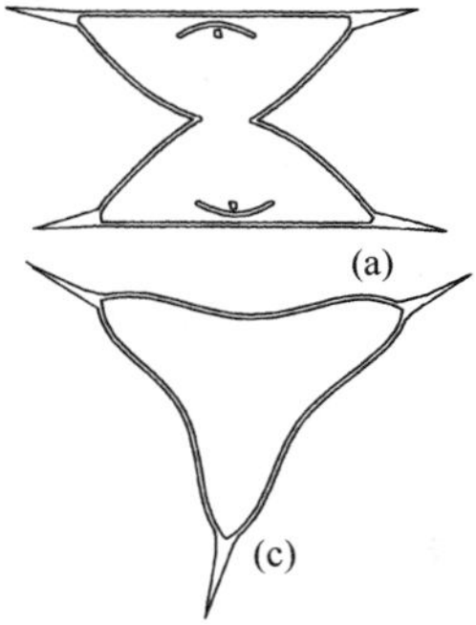

图 11-166　近缘角星鼓藻
（*S. connatum*）

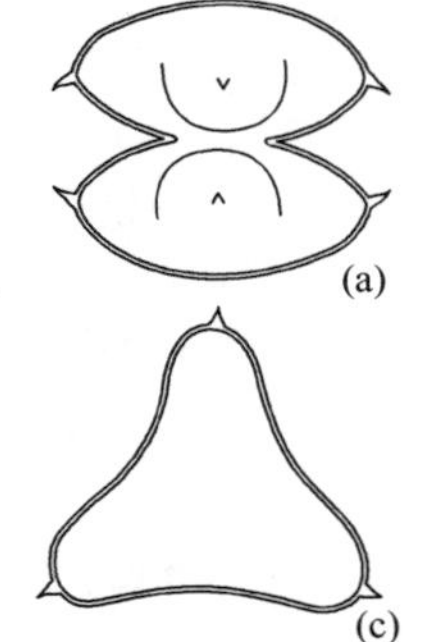

图 11-167　平卧角星鼓藻
（*S. dejectum*）

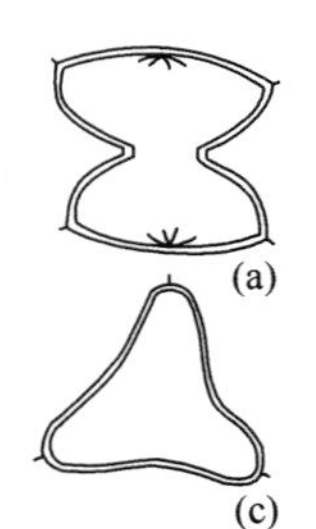

图 11-168　迪基角星鼓藻
（*Staurastrum dickiei*）

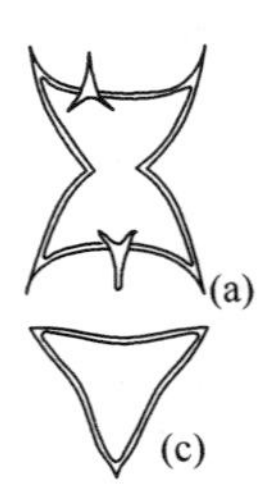

图 11-169　尖刺角星鼓藻
（*S. apiculatum*）

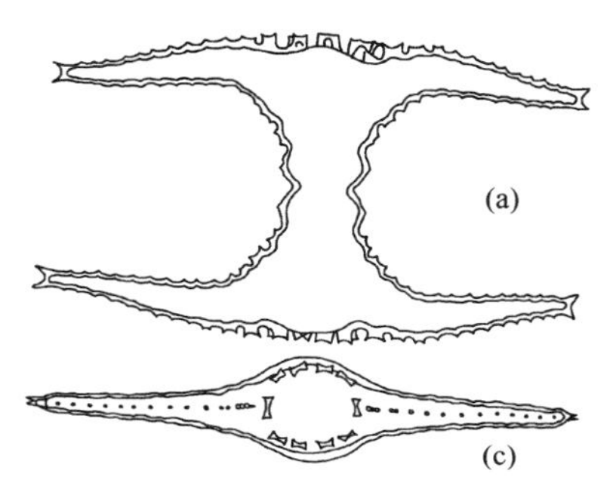

图 11-170　具齿角星鼓藻

（*S. indentatum*）

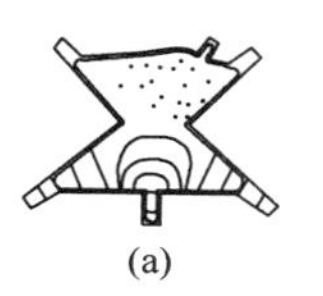

图 11-171　伪四角角星鼓藻

（*S. pseudotetracerum*）

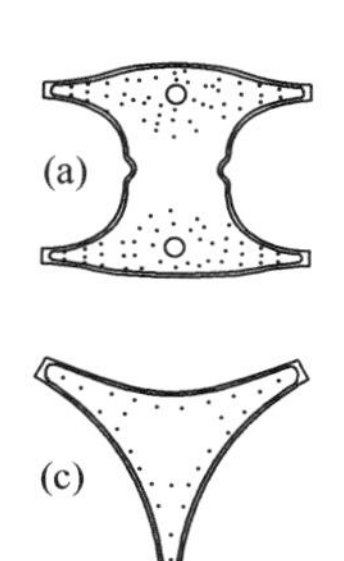

图 11-172　多形角星鼓藻

（*S. polymorphum*）

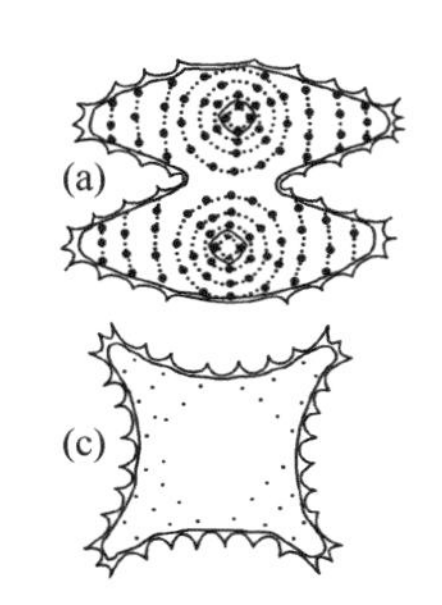

图 11-173　哈博角星鼓藻

（*S. haaboeliense*）

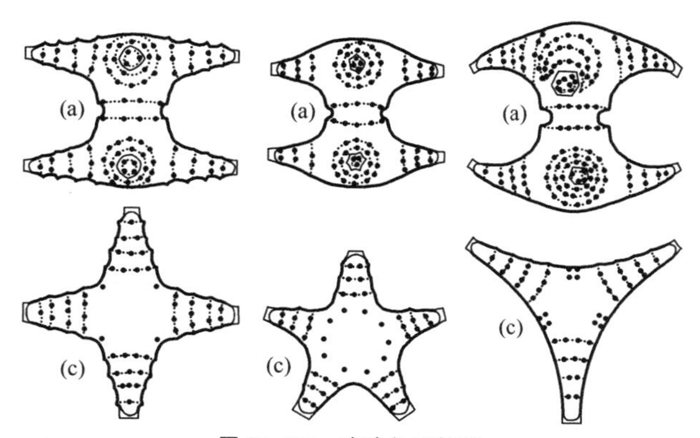

图 11-174　珍珠角星鼓藻

（*S. margaritaceum*）

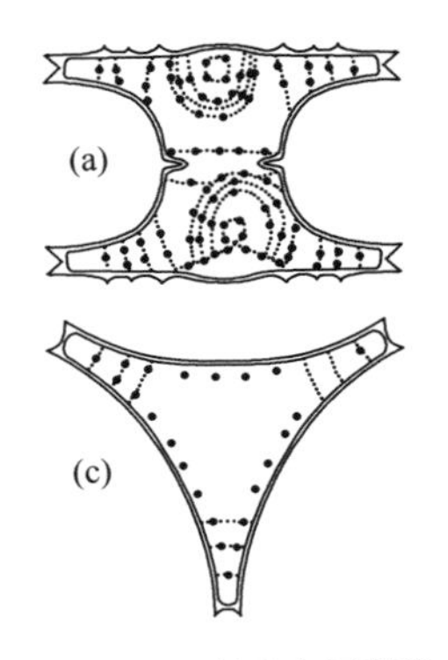

图 11-175 曼弗角星鼓藻

(*Staurastrum manfeldtii*)

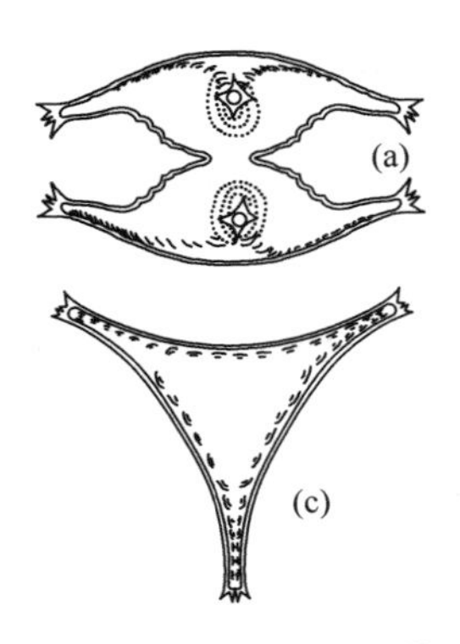

图 11-176 索塞角星鼓藻

(*S. sonthalianum*)

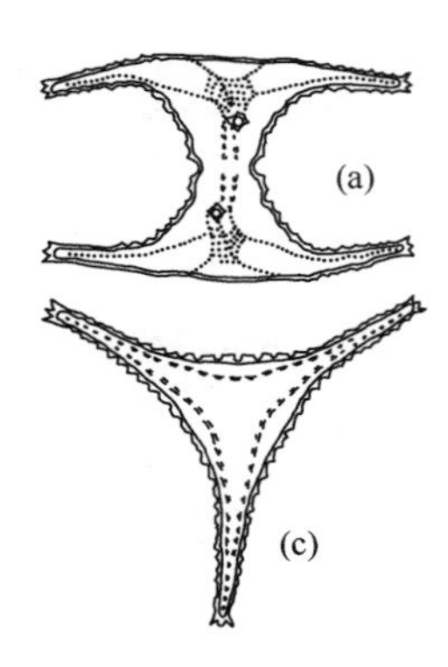

图 11-177 广西角星鼓藻

(*S. kwangsiense*)

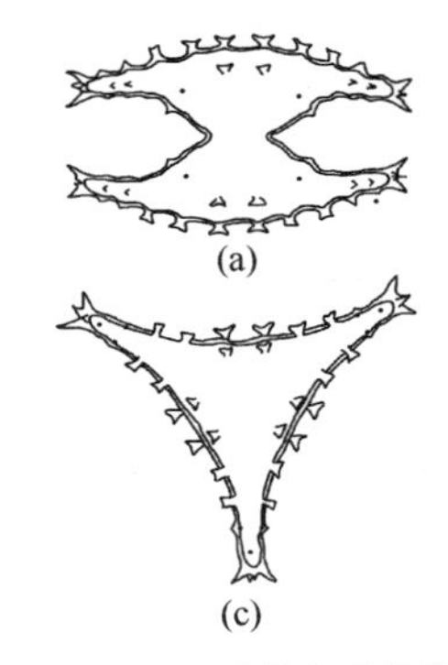

图 11-178 装饰角星鼓藻

(*S. vestitum*)

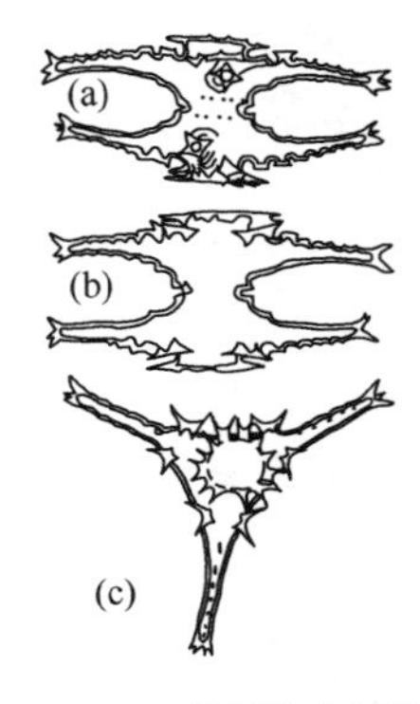

图 11-179 近环棘角星鼓藻

(*S. subcyclacanthum*)

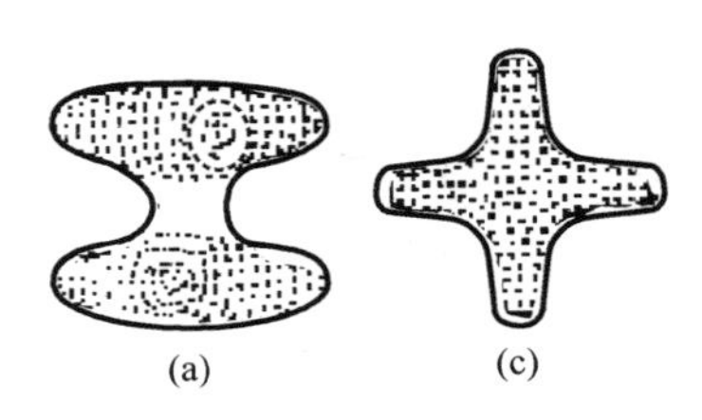

图 11-180 膨胀角星鼓藻

(*S. dilatatum*)

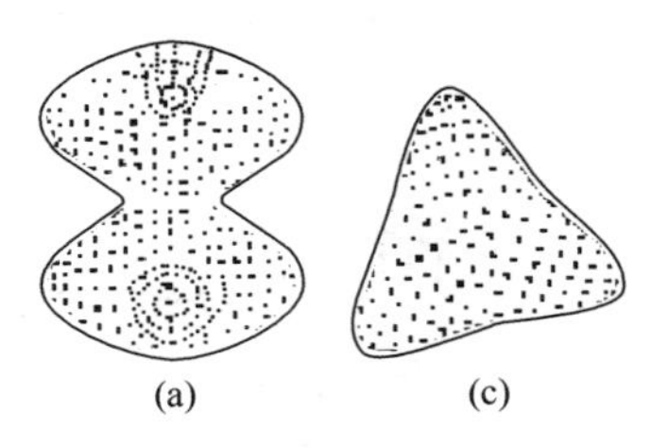

图 11-181 颗粒角星鼓藻

(*S. punctulatum*)

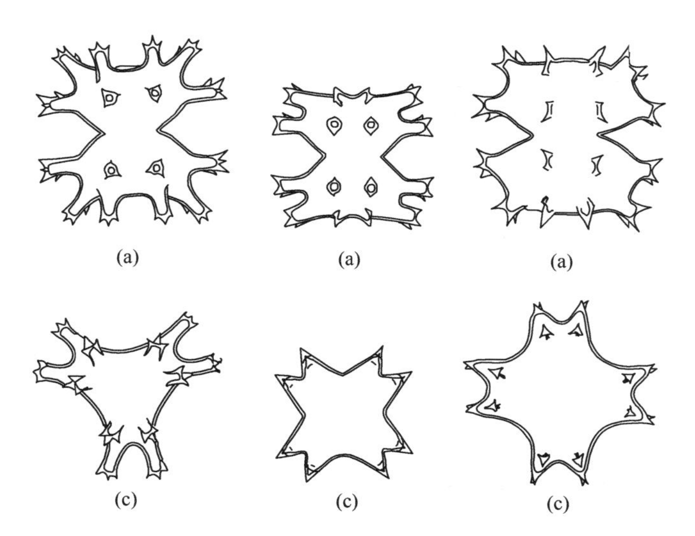

图 11-182　成对角星鼓藻

(*Staurastrum gemelliparum*)

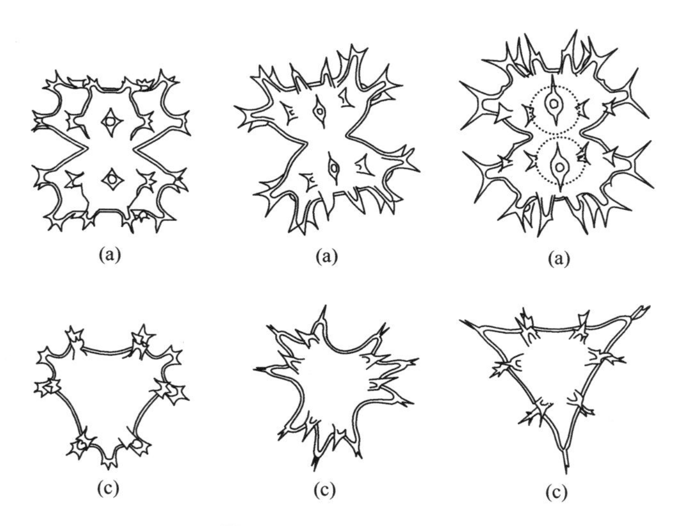

图 11-183　六臂角星鼓藻

(*S. senarium*)

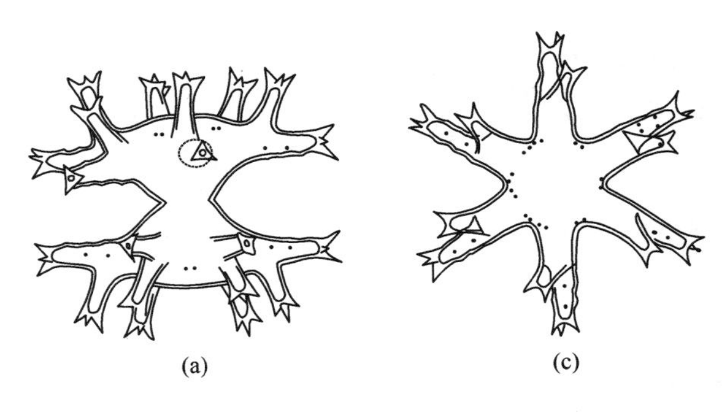

图 11-184　六角角星鼓藻
(*S. sexangulare*)

四十四、新月藻属

新月藻属（*Closterium*） 细胞大多呈新月形、弓形弯曲。细胞长为宽的 2 倍以上。细胞中部收缢不明显。常见种类见图 11-185～图 11-197。

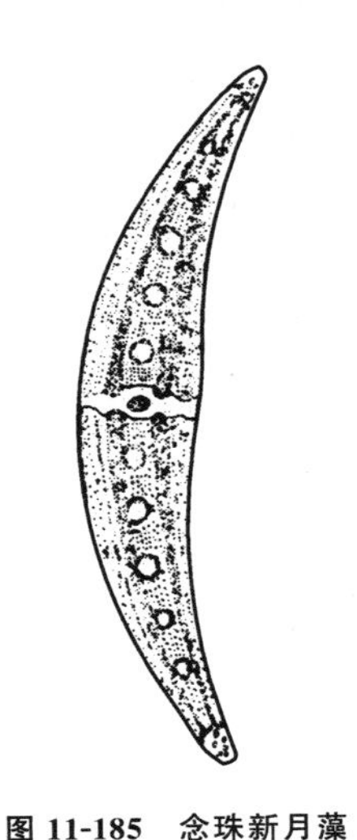

图 11-185　念珠新月藻
(*Closterium moniliferum*)

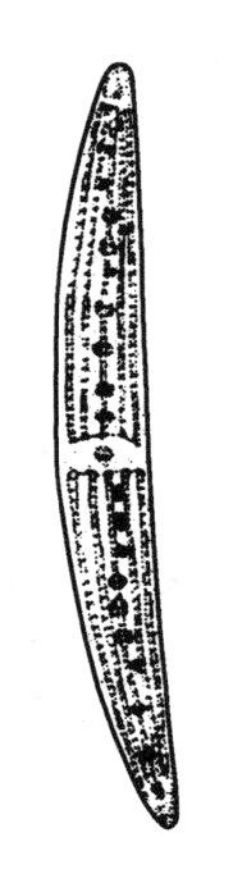

图 11-186　别针新月藻
(*C. acerosum*)

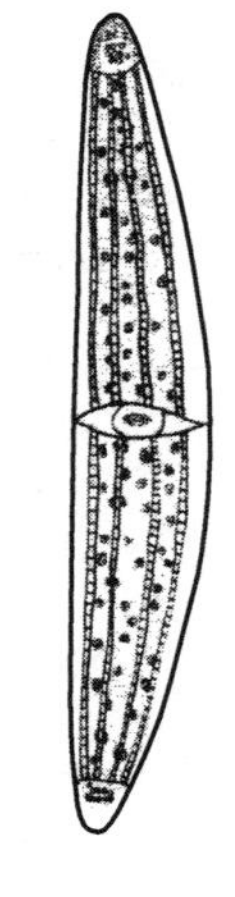

图 11-187　月形鼓藻
(*C. lunula*)

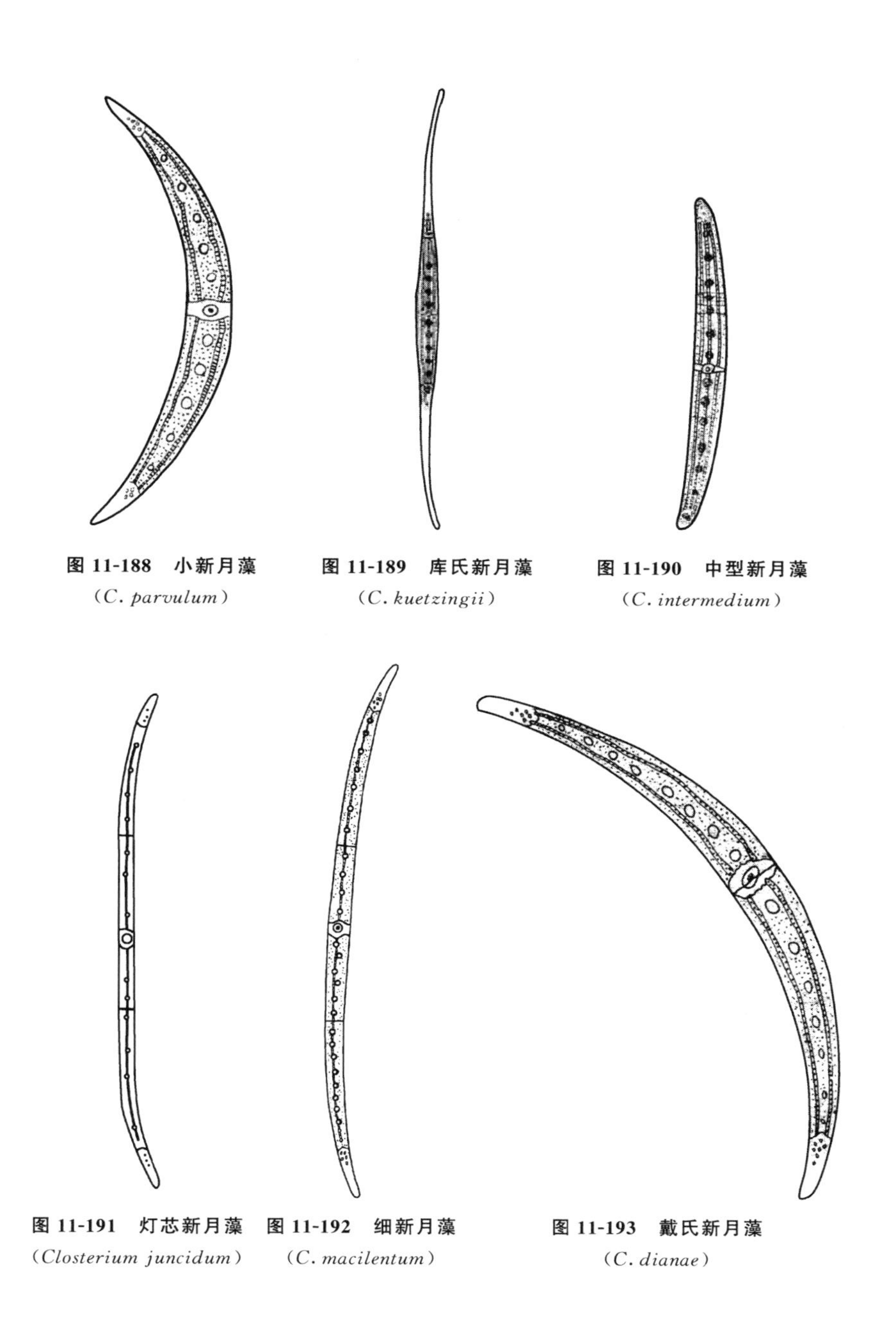

图 11-188 小新月藻
（*C. parvulum*）

图 11-189 库氏新月藻
（*C. kuetzingii*）

图 11-190 中型新月藻
（*C. intermedium*）

图 11-191 灯芯新月藻
（*Closterium juncidum*）

图 11-192 细新月藻
（*C. macilentum*）

图 11-193 戴氏新月藻
（*C. dianae*）

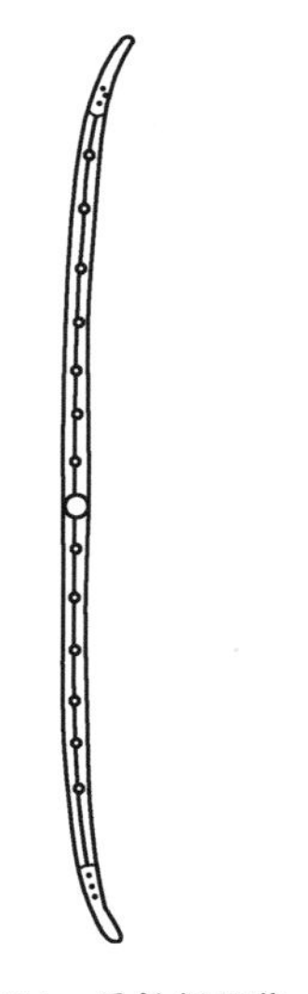

图 11-194　秀长新月藻

（*C. gracile*）

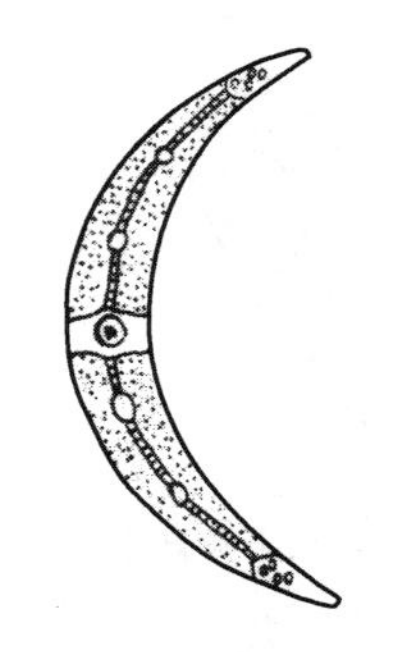

图 11-195　美丽新月藻

（*C. venus*）

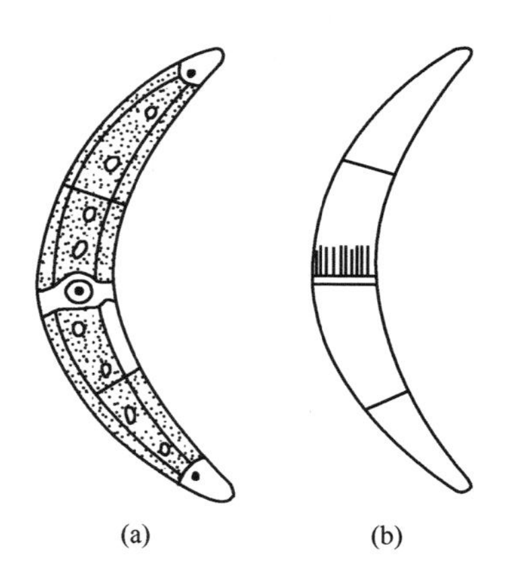

图 11-196　高山新月藻

（*Closterium cynthia*）

（a）、（b）表示不同的细胞形态

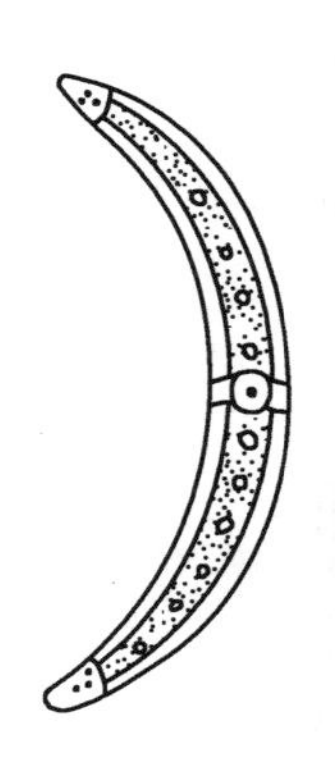

图 11-197　靳氏新月藻

（*C. jenneri*）

四十五、鼓藻属

鼓藻属（*Cosmarium*）　单细胞，细胞侧扁，通常长稍大于宽，细胞中部收缩为缢缝，半细胞正面观呈近圆形或半圆形。常见于小型水体中。常见种类见图 11-198～图 11-231。

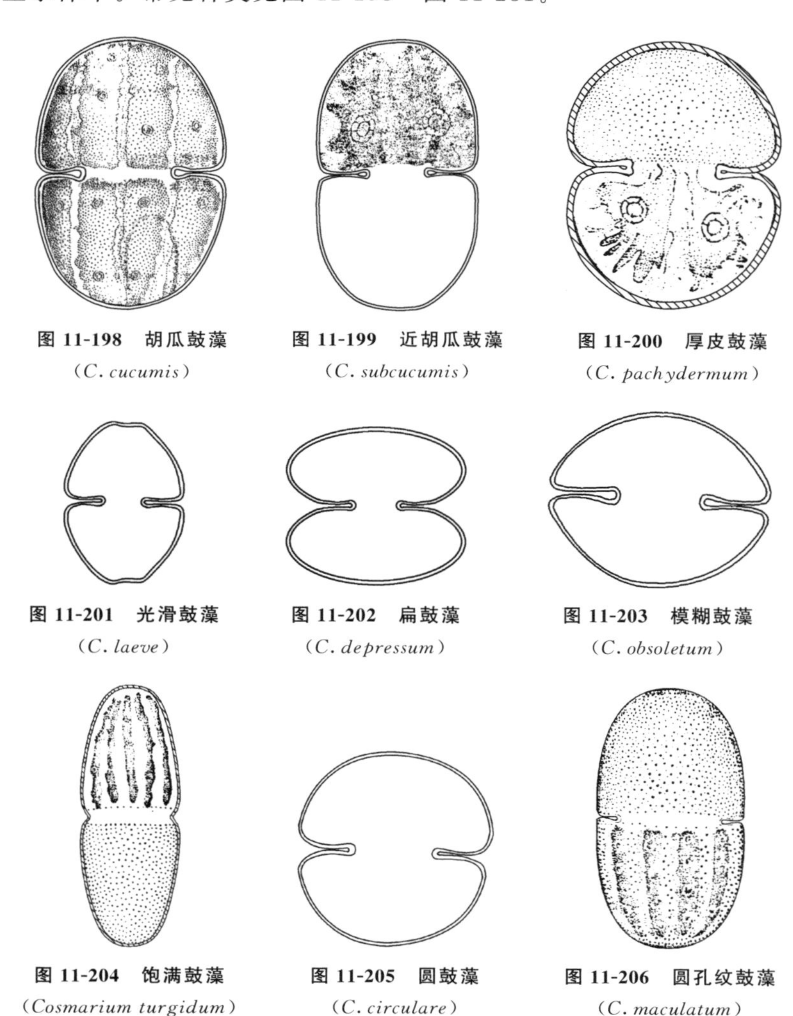

图 11-198　胡瓜鼓藻
（*C. cucumis*）

图 11-199　近胡瓜鼓藻
（*C. subcucumis*）

图 11-200　厚皮鼓藻
（*C. pachydermum*）

图 11-201　光滑鼓藻
（*C. laeve*）

图 11-202　扁鼓藻
（*C. depressum*）

图 11-203　模糊鼓藻
（*C. obsoletum*）

图 11-204　饱满鼓藻
（*Cosmarium turgidum*）

图 11-205　圆鼓藻
（*C. circulare*）

图 11-206　圆孔纹鼓藻
（*C. maculatum*）

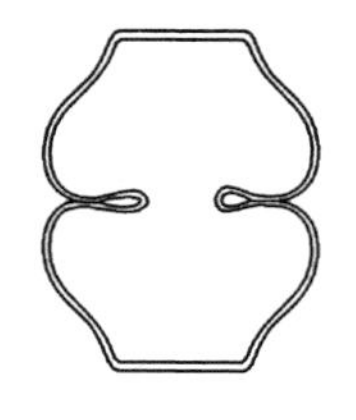

图 11-207　三叶鼓藻
（*C. trilobulatum*）

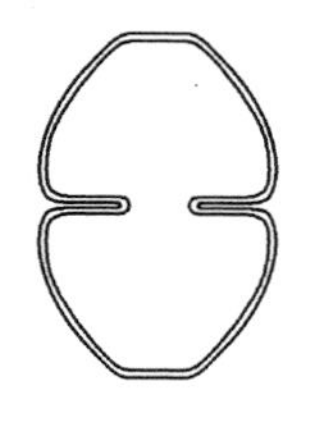

图 11-208　颗粒鼓藻
（*C. granatum*）

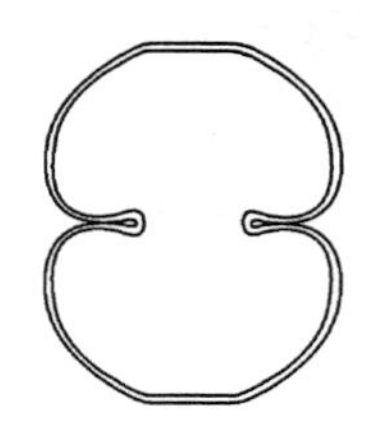

图 11-209　近膨胀鼓藻
（*C. subtumidum*）

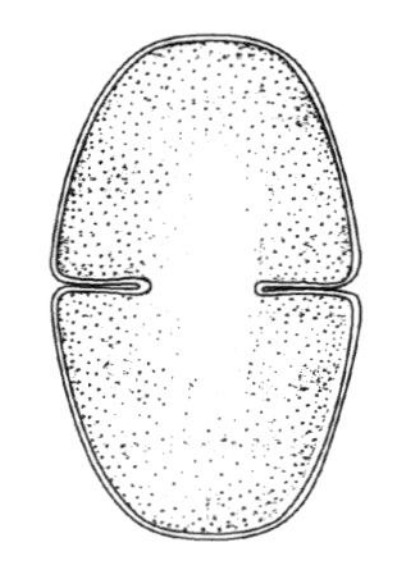

图 11-210　拟角锥鼓藻
（*C. psendopyramidatum*）

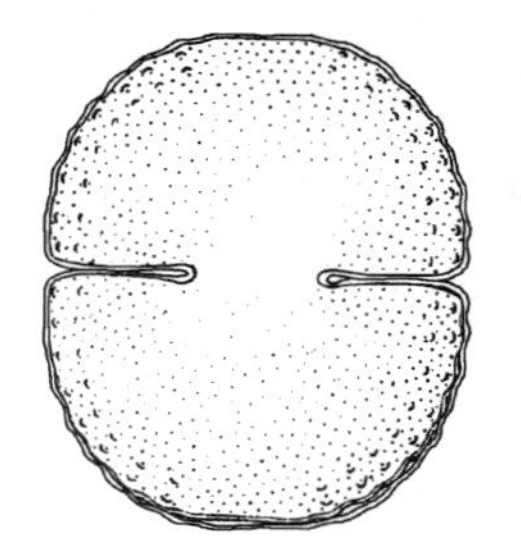

图 11-211　钝鼓藻
（*C. obtusatum*）

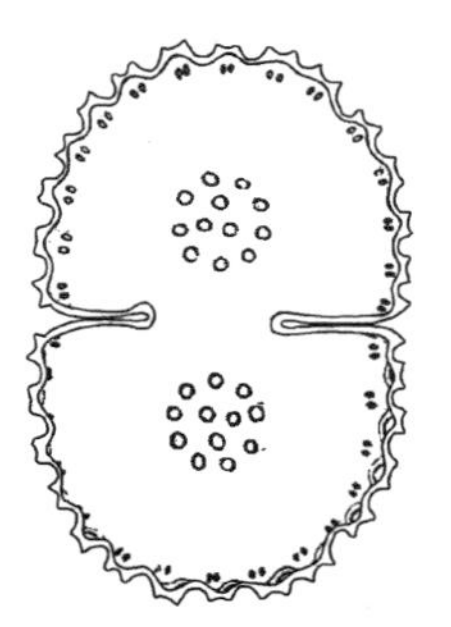

图 11-212　四列鼓藻
（*C. quadrifarium*）

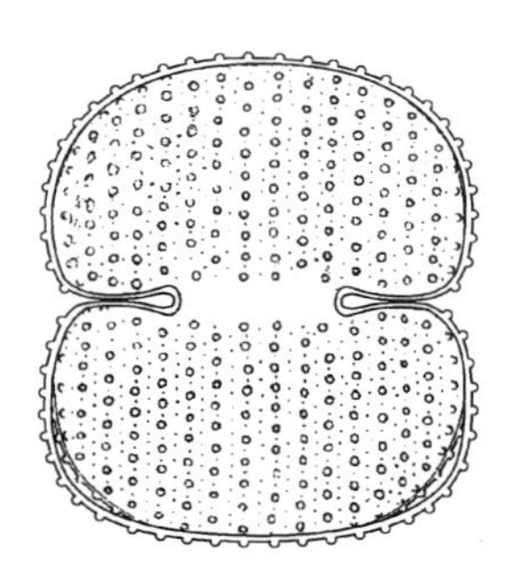

图 11-213　珍珠鼓藻
（*C. margaritatum*）

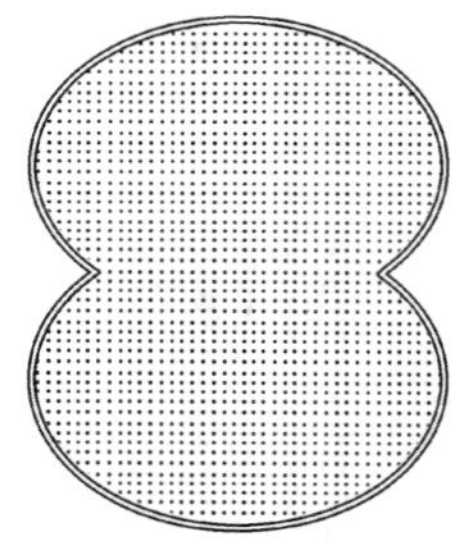

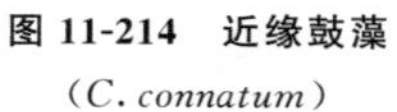

图 11-214　近缘鼓藻
（*C. connatum*）

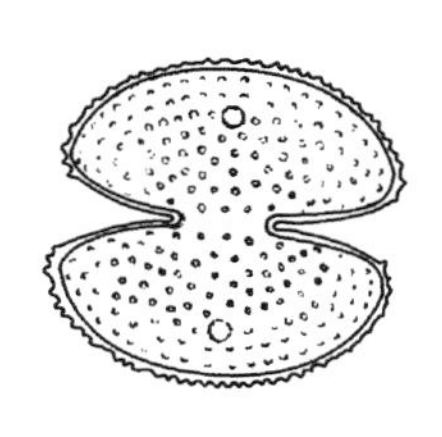

图 11-215　广西鼓藻
(*Cosmarium kwangsiense*)

图 11-216　球鼓藻
(*C. globosum*)

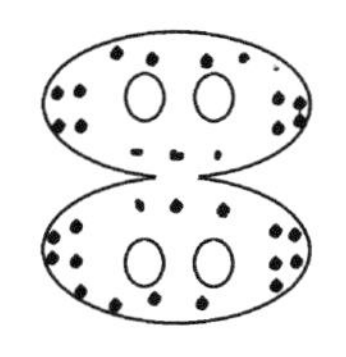

图 11-217　双瘤鼓藻
(*C. geminatum*)

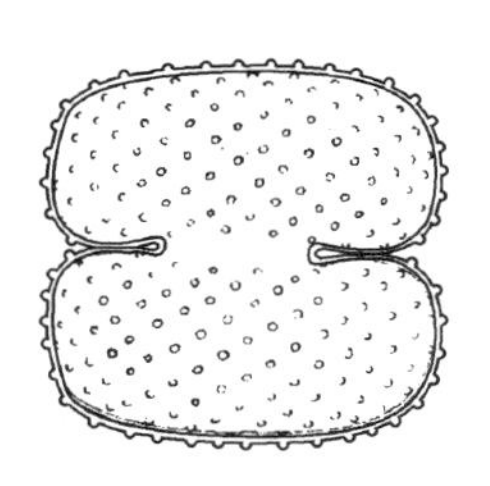

图 11-218　伪布鲁鼓藻
(*C. psendobroomei*)

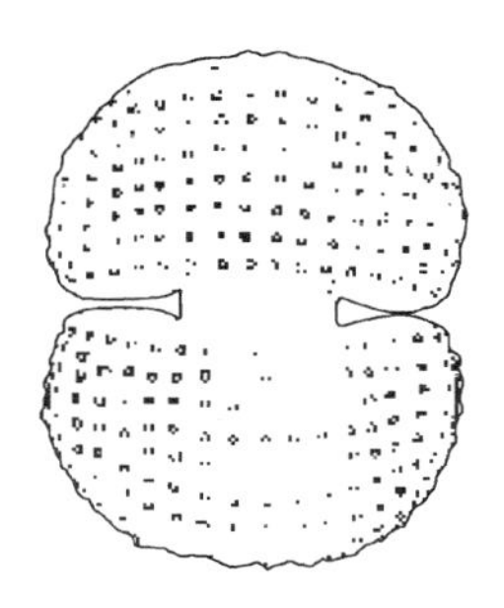

图 11-219　肾形鼓藻
(*C. reniforme*)

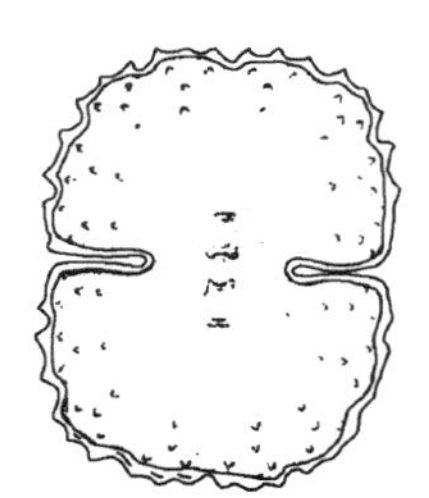

图 11-220　鼻形鼓藻
(*C. nastutum*)

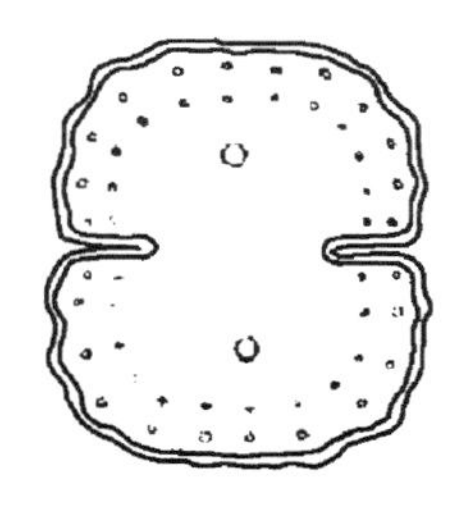

图 11-221　布莱鼓藻
(*C. blytii*)

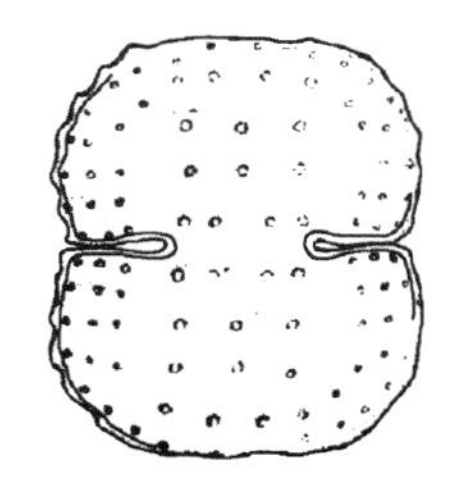

图 11-222　异粒鼓藻
(*C. anisochondrum*)

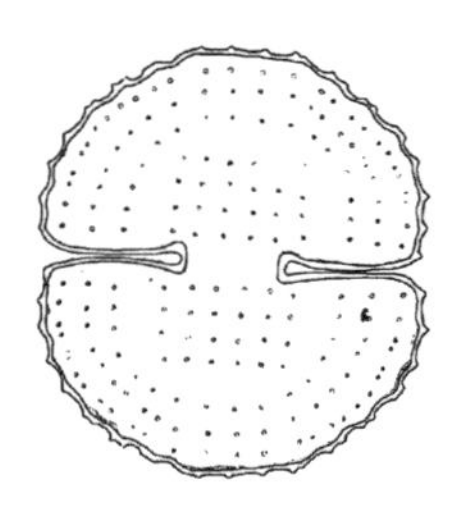

图 11-223　美丽鼓藻
（*C. formosulum*）

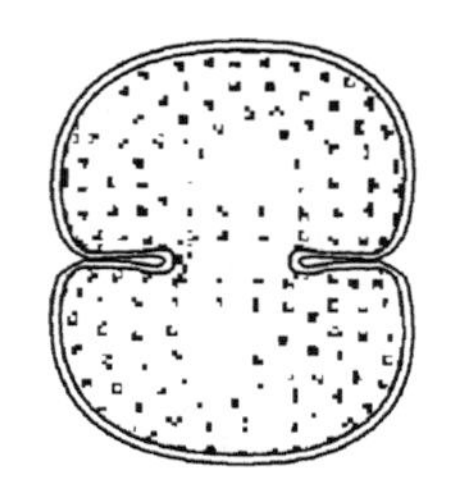

图 11-224　斑点鼓藻
（*C. pumctulatum*）

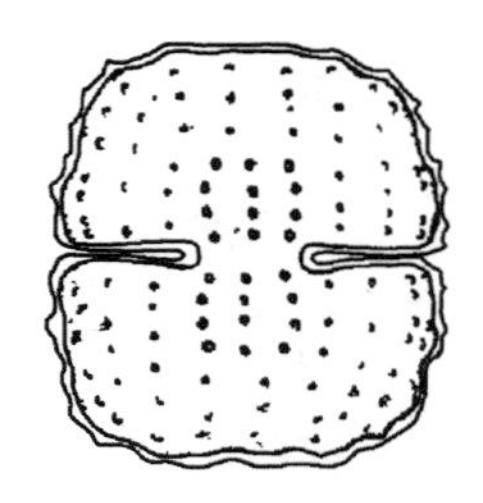

图 11-225　近前膨胀鼓藻
（*C. subprotumidum*）

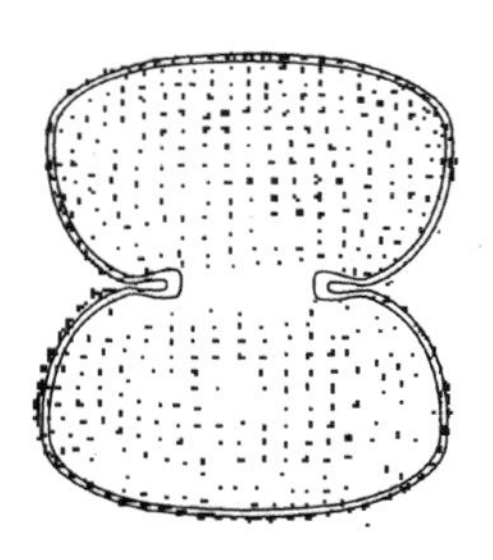

图 11-226　双钝顶鼓藻
（*Cosmarium biretum*）

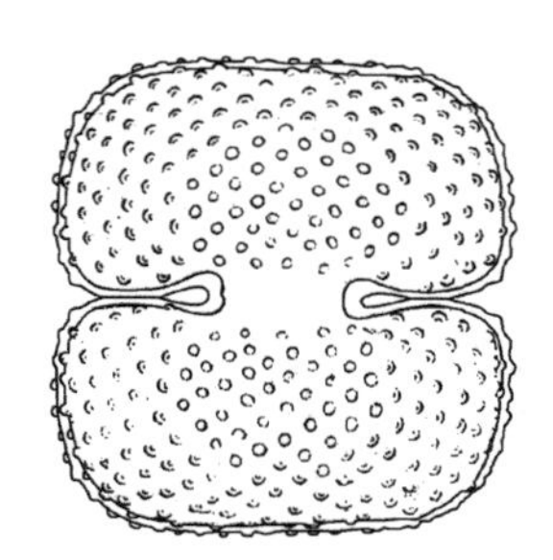

图 11-227　方鼓藻
（*C. quadrum*）

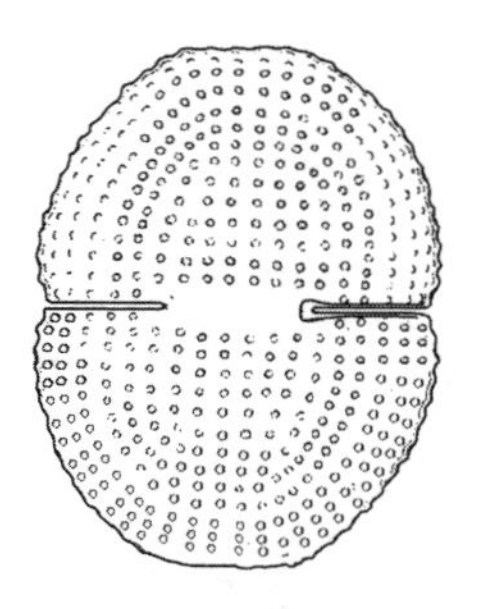

图 11-228　葡萄鼓藻
（*C. botrytis*）

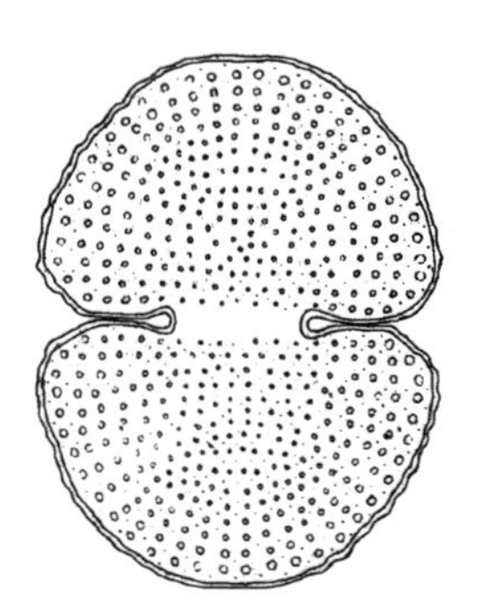

图 11-229　四眼鼓藻
（*C. tetraophalmum*）

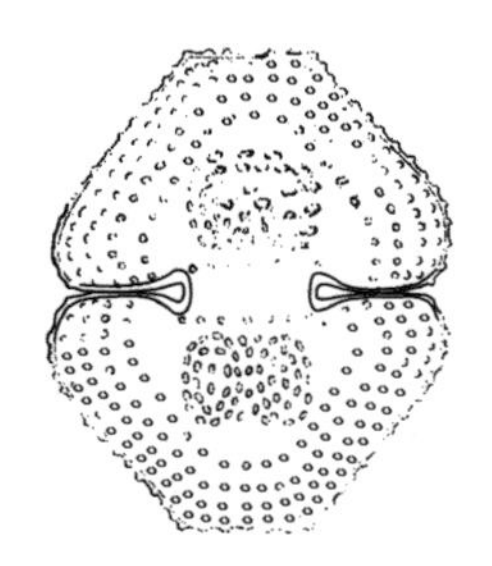

图 11-230　特平鼓藻
（*C. turpinii*）

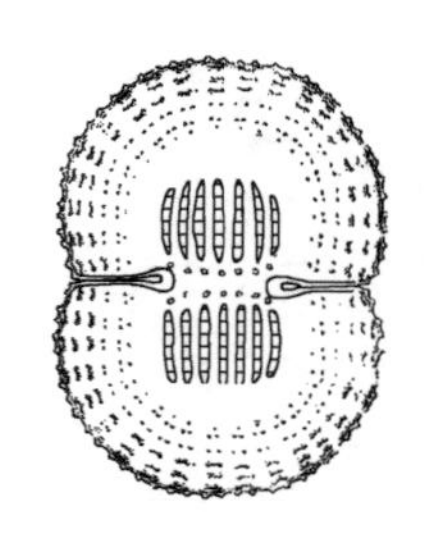

图 11-231　双齿鼓藻
（*C. binum*）

四十六、其他绿藻

见图 11-232～图 11-308 所示。

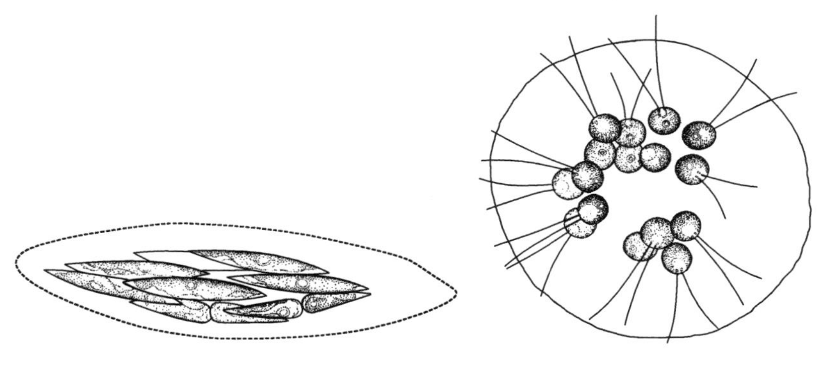

图 11-232　纺锤藻
（*Elakatothrix gelatinosa*）

图 11-233　湖生四胞藻
（*Tetraspora lacustris*）

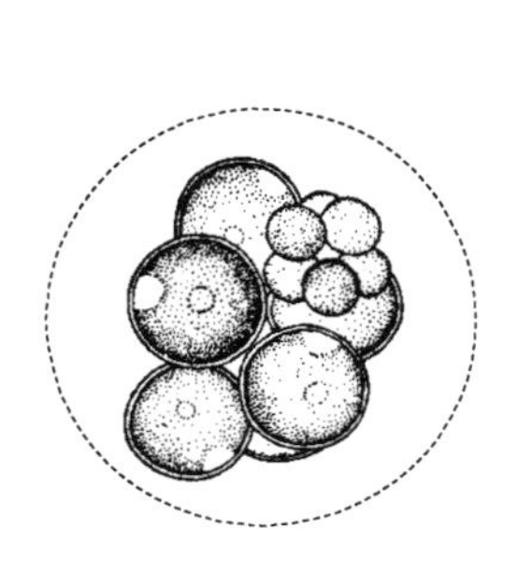

图 11-234　球囊藻
（*Sphaerocystis schroeteri*）

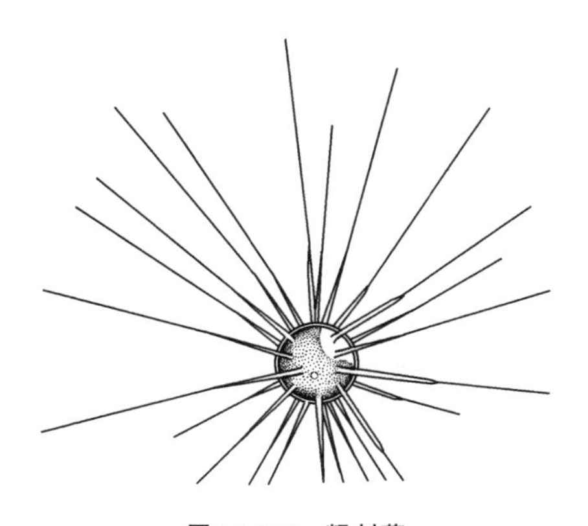

图 11-235　粗刺藻
（*Acanthosphaera zachariasi*）

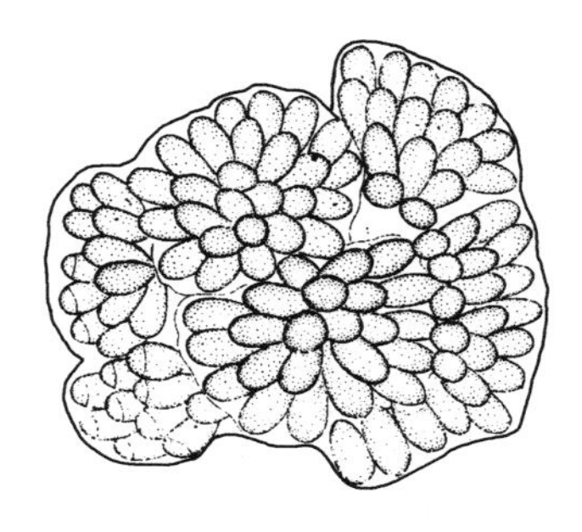

图 11-236　葡萄藻
（*Botryococcus braunii*）

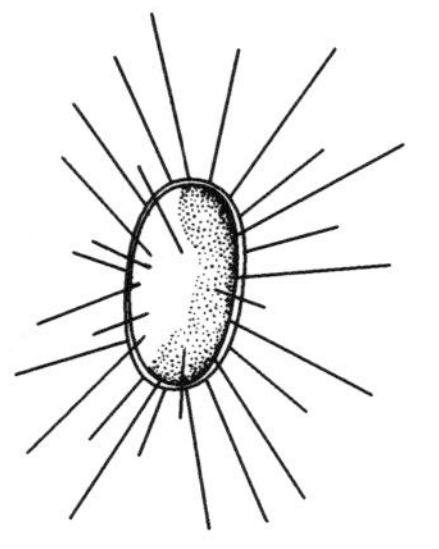

图 11-237　被刺藻
（*Franceia ovalis*）

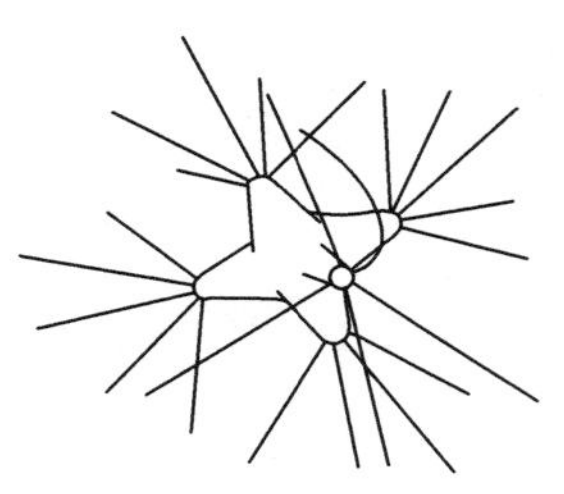

图 11-238　多突藻
（*Polyedriopsis spinuosa*）

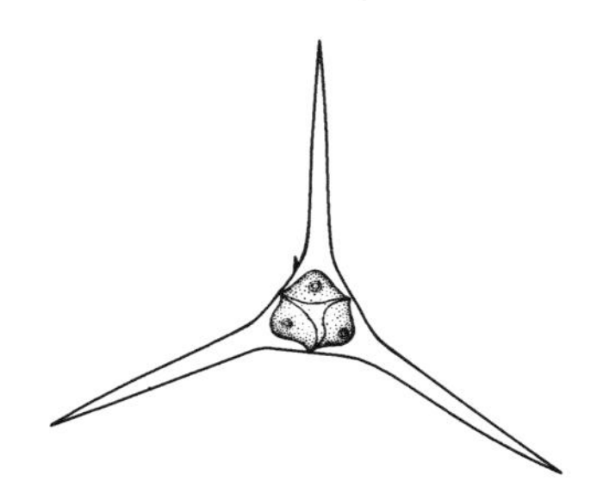

图 11-239　粗刺四刺藻
（*Treubaria crassispina*）

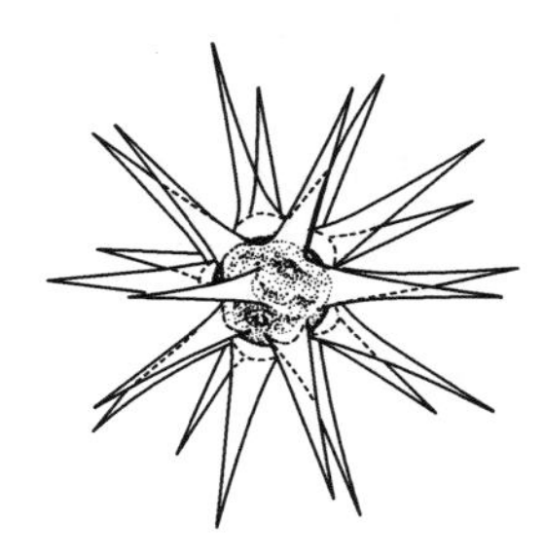

图 11-240　棘球藻
（*Echinosphaerella limnetica*）

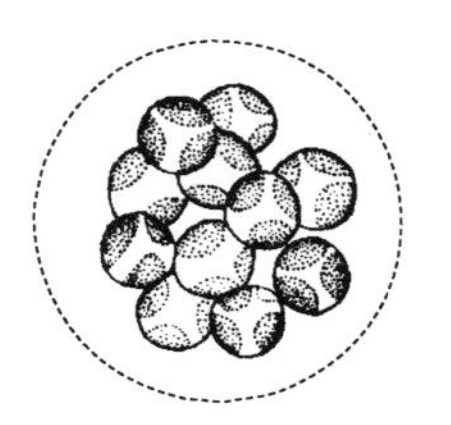

图 11-241　浮球藻
（*Planktosphaeria gelotinosa*）

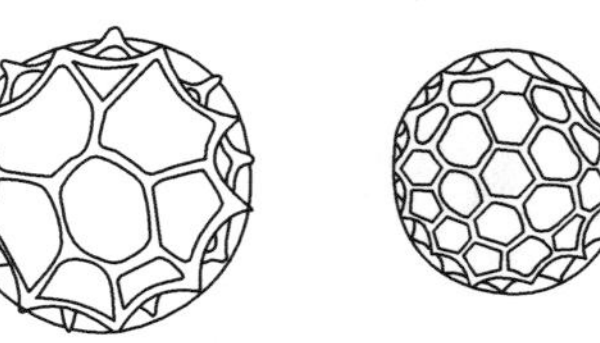

图 11-242　小箍藻
（*Trochiscia reticularis*）

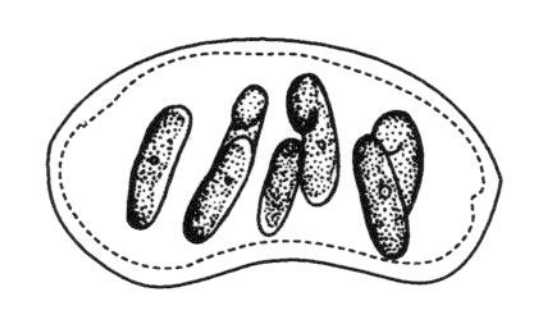

图 11-243　肾形藻
（*Nephrocytium agardhianum*）

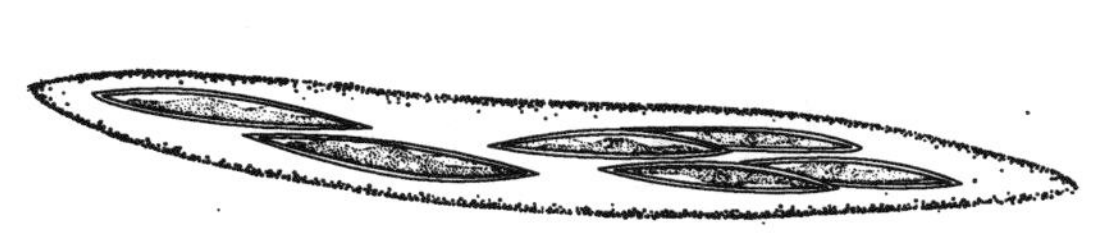

图 11-244　并联藻
（*Quadrigula chodatii*）

图 11-245　胶星藻
（*Gloeoactinium limneticum*）

图 11-246　群星藻
（*Sorastrum americanum*）

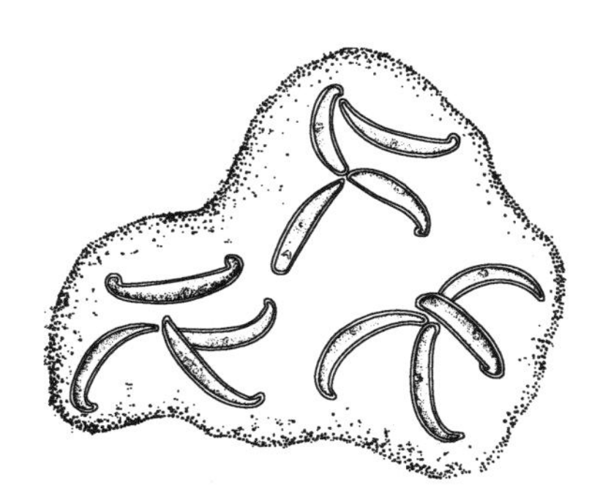

图 11-247　四月藻
（*Tetrallantos lagerheimii*）

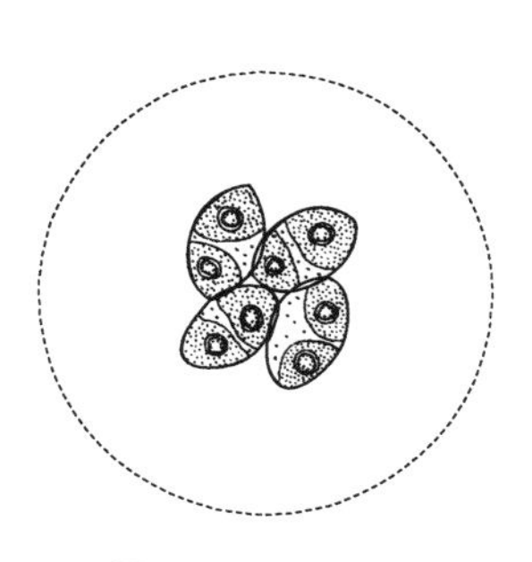

图 11-248　四球藻
（*Tetrachlorella alternans*）

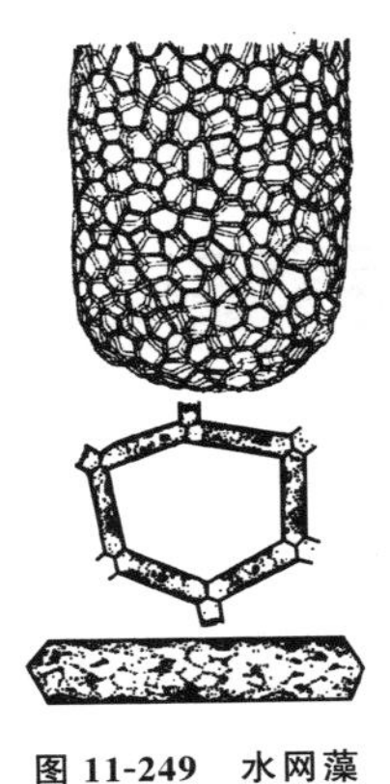

图 11-249　水网藻
(*Hydrodictyon reticulatum*)

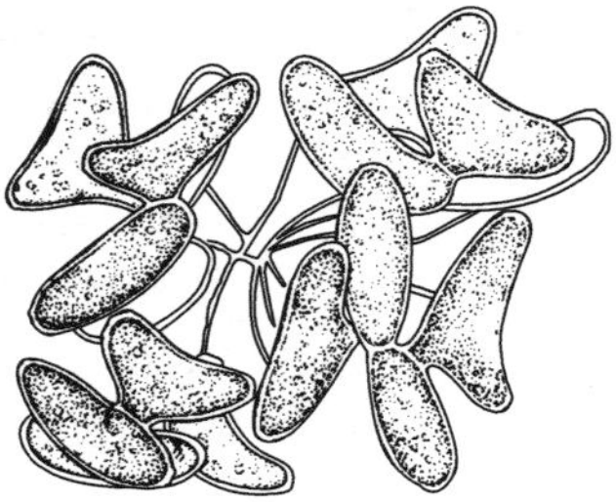

图 11-250　月形双形藻
(*Dimorphococcus iunatus*)

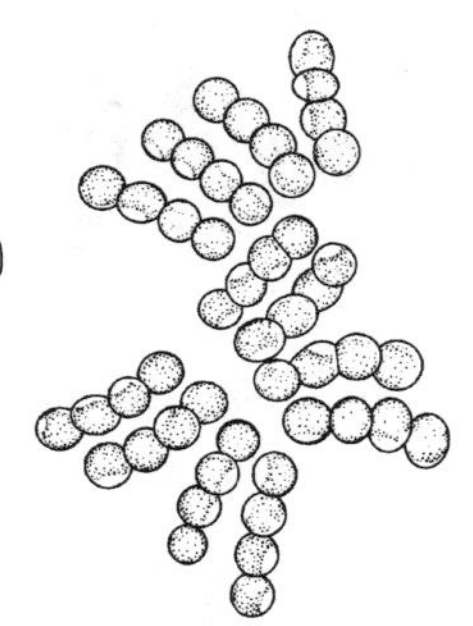

图 11-251　线形拟韦丝藻
(*Westellopsis linearis*)

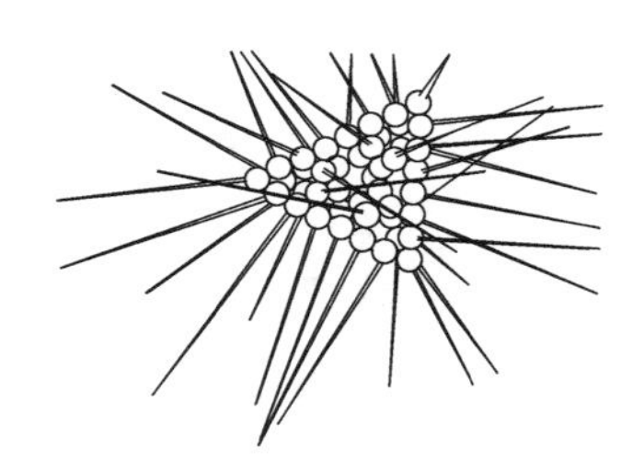

图 11-252　芒锥藻
(*Errerella bornhemiensis*)

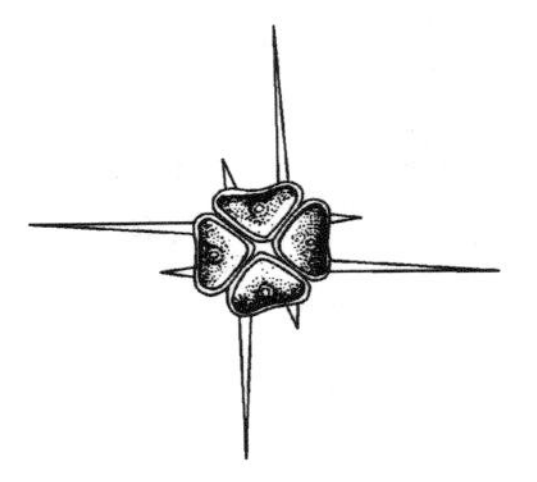

图 11-253　异刺四星藻
(*Tetrastrum heterocanthum*)

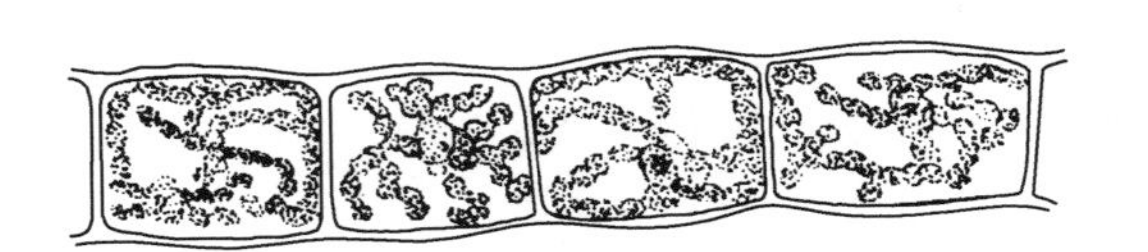

图 11-254　丛毛微胞藻
(*Microspora floccosa*)

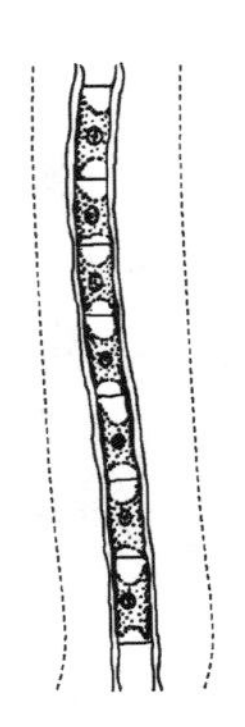

图 11-255　小双胞藻
(*Geminella minor*)

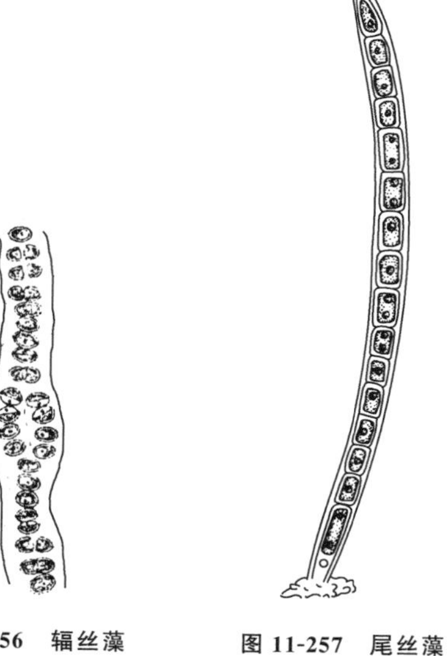

图 11-256　辐丝藻
(*Radiofilum irregulare*)

图 11-257　尾丝藻
(*Uronema confervicolum*)

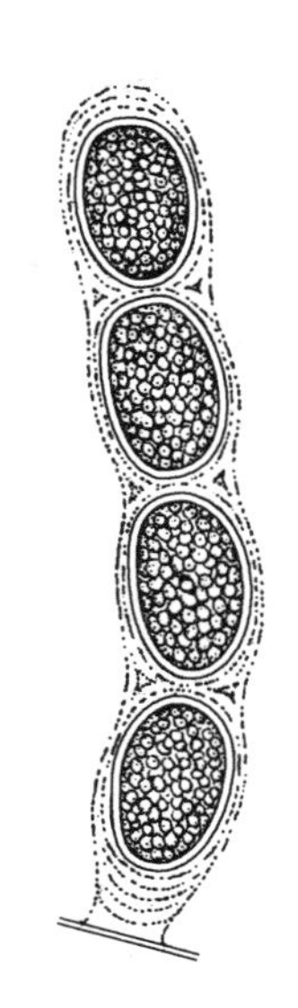

图 11-258　筒藻
(*Cylindrocapsa geminella*)

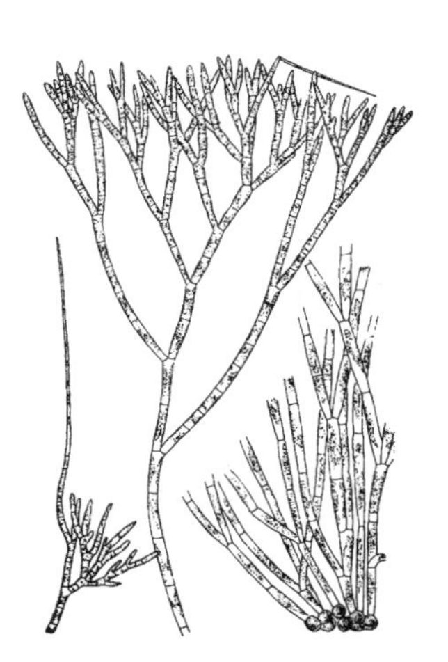

图 11-259　优美胶毛藻
(*Chaetophora elegans*)

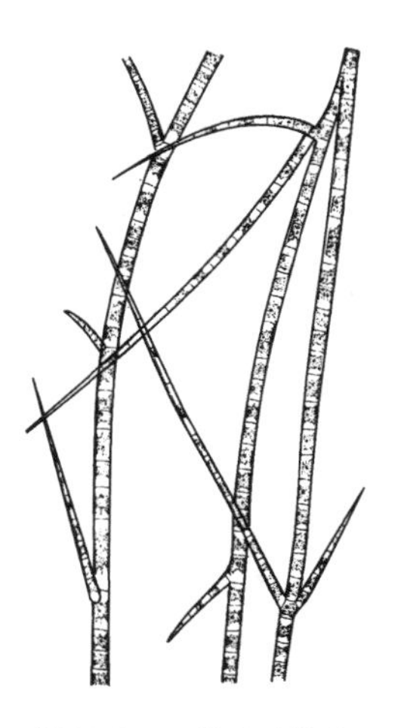

图 11-260　池生毛枝藻
(*Stigeoclonium stagnatil*)

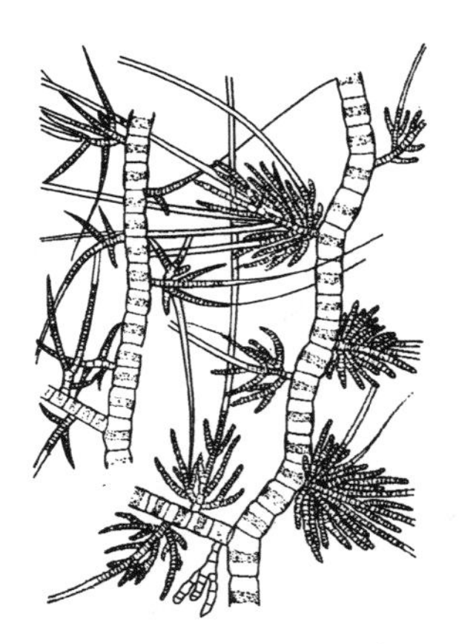

图 11-261 簇生竹枝藻

(*Draparnaldia glomerata*)

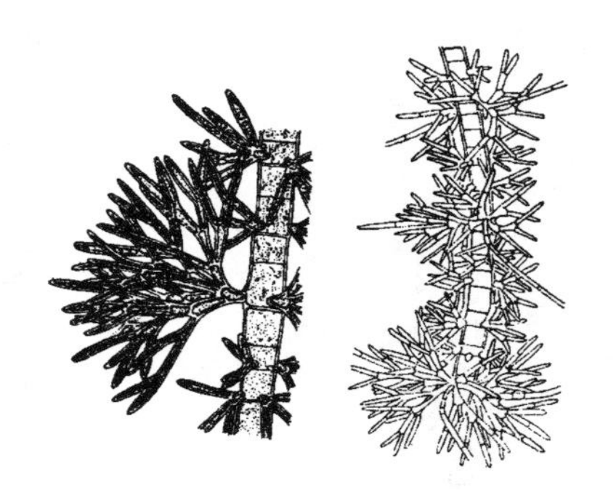

图 11-262 寡枝拟竹枝藻

(*Draparnaldiopsis simplex*)

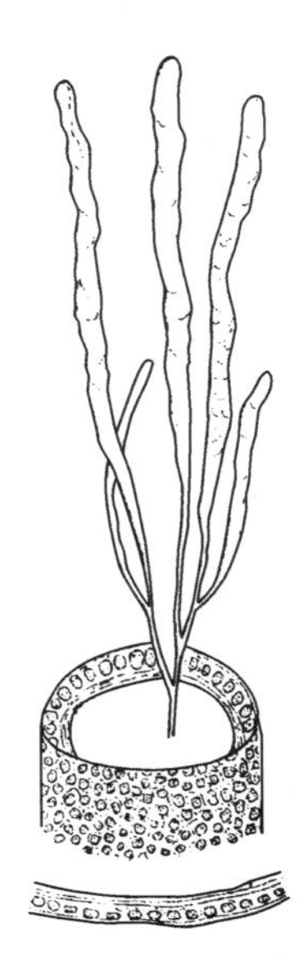

图 11-263 肠浒苔

(*Enteromorpha intestinalis*)

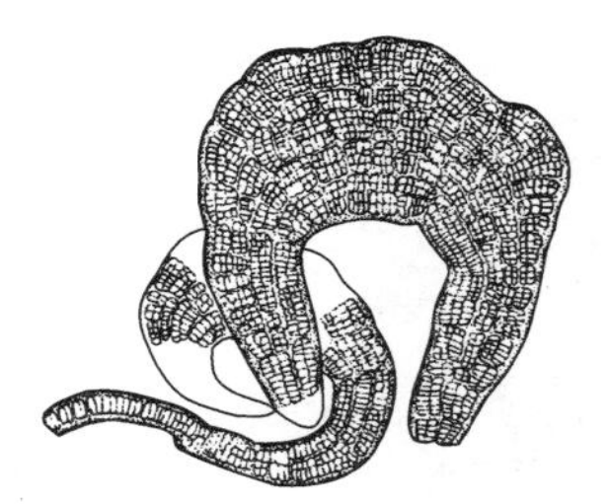

图 11-264 绉溪菜

(*Prasiola crispa*)

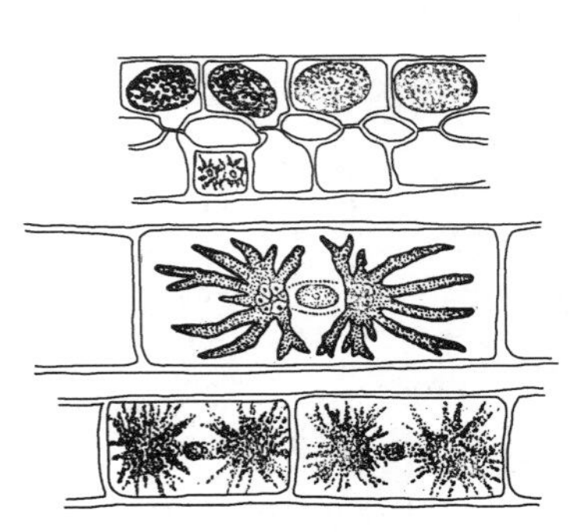

图 11-265 双星藻

(*Zygnema*)

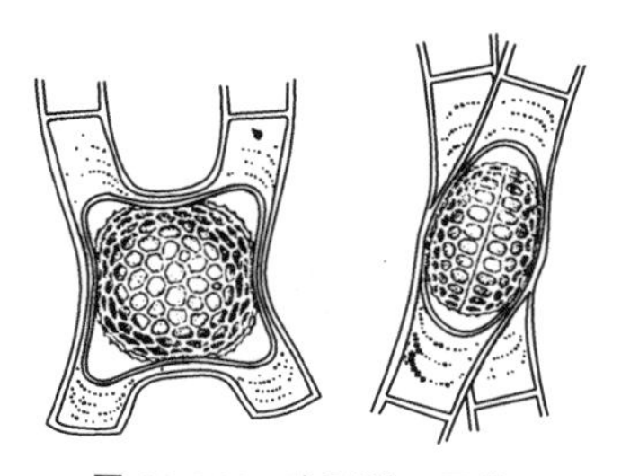

图 11-266 武昌拟双星藻

(*Zygnemopsis wuchangensis*)

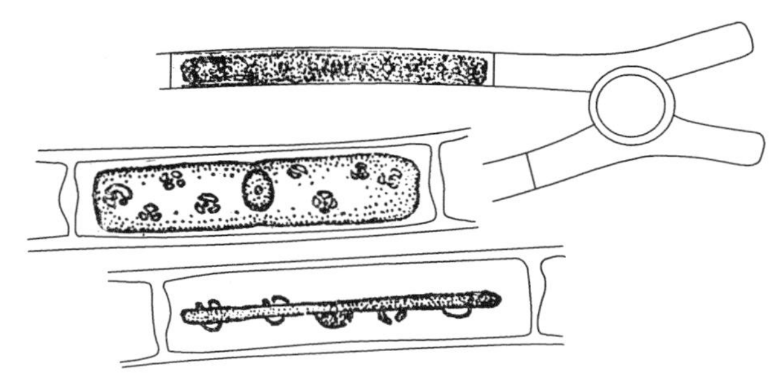

图 11-267 梯接转板藻

(*Mougeotia scalaris*)

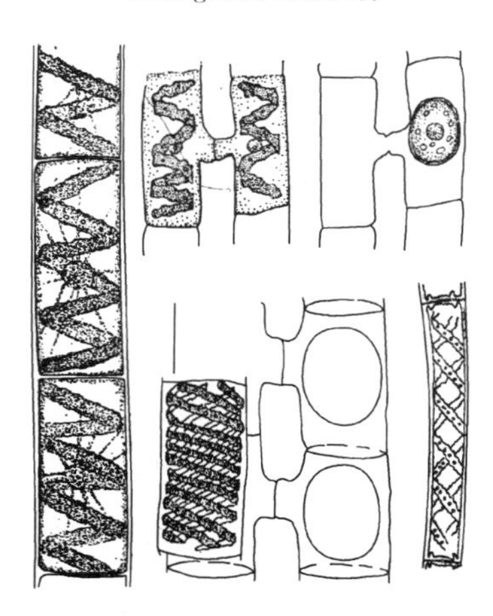

图 11-268 水绵

(*Spirogyra*)

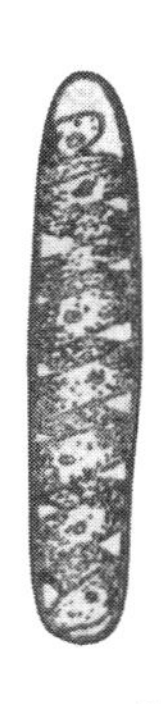

图 11-269 螺带藻
（*Spirotaenia*）

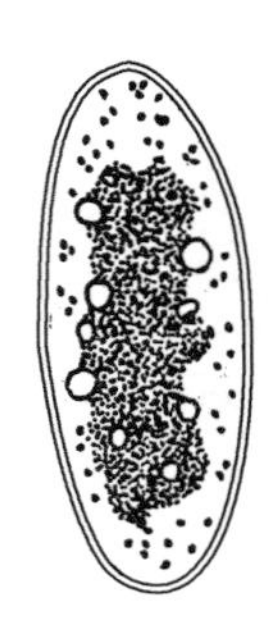

图 11-270 中带藻
（*Mesotaenium*）

图 11-271 点形链膝藻
（*Sirogonium sticticum*）

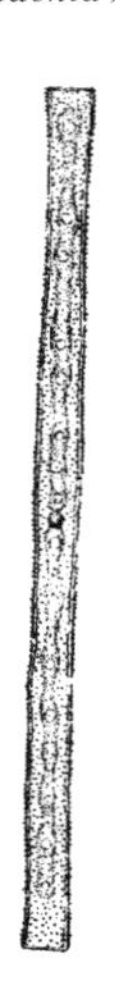

图 11-272 棒形鼓藻
（*Gonatozygon monotaenium*）

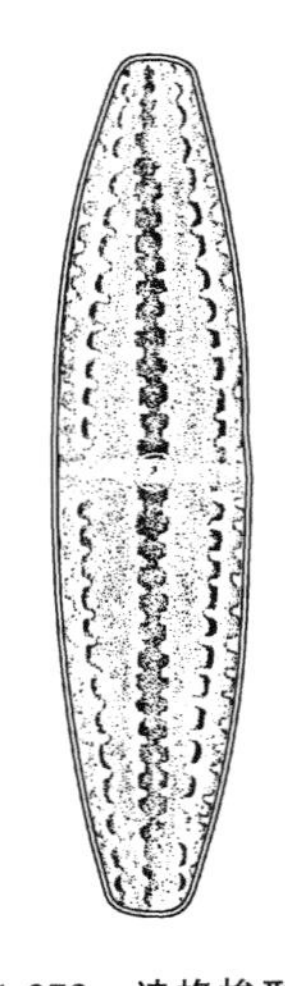

图 11-273 迪格梭形鼓藻
（*Netrium digitus*）

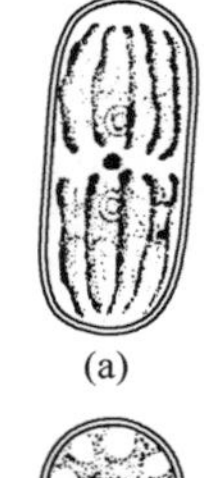

图 11-274 中华柱形鼓藻
（*Penium sinensa*）
（a）正面观；（b）垂直面观

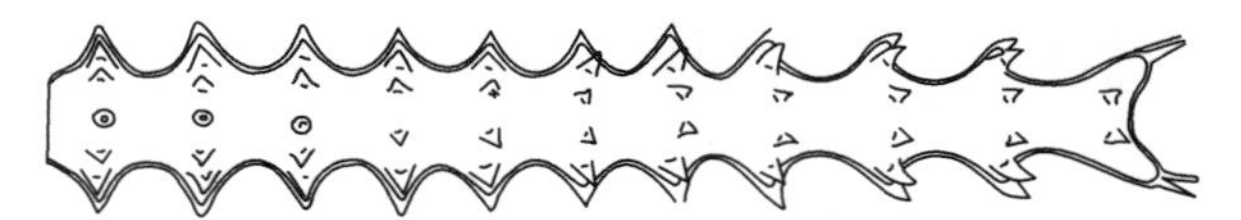

图 11-275 角顶鼓藻
（*Triploceras gracile*）

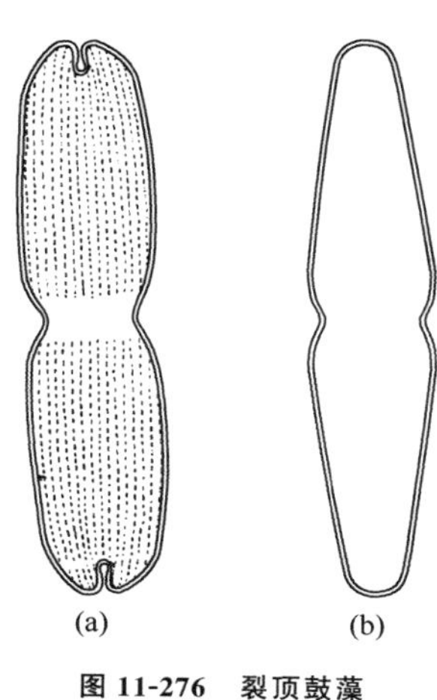

图 11-276　裂顶鼓藻
（*Tetmemorus brebissonii*）
（a）正面观；（b）侧面观

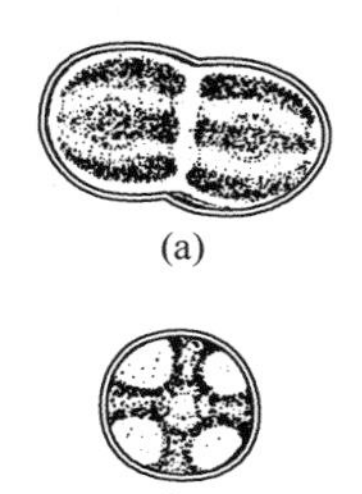

图 11-277　十字柱形鼓藻
（*Penium cruciferum*）
（a）正面观；（b）垂直面观

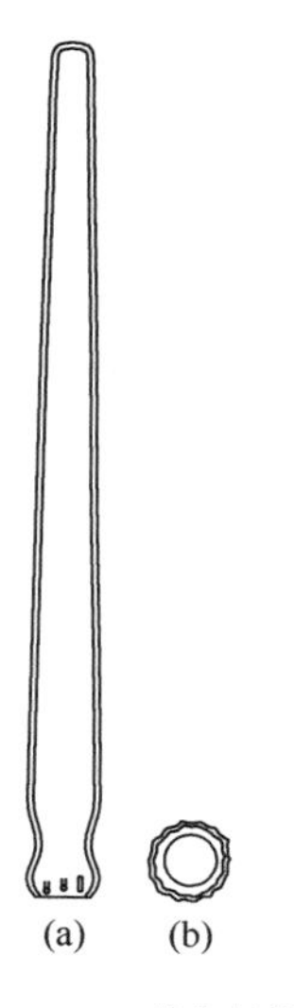

图 11-278　基纹鼓藻
（*Docidium baculum*）
（a）半细胞正面观；
（b）垂直面观

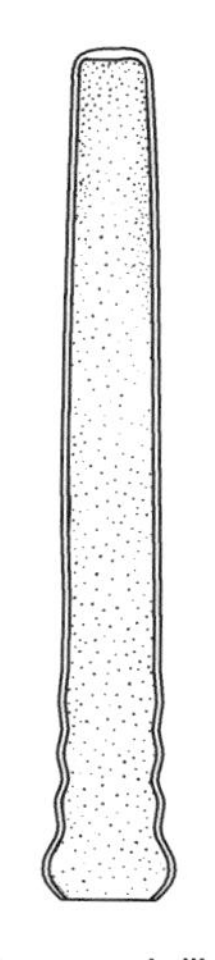

图 11-279　宽带鼓藻
（半细胞正面观）
（*Pleurotaenium trabecula*）

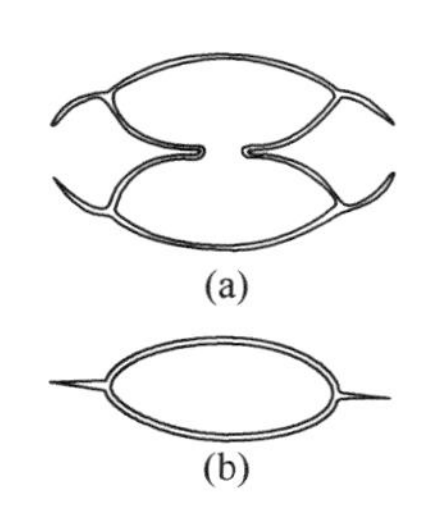

图 11-280　四棘鼓藻
（*Arthrodesmus convergens*）
（a）正面观；
（b）垂直面观

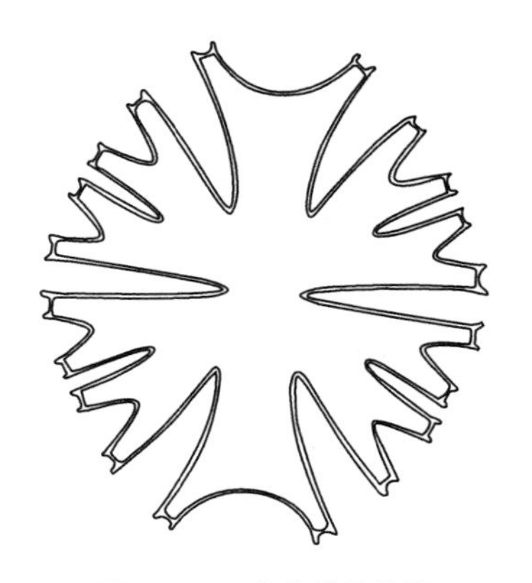

图 11-281　十字微星鼓藻
（*Micrasterias crux-melitensis*）

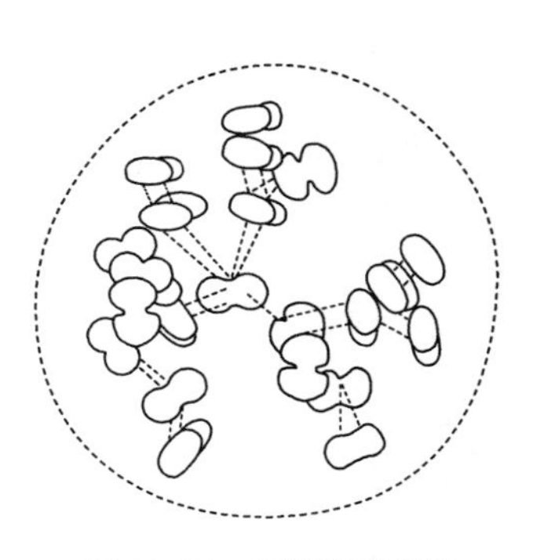

图 11-282　萨克胶球鼓藻
（*Cosmocladium saxonicum*）

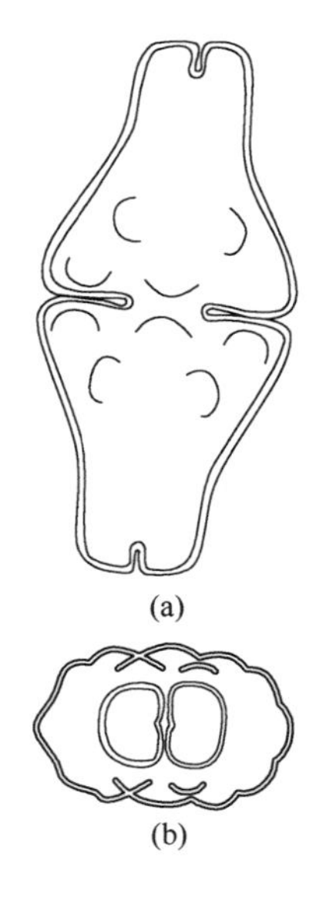

图 11-283　凹顶鼓藻
（*Euastrum ansatum*）
（a）正面观；（b）垂直面观

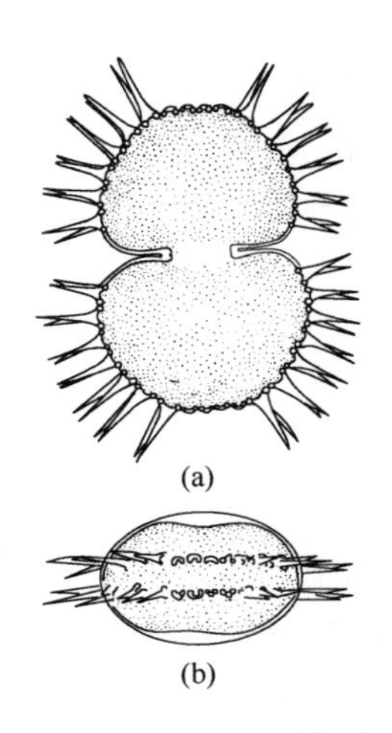

图 11-284　顶瘤多棘鼓藻
（*Xanthidium superbum*）
（a）正面观；（b）垂直面观

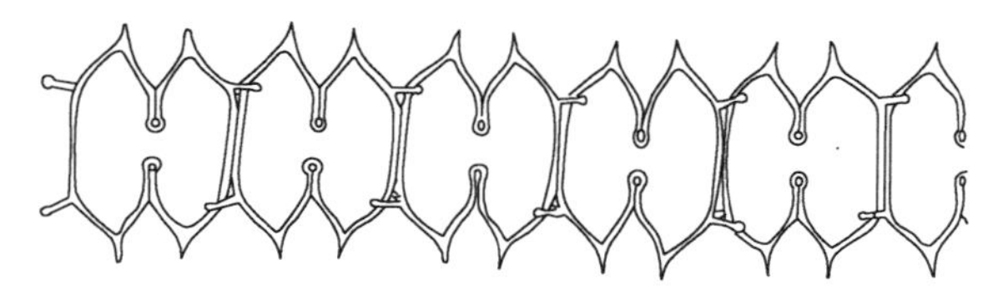

图 11-285　光滑棘接鼓藻

(*Onychonema laeva*)

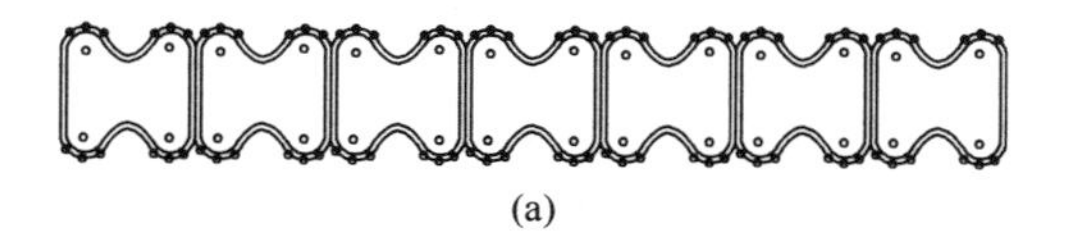

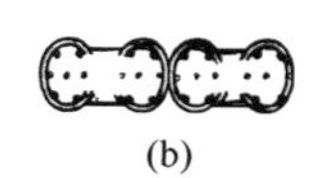

(a)　　(b)

图 11-286　颗粒瘤接鼓藻

(*Sphaerozosma granulatum*)

(a) 正面观；(b) 侧面观

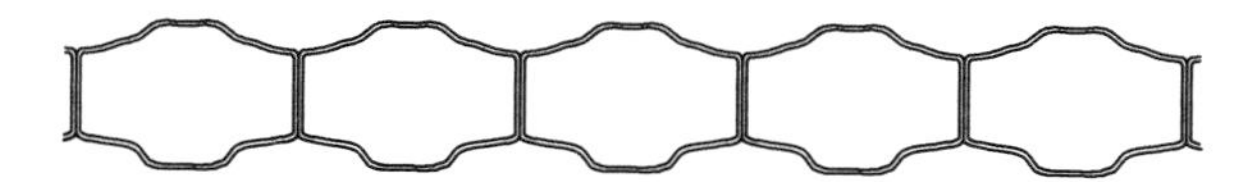

图 11-287　缢丝鼓藻

(*Gymnozyga moniliformis*)

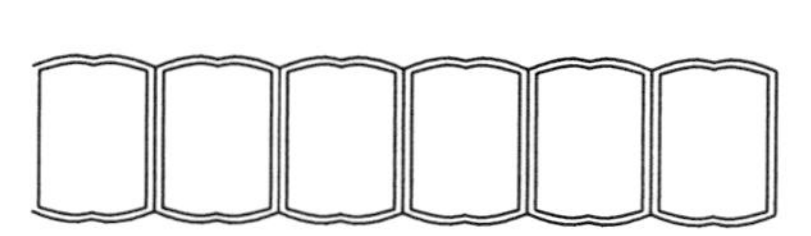

图 11-288　裂开圆丝鼓藻

(*Hyalotheca dessiliens*)

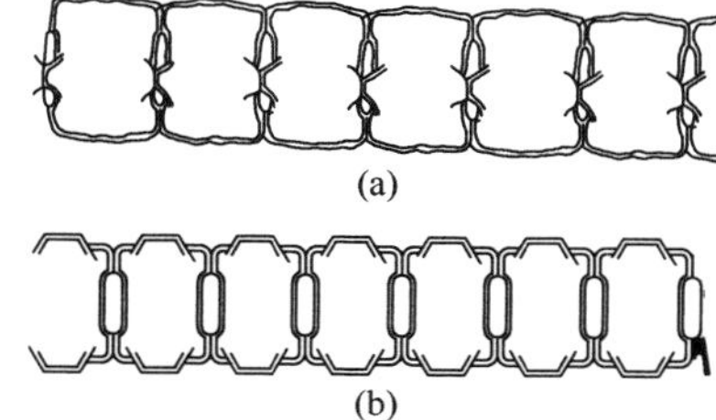

(a)

(b)

图 11-289　矩形角丝鼓藻

(*Desmidium baileyi*)

(a) 正面观；(b) 侧面观

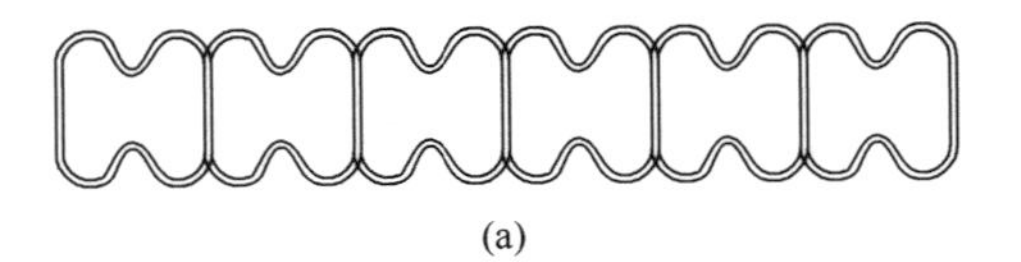

(a)

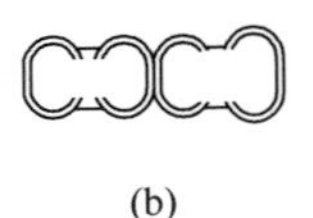

(b)

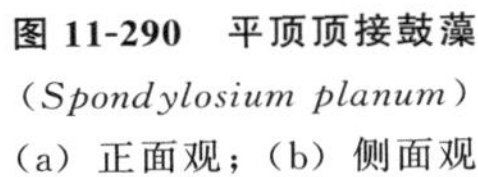

图 11-290 平顶顶接鼓藻

(*Spondylosium planum*)

(a) 正面观；(b) 侧面观

图 11-291 无柄无隔藻

(*Vaucheria sessilis*)

图 11-292 湖生绿星球藻

(*Asterococcus limneticus*)

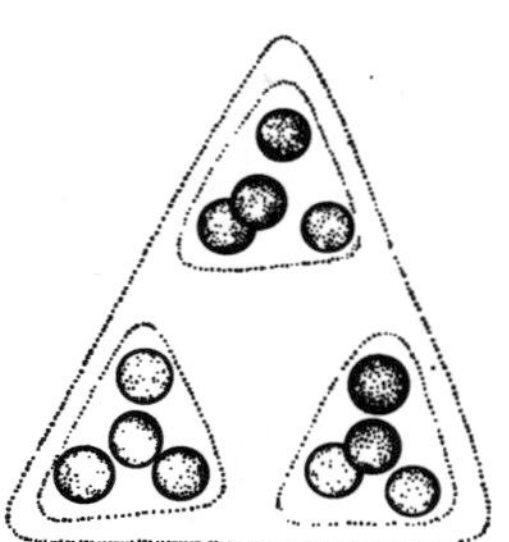

图 11-293 锥形胶囊藻

(*Gloeocystis planctonica*)

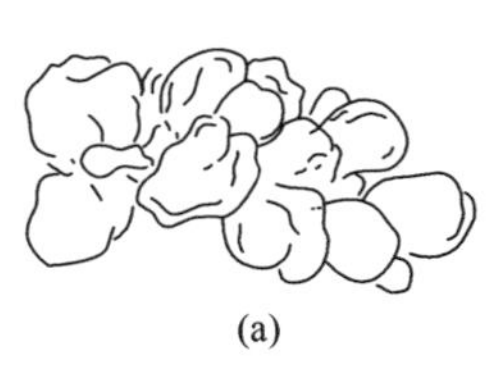

(a)

(b)

图 11-294 粘四集藻

(*Palmella mucosa*)

(a) 群体；(b) 群体内细胞放大

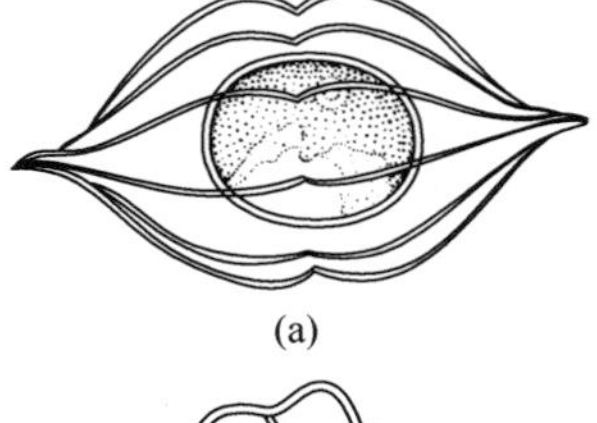

(a)

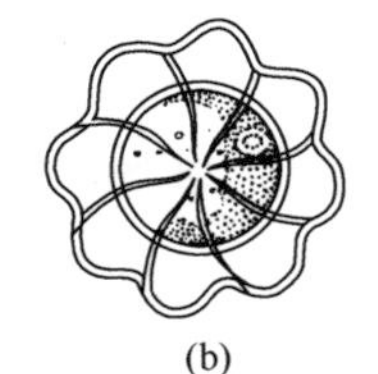

(b)

图 11-295 缢带藻

(*Desmatractum plicatum*)

(a) 侧面观；(b) 垂直面观

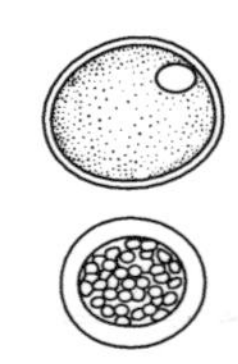

图 11-296 水溪绿球藻

(*Chlorococcum infusionum*)

图 11-297　拟新月藻

(*Closteriopsis longissima*)

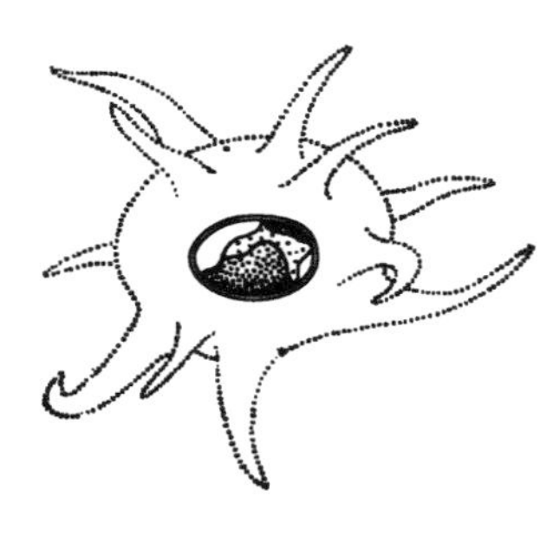

图 11-298　棘鞘藻

(*Echinocoleum elegans*)

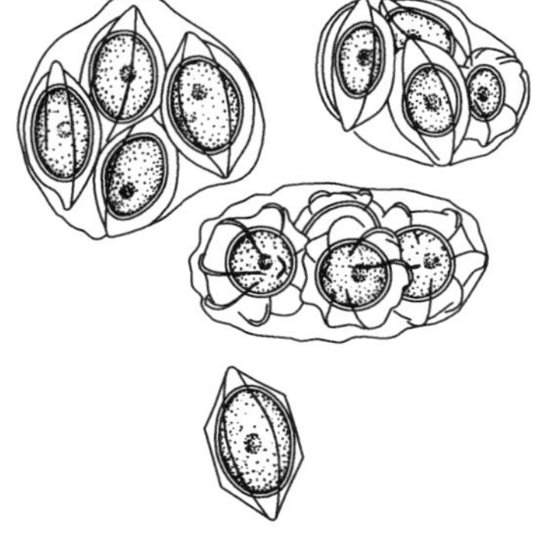

图 11-299　中华螺翼藻

(*Scotiella sinica*)

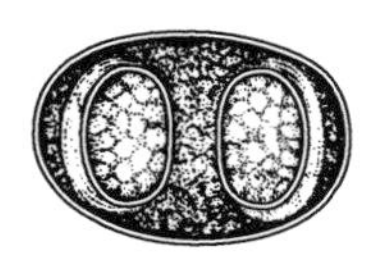

图 11-300　胶带藻

(*Gloeotaenium loitelsbergerianum*)

图 11-301　四链藻

(*Tetradesmus wisconsinense*)

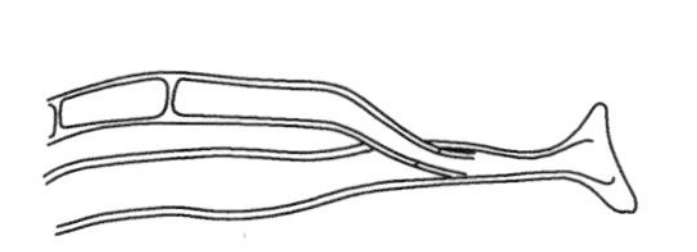

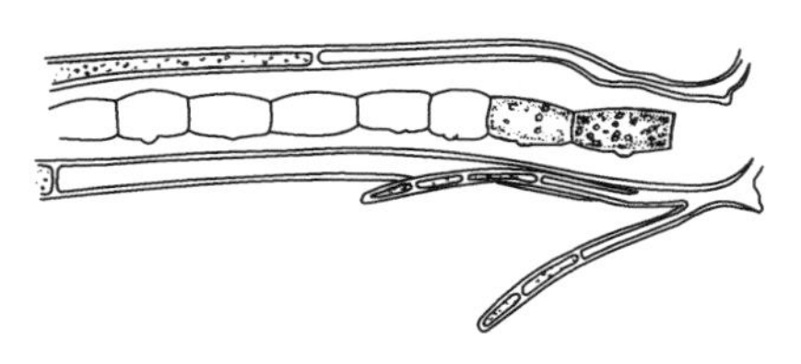

图 11-302　龟背基枝藻

(*Basicladia chelonum*)

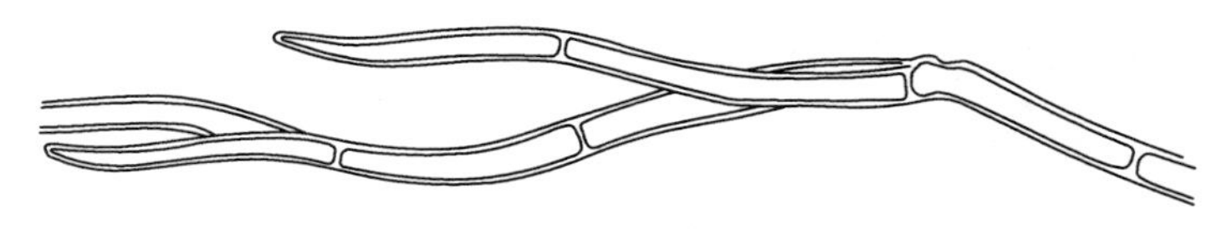

图 11-303　胡克根枝藻

(*Rhizoclonium hookeri*)

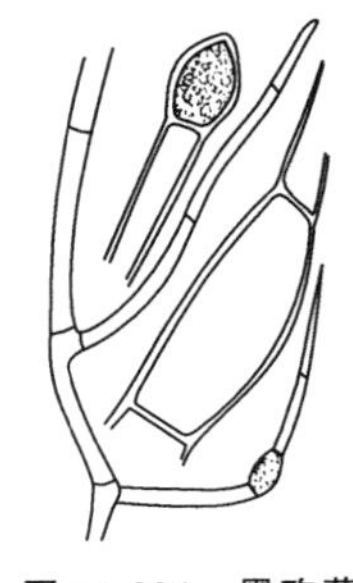

图 11-304　黑孢藻

(*Pithophora oedognia*)

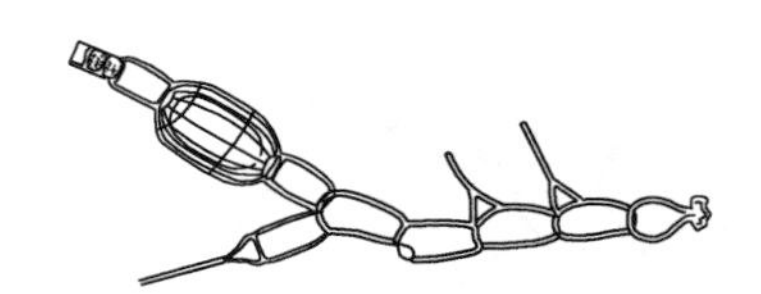

图 11-305　矮毛鞘藻

(*Bulbochaete nana*)

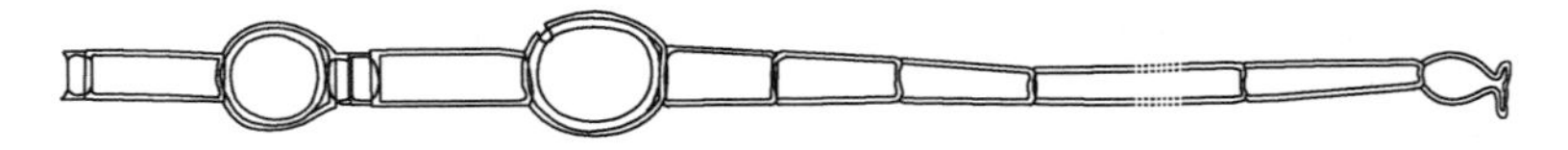

图 11-306　中型鞘藻

(*Oedogonium intermedium*)

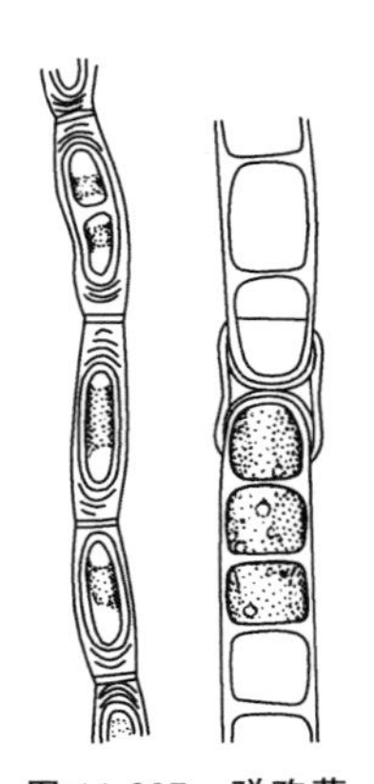

图 11-307　骈孢藻

(*Binuclearia tectorum*)

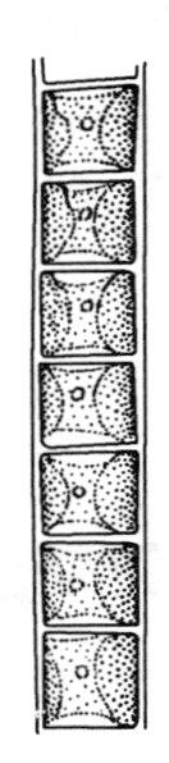

图 11-308　细丝藻

(*Ulothrix tenerrina*)

第十二章

原生动物门

第一节　鞭 毛 虫 纲

鞭毛虫纲（动鞭毛虫）为世界性广布种类。多数生长在含有机质丰富的水体中，甚至在江、河、湖、海、沼泽地及潮湿的土表均有它们的足迹。性喜依附在腐生性植物根茎上。从动鞭毛种类、数量的差异可以分辨水体污染程度的状况。此外还能够观察到部分寄生性的种类。

动鞭毛虫是微小的细胞（虫体），必须借助光学显微镜才能观察清楚。它不同于植鞭毛虫，使用鲁哥液固定后，鞭毛经常会脱落或收缩变形，与原来形态相比面目全非，无法定种。要求在显微镜下观察清楚活体特征后定种。

一、单领鞭虫属

单领鞭虫属（*Monosiga*）　虫体单个，呈卵形或球形。无鞘。有或没有柄。周质形成的领围着前面的鞭毛。大多数种类是不动的，以个体后端的蒂头着生在基质上。有些种类为自由游泳。淡水种类中有 2～3 个伸缩泡。用分裂方法繁殖。生活在淡水、半咸水和海水生境内。常见种类见图 12-1～图 12-4。

二、群领鞭虫属

群领鞭虫属（*Codosiga*）　虫体单个，长在一根或分叉的柄的顶端，由很多个体集成群体。繁殖除了分裂外，还有出芽。已知有休眠细胞。常见种类见图 12-5～图 12-8。

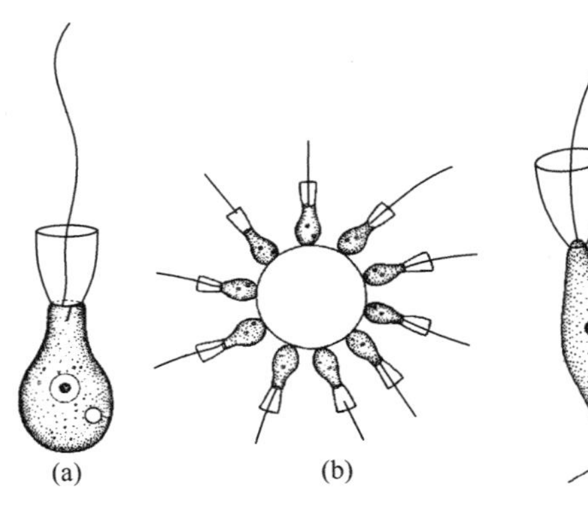

图 12-1 卵形单领鞭虫
(*Monosiga ovata*)
(a) 单体;(b) 群体

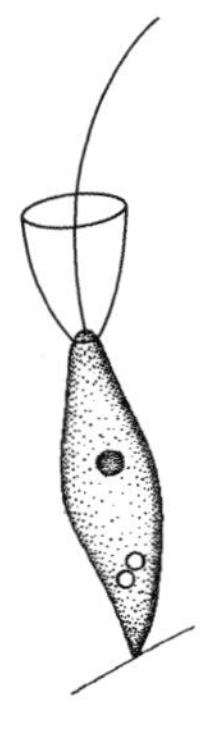

图 12-2 纺锤单领鞭虫
(*Monosiga fusiformis*)

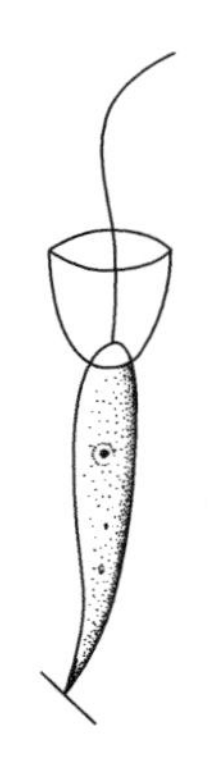

图 12-3 窄长单领鞭虫
(*Monosiga angustata*)

图 12-4 壮实单领鞭虫
(*Monosiga robusta*)

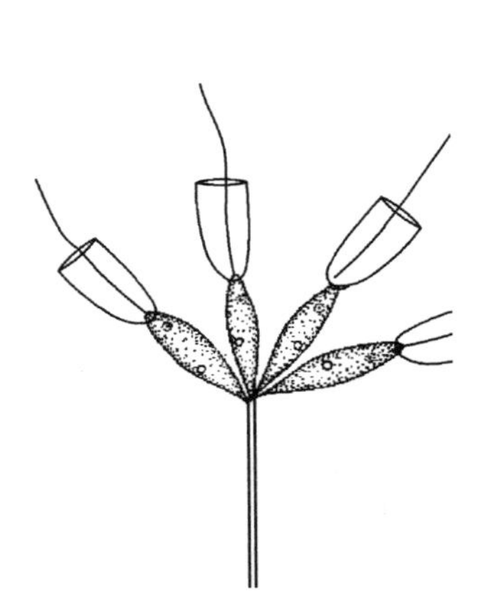

图 12-5 顶群领鞭虫
(*Codosiga uticulus*)

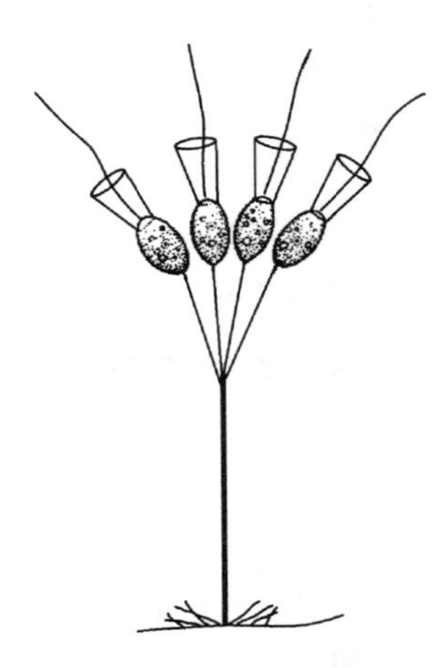

图 12-6 伞形群领鞭虫
(*Codosiga umbellata*)

三、链领鞭虫属

链领鞭虫属(*Desmarella*) 虫体呈卵形,原生质领高度几乎

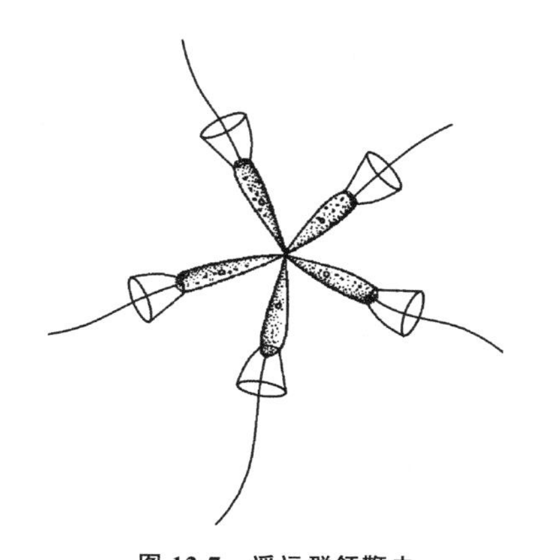

图 12-7 遥远群领鞭虫

(*Codosiga disjuncta*)

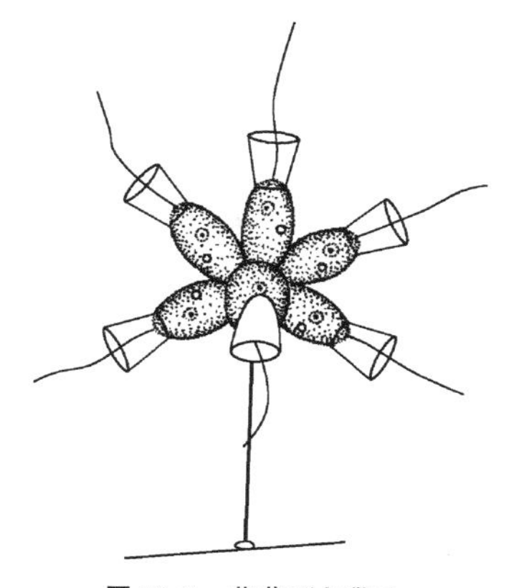

图 12-8 葡萄群领鞭虫

(*Codosiga botrytis*)

同虫体长，鞭毛为体长的 1.5～2.5 倍。伸缩泡 2 个。常见种类见图 12-9。

四、绵状领鞭虫属

绵状领鞭虫属（*Protospongia*） 虫体无柄，包埋在不规则的胶质团内，领突出在胶质团外。常见种类见图 12-10。

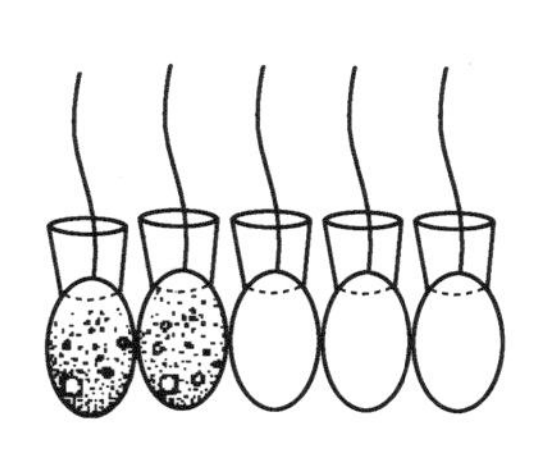

图 12-9 项链领鞭虫

(*Desmarella moniliformis*)

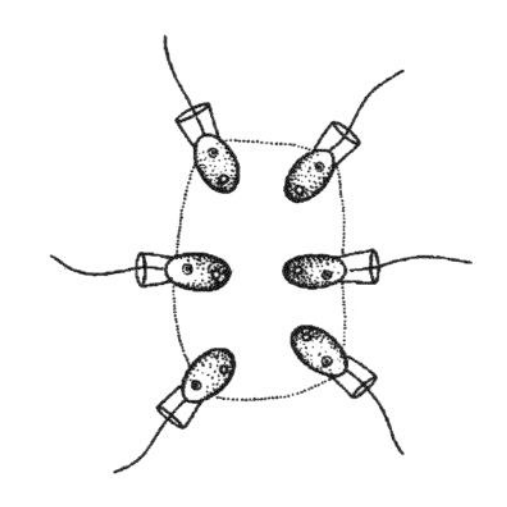

图 12-10 赫氏绵状领鞭虫

(*Protospongia haeckeli*)

五、球领鞭虫属

球领鞭虫属（*Sphaeroeca*） 虫体呈梨形或卵圆形，有柄，排列在胶状球形的表面，鞭毛直接伸出在外。每个群集体细胞的数目大。游动时为旋转的椭圆体状。浮游。淡水或盐水生境。常见种类见图 12-11。

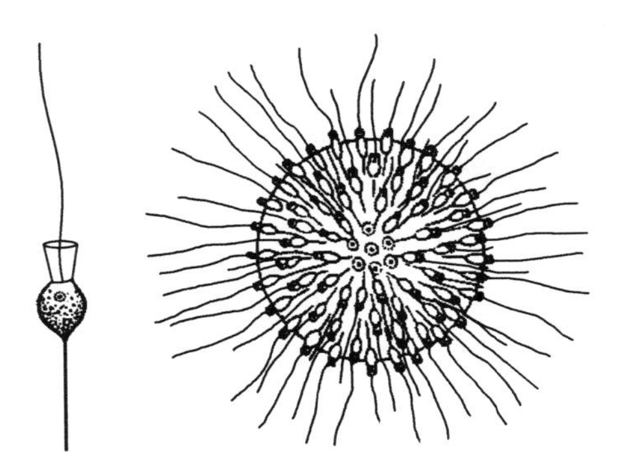

图 12-11　团球领鞭虫

（*Sphaeroeca volvox*）

六、管领鞭虫属

管领鞭虫属（*Salpingoeca*）　虫体有柔软的表膜，生活于一个直接固着或带柄的似花瓶状的几丁质鞘内，原生质领简单，突出在鞘外，很少在鞘内。1 个伸缩泡。繁殖多半通过纵分裂，很少出芽方式。常见种类见图 12-12～图 12-22。

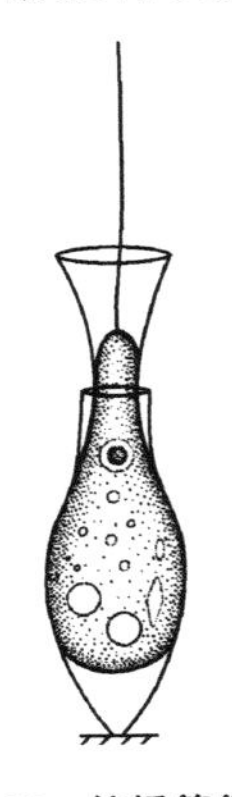

图 12-12　纺锤管领鞭虫

（*Salpingoeca fusiformis*）

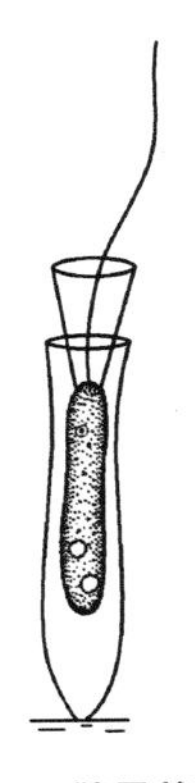

图 12-13　鞘居管领鞭虫

（*Salpingoeca vaginicola*）

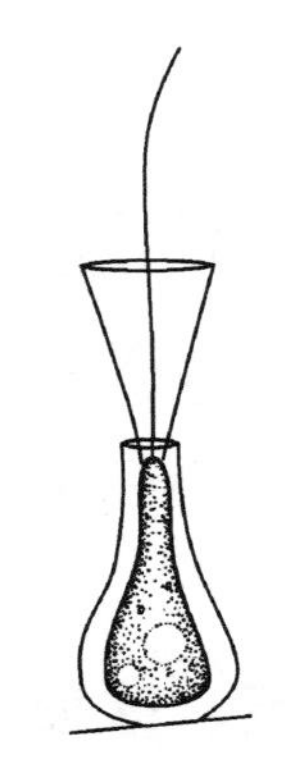

图 12-14　棕色管领鞭虫

（*Salpingoeca brunnea*）

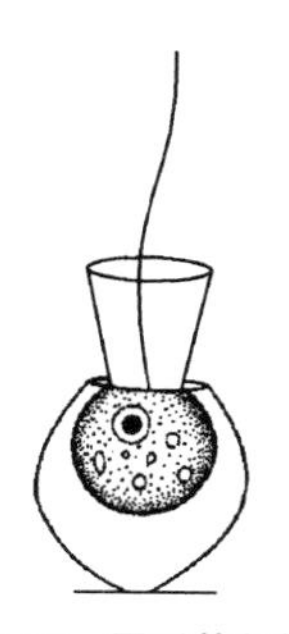

图 12-15 匣形管领鞭虫

(*Salpingoeca pyxidium*)

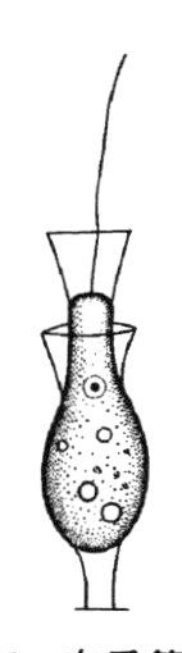

图 12-16 布氏管领鞭虫

(*Salpingoeca buetschlii*)

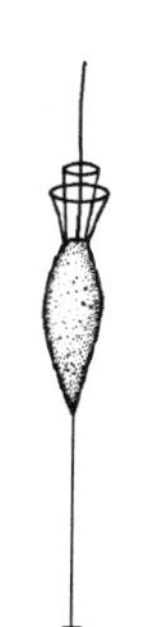

图 12-17 华美管领鞭虫

(*Salpingoeca elegans*)

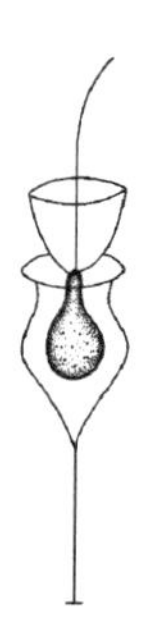

图 12-18 张口管领鞭虫

(*Salpingoeca ringens*)

图 12-19 细管领鞭虫

(*Salpingoeca gracilis*)

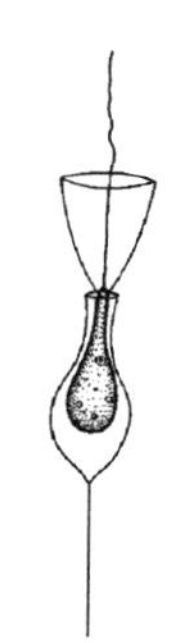

图 12-20 克氏管领鞭虫

(*Salpingoeca clarkii*)

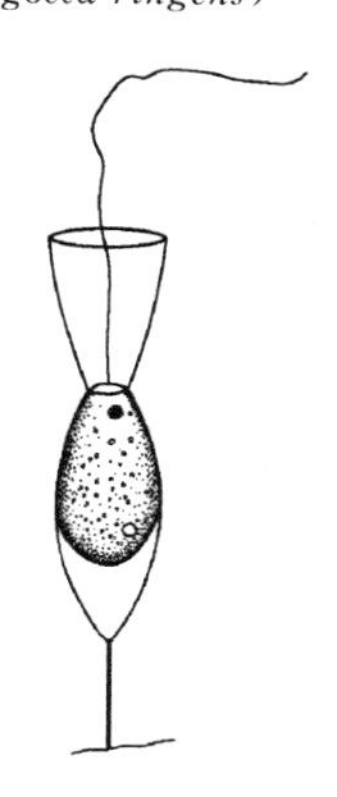

图 12-21 长圆管领鞭虫

(*Salpingoeca oblonga*)

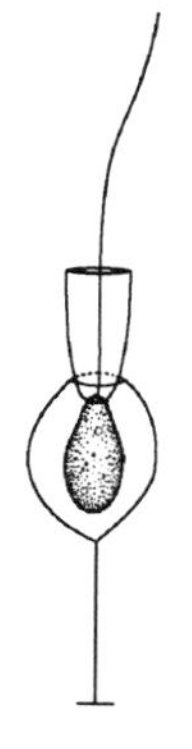

图 12-22 球管领鞭虫

(*Salpingoeca sphaericola*)

七、瓶领鞭虫属

瓶领鞭虫属（*Lagenoeca*） 有一个似花瓶状的几丁质鞘。身体和鞘之间没有任何梗节。单生。自由生活在淡水水体。常见种类见图 12-23 和图 12-24。

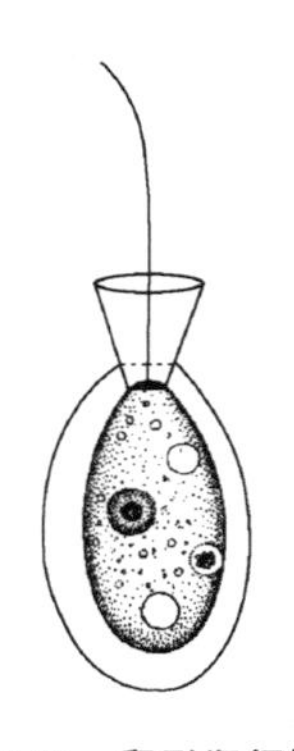

图 12-23 卵形瓶领鞭虫
（*Lagenoeca ovata*）

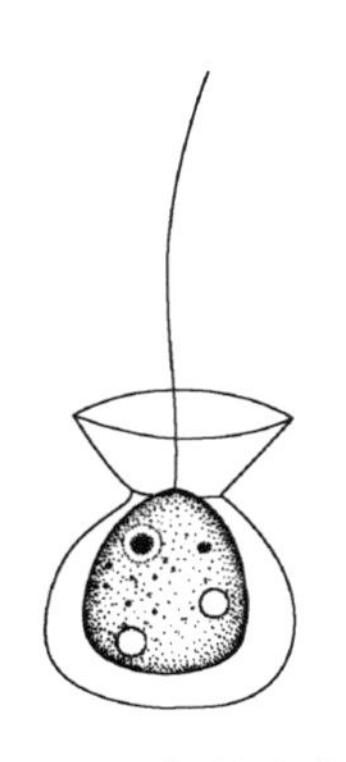

图 12-24 球形瓶领鞭虫
（*Lagenoeca globulosa*）

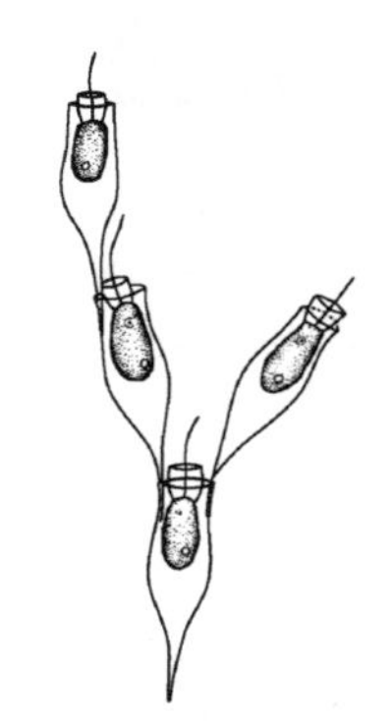

图 12-25 丛叠领鞭虫
（*Polyoeca dumosa*）

八、叠领鞭虫属

叠领鞭虫属（*Polyoeca*） 虫体生活在一个长锥尖花瓶状的鞘内，一个原生质领突出在鞘外。可由 15～20 个个体组成。常见种类见图 12-25。

九、双领虫属

双领虫属（*Diplosiga*） 有两个原生质领，没有鞘；伸缩泡 1 个，单生或群生（可达 4 个个体）。生活在淡水水体。常见种类见图 12-26 和图 12-27。

十、似双领虫属

似双领虫属（*Diplosigopsis*） 与双领虫属相似，但有鞘，单生。1 个伸缩泡在后端。常见种类见图 12-28～图 12-30。

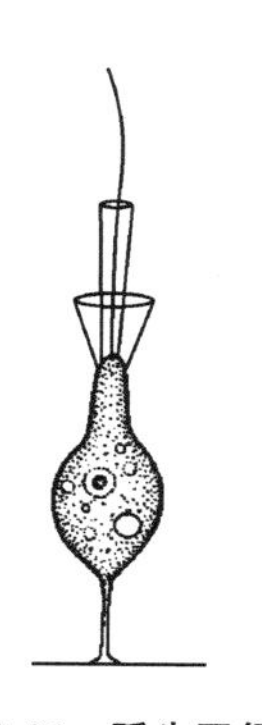

图 12-26　孤生双领虫
(*Diplosiga francei*)

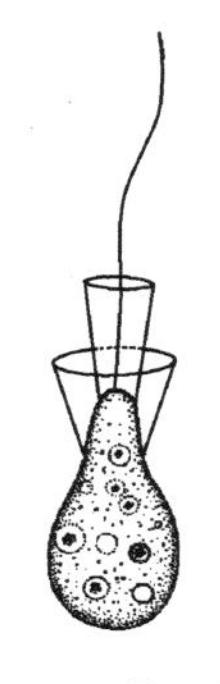

图 12-27　聚双领虫
(*Diplosiga socialis*)

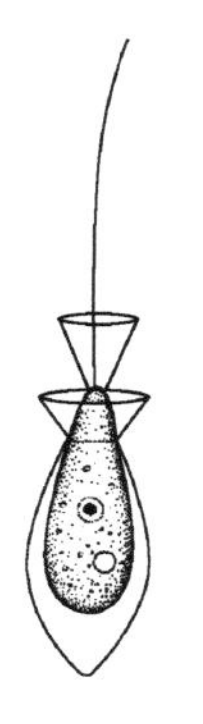

图 12-28　恩氏似双领虫
(*Diplosigopsis entzii*)

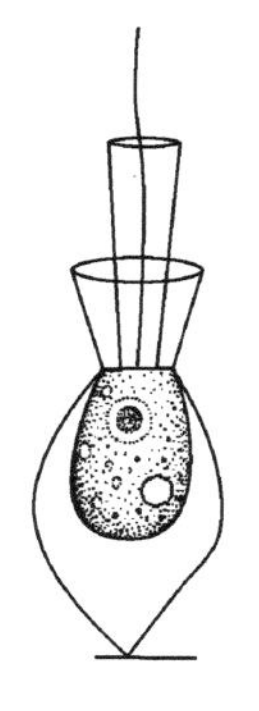

图 12-29　近亲似双领虫
(*Diplosigopsis affinis*)

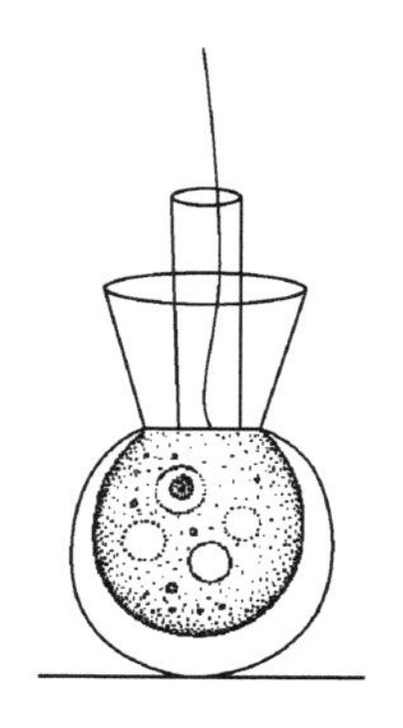

图 12-30　法兰西似双领虫
(*Diplosigopsis francei*)

十一、杯鞭虫属

杯鞭虫属（*Bicoeca*）　虫体单个或群体，通过一个从鞭毛基部伸出的能伸缩的丝（舵鞭毛）固着在鞘的基部，行动就靠这能伸缩的丝。核被 2 个香肠状的小体包围（附基器）。常见种类见图 12-31～图 12-36。

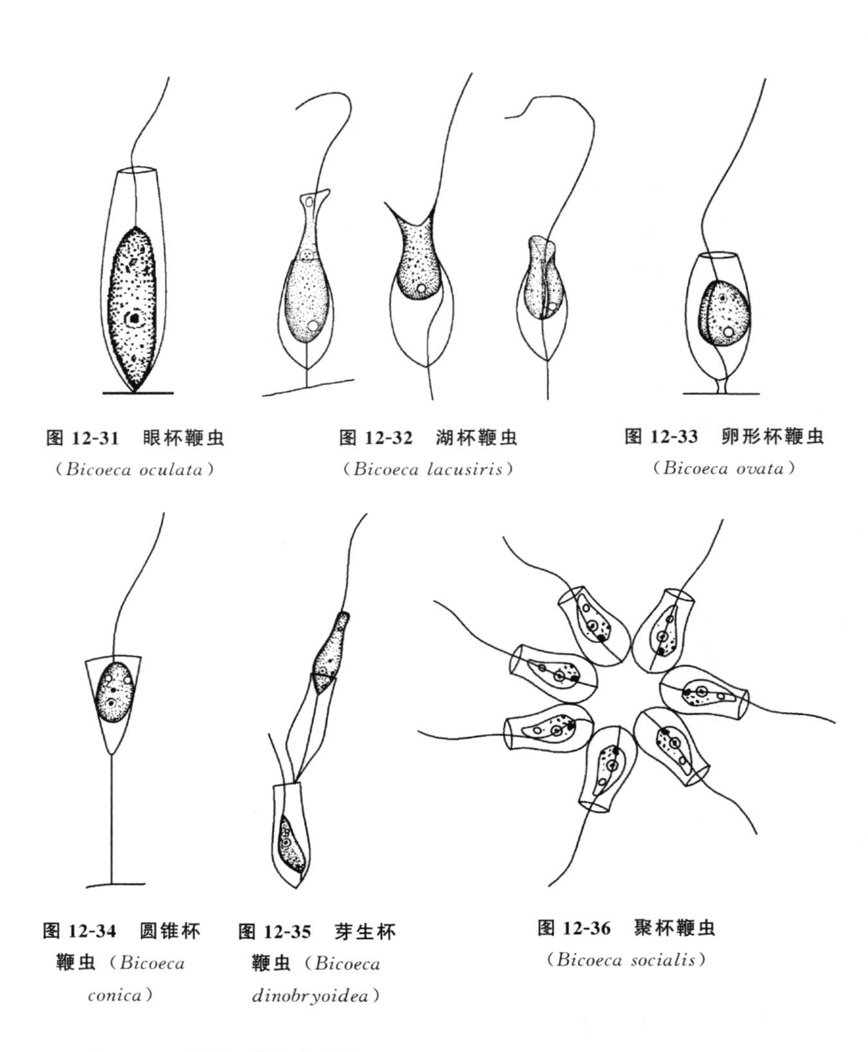

图 12-31 眼杯鞭虫（*Bicoeca oculata*）

图 12-32 湖杯鞭虫（*Bicoeca lacusiris*）

图 12-33 卵形杯鞭虫（*Bicoeca ovata*）

图 12-34 圆锥杯鞭虫（*Bicoeca conica*）

图 12-35 芽生杯鞭虫（*Bicoeca dinobryoidea*）

图 12-36 聚杯鞭虫（*Bicoeca socialis*）

十二、群杯鞭虫属

群杯鞭虫属（*Poterioderdron*） 虫体在有柄的鞘内，在后端有一条能伸缩的线，形状多变，口缘厚、鼻状，鞭毛在口缘的基部，1 个伸缩泡，动物性营养，运动是通过线的伸缩。常见种类见图 12-37。

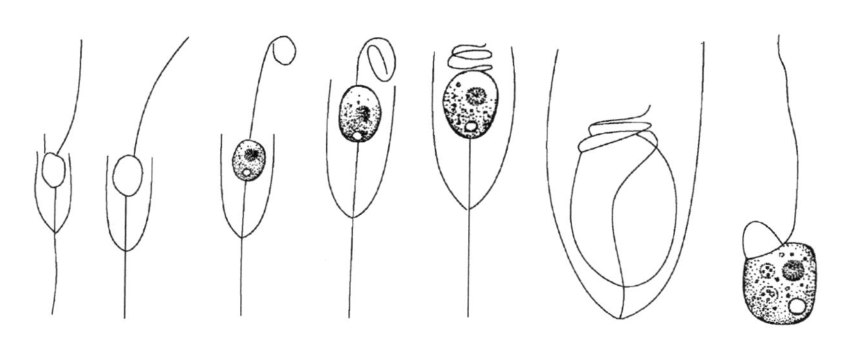

图 12-37　细腰群杯鞭虫

（*Poteriodendron petiolatum*）

十三、斯鞭虫属

斯鞭虫属（*Stokesiella*）　虫体单个，表面柔，前有唇状物伸出，用一根柔细丝固着在一个有柄的鞘内，2个伸缩泡，用分裂方式繁殖，休眠细胞不详，动物性营养。常见种类见图12-38～图12-42。

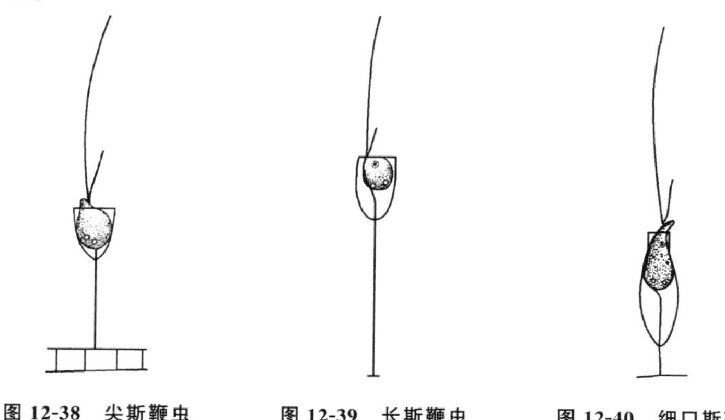

图 12-38　尖斯鞭虫

（*Stokesiella acuminata*）

图 12-39　长斯鞭虫

（*Stokesiella longipes*）

图 12-40　细口斯鞭虫

（*Stokesiella leptostoma*）

十四、胶网虫属

胶网虫属（*Collodictyon*）　虫体具有高度的可塑性，有纵沟，

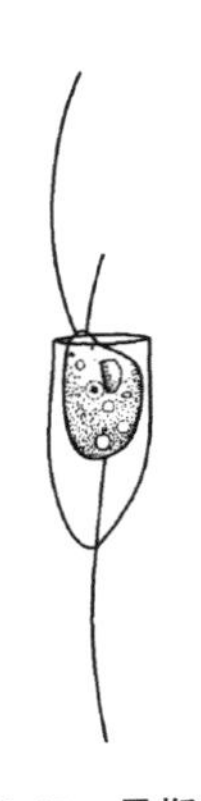

图 12-41　异斯鞭虫
(*Stokesiella dissimilis*)

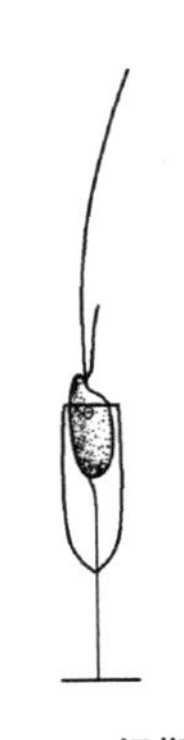

图 12-42　细斯鞭虫
(*Stokesiella lepteca*)

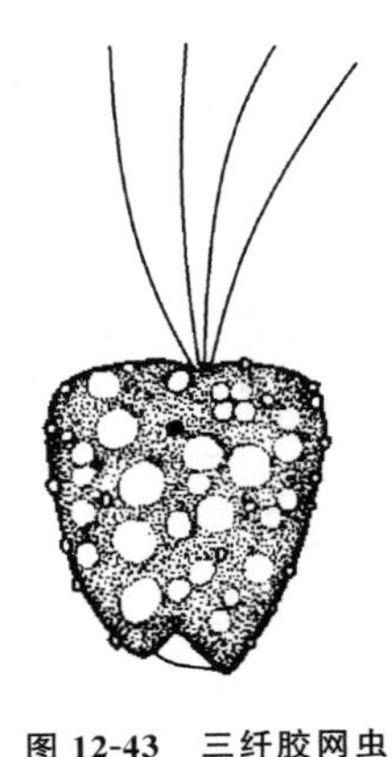

图 12-43　三纤胶网虫
(*Collodictyon triciliatum*)

后端变狭窄或呈叶片状，没有明显的胞口，具 4 根游离鞭毛，1 个伸缩泡位于前端，生活在淡水中。常见种见图 12-43。

十五、四鞭虫属

四鞭虫属（*Tetramitus*） 虫体呈椭圆形或梨形，自由游泳，胞口在前端，具 4 根不等长的鞭长。1 个伸缩泡。动物性营养。生活在污水、盐水或寄生。常见种类见图 12-44～图 12-46。

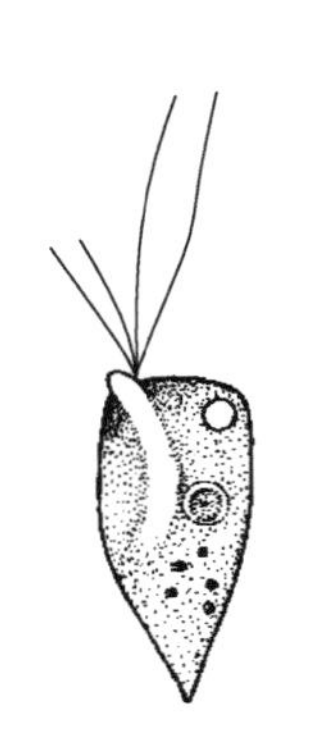

图 12-44　吻四鞭虫
(*Tetramitus rostratus*)

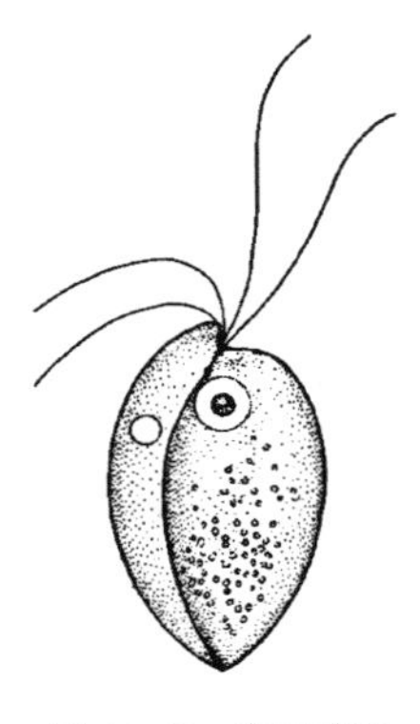

图 12-45　沟四鞭虫
(*Tetramitus sulcatus*)

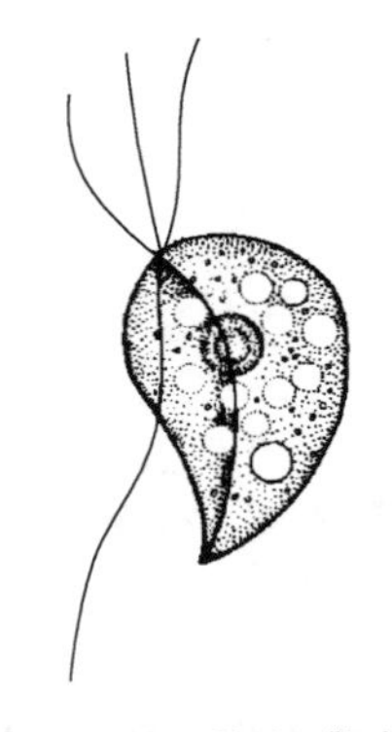

图 12-46　梨形四鞭虫
(*Tetramitus pyriformis*)

十六、六前鞭虫属

六前鞭虫属（*Hexamita*） 虫体有柔软的表面，自由游泳，每面有一口缝，具 2 个半月形核，在前端有很大的核仁，二轴杆，6 根游泳鞭毛在两侧附近，2 根舵鞭毛在口缝中伸出，1～2 个伸缩泡，细胞质内有强折光的球，摇摆旋转式地向前运动。营动物性和腐生性营养。常见种类见图 12-47 和图 12-48。

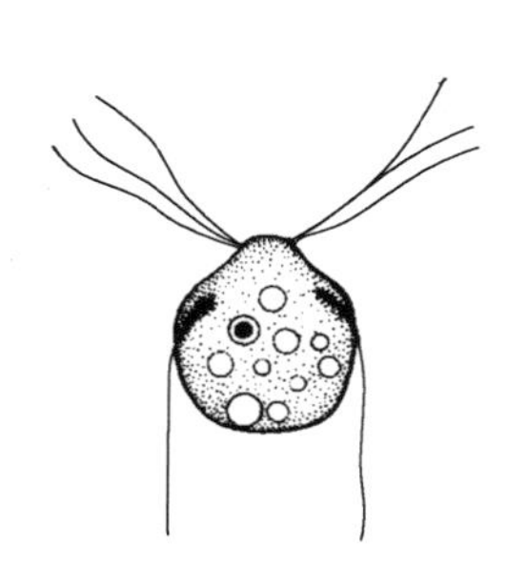

图 12-47 极小六前鞭虫
（*Hexamita pusillus*）

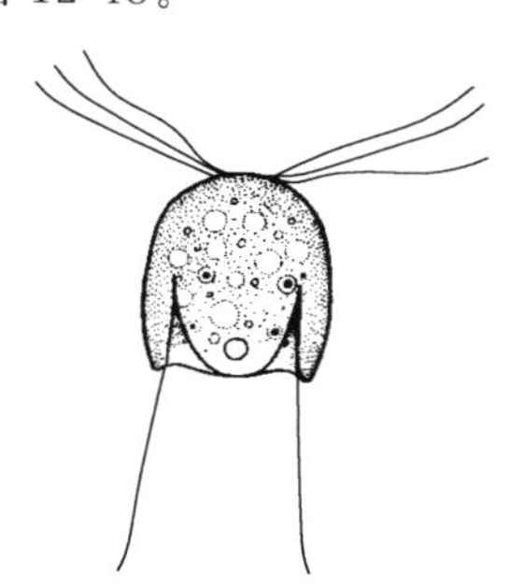

图 12-48 膨胀六前鞭虫
（*Hexamita inflata*）

十七、锥滴虫属

锥滴虫属（*Trepomonas*） 具 8 根鞭毛，左右两侧各一长三短状鞭毛，从沟的边缘伸出，没有舵鞭毛。常见种类见图 12-49～图 12-51。

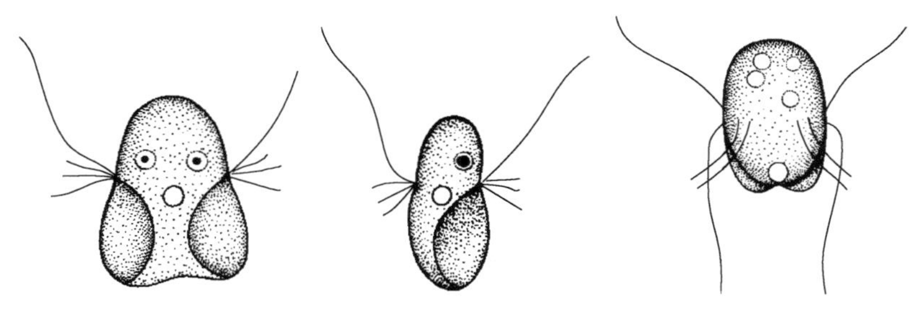

图 12-49 活泼锥滴虫
（*Trepomonas agilis*）

图 12-50 旋转锥滴虫
（*Trepomonas rotans*）

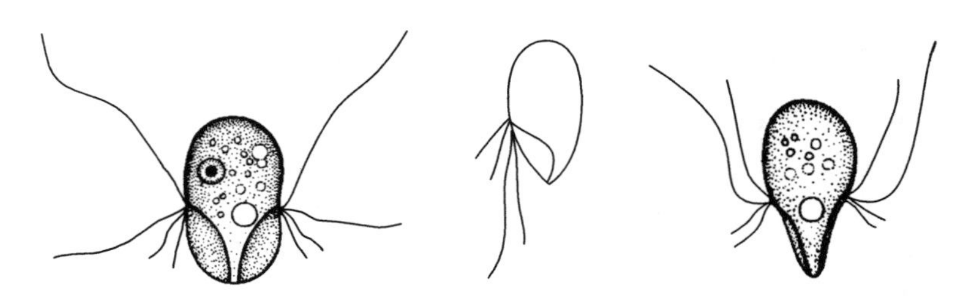

图 12-51 斯氏锥滴虫

(*Trepomonas steinii*)

十八、啄尾虫属

啄尾虫属（*Urophagus*） 与六前鞭虫稍有相似之处。单个胞口，后端有 2 个能动的突起。动物性营养。生活在停滞水体中。常见种类见图 12-52。

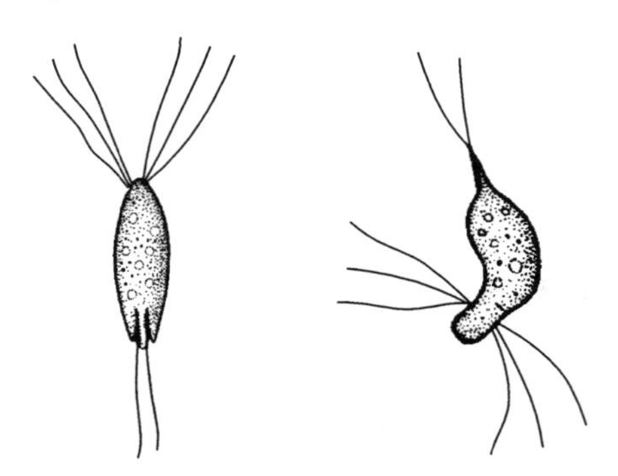

图 12-52 梭啄尾虫

(*Urophagus rostratus*)

十九、羽膜滴虫属

羽膜滴虫属（*Pteridomonas*） 体小呈心形，常用一根长细胞质的柄附着在基质上。对面一端有少数鞭毛，围绕着极端的一个环发出微细的丝状体的轴足。细胞核在中央，有 1 个伸缩泡，体内为泡状。动物性营养，在淡水、污水中生活。常见种类见图 12-53 和图 12-54。

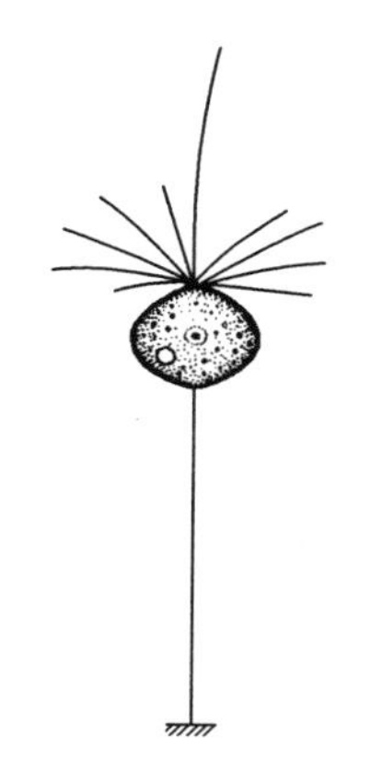

图 12-53　蚤羽膜滴虫

(*Pteridomonas pulex*)

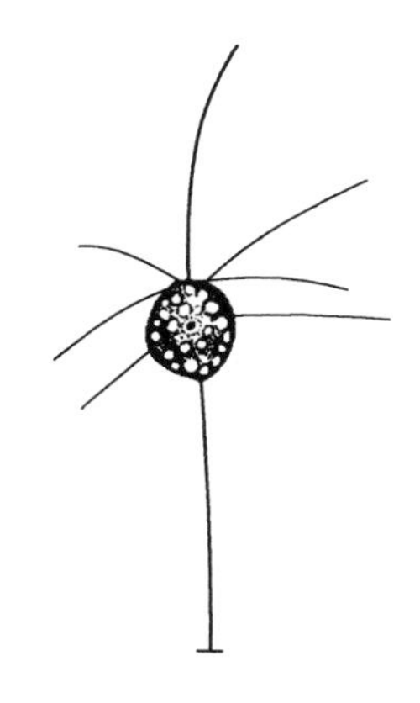

图 12-54　夏氏羽膜滴虫

(*Pteridomonas scherffelii*)

二十、二态虫属

二态虫属（*Dimorpha*）　虫体呈卵形或亚球形，有 2 根鞭毛和辐射状的有轴伪足，全部从偏中心处射出，细胞核靠近偏中心处，伪足可以伸缩。生活于淡水。常见种类见图 12-55。

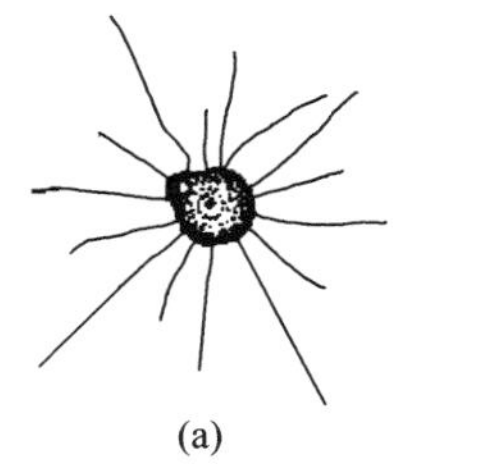

(a)

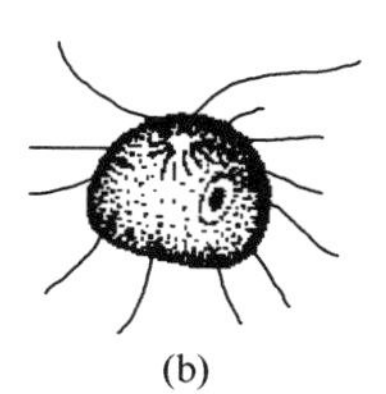

(b)

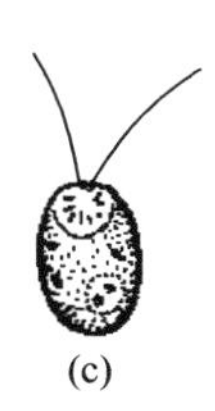

(c)

图 12-55　可变二态虫

(*Dimorpha mutans*)

(a) 摄食状；(b) 伪足伸展状；(c) 伪足收缩状

二十一、光滴虫属

光滴虫属（*Actinomonas*）　通常呈球形，有 1 根鞭毛和辐射的伪足；用细胞质突起附着在外来的物体上，有时靠收缩自由游泳，细胞核在中央，数个伸缩泡。动物性营养。常见种见图12-56。

二十二、梭鞭毛虫属

梭鞭毛虫属（*Cercomastix*）虫体赤裸，明显变形，自由游泳或阿米巴状爬行，具有弹性的轴杆，1根游泳鞭毛有基粒。通过根丝和核仁（微粒）连接，没有伸缩泡，动物性或腐生性营养，无性生殖通过分裂方式繁殖。常见种见图12-57。

图12-56 奇异光滴虫
（*Actinomonas mirabilis*）

图12-57 微细梭鞭毛虫
（*Cercomastix parva*）

二十三、鞭变形虫属

鞭变形虫属（*Mastigamoeba*）虫体赤裸或有明显的外膜（periplast），有时有黏粒、刚毛或绒丝，自由游泳或阿米巴状爬行。伪足单个或分叉。多半伪足只在后端，很少完全没有伪足，有时有桑葚状的附件。具1根游泳鞭毛，大多向前延伸，鞭毛从核射出，有基粒，有1个（很少有许多个）伸缩泡。无性繁殖用纵分裂的方式，在活动或不活动情况下都可以纵分裂。有性生殖是通过构成大小配子，但配子配合至今没有看到。动物性营养。常见种类见图12-58～图12-62。

图 12-58　枝鞭变形虫
（*Mastigamoeba ramulosa*）

图 12-59　蛞蝓鞭变形虫
（*Mastigamoeba limax*）

图 12-60　爬行鞭变形虫
（*Mastigamoeba reptans*）

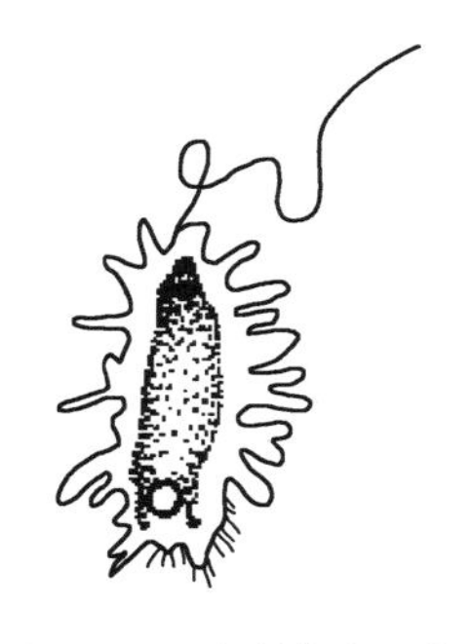

图 12-61　粗糙鞭变形虫
（*Mastigamoeba aspera*）

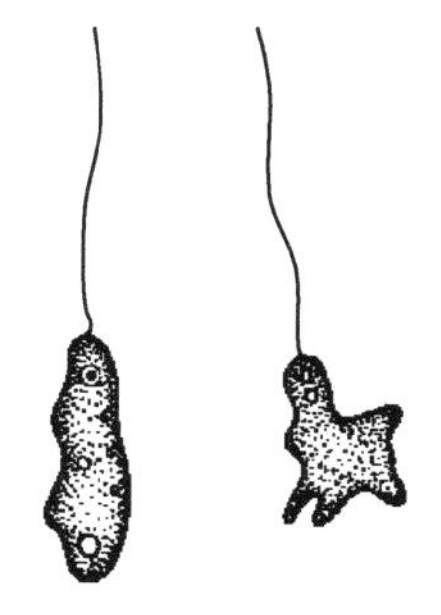

图 12-62　倒转鞭变形虫
（*Mastigamoeba invertans*）

二十四、小鞭虫属

小鞭虫属（*Mastigella*）虫体赤裸，或有明显的口缘(periplast)，自由游泳或阿米巴状爬行，表面有时有黏粒。在体内多半有杆状晶体（类似细菌），多半有伪足，很少没有。1 根游泳鞭毛或 1 根舵鞭毛（很少达 4 根）与核无关。伸缩泡 1 个到多个。动物性或腐生性营养。无性生殖可在活动或不活动状态下进行纵分裂。有性生殖是通过大小配子而接合。常见种类见图 12-63～图 12-68。

图 12-63 明亮小鞭虫
(*Mastigella vitrea*)

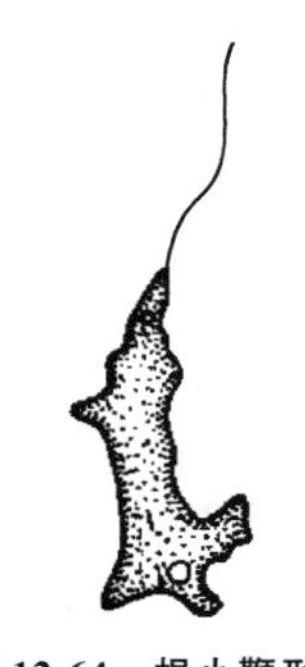

图 12-64 根小鞭形虫
(*Mastigella radicula*)

图 12-65 多泡小鞭毛虫
(*Mastigella polyvacuslata*)

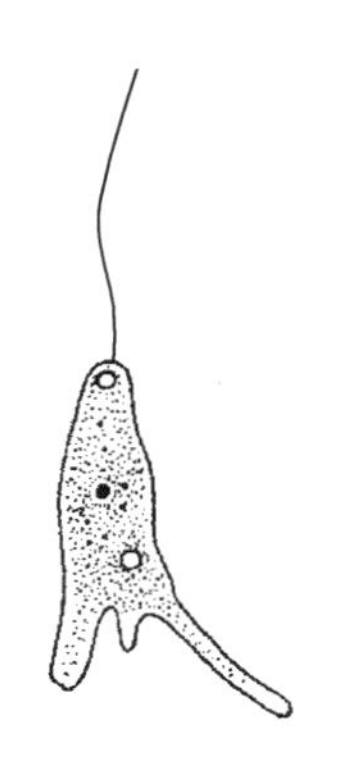

图 12-66 裴氏小鞭毛虫
(*Mastigella penardii*)

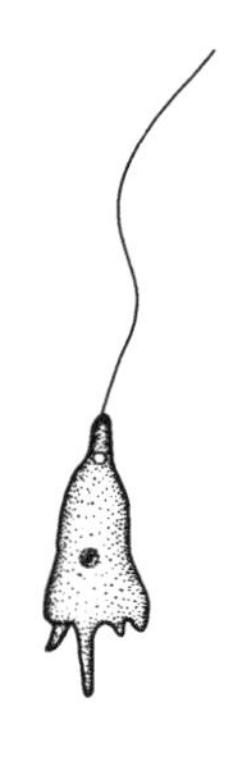

图 12-67 简单小鞭毛虫
(*Mastigella simplex*)

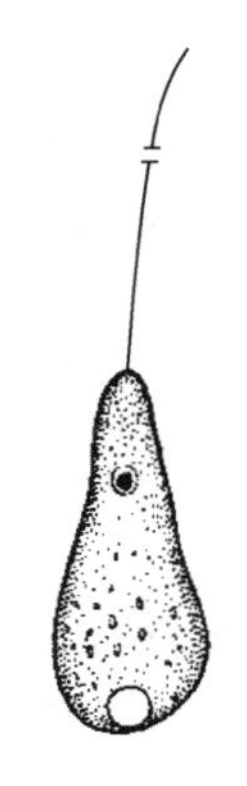

图 12-68 易变小鞭毛虫
(*Mastigella commutans*)

二十五、尾滴虫属

尾滴虫属(*Cercomonas*) 虫体赤裸，变形，自由游泳或爬行。具1根游泳鞭毛和1根舵鞭毛。用伪足摄食，动物性营养或腐生性营养，无性繁殖是在行动的情况下营纵分裂，有性生殖不详，休眠虫体有坚固的鞘(壳)。常见种类见图 12-69～图 12-75。

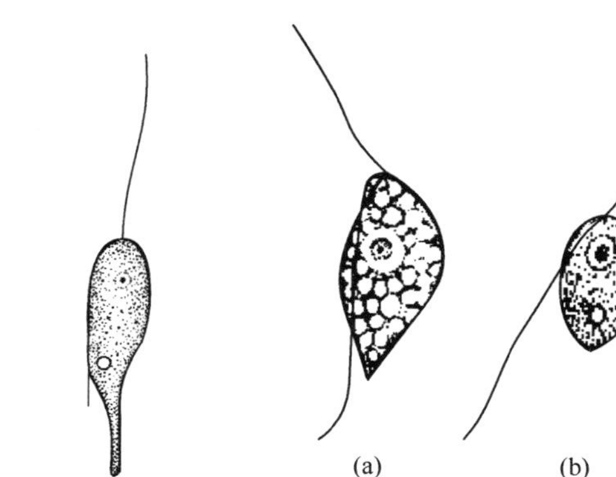

图 12-69　长尾滴虫
(*Cercomonas longicauda*)

图 12-70　粗尾滴虫
(*Cercomonas crassicauda*)
(a) 个体；(b) 休眠个体

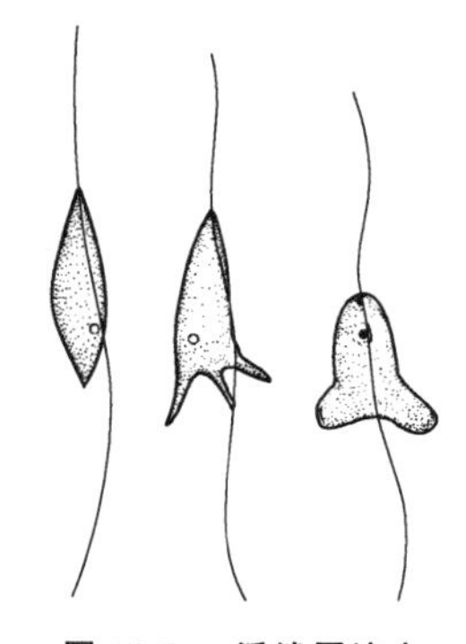

图 12-71　活泼尾滴虫
(*Cercomonas agilis*)

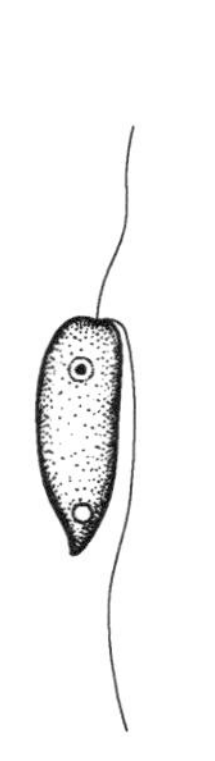

图 12-72　放射尾滴虫（*Cercomonas radiatus*）

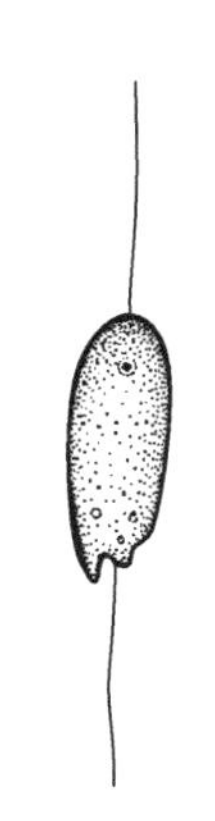

图 12-73　简单尾滴虫（*Cercomonas simplex*）

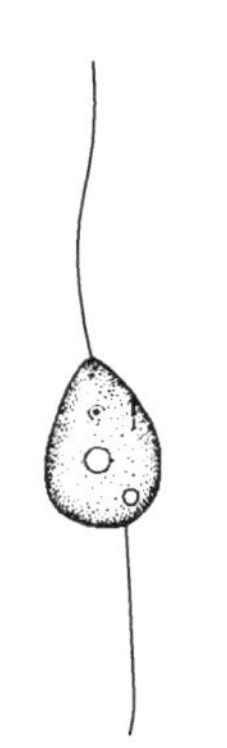

图 12-74　波豆尾滴虫（*Cercomonas bodo*）

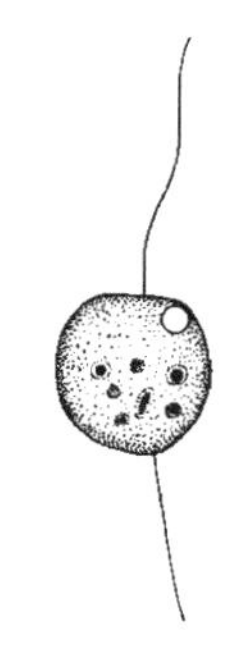

图 12-75　卵形尾滴虫（*Cercomonas ovatus*）

二十六、叶鞭虫属

叶鞭虫属（*Phyllomitus*）　虫体赤裸，前端有深的咽喉状的口，1 根游泳鞭毛和 1 根舵鞭毛，有各自的基粒。无动核，伸缩泡在前端，分裂繁殖。常见种类见图 12-76 和图 12-77。

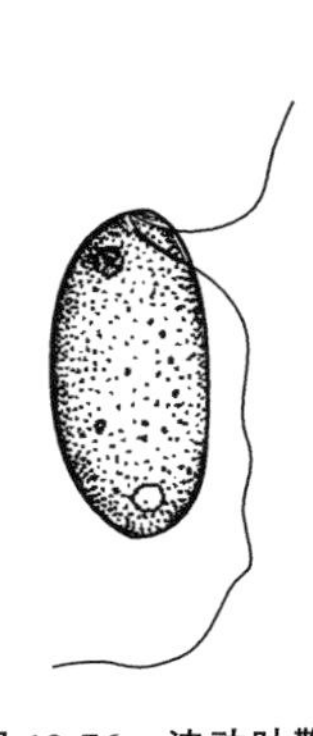

图 12-76　波动叶鞭虫

(*Phyllomitus undulans*)

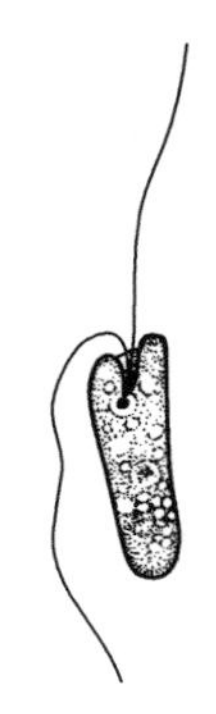

图 12-77　噬淀粉叶鞭虫

(*Phyllomitus amylophagus*)

二十七、波豆虫属

波豆虫属（*Bbdo*）　虫体赤裸，自由游泳或有时用舵鞭毛固着。具 1 根舵鞭毛和 1 根游泳鞭毛。两者有基粒，用柔细的鞭毛根（rizoplasten）和动核连接。伸缩泡 1～3 个。用分裂方法繁殖。常见种类见图 12-78～图 12-101。

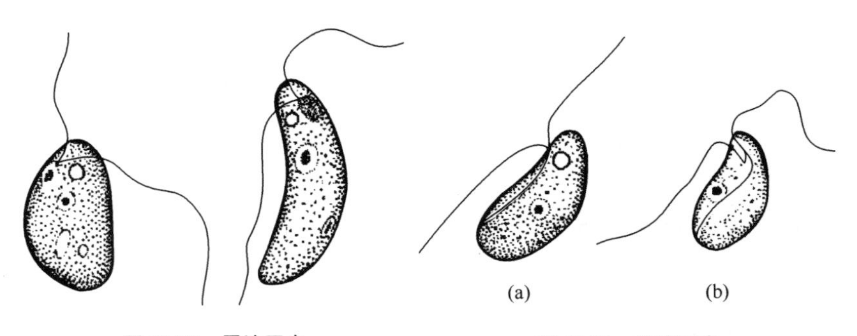

图 12-78　尾波豆虫

(*Bodo caudatus*)

图 12-79　梨波豆虫

(*Bodo edax*)

(a)、(b) 个体的不同形态

图 12-80　阿氏波豆虫
(*Bodo alexeieffii*)

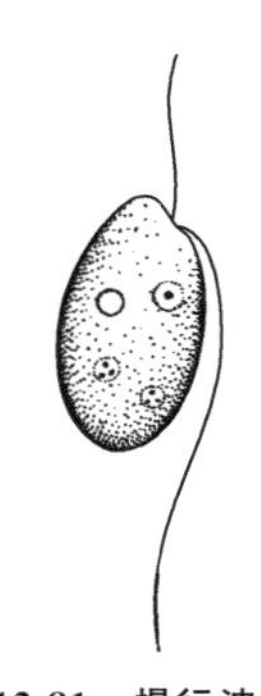

图 12-81　慢行波豆虫
(*Bodo repens*)

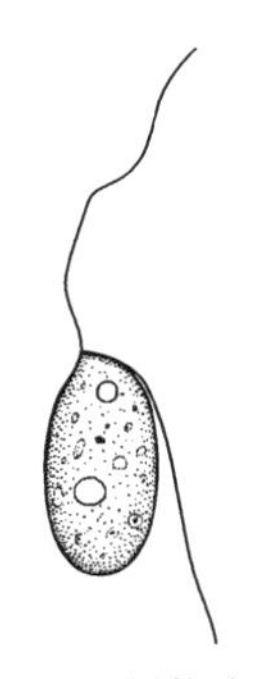

图 12-82　侧偏波豆虫
(*Bodo compressus*)

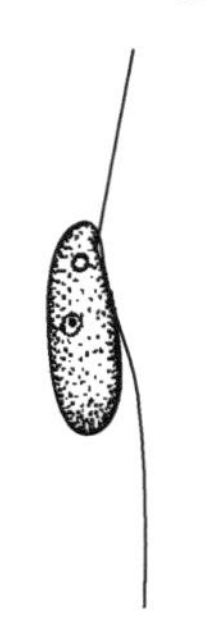

图 12-83　易变波豆虫
(*Bodo mutabilis*)

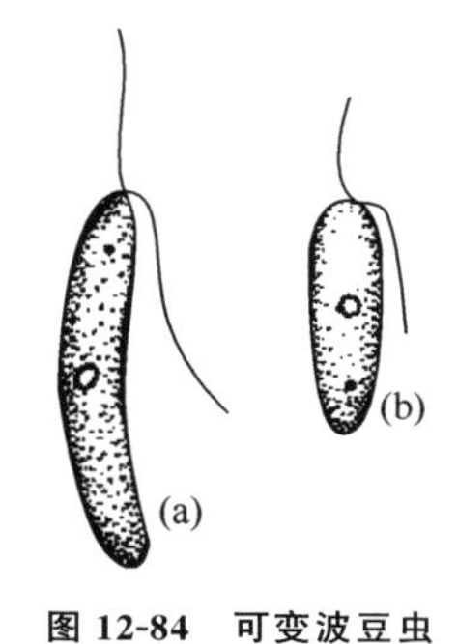

图 12-84　可变波豆虫
(*Bodo variabilis*)
(a)、(b) 个体的不同形态

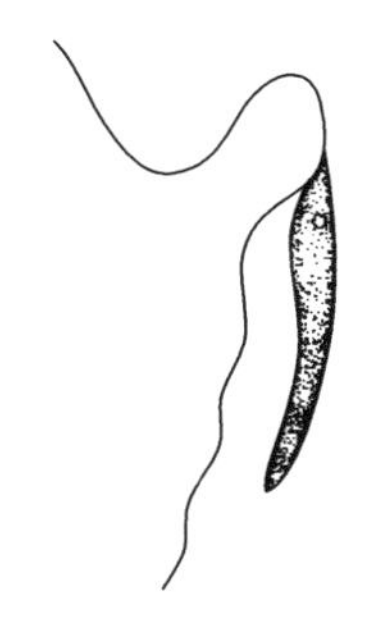

图 12-85　狭隘波豆虫
(*Bodo angustus*)

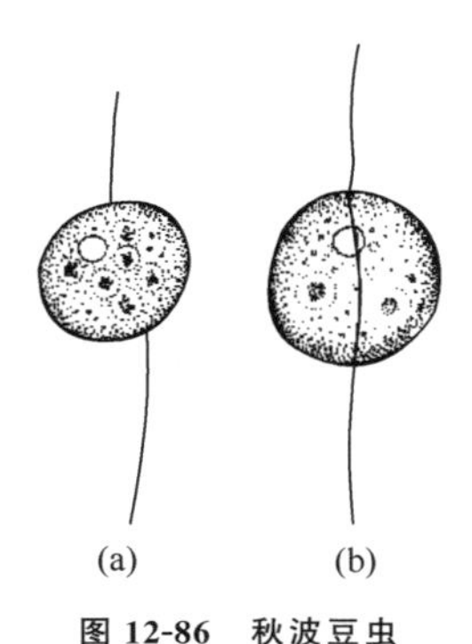

图 12-86　秋波豆虫
(*Bodo globosus*)
(a)、(b) 个体的不同形态

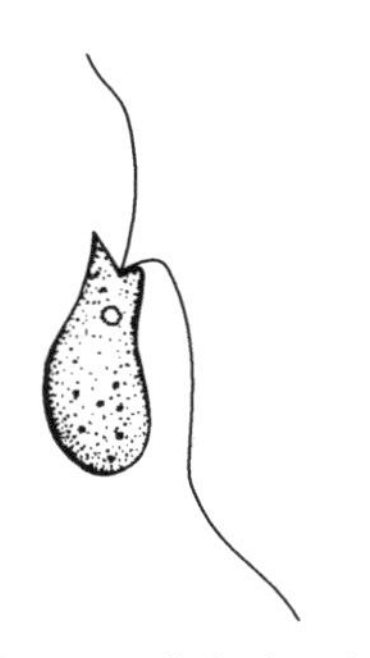

图 12-87　舞行波豆虫
(*Bodo saltans*)

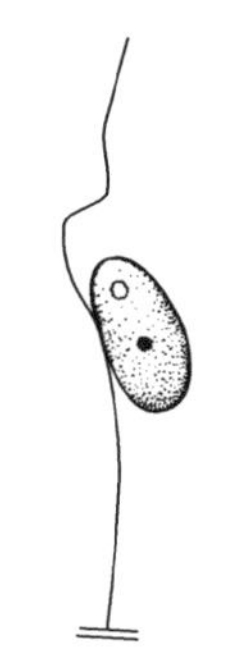

图 12-88　活跃波豆虫
(*Bodo ludibundus*)

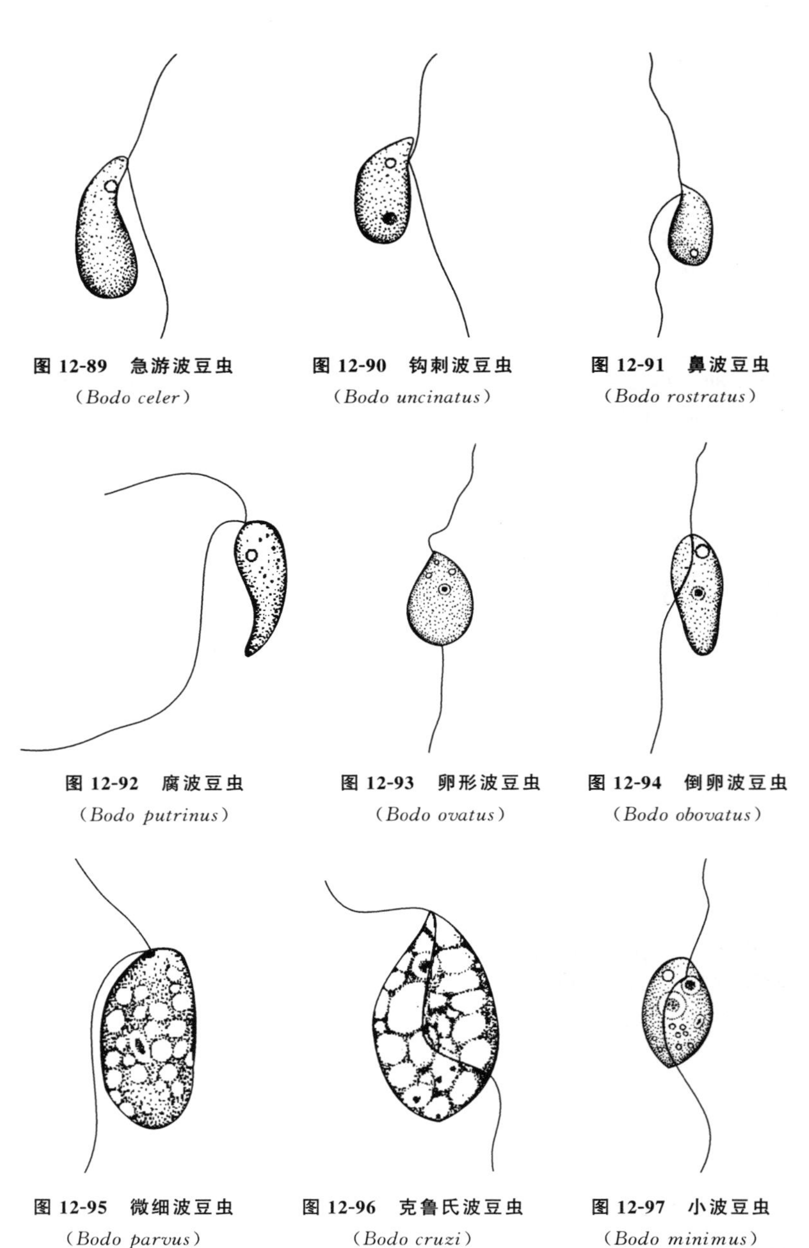

图 12-89　急游波豆虫
(*Bodo celer*)

图 12-90　钩刺波豆虫
(*Bodo uncinatus*)

图 12-91　鼻波豆虫
(*Bodo rostratus*)

图 12-92　腐波豆虫
(*Bodo putrinus*)

图 12-93　卵形波豆虫
(*Bodo ovatus*)

图 12-94　倒卵波豆虫
(*Bodo obovatus*)

图 12-95　微细波豆虫
(*Bodo parvus*)

图 12-96　克鲁氏波豆虫
(*Bodo cruzi*)

图 12-97　小波豆虫
(*Bodo minimus*)

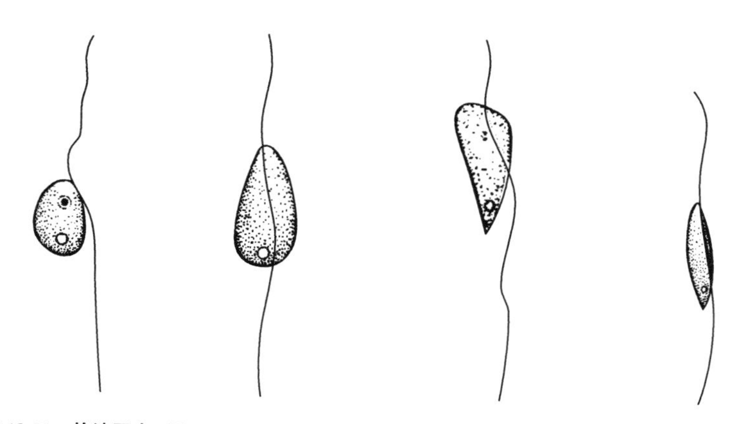

图 12-98 软波豆虫（*Bodo lens*） 图 12-99 变形波豆虫（*Bodo amoebinus*） 图 12-100 三角波豆虫（*Bodo triangularis*） 图 12-101 纺锤波豆虫（*Bodo fusiformis*）

二十八、侧滴虫属

侧滴虫属（*Pleuromonas*） 体小，易变（有点阿米巴形），具2根鞭毛皆从侧面凹处伸出，通常用拖曳的鞭毛附着，另一根鞭毛则无休止的摆动。生活在有机污水中。常见种类见图 12-102。

二十九、吻滴虫属

吻滴虫属（*Rhynchomonas*） 虫体赤裸，很小，在前端有一个延长的鼻状的突起，一根鞭毛嵌埋在鼻突里面（游泳鞭毛），另一根鞭毛（舵鞭毛）拖曳着，一个细胞核在前端。常见种类见图 12-103。

三十、无吻虫属

无吻虫属（*Clautriavia*） 虫体无色，外缘清楚，腹面口位为盆盘状，一根拖鞭毛来源其基部，液泡在口围附近，有1个小的伸缩泡和1个贮蓄泡。细胞核在后端。动物性营养。繁殖是在运动状态中进行纵分裂，以颤动方式向前游动，后腹部为倾斜或垂直。常见种类见图 12-104 和图 12-105。

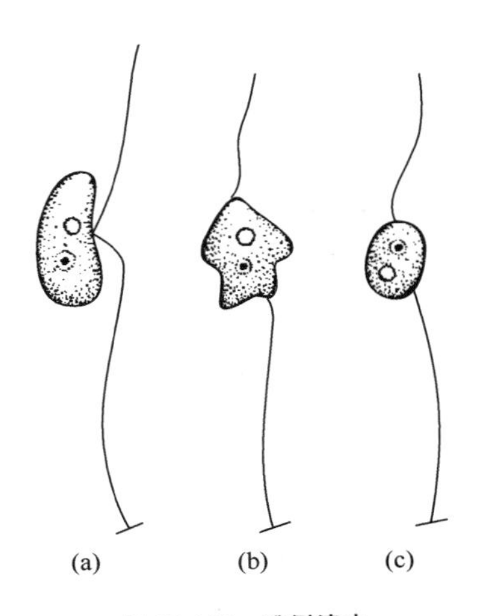

图 12-102　跳侧滴虫
(*Pleuromonas jaculans*)
(a)、(b)、(c) 个体的不同形态

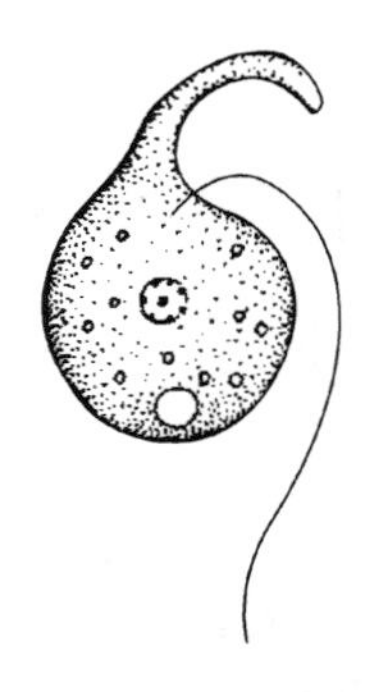

图 12-103　鼻吻滴虫
(*Rhynchomonas nasuta*)

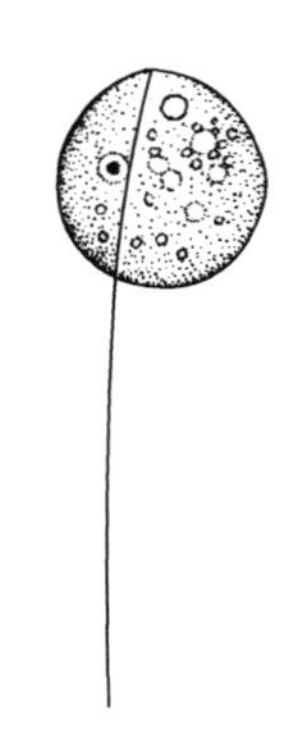

图 12-104　微小无吻虫
(*Clautriavia parva*)

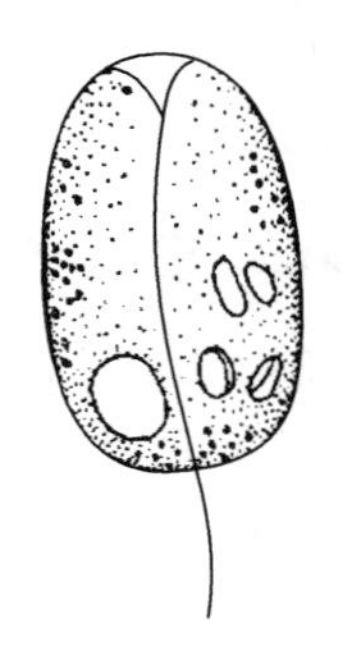

图 12-105　能动无吻虫
(*Clautriavia mobilis*)

三十一、单尾滴虫属

单尾滴虫属（*Monocercomonas*）　虫体呈卵圆形或梭形，有 4 根鞭毛，前面鞭毛与后面鞭毛几乎是相等或稍长些，完全自由或近侧部分附着时不形成波动膜。寄生在无脊椎和脊椎动物体的肠道中。常见种类见图 12-106。

三十二、六鞭虫属

六鞭虫属（*Hexamastix*） 虫体呈卵形，有 6 根鞭毛，1 根是拖鞭毛，轴杆十分显著。绝大部分为寄生的。常见种见图 12-107。

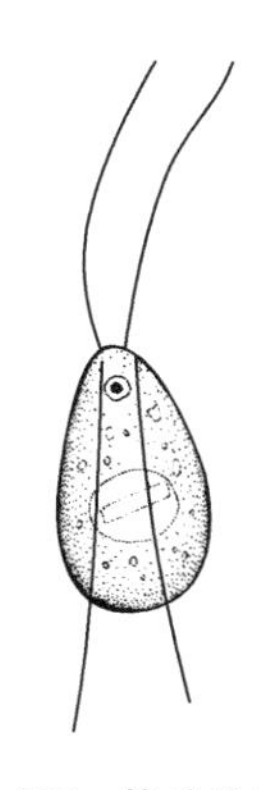

图 12-106 蟾蜍单尾滴虫
（*Monocercomonas bufonis*）

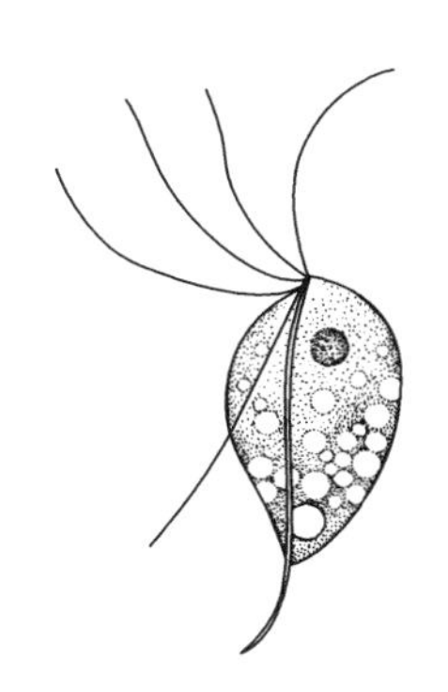

图 12-107 蛙状六鞭虫
（*Hexamastix batrachorum*）

第二节 肉足虫纲

一、毛变形虫属

毛变形虫属（*Trichamoeba*） 身体可伸出几个宽的、叶片状的伪足，但经常在前端膨胀为蛞蝓状，其他伪足在行进中消失，这时只有一个宽大的、细胞质向前平稳流动的单伪足。漂浮型的辐射伪足指状，长而钝。后端帘布绒毛球。如不成独立的小球，也至少有细丝的拖曳。颗粒核 1 个。伸缩泡在后端，1 个。多数种类在内质除颗粒外，还有双锥形结晶体。草食性的以藻类为食。淡水中常见的种类见图 12-108～图 12-110。

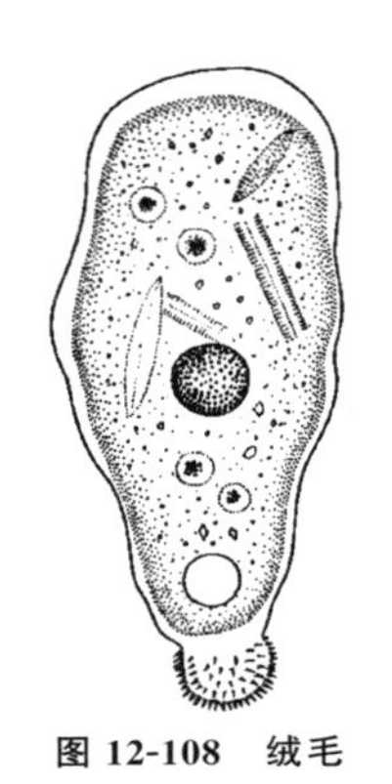

图 12-108 绒毛变形虫
(*Trichamoeba villosa*)

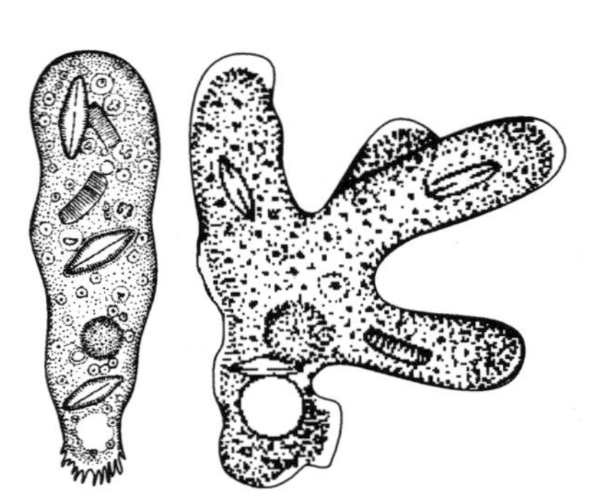

图 12-109 囊毛变形虫
(*Trichamoeba osseosaccus*)

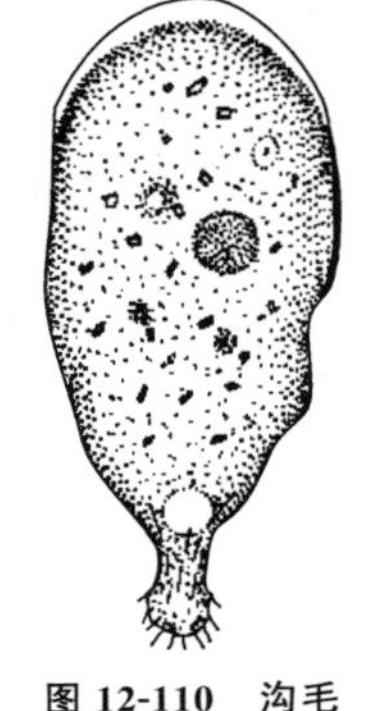

图 12-110 沟毛变形虫
(*Trichamoeba cloaca*)

二、多卓变虫属

多卓变虫属（*Polychaos*） 体呈掌状。多伪足伸展时，其基部相连。伪足几乎等长，没有优势的伪足。伪足呈叶片状或圆柱状，顶端有钝圆的透明帽。有时伪足扁平，并在顶端变阔。行动快时可变为单伪足，而体呈蛞蝓状。核呈颗粒状。1 个伸缩泡在后部。常见种类见图 12-111～图 12-114。

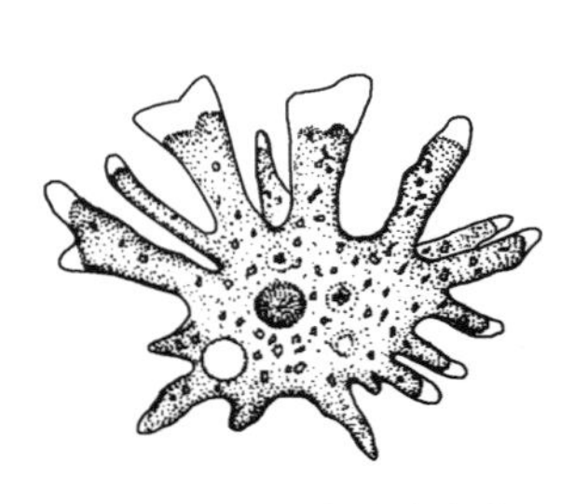

图 12-111 无恒多卓变虫
(*Polychaos dubium*)

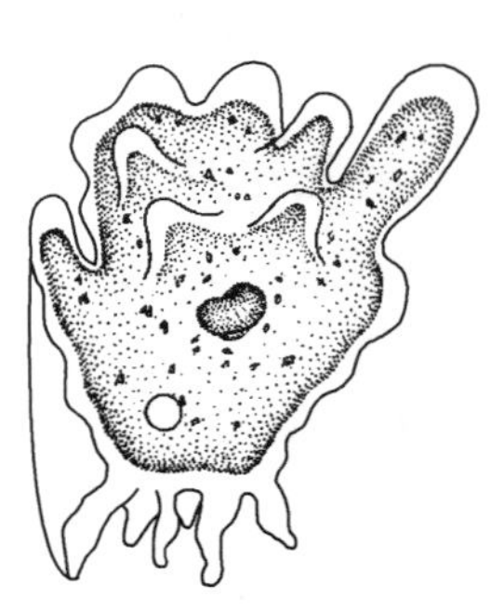

图 12-112 光无恒多卓变虫
(*Polychaos nitidubium*)

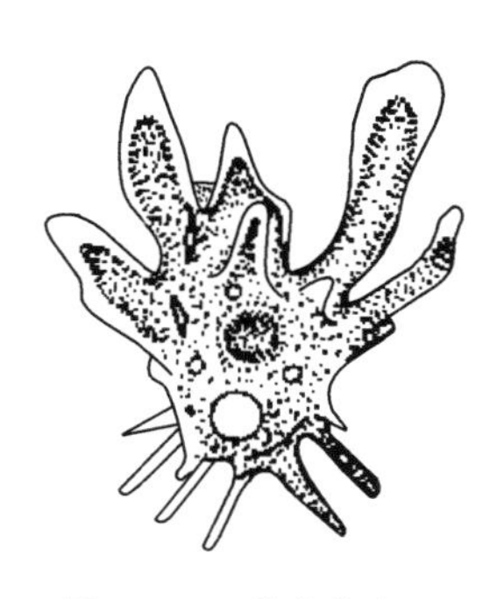

图 12-113 怯多卓变虫
(*Polychaos timidum*)

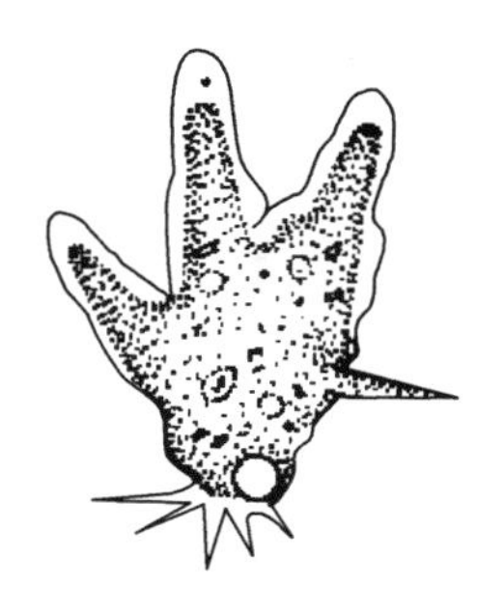

图 12-114 束多卓变虫
(*Polychaos fasciculatum*)

三、变形虫属

变形虫属（*Amoeba*），在多个伪足中总是有一个优势的伪足，在主体上有一些较短的伪足伸出。伪足内常可见明显的脊状延伸，顶端常有半球形的透明帽。行动很快时也可暂时变成单伪足。常见种见图 12-115。

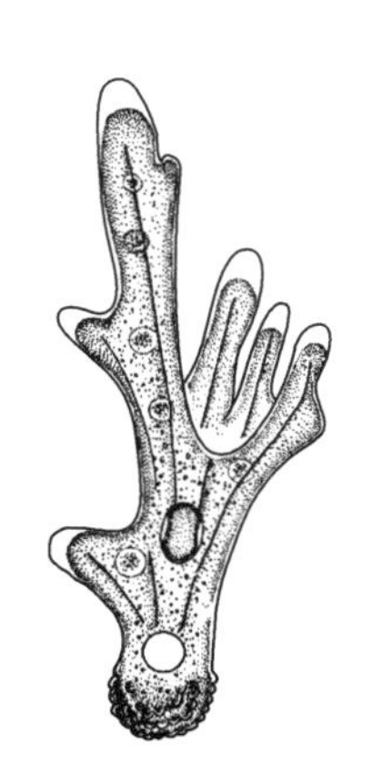

图 12-115 大变形虫
(*Amoeba proteus*)

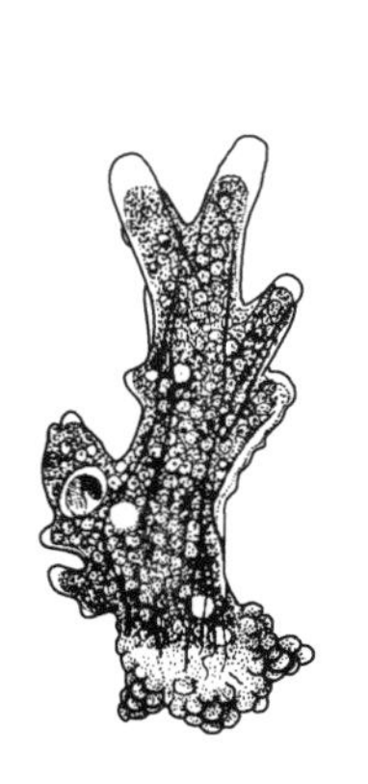

图 12-116 卡罗来纳卓变虫
(*Chaos carolinense*)

四、卓变虫属

卓变虫属（*Chaos*） 体巨大，500～2000μm，通常多伪足，但行动快时为单伪足，此时长可达 1.5～3mm。多伪足中总有一个优势的伪足，伪足内有明显的脊状延伸。伪足顶端也有半球形透明帽，但不如变形虫属显著。后端能形成暂时性的桑葚球。核圆，有数百个。伸缩泡有 4～5 个。含双锥形和矩形的晶体。肉食性，以其他原生动物、轮虫等为食。常见种类见图 12-116。

五、后卓变虫属

后卓变虫属（*Metachaos*） 与变形虫属十分相似，不同的只是伪足内没有脊状的延伸。许多种类原来放在变形虫属内，Schaeffer（1926 年）、Bovee（1985 年）等把伪足形成中没有脊状延伸的种类都归到后卓变虫属中。淡水中常见种类见图 12-117 和图 12-118。

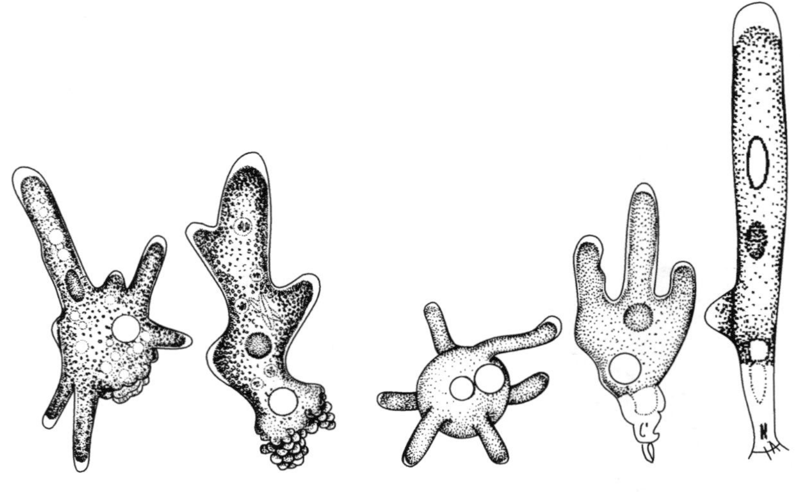

图 12-117　盘状后卓变虫
（*Metachaos discoides*）

图 12-118　微小后卓变虫
（*Metachaos diminutivum*）

六、多核变形虫属

多核变形虫属（*Pelomyxa*） 体呈卵形，行动为大步的蛞蝓状，爆破或喷泉式前进。除了开始行动有透明帽外，通常无透明帽。后端常有短绒毛球。不行动时，从体表能放出短锥状透明的小伪足。一般多核，原生质内有许多矿物颗粒，还有共生细菌。吃藻类和藻类碎片。喜在被污染的池塘、小沟底部生活。淡水中最常见的是池沼多核变形虫。常见种类见图 12-119。

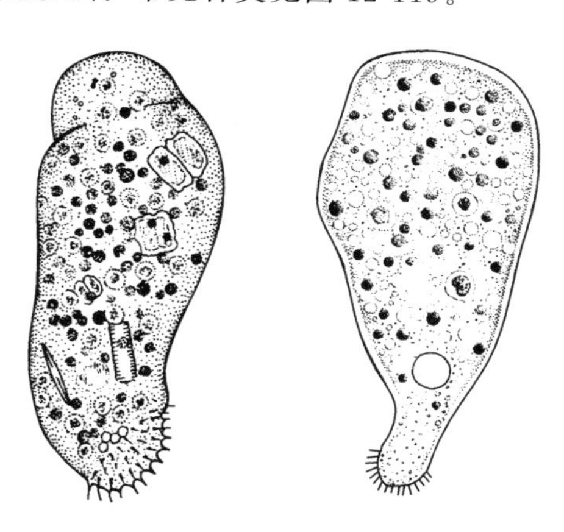

图 12-119 池沼多核变形虫
（*Pelomyxa palustris*）

七、简变虫属

简变虫属（*Vahlkampfia*） 体小，呈蛞蝓状。行动快，爆破式前行。行动时大多前面比后面宽些，中部有 1 个至几个束缢，前面有透明的半球。尾部无小球，但有时可产生尾丝，这是因为行动时后部还黏着在基质上而引起的，有时甚至成为黏球。核为泡囊型，分裂为原有丝分裂。无鞭毛期。这一属在废水处理系统以及在被有机物污染的水体中较为常见。常见种类见图 12-120～图 12-124。

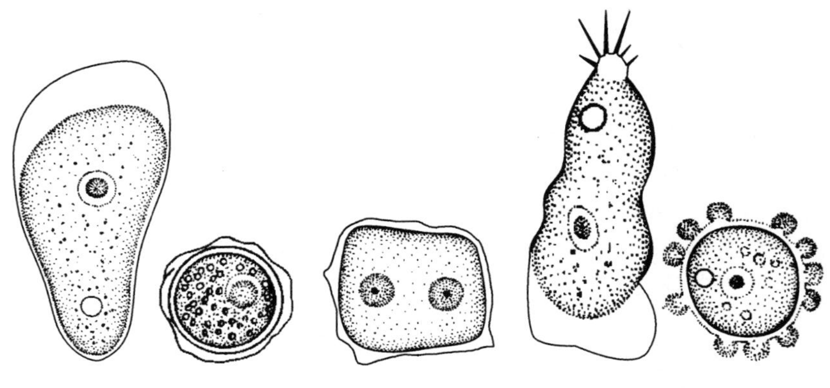

图 12-120　简简变虫
(*Vahlkampfia vahtkampfia*)

图 12-121　哈氏简变虫
(*Vahlkampfia hartmanni*)

图 12-122　贪婪简变虫
(*Vahlkampfia avara*)

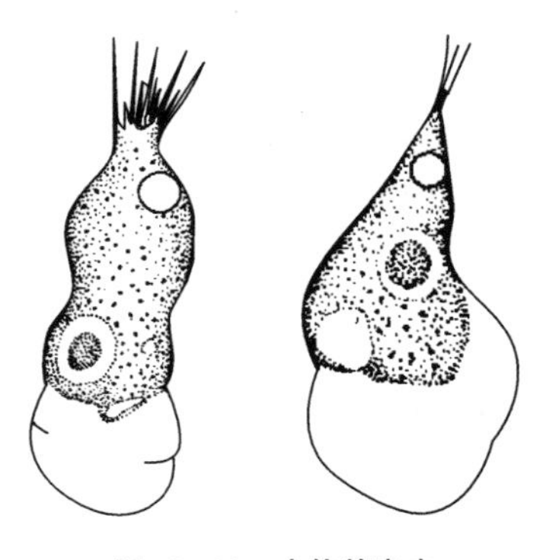

图 12-123　内饰简变虫
(*Vahlkampfia inornata*)

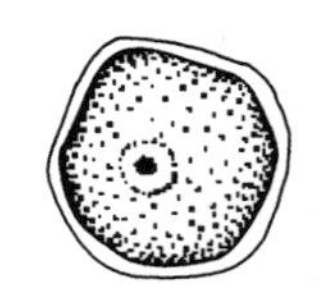

图 12-124　池沼简变虫
(*Vahlkampfia lacustris*)

八、古纳虫属

古纳虫属（*Naegleria*）　变形期与简变虫属十分相似，呈蛞蝓状，用透明的半球形的伪足爆破式前进。细胞核分裂也是原有丝分裂。与简变虫属不同的是有短暂的鞭毛期，体呈卵形，有 2 根等长的鞭毛，无胞口。近期发现福纳虫（*Naegleria fowleri*）是人类阿米巴脑膜炎的病原体，我国也已有报道。从环境保护来看，需重视古纳虫在我国水体中的分布。常见种类见图 12-125。

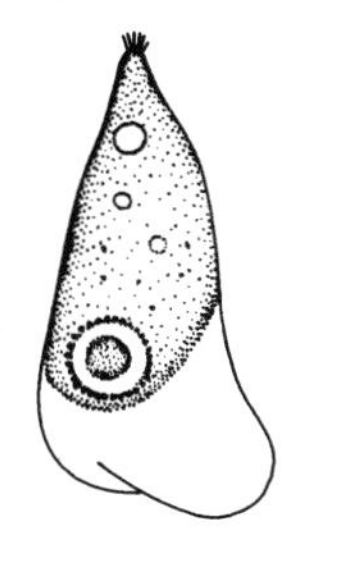
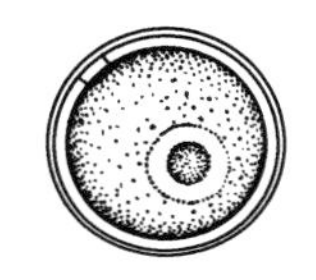
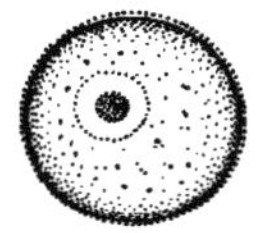

图 12-125 古纳虫

(*Naegleria gruberi*)

九、哈氏虫属

哈氏虫属(*Hartmannella*)体细长,长为宽的 4~9 倍,呈蛞蝓状,体长 12~33μm。行动时细胞质流缓慢,总是有透明帽。透明帽大,帽长为帽宽的 1~2 倍。后端没有绒球或黏球,偶尔会有尾状细丝或很小的桑葚状球。可根据行动与古纳虫区别。哈氏虫在行动时伪足伸展平稳缓慢,无明显的爆破,不会像古纳虫那样半球形膨大的透明伪足在前端迫不待及地交替而叠加式出现,因而哈氏虫能直线行进。也不会像简变虫那样透明的外质会从后端沿两侧冲溢向前。常见种类见图 12-126 和图 12-127。

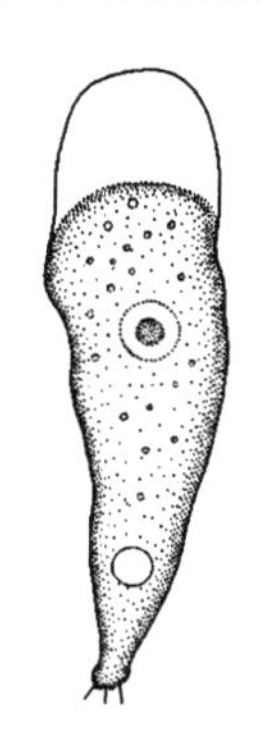

图 12-126 剑桥哈氏虫

(*Hartmannella cantabrigiensis*)

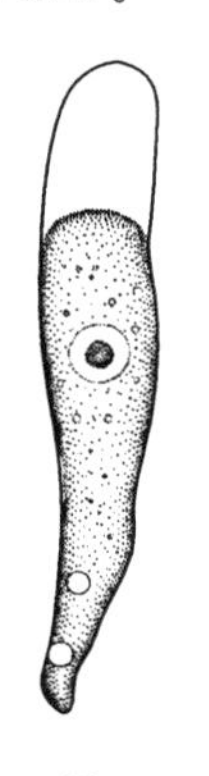
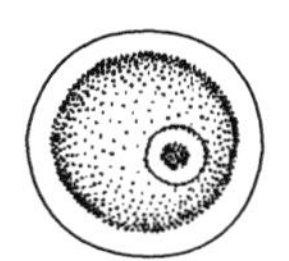

图 12-127 蠕形哈氏虫

(*Hartmannella vermiformis*)

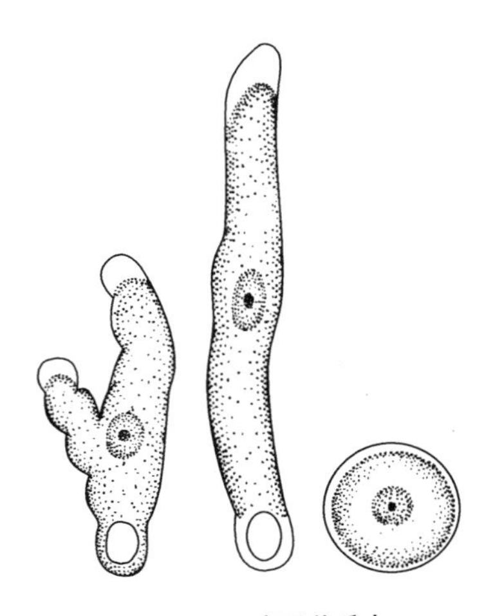

图 12-128 奇观盖氏虫
(*Glaeseria mira*)

十、盖氏虫属

盖氏虫属（*Glaeseria*） 为蛞蝓状的变形虫，行动时是缓慢的质流，非爆破式地在前端膨胀，透明帽在行动初期或连续行动时才有，不会总是有透明帽，且常被颗粒内质所冲破而取代。后部没有绒球，淡水中只有一种，即奇观盖氏虫，见图 12-128。

十一、囊变形虫属

囊变形虫属（*Saccamoeba*）凡蛞蝓状变形虫类前端经常缺少透明帽，后端有绒毛球，细胞核是囊状者，就是囊变形虫属。确立模式种为明亮囊变形虫（*Saccamoeba lucens*）。本属基本体形为蛞蝓形，但在开始行动或改变方向时，可能出现暂时的多伪足状。伪足伸展是很平稳的细胞质流，不会爆破式前进。伪足也可能从侧面鼓起。在伪足开始伸展时，如果出现透明帽也是新月状的，而且在连续行动时就不会有透明帽。本属的种类在变形期时都比较宽大些，长宽比例不会超过 4∶1，而且个体也比较大，长 70～175μm，故不会与哈氏虫属混淆。后端的绒毛球也不是所有的个体在任何时候都能出现，在某些种类绒毛相当短。大多数种类体内含结晶体，其数量、大小成为鉴定种的特征。常见种类见图 12-129～图 12-133。

十二、卡变虫属

卡变虫属（*Cashia*） 是蛞蝓状变形虫，行动为缓慢的细胞质流，偶尔可以在前侧膨胀，体形细长。经常无透明帽，如果出现，也只是在新伪足形成时有新月状的透明帽，然后很快消失。改变方向时可出现侧伪足。后端光滑或有桑葚球，但绝不会是绒毛球或丝状黏球。常见种类见图 12-134 和图 12-135。

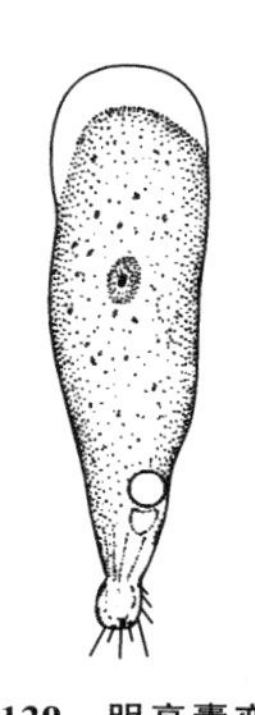

图 12-129 明亮囊变形虫
(*Saccamoeba lucens*)

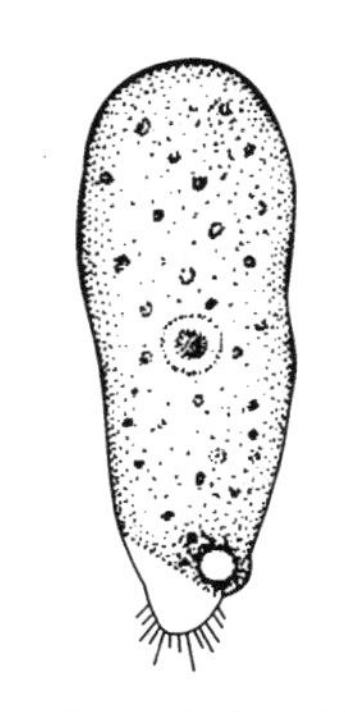

图 12-130 瓦可拉囊变形虫
(*Saccamoeba wakulla*)

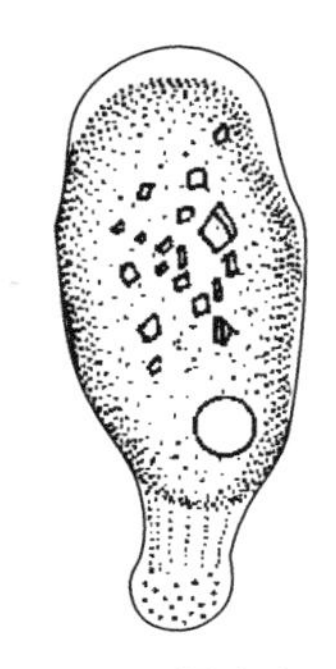

图 12-131 沼囊变形虫
(*Saccamoeba limna*)

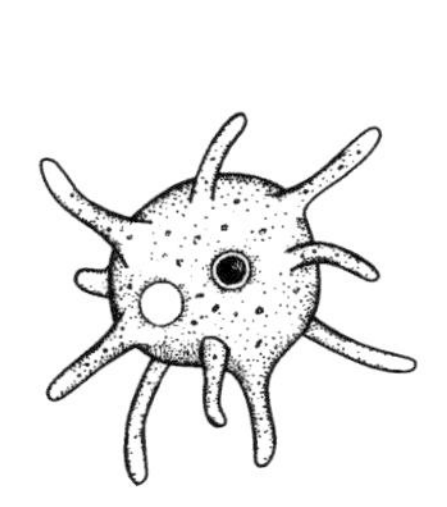

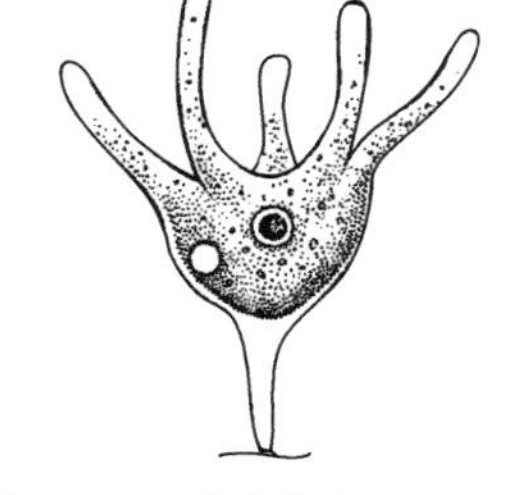

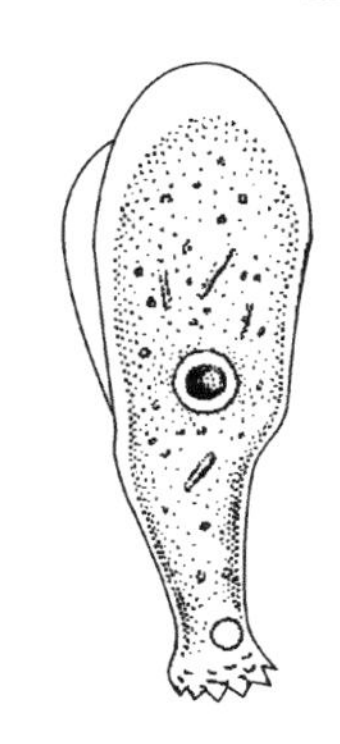

图 12-132 珊瑚囊变形虫
(*Saccamoeba gorgonia*)

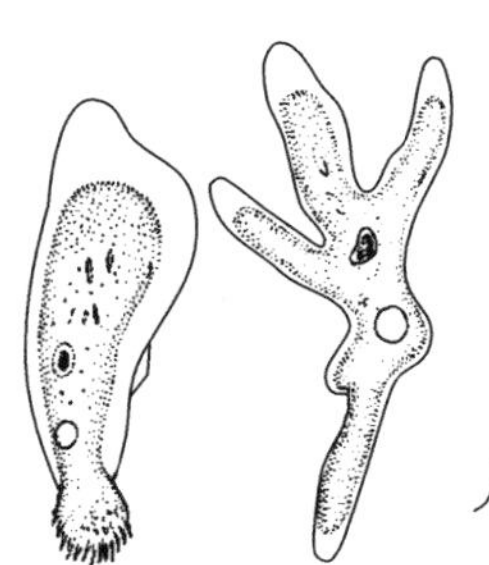

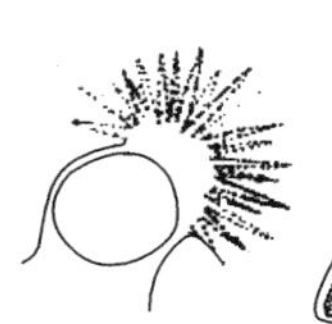

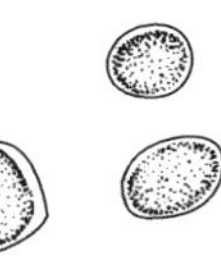

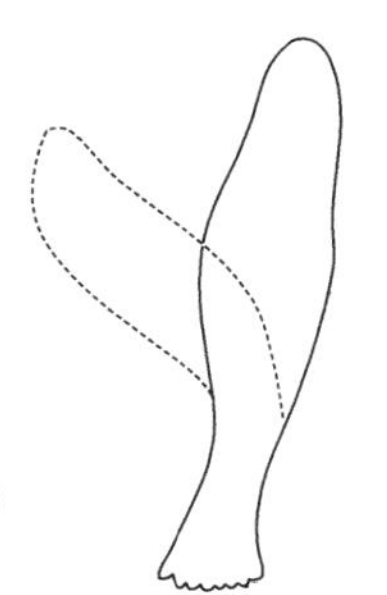

图 12-133 蛞蝓囊变形虫
(*Saccamoeba limax*)

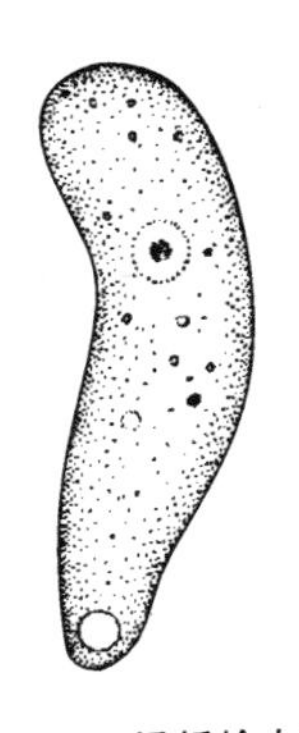

图 12-134 近蛞蝓卡变虫

(*Cashia limacoides*)

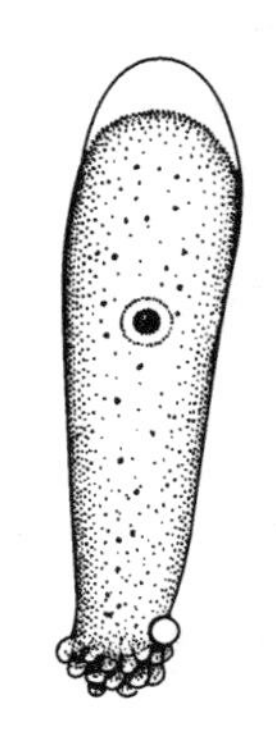

图 12-135 神使卡变虫

(*Cashia angelica*)

十三、焰变虫属

焰变虫属（*Flamella*） 体呈扁平、规则的卵形或扇形。从颗粒质的前部常伸出许多（20～30 个）柔软、透明、锥状的亚伪足，并融合于透明区内。行动和变形都很快。偶尔在后端有少数短的、拖曳的丝。见图 12-136。

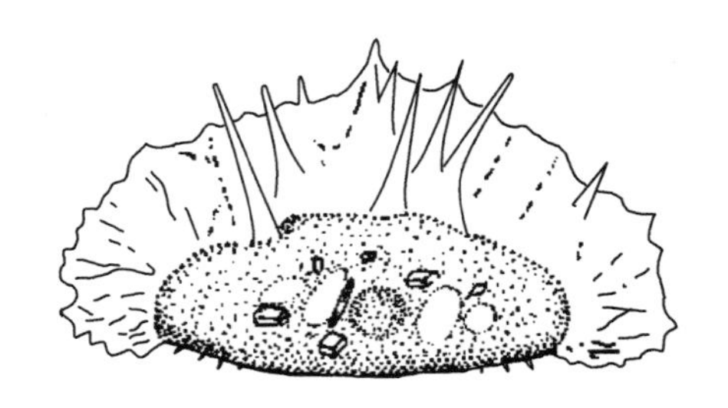

图 12-136 速焰变虫

(*Flamella citrensis*)

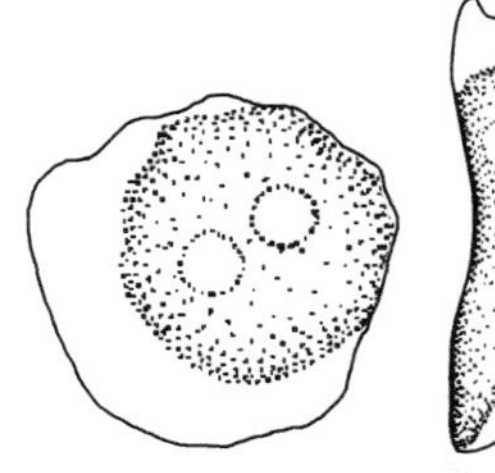

图 12-137 直罗氏虫

(*Rosculus ithacus*)

十四、罗氏虫属

罗氏虫属（*Rosculus*） 体扁平，很小，约 5～17μm。能很快地改变形状，有时向两侧扩展，有时伸长，多数呈刮铲形或扇形。

透明区常有不规则的边缘，有时能开裂成秕片，但不会有刺状的小亚伪足。细胞质流可爆破，透明区波浪沿颗粒细胞质区波动。只一种——直罗氏虫，见图 12-137。

十五、晶盘虫属

晶盘虫属（*Hyalodiscus*） 体呈规则的圆盘形，体宽大于体长。透明区薄，几乎从四周包围颗粒区。颗粒区厚，侧观时呈驼峰状，易与螺足虫（*Cochliopodium*）混淆。有时从透明区伸出细而短的锥状突起，好像刺状的亚伪足。行动时靠外质流动向前，它拖动了内质，但并不引起颗粒质的流动。漂浮型是辐射状伪足，末端钝。常见种类见图 12-138。

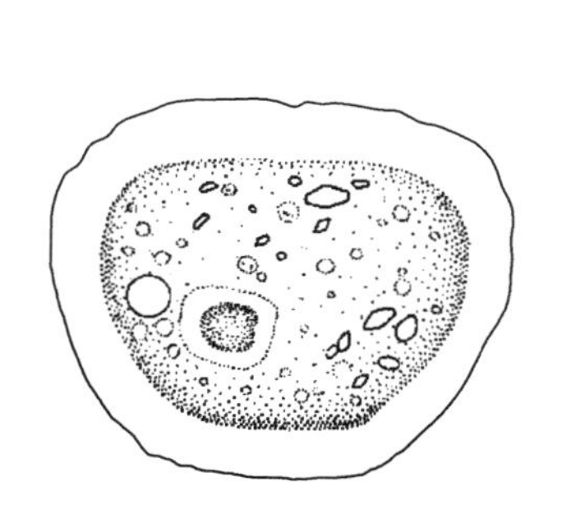
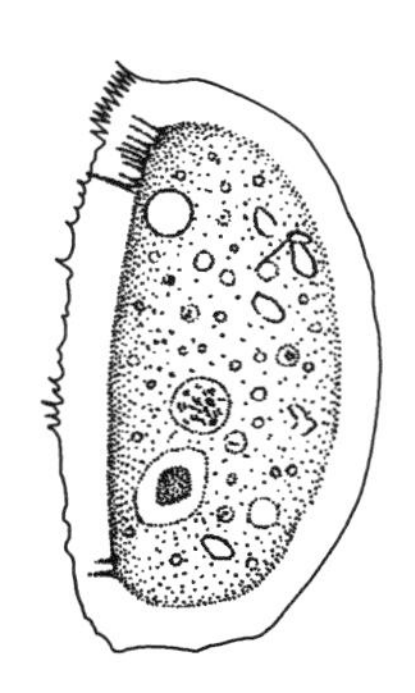

图 12-138 太阳晶盘虫
（*Hyalodiscus actinophorus*）

十六、甲变形属

甲变形属（*Thecamoeba*） 体扁平呈卵圆、长卵圆形。外质表膜化，故行动时大都出现纵向的表面褶皱。如褶皱不明显，至少在体后半部颗粒质的表面有褶皱。透明质在前端呈新月形，无亚伪足。只有个别的种类在伸长时能暂时分枝。大多数种类个体比较大，在 100μm 以上。以小的变形虫和纤毛虫为食。常见种类见图 12-139～图 12-143。

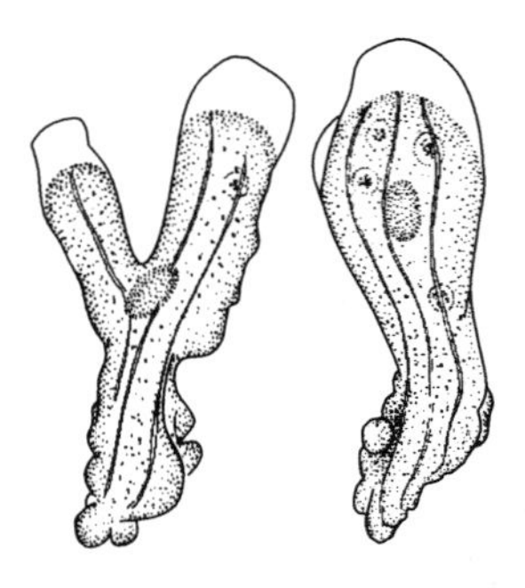

图 12-139 神似甲变形虫
(*Thecamoeba proteoides*)

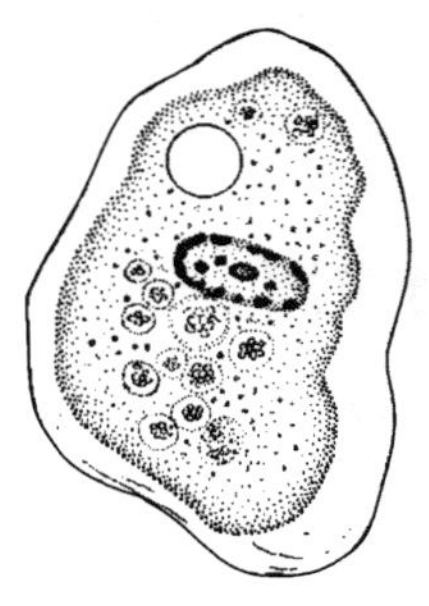

图 12-140 泥生甲变形虫
(*Thecamoeba terricola*)

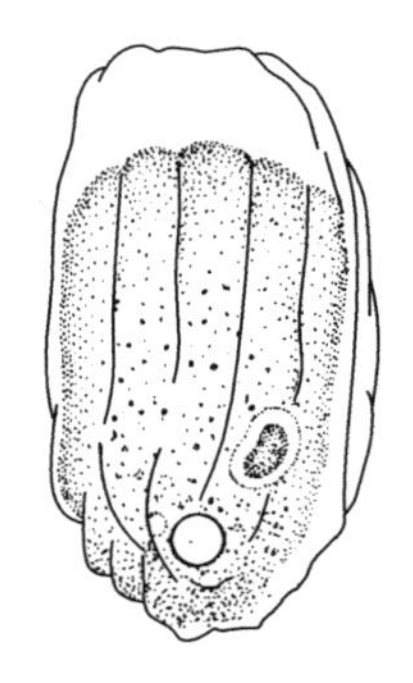

图 12-141 球核甲变形虫
(*Thecamoeba sphaeronucleolus*)

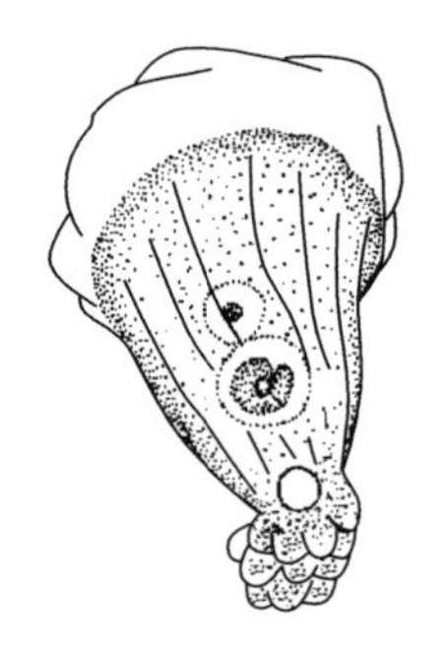

图 12-142 疣状甲变形虫
(*Thecamoeba verrucosa*)

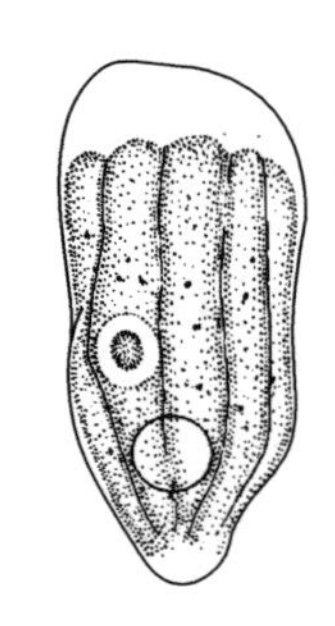

图 12-143 四线甲变形虫
(*Thecamoeba quadrilineata*)

十七、条变形虫属

条变形虫属(*Striamoeba*) 体长 100μm 以下。外质表膜化,体呈规则的椭圆形至卵圆形,背面常有几行纵向的、平行的条纹。在淡水中只一种,见图 12-144。

十八、匀变虫属

匀变虫属(*Sappinia*) 体呈扁平的卵形或长卵形,外质已表膜化,但是一般不起褶皱。至少有 1 对核,有时有 2～3 对,彼此十分靠近。淡水中只有一种,见图 12-145。

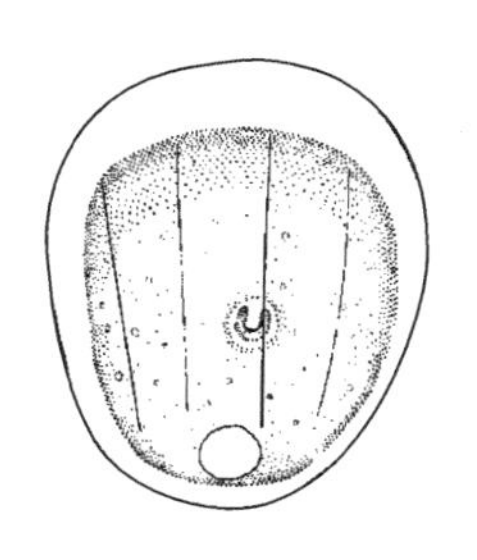

图 12-144　条纹条变形虫
(*Striamoeba striata*)

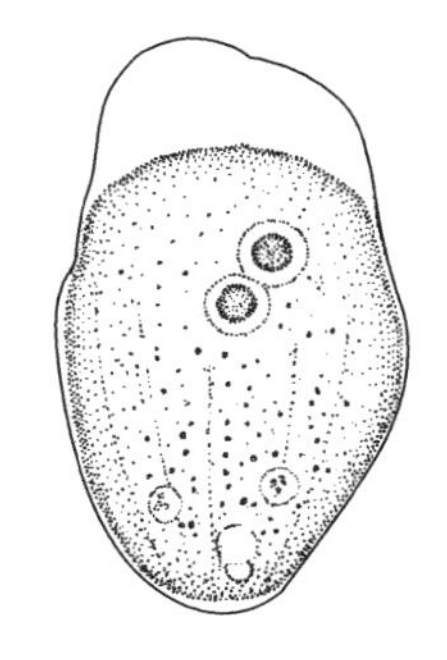

图 12-145　双核匀变虫
(*Sappinia diploidea*)

十九、盘变形虫属

盘变形虫属（*Discamoeba*）体很小，行动时体呈扁平的卵圆形，前端新月状透明区可较深入地向两侧伸展。因轻度表膜化故体形改变不大，但没有褶皱。只有 1 个囊状核。淡水中只一种，见图 12-146。

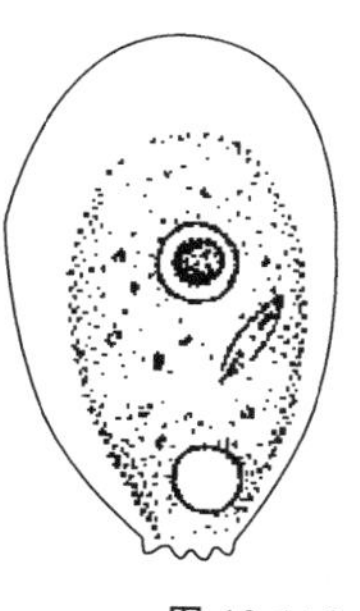

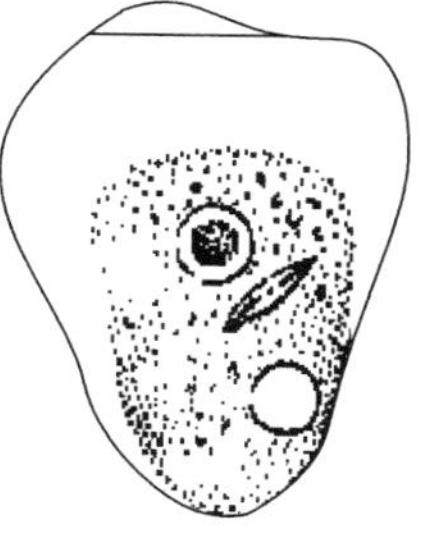

图 12-146　点滴盘变形虫
(*Discamoeba guttula*)

二十、平变虫属

平变虫属（*Platyamoeba*）体呈扁平的卵形、椭圆形、扇形或舌形。透明区占的面积大，和颗粒区分明。行动快时通常体长大于体宽。只在边缘有与之平行的褶皱，背面绝不会有固定的条纹。和蒲变虫属的主要区别是本属漂浮型的辐射伪足是钝的。见图 12-147。

二十一、蒲变虫属

蒲变虫属（*Vannella*）体呈扁平的蒲扇形，有时呈铲形或卵形。前端透明区占身体的 1/4～1/2，有时还向两侧扩张，包围了后

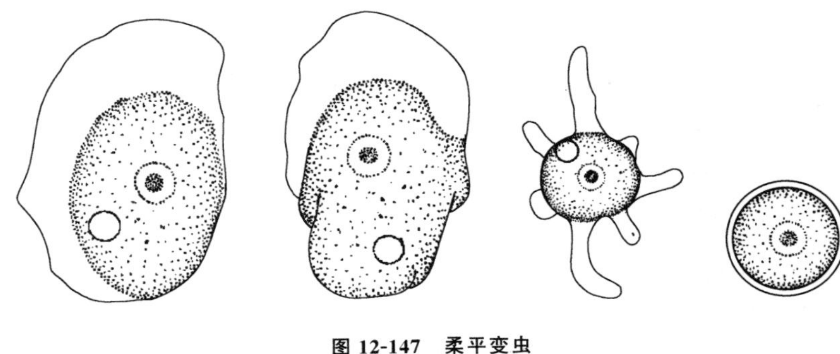

图 12-147　柔平变虫
(*Platyamoeba placida*)

部厚的颗粒质区。前缘一般光滑，有的有暂时性的锯齿状。行动时后部能形成暂时性的泡状突起，但泡上绝不会有细丝。漂浮型常有圆的中央质体及几个柔软、透明、削尖的辐射伪足。常见种类见图 12-148 和图 12-149。

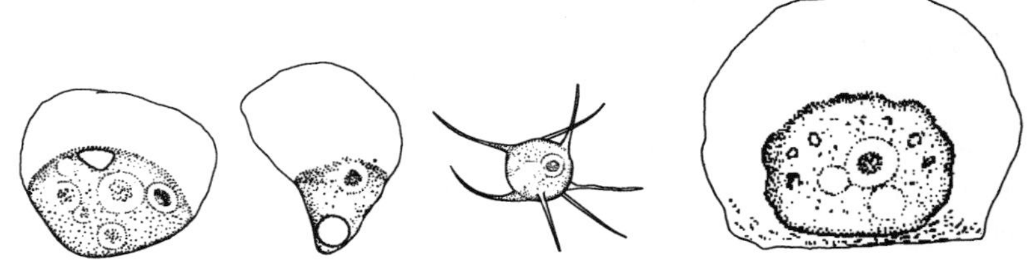

图 12-148　平足蒲变虫
(*Vannella platypodia*)

图 12-149　奇怪蒲变虫
(*Vannella miroides*)

二十二、马氏虫属

马氏虫属（*Mayorella*） 体形很不规则，有扁平的扇形、三角形、卵圆形、长方形和拉长的圆柱形等。体拉长时，前端变宽，后端常有球茎和桑葚球、甚至有鳞片状覆盖物。亚伪足有透明钝锥形的基部，前面收缩呈指状或乳头状，一般等长。有的种类在成对的伪足间有透明的“蹼”连接。有的种类有从伪足向体后伸展的纵向条纹。大小随种类而异，小的只有 12μm，大的可达 300μm。是淡水中分布很广的一个属。常见种类见图 12-150～图 12-157。

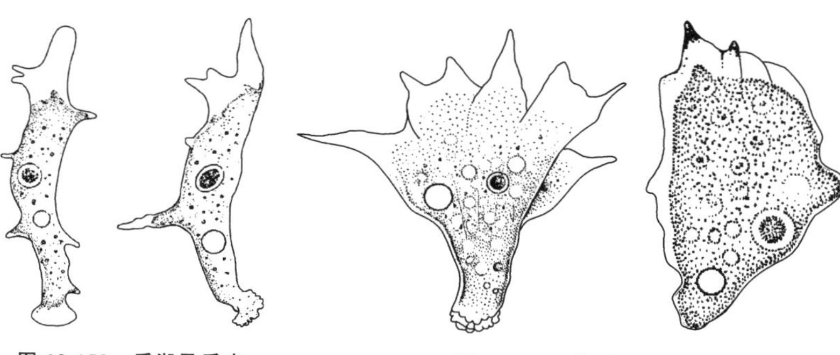

图 12-150 后湖马氏虫
(*Mayorella hohuensis*)

图 12-151 扇形马氏虫
(*Mayorella penardi*)

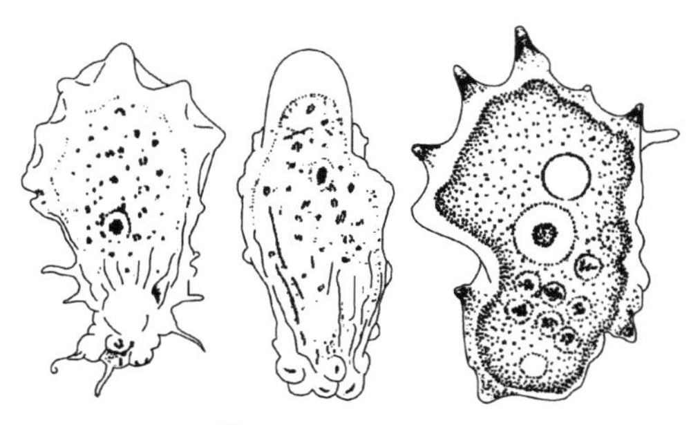

图 12-152 柏马氏虫
(*Mayorella cypressa*)

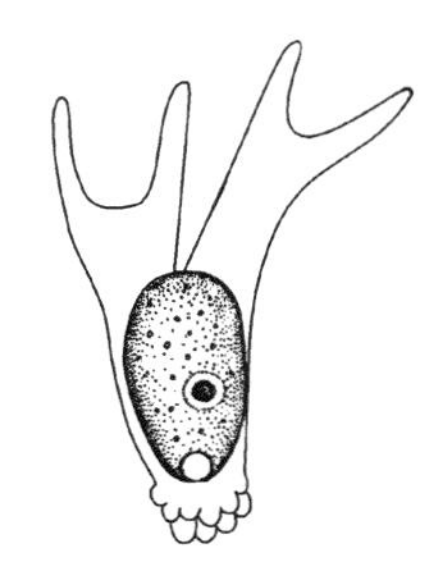

图 12-153 步履马氏虫
(*Mayorella ambulans*)

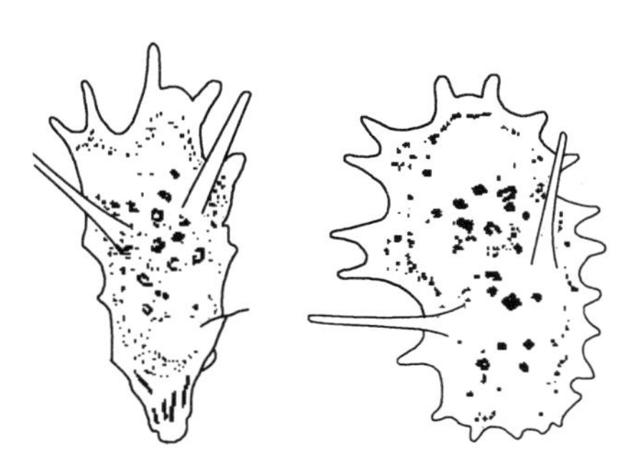

图 12-154 双角马氏虫
(*Mayorella bicornifrons*)

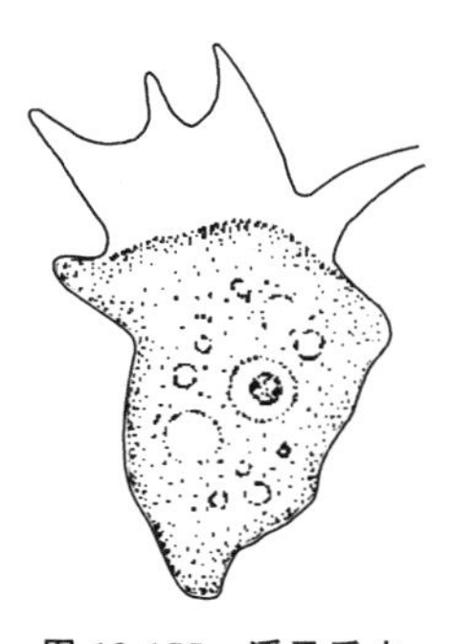

图 12-155 溪马氏虫
(*Mayorella riparia*)

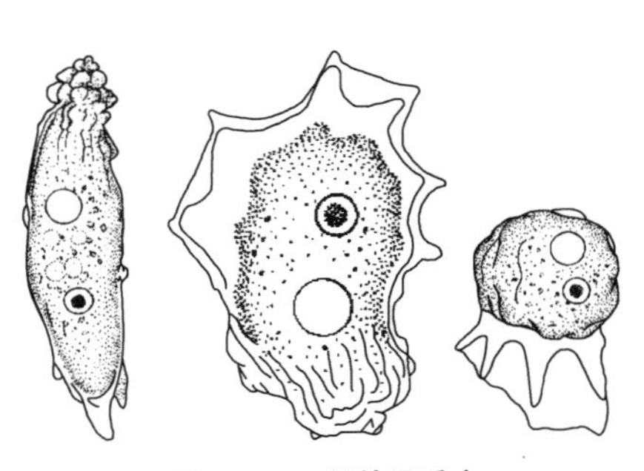

图 12-156 蛞蝓马氏虫
（*Mayorella limacis*）

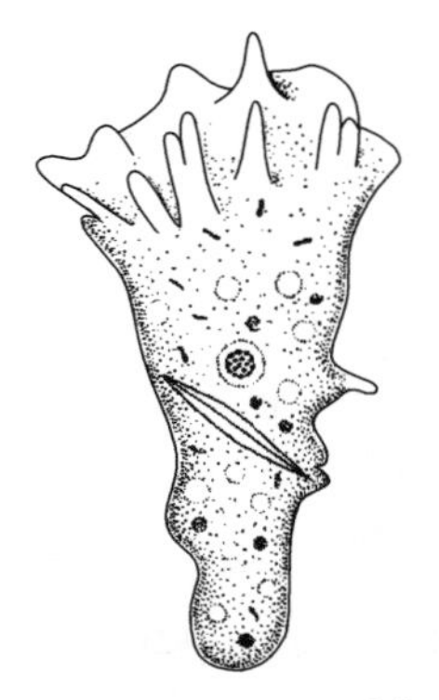

图 12-157 宝码马氏虫
（*Mayorella bigemma*）

二十三、杆变虫属

杆变虫属（*Vexillifera*） 身体扁平，一般呈不规则三角形。透明区占体长的1/4～1/3。从前面透明区伸出短锥状和长杆状的伪足。长杆状的伪足有6根或更多，在收缩时能左右挥动。体内有几颗黑色细胞质颗粒。见图12-158。

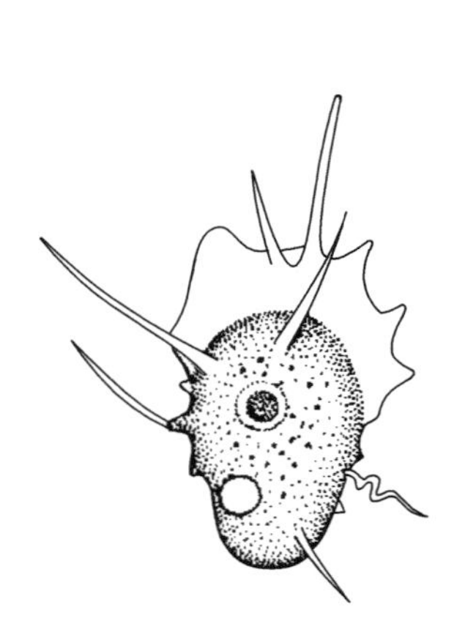

图 12-158 条足杆变虫
（*Vexillifera bacillipedes*）

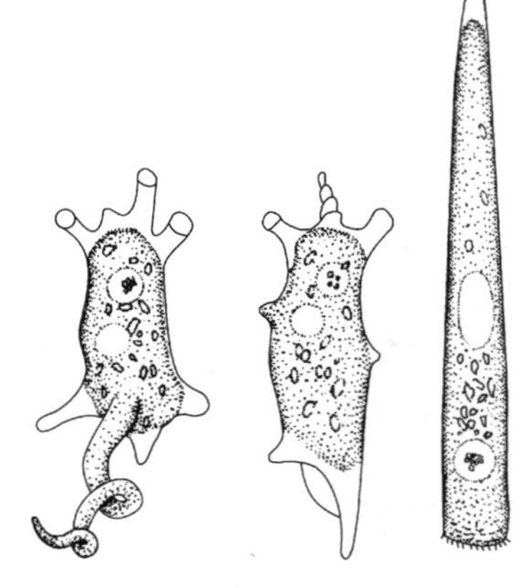

图 12-159 剑钻变形虫
（*Sublamoeba saphirina*）

二十四、钻变形虫属

钻变形虫属（*Subulamoeba*） 快速行动时体拉长呈钻子形，前端透明的锥状体即是伪足。慢速行动时体不加长，呈铲状或四边状。锥状透明伪足交替地在两侧形成。偶尔伸出 1 个长的伪足，含有颗粒层和透明的顶端，能慢慢地挥动，有时碰到基质就停下来，变成变形体的前端，核内有几块核内体，分散或在中央集合。一般单核，很少双核。漂浮型有时有辐射状伪足，除顶部外伪足内也有颗粒。见图 12-159。

二十五、颤变虫属

颤变虫属（*Oscillosignum*） 行动时体呈三角形、棍棒形。前面透明区较狭，亚伪足成双地或单个地从透明区的边缘伸出。亚伪足呈短、钝锥状，成对的亚伪足间有"蹼"连接。同时又可伸出 1 个至几个长的伪足，这种伪足可以挥舞，当接触到基质时，整个虫体就由此越过。核内只有一个核内体。杆变虫属的长伪足只在收缩时能挥舞，而本属的长伪足能十分积极地挥舞。见图 12-160。

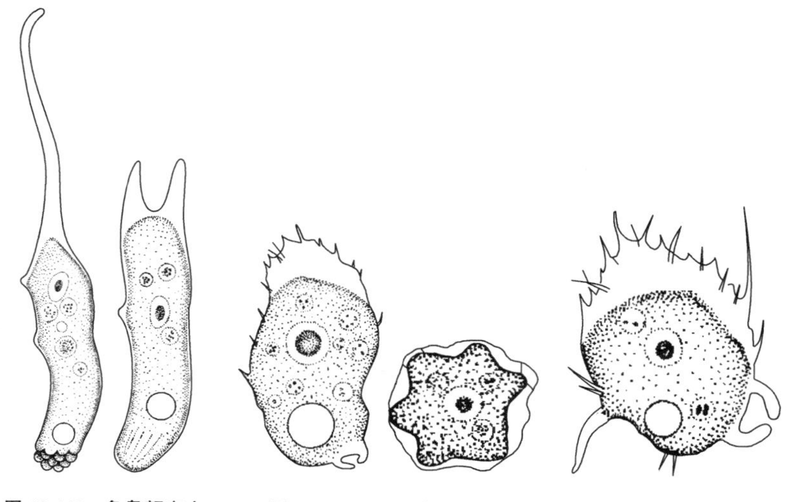

图 12-160　象鼻颤变虫
（*Oscillosignum proboscidium*）

图 12-161　开氏棘变形虫
（*Acanthamoeba catellanii*）

图 12-162　噬棘变形虫
（*Acanthamoeba polyphaga*）

二十六、棘变形虫属

棘变形虫属（*Acanthamoeba*） 体呈扁平的、不规则的卵形、长卵圆形或三角形。前端较宽、透明，由此可伸出许多细长的、削尖的亚伪足。亚伪足的顶部圆或尖，有时还可分叉。除前面透明区外，两侧也可伸出伪足。该属最重要的特点是有棘足（acanthopodia），且细胞质内有10%～20%的肌动蛋白，超微结构证明肌动蛋白微丝束可伸入棘足内起支持作用。本属种类很多，在土壤、淡水中均有分布。以下列出对人类健康有害的主要种类，见图12-161～图12-163。

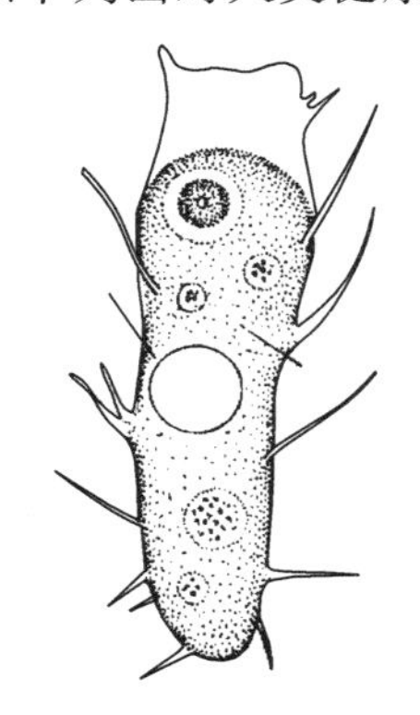
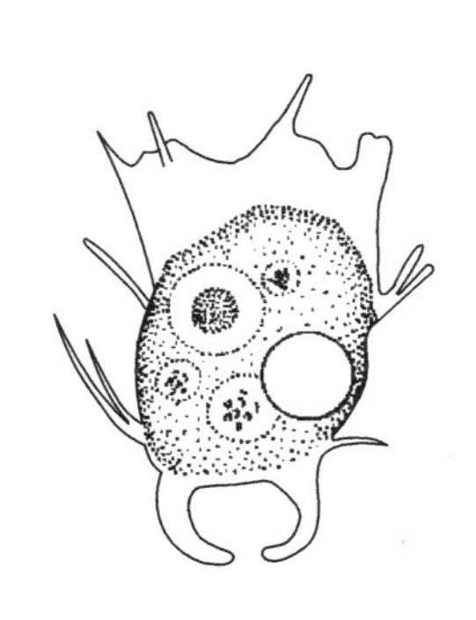
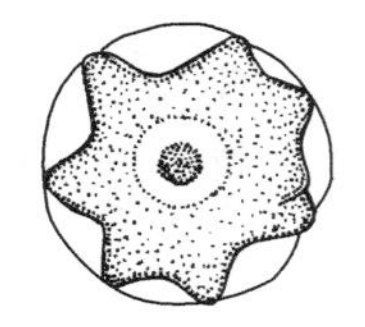

图12-163 星状棘变形虫

（*Acanthamoeba astronyxis*）

二十七、丝变形虫属

丝变形虫属（*Filamoeba*） 体呈扁平、规则的卵形或扇形。从颗粒质的前部常伸出许多（20～30个）柔软、透明、锥状的亚伪足，并融合于透明区内。行动和变形都很快。偶尔在后端有少数短的、拖曳的丝。生活于厌氧、腐烂的植物中或废水处理的滤池中。常见种类见图12-164。

二十八、刺变形虫属

刺变形虫属（*Echinamoeba*） 体扁平，前端宽，呈三角状或加

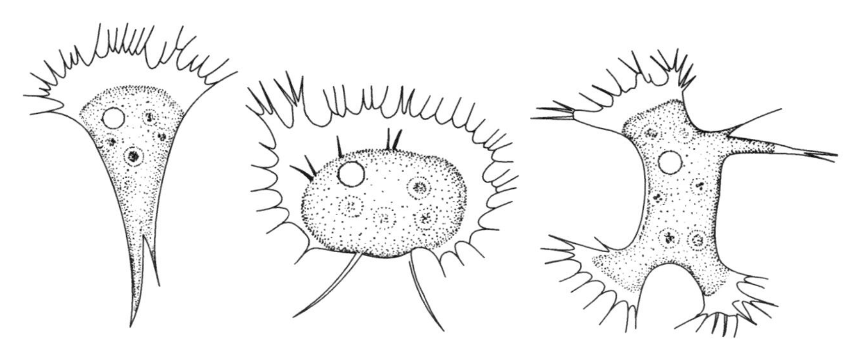

图 12-164 诺氏丝变形虫

(*Filamoeba nolandi*)

长的三角状。伪足微刺状，只从透明的前缘伸出，在活泼行动时微刺会暂时消失。体侧不会伸出伪足。行动不是爆破式，伸展时呈蛞蝓状。见图 12-165。

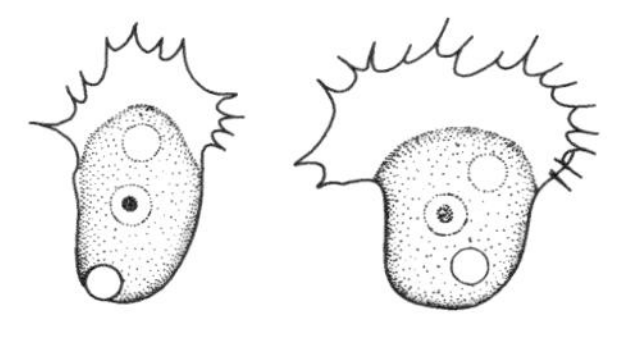

图 12-165 外波刺变形虫

(*Echinamoeba exundans*)

二十九、螺足虫属

螺足虫属（*Cochliopodium*） 壳只是很薄的、表膜似的覆盖物，盖在虫体的背面，呈柔软而没有固定的形状。胞质行动时，壳膜就随之而伸缩变形。通常盖子表面光滑，有些种类则有纤维状或刺状的突起，有的也会有少许矿物屑覆盖。无定形的壳口供伪足伸出。胞质无色，有 1 个核，1～2 个伸缩泡。通常伪足为指状，末端有时钝圆或微尖。有的种类伪足为片状，能从四周伸出，在伪足基部原生质形成圆点，排列成十分整齐的辐射状条纹。伪足的边缘有锯齿或缺刻。壳表面结构有待于用电镜研究清楚后，才能正确鉴别种类。常见种类见图 12-166 和图 12-167。

三十、微衣壳虫属

微衣壳虫属（*Microchlamys*） 壳呈表玻皿状，侧观时壳凸起成拱顶。壳由几丁质似的膜组成，但整个壳的硬度不一致，拱顶部

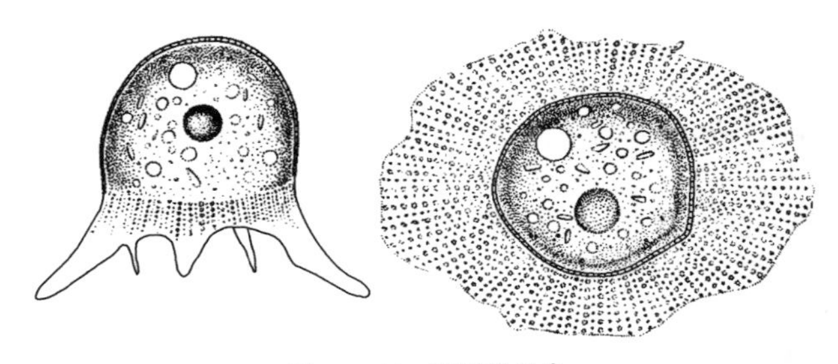

图 12-166 透明螺足虫

(*Cochliopodium bilimbosum*)

分要比下面部分坚硬得多。壳的下面部分是扁平的薄膜，在这膜状物的中央开口即为壳口。壳口的形状不规则。壳随日龄而由无色变为黄色，以至深棕色。年幼时壳的可塑性较强。原生质不紧贴着壳膜。伪足指状或片状。伸缩泡排成一圈。见图 12-168。

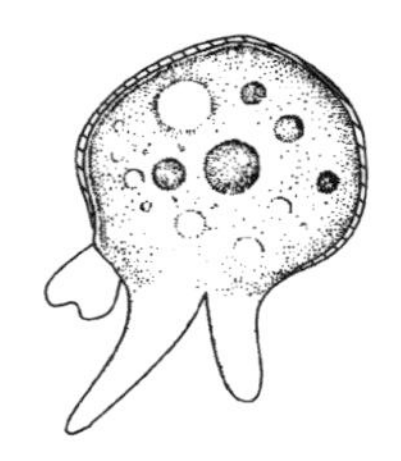

图 12-167 小螺足虫

(*Cochliopodium minutum*)

图 12-168 盘状微衣壳虫

(*Microchlamys patella*)

三十一、厢壳虫属

厢壳虫属（*Pyxidicula*） 壳呈盘状，由硬质的几丁质组成，故壳形稳定。壳膜上有点子，透明。壳表面光滑，无覆盖物，有时沾有一些外来的小颗粒。壳口圆，非常大，几乎占整个壳的直径。侧观时壳顶有不同程度的隆起，但最多不超过半球形。壳为无色、淡黄色至黄褐色。见图 12-169。

三十二、表壳虫属

表壳虫属（ *Arcella*） 壳由透明的、几丁质似的物质组成。壳

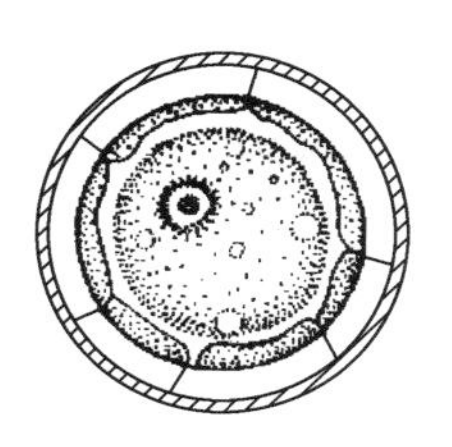

图 12-169　盖厢壳虫

(*Pyxidicula operculata*)

表面光滑或有浓密的、穿孔的麻点，像蜂窝状的小泡。壳色随日龄由无色变为淡黄色、棕色以至深褐色。背、腹面观时大多呈圆形，有时有角或呈星状。壳口在腹面的中央，并以不同深度凹陷于壳内。壳口向里翻转，形成口管。侧观时背面有平坦的，也有半球形的甚至更高的突起。壳背上有各种装饰，有的在圆顶上形成有角的刻面，像龟纹图案，有的还形成尖刺。原生质体位于壳的中央，用外质线固着于壳的内壁。伪足数个，呈钝指状。核通常有 2 个，位于相对的方向上。伸缩泡数个。常见种类见图 12-170～图 12-177。

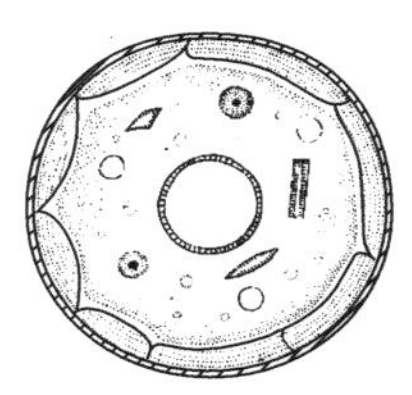

图 12-170　普通表壳虫

(*Arcella vulgaris*)

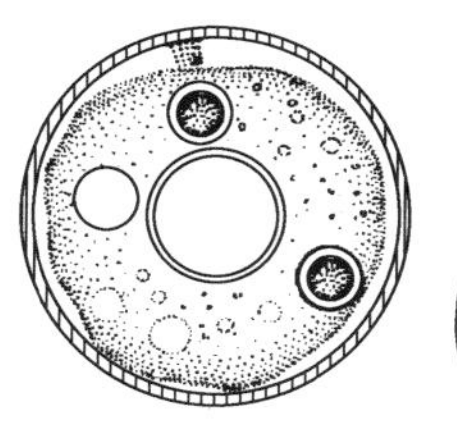

图 12-171　半圆表壳虫

(*Arcella hemisphaerica*)

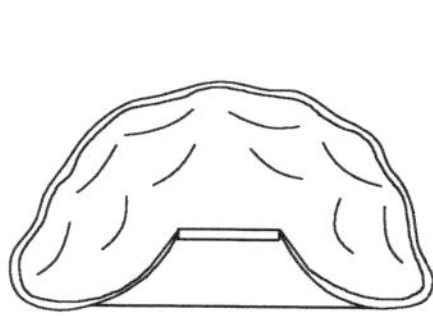
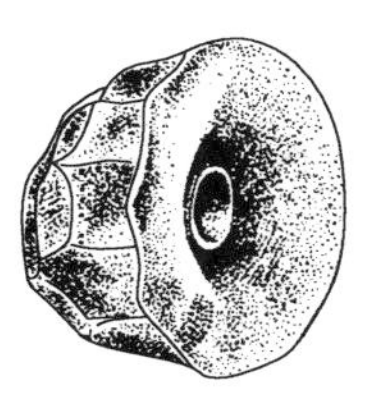
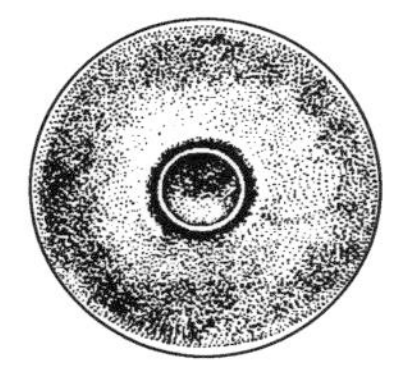

图 12-172　弯凸表壳虫

(*Arcella gibbosa*)

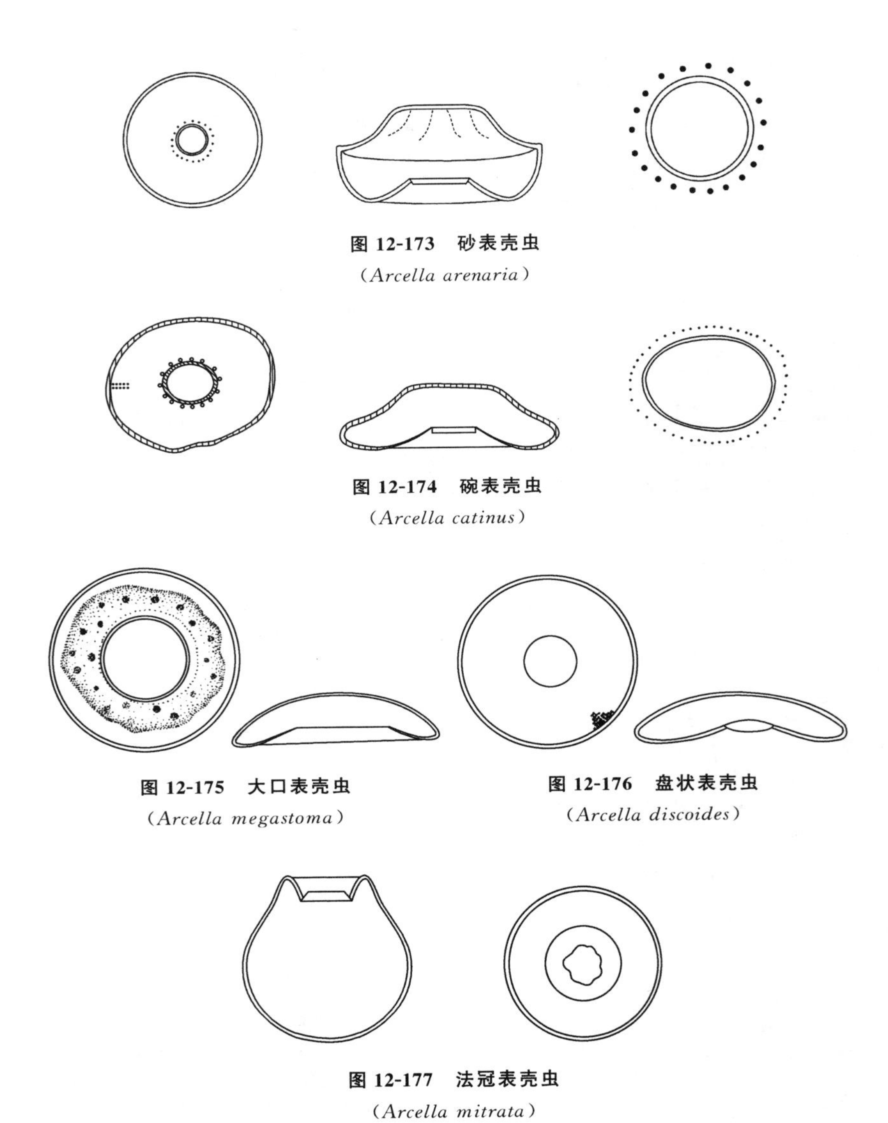

图 12-173　砂表壳虫
（*Arcella arenaria*）

图 12-174　碗表壳虫
（*Arcella catinus*）

图 12-175　大口表壳虫
（*Arcella megastoma*）

图 12-176　盘状表壳虫
（*Arcella discoides*）

图 12-177　法冠表壳虫
（*Arcella mitrata*）

三十三、茄壳虫属

茄壳虫属（*Hyalosphenia*） 壳呈卵形或梨形，由同质的几丁质膜组成。壳透明，从无色到黄色、黄绿色以至褐色。壳表面一般光滑，没有任何硅质的板片结构，只个别种类表面有麻点或是半球形的凹陷；没有它生质体的覆盖物。壳的形状固定，活动时不变形。壳口在壳纵轴的末端，呈卵圆或隙缝状，依种类而异。除个别种类外，壳均侧扁，故横切面多半呈椭圆形。胞质部分地充塞了壳腔，有外质线固着于壳的内壁。1个大的细胞核位于后端。伸缩泡1个或2个，伪足为钝指状。见图12-178。

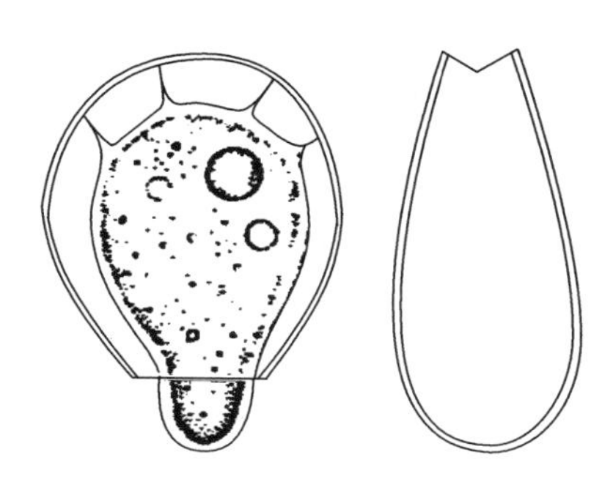

图 12-178 小茄壳虫
(*Hyalosphenia minuta*)

三十四、匣壳虫属

匣壳虫属（*Centropyxis*） 壳的内层是由几丁质构成的膜，外层覆盖一层它生质体。这些它生质体包括沙质、硅质、石英质的无机矿物粒，有时还有硅藻残壳黏附其上。壳一般呈盘状或亚球状。壳口偏离中心，呈圆形、椭圆形或叶形等。侧观时壳背通常在壳口处压扁，向后有不同高度的隆起。也有整个背腹面压扁。有的种类壳还能延伸为刺，分布于壳口后端、两侧和背部。一般壳呈灰色或黑色，有时也呈棕色或深棕色。胞质无色，伪足呈指状。常见种类见图12-179和图12-180。

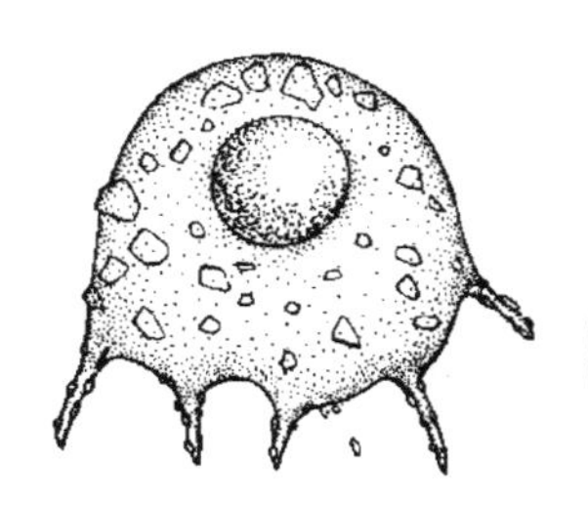

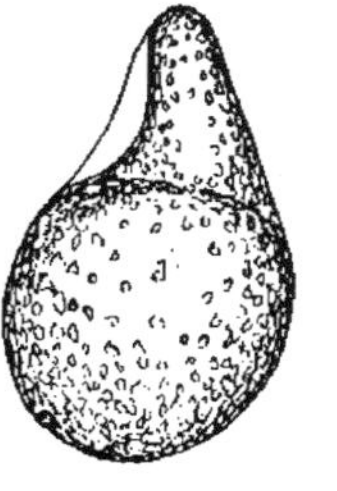

图 12-179 针棘匣壳虫
(*Centropyxis aculeata*)

图 12-180 旋匣壳虫
(*Centropyxis aerophila*)

三十五、圆壳虫属

圆壳虫属（*Cyclopyxis*） 壳的构造和匣壳虫属一样，都是在几丁质膜上覆盖一层它生质体，包括沙粒、泥粒、石英颗粒、硅藻空壳等物。壳的形状也和匣壳虫属一样，多半呈盘状或亚球状，但壳口的位置不同，在正中央。侧观时壳背呈对称而均匀的圆弧状，但隆起的高矮不一。壳为黄棕色。见图 12-181 和图 12-182。

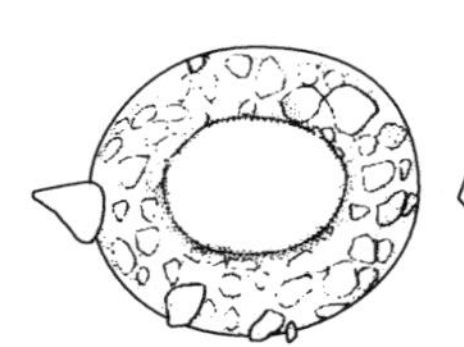

图 12-181　宽口圆壳虫
（*Cyclopyxis eurostoma*）

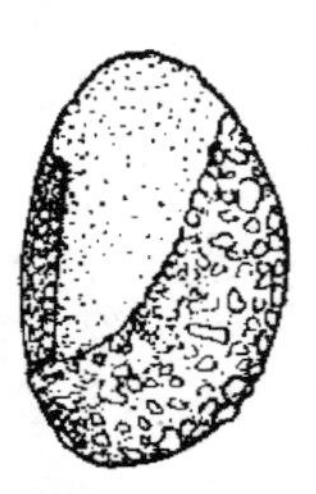

图 12-182　表壳圆壳虫
（*Cyclopyxis arcelloides*）

三十六、三角嘴虫属

三角嘴虫属（*Trigonopyxis*） 壳在背观或腹观时均呈圆形。侧观时壳背拱起，接近或超过半球形，宽度比高度要大得多。壳有几丁质的内层，其外覆盖它生质体的沙粒和泥块。壳口位于壳中央的一个深的、凹陷的底部，口小，一般呈三角形，有的呈不规则的四角形、三叶形或五叶形。见图 12-183。

三十七、葫芦虫属

葫芦虫属（*Cucurbitella*） 壳有几丁质构成的内膜，其外表覆盖它生质体的矿物裂片。壳由本体和颈两部分组成，分界明显。较大的壳本体呈球形或卵形。颈部短小，亦称为领，它位于球形壳体的主轴上。领的边缘呈波浪形，有 3～10 个瓣片。壳口位于领底和壳体的交接处，呈圆形。口缘呈齿状或星形，口的直径比领小。壳不侧扁，横切面呈圆形。原生质内有 1 个核，1 个至多个伸缩泡，伪足呈指状。见图 12-184。

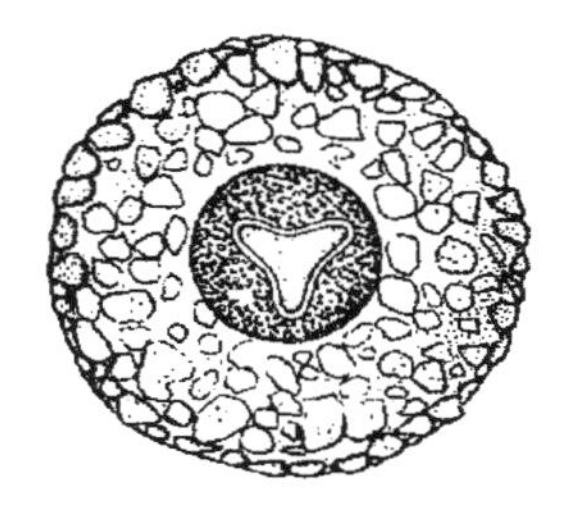

图 12-183　小匣三角嘴虫

(*Trigonopyxis arcula*)

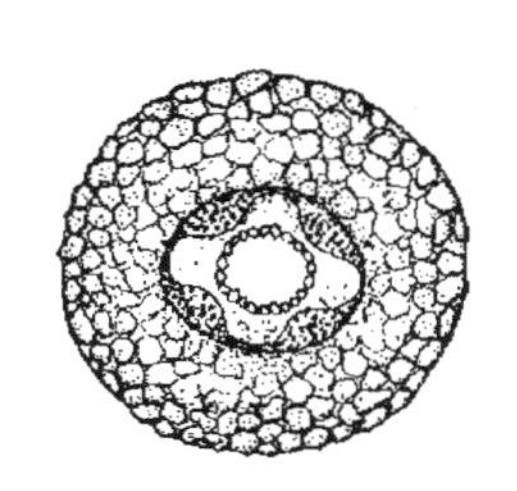

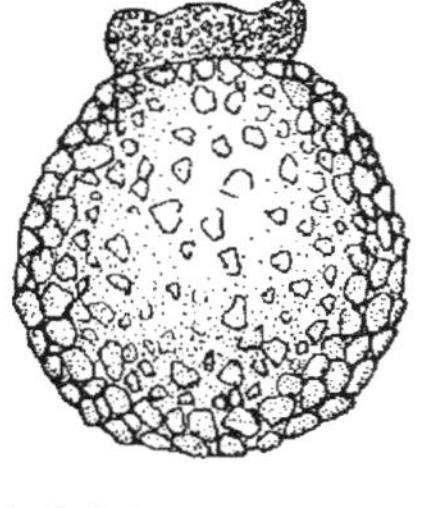

图12-184　杂葫芦虫

(*Cucurbitella mespiliformis*)

三十八、咽壳虫属

咽壳虫属(*Pontigulasia*)　壳有几丁质的内膜。表层覆盖它生质体的沙粒或硅藻空壳。壳通常侧扁，分壳本部和颈部。壳本体呈卵圆形或梨形。在颈部与壳本体之间被一隔板分开，隔板上有孔，伪足由此伸出。颈部和壳本身位于同一主轴上。见图 12-185。

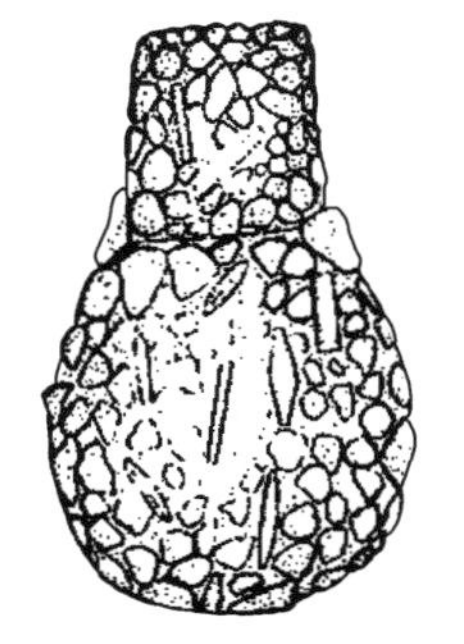

图 12-185　切割咽壳虫

(*Pontigulasia incise*)

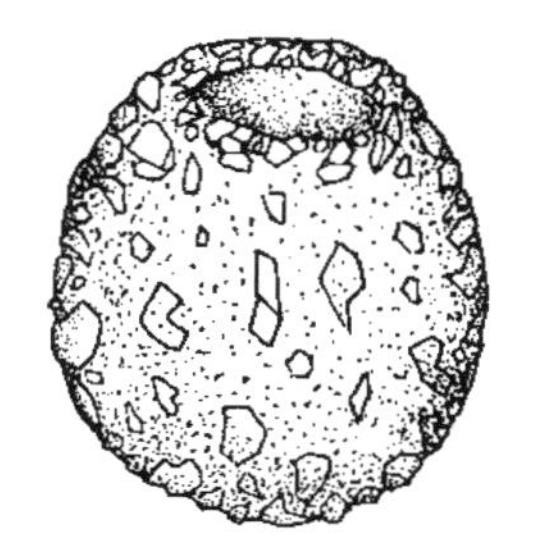

图12-186　球形砂壳虫

(*Difflugia globulosa*)

三十九、砂壳虫属

砂壳虫属(*Difflugia*)　壳除了内层有几丁质膜外，其外还黏附着由它生质体如矿物屑、岩屑、硅藻空壳等颗粒构成的表层，而且颗粒很多，以致壳面粗糙而不透明。壳形状多变，呈梨状以至球状，有的还能延伸为颈。横切面大多呈圆形。口在壳体的一端，位于主轴正中。壳口的边缘有的光滑，有的呈齿状或叶片状。胞质占了壳腔的大部分，常用原生质线固着于壳的内壁上。核一般只1个，伸缩泡1个至多个。伪足呈指状，有2～6个。常见种类见图12-186～图12-191。

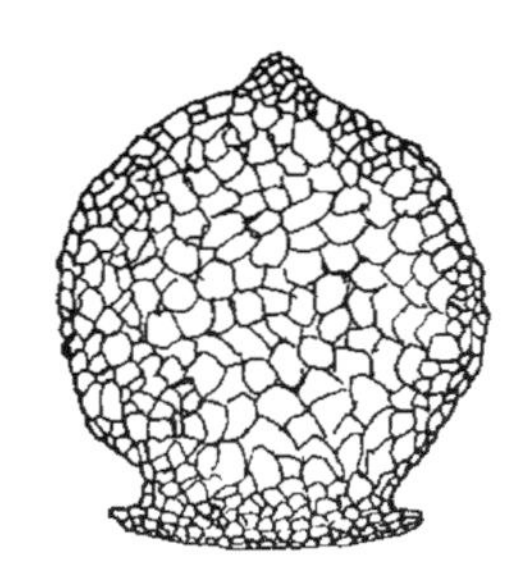

图 12-187　瓶砂壳虫
（*Difflugia urceolata*）

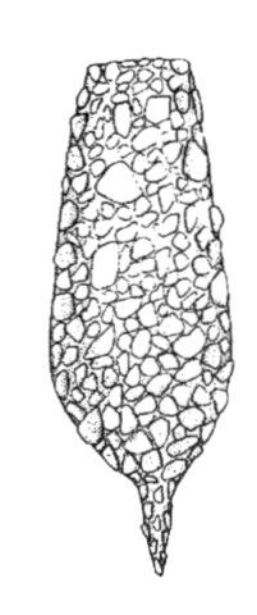

图 12-188　尖顶砂壳虫
（*Difflugia acuminata*）

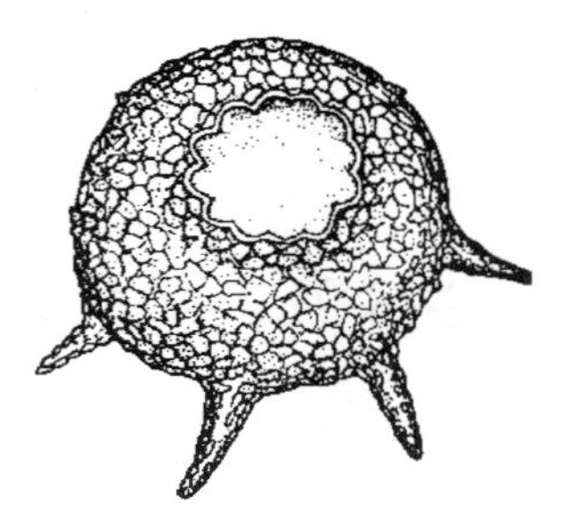

图 12-189　冠砂壳虫
（*Difflugia corona*）

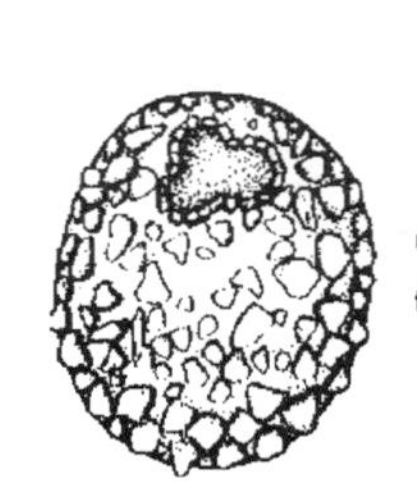

图 12-190　叉口砂壳虫
（*Difflugia gramen*）

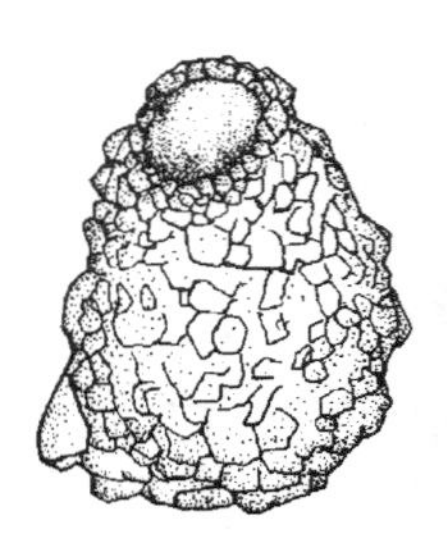

图 12-191　褐砂壳虫
（*Difflugia avellana*）

四十、方壳虫属

方壳虫属（*Quadrulella*）　壳呈梨形、椭圆形、亚球形或盘形，由同质的、硬的几丁质膜组成，其上还覆盖四方形的硅质板片。板片排列成规则的横行，有时排成斜行，其边缘通常互相接触，但不重叠。有时板片排列稀疏，其边缘就不能接触。原生质和伪足与砂壳虫属相同，也是 1 个细胞核及 1 个伸缩泡，伪足呈指状。见图 12-192。

四十一、旋扁壳虫属

旋扁壳虫属（*Lesquereusia*） 壳由界限分明的后部与颈部两部分组成。后部较大，呈圆形。颈部小而狭，倾斜地和壳本体连接，使整个壳不对称，并形成半个螺旋。壳侧扁，全部由几丁质的内膜组成，其外表均有覆盖物。覆盖物的形状和构造因种类而异。有的种类全部是蠕虫形的板片覆盖物，有的种类还掺杂一部分不定形的矿物颗粒，也有的种类全部都是矿物颗粒。伪足呈指状。见图 12-193。

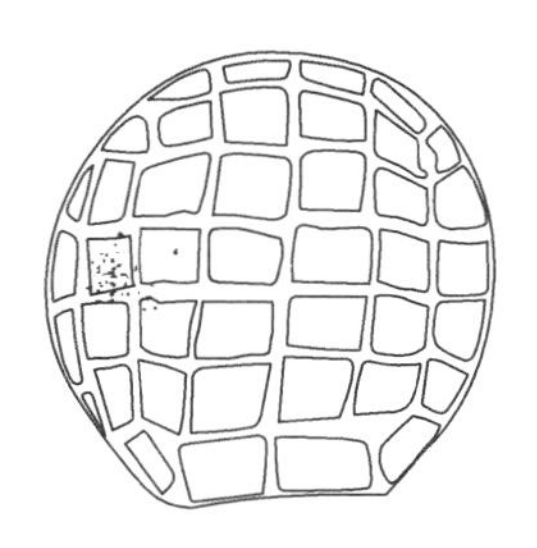

图 12-192 球形方壳虫

(*Quadrulella globulosa*)

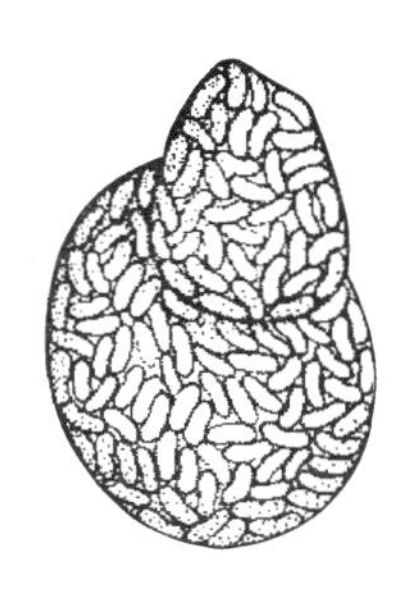

图 12-193 褶口旋扁壳虫

(*Lesquereusia epitomium*)

四十二、梨壳虫属

梨壳虫属（*Nebela*） 壳薄而透明，卵圆形或梨形，多少侧扁，黄色或棕黄色。壳有几丁质组成的内膜。在内膜外覆盖有自生质体构成的表层。这些自生质体是圆形或椭圆形的硅质板片，有时是不规则的形状，有时板片互相接触，但大都有一定距离。壳口卵圆形，边缘光滑或有齿突。在壳侧扁的边缘上有时有小孔。胞质不完全充满壳腔，有许多油滴及少许小泡，用外质线与壳的底部连接。

伪足呈钝指状，很少分枝。细胞核 1 个，位于体后。见图 12-194～图 12-196。

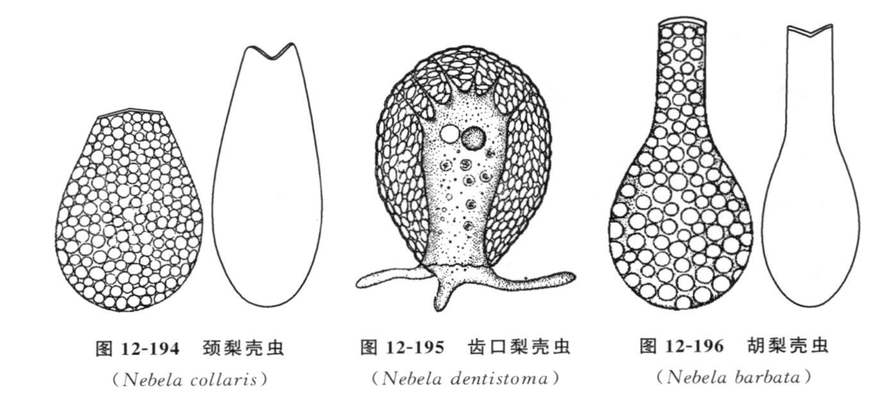

图 12-194　颈梨壳虫
（*Nebela collaris*）

图 12-195　齿口梨壳虫
（*Nebela dentistoma*）

图 12-196　胡梨壳虫
（*Nebela barbata*）

四十三、法帽虫属

法帽虫属（*Phryganella*） 腹观时壳接近球形。侧观时壳的宽度比高度大得多。壳除有几丁质的内膜外，表面还覆盖有它生质体如沙粒，或混杂有硅藻空壳。壳口位于腹面的正中央，大而圆。原生质向壳外伸出呈宽叶状的伪足，其顶端常尖而分叉，但不散开。见图 12-197。

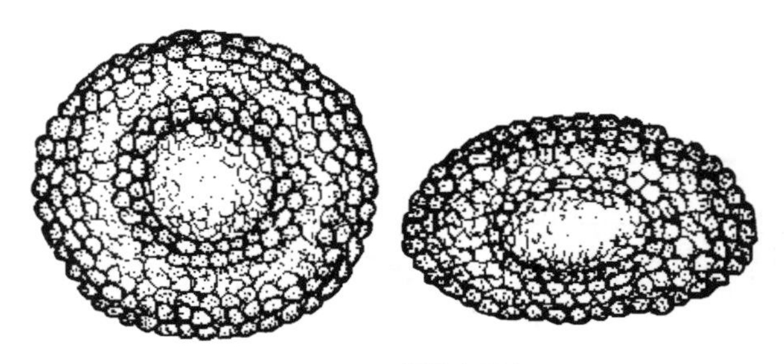

图 12-197　巢居法帽虫
（*Phryganella nidulus*）

四十四、拟砂壳虫属

拟砂壳虫属（*Pseudodifflugia*） 壳除了有几丁质的内膜外，还在表面覆盖它生质体的沙粒。壳卵圆形，横切面圆或椭圆。壳口位于前端。胞质内有1个核，位于体后部。1个伸缩泡。壳的外形和构造和砂壳虫十分相似，但伪足有很大的区别。本属的伪足为线状，长而直，能分枝，但不能互相结合。常见种类见图12-198。

四十五、明壳虫属

明壳虫属（*Pamphagus*） 壳一般呈卵圆或圆形，有时延长成梨形。壳由无色、透明、柔软而有弹性的膜构成，具有较强的可塑性。原生质紧贴壳面，因此壳形常随动物行动而变形。壳通常扁平。壳表面往往有外来的矿物屑或岩屑固着。胞质内常有许多颗粒，喜吞食硅藻。1个大的细胞核。伪足呈线状，分叉而不并合，更不会呈网形。见图12-199。

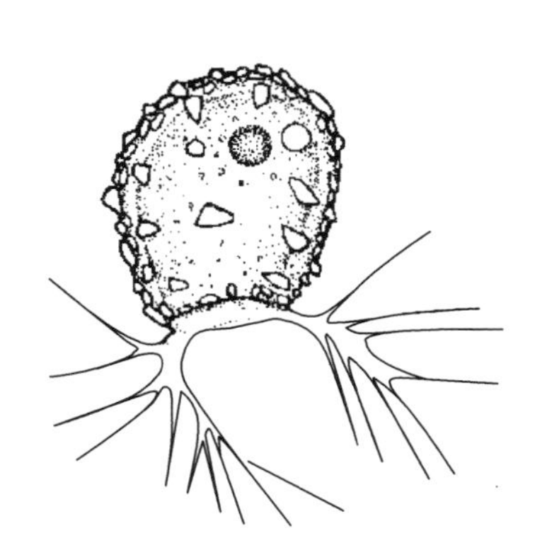

图12-198 美拟砂壳虫属
（*Pseudodifflugia gracilis*）

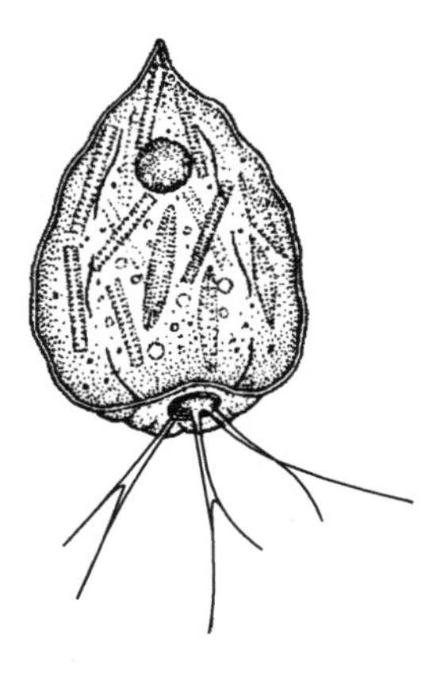

图12-199 多变明壳虫
（*Pamphagus mutabilis*）

四十六、曲颈虫属

曲颈虫属（*Cyphoderia*） 壳光滑而透明，常呈黄色或棕色。

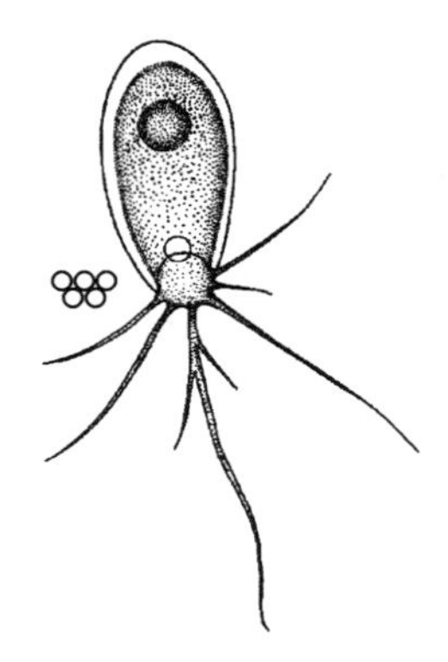

图 12-200 坛状曲颈虫

(*Cyphoderia ampulla*)

由硬质的几丁质内膜组成。其外覆盖圆形、卵圆形、六角形的板片，并排成斜行。有的种类板片成叠鳞状，有的则不重叠。壳呈曲颈状弯曲，不会变形。横切面呈圆形或三角形。壳口斜位于前端，常呈圆形。原生质占壳腔的大部分。1个大的核，位于后部。1～2个伸缩泡。伪足数个，呈线状，很长，并有简单的分枝。见图12-200。

四十七、鳞壳虫属

鳞壳虫属（*Euglypha*）壳透明，一般呈卵形或长卵形，横切面呈圆形或椭圆形。壳除了由有机的几丁质组成的内层外，还有由自生质体构成的表层。自生质体是由椭圆形或圆形的硅质鳞片组成，鳞片的边缘互相衔接。由于每个鳞片常与周围的六个鳞片衔接，因而壳的表面形成规则的六角形小格子。整个壳表面全部被这些规则的鳞片叠瓦状地覆盖着。壳口位于前端，呈圆形或卵圆形，周围的鳞片上通常有齿，和壳体上的鳞片形状略有不同。有的种类壳体上还装备有刺。伪足呈丝状，往往互相交织如网。见图12-201～图12-203。

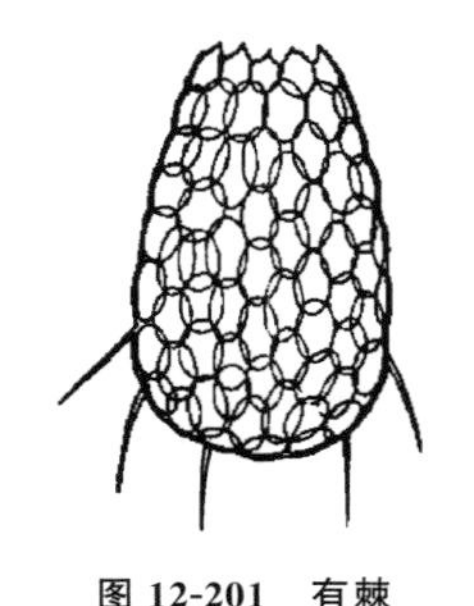

图 12-201 有棘鳞壳虫

(*Euglypha acanthophora*)

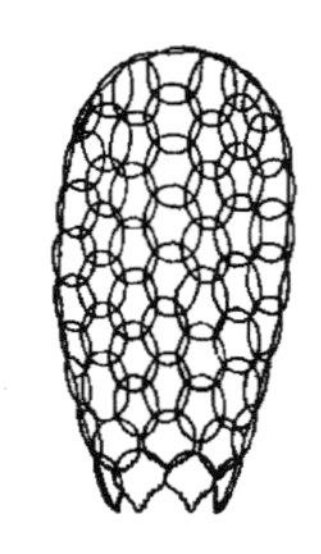

图 12-202 结节鳞壳虫

(*Euglypha tuberculata*)

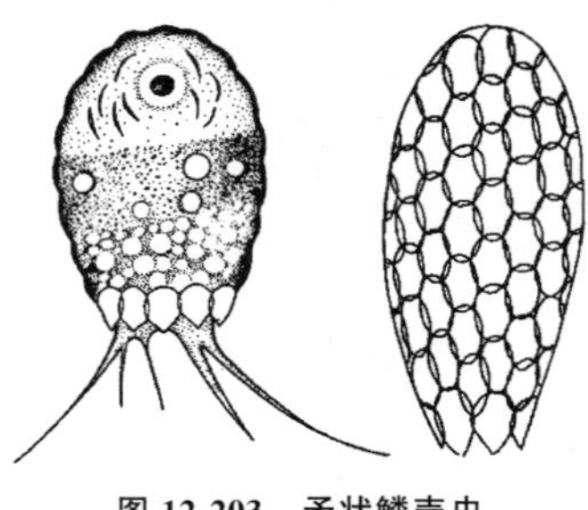

图 12-203 矛状鳞壳虫

(*Euglypha laevis*)

四十八、三足虫属

三足虫属（*Trinema*） 壳色随日龄加深，自无色、黄色以至红褐色。壳呈长卵圆形，只在靠近口前边缘处十分侧扁。除几丁质的内膜外，表面还覆盖自生质体的、硅质的圆形鳞片，互呈覆瓦状重叠，但也有不重叠而仅边缘接触，有的甚至连边缘都不接触，有时鳞片很模糊。壳口离开腹面前端较远，圆形，内陷较深。原生质清澈，内有1个细胞核，1～2个伸缩泡。伪足呈线状，无分枝，常伸出3条线状伪足，故名三足虫。见图12-204和图12-205。

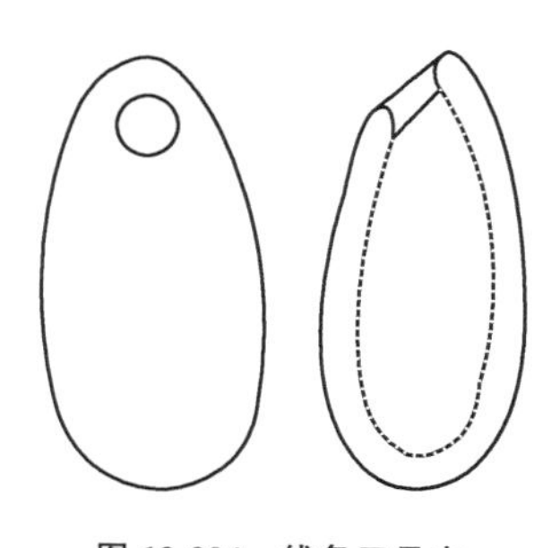

图12-204 线条三足虫
（*Trinema lineare*）

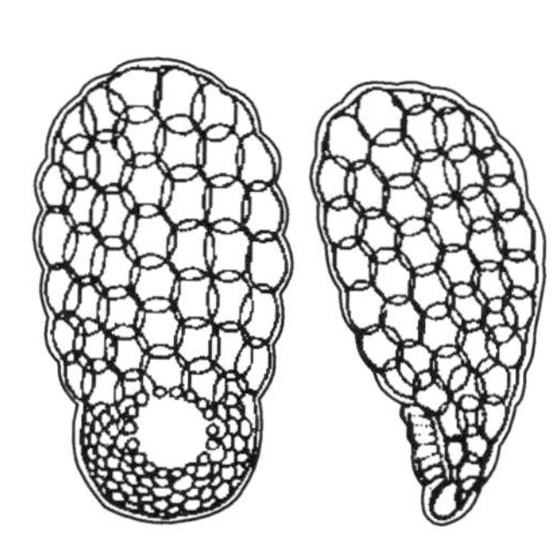

图12-205 斜口三足虫
（*Trinema enchelys*）

四十九、薄壳虫属

薄壳虫属（*Lieberkühnia*） 壳呈卵圆形、圆形以至梨形。壳膜由较硬的有机物质组成。胞质紧贴着壳膜，因此当动物活动时，壳膜随着原生质的活动而变柔软，具有可塑性。壳表面一般光滑，有的也覆盖一些外来颗粒。壳口位于侧旁或靠近前端。核1个或多个。伸缩泡多个。伪足从壳内原生质伸出的一个长的肉梗上射出。伪足呈线状，并互相交错成网，有细的颗粒在网内移动。见图12-206。

五十、双孔虫属

双孔虫属（*Diplophrys*） 壳淡黄色，几丁质成分，薄而透明，但较硬，故壳有固定的卵圆形。在两极有 2 个壳口，均可伸出伪足。伪足为较挺直的丝状，能分枝，上有颗粒流动。常见的种类是弓双孔虫。有时数个个体聚集在一起，喜在有水草的水体中生长，在有机质丰富的水体中也能出现。壳直径为 8～20μm。见图 12-207。

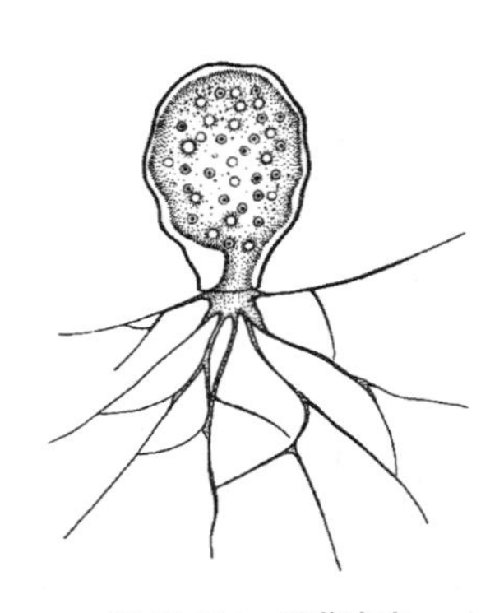

图 12-206 柔薄壳虫
(*Lieberkühnia wagneri*)

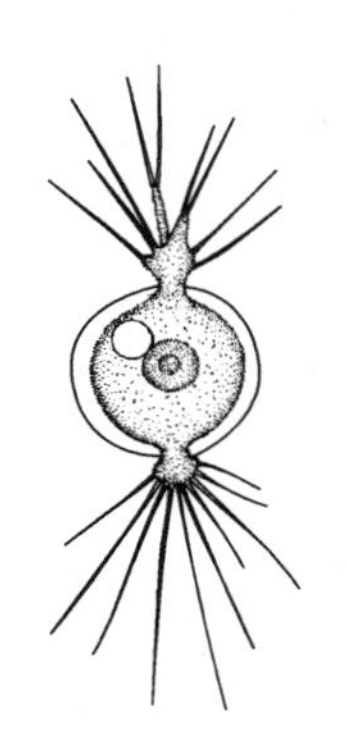

图 12-207 弓双孔虫
(*Diplophrys archer*)

五十一、太阳虫属

太阳虫属（*Actinophrys*） 身体呈圆球状，原生质包在一个光滑的、膜状的外包中。外质有许多空泡，内质较少。内质常有共生绿藻。1 个细胞核，位于中央。1 个伸缩泡，位于一侧。伪足内有硬的轴丝，故而伪足十分挺直。轴丝自细胞核辐射伸出，伪足长而细，常为身体直径的 1～2 倍。以纤毛虫和小的轮虫为食。常见种类见图 12-208。

五十二、光球虫属

光球虫属（*Actinosphaerium*） 身体呈圆球形。原生质包在一个光滑的、膜状的外包中。内、外质界线分明。外质几乎全部由一层或多层的大泡组成，内质有许多小泡。细胞核很多，分散于内质。伸缩泡 1 个至数个。轴足自内外质之间辐射伸出，可长达虫体直径的 4 倍。除吞藻类外，也能吞纤毛虫和小的轮虫。常见种类见图 12-209。

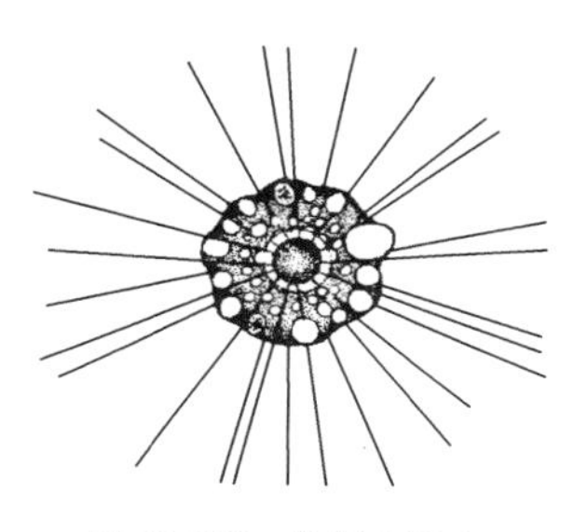

图 12-208　放射太阳虫

(*Actinophrys sol*)

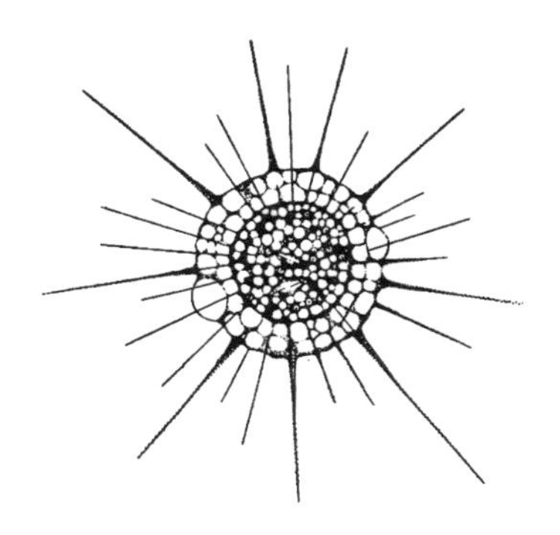

图 12-209　轴丝光球虫

(*Actinosphaerium eichhorni*)

五十三、星盘虫属

星盘虫属（*Astrodisculus*）原生质呈球形，被黏液质的外包裹住。外包内没有任何构成物，但其表面有时可能附着外来的物质如沙粒等。有时个体会没有外包。虫体的内、质分界不很明显。细胞核偏离中心。1个伸缩泡。伪足呈丝状，无轴丝，辐射伸出。见图 12-210。

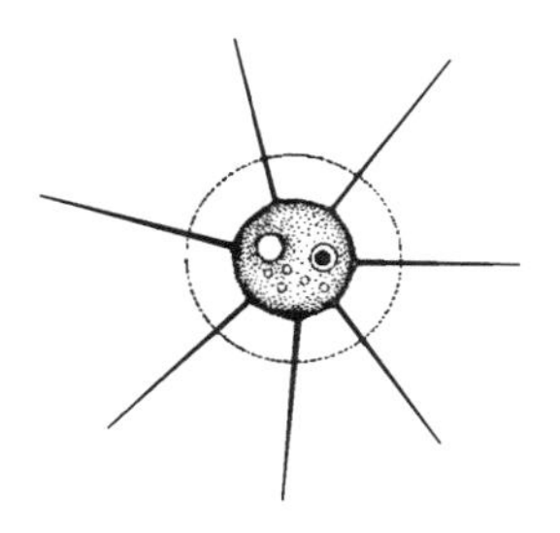

图 12-210　放射星盘虫

(*Astrodisculus radians*)

五十四、异胞虫属

异胞虫属（*Heterophrys*）球形。外包十分厚，由黏液状的原生质形成，内有细的颗粒，有时还埋有几丁质的针丝。此外，还有许多放射状的几丁质针丝从这外包周围穿刺而出，是本属的主要特征。细胞核及内质均偏位。轴足的轴丝从中心粒射出。见图 12-211～图 12-213。

五十五、刺日虫属

刺日虫属（*Raphidiophrys*）和异胞虫属一样，身体包埋在黏液状原生质的外包内。外包内有各种形状如纺锤状、钻状、盘状等

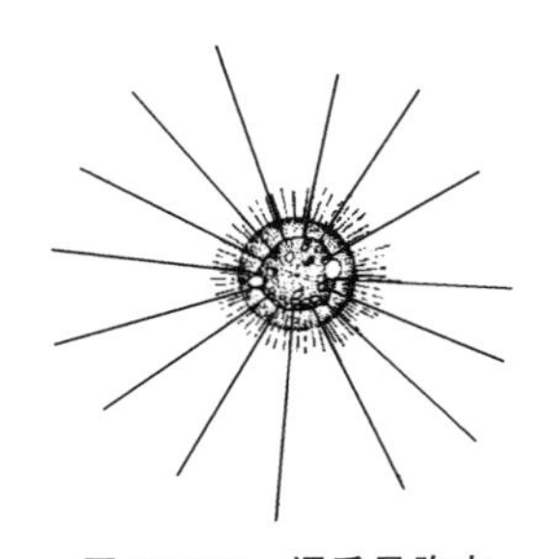

图 12-211 福氏异胞虫
(*Heterophrys fockei*)

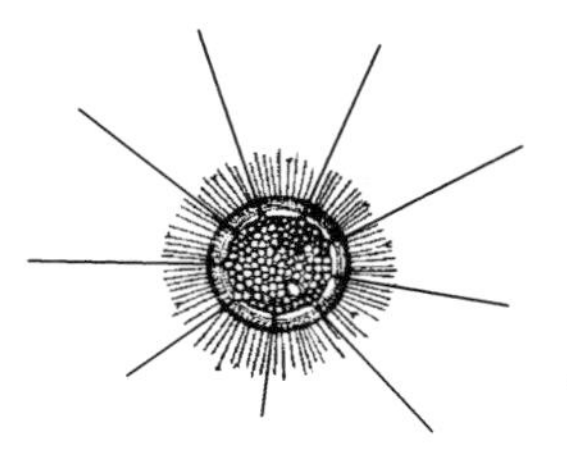

图 12-212 多足异胞虫
(*Heterophrys myriopoda*)

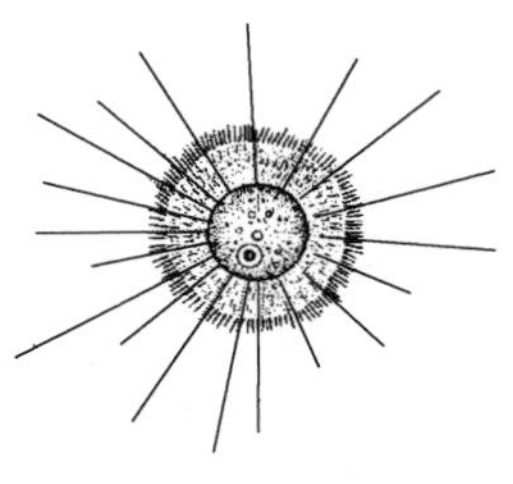

图 12-213 辐射异胞虫
(*Heterophrys radiata*)

的硅质鳞片。这些鳞片常沿着伪足表面而离开了外包。细胞核及内质均偏位。有的种类能营群体生活。见图 12-214～图 12-216。

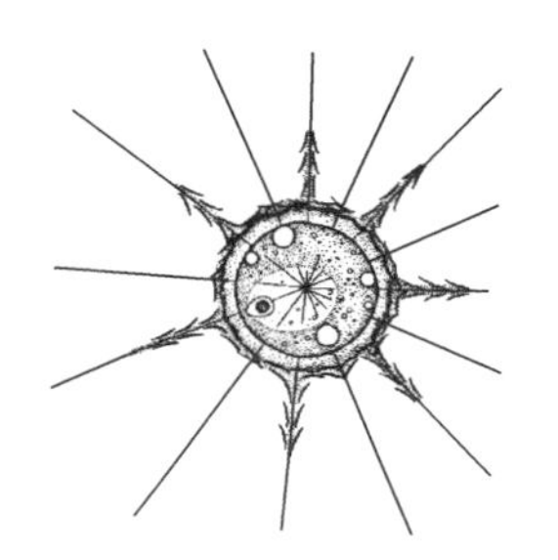

图 12-214 苍白刺日虫
(*Raphidiophrys pallida*)

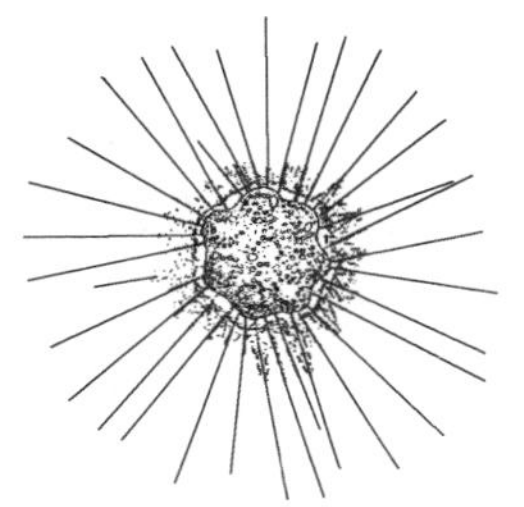

图 12-215 绿刺日虫
(*Raphidiophrys viridis*)

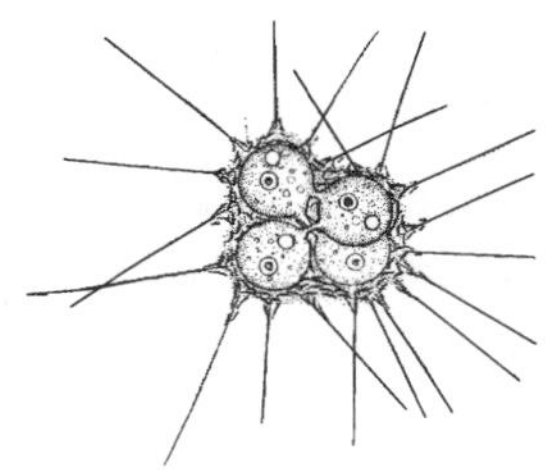

图 12-216 巧刺日虫
(*Raphidiophrys elegans*)

五十六、针胞虫属

针胞虫属(*Raphidocystis*) 和刺日虫属一样，有黏液质的外包，不同的是在黏液内有十分精巧美丽的硅质构造物从黏液外包中射出，有管状、针状、飞碟状、盘状、漏斗状、喇叭状、花萼状、酒杯状等，且各具有长短不等的柄。伪足细而长，呈珠串状。还有辐射排列的、2～3 倍于体长的管子，顶端微扩展。伪足 4～5 倍于体长。直径(不包括外包) 25～35μm。见图 12-217。

五十七、泡套虫属

泡套虫属（*Pompholyxophrys*） 身体很小，呈球形。外有少量黏液质的外包，外包由中空的或结实的硅质无色小球排列成规则的同心层，一般 3～4 层。这些小球的边缘并不重叠，彼此可以分开，以便伸出伪足和送进食物。内、外质不分，细胞质常呈红色。细胞核 1 个，偏位。见图 12-218。

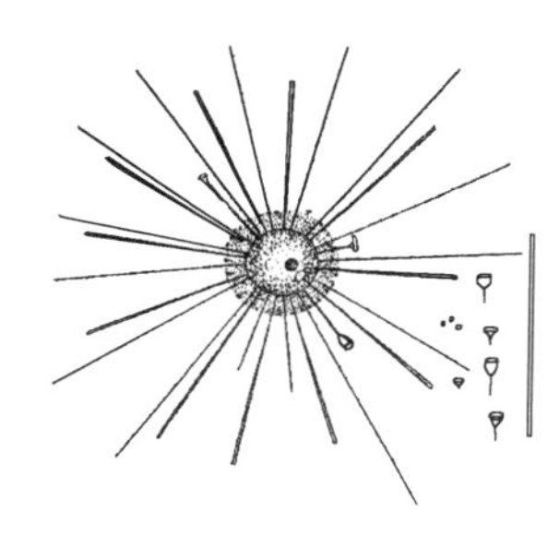

图 12-217　精巧针胞虫
（*Raphidocystis lemani*）

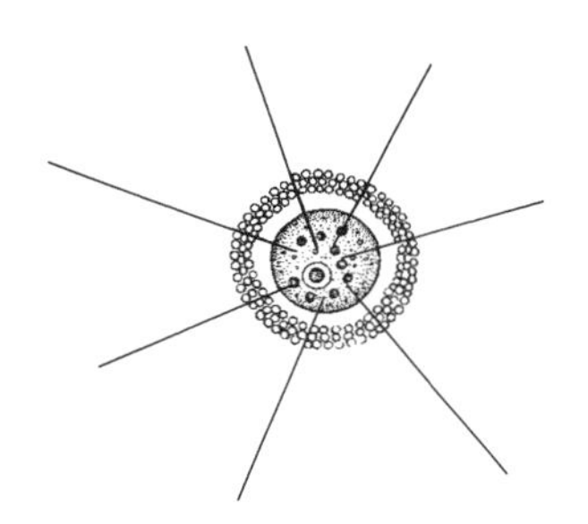

图 12-218　微红泡套虫
（*Pompholyxophrys punicea*）

五十八、松叠虫属

松叠虫属（*Pinaciophora*） 主要特征是外包由圆的、排列成瓦叠状的盘片组成，没有黏液层。原生质为无色或褐色。见图 12-219。

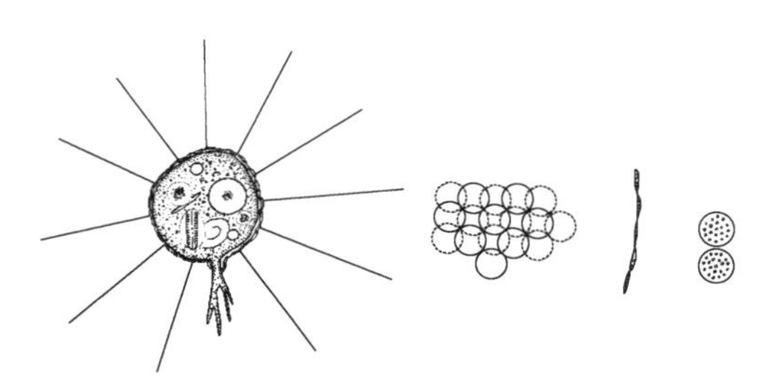

图 12-219　河流松叠虫
（*Pinaciophora fluviatilis*）

五十九、囊花虫属

囊花虫属（*Elaeorhanis*） 外包由外来的硅质物质如硅藻空壳、硅质颗粒等黏结而成，但是在外包和细胞体之间被一液态区所隔。原生质蓝色或无色，内含1个大的黄色油滴球，没有食物颗粒。有1个细胞核，偏中心。常有1个伸缩泡。伪足细而硬，但无轴丝，偶然分叉，无颗粒。幼体时为群体，成熟时为个体生活。因其伪足硬，但无轴丝，Raines（1968年）把此属归于拟太阳虫目。见图12-220。

六十、囊石虫属

囊石虫属（*Lithocolla*） 外来的硅粒和硅藻空壳组成的外包紧紧地包住细胞体。细胞质为红色或无色。伪足呈丝状，细，有时微有颗粒，核偏中心。体呈圆球形。细胞质为红色至褐色，含有许多小的有色颗粒。常有食物颗粒及吃入的硅藻。核大，位偏中心，含有一个中央核仁。没有伸缩泡，但有大泡。伪足呈丝状，不长，一般与身体等长，通常透明，极少有颗粒流动。直径（包括外包）为35～50μm。见图12-221。

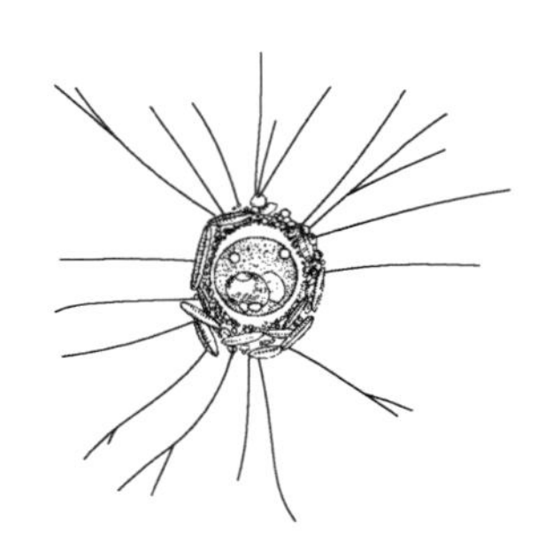

图12-220 带囊花虫
（*Elaeorhanis cincta*）

图12-221 球形囊石虫
（*Lithocolla globosa*）

六十一、刺胞虫属

刺胞虫属（*Acanthocystis*） 主要特征是外包由正切排列的

鳞片和辐射的骨刺组成。外包没有黏液层。鳞片和骨刺都是硅质的。鳞片常排列为瓦覆状，像盔甲似地包围球状细胞。辐射的骨刺末端尖或分叉。核 1 个，卵形，位偏中心。中心体在细胞正中，轴足的轴丝由此伸出。种类很多。Durrschmidt（1985年）曾对本属的 12 个种（其中有 7 个新种）的鳞片和骨刺进行电镜观察。他把骨刺归纳为四个类型：①骨刺末端分叉或鼓起；②骨刺基板不对称；③骨刺基板有侧翼或切翼；④骨刺杆部退化。鉴于其描述只限于经硫酸处理后留下的空骨架所进行的电镜观察，缺乏活体时的形态观察，这对生态工作者带来很多不便。故此处分类仍以光镜下的活性观察为主。见图 12-222～图 12-230。

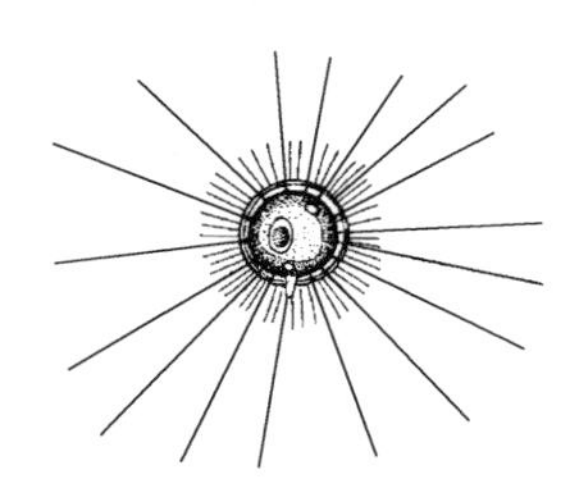

图 12-222　针尖刺胞虫
(*Acanthocystis spinifera*)

图 12-223　密针刺胞虫
(*Acanthocystis myriospina*)

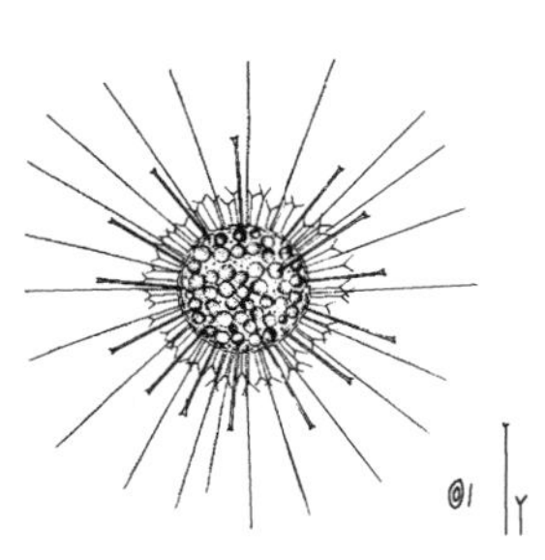

图 12-224　泥炭刺胞虫
(*Acanthocystis turfacea*)

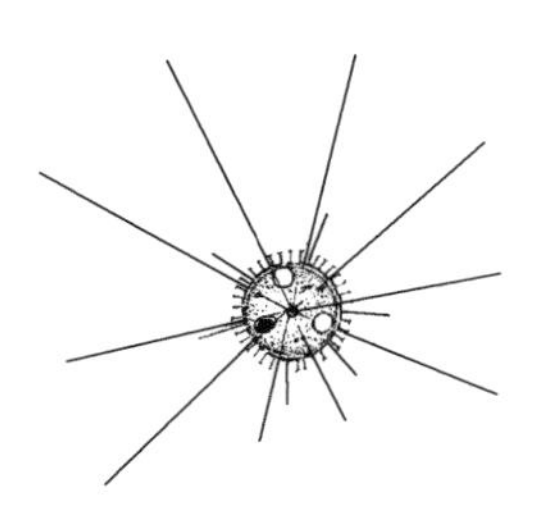

图 12-225　梳刺胞虫
(*Acanthocystis pectinata*)

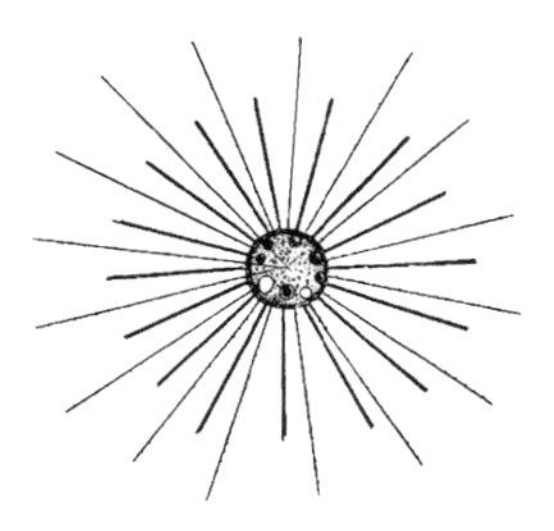

图 12-226　全棘刺胞虫
(*Acanthocystis pantopoda*)

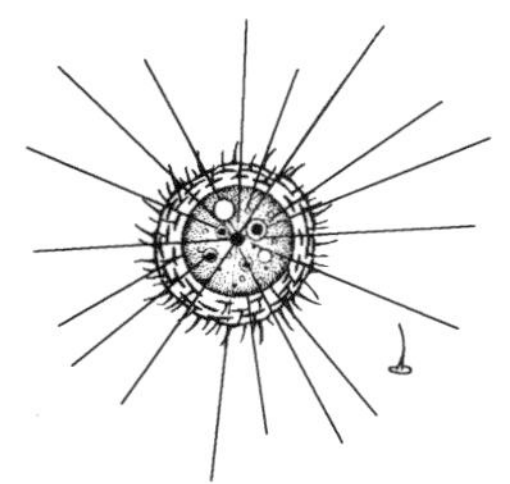

图 12-227　针棘刺胞虫
(*Acanthocystis aculeata*)

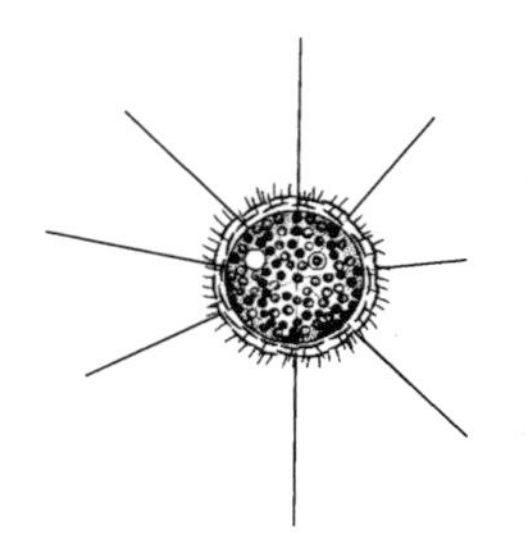

图 12-228 短刺刺胞虫
(*Acanthocystis brevicirrhis*)

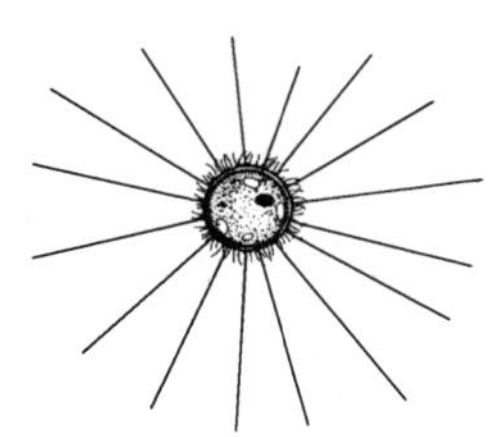

图 12-229 月形刺胞虫
(*Acanthocystis erinaceus*)

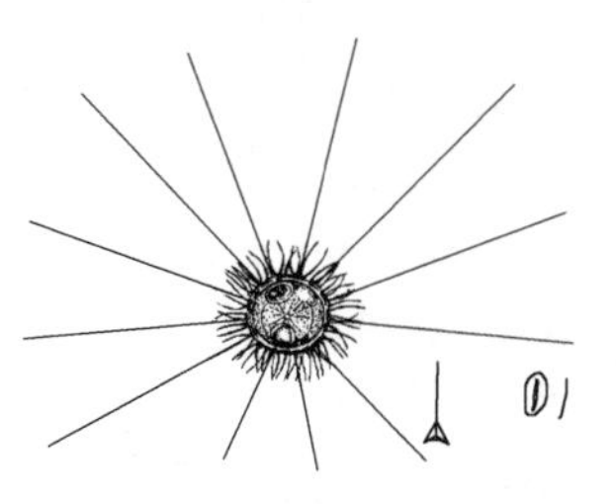

图 12-230 似月形刺胞虫
(*Acanthocystis erinaceoides*)

六十二、孔锤虫属

孔锤虫属(*Clathrulina*) 外包呈圆形或多边形，颜色为透明或随日龄而至黄色和深褐色。包壁上有许多排列规则的、相当大的穿孔。外包有柄，有时柄会折断。原生质在外包中央，未充满整个外包。核中央。伪足多，柔，无轴，直或分叉，颗粒化。如华丽孔锤虫的外包颜色随日龄由无色到棕色，有许多相当大的、圆形或多角形的孔。有 1 个核，位于中间。有 1 个或多个伸缩泡。外包直径为 60～90μm，孔径 6～10μm。柄中空，为外包直径的 2～4 倍。单个或群体。生活史中有鞭毛期和变形期。见图 12-231。

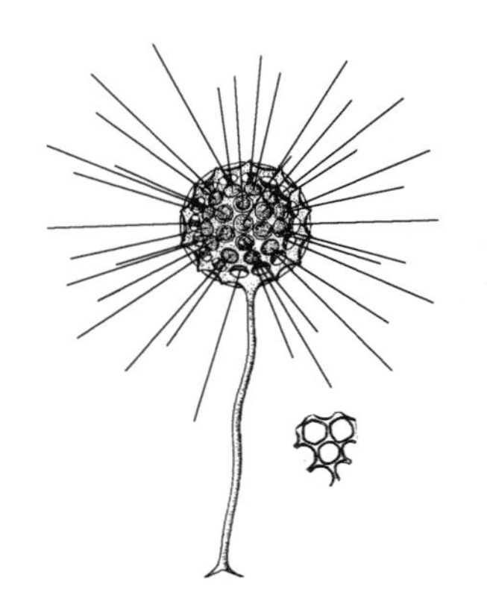

图 12-231 华丽孔锤虫
(*Clathrulina elegans*)

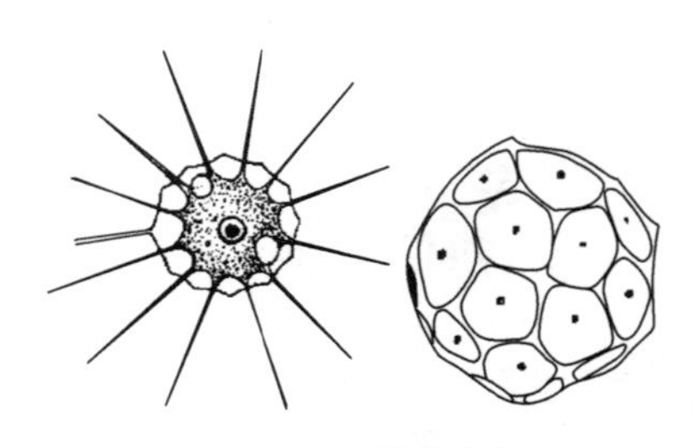

图 12-232 网藤胞虫
(*Hedriocystis reticulata*)

六十三、藤胞虫属

藤胞虫属（*Hedriocystis*） 外包呈形至多边形，包壁上每个小平面上有一个小孔并有升高的边缘，故形成蜂窝状的表面。伪足自小孔伸出，不分叉。外包有柄。单独或群体生活。如网藤胞虫（*Hedriocystis Penard*）外包有规则的、多边的小平面，每个小平面的边缘隆起，故外观似网。细胞质为蓝色。核 1 个，偏中心。1 个伸缩泡。伪足无轴丝，自多边形小平面中央的小孔伸出。有柄。单个生活。外包直径 25μm，柄长 70μm，原生质体直径 12μm。见图 12-232。

第三节　纤 毛 虫 纲

一、颈毛虫属

颈毛虫属（*Trachelocerca*） 体较细长，前部呈颈状缩细，后端钝圆或尖细。胞口在前端，胞咽具刺丝泡。口围纤毛比体纤毛长。体纤毛均匀分布。在腹面有趋触纤毛（thigmotactic cilia），大核 1 个至多个。常见种见图 12-233。

二、喙纤虫属

喙纤虫属（*Loxodes*） 体侧扁，呈柳叶刀形。前端尖并弧形微向腹侧弯曲，呈鸟喙状。表膜柔韧而不变形。胞质多呈淡褐色。体纤毛在右面，均匀分布，左面仅有一列不动的刚毛。大核 2 个至多个。背缘有 5～20 个穆勒小体。伸缩泡难以看到。常见种类见图 12-234 和图 12-235。

三、裸口虫属

裸口虫属（*Holophrya*） 体呈卵形以至球形，辐射对称。胞口圆形，在前端中央，口缘周围无加长的纤毛。胞咽呈漏斗形，有或无刺杆。体纤毛均匀分布，有些种类体末有 1 根或几根长的尾纤

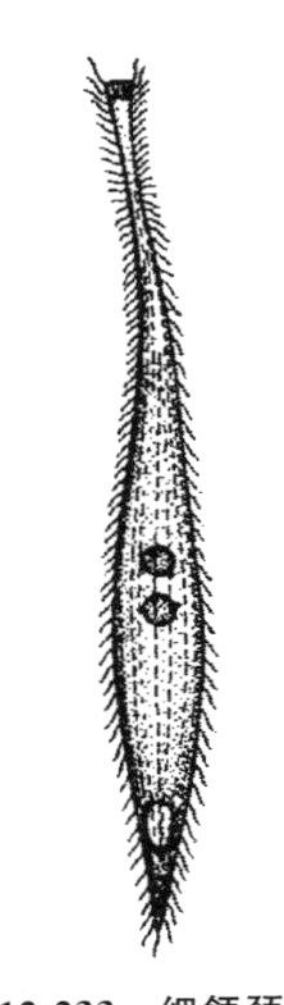

图 12-233　细领颈毛虫
（*Trachelocerca tenuicollis*）

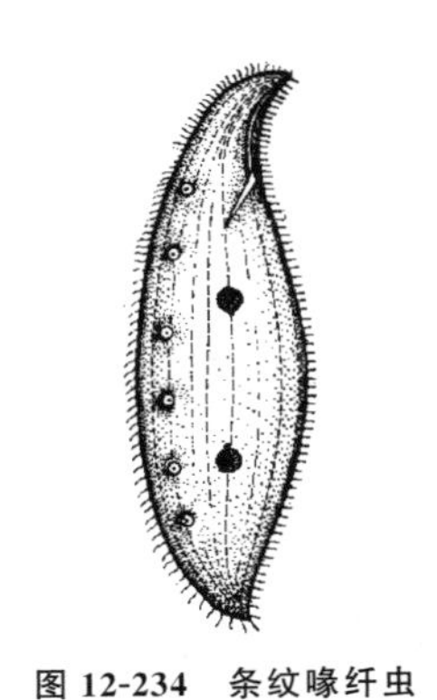

图 12-234　条纹喙纤虫
（*Loxodes striatus*）

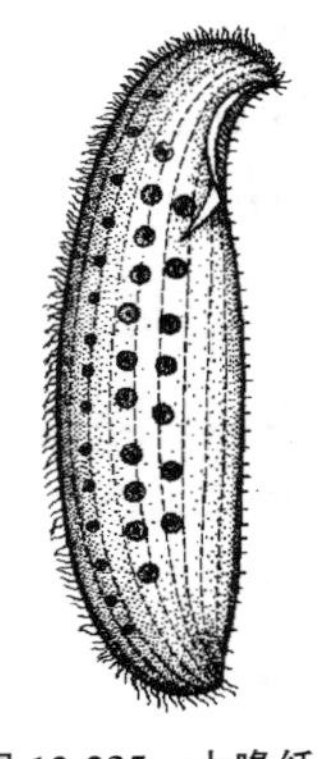

图 12-235　大喙纤虫
（*Loxodes magnus*）

毛。大核 1 个，圆形。伸缩泡 1 个。摄食其他小型原生动物。常见种类见图 12-236～图 12-238。

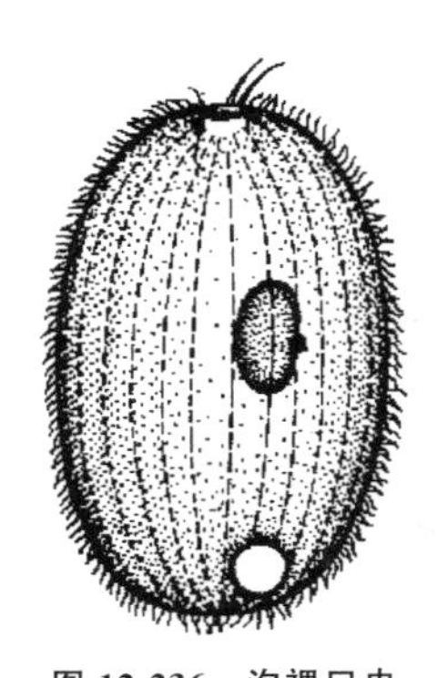

图 12-236　沟裸口虫
（*Holophrya sulcata*）

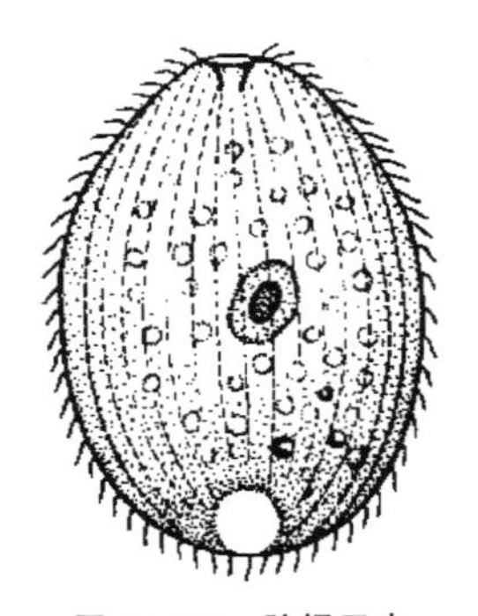

图 12-237　腔裸口虫
（*Holophrya atra*）

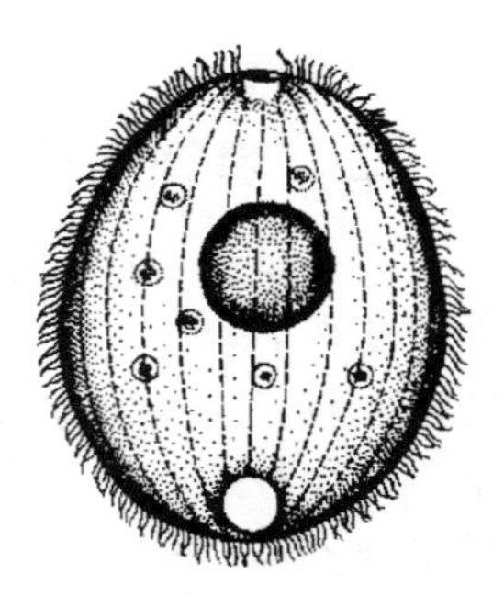

图 12-238　简裸口虫
（*Holophrya simplex*）

四、板纤虫属

板纤虫属（*Placus*）体呈椭圆形，两侧压扁，表膜有“肋脊”

条纹，从左向右呈螺旋排列，每列肋脊左面有一列点状颗粒。体纤毛长短均一，沿肋脊分布。胞口呈圆形，位于前端。从口区背面起到虫体前半部的凹痕处有一列双层纤毛行。大核椭圆形或较长。伸缩泡 1 个，在后端。常见种见图 12-239。

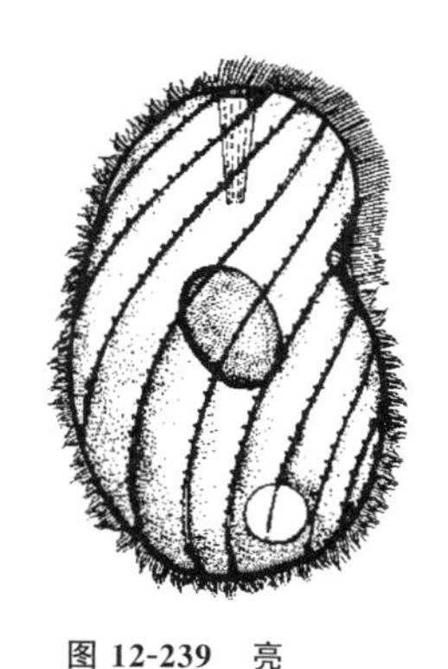

图 12-239 亮板纤虫
（*Placus luciae*）

五、斜板虫属

斜板虫属（*Plagiocampa*） 体呈圆柱形或卵圆形。胞口在前端，胞口右缘增厚呈脊突，其上有一些长的膜状物。胞咽具柔细的刺杆。体纤毛均匀分布。有些种类有 1 根或数根长的尾纤毛。大核 1 个，椭圆形。伸缩泡 1 个，位于体末一侧。常见种见图 12-240～图 12-242。

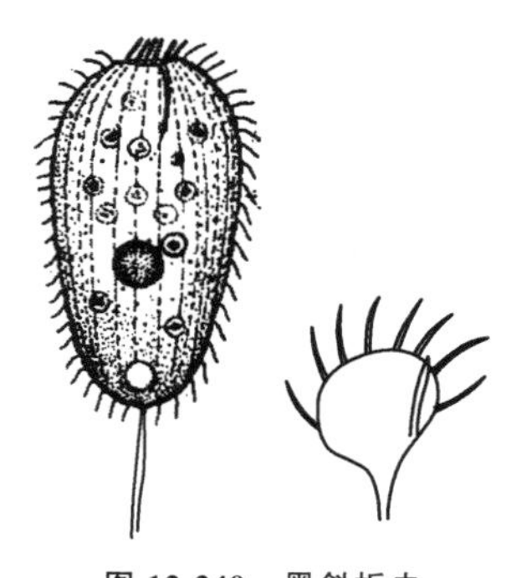

图 12-240 黑斜板虫
（*Plagiocampa atra*）

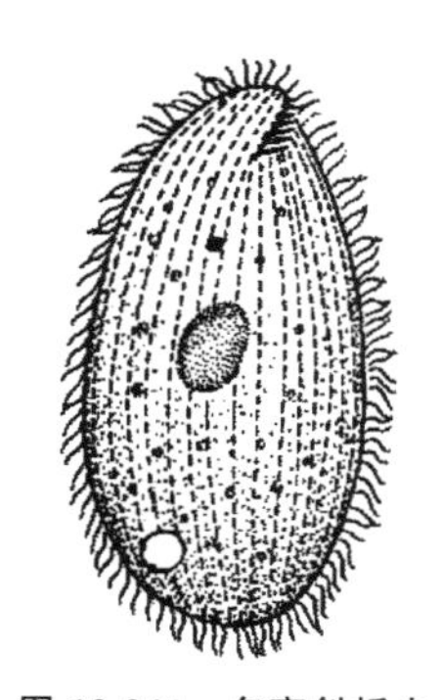

图 12-241 多变斜板虫
（*Plagiocampa mutabilis*）

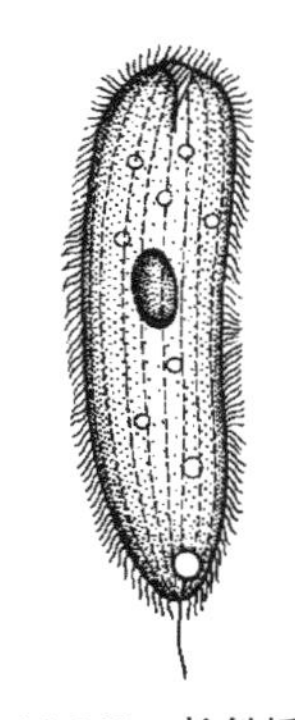

图 12-242 长斜板虫
（*Plagiocampa longis*）

六、前管虫属

前管虫属（*Prorodon*） 体呈椭圆形至圆柱形，有些种类后端较窄。胞口呈圆形，位于前端中央的浅穴内，口围有较长而硬的纤毛。胞咽呈漏斗状，由双层刺杆组成。口的背面常有一短列的刚毛。体纤毛均匀分布，有些种类有一束较长的尾纤毛。大核 1 个，呈圆形或长形。伸缩泡 1 个或多个，常有辅助胞。摄食原生动物和藻类。常见种类见图 12-243～图 12-247。

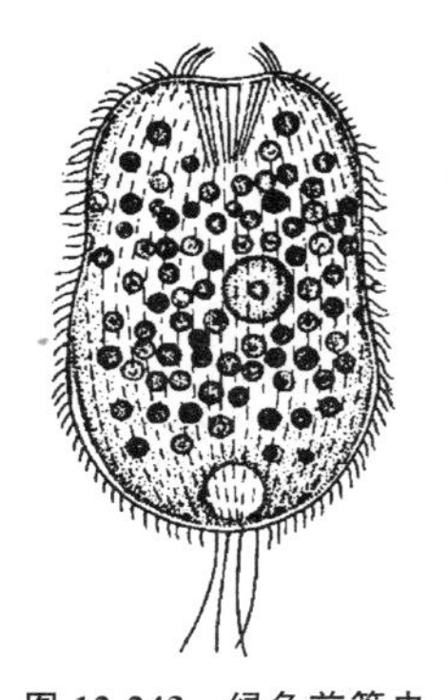

图 12-243　绿色前管虫
（*Prorodon virides*）

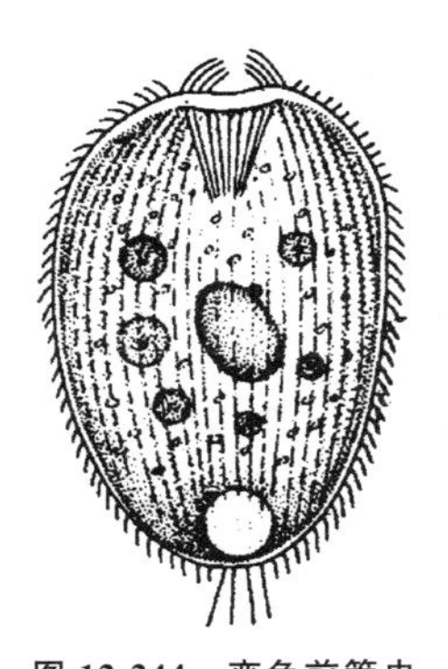

图 12-244　变色前管虫
（*Prorodon discolor*）

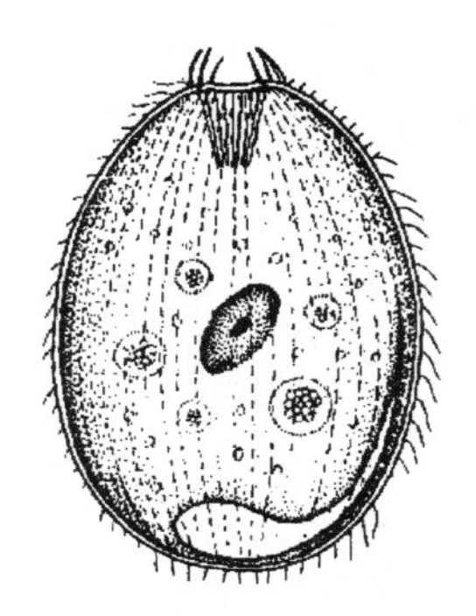

图 12-245　卵圆前管虫
（*Prorodon ovum*）

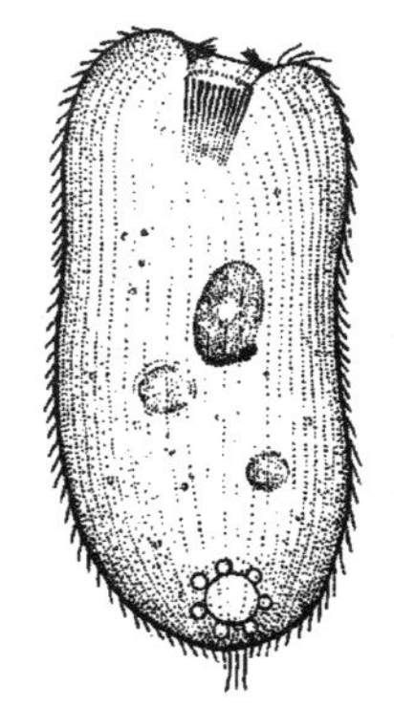

图 12-246　圆柱前管虫
（*Prorodon teres*）

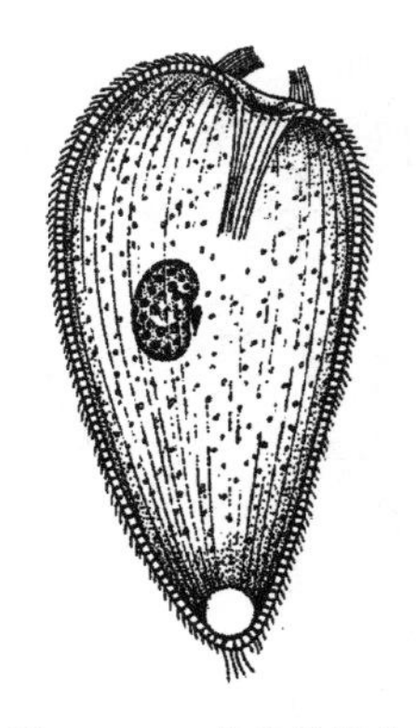

图 12-247　片齿前管虫
（*Prorodon platyodon*）

七、拟前管虫属

拟前管虫属（*Pseudoprorodon*） 体通常狭长，有时呈卵圆形和圆柱形。体扁。胞口在顶端，呈裂缝状。胞咽刺杆为单层，细长，最长可达体长的 1/2。体内尚有成簇的刺杆分布。体纤毛均匀分布。有背刚毛。大核1个，带形。伸缩泡1个，在体末。常见种类见图12-248和图12-249。

八、隆口虫属

隆口虫属（*Rhagadostoma*） 体呈梨形，前部总比后部宽，与前管虫相似。但前端裂缝状的胞口有“顶脊”向前凸出。胞咽刺杆双层，粗。体纤毛均匀分布。个别种类体后为无纤毛区。体末有一束尾纤毛。大核1个。伸缩泡1个，在体末。腐生种类。见图12-250。

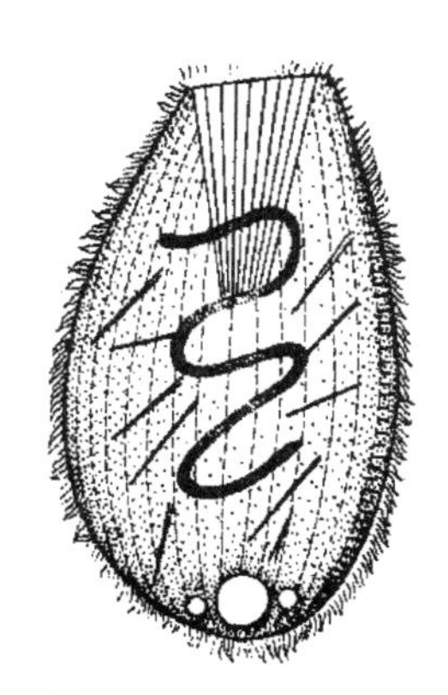

图12-248 雪拟前管虫
（*Pseudoprorodon niveus*）

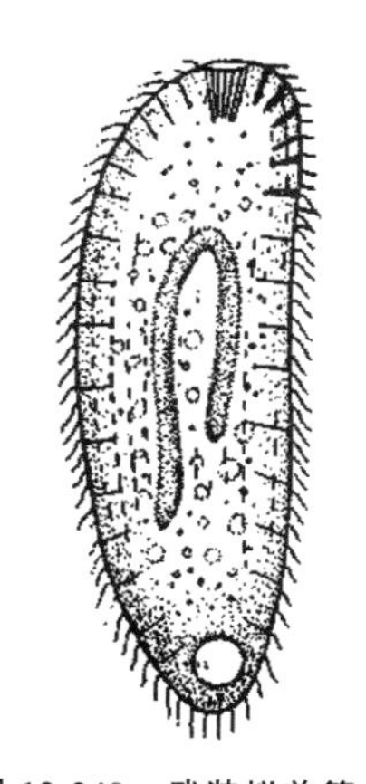

图12-249 武装拟前管虫
（*Pseudoprorodon armatus*）

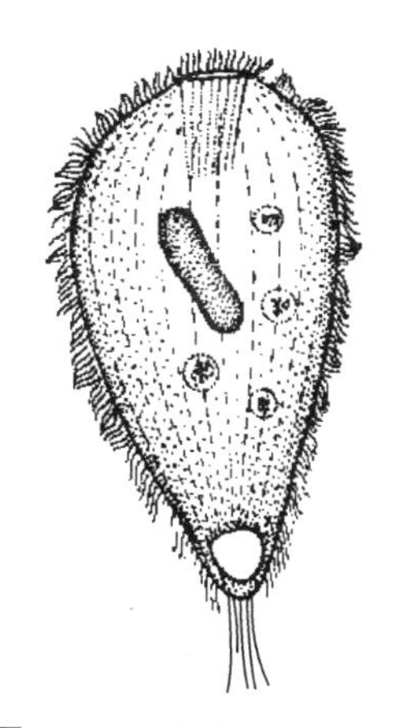

图12-250 光亮平头隆口虫
（*Rhagadostoma completum candens*）

九、尾毛虫属

尾毛虫属（*Urotricha*） 体呈椭圆形至圆球形。胞口在前端，圆形。口边缘有1圈或2圈小的膜瓣（双纤毛）围绕。胞咽具刺杆。有些种类有刺丝泡。体纤毛仅在约3/4的前部均匀分布，1/4的后部为无纤毛区。体末有1根到多根尾纤毛。大核1个，椭圆形以至球形，中位。伸缩泡1个。常见种见图12-251～图12-254。

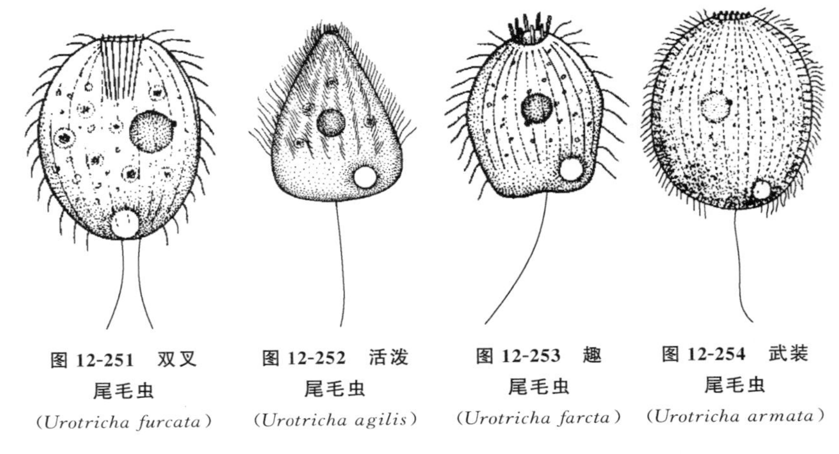

图 12-251　双叉尾毛虫（*Urotricha furcata*）

图 12-252　活泼尾毛虫（*Urotricha agilis*）

图 12-253　趣尾毛虫（*Urotricha farcta*）

图 12-254　武装尾毛虫（*Urotricha armata*）

十、板壳虫属

板壳虫属（*Coleps*）　体呈榴弹形，外质硬化，体表由排列整齐的外质壳板围裹。从前至后，壳板由横沟分隔成围口板、前副板、前主板、后主板、后副板和围肛板六段。每段均有一定的形式和数量的“窗格”。围口板前端呈锯齿状，胞口即在此处。围肛板后端浑圆，常有 2 个至数个棘刺。体纤毛由壳板的纵行均匀分布。胞口由纤毛围绕，胞咽刺杆细。大核 1 个，圆形，中部。伸缩泡 1 个，在体末。有 1 根或数根尾纤毛。常见种类见图 12-255～图 12-258。

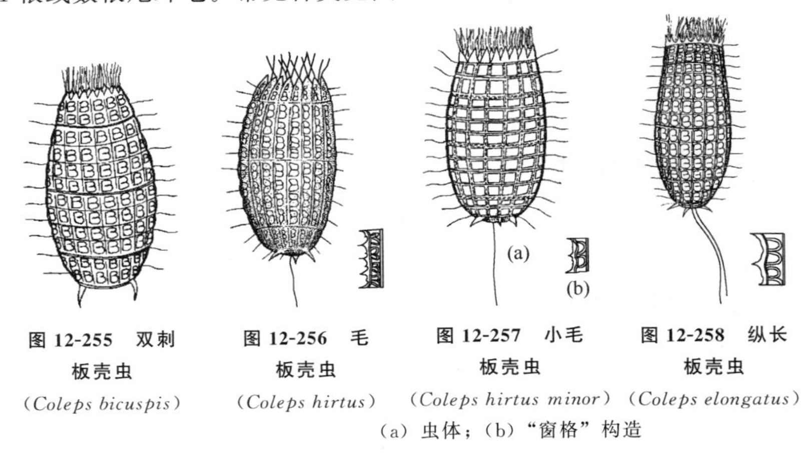

图 12-255　双刺板壳虫（*Coleps bicuspis*）

图 12-256　毛板壳虫（*Coleps hirtus*）

图 12-257　小毛板壳虫（*Coleps hirtus minor*）

图 12-258　纵长板壳虫（*Coleps elongatus*）

（a）虫体；（b）“窗格”构造

十一、长吻虫属

长吻虫属（*Lacrymaria*） 虫体可高度伸缩变形，体呈卵形或瓶形以至圆柱形。前部有一长的可伸缩的“颈”，“颈”前端有“头节”，“头节”有环沟分为上、下两部。环沟内有密而长的硬纤毛。胞口在顶端，胞咽有刺杆。体后端宽圆或窄而钝尖。体纤毛向右呈螺旋形排列。大核通常 1 个，伸缩泡 1 个或数个。常见种类见图 12-259～图 12-262。

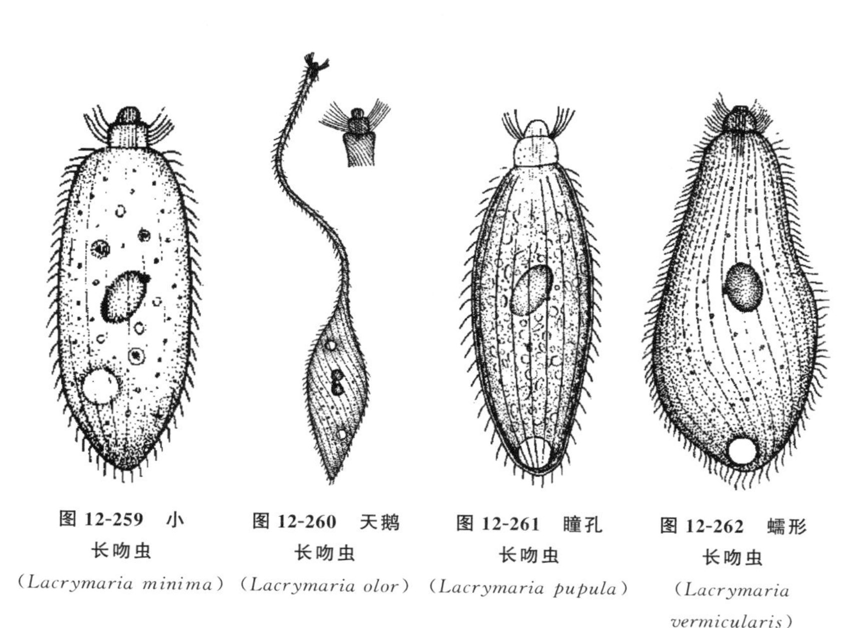

图 12-259 小长吻虫（*Lacrymaria minima*）

图 12-260 天鹅长吻虫（*Lacrymaria olor*）

图 12-261 瞳孔长吻虫（*Lacrymaria pupula*）

图 12-262 蠕形长吻虫（*Lacrymaria vermicularis*）

十二、瓶口虫属

瓶口虫属（*Lagynophrya*） 体小，长卵形以至短圆柱形。两侧不对称。背突而腹平。前端有一圆锥形塞状物，无纤毛，可伸缩。胞咽由细的刺杆组成，从塞状突起伸向体内。大核椭圆形，1 个或 2 个。伸缩泡 1 个，在后端。常见种类见图 12-263～图 12-265。

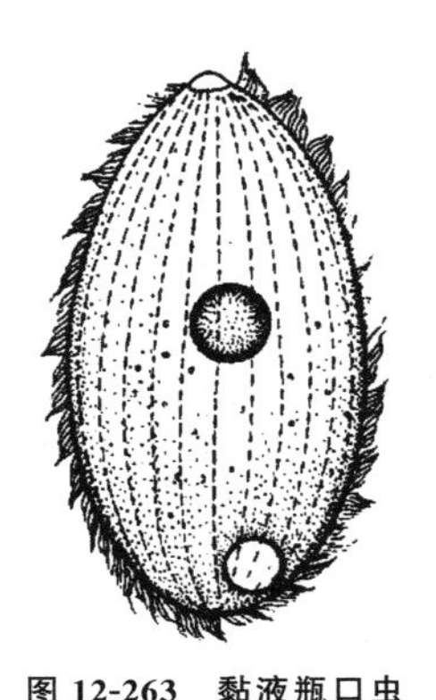

图 12-263 黏液瓶口虫
(*Lagynophrya mucicola*)

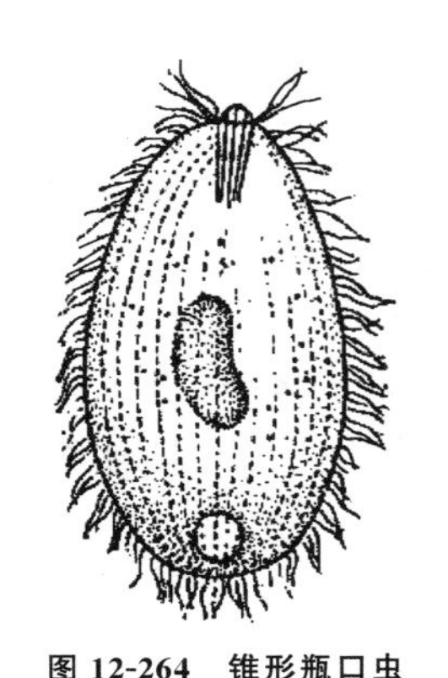

图 12-264 锥形瓶口虫
(*Lagynophrya conifera*)

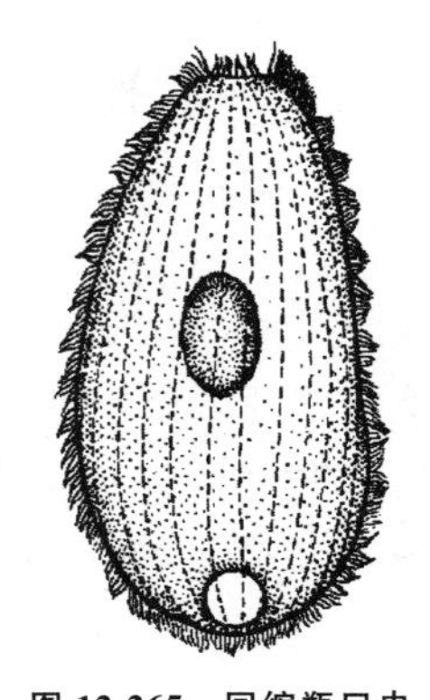

图 12-265 回缩瓶口虫
(*Lagynophrya retractilis*)

十三、管叶虫属

管叶虫属(*Trachelophyllum*) 体纵长，呈瓶形以至带形，扁平，柔软。体前有能收缩的“颈”，顶端有一平的吻突，胞口位吻突上。胞咽窄，具刺杆。前端纤毛较体纤毛长。体纤毛稀而均匀分布。有 1～2 行短的背刚毛。大核 2 个，每个具 1 小核或居间共 1 小核。伸缩泡 1 个，在体末。摄食纤毛虫、鞭毛虫和细菌。常见种类见图 12-266～图 12-268。

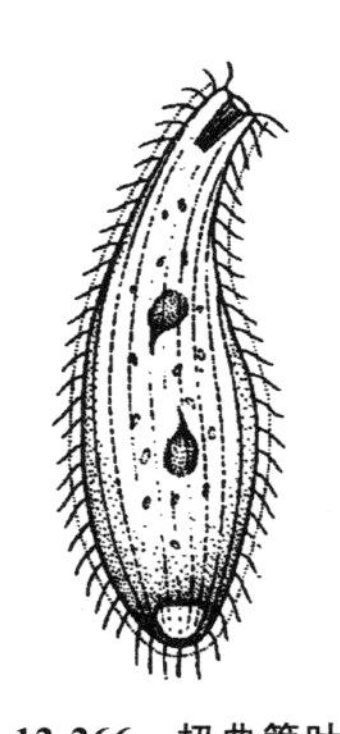

图 12-266 扭曲管叶虫
(*Trachelophyllum sigmoides*)

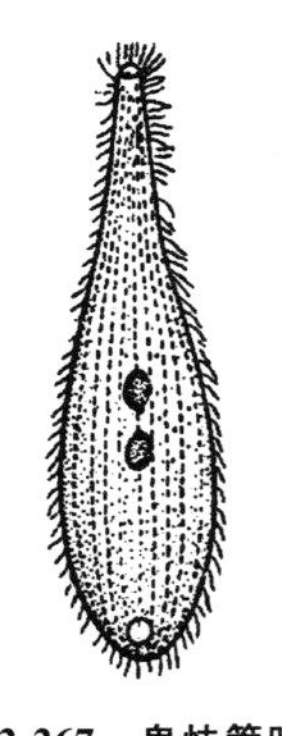

图 12-267 卑怯管叶虫
(*Trachelophyllum pusillum*)

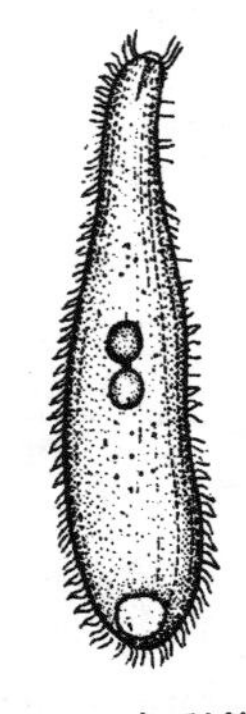

图 12-268 智利管叶虫
(*Trachelophyllum chilense*)

十四、纤口虫属

纤口虫属（*Chaenea*） 体纵长，呈圆筒形或纺锤形，不压扁。后端尖削或圆，前端呈颈状。胞口在前端，呈圆形。胞咽长，具刺杆，顶端平直。体纤毛均匀分布，纵列或微呈螺旋形。大核 1 个或多个。伸缩泡 1 个或多个。常见种类见图 12-269 和图 12-270。

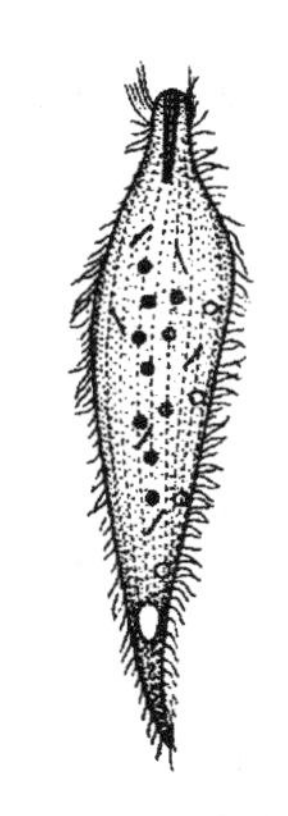

图 12-269 泥生纤口虫
（*Chaenea limicola*）

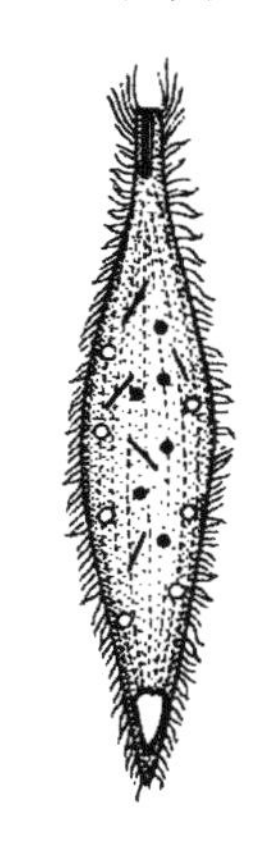

图 12-270 柱纤口虫
（*Chaenea teres*）

十五、斜口虫属

斜口虫属（*Enchelys*） 体呈瓶形或桶形。前端平截而倾斜。胞口在前端，裂缝状，口缘略向上凸出。胞咽具刺杆。背部有 3 行稀疏的刚毛。口区纤毛比体纤毛长。体纤毛均匀分布。大核 1 个，形状多变。伸缩泡 1 个，位于末端。常见种类见图 12-271～图 12-275。

十六、胴纤虫属

胴纤虫属（*Pithothorax*） 体呈圆筒形以至卵形。胞口在前端，呈圆形，有长纤毛围绕。表膜硬，光滑而发亮。有些种类具宽的纵肋。体纤毛长，有些种类仅在 1/4 的前端和后端有纤毛。有 1 根长的尾纤毛。大核及伸缩泡各 1 个，大核中位，呈圆形，伸缩泡

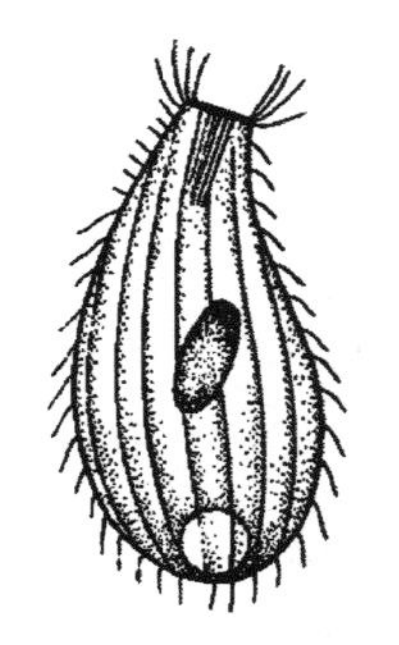

图 12-271　胃形斜口虫
（*Enchelys gasterosteus*）

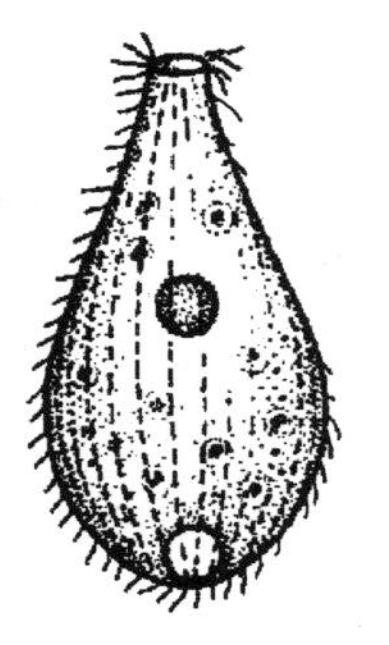

图 12-272　蛹形斜口虫
（*Enchelys pupa*）

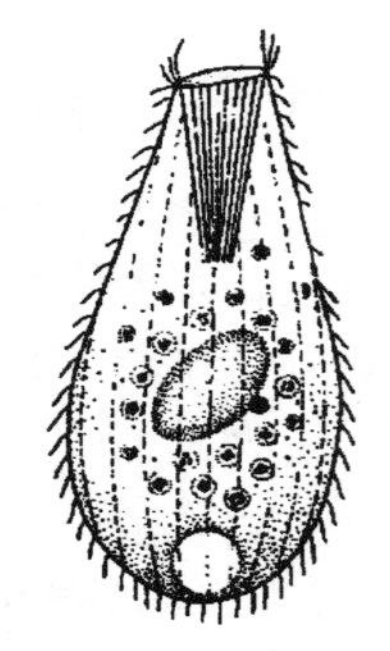

图 12-273　简单斜口虫
（*Enchelys simplex*）

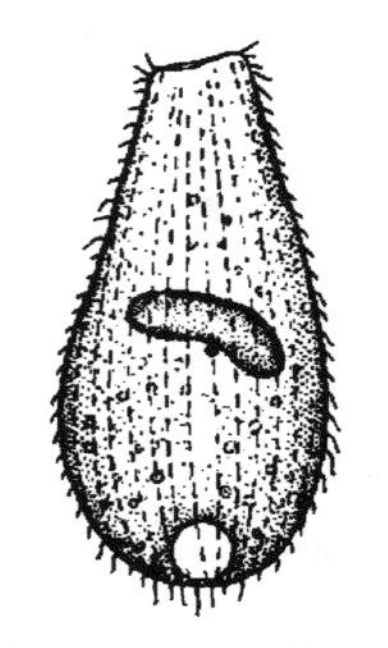

图 12-274　多变斜口虫
（*Enchelys variabilis*）

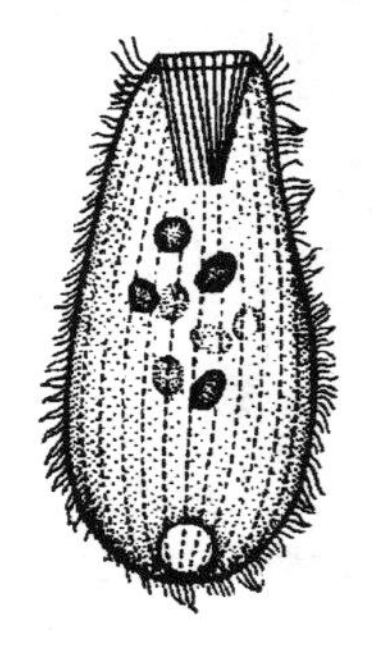

图 12-275　多核斜口虫
（*Enchelys mutans*）

在后端、侧位。摄食小型藻类和细菌。常见种类见图 12-276。

十七、苔叶虫属

苔叶虫属（*Bryophyllum*） 体呈不规则的卵形，两侧压扁。腹缘凸出。具有长的裂缝状胞口，胞口的隆脊上有明显的刺丝泡。体纤毛均匀分布。大核呈长形、棒形、卵圆形和念珠形。伸缩泡 1 个，在体后 1/4 处。常见种类见图 12-277。

十八、斜吻虫属

斜吻虫属（*Enchelydium*） 体呈纵长或卵圆形。前端平截而膨大，与身体其余部分界限明显。胞口在前端，呈圆形或狭长形，具刺丝泡。胞咽具刺杆。体纤毛均匀分布，纵列。背有刚毛。个别种类具胶质鞘。大核1个或2个，呈圆形成带形。后端有1个伸缩泡。摄食鞭毛虫和纤毛虫。常见种类见图12-278和图12-279。

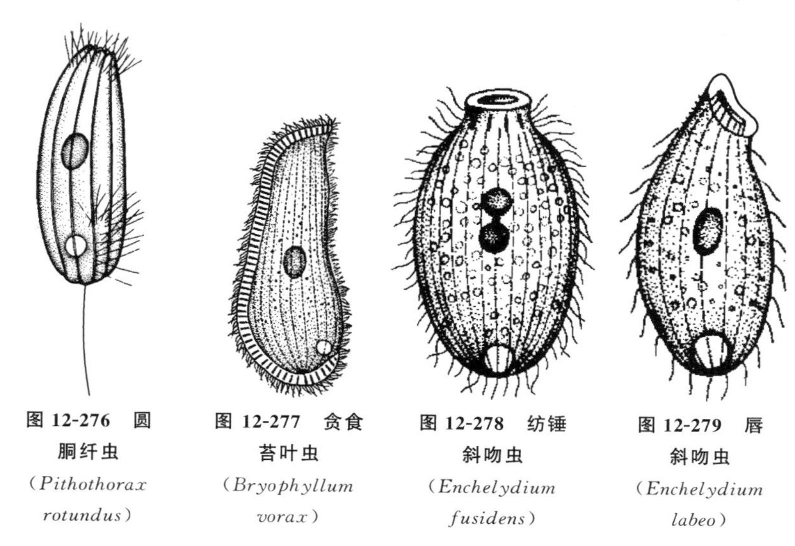

图 12-276 圆胴纤虫（*Pithothorax rotundus*）

图 12-277 贪食苔叶虫（*Bryophyllum vorax*）

图 12-278 纺锤斜吻虫（*Enchelydium fusidens*）

图 12-279 唇斜吻虫（*Enchelydium labeo*）

十九、刀口虫属

刀口虫属（*Spathidium*） 体呈瓶形或带形，纵长。前端颈状缩细。顶端平截而倾斜，后端尖或钝圆。胞口呈裂缝状，口缘隆起物膨大，具刺丝泡而无纤毛。纤毛均匀分布，纵列。大核多变，呈长带形、棒形或念珠形。伸缩泡1个，位于末端。摄食其他纤毛虫和鞭毛虫。常见种类见图12-280～图12-284。

二十、佛手虫属

佛手虫属（*Teuthoprys*） 体呈椭圆形到球形，易变形。前端有3个很长的臂状突起，形似佛手。体内常有共生绿藻。长臂的内侧具刺丝泡，胞口呈三角形，位于三个长臂的基部。刺丝泡呈大核念珠状或长带形。伸缩泡1个，在体末。摄食轮虫。常见种类见图12-285。

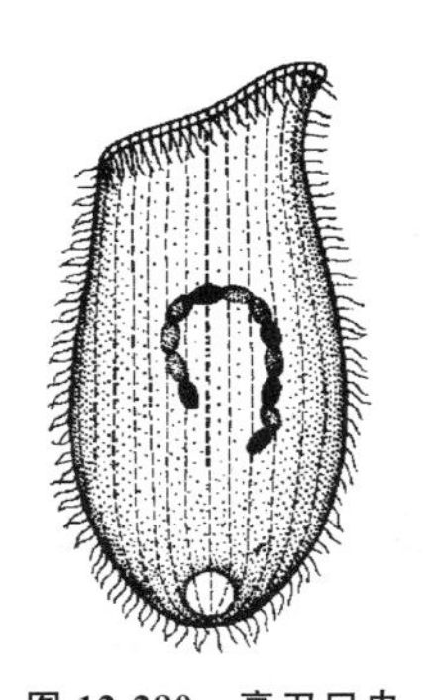

图 12-280　亮刀口虫
（*Spathidium lncidum*）

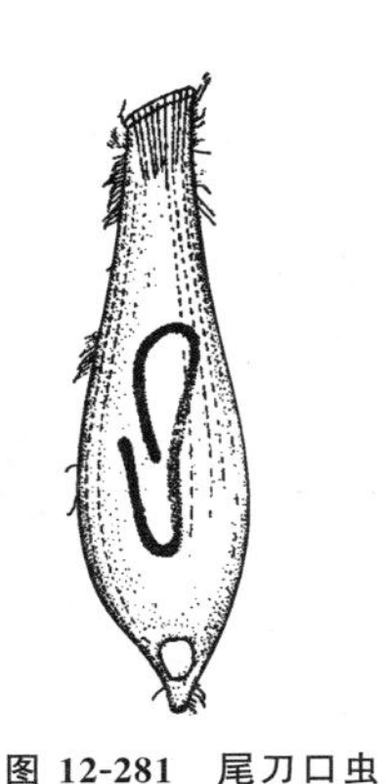

图 12-281　尾刀口虫
（*Spathidium caudatum*）

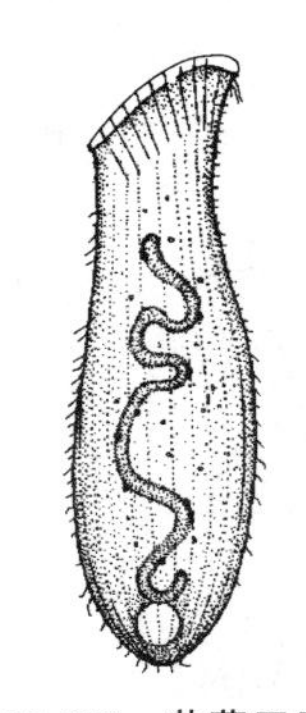

图 12-282　苔藓刀口虫
（*Spathidium musicola*）

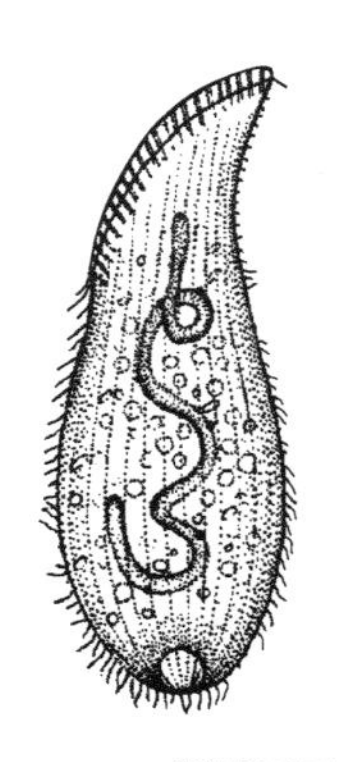

图 12-283　浮雕刀口虫
（*Spathidium scalpriforme*）

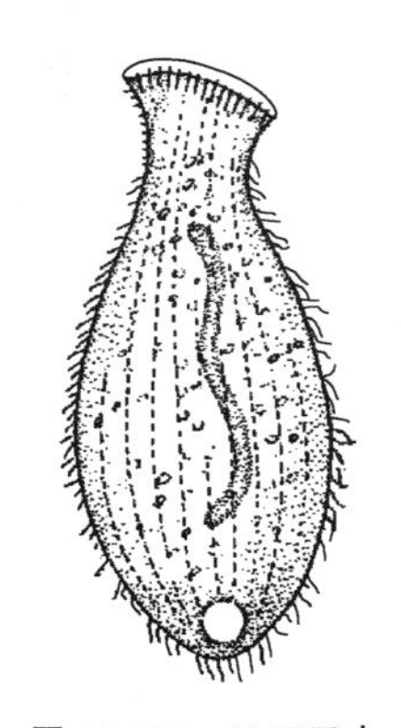

图 12-284　刀刀口虫
（*Spathidium spathula*）

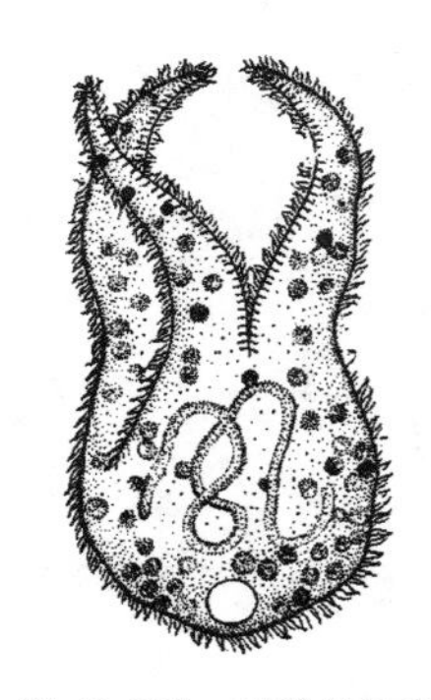

图 12-285　三臂佛手虫
（*Teuthoprys trisulica*）

二十一、圆口虫属

圆口虫属（*Trachelius*）体呈卵圆形到球形，前端有一短的指状突起。后端圆。“吻”突的腹面从前端到基部的圆形胞口处有一条纵脊。胞咽呈漏斗状，具刺杆。体纤毛分布均匀，纵列。大核 1 个或 2 个，伸缩泡多个，散布于整个虫体。常见种类见图 12-286。

二十二、长颈虫属

长颈虫属（*Dileptus*） 体呈矛状，纵长。虫体可分为“颈”和“躯干”两部分。前部的“颈”可高度活动和伸缩，通常向背面弯曲。“颈”的腹缘具刺丝泡。胞口呈圆形，在“颈”的基部。胞咽呈漏斗形，由刺杆组成。体末浑圆，体内及“颈”脊上具刺丝泡。“颈”的背面有刚毛。体纤毛均匀分布。大核 2 个或多个。伸缩泡 2 个或多个，常在背缘。肉食性种类。常见种类见图 12-287～图 12-293。

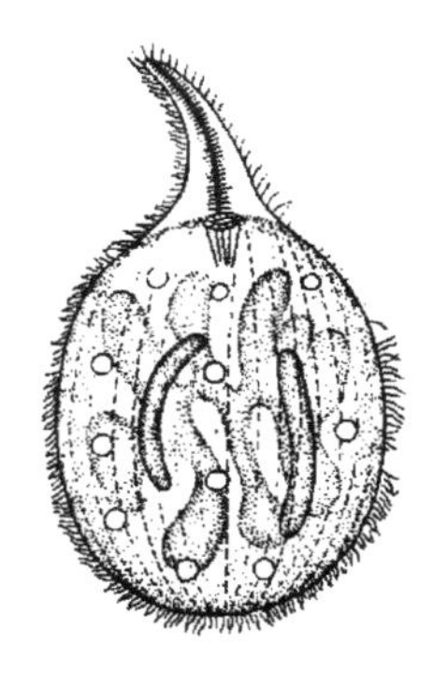

图 12-286 卵圆口虫
（*Trachelius ovum*）

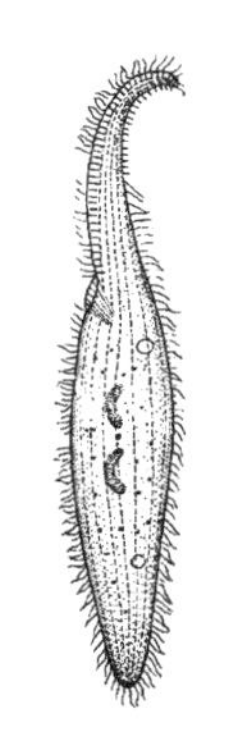

图 12-287 美洲长颈虫
（*Dileptus americanus*）

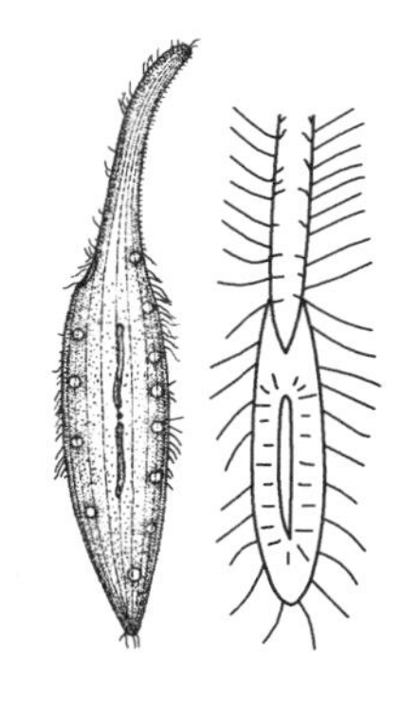

图 12-288 裂口长颈虫
（*Dileptus amphileptoides*）

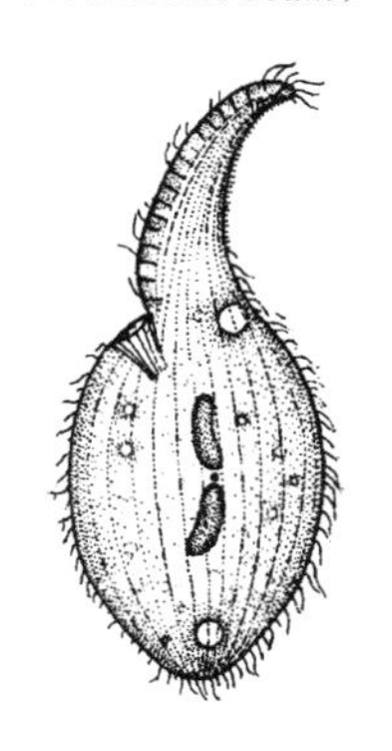

图 12-289 明显长颈虫
（*Dileptus conspicuus*）

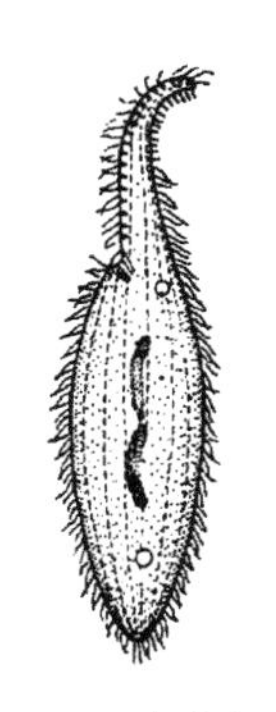

图 12-290 高山长颈虫
（*Dileptus alpinus*）

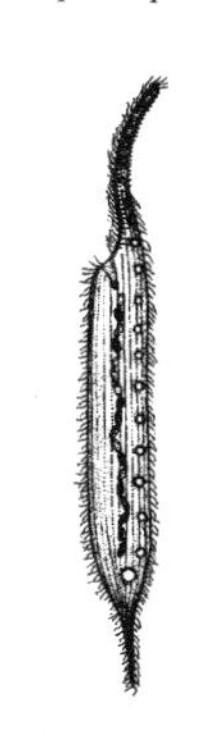

图 12-291 念珠长颈虫
（*Dileptus monilatusr*）

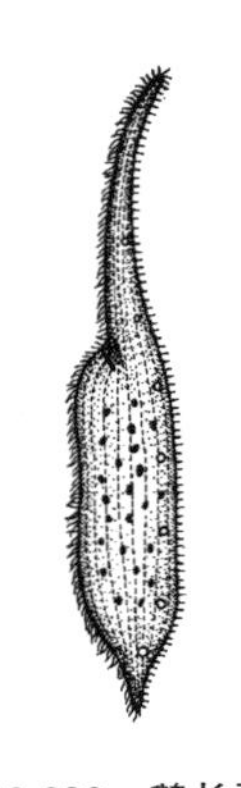

图 12-292　鹅长颈虫
(*Dileptus anser*)

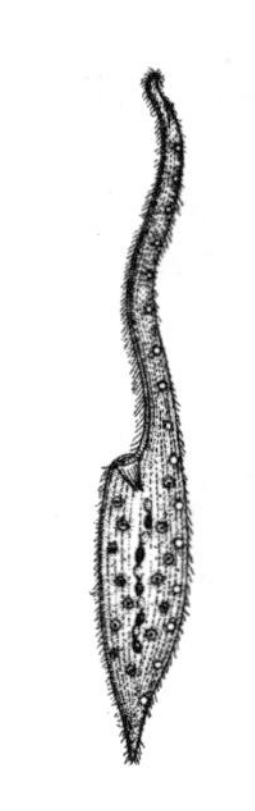

图 12-293　巨长颈虫
(*Dileptus cygnus*)

二十三、栉毛虫属

栉毛虫属（*Didinium*）　体呈桶形，前端中央有一短的圆锥形“吻”突。胞口在“吻”突的顶端。胞咽有长的刺杆支撑。体纤毛退化，仅有1圈或数圈由排列整齐的梳状纤毛栉形成的纤毛环围绕。大核1个，呈肾形或马蹄形。伸缩泡1个，在后端中央，常有辅助泡。摄食草履虫等其他纤毛虫。常见种类见图12-294和图12-295。

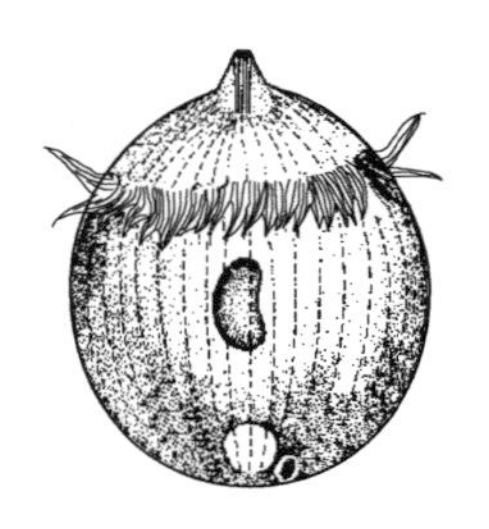

图 12-294　小单环栉毛虫
(*Didinium balbianii nanum*)

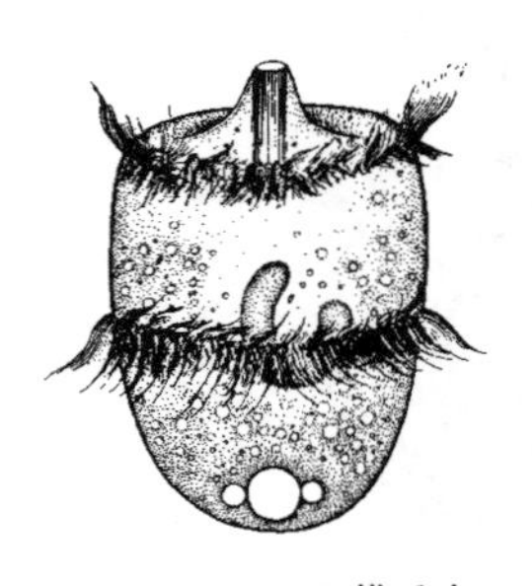

图 12-295　双环栉毛虫
(*Didinium nasutum*)

二十四、睥睨虫属

睥睨虫属（*Askeuasia*） 体呈卵圆形或梨形。前部较细，呈锥形，后部较粗，形似圆形，胞口在前端中央。胞咽具刺杆。有两圈十分靠近的纤毛环。上圈纤毛短，总是向前运动。下圈纤毛较长，总是向后运动。虫体后部常有短的纤毛。某些种类在下圈纤毛之后还有一圈放射状的长刚毛。大核 1 个，呈球形或卵形。伸缩泡 1～2 个，在体后。常见种见图 12-296。

二十五、中缢虫属

中缢虫属（*Mesodinium*） 体小，呈梨形。接近中部有一腰沟将虫体分为前、后两部。前部顶端窄，胞口位于顶端。后部后端浑圆。胞咽有 8～12 根刺杆，刺杆前端叉形，并能突出在口的顶端周围。体纤毛退化，仅腰沟内有两圈长的触状纤毛，其中一圈向前，另一圈向后。大核 1～2 个。伸缩泡 1 个。常见种类见图 12-297。

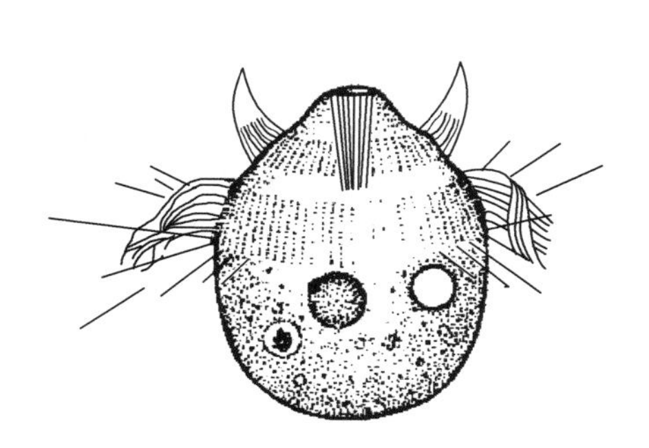

图 12-296　团睥睨虫
（*Askenasia volvox*）

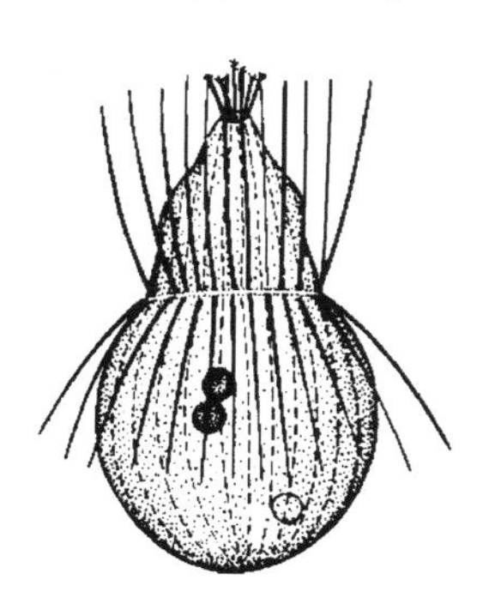

图 12-297　蚤中缢虫
（*Mesodinium pulex*）

二十六、射纤虫属

射纤虫属（*Actinobolina*） 体呈卵圆形，前端有时略窄，后端浑圆。胞口在顶端，胞咽呈漏斗状，具刺杆。体纤毛均匀分布，纵列或斜列。在纤毛中有伸长的辐射状的不具有吸管作用的触手。大核通常呈长形或棒形，也可以是 2 个球形。伸缩泡 1 个，在体末。肉食性种类，摄食轮虫等动物。常见种见图 12-298。

二十七、裂口虫属

裂口虫属（*Amphileptus*） 体侧扁，前端有一微向侧弯曲的长“颈”。胞口在“颈”的腹缘，裂缝状。体纤毛在左、右两侧均存在。沿着裂缝状的胞口有较长的纤毛，“颈”部通常有刺丝泡。大核 2～4 个，球形。伸缩泡多个。常见种见图 12-299。

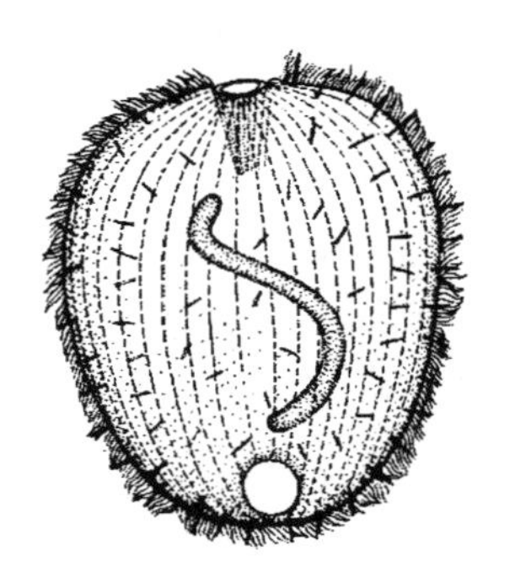

图 12-298　辐射纤虫属
（*Actinobolina radians*）

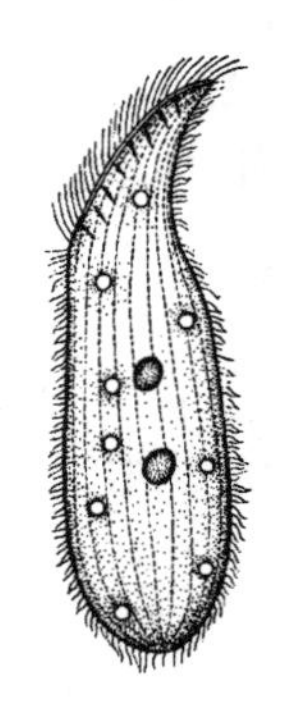

图 12-299　克氏裂口虫
（*Amphileptus claparedei*）

二十八、斜叶虫属

斜叶虫属（*Loxophyllum*） 体纵长，两侧压扁。前部比细削。仅右面有纤毛。胞口裂缝状，位于前端腹缘。缘腹有一较透明的宽带围绕，宽带常有横向排列的刺丝泡。背缘常具刺丝泡形成的疣突。大核 1 个、2 个或多个。伸缩泡 1 个或数个。肉食性种类，摄食轮虫和其他纤毛虫。常见种类见图 12-300 和图 12-301。

二十九、半眉虫属

半眉虫属（*Hemiophrys*） 体呈矛形或柳叶刀状，两侧微扁，左面“躯干”部凸出。前端有“颈”而后端无明显的“尾”部。体纤毛仅分布在右侧。胞口在“颈”的腹侧，裂缝状。“颈”的顶端

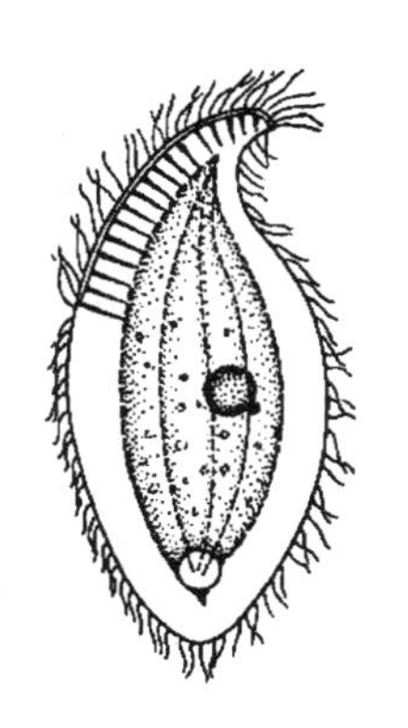

图 12-300　单核斜叶虫
(*Loxophyllum uninucleatum*)

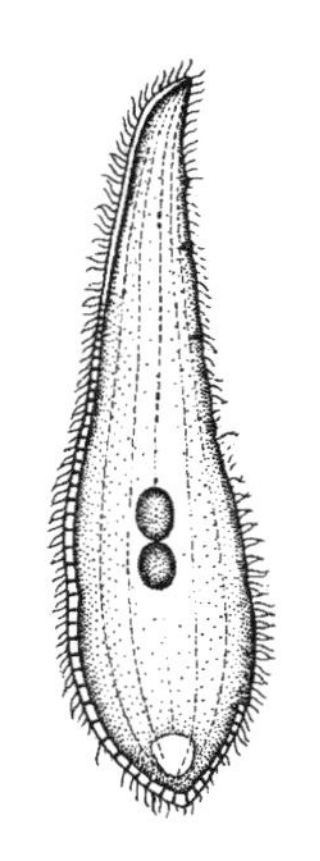

图 12-301　凶猛斜叶虫
(*Loxophyllum helus*)

有刺丝泡束，形成“钉针”。“颈”部有背刚毛。大核 2 个，中间共 1 小核。伸缩泡 1 个或多个。常见种类见图 12-302～图 12-308。

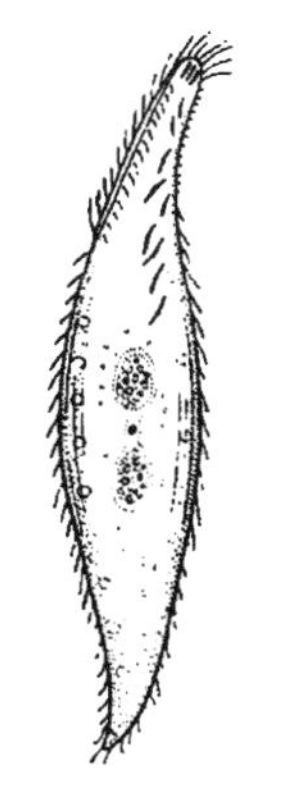

图 12-302　肋状半眉虫
(*Hemiophrys pleurosigma*)

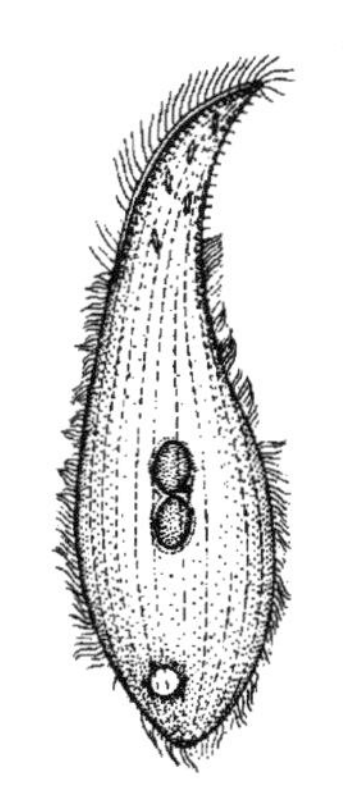

图 12-303　纺锤半眉虫
(*Hemiophrys fusidens*)

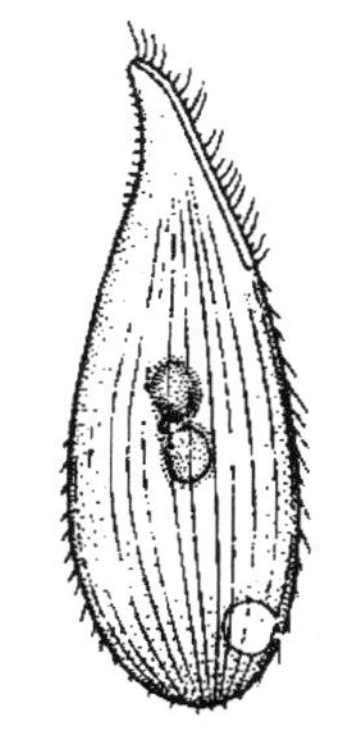

图 12-304　敏捷半眉虫
(*Hemiophrys agilis*)

三十、漫游虫属

漫游虫属（*Litonotus*） 体呈矛形，侧扁，在形态上与半眉虫

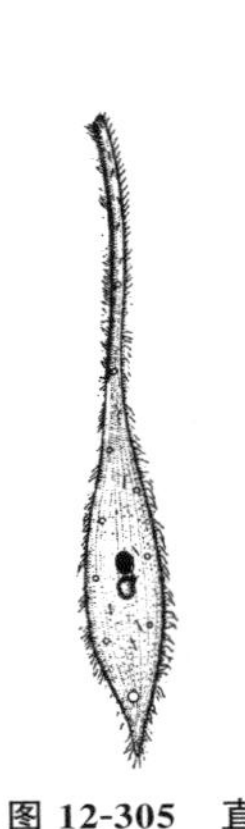

图 12-305　直半眉虫（*Hemiophrys procera*）

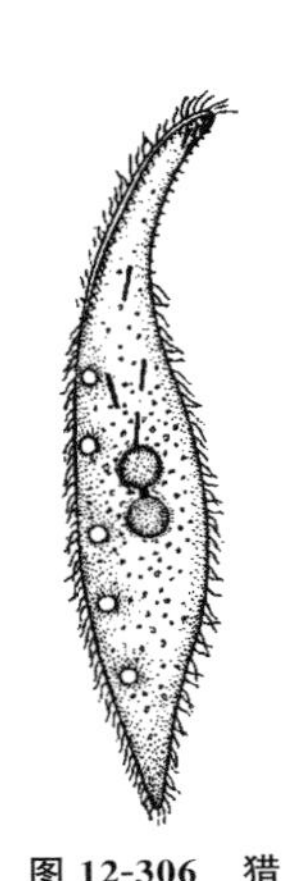

图 12-306　猎半眉虫（*Hemiophrys meleagris*）

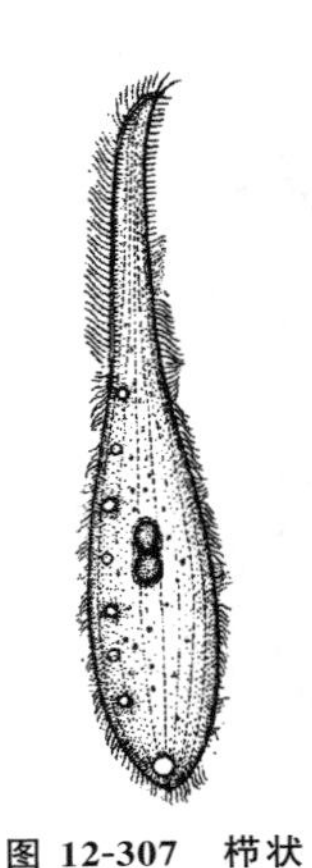

图 12-307　栉状半眉虫（*Hemiophrys pectinata*）

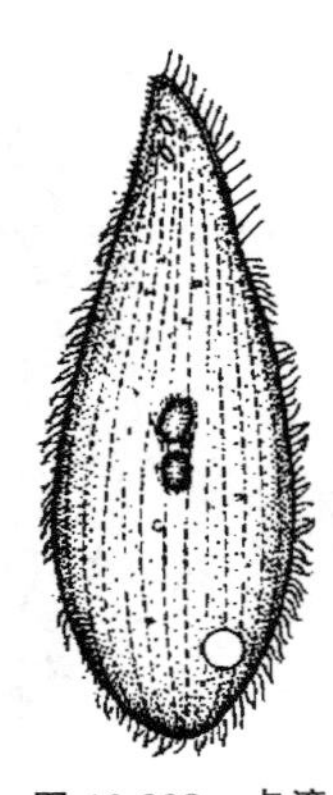

图 12-308　点滴半眉虫（*Hemiophrys punctata*）

相似。但左面躯干部显著向上拱起，顶端无刺丝泡束形成的“钉针”，“颈”部腹面裂缝形的口侧有或无刺丝泡存在，其他部分多无刺丝泡。背刚毛有或无。纤毛仅分布在右侧。大核 2 个。中间共 1 个小核。伸缩泡只有 1 个。多为肉食性种类。常见种类见图 12-309～图 12-313。

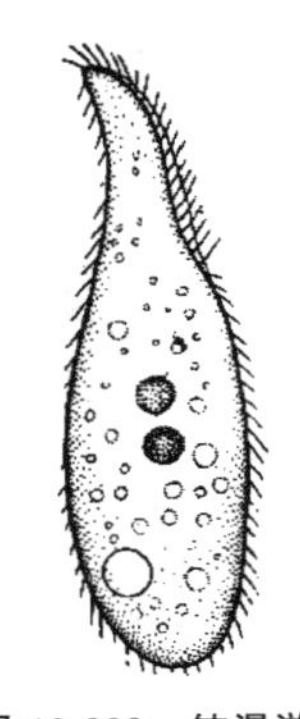

图 12-309　钝漫游虫（*Litonotus obtusus*）

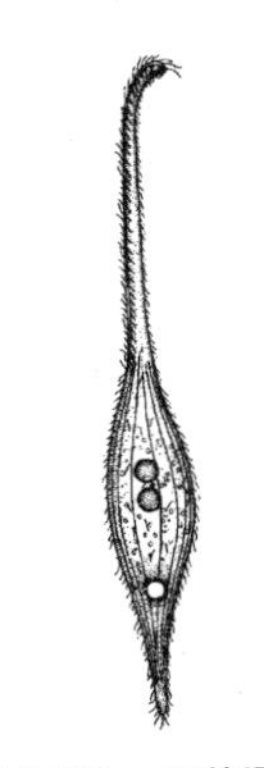

图 12-310　天鹅漫游虫（*Litonotus cygnus*）

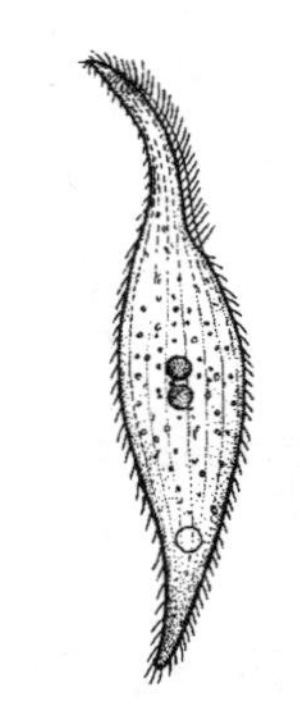

图 12-311　片状漫游虫（*Litonotus fasciola*）

三十一、斜毛虫属

斜毛虫属（*Plagiopyla*） 体侧扁，呈卵圆形。腹面有宽的前庭横沟，横沟有腹缘有一明显口凹，口凹上方有较长的纤毛。横沟后端接近中部的囊形胞引向胞咽。在围口沟的前端上部有一条具有横纹的长带，向上弯曲并向下延伸至体末 1/4 处。体纤毛均匀分布，由前庭沟发出。体后端有一排梳状刚毛。体表布满刺丝泡。大核 1 个，球形或椭圆形。伸缩泡 1 个，在体末。在腐烂物质多的水环境中存在。常见种见图 12-314。

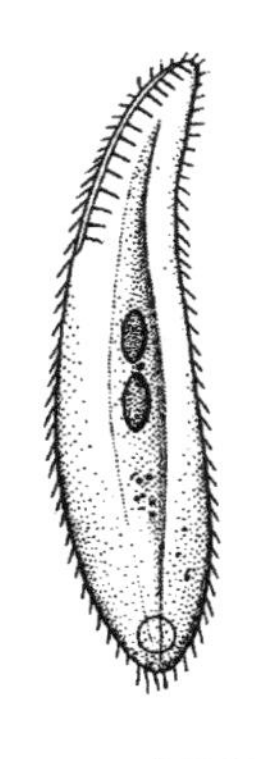

图 12-312 龙骨漫游虫
（*Litonotus carinatus*）

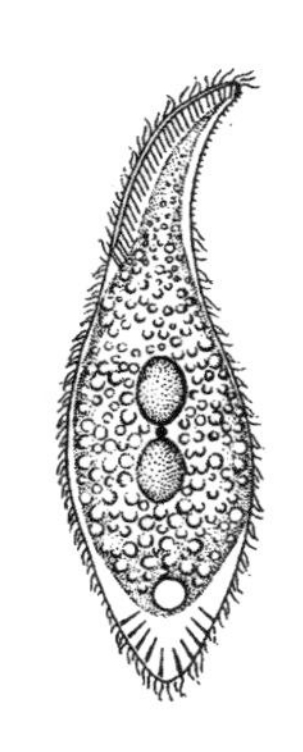

图 12-313 薄漫游虫
（*Litonotus lamella*）

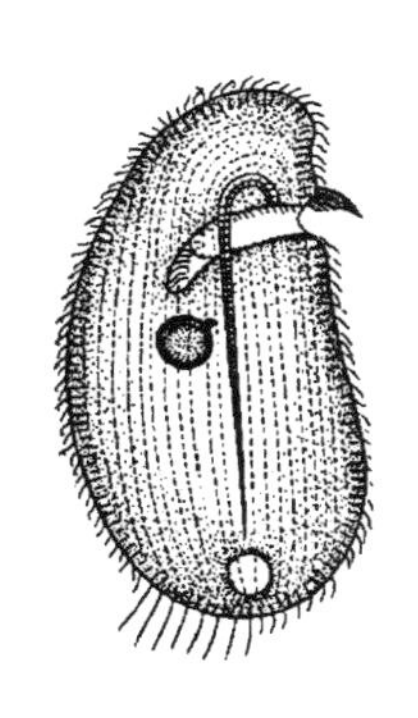

图 12-314 鼻斜毛虫
（*Plagiopyla nasuta*）

三十二、肾形虫属

肾形虫属（*Colpoda*） 体呈肾形，背腹扁平。体右缘呈弧形，左缘平直，口凹下方常凸起。口凹在虫体中部或偏前，呈一浅的洼窝，即口前庭。前庭壁上有不易看清的前庭纤毛。有的种类可伸出长须状的纤毛。胞口在前庭底部。体纤毛对生，均匀分布，纤毛行列从口凹前的左缘（“尤骨”）起向右作同心层地围绕口凹。外质常有刺丝泡。大核 1 个，呈圆形，有 1～3 个小核。伸缩泡 1 个，在末端。常见种类见图 12-315～图 12-321。

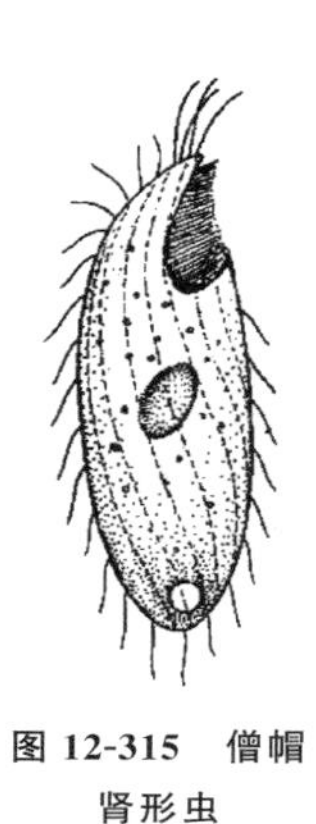

图 12-315 僧帽肾形虫（*Colpoda cucullus*）

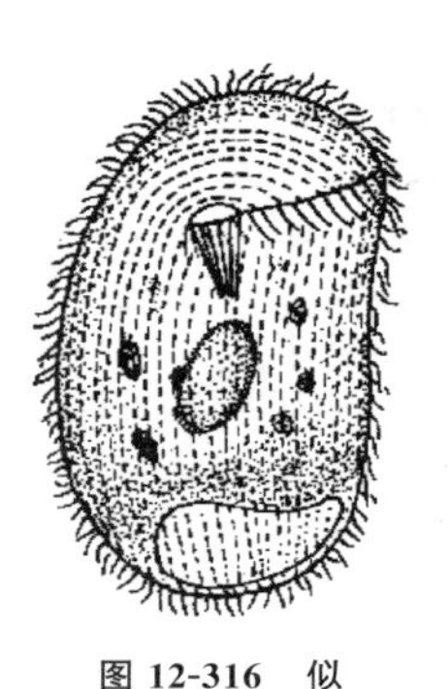

图 12-316 似肾形虫（*Colpoda simulans*）

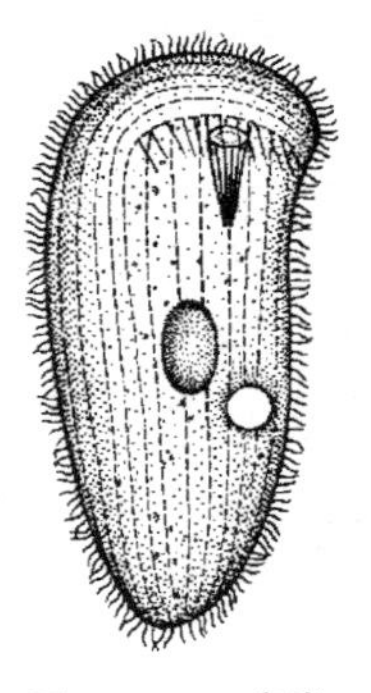

图 12-317 齿脊肾形虫（*Colpoda steini*）

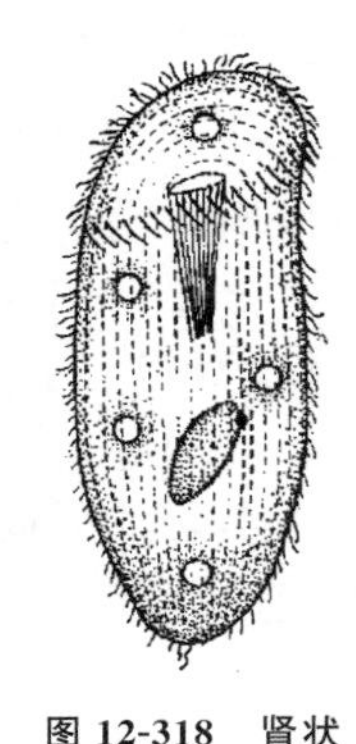

图 12-318 肾状肾形虫（*Colpoda reniformis*）

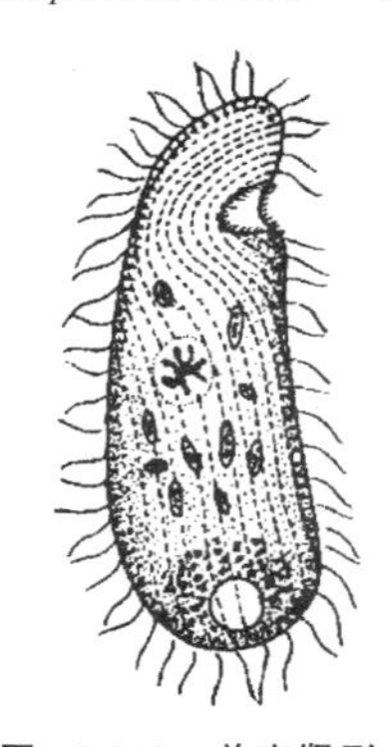

图 12-319 前突肾形虫（*Colpoda penardi*）

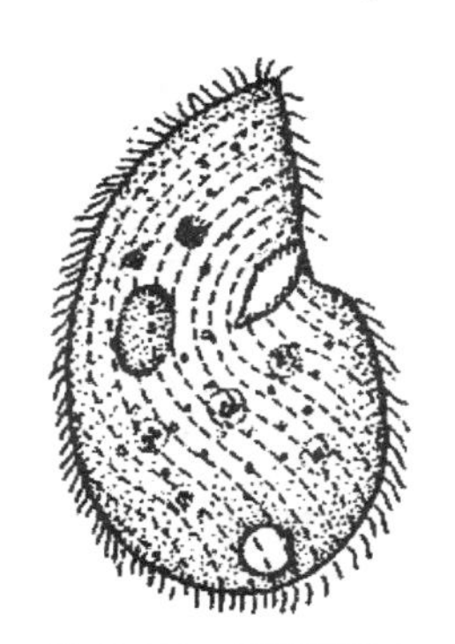

图 12-320 膨胀肾形虫（*Colpoda inflata*）

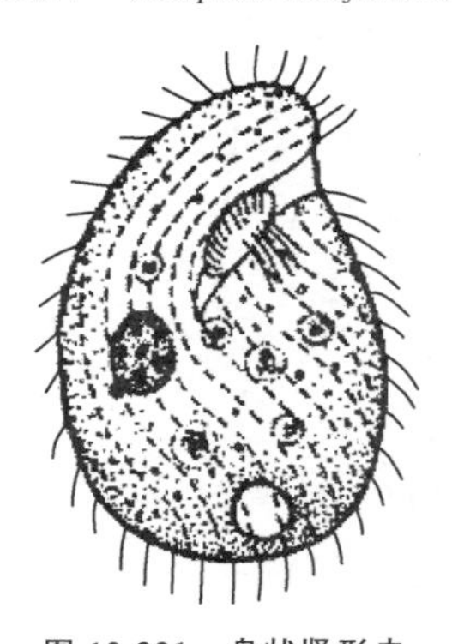

图 12-321 盘状肾形虫（*Colpoda patella*）

三十三、篮环虫属

篮环虫属（*Cyrtolophosis*）体小，呈卵形或梨形。胞口约在虫体 1/3 的前端的口槽内。口槽（口前庭）内有纤毛小膜［右缘有两段单毛基索（haplokinety）组成的口纤毛，左缘有四片小膜］颤动。虫体前端有一束长的纤毛。体纤毛均匀，对生纤毛，斜列。有些种类着生在黏液质鞘内。大核 1 个，呈圆形，在中央。伸缩泡 1 个。摄食细菌藻类，在腐烂有机质较多的水体中存在。常见种类见

图 12-322～图 12-325。

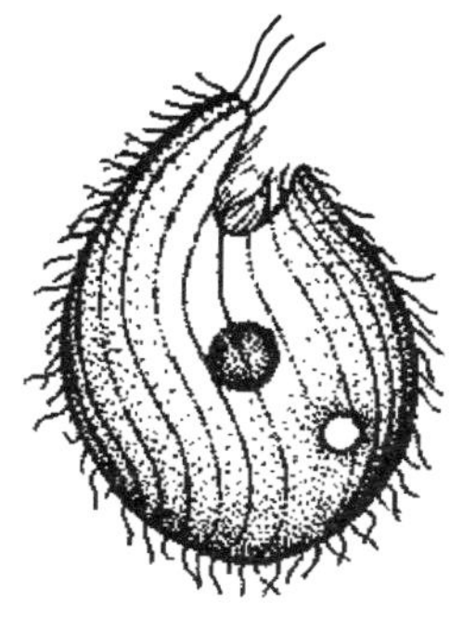

图 12-322 袋篮环虫
（*Cyrtilophosis bursaria*）

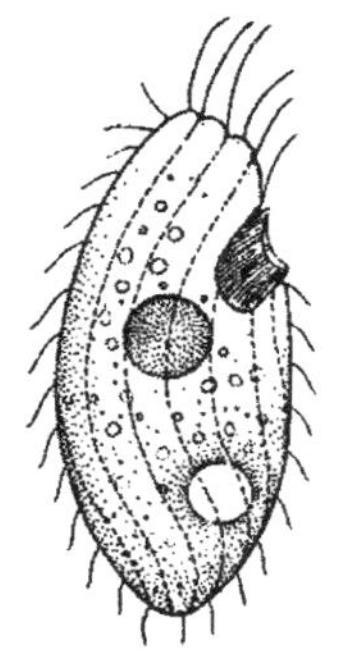

图 12-323 大篮环虫
（*Cyrtilophosis major*）

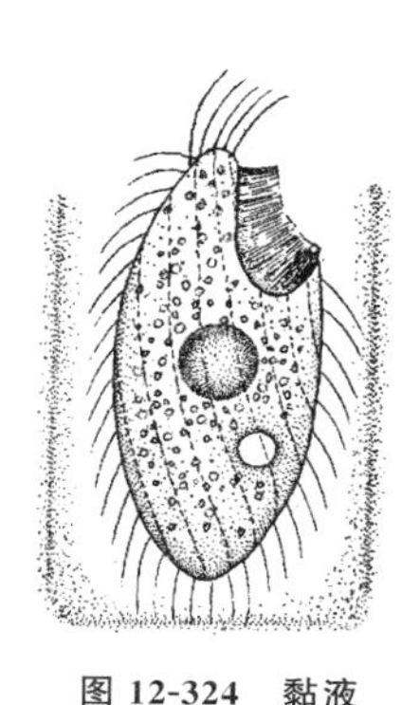

图 12-324 黏液篮环虫
（*Cyrtilophosis mucicola*）

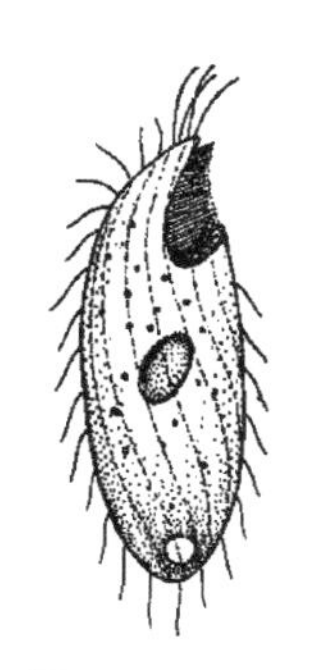

图 12-325 长篮环虫
（*Cyrtilophosis elongata*）

三十四、拟斜管虫属

拟斜管虫属（*Chilodontopsis*） 虫体呈卵圆形或长椭圆形，背、腹扁平，前端宽，并向左倾斜弯曲。从前逐渐向后变窄。胞口在腹面1/4 的前部中央，无口前庭。胞咽由刺杆组成，篮口式，自左至右斜伸。口后纤毛轮将体纤毛分隔成口前和口后纤毛区。大核 1 个，呈卵圆形。伸缩泡 1 个或多个。常见种类见图 12-326～图 12-328。

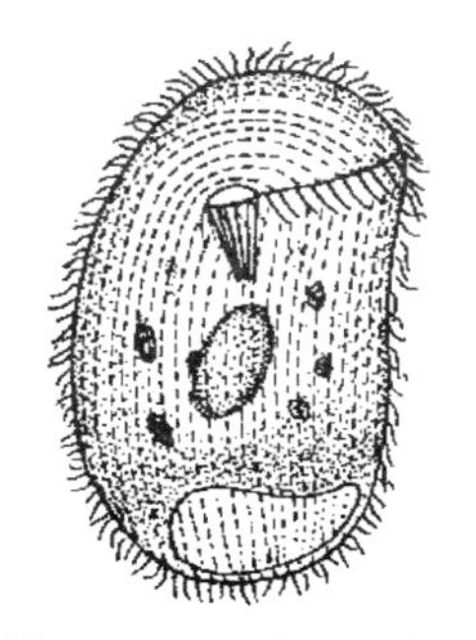

图 12-326 凹扁拟斜管虫
（*Chilodontopsis depressa*）

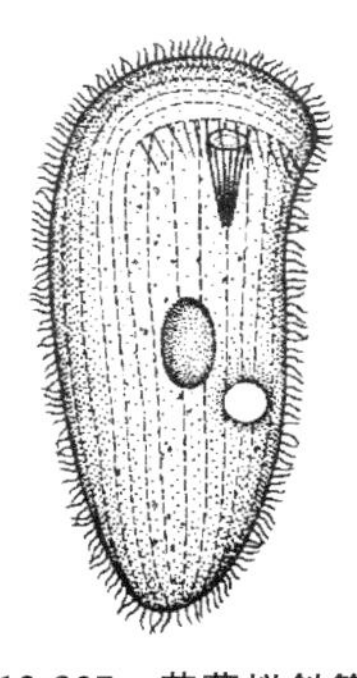

图 12-327 苔藓拟斜管虫
（*Chilodontopsis muscorum*）

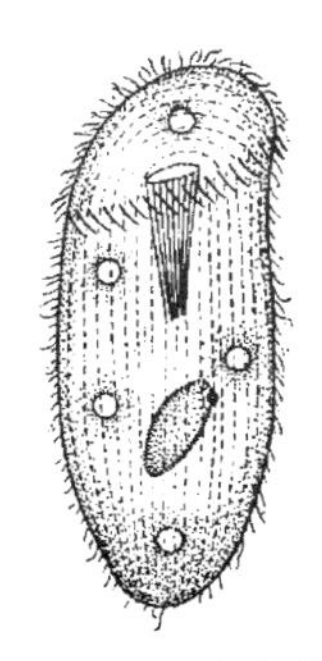

图 12-328 咽拟斜管虫
（*Chilodontopsis vorax*）

三十五、篮口虫属

篮口虫属（*Nassula*） 体呈椭圆形，有时纵长。胞口位于前部1/4～1/3的腹面，胞咽具刺杆，篮口式，胞咽的前端膨大。有明显的口前接缝线。口后纤毛轮小膜总是仅在口的左侧存在。全身有纤毛。常有刺丝泡。大核及伸缩泡各1个。常见种类见图12-329～图12-332。

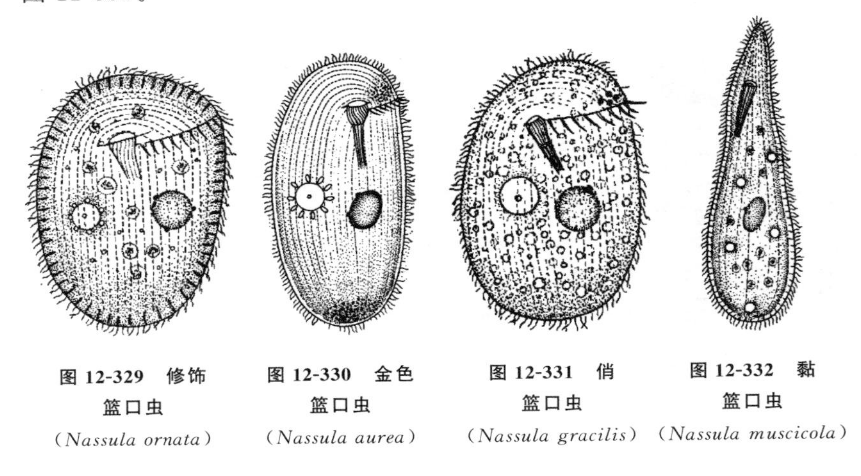

图12-329 修饰篮口虫（*Nassula ornata*）

图12-330 金色篮口虫（*Nassula aurea*）

图12-331 俏篮口虫（*Nassula gracilis*）

图12-332 黏篮口虫（*Nassula muscicola*）

三十六、圆纹虫属

圆纹虫属（*Furgasonia*） 体小，呈卵形到长椭圆形，全身均有纤毛。口后纤毛轮小膜很不发达，仅在口的左缘退化成3片。胞咽由刺杆组成，篮口式。胞质具纺锤状刺丝泡。大核1个，多位于后半部。伸缩泡1个，在中央。体内常充满蓝绿色以至红色的食物小泡。常见种类见图12-333、图12-334。

三十七、薄咽虫属

薄咽虫属（*Leptopharynx*） 体小而侧扁，呈不规则的卵圆形。外质硬化。胞口位于前部左缘1/3处。胞口下面有2片小膜。胞咽管细，从胞口横向右方。两侧各有4行纵沟，但右侧的中央两

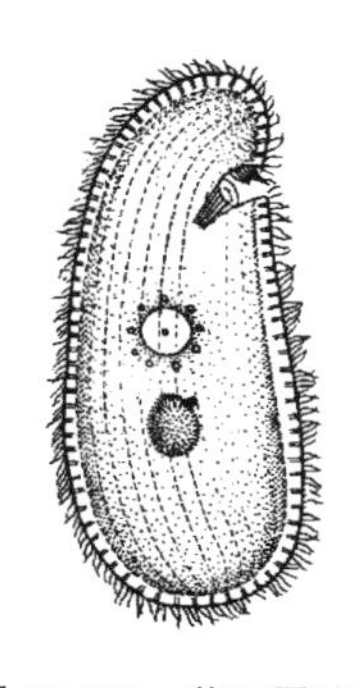

图 12-333 美丽圆纹虫
(*Furgasonia rubens*)

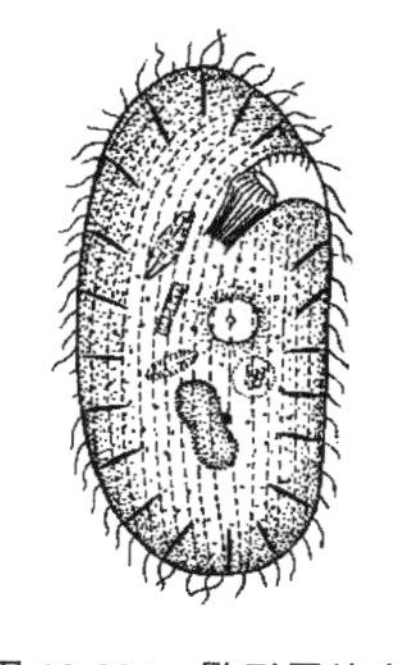

图 12-334 鼩形圆纹虫
(*Furgasonia sorex*)

行纵沟中部断开而不连接，纵沟内均有纤毛。某些种类有刺丝泡和绿藻。大核 1 个，呈球形。伸缩泡 2 个。常见种类见图 12-335 和图 12-336。

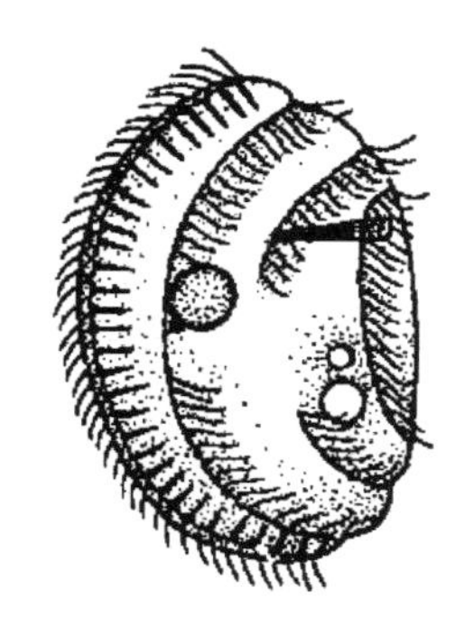

图 12-335 水藓薄咽虫
(*Leptopharynx sphagnetorum*)

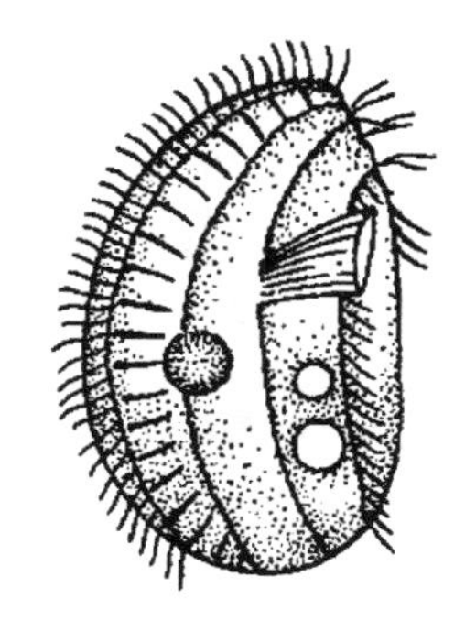

图 12-336 大口薄咽虫
(*Leptopharynx eurystoma*)

三十八、拟小胸虫属

拟小胸虫属（*Pseudomicrothorax*） 体呈卵圆形，侧扁。右缘略比左缘拱起。外质硬化。胞口在前端左缘 1/4～1/3 处，胞口左缘有 3 片小膜，右缘有 1 列短纤毛。胞咽管很细，向右横伸。体表

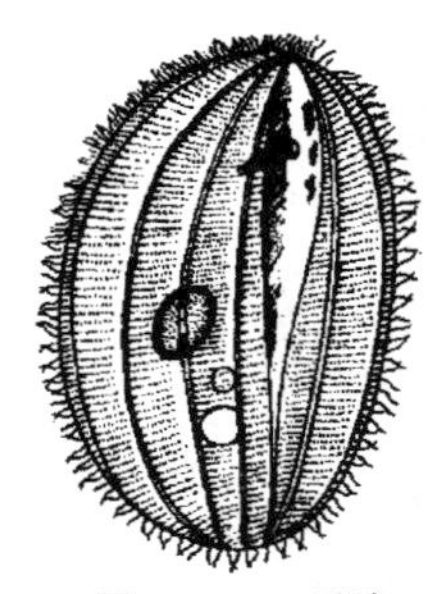

图 12-337　活泼拟小胸虫
（*Pseudomicrothorax agilis*）

有宽的纤毛纵沟。有刺丝泡。大核 1 个。伸缩泡 2 个。常见种见图 12-337。

三十九、单镰虫属

单镰虫属（*Drepanononas*）　体很小而扁平，呈卵圆形、新月形。有些种类两端十分尖削。外质硬化，具龙骨肋脊。胞在左缘中部凹穴处。腹面有 3 行纤毛，其中 2 行在中间断裂，背面有 2 行纤毛或少量分散的纤毛。在口凹的左面有少量纤毛或膜。大核 1 个，在中部。伸缩泡 2 个，前后并列在一起。常见种类见图 12-338～图 12-340。

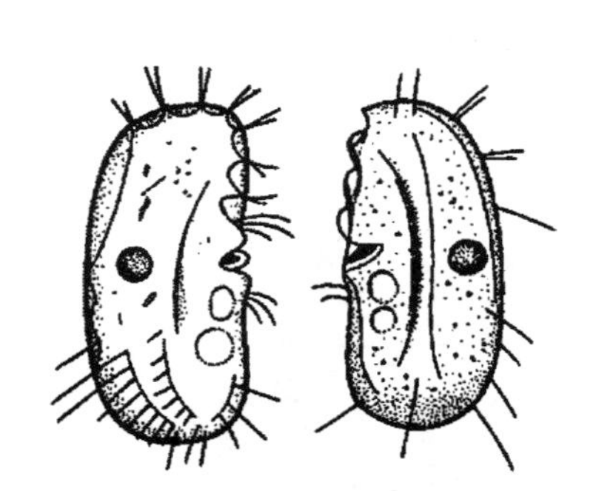

图 12-338　旋转单镰虫
（*Drepanononas revoluta*）

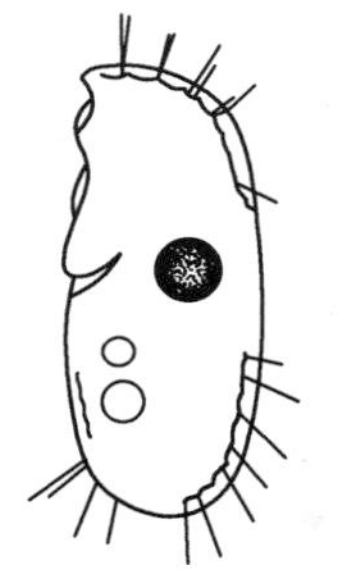

图 12-339　水藓单镰虫
（*Drepanononas sphagni*）

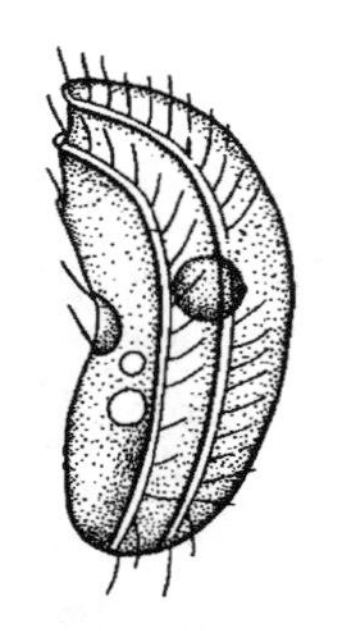

图 12-340　钝单镰虫
（*Drepanononas obtusa*）

四十、小胸虫属

小胸虫属（*Microthorax*）　体为不规则的卵形或近似三角形。前端尖而后端钝圆而宽。扁平，体纤毛退化，腹面有 3 行纤毛。有的种类有刺突。胞口在腹面后部的浅穴——前庭内，口前庭右面有一硬的外质唇，唇下有一小膜，胞口左面有一齿突。无胞咽管。大核 1 个。伸缩泡 2 个，前后并列。常见种类见图 12-341～图 12-344。

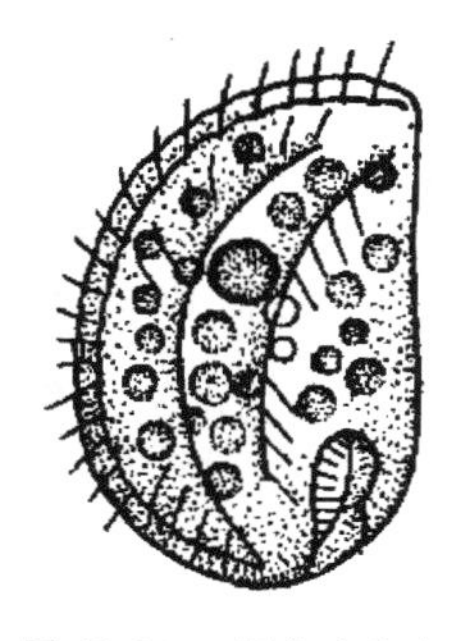

图 12-341 绿色小胸虫
(*Microthorax viridis*)

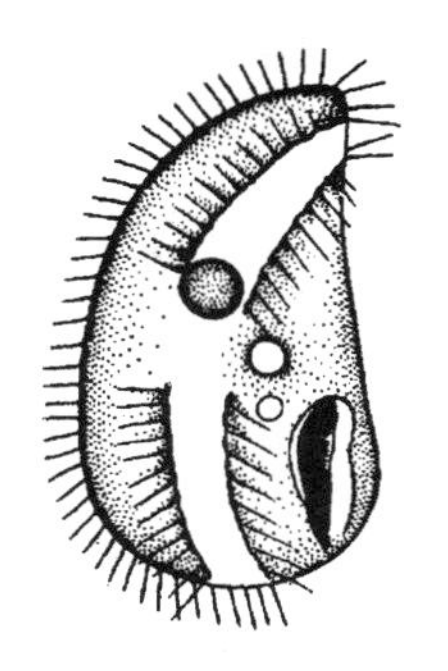

图 12-342 凹缝小胸虫
(*Microthorax sulcatus*)

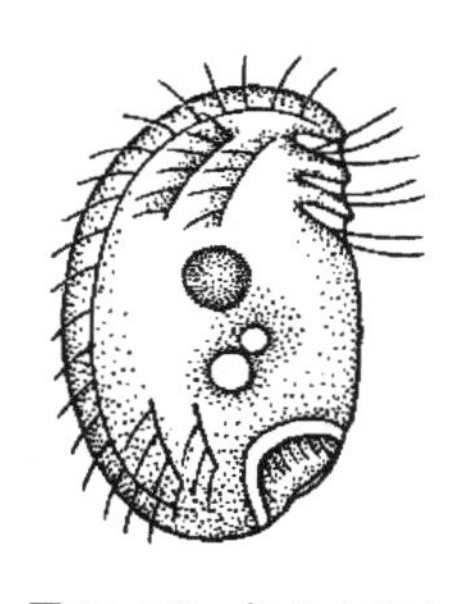

图 12-343 相似小胸虫
(*Microthorax simulans*)

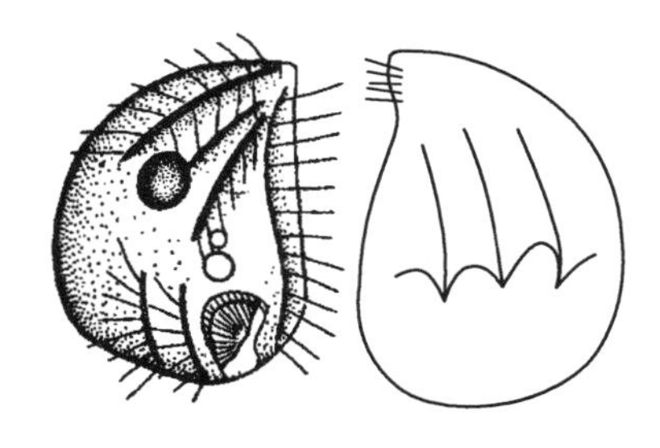

图 12-344 有肋小胸虫
(*Microthorax costatus*)

四十一、斜管虫属

斜管虫属(*Chilodonella*) 种类很多，很多种类活动在无脊椎动物的身体上。通常呈椭圆形，前端左缘有“吻”突，背腹平。仅腹面有纤毛，胞口在腹面前半部，胞咽由刺杆组成“篮咽”。胞口的前额右方有一排小膜。口前接缝线伸向左前角。以口为界，腹纤毛分为左、右两部。常见种类见图 12-345～图 12-354。

四十二、轮毛虫属

轮毛虫属(*Trochilia*) 体呈卵形，外质盔甲化。背面凸起明显，无纤毛，常有纵肋。腹面平，纤毛列 4 行。胞口在腹面右侧。

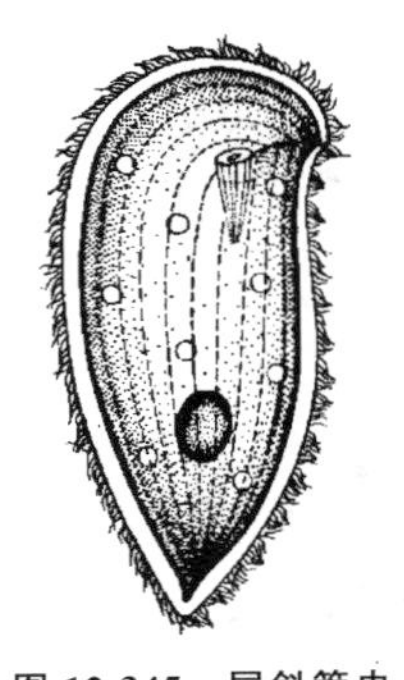

图 12-345　尾斜管虫
(*Chilodonella caudata*)

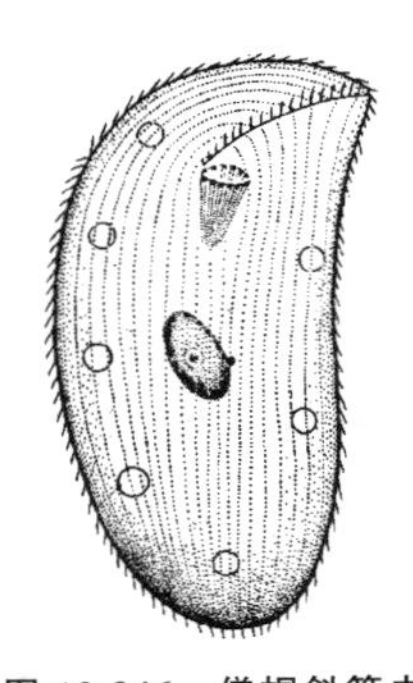

图 12-346　僧帽斜管虫
(*Chilodonella cucullulus*)

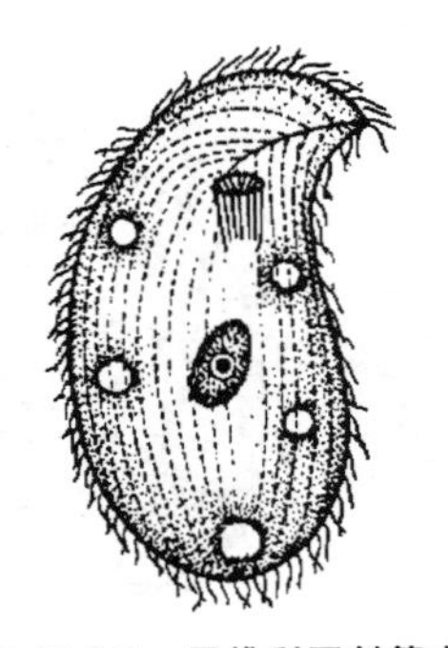

图 12-347　巴维利亚斜管虫
(*Chilodonella bavariensis*)

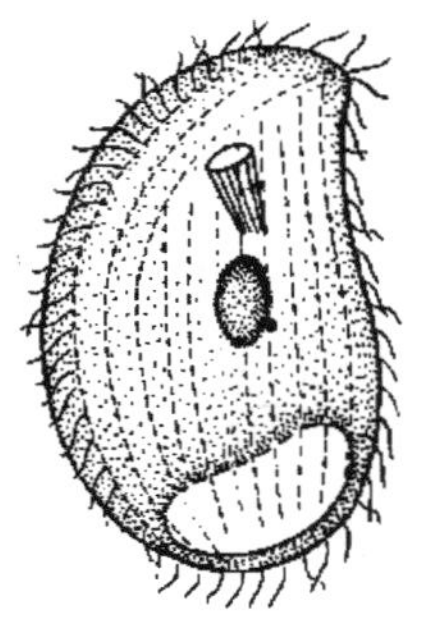

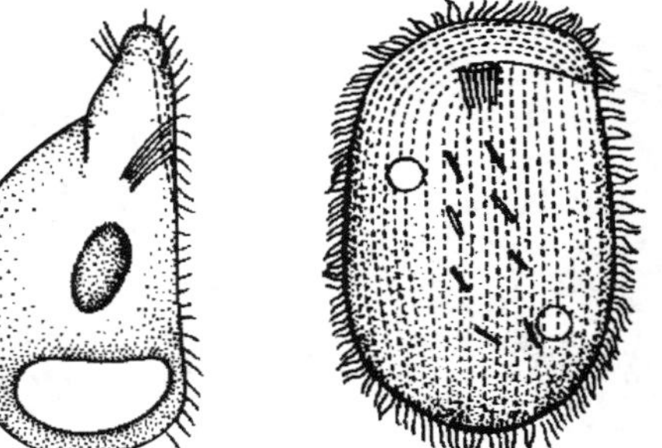

图 12-348　膨胀斜管虫
(*Chilodonella turgidula*)

图 12-349　多足斜管虫
(*Chilodonella calkinsi*)

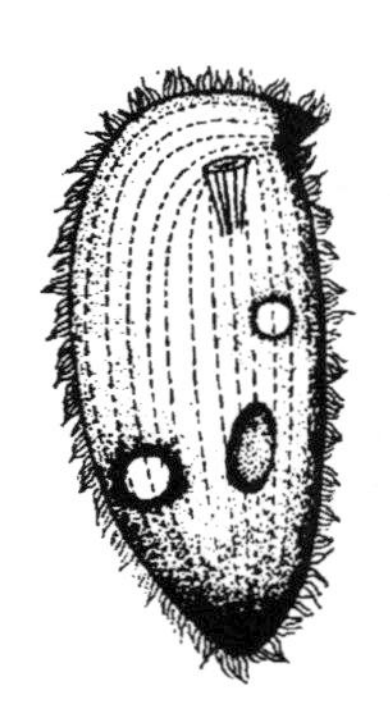

图 12-350　唇斜管虫
(*Chilodonella labiata*)

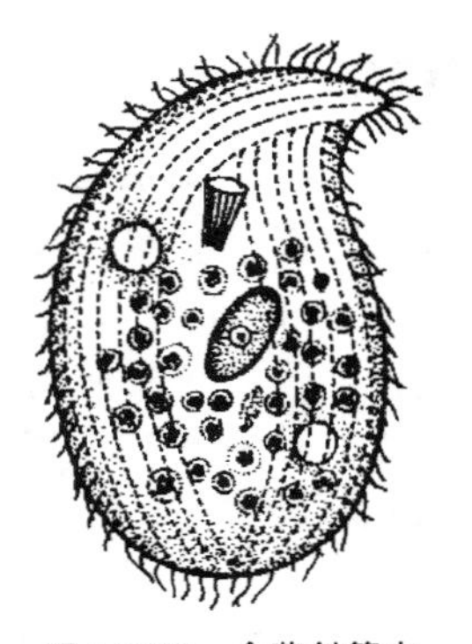

图 12-351　食藻斜管虫
(*Chilodonella algivora*)

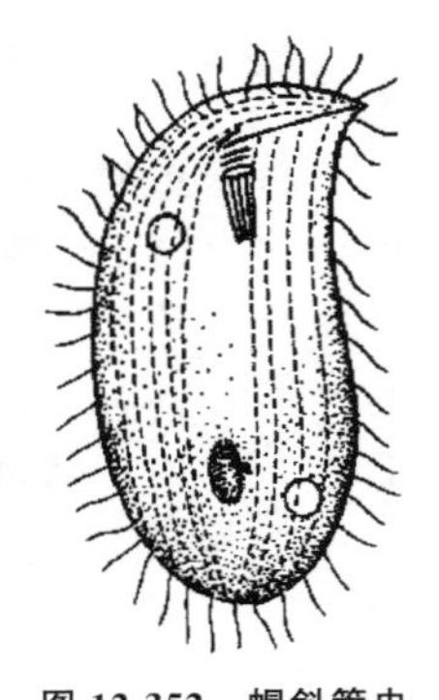

图 12-352　帽斜管虫
(*Chilodonella capucina*)

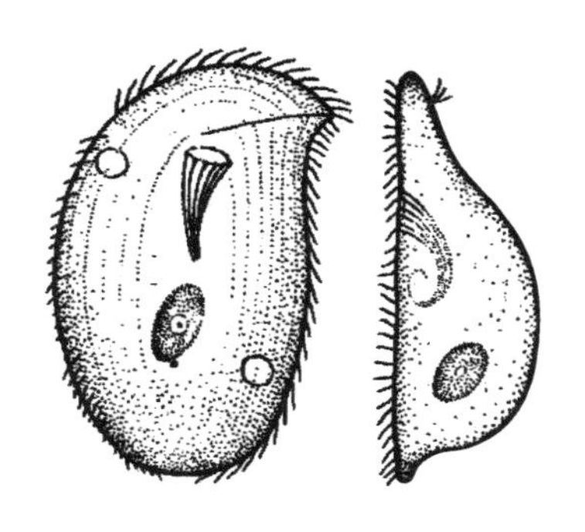

图 12-353　钩刺斜管虫
（*Chilodonella uncinata*）

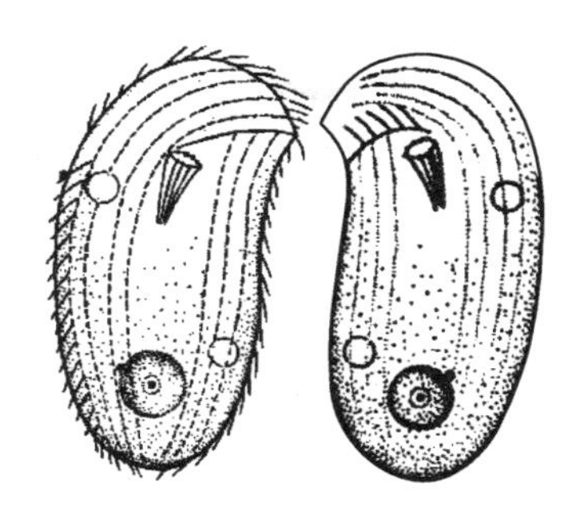

图 12-354　非游斜管虫
（*Chilodonella aplanata*）

胞咽由细长的刺杆组成。体后伸出一尾刺。大核 1 个，为异质核型，前半部有一核内体，后半部有不能染色的粒体。伸缩泡 2 个。常见种类见图 12-355 和图 12-356。

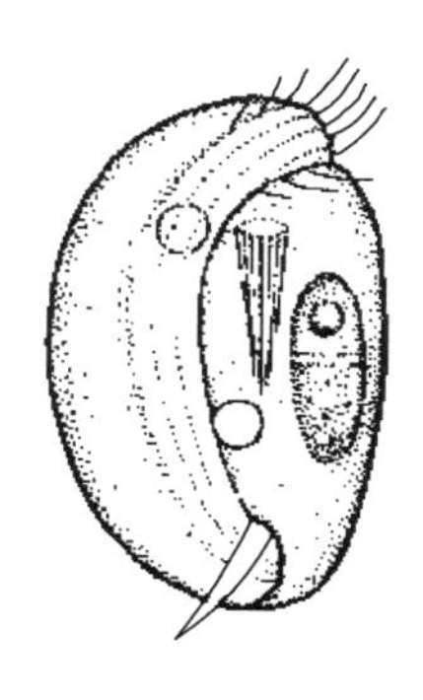

图 12-355　小轮毛虫
（*Trochilia minuta*）

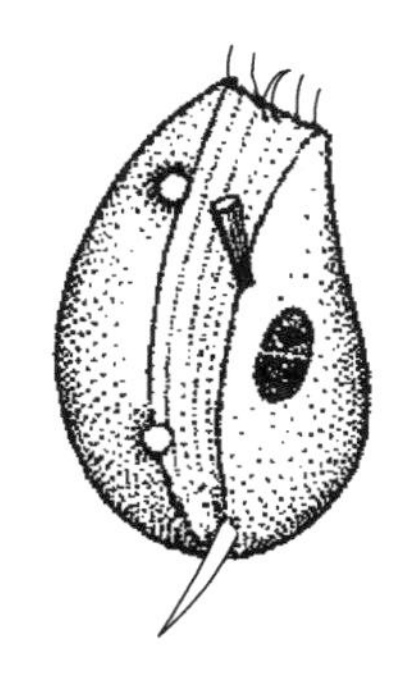

图 12-356　沼轮毛虫
（*Trochilia palustris*）

四十三、足吸管虫属

足吸管虫属（*Podophrya*）体呈圆球形或卵圆形，柄坚实。体无鞘，乳头状的触手状的吸管全身均匀分布或成簇分布。无性生殖是外出芽和二分裂生殖。常见种类见图 12-357 和图 12-358。

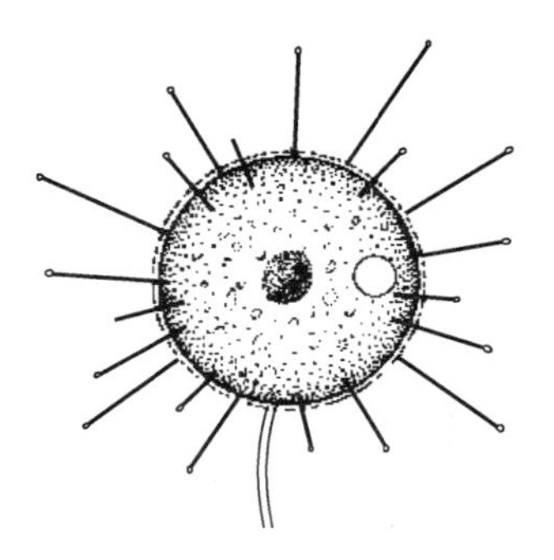

图 12-357 胶衣足吸管虫

(*Podophrya maupasi*)

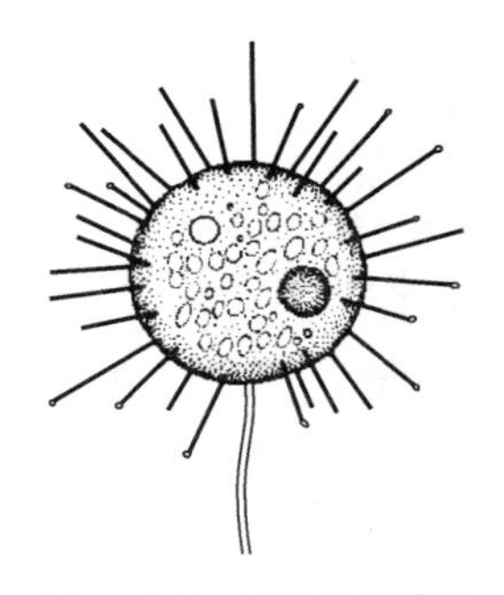

图 12-358 固着足吸管虫

(*Podophrya fixa*)

四十四、球吸管虫属

球吸管虫属（*Sphaerophrya*）体呈圆球形，无鞘和柄。触手呈乳头状，全身分布。无性繁殖为外出芽和二分裂生殖。在水体中自由漂浮或用触手附着在其他有机体上而营寄生生活。常见种类见图 12-359。

四十五、壳吸管虫属

壳吸管虫属（*Acineta*）鞘略扁平，后端无柄。乳头状触手多汇集为 2 簇（或 3 簇）。内出芽生殖。常见种类见图 12-360 和图 12-361。

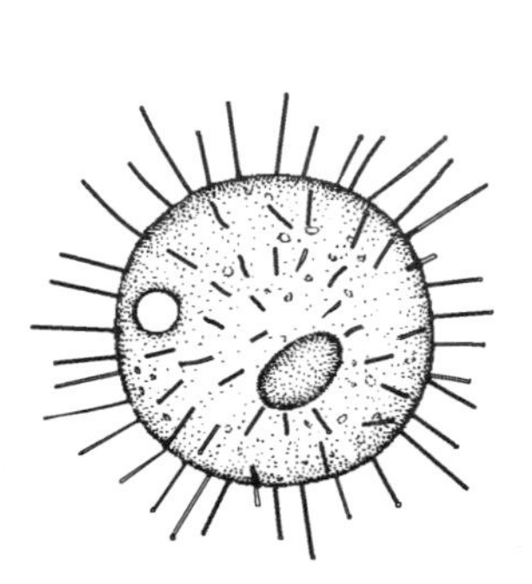

图 12-359 太阳球吸管虫

(*Sphaerophrya soliformis*)

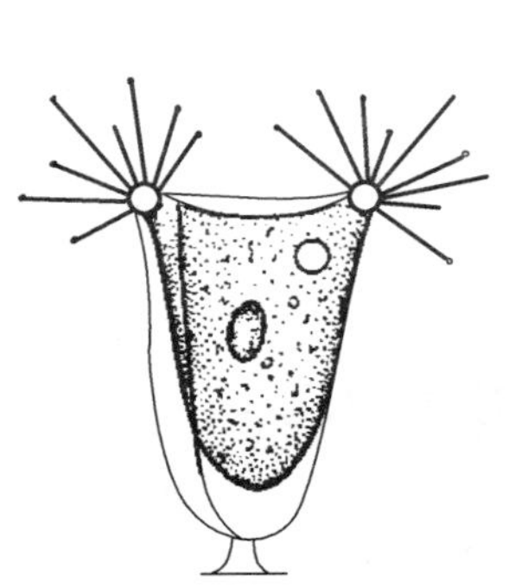

图 12-360 粗壮壳吸管虫

(*Acineta foetida*)

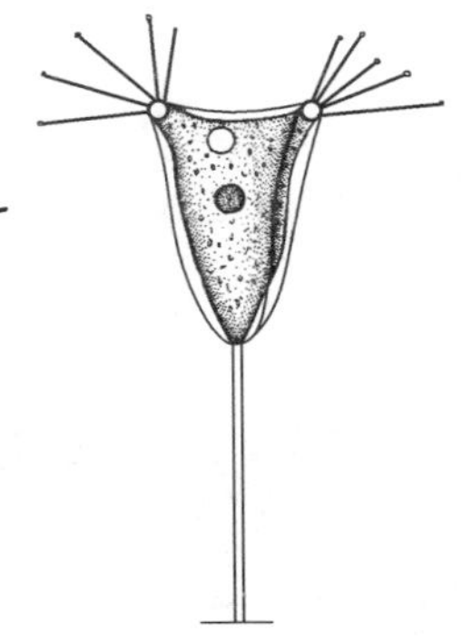

图 12-361 结节壳吸管虫

(*Acineta tuberosa*)

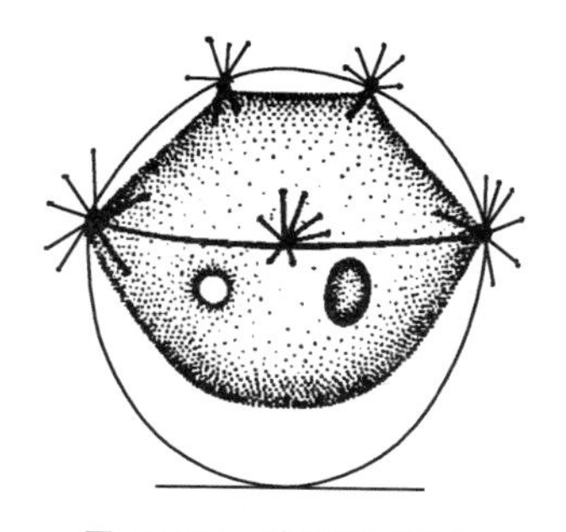

图 12-362 球形管吸管虫

（*Solenophrya inclusa*）

四十六、管吸管虫属

管吸管虫属（*Solenophrya*） 体呈圆球形至椭圆形，不充满全鞘。无柄。乳头状触手 1～6 簇。常见种类见图 12-362。

四十七、锤吸管虫属

锤吸管虫属（*Tokophrya*） 体呈倒梨形或角锥形。无鞘，前端有乳头状触手 2～4 簇。柄长而柔细。内出芽生殖。常见种类见图 12-363～图 12-365。

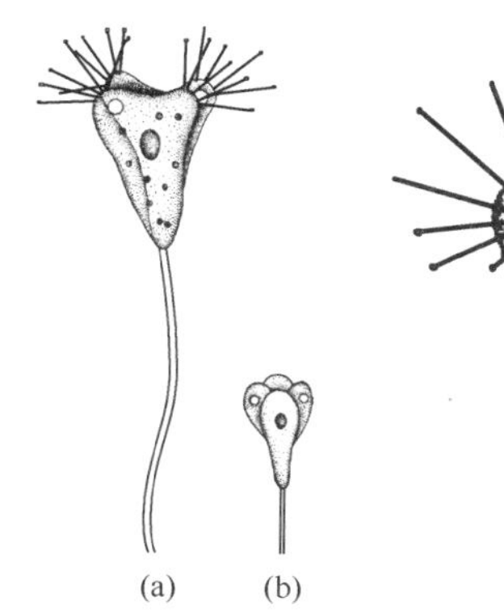

图 12-363 四分锤吸管虫

（*Tokophrya quadripatita*）

（a）伸展状态；（b）收缩状态

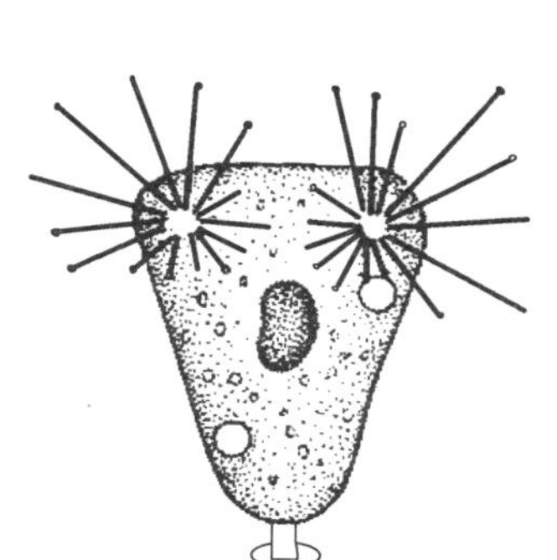

图 12-364 浸渍锤吸管虫

（*Tokophrya infusionum*）

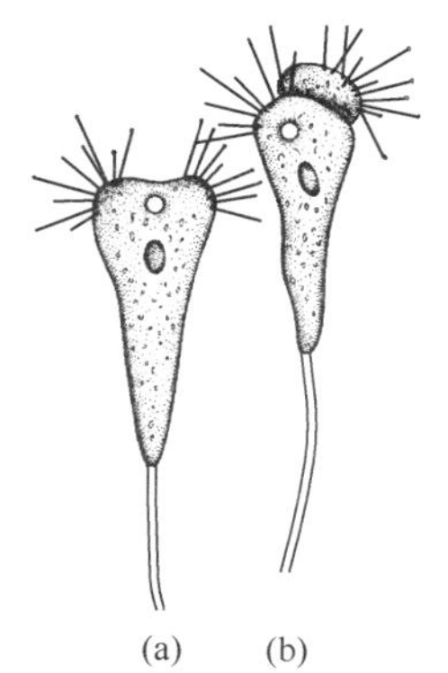

图 12-365 浮萍锤吸管虫

（*Tokophrya lemnarum*）

（a）伸展状态；（b）收缩状态

四十八、十字吸管虫属

十字吸管虫属（*Staurophrya*） 体无鞘，周围有 6 个短臂，短臂顶端有 1 簇非乳头状触手，无柄。大核 1 个，呈圆形。伸缩泡 1～2 个。常见种类见图 12-366。

四十九、毛吸管虫属

毛吸管虫属（*Trichophrya*） 体呈不规则的球形，无柄。乳头状触手长，规则地成簇排列。常见种类见图 12-367。

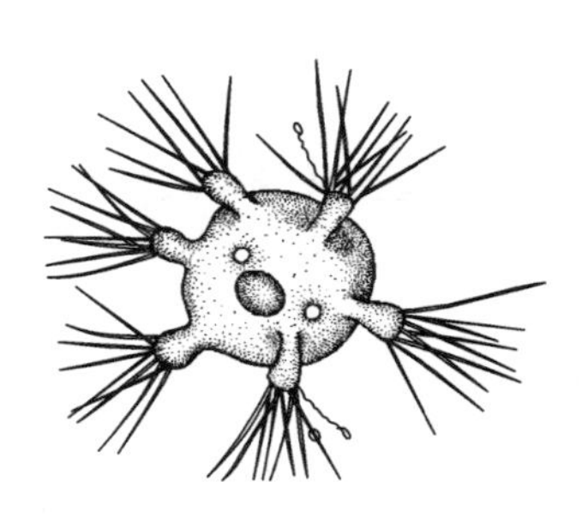

图 12-366 华丽十字吸管虫

（*Staurophrya eiegans*）

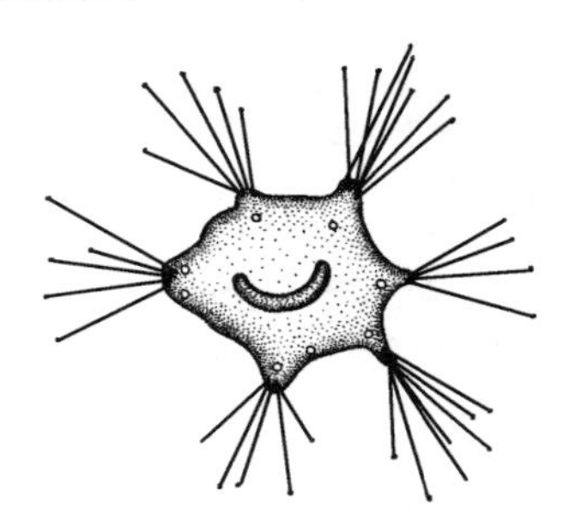

图 12-367 累枝毛吸管虫

（*Trichophrya epistylidis*）

五十、放射吸管虫属

放射吸管虫属（*Heliophrya*） 虫体从侧面观呈短圆筒形，顶面观呈圆盘形。无柄及鞘。虫体由一层厚的表膜缘（pellicular border）包围。乳头状触手在周围成若干簇排列。大核呈球形、带形或分枝形。伸缩泡多个。常见种类见图 12-368。

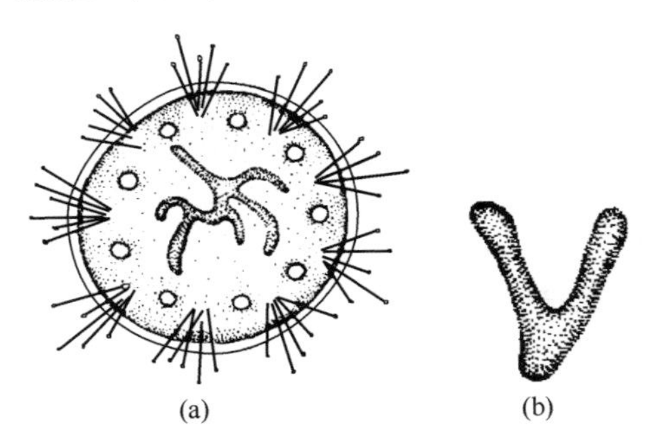

图 12-368 艾氏放射吸管虫

（*Heliophrya erharsi*）

（a）虫体整体观；（b）大核中的一种形态

五十一、豆形虫属

豆形虫属（*Colpidium*） 体呈长卵形以至豆形，前端向腹面弯曲，胞口位于腹面前 1/3 的凹陷处，呈卵圆形。典型的“四膜”式构造。体纤毛密而均匀，口后纤毛列为 1 条。体末处有若干较长的尾纤毛。大核及伸缩泡各 1 个。常见种类见图 12-369 和图 12-370。

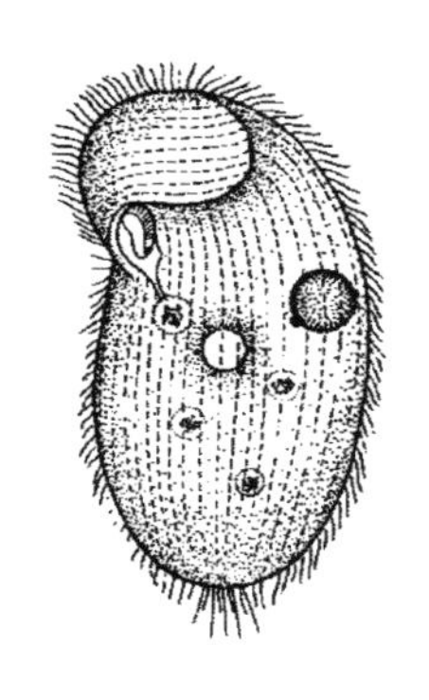

图 12-369 肾形豆形虫
（*Colpidium colpoda*）

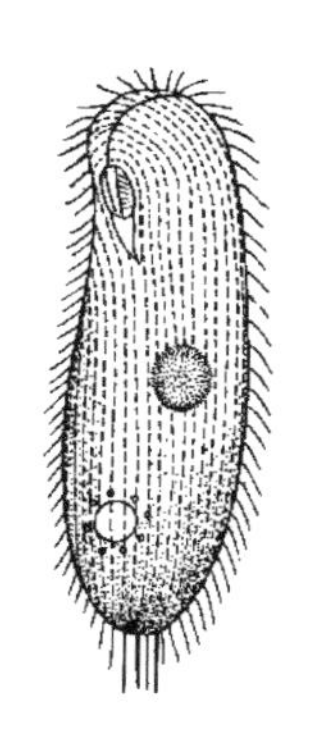

图 12-370 弯豆形虫
（*Colpidium campylum*）

五十二、四膜虫属

四膜虫属（*Tetrahymena*） 体小，呈梨形，体纤毛均匀，口器为“四膜”式构造，口前接缝线笔直。口腔纵轴与体轴平行。口后纤毛列 2 条。大核 1 个，呈圆形，中位。伸缩泡 1 个，在后端中央。常见种类见图 12-371。

五十三、囊膜虫属

囊膜虫属（*Espejoia*） 体呈椭圆形或囊袋形。前端截微倾斜。后端浑圆。胞口在平截处开口，向下凹陷，可达体长的 1/4～1/3。腹面有宽的裂口。口腔左缘有一片很大的波动膜向前凸出。多在软体动物和昆虫的卵囊胶质中生活。常见种类见图 12-372。

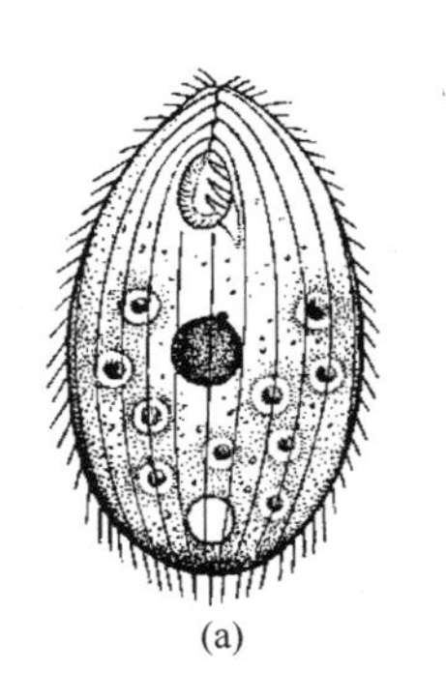
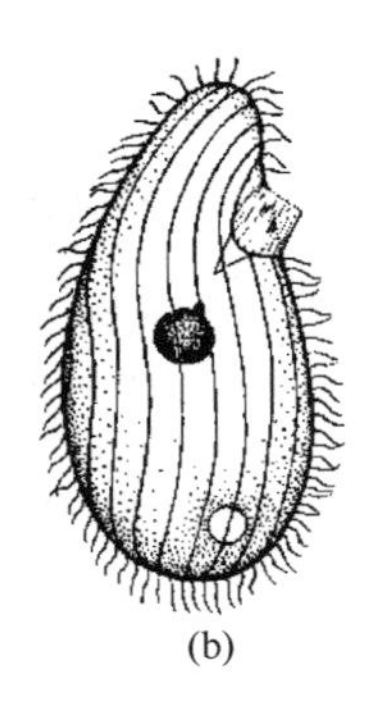
(a)　　　　(b)

图 12-371　梨形四膜虫
(*Tetrahymena priformis*)
(a) 腹面观；(b) 侧面观

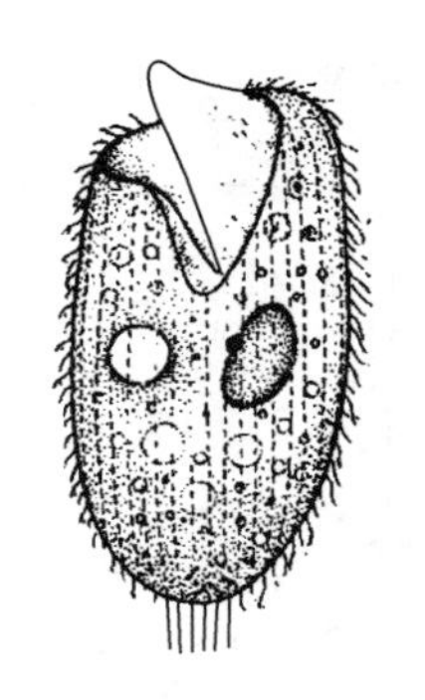

图 12-372　黏囊膜虫
(*Espejoia mucicola*)

五十四、拟瞬目虫属

拟瞬目虫属（*Pseudoglaucoma*）体呈卵形，背、腹扁平。约在 1/4 的前端右缘有一小的三角形的外质唇突，胞口即位于外质唇囊内。口腔的左缘有一显著的纤毛膜。体纤毛退化，背面仅 4 行纤毛，腹面无纤毛。大核 1 个，呈圆形，中位。伸缩泡 1 个，在后端。常见种类见图 12-373。

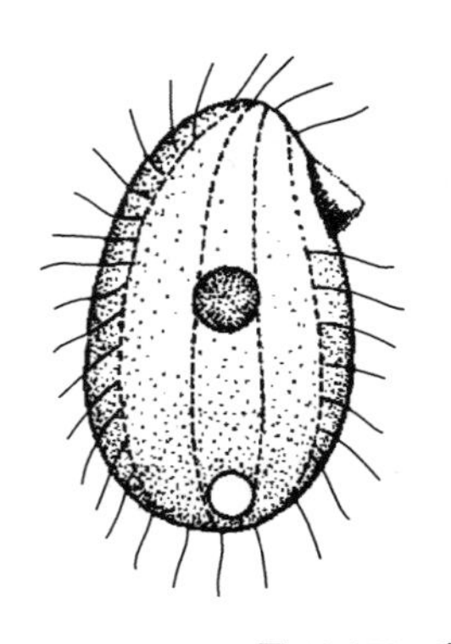
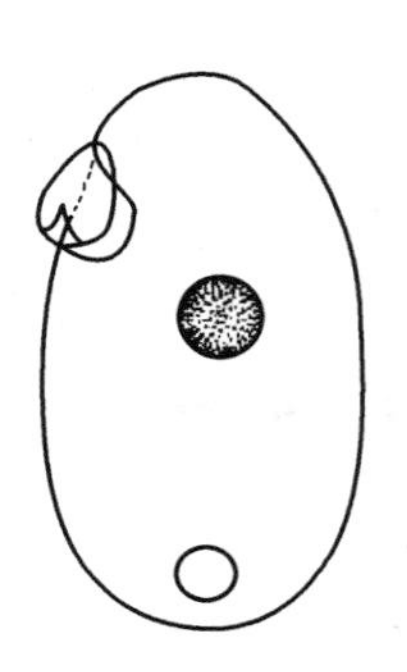

图 12-373　苔藓拟瞬目虫
(*Pseudoglaucoma musorum*)

五十五、瞬目虫属

瞬目虫属（*Glaucoma*） 体呈卵形或椭圆形。口腔在前端 1/4 的腹面中央，有外质唇包围，呈卵形并向左倾斜。口腔内为典型的“四膜”式构造。体纤毛均匀分布。口前接缝线向左倾斜，口后纤毛列 7 条。大核及伸缩泡各 1 个。常见种类见图 12-374～图 12-376。

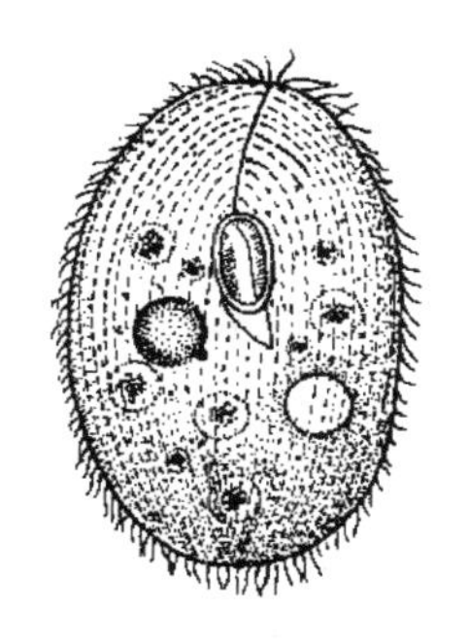

图 12-374 大口瞬目虫
（*Glaucoma macrostoma*）

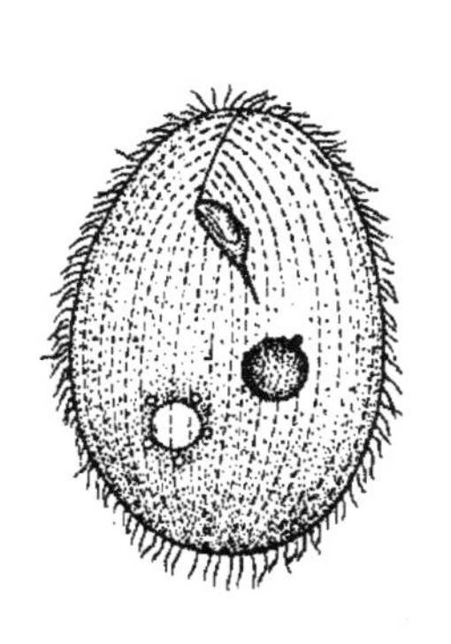

图 12-375 闪瞬目虫
（*Glaucoma Scintillans*）

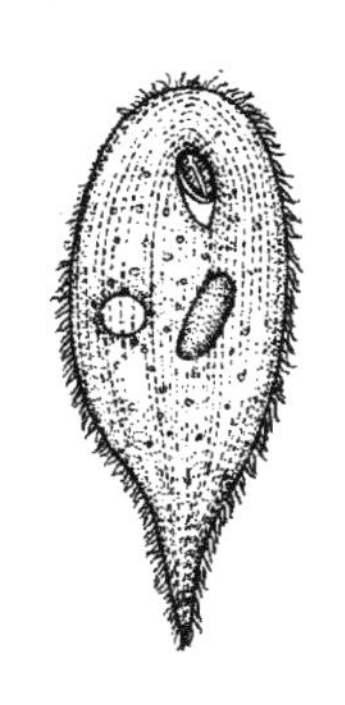

图 12-376 前口瞬目虫
（*Glaucoma frontata*）

五十六、双膜虫属

双膜虫属（*Dichilum*） 体呈长椭圆形，前部略比后部宽。胞口在 1/5～1/3 的前端，呈长圆形。口的右缘有 1 片波动膜，左缘有 1 片小膜。体纤毛均匀。常有刺丝泡。大核及伸缩泡各 1 个。常见种类见图 12-377 和图 12-378。

五十七、睫杵虫属

睫杵虫属（*Ophryoglena*） 体呈卵形，较大而柔软。口腔呈“6”字形或耳形，左边有 1 片波动膜，右边有 3 片小膜。口腔的左边有“表皿小器”反光体，在其凸面常色素斑点。口前接缝线明显。有大核 1 个，伸缩泡 1～2 个。见图 12-379～图 12-381。

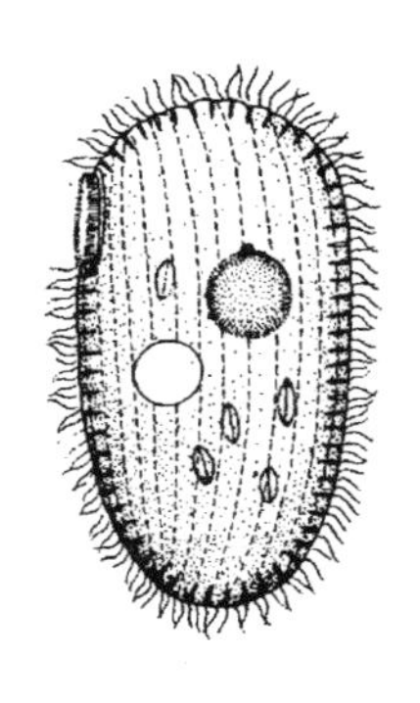

图 12-377　极口双膜虫

(*Dichilum platessoides*)

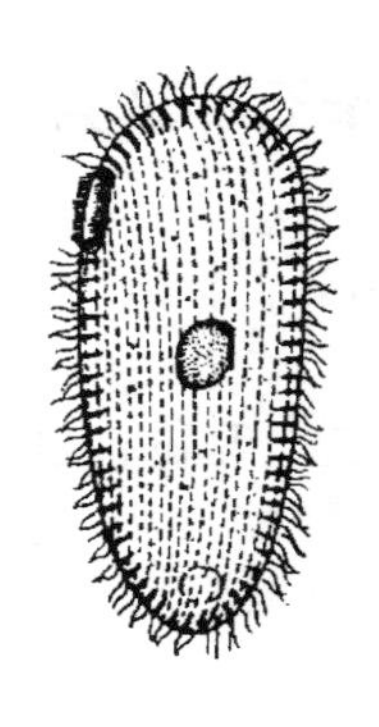

图 12-378　楔形双膜虫

(*Dichilum cuneiforme*)

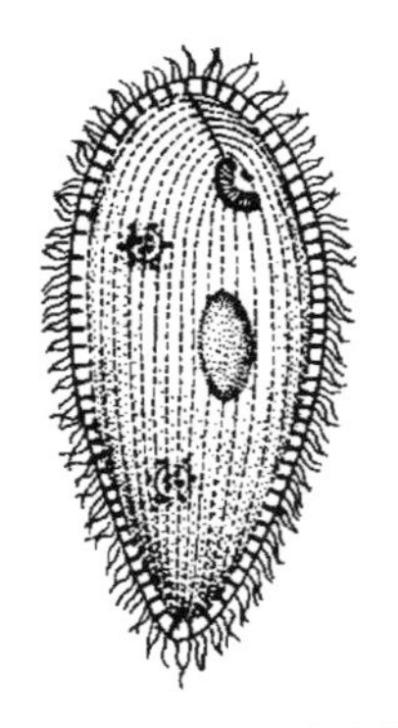

图 12-379　暗黄睫杵虫

(*Ophryoglena flava*)

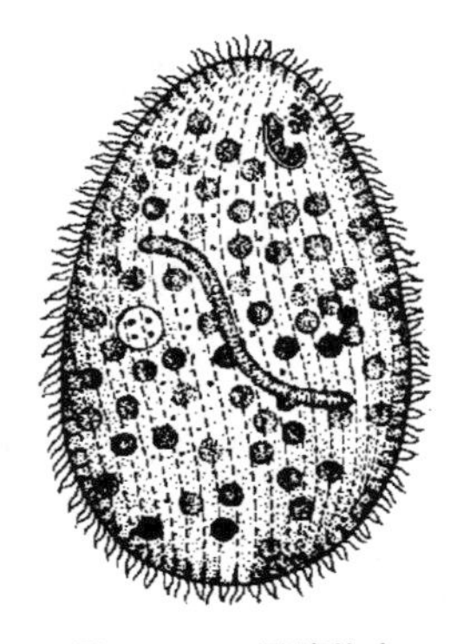

图 12-380　黑睫杵虫

(*Ophryoglena atra*)

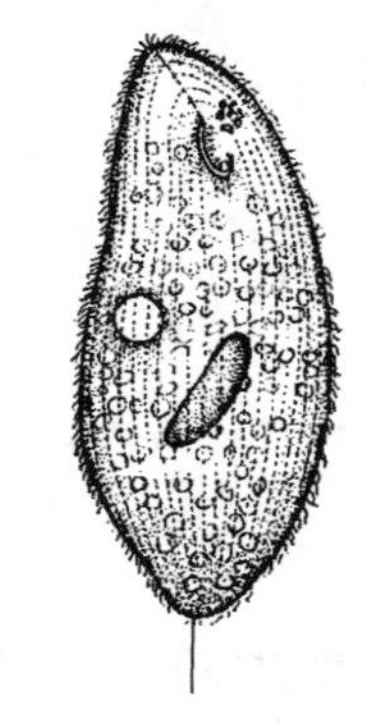

图 12-381　狸藻睫杵虫

(*Ophryoglena utriculariae*)

五十八、草履虫属

草履虫属（*Paramecium*） 体大，呈履状，有十分发达的口沟，口沟引入口腔。口腔内右边有 1 片口侧膜（paroral menprane）、2 片波动咽膜和 1 片四分膜（quadrulus）。体纤毛均匀，外质有刺丝泡。大核 1 个。伸缩泡通常 2 个，其周围有辐射管。常见种类见图 12-382～图 12-386。

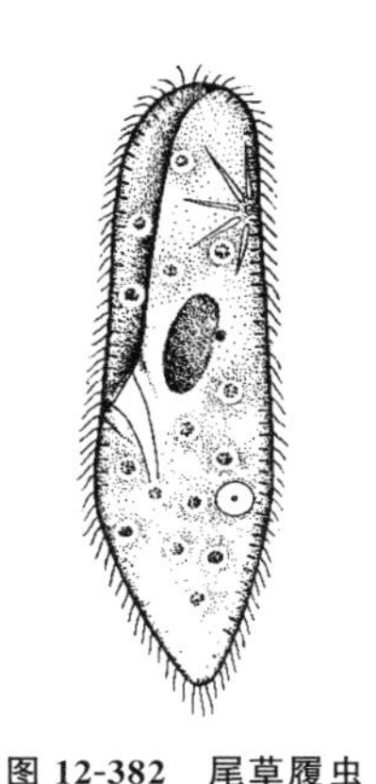

图 12-382　尾草履虫
（*Paramecium caudatum*）

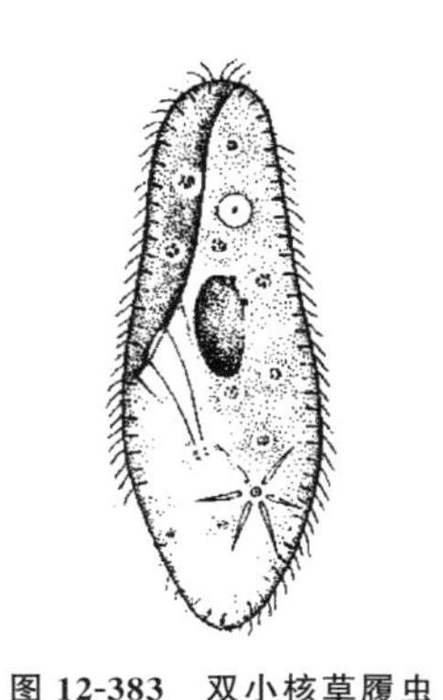

图 12-383　双小核草履虫
（*Paramecium aurelia*）

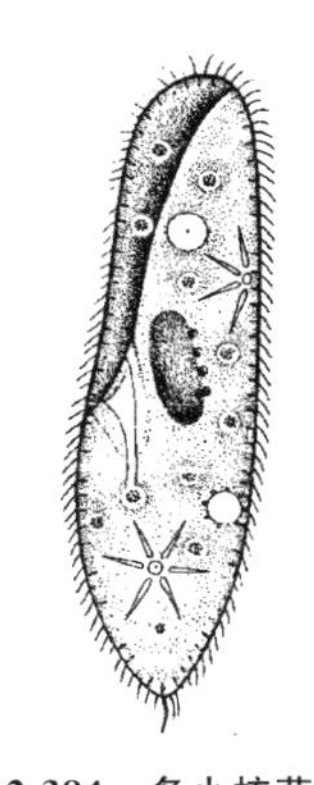

图 12-384　多小核草履虫
（*Paramecium multimicronucleatum*）

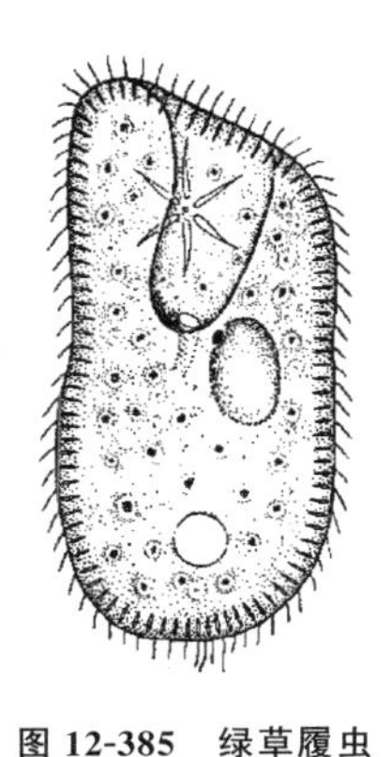

图 12-385　绿草履虫
（*Paramecium bursaria*）

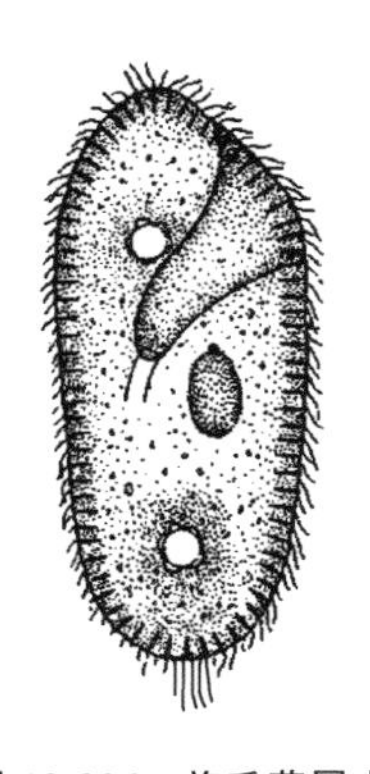

图 12-386　旋毛草履虫
（*Paramecium trichium*）

五十九、前口虫属

前口虫属（*Frontonia*）　体呈卵圆形至椭圆形，前端较后端宽而圆，体扁。口腔在前部 1/3 的腹面右侧，口腔前端尖、后端平截，左缘有 3 层咽膜，右缘 1 片波动膜。从口后接缝线伸出密的纤毛围绕口腔。有口前和口后接缝线。体纤毛密，外质有刺生泡。大核 1 个，伸缩泡 1～2 个，有时具吐集管。常见种类见图 12-387～图 12-390。

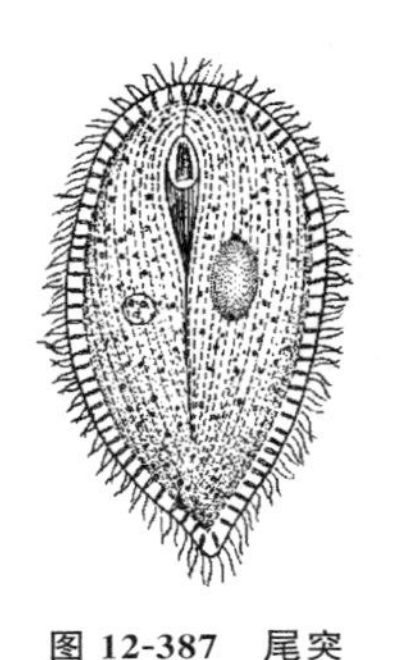
图 12-387　尾突前口虫（*Frontonia atra*）

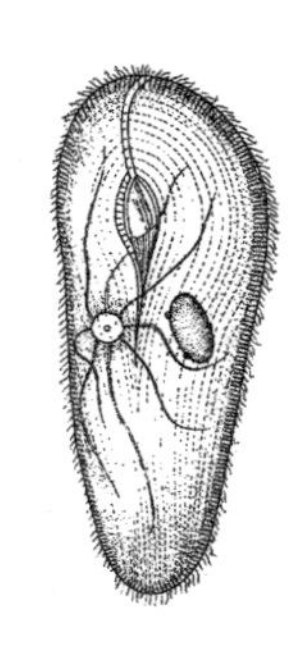
图 12-388　银白前口虫（*Frontonia leucas*）

图 12-389　尖前口虫（*Frontonia acuminata*）

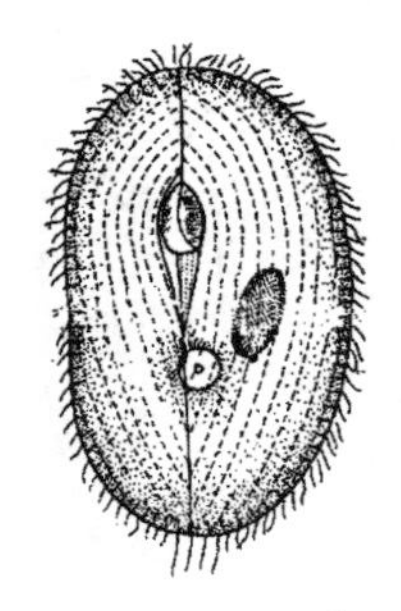
图 12-390　凹扁前口虫（*Frontonia depressa*）

六十、尾缨虫属

尾缨虫属（*Urocentrum*）体呈陀螺状，中部紧缩。前部较后部宽。胞口在腹面赤道一侧。有两束宽的纤毛带，一束在体前部，另一束在体后部。虫体后端一侧有一尾缨状的纤毛束，其长度可达体长的 1/2。游动时以此尾毛束为纵轴而旋转。大核 1 个，带形。伸缩泡 1 个，在体末有 8 条长的收集管。见图 12-391。

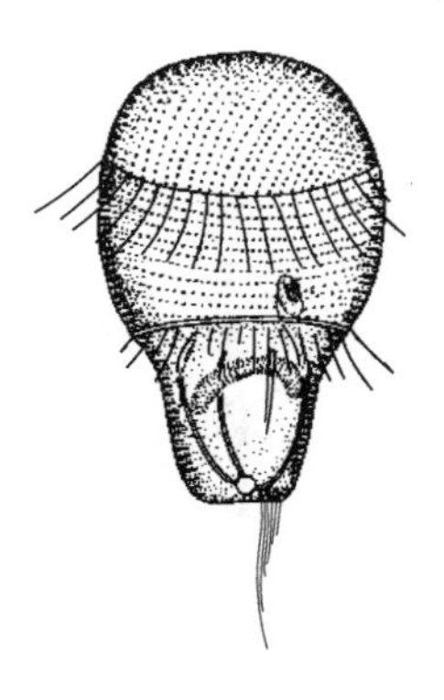
图 12-391　旋尾缨虫（*Urocentrum turbo*）

六十一、舟形虫属

舟形虫属（*Lembadion*）体呈舟形，背凸起而腹面平。胞口很大，从前向后可达体长的 4/5。右边有一长的波动膜，左边的 3 片小膜紧密排在一起形成一片很大的膜。体纤毛均匀分布，有长的尾纤毛。大核及伸缩泡各 1 个，伸缩泡有一条排泄管开口于后腹部右缘。摄食硅藻、单细胞绿藻、裸藻和纤毛虫。常见种类见图 12-392 和图 12-393。

六十二、尾丝虫属

尾丝虫属（*Uronema*） 体呈卵圆形至长椭圆形，微扁。前端平截而无纤毛，后端浑圆，胞口在体前半部左侧。胞咽不明显。大核及伸缩泡各1个。常见种类见图12-394。

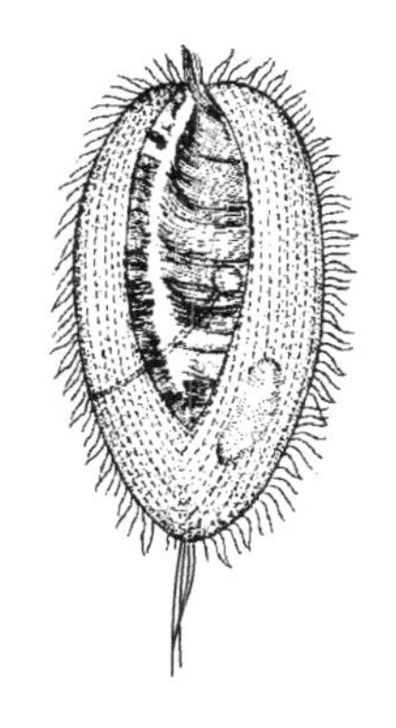

图 12-392 钝舟形虫
（*Lembadion bullinum*）

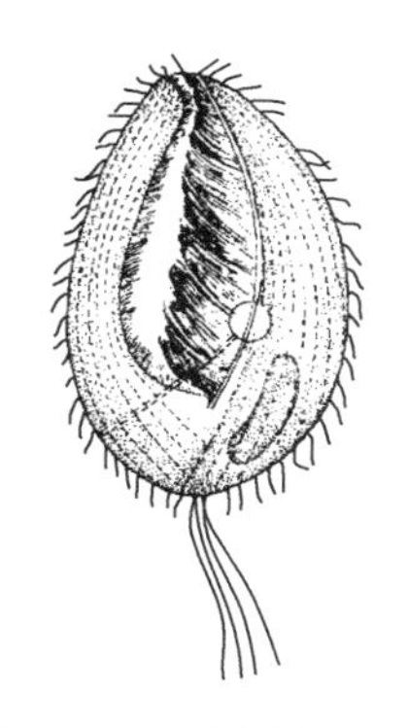

图 12-393 光明舟形虫
（*Lembadion lucens*）

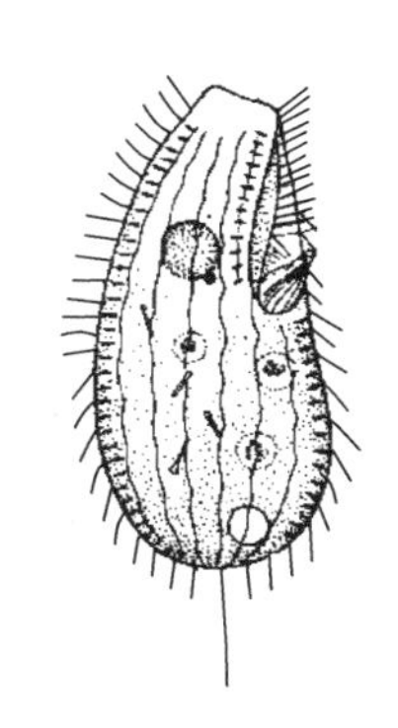

图 12-394 暗尾丝虫
（*Uronema nigricans*）

六十三、康纤虫属

康纤虫属（*Cohnilembus*） 体纵长，有些种类前部变窄呈"颈"状。口围从前端伸向中部或更后并向弯曲，右缘有2片长而显著的波动膜，尾纤毛1根或数根较长的纤毛。大核及伸缩泡各1个。常见种类见图12-395和图12-396。

六十四、斜头虫属

斜头虫属（*Loxocephalus*） 体呈卵圆形或短圆柱形，前端为无纤毛的"前板"，向腹面倾斜。胞口呈新月形，有2片纤毛膜。胞口右边有横纤毛带。体纤毛均匀。1根至数根尾纤毛。大核1个，中部。伸缩泡1个。常见种类见图12-397和图12-398。

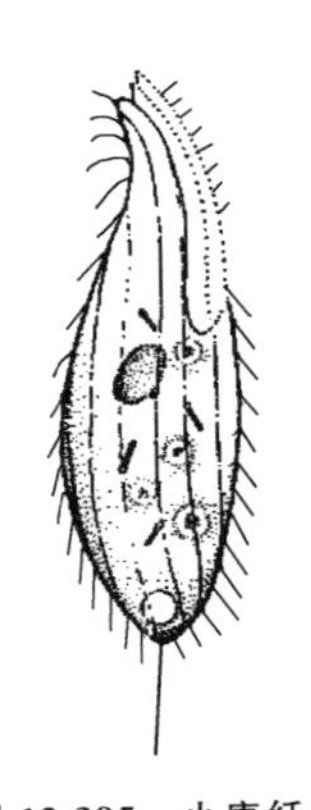

图 12-395　小康纤虫
（*Cohnilembus pusillus*）

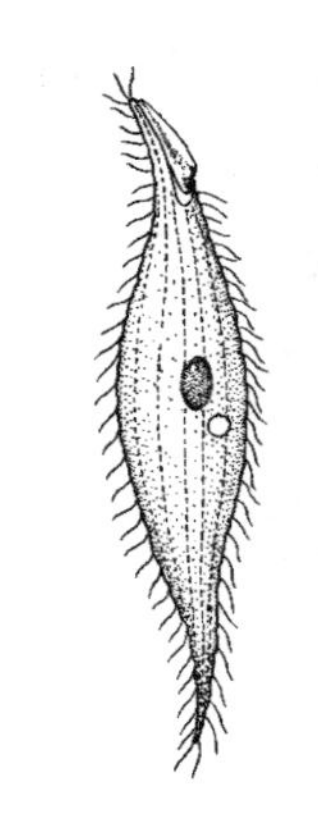

图 12-396　纺锤康纤虫
（*Cohnilembus fusiformis*）

六十五、映毛虫属

映毛虫属（*Cinetochilum*）体小，扁平，呈圆盘形，前端圆，末端略平截。胞口在后半部右侧，两侧各有 1 片膜。体纤毛仅限于腹面，稀，纤毛列呈马蹄形围绕着胞口，口后区无纤毛。后端有 3～4 根尾纤毛。常见种类见图 12-399。

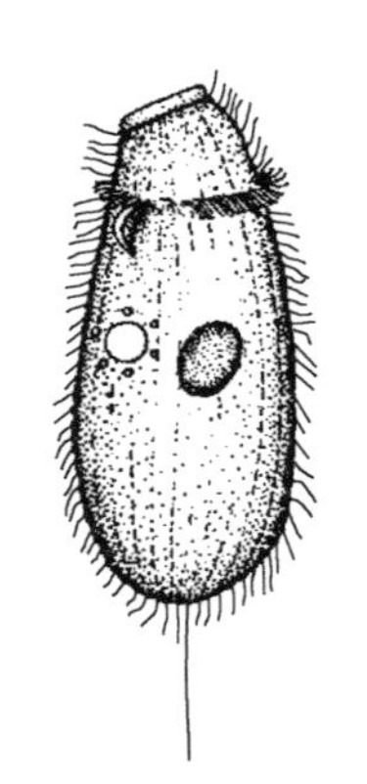

图 12-397　弯斜头虫
（*Loxocephalus plagius*）

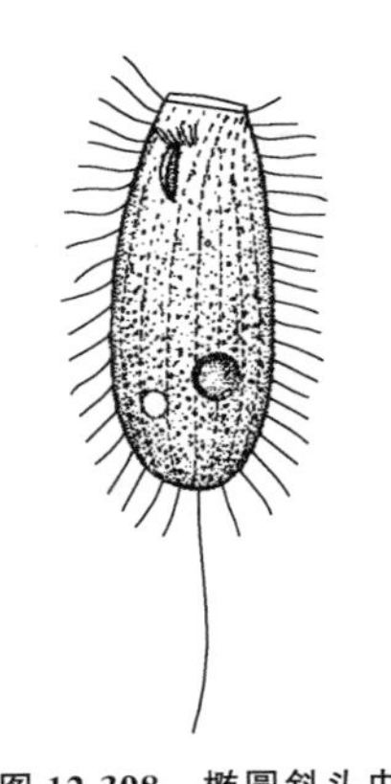

图 12-398　椭圆斜头虫
（*Loxocephalus ellipticus*）

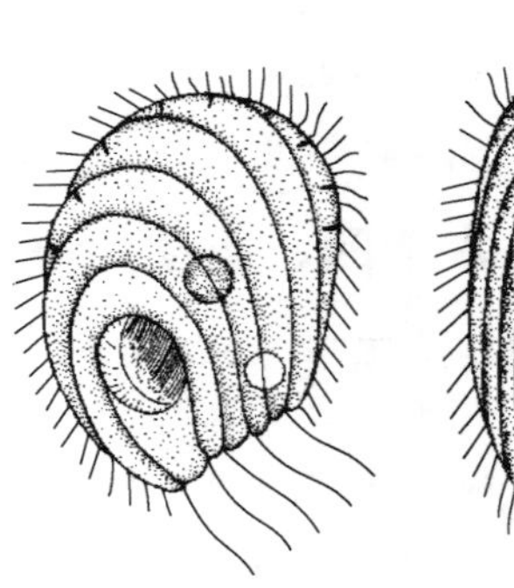

图 12-399　珍珠映毛虫
（*Cinetochilum margaritaceum*）

六十六、嗜腐虫属

嗜腐虫属（*Sathrophilus*） 体纵长，呈卵圆形或梨形。背腹扁平。胞口位于1/4～1/3的前部。右面有一弯弓形波动膜，其后端可以形成囊状，左面有3片纤毛膜。口前部有左右纤毛列汇合的接缝线，常呈缺刻状的“龙骨”。多数有1根尾纤毛。大核1个，中位。伸缩泡1个，在后半部。常见种类见图12-400和图12-401。

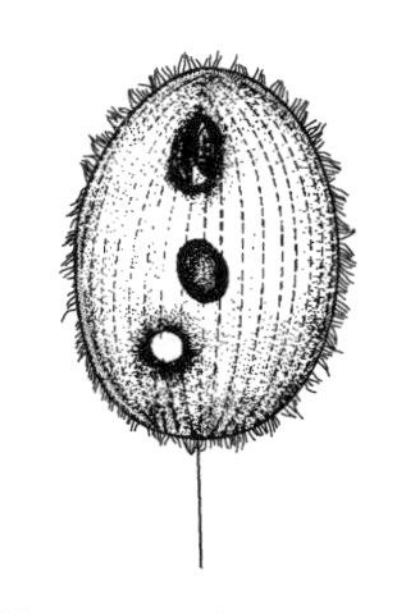

图12-400 椭圆嗜腐虫
（*Sathrophilus ovatus*）

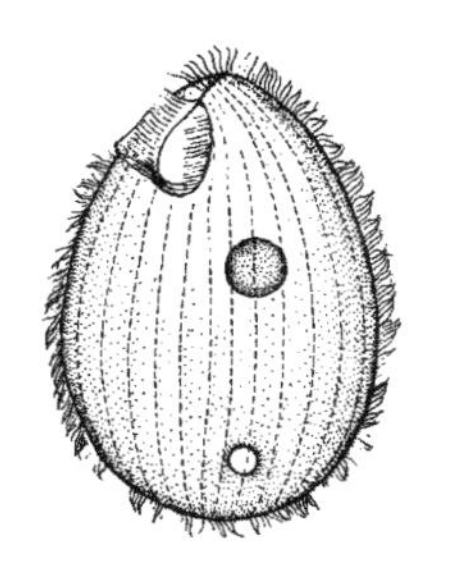

图12-401 卵形嗜腐虫
（*Sathrophilus oviformis*）

六十七、平体虫属

平体虫属（*Platynematum*） 体呈卵圆形，背腹扁平。胞口在右侧，有2片口纤毛膜。体纤毛列呈马蹄形包围胞口，但口后纤毛列（与映毛虫有别）1根尾纤毛。常见种类见图12-402。

六十八、帆口虫属

帆口虫属（*Pleuronema*） 体呈卵形至椭圆形，口围区从前端向后一直伸到虫体2/3处。口右缘的波动膜十分发达，可超出体缘之外，在接近后面的胞口处呈半圆形。体纤毛长而稀，尾纤毛通常较多。常见种类见图12-403。

六十九、膜袋虫属

膜袋虫属（*Cyclidium*） 体小，呈卵形。前端为“前板”区；口

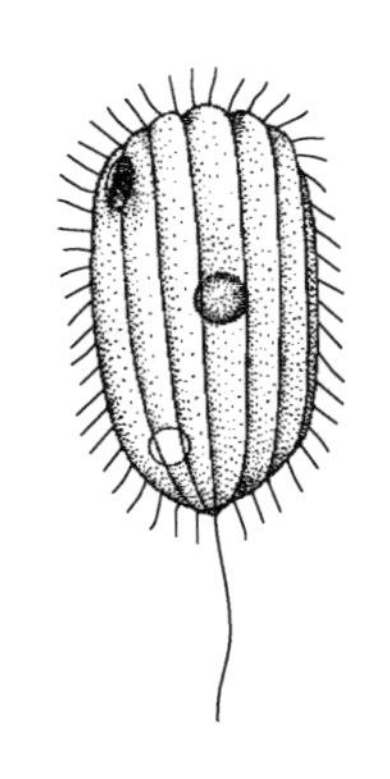

图 12-402　游荡平体虫

(*Platynematum solivagum*)

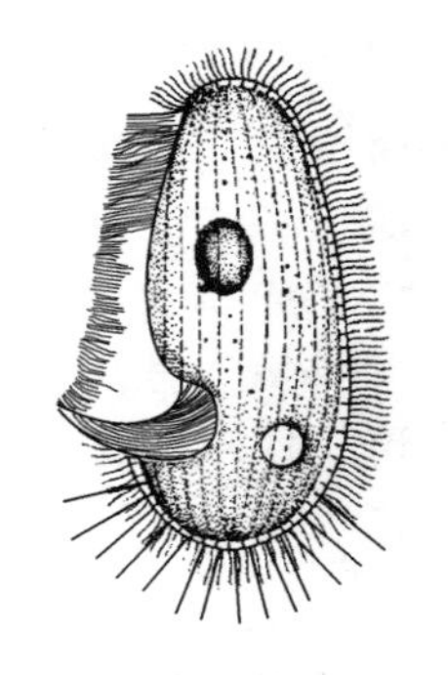

图 12-403　冠帆口虫

(*Pleuronema cornatum*)

围近右侧，最长达体长的 2/3。口缘右侧有一透明的袋状纤毛膜与左缘游离纤毛互相连合。体纤毛稀，1 根尾纤毛。大核 1 个，圆形，在前半部。伸缩泡 1 个，多在末端。常见种类见图 12-404～图 12-415。

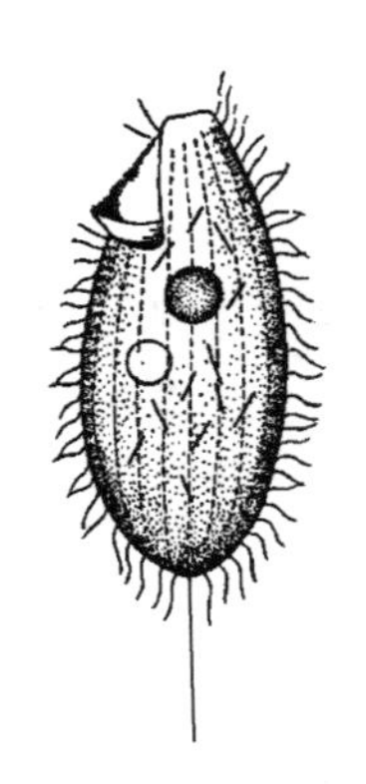

图 12-404　居中膜袋虫

(*Cyclidium centrale*)

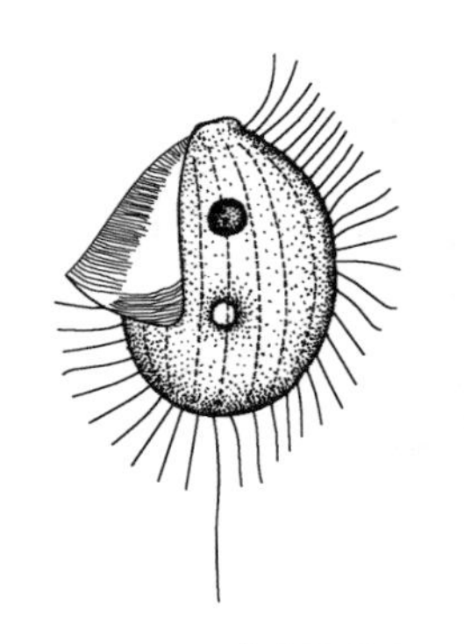

图 12-405　苔藓膜袋虫

(*Cyclidium muscicola*)

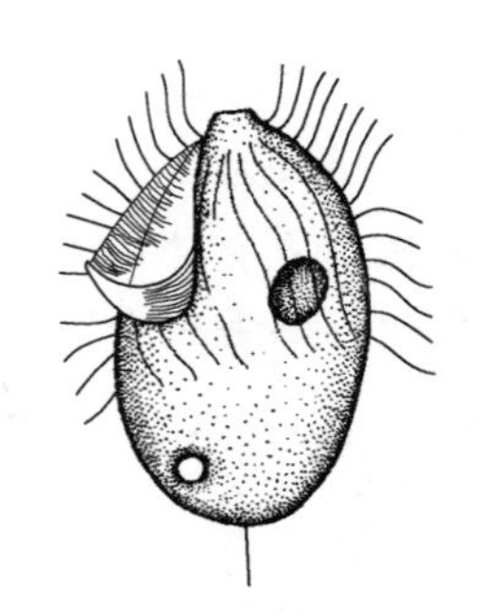

图 12-406　鞭膜袋虫

(*Cyclidium flagellatum*)

七十、梳纤虫属

梳纤虫属（*Ctedoctema*） 虫体与膜袋虫相似。前端有“前板”。

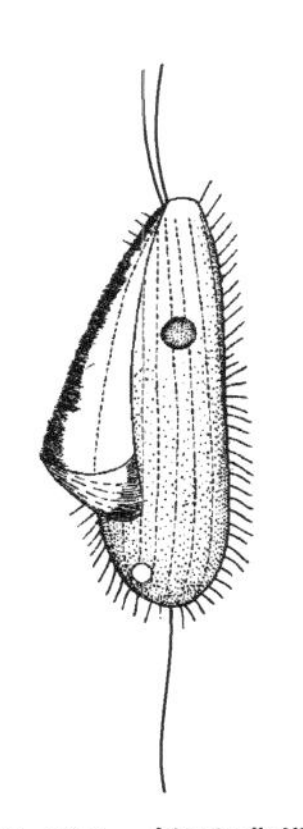

图 12-407 长毛膜袋虫
(*Cyclidium lanuginosum*)

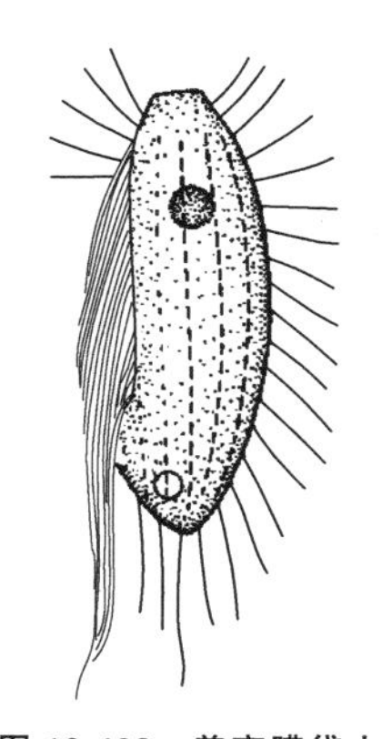

图 12-408 善变膜袋虫
(*Cyclidium versatile*)

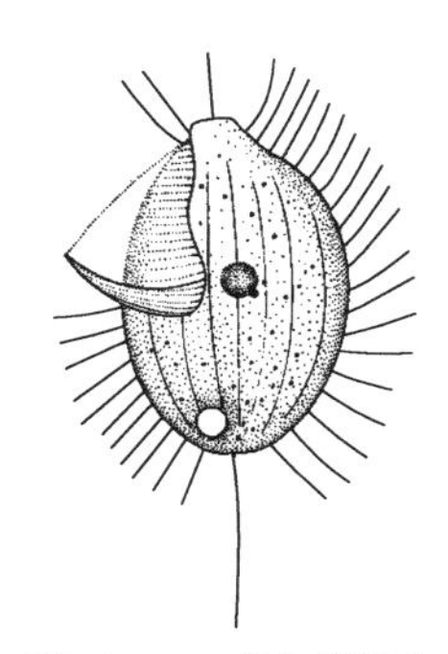

图 12-409 银灰膜袋虫
(*Cyclidium glaucoma*)

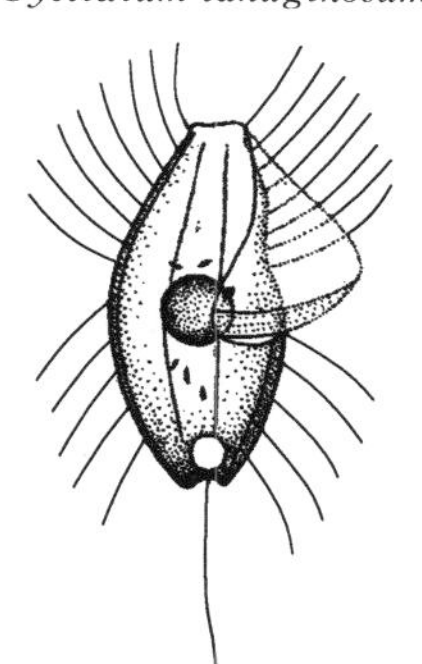

图 12-410 瓜形膜袋虫
(*Cyclidium citrullus*)

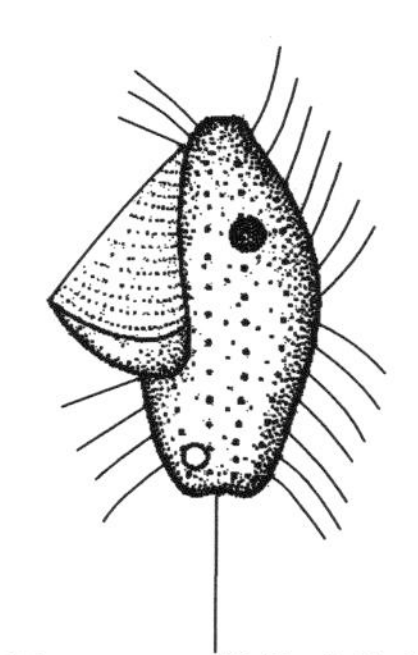

图 12-411 纵长膜袋虫
(*Cyclidium elongatum*)

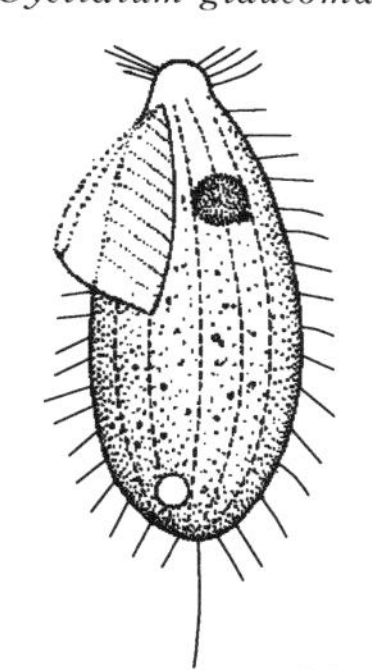

图 12-412 长圆膜袋虫
(*Cyclidium oblongum*)

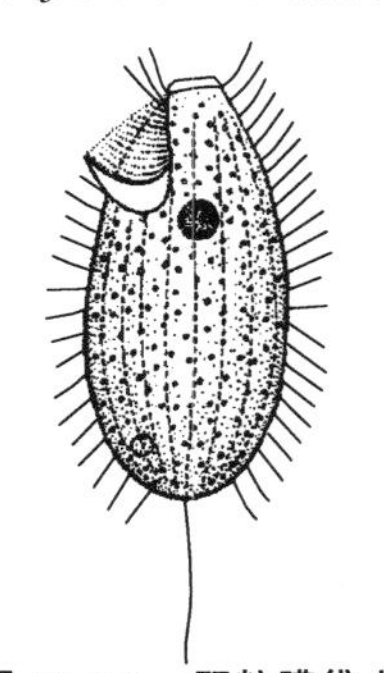

图 12-413 颗粒膜袋虫
(*Cyclidium granulosum*)

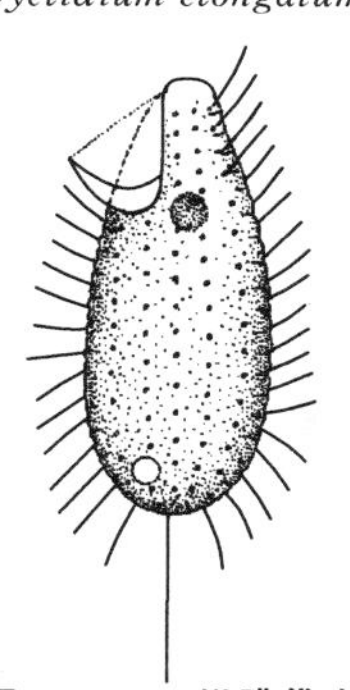

图 12-414 似膜袋虫
(*Cyclidium simulans*)

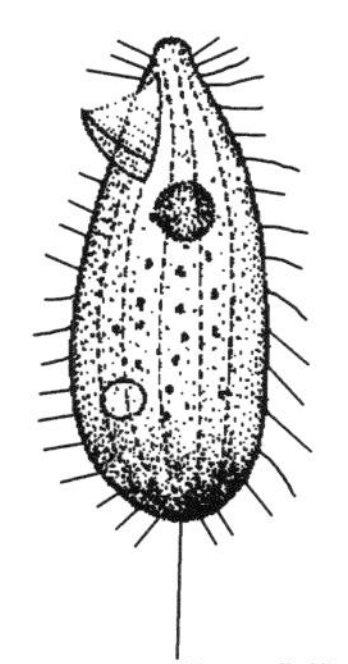

图 12-415 单一膜袋虫
(*Cyclidium singulare*)

但口围从前端右侧呈对角线倾向左侧。波动膜帆状。常见种类见图12-416。

七十一、发袋虫属

发袋虫属（*Cristigera*） 体形与膜袋虫相似。但口围在腹面中线，口围后有一或深或浅的纵沟。波动膜大，在口处形成囊袋。体纤毛不均匀，体后稀少。1根尾纤毛。大核及伸缩泡各1个。常见种类见图12-417和图12-418。

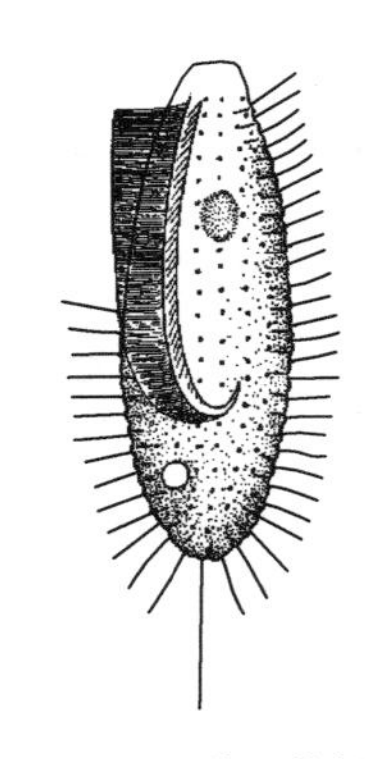

图12-416 前顶梳纤虫
（*Ctedoctema acanthocrypta*）

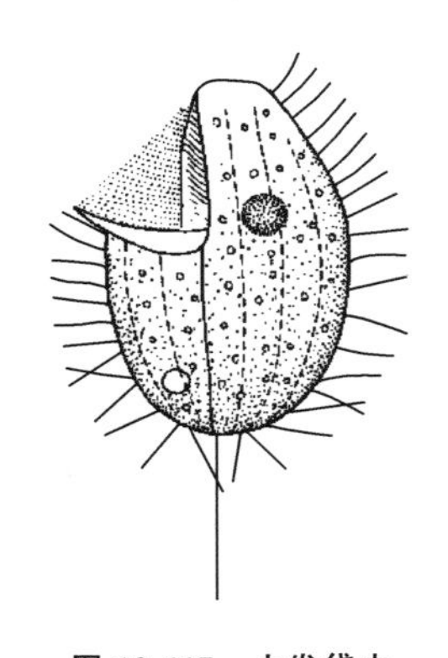

图12-417 小发袋虫
（*Cristigera minuta*）

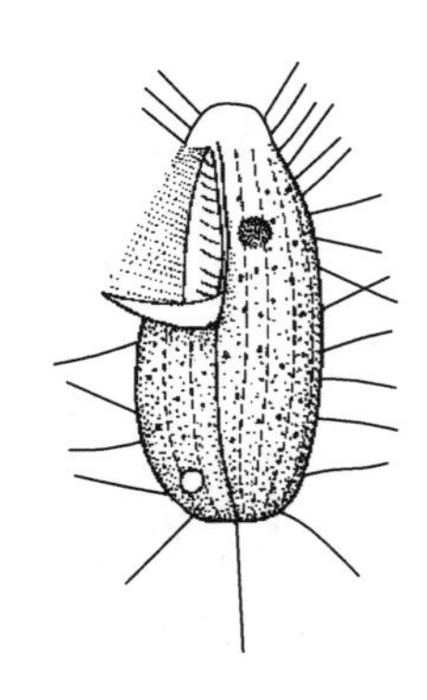

图12-418 被发袋虫
（*Cristigera vestita*）

七十二、钟虫属

钟虫属（*Vorticella*） 柄不分枝，单体。柄螺旋收缩。表膜有横的条纹。大核1个，伸缩泡1个或2个。常见种类见图12-419～图12-436。

七十三、独缩虫属

独缩虫属（*Carchesium*） 形体与钟虫相似，但柄分枝形成群体，肌丝在柄的分叉处互不相连。肌丝扭曲，柄收缩时螺旋盘绕。有大核及伸缩泡各1个。常见种类见图12-437。

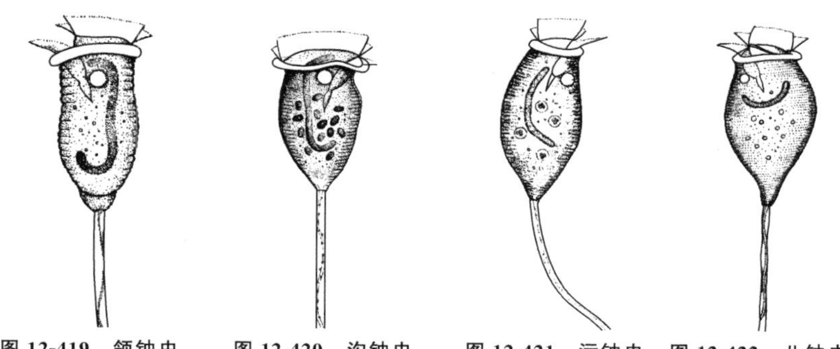

图 12-419 领钟虫 (*Vorticella aequilata*)

图 12-420 沟钟虫 (*Vorticella convallaria*)

图 12-421 污钟虫 (*Vorticella putrina*)

图 12-422 八钟虫 (*Vorticella octava*)

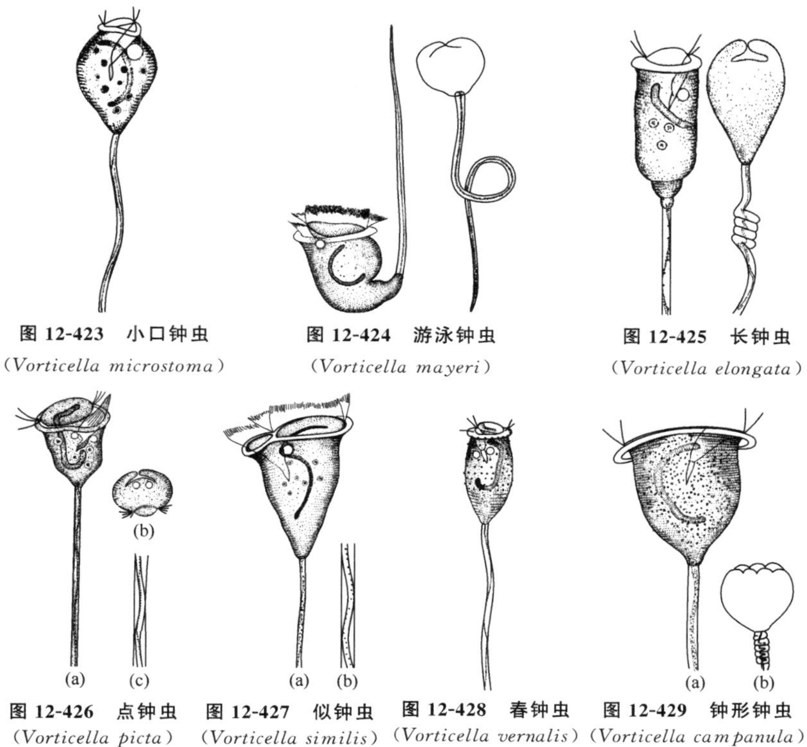

图 12-423 小口钟虫 (*Vorticella microstoma*)

图 12-424 游泳钟虫 (*Vorticella mayeri*)

图 12-425 长钟虫 (*Vorticella elongata*)

图 12-426 点钟虫 (*Vorticella picta*)
(a)正常虫体;(b)游泳体;(c)柄、示肌丝及颗粒排列

图 12-427 似钟虫 (*Vorticella similis*)
(a)正常虫体;(b)柄、示肌丝及颗粒排列

图 12-428 春钟虫 (*Vorticella vernalis*)

图 12-429 钟形钟虫 (*Vorticella campanula*)
(a) 正常虫体;
(b) 收缩虫体

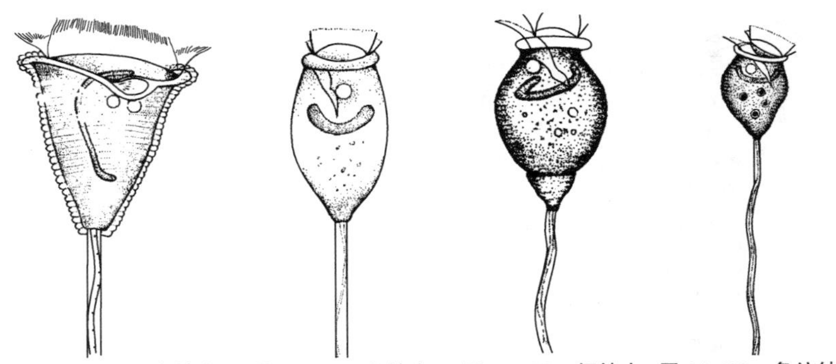

图 12-430　外套钟虫 (*Vorticella vestita*)　图 12-431　白钟虫 (*Vorticella alba*)　图 12-432　杯钟虫 (*Vorticella cupifera*)　图 12-433　条纹钟虫 (*Vorticella striata*)

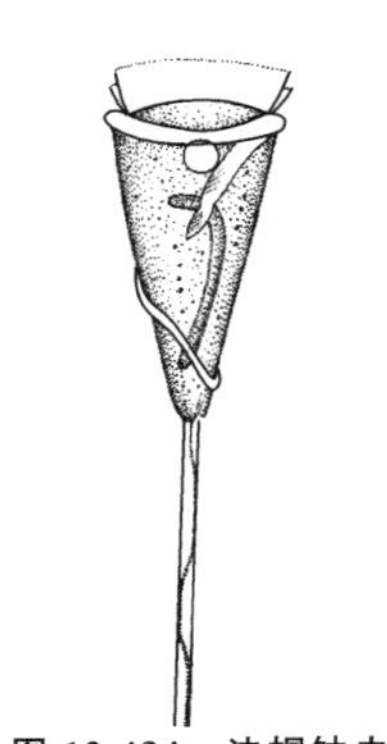

图 12-434　法帽钟虫 (*Vorticella formenteli*)

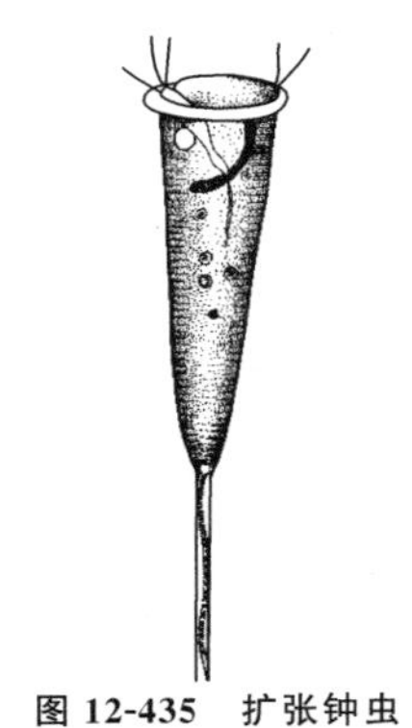

图 12-435　扩张钟虫 (*Vorticella extensa*)

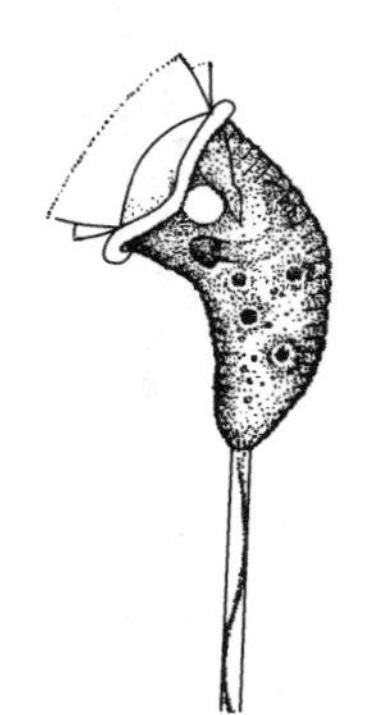

图 12-436　弯钟虫 (*Vorticella hamata*)

七十四、伪钟虫属

伪钟虫属（*Pseudovorticella*）体形与钟虫属相似，均属不分枝的单一虫体，主要区别在于表膜形式。伪钟虫的表膜通过银染，银线呈方格形，而钟虫则为横纹形。常见种类见图 12-438。

七十五、间隙虫属

间隙虫属（*Intranstylum*）体呈钟形，群体，柄内肌丝仅在虫体末端较粗，下端尖细，互不相连。柄可轻微弯曲。常见种见图 12-439。

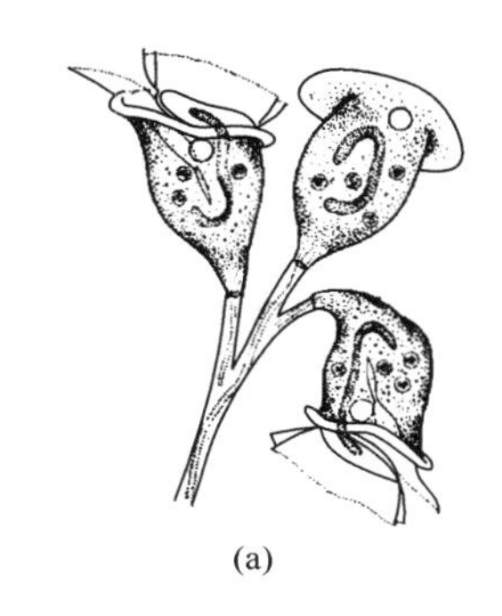

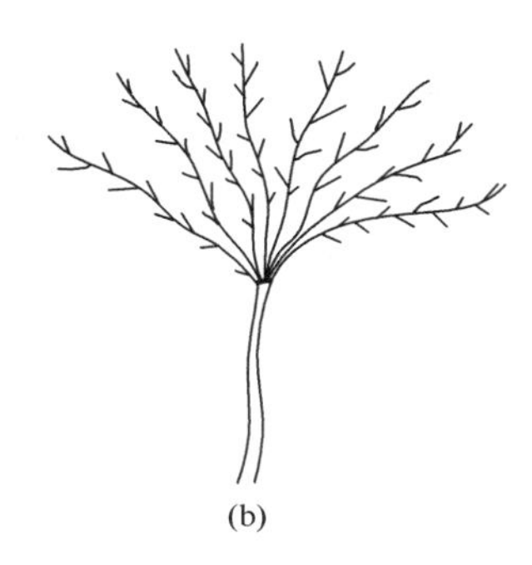

(a)　　　　(b)

图 12-437　螅状独缩虫

(*Carchesium polypinum*)

(a) 群体的一部分；(b) 群体，示柄的分枝形式

七十六、伪独缩虫属

伪独缩虫属（*Pseudocarchesium*） 与间隙虫属相似，群体，肌丝互不相连，但肌丝发达。柄收缩时呈“之”字形。常见种见图12-440。

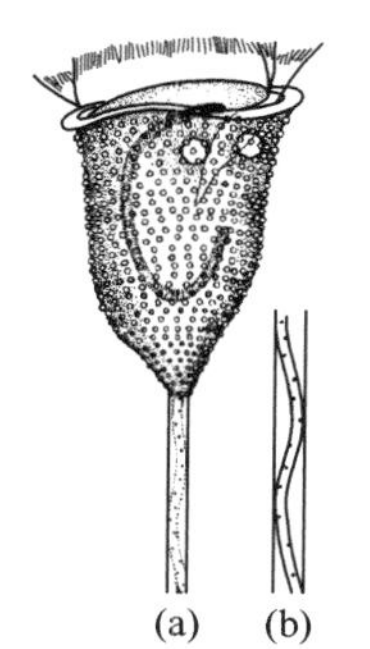

(a)　(b)

图 12-438　念珠伪钟虫

(*Pseudovorticella moninata*)

(a) 正常虫体；

(b) 柄、示肌丝及颗粒

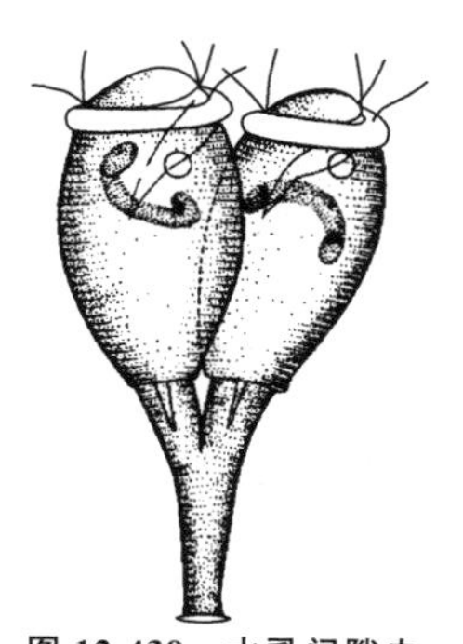

图 12-439　水虱间隙虫

(*Intranstylum asellicola*)

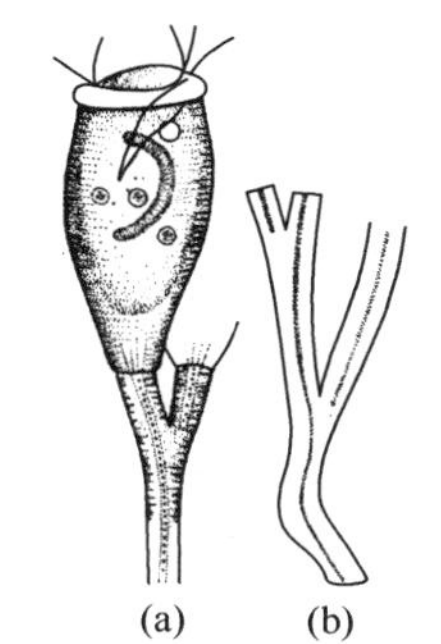

(a)　(b)

图 12-440　水虱伪独缩虫

(*Pseudocarchesium aselli*)

(a) 群体；(b) 示柄的收缩形式

七十七、单柄虫属

单柄虫属（*Haplocaulus*） 与钟虫属相似，不形成群体，主要

区别是肌丝在柄鞘的中部，且直，而不像钟虫的肌丝在柄鞘中呈波浪形扭曲。柄呈“之”字形收缩。常见种类见图 12-441 和图 12-442。

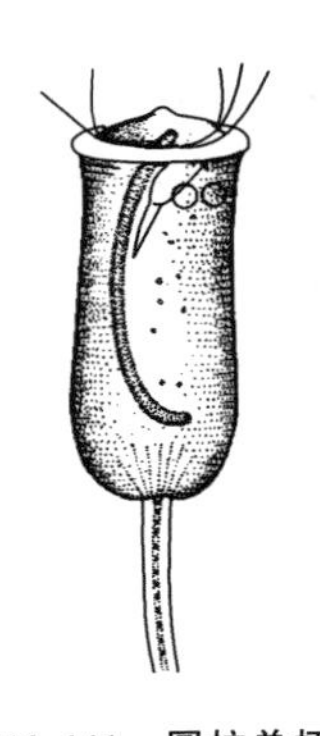

图 12-441　圆柱单柄虫

(*Haplocaulus dipneumon*)

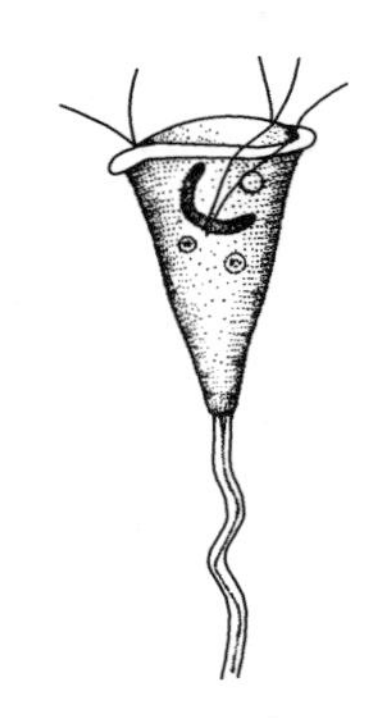

图 12-442　华丽单柄虫

(*Haplocaulus elegans*)

七十八、聚缩虫属

聚缩虫属（*Zoothamnium*）与独缩虫相似，主要区别是柄在分叉处的肌丝相连接，且肌丝多在柄鞘的中央而不呈波浪式扭曲，柄收缩时呈“之”字形而不会是螺旋形。常见种类见图 12-443 和图 12-444。

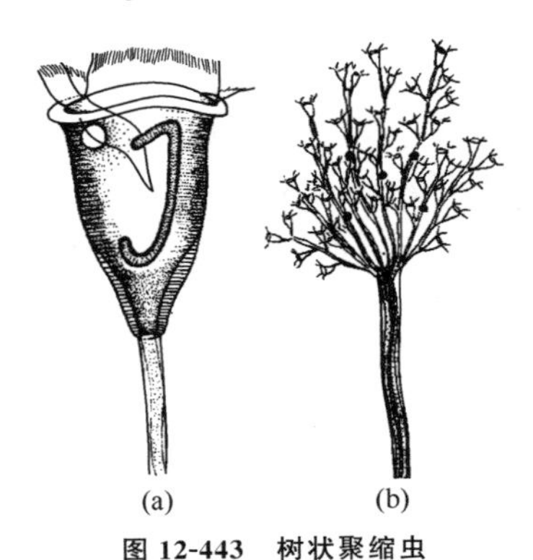

图 12-443　树状聚缩虫

(*Zoothamnium arbuscula*)

(a) 单个虫体；(b) 群体，示柄的分枝形式

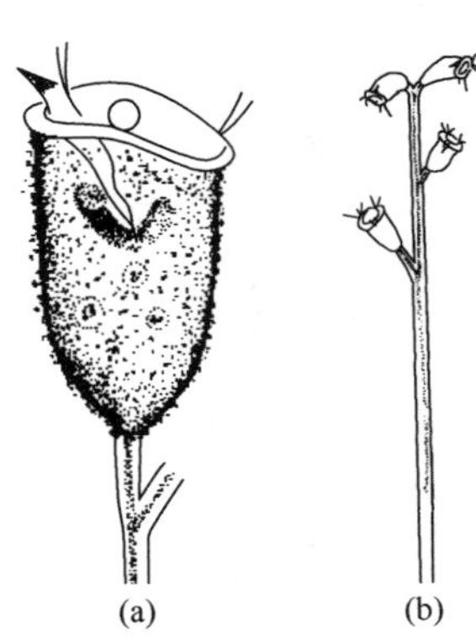

图 12-444　污秽聚缩虫

(*Zoothamnium hentscheli*)

(a) 虫体；(b) 群体

七十九、怪游虫属

怪游虫属（*Astylozoon*） 体呈梨形，围口唇窄，中部宽，末端很细，伸出 1～2 根硬触毛。常见种类见图 12-445。

八十、矛刺虫属

矛刺虫属（*Hastatella*） 单体，自由游泳，与怪游虫相似，但虫体有 2～4 圈长的圆锥形外质刺突。常见种类见图 12-446。

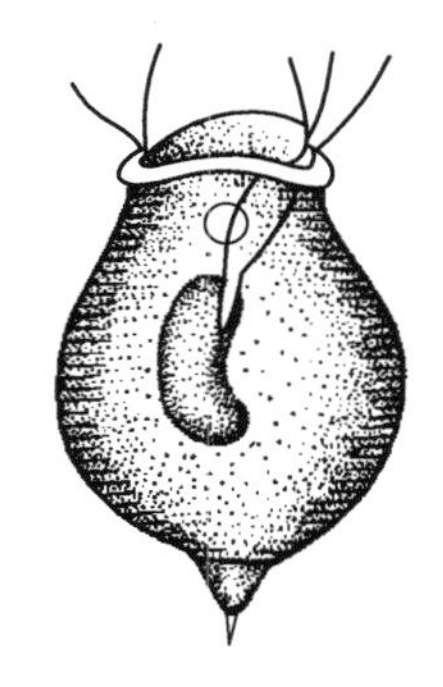

图 12-445 尾刺怪游虫
（*Astylozoon faurei*）

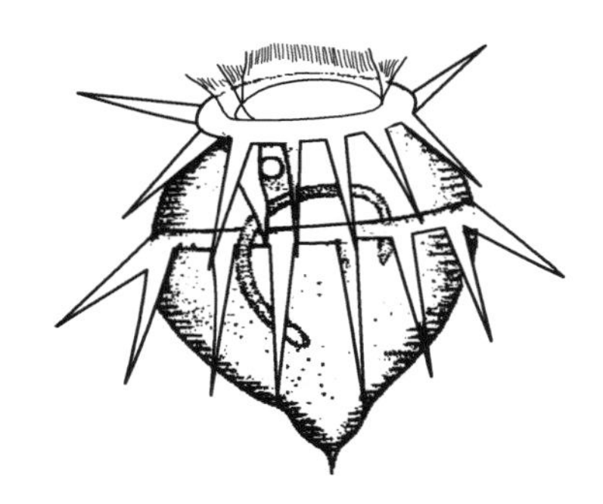

图 12-446 放射矛刺虫
（*Hastatella radians*）

八十一、短柱虫属

短柱虫属（*Rhabdostyla*） 虫体形态与钟形科的种类相似，前端有扩大的围口唇。该属无群体。柄内无肌丝，不收缩。常见种类见图 12-447。

八十二、后柱虫属

后柱虫属（*Opisthostyla*） 形态与短柱虫属相同。单体。但本属柄较长，柄端弯曲。常见种类见图 12-448。

八十三、聚钟虫属

聚钟虫属（*Gampanella*） 围口唇有 4～6 圈纤毛。柄分枝，柄内无肌丝而不能收缩。常见种类见图 12-449。

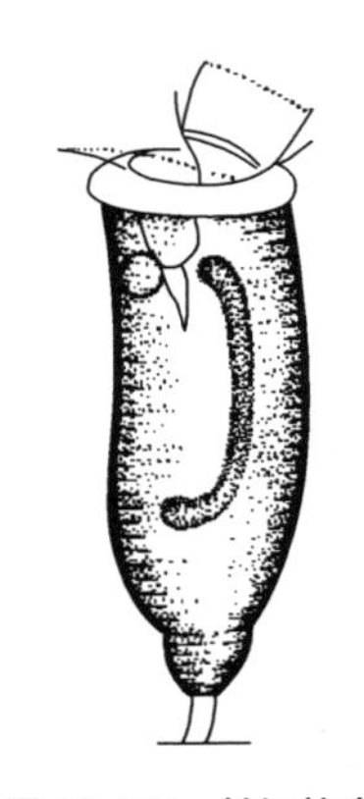

图 12-447 斜短柱虫

(*Rhabdostyla inclinans*)

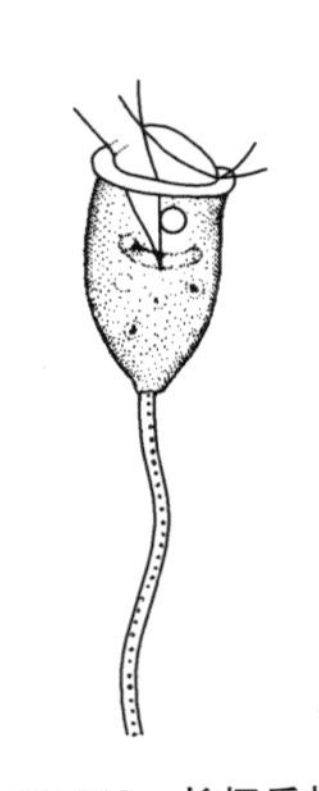

图 12-448 长柄后柱虫

(*Opisthostyla longipes*)

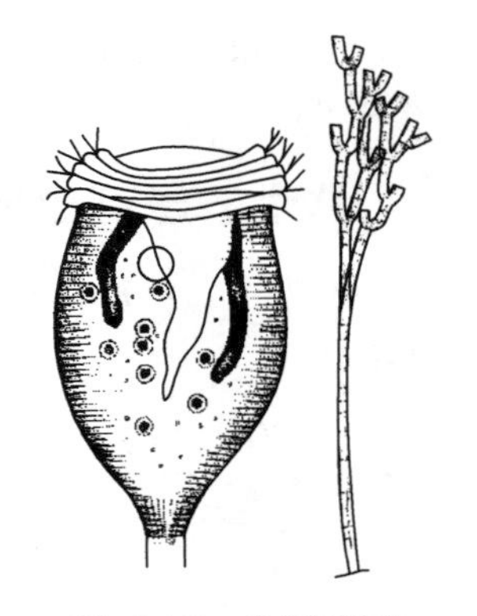

图 12-449 伞形聚钟虫

(*Gampanella umbellaria*)

八十四、累枝虫属

累枝虫属（*Epistylis*） 虫体与钟虫相似，前端有膨大的围口唇。群体，柄无肌丝而不收缩。着生在各种水生动植物体上。个别种营浮游生活。常见种类见图 12-450～图 12-454。

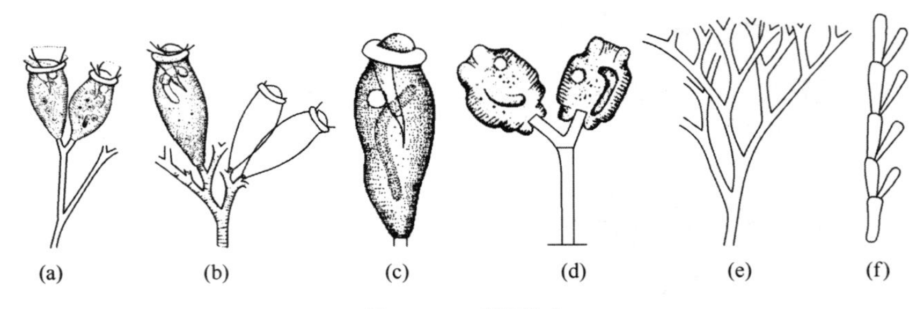

图 12-450 湖累枝虫

(*Epistylis lacustris*)

(a) 正常的双分叉型分枝；(b) 不正常的双分叉型分枝；(c) 杆柱形分枝；(d) 收缩状态；(e) 自然环境中分枝的双分叉型；(f) 无恒型分枝

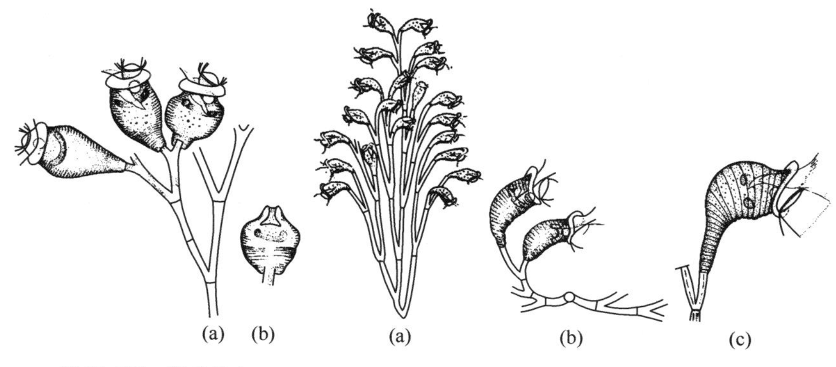

图 12-451　瓶累枝虫
（*Epistylis urceolata*）
（a）分枝的一部分；
（b）收缩的形态

图 12-452　浮游累枝虫
（*Epistylis rotans*）
（a）自然环境中群体分枝状态；（b）活性污泥中分枝及伸展状态；（c）自然环境中个体伸展状态

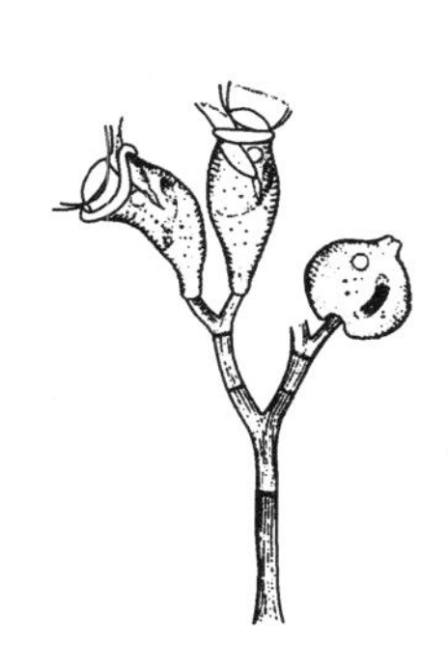

图 12-453　节累枝虫
（*Epistylis articulata*）

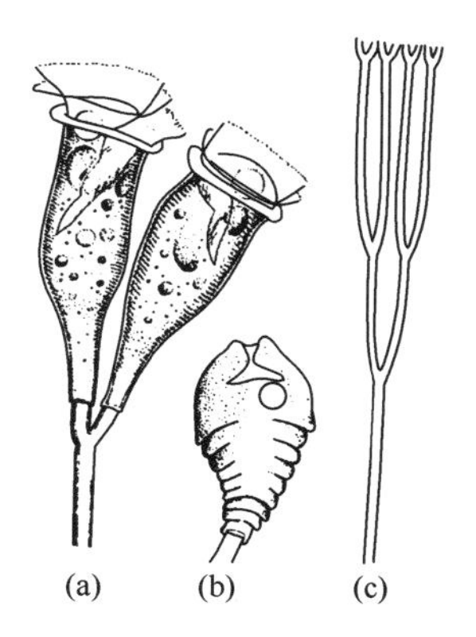

图 12-454　褶累枝虫
（*Epistylis plicatilis*）
（a）个体伸展状态；（b）个体收缩状态；（c）自柄分枝状态

八十五、盖果虫属

盖果虫属（*Propyxidium*） 柄不分枝、单体。与累枝虫属的区别是无膨大的围口唇，柄短。常见种类见图 12-455。

八十六、盖虫属

盖虫属（*Opercularis*） 虫体形态与盖虫属相同，但柄分枝形成群体。大核及伸缩泡各1个。常见种类见图12-456～图12-464。

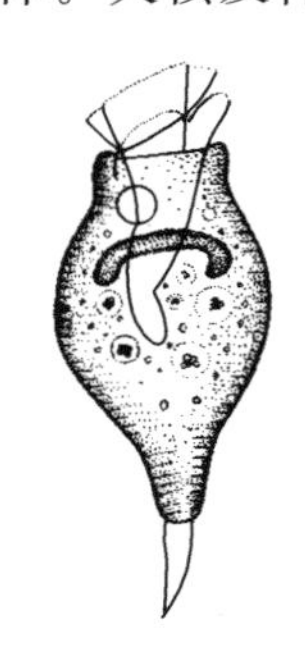

图 12-455 春盖果虫

（*Propyxidium vernale*）

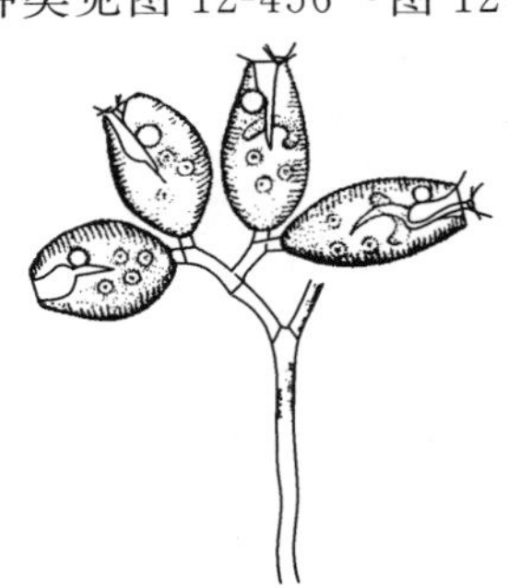

图 12-456 微盘盖虫

（*Opercularis microdiscum*）

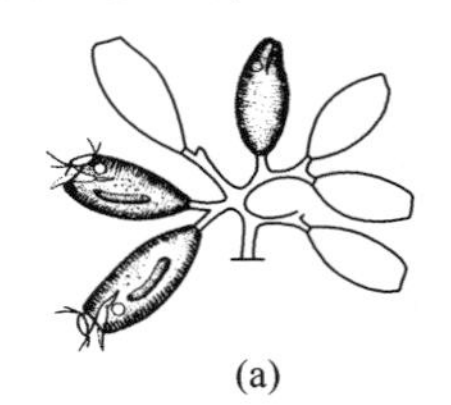

(a) (b) (c)

图 12-457 圆筒盖虫

（*Opercularis cylindrata*）

（a）活性污泥中群体状态；（b）自然水体中群体状态；（c）游泳体

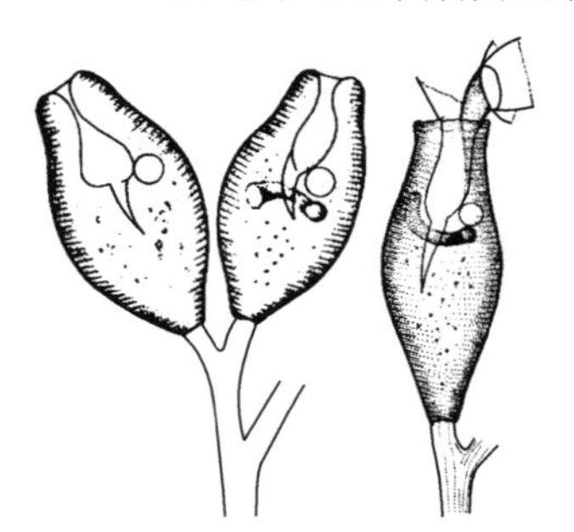

图 12-458 彩盖虫

（*Opercularis phryganeae*）

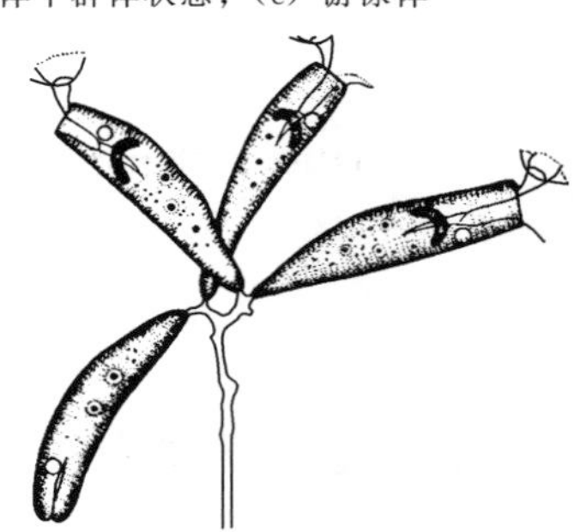

图 12-459 长盖虫

（*Opercularis elongata*）

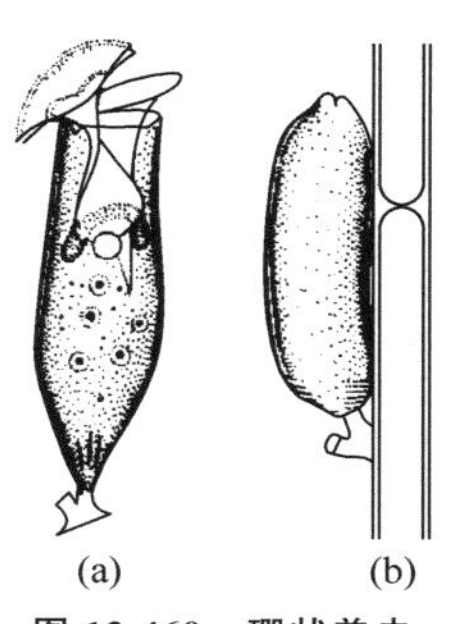

图 12-460　珊状盖虫

（*Opercularis penardi*）

（a）个体伸展状态；

（b）收缩状态

图 12-461　曲柄盖虫

（*Opercularis curvicaule*）

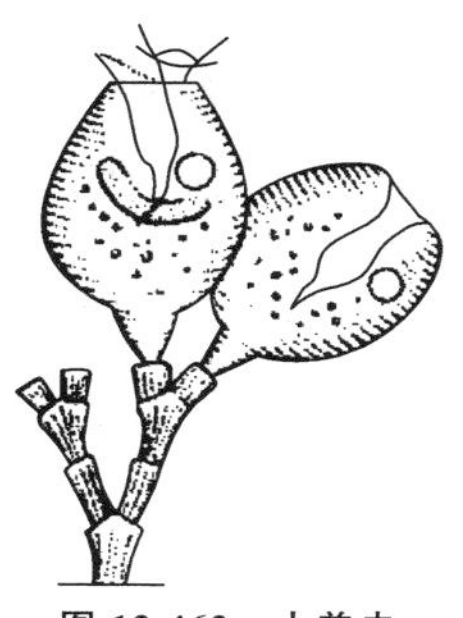

图 12-462　小盖虫

（*Opercularis minima*）

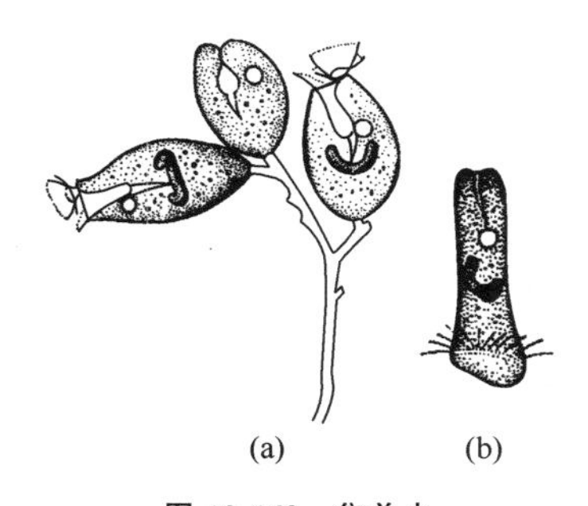

图 12-463　集盖虫

（*Opercularis coarctata*）

（a）部分分枝状态；（b）游泳体

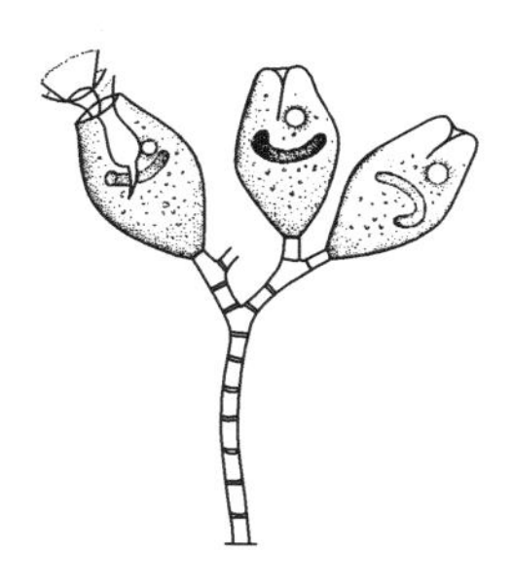

图 12-464　节盖虫

（*Opercularis articulata*）

八十七、圆盖虫属

圆盖虫属（*Orbopercularia*）　虫体与盖虫属相似，主要区别是该属大核为圆形或椭圆形。有些种类有几丁质的鞘包围。常见种类见图 12-465。

八十八、后核虫属

后核虫属（*Apiosoma*）　体呈倒钟形。单体。体末“帚胚”附在鱼和两栖类皮肤上。大核为心形或倒圆锥形，位于后半部。常见种类见图 12-466。

八十九、杯虫属

杯虫属（*Scyphidia*） 体为长钟形，单体。无柄，借“帚胚”着生。大核呈圆形、长带形或 C 形，但决不呈圆锥形或心形。常见种类见图 12-467。

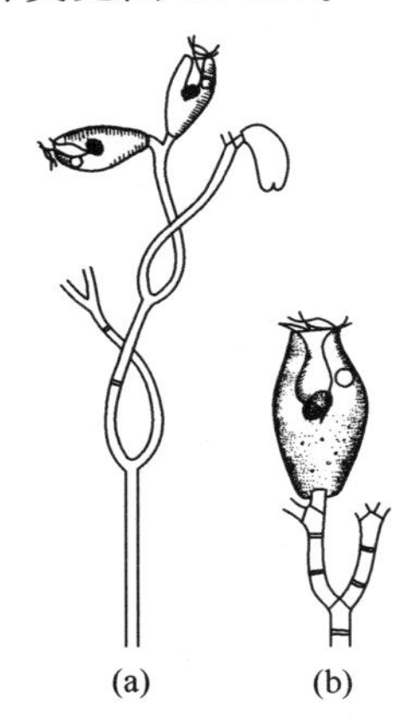

图 12-465 果圆盖虫
（*Orbopercularia berberina*）
（a）部分分枝状态；
（b）个体伸展状态

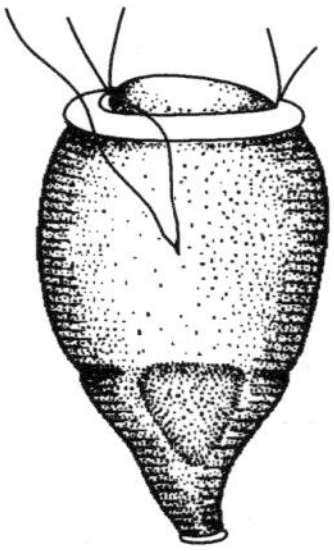

图 12-466 杜父后核虫属
（*Apiosoma cotti*）

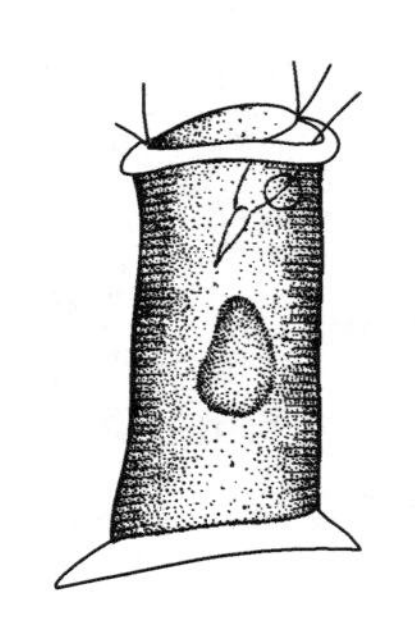

图 12-467 圆柱杯虫
（*Scyphidia physarum*）

九十、副钟虫属

副钟虫属（*Paravorticella*） 主要特征是虫体后端高度细长，形成一无肌丝的“假柄”。常见种类见图 12-468。

九十一、睫纤虫属

睫纤虫属（*Ophrydium*） 体呈瓶形或纺锤形。有很细长且可高度伸缩的“颈”，大核纵长。伸缩泡在中部或后部。单体或群体，常有胶质团围裹。常见种类见图 12-469。

九十二、靴纤虫属

靴纤虫属（*Cothurnia*） 鞘末有柄，鞘内虫体无柄或有柄。常见种类见图 12-470 和图 12-471。

图 12-468 副钟虫（未定种）（*Paravorticella* sp.）

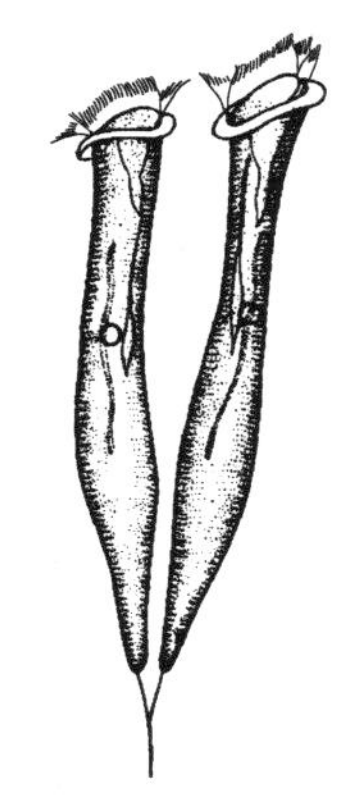

图 12-469 粗睫纤虫（*Ophrydium crassicaule*）

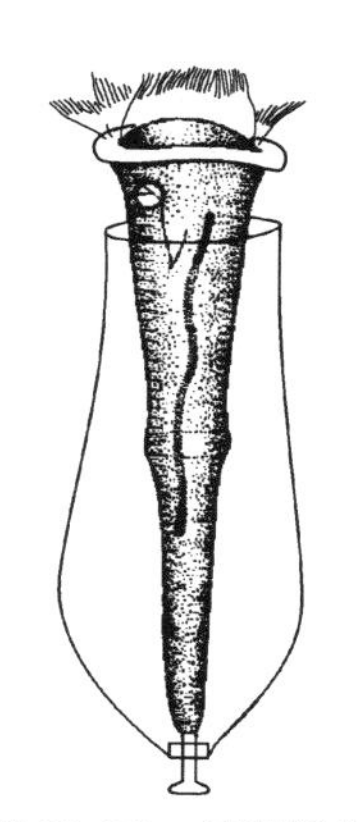

图 12-470 环靴纤虫（*Cothurnia annulata*）

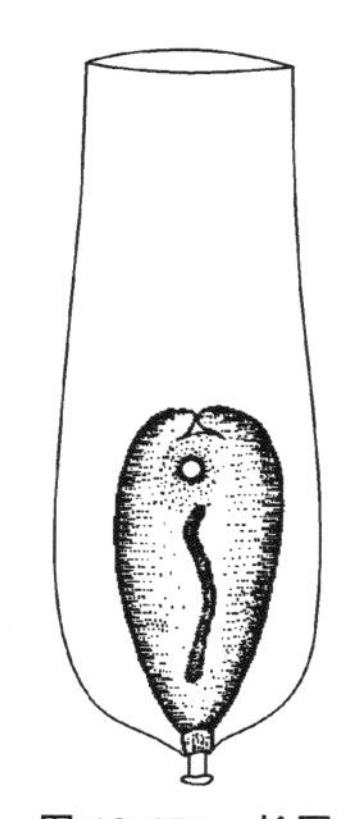

图 12-471 长圆靴纤虫（*Cothurnia oblonga*）

九十三、杯居虫属

杯居虫属（*Pyxicola*） 鞘瓶形，直立，有柄。围口唇下有一盘盖。当虫体收缩时，能将鞘口盖上。常见种类见图 12-472～图 12-474。

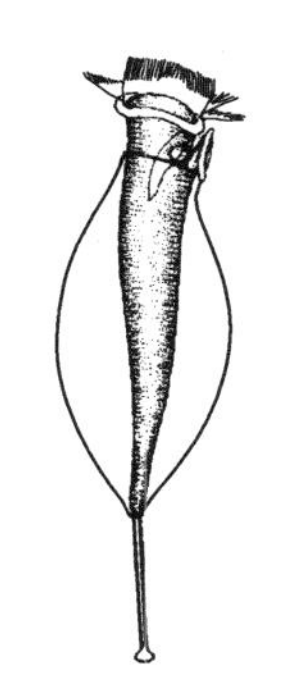

图 12-472 近亲杯居虫（*Pyxicola affinis*）

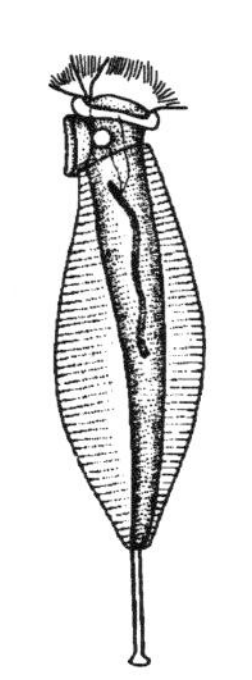

图 12-473 环杯居虫（*Pyxicola annulata*）

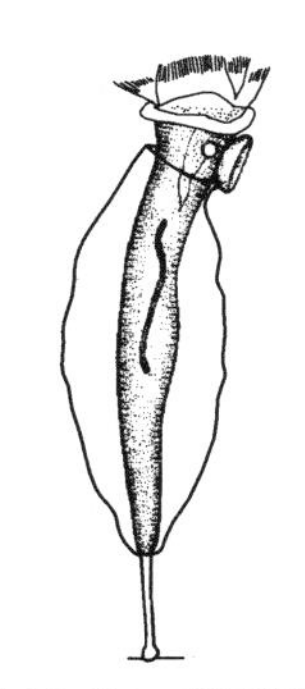

图 12-474 缩杯居虫（*Pyxicola constricta*）

九十四、扉门虫属

扉门虫属（*Thuricola*） 与鞘居虫属相似，直立，鞘无柄，但有内柄。约 2/3 的鞘的内壁上有一片瓣形盖子，可关可开。常见种类见图 12-475。

九十五、平鞘虫属

平鞘虫属（*Platycola*） 鞘平卧在基质上，无鞘柄。前端鞘口向上翘起。常见种类见图 12-476。

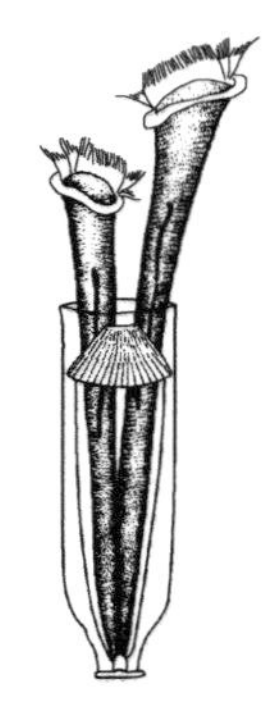

图 12-475　袋扉门虫
（*Thuricola folliculata*）

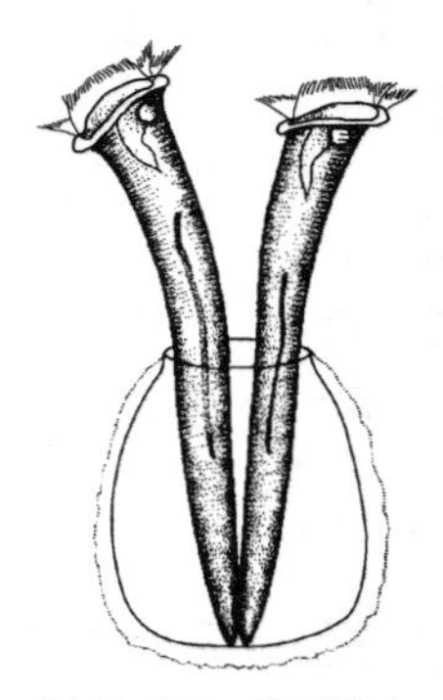

图 12-476　截平鞘虫
（*Platycola truncata*）

九十六、鞘居虫属

鞘居虫属（*Vaginicola*） 鞘呈圆筒形至瓶形。直立，鞘无柄。虫体多无柄。常见种类见图 12-477～图 12-479。

九十七、旋口虫属

旋口虫属（*Spirostomum*） 体纵长，呈圆筒形，微扁，体长达体宽的 5～10 倍或更大。小膜口缘区从前端往后右旋到中部。常见种类见图 12-480。

图 12-477　透明鞘居虫
（*Vaginicola crystallina*）

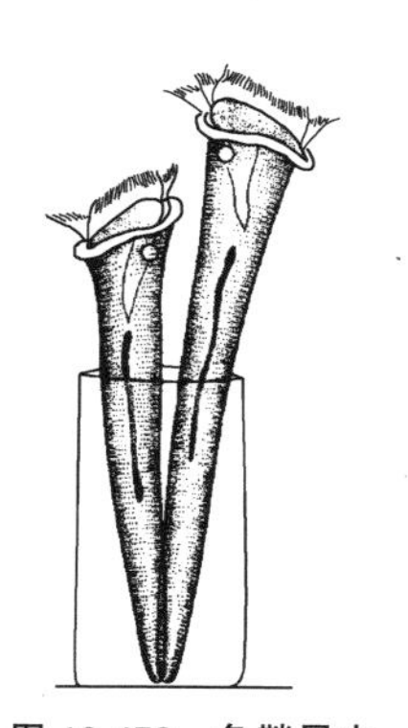

图 12-478　色鞘居虫
（*Vaginicola tincta*）

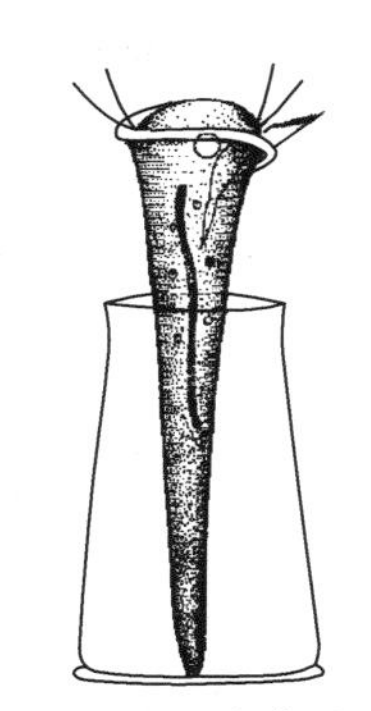

图 12-479　金鱼藻鞘居虫
（*Vaginicola ceratophylli*）

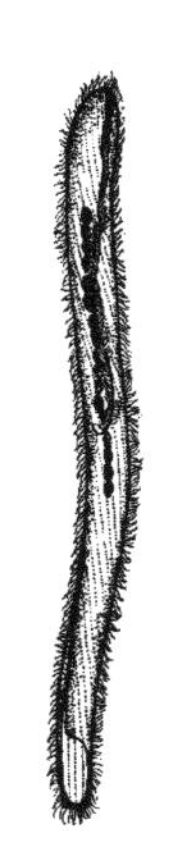

图 12-480　小旋口虫
（*Spirostomum minus*）

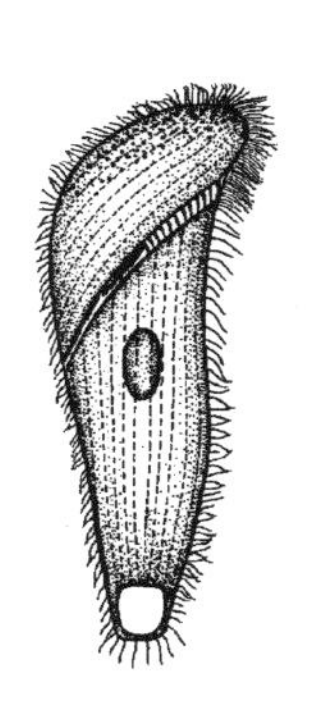

图 12-481　如意扭头虫
（*Metopuses*）

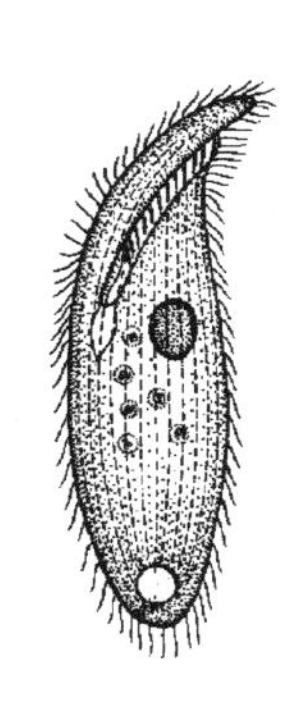

图 12-482　突额扭头虫
（*Metopus rostratus*）

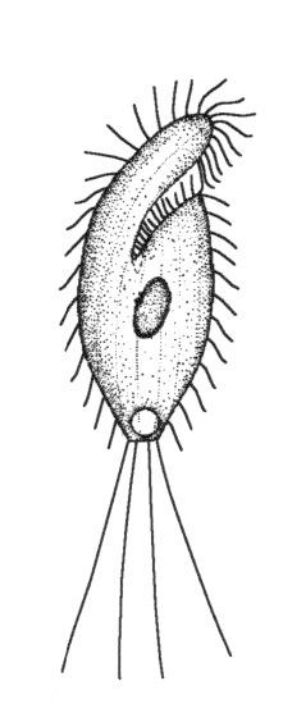

图 12-483　细长扭头虫
（*Metopus hasei*）

九十八、扭头虫属

扭头虫属（*Metopus*） 体呈圆筒形、梨形以至钟形。前端向左扭转，小膜口缘区从前向后倾斜延伸。大核及伸缩泡各 1 个。常见种类见图 12-481～图 12-483。

九十九、突口虫属

突口虫属（*Condylostoma*） 体呈袋形以至卵圆形。前端平，有一宽大的三角形口腔。小膜口缘区发达，口缘区右边有一片大波动膜。体纤毛均匀分布。大核单一或念珠状。伸缩泡 1 个至多个。常见种类见图 12-484 和图 12-485。

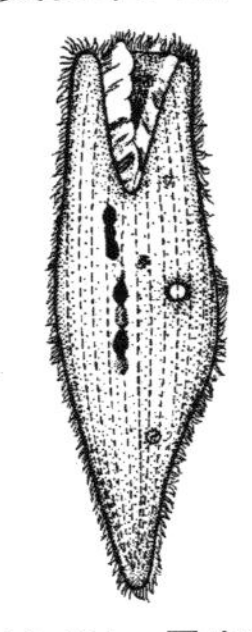

图 12-484 尾突口虫
（*Condylostoma caudatum*）

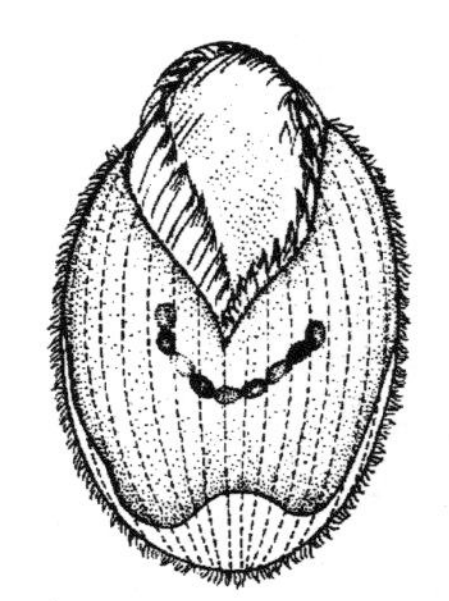

图 12-485 钟形突口虫
（*Condylostoma vorticella*）

一百、喇叭虫属

喇叭虫属（*Stentor*） 体呈喇叭形，能高度伸缩，小膜口缘区在前端围绕，顺时针方向旋转而进入胞口。体纤毛完全。大核有各形式。伸缩泡 1 个，前后各有一条小管。常见种类见图 12-486～图 12-488。

一百零一、齿口虫属

齿口虫属（*Epalxella*） 体呈钝三角形。前端常有一尖齿。后端截形。右盔甲有 1 行背列和 1 行腹列纤毛，但决不伸到盔甲中部。左盔甲后端有 3～4 个中齿，但齿上无刺。常见种类见图 12-489。

一百零二、杇纤虫属

杇纤虫属（*Saprodinium*） 体小，呈钝圆形。盔甲前端向腹面形成一尖齿。右甲后端有 4 个齿，左甲后端有 3 个齿，齿突上均有很短的刺。体纤毛列短，不达中部。大核呈圆形，1 个。伸缩泡 1 个，在体后。常见种类见图 12-490。

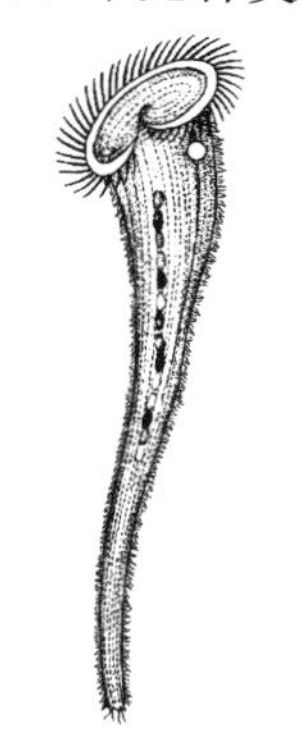

图 12-486 多态喇叭虫
(*Stentor polymorphrus*)

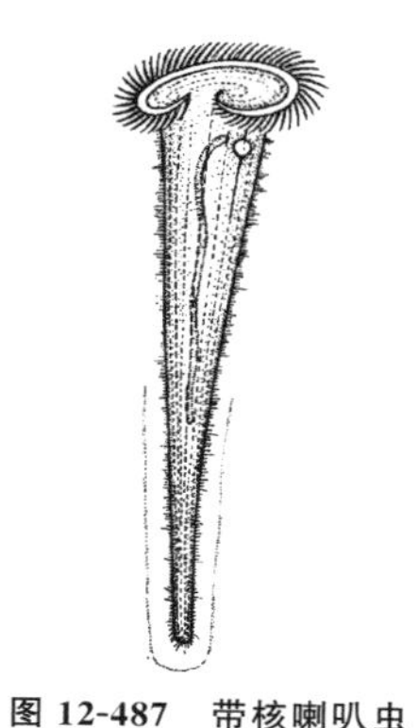

图 12-487 带核喇叭虫
(*Stentor roeseli*)

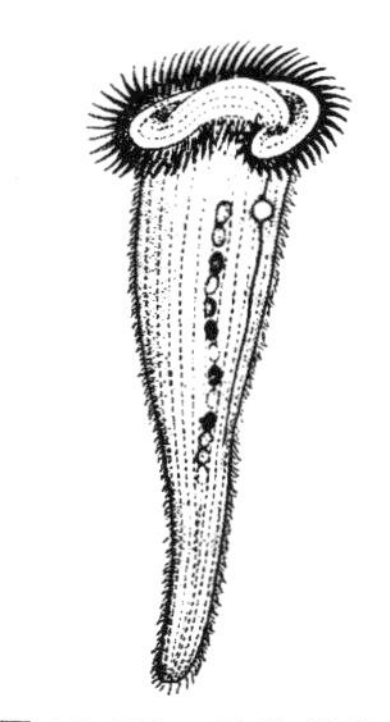

图 12-488 天蓝喇叭虫
(*Stentor coeruleus*)

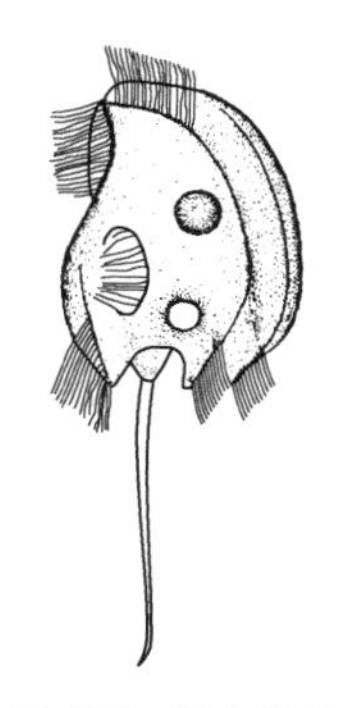

图 12-489 短小齿口虫
(*Epalxella exigua*)

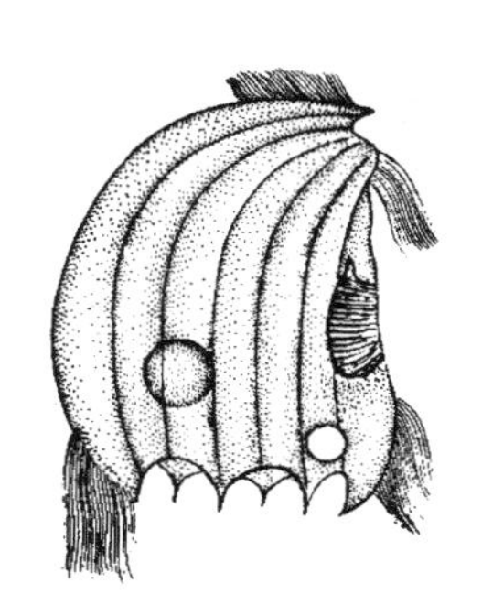

图 12-490 污朽纤虫
(*Saprodinium putrinium*)

一百零三、弹跳虫属

弹跳虫属（*Hlateria*） 体呈球形或宽梨形。前顶有发达的小膜口缘区。体中部有一周刚毛束，跳跃运动。大核 1 个，卵形。伸缩泡 1 个。无正常的体纤毛。常见种类见图 12-491。

一百零四、急游虫属

急游虫属（*Strombidium*） 体卵呈圆球至球形，顶端有一突领，向腹面开口，小膜口缘区发达。虫体中部有刺丝泡带。大核卵形到带形。伸缩泡1个。体纤毛完全退化。常见种类见图12-492。

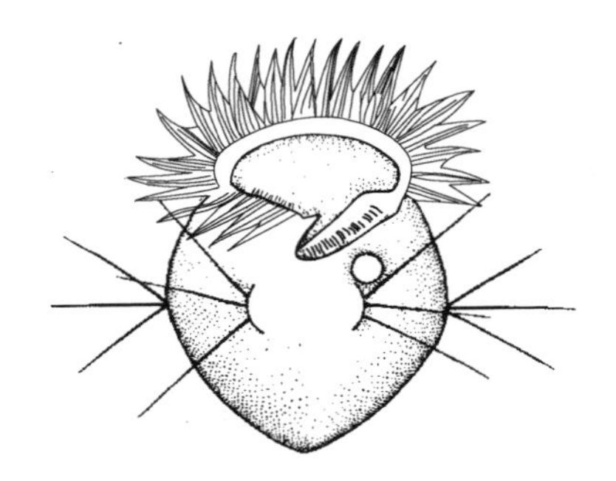

图 12-491 大弹跳虫

（*Halteria grandinella*）

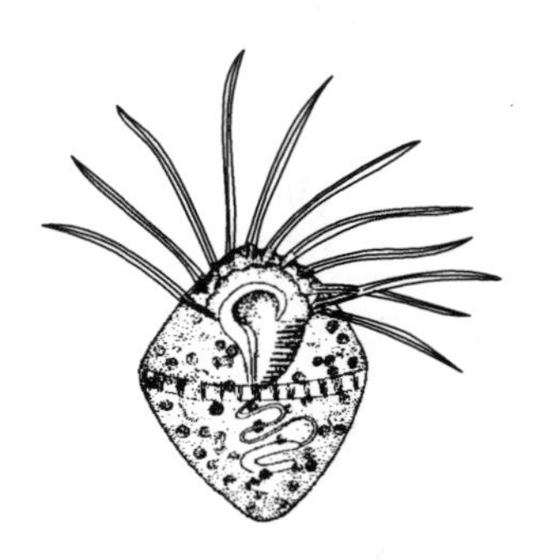

图 12-492 绿急游虫

（*Strombidium viride*）

一百零五、侠盗虫属

侠盗虫属（*Strobilidium*）体呈球形或梨形。小膜口缘区在前端右旋形成封闭的顶冠。体纤毛消失或退化成短的纲毛列，螺旋排列。在有机质较丰富的水体中存在。常见种类见图12-493和图12-494。

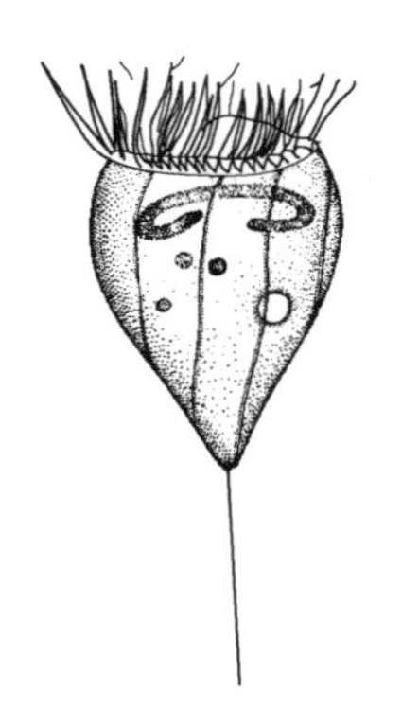

图 12-493 旋回侠盗虫

（*Strobilidium gyrans*）

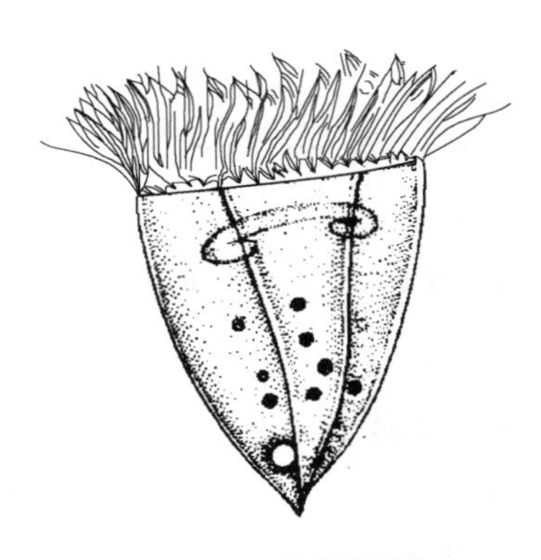

图 12-494 陀螺侠盗虫

（*Strobilidium velox*）

一百零六、筒壳虫属

筒壳虫属（*Tintinnidium*） 鞘纵长，很不规则。鞘壁沙粒质松散。鞘末开孔或封闭。虫体以末端附于鞘底。常见种类见图 12-495。

一百零七、似铃壳虫属

似铃壳虫属（*Tintinnopsis*） 鞘呈筒形、杯形或碗形。有颈或无颈。鞘壁上沙粒紧密。末端封闭。常见种类见图 12-496。

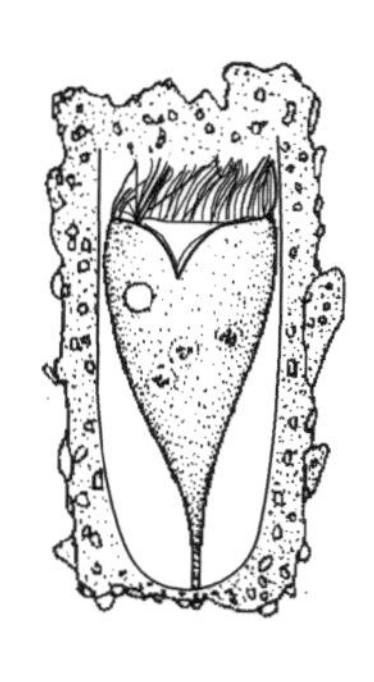

图 12-495 淡水筒壳虫
（*Tintinnidium fluviatile*）

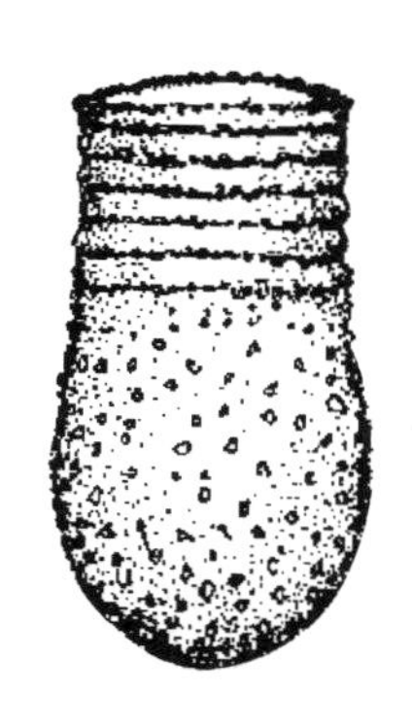

图 12-496 王氏似铃壳虫
（*Tintinnopsis wangi*）

一百零八、圆纤虫属

圆纤虫属（*Strongylidium*） 体纵长，腹触毛为 2～5 列，螺旋排列。前触毛 3～6 根。有几根尾触毛。大核 2 个至多个。伸缩泡 1 个。见图 12-497 和图 12-498。

一百零九、尾枝虫属

尾枝虫属（*Urostyla*） 体呈长椭圆形，两端浑圆，体柔软。腹触毛 2～12 行。纵列。前触毛 3 根至多根，臀触毛 5～12 根。常见种类见图 12-499 和图 12-500。

图 12-497　粗圆纤虫
(*Strongylidium crassum*)

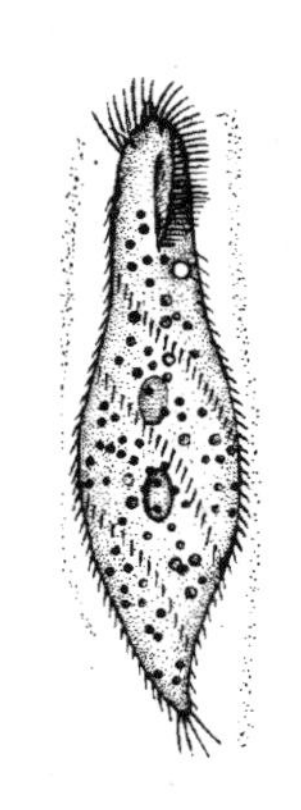

图 12-498　矛形圆纤虫
(*Strongylidium lanceolatum*)

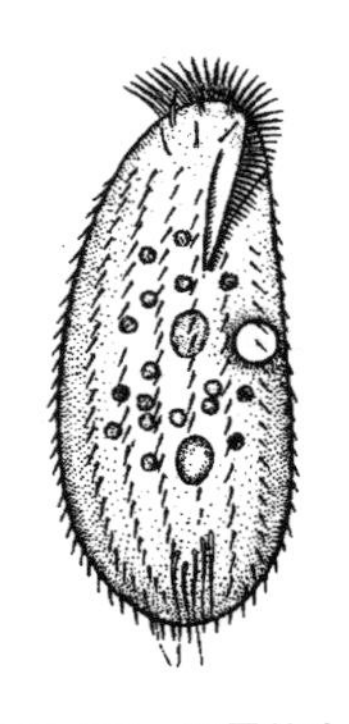

图 12-499　绿尾枝虫
(*Urostyla viridis*)

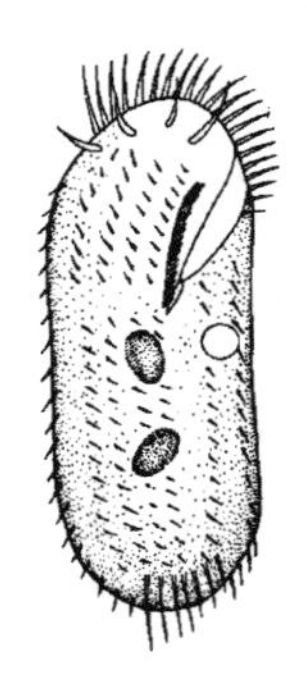

图 12-500　多足尾枝虫
(*Urostyla multipes*)

一百一十、角毛虫属

角毛虫属（*Keronopsis*）　前触毛缺，有 2 条腹触毛和左、右缘触毛。臀触毛通常多于 10 根。大核不止 2 个。有伸缩泡 1 个。常见种类见图 12-501。

一百一十一、全列虫属

全列虫属（*Holosticha*）　有 3 根很粗的前触毛。有 2 条腹触毛和左、右缘触毛。常见种类见图 12-502 和图 12-503。

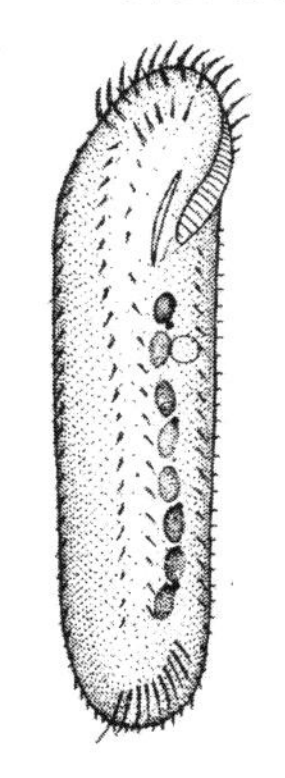

图 12-501　念珠角毛虫
(*Keronopsis monilata*)

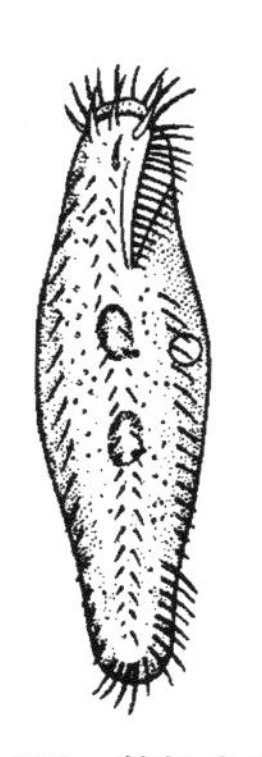

图 12-502　纺锤全列虫
(*Holosticha kessleri*)

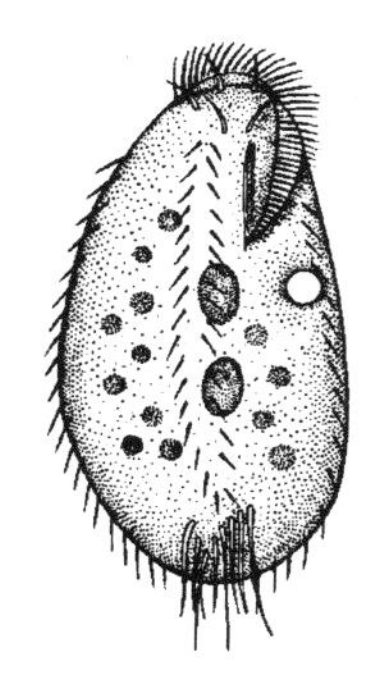

图 12-503　绿全列虫
(*Holosticha viridis*)

一百一十二、瘦尾虫属

瘦尾虫属 (*Uroleptus*) 体纵长，后端细缩成尾状。有 3 根很粗的前触毛。腹触毛 2～4 列。有缘触毛而无臀触毛。胞质有时呈玫瑰色或紫色。常见种类见图 12-504 和图 12-505。

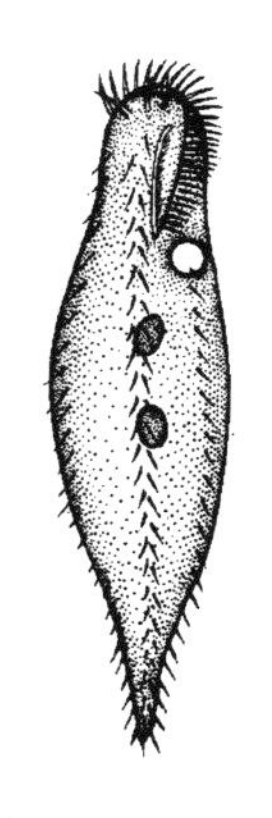

图 12-504　尾瘦尾虫
(*Uroleptus caudatus*)

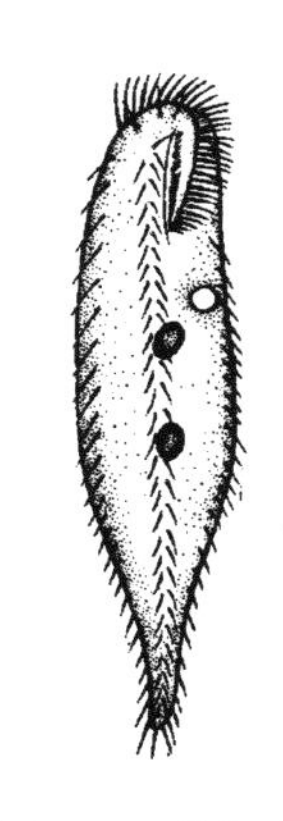

图 12-505　差异瘦尾虫
(*Uroleptus dispar*)

一百一十三、拟瘦尾虫属

拟瘦尾虫属（*Paruroleptus*） 体形与瘦尾虫属相似，后端有一细尾，但有臀触毛。常见种类见图 12-506 和图 12-507。

一百一十四、殖口虫属

殖口虫属（*Gonostomum*） 体似矛形，柔软。前触毛有 6 根或更多。1～2 行短的腹触毛列，仅限于口缘区右侧。有 4～5 根臀触毛和左、右缘触毛。常见种类见图 12-508。

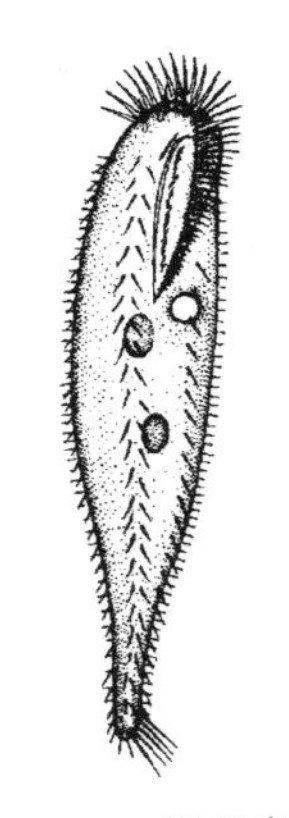

图 12-506 尾拟瘦尾虫
（*Paruroleptus caudatus*）

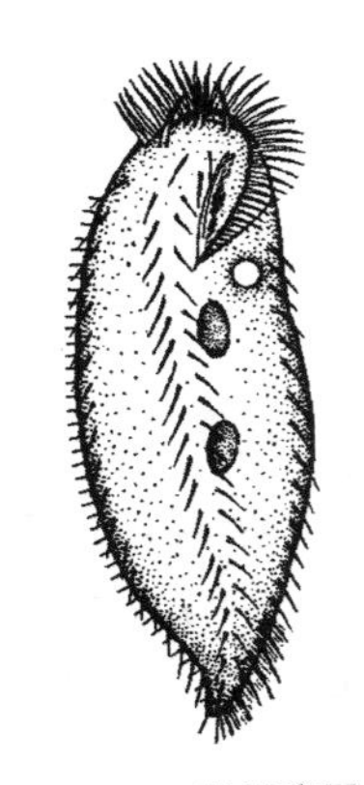

图 12-507 肌拟瘦尾虫
（*Paruroleptus musculus*）

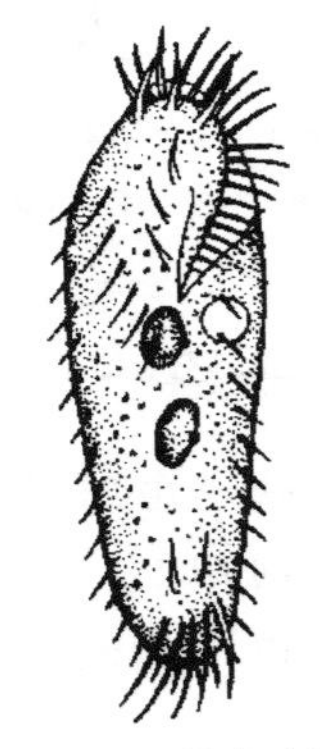

图 12-508 近亲殖口虫
（*Gonostomum affine*）

一百一十五、片尾虫属

片尾虫属（*Urosoma*） 体柔软，纵长，体后总是拖长变尖。有前触毛 8 根，腹触毛 5 根，臀触毛 5 根，触毛有缘。有大核 2～4 个，伸缩泡 1 个。常见种类见图 12-509。

一百一十六、尖尾虫属

尖尾虫属（*Oxytricha*） 体呈椭圆形，后端钝圆。柔软，可以弯曲。前触毛 8 根，腹触毛和臀触毛各 5 根，左、右缘触毛在体后不汇合。常见种类见图 12-510～图 12-512。

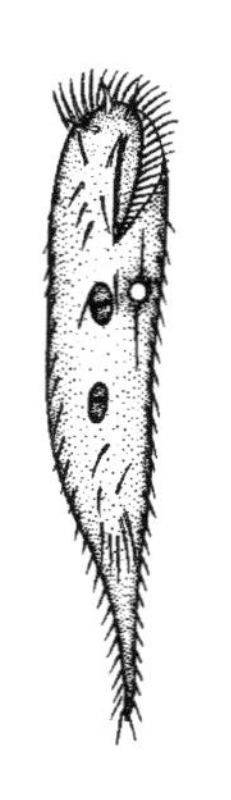

图 12-509　契氏片尾虫（*Urosoma cienkowskii*）

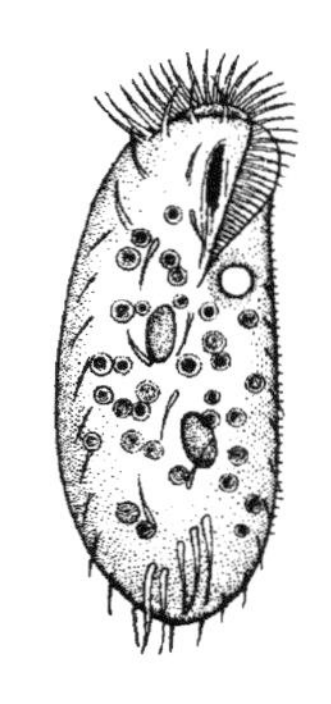

图 12-510　叶绿尖毛虫（*Oxytricha chlorelligera*）

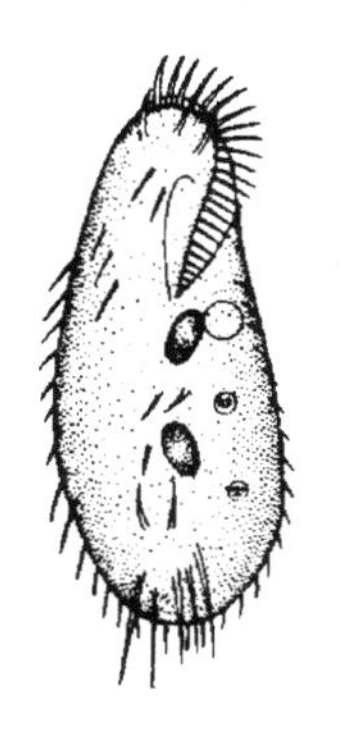

图 12-511　伪尖毛虫（*Oxytricha fallax*）

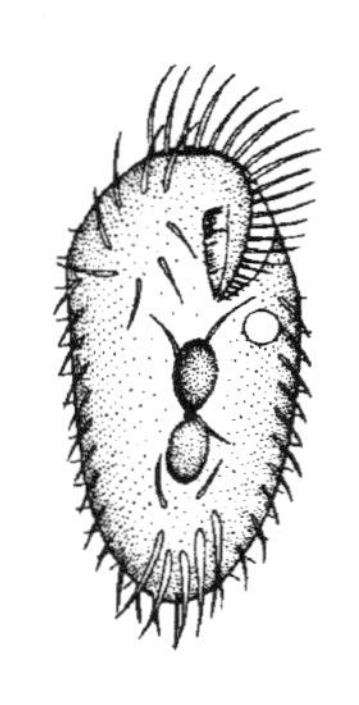

图 12-512　腐生尖毛虫（*Oxytricha saprobia*）

一百一十七、后毛虫属

后毛虫属（*Opisthotricha*） 体细长而柔软，与尖毛虫属相似，前、腹及臀触毛亦为 8∶5∶5 形式。但缘触毛在体末不汇合，并有尾触毛。常见种类见图 12-513 和图 12-514。

一百一十八、急纤虫属

急纤虫属（*Tachysoma*） 体小，柔软。有触毛、腹触毛和臀触毛亦为 8∶5∶5。缘触毛在体末不汇合。无尾触毛。常见种类见图 12-515。

一百一十九、织毛虫属

织毛虫属（*Histriculus*） 与尖毛虫相似，但虫体坚实而不弯曲，后端细削而不浑圆。常见种类见图 12-516。

一百二十、棘尾虫属

棘尾虫属（*Stylonychia*） 体坚实、不弯曲变形。小膜口缘区较发达。末端 3 根尾触毛特别硬而长，有些其末端形成缘。缘触毛

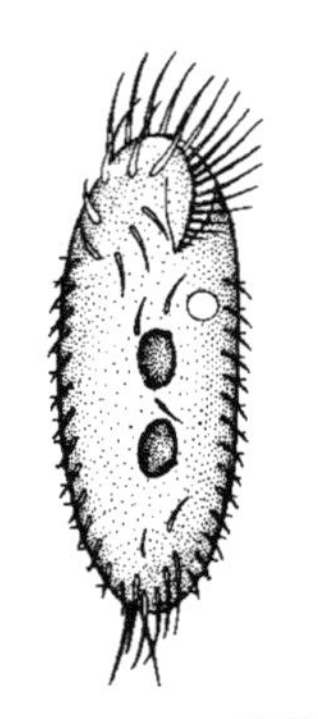

图 12-513 似后毛虫（*Opisthotricha similis*）

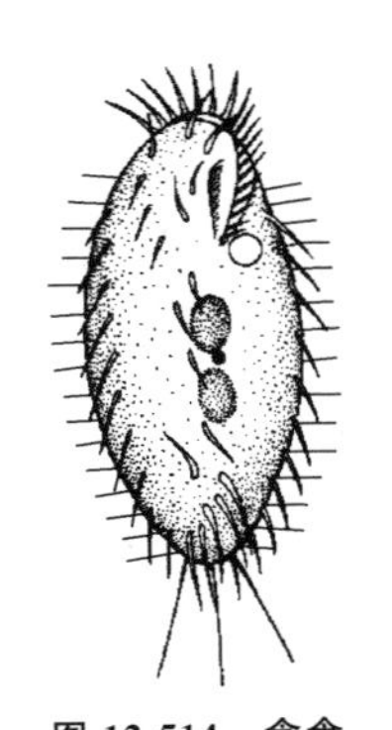

图 12-514 贪食后毛虫（*Opisthotricha euglenivora*）

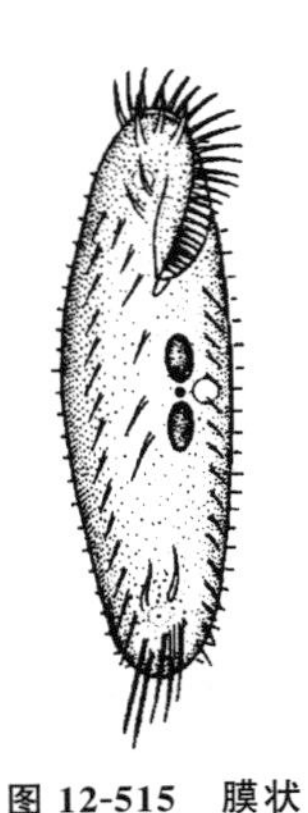

图 12-515 膜状急纤虫（*Tachysoma pellionella*）

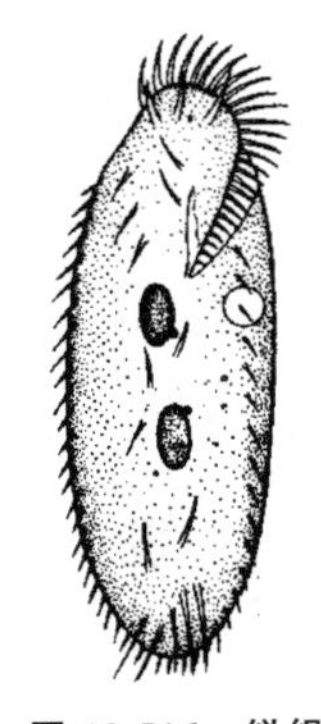

图 12-516 似织毛虫（*Histriculus similis*）

在体末不汇合。常见种类见图 12-517～图 12-519。

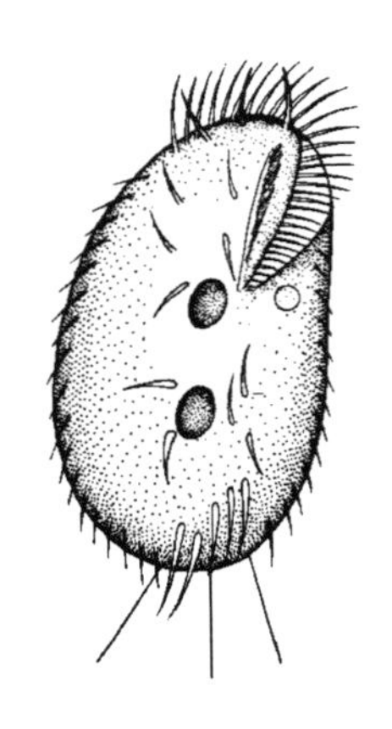

图 12-517 弯棘尾虫（*Stylonychia curvata*）

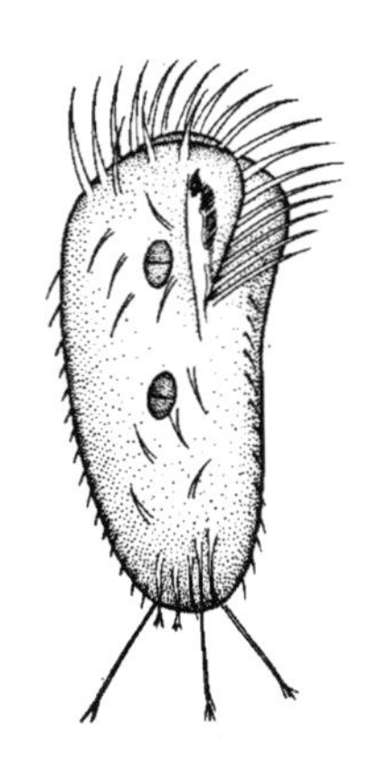

图 12-518 贻贝棘尾虫（*Stylonychia mytilus*）

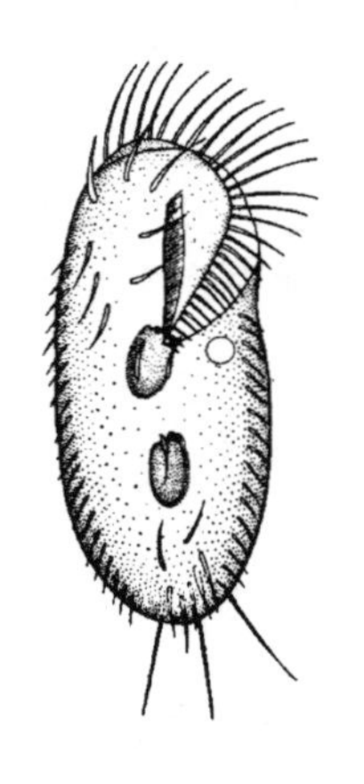

图 12-519 背状棘尾虫（*Stylonychia notophora*）

一百二十一、楯纤虫属

楯纤虫属（*Aspidisca*）体小，呈卵圆形。表膜坚硬而不变形。小膜口缘区高度退化。前触毛和腹触毛共 7 根，臀触毛 5～12 根。大核带形、弯曲。伸缩泡 1 个。常见种类见图 12-520～图 12-523。

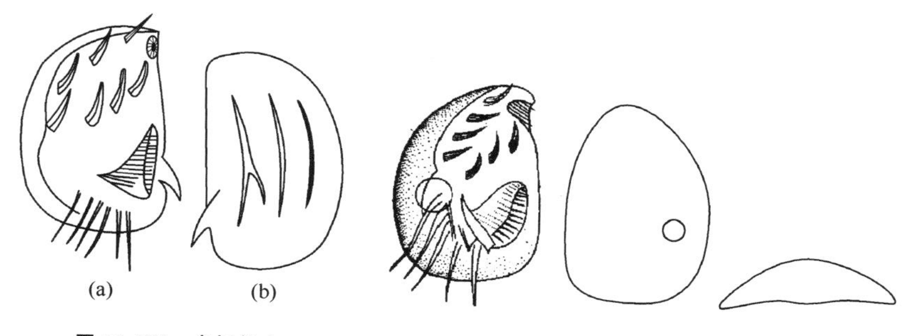

图 12-520　齿楯纤虫

(*Aspidisca dentata*)

(a) 腹面观；(b) 背面观

图 12-521　锐利楯纤虫

(*Aspidisca lynceus*)

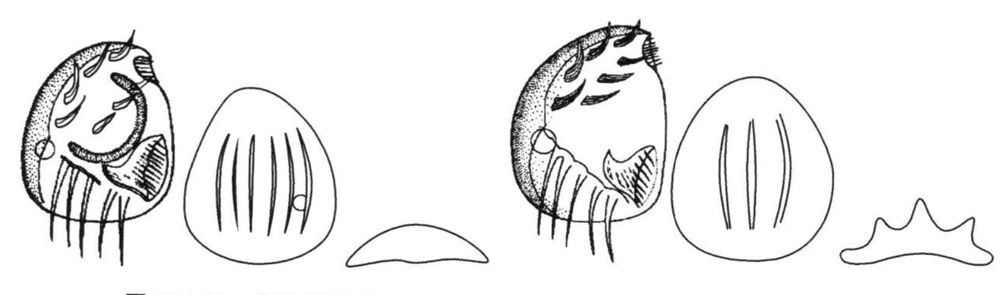

图 12-522　有肋楯纤虫

(*Aspidisca costata*)

图 12-523　凹缝楯纤虫

(*Aspidisca sulcata*)

一百二十二、游仆虫属

游仆虫属（*Euplotes*）体坚实而不弯曲。小膜口缘区非常宽阔。前触毛有 6 根或 7 根，腹触毛 2 根或 3 根，臀触毛 5 根，尾触毛 4 根。无缘触毛。大核 1 个，长带形。伸缩泡 1 个。常见种类见图 12-524～图 12-528。

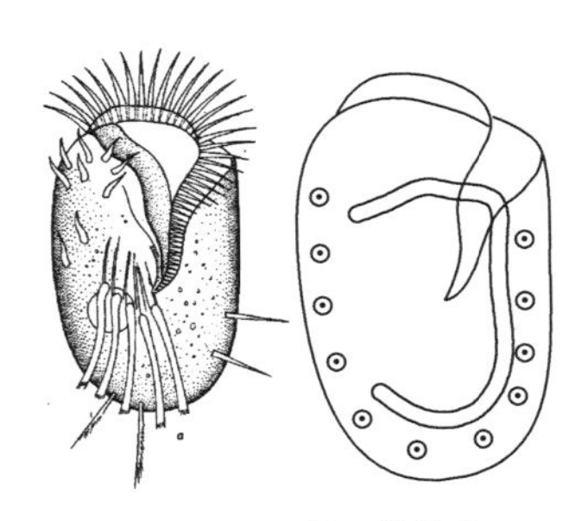

图 12-524　阔口游仆虫

(*Euplotes eurystomus*)

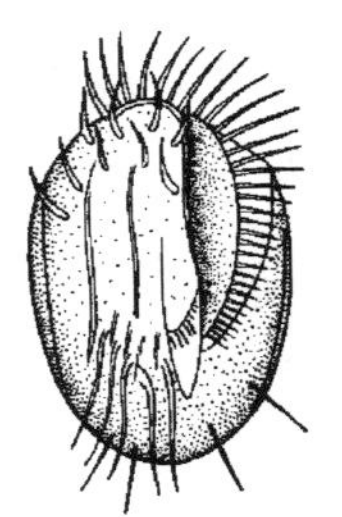

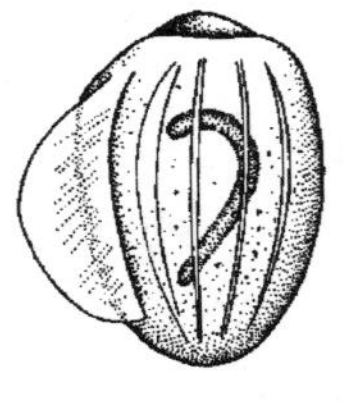

图 12-525　黏游仆虫

(*Euplotes muscicola*)

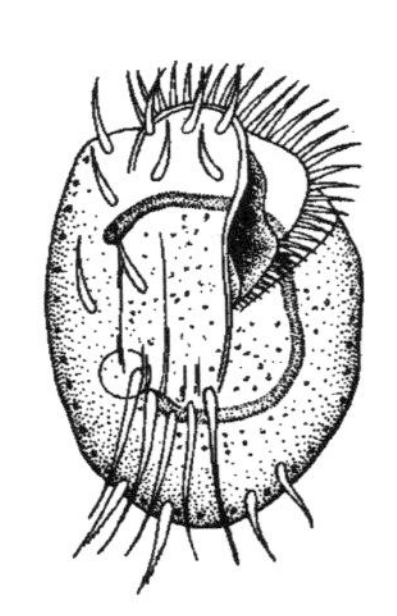

图 12-526　盘状游仆虫

(*Euplotes patella*)

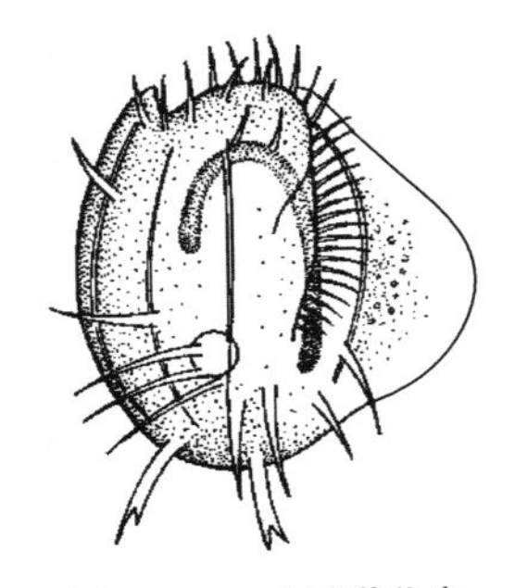

图 12-527　九肋游仆虫

(*Euplotes novemcarinatus*)

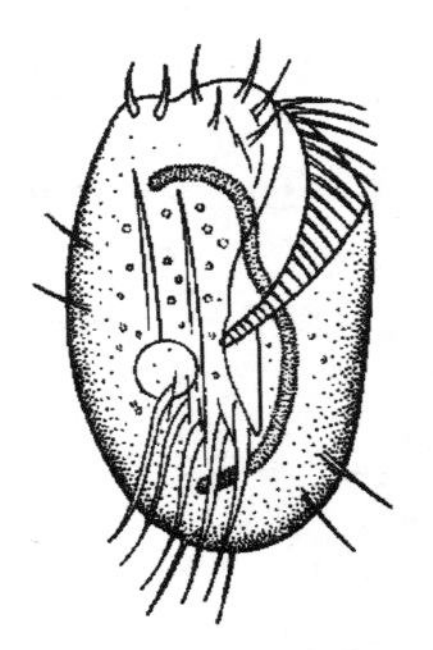

图 12-528　近亲游仆虫

(*Euplotes affinis*)

第十三章

轮虫

轮虫是担轮动物门（Trochelminthes）轮虫纲（Rotifera）的微小动物。因它有初生体腔，新的分类把轮虫归入原腔动物门（Aschelminthes）。

轮虫形体微小，其长度约 4～4000μm，多数在 500μm 左右，需在显微镜下观察。身体为长形，分头部、躯干和尾部。头部有一个由 1～2 圈纤毛组成的能转动的轮盘，形如车轮。咽内有一个几丁质的咀嚼器。躯干呈圆筒形，背腹扁宽，具刺或棘，外面有透明的角质甲膜，尾部末端有分叉的趾，内有腺体分泌的黏液，借以固着在其他物体上。雌雄异体，雄体比雌体小得多，并退化，有性生殖少，多为孤雌生殖。当环境不利时，可形成胞囊，以度过不良环境。

大多数轮虫以细菌、霉菌、藻类、原生动物及有机颗粒为食，轮虫要求较高的溶解氧量。在污水生物处理系统中常在运行正常、水质较好、有机物含量较低时出现，所以轮虫是清洁水体和污水生物处理效果好的指示生物。但当污泥老化解絮、污泥碎屑较多时，会刺激轮虫大量增殖，数量可多至 1mL 中近万个，这是污泥老化解絮的标志。

一、宿轮虫属

宿轮虫属（*Habrotrocha*） 头冠的两个轮盘总是显著的比较小。有有管室的种类，也有没有管室的种类。胃和肠由一个整块的合同细胞所组成，中间没有胃腔或消化管道。食物从咀嚼囊进入后，即陷落在这一巨大合同细胞的原生质中，形成许多类似食泡的小弹丸。小弹丸在循环流转的过程中进行消化与吸收。

通常分布在酸沼、酸性池塘及冷水性水体的苔藓植物上。出现于活性污泥中的只发现一种，见图 13-1。

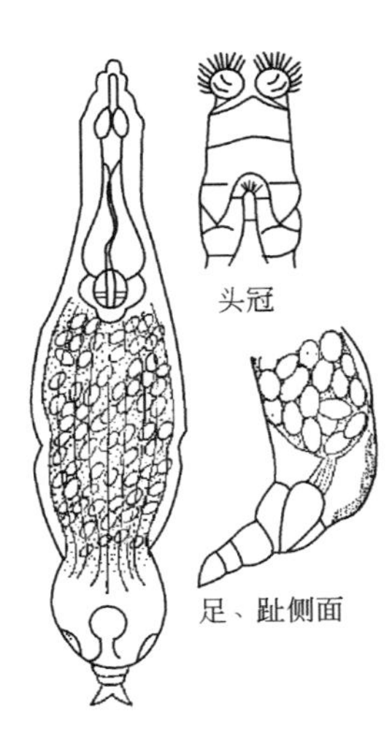

图 13-1 实心宿轮虫
(*Habrotrocha solida*)

二、轮虫属

轮虫属（*Rotaria*）是旋轮科中普通常见的一个属。通常淡水体中有它的不少种类。有眼点 1 对，总是位于背触手前面吻的部分。有时眼点的红色素会减退而消失。整个身体一般比旋轮属细而长，吻也比旋轮属要长一些，而且会或多或少突出在头冠之上。足末端的趾有三个。齿的形式为 2/2。种类很多，分布在沼泽、池塘、浅水湖泊以及其他淡水水体。有三种在活性污泥中出现过。见图 13-2～图 13-5。

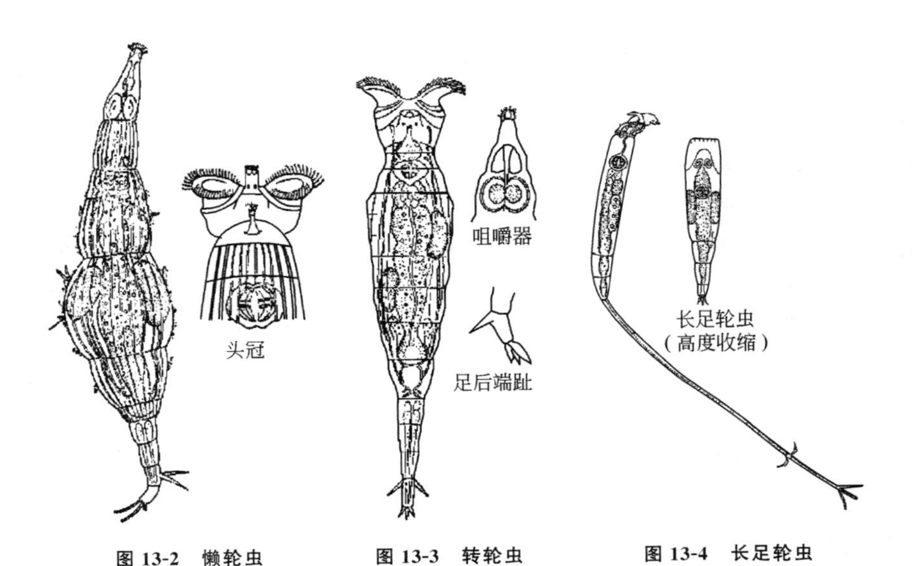

图 13-2 懒轮虫
(*Rotaria tardigrada*)

图 13-3 转轮虫
(*Rotaria rotatoria*)

图 13-4 长足轮虫
(*Rotaria neptunia*)

三、旋轮虫属

旋轮虫属（*Philodina*） 有眼点 1 对，总是位于背触手之后的脑的背面，比较大一些而且显著。两眼点之间的距离也比较宽。整个身体特别是躯干部分，比轮虫属短而粗壮。躯干和足之间有明确的界限，可以把二者区别开来。吻比较短而阔。足末端的趾有 4 个。齿的形式一般亦为 2/2。是卵生而不是胎生。本属也包括不少生活在淡水的种类，但在活性污泥中只看到一种。见图 13-6 和图 13-7。

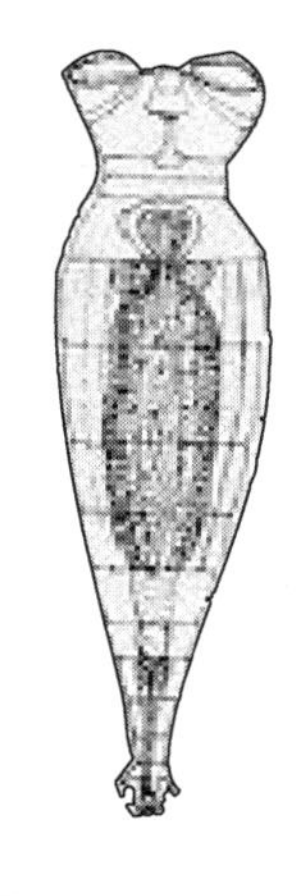

图 13-5　橘色轮虫
（*Rotaria citrina*

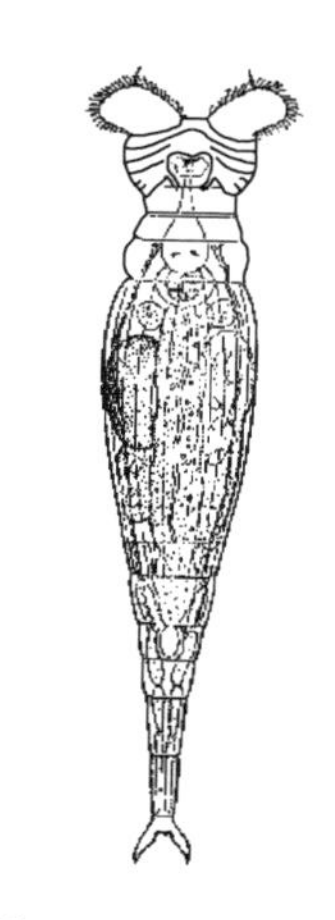

图 13-6　红眼旋轮虫
（*Philodina erythrophthalma*）

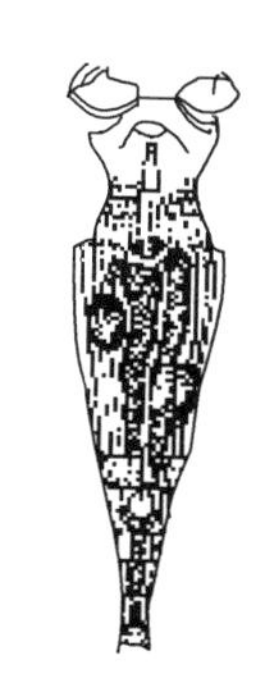

图 13-7　玫瑰旋轮虫
（*Philodina roseola*）

四、粗颈轮虫属

粗颈轮虫属（*Macrotrachela*） 身体比较小，头冠只少许扩展，下面的颈部则往往比较粗壮。头冠左右两个轮盘有的显著隔开，也有的相隔距离很小。头盘后端的腰环较明显。背面前端的唇有在顶端中间分裂的，也有不分裂的。没有眼点。背触手相当明显，1 节或 2 节。足很短，由 3 节或 4 节组成。足有 3 趾和 1 对刺戟。表皮少数相当光滑，多数粗糙并有肋状条纹或小的乳头状突出，或相当长的刺棘以及其他突出。齿的形式为2/2或3/3，极少有4/4或5/5的。繁殖系卵生而不是胎生。本属约有40多种，主要和苔藓植物生活在一起，通常淡水水体内极少发现。出现于活性污泥的只看到一种。见图13-8。

五、盘网轮虫属

盘网轮虫属（*Adineta*） 身体呈纺锤形。头冠系在前端腹面具有较短纤毛的一个盘网，而决不会向前伸出两个轮盘。在爬行时头冠盘网不会缩人体内。盘的前端比较狭而接近圆形，后端则相当宽阔，中部有一纵长的沟痕直接和下面的口相连。最前端的吻有较多的不同形式，但一般均短，中间以少许凹入的较多，两旁细削或尖削而凸出，同时常有一束或单独一根较硬而笔直的纤毛伸出。盘网下面多数人所公认的腰环呈锯齿状的缺刻。足4节或5节。3个趾较短。齿的形式为2/2。无眼点。游泳时只能做滑翔式动作。本属已知的种类有15种左右，通常均与苔藓植物生长在一起。出现于活性污泥的只看到一种。见图13-9。

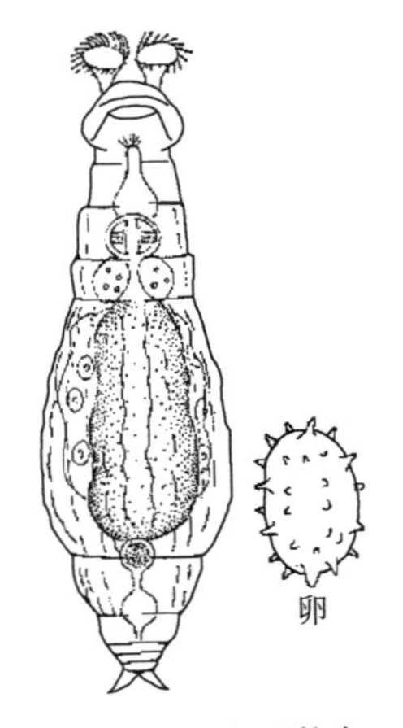

图13-8 小粗颈轮虫

(*Macrotrachela nana*)

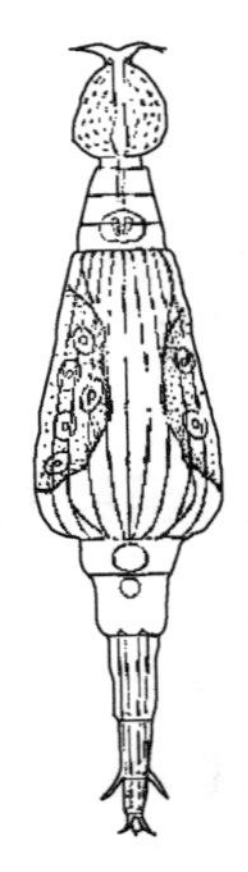

图13-9 表率流浪盘网轮虫

(*Adineta vaga typica*)

六、猪吻轮虫属

猪吻轮虫属（*Dicranophorus*） 身体纵长，或多或少呈纺锤形，皮层硬化而已部分地形成被甲，有一显著的颈连接头和躯干两部，到了躯干后端向后尖削而形成一很小倒圆锥形的足。足末端具有一相当长的趾。头冠呈卵圆形而完全面向腹面，口即位于“卵圆”的中央，即在头冠的腹面。头冠两侧没有耳的存在，但各有一束长的耳状纤毛作为游动工具。口缘满布着同样长短的短纤毛。吻大而显著。一般皆有脑后囊。眼点如存在总是1对，位于头部的最前端。生活以底栖为主，但也能游泳。本属的种类虽以底栖为主，但非常善于游泳，能自由活动在水的上中下各层。它们都是食肉性的，食欲很大，时常伸出钳形的咀嚼板攫取其他微型动物为食料。本属有很多种类，出现于活性污泥的见图13-10和图13-11。

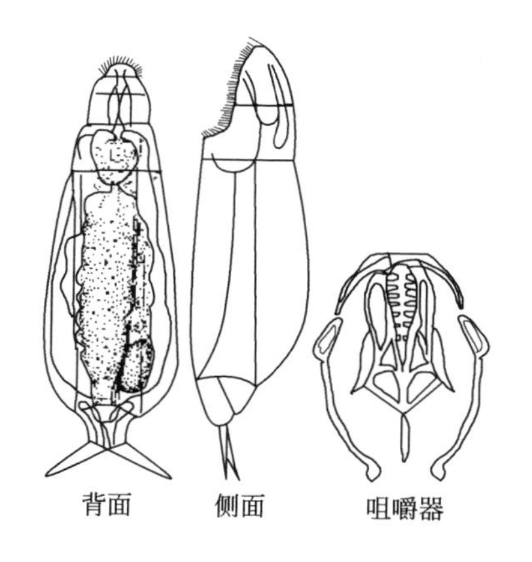

图13-10 钳形猪吻轮虫

（*Dicranophorus forcipatus*）

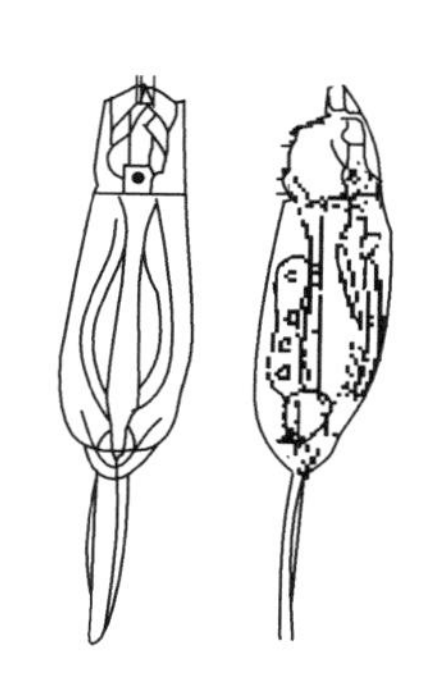

图13-11 尾猪吻轮虫

（*Dicranophorus caudatus*）

七、狭甲轮虫属

狭甲轮虫属（*Colurella*） 体型比较小，头部最前端具有能伸缩的钩状小甲片。足3～4节。被甲由左右两片侧甲片在背面愈合在一起而成，腹面则或多或少开裂，并具有显著的裂缝。左右甲片总是侧扁，从背腹面观就显得很狭，这是本属的主要特征之一。从侧面观被甲前端浑圆，或少许瘦削而倾向尖锐化，后端极少浑圆，大多数向后瘦削比较明显，使最后形成一尖角。头部最前端总有一掩盖头冠的钩状小甲片，也是本属的一个主要特征，当个体游动时，这一小甲片张开在前面，如同一顶伞。狭甲轮虫具有一定的游泳能力，但生活方式仍以底栖为主。出现于活性污泥的有两种，见图 13-12～图 13-16。

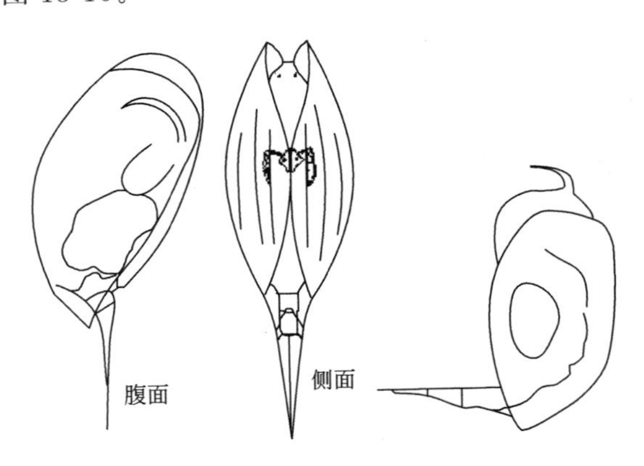

图 13-12　爱德里亚狭甲轮虫

(*Colurella adriatica*)

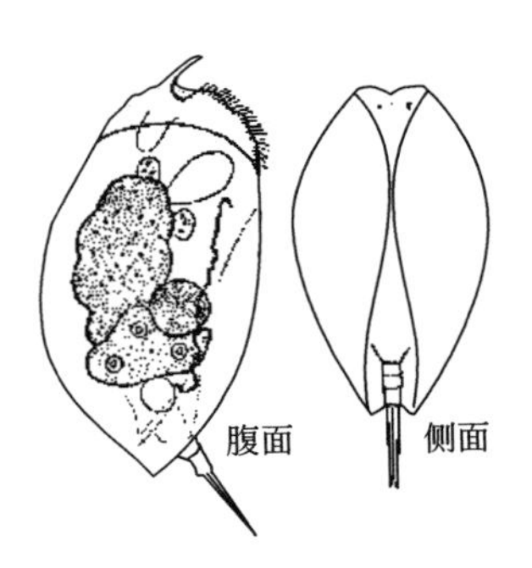

图 13-13　钩状狭甲轮虫

(*Colurella uncinata*)

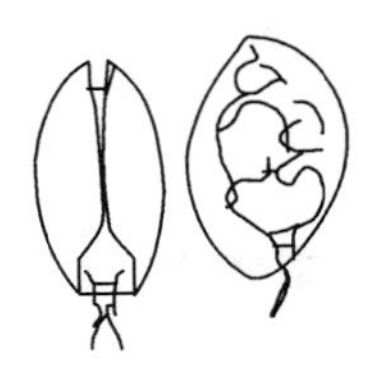

图 13-14　钝角狭甲轮虫

(*Colurella obtusa*)

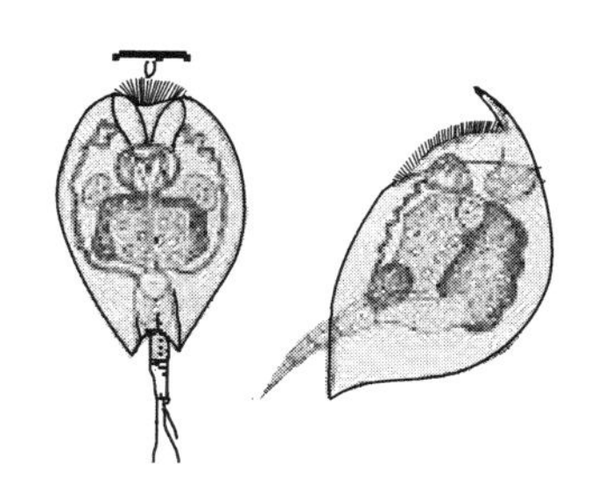

图 13-15　双尖钩状狭甲轮虫

(*Colurella uncinata forma bicuspidata*)

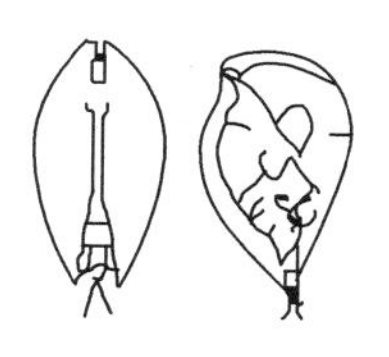

图 13-16　偏斜钩状狭甲轮虫

(*Colurella uncinata forma deflexa*)

八、臂尾轮虫属

臂尾轮虫属(*Brachionus*) 足长。有环纹可伸缩，呈蠕虫样。身体壮实，前端有 2 个、4 个、6 个棘；后端浑圆，角状或具 1～2 个棘。足孔有棘刺或无棘刺。见图 13-17～图 13-27。

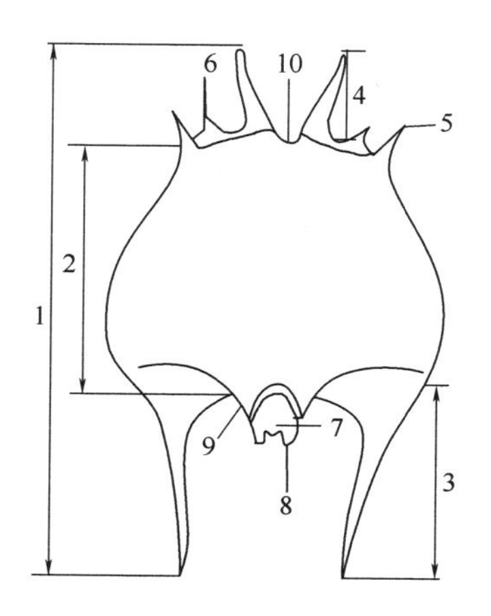

图 13-17　方形臂尾轮虫被甲模式

(*Brachionus quadridentatus*)

1—全长；2—体长；3—后棘刺；4—前中棘刺；5—前侧棘刺；6—前次中棘刺；7—足孔；8—后中棘刺；9—足管；10—被甲腹缘

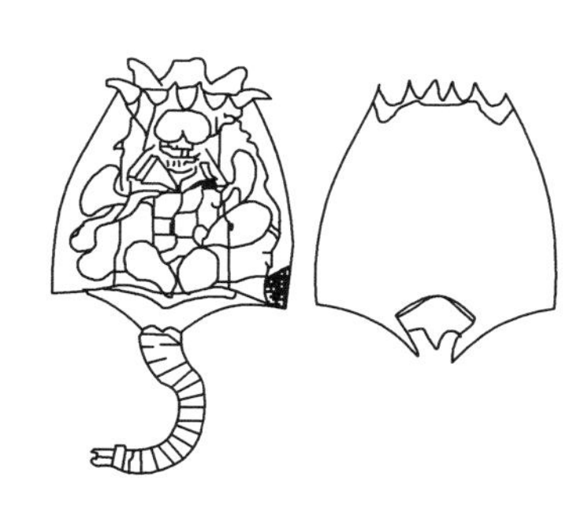

图 13-18　矩形臂尾轮虫

(*Brachionus leydigi*)

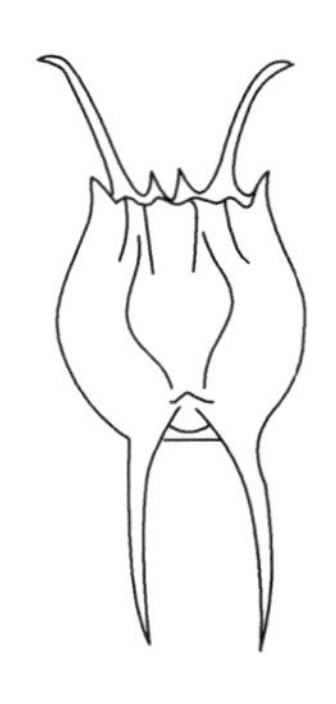

图 13-19　镰形臂尾轮虫
(*Brachionus falcatus*)

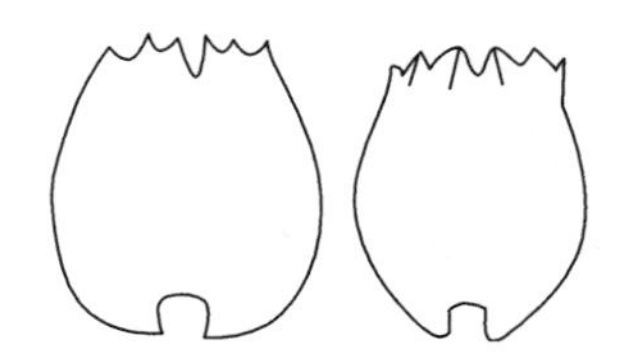

图 13-20　壶状臂尾轮虫
(*Brachionus urceus*)

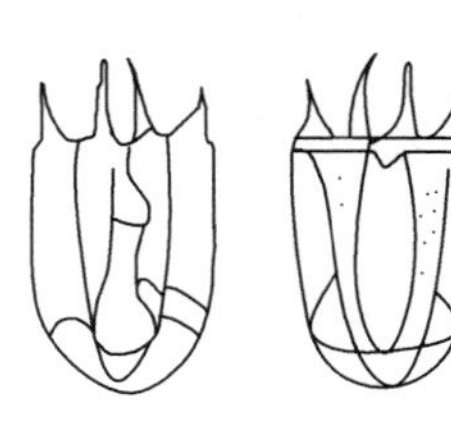

图 13-21　浦达臂尾轮虫
(*Brachionus budapestiensis*)

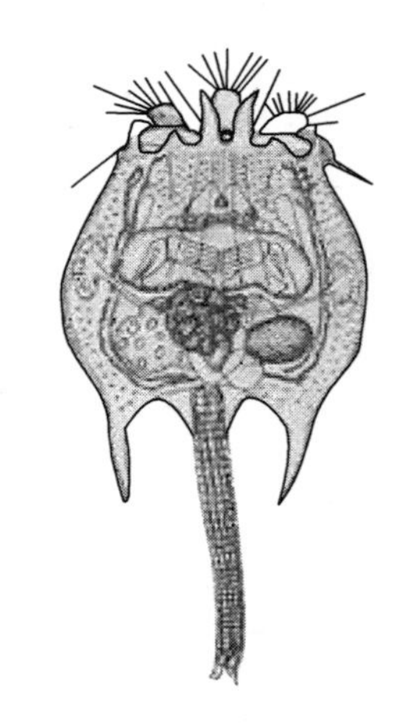

图 13-22　花箧臂尾轮虫
(*Brachionus capsuliflorus*)

九、鳞冠轮虫属

鳞冠轮虫属（*Squatinella*）足短，1～4 节，无环纹。被甲或多或少呈圆柱形。头部顶端具有明显的半圆形盾状的冠甲（头鞘）。末端具 3 个后刺。见图 13-28。

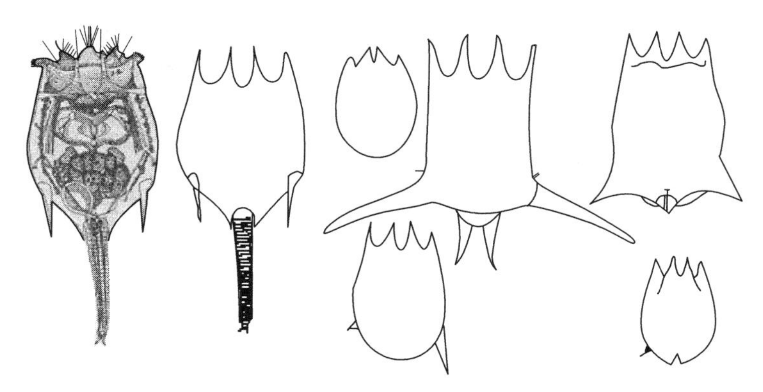

图 13-23　不同形态的萼花臂尾轮虫
（*Brachionus calyciflorus*）

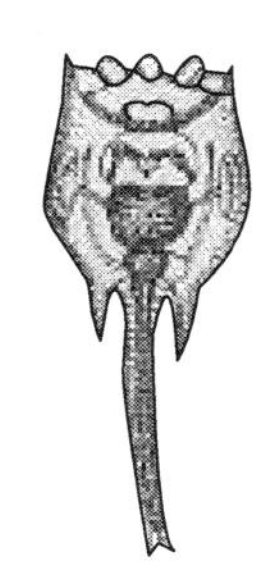

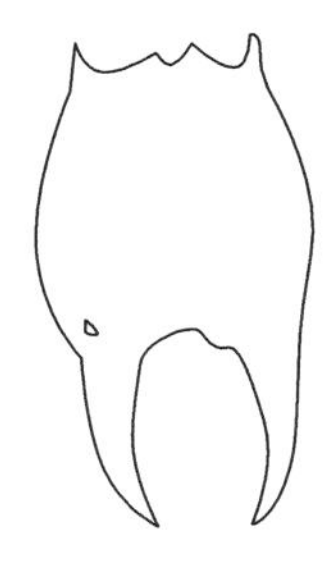

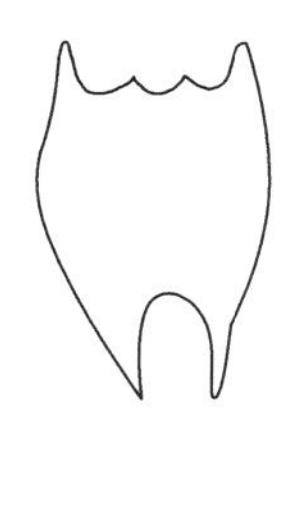

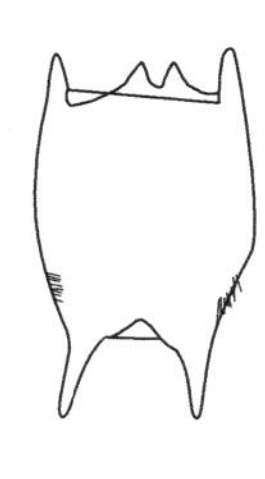

图 13-24　不同形态的剪形臂尾轮虫
（*Brachionus forficula*）

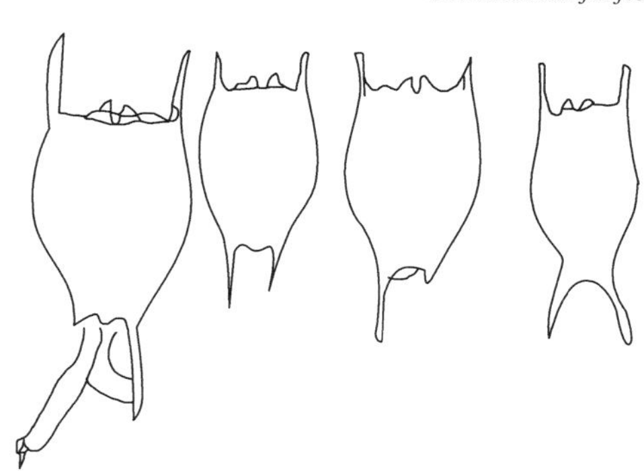

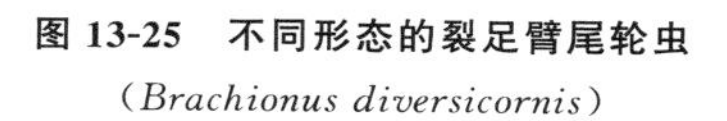

图 13-25　不同形态的裂足臂尾轮虫
（*Brachionus diversicornis*）

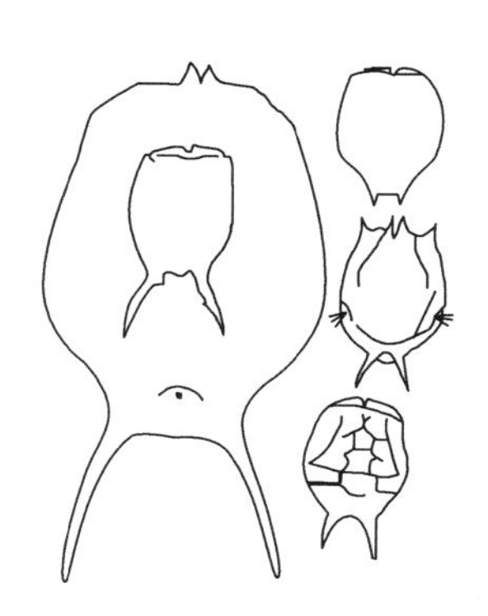

图 13-26　不同形态的尾突臂尾轮虫（*Brachionus caudatus*）

图 13-27　不同形态的角突臂尾轮虫

（*Brachionus angularis*）

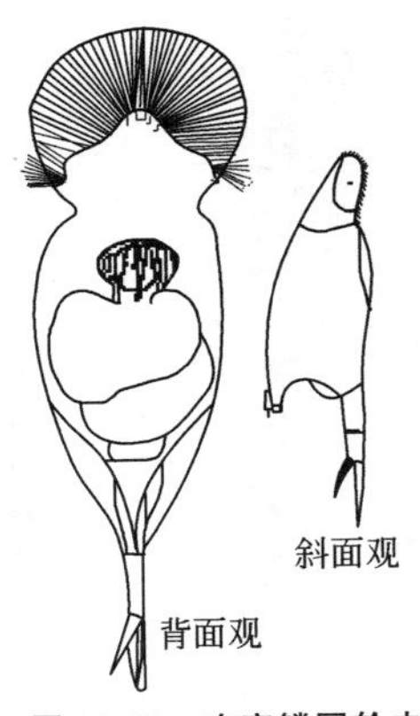

图 13-28　吻突鳞冠轮虫

（*Squatinella rostrum*）

十、异尾轮虫属

异尾轮虫属（*Trichocerca*）头部无冠甲，被甲平直或拱起，有或无龙骨（crest）和前棘。1～2 个趾，常不相等，针形，互相之间扭在一起，趾常有 1 根或几根刚毛。见图 13-29～图 13-41。

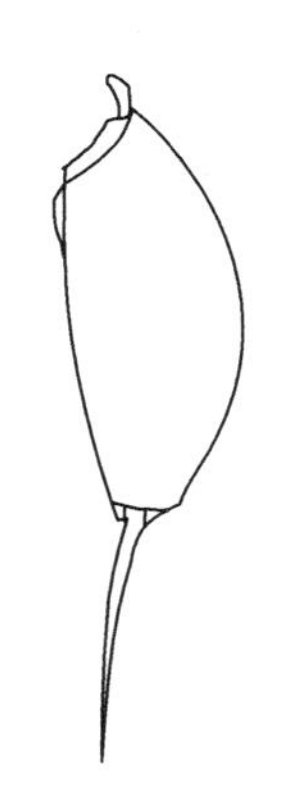

图 13-29　暗小异尾轮虫

（*Trichocerca pusilla*）

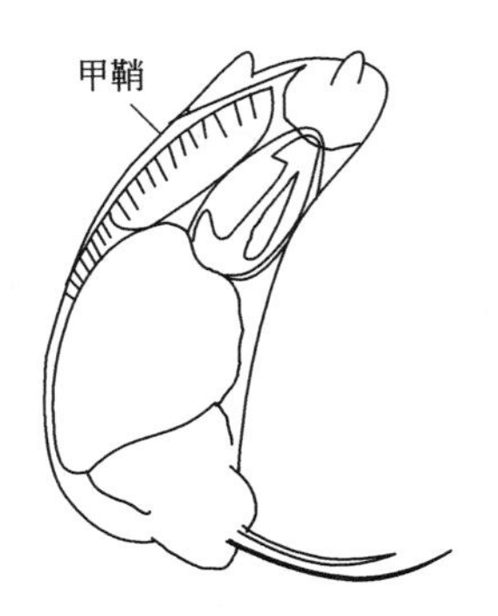

图 13-30　瓷甲异尾轮虫

（*Trichocerca porcellus*）

图 13-31　罗氏异尾轮虫

（*Trichocerca rousseleti*）

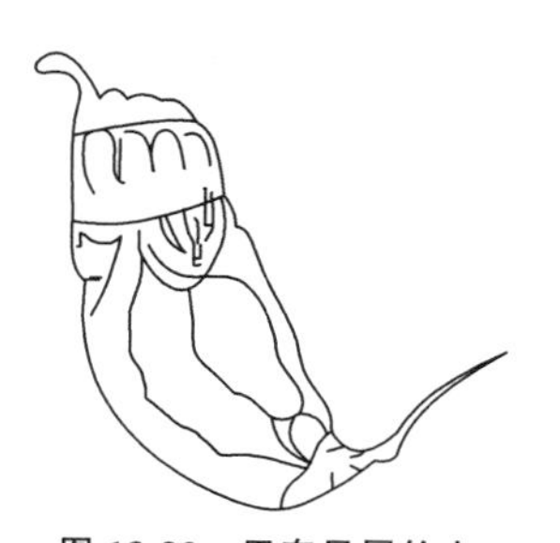

图 13-32 田奈异尾轮虫
(*Trichocerca dixon-nuttalli*)

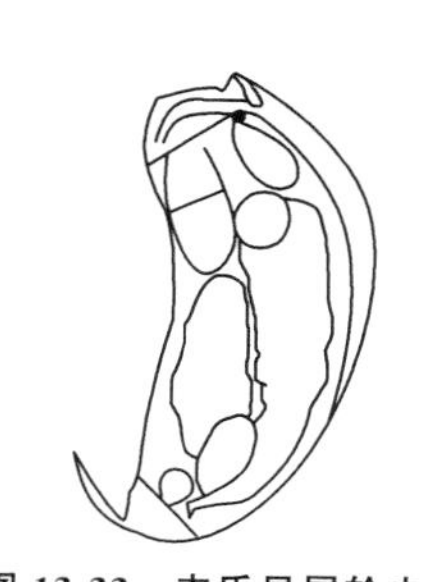

图 13-33 韦氏异尾轮虫
(*Trichocerca weberi*)

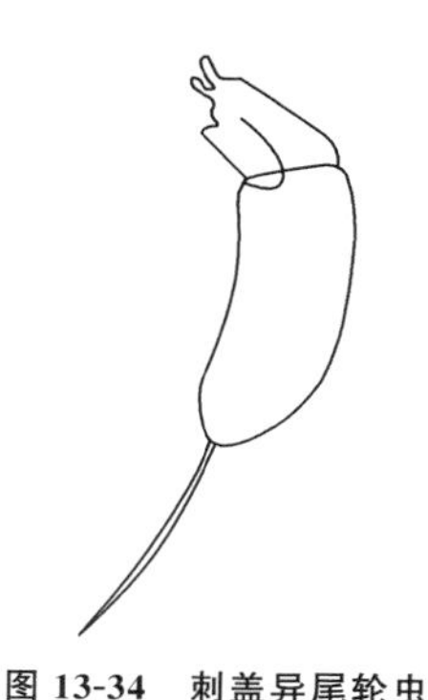

图 13-34 刺盖异尾轮虫
(*Trichocerca capucina*)

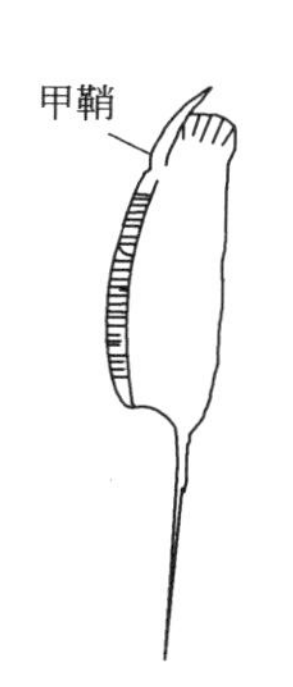

图 13-35 圆筒异尾轮虫
(*Trichocerca cylindrica*)

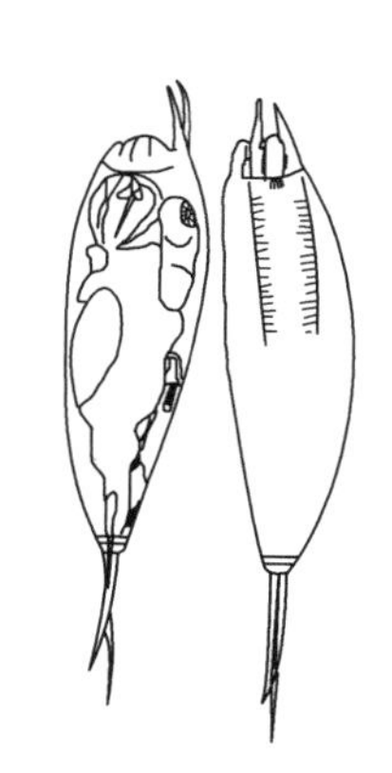

图 13-36 等刺异尾轮虫
(*Trichocerca similis*)

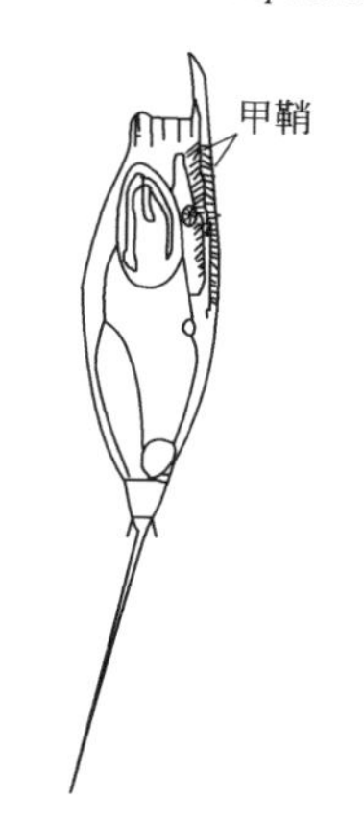

图 13-37 长刺异尾轮虫
(*Trichocerca longiseta*)

十一、平甲轮虫属

平甲轮虫属（*Platyas*） 被甲或多或少背、腹扁平。被甲前缘具棘，后缘具细齿。足 3 节，仅部分能伸缩，趾短。见图 13-42 和图 13-43。

十二、须足轮虫属

须足轮虫属（*Euchlanis*） 被甲腹面一般扁平，背部拱起，有

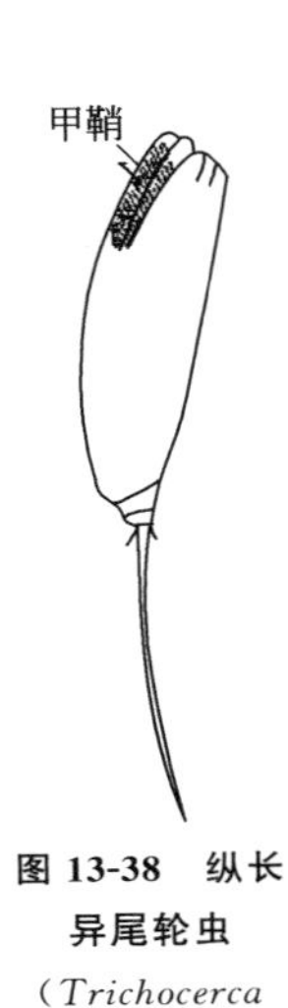

图 13-38 纵长异尾轮虫
(*Trichocerca elongata*)

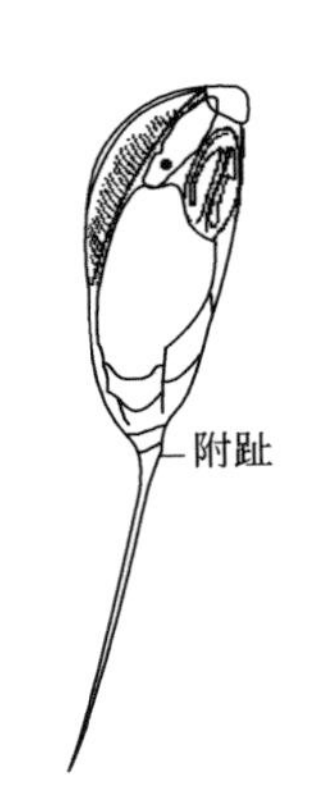

图 13-39 二突异尾轮虫
(*Trichocerca bicristata*)

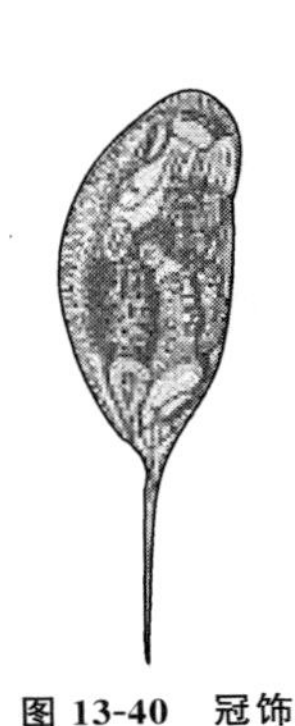

图 13-40 冠饰异尾轮虫
(*Trichocerca lophoessa*)

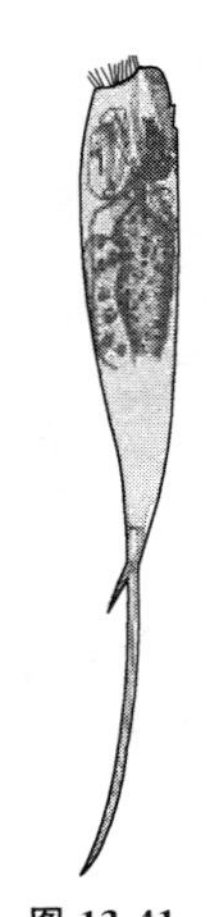

图 13-41 鼠异尾轮虫
(*Trichocerca rattus*)

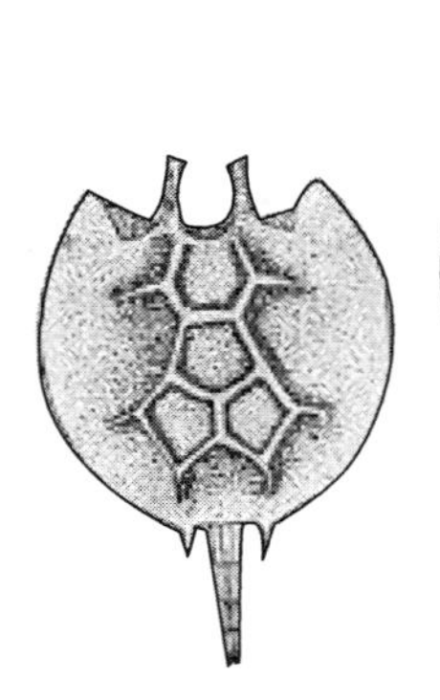

背面观

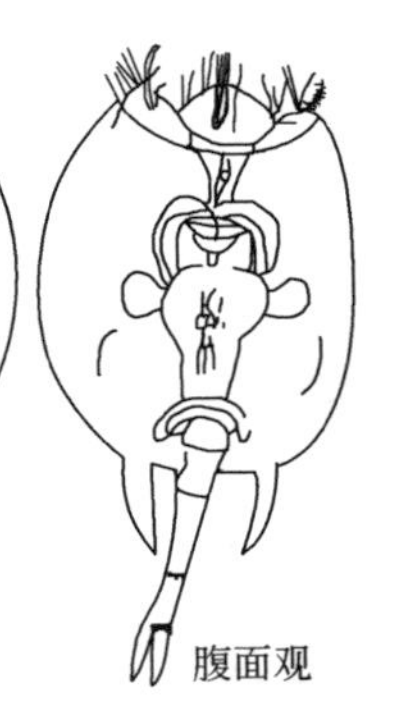

图 13-42 四角平甲轮虫
(*Platyas quadricornis*)

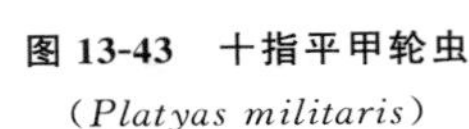

图 13-43 十指平甲轮虫
(*Platyas militaris*)

或无龙骨，侧面扩张或呈羽状。外形呈卵圆形或梨形，背面末端具V形凹陷。足很短，2～3节，2个趾，较大，呈箭形或针形。见图13-44～图13-47。

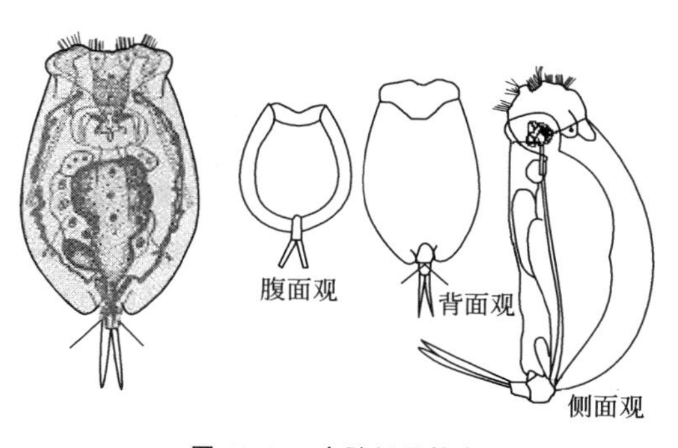

图 13-44　大肚须足轮虫

(*Euchlanis dilatata*)

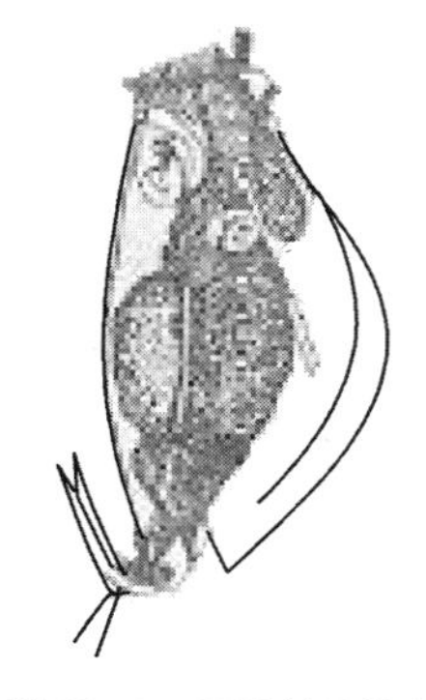

图 13-45　三翼须足轮虫

(*Euchlanis triquetra*)

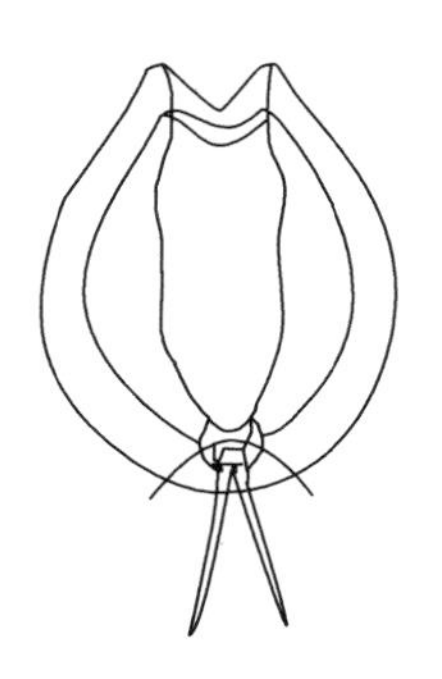

图 13-46　透明须足轮虫

(*Euchlanis pellucida*)

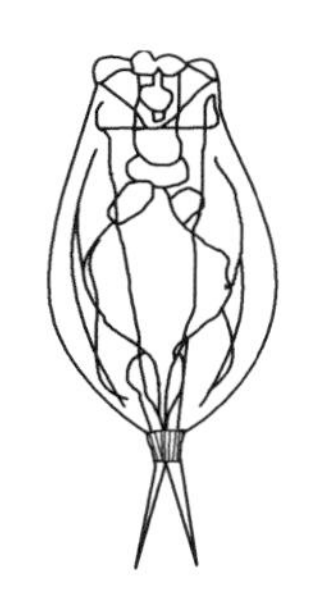

图 13-47　竖琴须足轮虫

(*Euchlanis lyra*)

十三、水轮虫属

水轮虫属（*Epiphanes*） 没有被甲。身体大，呈倒圆锥形、方块形或囊袋形。足有的相当长，有的很短。趾比较小而呈倒圆锥形。前端漏斗状的头冠很宽阔，上面的纤毛粗壮且发达。咀嚼器为槌形。眼点1个，呈深红色，但也有无色的。本属种类不多，皆属于浅水池塘的浮游轮虫，出现于活性污泥的。见图 13-48～图 13-50。

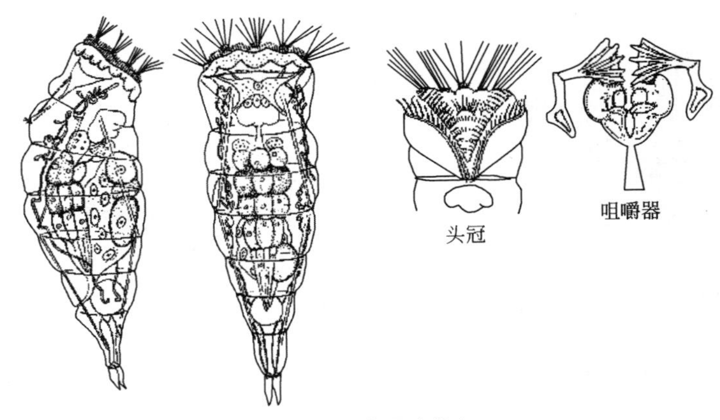

图 13-48 椎尾水轮虫

（*Epiphanes senta*）

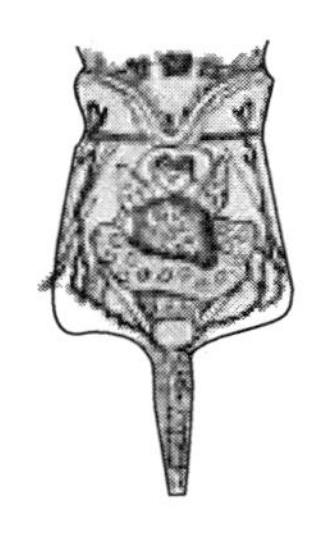

图 13-49 臂尾水轮虫

（*Epiphanes brachionus*）

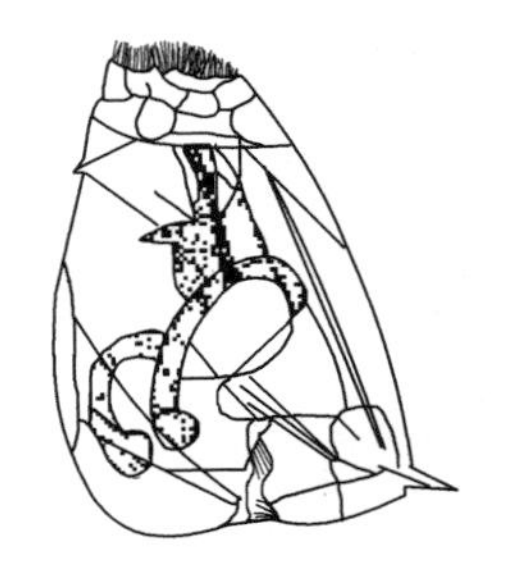

图 13-50 棒状水轮虫

（*Epiphanes clavulatus*）

十四、哈林轮虫属

哈林轮虫属（*Harringia*）咀嚼器呈砧形，刺吸用。见图 13-51。

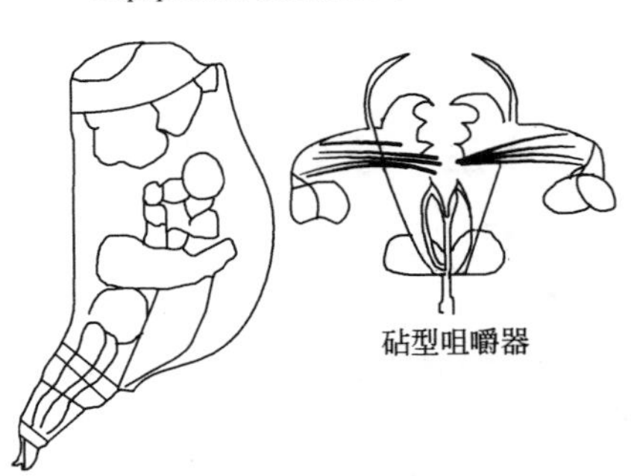

图 13-51 真足哈林轮虫

（*Harringia eupoda*）

十五、腔轮虫属

腔轮虫属（*Lecane*） 被甲轮廓一般呈卵圆形，也有接近圆形或长圆形的。背、腹面扁平。整个被甲系一片背甲及一片腹甲在两侧和后端，为柔韧的薄膜联结在一起而形成。两侧和后端就有侧沟及后侧沟的存在。足很短，一共分成2节，只有后面一节能动。2个趾，趾比较长。种类非常多，均为底栖。从活性污泥中看到的。见图13-52～图13-56。

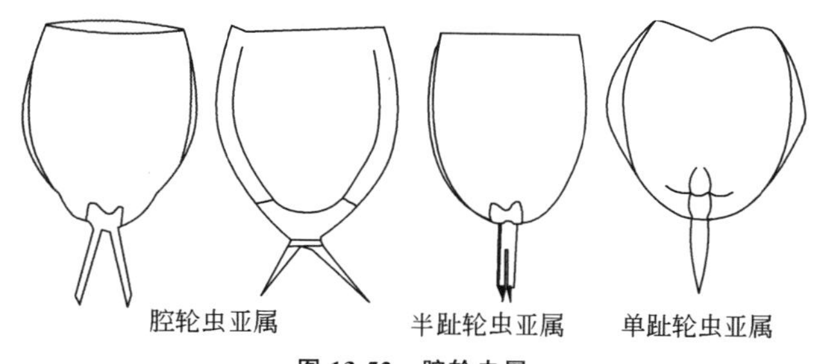

图13-52　腔轮虫属

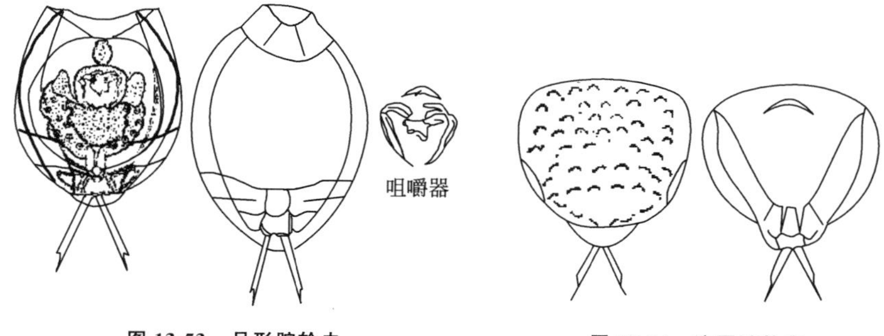

图13-53　月形腔轮虫
(*Lecane luna*)

图13-54　瘤甲腔轮虫
(*Lecane nodosa*)

十六、单趾轮虫属

单趾轮虫属(*Monostyla*)　除了趾为单趾外，其他构造基本上与腔轮虫属一样。见图13-57～图13-63。

十七、鞍甲轮虫属

鞍甲轮虫属(*Lepadella*)　被甲或多或少侧扁。足有褶皱；足

图 13-55　无甲腔轮虫

（*Lecane inermis*）

图 13-56　蹄形腔轮虫

（*Lecane ungulata*）

图 13-57　爪趾单趾轮虫

（*Monostyla unguitata*）

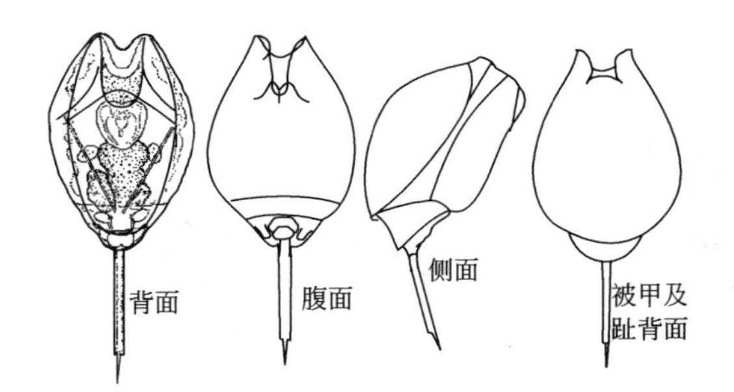

图 13-58　囊形单趾轮虫

（*Monostyla bulla*）

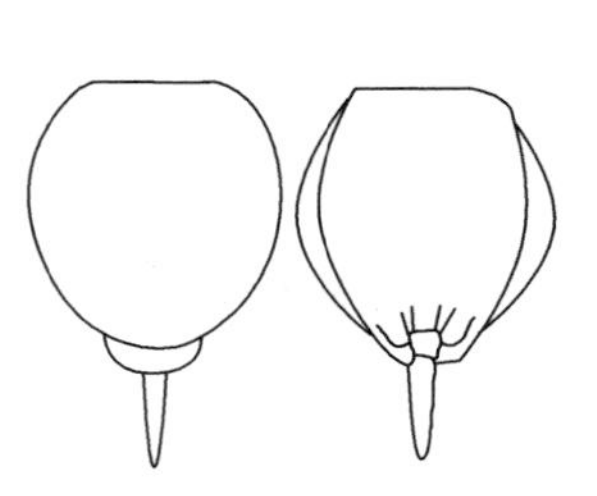

图 13-59　梨形单趾轮虫

（*Monostyla pyriformis*）

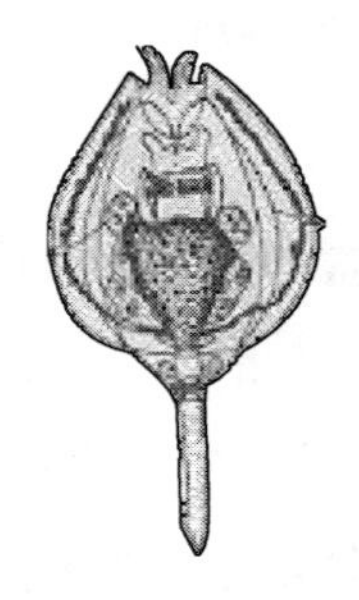

图 13-60　四齿单趾轮虫

（*Monostyla quadridentata*）

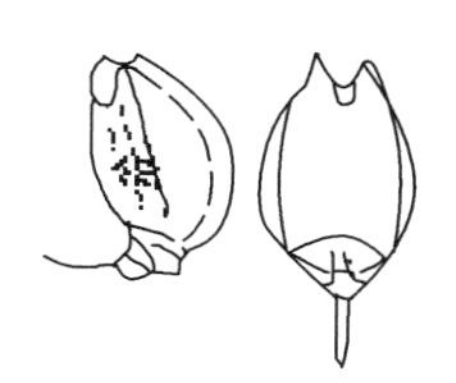

图 13-61 尖角单趾轮虫
(*Monostyla hamata*)

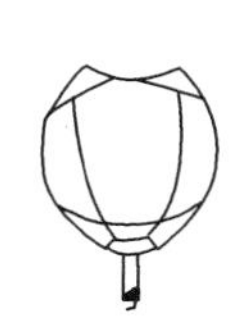

图 13-62 尖爪单趾轮虫
(*Monostyla cornuta*)

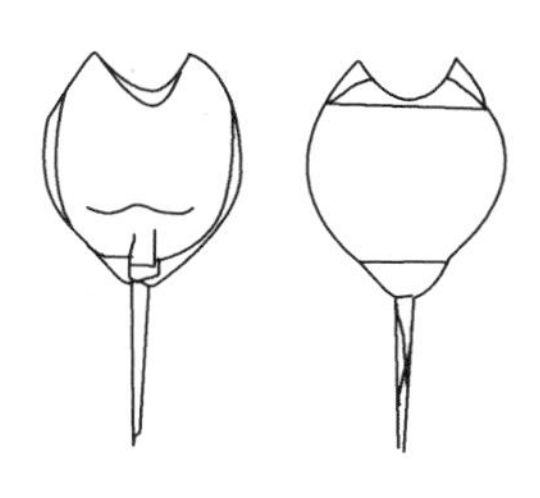

图 13-63 月形单趾轮虫
(*Monostyla lunaris*)

孔在腹面，趾 1 个或 2 个。被甲粗壮，囊形或锥形，并有齿、沟或脊。见图 13-64～图 13-67。

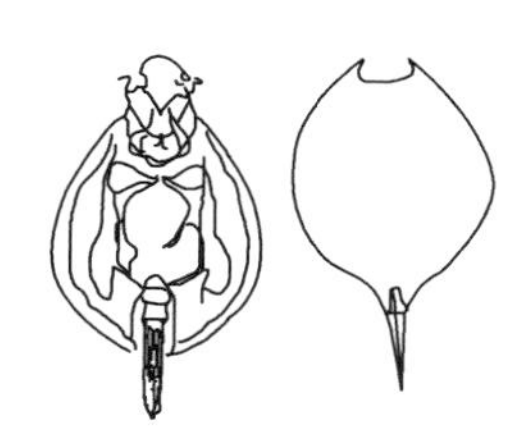

图 13-64 盘状鞍甲轮虫
(*Lepadella patella*)

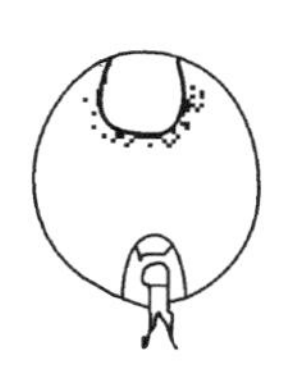

图 13-65 半圆鞍甲轮虫
(*Lepadella apsida*)

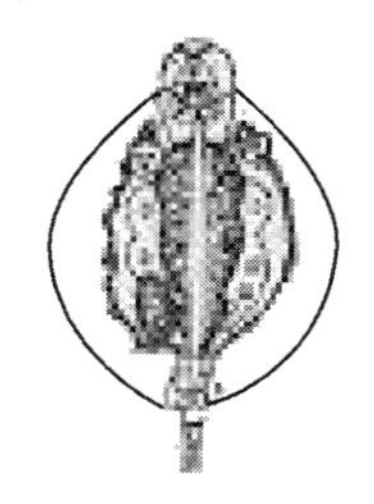

图 13-66 三翼鞍甲轮虫
(*Lepadella tripera*)

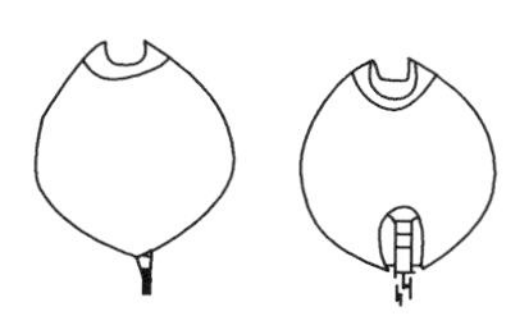

图 13-67 卵形鞍甲轮虫
(*Lepadella ovalis*)

十八、皱甲轮虫属

皱甲轮虫属（*Ploesoma*） 被甲一块，呈卵圆形、梨形，有或无龙骨及侧突起。被甲前端开口狭，半圆形。足孔很深，足有3～4节，但仅末端和趾伸出被甲之外，趾2个，或短或长，尖角状。2个侧眼。见图13-68～图13-70。

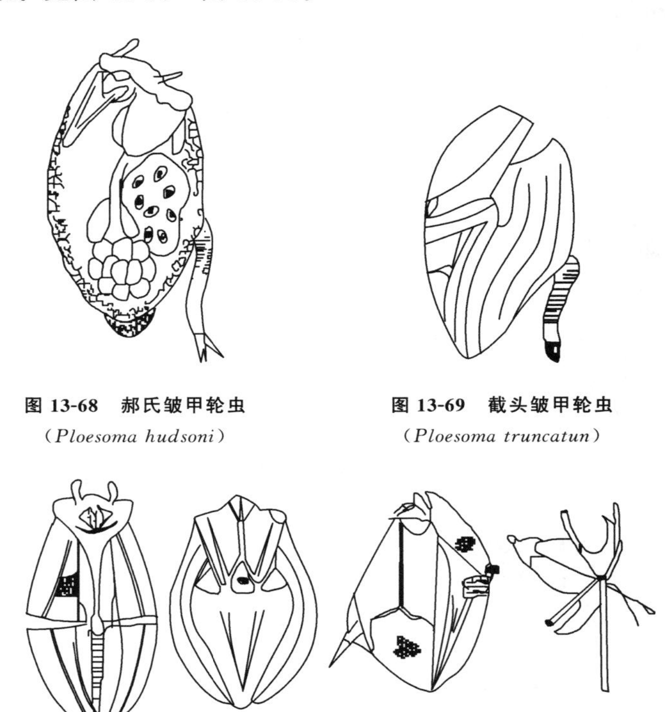

图13-68　郝氏皱甲轮虫

(*Ploesoma hudsoni*)

图13-69　截头皱甲轮虫

(*Ploesoma truncatun*)

图13-70　晶体皱甲轮虫

(*Ploesoma lenticulare*)

十九、腹尾轮虫属

腹尾轮虫属(*Gastropus*)　被甲薄，柔弱，瓶状且平滑。见图13-71和图13-72。

二十、巨头轮虫属

巨头轮虫属(*Cephalodella*)　身体呈圆筒形、纺锤形或近似菱

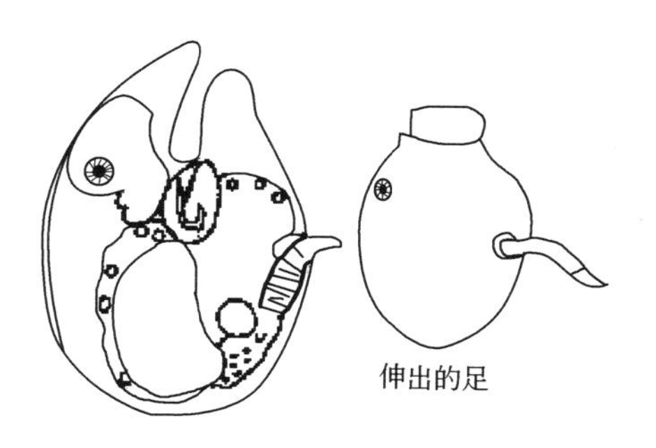

图 13-71　柱足腹尾轮虫

(*Gastropus stylifer*)

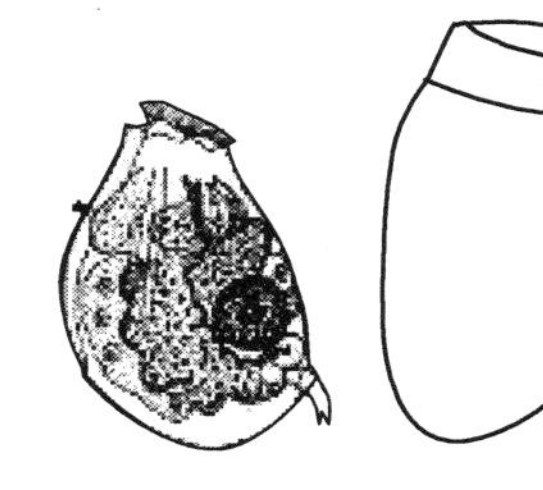

图 13-72　腹足腹尾轮虫

(*Gastropus hyptopus*)

形。躯干部分通常皆为薄而柔韧光滑的皮甲所围裹。头和躯干之间有紧缩的颈圈，躯干和足之间的界限不十分明显。头冠除了一圈普通的围顶纤毛外，在两侧各有一束很密的而较长的纤毛，作为在浮游时的行动工具。口周围很少具备纤毛，上下唇往往少许突起而形成口喙。咀嚼器系典型的杖形，大多数左右对称，少数亦有不对称的，有很发达的活塞存在。绝大多数种类没有脑后囊。足短而不分节。趾 1 对，一般细而较长。本属包括的种类很多，在自然界除了极少数营寄生的生活以外，大多数分布在淡水水体，习惯于底栖。从活性污泥中看到的只有两种，见图 13-73～图 13-77。

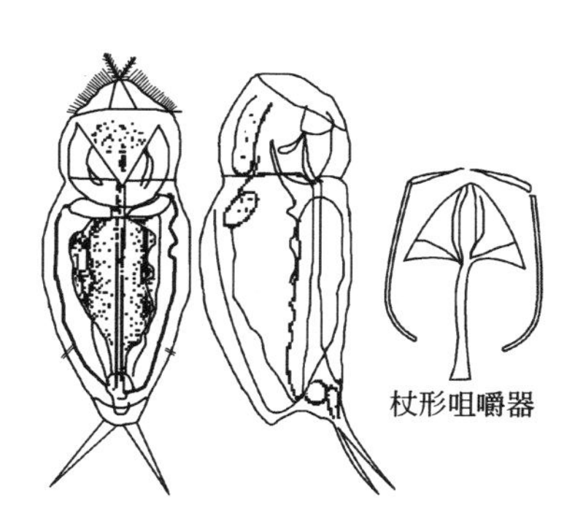

图 13-73　小巨头轮虫

(*Cephalodella exigua*)

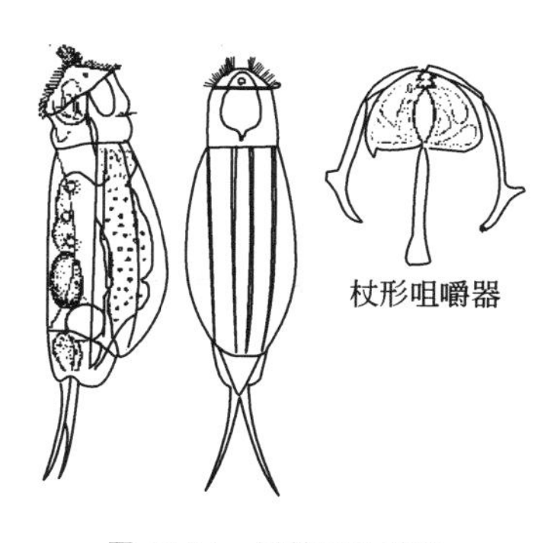

图 13-74　尾棘巨头轮虫

(*Cephalodella sterea*)

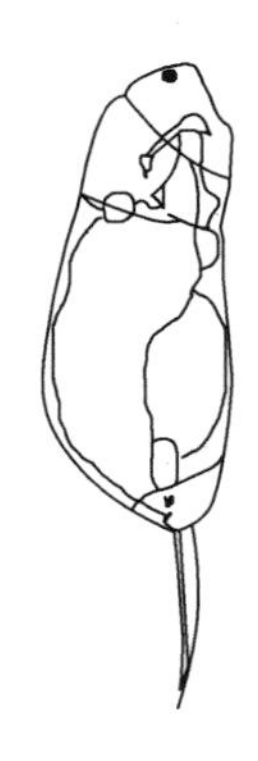

图 13-75　凸背巨头轮虫
(*Cephalodella gibba*)

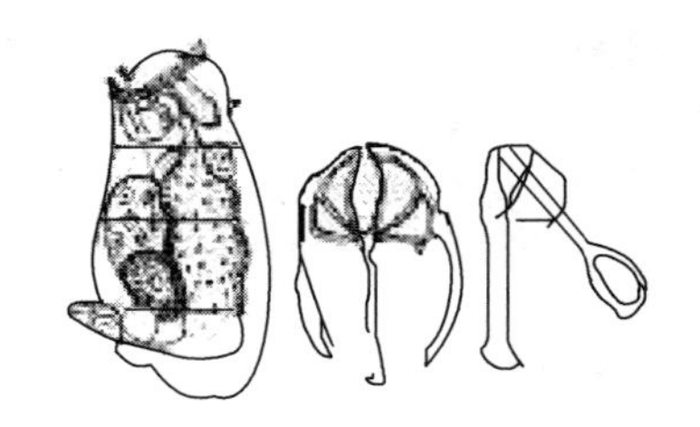

图 13-76　小链巨头轮虫
(*Cephalodella catellina*)

二十一、棘管轮虫属

棘管轮虫属（*Mytilina*）　被甲较短，有背裂片，后端有时亦在前端具齿。足 1 节或几节，趾较长，刀状或稍弯曲。见图 13-78。

图 13-77　剪形巨头轮虫
(*Cephalodella forficula*)

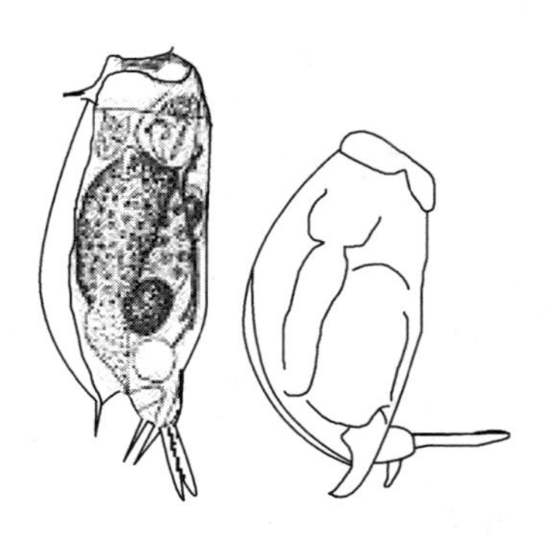

图 13-78　腹棘管轮虫
(*Mytilina ventralis*)

二十二、犀轮虫属

犀轮虫属（*Rhinoglena*）　身体和足不能蠕动。头冠无 2 个纤毛环。足短或中等长，2 个趾，无距。头部背面具一鼻状突起物。

头部具粗壮的棘毛或刚毛，同时这些棘毛或刚毛可伸展到V形的口漏斗中。见图13-79。

二十三、囊足轮虫属

囊足轮虫属（*Asplanchnopus*） 无后肠和肛门，体呈囊状。足在腹面，短小。见图13-80。

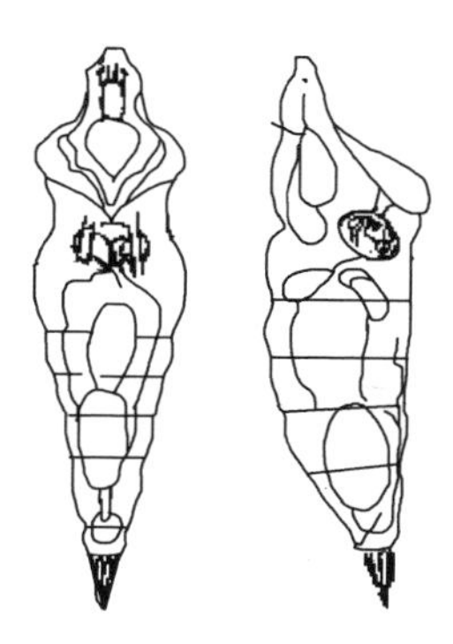

图13-79 前额犀轮虫
（*Rhinoglena frontalis*）

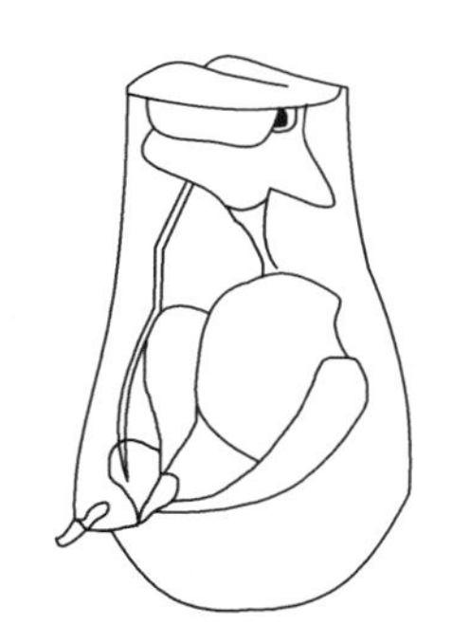

图13-80 多突囊足轮虫
（*Asplanchnopus multiceps*）

二十四、疣毛轮虫属

疣毛轮虫属（*Synchaeta*） 有后肠和肛门。足在后端。头部两侧具2个耳状突起，头冠具4根粗的感觉刚毛。见图13-81～图13-86。

二十五、镜轮虫属

镜轮虫属（*Testudinalla*） 足无趾。体表角质层厚或形成坚硬的壳或被甲。背、腹极扁，体呈圆形或卵圆形，足孔在腹面。见图13-87和图13-88。

二十六、胶鞘轮虫属

胶鞘轮虫属（*Collotheea*） 头部呈漏斗形，中间为口。头冠边缘具1～7个裂片。头冠纤毛一般为1排，裂片上纤毛一般较长。足

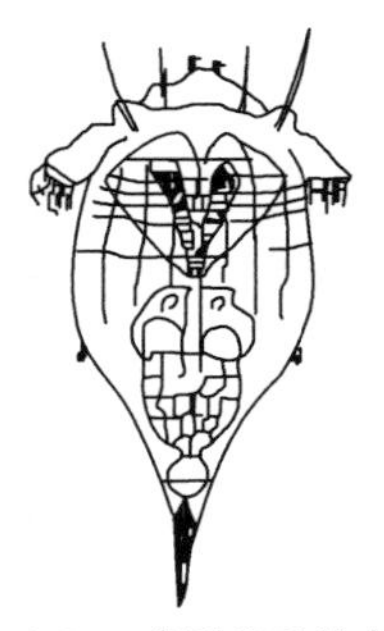

图 13-81 尖尾疣毛轮虫

(*Synchaeta stylata*)

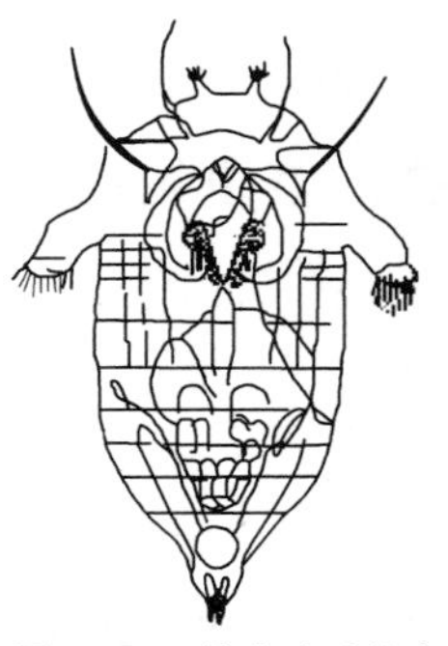

图 13-82 梳状疣毛轮虫

(*Synchaeta pectinata*)

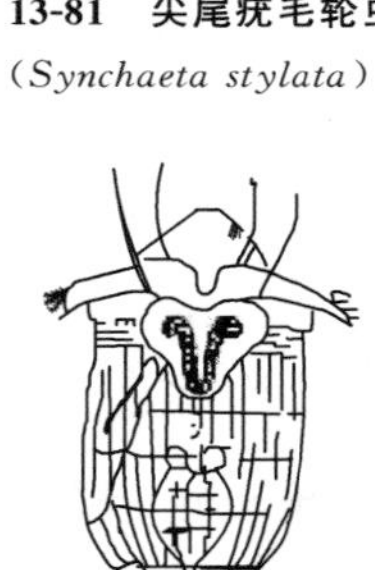

图 13-83 长圆疣毛轮虫

(*Synchaeta oblonga*)

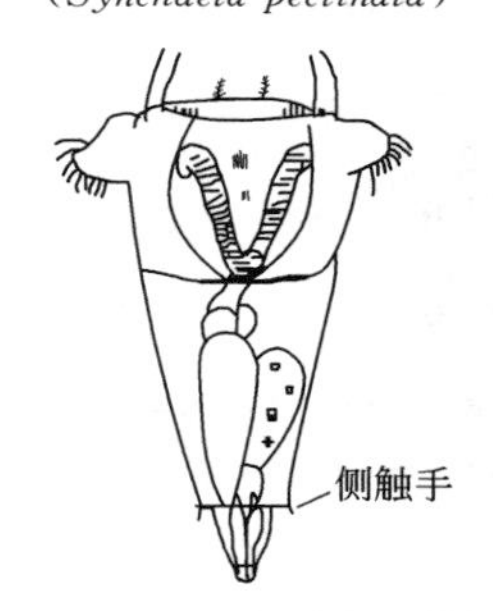

图 13-84 颤动疣毛轮虫

(*Synchaeta tremula*)

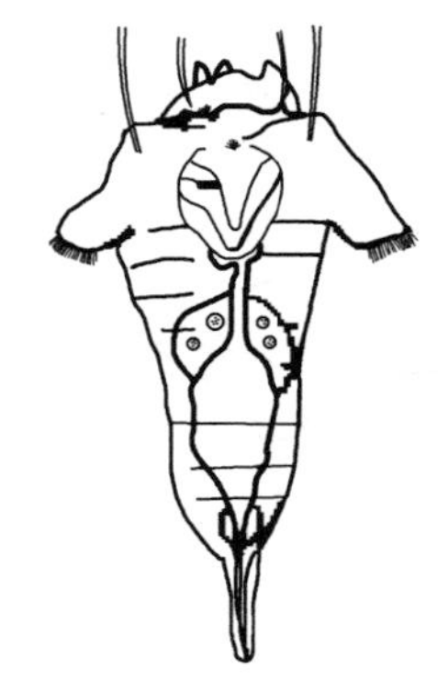

图 13-85 细长疣毛轮虫

(*Synchaeta grandis*)

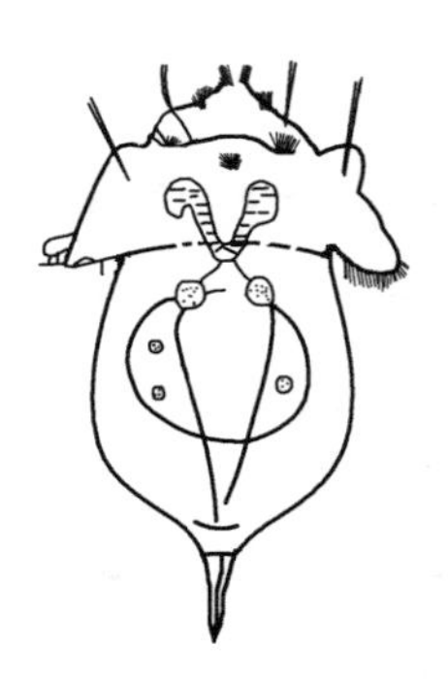

图 13-86 长足疣毛轮虫

(*Synchaeta longipes*)

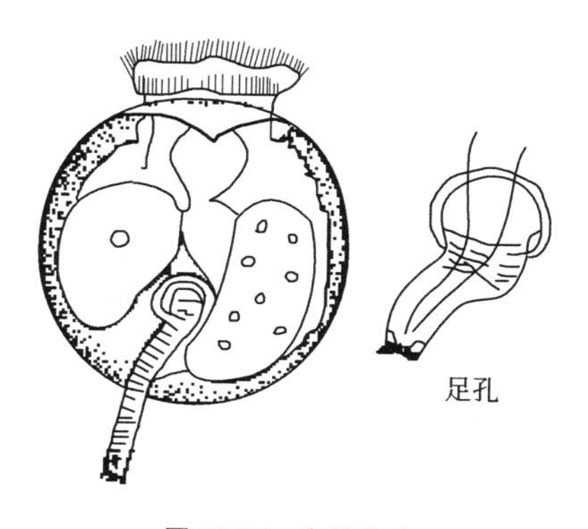

图 13-87　盘镜轮虫
(*Testudinalla patina*)

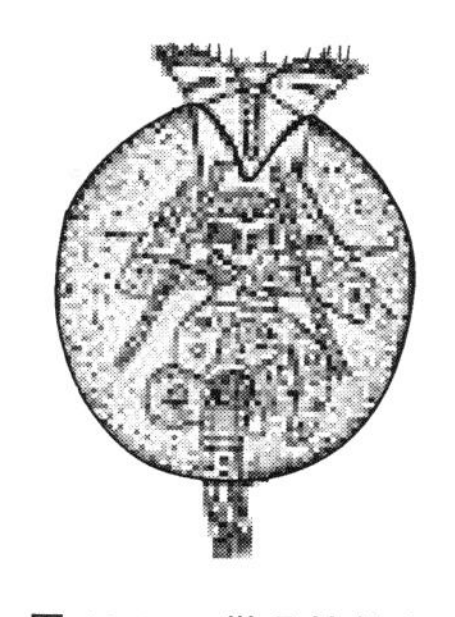

图 13-88　微凸镜轮虫
(*Testudinalla mucronata*)

长而细弱，柄状，有或无吸盘。胶囊常很透明且很大。见图 13-89～图 13-91。

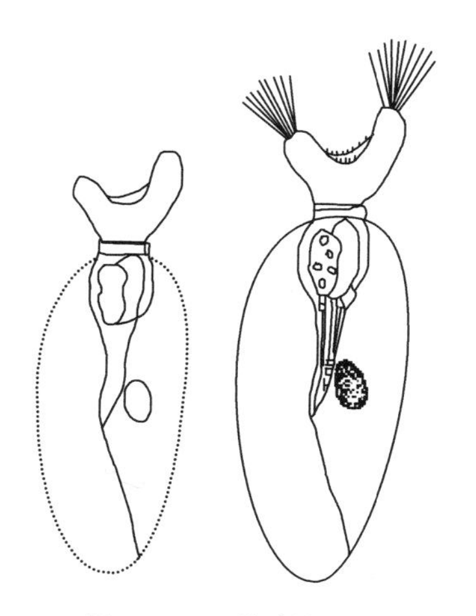

图 13-89　无常胶鞘轮虫
(*Collotheea mutabilis*)

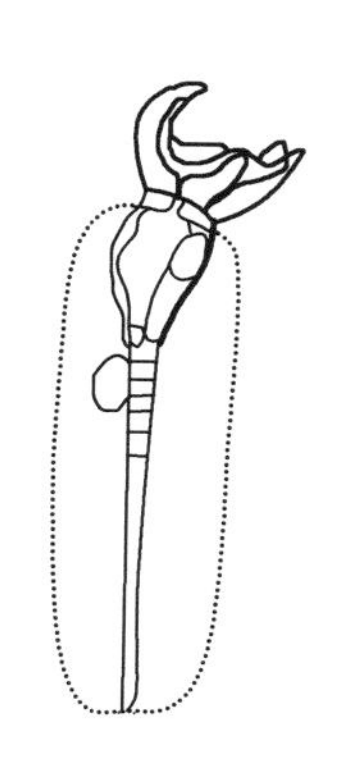

图 13-90　多态胶鞘轮虫
(*Collotheea ambingua*)

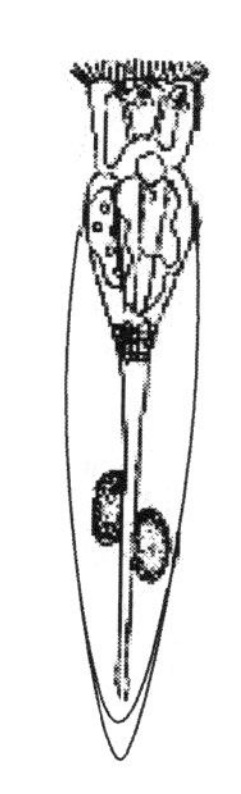

图 13-91　敝水胶鞘轮虫
(*Collotheea pelagica*)

二十七、聚花轮虫属

聚花轮虫属（*Conochilus*）头部不呈漏斗状。头冠边缘无裂片，呈马蹄形。头冠纤毛 2 排。口位于头冠中间腹面，足较粗壮无吸盘。单个个体或形成球状群体。见图 13-92～图 13-94。

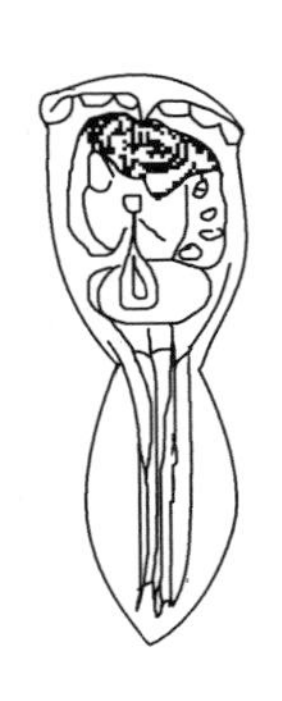

图 13-92　独角聚花轮虫
（*Conochilus unicornis*）

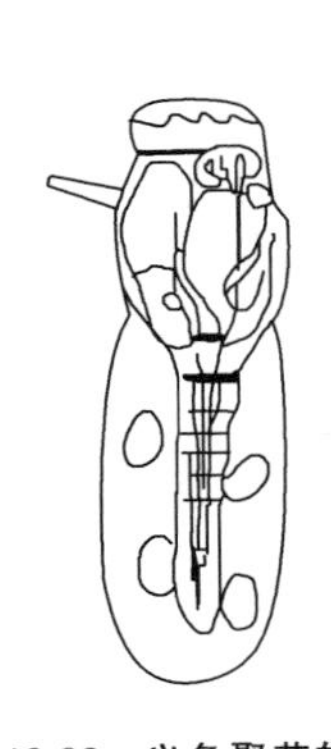

图 13-93　义角聚花轮虫
（*Conochilus dossuarius*）

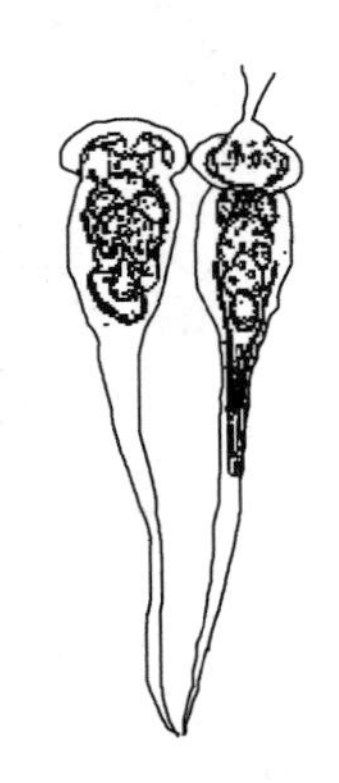

图 13-94　团状聚花轮虫
（*Conochilus hippocrepis*）

二十八、龟甲轮虫属

龟甲轮虫属（*Keratella*）　被甲前端具 6 个对称棘状突起，有或没有后棘状突起。被甲背面具网状花纹，并隔成不少有规则的小块片。见图 13-95～图 13-101。

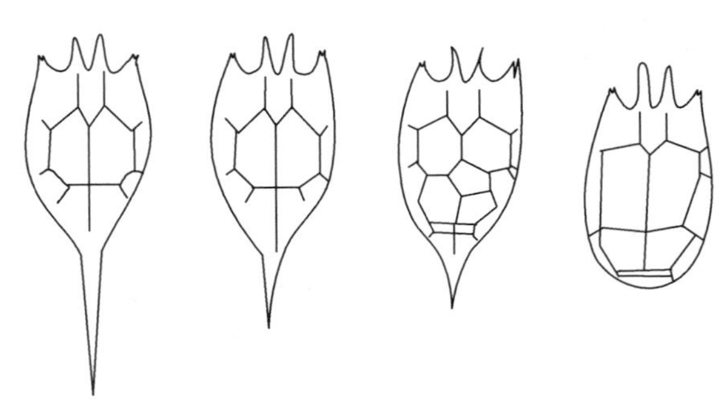

图 13-95　不同形状的螺形龟甲轮虫
（*Keratella cochlearis*）

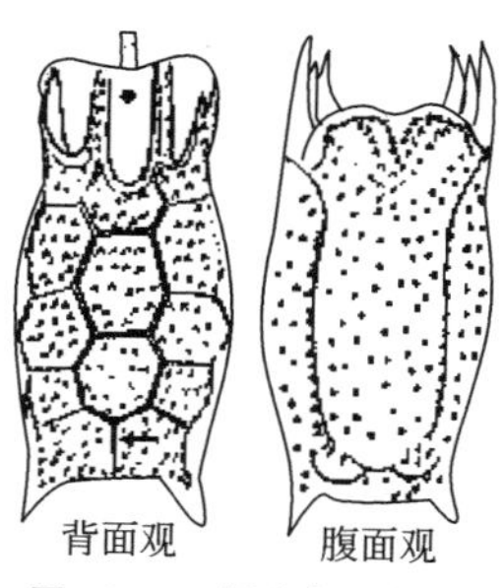

图 13-96 锯齿龟甲轮虫
（*Keratella serrulata*）

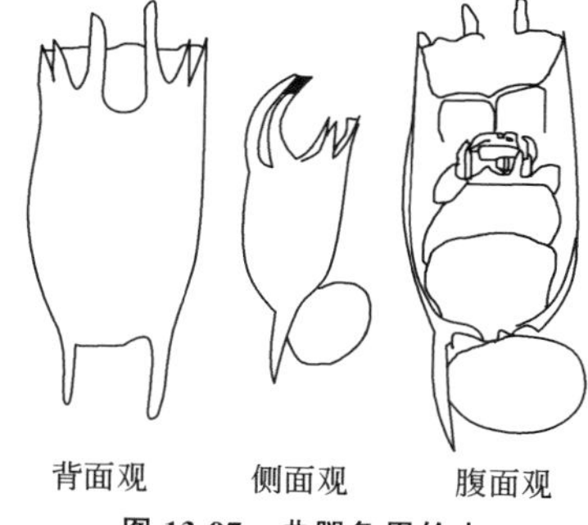

图 13-97 曲腿龟甲轮虫
（*Keratella valga*）

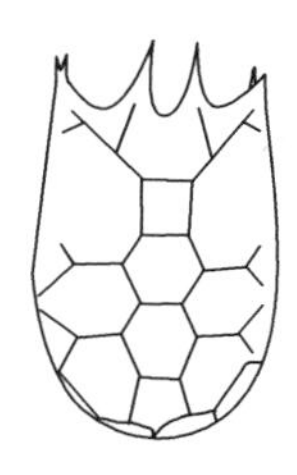

图 13-98 缘板龟甲轮虫
（*Keratella ticinensis*）

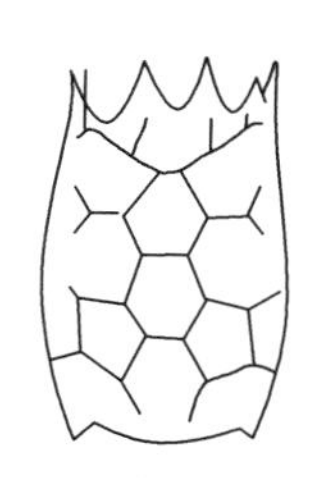

图 13-99 龟形龟甲轮虫
（*Keratella tesudo*）

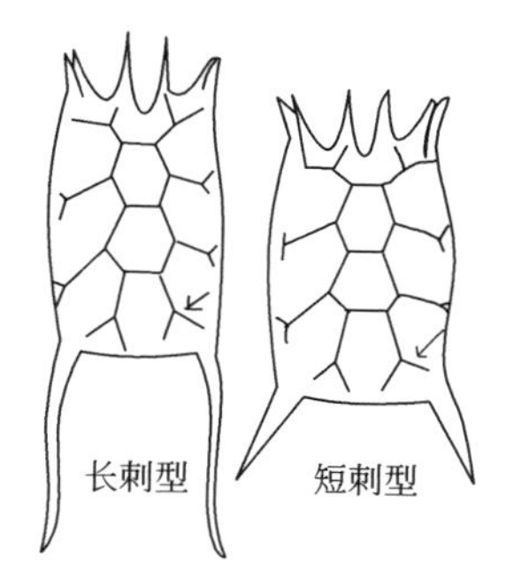

图 13-100 矩形龟甲轮虫
（*Keratella quadrata*）

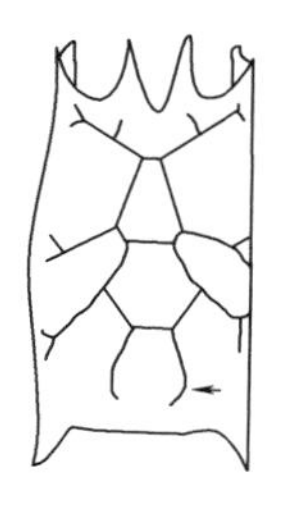

图 13-101 冷淡龟甲轮虫
（*Keratella hiemalis*）

二十九、帆叶轮虫属

帆叶轮虫属（*Argonotholca*） 被甲中央有1条纵长隆起的脊。腹甲后半部有一尖三角形形凸的小“骨片”。见图13-102。

三十、叶轮虫属

叶轮虫属（*Notholca*） 背甲中央没有隆起的脊，腹甲后半部也没有尖三角状小“骨片”的突起。被甲后端或浑圆，或瘦削，或形成一突起的短柄。见图13-103和图13-104。

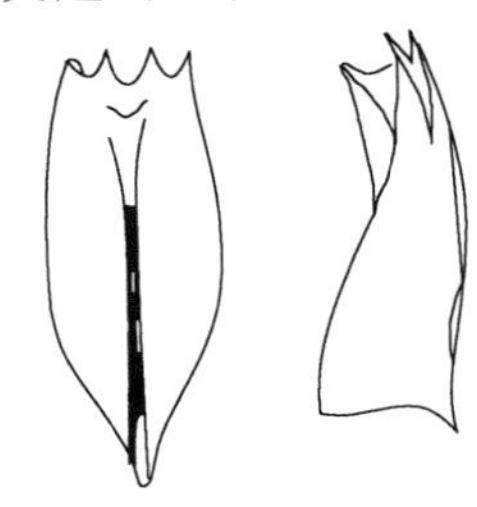

图13-102 叶状帆叶轮虫
（*Argonotholca foliacea*）

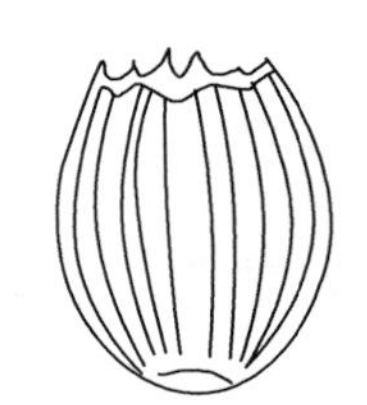

图13-103 鳞状叶轮虫
（*Notholca squamula*）

三十一、盖氏轮虫属

盖氏轮虫属（*Kellicottica*） 被甲前端具4个或6个棘状突起，既不等长也不对称，身体后端具一中棘状突起。见图13-105。

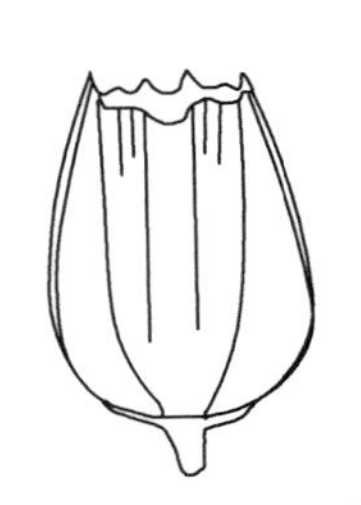

图13-104 唇形叶轮虫
（*Notholca labis*）

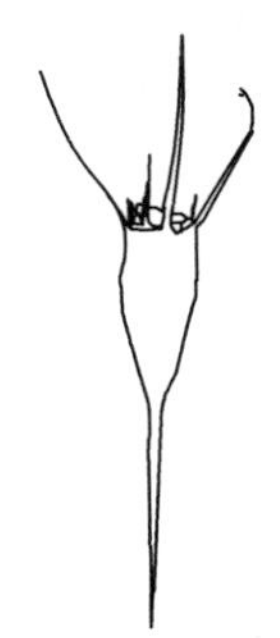

图13-105 长刺盖氏轮虫
（*Kellicottica longispina*）

三十二、三肢轮虫属

三肢轮虫属（*Filinia*） 身体具 3 条长或短能动的棘或刚毛，2 条在前端，1 条在后端。见图 13-106～图 13-113。

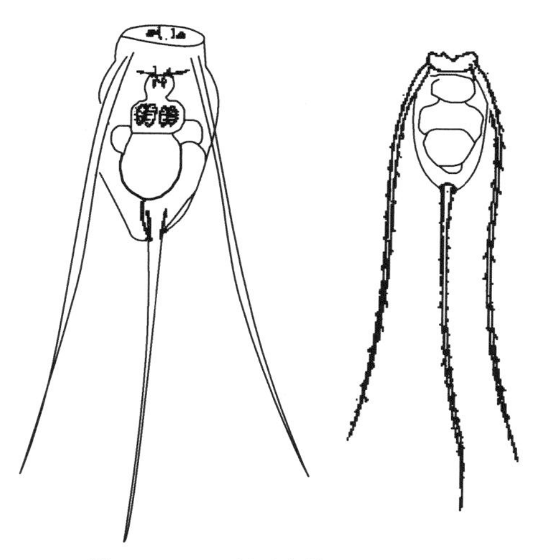

图 13-106 不同形态的长三肢轮虫
（*Filinia longiseta*）

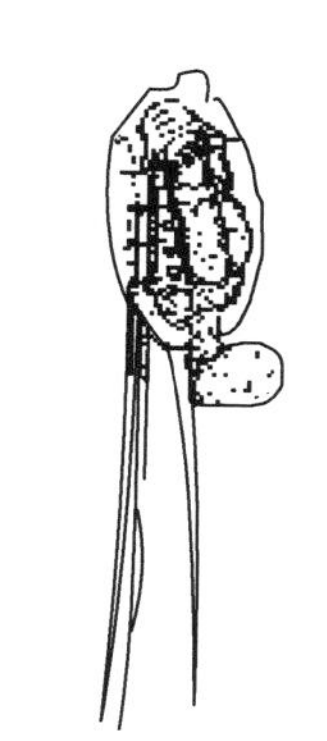

图 13-107 迈氏三肢轮虫
（*Filinia maior*）

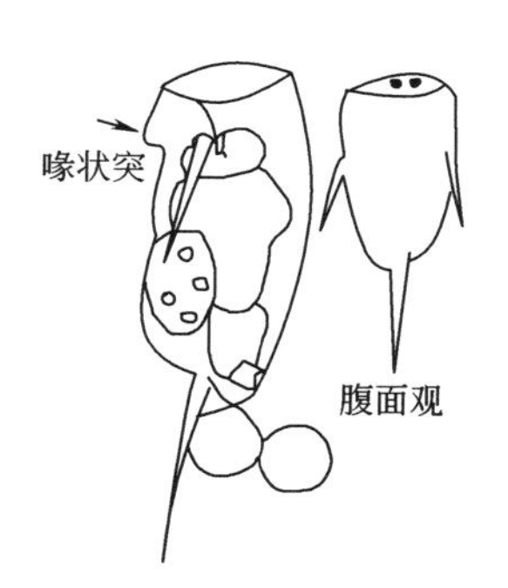

图 13-108 臂三肢轮虫
（*Filinia brachiata*）

图 13-109 角三肢轮虫
（*Filinia cornuta*）

图 13-110 小三肢轮虫
（*Filinia minuta*）

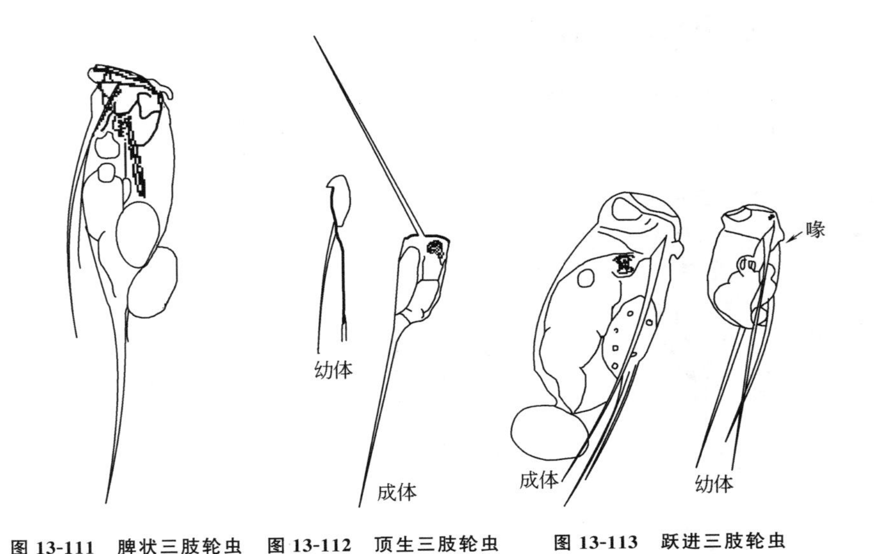

图 13-111 脾状三肢轮虫（*Filinia opoliensis*）

图 13-112 顶生三肢轮虫（*Filinia terminalis*）

图 13-113 跃进三肢轮虫（*Filinia passa*）

三十三、多肢轮虫属

多肢轮虫属（*Polyarthra*） 身体具 12 条羽状（或剑状）刚毛，分 4 束，每束 3 条，背侧和腹面各 2 束。见图 13-114～图 13-120。

图 13-114 真翅多肢轮虫（*Polyarthra euryptera*）

图 13-115 较大多肢轮虫（*Polyarthra major*）

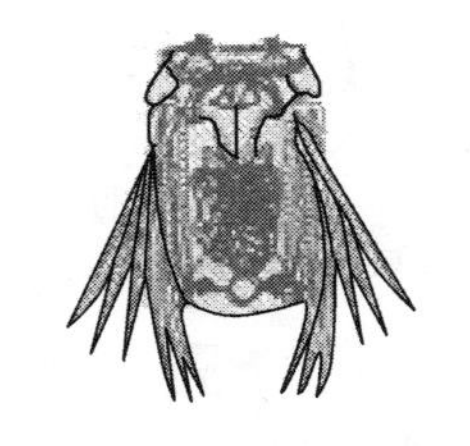

图 13-116 针簇多肢轮虫（*Polyarthra trigla*）

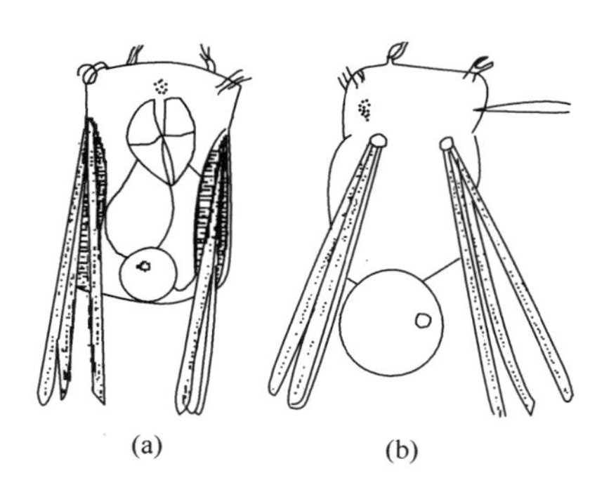

图 13-117　长肢多肢轮虫

（*Polyarthra dolichoptera*）

（a）腹面观；（b）侧面观，示鳍

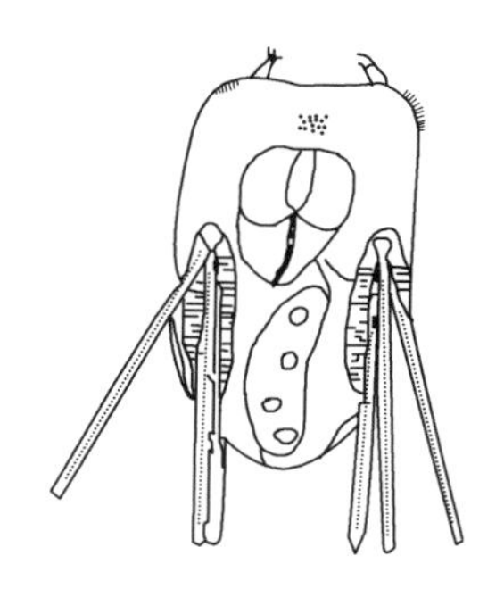

图 13-118　红多肢轮虫

（*Polyarthra remata*）

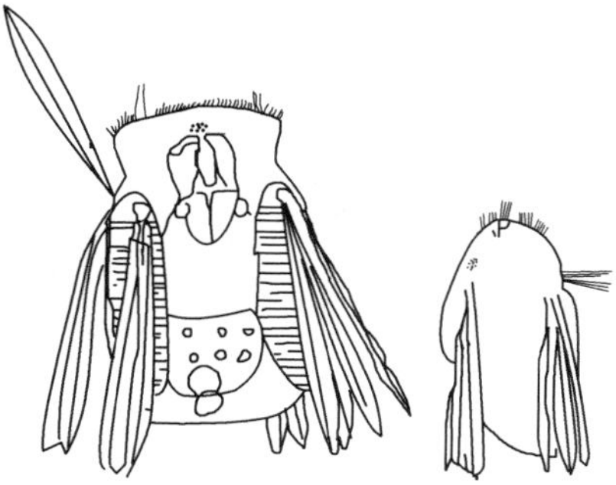

(a)　(b)

图 13-119　广布多肢轮虫

（*Polyarthra vnlgaris*）

（a）腹面观；（b）侧面观，示腹鳍

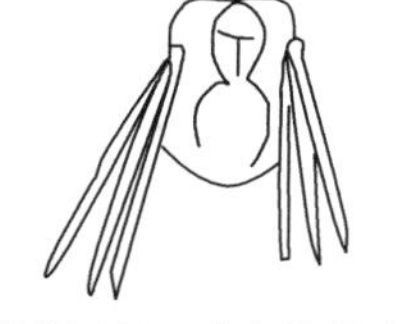

图 13-120　小多肢轮虫

（*Polyarthra minor*）

三十四、六腕轮虫属

六腕轮虫属（*Hexarthra*）　身体具 6 个比较粗壮的附肢，末端具羽状刚毛。见图 13-121。

三十五、晶囊轮虫属

晶囊轮虫属（*Asplanchna*）　身体无刺，亦无针样或肢样突起。无肠和肛门，胃不扩张亦无“污秽胞”。体大、透明如灯泡。卵胎

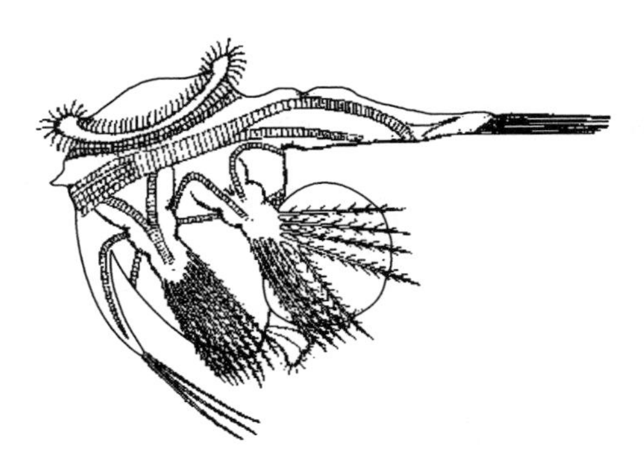

图 13-121　奇异六腕轮虫

(*Hexarthra mira*)

生。见图 13-122～图 13-125。

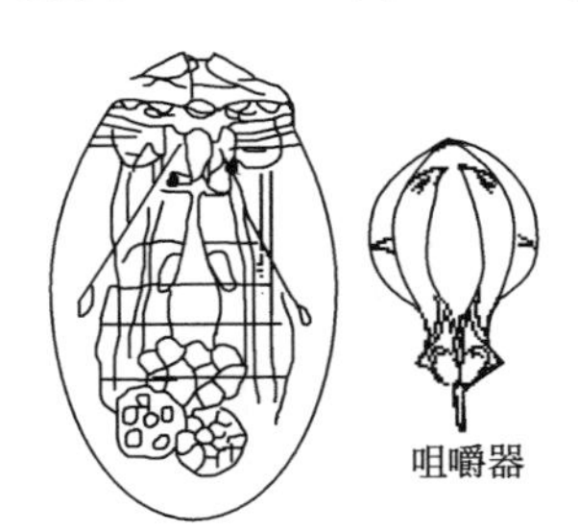

图 13-122　前节晶囊轮虫

(*Asplanchna priodonta*)

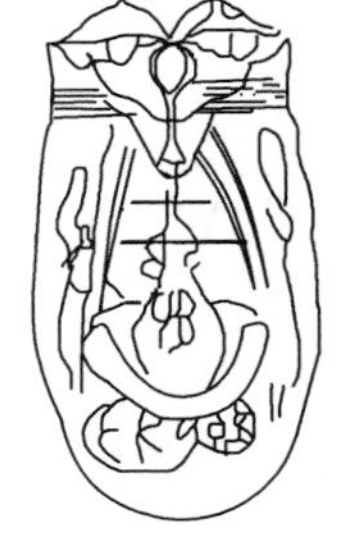

图 13-123　盖氏晶囊轮虫

(*Asplanchna girodi*)

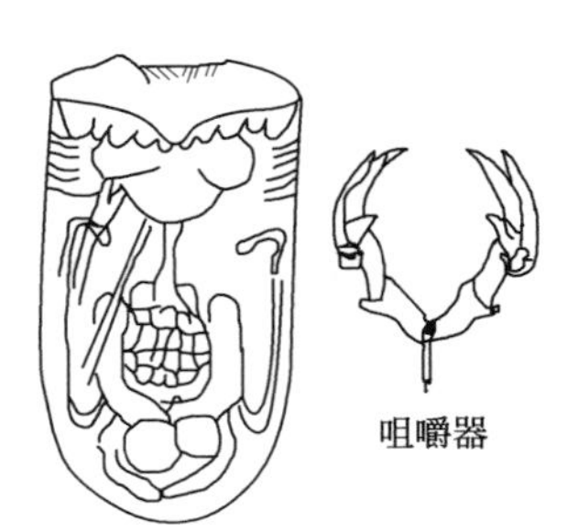

图 13-124　卜氏晶囊轮虫

(*Asplanchna brightwelli*)

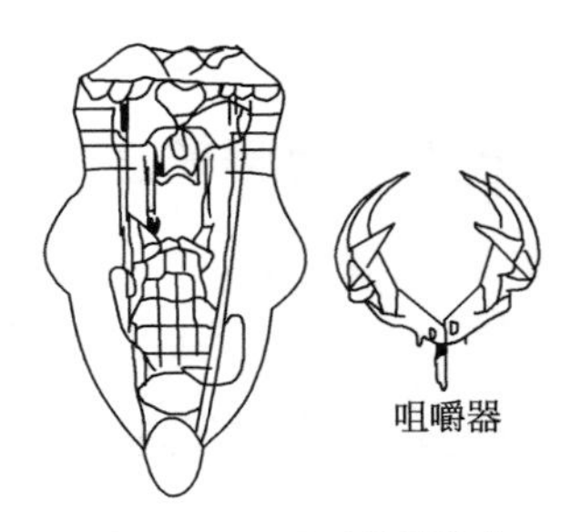

图 13-125　西氏晶囊轮虫

(*Asplanchna sieboldi*)

三十六、无柄轮虫属

无柄轮虫属（*Ascomorpha*）有肠和肛门。胃大，充满了体腔，常具有明显绿色的内含物并有 1 个到几个黑色“污秽胞”。见图 13-126～图 13-128。

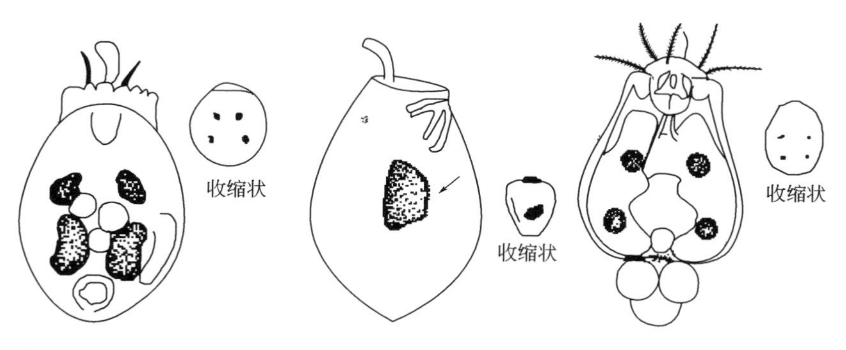

图 13-126　卵形无柄轮虫
（*Ascomorpha ovalis*）

图 13-127　舞跃无柄轮虫
（*Ascomorpha saltans*）

图 13-128　没尾无柄轮虫
（*Ascomorpha ecaudis*）

三十七、龟纹轮虫属

龟纹轮虫属（*Anuraeopsis*）被甲（即为增厚的几丁质）呈截锥形，身体末端皱褶，背腹愈合，带有大型泡状卵附在体末端。见图 13-129。

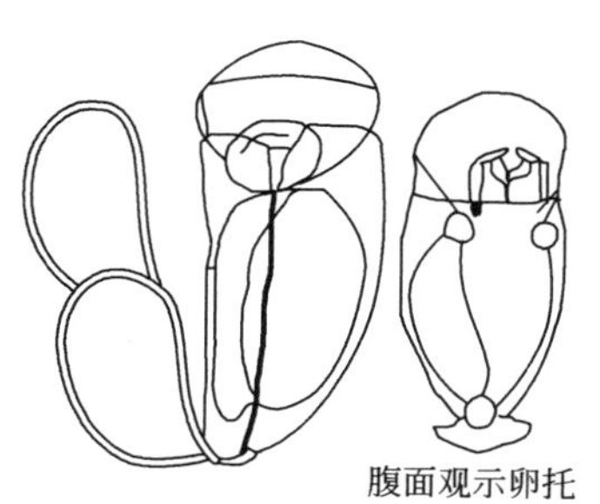

图 13-129　裂痕龟纹轮虫
（*Anuraeopsis fissa*）

三十八、泡轮虫属

泡轮虫属（*Pompholyx*） 被甲呈卵圆形或盾形，背腹扁平。横切面有4个裂片，常有圆形卵附在泄殖孔上（不是足孔）。见图13-130和图13-131。

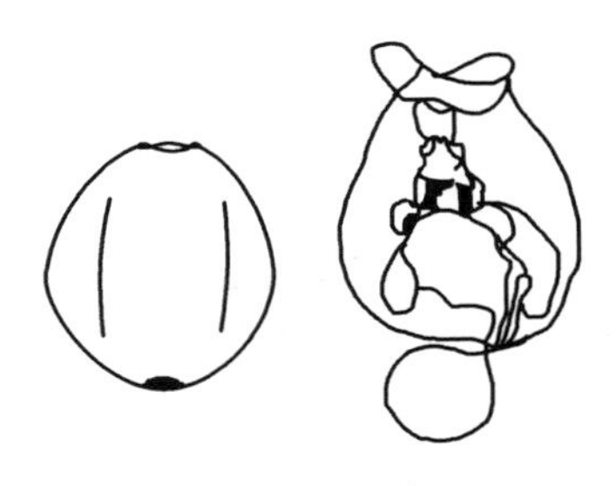

图13-130 沟痕泡轮虫
（*Pompholyx sulcata*）

图13-131 扁平泡轮虫
（*Pompholyx complanta*）

三十九、索轮虫属

索轮虫属（*Resticula*） 并无真正的眼点存在，但某些种类的脑后囊内，有的满贮了黑色的细菌状集合体，有的满贮了红色的细菌状集合体，于是形成了不少黑色或红色的斑点，本质上均不是眼点。头冠两侧并无能伸缩的耳。咀嚼器系左右比较对称的杖形。趾很短。生活习惯以游泳为主，行动相当迅速。本属包括的种类不多，出现于活性污泥的只看到过一种。见图13-132。

四十、间盘轮虫属

间盘轮虫属（*Dissotrocha*） 见图13-133。

四十一、多棘轮虫

被甲宽阔，躯干背面有不少长的、成对的棘刺生出。足比较短。见图13-134和图13-135。

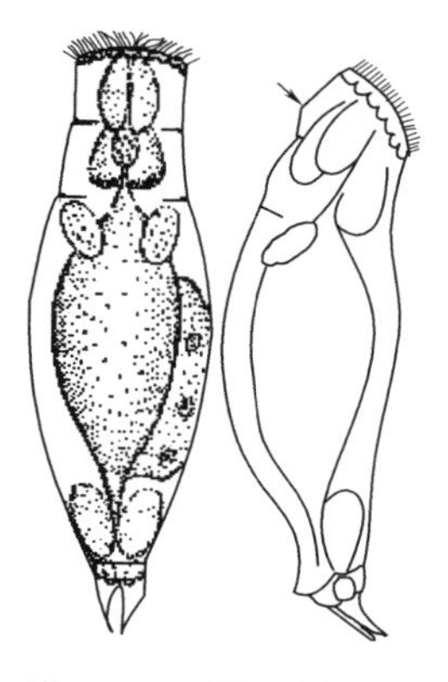

图 13-132 黑斑索轮虫
(*Resticula melandocus*)

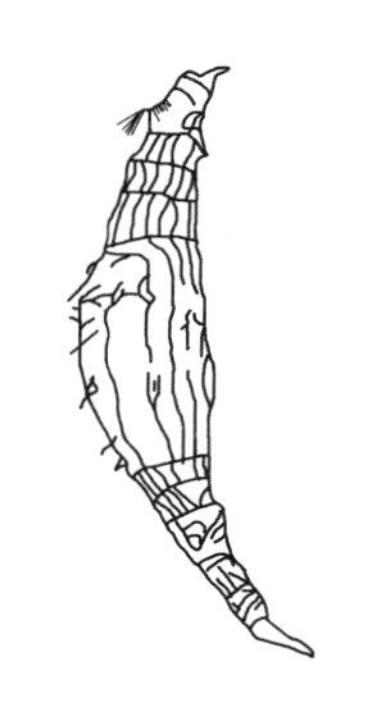

图 13-133 尖刺间盘轮虫
(*Dissotrocha aculeata*)

图 13-134 高氏多棘轮虫的背面图
(*Macrochaetus collinsii*)

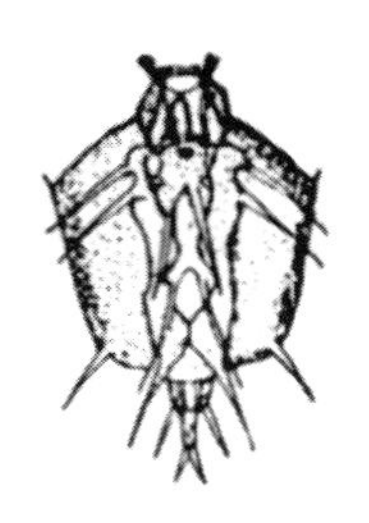

图 13-135 近距多棘轮虫的背面图
(*M. subquadritus*)

四十二、鬼轮虫

被甲纵长，躯干没有棘刺存在。足比较短。见图 13-136 和图 13-137。

四十三、裂足轮虫

被甲较纵长，长度超过宽度。见图 13-138。

四十四、柱头轮虫

眼点 1～3 个，很明显。砧基后端正常，绝不会裂开。见图 13-139。

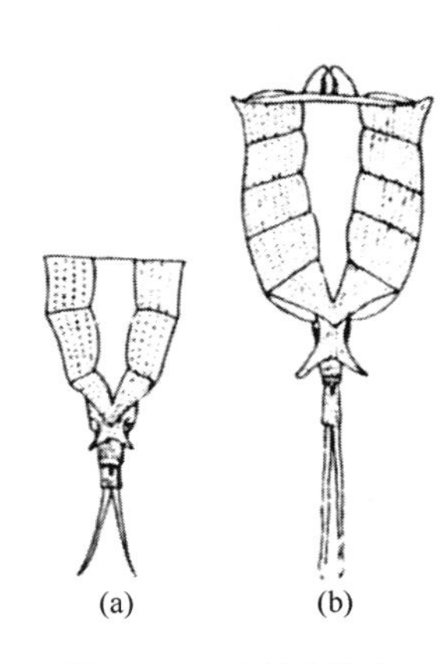

图 13-136　方块鬼轮虫

（*Trichotria tetractis*）

（a）身体后半部的背面观；

（b）整个身体的背面观

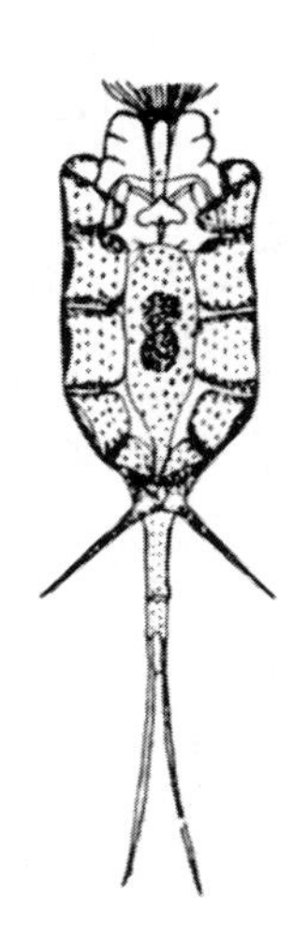

图 13-137　台杯鬼轮虫

（*T. pocillum*）

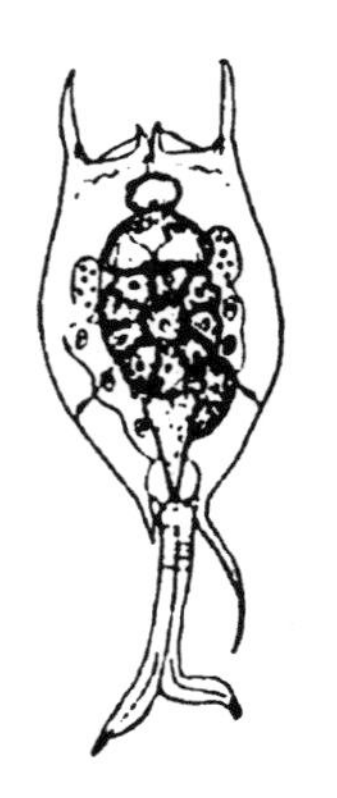

图 13-138　裂足轮虫的背面图

（*Schizocerca diversicornis*）

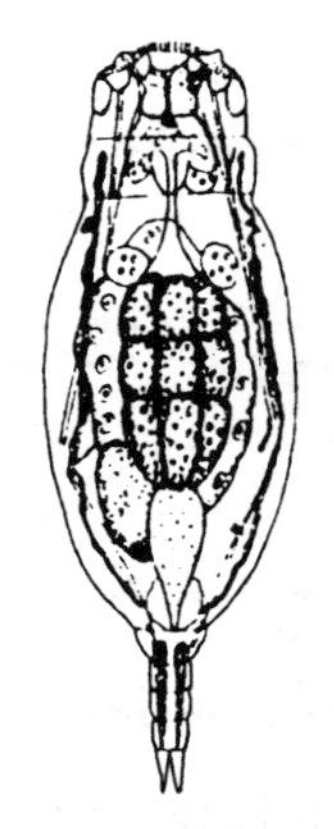

图 13-139　眼镜柱头轮虫的背面图

（*Eosphora najas*）

四十五、晓柱轮虫

眼点1～3个，很明显。砧基后端裂成许多丝条。见图13-140。

四十六、高跷轮虫

足和趾都很长，二者的长度几乎相等。足部有很发达的肌肉。见图13-141。

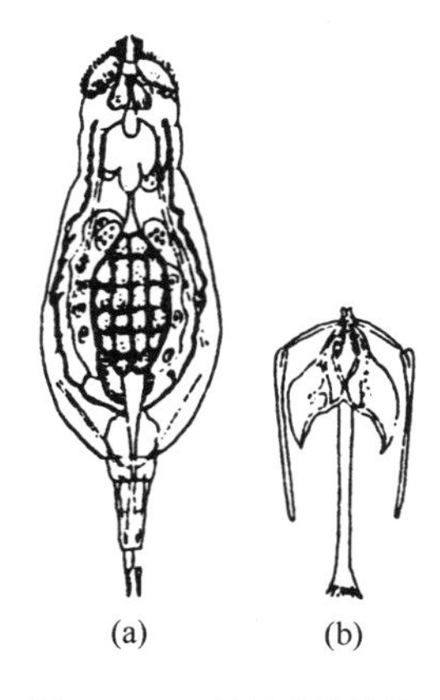

图13-140 纵长晓柱轮虫
(*Eothinia elongata*)
(a) 个体背面观；
(b) 杖形的咀嚼器

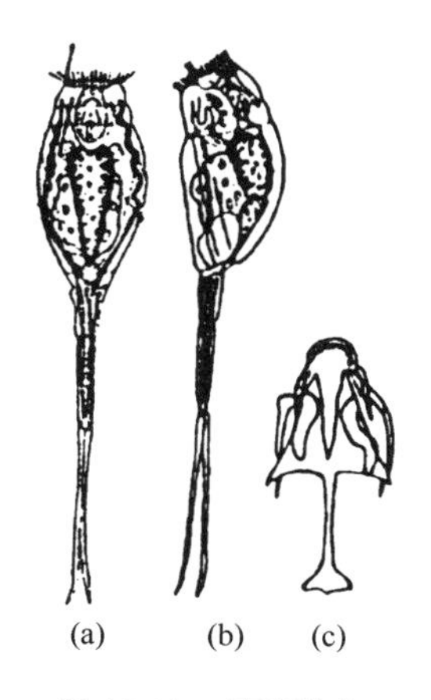

图13-141 高跷轮虫
(*Scaridium longicaudum*)
(a) 个体背面观；(b) 个体侧面观；(c) 变态杖形咀嚼器

四十七、彩胃轮虫

无足。身体非左右侧扁，背腹面或多或少扁平。见图13-142。

四十八、同尾轮虫

趾二个，同样长短或一长一短，但短趾长度超过长趾的1/3，无论长趾、短趾，它们的长度不超过本体的一半。见图13-143～图13-145。

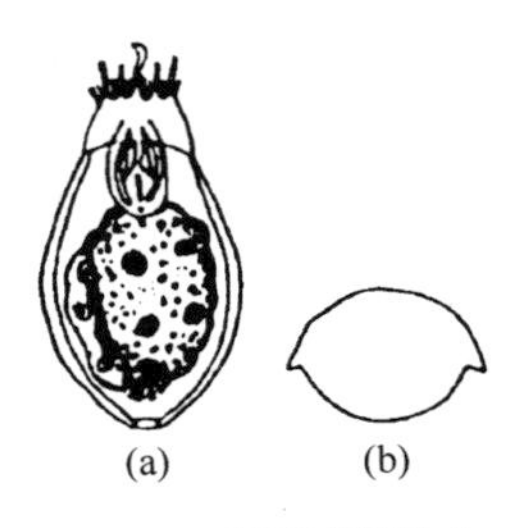

图 13-142　卵形彩胃轮虫
(*Chromogaster ovalis*)
(a) 个体的背面观；(b) 被甲中部的横切面

图 13-143　韦氏同尾轮虫的侧面观
(*Diurella weberi*)

图 13-144　对棘同尾轮虫的侧面观
(*D. stylata*)

图 13-145　盗甲同尾轮虫的侧面观
(*D. porcellus*)

四十九、巨腕轮虫

没有被甲，身体前半部周围有 6 个比较粗壮的腕状附肢，能活泼的滑动。肌肉及其发达。无足。见图 13-146。

五十、其他轮虫

其他轮虫见图 13-147 和图 13-148

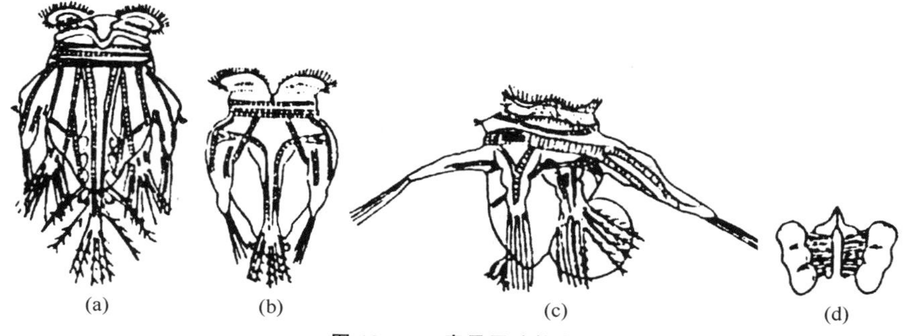

图 13-146 奇异巨腕轮虫

(*Pedalia mira*)

(a) 个体腹面观；(b) 个体背面观；(c) 个体侧面观；(d) 槌杖形咀嚼器

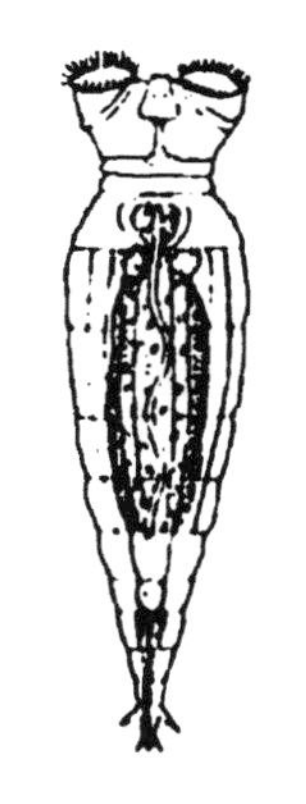
图 13-147 橘色轮虫

(*Rotaria citrina*)

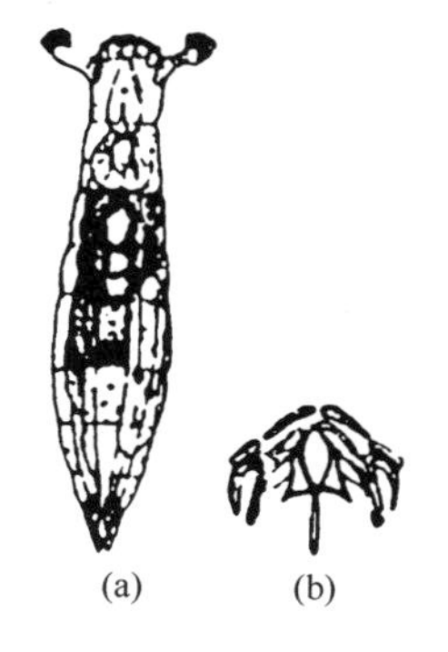

图 13-148 连锁柔轮虫

(*Lindia torulosa*)

(a) 整个身体的背面观；

(b) 梳形咀嚼器

第十四章

枝角类

枝角类通称水蚤，俗称红虫，是一类小型甲壳动物。一般体长为 0.2～3.0mm，身体左右侧扁，分节不明显，具有一块由两片合成的甲壳，包被于躯干部的两侧。头部有显著的黑色复眼，复眼的周围有许多水晶体。第二触角十分发达，呈枝角状，是运动的主要器官。在身体后腹部末端有一对尾爪。

水蚤的血液含血红素，血红素溶于血浆，肌肉、卵巢和肠壁等组织的细胞中也含血红素。水蚤血红素的含量常随环境中溶解氧量的高低而变化：水体中含氧量低，水蚤的血红素含量高；水体中含氧量高，水蚤的血红素含量低。由于在污染水体中溶解氧含量低，清水中氧的含量高，所以，在污染水体中的水蚤颜色比在清水中的红些。这就是水蚤常呈不同颜色的原因，是适应环境的表现。可以利用水蚤的这个特点判断水体的清洁程度。枝角类雌体模式见图 14-1。

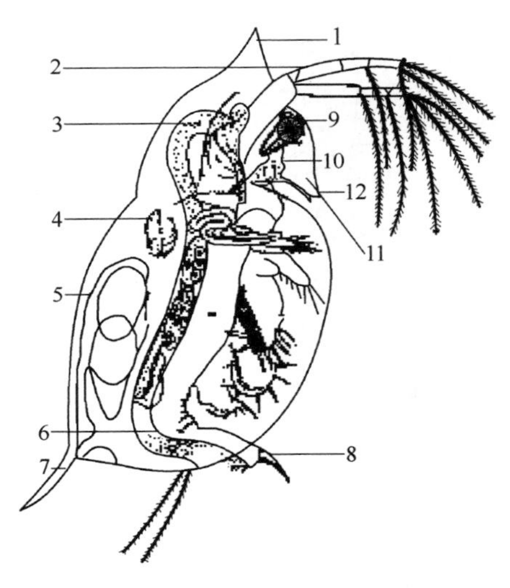

图 14-1 枝角类雌体模式图

1—头盔；2—第二触角；3—肠；4—心脏；5—孵育囊；6—后腹部；7—壳刺；8—尾爪；9—复眼；10—单眼；11—吻；12—第一触角

一、透明薄皮溞属

透明薄皮溞属（*Leptodora*） 体长大，不侧扁；具6对近乎圆柱形的游泳足，其外肢完全退化；冬卵间接发育，先孵出后期无节幼体。见图14-2。

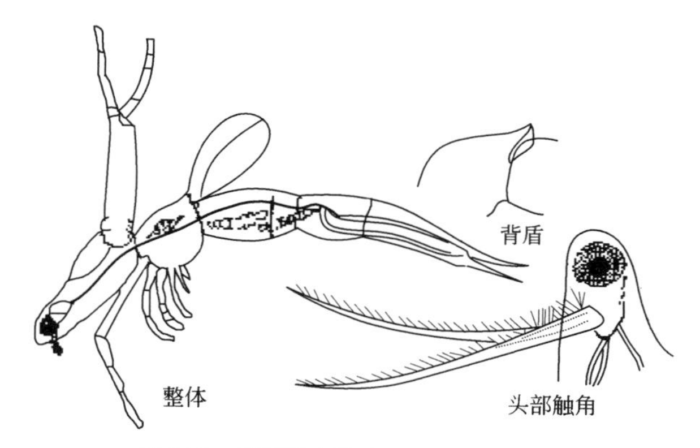

图14-2 透明薄皮溞（*Leptodora kindti*）

二、仙达溞属

仙达溞属（*Side*） 胸肢6对，同形，均呈叶片状；第二触角不论性别，均为双肢型，具游泳刚毛15～20根；第二触角外肢3节，内肢2节，有吻。见图14-3。

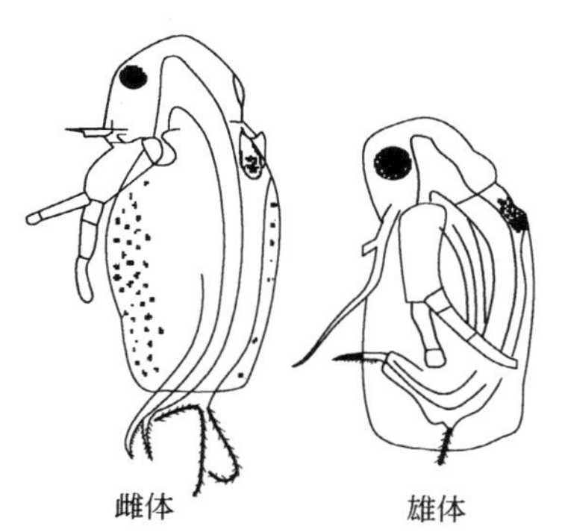

图14-3 晶莹仙达溞（*Side crystallina*）

三、秀体溞属

秀体溞属（*Diaphanosoma*） 壳瓣薄而透明。头部长大，额顶浑圆。无吻，也无单眼和壳弧。有颈沟，无肛刺，爪刺 3 个。分布广泛，是湖泊、水库、池塘中夏秋季的常见种类。见图 14-4～图 14-8。

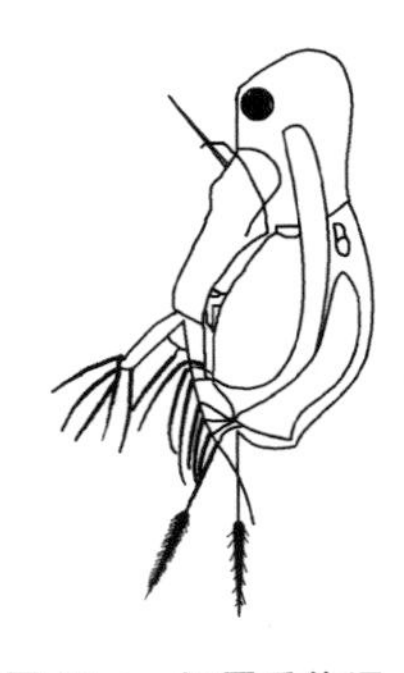

图 14-4 短尾秀体溞
（*Diaphanosoma brachyurum*）

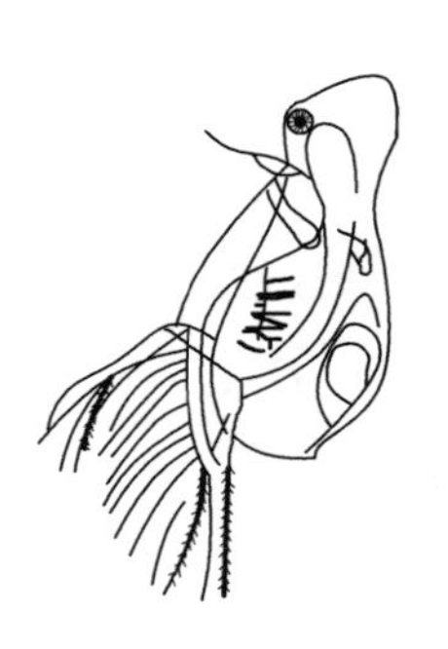

图 14-5 长肢秀体溞
（*Diaphanosoma leuchtenbergianum*）

图 14-6 多刺秀体溞
（*Diaphanosoma sarsi*）

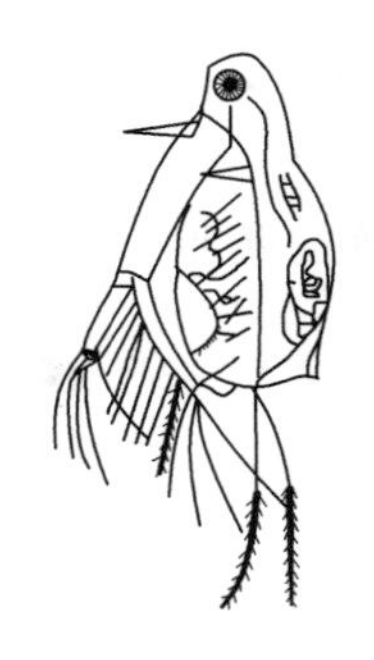

图 14-7 寡刺秀体溞
（*Diaphanosoma paucisoinosum*）

四、宽尾溞属

宽尾溞属（*Eurycercus*） 肛门位于后腹部末端，肠管前部有 1

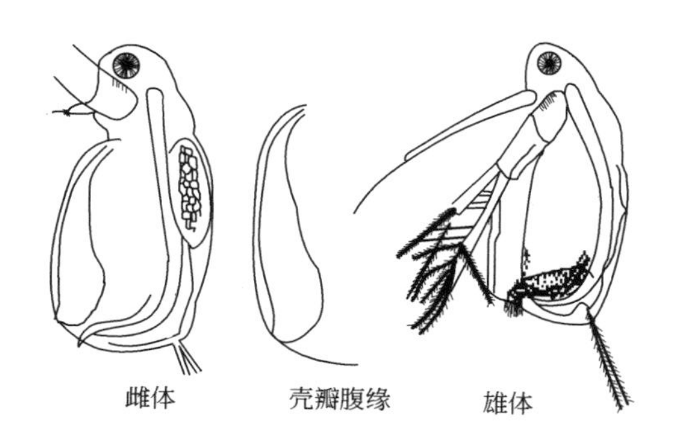

图 14-8 缺刺秀体溞

(*Diaphanosoma aspinosum*)

对盲囊，后腹部背缘有 1 行锯状齿。见图 14-9。

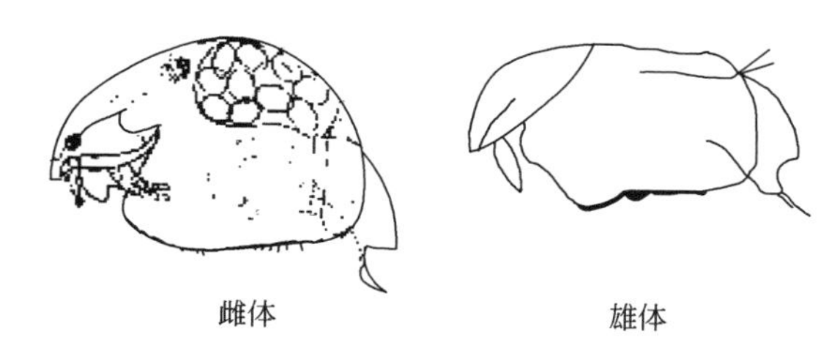

图 14-9 薄片宽尾溞

(*Eurycercus lamellatus*)

五、弯尾溞属

弯尾溞属（*Camptocercus*）尾爪凹面的中央具附刺列。头部与背部均有隆脊。后腹部特别细长，末端尖削，有肛刺。见图 14-10。

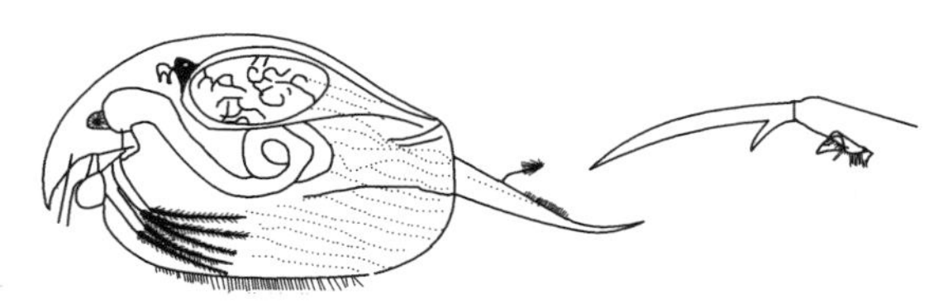

图 14-10 直额弯尾溞（*Camptocercus rectirostris*）

六、顶冠溞属

顶冠溞属（*Acroperus*） 后腹部较宽广，仅有刚毛簇，无肛刺。复眼远离头部背缘。见图 14-11。

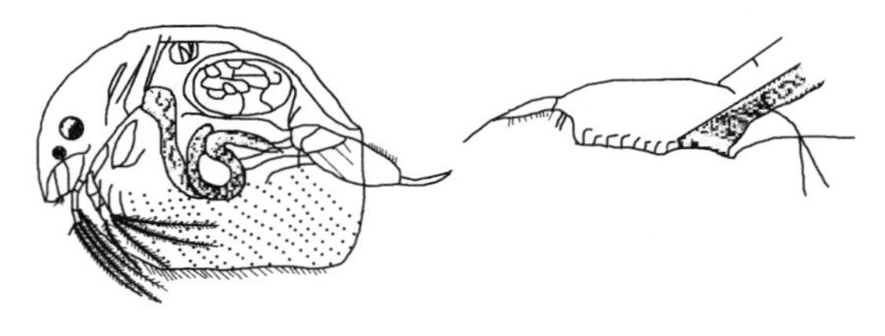

图 14-11 镰形顶冠溞

（*Acroperus harpae*）

七、笔纹溞属

笔纹溞属（*Graptoleberis*） 只背部有隆脊。尾爪凹面的中央无附刺。吻宽，侧面观呈镰形。见图 14-12。

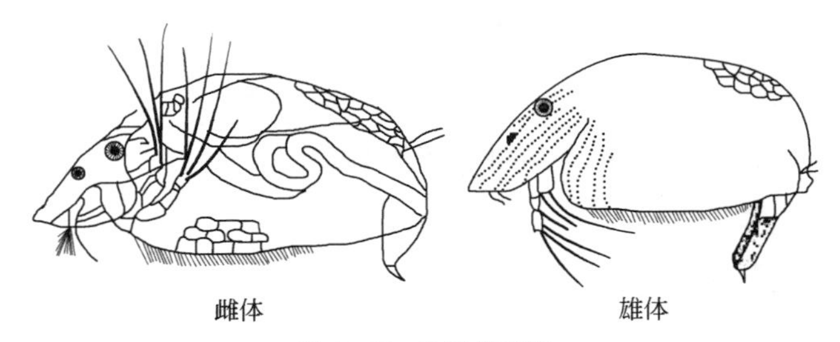

图 14-12 龟状笔纹溞

（*Graptoleberis testudinaria*）

八、大尾溞属

大尾溞属（*Leydigia*） 见图 14-13 和图 14-14。

九、尖额溞属

尖额溞属（*Alona*） 体呈长卵形或近矩形，侧扁。无隆脊。壳瓣后缘较高，其高度通常比最高部分的一半还大。后腹角一般浑

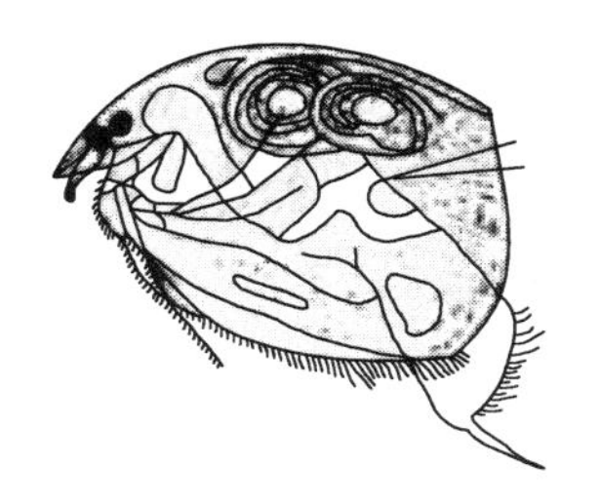

图 14-13　粗刺大尾溞
(*Leydigia leydigia*)

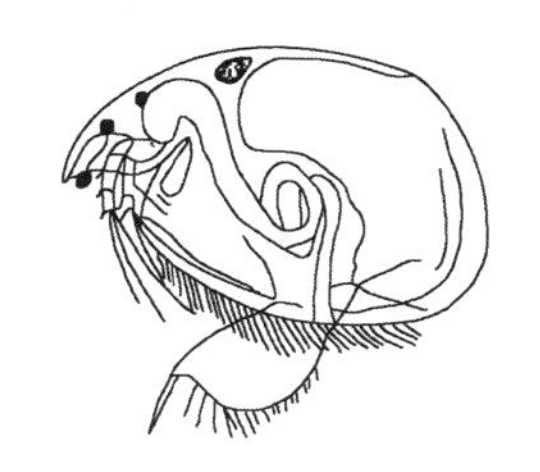

图 14-14　无刺大尾溞
(*Leydigia acanthocercoides*)

圆，有的种类具刻齿或棘齿。见图 14-15～图 14-24。

十、独特溞属

独特溞属（*Dadaya*） 壳瓣后缘低，通常达不到壳瓣最高部位的一半；尾爪基部大多有 2 个或 3 个爪刺。单眼与复眼都特别大。第一触角本身明显突出于吻尖之外。见图 14-25。

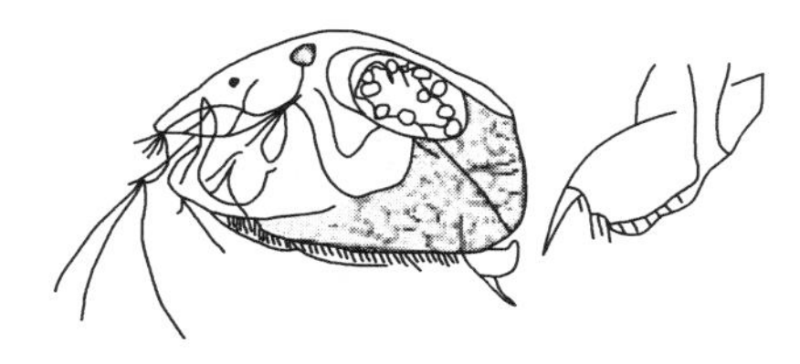

图 14-15　广西尖额溞
(*Alona kwangsiensis*)

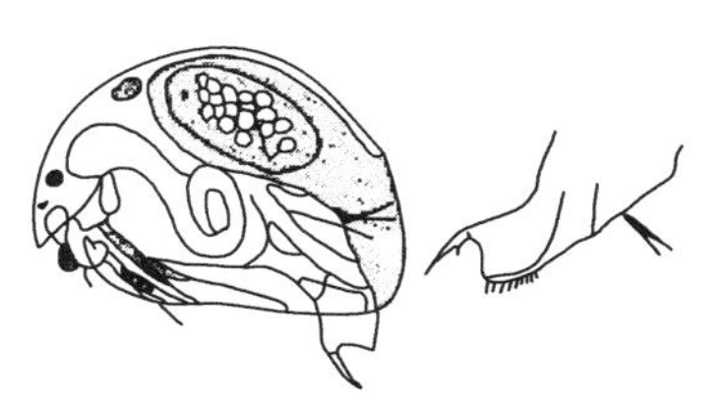

图 14-16　奇异尖额溞
(*Alona eximia*)

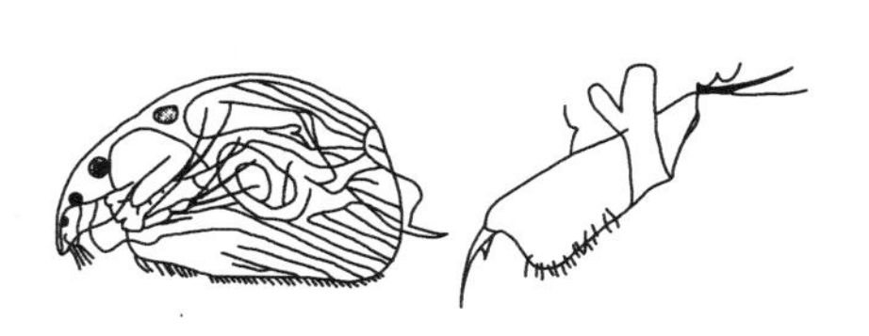

图 14-17　中型尖额溞
(*Alona intermedia*)

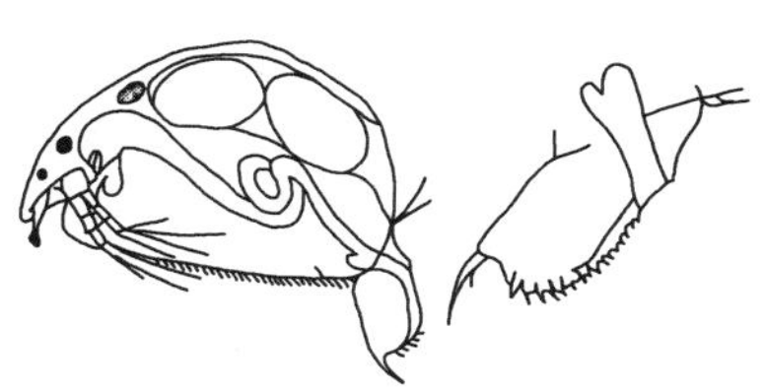

图 14-18　方形尖额溞
(*Alona quadrangularis*)

图 14-19 近亲尖额溞

(*Alona affinis*)

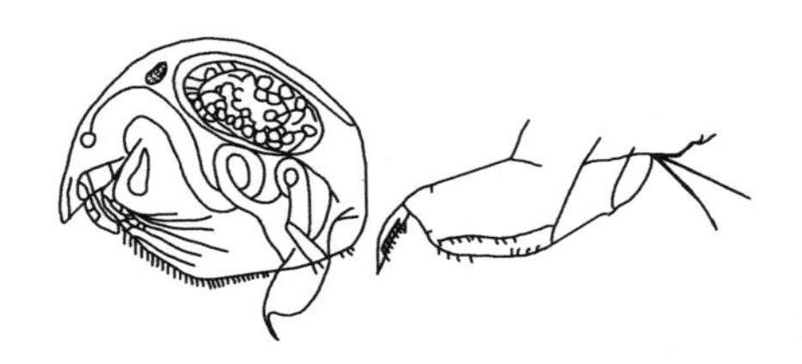

图 14-20 秀体尖额溞

(*Alona diaphana*)

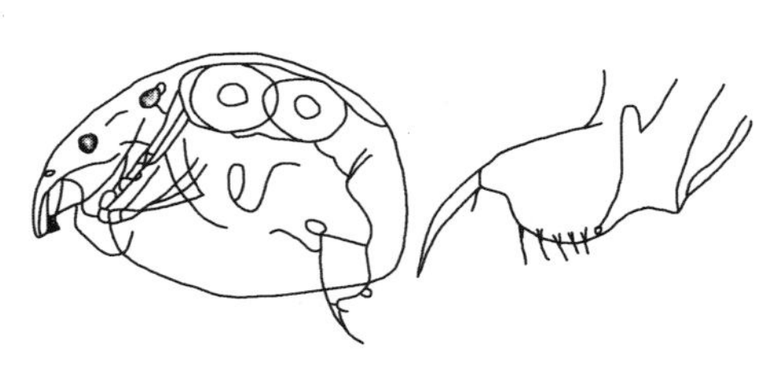

图 14-21 华南尖额溞

(*Alona milleri*)

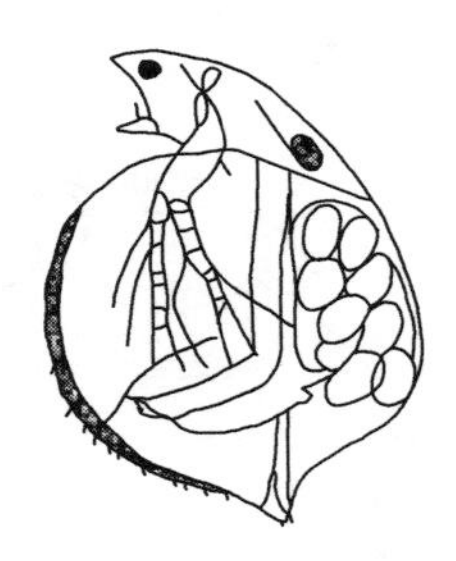

图 14-22 矩形尖额溞

(*Alona rectangula*)

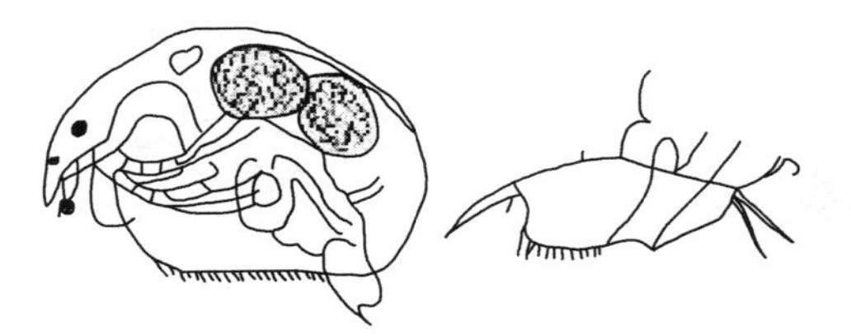

图 14-23 肋形尖额溞

(*Alona costata*)

图 14-24 点滴尖额溞
(*Alona guttata*)

图 14-25 大眼独特溞
(*Dadaya macrops*)

十一、锐额溞属

锐额溞属（*Alonella*） 单眼与复眼中等大小；第一触角本身较短，不会超过吻尖，只有末端的嗅毛突出于吻尖之外。体狭长，体长明显大于壳高。见图 14-26～图 14-29。

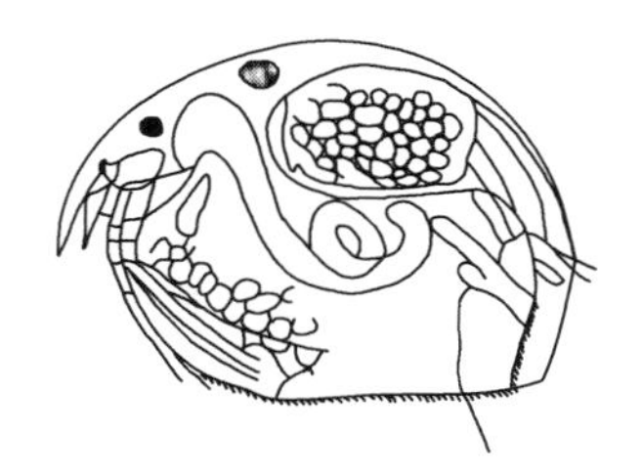

图 14-26 镰角锐额溞
(*Alonella excsia*)

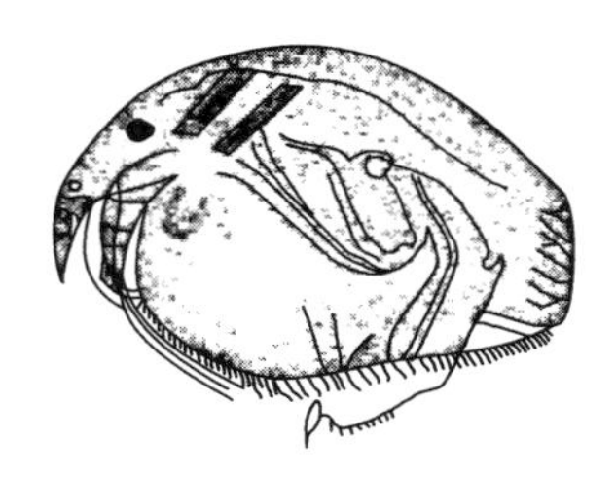

图 14-27 短腹锐额溞
(*Alonella exigua*)

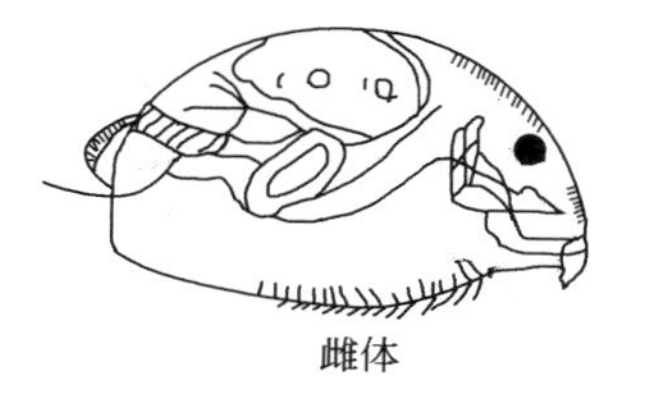

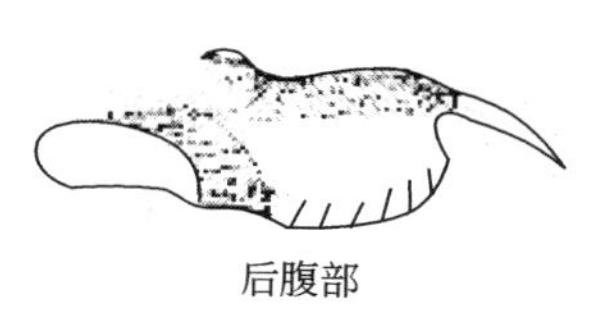

图 14-28 隅齿锐额溞
(*Alonella karua*)

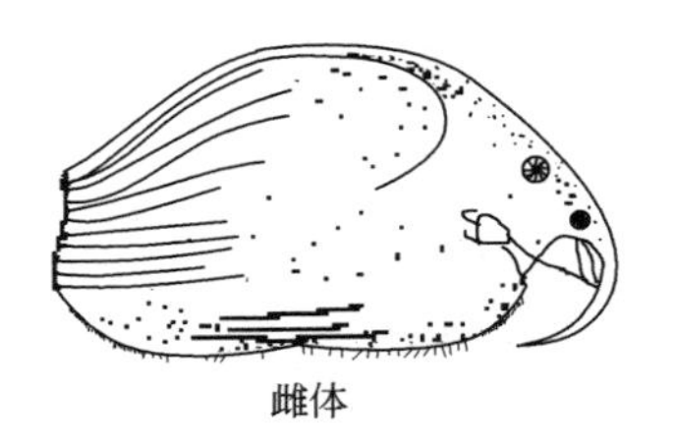

图 14-29　吻状锐额溞

（*Alonella rostrata*）

十二、平直溞属

平直溞属（*Pleuroxus*） 体侧扁，呈长卵形或椭圆形。壳瓣后缘很低，最高也不会超过壳高的一半。后腹角大多具有短小的刺，极个别的种类无刺。头部低，吻尖长，向内弯曲。单眼总比复眼小得多。见图 14-30～图 14-36。

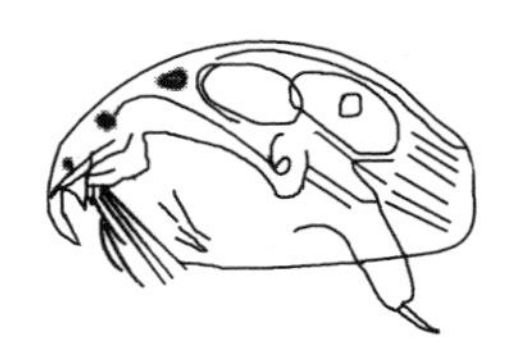

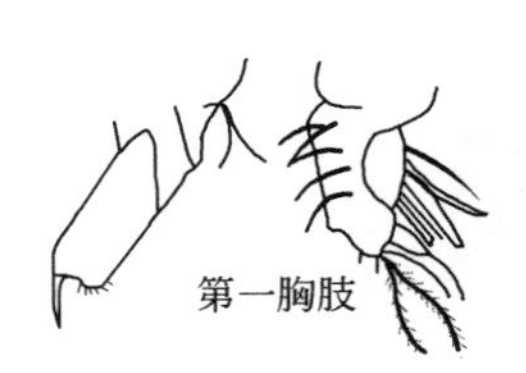

图 14-30　钩足平直溞

（*Pleuroxus hamulatus*）

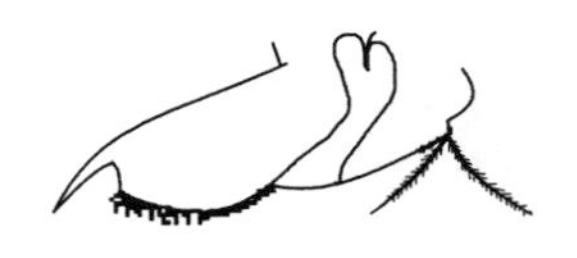

图 14-31　短腹平直溞

（*Pleuroxus aduncus*）

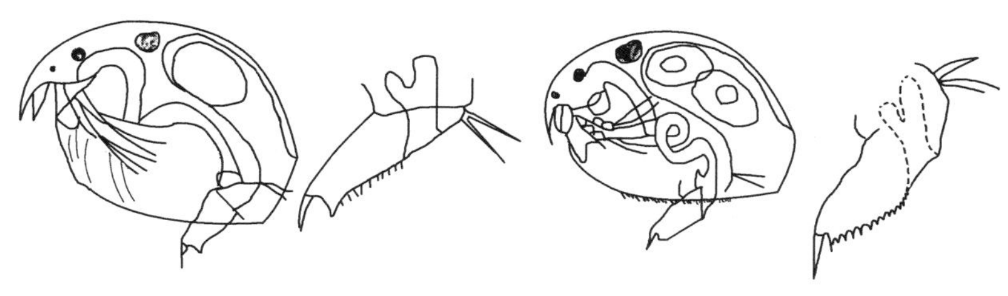

图 14-32　棘齿平直溞
(*Pleuroxus denticulatus*)

图 14-33　三角平直溞
(*Pleuroxus trigonellus*)

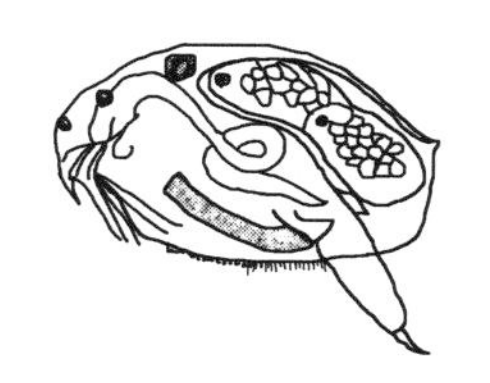

图 14-34　肋纹平直溞
(*Pleuroxus striatus*)

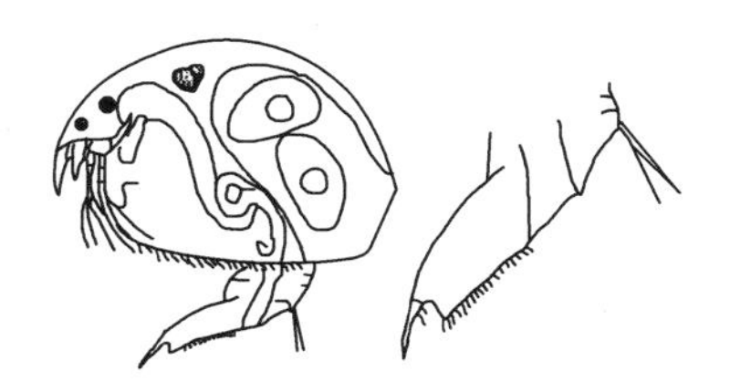

图 14-35　光滑平直溞
(*Pleuroxus laevis*)

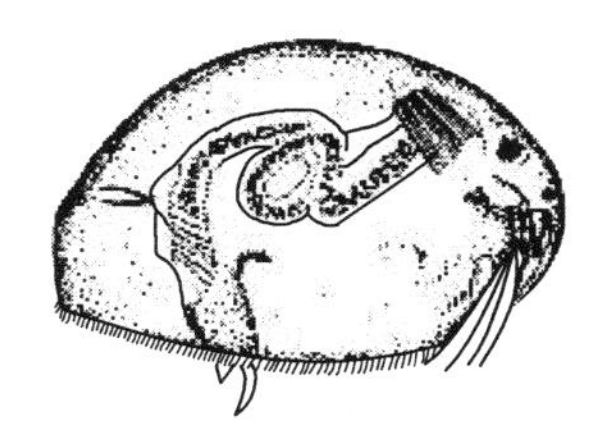

图 14-36　矛状平直溞
(*Pleuroxus hastatus*)

十三、盘肠溞属

盘肠溞属（*Chydorus*） 体短，呈圆球形。后腹部短而宽。见图 14-37～图 14-40。

十四、伪盘肠溞属

伪盘肠溞属（*Pseudochydorus*） 后腹部长而狭。见图 14-41。

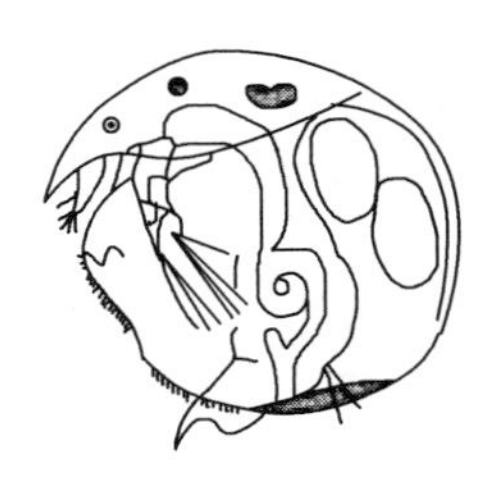

图 14-37　卵形盘肠溞

(*Chydorus ovalis*)

图 14-38　圆形盘肠溞

(*Chydorus sphaericus*)

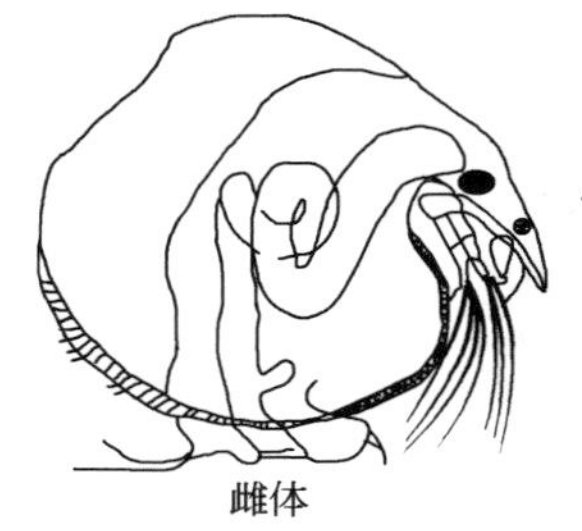

图 14-39　驼背盘肠溞

(*Chydorus gibbus*)

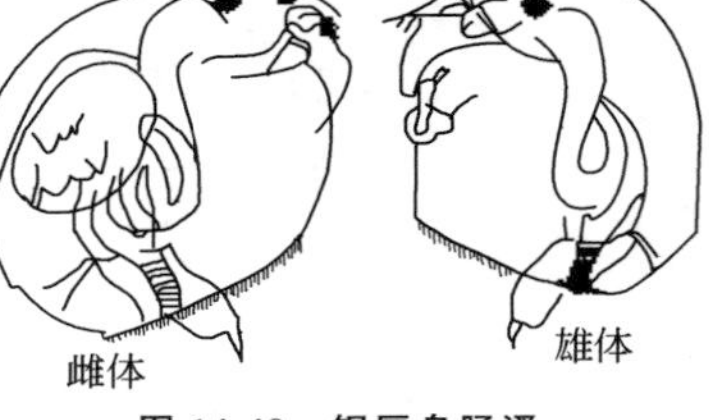

图 14-40　锯唇盘肠溞

(*Chydorus barroisi*)

十五、象鼻溞属

象鼻溞属（*Bosmina*） 体形变化甚大。头部与躯干部之间无颈沟。壳瓣后腹角向后延伸成一壳刺，其前方有一根刺毛，称为库尔茨毛（seta Kurzi），通常呈羽状。第一触角与吻愈合，不能活动。第二触角外肢 4 节，内肢 3 节。见图 14-42～图 14-45。

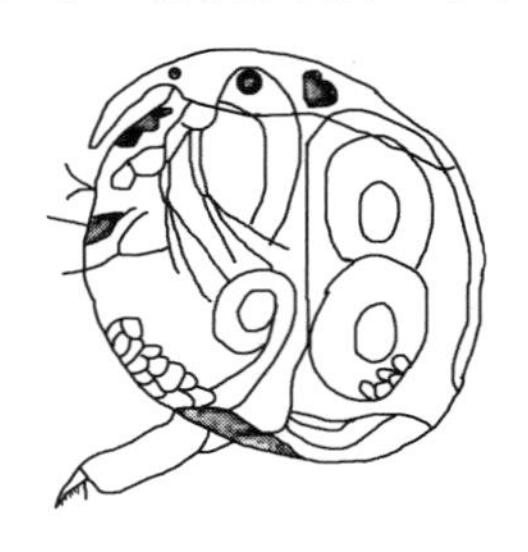

图 14-41　球形伪盘肠溞

(*Pseudochydorus globosus*)

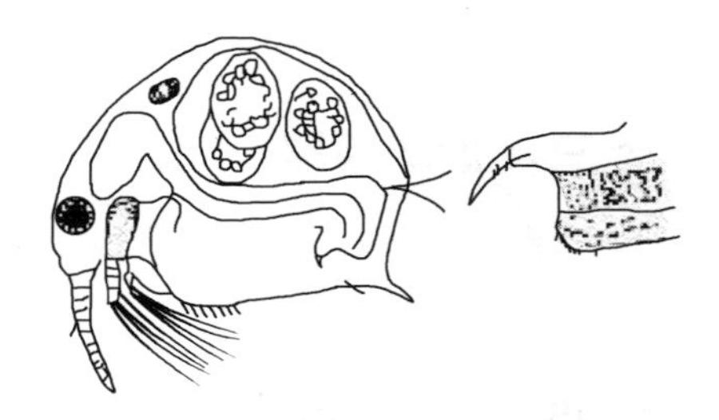

图 14-42　长额象鼻溞

(*Bosmina longirostris*)

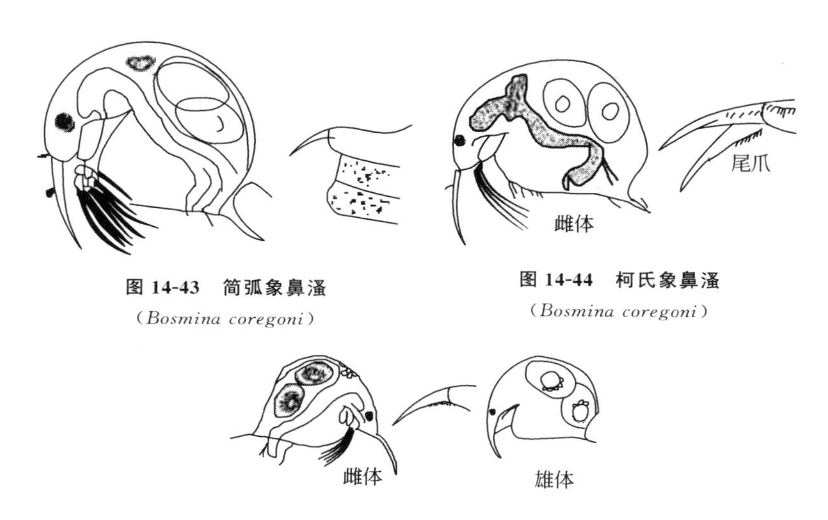

图 14-43　简弧象鼻溞

(*Bosmina coregoni*)

图 14-44　柯氏象鼻溞

(*Bosmina coregoni*)

图 14-45　脆弱象鼻溞(*Bosmina fatalis*)

十六、基合溞属

基合溞属(*Bosminopsis*)第二触角外肢和内肢均分 3 节，第一触角基部并合，具颈沟。见图 14-46。

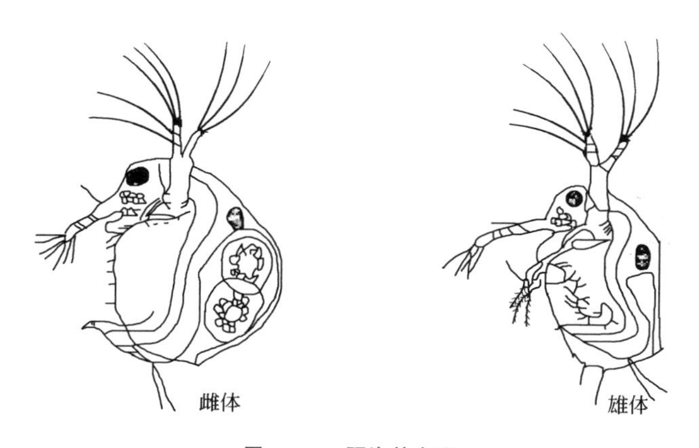

图 14-46　颈沟基合溞

(*Bosminopsis deitersi*)

十七、船卵溞属

船卵溞属（*Scapholeberis*） 有吻。壳瓣腹缘平直，后腹角有壳刺。见图 14-47 和图 14-48。

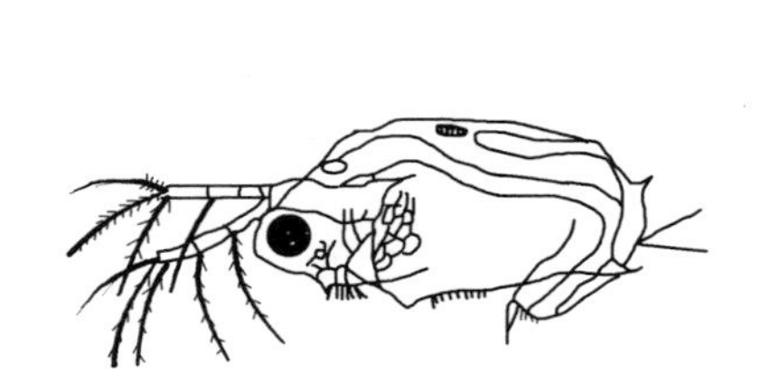

图 14-47　平突船卵溞
（*Scapholeberis mucronata*）

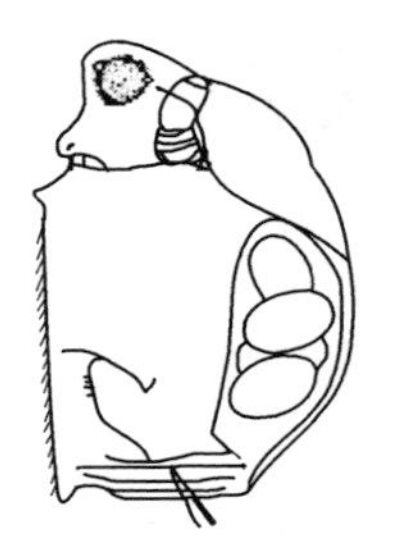

图 14-48　壳纹船卵溞
（*Scapholeberis kingi*）

十八、溞属

溞属（*Daphnia*） 体呈卵圆形或椭圆形，侧扁。壳瓣腹缘弧曲，后腹角浑圆。壳瓣背面具有脊棱。后端延伸而成长的壳刺。见图 14-49～图 14-56。

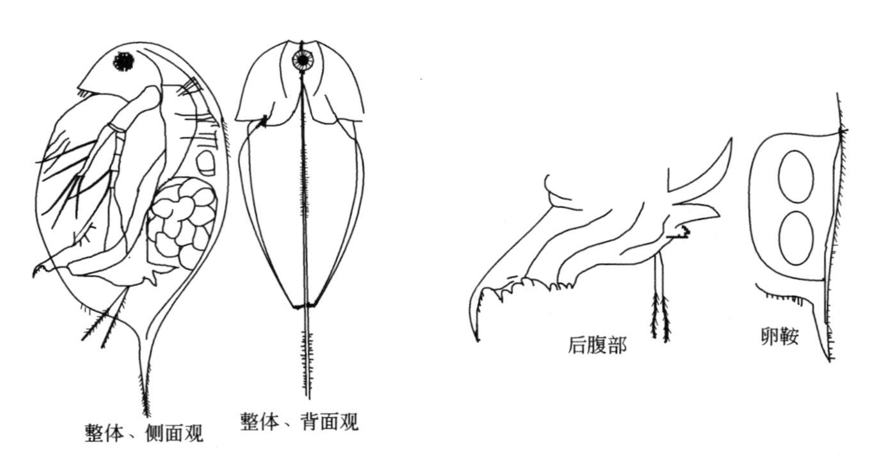

图 14-49　大型溞（*Daphnia magna*）

图 14-50　鹦鹉溞
(*Daphnia psittacea*)

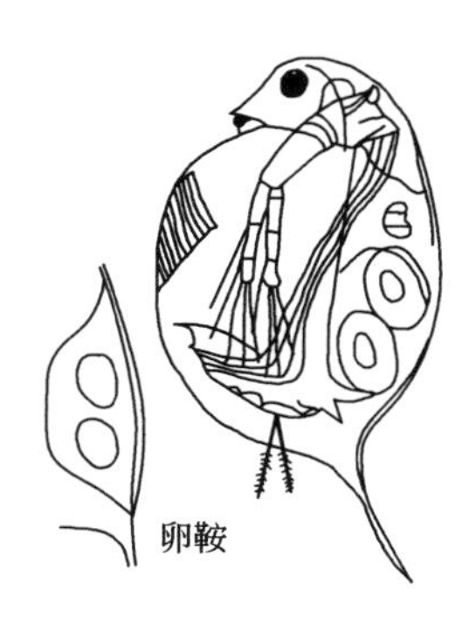

图 14-51　隆线溞
(*Daphnia carinata*)

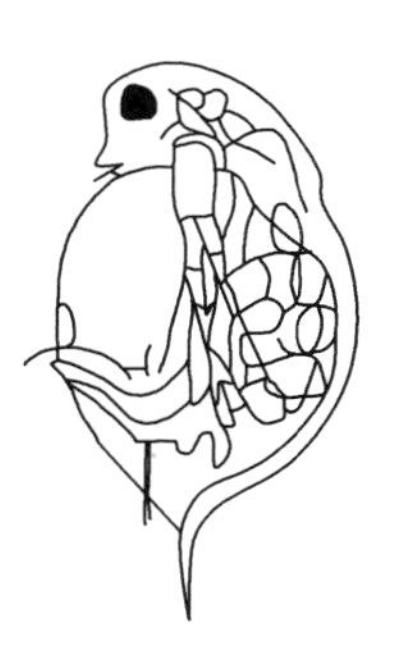

图 14-52　蚤状溞
(*Daphnia pulex*)

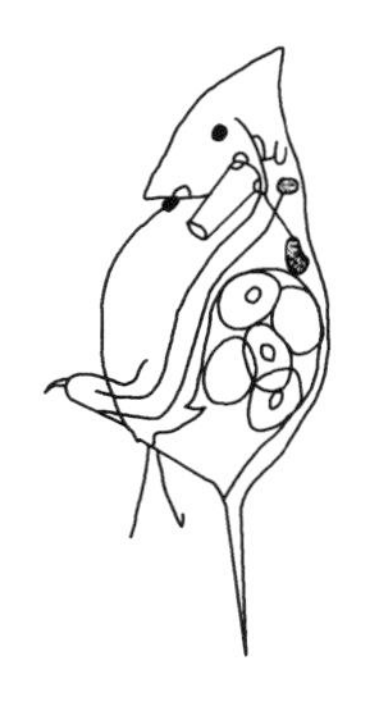

图 14-53　小栉溞
(*Daphnia cristata*)

十九、低额溞属

低额溞属（*Simocephlaus*） 体大，呈卵圆形，前狭后宽。头部小而低垂。有颈沟。背面无脊棱。壳瓣背缘后半部大多带锯状小棘，腹缘内侧列生刚毛。无壳刺。有肛刺偏近尾爪，尾爪直。背侧肛门处深凹，肛门前形成突起。见图 14-57～图 14-60。

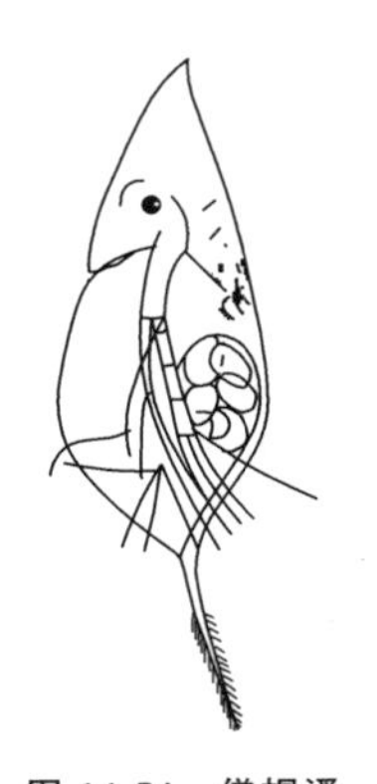

图 14-54　僧帽溞

(*Daphnia cucullata*)

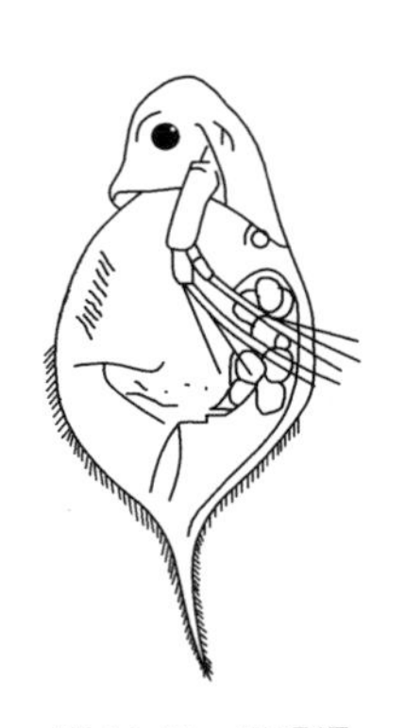

图 14-55　透明溞

(*Daphnia hyaline*)

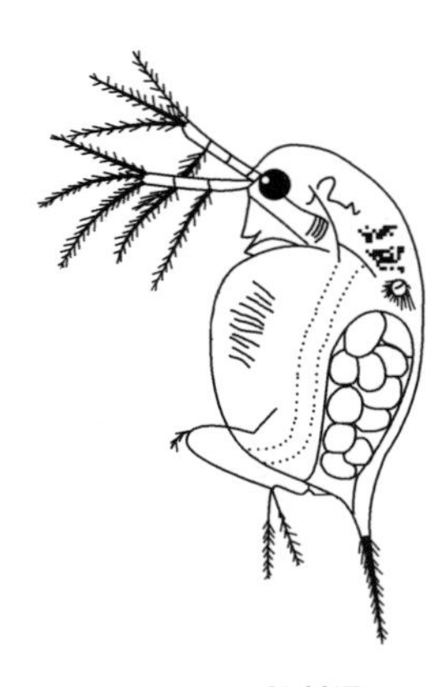

图 14-56　长刺溞

(*Daphnia longispina*)

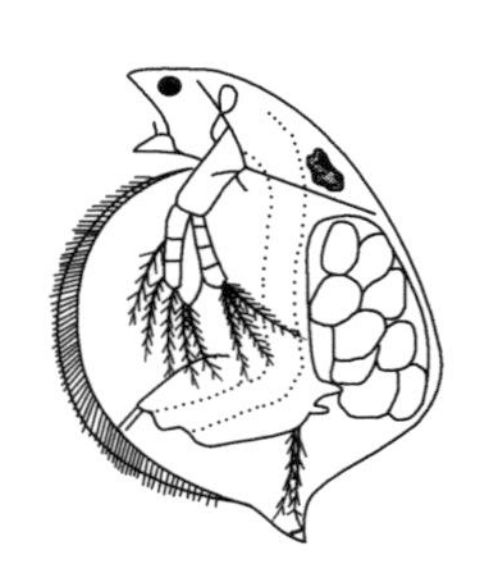

图 14-57　锯顶低额溞

(*Simocephlaus serrulatus*)

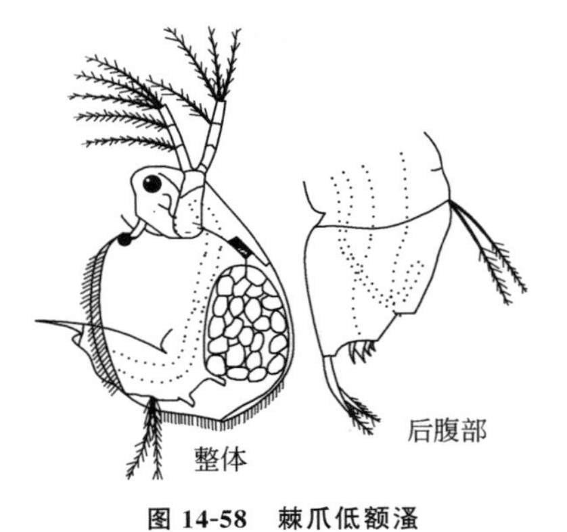

图 14-58　棘爪低额溞

(*Simocephlaus exspinosus*)

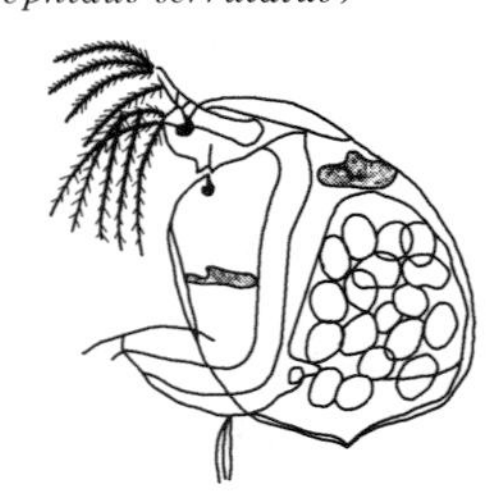

图 14-59　拟老年低额溞

(*Simocephlaus vetuloides*)

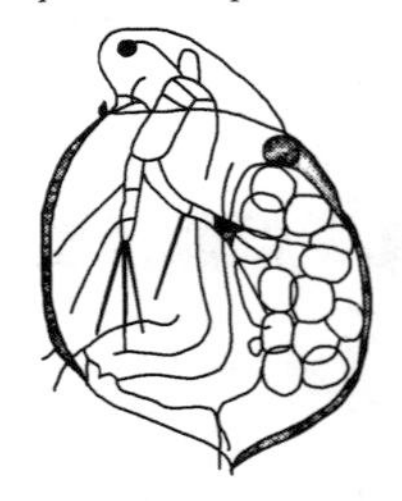

图 14-60　老年低额溞

(*Simocephlaus vetulus*)

二十、拟溞属

拟溞属（*Daphniopsis*） 后腹部狭长，向尾爪逐渐削尖，背侧无深凹，肛门前不形成突起。见图 14-61。

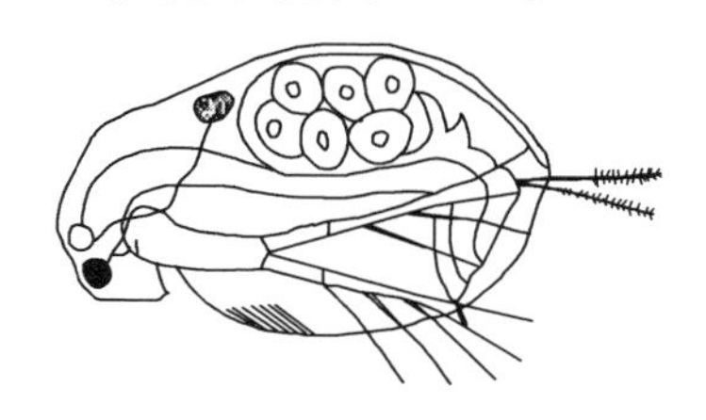

图 14-61 西藏拟溞
（*Daphniopsis tibetana*）

二十一、网纹溞属

网纹溞属（*Ceriodaphnia*） 体呈宽卵形或椭圆形。后背角明显向后尖凸。后腹角与前腹角均浑圆。壳瓣大多呈多角形的网纹。头部小，倾垂于腹侧。颈沟很深。无吻。复眼大，充满头顶。见图 14-62～图 14-66。

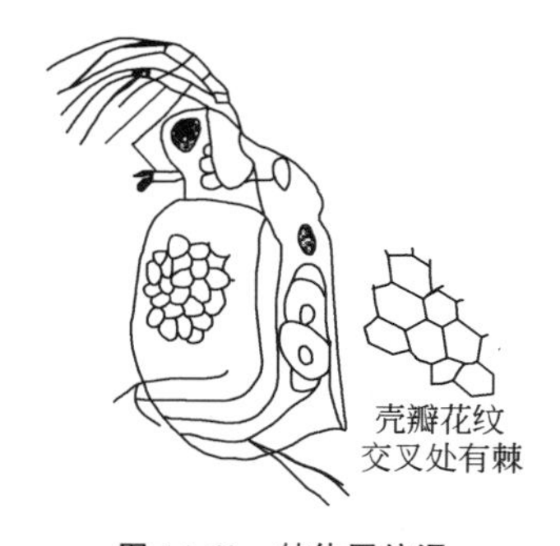

图 14-62 棘体网纹溞
（*Ceriodaphnia setosa*）

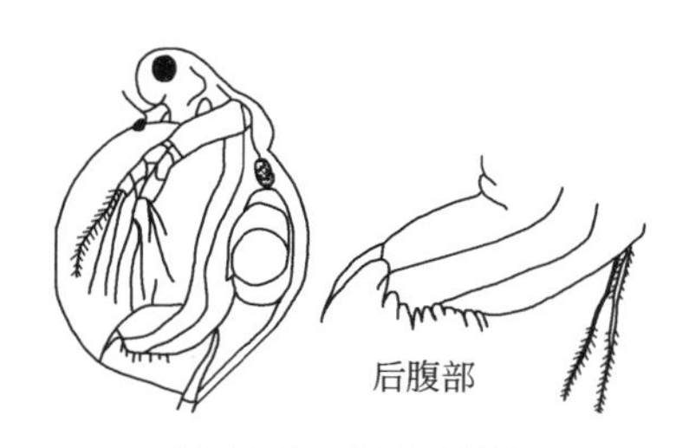

图 14-63 美丽网纹溞
（*Ceriodaphnia pulchella*）

二十二、拟裸腹溞属

拟裸腹溞属（*Moinodaphnia*） 头部高，近乎三角形；有单眼；颈沟浅；后腹部完全包藏于壳瓣内。见图 14-67 和图 14-68。

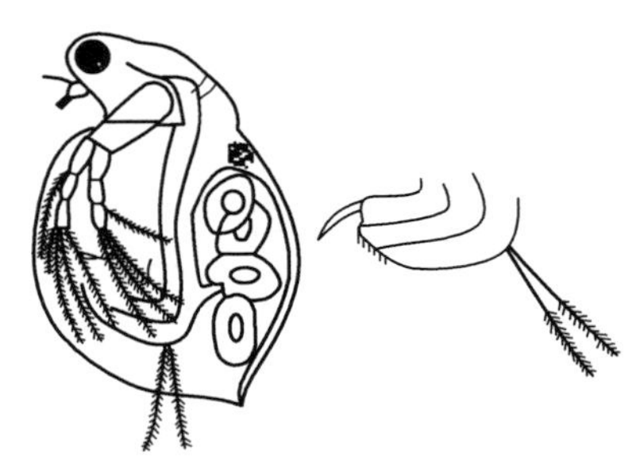

图 14-64　方形网纹溞

(*Ceriodaphnia quadrangula*)

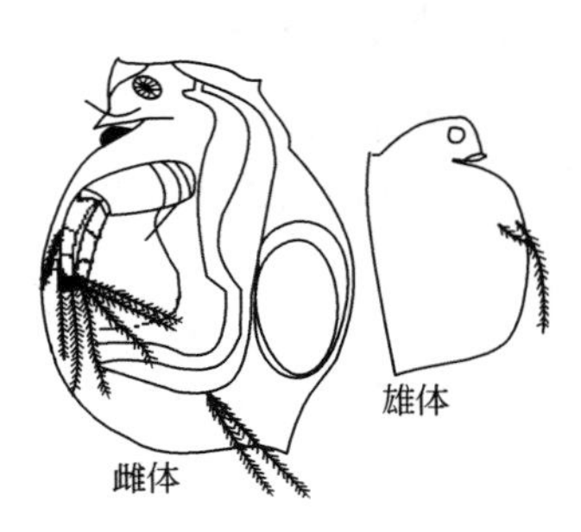

图 14-65　角突网纹溞

(*Ceriodaphnia cornuta*)

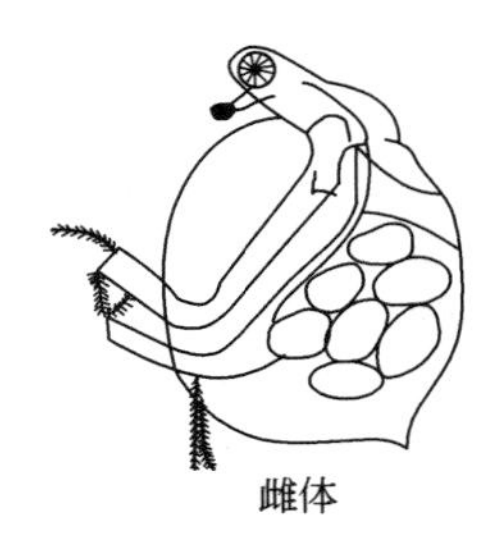

图 14-66　宽尾网纹蚤

(*Ceriodaphnia laticaudata*)

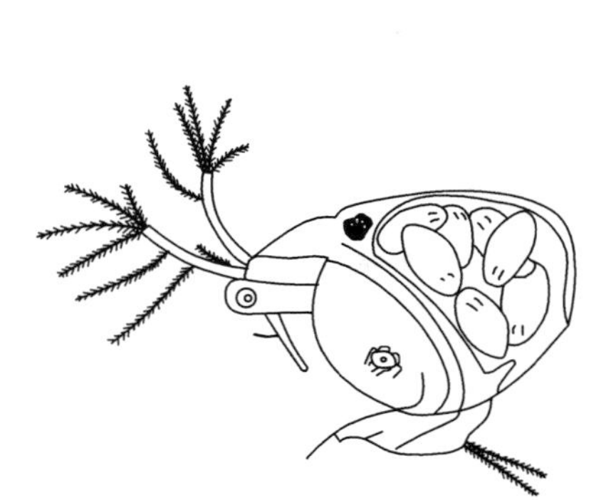

图 14-67　双态拟裸腹溞

(*Moinodaphnia macleayii*)

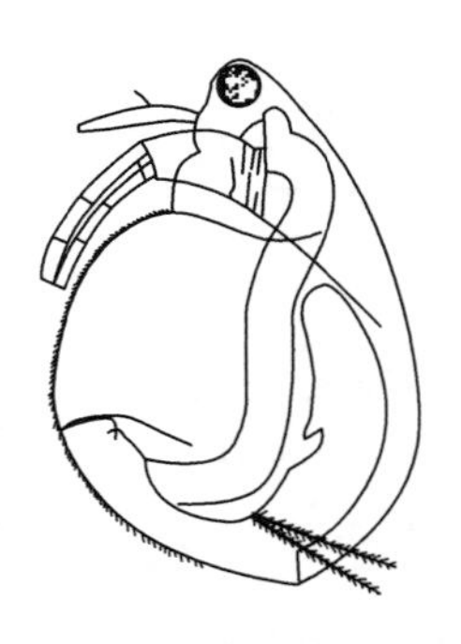

图 14-68　无栉拟裸腹溞

(*Moinodaphnia macheayii*)

二十三、裸腹溞属

裸腹溞属（*Moina*） 体浑圆。颈沟深。后背角稍外凸，无壳刺。头部大而低，不呈三角形；无吻。复眼大，无单眼，后腹部露出于壳瓣之外。后腹部最后一个肛刺特别大且分叉。见图 14-69～图 14-74。

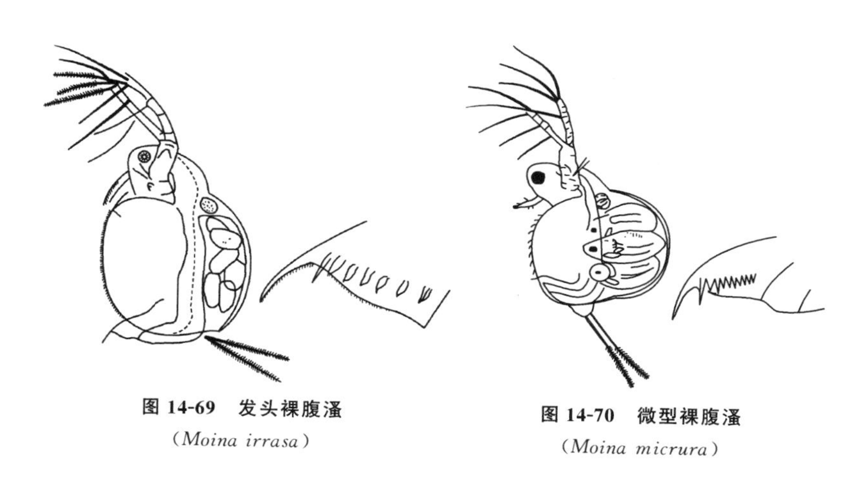

图 14-69 发头裸腹溞
（*Moina irrasa*）

图 14-70 微型裸腹溞
（*Moina micrura*）

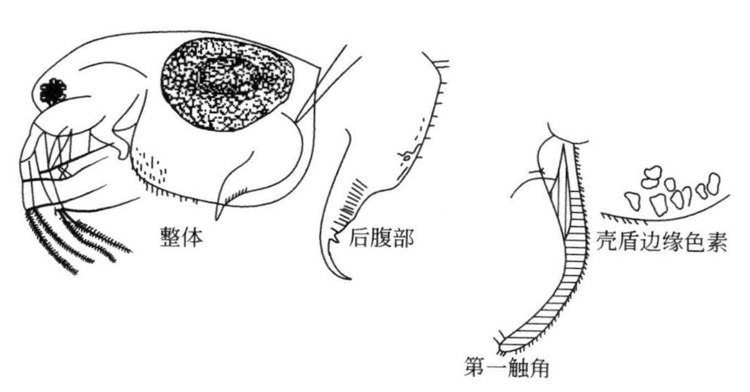

图 14-71 近亲裸腹溞
（*Moina affinis*）

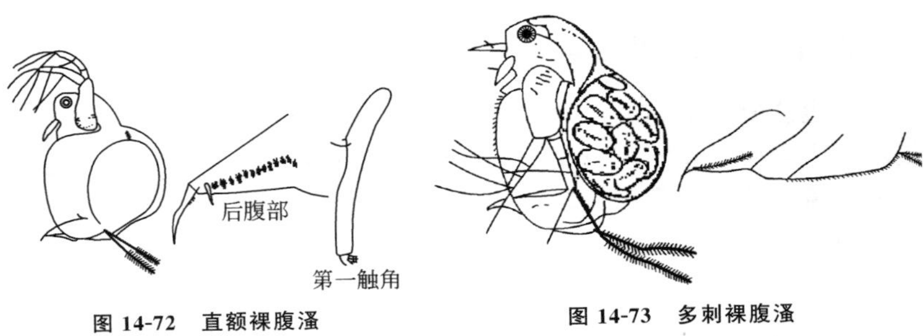

图 14-72　直额裸腹溞
(*Moina rectirostris*)

图 14-73　多刺裸腹溞
(*Moina macrocopa*)

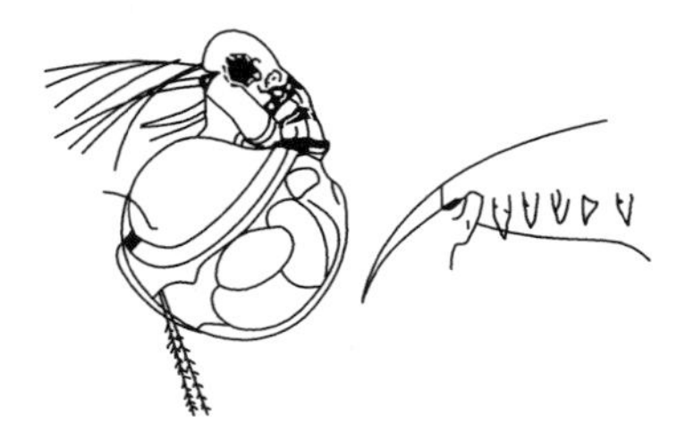

图 14-74　模糊裸腹溞（*Moina dubia*）

二十四、泥溞属

泥溞属（*Ilyocryptus*）尾爪长度与第一触角几乎相等；并有长的爪刺。见图 14-75 和图 14-76。

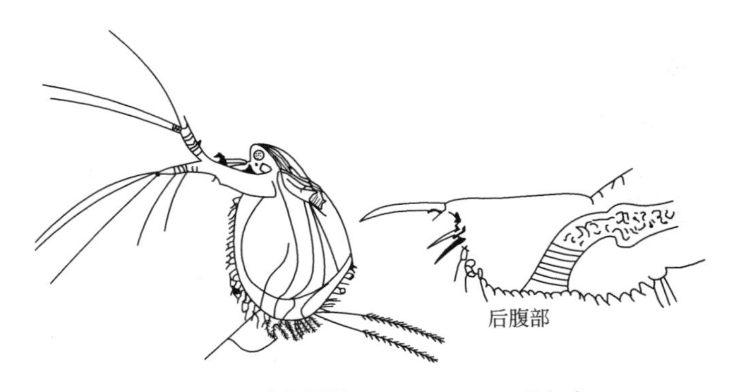

图 14-75　底栖泥溞（*Ilyocryptus sordidus*）

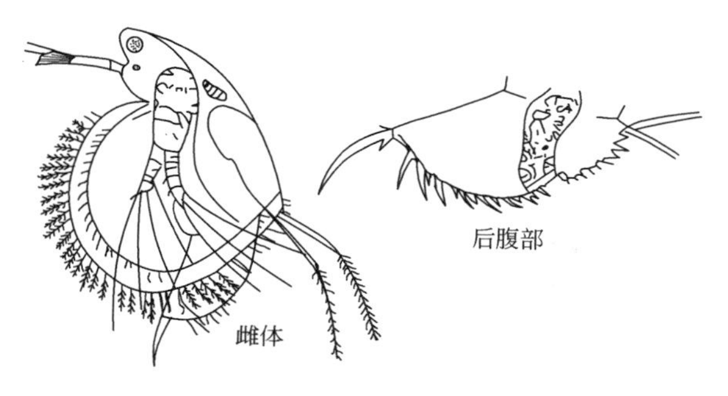

图 14-76 活泼泥溞
(*Ilyocryptus agilis*)

二十五、粗毛溞属

粗毛溞属（*Macrothrix*） 尾爪长度比第一触角的一半还短；爪刺短小或缺如。第二触角游泳刚毛式：(0-0-1-3)/(1-1-3)[1]，壳瓣不褶入腹腔。见图 14-77 和图 14-78。

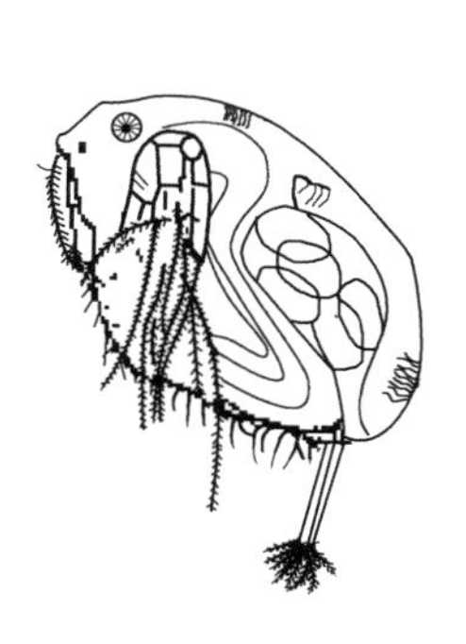

图 14-77 粉红粗毛溞
(*Macrothrix rosea*)

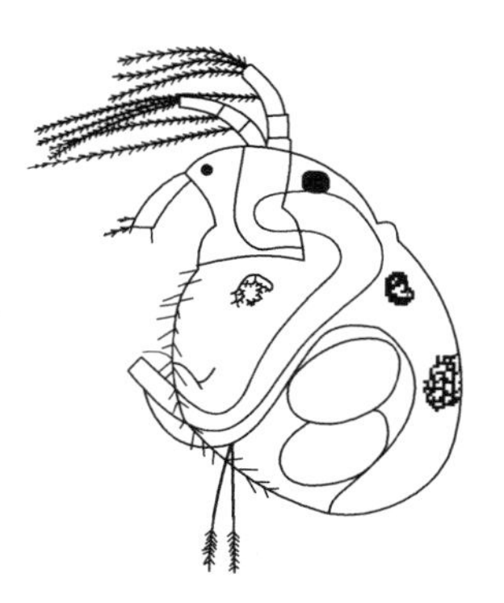

图 14-78 宽角粗毛溞
(*Macrothrix laticornis*)

❶ 意即外肢有 4 节，第 1、2 节均无刚毛，第 3 节有 1 根，第 4 节有 3 根游泳刚毛；内肢有 3 节，第 1、2 节各 1 根，第 3 节 3 根。

第十五章

桡足类

桡足类也是一类小型甲壳动物，体长 0.3～3.0mm，一般小于 2mm。虫体窄长，分节明显，体节数目不超过 11 节。虫体可分为较宽的头胸部和较窄的腹部。头部有 1 个眼点、2 对触角和 3 对口器；胸部具 5 对胸足；腹部无附肢。身体末端具 1 对尾叉，雌性腹部两侧或腹面常带 1 个或 1 对卵囊。

根据触角等特征可将桡足类分成哲水蚤、剑水蚤和猛水蚤三大类。见图 15-1。

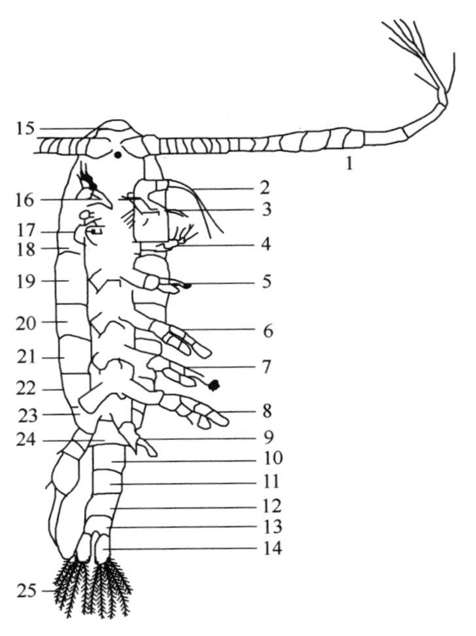

图 15-1 哲水蚤雄体模式图

1—第一触角；2—第二触角；3—第一小颚；4—颚足；5—第 1 胸足；6—第 2 胸足；7—第 3 胸足；8—第 4 胸足；9—第 5 胸足；10—第二腹节；11—第三腹节；12—第四腹节；13—第五腹节；14—尾叉；15—额角；16—大颚；17—第二小颚；18—头节；19—第一胸节；20—第二胸节；21—第三胸节；22—第四胸节；23—第五胸节；24—生殖节；25—尾刚毛

一、哲水蚤目

前体部远宽于后体部，活动关节明显，位于第 5 胸足与生殖节之间。一个卵囊，在身体中间（许水蚤例外）。第一触角最长，雌体一般由 23～25 节组成，其长度超过后体部，最长可达尾刚毛之末端。主要浮游生活。见图 15-2～图 15-17。

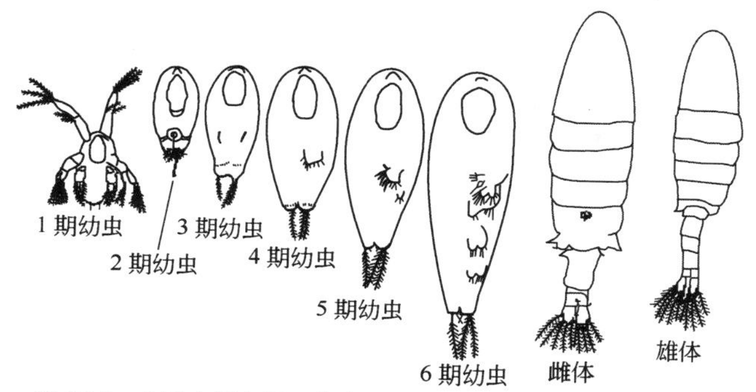

图 15-2　大型中镖水蚤无节幼虫及成虫（*Sinodiaptomus sarsi*）

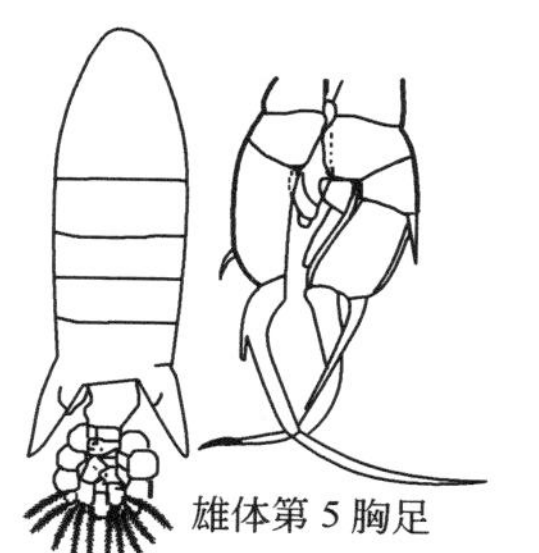

图 15-3　东方贝克水蚤

（*Boeckella orientalis*）

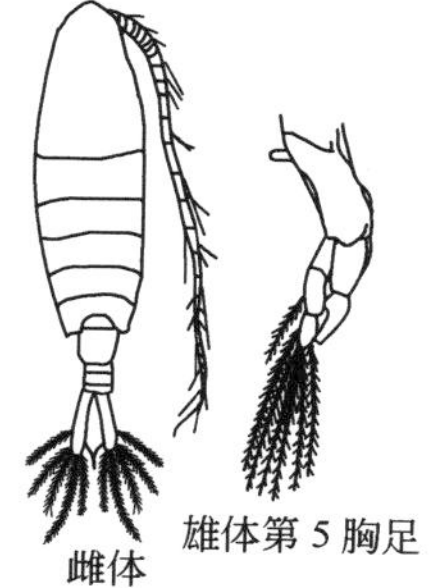

图 15-4　汤匙华哲水蚤

（*Sinocalanus dorrii*）

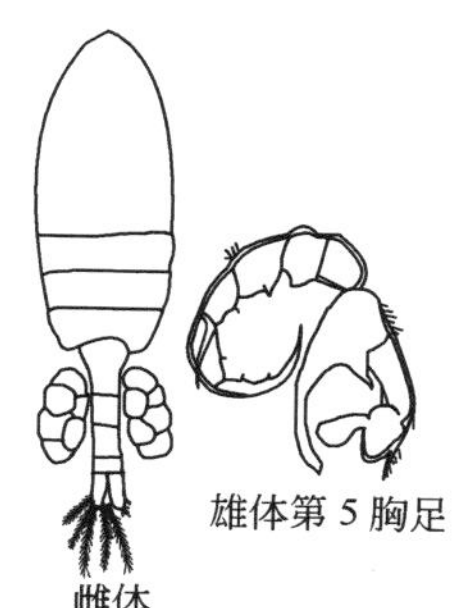

图 15-5　球状许水蚤

（*Schmackeria forbesi*）

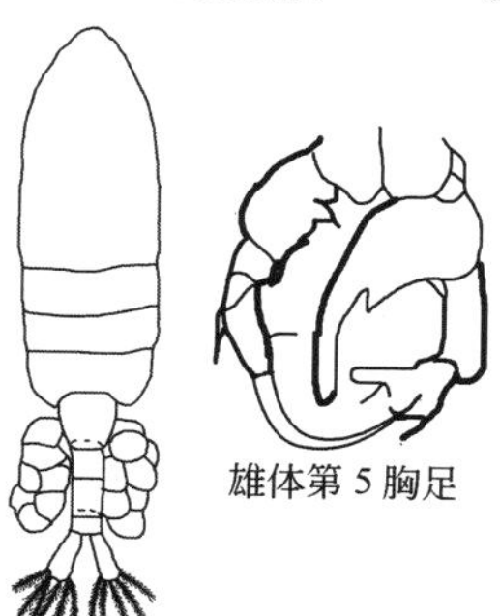

图 15-6　指状许水蚤

（*Schmackeria inopinus*）

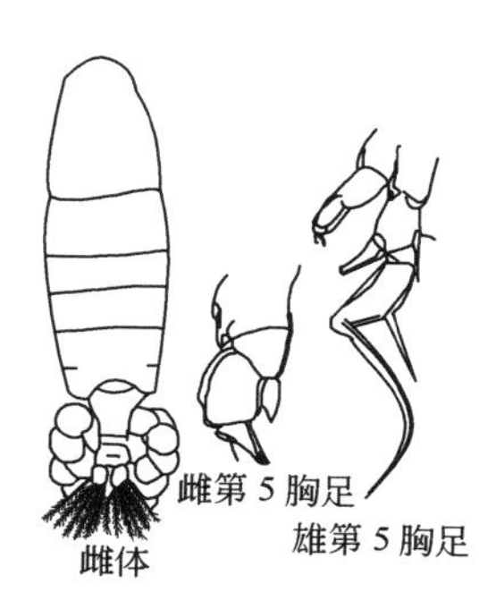

图 15-7　右突新镖水蚤

（*Neodiaptomus schmackeri*）

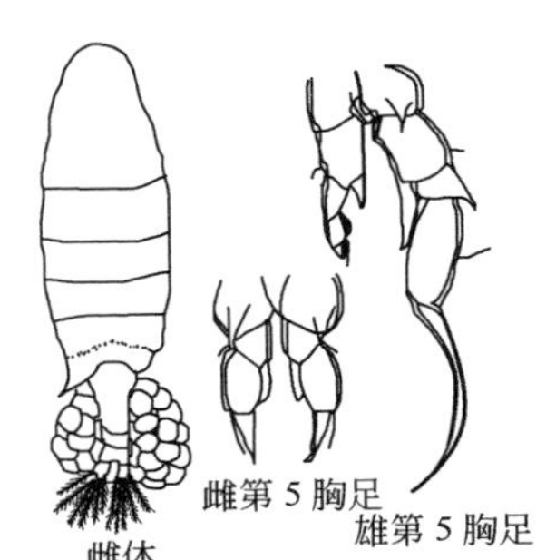

图 15-8　长江新镖水蚤

(*Neodiaptomus yangtsekiangensis*)

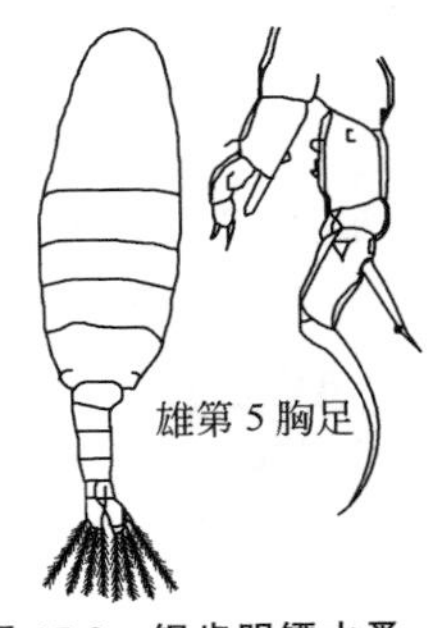

图 15-9　锯齿明镖水蚤

(*Heliodiaptomus serratus*)

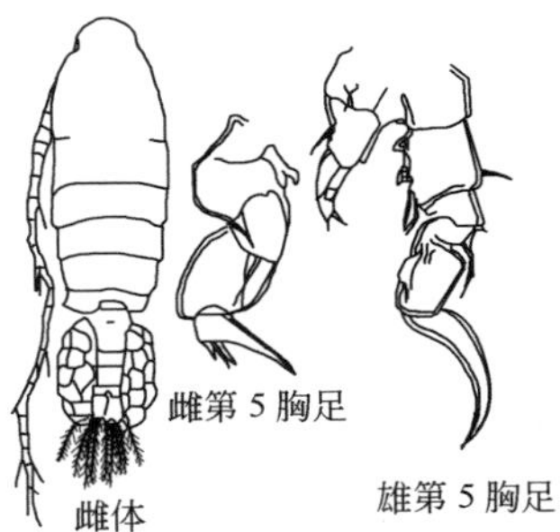

图 15-10　鸟喙明镖水蚤

(*Heliodiaptomus kikuchii*)

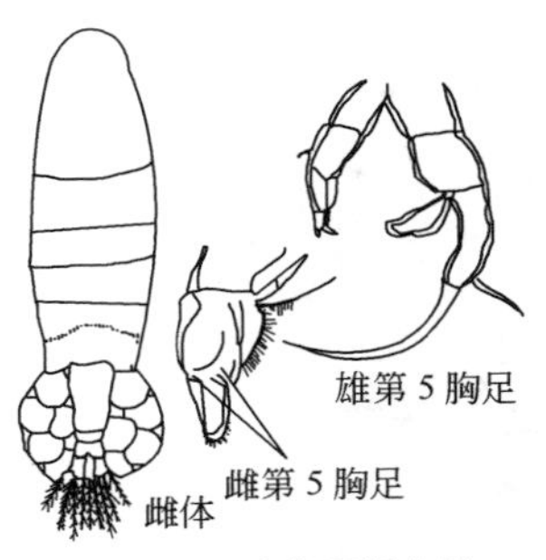

图 15-11　中华原镖水蚤

(*Eodiaptomus sinensis*)

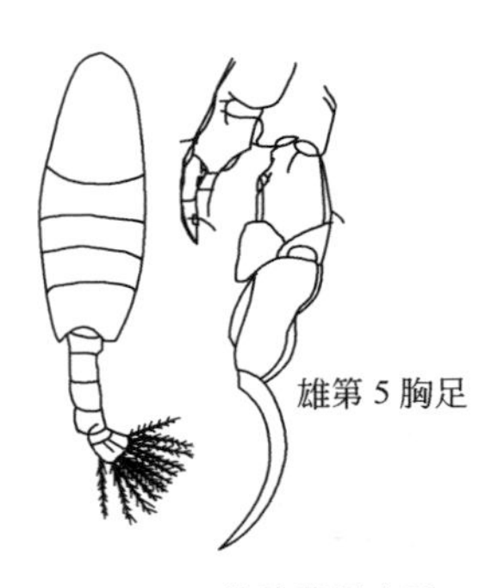

图 15-12　锥肢蒙镖水蚤

(*Mongolodiaptomus birulai*)

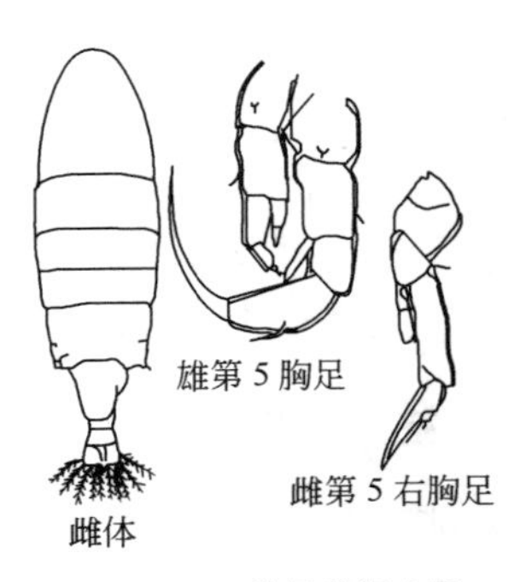

图 15-13　特异荡镖水蚤

(*Neutrodiaptomus incongruens*)

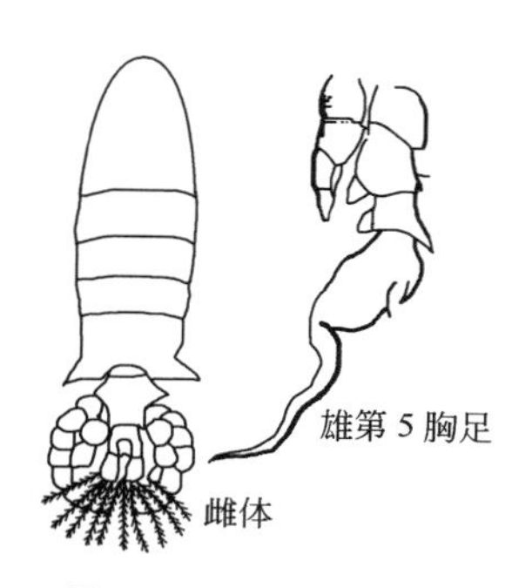

图 15-14 翼突舌镖水蚤

(*Ligulodiaptomus alatus*)

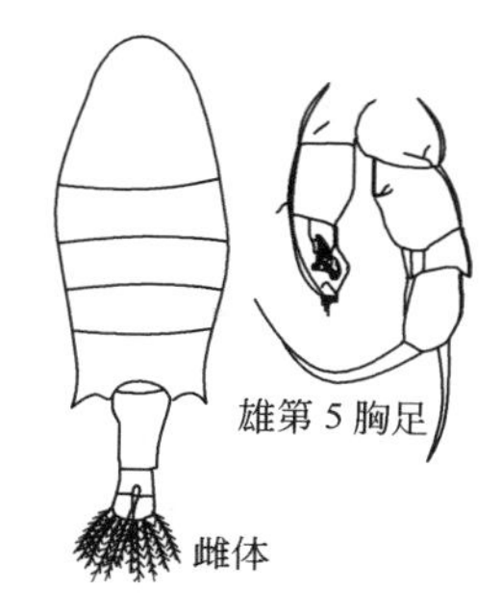

图 15-15 米粒近镖水蚤

(*Tropodiaptomus oryzanus*)

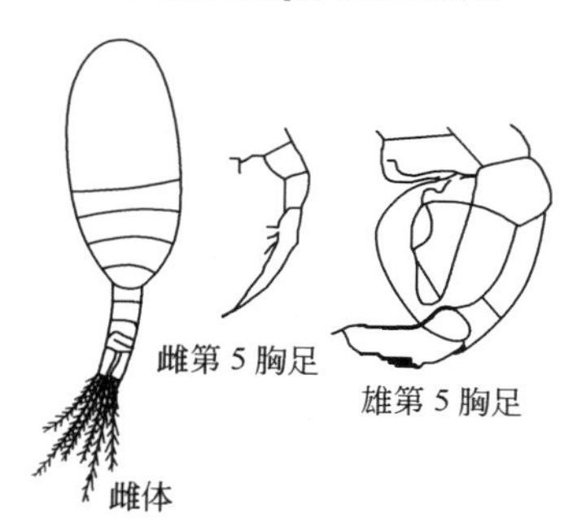

图 15-16 垂饰异足水蚤

(*Heterocope appendiculata*)

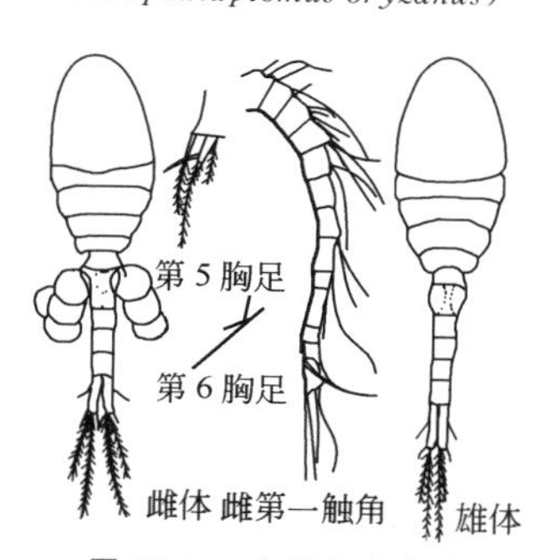

图 15-17 中华窄腹水蚤

(*Limnoithona sinensis*)

二、剑水蚤目

前体部远宽于后体部，活动关节明显，位于第 4 胸足与第 5 胸足之间。两个卵囊在身体两侧。第一触角长度适中，由 6～17 节组成，短者仅为头节长的 1/3，长者可达头胸部的末端。主要浮游生活。见图 15-18～图 15-37。

三、猛水蚤目

前体部略宽于后体部，活动关节不明显或没有，位于第 4 胸足与第 5 胸足之间。一般 1 个卵囊，在身体中间。第一触角最短，由 5～9 节组成，短者仅为头节长的 1/5，最长也不超过头节的末端。以底栖生活为主。见图 15-38～图 15-45。

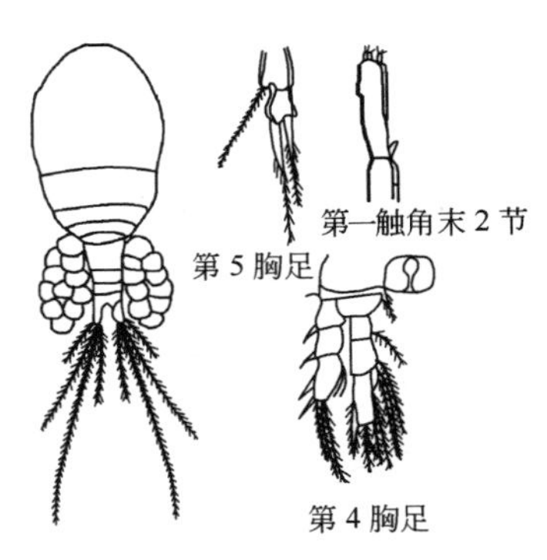

图 15-18　闻名大剑水蚤

（*Macrocyclops disinctus*）

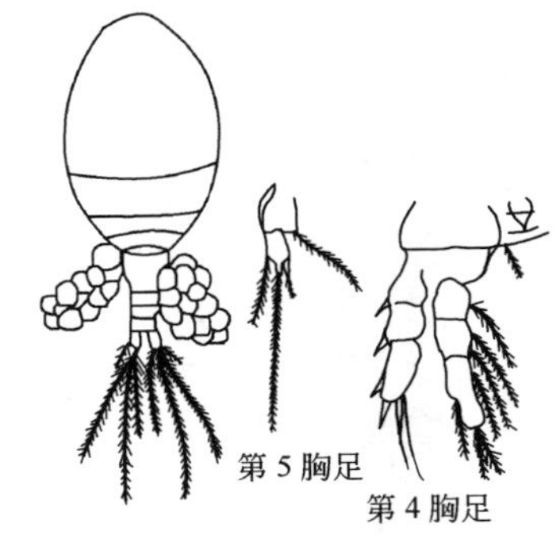

图 15-19　白色大剑水蚤

（*Macrocyclops albidus*）

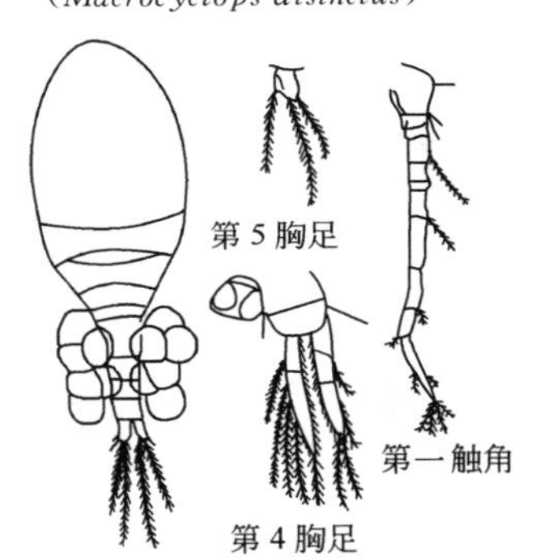

图 15-20　绿色近剑水蚤

（*Tropocyclops prasinus*）

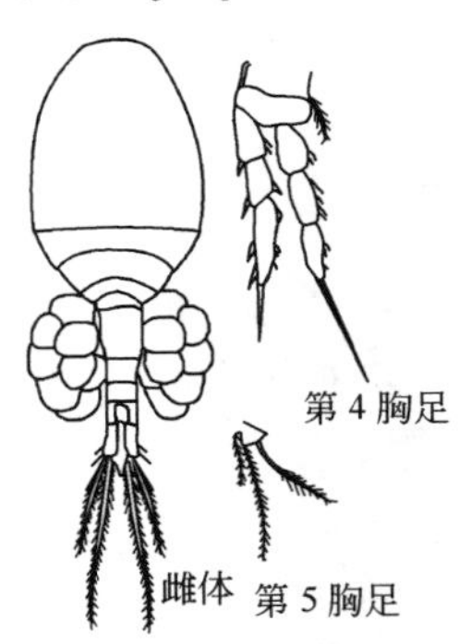

图 15-21　泽柔近剑水蚤

（*Tropocyclops prasinus*）

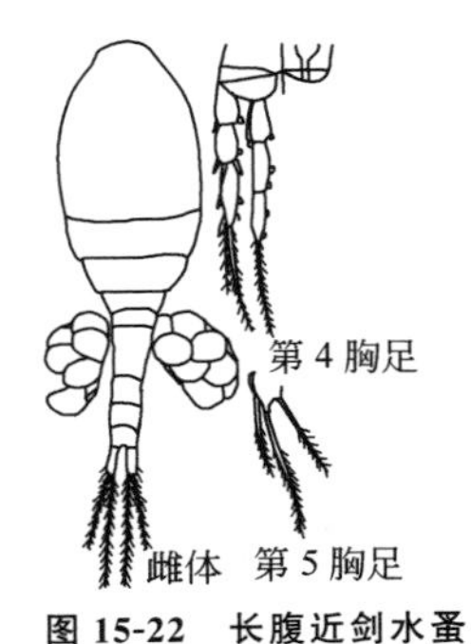

图 15-22　长腹近剑水蚤

（*Tropocyclops longiabdominalis*）

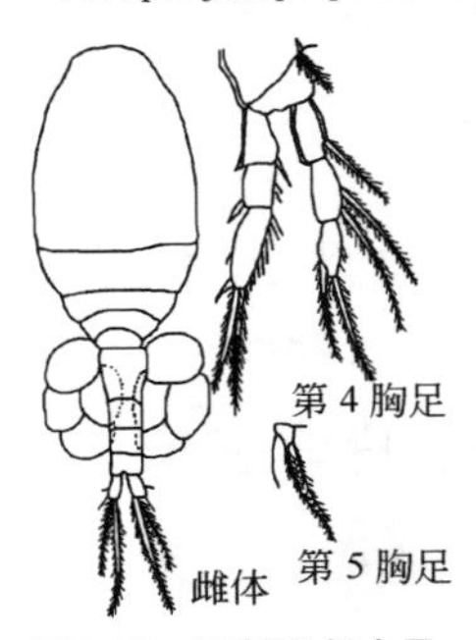

图5-23　短刺近剑水蚤

（*Tropocyclops bfevispinus*）

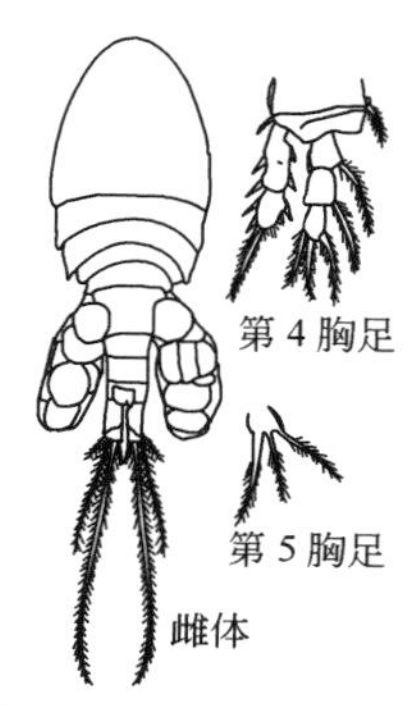

图 15-24 近亲拟剑水蚤

(*Paracyclops affinis*)

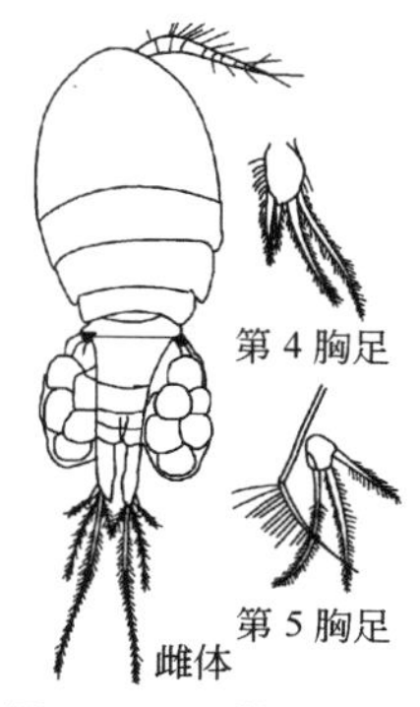

图 15-25 毛饰拟剑水蚤

(*Paracyclops fimbriatus*)

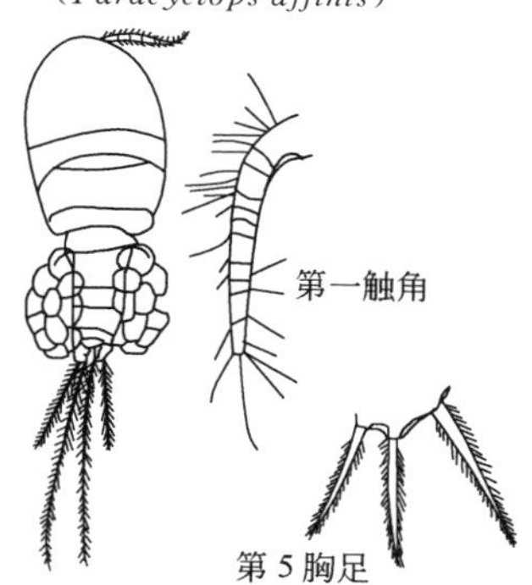

图 15-26 胸饰外剑水蚤

(*Ectocyclops phaleratus*)

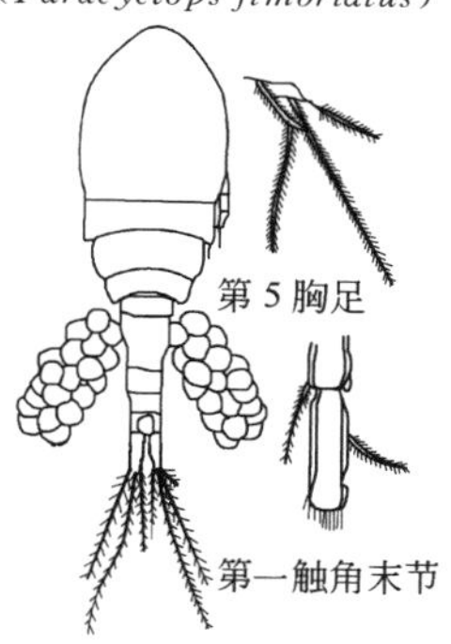

图 15-27 广布中剑水蚤

(*Mesocyclops leuckarti*)

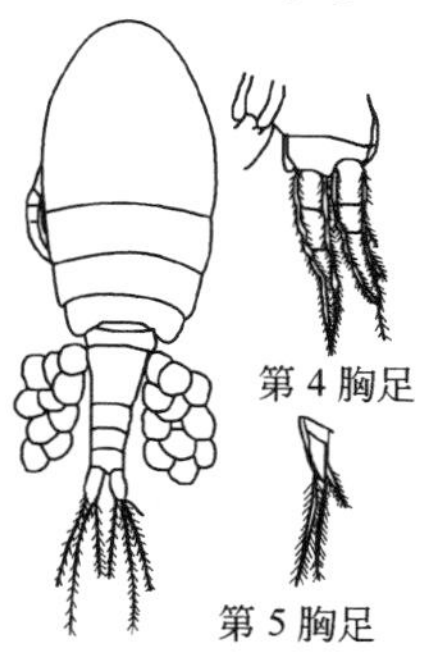

图 15-28 透明温剑水蚤

(*Thermocyclops hyalinus*)

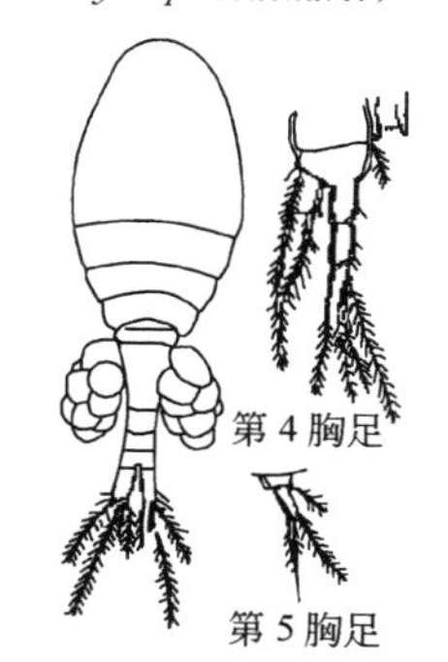

图 15-29 台湾温剑水蚤

(*Thermocyclops taihokuensis*)

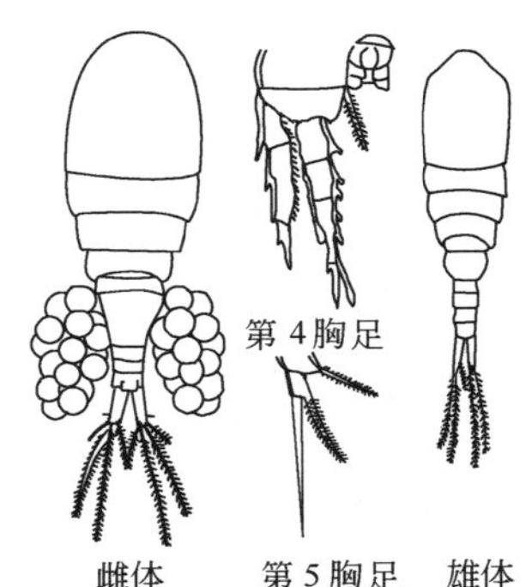

图 15-30　等刺温剑水蚤

（*Thermocyclops kawamurai*）

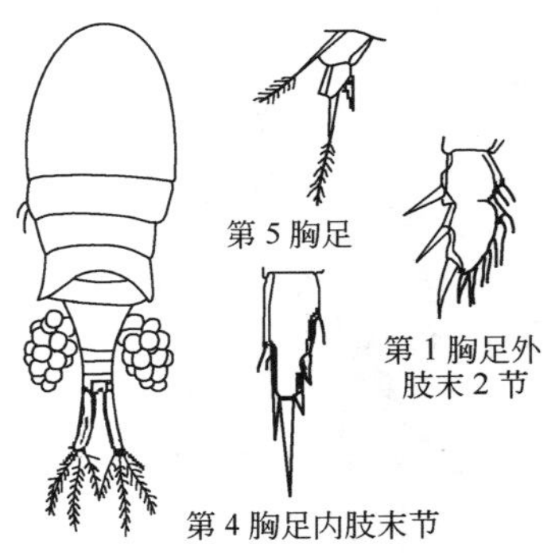

图 15-31　近邻剑水蚤

（*Cyclops vicinus*）

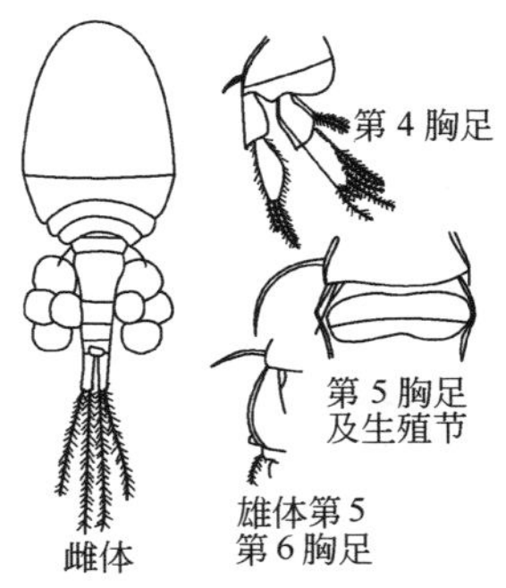

图 15-32　爪哇小剑水蚤

（*Microcyclops javanus*）

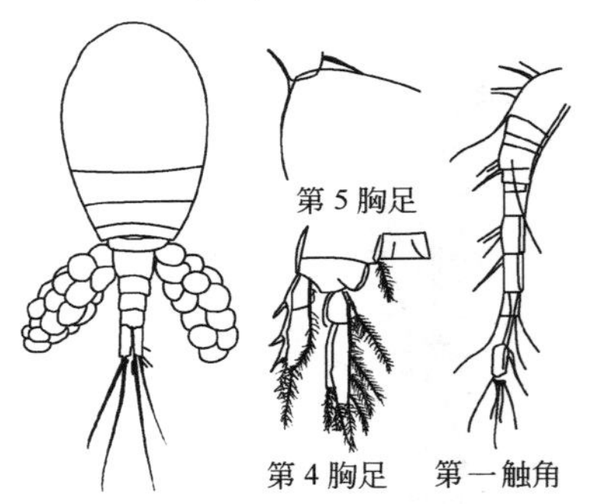

图 15-33　跨立小剑水蚤

（*Microcyclops varicans*）

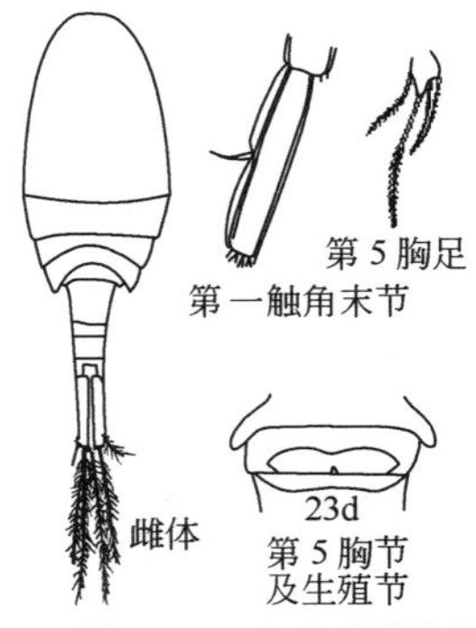

图 15-34　如意真剑水蚤

（*Eucyclops speratus*）

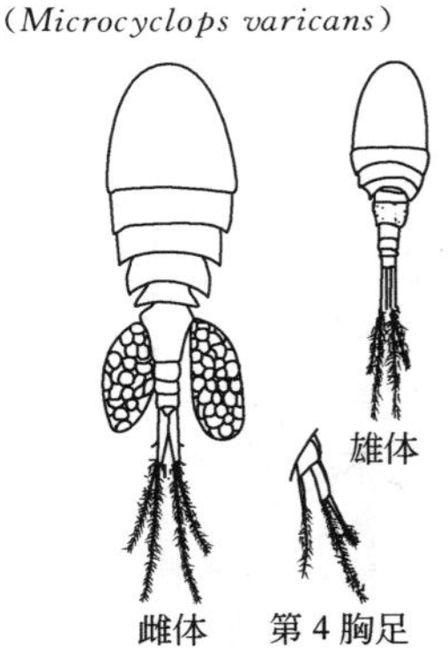

图 15-35　棘尾刺剑水蚤

（*Acanthocyclops bicuspidatus*）

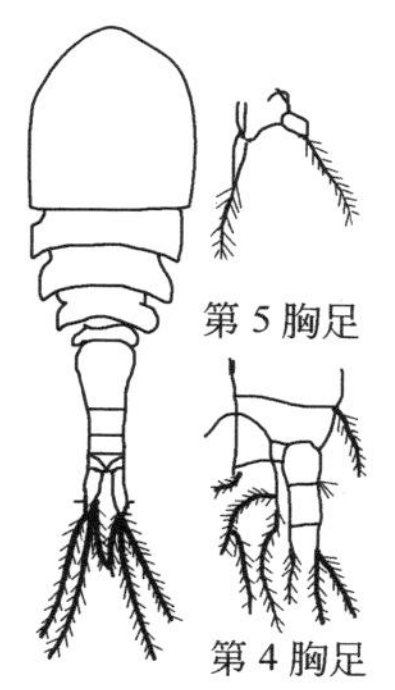

图 15-36 草绿刺剑水蚤

(*Acanthocyclops viridis*)

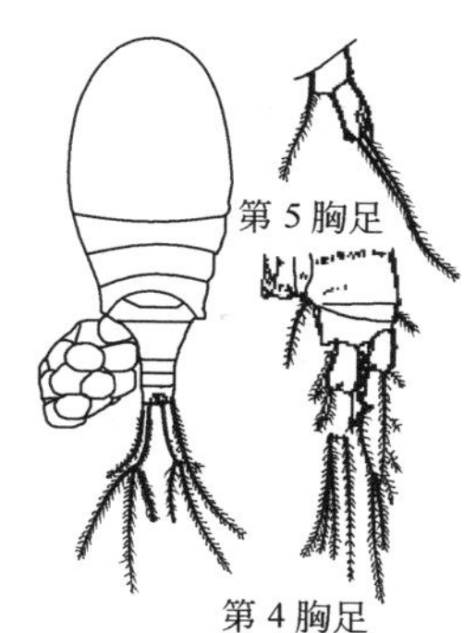

图 15-37 英勇剑水蚤

(*Cyclops strenuns*)

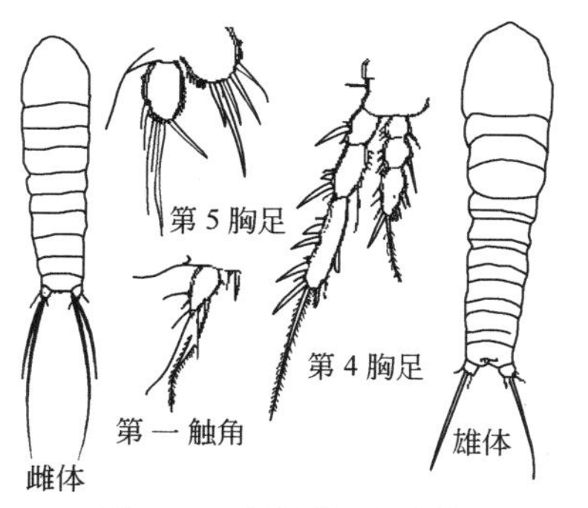

图 15-38 湖泊美丽猛水蚤

(*Nitocra lacustris*)

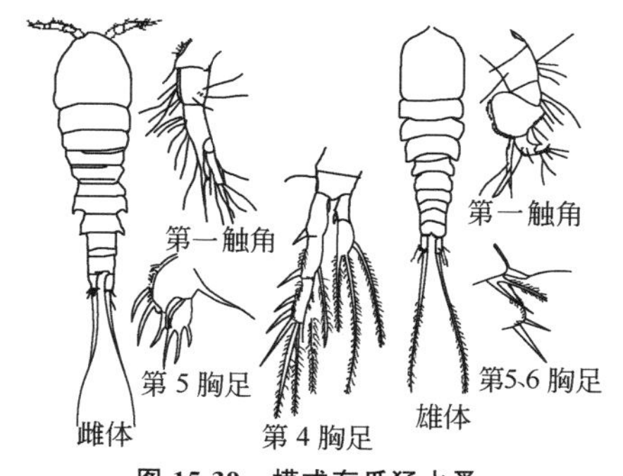

图 15-39 模式有爪猛水蚤

(*Onchocamptus mohammed*)

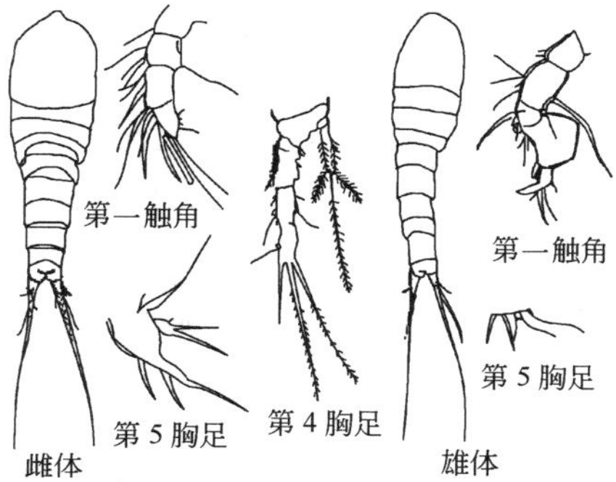

图 15-40 鱼饵湖角猛水蚤

(*Limnocletodes behningi*)

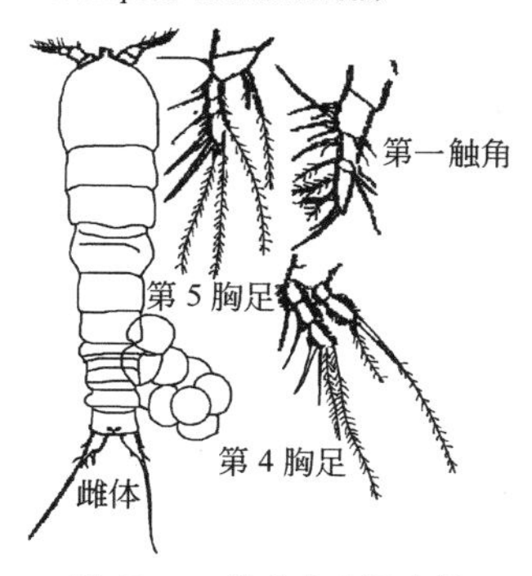

图 15-41 单节水生猛水蚤

(*Enhydrosoma uniarticulatus*)

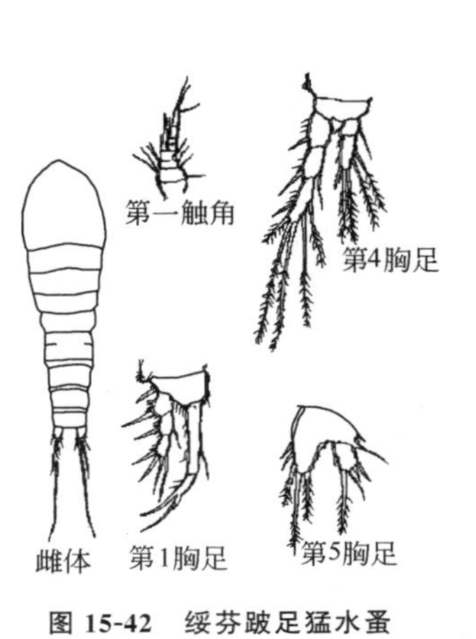

图 15-42　绥芬跛足猛水蚤

(*Mesochra suifunensis*)

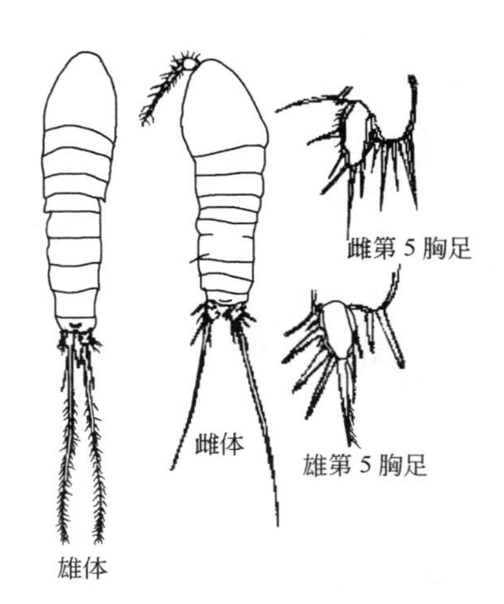

图 15-43　黑龙江棘猛水蚤

(*Attheyella amurensis*)

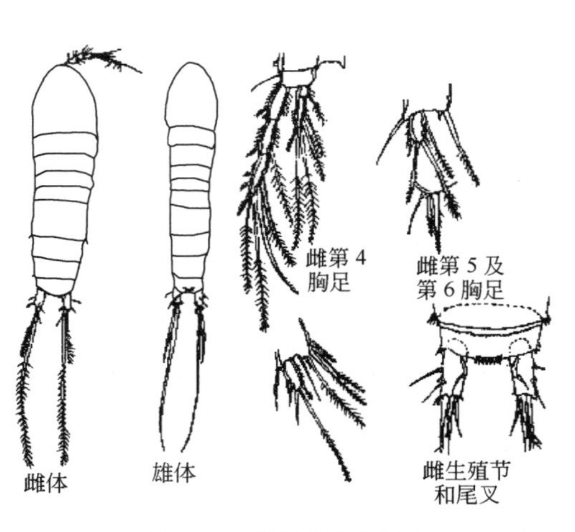

图 15-44　隆脊异足猛水蚤

(*Canthocamptus carinetus*)

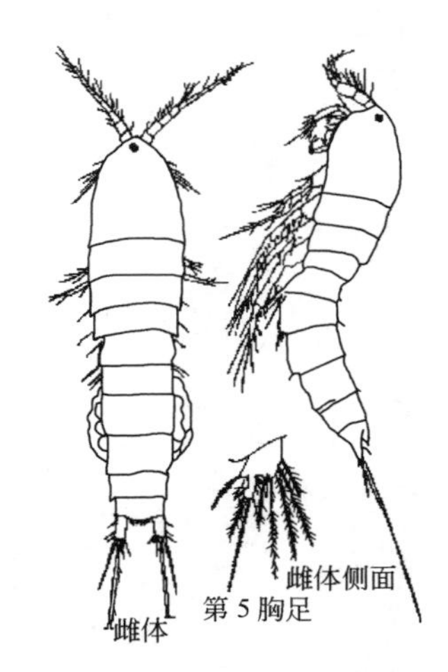

图 15-45　沟渠异足猛水蚤

(*Canthocamptus staphylinus*)

第十六章

其他微型动物

在污水生物处理中，除较多见的线虫、腹毛虫、颗体虫等微型动物外，偶然地还能出现少量的水熊（Tardigrada）、水螨（Hydracarina）以及摇蚊科（Chironomidae）幼虫等微型动物。这些微型动物的出现对废水处理的意义并不是很重要的。它们的共同特点是身体分节，一般体节可分头、胸、腹三部分，各部分均有附肢，附肢与躯体之间有关节，附肢本身又分节，分节之间也有关节，故节肢动物能作相当复杂的运动。

一、线虫

线虫（*Nemato*） 属于线形动物门（Nemathelminthes）的线形纲（Nematoda）。线虫的虫体为长线形，在水中的长度一般为 0.25～2mm，断面呈圆形，显微镜下可清晰看见。线虫前端口上有感觉器官，体内有神经系统，消化道为直管，食道由辐射肌组成。线虫有寄生的和自由生活的，自由生活的线虫体两侧的纵肌可交替收缩，使虫体做蛇状的拱曲运动。在污水生物处理中的线虫多是自由生活的，常生活在水中有机淤泥和生物膜上，它们以细菌、藻类、轮虫和其他线虫为食，在缺氧时会大量繁殖，是污水生物处理中净化程度差的指示生物。见图 16-1。

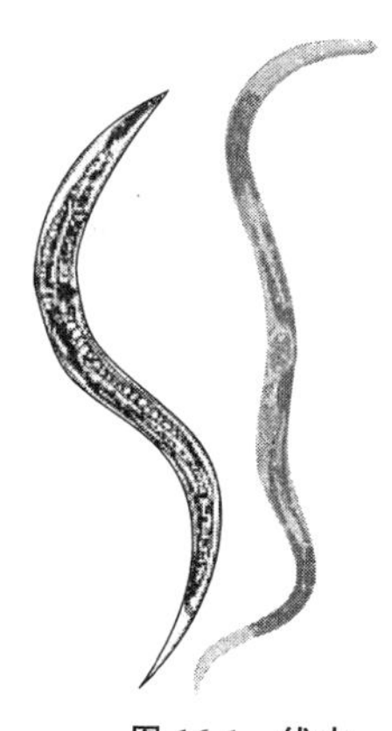

图 16-1　线虫

二、腹毛虫

腹毛虫（*Gastrotricha*） 体小，是约 1～1.5mm 长的蠕虫状动物。

体表披有薄而柔软的角质膜。角质膜上有鳞片、刚毛等感觉器官。身体腹面盖了许多密集的纤毛，借此腹毛能十分活泼地活动于碎屑中寻觅食物。身体前端微呈头部状态。身体后端伸出2个尾叉，尾叉的尖端有孔，叉基的腺体所分泌的黏液即由此孔流出。头部有口，消化道为一直管，末端是肛门。排泄系统为1对弯曲的原肾，各有1个带纤毛的末端细胞。神经系统是1对咽下神经节及2个纵向侧神经干。有感觉纤维分布于表面。雌雄异体。性腺成对，生殖孔在肛门前。体外受精。见图16-2。

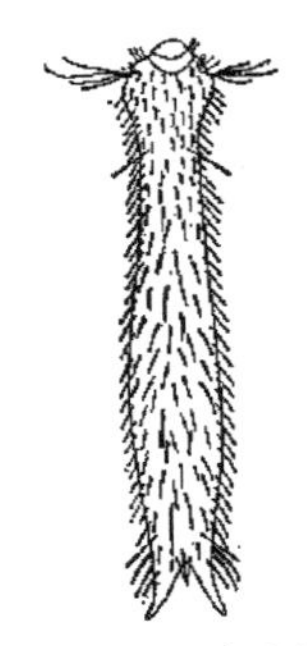

图 16-2 腹毛虫

三、水熊

体长一般不超过1mm。有1个头节及4个躯节。有4对腿从躯部伸出。腿有爪。头节中有脑，分出两纵条的腹神经索。每条腹神经索有4个神经节。口在顶端偏向腹面。前肠有2个分泌腺及排泄腺（颊腺）以及钙质的可伸出的螯及吸吮的咽。后肠开口于腹肛门。卵巢是不成对的囊，输卵管开口于腹面或通向直肠。有3个直肠腺。无呼吸及循环系统。雌雄异体，是卵生的。直接发育。大多数种类生活在陆地的苔藓和地衣上。见图16-3。

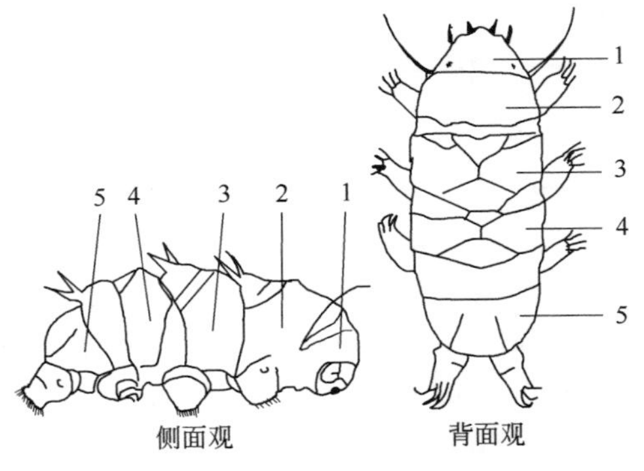

图 16-3 水熊

1—头节；2—第一躯节；3—第二躯节；4—第三躯节；5—第四躯节

四、水螨

属节肢动物门的蜘形纲（Araohnida）。体呈卵圆形，无明显分节。共有6对附肢。第一对附肢在口前，叫螯肢或上颚，由2～3节构成，有螯形的末节。第二对附肢叫须肢或下颚，呈多节的足状，为捕食及触觉之用。其余 4 对是步足，每个步足分 6 节（精节、基腿节、腿节、膝节、胫节、跗节）。在这些步足的节上，有十分长的、柔软的成丛或成行的刚毛。这 4 对步足从腹面的 4 对后侧片上伸出。背腹面均有几对腺体。在腹面的后侧片之间或之后有生殖孔，外有生殖瓣保护。见图 16-4。

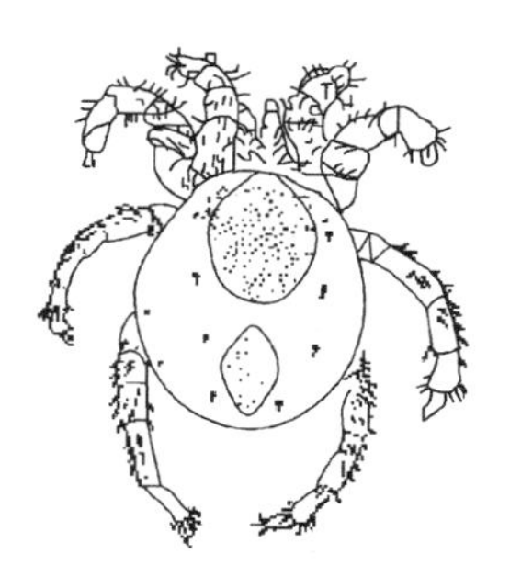

图 16-4　水螨

五、介形类

身体很小，包在两瓣甲壳内，称介形虫（图 16-5），分节不明显。根据附肢分为头、胸两部分，无腹部。胸后末端不具附肢，而有尾叉。大部分有发达的第一、二触角，为感觉和运动器官。大颚有触须，大颚以后的附肢称口后肢体，不超过 4 对，包括小颚 1 对，胸足 3 对。

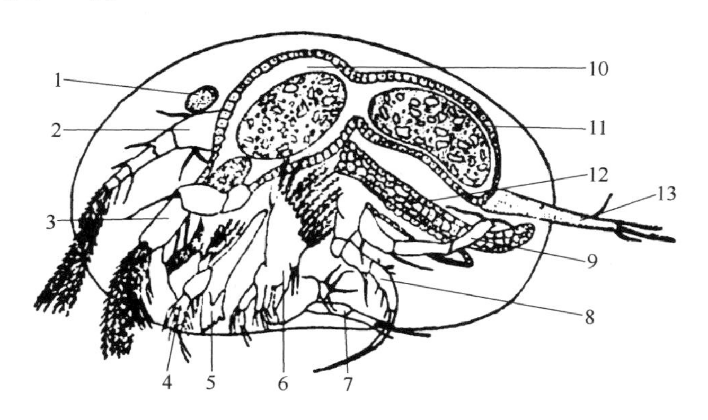

图 16-5　介形类雌体模式图

1—眼；2—第一触角；3—第二触角；4—大颚（触须部）；5—大颚；6—小颚；7—颚足（第一胸肢）；8—步足（第二胸肢）；9—清洁足（第三胸肢）；10—胃；11—肠；12—卵巢；13—尾叉

介形类在水底生活，杂食性，是鱼类的天然饵料。常见种类见图 16-6 至图 16-10。

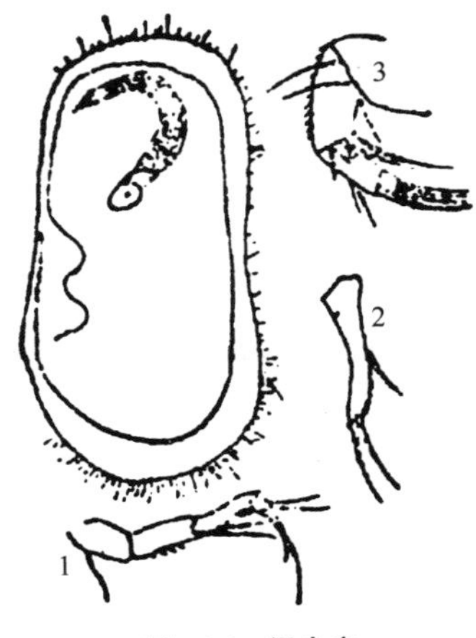

图 16-6　泥介虫

(*Hyocypris*)

1—清洁足；2—尾叉；3—第二触角

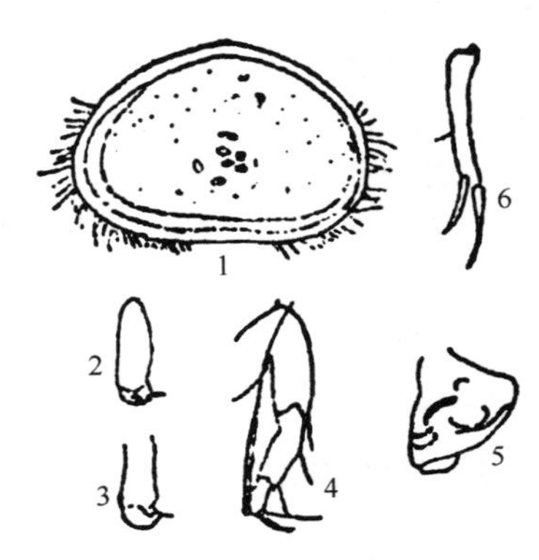

图 16-7　圆介虫

(*Cyclocypris*)

1—雄左壳外观；2—左执握肢；3—右执握肢；4—清洁足；5—交配器；6—尾叉

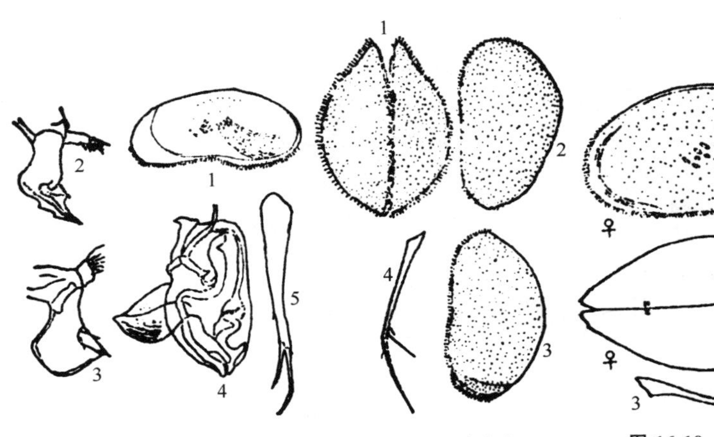

图 16-8　荧光介虫

(*Candona*)

1—雄左壳外观；2—左执握肢；3—右执握肢；4—交配器；5—尾叉

图 16-9　腺介虫

(*Cypris*)

1—背面观；2—左壳；3—右壳；4—尾叉

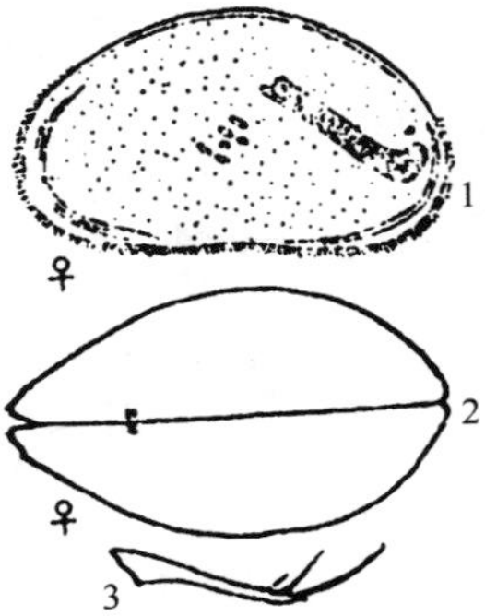

图 16-10　真介虫

(*Eucypris*)

1—左壳；2—背面观；3—尾叉

第十七章

底栖动物

第一节　环节动物——寡毛纲（水蚯蚓）

身体柔软，呈圆柱状，全身由许多体节构成。身体最前方为头部，由口前叶和围口节构成。水蚯蚓体节上具刚毛，一般背部2束腹部2束，每束最少1条，最多20多条，生长在背部的叫背刚毛，生长在腹部的叫腹刚毛。背刚毛的形状有发状、钩状、针状几种，腹刚毛多为钩状，呈S形，中部常膨大成毛节，顶部分叉。从第二节开始具腹刚毛。

一、颤蚓科——尾鳃蚓属

体长达150mm，具鳃，鳃条着生在身体后部，约有60～160对。见图17-1。

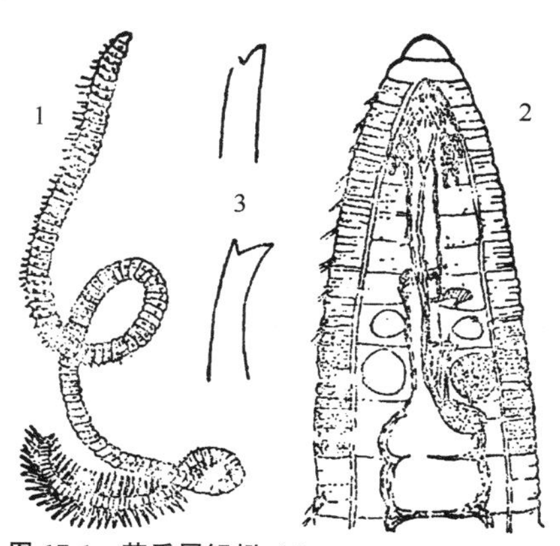

图17-1　苏氏尾鳃蚓（*Branchiura sowerbyi*）

1—整体；2—解剖图；3—刚毛

二、颤蚓科——盘丝蚓属

口前叶圆形，背腹刚毛相似，成熟个体无受精囊，并具有柄棍状的精荚，直接附着在环带上，以待受精之用。喜栖息于淤水中或井旁积水中。见图 17-2。

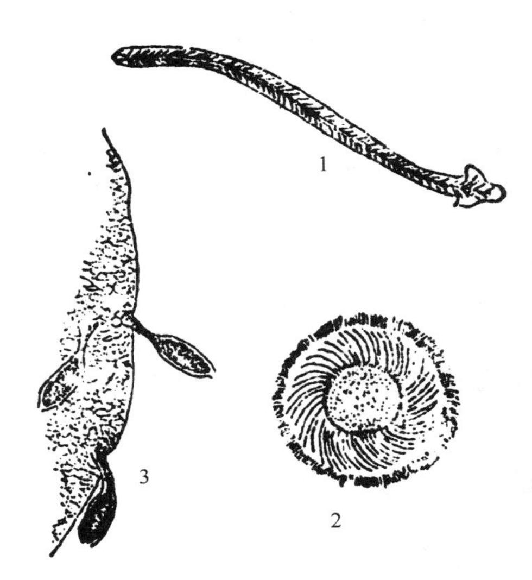

图 17-2 维窦夫盘丝蚓

(*Bothrioneurum vejdovskyanum*)

1—精荚；2—精荚的横切面；3—精荚插在对方生殖带附近

三、颤蚓科——单孔蚓属

体长约 14～40mm，生活时体色淡白，后端微红。口前叶呈三角形，背部无发状刚毛，有与腹刚毛相同的二叉沟刚毛。受精囊孔单个，位于Ⅸ/Ⅹ节间腹面。雄性生殖孔一个，位于Ⅸ节腹面。喜栖生活污水的沟渠中。见图 17-3。

四、颤蚓科——颤蚓属

虫体为微红色，口前叶稍圆，背部有发状刚毛，腹刚毛每束

3～6 条。受精囊孔 1 对，位于Ⅹ节。受精囊长圆形，无精荚。本属种类分布广泛，能忍受高度缺氧，常为最严重污染区的优势种。见图 17-4。

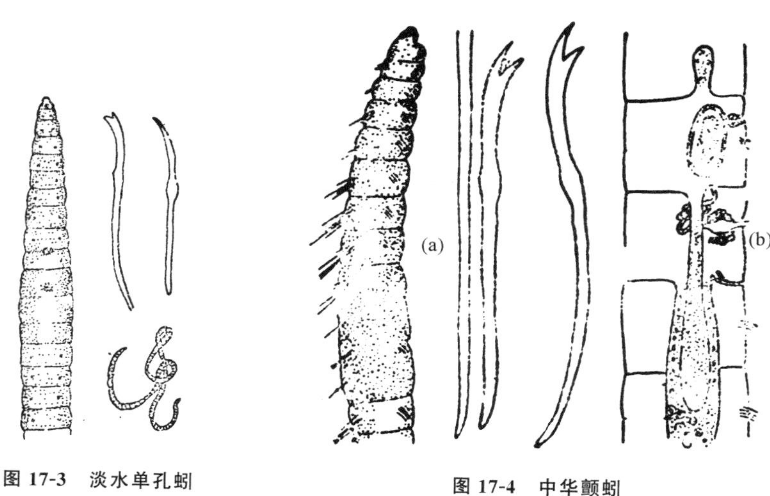

图 17-3 淡水单孔蚓
(*Monopylephorus limosus*)

图 17-4 中华颤蚓
(*Tubifex sinicus*)
(a) 前端腹面观与刚毛；(b) 解剖图

五、颤蚓科——管水蚓属

体长约 10～25mm，体末端数节没有分化，腹刚毛每束 8～11 条。精巢和卵巢分别位于Ⅵ和Ⅶ节体内。为有机污染敏感种类，但能在农药污染水体中生长和繁殖，形成耐污染群。见图 17-5。

六、颤蚓科——水丝蚓属

体色褐红，后部呈黄绿。背部仅有钩状刚毛，末端有二叉。腹刚毛形状相似。雄性交接器有狭长、末端成喇叭口状的阴茎鞘。见图 17-6。

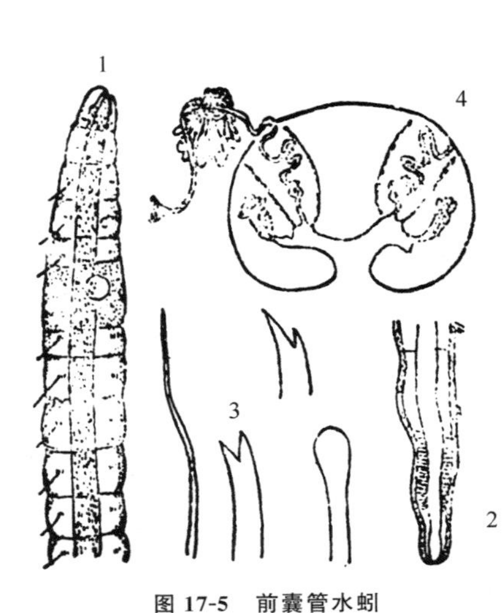

图 17-5　前囊管水蚓

(*Aulodrilus prothecatus*)

1—前端侧面观；2—尾端放大；

3—刚毛；4—雄性器官

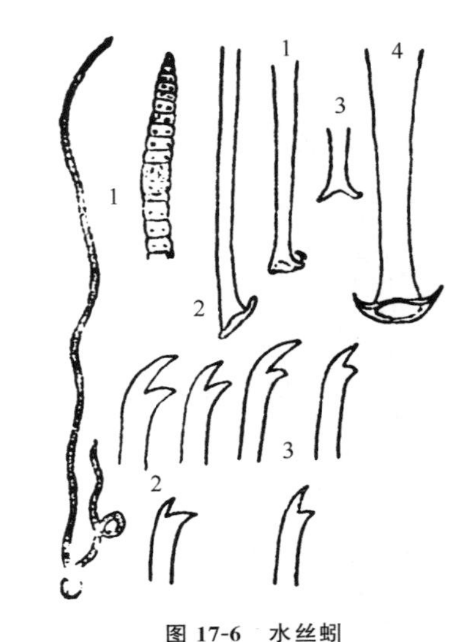

图 17-6　水丝蚓

1—霍甫水丝蚓（*Limnodrilus hoffmeisteri*）；

2—克拉泊水丝蚓（*L. ciaparedianus*）；

3—奥特开水丝蚓（*L. udekemianus*）；

4—瑞士水丝蚓（*L. helveticus*）

七、带丝蚓科——带丝蚓属

体长 40～80mm，体色为红色或黑褐色，体前端浓绿色。口前呈叶球状，刚毛每节 4 束，每束 2 条，背腹刚毛形状相同。环带在Ⅹ～ⅩⅩ，雄生殖孔 1 对在Ⅵ节腹面。为典型 α-中污带生物。见图 17-7。

八、颗体虫科——颗体虫属

每体节背腹具 4 束发状刚毛，每束数目不定。口前叶附有刚毛。体节隔膜缺乏。精巢与卵巢混合在一起。体内常具油滴。常见种类见图 17-8～图 17-10。

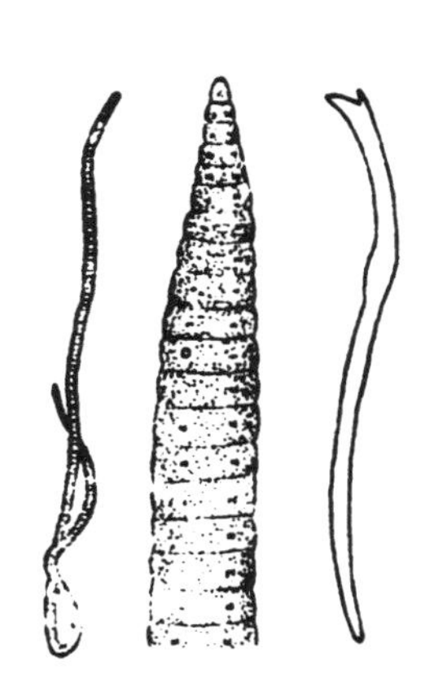

图 17-7　夹杂带丝蚓

(*Lumbriculus variegatum*)

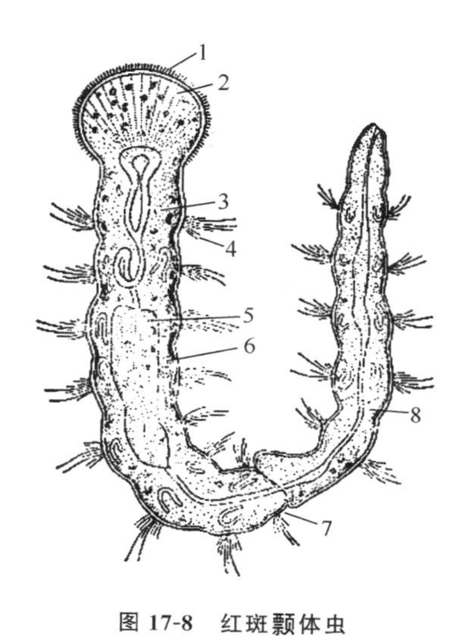

图 17-8　红斑颗体虫

(*Aeolosoma hemprichii*)

1—纤毛；2—口前叶；3—油点；4—刚毛；5—消化管；6—肾管；7—芽节；8—芽体

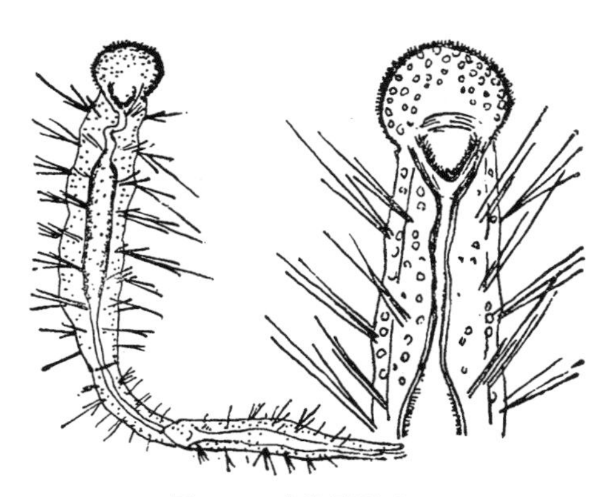

图 17-9　点缀颗体虫图

(*A. varategatum*)

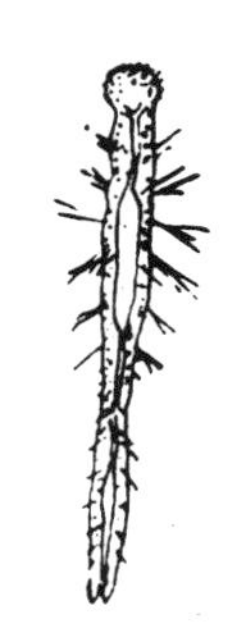

图 17-10　汉氏颗体虫

(*A. hemprichii*)

九、仙女虫科——仙女虫属

身体细长，约 6～10mm，前端常带有棕黄色。刚毛形状有 3 种：背部每束 1～2 条发状刚毛和 1～2 条针状刚毛，腹刚毛钩状，背刚毛在第Ⅵ节开始出现。常见种类见图 17-11 和图 17-12。

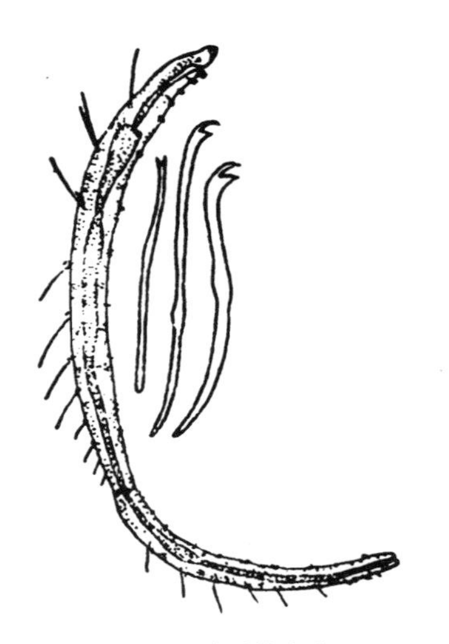

图 17-11　参差仙女虫

(*Nais variabilis*)

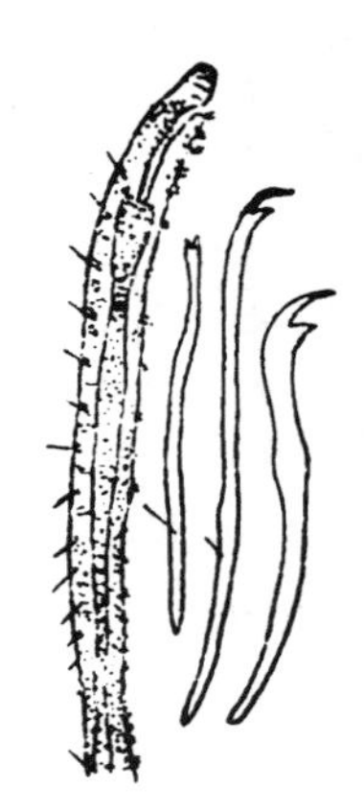

图 17-12　豹形仙女虫

(*N. Pardalis*)

十、仙女虫科——赖皮虫属

身体覆盖暂时性的微粒，如小砂粒、植物碎片、泥土等，体表有感觉乳头突起。见图 17-13。

十一、仙女虫科——杆吻虫属

背刚毛出现在第Ⅵ节，口前叶延伸为长的吻。见图 17-14。

十二、仙女虫科——吻盲虫属

背刚毛出现在第Ⅱ节，口前叶延伸为吻状，发状刚毛的边缘常有一列锯齿。常见种类见图 17-15。

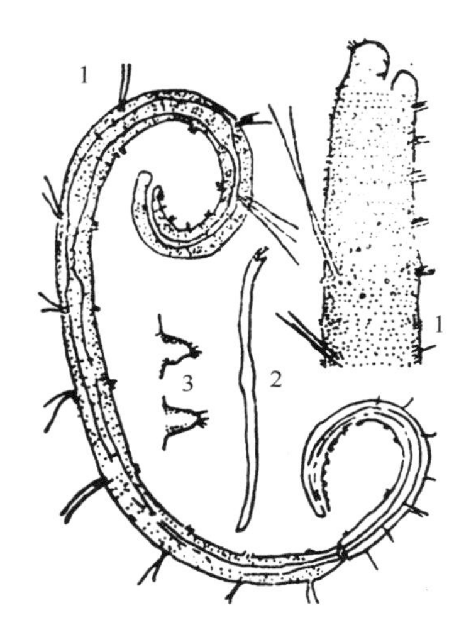

图 17-13　多突赖皮虫

（*Slavina appendiculata*）

1—整体与前端侧面观；

2—腹刚毛；3—乳突侧面观

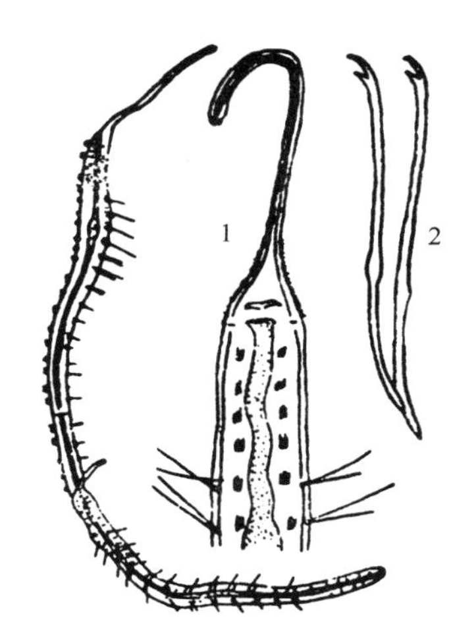

图 17-14　尖头杆吻虫

（*Stytaria fossularia*）

1—整体与前端侧面观；

2—腹刚毛

十三、仙女虫科——尾盘虫属

身体末端有薄而扁中央凹入的半圆形浅碟状尾盘，上面有2～5对指状鳃，表面有许多纤毛。喜栖静水中，常在水底或水草上分泌膜质小筒，身体藏在筒中，而头尾露在筒外。常见种见图17-16。

十四、仙女虫科——管盘虫属

形态上与尾盘虫非常相似，只是在鳃盘后部的边缘上着生有一对或长或短的触须。常见种见图17-17。

十五、仙女虫科——毛腹虫属

虫体粗短，无背刚毛，第Ⅲ～Ⅴ上缺腹刚毛。常见种类见图17-18和图17-19。

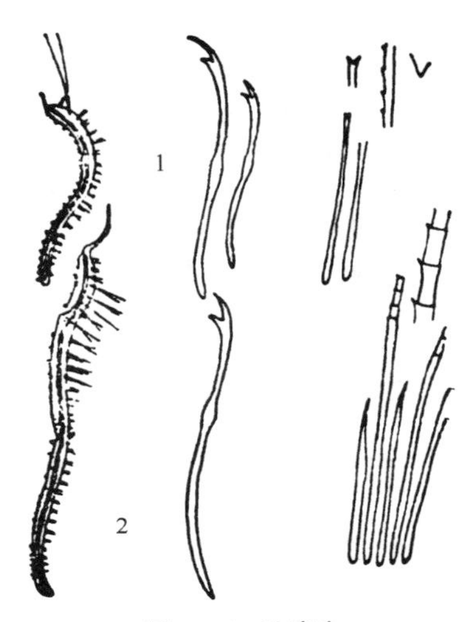

图 17-15　吻盲虫

1—长毛吻盲虫（*Pristina longiseta*）；
2—长鼻吻盲虫（*P. proboscidea*）

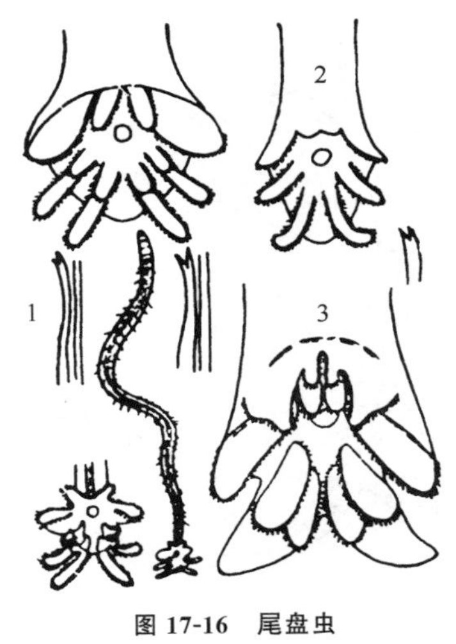

图 17-16　尾盘虫

1—指鳃尾盘虫（*Dero digitata*）；
2—钝尾盘虫（*D. obtusa*）；
3—澳洲尾盘虫（*D. austrina*）

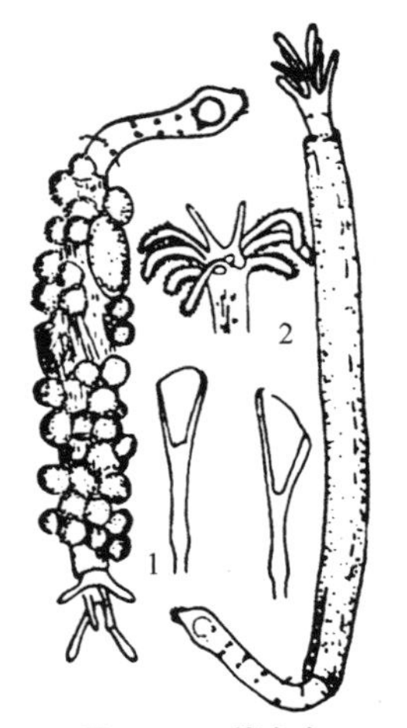

图 17-17　管盘虫

1—交趾管盘虫（*Aulophorus tonkinensis*）；
2—交趾管盘虫（*A. heptabranchiata*）

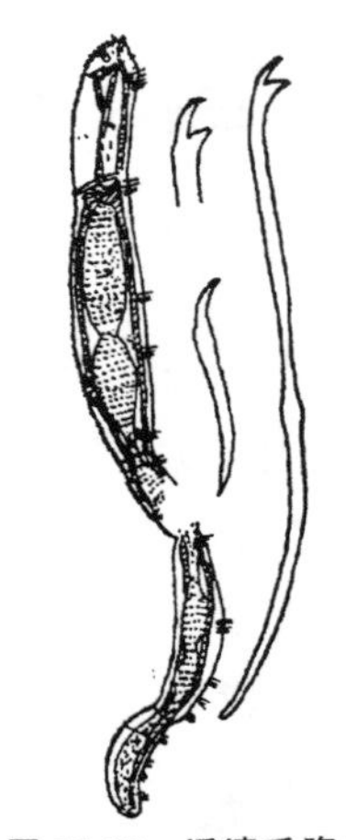

图 17-18　透清毛腹虫

（*Chaetogaster diaphanus*）

十六、仙女虫科——头鳃虫属

虫体较大，可达50mm。口前叶锥状。自第Ⅵ节开始具有背刚毛和鳃条。喜栖在浅水含有机腐屑较多的淤泥里。见图17-20。

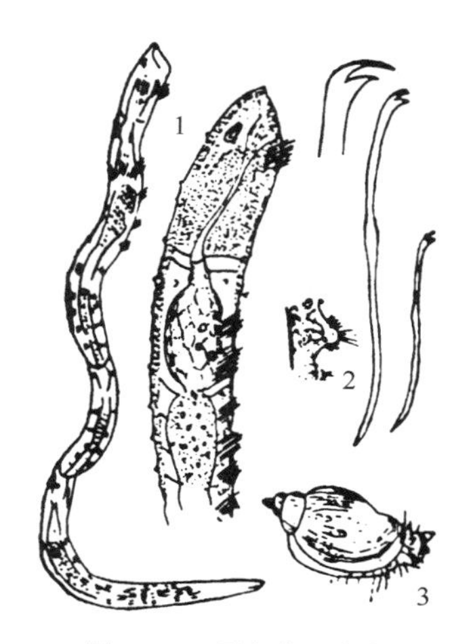

图17-19　孟加拉毛腹虫
(*C. bengalensis*)
1—整体及前端放大；2—感觉突与刚毛；3—螺上毛腹虫散出状

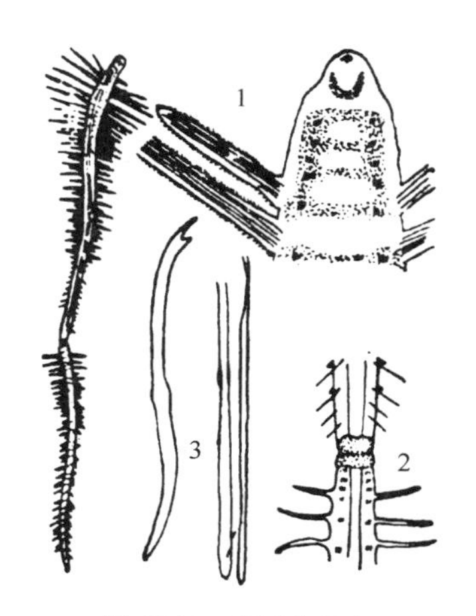

图17-20　印西头鳃虫
(*Branchiodrilus hortensis*)
1—整体及头端背面；2—芽区；3—刚毛

第二节　软体动物

软体动物身体不分节，通常由头、足和内脏囊三部分构成。头部有口及附属器和感觉器官。足位于身体腹面，具强健的肌肉组织，为运动器官。内脏囊内包含各种器官，位于身体背面。体外包被着外套膜和由外套膜所分泌的坚硬的贝壳。

一、螺类

有一个螺旋形的贝壳，贝壳形状随种类而异，变化很大，是鉴别种类的重要特征（图 17-21 和图 17-22）。

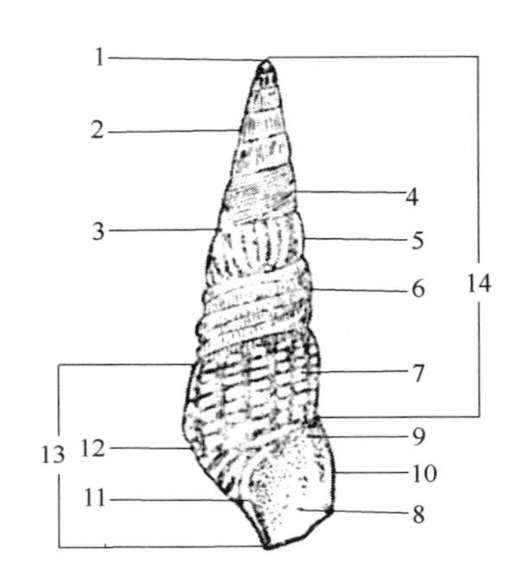

图 17-21　螺类贝壳各部分名称

1—壳顶；2—螺层；3—缝合线；4—螺旋纹；5—纵肋；6—螺棱；7—瘤状结节；8—壳口；9—内唇（缘）；10—外唇（缘）；11—轴唇（缘）；12—脐孔；13—体螺层；14—螺旋部

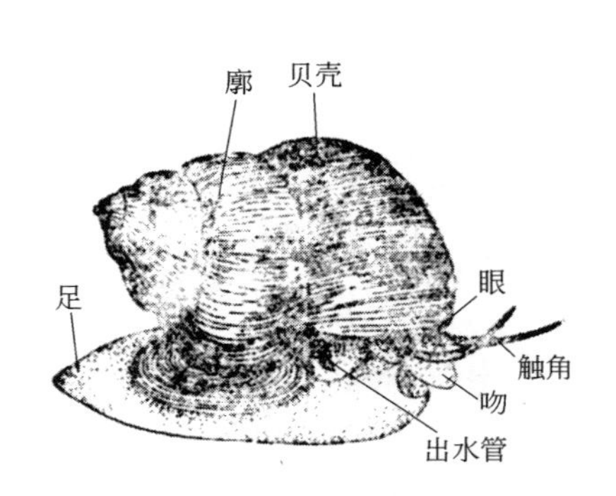

图 17-22　圆田螺的外形（雌性）

贝壳分为螺旋部和体螺层两部分。螺旋部是内脏盘曲之所，一般分许多层。体螺层是贝壳最后一层，一般最大，容纳头部和足部。螺旋部最上的一层称壳顶。贝壳每旋转一周称为一个螺层，两螺层之间的间缝称缝合线。有些种类螺层上有花纹、突起物、肋、棱等。螺层的数目也随种类而不同。

贝壳旋转有左旋和右旋之分，绝大多数种类是右旋的。方位的确定是将壳顶向上，壳口向观察者，壳口在螺轴右侧即为右旋；反之，如在左侧，则是左旋。

1. 田螺科——圆田螺属

贝壳较大，表面平滑，一般不具环棱，螺层膨胀，缝合线较深。可食用。食用价值很高。常见种类见图 17-23。

2. 田螺科——环棱螺属

贝壳中等大小，螺层表面具环棱，螺塔较高，体螺层略膨大。可食用。常见种类见图 17-24。

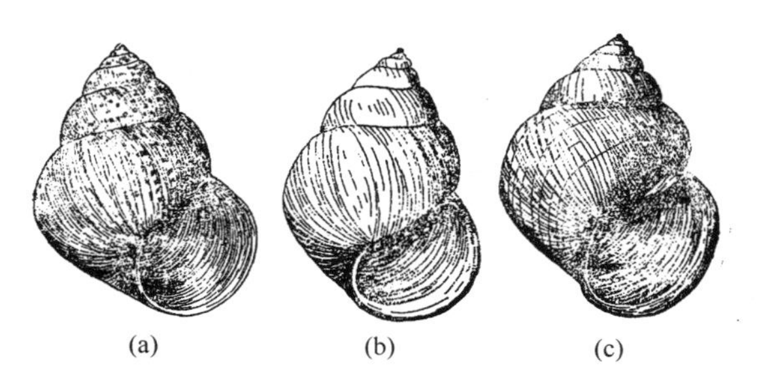

图 17-23　圆田螺

（a）胀肚圆田螺（*Cipangopaludina ventricosa*）；（b）中国圆田螺（*C. ventricosa*）；
（c）中华圆田螺（*C. cathayensis*）

3. 田螺科——河螺属

壳特厚，螺层表面平滑，无螺棱（环棱），螺塔低，体螺层大，可食用。见图 17-25。

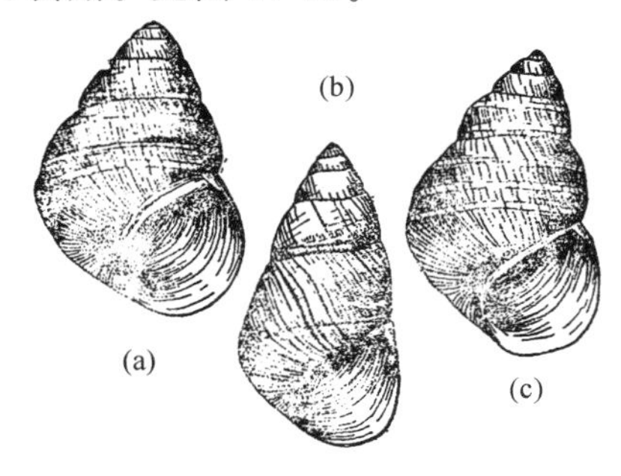

图 17-24　环棱螺

（a）梨形环棱螺（*Bellamya purificata*）；
（b）方形环棱螺（*B. quadrata*）；
（c）铜锈环棱螺（*B. aeruginosa*）

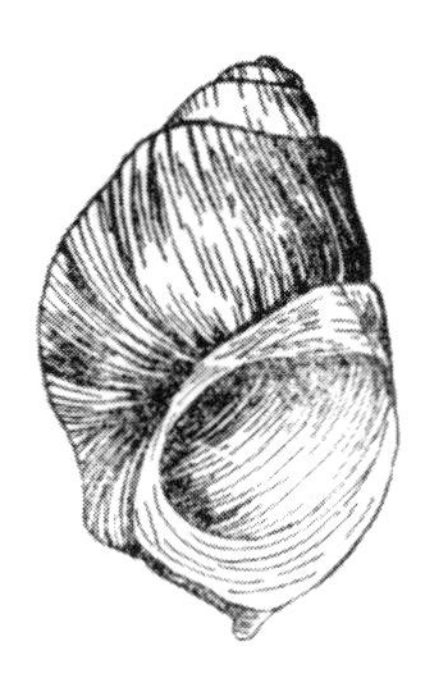

图 17-25　耳形河螺

（*Rivularis auriculata*）

4. 田螺科——螺蛳属

螺壳长，壳质厚而坚实。壳顶盾，贝壳表面具有粗壮螺肋和棘状突起。肉味鲜美，可供食用。见图 17-26 和图 17-27。

5. 盘螺科——盘螺属

贝壳呈圆盘形，螺层圆，缝合线深，口缘薄，脐孔宽深，具厣。常见种类见图 17-28。

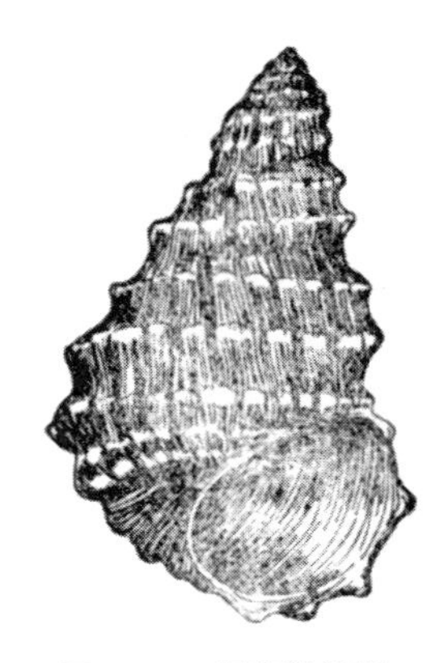

图 17-26　杨宗海螺蛳

(*Margarya yangtsunghaiensis*)

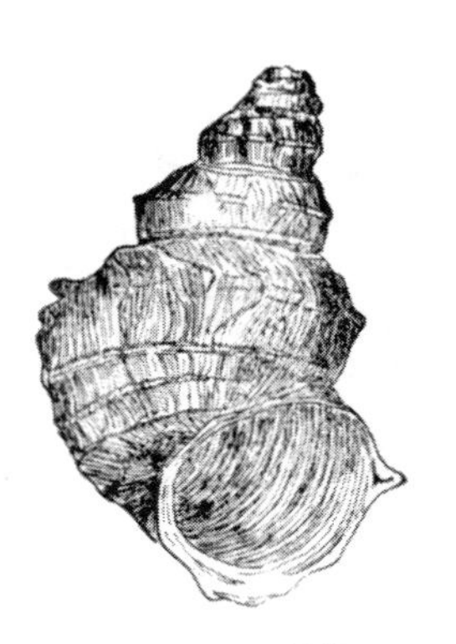

图 17-27　螺蛳

(*M. melanioiges*)

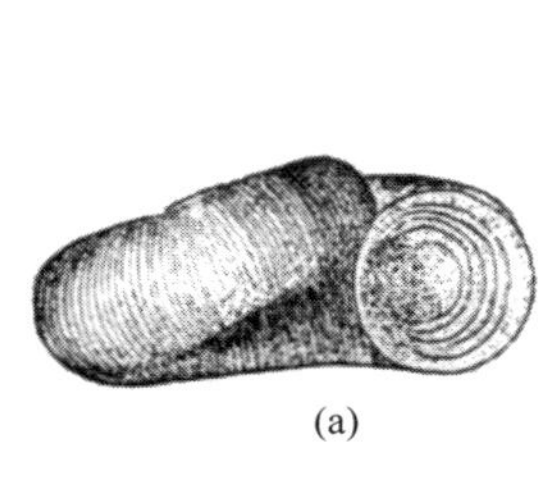

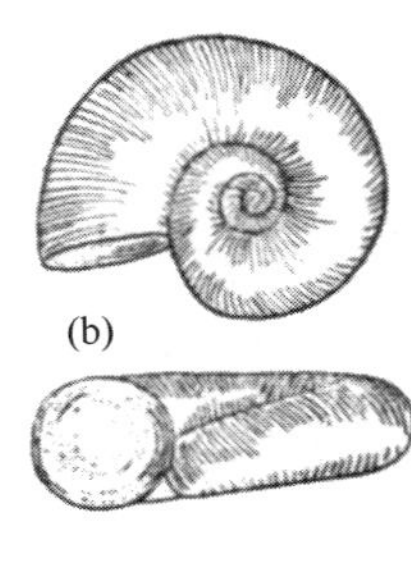

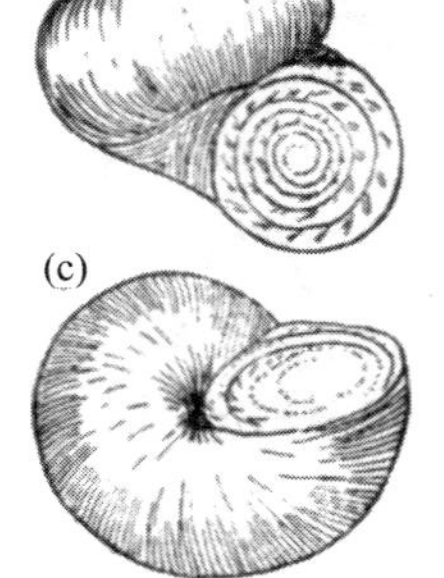

图 17-28　盘螺

(a) 西伯利亚盘螺 (*Valvata sibirica*)；(b) 平盘螺 (*V. cristata*)；(c) 鱼盘螺 (*V. piscinalis*)

6. 黑螺科——短沟蜷属

贝壳塔形，色深。壳面光滑或具环肋、纵肋或粒状突起。壳口卵形。常见种类见图 17-29。

7. 黑螺科——拟黑螺属

壳较大，呈塔形。螺搭高，壳面具细弱的螺棱及纵肋，二者相较成瘤状结节。壳口椭圆形，上端角状，下方短沟不显。见图 17-30。

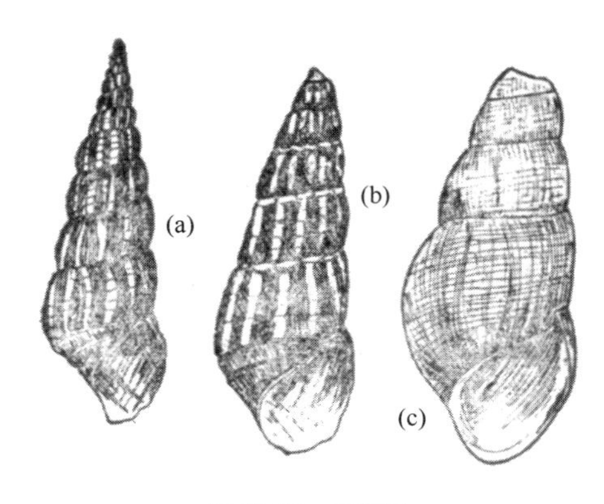

图 17-29　短沟蜷

（a）方格短沟蜷（*Semisulcospira cancellata*）；
（b）黑龙江短沟蜷（*S. amurensis*）；
（c）放逸短沟蜷（*S. libertina*）

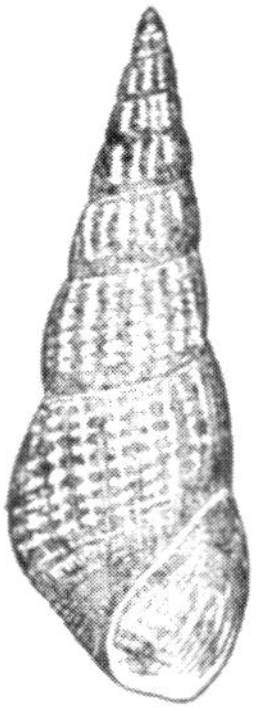

图 17-30　瘤拟黑螺

（*Melanoides tuberculata*）

8. 膀胱螺科——膀胱螺属

贝壳卵形，壳质脆薄，平滑而有光泽。左旋。螺旋部短，壳顶尖。体螺层极膨大。见图 17-31。

9. 椎实螺科——椎实螺属

贝壳薄，长圆锥形。右旋。无厣。螺旋部尖而长。见图 17-32。

图 17-31　泉膀胱螺

（*Physa fontinalis*）

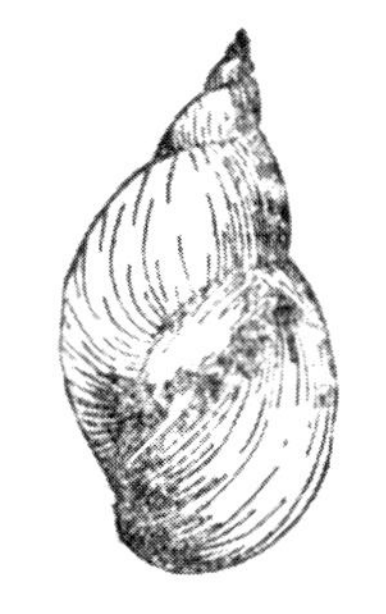

图 17-32　静水椎实螺

（*Lymnaea stagnalis*）

10. 椎实螺科——萝卜螺属

贝壳薄，长圆锥形。右旋。无厣。螺旋部短小而尖锐。体螺层极膨大。壳口大。常见种类见图 17-33。

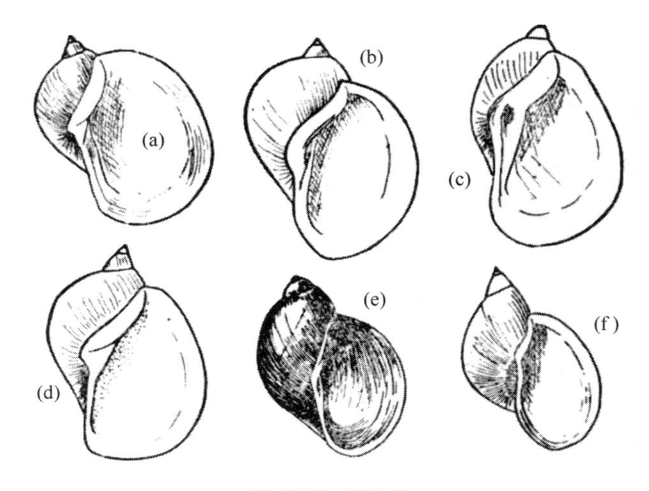

图 17-33　萝卜螺

(a) 耳萝卜螺 (*Radix auricularia*); (b) 折叠萝卜螺 (*R. plicatuta*);
(c) 椭圆萝卜螺 (*R. swinhoei*); (d) 直缘萝卜螺 (*R. clessini*);
(e) 卵萝卜螺 (*R. ovata*); (f) 狭萝卜螺 (*R. lagotis*)

11. 椎实螺科——土蜗属

壳略呈纺锤形。螺旋部较高。螺层凸。体螺层中等膨胀。壳口卵圆形。见图 17-34。

12. 扁卷螺科——旋螺属

壳小，为 4～5 个螺层组成，体螺层近壳口处扩大并斜像下侧。壳口呈椭圆形。常见种见图 17-35。

13. 扁卷螺科——圆扁螺属

壳小，凸镜形或扁圆形，螺层凸。体螺层大，并包住前一层的一部分，周缘具螺棱。壳口呈椭圆形或三角形。常见种见图 17-36。

14. 扁卷螺科——隔扁螺属

壳小，盘旋，上面凸出，下面平凹，具深深的脐孔。体螺层生长迅速并包住前面的螺层，其下部呈顿角状。壳口平斜，近椭圆，其内侧具有不规则的横隔片。见图 17-37。

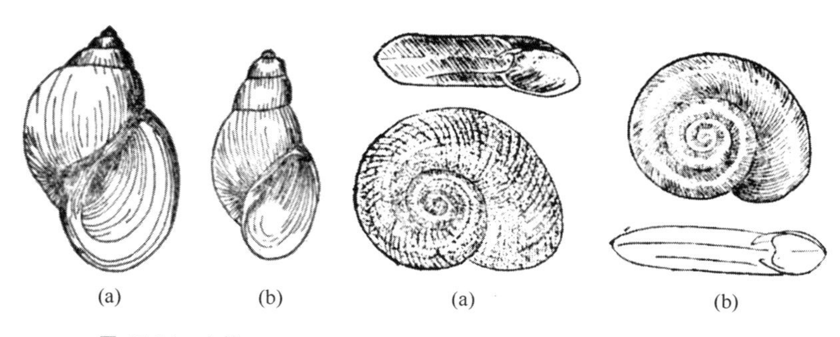

图 17-34 土蜗
（a）小土蜗（*Galba jervia*）；
（b）戴口土蜗（*G. truncatula*）

图 17-35 旋螺
（a）白旋螺（*Gyraulus albus*）；
（b）扁旋螺（*G. compressus*）

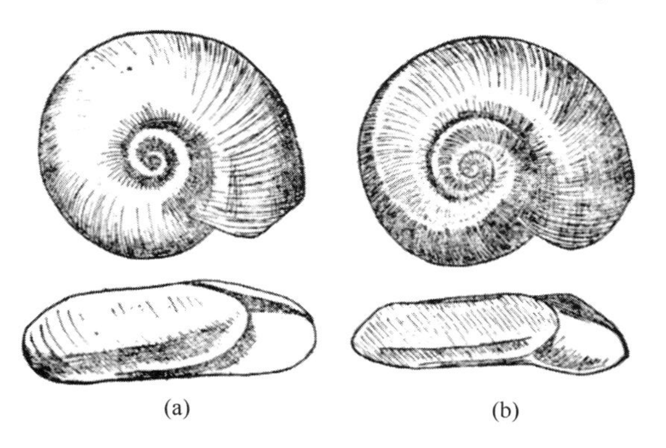

图 17-36 圆扁螺
（a）大脐圆扁螺（*Hippeutis umbilicalis*）；（b）尖口圆扁螺（*H. cantori*）

15. 觿螺科——狭口螺属

壳小，长卵形。螺层凸涨，少于 5 层。壳面光滑或具旋向饰纹。壳口小，圆形。见图 17-38。

16. 觿螺科——钉螺属

贝壳塔状，螺层膨突，壳顶尖，壳表平滑或有肋。壳口卵圆形，厣角质。见图 17-39。

17. 觿螺科——拟钉螺属

贝壳长卵形尖椎状，外观似钉螺，但比钉螺小，壳口外唇外侧稍增厚，壳面无显著花纹。触角纤细，厣角质。是肺吸虫的第一中间宿主。见图 17-40。

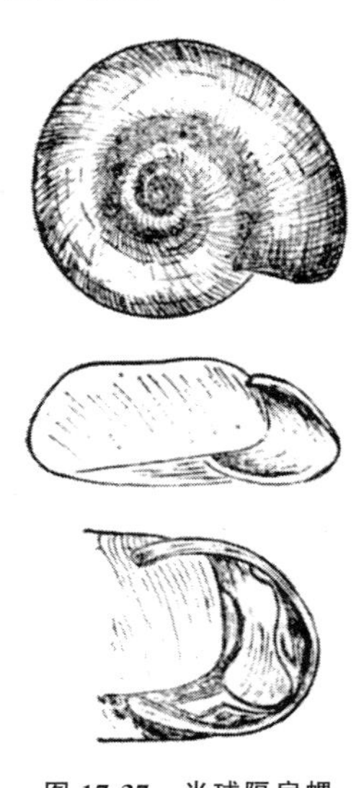

图 17-37　半球隔扁螺

（*Segmentina hemisphaerula*）

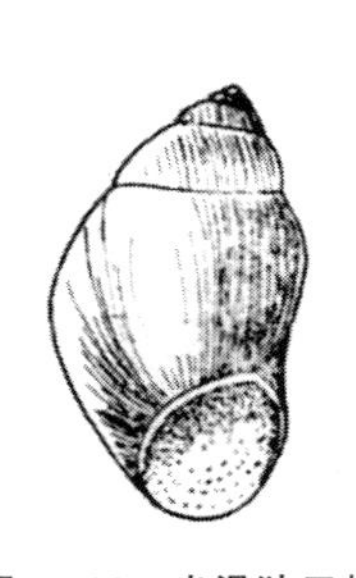

图 17-38　光滑狭口螺

（*Stenothyra glabra*）

图 17-39　湖北钉螺

（*Oncomelania hupensis*）

18. 觿螺科——涵螺属

贝壳略呈球形，螺旋部小，体螺层几乎占据了全部贝壳。见图 17-41。

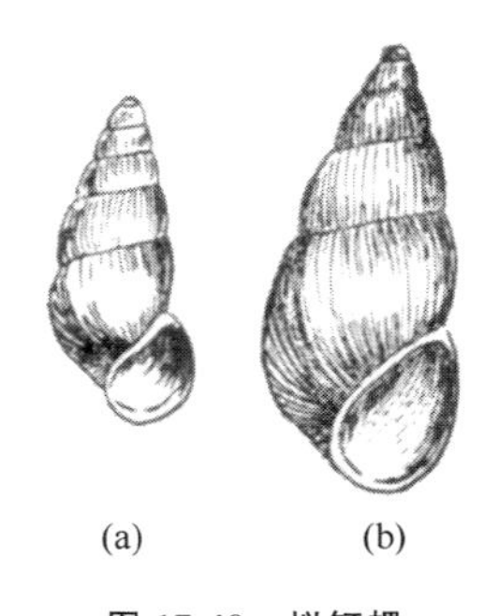

图 17-40　拟钉螺

(a) 泥泞拟钉螺（*Tricula humida*）；

(b) 格氏拟钉螺（*T. gregoria*）

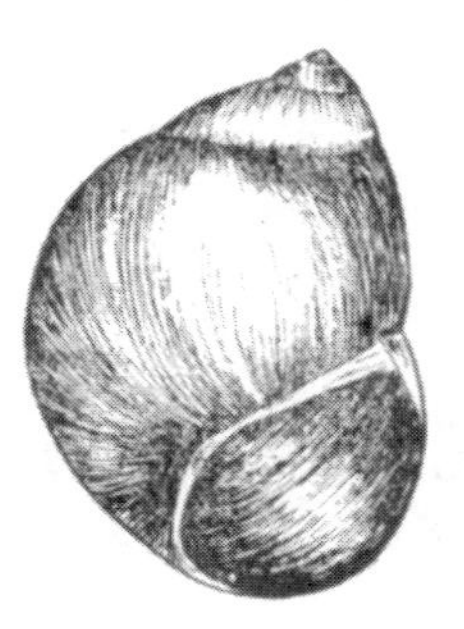

图 17-41　长角涵螺

（*Alocinma longicornis*）

19. 觿螺科——沼螺属

壳呈卵锥形，中等大小，壳质厚而坚。螺塔高锥形，螺层略凸，具螺旋纹及螺棱。壳口卵圆形，口缘厚，具脐缝。厣石灰质。见图 17-42。

20. 觿螺科——豆螺属

壳长卵形或宽圆锥形，中等大小。贝壳光滑。壳口光滑呈椭圆形或近方形。口缘不甚厚，不脐或具脐缝。厣石灰质。见图 17-43。

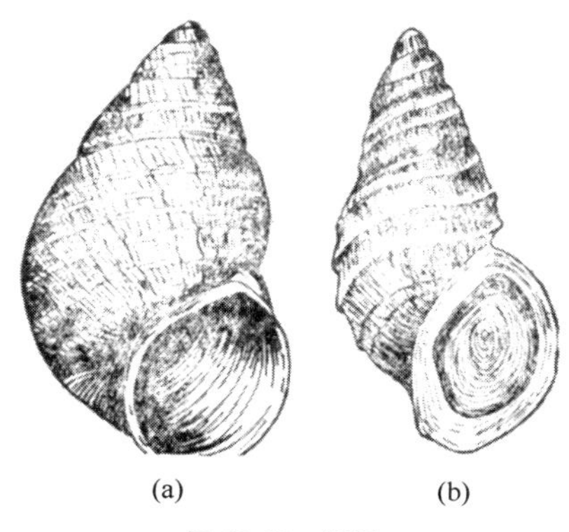

图 17-42 沼螺

(a) 纹沼螺（*Parafossarulus striatulus*）；

(b) 中华沼螺（*P. sinensis*）

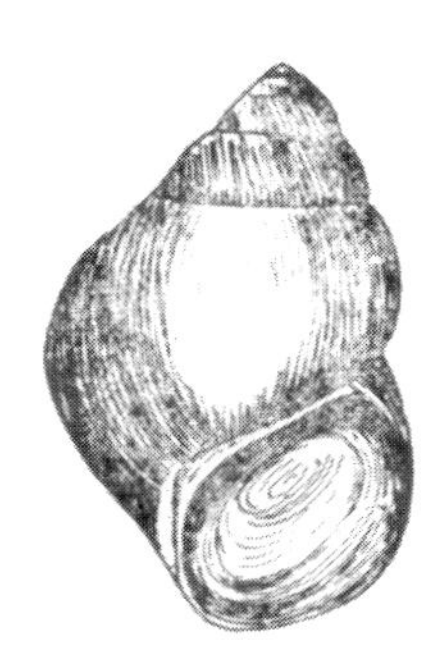

图 17-43 赤豆螺

（*Bithynia fuchsiana*）

二、蚌类

贝壳一般左右对称，形态各异。贝壳中部的突出部分称壳顶，壳顶一般略向前倾斜。贝壳外面有以壳顶为中心的，与腹缘平行，呈同心圆排列的许多生长线。壳面也有以壳顶为起点，向腹缘伸出的许多放射状排列的肋和沟。贝壳背缘常较厚，其内面常有齿和槽，当贝壳闭合时齿和槽在一定的位置上组合在一起，构成铰合部。铰合部内分主齿、侧齿和拟主齿。

贝壳的内面，通常具有外套膜环走肌、水管肌和闭壳肌、伸足肌与缩足肌的肌痕。壳内各种肌痕的大小、形状是分类的依据，壳内面的色彩也是分类的依据（图 17-44）。

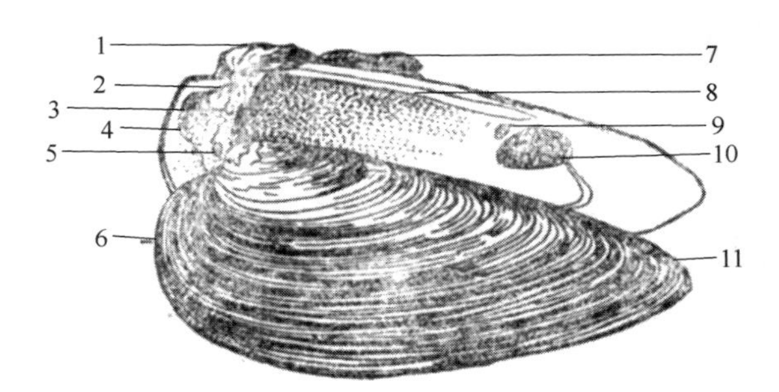

图 17-44 圆头楔蚌贝壳各部分名称

1—壳顶；2—拟主齿；3—前缩足肌肌痕；4—前闭壳肌肌痕；5—前伸足肌肌痕；6—前端；7—韧带；8—侧齿；9—后缩足肌肌痕；10—后闭壳肌肌痕；11—后端

1. 珠蚌科——无齿蚌属

贝壳呈卵圆形、椭圆形或蚶形。壳较薄，壳面平滑，铰合部无任何铰合齿。见图 17-45。

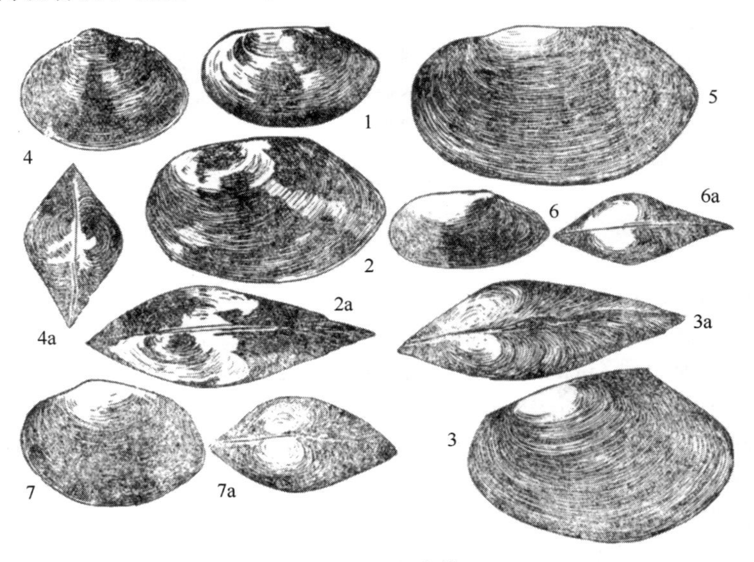

图 17-45 无齿蚌

1—具角无齿蚌（*Anodonta angula*）；2—光滑无齿蚌（*A. lucida*）；3—背角无齿蚌（*A. woodiana*）；4—球形无齿蚌（*A. globosula*）；5—蚶形无齿蚌（*A. arcaeformis*）；6—舟形无齿蚌（*A. euscaphys*）；7—河无齿蚌（*A. fluminea*）

（a 为侧面观）

2. 珠蚌科——蛏蚌属

贝壳窄长，似蛏形。铰合部原始状。见图 17-46。

图 17-46 橄榄蛏蚌
(*Solenaia cieivora*)

3. 珠蚌科——帆蚌属

壳大型或巨大型，呈卵形，略膨胀，质坚厚。壳顶位偏前端。后背缘常扩张成翼状。铰合部中拟主齿不发达，侧齿左壳 2，右壳 1，皆细长。见图 17-47。

4. 珠蚌科——冠蚌属

壳大型或巨大型，较薄，呈卵形，很膨胀。壳顶位偏前方。后方扩张，有事发展成翼状。拟主齿缺。侧齿细长而弱。老成的个体则近消失。见图 17-48。

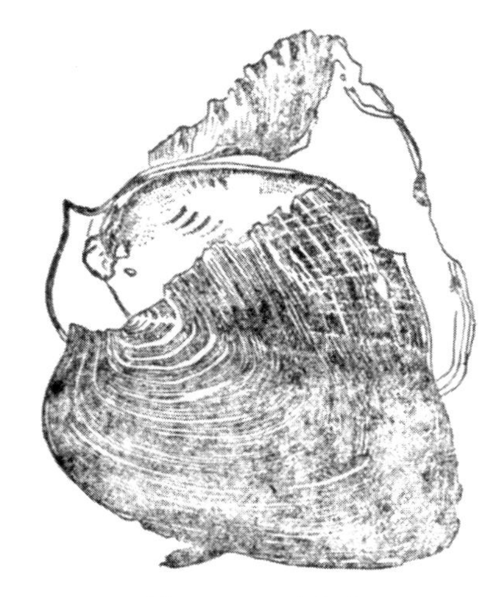

图 17-47 三角帆蚌
(*Hyriopsis cumingii*)

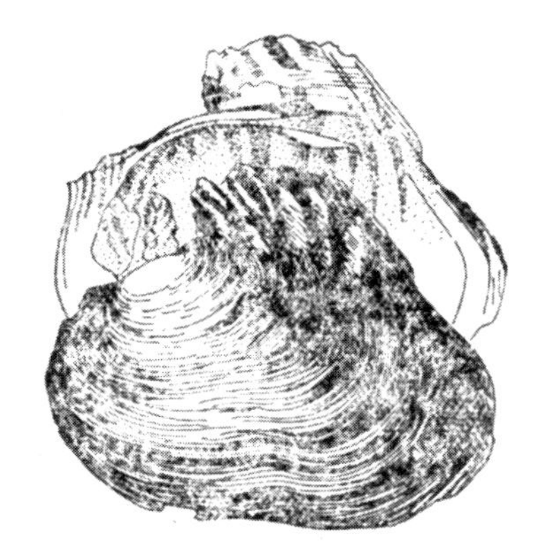

图 17-48 皱纹冠蚌
(*Cristaria plicata*)

5. 珠蚌科——矛蚌属

贝壳外形窄长，壳长为壳高的3～5倍，前端圆钝，无喙状突，后部细尖，通常呈矛状。拟主齿大，左壳2，右壳1。侧齿细长向后方延伸。见图17-49。

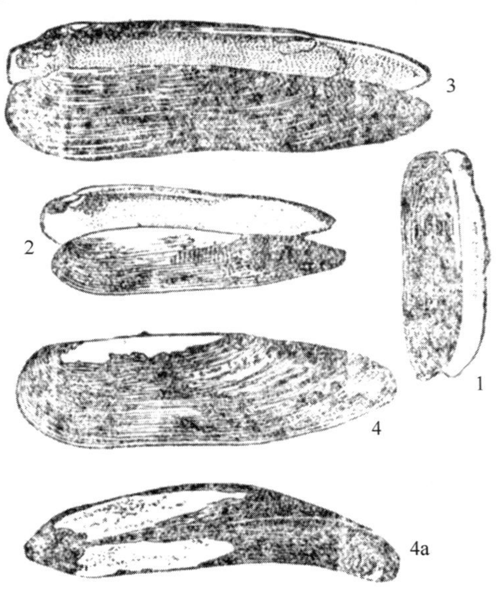

图 17-49　矛蚌

1—真柱矛蚌（*Lanceolaria eucylindrical*）；2—剑状矛蚌（*L. gladiolus*）；3—短褶矛蚌（*L. grayana*）；4—三型矛蚌（*L. triformis*）

（a为侧面观）

6. 珠蚌科——扭蚌属

贝壳外形狭长，左右两壳不相等，贝壳后半部顺长轴向左上方或右上方扭转。背缘前端稍延长成喙状。见图17-50。

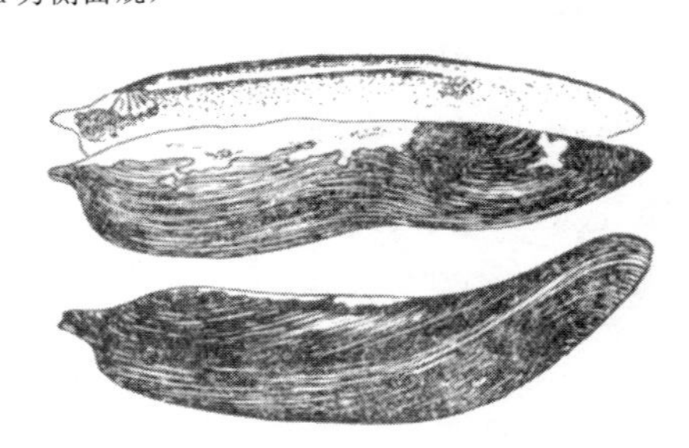

图 17-50　扭蚌

（*Arconaia lanceolata*）

7. 珠蚌科——楔蚌属

贝壳楔形，前端宽大，向后逐渐尖削。壳顶高，拟主齿直接在壳顶下方，短。侧齿上缘具粒状刻痕。见图 17-51。

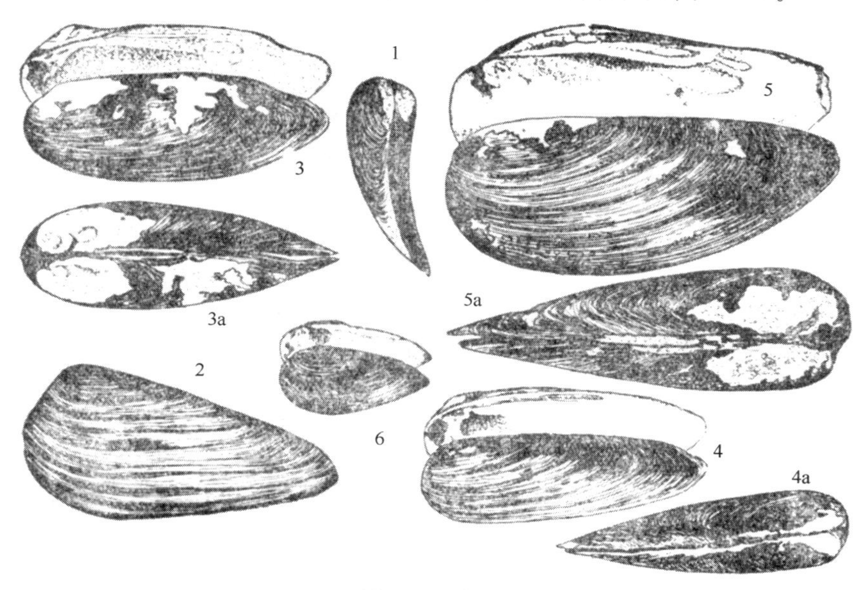

图 17-51　楔蚌

1—鱼尾楔蚌（*Cuneopsis piseinulus*）；2—巨首楔蚌（*C. capitata*）；
3—微红楔蚌（*C. rufescens*）；4—矛形楔蚌（*C. celiiformis*）；
5—江西楔蚌（*C. kiangsiensis*）；6—圆头楔蚌（*C. heudei*）
（a 为侧面观）

8. 珠蚌科——珠蚌属

贝壳长椭圆形，长度为高度的两倍多。壳顶显著凸出于背缘之上。前端短而圆，后端伸长，末端稍偏窄，背缘与腹缘略平行，铰合部发达，左壳具拟主齿与侧齿各两枚。见图 17-52。

9. 珠蚌科——尖锄蚌属

贝壳呈长椭圆形，外形似，但壳顶平，底不突出。铰合齿也不同，左壳具 2 个拟主齿和 1 个侧齿，右壳具 1 个拟主齿和 2 个侧齿。壳面后背部具数条细的明显的斜肋。见图 17-53。

10. 珠蚌科——丽蚌属

贝壳厚而坚硬，呈卵形或亚三角形。壳顶稍偏前方，壳表具瘤状结节，铰合部发达，有放射状强大的拟主齿和强大的侧齿，左壳具拟主齿

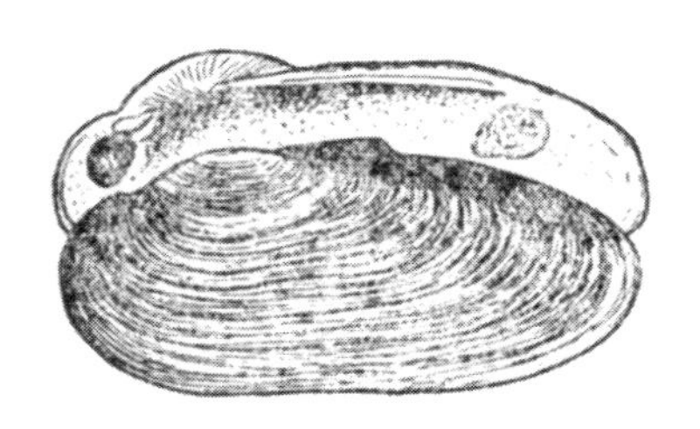

图 17-52　圆顶珠蚌
(*Unio douglasiae*)

图 17-53　尖锄蚌
(*Ptychorhychus pfisteri*)

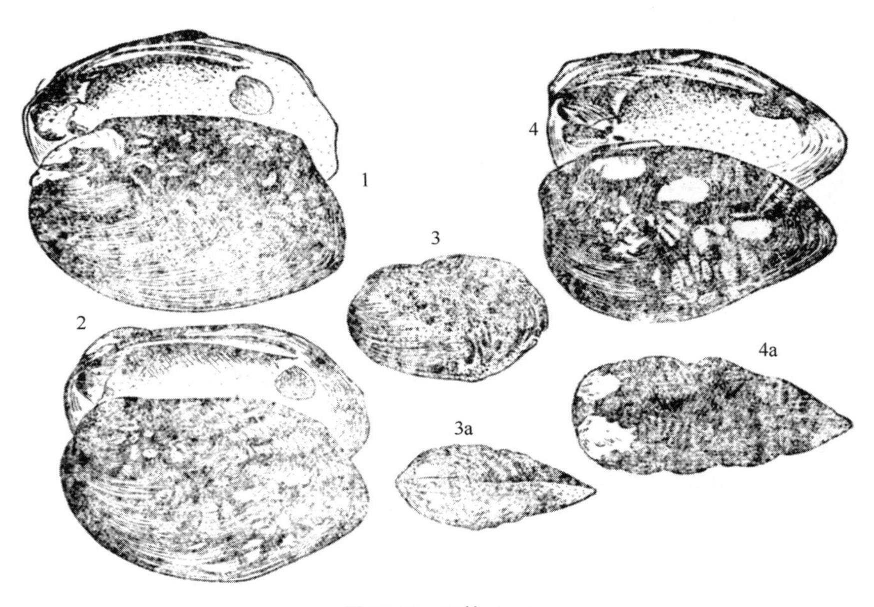

图 17-54　丽蚌（一）
1—洞穴丽蚌（*Lamprotula caveata*）；2—背瘤丽蚌（*L. leat*）；
3—薄壳丽蚌（*L. leleci*）；4—三巨瘤丽蚌（*L. triclavus*）
（a 为侧面观）

和侧齿各 2 枚，右壳具拟主齿和侧齿各 1 枚。见图 17-54～图 17-56。

11. 珠蚌科——鳞皮蚌属

贝壳大，呈三角形，质薄，很膨胀。壳顶突起。壳表特别在近壳顶处有发达的同心圆状皱纹的刻画。铰合齿弱，右壳具 1 枚细长

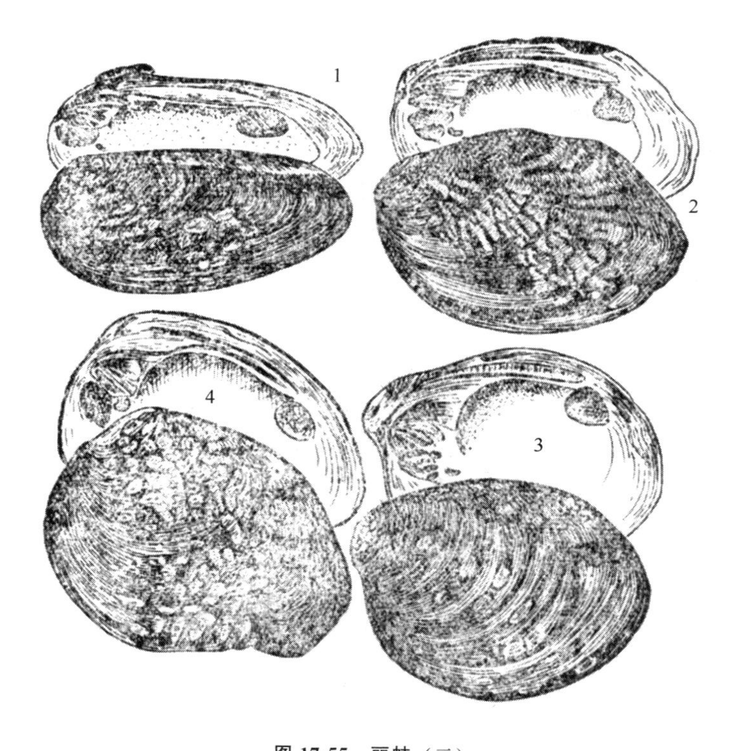

图 17-55　丽蚌（二）

1—巴氏丽蚌（*L. bazini*）；2—刻裂丽蚌（*L. scripta*）；3—环带丽蚌（*L. zonata*）；4—猪耳丽蚌（*L. rochechouarti*）

的拟主齿和 1 枚侧齿，左壳具拟主齿和侧齿各 2 枚。见图 17-57。

12. 珠蚌科——裂脊蚌属

贝壳略呈三角形，壳厚而坚硬，表面附有光泽。壳面具同心圆的螺肋。见图 17-58。

13. 珠蚌科——尖嵴蚌属

贝壳坚固，膨胀，后背脊尖锐。壳顶膨胀，突起高于背缘，具有从壳顶到腹缘的放射线。壳顶具有褶的肋脉。拟主齿低，残痕状，侧齿斜棱状，上缘具锯齿。见图 17-59。

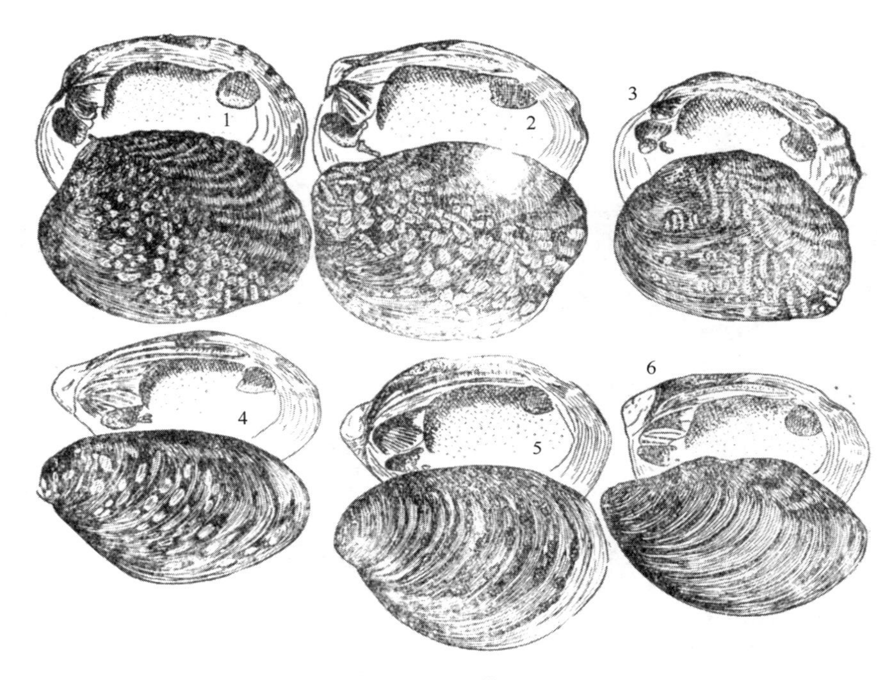

图 17-56　丽蚌（三）

1—细瘤丽蚌（*L. microsticta*）；2—多瘤丽蚌（*L. potysticta*）；3—角月丽蚌（*L. cornumlunae*）；4—拟丽蚌（*L. spuria*）；5—绢丝丽蚌（*L. fibrosa*）；6—失衡丽蚌（*L. tortuosa*）

图 17-57　高顶鳞皮蚌

（*Lepidodesma languilati*）

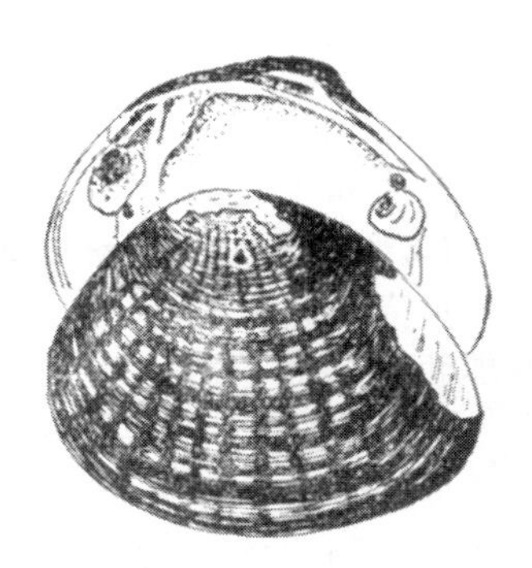

图 17-58　射线裂脊蚌

（*Schistodesmus lampreyanus*）

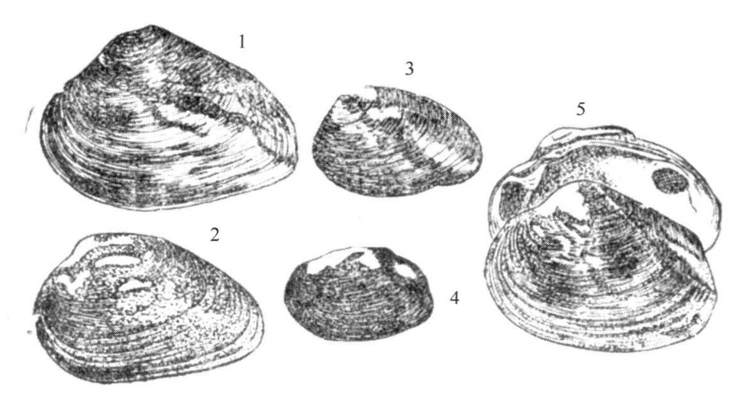

图 17-59　尖嵴蚌

1—三槽尖嵴蚌（*Acuticosta trisulcata*）；2—三角尖嵴蚌（*A. triangula*）；
3—勇士尖嵴蚌（*A. retiaria*）；4—卵形尖嵴蚌（*A. triangula*）；
5—中国尖嵴蚌（*A. chinensis*）

14. 蚬科——蚬属

贝壳呈卵状三角形或为带圆状的三角形，有事壳顶高峻。有显著强壮的三枚主齿，前后侧齿长。幼壳壳皮有黄绿色的线条或斑点。见图 17-60 和图 17-61。

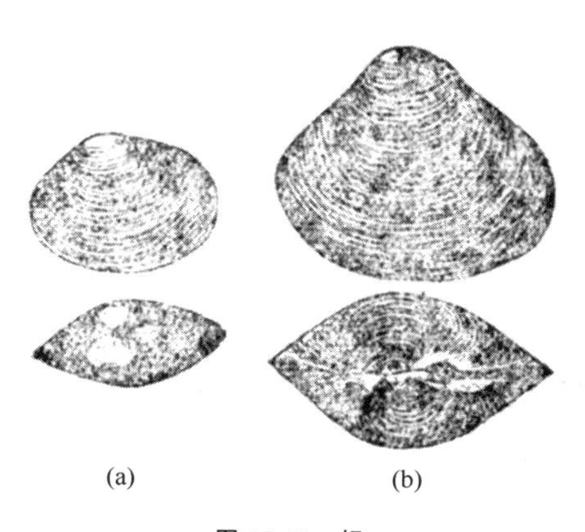

图 17-60　蚬

（a）闪蚬（*Corbicula nitens*）；
（b）拉氏蚬（*C. largillierti*）

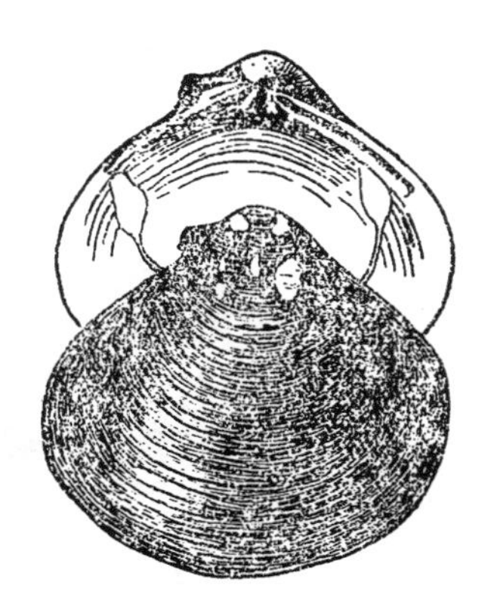

图 17-61　河蚬

（*C. fluminea*）

15. 球蚬科——球蚬属

贝壳小而脆薄，壳顶位近中央。主齿在右壳为“∧”形，左壳有 2 个小齿，前后侧齿右壳 1，左壳 2。见图 17-62。

16. 球蚬科——豌豆蚬属

贝壳甚小，质薄，呈亚三角形。壳顶稍偏位后方。主齿在右壳为“∧”形，左壳有 2 个小齿，侧齿右壳 1，左壳 2。见图 17-63。

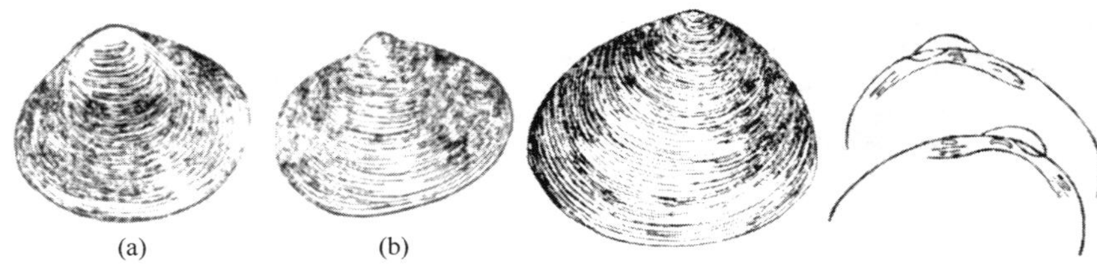

图 17-62　球蚬

（a）湖球蚬（*Sphaerium lacustre*）；
（b）日本球蚬（*S. japonicum*）

图 17-63　截状豌豆蚬

（*Pisidium subtruncatum*）

17. 贻贝科——股哈属

贝壳小而薄，体对称，两壳同形，呈贻贝形。铰合齿退化。后闭壳肌发达，前闭壳肌退化。营固着生活。见图 17-64。

18. 珍珠蚌科——珍珠蚌属

壳呈长卵形，坚厚，壳顶部的雕刻常为同心圆形，铰合部有大的拟主齿。壳皮暗色。本科仅有珍珠蚌属。见图 17-65。

图 17-64　湖沼股哈

（*Limnoperna lacustris*）

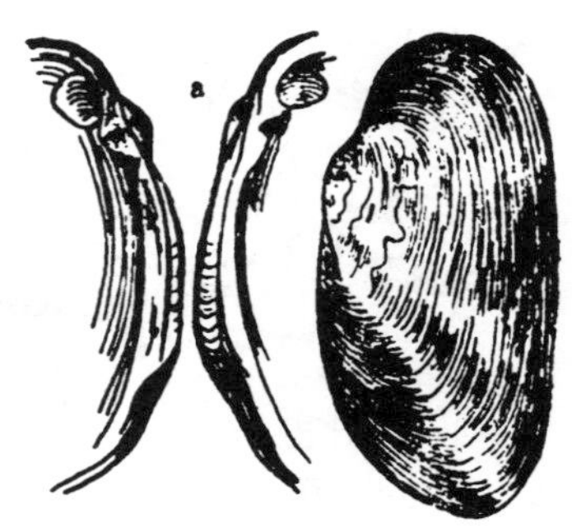

图 17-65　珍珠蚌

（*Margaritana margaritifera*）

第三节 水生昆虫

昆虫有头、胸、腹三部分构成，头部有复眼、单眼、触角、口器；胸部由三节构成，每节有1对胸足，腹部通常为5～8节。

一、襀翅目

本目昆虫通称为石蝇或脉。本科种类甚多，均为常见种类。稚虫体扁而长，头部呈近三角形，触角90节，复眼1对，单眼3个。咀嚼式口器，胸节大，分节明显，中胸和后胸均有向后延伸的翅芽。腹部10节，末端有2个长而多节的尾须。足扁平，侧生缘毛。胸部两侧有6对气管鳃。

稚虫喜生活在含氧充足的清流石下或砂粒间。平原河流和湖泊中少见，污染能引起它们的死亡。常见种类见图17-66～图17-73。

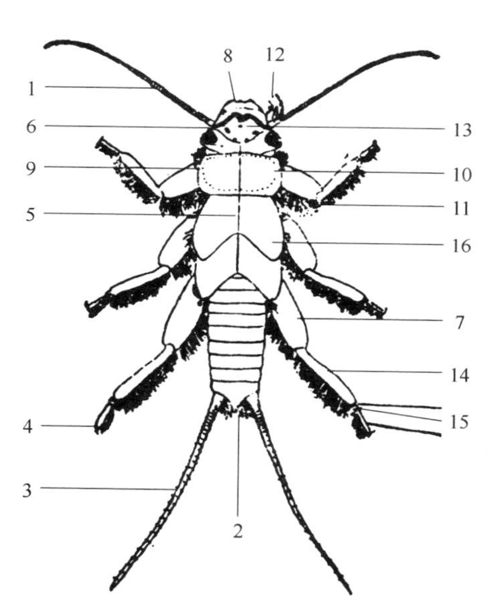

图17-66 石蝇（*Perla*）稚虫模式图

1—触角；2—肛缌；3—尾毛；4—爪；5—背中线；6—头部缝合线；7—腿节；8—上唇；9—第一胸节；10—背板；11—胸鳃；12—小颚；13—单眼；14—胫节；15—跗节；16—翅芽

二、蜉蝣目

稚虫体长一般不超过10～15mm，但也有达20～30mm者。有些种类在水草中游泳，并能附生在水草上；有些种类在水草淤泥上爬行生活；有些种类具扁化的身体，栖息在清澈的急流中，藏在石头底下生活。是鱼类的天然饵料。常见种类见图17-74～图17-80。

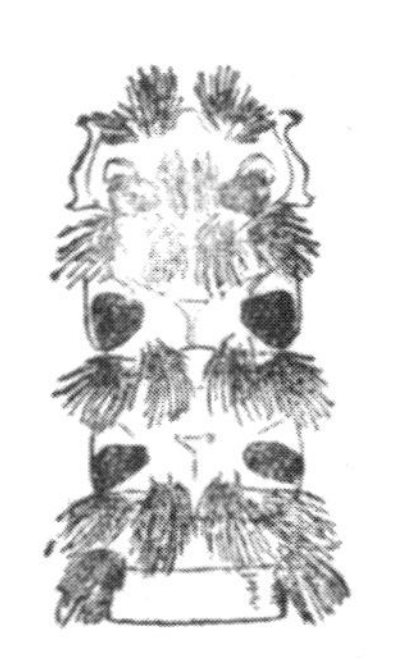

图 17-67　大石蝇（*Pteronacys*）稚虫胸节腹面观

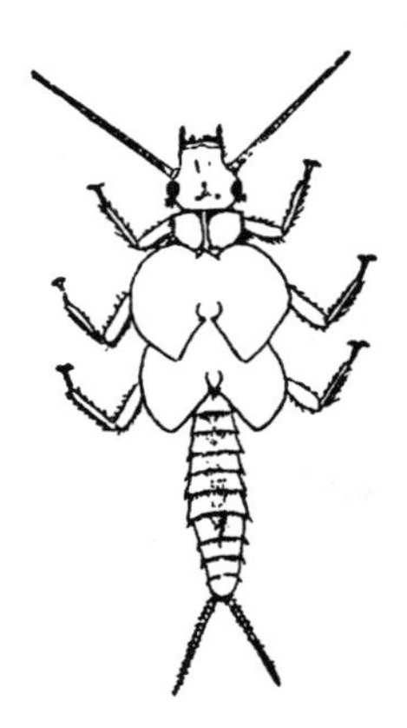

图 17-68　绿石蝇（*Chloroperla*）

图 17-69　网石蝇（*Perlodes*）

1—稚虫体型背面观；2—下唇；3—上唇；4—大颚；5—小颚

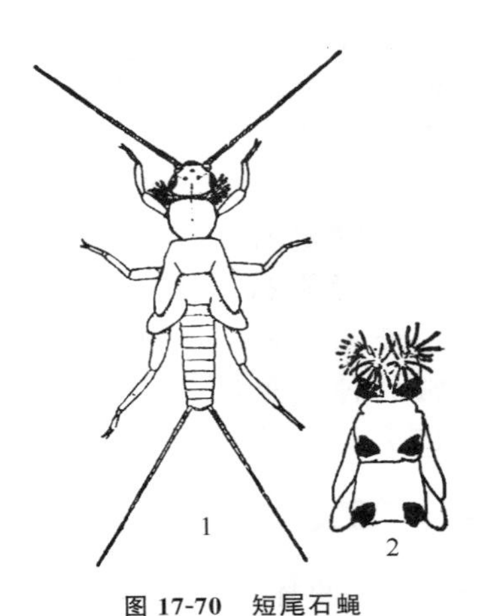

图 17-70　短尾石蝇（*Nemoura*）

1—稚虫体型背面观；2—胸节腹面

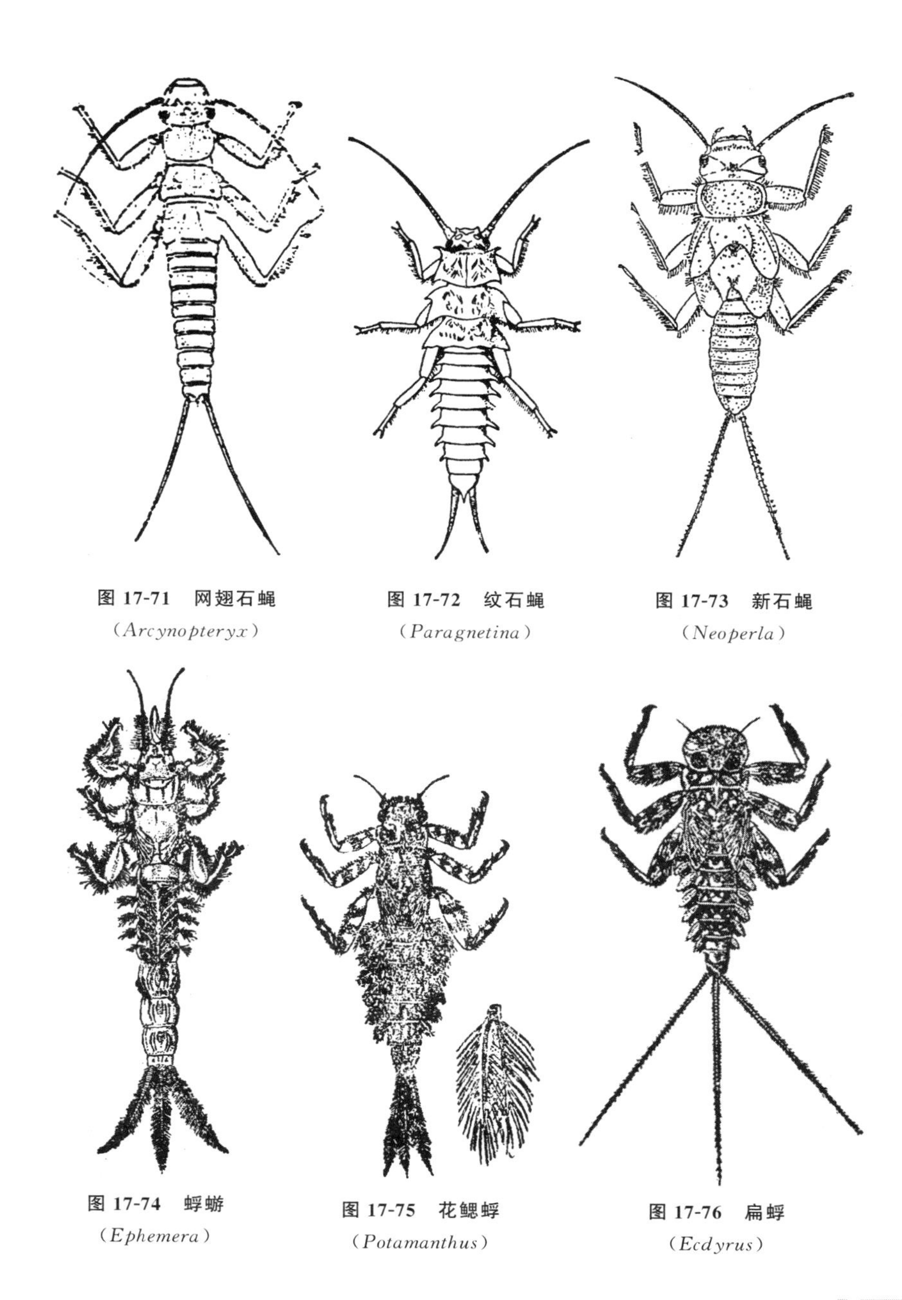

图 17-71　网翅石蝇（*Arcynopteryx*）

图 17-72　纹石蝇（*Paragnetina*）

图 17-73　新石蝇（*Neoperla*）

图 17-74　蜉蝣（*Ephemera*）

图 17-75　花鳃蜉（*Potamanthus*）

图 17-76　扁蜉（*Ecdyrus*）

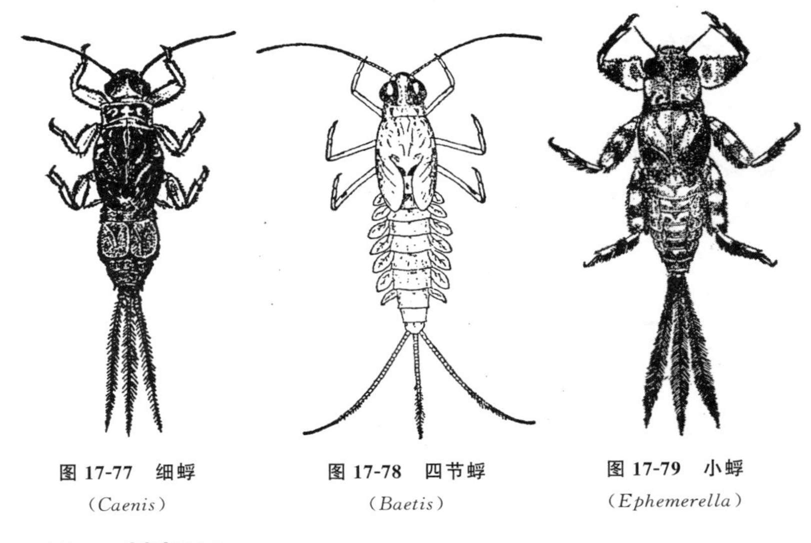

图 17-77　细蜉（*Caenis*）

图 17-78　四节蜉（*Baetis*）

图 17-79　小蜉（*Ephemerella*）

三、 蜻蜓目

稚虫分头、胸、腹三部分。头部有 1 对 4～7 节的大触角和 1 对很大的复眼，还有 1 个由下唇延长成脸壳的咀嚼式口器。静止时，下唇覆盖在头部腹面口器其他部分之上。下唇形态、有无刚毛以及刚毛数是鉴定稚虫的重要特征。胸部由 3 节组成，第二节和第三节愈合，胸节背面有发育不全的翅芽，掩盖腹部的前端。腹部 11 节，最后 1 节不发达，不易看清。

稚虫多栖息在池底砂粒间水草中或泥土的表面。体褐色、暗褐色或绿色。常见种类见图 17-81～图 17-95。

四、 毛翅目

毛翅目昆虫幼虫通称石蚕。头上有成对的复眼，在复眼前面着生大触角。胸节分解明显，第一胸节背板甲壳质化，第二节尾革质或具甲壳质的背棘，第三节为革质，较少具小骨片。胸足发达。某些幼虫在第一胸节下面有长的突起——角，有些第二节和第三节具很发达的气管鳃。腹部 9 节，各节多丛生气管鳃。腹末端有一对带钩的伪足——臀足。常见种类见图 17-96～图 17-110。

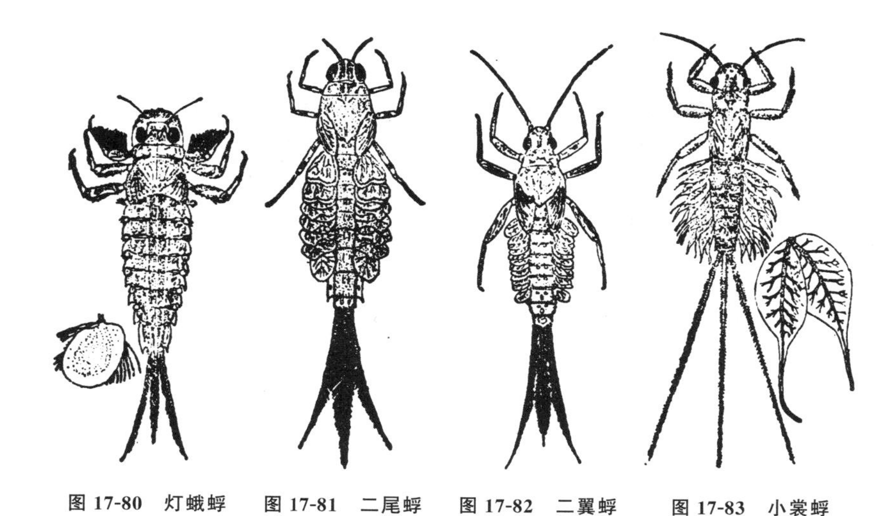

图 17-80　灯蛾蜉（*Oligoneuriella rhenana*）

图 17-81　二尾蜉（*Siphlonurus*）

图 17-82　二翼蜉（*Cloeon dipterum*）

图 17-83　小裳蜉（*Leptophlebia*）

图 17-84　箭蜓

（*Gomphus*）

1—稚虫与下唇；2—触角

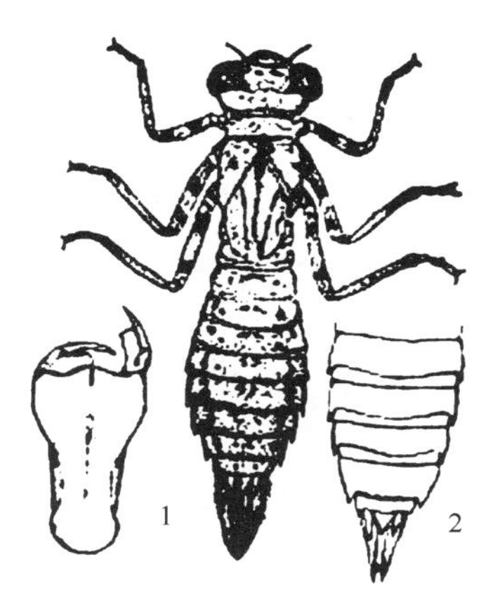

图 17-85　蜓

（*Aeschna*）

1—稚虫与下唇；2—雄体腹末背面观

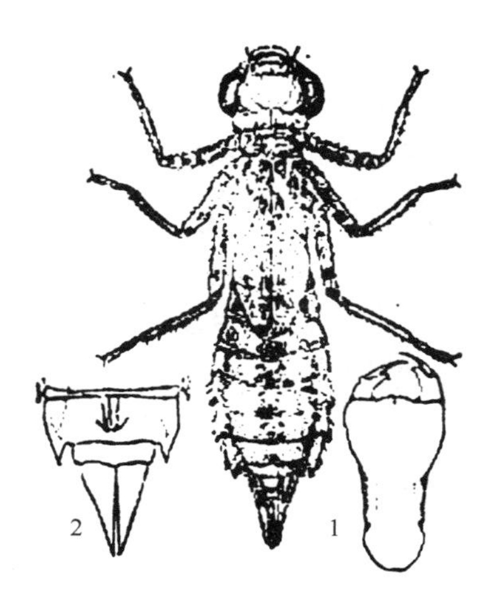

图 17-86　马大头

（*Anax*）

1—稚虫与下唇；2—触角

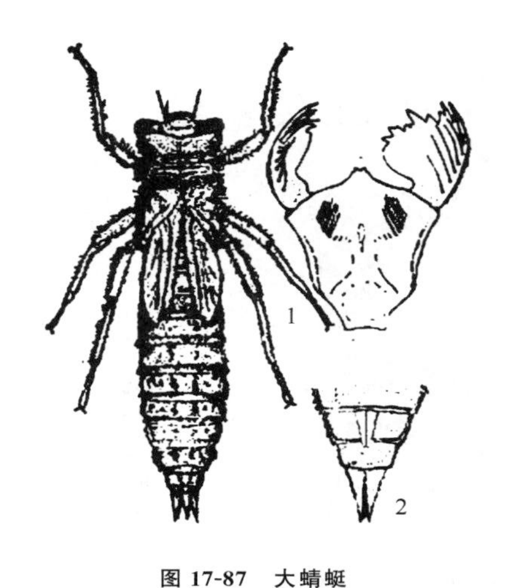

图 17-87　大蜻蜓

（*Anotogaster sieboldii*）

1—稚虫与下唇；2—雄体腹末背面观

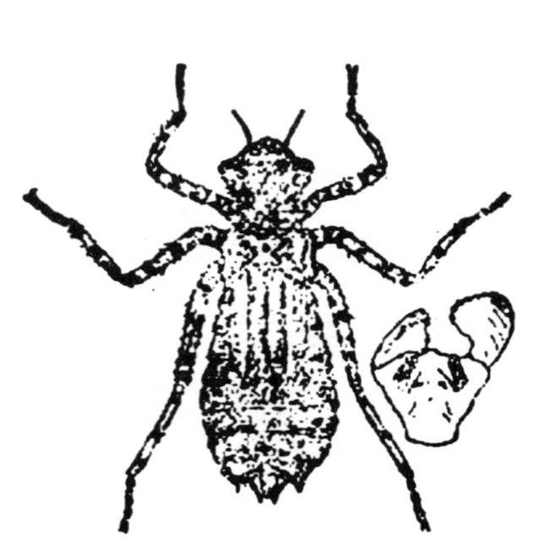

图 17-88　虎蜓（*Eitheca marginata*）

稚虫与下唇

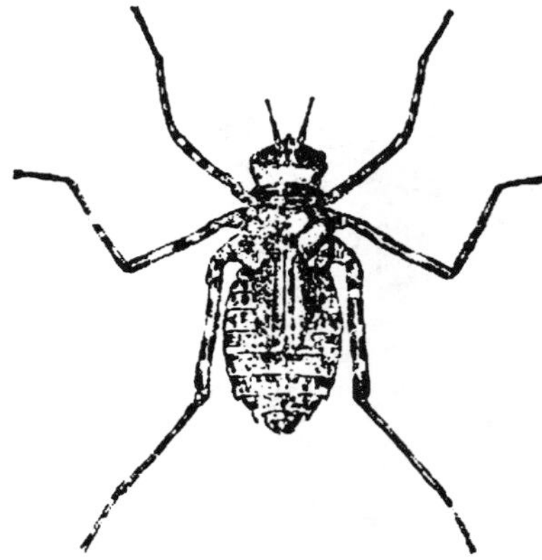

图 17-89　江鸡（*Macromia clio*）

稚虫

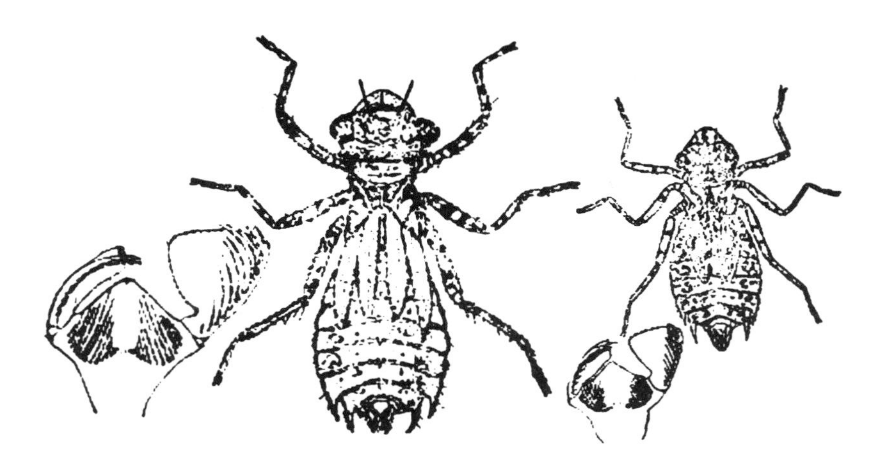

图 17-90　褐顶赤卒（*Sympetrum infuscotum*）稚虫与下唇

图 17-91　黄蜓（*Pantala flavescens*）稚虫与下唇

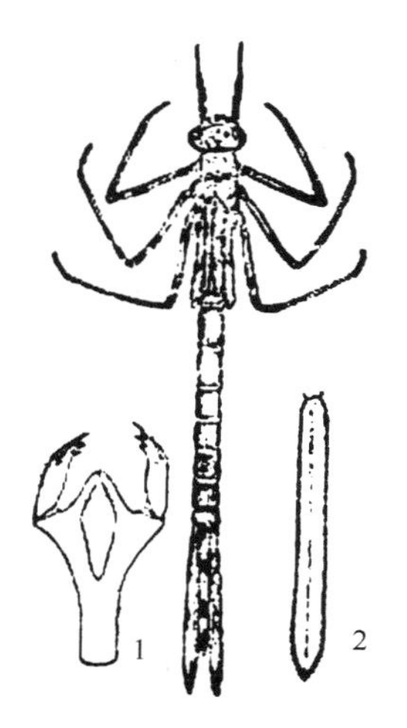

图 17-92　黑河虫葱（*Agrion atratum*）
1—稚虫与下唇；2—尾片

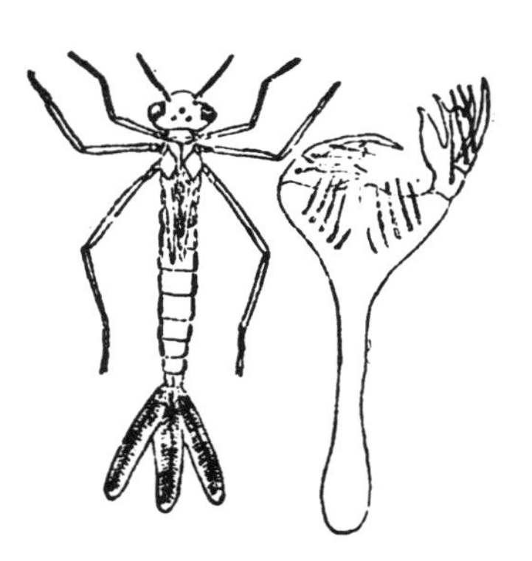

图 17-93　丝虫葱（*Lestes*）稚虫与下唇

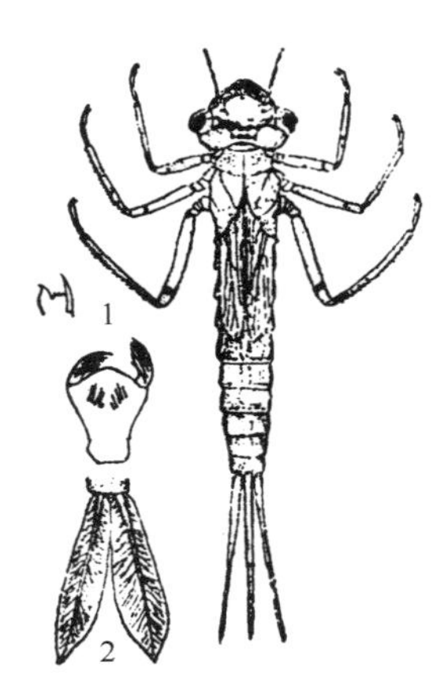

图 17-94　亚洲瘦虫葱

（*Ischnura asiatica*）

1—稚虫与下唇；2—尾片

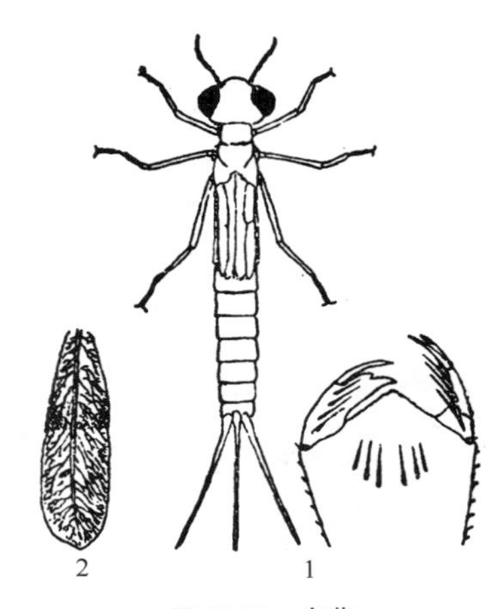

图 17-95　虫葱

（*Caenagrion*）

1—稚虫与下唇；2—尾片

图 17-96　小石蚕

（*Hydroptila*）

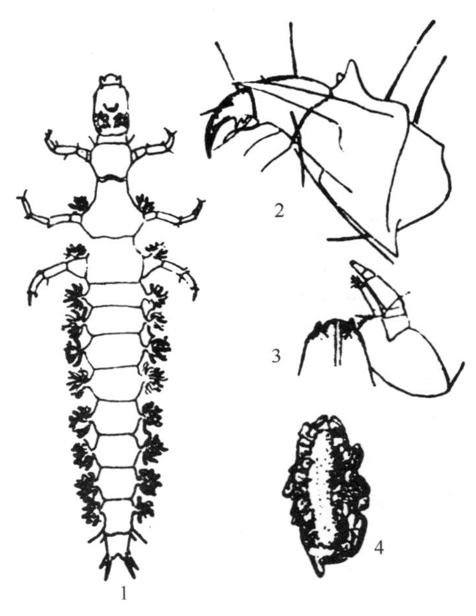

图 17-97　原石蚕

（*Rhyacophila*）

1—幼虫；2—臀足；3—下唇与下颚；4—蛹巢

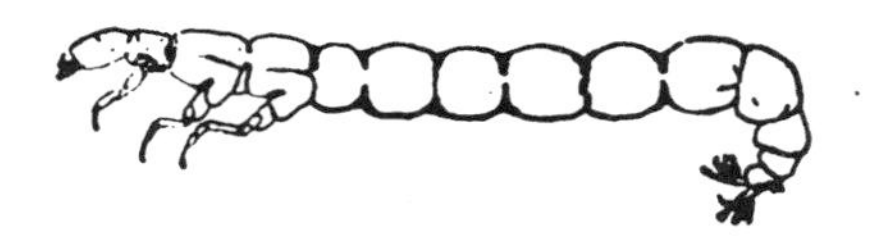

图 17-98　低头石蚕（*Neureclipsis*）幼虫与捕捉网

图 17-99　等翅石蚕（*philopotamus*）

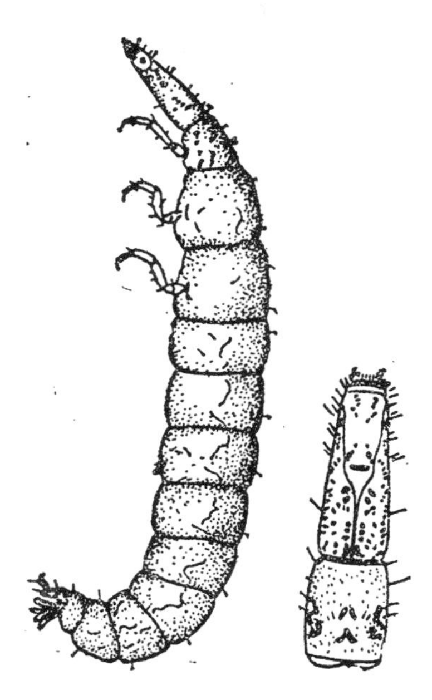

图 17-100　拟角石蚕（*Parastenopsyche*）全体及头部和前胸

图 17-101　细角石蚕

(*Leptocella*)

图 17-102　三结石蚕

(*Triaenodes*)

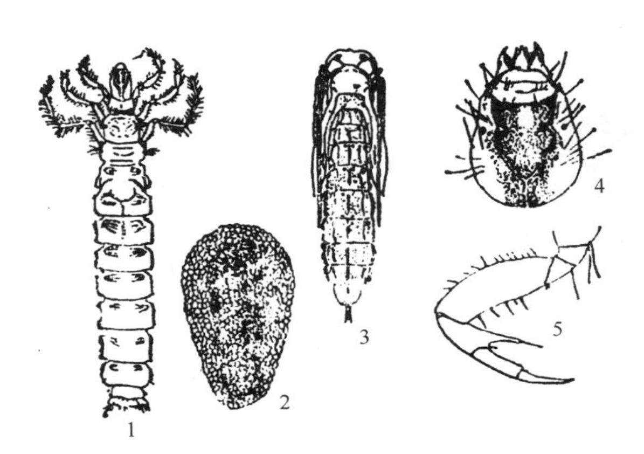

图 17-103　盾巢石蚕

(*Molanna*)

1—幼虫；2—小巢；3—蛹；

4—头部；5—第一附肢

图 17-104　长纹石蚕
（*Macronema*）

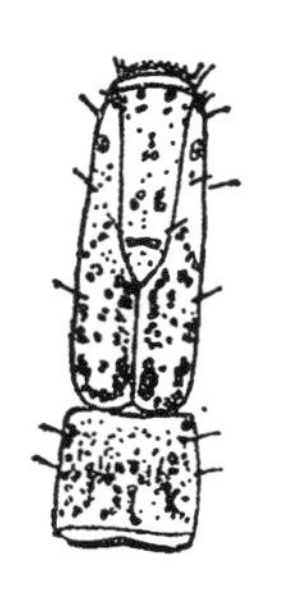

图 17-105　角石蚕
（头部和前胸）
（*Stenopsyche*）

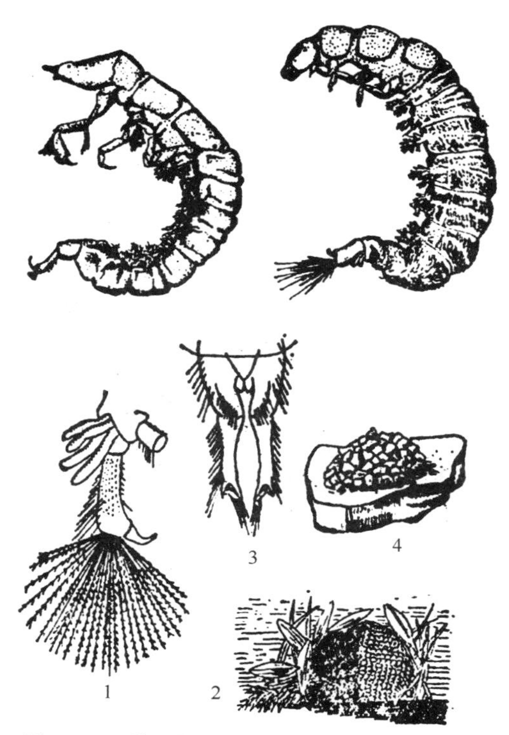

图 17-106　纹石蚕（*Hydropsyche*）**两种不同个体**
1—臀足；2—捕捉网；3—肛门附器；4—蛹巢

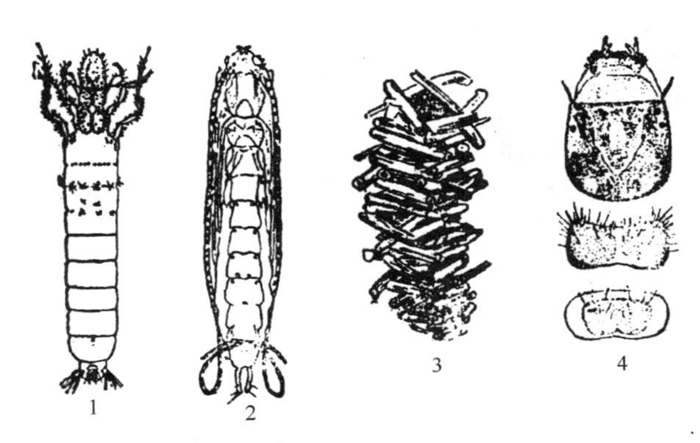

图 17-107　长角石蚕（*Leptocerus*）

1—幼虫；2—蛹；3—小巢；4—头与第 1～2 胸节

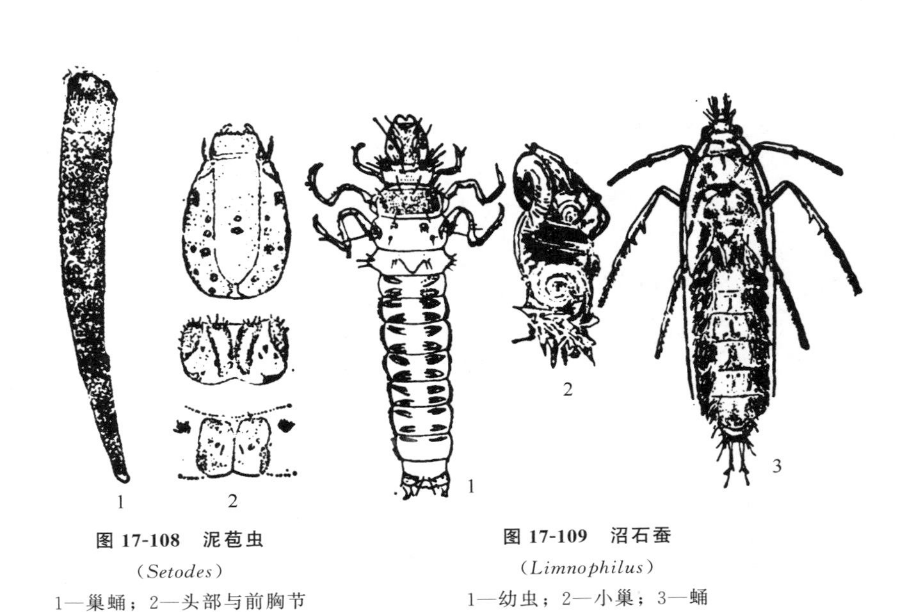

图 17-108　泥苞虫（*Setodes*）

1—巢蛹；2—头部与前胸节

图 17-109　沼石蚕（*Limnophilus*）

1—幼虫；2—小巢；3—蛹

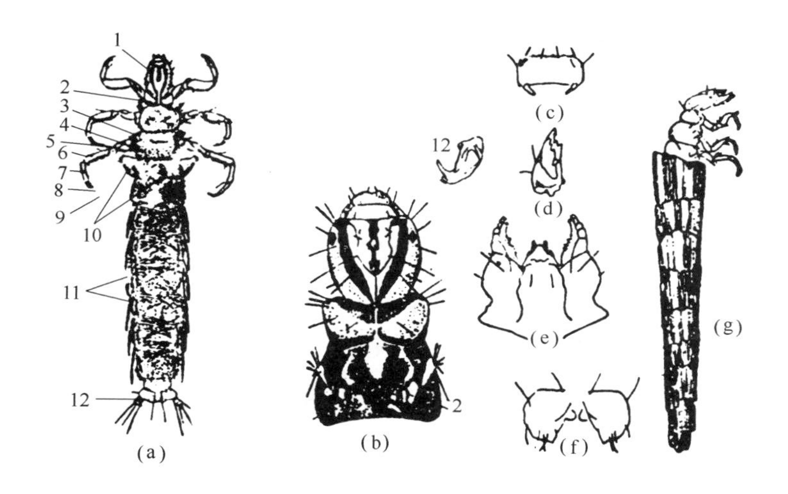

图 17-110　石蚕（*Phryganea*）

（a）幼虫全部；（b）头部及胸部；
（c）上唇；（d）大颚；（e）小颚及
下唇；（f）蛹的肛门附器；（g）在小巢内的幼虫
1—头部；2—第一胸节；3—第三胸节；4—基节；
5—转节；6—股节；7—胫节；8—跗节；9—爪；
10—第一腹节的突起；11—气管鳃；12—臀足；

五、双翅目——摇蚊科

摇蚊幼虫的身体一般为圆柱形，长 2～30mm，分为头、胸、腹三部分。头部甲质化，一般有 2 对眼点（图 17-111）。触角 1 对，一般为 5 节，也有 4 节或 6 节的。在触角第一节（基节）的表面，有 1 个或数个环状感觉器——环器，其数目和位置是分类的特征。下唇齿板上齿的数目、大小、颜色是分类特征。胸部三节，在第一胸节腹面有 1 对前原足，前原足上的爪勾与毛的有无、数目、长短及形状均为重要特征。腹部通常由 9 节组成，在最后一节上有 1 对后原足。常见种类见图 17-112～图 17-130。

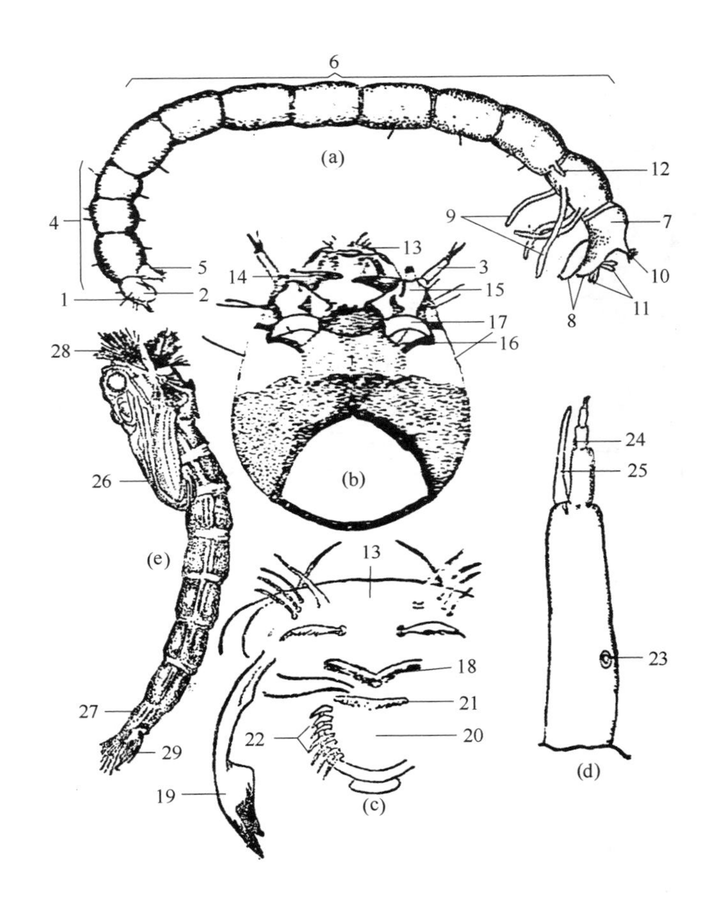

图 17-111　羽摇蚊幼虫（*Ch. gr. plumosus*）头部腹面观、上唇、大触角与蛹

（a）幼虫全貌；（b）头部腹面观；（c）上唇及内唇；（d）大触角；（e）蛹

1—头部；2—眼；3—大触角；4—胸部；5—前原足；6—腹部；7—肛节；8—后原足；9—腹鳃；10—尾刚毛；11—肛鳃；12—侧鳃；13—上唇；14—大颚；15—小颚；16—下唇；17—副下唇，域片（亚颏片）；18—上唇栉（上唇的边缘）；19—前上颚；20—内唇；21—内唇栉；22—内唇钩；23—环器；24—劳氏器；25—触角刚毛；26—翅芽；27—肛前节；28—丝束（呼吸角）；29—腹鳃（尾鳍）

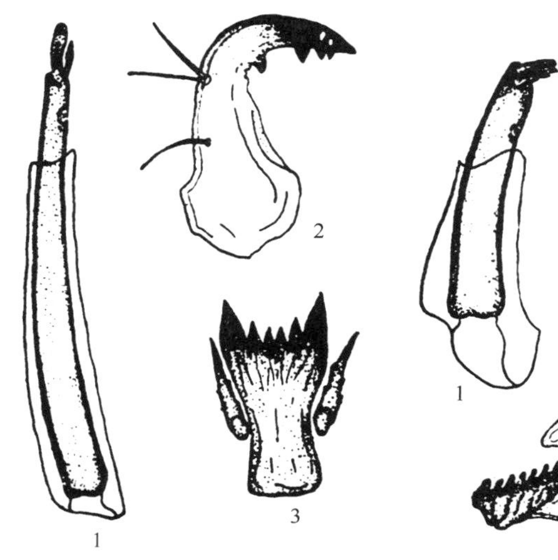

图 17-112　菱跗摇蚊（*Clinotanypus*）幼虫

1—触角；2—大颚；
3—中唇舌与侧唇舌

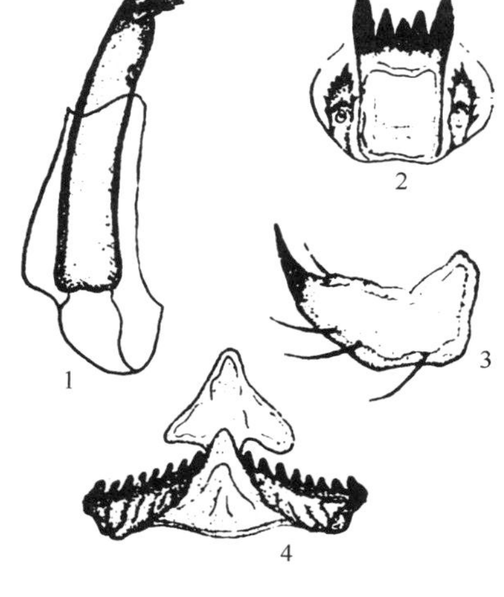

图 17-113　花纹前突摇蚊（*Procladius choreus*）幼虫

1—触角；2—中唇舌与侧唇舌；
3—大颚；4—下唇与副下唇域

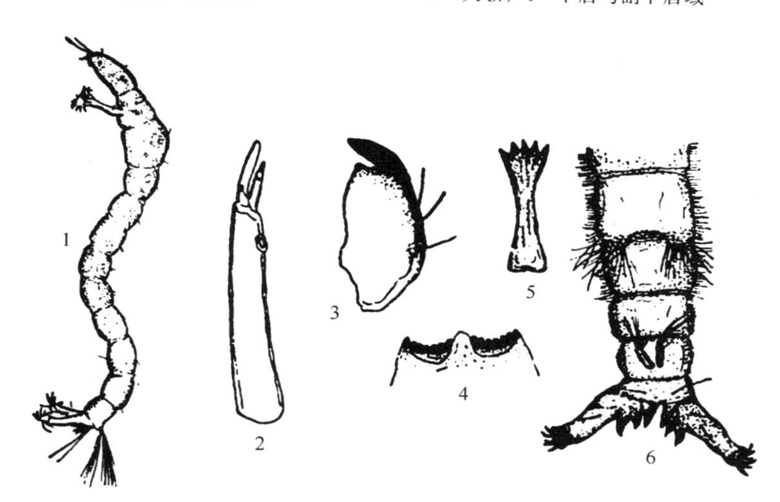

图 17-114　粗腹摇蚊（*Petopia*）

1—幼虫；2—触角；3—大颚；4—副下唇域；5—中唇舌；6—后腹部及尾部背面观

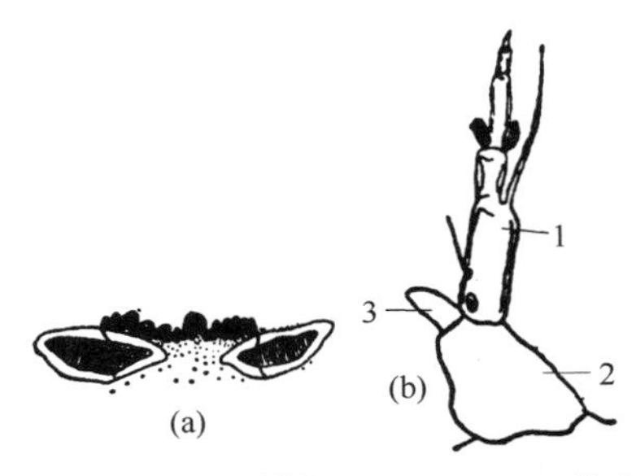

图 17-115　昏眼摇蚊（*Stempellina*）幼虫

（a）下唇齿板与副下唇域板；（b）触角全形；
1—触角；2—触角托；3—距

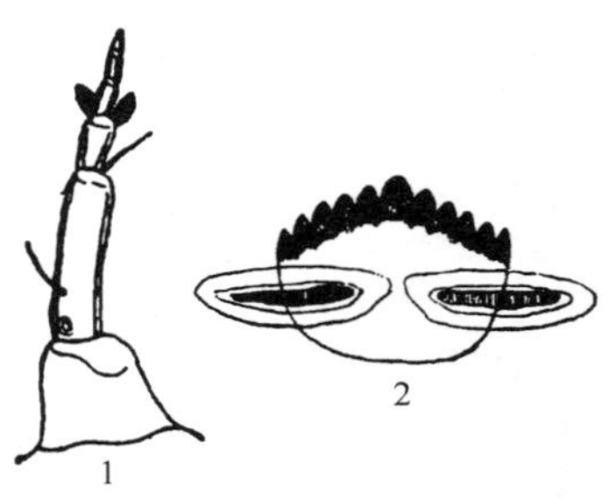

图 17-116　拟长跗摇蚊（*Paratanytarsus*）幼虫

1—触角；2—下唇齿板

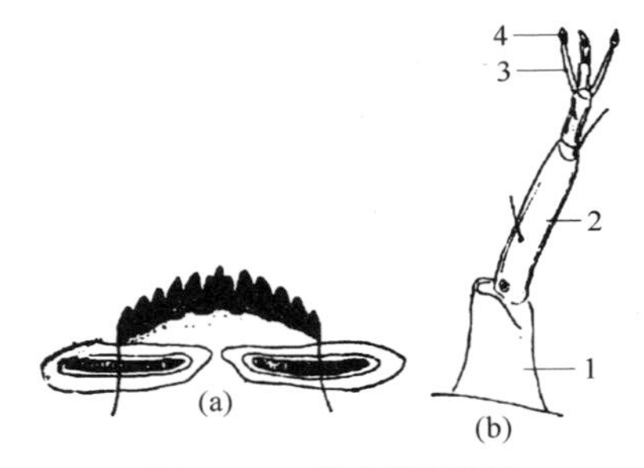

图 17-117　流水长跗摇蚊（*Rheotanytarsus*）幼虫

（a）下唇齿板；（b）触角全形；
1—触角托；2—触角节；3—劳氏器柄；4—劳氏器

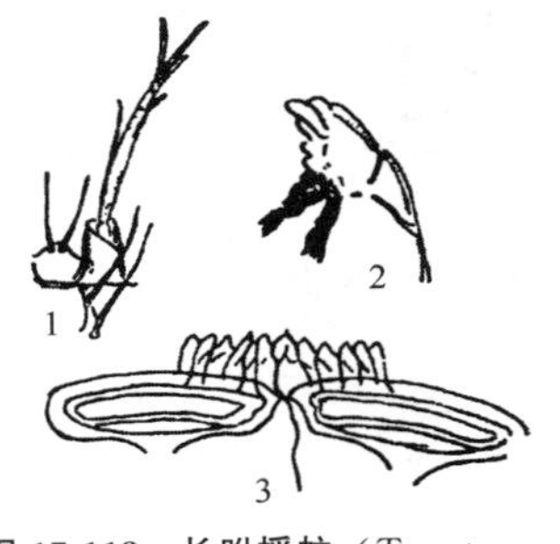

图 17-118　长跗摇蚊（*Tanytarsus*）幼虫

1—触角；2—大颚；
3—下唇齿板

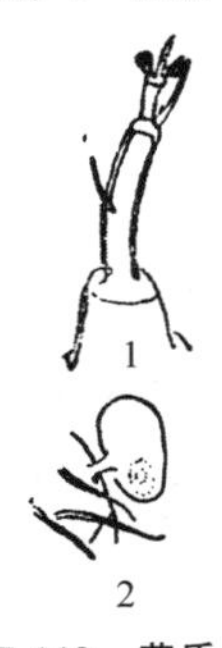

图 17-119　劳氏摇蚊（*Lanterbornia*）幼虫

1—触角；2—蛹腹部呼吸角

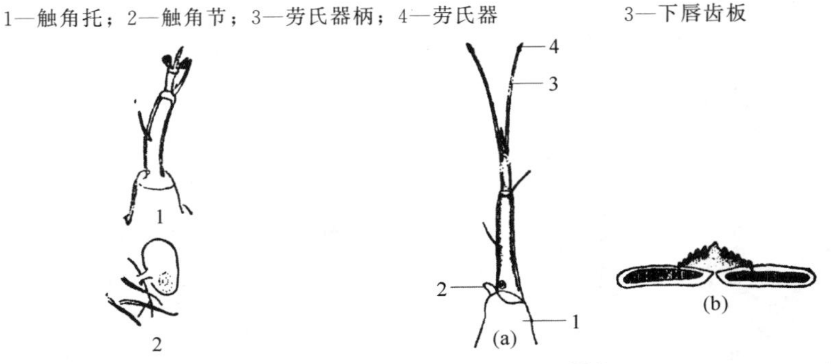

图 17-120　罗甘小突摇蚊（*Micropsetra logana*）幼虫

（a）触角全形；（b）下唇齿板与副下唇域板
1— 触角托；2—距；3—劳氏器柄；4—劳氏器

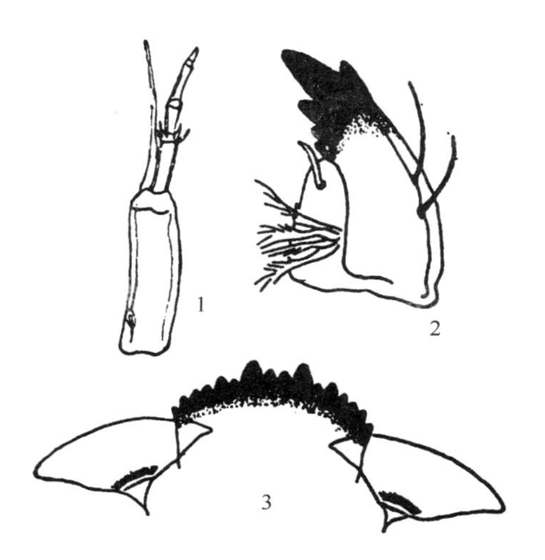

图 17-121　黑内摇蚊（*Endochironomus nigricans*）**幼虫**

1—触角；2—大颚；3—下唇齿板

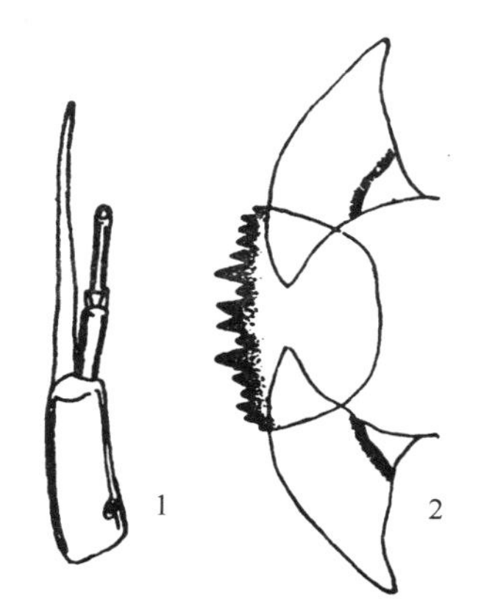

图 17-122　梯形多足摇蚊（*Polypedilum scalaenum*）**幼虫**

1—触角；2—下唇齿板

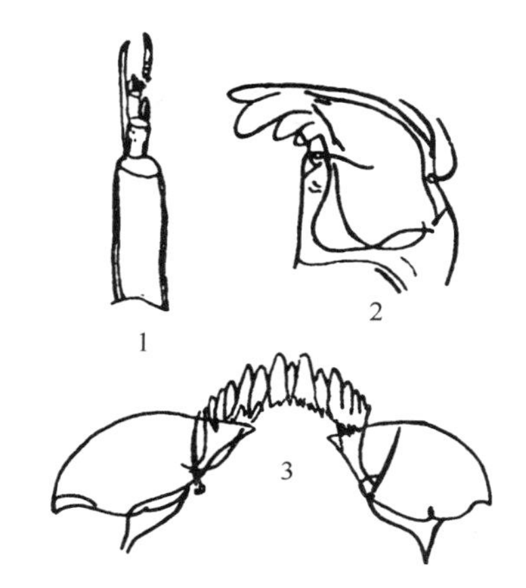

图 17-123　斑点摇蚊（*Stictochironomus*）**幼虫**

1—触角；2—大颚；3—下唇齿板

图 17-124　侧叶雕翅摇蚊

（*Glyptotendipes lobiferus*）**幼虫**

1—触角；2—下唇齿板；3—大颚；

4—上唇；5—前颚；6—小颚

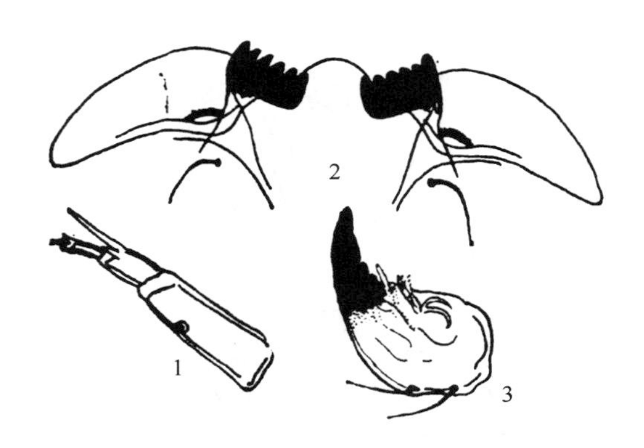

图 17-125　指突隐摇蚊

（*Cryptochironomus Digitatus*）**幼虫**

1—触角；2—下唇齿板；3—大颚

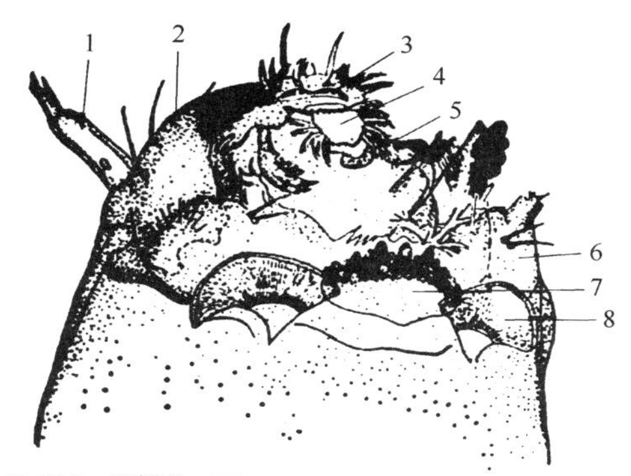

图 17-126　羽摇蚊（*Tendipes plumosus*）幼虫头部腹面观

1—触角；2—大颚；3—上唇；4—内唇；5—前上颚；6—小颚；7—下唇齿板；8—副下唇域板

图 17-127　盐生摇蚊（*Tendipes gr. Salinarius*）幼虫的下唇齿板

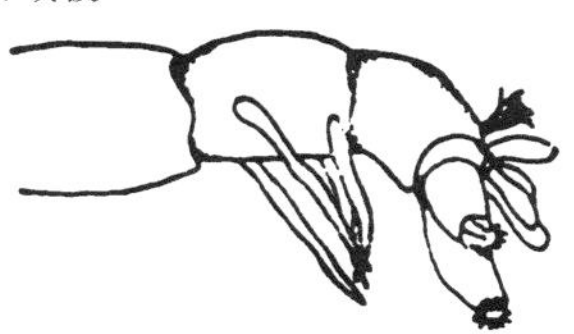

图 17-128　塞氏摇蚊（*Tendipes gr. thummi*）幼虫体的末端

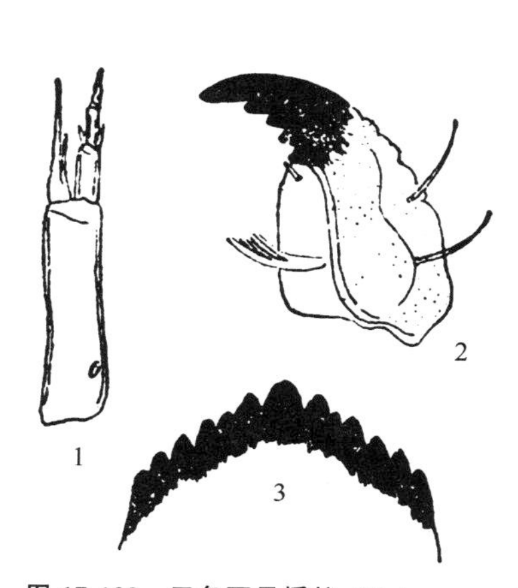

图 17-129　三角环足摇蚊（*Cricotopus trifasciatus*）幼虫

1—触角；2—大颚；3—下唇齿板

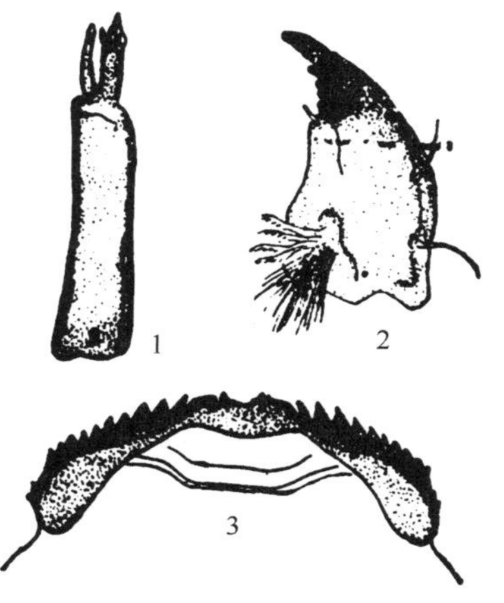

图 17-130　穴附器毛突摇蚊（*Chaetocladius sexpapilosus*）幼虫

1—触角；2—大颚；3—下唇齿板

参考文献

[1] 章宗涉，黄祥飞.淡水浮游生物研究方法.北京：科学出版社，1991.

[2] 沈韫芬，章宗涉，龚循矩等.微型生物监测新技术.北京：中国建筑工业出版社，1990.

[3] 韩茂森等.淡水浮游生物图谱.北京：农业出版社，1980.

[4] 大连水产学院.淡水生物学.北京：农业出版社，1982.

[5] 湖北省水生生物研究所第四研究室无脊椎动物区系组.废水生物处理微型动物图志.北京：中国建筑工业出版社，1976.

[6] 林碧琴，谢淑琦.水生藻类与水体污染监测.辽宁：辽宁大学出版社，1988.

[7] 日本生态学环境问题专门委员会.环境和指示生物.北京：中国环境科学出版社，1987.

[8] 余濆，龙振洲.医学微生物学.北京：人民卫生出版社，1979.

[9] 中国医学科学院.医学生物学电子显微镜图谱.北京：科学出版社，1978.

[10] 周德庆.微生物学教程.北京：高等教育出版社，1993.

[11] 马放，杨基先，魏利等.环境微生物图谱.北京：中国环境科学出版社，2010.